实用天线工程技术

俱新德　赵玉军　编著

西安电子科技大学出版社

内 容 简 介

全书共10章，重点介绍天线的物理概念，设计图表、曲线，天线的具体结构和尺寸，主要电性能。书中天线的种类和实例繁多，内容极为丰富且新颖，对常规天线都赋予了许多新内容，许多章节(如赋形波束天线、基站天线、同轴缝隙天线阵等)都是首次与读者见面。该书既是一本专著，又具有科普性，可读性和可操作性特别强。

该书特别适合从事天线设计、生产、使用和维修的广大工程技术人员参考，也适合从事无线电传输、移动通信的相关人员阅读，还可以作为天线电磁场专业和无线通信专业大专院校师生的参考书。

图书在版编目(CIP)数据

实用天线工程技术/俱新德主编. 一西安：西安电子科技大学出版社，2015.4(2020.5 重印)
ISBN 978 - 7 - 5606 - 3387 - 9

Ⅰ. ① 实…　Ⅱ. ① 俱…　Ⅲ. ① 天线一研究　Ⅳ. ① TN82

中国版本图书馆 CIP 数据核字(2015)第 033916 号

策　　划　戚文艳
责任编辑　许青青　戚文艳
出版发行　西安电子科技大学出版社(西安市太白南路2号)
电　　话　(029)88242885　88201467　　邮　　编　710071
网　　址　www.xduph.com　　电子邮箱　xdupfxb001@163.com
经　　销　新华书店
印刷单位　北京虎彩文化传播有限公司
版　　次　2015年4月第1版　2020年5月第2次印刷
开　　本　787毫米×1092毫米　1/16　印张 39.375
字　　数　929千字
印　　数　2001～2500册
定　　价　118.00元
ISBN 978 - 7 - 5606 - 3387 - 9/TN

XDUP　3679001－2

为人类文明的进化添砖加瓦

——《实用天线工程技术》序言

经过长时间的酝酿，俱新德教授编著的《实用天线工程技术》终于面世了。拿到这本书稿时，回想起与俱教授的结识，本人感慨万千，因为这一切都源于海格通信(股票代码：002465)……

海格通信的前身——国营第750厂成立于1956年，其时隶属于国家第四机械工业部，从建厂之初专为我国海军提供舰载短波通信、导航装备至今，已从事无线电专业领域近60年，秉承深厚的专业底蕴，海格通信自2000年成立以后，通过四个"s"①的运作战略：

1. 横向实现了从短波向中长波、超短波、V/U频段和更高的卫星通信频段延伸；
2. 纵向实现了产品功率等级与使用方式的系列化派生；
3. 实现了由单机向系统集成、网络、网系的综合化提升；
4. 实现了向基础技术、关键部件乃至芯片的系列化纵深。

经过了十多年的发展，海格通信已成为军用通信导航领域最大的整机供应商之一。我们看到：无线电技术自发明以来，一直是日新月异的快速发展，到了互联网时代的今天，无线通信技术的应用更是一日千里，特别是"无线 WiFi"的应用彻底影响和改变了人们的生活模式及交流方式，可以说无线通信已达到了无处不在的程度。而凡是无线通信都离不开天线，哪里有无线，哪里就有天线。天线作为无线通信设备的重要组成部分，犹如人的耳目一样不可或缺，它不但作为单独的配件部件出现，同时还会直接影响到整机效能的发挥。海格通信作为追求业界最优的、资深的无线通信装备的承制商，"致力于使我们的产品具有科学的精确、可靠与艺术美的和谐结合"②，因此一直希冀实现天线与设备的完美结合。

而这机会来自于2010年8月31日海格通信在A股成功挂牌上市之后，借助资本平台，海格通信的首例收购案就是当初的"陕西海通天线"，因此，我也有缘结识了俱新德教授。俱教授毕业于西安电子科技大学(原西北电讯工程学院)天线和电波传播专业，从1965年开始在该校电磁场工程系执教，2000年7月受聘于陕西海通天线公司的技术总监一职。50年的时间，俱教授一直从事天线专业的教学与天线实用化、产品化研究，具有丰富的理论和实践经验。俱教授等人用了长达3年的时间编著了《实用天线工程技术》一书，旨在把国内外最新的天线技术介绍给广大无线工程技术人员，促进我国天线技术的普及和发展，确是一项极有意义的工作。

本书重点突出了工程性和实用性，主要介绍天线的物理概念、设计方法，列举了大量

---

① "s"为下述四句话中最后一个文字"伸"、"生"、"升"、"深"的拼音"sheng/shen"的首字母。

② 摘自《海格通信管理探索》之组织使命。

实例。其中，所列天线种类颇多，内容甚为丰富，且独具新颖。鉴于天线的科技性和专业性，所以人们往往只见其形而不知其能。基于上述原因，本书在编撰时不但细致描述了各类天线的外形，而且用大量的篇幅将天线的工作原理进行了详尽的阐述，给出了许多实用的设计图表和曲线，一些常规天线如环天线、八木天线、对数周期天线、背射天线等都分别单独作为一章列出。在编著过程中，俱教授收集了截至目前国内外最新资料，且有不少章节的内容如赋形波束、基站天线、同轴缝隙天线等内容都是首次与读者见面。本书以图文并茂的形式，各种设计图表、分析曲线与文字内容相得益彰，通俗易懂，具有很强的可读性和可操作性，是目前国内少见的一本实用工程天线设计和教学的参考书。

遥想 2002 年 3 月 28 日海格通信出版的《工艺技术手册》，与现在手中的这本书实有异曲同工之妙——因为它们都是由海格人亲自撰写。其时，我曾为该书题写了名为《传承与淬炼》的序言，在序言中我提到：

“人类文明之所以能不断地进化，是因为人类能够学习前人的经验。同时以文字的方式记载、整理、归纳、提炼自己的感受，代代相传。我们吸收知识，再加上自己的经验和想法，而后传递给其他人甚至是下一代。

‘传承’与‘淬炼’代表了人类文明进化的两个不可或缺的环节。前者代表当事人获得和继承前人成功的或基础的经验，其方式包括言传身教或从文字载体中获知；而后者则代表当事人的全身心的投入和反复的实践。”①

今天，俱教授编著的这本《实用天线工程技术》同样适用于上述提法。俱教授等编委之于本书的辛勤付出，为涉及该领域的科技人员进行科学研究提供了可资参考的资料，为从事相关专业领域的从业者提供了便于查阅的指南，为有志于该领域的学者和爱好者提供了可贵的学习资料，这些都无疑是在为中华民族的伟大复兴、为人类文明的进化添砖加瓦！

[签名]②

2015.2.8 写于出差北京途中

---

① 摘自《海格通信管理探索》之管理理念之十六。

② 杨海洲，无线通信专业，广州无线电集团总裁、海格通信(002465)创始人董事长、中国软件行业协会副理事长。

序

在当今信息瞬息万变的时代，无线技术作为信息技术的基础之一，其重要性不言而喻，而作为无线设备重要组成部分的天线，犹如人的耳目一样，可以说哪里有无线，哪里就有天线。为了把国内外最新的天线技术提供给广大天线工程技术人员，以促进我国天线技术的普及和发展，俱新德教授等编写了《实用天线工程技术》一书，确实是一件很有意义的工作。俱新德教授长期从事天线实用化、产品化研究，具有丰富的理论和实践经验。

本书重点突出工程性和实用性，主要介绍天线的物理概念、设计方法，列举了大量实例，给出了许多实用的设计图表和曲线，并把许多常规天线(如环天线、八木天线、对数周期天线、短背射天线等)都分别单独作为一章列出。

本书列举的天线种类繁多，内容丰富而且新颖，作者不仅收集了截至2010年国内外有关最新资料，而且有不少章节的内容如赋形波束天线、基站天线、同轴缝隙天线等都是首次与读者见面。

本书图文并茂，不仅实例、设计图表、曲线多，而且通俗易懂，不是手册，胜似手册，可读性、可操作性特别强，是目前国内少见的一本实用天线参考书。

西安海天天线股份有限公司首席科学家

肖良勇教授

2014.12.30

前　言

《实用天线工程技术》是一本实用性极强的天线工程参考书，全书共10章，主要介绍天线的物理概念、设计图表、曲线，天线的具体结构和尺寸、主要电参数仿真和实测结果。书中少用或不用繁杂的公式，列举了大量实例、设计图表、曲线并增加了许多新内容，把许多常规天线(如环天线、八木天线、短背射天线)、水平偶极子天线、贴片天线、全向天线均分别作为一章单独列出，还增加了一些新章节，如赋形波束天线、同轴缝隙天线和基站天线，以适应新技术发展的需要。为了便于读者进一步研究，在每一章后面都列出了大量参考资料。

俱新德任本书主编，赵玉军任副主编，刘军州、张培团、邱林参与了部分章节的编写并对部分天线进行了仿真。

本书在编写过程中得到了广州海格集团董事长杨海洲，陕西海通天线有限责任公司董事长喻斌、原总经理李军、现任总经理姚兴亮的大力支持，并得到了西安海天天线股份有限公司首席科学家肖良勇教授的指导和支持，还得到了刘庆刚、顾庆峰、祁建军的关怀和大力支持，在排版和绘图等方面得到了宁惠珍、吴佩菁、李峰娟、朱君侠、李景春的帮助，还得到了西安电子科技大学出版社编辑戚文艳和许青青的大力支持，在此一并表示衷心感谢。

由于作者水平有限，难免有不妥之处，恳请读者批评指正。

作　者

2015年1月

目　　录

第1章 基站天线

1.1 移动通信和移动通信天线的相关知识[1-2]

1.1.1 移动通信及通信天线的发展概况及方向

移动通信系统在近十年得到了惊人的发展。移动电话系统已经由1G的模拟系统演变到2G的数字系统，再到多媒体传输的3G系统乃至4G系统。除了移动电话系统，各种无线移动通信系统的服务范围也不断扩大，通信距离从短距离到中距离。这些系统不仅可以提供通信业务，而且可以通过它们的网络，或独有的结构，完成控制、数据传输、识别和检测等工作。这类系统中，典型的系统是UWB、RFID、Bluetooth、NFC(Near - Field Communication)系统、WLAN、移动WiMAX。其中某些宽带系统以非常高的数据传输速率为特征。另外，这些无线系统最明显的能力是可以与移动电话系统彼此连接，从而实现无缝通信。

为了满足各类移动通信系统的需求，当前移动通信系统天线的设计任务就是要超越2G，满足3G、4G对天线的要求。天线设计的另外一个趋势则是针对移动无线系统，而不只是移动电话系统。

图1.1是移动通信和天线的典型发展方向，图1.2则给出了天线系统与移动通信系统的关系。

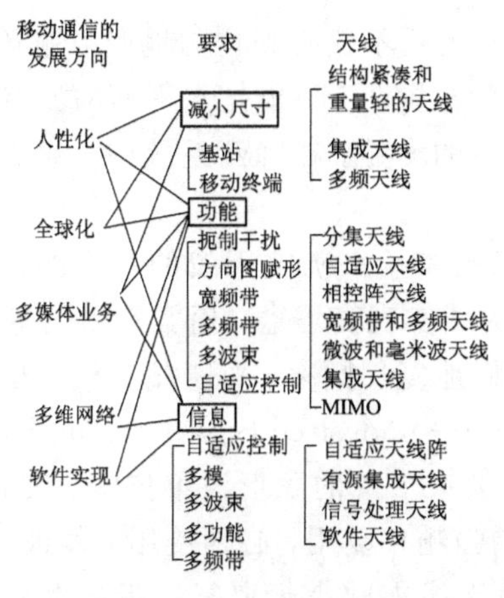

图1.1 移动通信和天线的典型发展方向

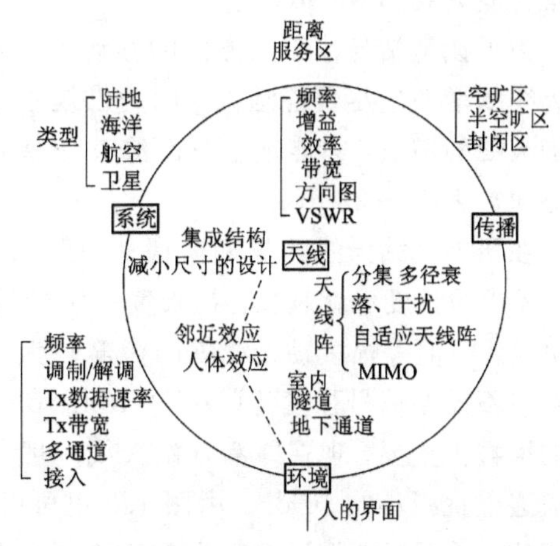

图1.2 天线系统与移动通信系统的关系

1.1.2 基站天线的相关技术

1. 对基站天线的要求

3G基站天线的基本设计概念与2G天线基本相同，但是3G系统使用了不同的调制方案。由于传输性能与2G系统不同，因而3G系统在天线的设计中会有某些不同点。3G天线和4G天线的主要设计任务是波束赋形、多频工作、减小尺寸及设计采用先进技术的天线系统。

在基站天线的结构中，减小尺寸将成为最重要的设计任务，因为用户大量增加，蜂窝的尺寸随通道容量的增加而变得越来越小，相应基站的数量也随之增加，迫使基站只能在有限的空间和地方安装，无疑基站天线也必须结构紧凑，不仅要求尺寸小，而且要求重量轻。由于安装空间受限，因此为了减少天线的数量，必须使用宽频带和多频带天线。

为了增加3G的覆盖范围，目前服务区已到达大楼内、地下商场、通道、隧道及地铁等封闭区。为了覆盖这些区域，需要使用小型中继站。小型中继站必须使用尺寸小、结构紧凑、重量轻的全向和定向天线，而且最好是平面结构的天线。

在2G和3G系统共存的地区，不仅要增加天线的数量，更要使用多频天线。为了覆盖扇区，需要使用多波束天线。

由于一个基站要同时与许多移动用户通信，所以必须为多通道，这就要求基站有宽频带特性和分配或合成通道的功能。因此在蜂窝系统中的单个基站天线既要作为发射天线使用，又要作为接收天线使用。天线的相对工作带宽在806～960 MHz频段达到17.4%，在3G的1710～2170 MHz频段达到23.7%。

2G系统使用频率复用技术来改进通道容量，为了避免使用同频蜂窝之间的共通道干扰，必须让基站天线波束下倾。3G系统的调制方案是CDMA，每个蜂窝都使用相同的频率，所以仍然使用波束下倾基站天线。为了扼制干扰及增加通道容量，必须采用赋形波束技术。赋形波束技术包括波束下倾、垂直面的低副瓣、水平面均匀覆盖的方向图、扇区波束和多波束。

减小多路径衰落造成的窄频带调制方案中信号质量下降的一种有效方法就是采用分集天线技术。采用这种技术既能扼制干扰，又能增强天线性能。目前世界上最先进的天线技术是智能天线和MIMO。

为了让基站与位于服务区的移动用户通信，基站天线不仅必须均匀地照射服务区，而且天线的增益应尽可能地高。因为已规划好服务区的范围，不可能把水平面的波束变窄来增加天线的增益，只能把垂直面波束变窄来提高天线的增益。在蜂窝系统中，基站天线的增益通常为12～22 dBi。

在研制基站天线的早期阶段，一般都是由天线的增益来确定天线的长度的，增益越高，天线的长度也就越长。在长度一定的情况下，为了实现高增益，通常都采用等幅同相馈电技术。但等幅激励天线阵的旁瓣较大。为了更好地复用频率，对基站天线，有更大的需要与不需要信号强度比(D/U)(Ratio of Desired - to - undesired Signal Strength)比有更高的增益更重要。现在蜂窝基站天线一般都采用带波束下倾的赋形波束技术。实验表明，共通道干扰减小约10 dB。由图1.3也可以看出，增强频率复用，必须使用天线波束下倾。特别地，通过扼制靠近主瓣上副瓣电平的赋形波束天线来减小频率复用距离也是非常有效的。

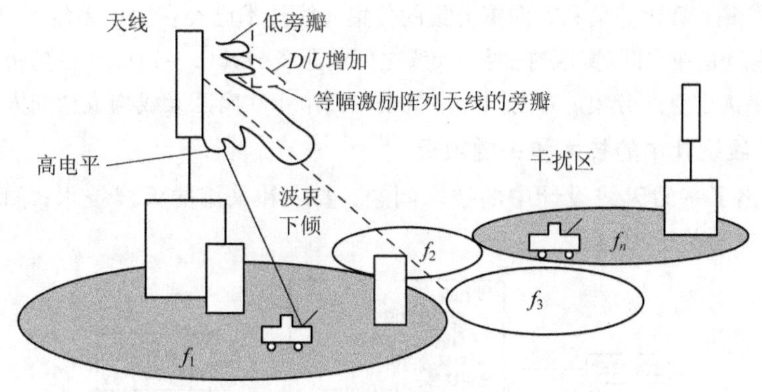

图 1.3 减小副瓣电平对频率复用的效果

2. 基站天线的类型

基站天线的布局取决于服务区的大小及形状、蜂窝和通道的数量。对水平面限定角域的有限服务区，常使用角反射器天线。当服务区比较宽且长时，宜使用在垂直面为窄波束的高增益线极化天线阵。早期的蜂窝基站天线通常采用等幅同相馈电的高增益天线阵。为了增加频率复用的有效性，当蜂窝分成更小的子蜂窝时，基站天线的设计目的已经从实现高增益转移到获得更大的需要与不需要信号强度比(D/U)。目前全世界已采用了用电或机械调整的主波束下倾天线，使共通道干扰降低 10 dB 左右。波束下倾确实增强了频率复用的效果。采用合适的方法综合的天线阵方向图，不仅扼制了与主瓣相邻的副瓣，而且对减小蜂窝之间的距离也是非常有效的。图 1.4 是基站天线的分类。

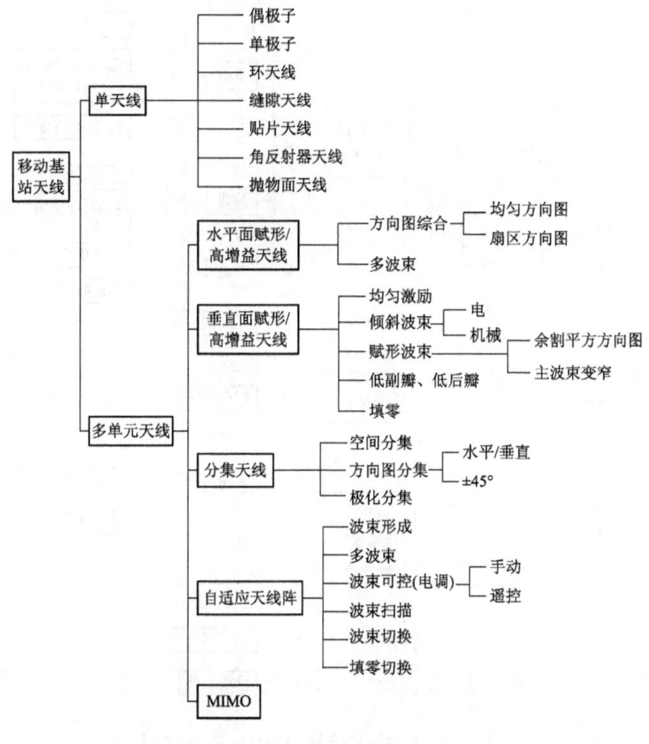

图 1.4 基站天线的分类

当前空间分集、极化分集和方向图分集的分集天线技术已经在通信系统的基站天线中广泛采用。空间分集就是在空间(城区)把两个天线之间的距离分开(5～10)λ_0。在高密度的城区环境，极化分集的效果优于空间分集。方向图分集就是用两个180°扇区天线构成全向方向图。

3. 基站天线设计中的技术和关键项目

图1.5给出了基站天线设计中的技术问题、要求和采用的天线技术；图1.6则给出了基站天线设计中的关键项目。

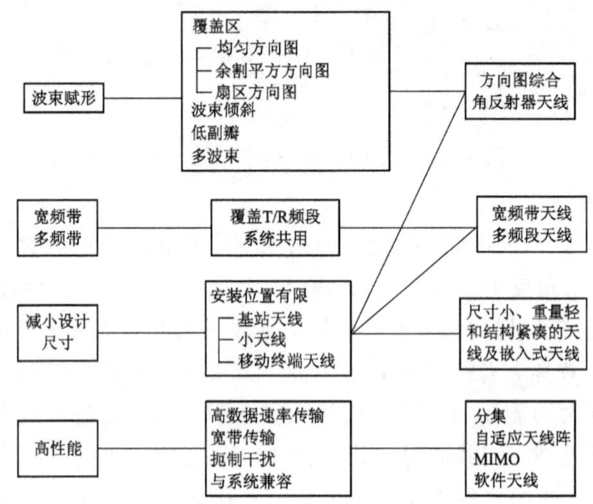

图1.5　基站天线设计中的技术问题、要求和采用的天线技术

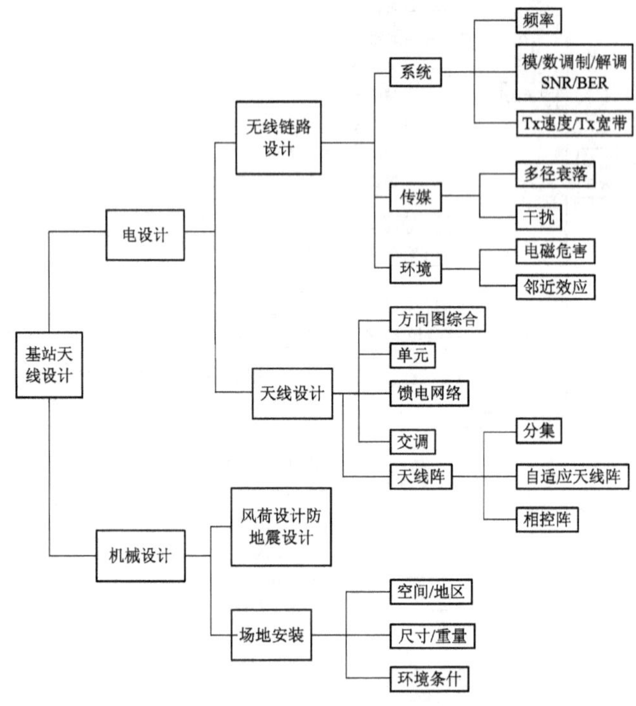

图1.6　基站天线设计中的关键项目

4. 基站天线阵方向性的分析、综合和赋形波束设计

基站天线阵的合成方向图与以下因素有关：

(1) 阵的几何布局(线阵、圆阵和矩形阵等)；

(2) 单元间距；

(3) 各辐射单元的激励幅度；

(4) 各辐射单元的激励相位；

(5) 各辐射单元的方向图。

基站天线阵的方向性理论包括以下两部分内容：

(1) 已知天线阵元的排列方式、个数、间距和电流幅度及相位分布来求解天线的方向图、方向系数、波束宽度、效率、极化和带宽等辐射特性，称为天线阵的方向性分析。

(2) 根据期望的天线方向图，寻找形成该方向图的天线阵元之间的形式、个数、间距、阵元的电流幅度和相位分布的过程，称为天线阵的方向性综合。

基站往往要求天线有高的 F/B 比，低副瓣，而下第一个零填充、上副瓣抑制等赋形波束都属于天线阵的方向性综合问题，因此天线阵方向性综合更有实际意义，它不仅要确定天线阵的布局，而且要确定天线阵的几何尺寸和阵元电流的激励系数。可见，天线阵方向性综合就是利用系统的或者组合的方法来实现所期望方向性的一种方式。

天线阵方向性综合的方法很多，但常用的有三类：

第一类是谢昆洛夫法，使天线的方向图在某些期望的方向上具有零点；

第二类是富里埃变换和伍德沃德法，以及 Lawson 法，使天线的方向图呈现所期望的赋形波束分布；

第三类是利用二项式技术和道尔夫-切比雪夫法来得到最佳分布，在给定主瓣宽度的情况下，使副瓣电平最小。

5. 赋形波束的设计

为了更有效地实现频率复用，需要采用赋形波束技术。基站天线在设计蜂窝小区的尺寸、抑制不需要的辐射中起着极为重要的作用。在蜂窝系统中，要求基站天线以尽可能高的电平均匀照射本服务区，以尽可能低的辐射能量指向使用相同频率的蜂窝小区。

赋形波束有两种：一种是水平方向图呈扇形的波束，另一种是垂直面方向图呈余割形的波束。

1) 垂直面赋形波束

如图 1.7 所示，如果用固定在一定高度上的天线的等信号电平照射有限大的服务区，则应采用垂直面且有余割平方波束的天线。假定路径损耗比自由空间大，由于路径损耗因子 α 正比于传播距离 R 的平方，因此在移动通信系统，必须使用余割 P 次方功率赋形波束功率方向图来实现在有限大的服务区中所有点等信号接收电平。实际上，在蜂窝系统中，赋形波束的最大好处是抑制了指向前面使用同频率的蜂窝的辐射，而不是均匀地照射自己的区域。

为了抑制指向复用蜂窝小区的信号电平，并提高在 2G 系统中天线的 C/I，应该让主波束下倾。在此情况下，在小区的边缘，虽然载波电平也减小，但干扰电平比载波电平减小得更多，因此总的天线 C/I 仍然增加，这从系统设计的观点看是有利的。在全世界，大多数包括了3G系统的蜂窝系统都使用了波束下倾技术。

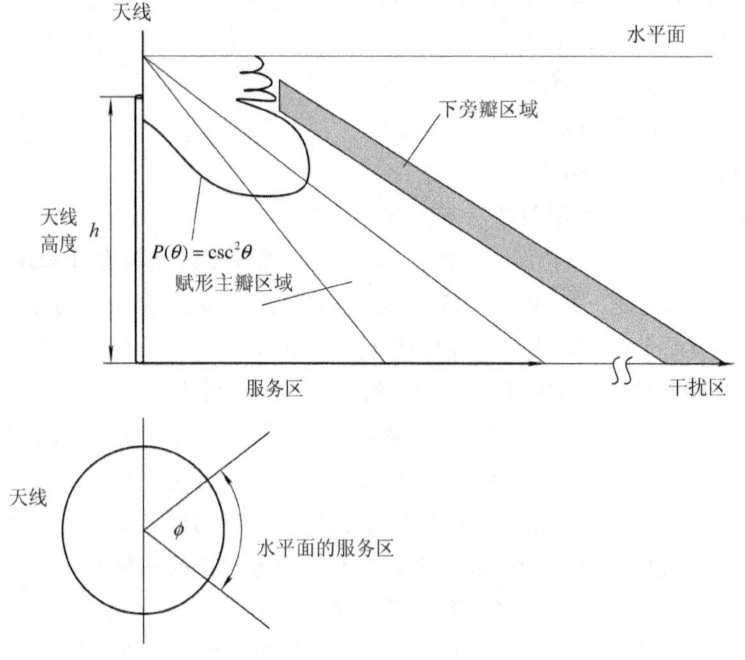

图 1.7　具有低干扰且均匀照射服务区的赋形波束

2）水平面赋形波束

采用扇区使位于扇区内移动终端的平均数减少，相应干扰也减少，结果导致系统的容量增加。图1.8表示通道容量随扇区数量的增加而增加。图1.8中使用式(1.1)表示的天线。

$$f(\theta) = \left(\cos\frac{\theta}{2}\right)^m \tag{1.1}$$

式中：

$$m = -\frac{3}{10\lg(\cos \mathrm{BW}/4)} \tag{1.2}$$

其中，BW 为波束宽度。

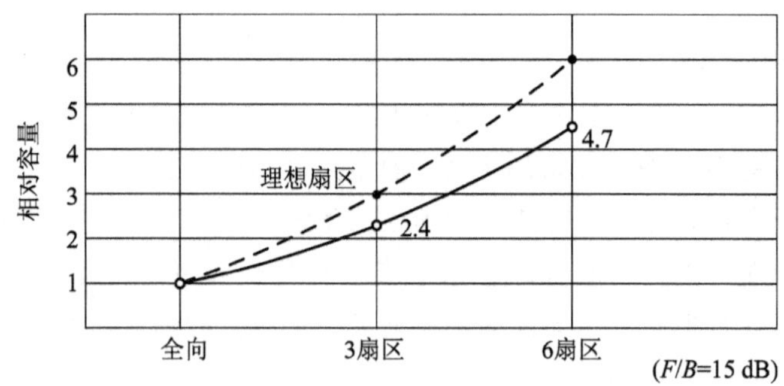

图 1.8　通道容量与扇区数量的关系

图1.9(a)、(b)是三扇区和六扇区通道相对容量随波束宽度BW的变化情况。由图1.9可以看出，对三扇区，无论是上行链路还是下行链路，BW(HPBW)=70°左右，相对容量最大；对六扇区，无论是上行链路还是下行链路，BW(HPBW)=40°左右，相对容量最大。

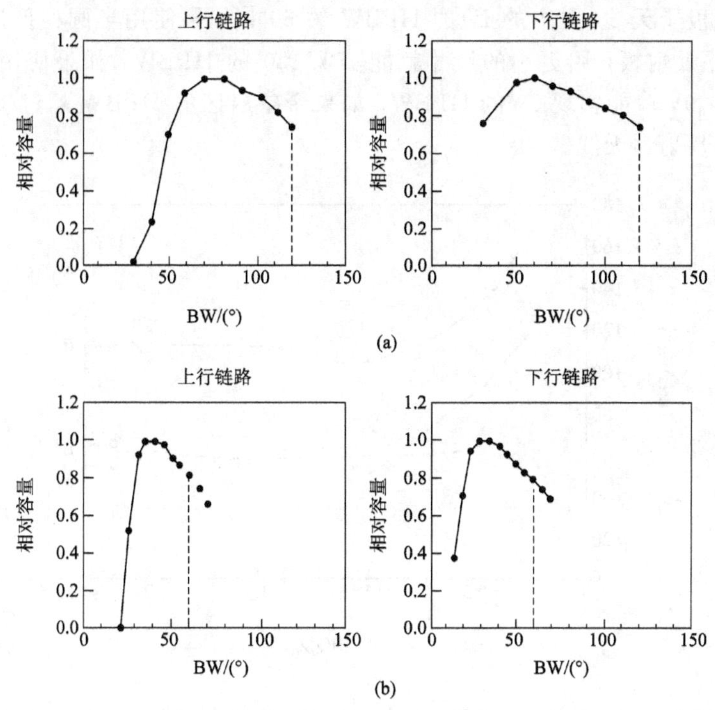

图1.9 通道相对容量与波束宽度BW之间的关系

(a) 三扇区；(b) 六扇区

角反射器天线是最好的扇区天线，因为通过改变角反射的口面张角 α 就能调整它的水平面波束宽度。图1.10是典型的角反射器天线。在垂直面组阵，可通过使垂直面波束宽度变窄来实现高增益，控制馈电网络的幅度和相位，还可以实现赋形波束。图1.11是在角反射器边宽 L 不同的情况下，张角 α 与HPBW的关系。由图1.11看出，角反射器的张角 α 从60°变到270°，可实现HPBW=60°～180°的扇形波束。

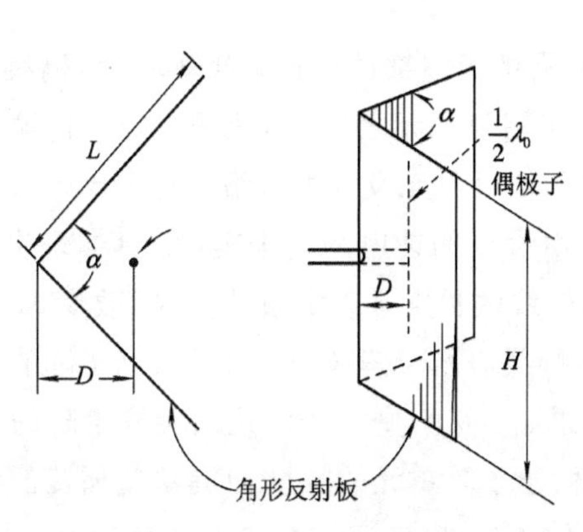

图1.10 角反射器天线的结构

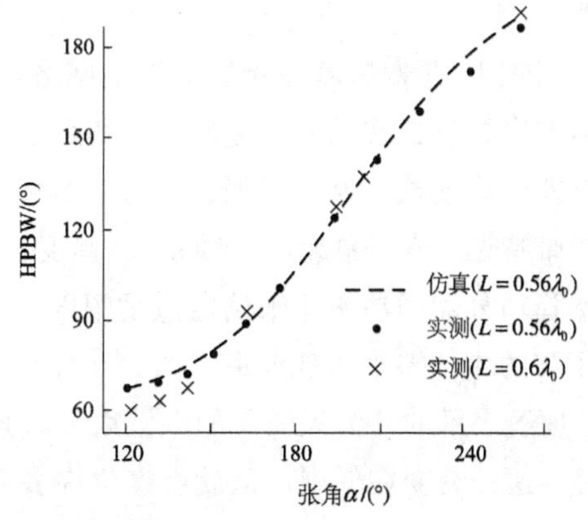

图1.11 角反射器天线HPBW与张角 α 的关系

如果用平板作为反射板，则当平反射板变宽时，如图 1.12 所示，偶极子的波束宽度将变窄。但当平反射板的宽度 $W>\lambda_0$ 时，偶极子的波束宽度几乎为常数。从图 1.12 中还可以看出，使用宽度 $W=\lambda_0$ 的平反射板时，单个偶极子(图中的 A)的 HPBW 约 120°，间距为 $0.25\lambda_0$ 双偶极子天线(图中的 B)的 HPBW 约 60°；如果使用半圆柱形反射板(图中的 C)，则相对于平反射板，用更小的尺寸就能实现 120°的 HPBW；如果使用圆柱形反射板(其直径为 $0.8\lambda_0$)，就能实现 60°的 HPBW。如果希望扇区的 HPBW 超过 120°，应采用张角 $\alpha>180°$的角反射器天线。

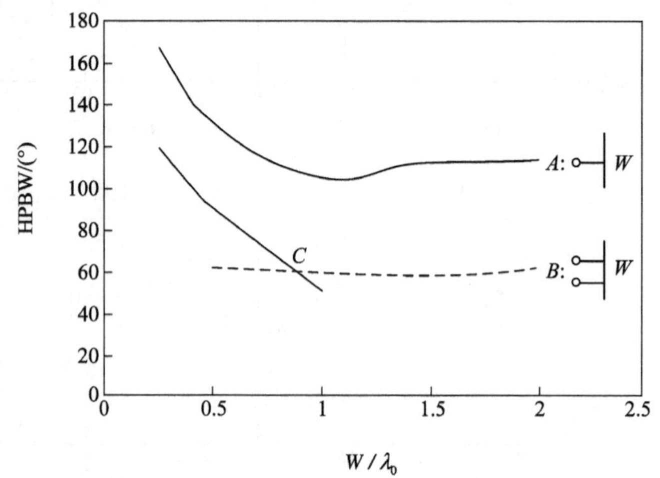

图 1.12　平反射板的电宽度 W/λ_0 与一个和两个偶极子 HPBW 的关系

为了进一步增加频率利用的有效性，往往把蜂窝分成扇区。采用扇区，虽然蜂窝的数量将增加，但基站的数量并没有增加。对 WCDMA，由于所有蜂窝都使用相同的频率，所以不采用频率复用技术，但随着扇区数量的增加，天线的波束宽度将变得更窄，因此天线的增益也就变得更高。

【例 1.1】 800 MHz 和 1500 MHz 频段双频基站天线的设计。

下面以 800 MHz 和 1500 MHz 频段基站天线为例，简述基站天线设计中的一些技术问题。

图 1.13 是双频基站天线的馈电网络，图中所有的天线部件，如辐射单元、传输线、功分器都腐蚀制造在同一个基板上。角形接地板位于辐射单元之后。阵列单元通过传输线和功分器组成的馈电网络来激励。为了实现宽频带，辐射单元及馈电网络的每个单元都具有宽频带特性。阵列单元的激励系数(幅度和相位)由设计的馈电网络来实现。具体来讲，就是选择功分器的功率比来确定激励幅度，调整传输线的长度来确定激励相位，改变 M 个单元子阵的相位差来实现波束下倾。图 1.13 中，点画线表示子阵波前，用 θ_{t0} 表示子阵的下倾角，虚线表示的 θ_t 为天线阵的电波束下倾角。如果 $\theta_t\neq\theta_{t0}$，则在子阵边缘会发生陡的相位突变，这种突变在低副瓣区就会产生许多栅瓣。由于子阵单元的数量 M 是决定栅瓣位置的关键因素，因此把六个子阵的单元数取为 5、4、4、4、4 和 5，即 $M=5$ 和 4 两种。

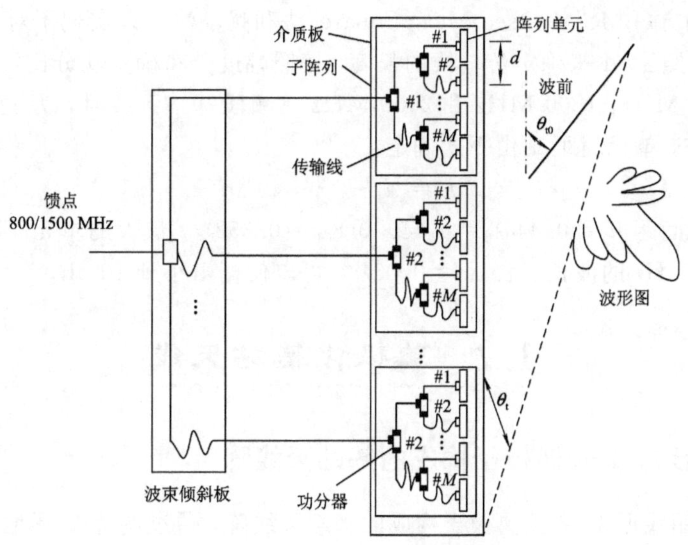

图 1.13 双频基站天线的馈电网络

图 1.14 是 800 MHz 和 1500 MHz 频段双频基站天线，800 MHz 频段为印刷偶极子，1500 MHz 频段是位于 800 MHz 辐射单元前面的寄生单元。$0.6\lambda_0$ 的单元间距将产生互耦。为了扼制互耦，在阵列单元之间插入短路支节，双频辐射单元位于能产生 $HPBW_H=120°$ 的角形反射板上。

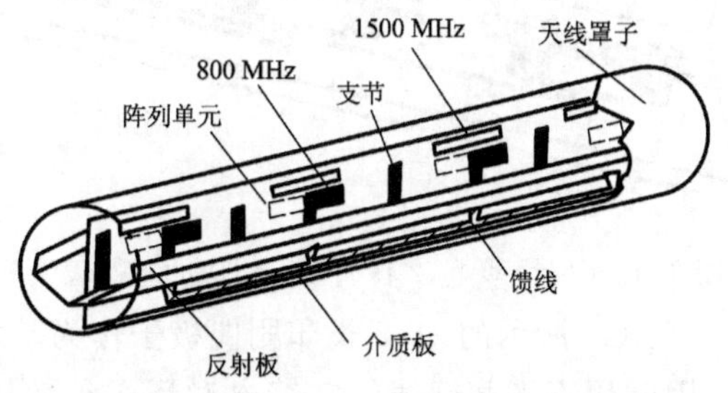

图 1.14 800 MHz/1500 MHz 双频基站天线

该基站天线在垂直面的方向函数 $f(\theta)$ 可以表示为

$$f(\theta)=f_0(\theta)\sum_{n=1}^{N/M}\sum_{m=1}^{M}I_{nm}\exp(\mathrm{j}\alpha\varphi_{nm})\exp(\mathrm{j}K_0\alpha d_{nm}\sin\theta)\exp(-\mathrm{j}K_0\alpha d\varphi_{\mathrm{t}})\tag{1.3}$$

式中，I_{nm} 为第 nm 个单元的激励幅度；φ_{nm} 为第 nm 个单元的激励相位(下标 nm 表示 $m+(n-1)M$ 单元数)，n 为子阵的个数，m 为子阵中的单元数；$\alpha=f/f_0$(频率比)，f_0 为中心工作频率，$\alpha=1$ 时，相当于 $f=900$ MHz，$f=1500$ MHz 时，$\alpha=1.67$；$K_0=2\pi/\lambda_0$，λ_0 为中心工作波长；$f_0(\theta)$ 为单元方向函数。

式(1.3)中，第一个指数项表示相位方向图，取决于激励相位；第二个指数项表示幅度方向图，取决于全部阵列单元的路径长度，d_{nm} 意味着 $d_{m+(n-1)M}$；第三个指数项表示为了实现波束下倾附加的相位方向图。

倾角 φ_{t} 由下式表示：

$$\varphi_{\mathrm{t}}=m\sin\theta_{t0}+(n-1)m\sin\theta_{\mathrm{t}}\tag{1.4}$$

采用最小均方(LMS，Leased Mean Square)法和扰动法可以实现不对称低副瓣所需要的激励系数，按照 $\alpha=1$ 来确定传输线的长度，按照幅度分布确定功分比。

在设计 800 MHz、1500 MHz 和 2000 MHz 三频段基站天线时，为了扼制栅瓣，采用不等间距天线阵，单元间距 d_i 由下式确定：

$$d_i = d_1 + (i-1)\Delta d \tag{1.5}$$

最小的单元间距 $d_1=0.44\alpha\lambda_0=0.44\times0.8\lambda_0=0.352\lambda_0$，最大的单元间距 $d=1.01\alpha\lambda_0=2\lambda_0$。$\lambda_0$ 为 1000 MHz 的波长。取 $\Delta d=0.03\lambda_0$，可以使栅瓣小到 10 dB。

1.2 单极化基站天线

1.2.1 用线形 $\lambda_0/2$ 长偶极子构成的基站天线阵

图 1.15 是用线形 $\lambda_0/2$ 长偶极子构成的基站天线阵，通过调整 U 形地板的宽度和侧边的高度可控制天线阵水平面方向图的 HPBW，从而满足基站要求基站天线有不同水平面 HPBW 的需要。图 1.15 中用 50 Ω 同轴线来激励偶极子，并用同轴线作为馈电网络。

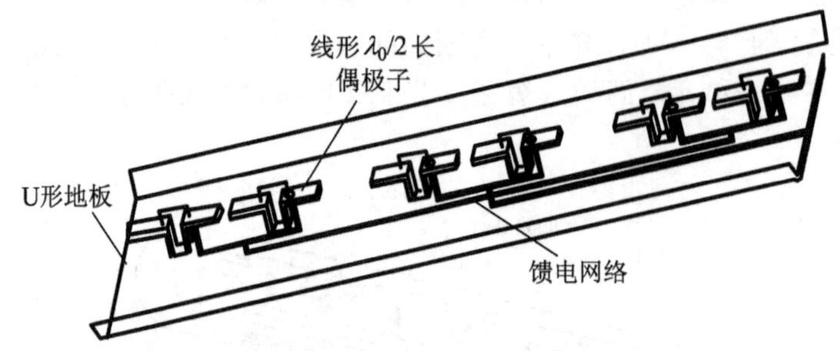

图 1.15 用线形 $\lambda_0/2$ 长偶极子构成的基站天线阵

也可以用如图 1.16(a)、(b)所示的 $\lambda_0/2$ 长印刷偶极子作为基站天线的基本辐射单元。由于偶极子是对称天线，因此用不平衡馈线给它馈电时还必须使用巴伦。图 1.16(a)中使用了渐变巴伦，图 1.16(b)则使用串联补偿印刷微带分支导体型巴伦。

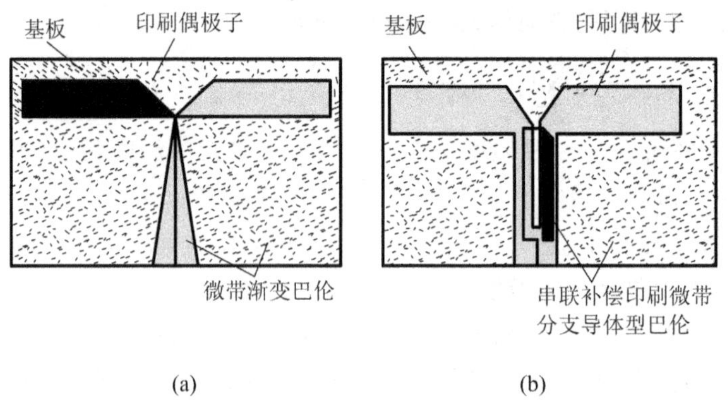

图 1.16 带有巴伦的印刷偶极子

(a) 微带渐变巴伦；(b) 串联补偿印刷微带分支导体型巴伦

1.2.2　用贴片天线构成的基站天线[4]

贴片天线不仅具有轮廓低、易批量加工制造、成本低等优点，而且天线的 3 阶无源交调干扰优于线状振子，因而国外大量采用贴片天线作为基站天线。

DCS1800 数字通信基站天线的工作频率为 1710～1880 MHz，为了覆盖近 10%的相对带宽，采用了如图 1.17 所示的缝隙耦合层叠贴片天线。缝隙耦合层叠贴片不仅展宽了天线的带宽，而且贴片背面的基板还可以作为天线罩使用。

该天线的设计要求为：波束下倾 30°，中增益。为此采用了以下设计：

为了避免栅瓣，单元间距取为 85 mm。考虑到中增益，采用四单元贴片天线阵。

采用等幅馈电，为了实现 30°下倾波束，可按照落后方向偏，单元的相位要依次落后，所需要的相移量 φ 由下式计算：

$$\varphi=(2\pi/\lambda_0)d\ \sin\theta=\frac{360}{166.7}\times 85\times \sin 30^\circ=91.8^\circ$$

相对于单元 1，单元 2、3、4 的相对相移分别为－91.8°、－183.6°和－275.4°。图 1.17 给出了四元天线阵的馈电网络及各单元所需要的幅度和相位，图 1.18 是该天线阵的结构示意图。

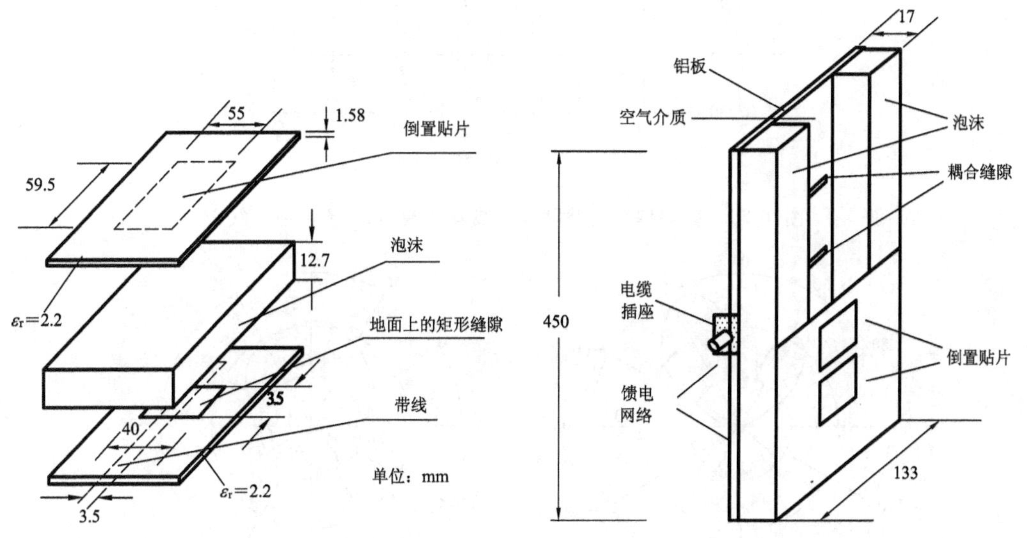

图 1.17　缝隙耦合层叠贴片天线　　　图 1.18　四元天线阵的立体结构及尺寸

为了使天线匹配并提供所必需的相移，必须仔细设计馈电网络。图 1.19 中各段带线的特性阻抗及尺寸如表 1.1 所示。

表 1.1　馈电网络的特性阻抗及尺寸

线段	a	b(λ_0/4 阻抗变换段)	c	d	e(λ_0/4 阻抗变换段)	f
Z/Ω	50	70.7	100	100	70.7	100
长 L/mm	6.35	30.77	26.56	58.41	30.77	53.12
宽 W/mm	4.92	2.78	1.41	1.41	2.78	1.41

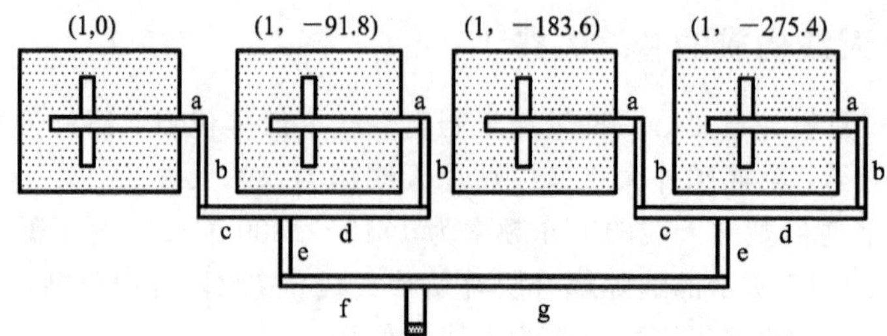

图 1.19　四元天线阵的馈电网络及单元的幅度和相位

天线阵实测的 $S_{11}\sim f$ 曲线如图 1.20 所示。由图 1.20 可以看出，VSWR≤2($S_{11}\leqslant$ −10 dB)的相对带宽为 15%。实测的 E 面和 H 面方向图如图 1.21(a)、(b)所示。

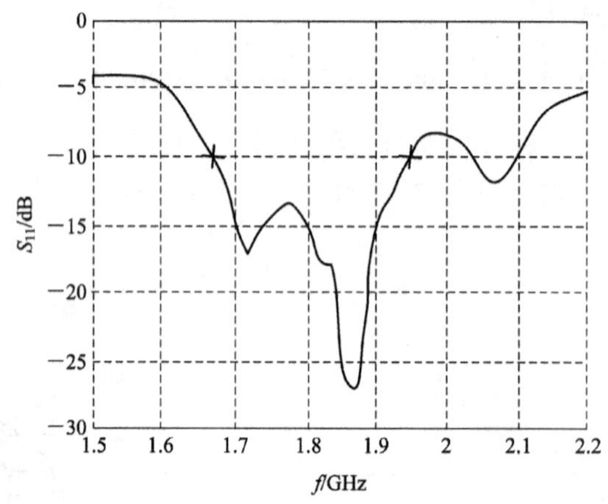

图 1.20　缝隙耦合层叠贴片天线阵实测 $S_{11}\sim f$ 特性曲线

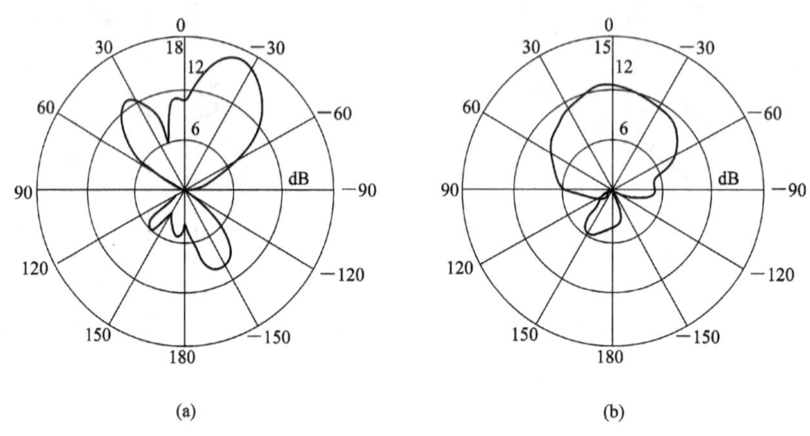

图 1.21　缝隙耦合层叠贴片天线阵实测 E 面和 H 面方向图

(a) E 面；(b) H 面

【例 1.2】 低成本四元层叠宽带贴片基站天线阵。

图 1.22 是用 $\varepsilon_r=2.2$ 的基板制作的适合 1910～2200 MHz 频段使用的四元层叠宽带贴片天线阵的结构及尺寸。单元贴片天线的输入阻抗为 100 Ω，为了与 50 Ω 馈线匹配，使用了两个 $\lambda_0/4$ 阻抗变换段。图 1.23 是该天线阵仿真和实测 $S_{11}\sim f$ 特性曲线。该天线阵在频段内的主要实测电参数如表 1.2 所示。

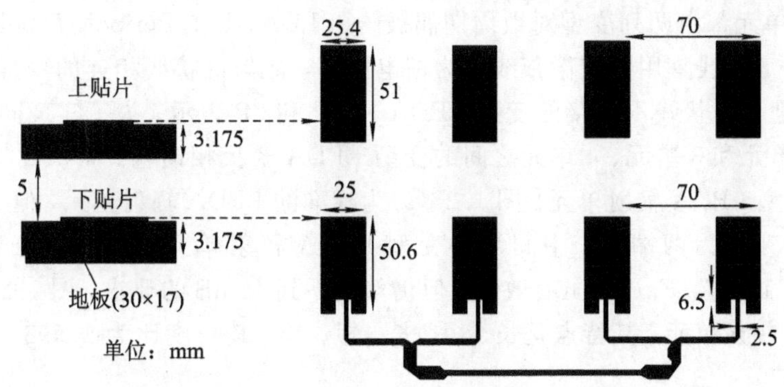

图 1.22 四元层叠贴片天线阵的结构及尺寸

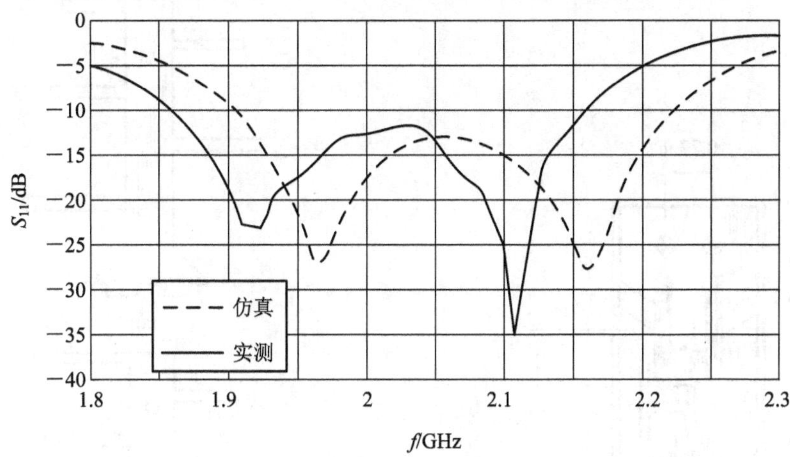

图 1.23 四元层叠贴片天线阵仿真和实测 $S_{11}\sim f$ 特性曲线

表 1.2 四元层叠贴片天线阵实测主要电参数

f/GHz	$HPBW_E$/(°)	$HPBW_H$/(°)	SLL/dB	G/dBi
1.91	65	30	−15.4	12.6
1.955	63	29	−12.4	12.5
2	66	26	−12.7	12.1
2.11	60	26	−11.3	12.8
2.115	50.5	26	−12.4	13
2.2	50	25	−14.9	13.4

1.2.3 高 F/B 比基站天线[5]

在密集的城区，希望使用高 F/B 比、$HPBW_H=65°$的基站天线。高 F/B 比不仅可以减小对相邻小区的干扰，而且由于减小了后向辐射功率，因而增加了有用辐射功率。为了实现窄的水平面半功率波束宽度，宜用间距为 $0.27\lambda_0$ 左右的两列辐射单元。

为了在 1850～1990 MHz 频段实现 $HPBW_H=65°$，$F/B\geqslant45$ dB 的基站天线，天线的基本辐射单元采用变型对数周期偶极子天线。图 1.24 为单元间距为 $0.9\lambda_0\sim1\lambda_0$ 的四单元天线阵，每个单元都由两列变型对数周期偶极子(LPDA，Log Periodic Dipole Antenna)构成。图 1.24 中，天线阵用并馈微带线作为馈电网络，把与带状线相连的变型 LPDA 用 1A 和 2A 表示，把与带状线不连接的变型 LPDA 用 1P 和 2P 表示。为了实现同相馈电，注意到 1 单元、2 单元和 3 单元、4 单元之间的变型 LPDA 要反相馈电。图 1.25(a)、(b)、(c) 给出了三种变型 LPDA 辐射单元。图 1.25(a)为标准的 LPDA 辐射单元，但 F/B 比达不到 45 dB；图 1.25(b)为两端长、中间短的变型 LPDA 辐射单元，长度比为 1.53、1.527、0.93、0.98 和 1.047，F/B 比虽有改进，但仍然达不到 45 dB 的要求；图 1.25(c)是另外一种变型 LPDA 辐射单元，其特点是长、短、长、短、长，其长度比为 1.598、1.139、1.25、0.795 和 0.817。

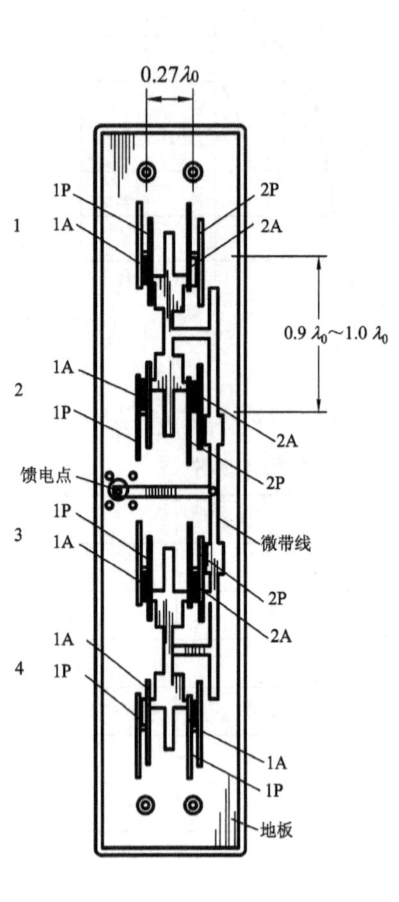

图 1.24　由变型对数周期偶极子构成的高 F/B 比四元基站天线

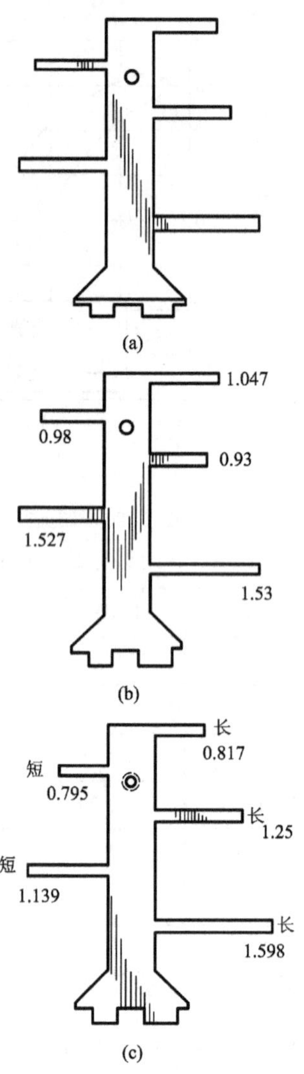

图 1.25　三种变型对数周期偶极子
(a) 标准型；(b) 两端长、中间短型；(c) 长、短、长、短、长型

用三种变型 LPDA 辐射单元构成的两列基站天线，其主要仿真电参数如表 1.3 所示。

表 1.3 用三种变型 LPDA 构成的两列基站天线的主要仿真电参数

辐射单元	f/MHz	$HPBW_H$/(°)	(F/B)/dB	$SLL_{左}$/(dB/度)	$SLL_{右}$/(dB/度)
图(a)	1850	66.3	34.5	−39.7/140.5	−31.86/146.2
	1920	64.7	39.6	−36/135	−33.4/144.6
	1990	62.8	36.3		−33.3/138.7
图(b)	1850	69.7	36.7	−35.4/142	−36.6/177.7
	1920	68.9	39.6	−38.5/147	−37.7/−147.5
	1990	65.5	42.5	−26.1/105.7	−36/−145.7
图(c)	1850	70.1	49.8	−40.5/144.7	−43/−154.7
	1920	68.4	57.6	−45.5/158	−38.6/−133.7
	1990	66.4	46	−39.6/148.7	−40.3/−161.2

图 1.26 是由变型对数周期偶极子构成的高 F/B 比的四元基站天线，其中图(a)、(b)分别为侧视图和端视图。

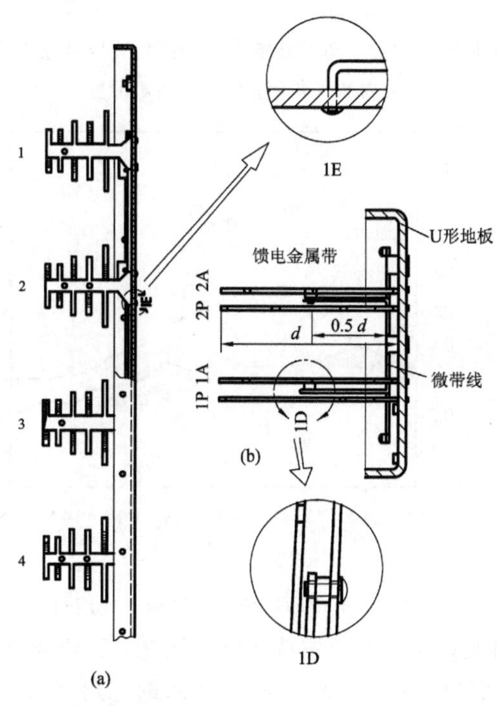

图 1.26 由变型对数周期偶极子构成的高 F/B 比的四元基站天线

1.2.4 利用三角波导上的横向缝隙实现基站天线的 120°扇区波束

把在三角波导角上切割的弯曲横向缝隙，作为毫米波波段三扇区水平面 120°波束天线，在原理上，与用同轴线和微带线馈电的天线相比，三角波导上的缝隙天线有相当低的传输损耗，特别是在毫米波波段。

为了增强缝隙的耦合，在三角波导中插入一个三角壁和一个短形壁。三角波导的内角 $\varphi_i=60°$，它是用边长为 a 的三块金属板组成的，其截面为等腰三角形。插入的三角壁其截面也是边长为 b 的等边三角形，如图 1.27(a)所示。图 1.27(b)是在三角波导中插入宽度为 W、高度为 H 的短形壁。把辐射功率与入射功率之比定义为耦合，把 b/a(三角壁)和 $h/[a\cos(\varphi_i/2)]$(矩形壁)定义为插入比。调整插入比可以控制耦合，当插入比为 0.7 时，耦合最大。图 1.28 是三角壁和矩形壁的耦合频率特性曲线。由图 1.28 可以看出，矩形壁比三角壁耦合大，所以矩形壁比三角壁好。另外，矩形壁还具有好加工的特点。

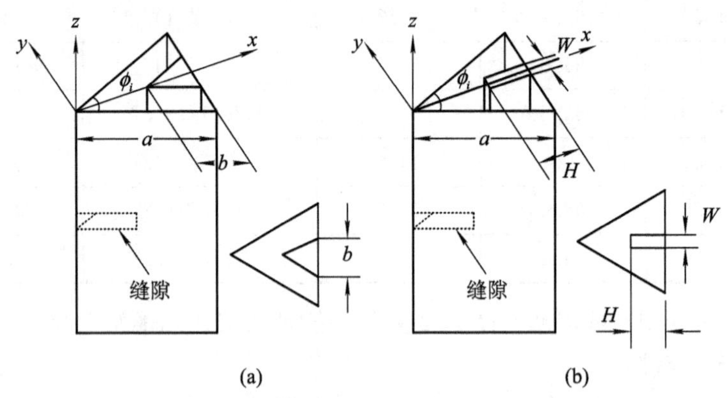

图 1.27 内插三角壁和矩形壁的三角波导缝隙天线

(a) 内插三角壁；(b) 内插矩形壁

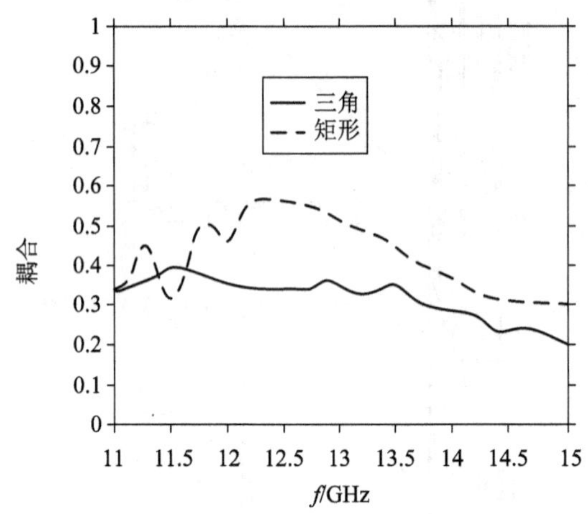

图 1.28 内插三角壁和矩形壁的三角波导缝隙天线耦合的频率特性曲线

在 $f_0=12.7$ GHz 时设计了两种三角波导缝隙天线，三角波导的内角 $\varphi_i=60°$，缝隙长 $\lambda_0/2$，宽为 1 mm。三角波导的壁长 $a=10$ mm，插入的三角壁其壁长 $b=7$ mm，插入的矩形壁其宽 $W=1$ mm，高 $H=6$ mm。图 1.29(a)、(b)是两种三角波导的缝隙天线的水平面方向图。由图 1.29 可以求出，在 $f_0=12.7$ GHz 时，插入三角壁三角波导缝隙天线的水平面波束宽度为 116°，插入矩形壁三角波导缝隙天线的水平面波束宽度为 108°。从图 1.29 中还可以看出，在 12.4～13.0 GHz 频段内，天线水平面方向图的波束宽度几乎不变，F/B 比约 18 dB。

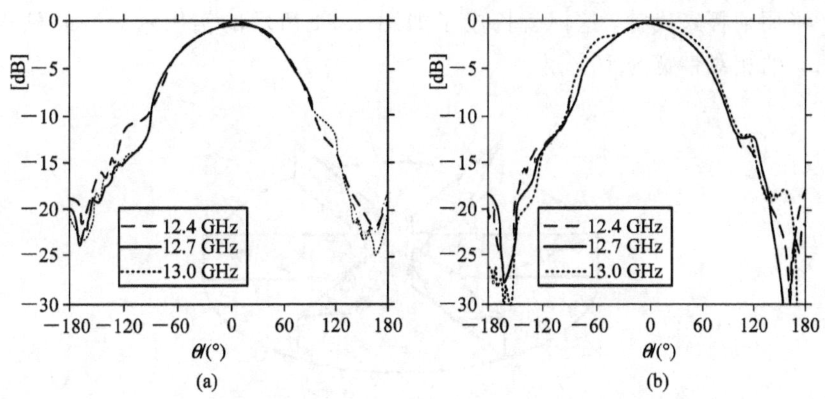

图 1.29　插入三角壁和矩形壁的三角波导缝隙天线在 f=12.4 GHz、12.7 GHz 和 13.0 GHz 时的水平面方向图
(a) 插入三角壁；(b) 插入矩形壁

1.2.5　由近耦合渐变缝隙构成的六扇区天线

3G 系统由于能传输高速数据业务而备受人们的关注，但高速数据传输必须消除由多路径传输引起的延迟信号。研究表明，使用扇区波束天线能有效消除延迟信号。

图 1.30(a)是近耦合渐变缝隙天线的结构和参数。由图 1.30(a)可以看出，该天线由尺寸不相同的耦合缝隙和辐射缝隙通过缝隙线连接而成。为了把探针与渐变缝隙分开，采用 $\lambda_0/2$ 长偶极子来激励耦合缝隙。

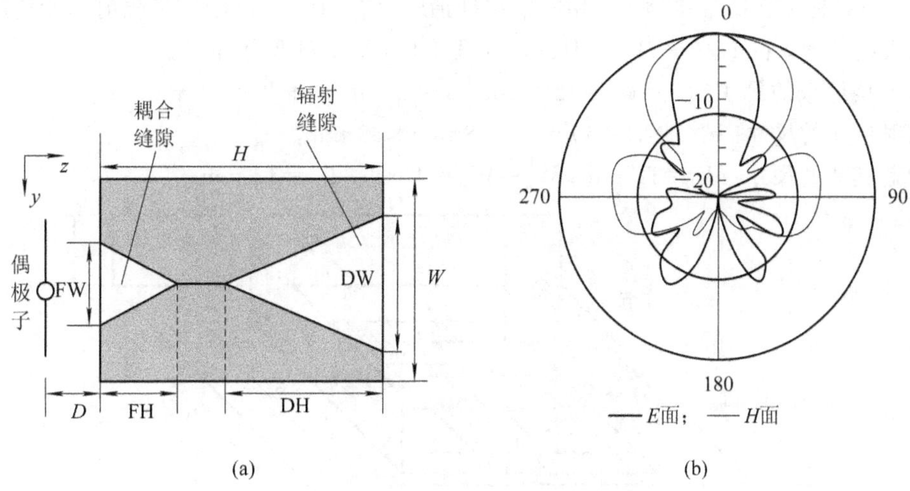

图 1.30　近耦合渐变缝隙天线的结构和方向图
(a) 结构及参数；(b) 实测 E 面和 H 面方向图

在中心设计频率 f_0=2.45 GHz 时，天线的具体尺寸如下：

H=200 mm，W=150 mm，FH=39 mm，FW=30 mm，DH=130 mm，DW=100 mm，D=5 mm。图 1.30(b)是该天线在 2.45 GHz 时的实测 E 面和 H 面方向图。由图 1.30(b)可以看出，E 面和 H 面方向图均呈单向，且后瓣很小，由于 H 面 HPBW=60°，所以用六个近耦合渐变缝隙天线就构成了六扇区基站天线。由于用平衡馈电的 $\lambda_0/2$ 长偶极子不适合移动应用，所以用 $\lambda_0/4$ 长单极子天线，为此，近耦合渐变缝隙天线也仅用一半，另一半用地板来代替，这样就构成了如图 1.31 所示的实用六扇区基站天线。实测 VSWR≤1.5 的相对带宽为 10%。

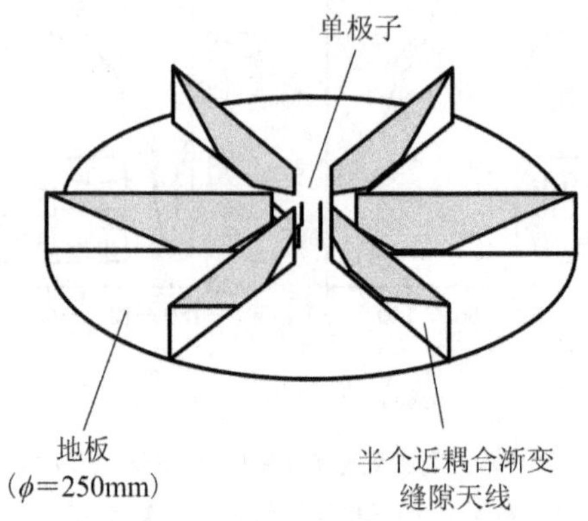

图 1.31 由近耦合渐变缝隙构成的六扇区基站天线

1.3 宽带单极化基站天线

1.3.1 由有调谐支节的 U 形辐射单元构成的宽带基站天线[6]

图 1.32 是位于 U 形接地上，用同轴探针馈电由有调谐支节的 U 形辐射单元构成的宽带基站天线单元，在 1710～2170 MHz 内频段工作，天线的尺寸如下：

U 形接地板的尺寸：$G_x=G_y=120$ mm，$G_z=h+d=3+39=42$ mm。

辐射单元的尺寸：$a\times b\times d=60$ mm$\times 68$ mm$\times 39$ mm。

调谐支节的尺寸：$W_s=12$ mm，$W_a=W_{st}=4$ mm，$L_{st}=16$ mm。

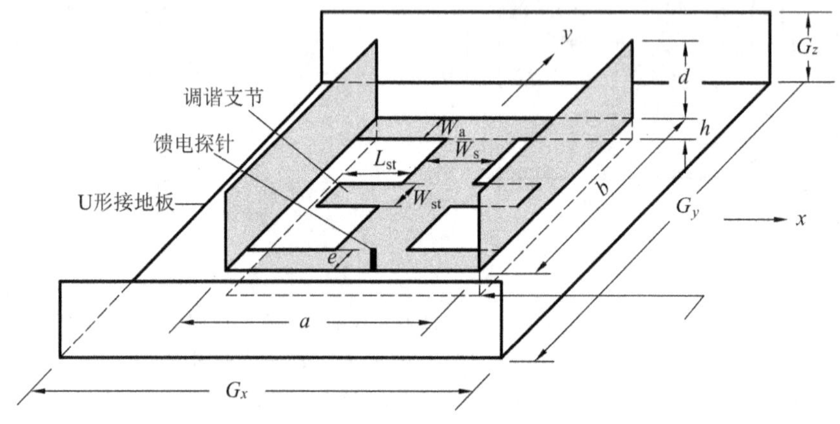

图 1.32 用有调谐支节的 U 形辐射单元构成的基站天线单元

在 $a/2$ 且距边缘 $e=4$ mm 处，用同轴线直接馈电。图 1.33(a)、(b)分别是该天线仿真实测 S_{11} 和实测增益的频率特性曲线。由图 1.33 可以看出，在 1.52～2.25 GHz 频段内，实测 VSWR≤2，相对带宽为 37.4%，在频段内，平均增益为 8.5 dBi，最大增益为 9.8 dBi。

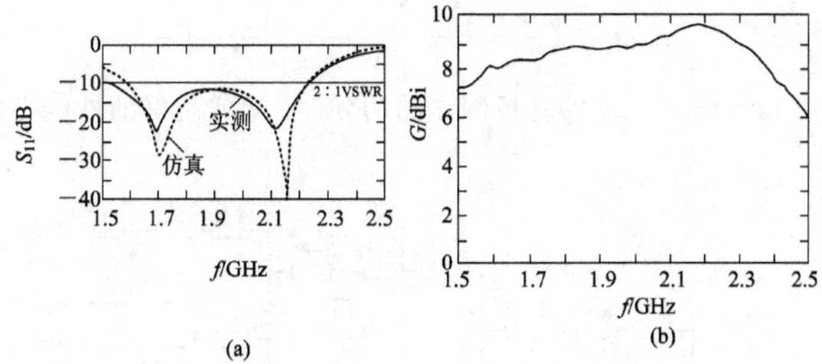

图 1.33　有调谐支节的 U 形辐射单元基站天线仿真实测 S_{11} 和实测增益的频率特性曲线

图 1.34 是该天线在 f=1.70 GHz、1.95 GHz 和 2.2 GHz 时实测 E 面和 H 面主极化和交叉极化方向图。由图 1.34 可以看出，在频段内，交叉极化电平低于−22 dB，E 面和 H 面HPBW基本相等，但 F/B 比只有 12 dB，不满足基站天线的要求。

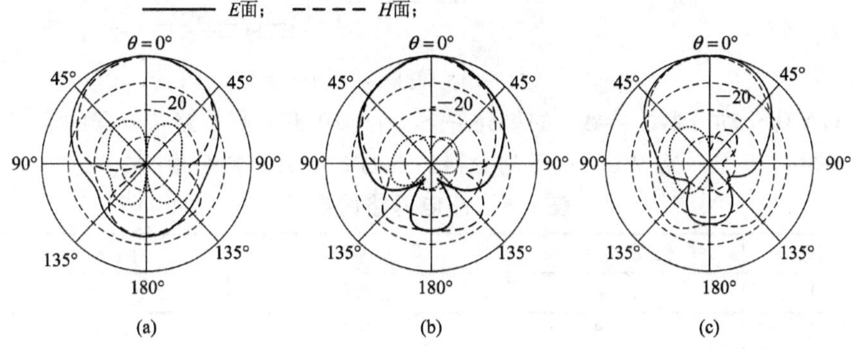

图 1.34　有调谐支节的 U 形辐射单元基站天线在 1.70 GHz、1.95 GHz 和 2.2 GHz 时实测 E 面和 H 面主极化和交叉极化方向图

1.3.2　由不等间距线阵构成的宽带基站天线[7]

对等间宽带线阵天线，在频段的高端，如果单元间距 $d>\lambda_0$，就会产生栅瓣。但采用不等间距双面印刷偶极子天线和八路等分 Wilkinson 功分器，就能实现 GSM/DCS/WCDMA 三频基站天线。

用 GA 优化设计的 f=0.9 GHz、1.8 GHz 和 2.05 GHz 三频八元双面印刷偶极子天线的单元间距如表 1.4 所示。

表 1.4　三频八元双面印刷偶极子天线的单元间距

d_i	d_1	d_2	d_3	d_4	d_5	d_6	d_7
尺寸/mm	236	246	170	170	179	170	170

用图 1.35 所示的输入/输出均为 50 Ω 的八路等分 Wilkinson 功分器给八元不等间距三频双面印刷偶极子馈电。由图 1.35 可以看出，功分器由长度为 L_i、宽度为 W_i 的微带传输线及隔离电阻 R_i 组成。图中，R_1=220 Ω，R_2=27 Ω，R_3=100 Ω。传输线的特性阻抗 Z_{oi} 表示为

$$Z_{oi}=\frac{120\pi}{\sqrt{\varepsilon_e}[W_i/d+1.393+0.667\ln(W_i/d+1.444)]} \tag{1.6}$$

式中：

$$\varepsilon_e = \frac{\varepsilon_r + 1}{2} + \frac{\varepsilon_r - 1}{2} \frac{1}{(1 + 12d/W_i)^{0.5}} \tag{1.7}$$

可采用厚 1.6 mm、ε_y=4.3 的基板制作的功分器。要实现好的性能必须选择合适的传输线长度和宽度。

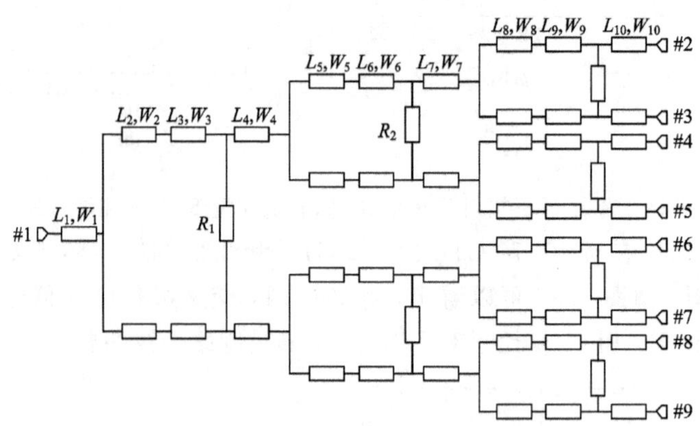

图 1.35 八路 Wilkinson 功分器

可用 GA 优化功分器的参数。如果允许 S_{11}=−10 dB，则八路功分器的最佳参数如表 1.5 所示。图 1.36 是八路 Wilkinson 功分器仿真的 S 参数的频率特性曲线。

表 1.5 馈电网络的参数

段	长度 L_i/mm	宽度 W_i/mm	阻抗/Ω
1	20.8	3.8	44.378
2	20.6	1.9	65.897
3	18.8	3.9	43.643
4	15.8	7.1	28.707
5	8.4	3.3	48.481
6	15.4	4.2	41.582
7	5	6	32.493
8	16.4	1.8	67.671
9	9.4	2.9	52.389
10	5.8	2.1	62.63

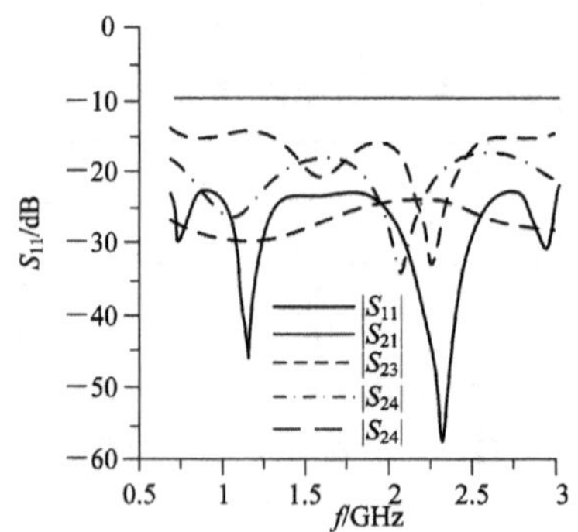

图 1.36 八路 Wilkinson 功分器仿真的 S 参数的频率特性曲线

图 1.37 是八元不等间距双面印刷偶极子天线在 f=0.9 GHz、1.8 GHz 和 2.05 GHz 时仿真的垂直面方向图。由于互耦影响，SLL 电平均比无互耦情况下大，具体如表 1.6 所示。

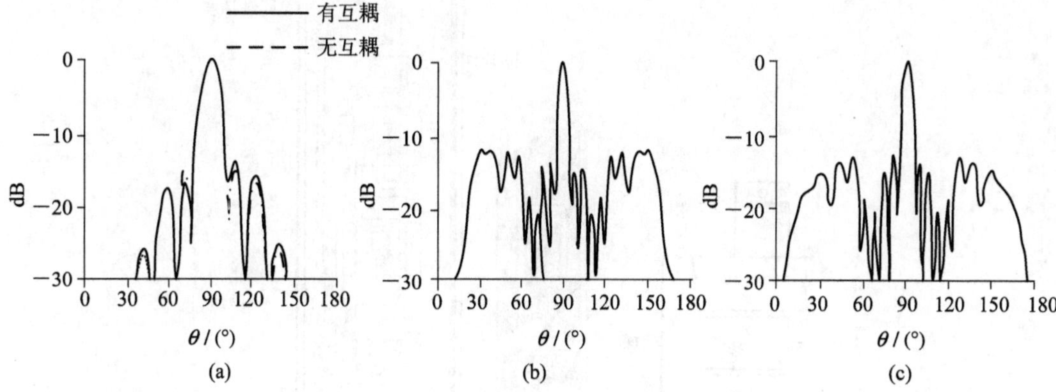

图 1.37 八元不等间距双面印刷偶极子天线在 f=0.9 GHz、1.8 GHz 和 2.05 GHz 时仿真的垂直面方向图
(a) f=0.9 GHz；(b) f=1.8 GHz；(c) f=2.05 GHz

表 1.6 八元不等间距线阵天线有互耦和无互耦条件下 SLL 的比较

f/GHz	SLL/dB	
	有互耦	无互耦
0.9	−13.9	−15.3
1.8	−13.5	−14
2.05	−12.6	−12.4

1.3.3 由开缝贴片构成的宽带单极化基站天线[8]

图 1.38 是 820～960 MHz 频段单极化基站天线使用的基本辐射单元。贴片的尺寸为长×宽=180 mm×110 mm，为了扼制交叉级化，用四个缝隙把贴片分成五部分，在贴片的中心用直径为 20 mm 的探针馈电。由于贴片开缝，切断了横行电流造成的不需要的辐射，迫使电流只能在所需要的方向流动。利用缝切割出的贴片形状，还能控制水平面波束宽度。例如要把波束宽度变窄，只需把图中贴片两端的贴片 1 和 5 相对中心 2、3 和 4 加长 15%～20%，就能把波束宽度由 80°减小到 40°～60°。贴片到地板的距离为 $0.1\lambda_0$。

图 1.38(c)是用图 1.38(a)、(b)所示贴片构成的六元贴片天线阵。为了使 SLL<−20 dB，并使主波束下倾 6°，六元贴片天线的激励幅度和相位分布如表 1.7 所示。

表 1.7 六元贴片天线阵的激励幅度和相位分布

单元	1(底)	2	3	4	5	6(顶)
幅度(功率)	0.0771	0.1592	0.2637	0.2637	0.1592	0.0771
相位/(°)	0	26.3	52.7	79	105.4	131.7

天线阵的尺寸为：长×宽×厚=1490 mm×390 mm×98 mm，最小增益为 15 dBi。图 1.38(c)用每个辐射单元两端扼制流装置产生的高阻抗来阻止地板上的电流产生的不需要的辐射。图 1.38(a)、(b)给出了另外一种扼流装置。

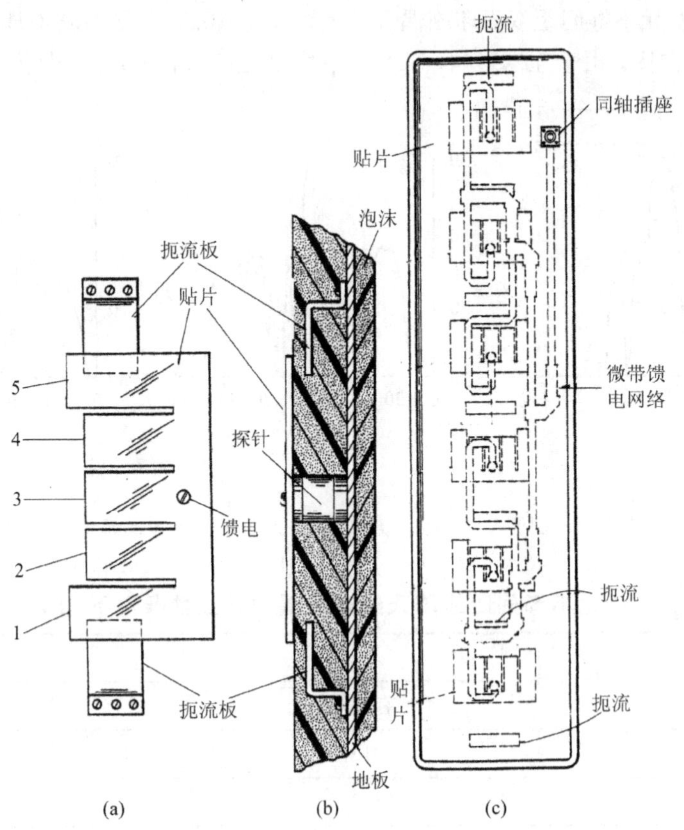

图 1.38　带缝的贴片单元及天线阵

(a) 带缝的贴片单元；(b) 侧视的基本贴片单元；(c) 六元带缝贴片天线阵及馈电网络

1.4　双频和三频基站天线

为了降低成本，设计时应考虑用一副天线同时满足 CDMA 和 GSM 的要求，或用一副天线同时在两个频段或三个频段工作，这就是所谓的双频或三频天线。

1.4.1　由偶极子构成的双频基站天线

1. 用寄生单元

所谓双频天线，就是有一个输入端但同时具有两个谐振频段的天线。对双频天线而言，天线的基本单元必须具有多谐振特性，或者具有宽频带特性。在具有主谐振频率 f_1 的天线单元的附近平行放置一个具有谐振频率为 f_2($f_2>f_1$)的寄生单元，就能得到一个双频天线，这是获得双频天线的最简单方法。图 1.39 就是由寄生单元和偶极子天线构成的双频天线。

如果用印刷偶极子作基站的基本单元，把它腐蚀在介质基板的背面，使它谐振在 f_1 上，在介质基板的正面腐蚀一个寄生振子，使它谐振在 f_2上，就构成了印刷双频偶极子天线。图 1.40 所示为一对垂直印刷偶极子天线。在介质基板的正面还给出了带开路支节补偿的印刷巴伦。

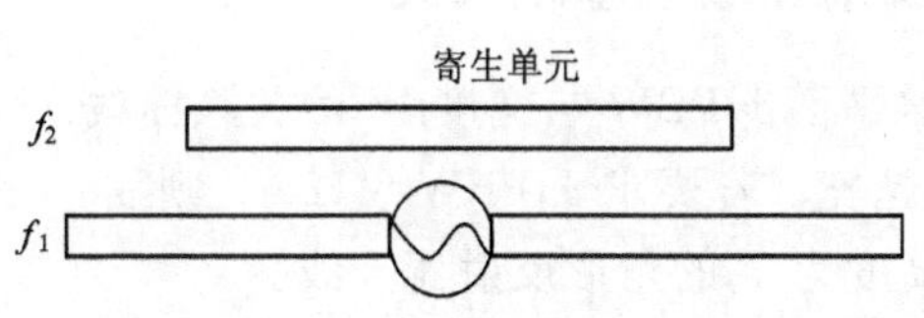

图 1.39　由寄生单元和偶极子构成的双频天线

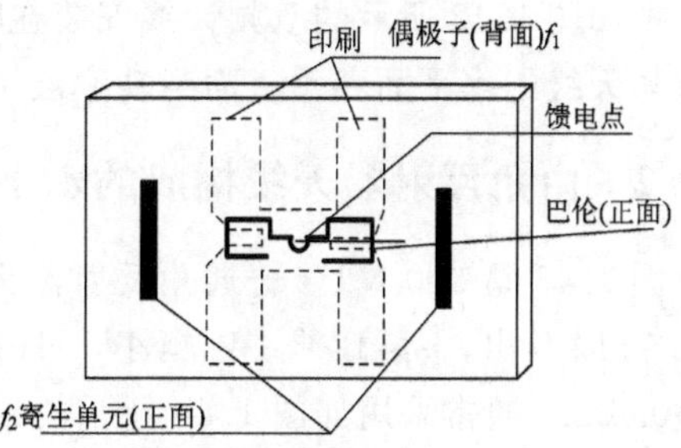

图 1.40　由印刷寄生单元和印刷偶极子构成的双频天线

2. 用一对串馈印刷偶极子

图 1.41(a)、(b)是适合 900 MHz 和 1800 MHz 的水平面 HPBW 均等于 120°的一对串馈印刷偶极子和接地板的结构。该基本辐射单元是用厚 2 mm，$\varepsilon_y=2.65$，长×宽$=L\times H=$ 110 mm×99.5 mm 的基板制成的。偶极子的具体尺寸为：$W_1=W_2=8.4$ mm，$L_1=108.6$ mm，$h=31.6$ mm，$L_2=62$ mm，$d=41$ mm，$W_3=3.4$ mm，$Z_0=67.7\ \Omega$。50 Ω 微带馈线宽度 $W_4=5.5$ mm，$l=40.6$ mm。接地板的尺寸为：$L=63$ mm，$W=47$ mm，$H=8$ mm，$\alpha=140°$。

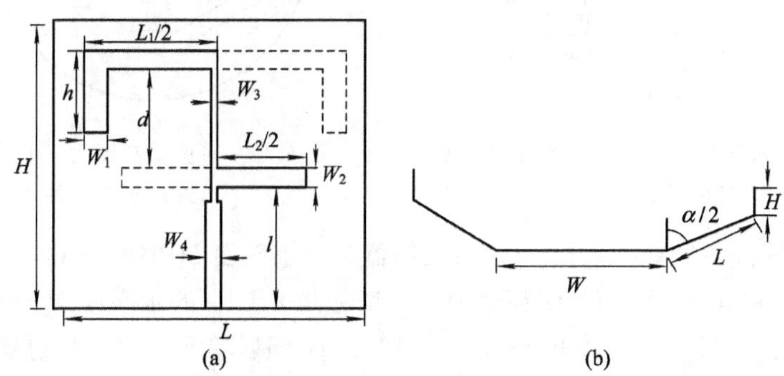

图 1.41　双频串馈印刷偶极子和接地板的结构

(a) 偶极子；(b) 接地板

3. 采用匹配网络

获得双频天线的另外一种方法就是利用匹配网络。图 1.42 就是利用匹配网络构成的 900/1500 MHz 双频印刷偶极子天线。

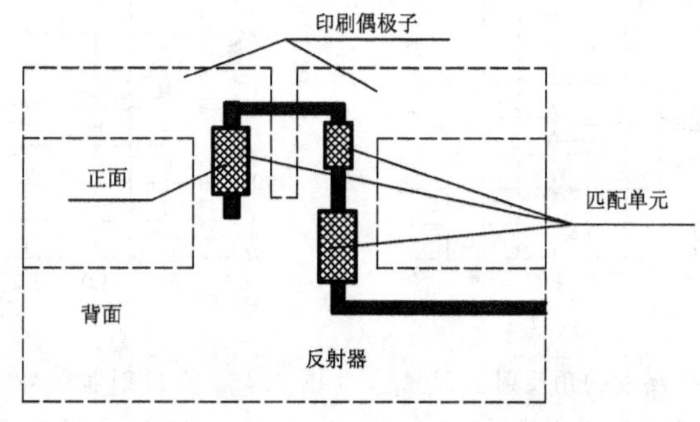

图 1.42　用匹配网络构成的双频印刷偶极子天线

把如图 1.42 所示的双频天线安装在赋形接地板上，调整接地板侧边的高度，可以使单个双频天线的水平面和垂直面半功率波束宽度相等。

1.4.2 由角反射器天线构成的水平面宽波束和双频基站天线[9]

图 1.43 是 900 MHz 普通角反射器天线的水平面 HPBW 与宽度 W 的关系曲线。由图 1.43 可以看出，$\alpha \leqslant 120°$，W 越小，HPBW 就越宽。若要求 HPBW＝120°，则 $\alpha = 120°$，$W = 0.6$ m。通常采用如图 1.44 所示的带侧壁高度为 T 的角形反射器天线。

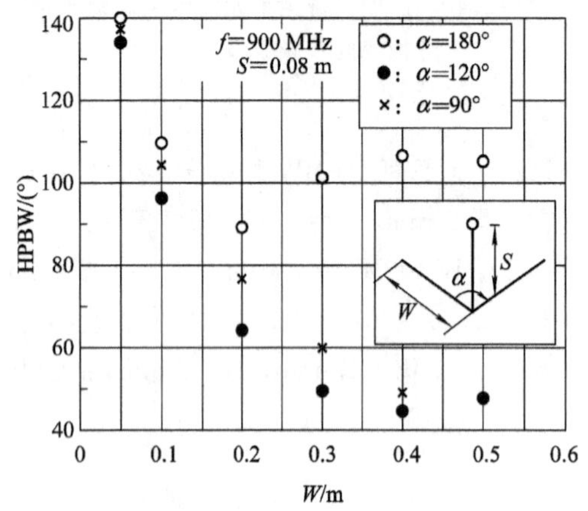

图 1.43　普通角反射器天线的水平面 HPBW 与宽度 W 的关系曲线

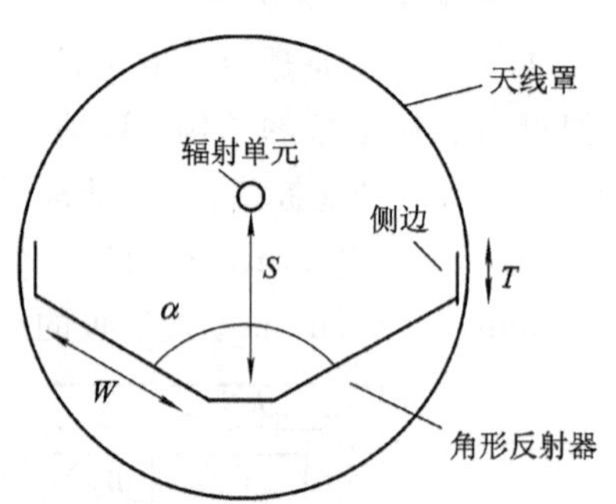

图 1.44　带侧壁高度为 T 的角形反射器天线的横截面图

图 1.45 是附加不同侧壁高度 T 的角反射器天线水平面 HPBW 的频率特性曲线。由图 1.45 可以看出，在 0.6～1.8 GHz 频段内，要实现 120°±10°的水平面 HPBW，$T = 0.01$ m 最佳。图 1.46 是 $\alpha = 140°$，$W = 40$ mm，$T = 10$ mm，辐射单元距离角反射器的距离 S 为不同值时天线的 HPBW 的频率特性曲线。

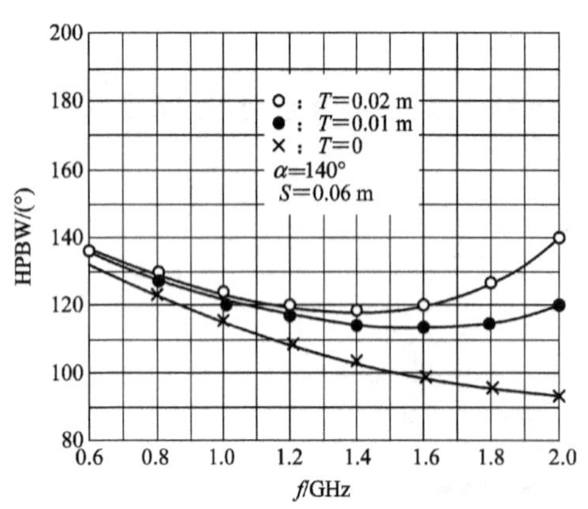

图 1.45　附加不同侧壁高度的角反射器天线 HPBW 随频率的变化曲线

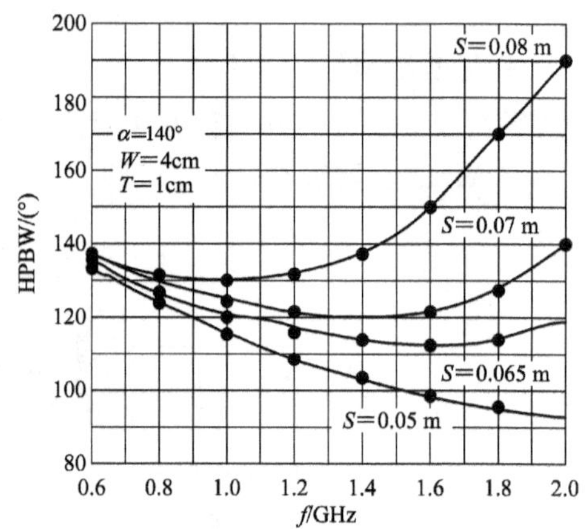

图 1.46　角反射器在 $W = 40$ mm，$T = 10$ mm，$\alpha = 140°$，S 为不同值的情况下 HPBW 随频率的变化曲线

对 800 MHz 频段(810～960 MHz)和 1500 MHz 频段(1429～1501 MHz)的双频天线，选取 800 MHz 辐射器的位置 S=0.05 m，选取 1500 MHz 辐射器的位置 S=0.07 m，均能实现 $HPBW_H$=120°。图 1.47 是双频天线的布局图。图中，800 MHz 和 1500 MHz 均为印刷偶极子，1500 MHz 偶极子放在 800 MHz 偶极子的前面。为了扼制在高频出现的栅瓣，把 1500 MHz 天线阵的单元间距选为 λ，800 MHz 单元间距相当于 0.6λ。对 800 MHz 频段，由于单元间距小，因此互耦很严重。为了扼制互耦，在单元之间插入了短路支节。天线罩的直径为 100 mm。

图 1.48 是 800 MHz 频段和 1500 MHz 频段，水平面 HPBW=120°的另外一种布局。与图 1.47 的不同之处是，1500 MHz 频段的辐射单元为位于 800 MHz 偶极子顶上的寄生单元。

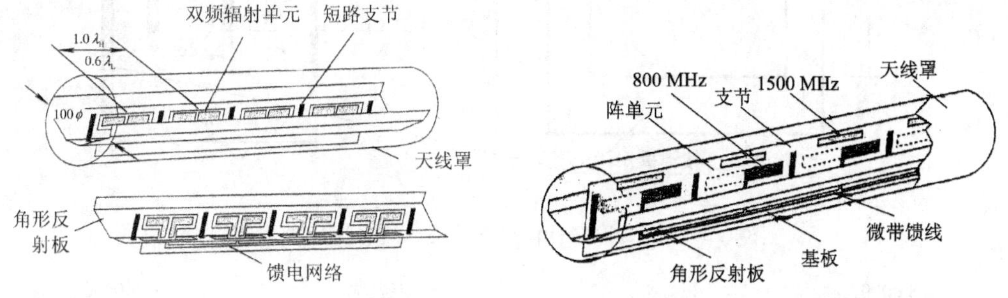

图 1.47　由印刷偶极子构成的双频基站天线　　图 1.48　800 MHz 和 1500 MHz 频段双频基站天线

图 1.49 是 800 MHz 和 1500 MHz 双频段实测水平面方向图。

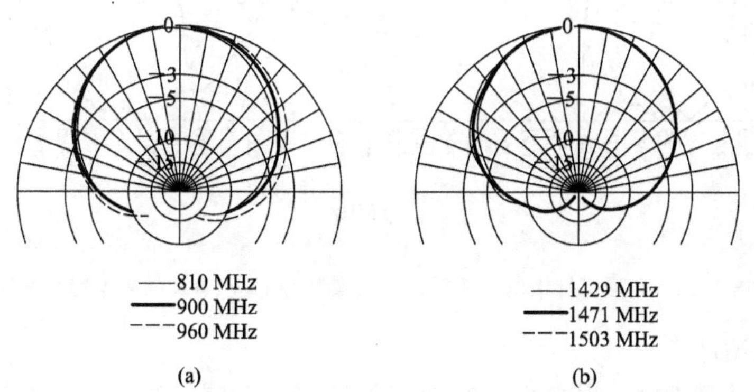

图 1.49　双频基站天线在 800 MHz 和 1500 MHz 频段实测水平面方向图
(a) 800 MHz 频段；(b) 1500 MHz 频段

1.4.3　由贴片构成的双频基站天线

1. 用 L 形探针馈电贴片

图 1.50 给出了同时在 GSM 900 MHz 和 PCS 1800 MHz 工作的双频天线。由图 1.50 可以看出，双频天线由不同尺寸的矩形贴片组成，两个贴片均由 L 形探针耦合馈电。在图 1.50 所示尺寸的情况下，实测的天线增益及 VSWR～f 曲线如图 1.51 所示。由图 1.51 可以看出，在 860～1000 MHz 频段相对 15％的带宽内，VSWR≤1.5，在 1684～1886 MHz 频段相对 11％的带宽内，VSWR≤1.5，平均增益为 6 dB。

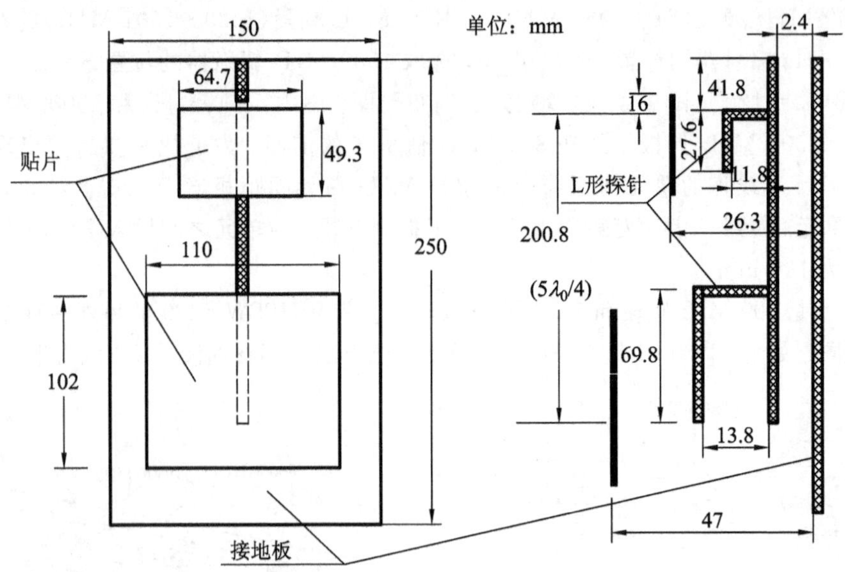

图 1.50　由 L 形探针馈电贴片构成的双频基站天线

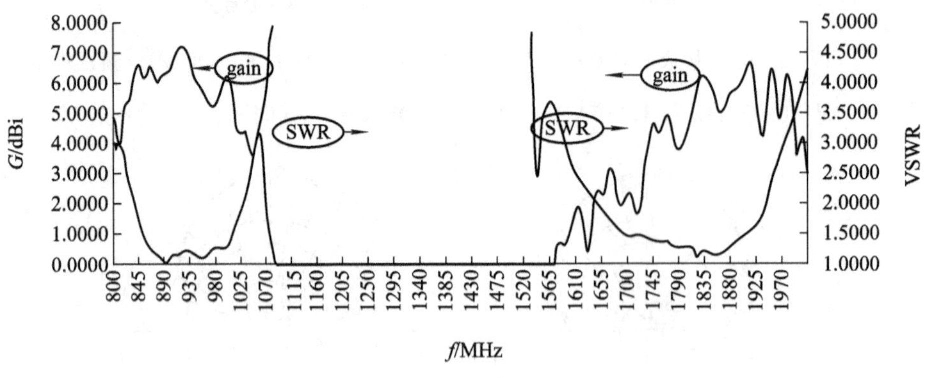

图 1.51　L 形探针馈电双频贴片天线实测 G 和 VSWR 的频率特性曲线

2. 用层叠贴片[10]

图 1.52 是由层叠贴片构成的 870～960 MHz 和 1710～1880 MHz 基站天线，最上面的贴片是高频段(f_H)的辐射单元，位于高频段贴片下面的是上面有正交缝隙的低频段贴片天线，通过与上贴片尺寸相当的耦合贴片把从微带馈电的能量经低频段贴片上正交缝隙耦合给上贴片。单元间距取 170 mm，稍比高频段中心波长 λ_{H0}(=167 mm)大。双频贴片位于同一个接地板上，但由于低频段中心波长 $\lambda_{L0}=328$ mm，与高频段波长 167 mm 差别较大，结果使高频段和低频段天线的水平面波束宽度不等，不满足双频基站天线要求水平面 HPBW 基本相等的要求。为了展宽高频段天线水平面 HPBW，采用了如图 1.52 所示的两边带有槽的 U 形地板。由于口径朝上，因此双槽的二次辐射展宽了高频段天线的水平面 HPBW，调整了槽的宽度及深度，使高频段和低频段天线的水平面 HPBW 基本相等。如果要求两个频段天线水平面 HPBW=70°，则带槽 U 形地板的宽度约 265 mm，地板边缘横向槽的宽度约 33 mm($0.2\lambda_{H0}$)，槽深 22 mm。

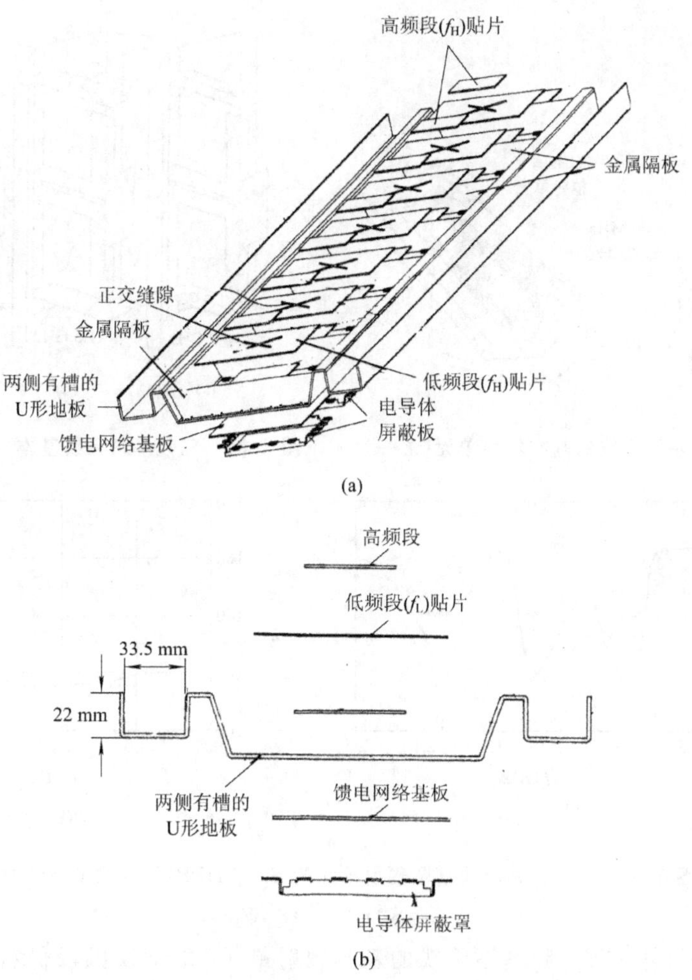

图 1.52　有相等水平面 HPBW 的双频贴片天线阵
(a) 立体结构；(b) 横截面结构

通道之间的隔离度除利用垂直横向安装在相邻贴片之间的金属隔板改善外，使方贴片一个边比另外一个边稍长 1%～5%，也可改善隔离度。接地板背面的屏蔽板用于减小后向辐射。

1.4.4　三频基站天线[2]

1. 基本辐射单元

图 1.53 是 0.9 GHz、1.5 GHz 和 2.0 GHz 三个频段基站天线使用的基本辐射单元。印刷偶极子(图中黑色部分)为 0.9 GHz 和 1.5 GHz 频段的基本辐射单元。为了增加 0.9 GHz频段的带宽，附加了两个水平寄生单元，把位于印刷偶极子前面的寄生单元作为 2 GHz 频段的基本辐射单元。图 1.54 是辐射单元在三个频段的电流分布。从这些电流分布也能进一步看出这些辐射单元的作用。调整位于印刷偶极子背面的微带线及巴伦的尺寸，可以使天线在三个频段内，VSWR≤1.5，如图 1.55(a)所示，水平面 HPBW＝120°，如图 1.55(b)所示。

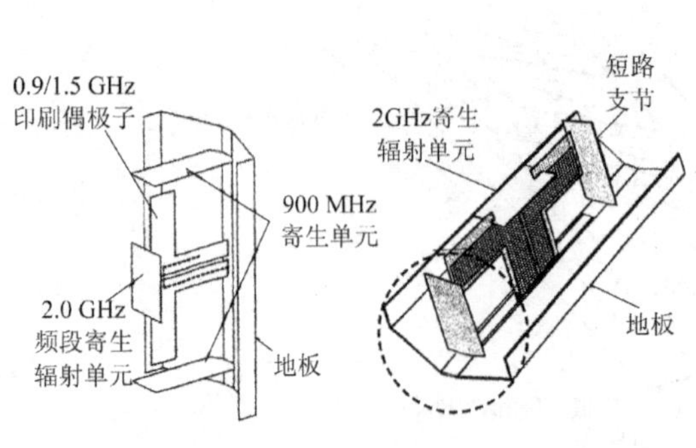

图 1.53 三频基站天线的基本辐射单元(之一)

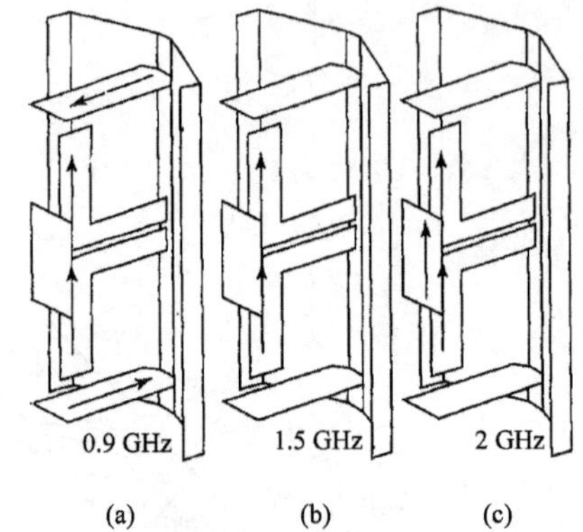

图 1.54 三频基站天线基本单元的电流分布

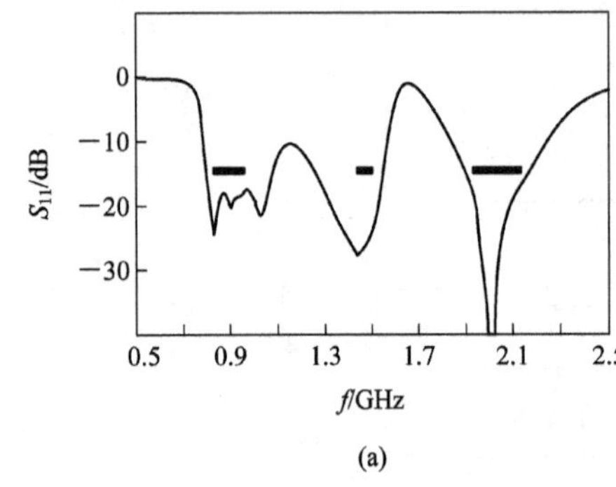

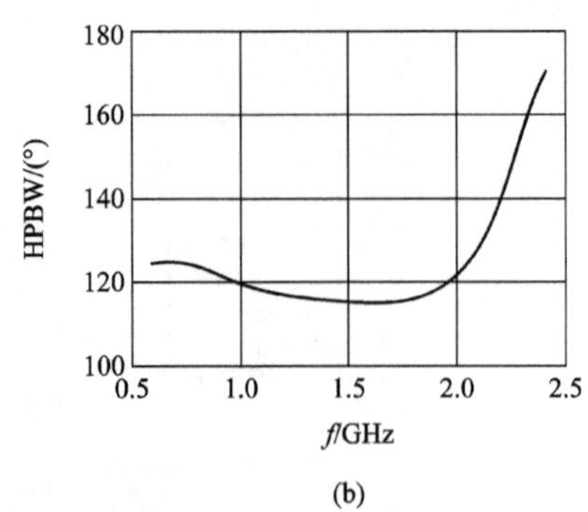

图 1.55 三频基站天线基本辐射单元的 S_{11} 和 $HPBW_H$ 的频率特性曲线

(a) S_{11}；(b) $HPBW_H$

图 1.56 是另外一种三频基站天线的基本辐射单元，2 GHz 频段仍然为寄生单元，与 0.9/1.5 GHz 印刷偶极子共面。1.5 GHz 印刷偶极子包含在 0.9 GHz 框形印刷偶极子的里面。

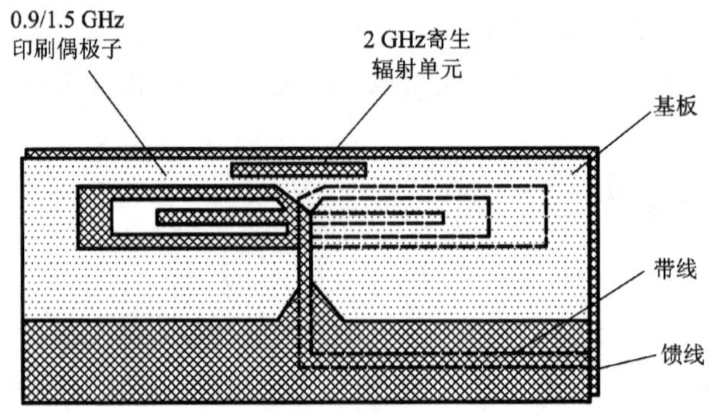

图 1.56 三频基站天线的基本辐射单元(之二)

2. 具有不同水平面波束宽度的三频基站天线

图 1.57 是水平面 HPBW 在 2 GHz 频段为 60°，在 0.9/1.5 GHz 频段为 120°的三频基站天线基本辐射单元的横截面图。位于底宽 140 mm、侧壁高 20 mm 的 U 形地板中心的是

0.9/1.5 GHz 频段的辐射单元，0.9 GHz 频段的印刷偶极子在底部馈电，把位于 0.9 GHz 频段辐射单元顶端的寄生单元作为 1.5 GHz 频段的辐射单元(♯1)，2 GHz 频段由两个平行的单元组成，每个单元都由一个馈电单元和两个(♯2、♯3)寄生单元组成，所有单元共用同一个 U 形地板。图 1.58 是图 1.57 所示的三频基站天线在 0.9 GHz、1.5 GHz 和 2.0 GHz 的水平面方向图。由图 1.58 可以看出，在 0.9/1.5 GHz 频段，有三扇区需要的 120° 波束宽度，在 2 GHz 频段，由于寄生单元♯2 的影响，使 $HPBW_H=60°$，以便用于六扇区(没有♯2 寄生单元，HPBW＝120°)。该三频基站天线在 0.9、1.5 和 2.0 GHz 频段内，VSWR 均小于 1.5，调整 2 GHz 频段♯3 寄生单元的尺寸和位置是关键因素。

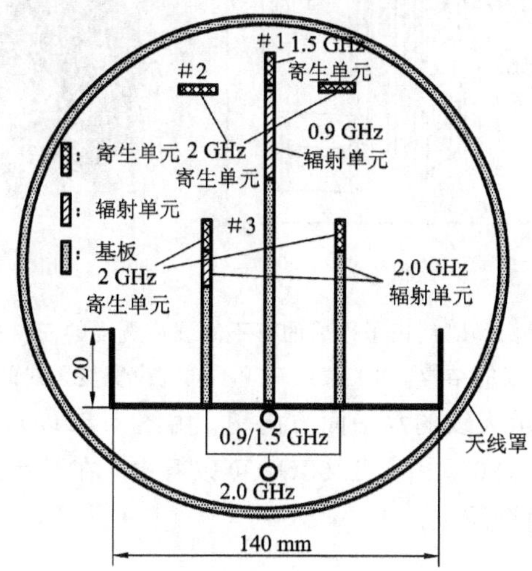

图 1.57　有不同波束宽度的三频基站天线的横截面图

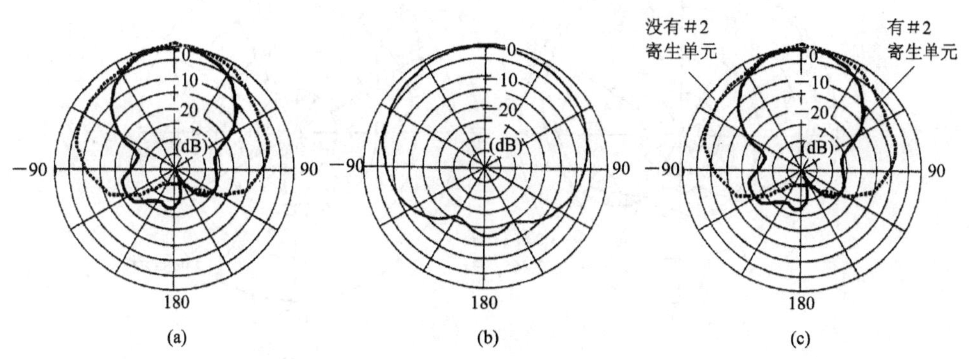

图 1.58　图 1.57 所示三频基站天线的水平面方向图
(a) 0.9 GHz；(b) 1.5 GHz；(c) 2.0 GHz

图 1.59(a)是有不同波束宽度的三频基站天线。2 GHz 频段的辐射单元是由安装在 U 形地板上带寄生单元的两个并联印刷偶极子组成的。该辐射单元由于在水平面用两单元组阵，因而水平面 $HPBW_H=60°$。为了在 60°间隔产生两个 60°水平波束供六扇区使用，图中并排安装了两副 $HPBW_H=60°$的 2 GHz 频段基站天线。在两个 2 GHz 频段的接合面安装了一副 $HPBW_H=120°$的 0.9/1.5 GHz 印刷偶极子天线，同 2 GHz 频段的天线一起构成六扇区使用的 $HPBW_H=60°$和三扇区使用的 $HPBW_H=120°$三频基站天线。图 1.59(b)为扇区的集束天线。

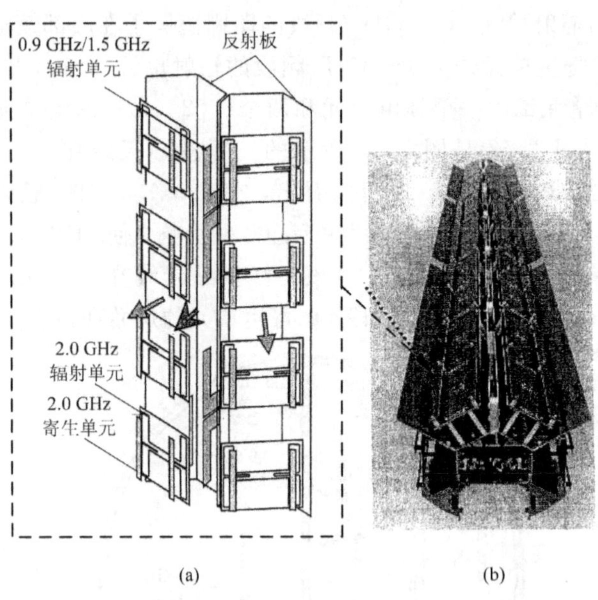

图 1.59　由印刷偶极子构成的有不同波束宽度的三频基站天线

(a) 天线的结构；(b) 集束三频不同波束宽度天线的照片

图 1.60 是图 1.59 所示天线的水平面方向图。由图 1.60(a)可以看出，f=0.883 GHz 和 1.465 GHz，$HPBW_H$=120°。由图 1.60(b)可以看出，在 f=2.045 GHz 时有波束间隔为 60°、$HPBW_H$=60°的两个波束。

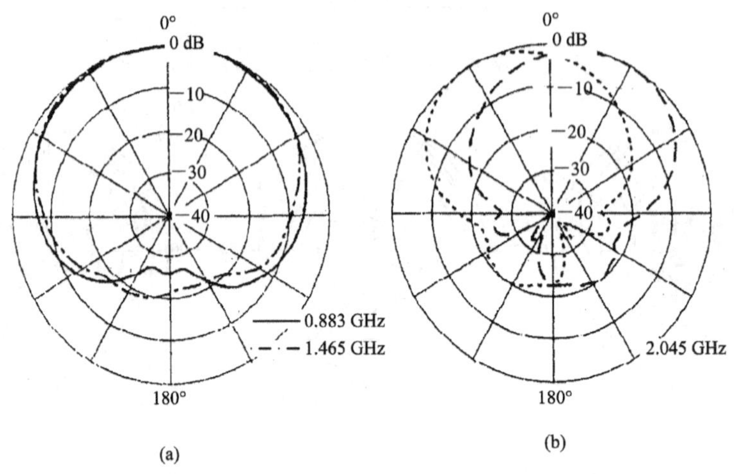

图 1.60　三频基站天线的水平面方向图

(a) 0.9 GHz/1.5 GHz；(b) 2 GHz

由于在 900/1800 MHz 使用三扇区，在 IMT－2000 使用六扇区，为了用三频段天线代替双频段天线，需要两种类型的基站天线，第一种是所有频段都使用 $HPBW_H$＝120°的天线，第二种是对 900/1800 MHz 使用一个 $HPBW_H$＝120°的天线和三个 2 GHz 频段 $HPBW_H$＝60° 的天线。为了减少基站天线的数量，可以采用如图 1.61 所示的混合水平面波束宽度三频天线方案，即在中心 900/1800 MHz $HPBW_H$＝120°天线的两侧设置两个 2 GHz 频段 $HPBW_H$＝60°的天线。

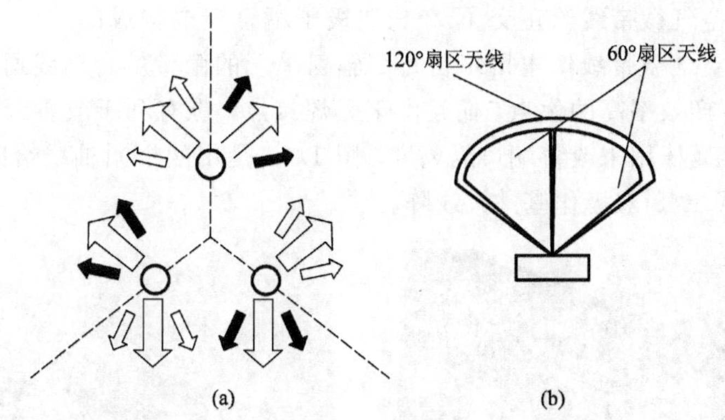

图 1.61 三频段天线的混合水平面方向图

(a) 三频段混合三扇区和六扇区；(b) 有混合水平波束宽度的三频段天线

1.5 单频双极化基站天线

在频率复用及极化分集中需要使用双极化天线。

双极化方式主要有水平/垂直极化和±45°斜极化两种形式。双极化天线基本单元的形式比较多，如将$\lambda_0/2$长线状偶极子天线正交组合，或把它们排列成菱形来构成双极化天线，也可以用圆微带贴片天线、正交印刷偶极子天线、正交缝隙天线等构成双极化天线。

1.5.1 用偶极子构成的双极化基站天线

1. 用T形或十字形偶极子[11]

如图1.62(a)所示，把$\lambda_0/2$偶极子倾斜45°，并排成间距为$0.33\lambda_0$的T形，并把它们安装在U形地板上(偶极子到地板的间距为$0.25\lambda_0$)，就构成了±45°双极化基站天线阵。图1.62(b)是用长为$\lambda_0/2$的正交偶极子按三角网格布局构成的双极化基站天线阵。对共线双极化，垂直单元间距d一般为$(0.7\sim0.9)\lambda_0$，对三角网格d为$0.97\lambda_0$。

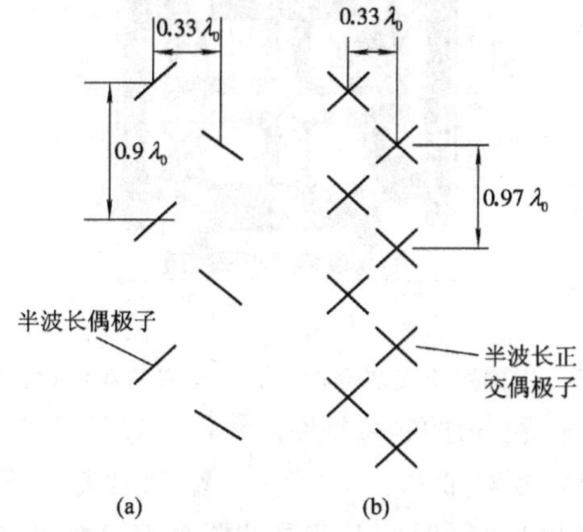

图 1.62 单频双极化基站天线阵

(a) T形单偶极子结构；(b) 正交偶极子三角网格结构

图 1.63 是用空气微带线给正交 $\lambda_0/2$ 长偶极子耦合馈电构成的±45°双极化基站天线阵。图 1.63 中的空气微带线馈电网络与每个辐射单元的微带耦合馈线通过整体切割加工而成，不仅具有生产效率高的优点，而且由于无焊接点，也有利于改善天线的三阶互调性能。图中的水平金属棒用来改善端口隔离度。图 1.64 是用四个同轴线给四个 $\lambda_0/2$ 长偶极子馈电构成的菱形±45°双极化基站天线阵。

图 1.63　用空气微带线给正交 $\lambda_0/2$ 长偶极子耦合馈电构成的±45°双极化基站天线阵

图 1.64　用同轴线给 $\lambda_0/2$ 长偶极子馈电构成的菱形±45°双极化基站天线阵

2. 用两对正交部分折合振子[12]

图 1.65 是由两对正交部分折合振子构成的在 1.71～2.17 GHz 频段工作的±45°双极化板状天线的基本单元。图 1.66 是位于 U 形接地板上的正交部分折合振子。U 形接地板的尺寸为：长 240 mm，宽 130 mm，侧壁高 13 mm。两对正交部分折合振子是用厚为 1 mm 的 FR4 基板制造的，以 35 mm 高的间距平行安装在 U 形接地板的中心。天线的具体尺寸为：$L_1=56.5$ mm，$W_1=5$ mm，$L_2=10$ mm，$W_2=6.3$ mm，$L_3=16.8$ mm，$W_3=10$ mm，$L_4=12.5$ mm，$W_4=10.6$ mm，$L_5=31$ mm，$D_1=4.5$ mm，$D_2=1$ mm，$D_3=3.6$ mm。

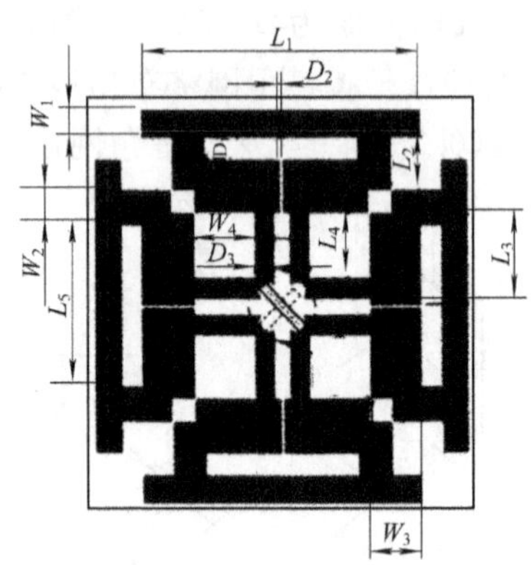

图 1.65　由两对正交部分折合振子构成的双极化板状天线

该天线实测端口 S_{11}、S_{22} 和 S_{12} 的频率特性曲线，在 1.71～2.17 GHz 频段内，S_{11}，$S_{22}<-14$ dB，即 VSWR<1.5，相对带宽为 23.7%，端口隔离度 $S_{12}>-30$ dB。图 1.67 是 $f=1.71$ GHz，1.94 GHz 和 2.17 GHz 时实测的两个端口水平方向图。实测正交极化端口在 $f=1.71$ GHz，1.94 GHz 和 2.17 GHz 的 G、$HPBW_H$、交叉极化电平及 F/B 比列在表 1.8 中。

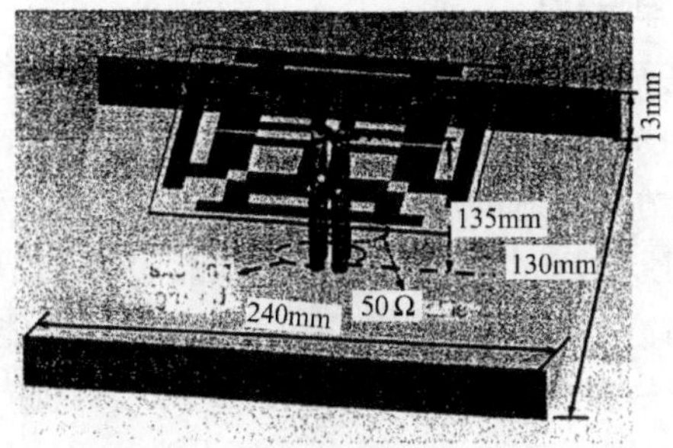

图 1.66 位于U形接地板上的正交部分折合振子

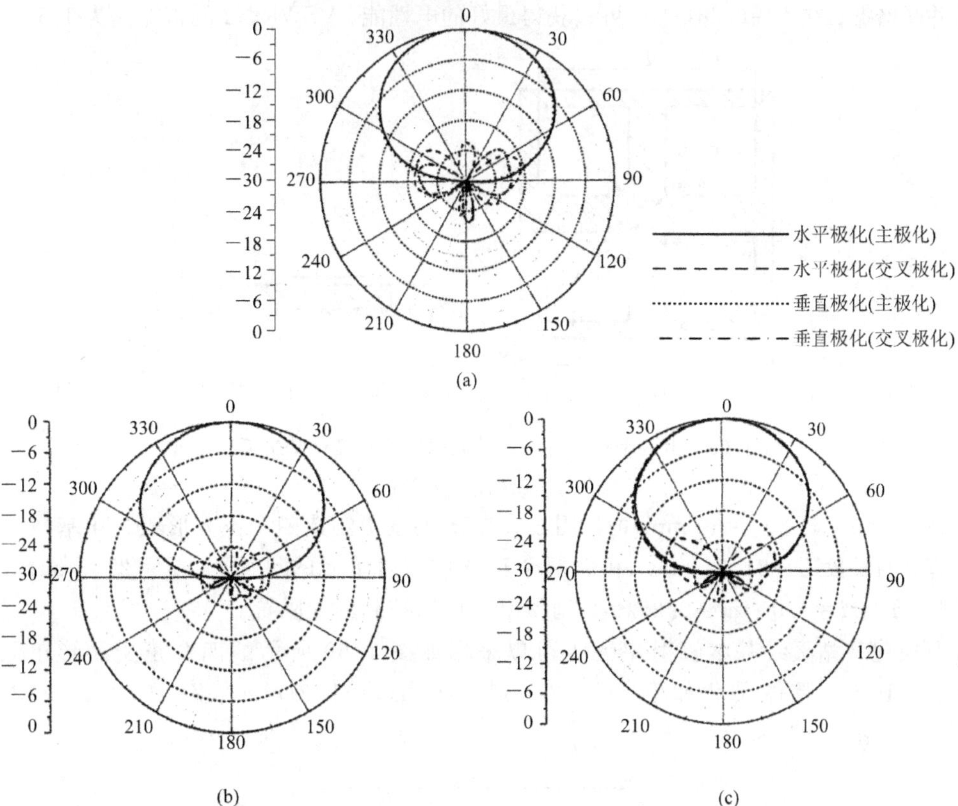

图 1.67 正交折合振子实测水平面的主极化和交叉极化方向图

(a) 1.71 GHz；(b) 1.94 GHz；(c) 2.17GHz

表 1.8 正交极化端口实测 G、$HPBW_H$、交叉极化电平和 F/B 比

f/GHz	极化	1.71	1.94	2.17
$HPBW_H$/(°)	垂直/水平	66.5/66.2	64.1/64.2	24.8/65.4
交叉极化电平/－dB	垂直/水平	26/23.5	26/24	26/28
(F/B)/dB	垂直/水平	25/26	26/27	27/28
G/dBi	垂直/水平	9.6/9.6	9.7/9.7	9.9/9.9

3. 用四个正方形辐射单元[13]

用正方形金属片作为基站天线的辐射单元，具有频带宽、VSWR≤2 的带宽比为 1.5∶1、尺寸小的优点。用印刷电路技术制造还具有低成本、易批量生产的优点。图 1.68 是用边长为 C 的方基板印刷制造的四个正方形辐射单元，单元间距 $W \ll \lambda_0$，由 1 和 4 单元在顶点 a 和 a' 馈电，构成沿对角线方向的线极化天线，由 2 和 3 单元在顶点 b 和 b' 馈电构成沿对角线的另外一个线极化天线。如果同时分别给 1 和 4 单元及 2 和 3 单元馈电，就能构成双极化基站天线。如果是空气介质，则四个正方形辐射单元离地板的高度 $H=\lambda_0/4$，如果辐射单元与地板之间填充 ε_r 的介质，则 $H=\frac{\lambda_0}{\sqrt{\varepsilon_r}}/4$。在 1 和 4 单元对角线长度 $D=\lambda_0/2$ 时天线串联谐振；在 $D=\lambda_0$ 时，天线并联谐振；在 $D=0.36\lambda_0$ 时，可以获得最好的电性能，VSWR≤2 的带宽比为 1.5∶1。

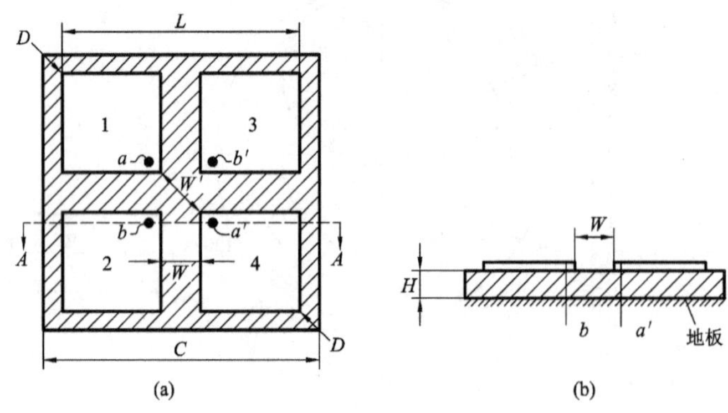

图 1.68　由四个正方形辐射单元构成的双极化基站天线单元

(a) 顶视；(b) 侧视

在 $f_0=5$ GHz($\lambda_0=60$ mm)时，用 $\varepsilon_r=4.58$ 的基板制造四个正方形双极化基站天线单元，基板的长度 $C=21.84$ mm，相邻两个正方形辐射单元的尺寸为：$L=21.3$ mm，$W=0.254$ mm，$H=7.06$ mm($0.25\lambda_g$)，调整 W，可以控制输入阻抗。

双极化基站天线基本辐射单元也可以采用如图 1.69 所示的四个正交菱形单元，在 $f_0=5$ GHz 时，具体尺寸如下：$C=21.84$ mm，$L=21.3$ mm，$W=0.254$ mm，$H=7.06$ mm，$\alpha_1=60°$，$\alpha_2=59.7°$。

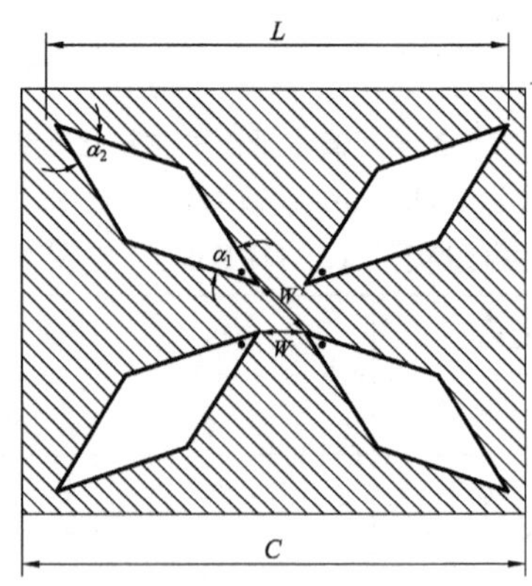

图 1.69　由四个正交菱形辐射单元构成的双极化基站天线单元

四个正方形辐射单元或四个正交菱形辐射单元用宽带分支导体型巴伦馈电，为了提高隔离度，还把每个辐射单元置于背腔中，如图 1.70 所示。宽带双极化基站天线的基本辐射单元也可以采用如图 1.71 所示的四个正方形环形辐射单元。[14]

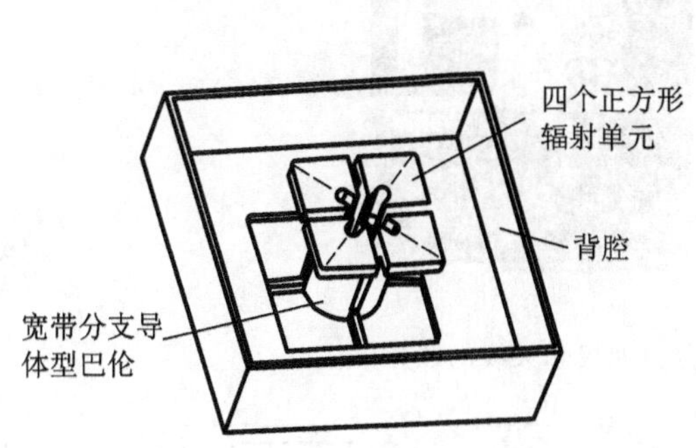

图 1.70 由带有巴伦及腔的四个正方形辐射单元构成的双极化基站天线单元

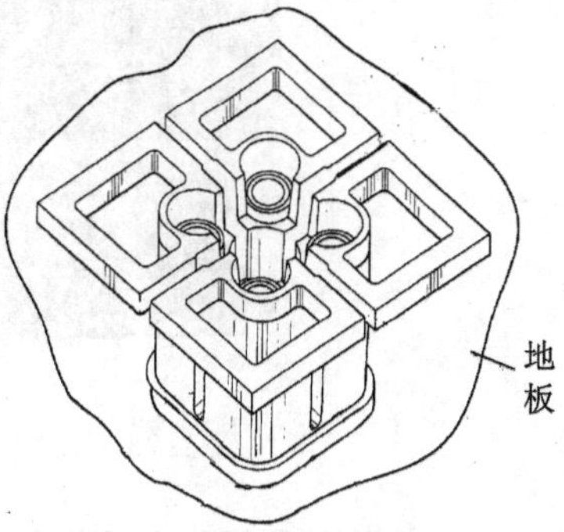

图 1.71 由四个正方形环形辐射单元构成的宽带双极化基站天线的基本单元

4. 2.4 GHz 极化分集印刷偶极子天线[15]

图 1.72 是用厚 1.6 mm，$\varepsilon_r=4.6$ 的 FR4 基板制作的带微带巴伦的 2.4 GHz 印刷偶极子天线。偶极子一臂的长度 $L_d=19$ mm，宽度 $W_d=6$ mm，两臂的间隙 $g_2=3$ mm。微带巴伦的尺寸为：$L_f=34$ mm，$W_f=3$ mm，$L_b=16$ mm，$W_b=5$ mm，$L_h=W_h=3$ mm，间隙 $g_1=1$ mm，微带巴伦地的长度 $L_g=10$ mm，宽度 $W_g=15$ mm。微带线位于基板的正面，偶极子和地位于基板的背面。

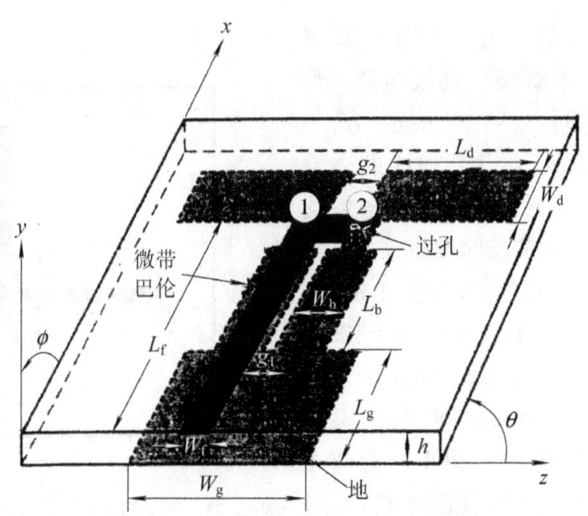

图 1.72 带巴伦的印刷偶极子天线

图 1.73 是 2.4 GHz 极化分集偶极子天线的照片。图 1.74 是该天线两个端口实测和仿真 VSWR～f 特性曲线。

图 1.73　2.4 GHz 极化分集偶极子天线的照片

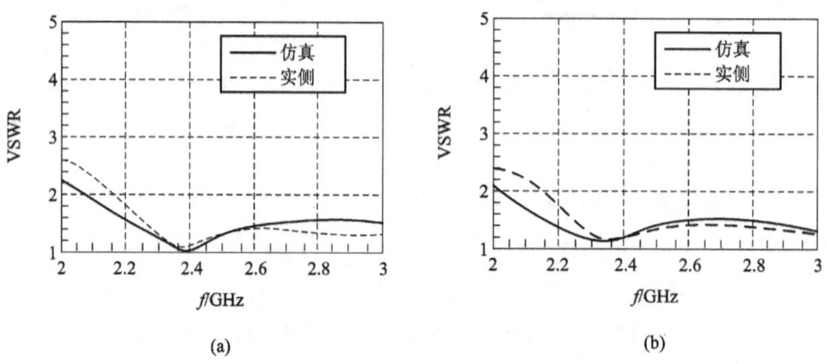

图 1.74　2.4 GHz 极化分集偶极子天线两个端口仿真和实测 VSWR～f 特性曲线
(a) 垂直偶极子；(b) 水平偶极子

图 1.75 是 2.4 GHz 极化分集正交偶极子微带馈线和 PIN 二极管极化切换电路。切换电路地板的尺寸为：$L_t=35$ mm，$W_t=30$ mm。正交偶极子的两个微带馈线的末端通过两个 PIN 二极管并联，通过馈电电缆给二极管提供±5 V 的正向和反向偏压来控制二极管是开还是关，PIN 二极管(尺寸为 1 mm×3 mm×1 mm)带有正向偏流自保护 $R=470\ \Omega$ 的片状(尺寸为 0.8 mm×1 mm×0.5 mm)电阻，有非常高 RF 阻抗的扼流电感(在 PCB 基板上可以用 $\lambda_0/4$ 曲折线来代替 RF 扼流电感)和电容量 $C=75$ pF 的隔直流片状(尺寸为 1 mm×1.5 mm×0.5 mm)电容。

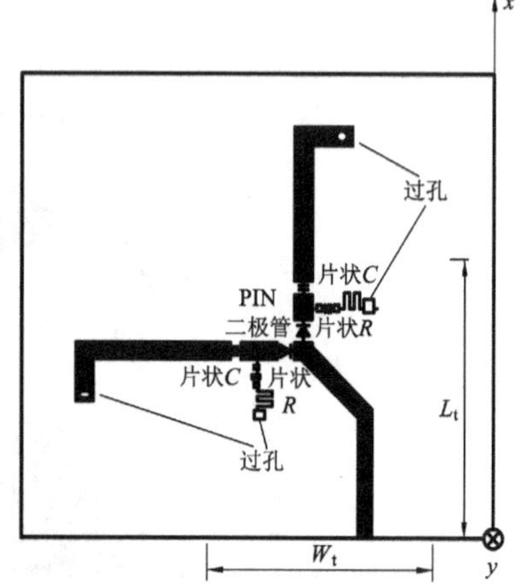

图 1.75　2.4 GHz 极化分集正交偶极子微带馈线和 PIN 二极管极化切换电路

5. 提高由正交偶极子构成的±45°双极化天线端口隔离度的一些方法[16]

1) 用横向去耦金属带

图 1.76 是 1710～1990 MHz 频段使用的由正交偶极子构成的四元±45°双极化板状天

线，接地板长 480 mm，宽 150 mm($0.925\lambda_0$)，单元间距为 120 mm($0.74\lambda_0$)，单元到反射板边缘为 60 mm。为了提高±45°端口之间的隔离度，如图 1.76 所示，在相邻辐射单元之间附加了宽 5 mm，长 150 mm 的去耦金属带。去耦金属带到地板的距离为 75 mm，用事先在顶端切割好槽的介质支撑板把去耦金属带插在槽中固定在地板上。一边附加去耦金属带，一边用网络分析仪测量隔离度，可能用一个或几个横向去耦金属带就能满足端口隔离度的要求。

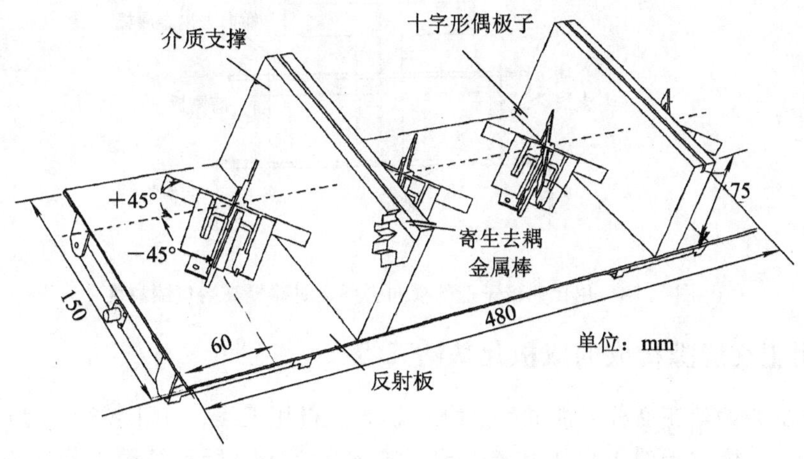

图 1.76　由正交偶极子构成的±45°双极化天线

2）用双纵向或一个横向去耦金属棒

在 820～960 MHz 频段，对安装在 U 形地板上的正交偶极子双极化基站天线，为了提高端口隔离度，在相邻正交偶极子之间，用绝缘支撑固定高度低于偶极子的横向去耦金属棒，如图 1.77 所示。也可以在正交偶极子的两侧，沿前侧板用两个介质支撑高度低于偶极子的纵向去耦金属棒，如图 1.78 所示。

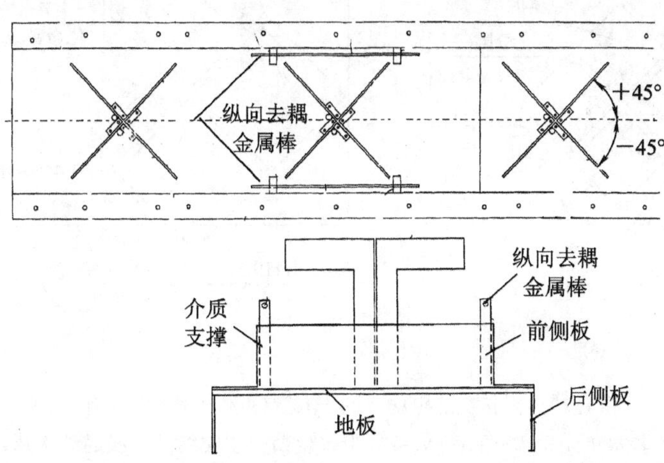

图 1.77　用双纵向去耦金属棒提高端口隔离度

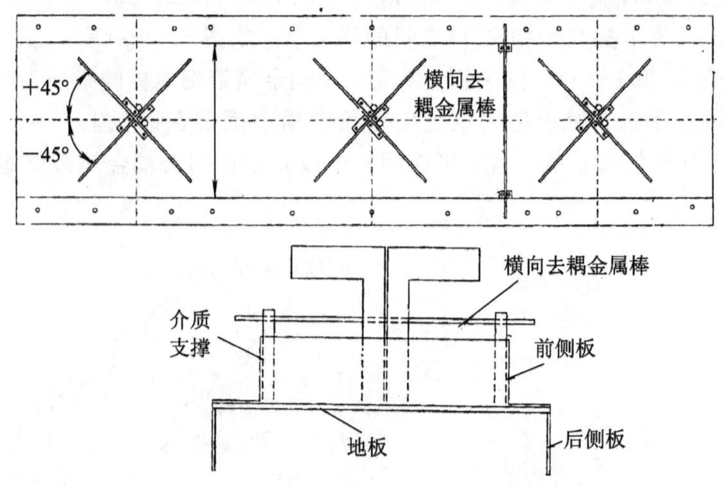

图 1.78　用比偶极子低的横向去耦金属棒提高端口隔离度

1.5.2　用正交缝隙构成的双极化基站天线

用正交微带线给正交缝隙馈电可以构成±45°双极化天线。如图 1.79(a)所示。为了使方向图变窄，在缝隙天线上面附加寄生贴片。图 1.79(b)所示缝隙工作在 GSM(870～960 MHz)频段的±45°就是因为附加了寄生贴片双极化天线的基本单元。把图示两个基本单元并联作为基本单元组阵，共八个单元分成四组，输入信号由主馈同轴线经四功分器分成四路，再由四根同轴线把它们连接起来。该±45°双极化天线的主要电气指标如下：垂直面半功率波束宽度为 65°，VSWR<1.5，G=17.5 dBi，隔离度<−30 dB，XPD≥−15 dB。

单位：mm

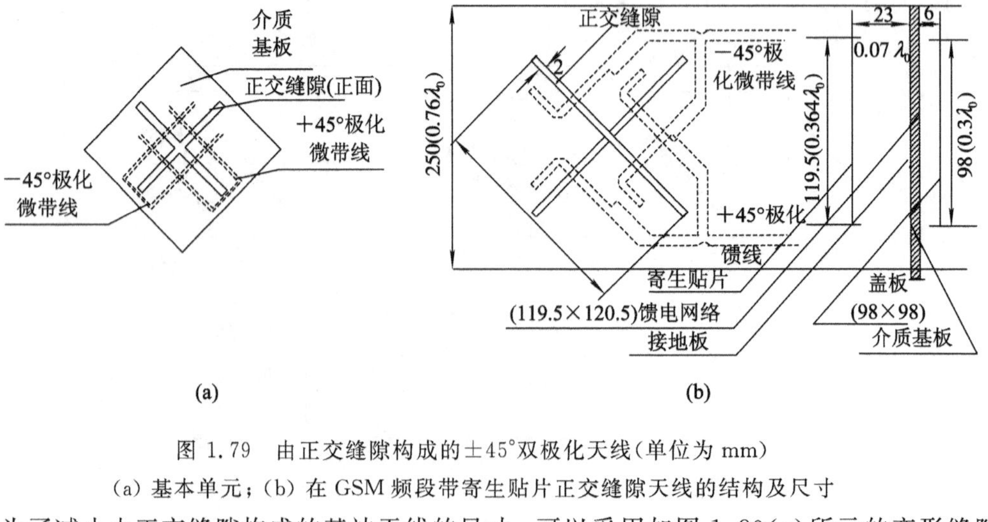

(a)　　(b)

图 1.79　由正交缝隙构成的±45°双极化天线(单位为 mm)

(a) 基本单元；(b) 在 GSM 频段带寄生贴片正交缝隙天线的结构及尺寸

为了减小由正交缝隙构成的基站天线的尺寸，可以采用如图 1.80(a)所示的变形缝隙及馈电网络，图 1.80(b)是由变形缝隙构成的双极化基站天线阵，图中还给出了并联微带线馈电网络。

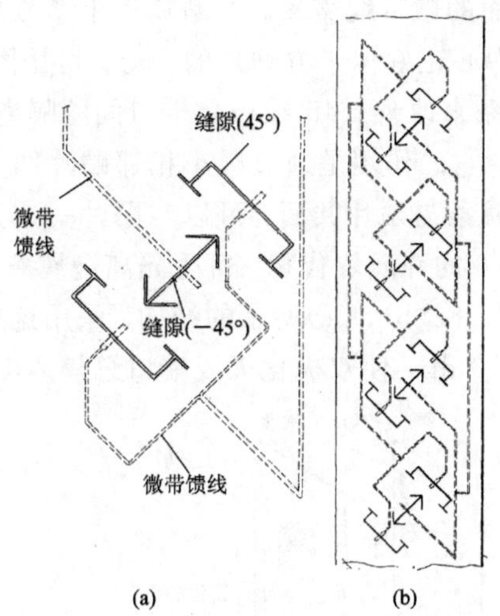

图 1.80 由变形正交缝隙构成的双极化基站天线
(a) 基本单元；(b) 天线阵

1.5.3 用贴片构成的双极化基站天线

1. 用微带线馈电的圆贴片

图 1.81(a)是圆贴片构成的垂直/水平极化 2×2 双极化天线，该方案用一个圆形贴片天线作为双极化天线的基本单元，用极化分集所需要的两个正交馈线给同一个圆形贴片天线馈电，具有尺寸小的优点。调整馈线的相位差及采用寄生贴片天线，使该天线具有给定的扇形波束宽度和较高的增益。

用图 1.81(a)所示的基本辐射单元，在垂直面组阵，就构成了如图 1.81(b)所示的高增益垂直/水平双极化贴片天线阵。

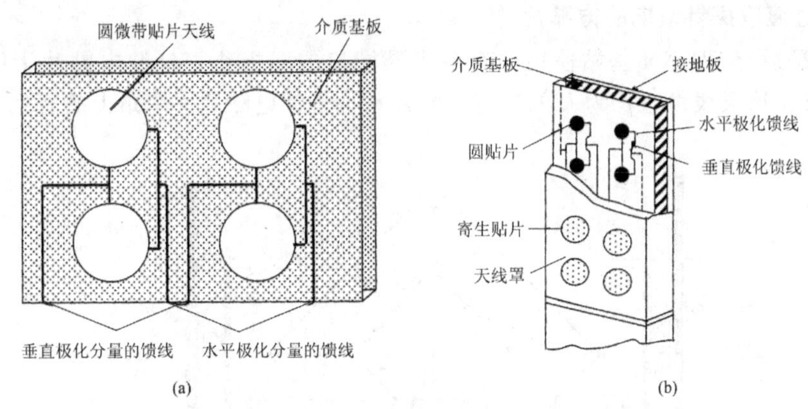

图 1.81 由圆贴片天线构成的垂直/水平双极化天线
(a) 基本单元；(b) 天线阵

2. 用缝隙耦合方贴片[17]

图 1.82 是把方贴片作为双极化天线的辐射单元，用微带线从贴片的两个对角线方向通过地板上的十字形缝隙耦合给方贴片馈电构成的双极化微带天线阵。为了使耦合能量更

均匀，把位于十字形缝隙下面的微带线交叉。方贴片沿上基板的轴线配置，相邻贴片边缘的间距为 d，十字形缝隙的中心正好位于方贴片的中心。可用图 1.82 中位于方贴片两边与上基板轴线平行的寄生金属条来改善±45°线极化端口间的隔离度。注意，位于边缘的隔离度金属条的长度大于间距 d，它的作用是通过减小相邻贴片两个通道之间的电磁耦合来减小通道间的隔离度；隔离金属条与贴片共面，可以与贴片一起用印刷电路技术生产。寄生隔离金属条也可以用 $\varepsilon_r=2\sim6$ 的介质块代替。寄生隔离金属条的长度至少要达到 $\lambda_0/8$。寄生隔离金属带也可以是如图 1.82(b)、(c)所示的结构。采用这些寄生隔离金属带或寄生隔离介质板，可以改善隔离度 10 dB，使双极化天线端口总隔离度达到－35 dB。

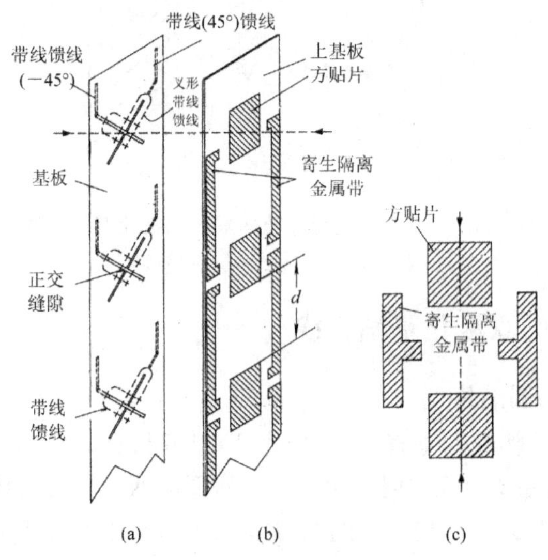

图 1.82　带有寄生隔离金属带的双极化微带基站天线阵

(a) 馈电基板；(b)、(c) 贴片和寄生隔离金属带的结构

3. 用带过渡段探针馈电的方贴片[18]

图 1.83 是适合 WLAN 基站使用的有高去耦端口的双极化探针馈电贴片天线。由图 1.83 可以看出，该天线由边长为 L 的馈电方贴片和位于馈电贴片一个角上的寄生短路倒 L 形贴片组成。

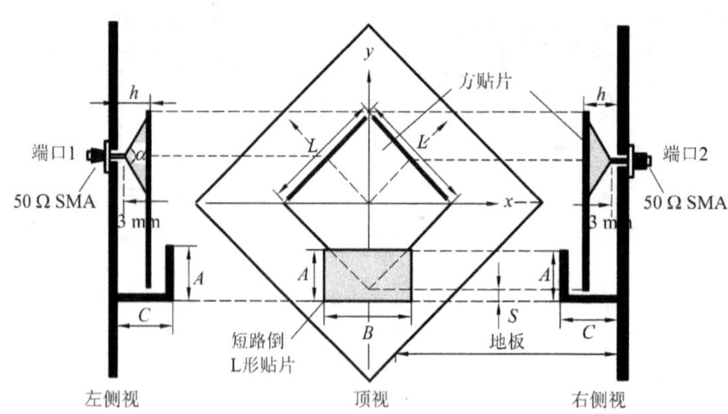

图 1.83　有高去耦端口的双极化贴片天线

为了展宽阻抗带宽，除采用厚的空气贴片外，还使用了短探针和三角过渡给方贴片馈电技术。为了使端口有高的去耦，附加了距馈电贴片的一个角顶点为 S 的短路倒 L 形贴片，通过方贴片和短路倒 L 形寄生贴片水平部分之间的电容耦合，减小馈电贴片的表面电流由激励端口流到末激励端口。

对 2.4 GHz 频段的 WLAN 双极化基站天线，其天线和馈电网络的具体尺寸如下：L=53 mm，α=135°，A=25 mm，B=48 mm，C=22 mm，S=10 mm，地板的尺寸为 150 mm×150 mm。

图 1.84(a)是该天线仿真和实测 S_{11}、S_{21} 的频率特性曲线。由图 1.84(a)看出，在 2338～2588 MHz 频段，实测 VSWR≤1.5，相对带宽 10%；在 2400～2500 MHz 频段，S_{21}=−30 dB。图 1.84(b)是该天线两个端口实测增益的频率特性曲线。

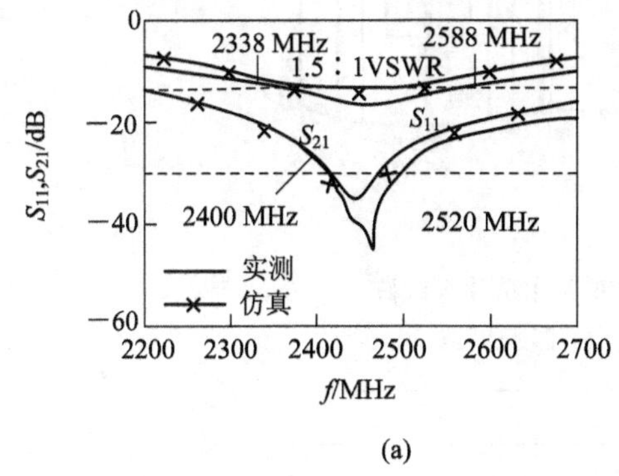

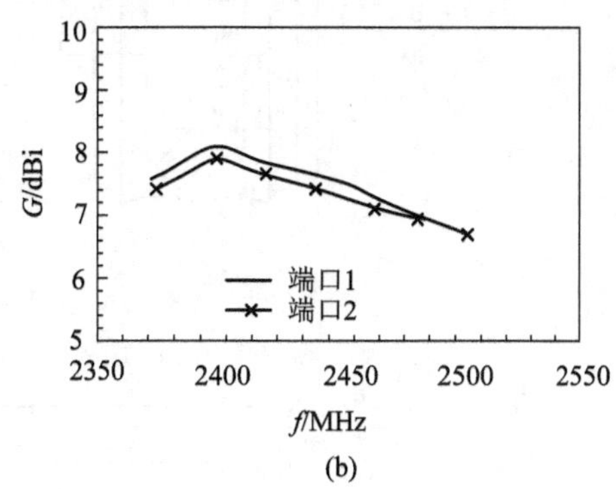

图 1.84　2.4 GHz 双极化探针馈电贴片天线的实测 S_{11}、S_{21} 和 G 的频率特性曲线及仿真的 S_{11}、S_{21} 频率特性曲线

(a) S_{11} 和 S_{21}～f 曲线；(b) G～f 特性曲线

4. 用双 L 形探针对角线馈电方贴片[19]

图 1.85 是位于圆柱体上在 1.9～2.17 GHz IMT-2000 系统工作的双极化空气贴片天线阵，其中心设计频率 f_0=2.035 GHz，贴片边长 P_x=P_y=58 mm(0.39λ_0)，单元间距 S_4=120 mm(0.8λ_0)。贴片用介质支撑固定在圆柱体上，贴片到圆柱体的距离 P_h=15 mm (0.1λ_0)，每一个贴片都用直径为 1 mm、水平长度 L_h=23 mm(0.14λ_0)、垂直长度 L_y=14.5 mm(0.09λ_0)的一对 L 形探针沿方贴片相邻对角线馈电，构成±45°双极化天线。图 1.85(c)是匹配网络。由图 1.85(c)可以看出，端口 1 和 3 同相馈电为+45°极化，端口 2 和 4 反相馈电为−45°极化。为了提高端口隔离度，除让端口 2 和 4 反相馈电外，还在圆柱体上附加了夹角 β=72°，宽 W_h=23 mm 的两个侧壁。圆柱体是壁厚 2 mm，直径 D=155 mm，L=282 mm 的金属管。图 1.86 是该天线阵端口实测和仿真 VSWR～f 特性曲线。由图 1.86 可以看出，端口 1 实测 VSWR<2 的频率范围为 1.615～2.195 GHz，相对带宽为 30%；端口 2 实测 VSWR<2 的频率范围为 1.865～2.275 GHz，相对带宽为 20%。

图 1.87 是该天线阵有无侧壁仿真和实测隔离度的频率特性曲线。由于附加了两个侧壁，因此在 1.85～2.24 GHz 频段内，把无侧壁时只有−16 dB 的隔离度提高了一倍，达到−32 dB。图 1.88 是该天线阵实测端口增益的频率特性曲线。由图 1.88 可以看出，在工作频段内，两个端口实测增益均为 10 dBi，最大为 11 dBi。

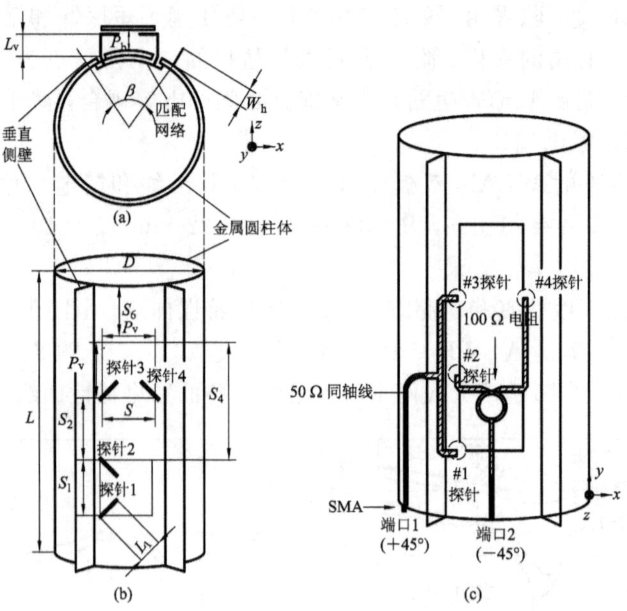

图 1.85 位于圆柱体上的双极化贴片天线阵

(a) 端视；(b) 侧视；(c) 匹配网络

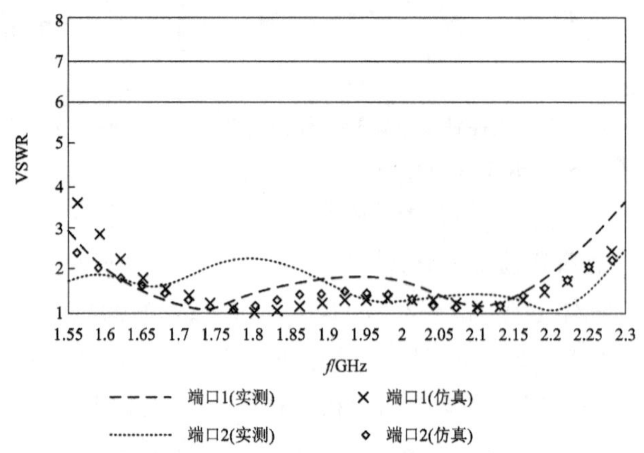

图 1.86 双极化贴片天线阵端口实测和仿真 VSWR～f 特性曲线

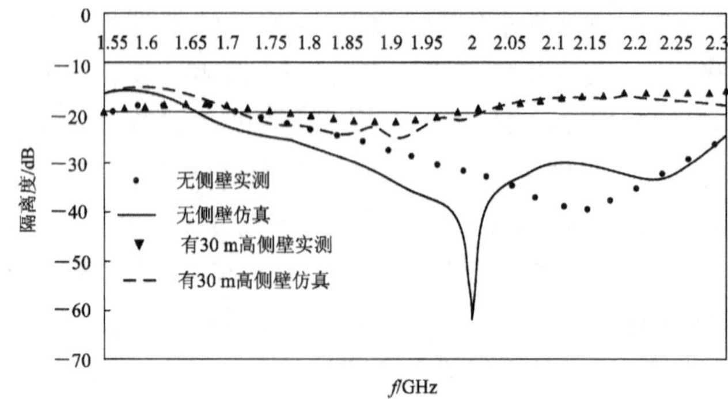

图 1.87 有无侧壁天线阵仿真和实测的端口隔离度的频率特性曲线

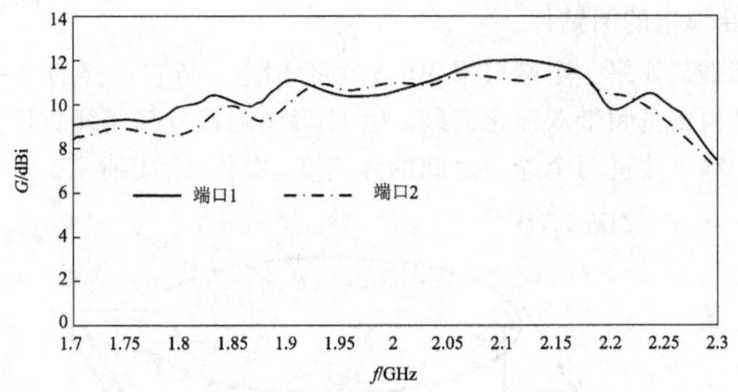

图 1.88 实测天线阵端口增益的频率特性曲线

图 1.89 是该天线阵在 $f=2.05$ GHz 时实测两个端口水平面和垂直面的主极化和交叉极化方向图。由图 1.89 可以求出，对端口 1，水平面 HPBW＝62°，垂直面 HPBW＝29°；对端口 2，水平面 HPBW＝62°，垂直面 HPBW＝30°；F/B 比为 15 dB，交叉极化电平为 －15 dB。

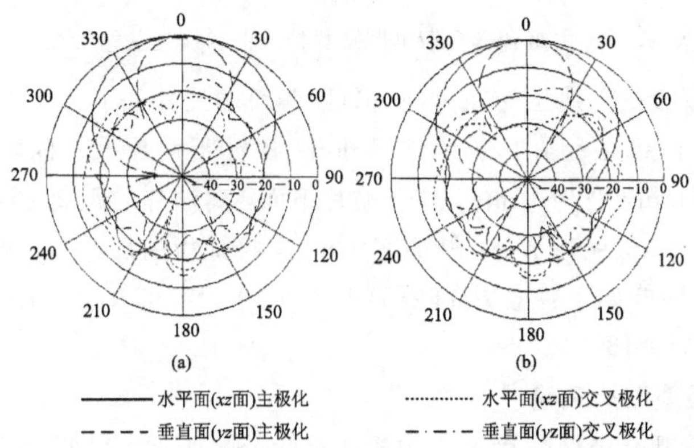

图 1.89 图 1.85 所示天线阵在 $f=2.05$ GHz 时实测水平面和垂直面的主极化和交叉极化方向图

(a) 端口 1；(b) 端口 2

图 1.90 是适合 MIMO 应用的有全向方向图的 5×2 共形天线阵。

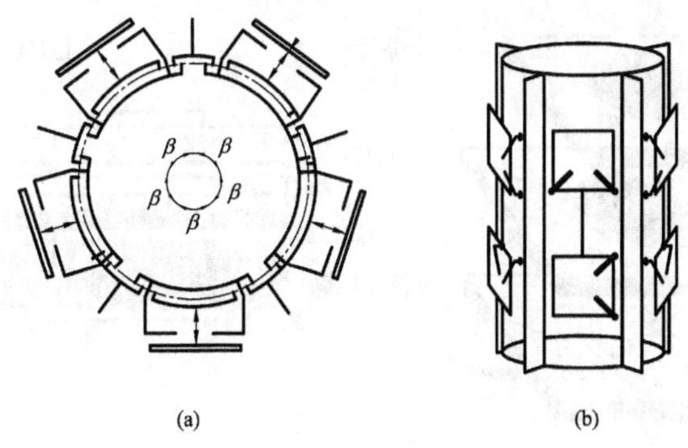

图 1.90 5×2 共形天线

(a) 顶视；(b) 侧视

5. 用组合耦合馈电的圆贴片

对圆形贴片天线，如果一个端口采用电容耦合馈电，与它正交的另一个端口采用缝隙耦合馈电，就可以构成宽频带双极化天线。用 H 形缝隙代替普通缝隙，不仅使缝隙的长度大大缩短，而且有利于改进两个端口之间的隔离度，如图 1.91 所示。

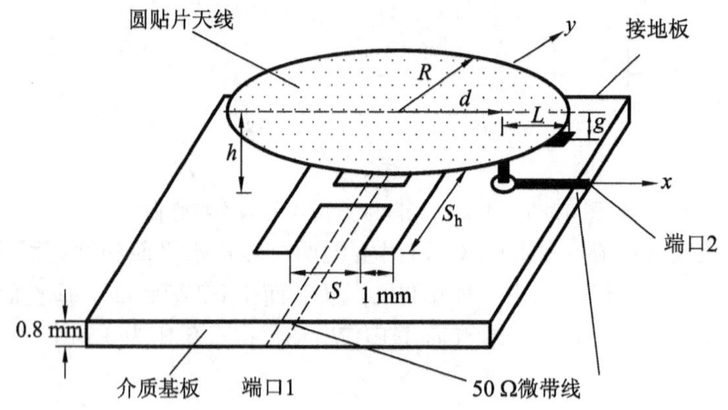

图 1.91　由组合耦合馈电圆贴片构成的双极化基站天线

图 1.91 所示的双极化天线工作在 1800 MHz 频段的尺寸如下：

贴片半径 R=35 mm，ε_r=4.4，h=13.6 mm；探针距贴片中心的距离 d=22 mm；L 形探针的长度 L=20 mm，宽为 1 mm，位于贴片下面，离贴片的距离 g=3.2 mm；H 形缝隙的尺寸为 S=18 mm，S_h=19 mm，缝隙宽 1 mm，接地板的尺寸为 100 mm×100 mm。

该天线的主要电性能如下：① 端口隔离度<−30 dB。② G≥7 dBi。③ XPL≥−15 dB。④ VSWR≤2(BW≥13%)。

6. 用缝隙耦合层叠贴片天线[20]

图 1.92 是由缝隙耦合层叠贴片天线构成的极化分集天线。之所以采用缝隙耦合馈电及层叠贴片，是为了实现 12%的相对带宽，即让天线能在 1920～2170 MHz 的 3G 频段内有效工作。用厚 h_3=6 mm 的泡沫把边长 d_1=62 mm 的下方贴片固定在地板上。用厚 h_4=10 mm 的泡沫把边长 d_2=54.5 mm 的上方贴片固在下方贴片上。用厚 h_2=1.6 mm，ε_r=

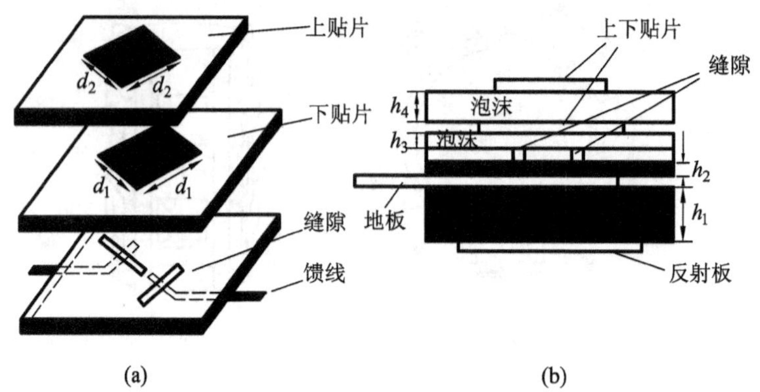

图 1.92　缝隙耦合层叠贴片天线

(a) 立体结构；(b) 侧视

4.7 的 FR4 基板制作微带馈线。在微带线的地板上，切割两个缝隙。对端口 1，缝隙的尺寸为 2 mm×37.9 mm，对端口 2，缝隙的尺寸为 2 mm×38.1 mm。为了使端口 1 和端口 2 之间的隔离度最大，两个缝隙为 T 形排列。它们在微带线接地板上相对辐射贴片的位置如图 1.93 所示。调整缝隙到贴片边缘的距离，当 $L_1=12.1$ mm，$L_2=30$ mm 时，端口 1 和端口 2 之间的隔离度在工作频段内达到 −46～−50 dB。仿真的 VSWR≤1.5 的阻抗带宽，对端口 1 为 22.9%(1780～2240 MHz)，对端口 2 为 15.7%(1880～2200 MHz)。

图 1.94 是用图 1.92 所示的基本辐射单元构成的 1×4 双极化天线阵，单元间距 $S=0.92\lambda_0$。为了得到 −15 dB 的副瓣电平，采用 0.44：1：1：0.44 的切比雪夫幅度分布。天线阵的尺寸为：长×宽×厚$=L\times W\times D=$500 mm×160 mm×40 mm。

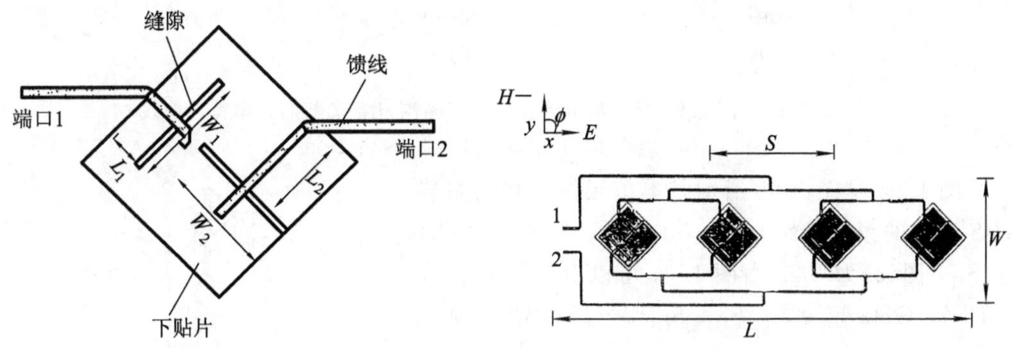

图 1.93 相对下贴片在地板上两个缝隙的相对位置　图 1.94 1×4 缝隙耦合层叠双极化贴片天线阵

对 1×4 天线阵两个端口的 S_{11}、S_{22}，增益和方向图进行了仿真和实测，主要结果如下：VSWR≤1.5($S_{11}<-15$dB)的相对频率范围和相对带宽，端口 1 为 1.746～2.24 GHz 和 24.8%，端口 2 为 1.775～2.18 GHz 和 20.5%；在 3 G 的频段内，隔离度大于 −25 dB，SLL<−15 dB，垂直面 HPBW=14°，天线阵的增益为(13±0.5)dBi。

在双极化天线中，特别关心交叉极化、天线端口间的隔离度和在馈电网络中的交叉耦合。采用缝隙耦合及多层结构解决方案，既可以实现高的端口隔离度，又能展宽频带。图 1.95 所示就是在 10.7～12.75 GHz 频段工作，采用了多层结构，通过近耦合馈电构成的双极化层叠贴片天线[21]，图中共有四层环氧板：$d_1=d_2=0.51$ mm，$\varepsilon_{r1}=\varepsilon_{r2}=3.38$；$d_3=1.6$ mm，$\varepsilon_{r3}=$

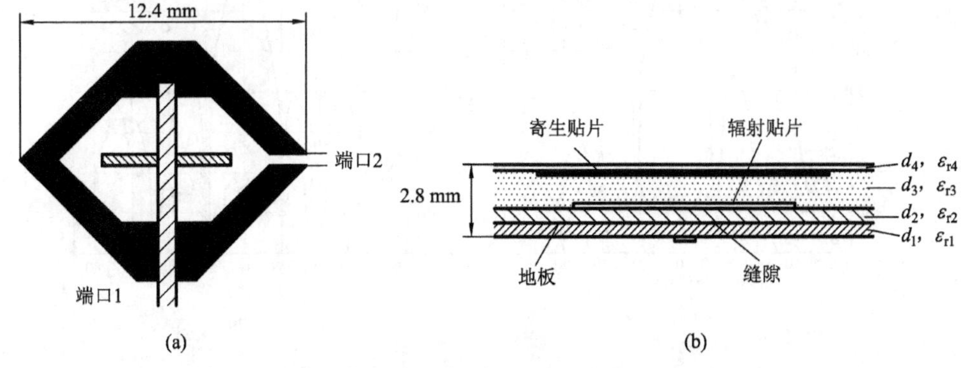

图 1.95 多层天线的结构
(a) 顶视；(b) 侧视

1.07；$d_4=0.16$ mm，$\varepsilon_{r4}=4.3$。双频天线的馈电网络背靠背共用同一块地板，即一个位于厚度为 d_1 基板的下面，另一个位于厚度为 d_2 基板的上面。端口 1 的馈线通过位于地板上的缝隙耦合到下贴片，端口 2 的馈线则直接接下贴片的边缘。由于一个极化的馈线在磁场的最大方向，另一个极化的馈线在电场的最大方向，因而提高了端口间的隔离度。

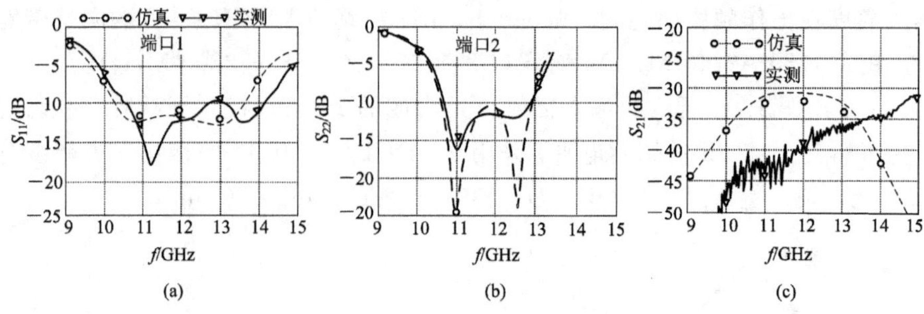

图 1.96　图 1.95 所示基本单元仿真实测端口 S 参数的频率特性曲线

(a) 端口 1，S_{11}；(b) 端口 2，S_{22}；(c) S_{12}

图 1.96 是图 1.95 所示基本单元仿真和实测端口 S 参数的频率特性曲线，其中图(a)为 S_{11}，图(b)为 S_{22}，图(c)为 S_{12}。由图 1.96 可以看出，在 10.7～12.75 GHz 频段内，S_{11}，$S_{22}<-10$ dB，插损<0.4 dB，隔离度 $S_{12}<-35$ dB。

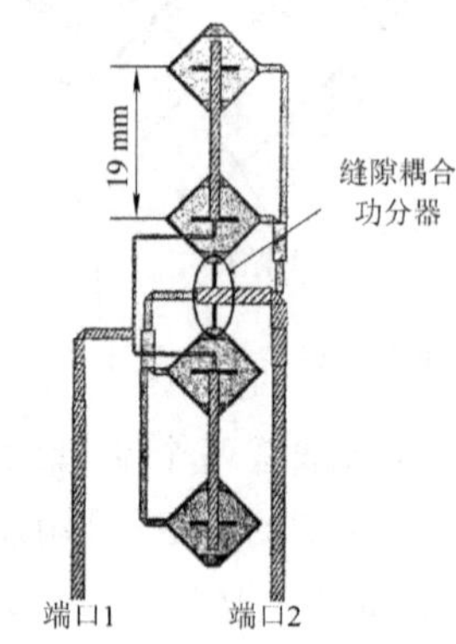

图 1.97　四元天线阵及馈电网络

图 1.97 是用 $\varepsilon_r=2.17$ 基板制成的四元垂直双极化贴片天线阵及馈电网络，单元间距为 19 mm，通过缝隙耦合功分器从一层过渡到二层，输出分支反相。图 1.98 是四元天线阵在 $f=11.7$ GHz 时实测端口 1 的 E 面方向图和端口 2 的 H 面方向图。由图 1.98 可以看出，交叉极化电平在 E 面和 H 面分别为 −26 dB 和 −23 dB。图 1.99 是四元天线阵端口实测增益及效率的频率特性曲线。由图 1.99 可以看出，两个端口的增益和效率不一样，主要是由于缝隙耦合的插损所致。

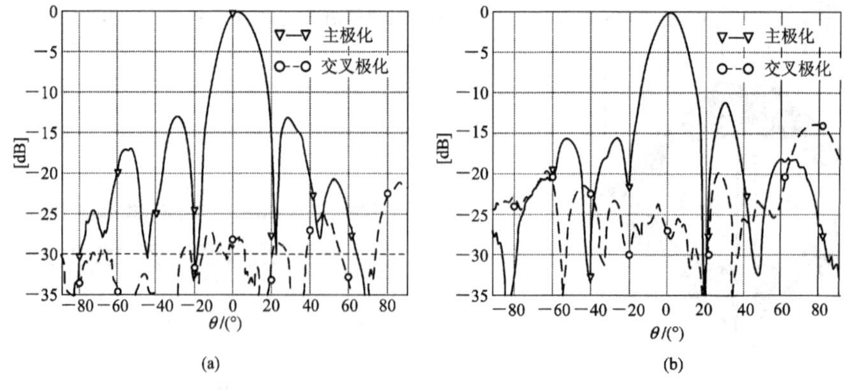

图 1.98　四元天线阵在 $f=11.7$ GHz 时实测端口方向图

(a) 端口 1，E 面；(b) 端口 2，H 面

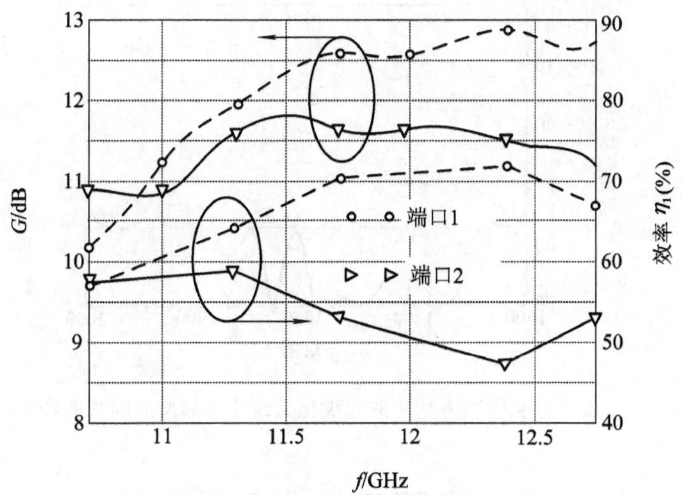

图 1.99 四元天线阵实测端口增益及效率的频率特性曲线

7. 用带有正交缝隙的方形贴片

图 1.100 所示为在 1710～1880 MHz 频段工作的双极化天线。贴片为正方形，边长为 50 mm，为了减少尺寸，在贴片的中心对称位置开了宽 1 mm、长 44 mm 的正交缝隙。贴片与接地板平行，距接地板 12.8 mm 高(相当于 $0.077\lambda_0$)，两个正交微带线通过位于接地板上的 H 形耦合缝隙完成口面馈电，激励起两个正交线极化。对端口 1，H 形耦合缝隙的尺寸为 1 mm×H_{12} 和 1 mm×2H_{11}，对端口 2，H 形耦合缝隙的尺寸为 0.25 mm×H_{22} 和 1 mm×H_{21}，两个 H 形缝隙中心相距 20 mm。为了使端口 1 和端口 2 之间有高的隔离度，端口 2H 形耦合缝隙的中心缝隙必须与端口 1 微带线位于同一条直线上。调整 H 形缝隙的尺寸及超过 H 形缝隙中心缝隙微带线的长度 t_1、t_2 为以下值时就能实现阻抗匹配：H_{11} = 10 mm，H_{12} = 20 mm，t_1 = 4.5 mm，H_{21} = 12.5 mm，H_{22} = 11 mm，t_2 = 3.5 mm。

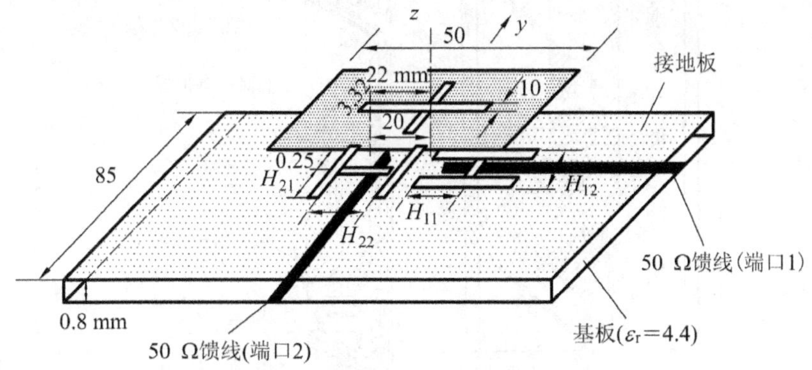

图 1.100 由有正交缝隙方贴片构成的双极化天线

该天线端口 1 和端口 2 之间的实测隔离度曲线如图 1.101 所示。由图 1.101 可以看出，在整个工作频段内，隔离度＞－30 dB，交叉极化电平＜－20 dB。

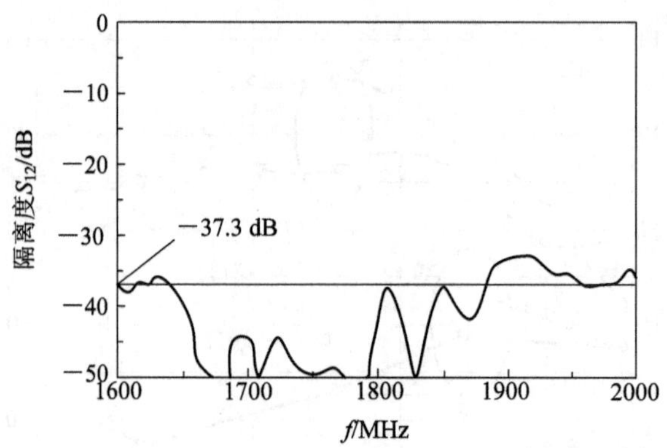

图 1.101 由有正交缝隙方贴片的双极化天线实测隔离度的频率特性曲线

1.6 双频双极化基站天线

1.6.1 由倾斜菱形偶极子和正交偶极子构成的双频双极化基站天线[22]

图 1.102 是双频双极化基站天线。由图 1.102 可以看出，低频段是由倾斜菱形偶极子构成的±45°双极化天线。所谓倾斜，是指四个菱形偶极子的馈电巴伦兼作支撑的结构不仅倾斜，而且汇聚到中心，作为整体固定在接地板上，高频段±45°双极化天线由两种偶极子

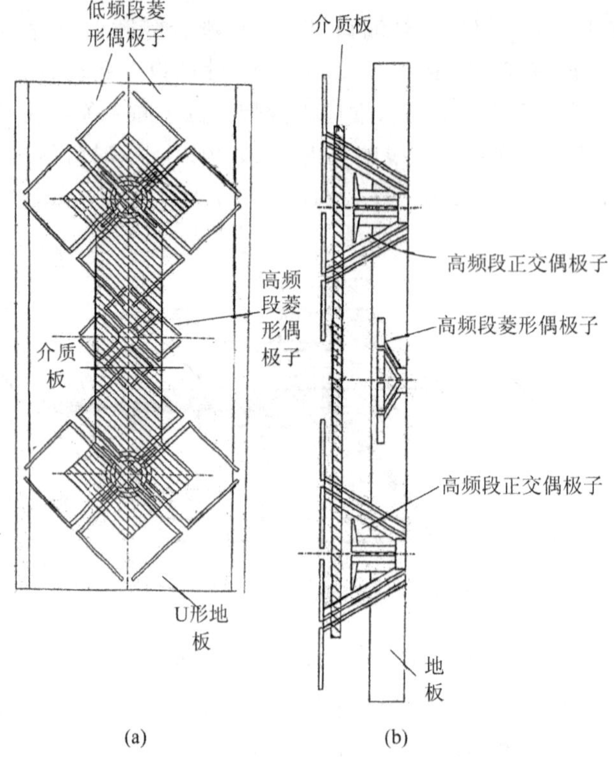

图 1.102 双频双极化基站天线阵

组成，与低频段菱形偶极子位于同一位置的高频段±45°双极化天线是正交偶极子，位于相邻低频段菱形偶极子之中的高频段±45°双极化天线是菱形偶极子。

在双频双极化基站天线中，天线的水平面 HPBW 在不同频段会变化，而且交叉极化电平抬高，VSWR 和隔离度也相应变差。但如图 1.102 所示在平行接地板方向，附加一块介质板，就能使双频天线的半功率波束宽度由原来的 65°±10°或 65°±7°变为 65°±5°，甚至 65°±4°，而且抑制了扇区在±60°边缘的交叉极化电平，拓展了高频端的带宽，使隔离度达到－30 dB 以上。

1.6.2 由双层双列正交偶极子构成的双频双极化基站天线[11]

为了满足第二代和第三代移动通信的需要，基站天线必须覆盖三个频段。如果每个频段只使用单频天线，则为了扼制多径干扰，在每个基站的上行接收通道中必须采用分集技术。对全向基站，三个频段共需要六面天线；对三扇区基站，共需要十六面天线。天线数量多，不仅成本高，架设困难，而且易相互产生干扰。为此必须使用宽带天线，以减少天线的数量。多频或宽带天线应该具有易设计制造，成本低的特点。为适应不同类型的蜂窝基站，如全向、三扇区等，天线还应具有不同的水平面波束宽度。为了使天线数量最少，应用极化分集来取代空间分集，且使用双频双极化天线。

目前市场上主要使用下倾角 0°～8°的±45°双极化天线，第一个零填充到－16～－18 dB，天线 G＝15～18 dBi。

双频双极化天线应覆盖以下两个频段：

低频段：806～960 MHz，f_{oL}＝883 MHz，λ_{oL}＝304 mm，相对带宽为 17.4%；

高频段：1710～2170 MHz，f_{oH}＝1940 MHz，λ_{oH}＝154.6 mm，相对带宽为 23.7%。

图 1.103 中的低频段正交偶极子天线的频段为 880～960 MHz（f_{oL}＝920 MHz，λ_{oL}＝326 mm，$\lambda_{oL}/2$＝163 mm），偶极子的长度 λ_{oL}＝163 mm，因此倾斜偶极子在水平和垂直方向的长度为 115 mm（163×cos45°＝115），在水平和垂直方向上的单元间距为 170 mm（0.52λ_{oL}），相当于在低频段 880 MHz 的 $\lambda_0/2$，振子到接地板的距离为 80 mm，近似相当于低频段 880 MHz 的 $\lambda_0/4$。

图 1.103 中高频段±45°极化天线也为正交偶极子，偶极子的长度为 $\lambda_{oH}/2$＝77 mm，因此倾斜偶极子的水平和垂直部分的长度只有 55 mm（77×cos45°＝54.4 mm）。在垂直和水平方向上的单元间距为 85 mm，相当于高频段 1710 MHz 的 0.48λ_0，相当于 2170 MHz 的 0.62λ_0，振子离地面的距离为 40 mm，相当于中心频率的 $\lambda_0/4$。

为了减小图 1.103 中低频段偶极子对高频段偶极子的阻挡，可以采用如图 1.104 所示的双层三列双频双极化天线阵的交叉布局和高频段的三角网格布局。由于高频段采用了三角网格布局，因而天线阵的间距更稀疏。可见，低频段双极化由两列正交偶极子组成，高频段正交偶极子的三角网格布局在垂直方向和水平方向均位于低频段正交偶极子之间。在高频段中心频率 f_0＝1940 MHz，配置了间距为 88 mm 的两列三角网格布局的八元天线阵，在同一列，单元垂直间距 175 mm，单元距离地板 40 mm 的情况下，天线阵的方向系数为 20.4 dBi，垂直面 HPBW＝60°，水平面 2 dB 波束宽度仅 44.7°，可见太窄，不满足基站天线的要求，把两列水平间距定为 58 mm，就能满足基站天线所需要的水平面 HPBW。

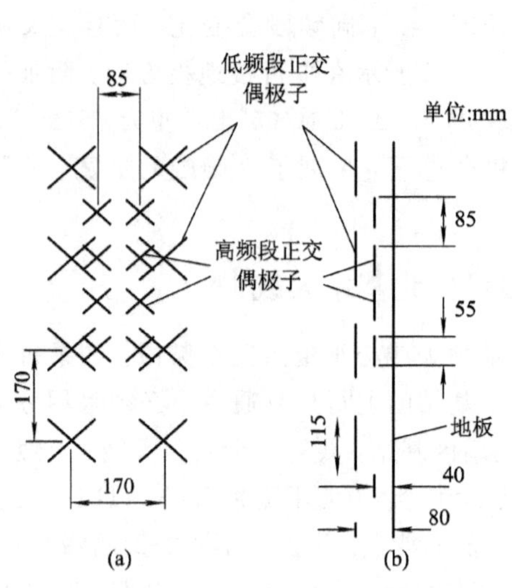

图 1.103　双层双列双频正交偶极子的布局
(a) 正视；(b) 侧视

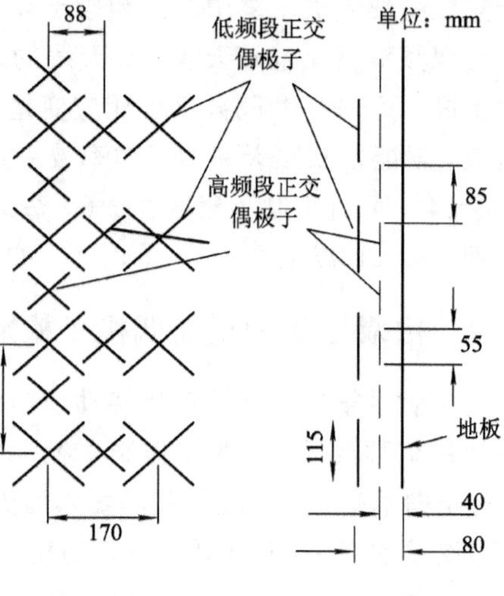

图 1.104　双层双频双极化天线阵的交叉布局和三角网格布局
(a) 正视；(b) 侧视

为了使高频段正交偶极子与低频段正交偶极子位于同一辐射平面，在高频对称振子的下面，采用长度稍比辐射振子长的由短路正交振子组成的频率选择地网，如图 1.105 所示。其作用就像八木天线中的反射器一样，但该频率选择地网只对高频段辐射单元起反射作用，对低频段辐射单元不起作用。图1.105中共有三列辐射单元，其中两列间距为170 mm，是低频段正交偶极子，中间一列为高频段正交偶极子，与低频段正交偶极子构成三角网格分布。

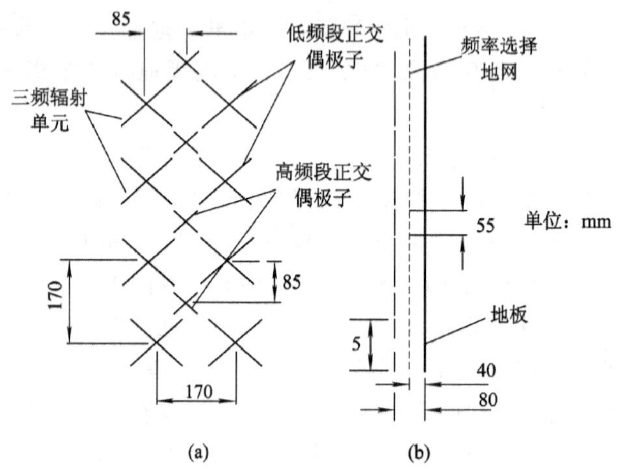

图 1.105　位于同一平面高低频段双极化天线阵的三角网格布局
(a)正视；(b)侧视

图 1.106 是两列低频段正交辐射单元与三列高频段正交辐射单元交叉在一起构成的双频双极化基站天线阵，高低频段正交双极化辐射单元水平间距和垂直间距分别为各频段中心波长 $0.25\lambda_H$、$0.25\lambda_L$、$0.75\lambda_H$ 和 $0.75\lambda_L$。由于使用倾斜偶极子，天线阵的垂直间距太近，

反而使方向图变窄，故把天线阵的垂直间距由 0.25λ_L 增大到 0.75λ_L，以便允许交叉更多的高频辐射单元。

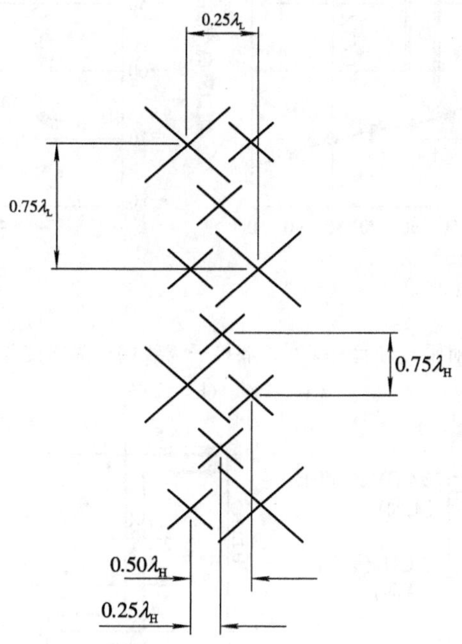

图 1.106　增大垂直间距双频双极化天线阵在三个不同水平位置的交叉布局

在高低频段的中心频率，半波长偶极子的长度分别为 80 mm 和 160 mm，离开地板的距离为 0.25λ_0，即分别为 40 mm 和 80 mm。

1.6.3　2.4 GHz 和 5 GHz 极化分集偶极子天线[23]

在多无线系统中，多天线端口之间的去耦是最重要的设计任务。两个天线之间的去耦不仅与两个天线之间分开的距离有关，而且与两个天线的取向有关。图 1.107 是一对宽 1.5 mm、每臂长 26.5 mm、中间间隙为 2 mm 的平行和正交 2.4 GHz 偶极子天线端口隔离度与间距 D 之间的关系曲线。由图 1.107 可以看出，一对平行偶极子在间距 $D=0.65\lambda_0$ 时，隔离度为 −15 dB，但对一对正交偶极子天线，间距 $D\ll\lambda_0$，就能实现 −60 dB 的隔离度。可见，要得到高的端口隔离度，两个天线应正交放置。对多频天线，例如对 2.4 GHz 和 5 GHz 频段的偶极子天线，为了减小两个天线之间的相互影响，也应像图 1.108 那样，把它们正交配置，即采用极化分集。为了使结构紧凑，除用厚为 0.8 mm，$\varepsilon_r=4.4$，尺寸为 30 mm×30 mm的 FR4 基板制造双频偶极子天线外，还把正面 2.4 GHz 偶极子的两个臂反方向弯曲成 Z 字形。偶极子中间的间隙对阻抗匹配很关键，仿真结果表明，2.4 GHz 和 5 GHz偶极子中间的间隙分别为 2 mm 或 1 mm。图 1.109 是 2.4 GHz 和 5 GHz 极化分集偶极子天线实测 S 参数的频率特性曲线。由图 1.109 可以看出，在各自的工作频段内，$S_{11}<-10$ dB。图 1.109 中，S_{21} 是两个频段天线之间的隔离度。由图 1.109 还可以看出，在两个频段，$S_{21}<-15$ dB。图 1.110 是该双频极化分集天线的增益 G 和效率 η 的频率特性曲线。由图 1.110 可以看出，在 2.4 GHz 频段，最大增益为 2 dBi，$\eta=90\%$(−0.5 dB)，在 5 GHz 频段，$G=3\sim2.1$ dBi，$\eta=74\%$(−1.3 dB)。

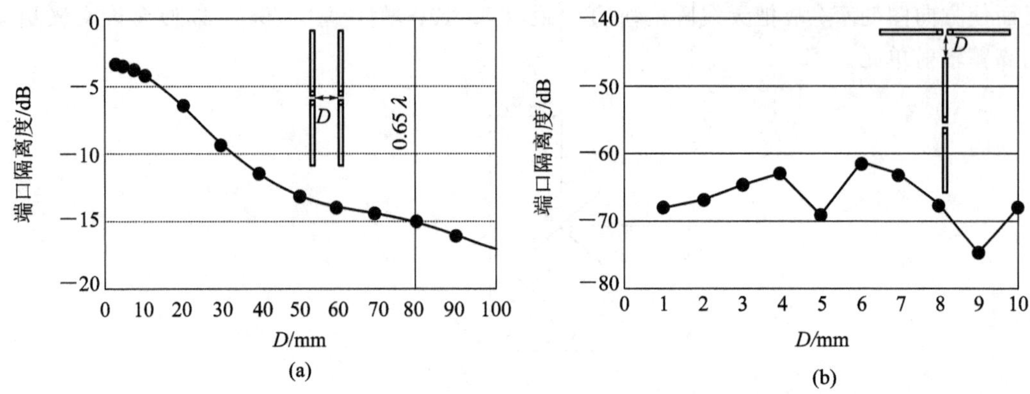

图 1.107 一对平行和垂直 λ/2 长偶极子天线端口隔离度与间距 D 的关系

(a) 平行；(b) 垂直

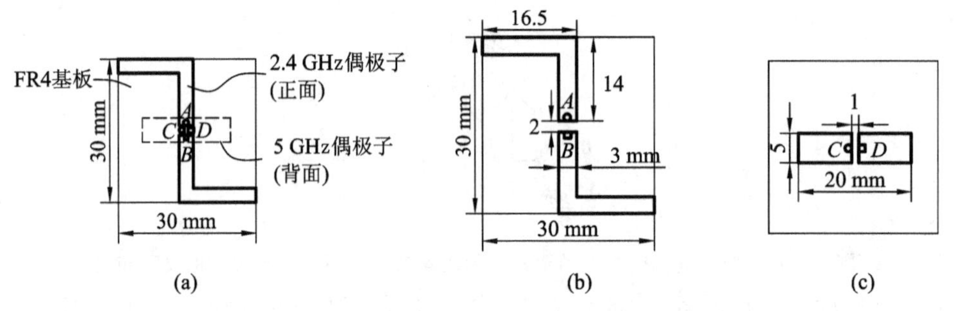

图 1.108 Z 形对称振子的结构及尺寸

(a) 2.4 GHz 和 5 GHz 极化分集偶极子天线；(b) 2.4 GHz 偶极子；(c) 5 GHz 偶极子

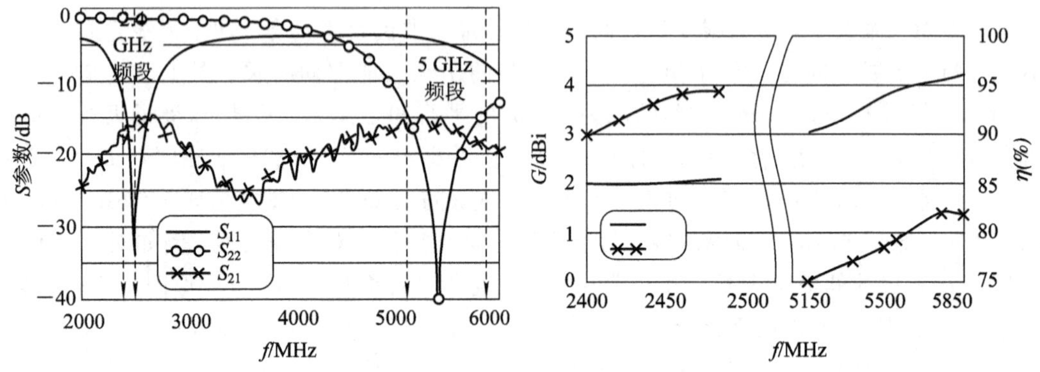

图 1.109 双频极化分集偶极子天线实测 S 参数的频率特性曲线

图 1.110 双频极化分集偶极子天线的增益 G 及效率 η 的频率特性曲线

1.6.4 由正交偶极子构成的双频四极化基站天线阵[2]

图 1.111 是用水平/垂直极化印刷偶极子作为 800 MHz 频段极化分集天线和用正交印刷偶极子作为 2 GHz 频段±45°极化分集天线构成的双频四极化分集天线阵。

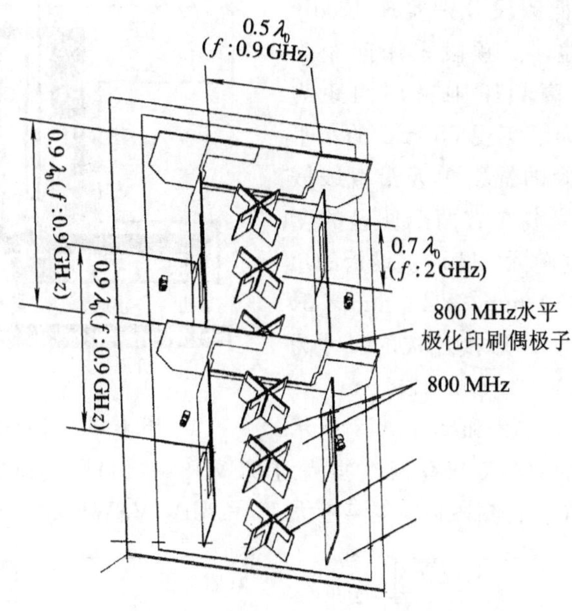

图 1.111 双频四极化分集印刷偶极子天线阵

1.6.5 由圆环和印刷偶极子构成的双频双极化基站天线[24]

为了克服圆环天线作为基站双极化天线窄频带的缺点，可采用如图 1.112 所示的印刷圆弧耦合馈电的圆环天线，既扩展了天线的带宽，又获得了双极化特性。由图 1.112 看出，最上面为辐射圆环，位于地板和辐射圆环之间的是四段印刷圆弧微带馈电层，同轴线的内导体与圆弧微带线相连，同轴电缆穿过反射板连接到馈电网络上，互为对角的两根电缆采用等幅反相馈电。等幅反相馈电可以抵消相邻电缆处产生的部分感抗及干扰(例如 2 和 4 对 1 的影响可以相互抵消)从而获得较高的端口隔离度，同时等幅反相馈电还可以使辐射金属圆环上的电流分布更加均匀以获得规则、对称的方向图，提高方向图的交叉极化性能。

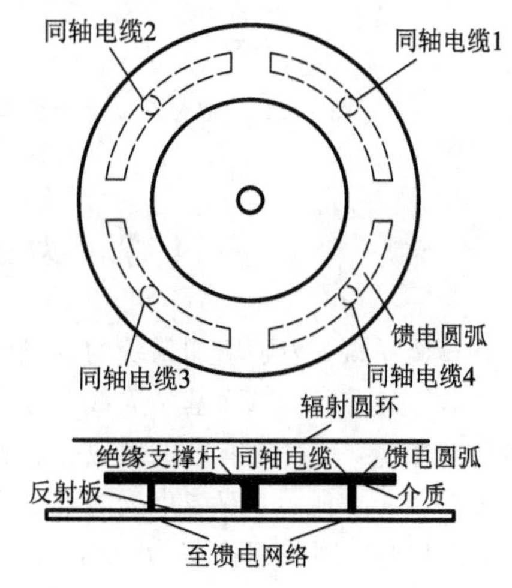

图 1.112 圆环天线的结构

在 806～960 MHz，圆环双极化天线的尺寸如下：离反射板 32 mm 高处圆环天线的内外半径分别为 68 mm 和 136 mm，离反射板 15 mm 高处馈电圆弧的内外半径分别为47 mm 和 52 mm。

在 1710～2170 MHz 高频段，双极化单元采用如图 1.113 所示的印刷微带线耦合馈电偶极子构成的正交偶极子。印刷板的高度为 43 mm，宽度为 70 mm。

为了在高频段和低频段分别实现 17 dBi 和 15 dBi 的天线增益，低频段采用间距为 $0.76\lambda_L$ 的五个单元，高频段则采用间距为 $0.84\lambda_H$ 的九个单元。为了实现 65°±6°的水平面HPBW，把高低频段的辐射单元沿直线嵌套在一起，并把它们安装在有两个侧壁的 U 形地板上。对低频辐射单元，U 形接地板的尺寸为长×宽×高＝130 mm×245 mm×30 mm；对高频辐射单元，U 形接地板的尺寸为长×宽×高＝130 mm×160 mm×20 mm。

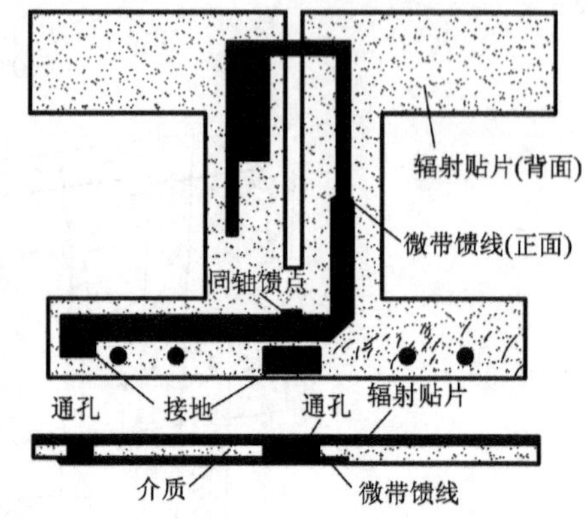

图 1.113　印刷偶极子结构

图 1.114 是由图 1.112 和图 1.113 所示的基本辐射单元构成的双频双极化天线实测的 VSWR 和端口隔离度的频率特性曲线。由图 1.114 可以看出，在各自频段内，隔离度大于－28dB，VSWR≤2，$HPBW_H$＝65°±6°。

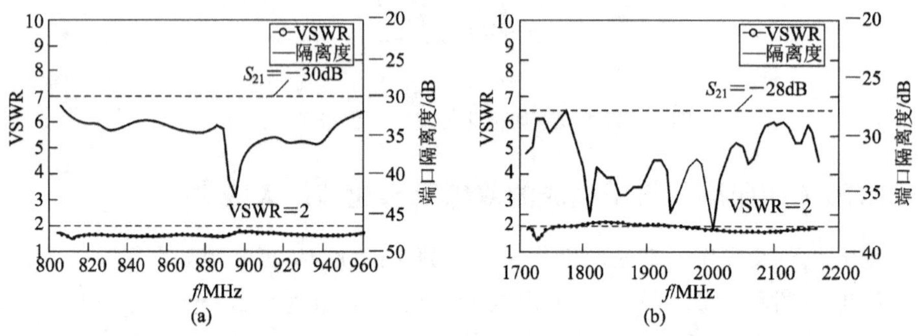

图 1.114　双频双极化天线实测 VSWR 和端口隔离度的频率特性曲线

(a) 低频段；(b) 高频段

1.7　双波束基站天线[3]

在蜂窝系统，为了增加系统的容量，采用六扇区覆盖一个小区的布局方案。为了实现分集接收，共需要十二面基站天线。为了较容易地把天线安装在铁塔上，就迫使人们设法减少天线数量，一种最有效的解决办法就是采用 60°双波束基站天线。

如图 1.115 所示，双波束天线就是把＃1 和＃2 两个辐射单元用 90°混合电路组合在一起，由于它们之间的相位差为 90°，所以由 A、B 端口给＃1 和＃2 辐射单元馈电，就会产生双波束 A 和 B。这种布局的最大特点是不仅天线数量减半，而且安装天线的空间更小。

波束方向 θ_T 由下式确定：

$$\sin\theta_T = \frac{\lambda_0}{4d} \tag{1.8}$$

式中：λ_0 为工作波长，d 为辐射单元的间距。

调整 d 就能控制波束方向，假定 $d=0.5\lambda_0$，$\theta_T=30°$，由于每个波束的 HPBW＝60°，所以特别适合六扇区使用。

图 1.115 所示双波束天线布局就等效用 Butler 矩阵馈电最简单的多波束天线，波束方

向在很宽的范围内任意选择。

为了有足够的能量照射辐射区，天线必须有合适的波束宽度，但 A 和 B 波束的宽度会受到辐射单元特性的影响，如图 1.116 所示。图 1.116 中，辐射单元为全向辐射单元和 120°定向波束。如果选用全向辐射单元，则调整单元间距 d，虽然能实现 60°波束宽度，但在 90°会出现很大的副瓣，尽管可以用定向辐射单元来扼制这些大副瓣，但双波束的宽度小于 60°。

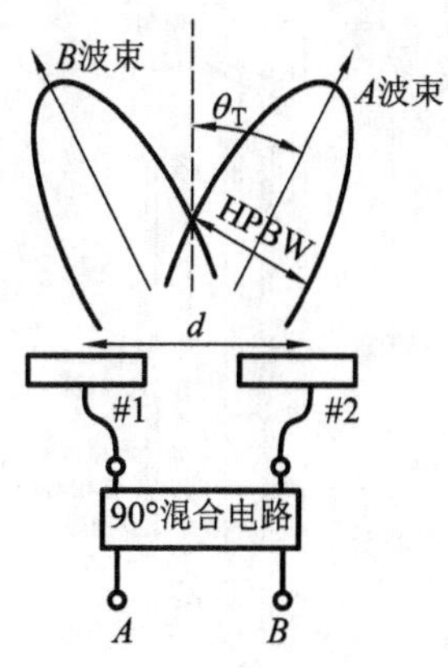

图 1.115　双波束天线的布局

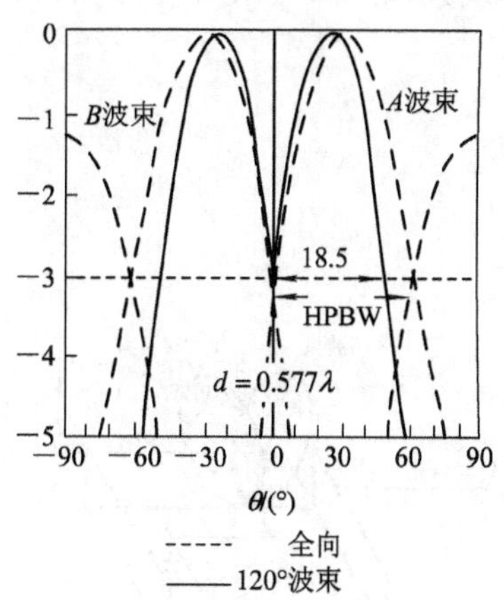

图 1.116　辐射单元对双波束的影响

全向辐射单元及 HPBW＝120°，140°，160°和 180°的定向辐射单元在不同单元间距情况下，对双波束天线 HPBW 的影响如图 1.117 所示。由图 1.117 可以看出，选择合适的辐射单元和间距 d，可以实现 HPBW＝46°～90° 的双波束天线，这些波束宽度相当于八扇区和四扇区。为了实现 60° 双波束天线，必须选择有合适波束宽度的辐射单元和合适的间距组合，但间距 d 不宜选得太小，因为 d 太小，互耦必然增大。用单元间距 d＝$0.434\lambda_0$、波束宽度为 120°的定向辐射单元，就能实现如图 1.118 所示的 60°双波束天线。

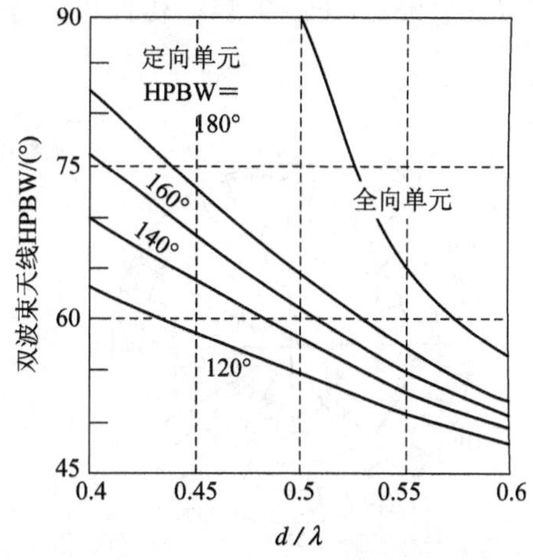

图 1.117　辐射单元波束宽度对双波束天线波束宽度的影响

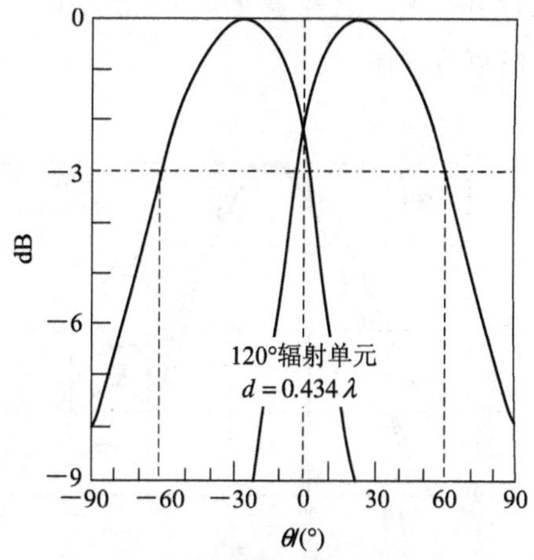

图 1.118　60°双波束天线的方向图

为了实现 HPBW＝120°，140°，160°和 180°的定向辐射单元，可以用偶极子和变形结构，而且往往把这些辐射单元安装在如图 1.119 所示的 U 形接地板上，通过调整 U 形接地板的宽度 W 和侧壁的高度 T 来控制波束宽度。

把一个单元的双波束天线作为基本单元组阵，就可以构成高增益双波束天线阵。为了简化设计，如果一个波束采用八元天线阵，则先把上面和下面四个辐射单元分别并联作为两组，再把它们分别与 90°混合电路相连。如果还需要波束下倾，则可以在 90° 混合电路和输入端串接移相器，如图 1.120 所示。

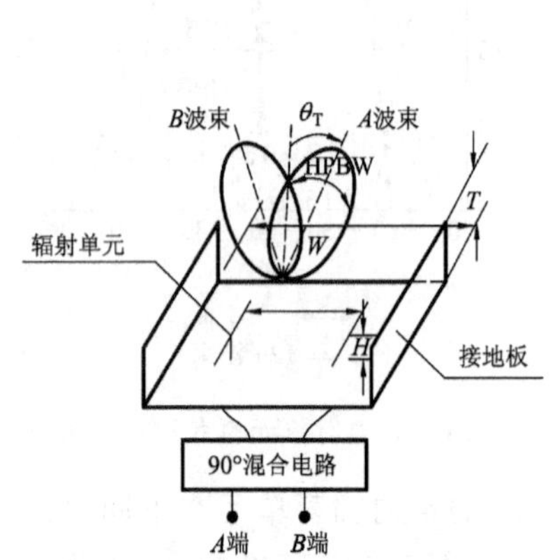

图 1.119　双波束天线

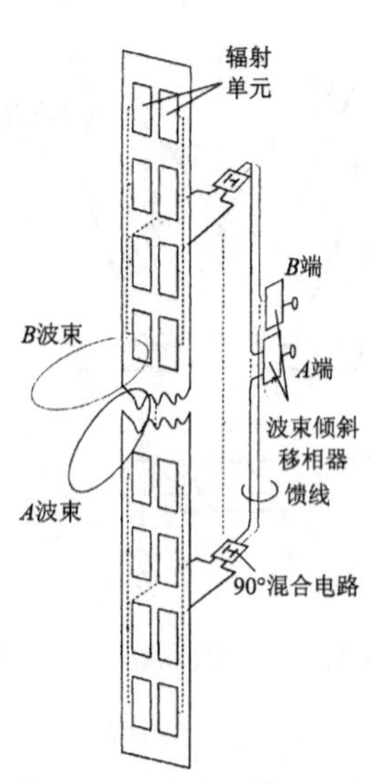

图 1.120　倾斜双波束天线阵

双波束天线的副瓣电平可以通过调整双波束接地板侧壁的高度 T 来降低。图 1.121 中，f＝900 MHz，W＝180 mm，D＝130 mm，H＝30 mm，双波束方向图中一个波束方向图副瓣随 T 的增加而减小。由图 1.121 可以看出，T 由 0 变到 100 mm，SLL 由－7 dB 变为－17 dB。图 1.122 是 $D=0.32\lambda_0$，$W=0.68\lambda_0$，$T=0.08\lambda_0$，$H=0.14\lambda_0$ 仿真和实测的一个双波束方向图。

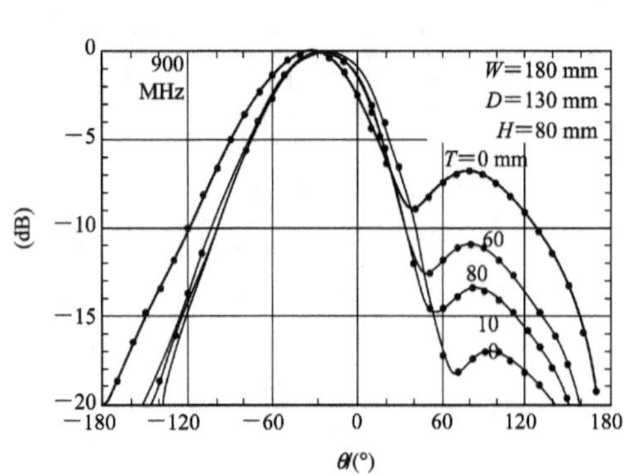

图 1.121　不同地板侧壁高度对双波束天线方向图副瓣电平的影响

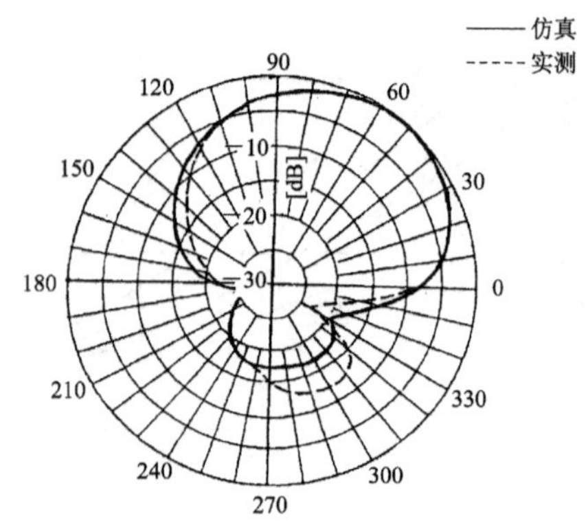

图 1.122　$D=0.32\lambda_0$，$W=0.68\lambda_0$，$T=0.08\lambda_0$，$H=0.14\lambda_0$ 仿真和实测的双波束方向图

为了使 60°波束宽度的双波束天线在六扇区易于安装架设，先把两个 60°波束宽度的双波束天线以 60°夹角固定在一起，作为一组覆盖两个 60°扇区，如图 1.123(a)所示，以 120°夹角再配置相同的两个四波束天线，就能覆盖整个 360°的六个扇区，如图 1.123(b)所示。

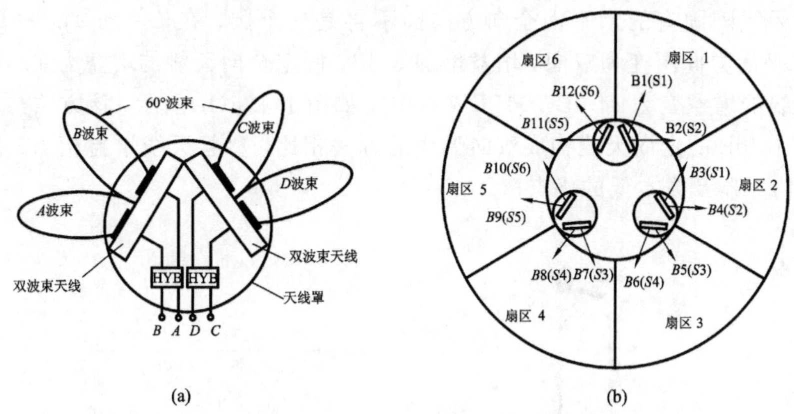

图 1.123 由双波束天线构成的六扇区

(a) 由双波束天线构成的四波束方向图；(b) 六扇区分集天线的布局

1.8 双向基站天线

在移动通信中，沿公路、铁路、隧道、地铁等狭长通道的中继通信站都需要使用有双向方向图的双向天线。

1.8.1 公路、铁路沿线使用的双向天线

1. 由两个背靠背高增益定向天线构成的高增益天线

通常把两个高增益天线，如角反射器天线、八木天线、抛物面天线、高增益定向板状天线通过功分器背靠背组合在一起，作为公路沿线的高增益双向天线，如图 1.124 所示。

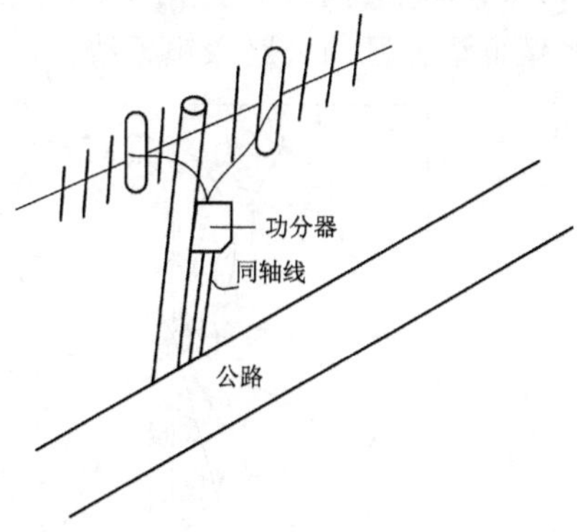

图 1.124 由两个背靠背高增益定向天线构成的高增益双向天线

假定用两个增益为 18 dBi 的定向板状天线来构成双向天线，由于电台的功率一分为二，加上功分器和同轴插接件存在损失，所以沿公路方向天线的实际增益只有 14 dB 左右。

2. 由在抱杆侧面平行安装的高增益全向共线天线阵构成的高增益双向天线

如图 1.125 所示，把高增益全向共线天线阵安装在直径为 D 的抱杆侧面，但必须让抱杆和全向天线的连线与公路方向垂直。调整全向天线到抱杆的距离 A，由于抱杆的影响，使共线全向天线阵固有的水平面全向方向图不再是一个圆，在 $D=0.04\lambda_0\sim0.4\lambda_0$，$A=0.5\lambda_0$时，水平面方向图变为双向，增益增加 3 dB，假定全向天线的增益为 11 dBi，此时沿公路方向天线的增益变为 14 dBi，HPBW=70°，如图 1.125(b)所示。该方法与用两个背靠背的增益为 18 dB 的定向天线构成双向天线的方法相比，尽管天线增益相当，但具有风阻小，不需要功分器及成本低的优点。

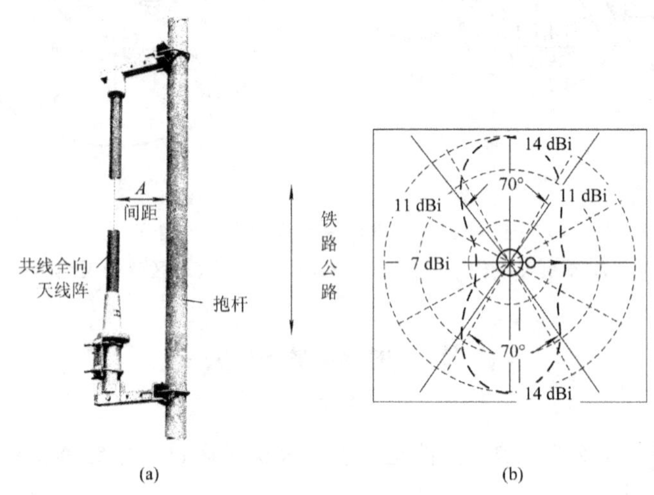

图 1.125　公路、铁路沿线使用的双向天线结构及方向图

(a) 双向天线的结构；(b) 双向天线的增益方向图

如果把全向天线与抱杆的间距变为 $A=0.3\lambda_0$，则在 $D=0.12\lambda_0$的情况下，使抱杆到天线方向和抱杆与全向天线的连线方向(公路方向)水平面方向图变成半圆形，增益分别增加 2 dBi 和 2.5 dBi。如果共线全向天线阵的增益为 11dBi，此时水平面方向图变成如图 1.126 所示的 $HPBW_H=210°$，$G=13$ dBi 的半圆形。该方向图特别适合作为既要覆盖公路、铁路沿线，又要覆盖公路一侧的乡镇低话务区的公路兼镇天线。

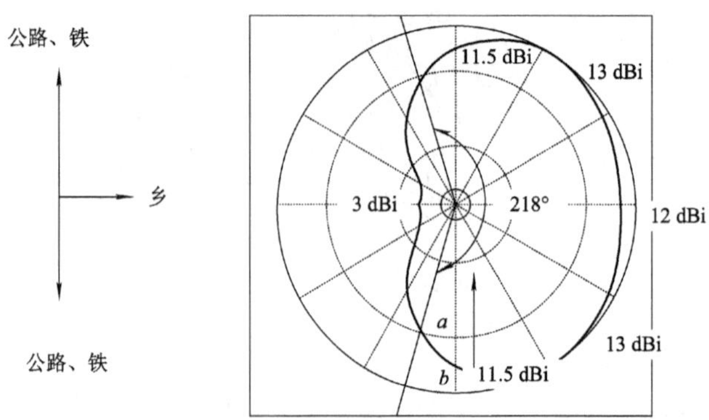

图 1.126　适合公路兼镇使用的水平面天线增益方向图

3. 由探针激励圆环构成的双向天线[25]

图 1.127 是用长度为 L 的探针激励圆环构成的双向天线。圆环的直径为 $2a$，圆环的宽度为 d。图 1.128 是设计圆环天线用的曲线，其中图(a)为 a/λ_0 与 d/λ_0 之间的关系曲线，图(b)为方向系数 D(dBi)与 d/λ_0 及 a/λ_0 之间的关系曲线。由图 1.128 可看出：

(1) 只有特定的环半径 a，才能提供最大的方向系数 D 和实现单模辐射，一旦 a 确定，环的宽度 d 也就确定。例如，$a=0.36\lambda_0$，则 $d=0.21\lambda_0$；$a=0.40\lambda_0$，则 $d=0.37\lambda_0$，$D=7.4$ dBi。

(2) 当 $0.3091\lambda_0<a<0.4262\lambda_0$ 时，$d=(0.15\sim0.50)\lambda_0$，$D=5.5\sim7.5$ dBi；当 $a>0.40\lambda_0$ 时，虽能提供最佳方向系数，但环的宽度 d 迅速变宽，使天线结构变大，不利于实际使用。

(3) 在给定环的宽度 d 的情况下，直径大的环比直径小的环的增益高。

(4) d 绝对不能大于 $0.5\lambda_0$，否则天线尺寸太大，特别是天线的方向图不再呈双向。

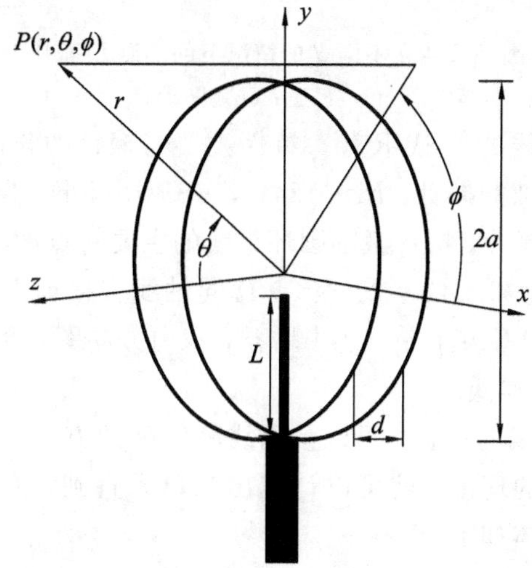

图 1.127 由探针激励圆环构成的双向天线

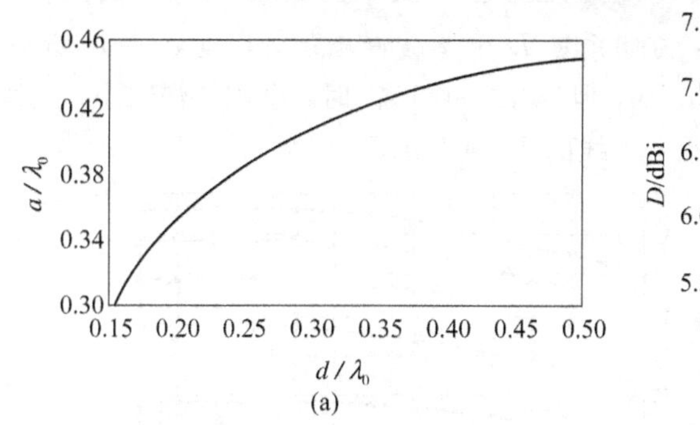

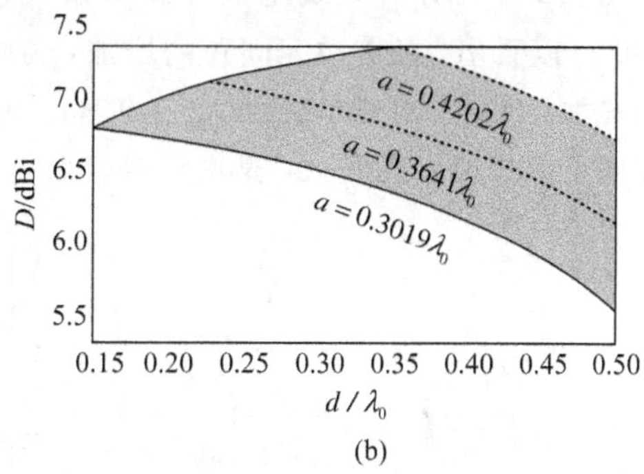

图 1.128 探针激励圆环天线的设计曲线

(a) a/λ_0 与 d/λ_0 的关系曲线；(b) 方向系数 D 与 d/λ_0 及 a/λ_0 之间的关系曲线

图 1.129 是 $a=0.3019\lambda_0$，$d=0.050\lambda_0$，$0.154\lambda_0$ 和 $0.450\lambda_0$ 情况下的实测 E 面和 H 面方向图。由图 1.129 可以看出，不管是 E 面还是 H 面方向图，$d=0.050\lambda_0$ 和 $d=0.450\lambda_0$ 情况下的波束宽度均比 $d=0.154\lambda_0$ 时的波束宽度宽，所以环的最佳宽度 $d=0.154\lambda_0$，因为在这种情况下，天线的方向系数最大。

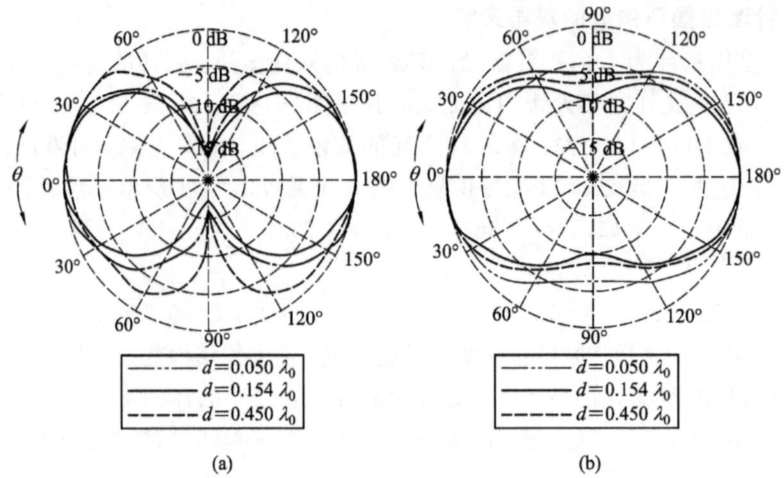

图 1.129　圆环天线在不同 d 的情况下的实测 E 面和 H 面方向图

(a) E 面；(b) H 面

探针激励环形双向天线的 VSWR 频率特性主要与探针的长度 L 和粗度有关，与环的宽度 d 关系甚小。对比较细的探针，$L=0.24\lambda_0$，VSWR 最小。为了展宽阻抗带宽，应采用粗的探针，或采用圆锥形探针。探针激励圆环天线的主要特点如下：① 最佳设计参数：$a=0.3019\lambda_0$，$d=0.154\lambda_0$，$L=0.24\lambda_0$。② 用 50 Ω 同轴线直接馈电，不加任何匹配措施，在 17.8%的相对带宽内，VSWR≤1.5。③ 中增益，双向方向图，在 17%的相对带宽内，$G=5.4$ dBi。④ 结构简单，成本低。

为了提高双向圆环天线的增益，可以采用线阵组阵的方法，也可以并排组阵，还可以共线组阵。利用线阵天线的理论，就可以计算出二单元直到六单元不同单元间距情况下，天线阵的方向系数 D，具体如下：

1）*并排天线阵及方向系数*

图 1.130 是并排天线阵及方向系数 D 与单元间距 d_x 及单元数 N 的关系曲线。由图 1.130 可以看出，随着单元间距的增加，方向系数 D 单调缓慢增加，直到 $d_x=1.15\lambda_0$，D 达到最大。例如，对二单元，$D_{\max}=9.95$ dBi，但当 $d_x>1.15\lambda_0$ 时，D 则缓慢减小。天线阵的方向系数之所以能变大，是由于组阵后，天线的 H 面 HPBW 变窄。

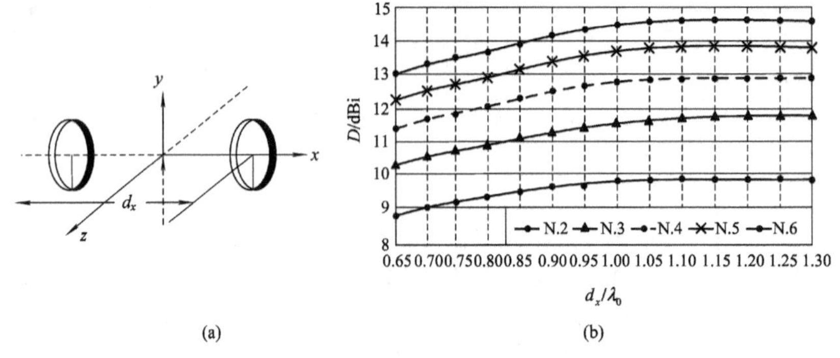

图 1.130　并排天线阵及方向系数 D 与电间距 d_x/λ_0 之间的关系曲线

(a) 并排天线阵；(b) $D\sim d_x/\lambda_0$ 关系曲线

2）共线天线阵及方向系数

图 1.131 是共线天线阵及方向系数 D 与单元间距 d_y 及单元的数量 N 之间的关系曲线。由图 1.131 可以看出，方向系数 D 随单元间距 d_y 的增加缓慢增加，直到 $d_y=1.0\lambda_0$，D 达到最大。例如，对二单元，$D_{max}=10$ dBi，当 $d_y>1.0\lambda_0$ 时，D 缓慢减小。

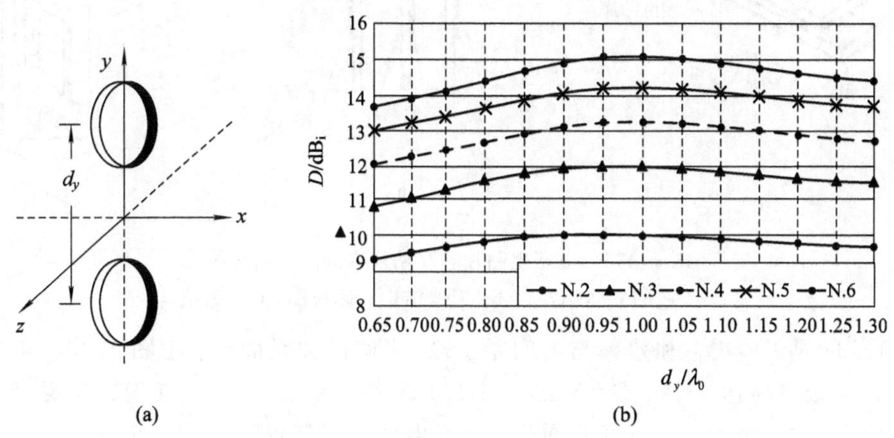

图 1.131　共线天线阵及方向系数 D 与电间距 d_y/λ_0 之间的关系曲线

(a) 共线天线阵；(b) $D\sim d_y/\lambda_0$ 关系曲线

4. 由窄贴片构成的双向天线[26]

图 1.132 是长 $L_r=0.32\lambda_0$，宽 $W_r=0.063\lambda_0$ 的窄贴片，用平行带线馈电构成的双向天线，沿贴片长度选择合适的馈电点，可以使阻抗匹配，天线的极化方向就是贴片的长度方向。为了提高增益及展宽带宽，如图 1.133 所示，在馈电贴片两侧，距馈电贴片间距 D 平行放两个长度 $L_p=0.35\lambda_0$，宽度 $W_p=W_r=0.063\lambda_0$ 的寄生贴片，用厚 $h=0.01\lambda_0$，$\varepsilon_r=2.6$ 的基板制造馈电贴片，用厚 $h=0.01\lambda_0$，$\varepsilon_r=3.6$ 的基板制作寄生贴片。

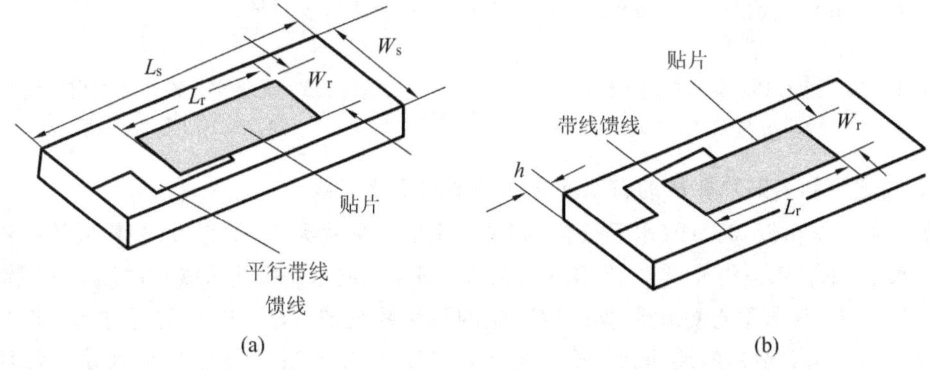

图 1.132　有双向方向图窄贴片的天线及馈线的结构

(a) 正面；(b) 背面

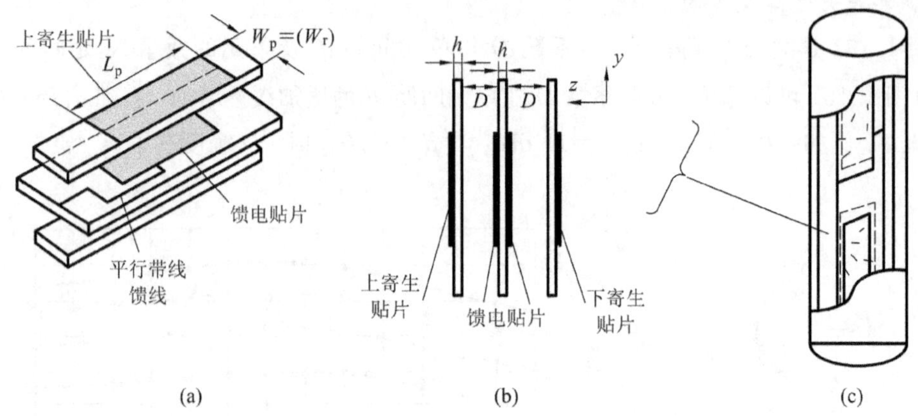

图 1.133　由寄生贴片和窄贴片构成的双向天线

(a) 天线的立体结构；(b) 天线结构的侧视图；(c) 天线阵

图 1.134 是天线增益和效率与电间距 D/λ_0 之间的关系曲线。由图 1.134 可以看出，$D=0.04\lambda_0$，效率高达 93%，$G=5$ dB。图 1.135 是 $D=0.063\lambda_0$，有无寄生贴片天线的 $S_{11}\sim f$ 特性曲线。由图 1.135 可以看出，有寄生贴片，VSWR≤1.43($S_{11}\leq-15$ dB)的相对带宽为 5%。

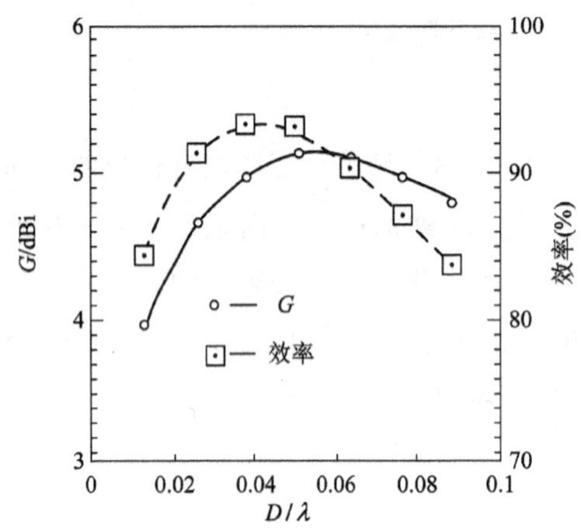

图 1.134　图 1.133 所示双向天线的 G 和效率 η 与 D/λ_0 之间的关系

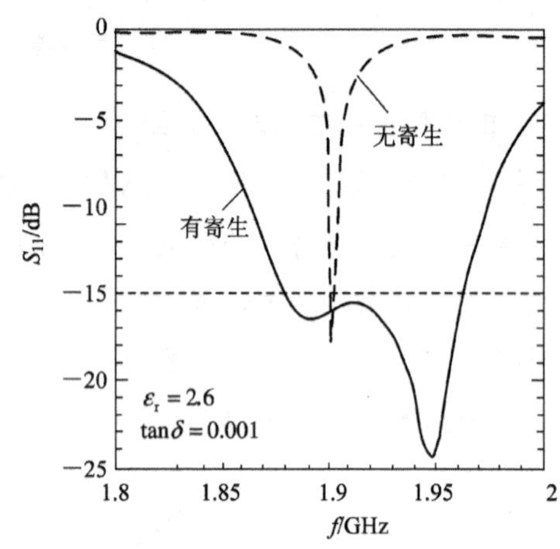

图 1.135　有无寄生贴片的双向天线的 $S_{11}\sim f$ 特性曲线

5. 由缝隙和窄贴片构成的有双向方向图的双极化天线

图 1.136 是由缝隙天线(水平极化)和带寄生的窄贴片天线(垂直极化)构成的有双向方向图的水平/垂直双极化天线。由图 1.136 可以看出，双向水平极化天线是由用微带线馈电的垂直缝隙天线，双向垂直极化天线由带寄生的窄贴片构成。寄生贴片的尺寸为：长×宽$=0.35\lambda_0\times0.063\lambda_0$，贴片的尺寸为：长×宽$=0.352\lambda_0\times0.063\lambda_0$，寄生贴片到馈电贴片的间距 $D=0.054\lambda_0$。由于用微带线馈电，所以微带线必须有地。为了使窄贴片有双向方向图，即在地的那一边也要辐射，为此在地板上开了一个周长为 λ_0 的长方形细缝，细缝的宽度分别为 $0.015\lambda_0$ 和 $0.018\lambda_0$。

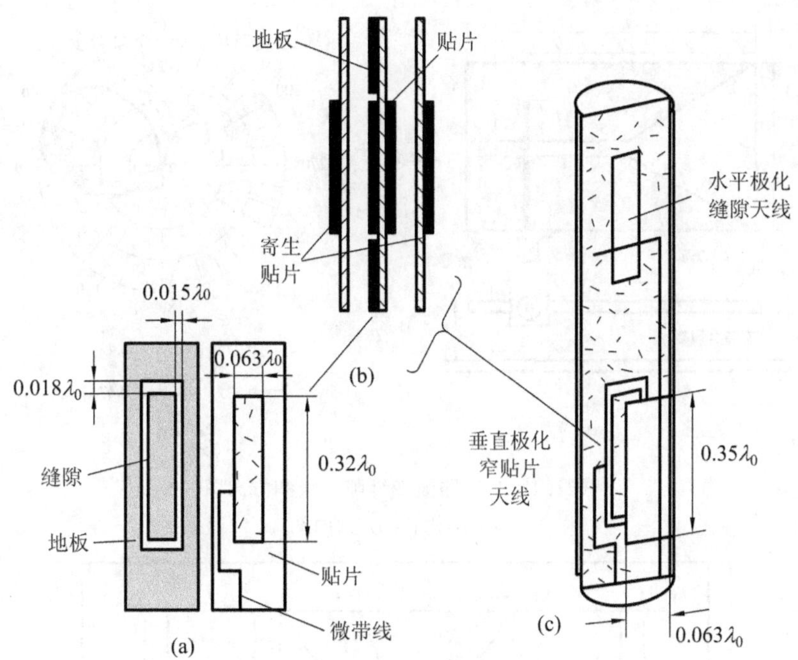

图 1.136　由缝隙和窄贴片构成的有双向图的双极化天线的结构
(a) 双向窄贴片；(b) 带寄生的双向窄贴片；(c) 双向双极化天线

1.8.2　在隧道、地铁等地下狭长通道中使用的双向天线

1. 对天线的要求

在隧道中使用的天线必须有以下特性：

(1) 双向方向图。双向方向图的形状在 E 面和 H 面均为 8 字形，在天线的前面为零辐射方向。给间距为 $\lambda_0/2$ 的两元 $\lambda_0/2$ 长偶极子反相馈电，可以得到这种形状的方向图。但在隧道中使用的天线，由于隧道的墙是用钢筋混凝土制造的，表面干或湿都会影响天线的性能，因此必须把天线安装在金属板上，以减小隧道墙对天线性能的影响。

(2) 低轮廓。在 900 MHz，其高度应小于 $0.1\lambda_0$。

2. 由短路渐变缝隙构成的双向天线

图 1.137(a)是 $f_0=2$ GHz 时用 $\varepsilon_r=2.6$ 的非常薄的基板制成的双向天线。由图 1.137(a)看出，该天线由长 $a=33$ mm，宽 $W=70$ mm 的短路渐变缝隙和长度 b 近似为 $\lambda_0/4$、宽度 $t=2$ mm 的缺口组成。用带长度为 L_s 支节的微带线馈电，整个天线与离它为 h 的安装金属板平行。图 1.137(b)是在 $b=35$ mm，$L_s=9$ mm 的情况下，天线距离安装板的高 h 为不同电高度时的实 H 面方向图。由图 1.137(b)可以看出，基本为单向方向图，在 $h=0.27\lambda_0$ 时天线匹配，为增强沿隧道方向天线的增益，h 应大于 $0.4\lambda_0$。

为了使天线具有双向方向图并具有高的天线增益，除了如图 1.138 所示，用图1.137 所示的基本单元在 x 方向背靠背组阵，在 y 方向并联同相组阵外，还可像八木天线一样，使用十二个寄生单元作为引向器。为了扼制互耦的影响，还在相邻渐变缝隙天线之间切割了 $\lambda_0/4$ 长缺口扼流槽，使互耦从 -5 dB 变成 -30 dB。

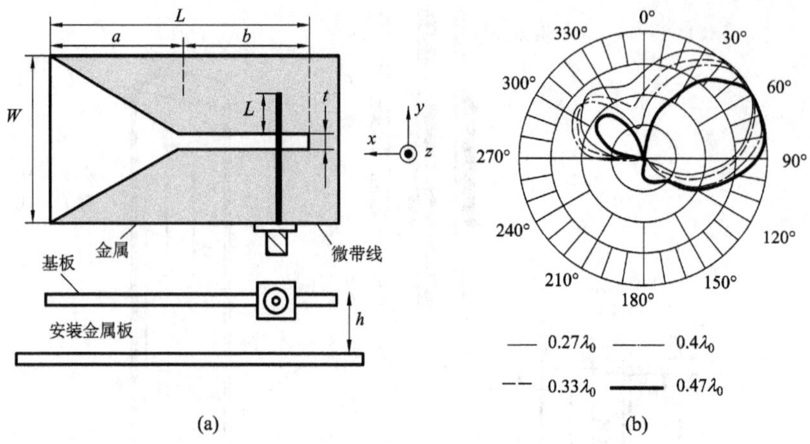

图 1.137　短路渐变缝隙天线和方向图

(a) 结构；(b) 方向图

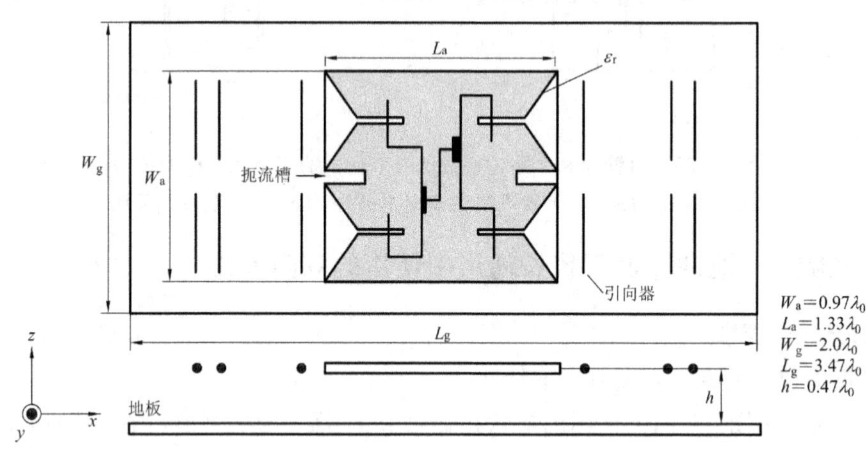

图 1.138　四元渐变缝隙天线阵

在图 1.138 所示尺寸情况下，图 1.139 是天线阵的 $S_{11}\sim f$ 特性曲线。由图 1.139 可以看出，$S_{11}<-10$ dB 的相对带宽只有 4%。图 1.140 是天线阵实测水平面和垂直面方向图，水平面 HPBW=45°，垂直面最大辐射方向指向 24°，在 xy 面，$G=11$ dBi，交叉极化电平小于 −20 dB。

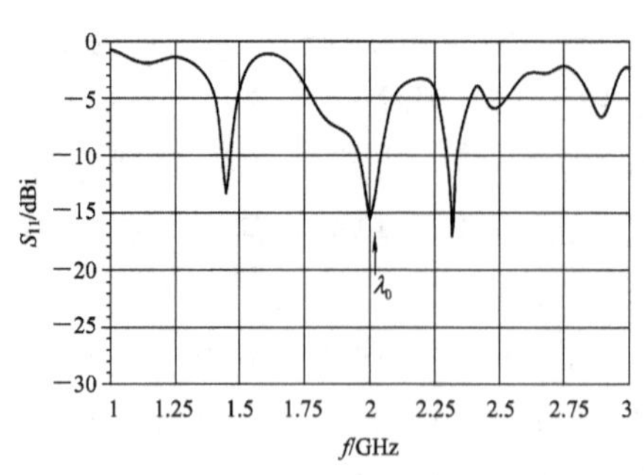

图 1.139　天线阵的 $S_{11}\sim f$ 特性曲线

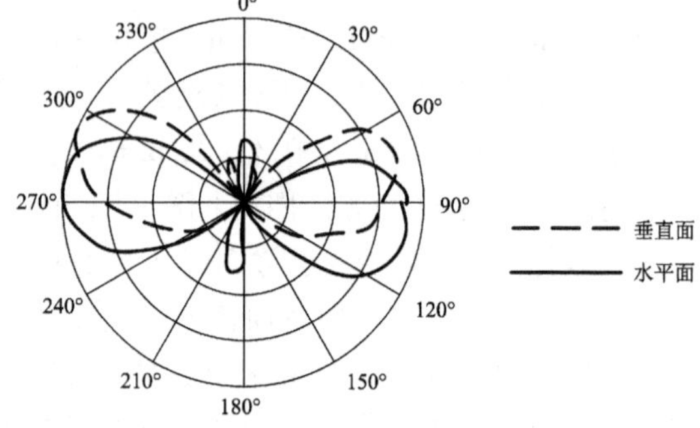

图 1.140　天线阵实测水平面和垂直面方向图

3. 双向缺口天线[27]

图 1.141 是在长度小于 2 km 的短隧道中，以间隔为 200 m 安装使用的有双向方向图的低增益双向缺口天线。由图 1.141 可以看出，该天线由地板上切割的一对缺口和位于基板正面并联反相馈电的微带线组成。该天线不仅有宽的带宽，而且有低的轮廓。

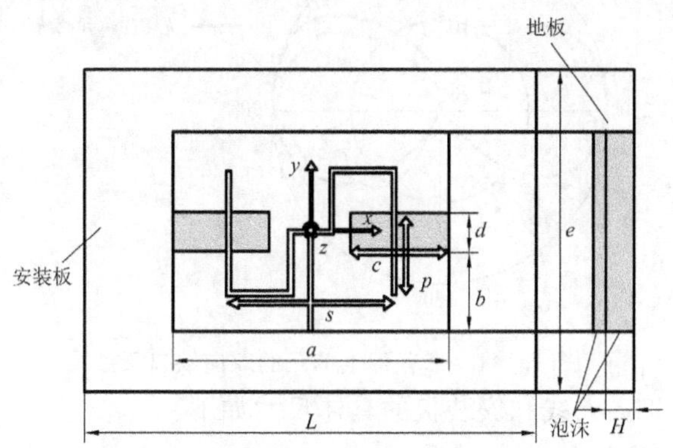

图 1.141 带安装板的双向缺口天线

在 f_0=1.5 GHz 频段，天线及安装板的具体尺寸如下：L=160 mm，e=120 mm，a=140 mm，b=40 mm，c=50 mm，d=20 mm，p=40 mm，s=60 mm。

图 1.142 是有上述尺寸的双向缺口天线在离安装板不同高度 H 的情况下的 $S_{11}\sim f$ 特性曲线。由图 1.142 可以看出，安装板对天线的 VSWR 影响不大，但对天线的 E 面和 H 面有影响，这可以从图 1.143 有(H=30 mm)和无安装板时天线的 E 面和 H 面方向图看出。

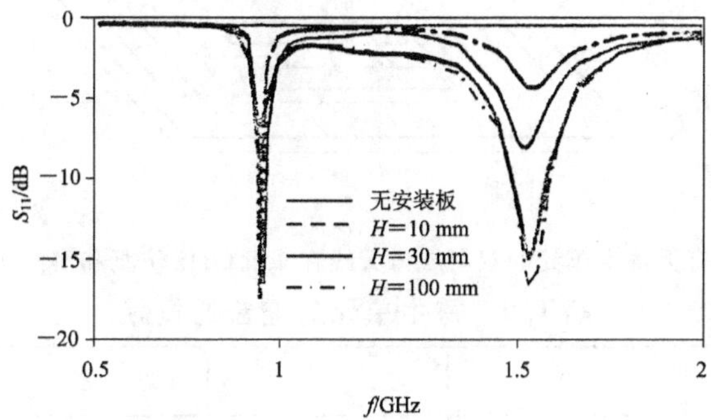

图 1.142 带安装板缺口天线的 $S_{11}\sim f$ 特性曲线

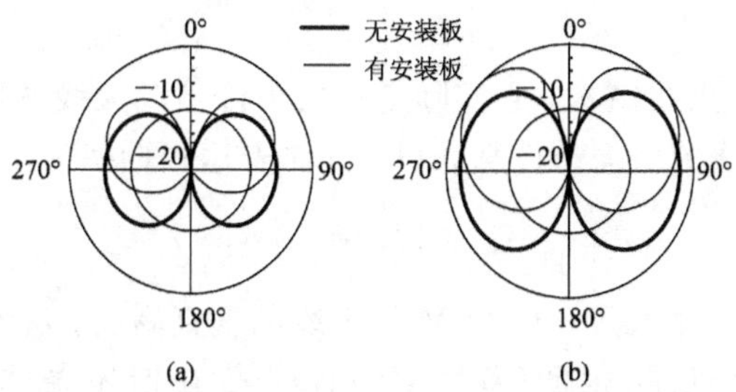

图 1.143 有和无安装板缺口天线的 E 面和 H 面方向图

(a) E 面；(b) H 面

对长度超过 2 km 的长隧道，需要使用如图 1.144 所示的在两边平行微带线附加了几个寄生单元的高增益双向缺口天线。

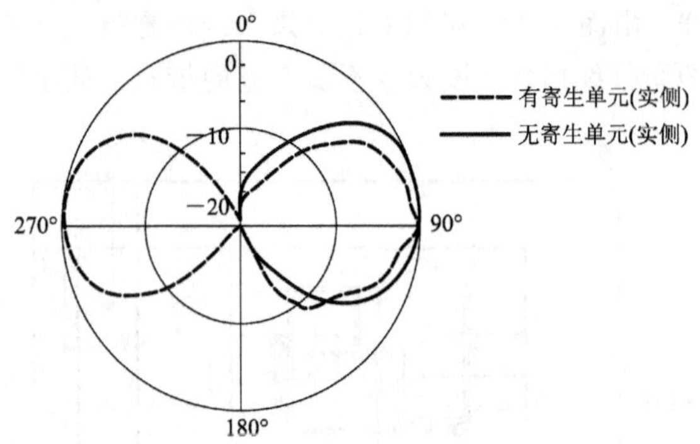

图 1.144 带有寄生单元的双向缺口天线

当 f_0=1.5 GHz 时，天线和安装板的具体尺寸如下：

L=260 mm，e=120 mm，a=140 mm，b=80 mm，p=45 mm，r=60 mm，s=10 mm，t=80 mm，H=40 mm。

图 1.145 是有和无寄生单元的双向缺口天线在 1.5 GHz 仿真和实测 H 面方向图。由图 1.145 可以看出，附加寄生单元后，天线的方向图变窄，因而使天线的增益变大，在 $\pm\theta=90°$ 方向，寄生单元对增益的贡献如表 1.9 所示。

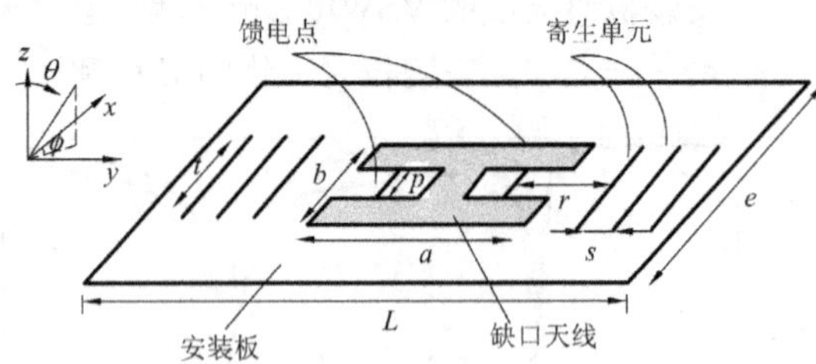

图 1.145 有无寄生单元的双向缺口天线在 1.5 GHz 仿真和实测 H 面方向图

表 1.9 寄生单元对增益的贡献

寄生单元的数目	0	1	2	3
G/dBi	0.83	3.43	5.28	5.71

4. M 形双向天线[27]

图 1.146(a)是 M 形天线结构，它实际是把两个传输线天线并联，以致 M 形天线的谐振频率可以用传输线天线的揩振条件来获得，具体表达式近似为

$$\frac{L}{2}+2H=0.5\lambda_0$$

式中：L 为 M 形天线的水平长度；H 为 M 形天线的垂直高度；λ_0为自由空间波长。

M 形天线的垂直高度 H 很低($H=0.07\lambda_0$)，故在谐振条件下 M 形天线具有如图 1.146(b)所示的电流分布。由于 M 形天线水平导线上的电流与它的镜像电流反相，所以只有同相电流分布的垂直单元对辐射有贡献，产生垂直 M 形水平导线的双向($\pm x$ 轴)方向图。该天线结构简单，但 VSWR≤2 的相对带宽只有 10%。在 f_0=2 GHz 频段，天线的尺寸为：$L=W=120$ mm，$H=12$ mm。

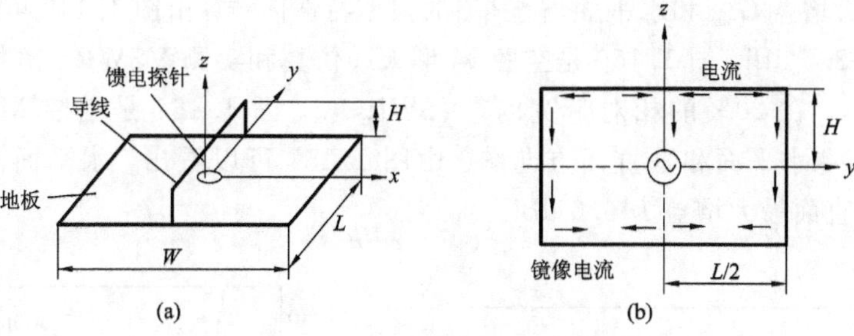

图 1.146 M形天线及电流分布

(a) 结构；(b) 电流分布

为了展宽M形双向天线的带宽，把M形双向天线安装在金属盒子上，金属盒子的底面和侧边作为M形天线的地，通常把这种结构叫作空腔M形天线。M形天线和金属盒辐射场相互叠加，不仅产生沿$\pm x$方向的双向方向图，而且展宽了天线的阻抗带宽。图1.147(a)、(b)是空腔M形天线的结构以及在1920～2170 MHz频段工作的尺寸和电流分布。图1.147中有两个电流：电流Ⅰ就是图1.146所示谐振M形天线的电流分布，电流Ⅱ是如图1.148(a)、(b)所示的金属盒子的电流分布。由图1.147可以看出，不管是M形天线，还是金属盒子，由于水平方向的电流与盒子底面的电流均反向而抵消，所以对辐射起作用的主要是沿z轴的垂直电流。就垂直电流而言，由于金属盒子中探针上的电流与盒子侧面的垂直电流反相，因而沿$\pm y$轴辐射很小，沿y轴M形垂直单元上的电流与探针上的电流同相，故最大辐射方向出现在$\pm x$轴上。

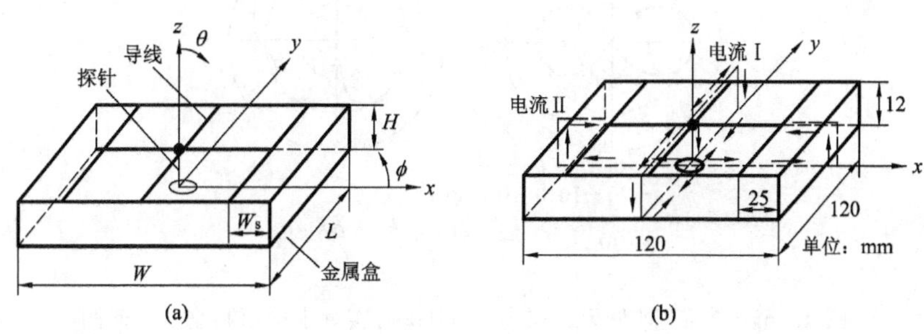

图 1.147 空腔M形天线的结构在IMT-2000的尺寸及电流分布

(a) 结构；(b) 尺寸及电流分布

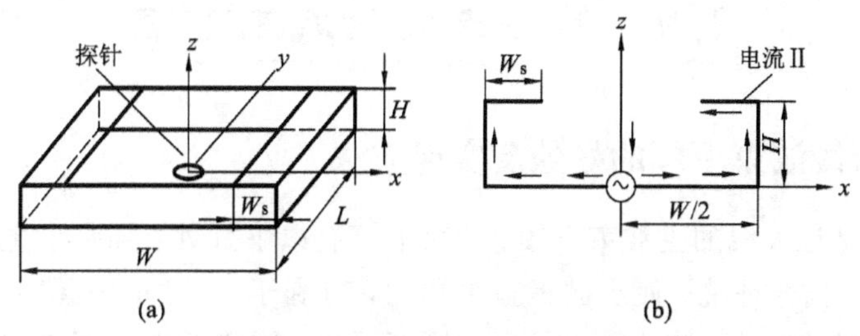

图 1.148 探针激励的金属盒子及电流分布

(a) 结构；(b) 电流分布

图 1.149 是在空腔 M 形天线的尺寸为 $L=W=120$ mm，$H=12$ mm，$W_s=25$ mm 情况下仿真的最大增益 G_{max} 和水平面增益 G_{90} 的频率特性曲线。由图 1.149 可以看出，$G_{max}=7.1$ dBi，$G_{90}=2.6$ dBi。图 1.150 是空腔 M 形天线仿真和实测 VSWR～f 特性曲线。由图 1.150 可以看出，在 20% 的相对带宽内，VSWR≤2。图 1.151 是空腔 M 形天线在 $f=1.93$ GHz 时实测水平面和垂直面方向图。由图 1.151 可以看出，水平面沿 x 轴呈双向，$G=1.5$ dBi 垂直面最大增益为 6.6 dBi。

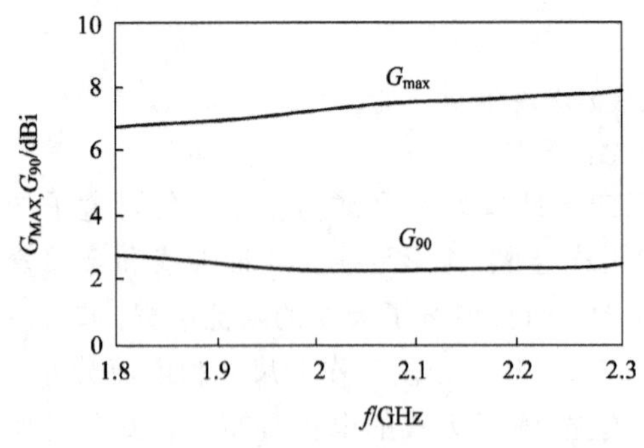

图 1.149　空腔 M 形天线仿真 G_{max} 和 G_{90}～f 的频率特性曲线

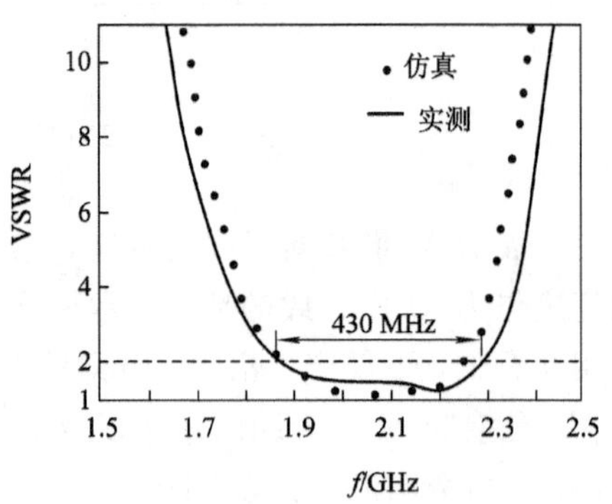

图 1.150　空腔 M 形天线仿真和实测 VSWR～f 特性曲线

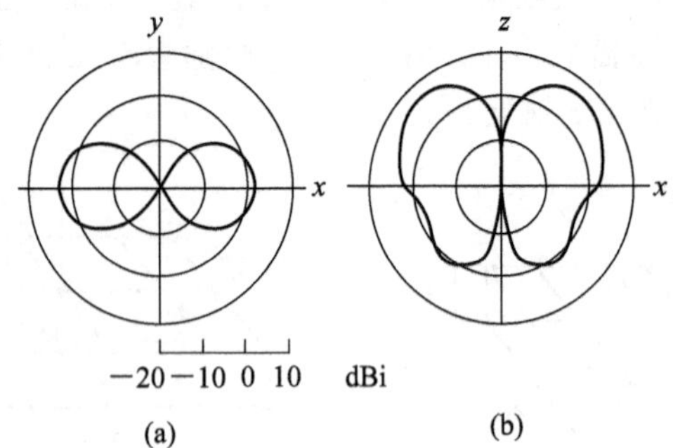

图 1.151　空腔 M 形天线在 1.93 GHz 时实测水平面和垂直方向图
(a) 水平面；(b) 垂直面

1.9　基站天线的波束下倾

1.9.1　基站天线波束下倾的好处及实现方法

波束下倾就是让天线的主波束下倾。波束下倾有以下好处：加强了主覆盖区内信号电平，改善了小区的信号环境，使小区覆盖更均匀，有利于消除“塔下黑”；天线下倾使天线在水平方向上的增益减小，减小了对邻区的同频干扰，使载干比(C/I)得到改善(在小区边缘，虽然接收的信号减小，但接收到的干扰更小，结果使 C/I 得到改善)；在消除干扰方面，有时使天线波束下倾比降低天线高度更有效，特别是对高基站或有很高树林的区域。

实现天线波束下倾的方法如下：

(1) 机械下倾。机械下倾是指天线物理地向下倾斜，如图 1.152(a)所示。当然，必须是定向天线才能实现机械向下倾斜，全向天线无法实现机械下倾。

(2) 电下倾。电下倾就是通过调整馈电相位的方法使波束下倾。用固定移相器，可使天线有固定的下倾角，如图 1.152(b)所示。用可调移相器，可使天线下倾角度在一定的角度范围内连续可变，如图 1.152(c)所示。

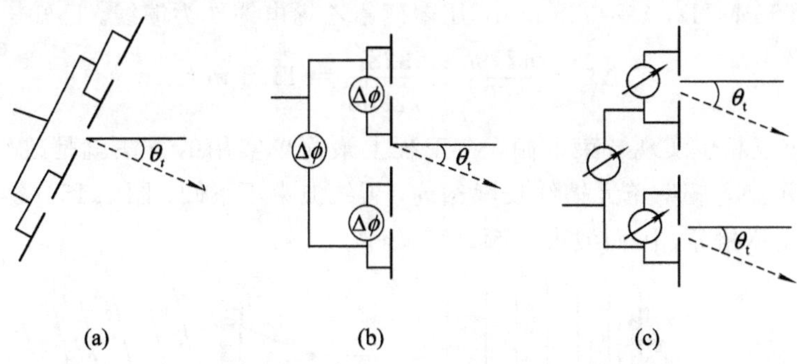

图 1.152 天线主波束下倾的方法

(a) 机械式；(b) 电子式(固定下倾角)；(c) 电子式(下倾角连续可变)

1.9.2 基站天线电波束下倾角度的计算及实现方法

如图 1.153 所示，假定基站天线主波束的下倾角为 θ_t，根据落后方向偏的原理，如果以＃2 辐射单元为参考，为保证＃1、＃2 和＃3 辐射单元在 θ_t 方向同相叠加，必须使＃1 辐射单元的相位 $\Delta\varphi$ 超前＃2，由于路径差 $\Delta d = d\ \sin\theta_t$，故超前的相位差为 $\Delta\varphi = \frac{360°}{\lambda_0}\Delta d = \frac{360°}{\lambda_0} d\sin\theta_t$，＃3 辐射单元的相位落后＃2$\Delta\varphi$，这样才能保证＃2 和＃3 辐射单元在 θ_t 方向同相叠加，即它们有相位差为

$$\Delta\varphi = \frac{2\pi}{\lambda_0} d\sin\theta_t \tag{1.9}$$

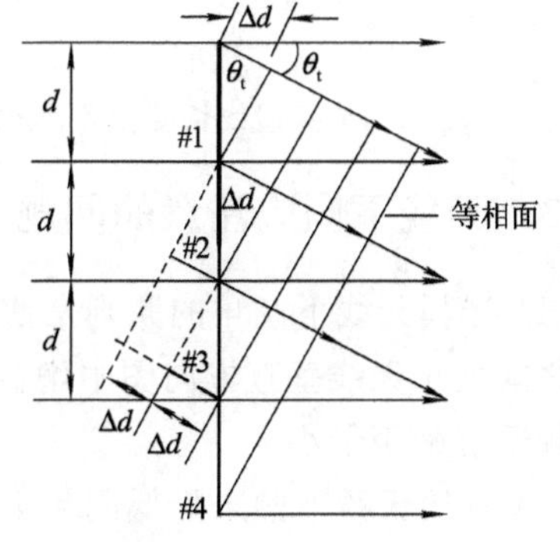

图 1.153 波束下倾角 θ_t 与单元间距 d 的关系

即

$$d = \frac{\lambda_0}{1 + \sin\theta_t} \tag{1.10}$$

假定 $\theta_t = 3°$，由式(1.10)得

$$d = \frac{\lambda_0}{1 + \sin 3°} = 0.95\lambda_0$$

因此

$$\Delta\varphi = \frac{360°}{\lambda_0} d\ \sin\theta_t = \frac{360°}{\lambda_0} \times 0.95\lambda_0 \times \sin 3° = 17.9°$$

假定用同轴线馈电，由相位差就能求出各辐射单元馈线的长度差 ΔL，因为

$$\Delta\varphi = \frac{360^\circ}{\lambda_g}\Delta L = \frac{360^\circ}{\lambda_0/\sqrt{\varepsilon_r}}\Delta L$$

所以

$$\Delta L = \frac{\Delta\varphi}{360^\circ}\frac{\lambda_0}{\sqrt{\varepsilon_r}} \tag{1.11}$$

式中，λ_0为自由空间波长；ε_r为电缆中填充介质的相对介电常数。

假定 $f_0 = 915$ MHz，$\lambda_0 = 328$ mm，用聚四氟乙烯电缆作为馈线，已知 $\varepsilon_r = 2.08$，则

$$\Delta L = \frac{17.9}{360} \times \frac{328}{\sqrt{2.08}} = 11.3 \text{ mm}$$

可见，要改变相位实现波束下倾，在工程上最简单实用的方法就是改变馈线的长度。图 1.154(a)表示到各辐射单元馈线长度相等，天线波束不下倾；图 1.154(b)则表示到各辐射单元馈线长度不相等，因而波束下倾。

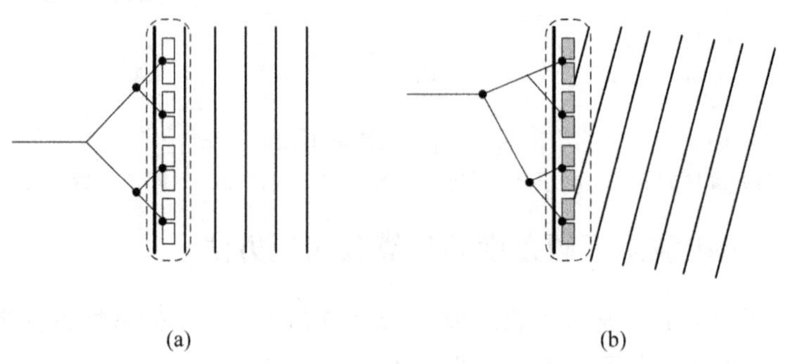

图 1.154 有无波束下倾时馈电网络馈线的长度

(a) 馈线长度相等，无波束下倾；(b) 馈线长度不相等，波束下倾

1.9.3 天线下倾应注意的问题

(1) 选择天线下倾角的原则是使天线至本小区边界的射线与天线至受干扰小区边界的射线之间处于天线垂直方向图中增益衰减变化最大的部分，这样可以使对受干扰小区产生的同频干扰减至最小。

(2) 利用天线下倾来降低同频干扰时，天线下倾角的选择必须根据实际使用天线的垂直方向图进行具体计算后才能进行，既要尽量减少对同频小区的干扰，又要保证能够满足服务区的覆盖范围，以免出现不必要的盲区。

(3) 天线下倾后，小区边缘信号电平的下降可以通过增大发射功率来补偿。天线下倾后，原来覆盖区的边缘处由于偏离了天线的主瓣，导致信号强度下降，这可以通过合理增大基站发射功率来补偿。这样既提高了载干比 C/I，又不会因天线下倾导致覆盖区边缘信号强度下降过大。

(4) 天线下倾过大会引起水平方向性图发生畸变。天线下倾后，天线的水平方向图会发生畸变，随着下倾角的增大，水平方向图会变成扁平，并开始出现豁口，下倾越大，豁口越大，以致天线水平方图出现分裂，对 C/I 及覆盖控制都不利。

(5) 天线下倾过大时，必须考虑天线的前后辐射比，以避免天线的后瓣对背后小区产生干扰或天线旁瓣对相邻扇区产生干扰。

1.9.4 天线下倾角 α 的计算

根据基站高度 h，基站距离 R，由图 1.155 所示的几何关系可计算天线倾角：

$$\alpha = \arctan \frac{R}{2}$$

实际天线下倾角还应扣除垂直面 3 dB 波束宽度。在实际调整中，波束最大点对准主要覆盖区，根据主波束宽度决定主要覆盖区的宽度及边缘区的电平。

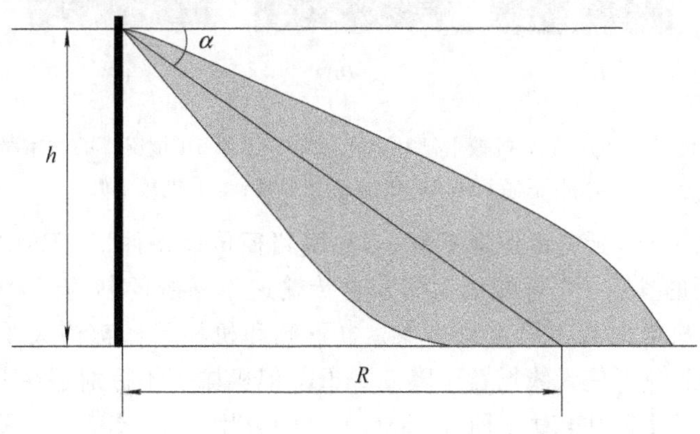

图 1.155 天线下倾角

1.9.5 电下倾和机械下倾的比较

图 1.156 把无波束下倾、机械下倾和电下倾情况下的波束覆盖作了比较。由图 1.156 可以看出，无波束下倾，小区覆盖不均匀，而且越区干扰；机械下倾，使方向图畸变，前向信号减小，两则信号变大造成干扰；电下倾小区覆盖更均匀，减小了对邻区的同频干扰。

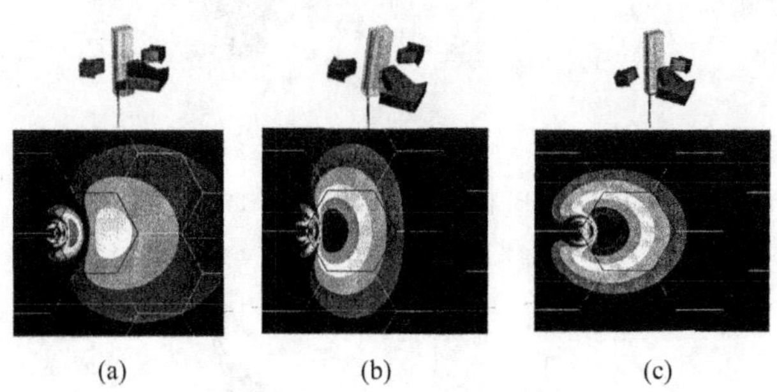

图 1.156 无波束下倾、机械下倾和电下倾情况下的波束覆盖
(a) 无波束下倾；(b) 机械下倾；(c) 电下倾

工程上有时把电下倾和机械下倾相结合来实现大的下倾角，如 $\theta_t=10°$。图 1.157 把电下倾、机械下倾和电机械组合下倾 10°情况下的波束覆盖作了比较。由图 1.157 可以看出，电下倾 6°，再机械下倾 4°的覆盖比电和机械下倾 10°更均匀。另外，把电下倾和机械下倾相结合来实现大的下倾角在工程上更容易实现、更实用。

因此，和机械下倾相比，电下倾更优、更可取，这是因为：① 大多数情况下，电下倾能更好地改善载干比 C/I；② 地面辐射方向图失真小。

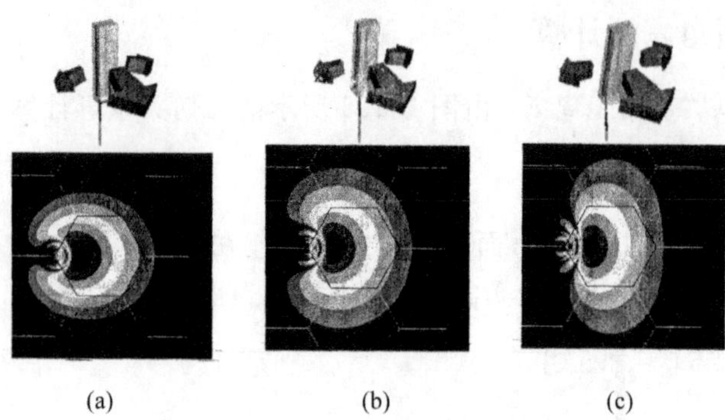

图 1.157　电下倾、机械下倾和电机械组合下倾 10°情况下的波束覆盖
(a) 电下倾；(b) 电机械组合下倾；(c) 机械下倾

通常把信号的 RMS 延迟范围降至最小(在多路径传播条件下，RMS 延迟范围是传播信道的一项极重要的参数，它可能成为高信息传输速率系统的制约因素)。如果要实现大的下倾角，宜采用机电组合下降波束方案。电下倾和机械下倾都使天线水平方向增益下降，电下倾时，每下倾 1°使天线增益下降 0.1 dB，但机械下倾特别是在下倾角比较大的情况下，使水平面增益下降比较大。图 1.158(a)、(b)分别是 15 dBi 板状天线机械下倾 1°和 5°仿真的增益方向图。图 1.159(a)、(b)分别是 18dBi 板状天线机械下倾 1°和 5°仿真的增益方向图。15 dBi 和 18 dBi 板状天线机械下倾角度与下降的增益 ΔG 如表 1.10 所示。

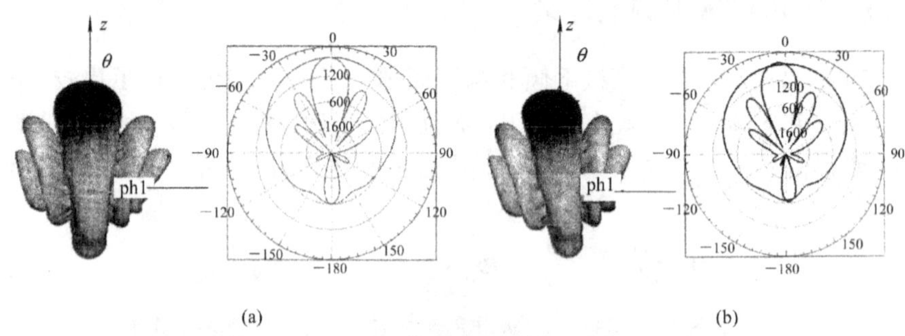

图 1.158　15 dBi 板状天线机械下倾 1°和 5°的方向图
(a) 下倾 1°；(b) 下倾 5°

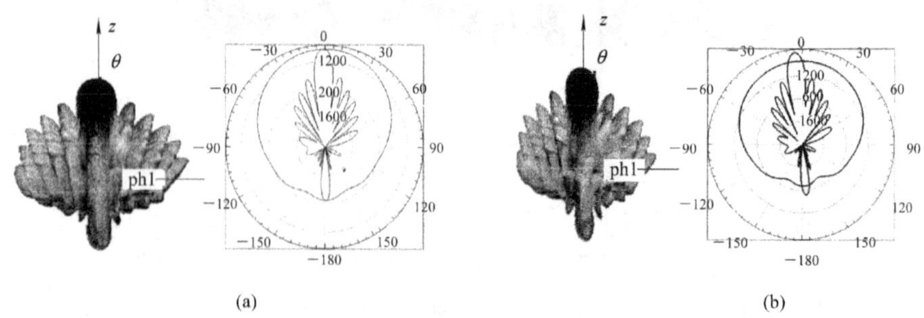

图 1.159　18 dBi 板状天线机械下倾 1°和 5°的方向图
(a) 下倾 1°；(b) 下倾 5°

表 1.10 15 dBi 和 18 dBi 板状天线机械下倾角度与下降的增益 ΔG

下倾角度	15 dBi 板状天线 下降增益值 ΔG/dB	18 diB 板状天线 下降增益值 ΔG/dB
1°	0.1	0.1
2°	0.25	0.6
3°	0.36	1.35
4°	0.6	2.15
5°	1	4.32

1.10 基站天线的无源交调干扰

基站天线的无源交调干扰(PIM，Passive InterModulation)是基站天线的一个重要参数之一，过去人们不太注意这个问题，在通信迅速发展竞争相当激烈的今天，必须弄清并解决天线的 PIM 问题。

1.10.1 互调干扰简介

天线虽然是无源器件，但在基站中，当天线同时发射两个或两上以上信号时，天馈系统的非线性会引起干扰，这种干扰将阻塞一个或更多基站天线的接收通道。采用双极化天线，特别是双频极化天线时，发射频率数目增加，产生这种干扰的危险也就必然增加，人们习惯上把这些干扰称作互调干扰。

无源互调(PIM)是一个不希望产生的调制，这是因为这种调制改变了高频载波的输出，把一个工作频率为 f_1 的输入信号送进一个无源线性器件中，只产生一个仅仅改变信号幅度和相位的输出信号，而绝不会对频率进行调制；但是把同样一个信号送进具有非线性传输特性的无源器件中，其输出信号的频率将发生变化，除了原来的载频 f_1 外，还会产生一系列谐波频率 $2f_1$，$3f_1$，$4f_1$，…，nf_1。假定输入信号包含两个或两个以上频率 f_1 和 f_2 时，输出信号将产生频谱分量，除谐波频率分量外，这些频谱分量还包括一些组合频率。这些组合频率可以用下式表示：

$$\text{IMP(互调生成物)} = nf_1 \pm mf_2$$

式中，n，m=1，2，3，…。

由于 2 阶、4 阶等偶数及互调频率$\dfrac{f_1+f_2}{f_2-f_1}$和$\dfrac{2f_1+2f_2}{2f_2-2f_1}$与原来发射频率间距很大，因此不会产生大问题。

3 阶互调频率($2f_1-f_2$)、5 阶互调频率($3f_1-2f_2$)、7 阶互调频率($4f_1-3f_2$)等奇数阶互调频率接近原来的频率，因而在接收频段会造成干扰。在基站中，奇数阶互调频率分布如图 1.160 所示。

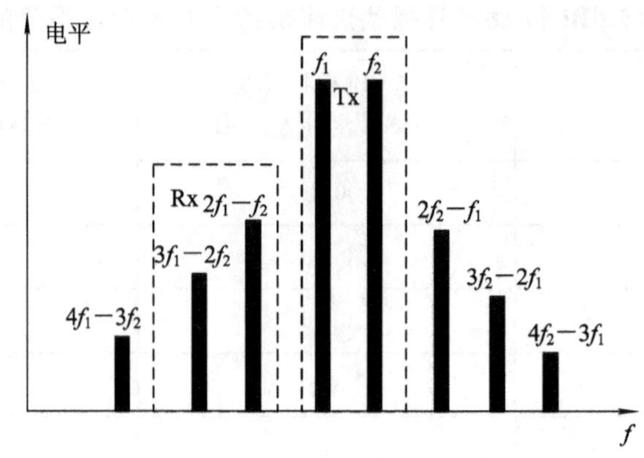

图 1.160　奇数阶谐波频率分布图

GSM900 3 阶、5 阶和 7 阶互调频率如表 1.10 所示。

表 1.11　GSM900 3 阶、5 阶和 7 阶互调频率

频　　段	Tx(发射)频段		Rx(接收)频段
	935～960 MHz		890～915 MHz
互调生成物	f_1	f_2	f_{1m}
3 阶 $2f_1\sim f_2$	936	958	914
5 阶 $3f_1\sim 2f_2$	938	956	902
7 阶 $4f_1\sim 3f_2$	941	952	908

1.10.2　在天线中产生互调的原因

天线在作发射器件使用时，在天线结构中与馈线连接的结合部分，由于存在非线性接触，因而接触表面存在不连续的电流通路，进而会产生非常弱的放电现象。之所以这样，可能是天线结构中天线和馈线的连接部分存在以下情况：

(1) 焊接连接部分的焊接质量不高，如虚焊、焊点不光滑、有油污等。

(2) 不同金属的接触表面，特别是靠压紧连接的不同金属表面，由于弹簧垫圈的弹力不够，螺丝不易上紧或螺丝上得不紧而造成差的接触表面。

(3) 在金属、绝缘材料、金属结合部分存在电隧道效应。

(4) 在金属和金属表面涂敷层或镀层中存在非线性现象。例如，铜材料质量不纯，金属表面的涂层用材不适合，涂层不均匀，电缆插座表面电镀层电镀质量差，电镀的金属不适合(如镀镍)等。

(5) 非磁性材料中存在磁阻效应。

(6) 非线性介质具有非线性。

(7) 铁磁材料磁导率变化造成非线性。

现在大多数基站都装有双工器，使天线在一些相同的频率上复用，既作发射天线使用，又作接收天线使用。如果在天线中产生 PIM，就会呈现在接收通道中，造成干扰。为了使天线能发射、接收同时工作，就必须限定天线的 PIM 小于一特定值。由于 3 阶 PIM 干扰最严重，因此规定天线的 3 阶 PIM 最低电平必须低于接收设备的灵敏度。

天线的 3 阶 PIM 参数用 dBm 或 dBc 表示，可以用 3 阶互调仪测出。dBm 是指天线的 3 阶 PIM 电平，是相对于 1 mW 额定功率定义的，即 PIM＝10 $\lg P_{IM3}$[dBm]。

dBc 是用天线 3 阶互调与入射的载波 Tx 信号功率之比定义的，即 PIM＝10 $\lg(P_{IM3}/P_{Tx})$[dBc]。

按照 GSM 标准，天线的 3 阶互调＜－107 dBm，如相对两路，每路 20 W 的载波，天线的 3 阶互调＜－150 dBc。

1.10.3 扼制 PIM 的方法

扼制 PIM 的方法如下：

(1) 用印刷天线单元(偶极子)代替板状振子，可以使 3 阶互调由板状振子的－120～－130 dBc 提高到－150 dBc，约提高 20～30 dBc。其主要原因是减小了天线与馈线之间的焊接点。

(2) 天线基本辐射单元(如 $\lambda_0/2$ 长偶极子)与接地板的接触，不宜用螺钉面接触，应尽量用线接触，且要紧接触。

(3) 凡是用螺丝压强连接的地方，如同轴插座与接地板的连接，全向天线中馈点及底座与电缆插座的连接，一定要紧接触，即必须把螺丝上紧，所用螺丝的材质一定要同所用固定件的材质相同，最好采用镀银螺丝。

(4) 不同材质的金属能不接触的尽量不要接触，如板状天线的馈线为镀铜管，把馈线离开接地板(铝板)固定后，3 阶互调将大大改善。另外，使板状天线 3 阶互调达标，这也是其中一个重要措施。

(5) 要避免不同材质的金属相互接触，如果必须相互接触，可采用电镀的办法，尽量使材质相同，而且必须采用紧接触。

(6) 绝对禁止铝、镍两种材料相互接触，包括用镀镍螺丝把天线单元或者同轴插座、馈线固定在铝接地板上。

(7) 要在天线和馈线焊点的周围涂敷一层阻焊剂(paste)。

(8) 要特别注意研究同轴插头和插座的插拔力、旋紧程度、表面处理所用金属种类等对 3 阶互调的影响程度。

(9) 在电流的通路中，不要用含铁和含镍的材料。

(10) 不要用高化学电位差的复合材料，因为在这些材料之间即使很薄的腐蚀层也如同半导体一样起作用。

1.11 基站分集技术

1.11.1 采用分集技术的原因

在复杂的移动环境中，用户接收到的基站无线信号，由于路径损耗、阴影和多路径衰落而起伏变化，特别是多路径接收，不仅造成信号幅度衰落，而且造成时延扩展和使信号产生误码率的多普勒频谱扩展。

解决多径接收造成危害最有效的办法是使用分集技术。分集技术至少需要两个带有相同信息但不相关的多路衰落的信号。

采用分集天线的好处如下：

(1) 由于增加了通道的数量，因而改进了多路径通道的可靠性，在多路径环境中，来自反射信号的干涉使接收信号衰落，使用分集合成能提高 10 dB 或更大的分集增益。

(2) 增加了整个平均接收信号功率，因为使用极化或角分集的系统，能自动调整天线特性产生几乎最大的接收信号，增加了无线线路的效率，减小了极化失配，即使在视线通道中，也能提高信噪比(SNR)甚至到 12 dB，而在没有采用极化分集的无线系统中，由于极化失配等原因，很容易造成平均接收信号功率减小 10～20 dB，即使采用最简单的极化分集系统，最坏也只有 3dB 的极化失配损耗。在非视线通道，对所有分集方案，即使用很小的天线间距，对 99%的可靠电平，仍然可以实现 7～9 dB 的分集增益。

(3) 在微蜂窝系统，由于上行信号比下行信号弱，所以必须用分集接收来补偿用户发射能力的不足，解决上行和下行链路之间功率的不平衡。

对给定的可靠性电平，分集系统允许使用低发射功率，不仅减小了干扰，增加了手机电池的待机时间和寿命，而且减小了不友好人士截获信号的概率。

1.11.2 分集技术的概念

顾名思义，分集既包含了分散，又包含了集合两重含义。所谓分散，就是把多路径接收信号分离成独立的(不相关)多路信号。所谓集合，就是把这些不相关的接收信号按一定规则合成，使接收到的有用信号最大，从而达到提高接收端的信噪比，使数字信号的误码率最小的目的。

需要解决的问题如下：

(1) 如何把接收的多路径信号分开，使其独立，不要相关。

(2) 如何把分开的相互独立的多路径接收信号合并，以获得最大信噪比。

信号合并的准则如下：

(1) 最大信噪比准则。

(2) 眼图最大张开度准则。眼图最大张开度准则最适合数字信号合并，眼图张开最大，表示码间干扰最小。

(3) 误码率最小准则。

以最大信噪比为准则合并信号的方法如下：

(1) 选择性合并。在多支路接收信号中，选出信噪比最大的支路的信号作为输出信号。

(2) 切换合并。设一门限电平，把接收到的多路径信号电平依次与门限电平相比，若小于门限电平则不断切换。

(3) 最大合并法。给每一路接收通道增加一个加权(放大器)，加权的权重按各信噪比分配，信噪比大的支路权重大，信噪比小的支路则权重小，其结果使输出具有平方率特性。

1.11.3 空间分集

1. 水平空间分集

在基站的每个扇区，空间分集至少需要一对独立的接收天线来接收通过不同路径移动用户的信号，其目的是确保两个信号之间有低的相关系数，以获得足够高的分集增益。在城区，两个天线之间分开的距离一般为 $10\lambda_0$，在 800 MHz 频段，天线分开的水平间距约 3 m，至少也要大于 $5\lambda_0$，以实现相关系数小于 0.6；在郊区，水平空间分集天线的间距要大于 $20\lambda_0$。注意：相关系数随天线的高度而增加。图 1.161 是城区三扇区水平空间分集天线的布局。由图 1.161 可以看出，每个扇区需要分开间距 $d=10\lambda_0$ 的两副接收天线和一副发射天线，如图中的扇区 1，$Rx_{1,1}$ 和 $Rx_{1,2}$ 为接收天线，Tx_1 为发射天线，为减少天线数量，采用双工器，使天线 $A_{1,1}$ 复用，既作发射天线，又作接收天线。可见，三扇区共需要六个接收天线和三个发射天线。

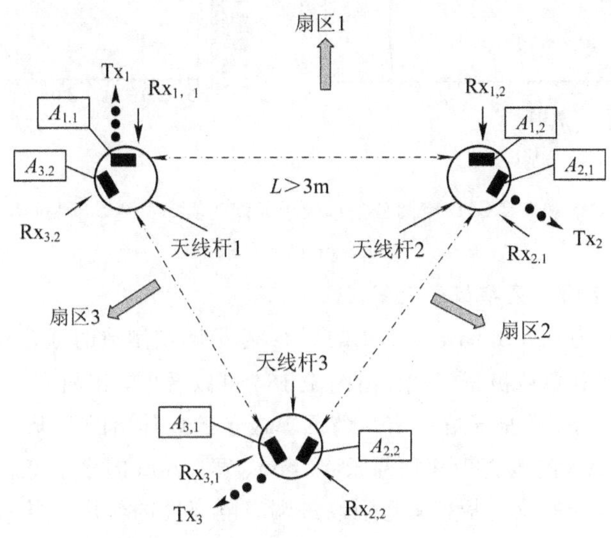

图 1.161　三扇区水平空间分集天线的布局

2. 空间分集使用的单极子天线

1) 2.4/5.2 GHz 空间分集使用的单极子天线[28]

图 1.162 是用厚为 0.75 mm，$\varepsilon_r=3$ 的基板制造的 2.4 GHz 和 5.2 GHz 频段空间分集使用的单极子天线。由图 1.162 可以看出，双 T 单极子天线安装在 50 mm×102.2 mm 的地板上。由于地板上切割了作为支节的 $\lambda_0/4$ 长缝隙，限定了电流的流向，利用地板上的 $\lambda_0/4$ 长缝隙，还减小了单元之间的互耦，因而提高了天线的效率。由于地板是天线结构的一部分，所以地板的大小对 2.4 GHz 频段谐振频率影响很大。在地板的尺寸与2.4 GHz谐振波长相当的情况下，与无缝地板相比，还使空间分集面积减小了 38.4%。图 1.163(a)、(b)是该空间分集双 T 单极子天线仿真、实测 S_{11} 和互耦的频率特性曲线。由图 1.163 可以看出，在 2.4 GHz 和 5.2 GHz 频段，互耦不超过 −15 dB，$S_{11}\leqslant-10$ dB 的频段和相对带宽为

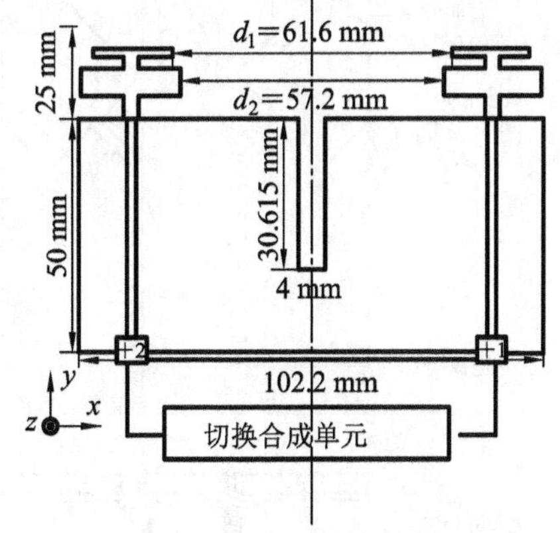

图 1.162　2.4 GHz 和 5.2 GHz 空间分集单极子天线

2.4 GHz 的频段分别为 2.16～4.51 GHz 和 95.6%，在 5.2 GHz 频段分别为 5.06～5.42 GHz 和6.86%，天线的效率均超过 85.5%。

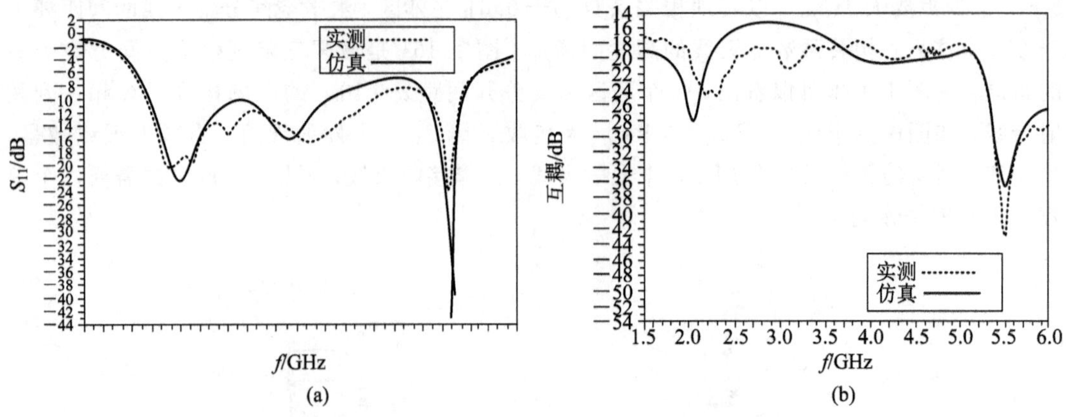

图 1.163　2.4 GHz 和 5.2 GHz 空间分集单极子天线仿真、实测 S_{11} 和互耦的频率特性曲线

(a) S_{11}；(b) 互耦

2) 印刷超宽带空间分集单极子天线[29]

图 1.164 是用厚为 0.8 mm，$\varepsilon_r=4.4$ 的 FR4 基板印刷制造的适合在 2.3～7.7 GHz 频段使用的超宽带空间分集单极子天线。由图 1.164 可以看出，正面有两个倾斜边长 14 mm 的切角方单极子，在两个单极子之间有从背面单极子的地伸出的 T 形地。该 T 形地是由中心长 16 mm、宽 15 mm 的垂直带和顶部长 48 mm、宽 5 mm 的水平带组成的。伸出的 T 形地既是空间分集单极子的反射板，又起到改进端口隔离度的作用。图 1.165 是该天线仿真和实测 S_{11}、S_{21} 的频率特性曲线。由图 1.165 可以看出，在 2.3～7.71 GHz 频段，即在 3.35∶1 的带宽比内，$S_{11}<-10$ dB(VSWR<2)，在阻抗带宽内，端口隔离度 $S_{21}<-20$ dB。图 1.166 是在 3.35∶1 的带宽比内实测一个端口单极子的增益频率特性曲线。

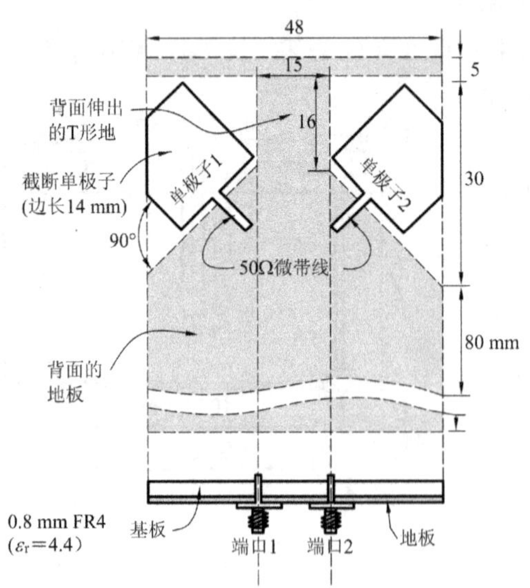

图 1.164　印刷超宽带空间分集单极子天线

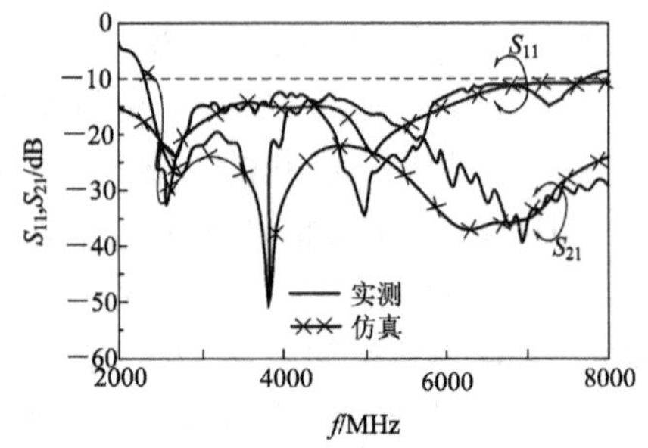

图 1.165　超宽带空间分集单极子天线仿真和实测 S_{11}，S_{21}～f 特性曲线

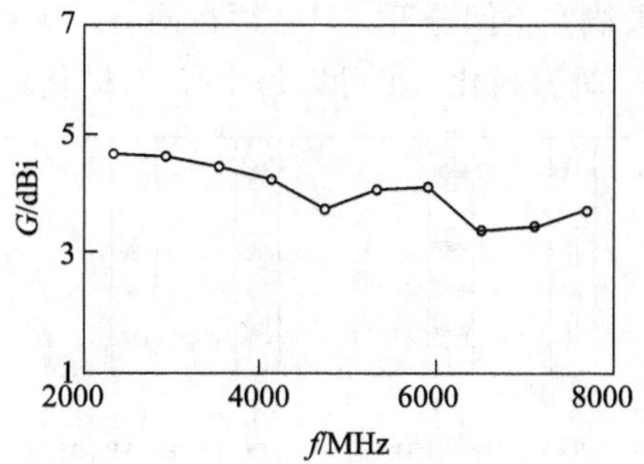

图 1.166 超宽带空间分集单极子天线实测 $G\sim f$ 特性曲线

图 1.167 是用共面波导馈电的三单元分集宽带天线，在 4～6 GHz 频段以 mm 为单位。天线的具体尺寸如下：$L_2=25$，$W_2=3.5$，$L_1=28.6$，$W_1=4.8$，$H=18$，$L=12$，$S=0.15$，$G=0.25$，$W=2.6$，$D=10$，$\alpha=45°$。

由于该天线利用空间、极化和方向图分集，因而有高的分集增益。由于用宽带三单元分集天线，提供了足够高的信噪比(SNR)，因而特别适合作为室内 4～6 GHz 高速宽带通信天线。

3. 垂直空间分集天线

图 1.168 是由套筒偶极子构成的垂直空间分集全向天线。为了使天线具有宽带特性，采用同轴线馈电的套筒偶极子，即把同轴线的内导体与长度约 $0.23\lambda_0$ 的上套筒底端相连，同轴线的外导体与长度约 $0.23\lambda_0$ 的下套筒相连。为了扼制同轴馈线外导体上的电流，采用了长为 $\lambda_0/4$ 的扼流套筒。

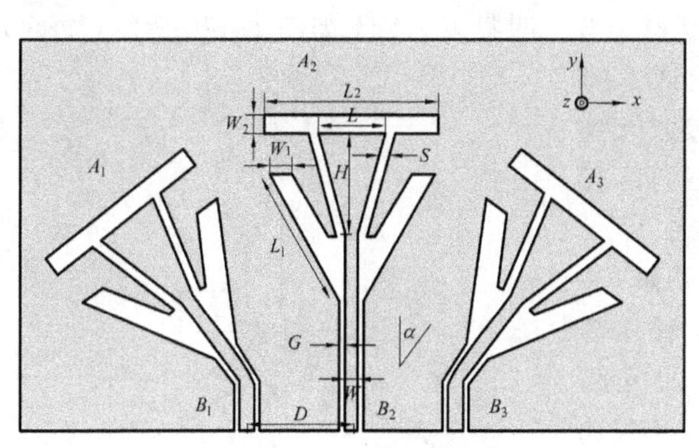

图 1.167 三单元分集天线

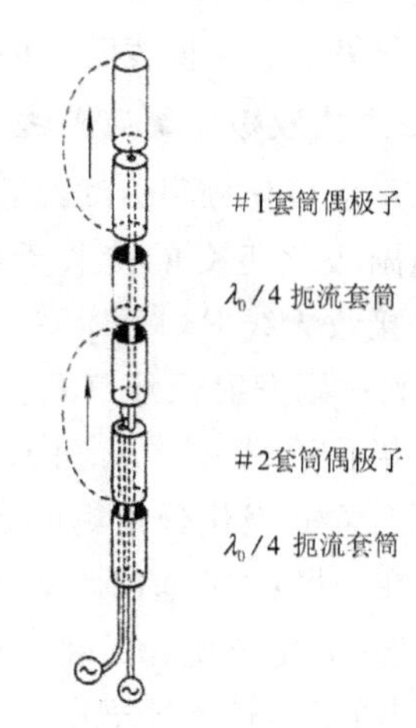

图 1.168 垂直空间分集全向天线

1.11.4 极化分集[2]

1. 极化分集的概念

极化分集就是接收同频但极化相互正交的两个不相关的线性信号。极化分集依靠两个接收端口的“去相关”来提高分集增益。如果两个端口收到的场强相等，则极化分集的分集增益最大。

极化分集并不要求把天线在空间分开，但必须在同一个天线杆上使用极化正交的两副天线。正交极化可以是水平/垂直极化，也可以是±45°斜极化，如图 1.169 所示。

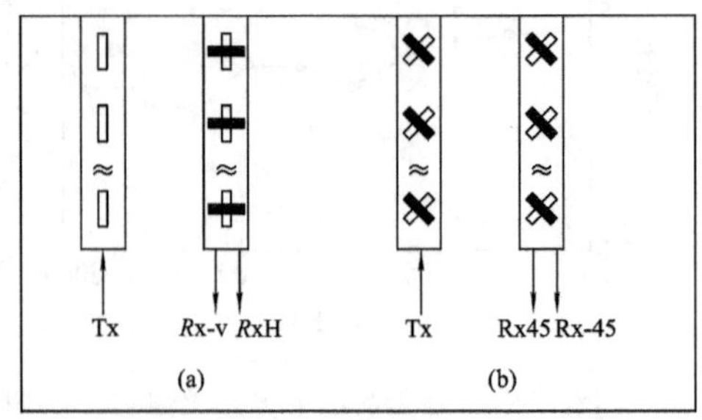

图 1.169 极化分集
(a) 垂直/水平极化分集；(b) ±45°极化分集

水平/垂直极化分集与±45°极化分集相比，后者性能稍好于前者。这是因为在城市水平/垂直极化分集的平均信号电平差别较大，而±45°却具有近似相等的信号。

极化分集的好处如下：

(1) 减少了天线数量。把三扇区空间分集接收天线的数量减少为原来的一半，由 6 根变成 3 根。

(2) 节约了安装空间。采用空间分集接收天线使安装空间减小了 1/12，对 CDMA/GSM 基站，安装空间由 3 m 左右减小到 250 mm 左右。

手机在耳朵附近倾斜 60°，使垂直辐射分量减小 6 dB，水平分量减小 5 dB，这种工作方式要求增加上行水平电场分量，其最有效的方法是采用极化分集。用手机天线测量也发现，极化分集增益在视线距离内超过空间分集 7 dB。

2. 自立式双极化集束天线

把三扇区极化分集天线组合在一个天线罩里，叫集束天线。如图 1.170 所示，每个扇区都有两副极化正交的接收天线，如扇区 1 的水平极化接收天线 $Rx-H_1$、垂直极化接收天线 $Rx-V_1$ 和一副发射天线 Tx_1。可见，三扇区有三副正交极化天线 A_1、A_2和 A_3。

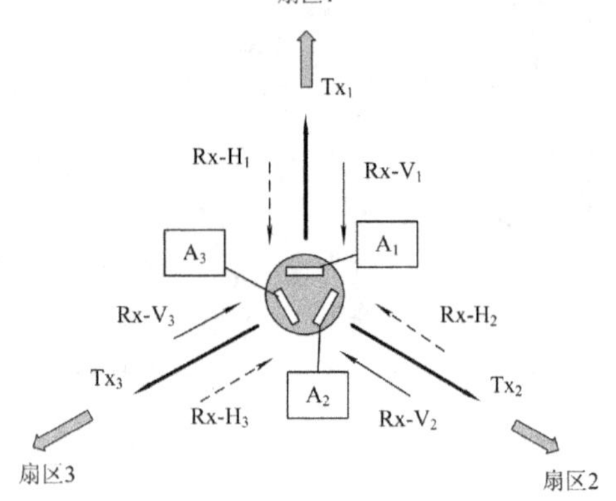

图 1.170 三扇区极化分集集束天线

采用自立式极化分集集束天线的好处如下：

(1) 在城区：① 基站距离为 1 km，楼顶选址容易；② 美化环境，百姓安全呼唤；③ 可降低建设成本的 50%(楼顶分散式架设天线，不仅选址困难，成本高，而且破坏环境)。

(2) 在城镇、乡村：① 基站距离一般小于 10 km，可视为平地，天线架高 10～15 m，无需铁塔；② 基站配套建设成本(地价、铁塔)降低 80%以上。

图 1.171 是未使用集束天线的照片。由图 1.171 可以看出，用楼顶架设基站天线，严重影响城市美观。图 1.172 是楼顶架设宽带集束天线的照片，不仅实用、省钱，而且是城

市一道靓丽的风影线。

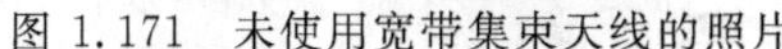

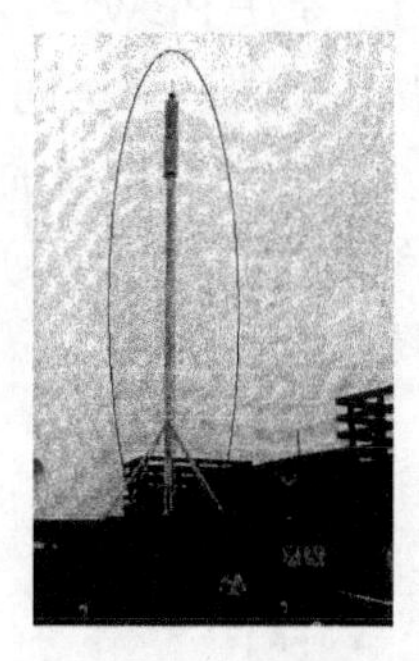

图 1.171 未使用宽带集束天线的照片

图 1.172 楼顶架设宽带集束天线的照片

图 1.173 是集束三扇区垂直/水平极化分集天线。它把三扇区的垂直/水平极化分集天线安装在夹角为 120°的三角形管子里，为了实现高增益，每个扇区的垂直/水平极化分集天线都由层叠的三个子阵组成，每个子阵都由上下交错安装的三个垂直极化和三个水平极化辐射单元组成，相对于中间子阵(2)，通过反方向改变上子阵(1)和下子阵(3)的相位来实现波束下倾。对给定的下倾角，对发射和接收，对垂直/水平极化，均可独立控制。

图 1.174 是作为垂直/水平极化分集天线辐射单元使用的垂直极化双印刷偶极子天线。图 1.174 中用一对偶极子天线是为了让 H 面 HPBW 变窄，以便与 E 面波束宽度匹配，用伸出的寄生单元来展宽天线的带宽。

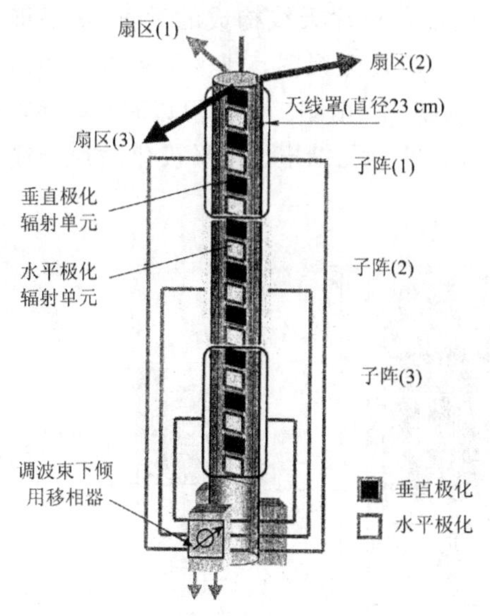

图 1.173 集束三扇区垂直/水平极化分集天线

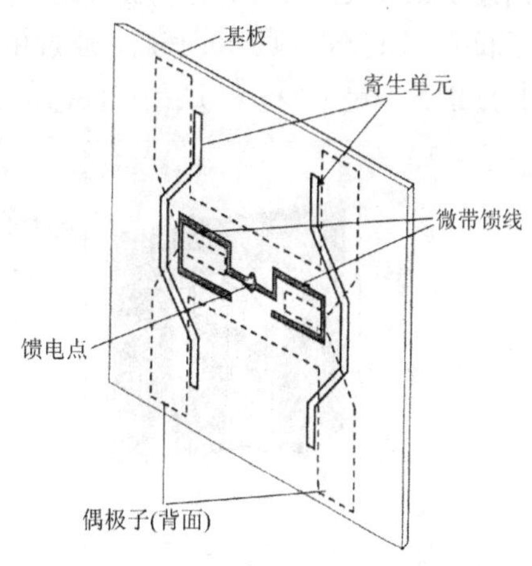

图 1.174 垂直极化双印刷偶极子天线

在 2G 和 3G 移动通信共存的情况下，双极化集束天线阵除继续使用 2G(例如 800 MHz 频段)的双极化集束天线阵外，还需要增加 3G(例如 2 GHz 频段)的双极化集束天线阵，即需要如图 1.175 所示的双频极化分集天线阵。图 1.175 中把 2 GHz 频段的双极化分集天线插在 800 MHz 频段的双极化分集天线之间来构成双频极化分集天线阵。极化分集可以是±45°极化，也可以是如图 1.175 所示的垂直/水平双极化。

三扇区极化分集集束天线不仅可以构成三扇区定向天线，也可以构成全向天线和定向天线。例如，由三个 HPBW=120°的±45°双极化板状天线，通过两个三功分器分别把三扇区的三个 45°极化合成一个全向发射天线，把三个−45°极化合成另一个全向发射天线，位于集束天线的上部，集束天线的下部由三个±45°双极化板状天线组成，这样三个扇区的极化分集接收天线就构成了小灵通(PHS)IC7T 需要的既有全向又有定向三扇区的极化分集集束天线，如图 1.176 所示。

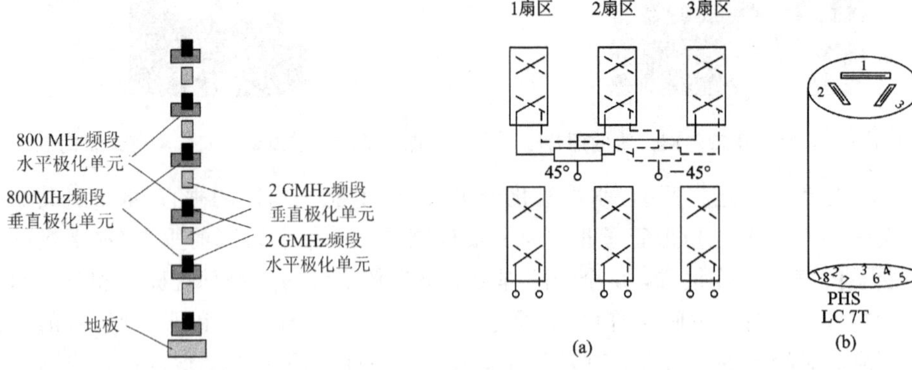

图 1.175　双频极化分集天线阵

图 1.176　适合 PHSIC7T 使用的定向和全向集束天线
(a) 三扇区±45°双极化天线；(b) 集束天线

3. 由印刷偶极子和带孔贴片天线构成的极化分集天线

图 1.177 是由垂直极化印刷偶极子和水平极化带孔贴片天线构成的垂直/水平极化分集天线，其中图(a)为立体结构，图(b)是顶视图，图(c)是侧视图。偶极子和带孔的贴片均可以用厚 1 mm，$\varepsilon_r=4.15$ 的基板(或其他基板)印刷制成。由图 1.177 可以看出，垂直极化偶极子长 $0.33\lambda_0$，距地板 $0.16\lambda_0$，通过中间边长为 d 的方孔馈电。水平极化贴片天线是内外边长分别为 $d=0.2\lambda_0$ 和 $D=0.41\lambda_0$ 的方环。

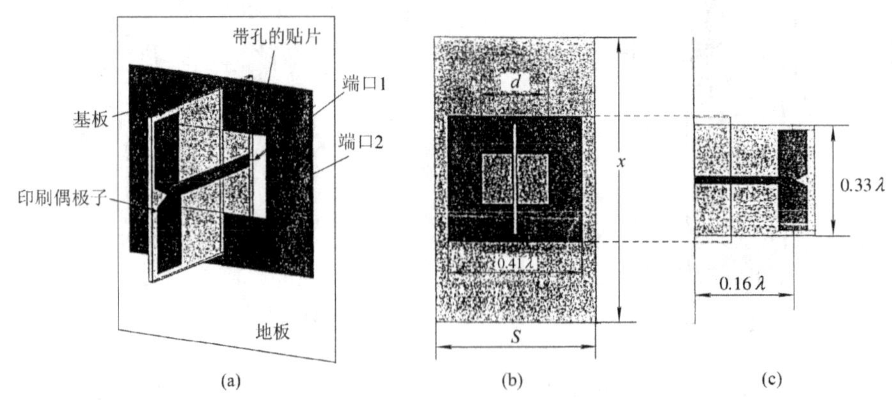

图 1.177　由印刷偶极子和环形贴片构成的极化分集天线
(a) 立体结构；(b) 顶视图；(c) 侧视图

图 1.178 是图 1.177 所示极化分集天线在 $d=0.2\lambda_0$ 实测 S 参数的频率特性曲性。图 1.179 是该天线实测垂直面和水平面方向图，印刷偶极子水平面 HPBW=80°，环形贴片水平面 HPBW=60°。

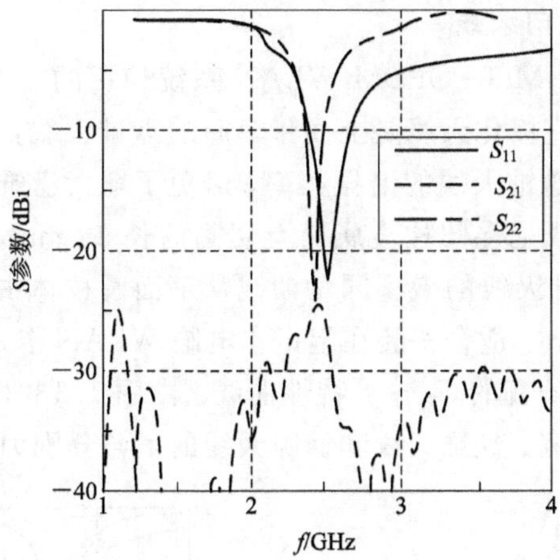

图 1.178 图 1.177 所示极化分集天线实测 S 参数的频率特性曲线

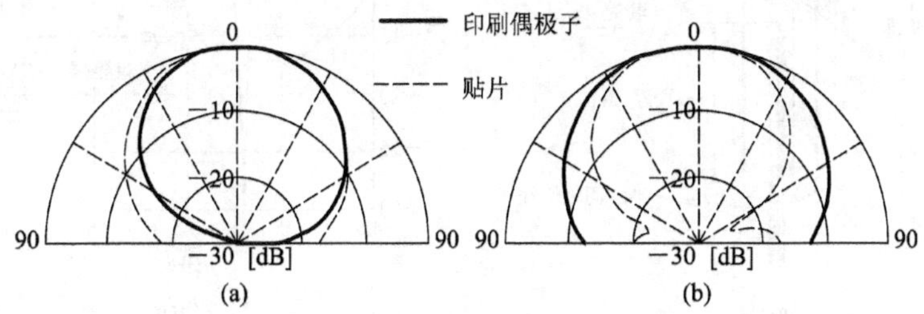

图 1.179 图 1.177 所示极化分集天线的实测垂直面和水平面方向图

(a) 垂直面；(b) 水平面

图 1.180 是该天线在不同 d 的情况下端口隔离度的频率特性曲线。由图 1.180 可以看出，在谐振频率为 2.7 GHz 的情况下，$d=0.16\lambda_0$ 时，隔离度为－22.2 dB，$d=0.12\lambda_0$ 时，隔离度为－24.4 dB。图 1.181 是偶极子天线水平面 HPBW 与地板电尺寸(x/λ_0)之间的关系曲线。

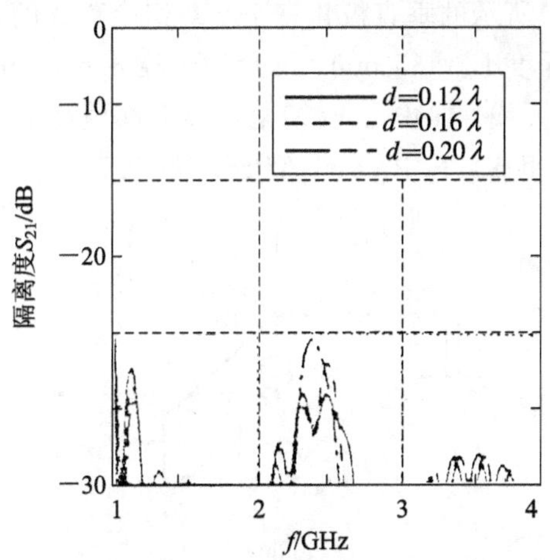

图 1.180 图 1.177 所示极化分集天线端口之间隔离度在不同 d 的情况下的频率特性曲线

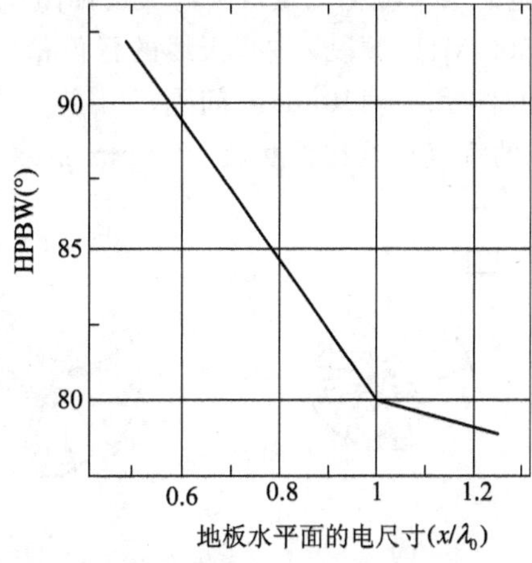

图 1.181 印刷偶极子天线水平面 HPBW 与地板水平面电尺寸之间的关系

4. 5.2 GHz 双极化全向天线

图 1.182(a)是适合 MIMO－OFDM WLAN 系统使用的 5.2 GHz 频段的双极化全向天线。图 1.182(a)中，垂直极化天线是上面带套筒的盘锥天线，由于在盘锥天线锥的下面附加了套筒，因而降低了盘锥天线的谐振频率，避免了增大盘锥天线锥直径造成天线直径过大的缺点；水平极化天线是在圆柱金属筒上切割的长 35 mm、宽 0.2 mm 的纵向缝隙。两个天线间隔 2 mm，盘锥天线的微型同轴馈线从下面圆柱体中间穿过。天线的外形尺寸为直径＝10 mm，高 50 mm，适合安装在笔记本电脑 WLAN 卡片上，或显示盘的顶上。图 1.182(b)是该双极化天线仿真的 $S_{11}\sim f$ 特性曲线。由图 1.182(b)可以看出，带套筒的盘锥天线有特别宽的阻抗带宽。盘锥天线和缝隙天线的增益分别为 1 dBi 和 3 dBi。

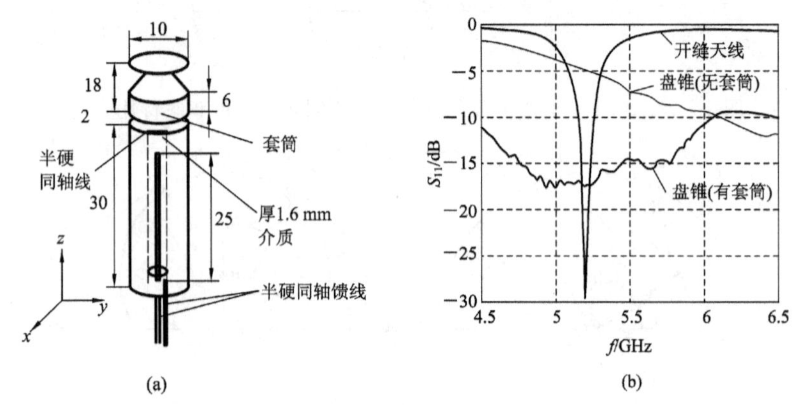

图 1.182　5.2 GHz 双极化全向天线的组成及 $S_{11}\sim f$ 特性曲线

(a) 组成；(b) $S_{11}\sim f$ 特性曲线

5. 由缺口和半环天线构成的极化分集接收天线[30]

图 1.183 是适合室内基站系统使用的组合极化分集接收天线，天线的直径约为 $0.6\lambda_0$，位于地板之上的高度为 $0.12\lambda_0$。该天线实际上是由如图 1.183(b)所示的长度为 L 的同轴线馈电的水平极化三缺口圆盘天线和图 1.183(c)所示的垂直极化三个半环组合而成的。在 f＝1500 MHz 频段，缺口天线的张角 α＝30°，深度 L_d＝35 mm，圆盘的半径 a_h＝50 mm，电缆的长度 L＝110 mm。间隔 120°的三个半环天线，在中心 O 馈电，每个都由高度 h＝2 mm的垂直导线和长度 a_v＝50 mm 的水平导线组成，其中 $OA+AB+BC=0.5\lambda_0$。

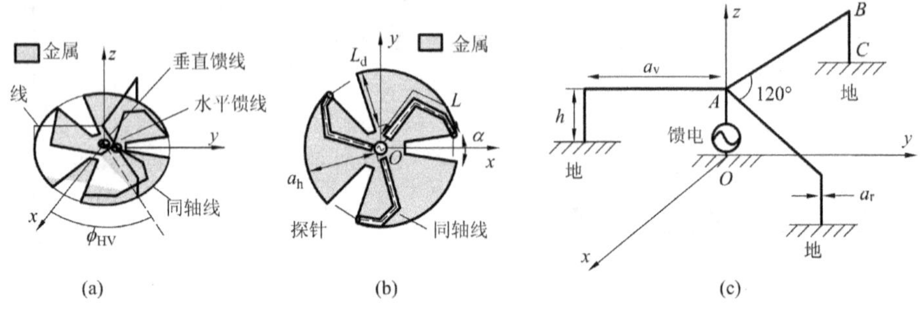

图 1.183　由三个缺口圆盘天线和三个半环天线组合成的极化分集天线

(a) 组合极化分集天线；(b) 三缺口圆盘天线；(c) 三个半环天线

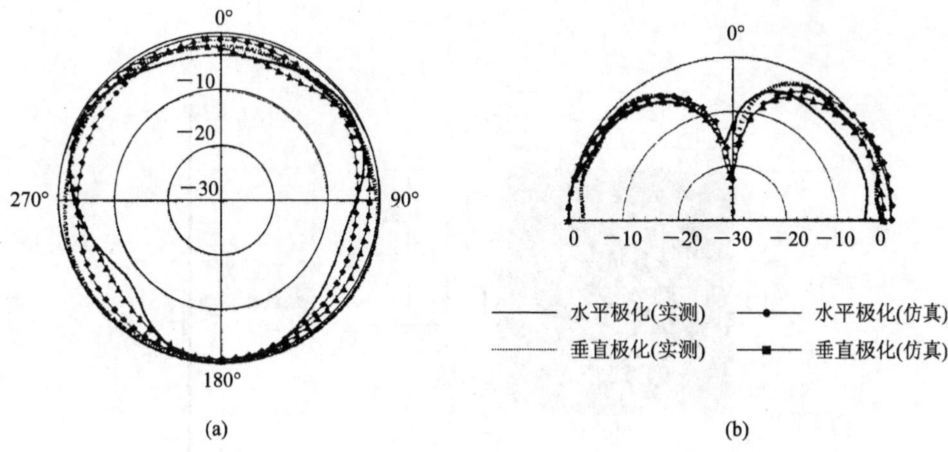

图 1.184 组合极化分集天线仿真、实测水平极化与垂直极化的水平面和垂直面方向图
(a) 水平面；(b) 垂直面

图 1.184 是组合极化分集天线仿真、实测水平极化与垂直极化的水平面和垂直面方向图。由图 1.184 可以看出，零辐射方向位于 z 轴，水平面基本呈全向，水平极化方向图的不圆度为±2.5 dB，垂直极化方向图的不圆度为±1.5 dB，水平面平均增益为 0 dB。

图 1.185 是组合极化分集天线实测 S 参数的频率特性曲线。由图 1.185 可以看出，垂直极化天线 $S_{vv}<-10$ dB(VSWR<2)的相对带宽为 8.5%，水平极化天线 $S_{hh}<-10$ dB (VSWR<2)的相对带宽为 17%，图中 S_{hv} 为端口之间的互耦，在频段内 $S_{hv}<-10$ dB。

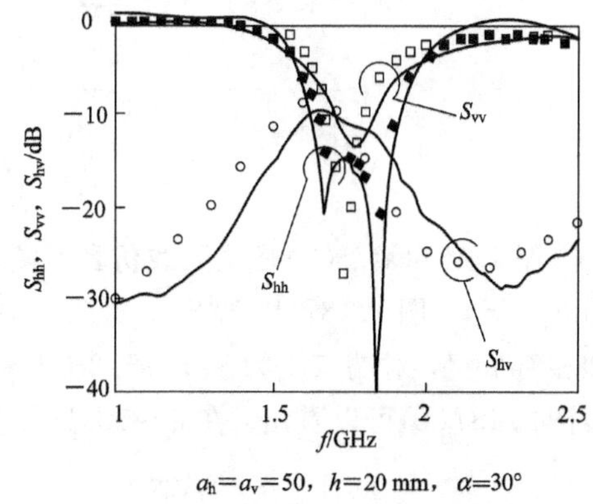

图 1.185 组合极化分集接收天线 S 参数的频率特性曲线

6. 平面 UWB 分集天线[31]

宽带分集系统的一个主要优点是不同通道的群延迟不相关，对于这些不相关宽带分集信号，用 3G 无线系统广泛采用的 RvKe 接收机来处理。数据变换、成像、定位和雷达等 UWB 系统都需要使用分集技术。

图 1.186 是平面 UWB 方向图分集和部分极化分集天线。由图 1.186 可以看出，该天线由边长为 30 mm($0.3\lambda_0$，λ_0 为 3 GHz 的自由空间波长)的方贴片和位于方贴片下面截面为 8 mm×8 mm、长为 13 mm 的单极子组成。贴片是将悬浮微带线伸出的两个 5 mm×12.5 mm 的垂直带线悬浮在直径为 120 mm($1.2\lambda_0$)的地板上，悬浮高度为 15 mm ($0.15\lambda_0$)，再用两个 SMA 同轴插座的内导体把分别距地板 2.5 mm 和 2 mm 的单极子和悬浮微带线相连而形成的。与端口 1 SMA 相连接的 50Ω 线通过改变微带线的宽度，阻抗变换逐渐由 50 Ω 变到 70 Ω，再变换到 89 Ω。由于单极子位于贴片中心，因此对以 TM_{010} 模工作的贴片而言，中心电场为零，确保了两个端口之间有高的隔离度。为了在 H 面(xz 面)有对称边射和圆锥方向图，对贴片采用了反相馈电的方法，即让连接贴片的两个垂直带线相距$\lambda_0/2$(≈37.5 mm)。由于位于贴片中心下面的单极子比较粗，因而具有宽带特性。

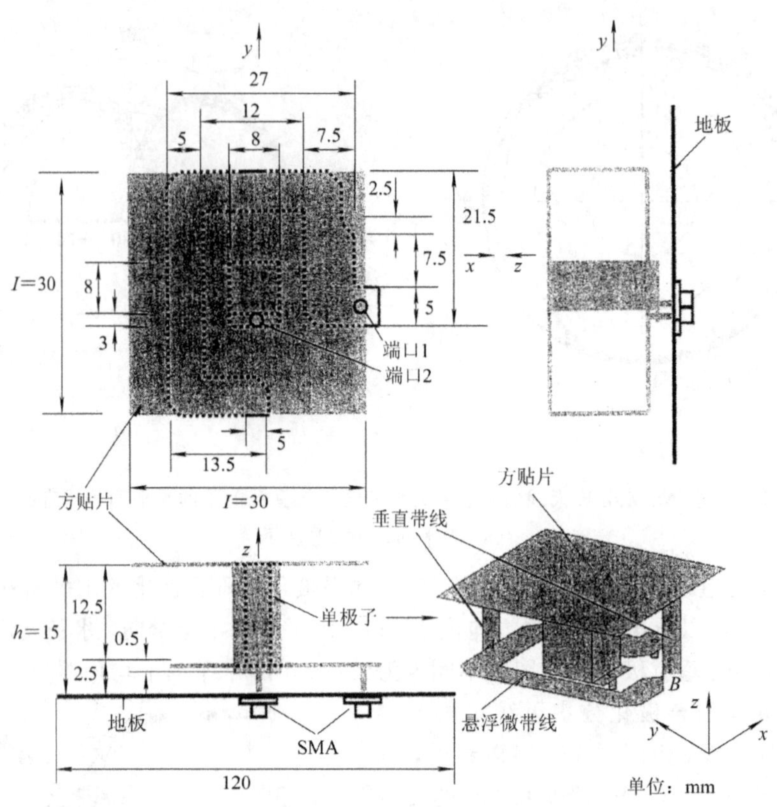

图 1.186 组合 UWB 平面分集天线

图 1.187(a)、(b)是该天线仿真实测端口 S 参数的频率特性曲线。其中，图 1.187(a)为 S_{11}、S_{22}，图 1.187(b)为 S_{12}。由图 1.187(a)可以看出，$S_{11}\leqslant-10$ dB(VSWR<2)的频段和相对带宽，对端口 1 为 3.1～5.2 GHz 和 50.6%，对端口 2 为 3.1～4.9 GHz 和 45%。由图 1.187(b)可以看出，在 3～5 GHz，实测隔离度 $S_{21}\leqslant-13.5$ dB。

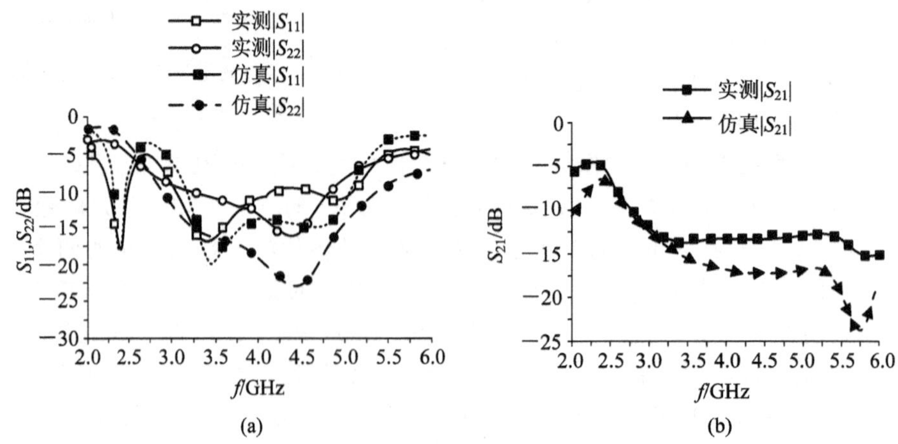

图 1.187 组合 UWB 平面分集天线实测和仿真 S 参数的频率特性曲线

(a) S_{11}，S_{22}；(b) S_{21}

图1.188(a)、(b)是分别激励端口1和端口2时，仿真和实测边射模和圆锥模天线增益的频率特性曲线。由图1.188可以看出，在阻抗频带内，边射模 $G_{平}=9$ dB，圆锥模 $G_{平}=4$ dB。

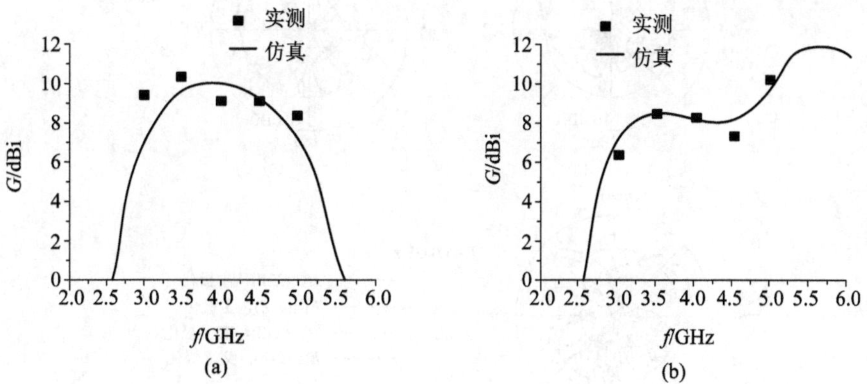

图 1.188 组合UWB平面分集天线实测和仿真增益的频率特性曲线

(a) 边射模；(b) 圆锥模

图1.189是端口1在 $f=3$ GHz，4 GHz和5 GHz实测 H 面和 E 面主极化和交叉极化方向图。由图1.189可以看出，H 面方向图对称，$\mathrm{HPBW}_H=63.5°\sim74.2°$，但 E 面在4～5 GHz频段，在 $\theta=45°$ 方向出现零。图1.190是端口2在 $f=3$ GHz，4 GHz和5 GHz实测 H 面和 E 面主极化和交叉极化方向图。

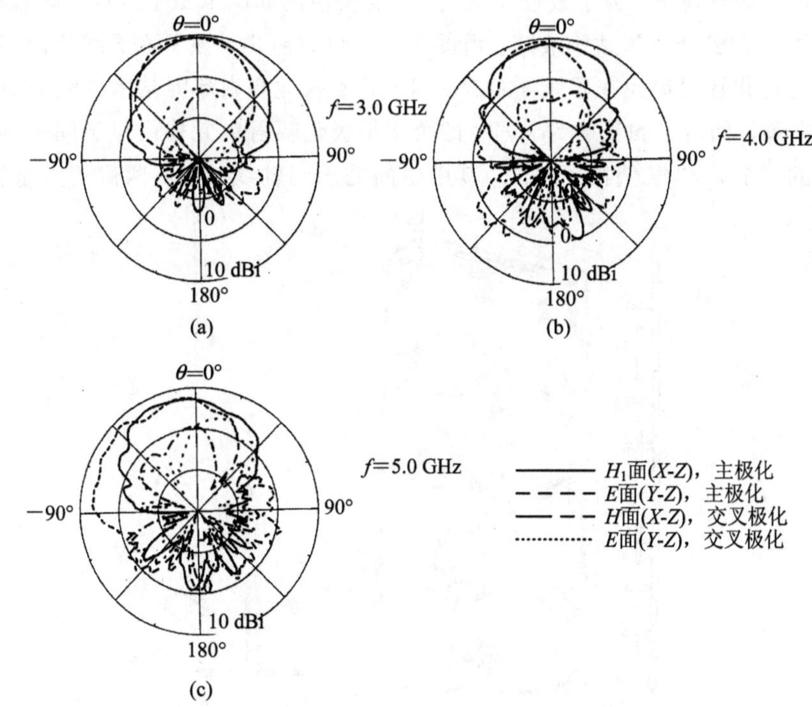

图 1.189 端口1实 H 面和 E 面主极化和交叉极化方向图

(a) $f=3$ GHz；(b) $f=4$ GHz；(c) $f=5$ GHz

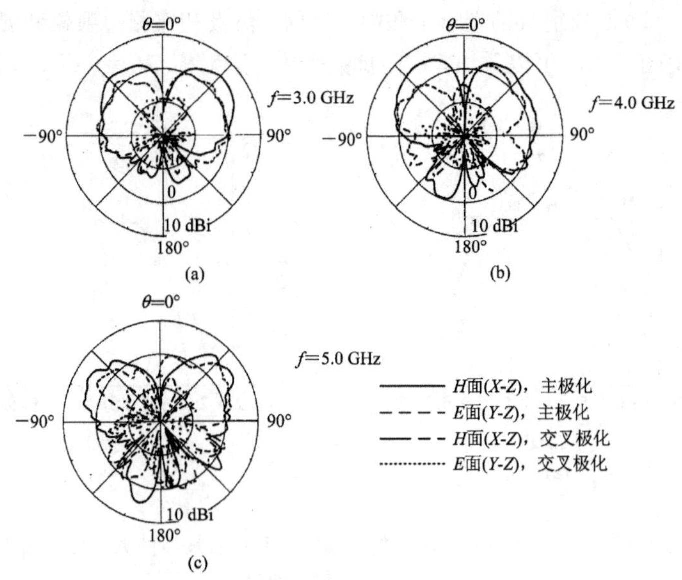

图 1.190　端口 2 实测 H 面和 E 面主极化和交叉极化方向图

(a) f=3 GHz；(b) f=4 GHz；(c) f=5 GHz

1.11.5　空间和极化分集组合基站天线阵[32]

在复杂的电磁环境下，为了改进通信效果，需要使用如图 1.191 所示的既有极化分集，又有空间分集的合成分集基站天线阵。由图 1.191 可以看出，该平面天线阵由四个水平极化和四个垂直极化辐射单元在垂直面组成，四个垂直极化辐射单元均由二元对数周期偶极子组成，其中最长偶极子的长度为 $\lambda_0/2$。四个水平极化辐射单元均由位于同一条直线上间距 $d=\lambda_0/2$ 的三个 $\lambda_0/2$ 长偶极子组成，其中中间的用同轴线馈电，两侧的为寄生偶极子。

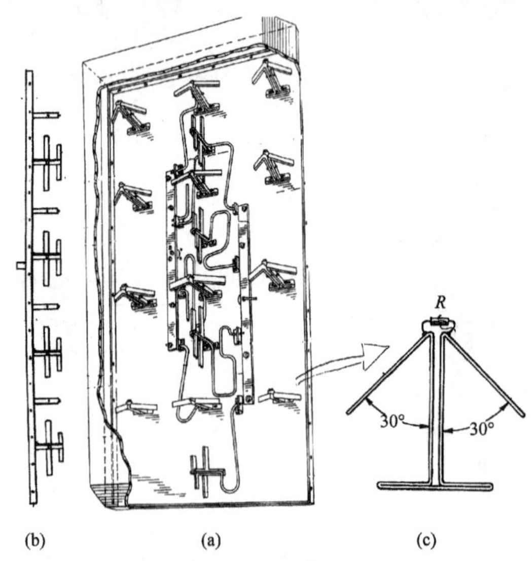

图 1.191　空间/极化组合分集基站天线阵

(a) 立体结构；(b) 侧视；(c) 水平极化寄生偶极子

所有辐射单元距地板 $\lambda_0/4$。水平极化辐射单元之所以在馈电 $\lambda_0/2$ 水平偶极子的两侧附加两个寄生 $\lambda_0/2$ 长偶极子天线，是为了展宽水平极化辐射单元 E 面方向图的 HPBW。为了使 HPBW 分别达到 120°、105°和 90°，还需要使寄生偶极子两个臂下倾 30°，且在两个臂之间端接电阻 R。由于寄生偶极子与馈电偶极子相距 $\lambda_0/2$，所以感应电流反相。通过仿真发现，调整馈电和寄生偶极子的下倾角及电阻 R，可以控制水平极化天线的 E 面 HPBW。寄生偶极子上的感应电流比馈电偶极子小 18 dB，$R=45\ \Omega$，则 $\mathrm{HPBW}_E=90°$；寄生振子上的感应电流比馈电偶极子小 14 dB，$R=55\ \Omega$，$\mathrm{HPBW}_E=105°$；寄生振子上的感应电流比馈电偶极子小 11 dB，$R=25\sim35\ \Omega$，$\mathrm{HPBW}_E=120°$。

1.12 基站天线增益与覆盖距离的关系

基站设计就是要根据覆盖距离，进行链路预算，根据链路预算结果，确定基站发射天线的增益。为此必须运用在自由空间和地面反射条件下的功率传输方程。

1.12.1 dBm 与 dBmV 和 dBμV 的关系

在介绍基站路径损耗之前，必须弄清 dBm 和 dBmv 等之间的关系，以便以统一的单位完成计算。

- dBw(绝对功率)表示功率的单位 W 用 dB 表示，即

$$0\ \mathrm{dBw}=1\ \mathrm{W},\quad 10\ \lg(1\ \mathrm{W})=0\ \mathrm{dBw} \tag{1.12}$$

- dBm(绝对功率)表示 mW 功率用 dB 表示，即

$$1\ \mathrm{mW}=0\ \mathrm{dBm} \tag{1.13}$$

- dBm=dBw+30 dB，即

$$\mathrm{dBm}=10\ \lg(1\ \mathrm{W}\times10^3)=\mathrm{dBw}+10\ \lg1000=\mathrm{dBw}+30\ \mathrm{dB} \tag{1.14}$$

- dBm=20 lg($\sqrt{20}$V)(50 Ω 系统)。 (1.15)

由式(1.15)可以求得电压 V 与功率 dBm 的关系，即

$$\begin{aligned}&\lg\sqrt{20}\mathrm{V}=\frac{\mathrm{dBm}}{20}\rightarrow\sqrt{20}\mathrm{V}=10^{\frac{\mathrm{dBm}}{20}}\rightarrow\\&\mathrm{V}=\frac{1}{\sqrt{20}}10^{\mathrm{dBm}/20}=\sqrt{0.05}\times10^{\mathrm{dBm}/20}\end{aligned} \tag{1.16}$$

- dBmv=dBm+47 dB，即

$$\begin{aligned}\mathrm{dBmv}&=20\ \lg\left[10^3\times\sqrt{0.05}\times10^{\mathrm{dBm}/20}\right]=20\ \lg(10^3\times\sqrt{0.05})+20\ \lg10^{\mathrm{dBm}/20}\\&=47\ \mathrm{dB}+\mathrm{dBm}\end{aligned} \tag{1.17}$$

- dBμv=dBm+107 dB，即

$$\begin{aligned}\mathrm{dB\mu v}&=20\ \lg\left[10^6\times\sqrt{0.05}\times10^{\mathrm{dBm}/20}\right]=20\ \lg(10^6\times\sqrt{0.05})+20\ \lg10^{\mathrm{dBm}/20}\\&=107\ \mathrm{dB}+\mathrm{dBm}\end{aligned} \tag{1.18}$$

1.12.2 自由空间路径损耗

假定收发天线均与馈线匹配，收发天线极化匹配，则在自由空间传播条件下，相距为 R 的收发天线间的功率传输方程为Friss传输公式：

$$\frac{P_R}{P_T}=G_T G_R\left(\frac{\lambda_0}{4\pi R}\right)^2 \tag{1.19}$$

式中：P_T为发射功率，P_R为接收功率，λ_0 为工作波长，G_t，G_R为发射天线和接收天线的增益。为了表示自由空间的传播损耗 L_F，把式(1.19)改写为

$$L_F=\frac{P_T G_T G_R}{P_R}=\left(\frac{4\pi R}{\lambda_0}\right)^2=\left(\frac{4\pi Rf}{c}\right)^2 \tag{1.20}$$

式中，f 为工作频率，c 为光速。

可见，自由空间传播损耗 L_F与距离 R 和工作频率 f 的平方成正比。

如果 f 以 MHz 为单位，距离 R 以 km 单位，则以 dB 表示的自由空间损耗 L_F为

$$L_F(\text{dB})=32.4(\text{dB})+20\lg R(\text{km})+20\lg f(\text{MHz}) \tag{1.21}$$

由式(1.21)可以看出，只要距离加倍，或者频率提高一倍，自由空间损耗就会分别增加 6 dB。

1.12.3 平面地上的路径损失

在微蜂窝，基站和移动用户之间的传输损耗仍然是路径损耗。由于存在如图 1.192 所示的地面反射，因此要用下式计算路径损耗 L_p：

$$\frac{P_R}{P_T}=\frac{1}{L_p}=\frac{H_m{}^2 H_b^2}{R^4 f^2}k \tag{1.22}$$

式中，H_b、H_m分别是基站天线和移动用户天线的高度，R 为基站和移动用户之间的直线距离，k 为比例常数。

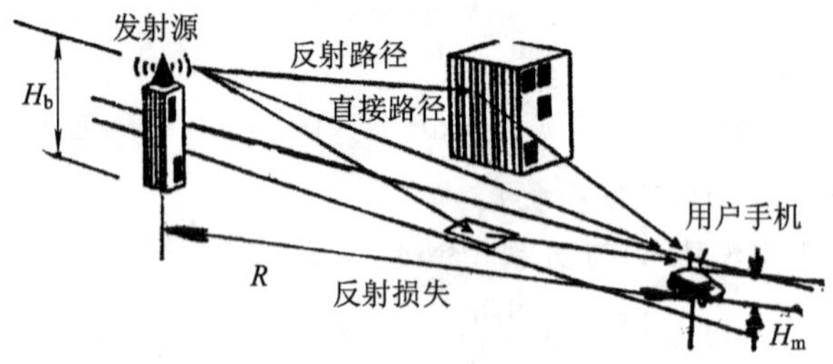

图 1.192 存在地面反射的无线通信系统

路径损耗 L_p主要取决于天线高度和收发天线间的距离，在给定发射功率的情况下，为了增加蜂窝的半径，对系统设计来讲，可以控制和利用的关键就是基站天线的高度。

在平面地的情况下，用 dB 表示的路径损耗 L_p可以简化近似表示成：

$$L_p(\text{dB})=40\lg R-20\lg H_m-20\lg H_b \tag{1.23}$$

存在地面反射的情况下，收发天线之间的传输公式也可以用下式表示：

$$P_R=P_T G_T G_R\left(\frac{H_b H_m}{R^2}\right)^2 \tag{1.24}$$

1.12.4 基站发射天线增益的计算

已知发射功率 P_T、接收机灵敏度 P_R、接收天线增益 G_R、收发天线距离 R 和工作波长 λ_0 的情况下，计算发射天线的增益。

由式(1.19)Friss 传输公式得：

$$G_{\mathrm{T}} = \frac{(4\pi R/\lambda_0)^2 P_{\mathrm{R}}}{P_{\mathrm{T}} G_{\mathrm{R}}} \tag{1.25}$$

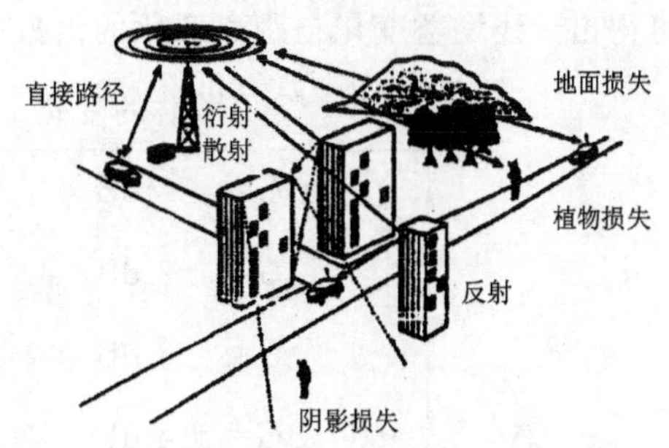

图 1.193　无线传输的主要障碍物

式(1.20)是自由空间的理想情况，但实际上，无线电波除了直射传输外，还会遇到许多障碍物，例如山丘、树林、地面和许多高大建筑物，如图 1.193 所示，它们不仅使信号衰弱，而且还会产生反射和绕射。粗糙地面反射吸收损耗约 4～7 dB，直接的路径障碍(例如砖石和钢混建筑物)可以造成 10～20 dB 的损耗。

这些吸收、反射和绕射造成的损失可以作为路径损耗 L_{p} 加以修正，在这种情况下，以 dB 形式给出的天线增益为

$$G_{\mathrm{T}}(\mathrm{dB}) = 20\ \lg\ (4\pi R) + 10\ \lg P_{\mathrm{R}} - 10\ \lg P_{\mathrm{T}} - 10\ \lg G_{\mathrm{R}} - 20\ \lg \lambda_0 - 10\ \lg L_{\mathrm{p}} \tag{1.26}$$

例如，已知 $P_{\mathrm{R}}=10^{-12}$ W，$P_{\mathrm{T}}=25$ W，$R=3218$ m，$G_{\mathrm{R}}=-3$ dB，$\lambda_0=0.3$ m，$L_{\mathrm{p}}=0.1$(绕射)×0.2(地面吸收)×0.001(结构吸收)。

解：由式(1.26)得

$$G_{\mathrm{T}} = 20\ \lg(4\pi \times 3218) + 10\ \lg 10^{-12} - 10\ \lg 25 - 20\ \lg 0.3 + 3 - 10\ \lg 0.0002 = 8.6\ \mathrm{dB}$$

1.12.5　基站发射天线增益与通信距离的关系

在其他条件固定不变的情况下，在不同传播条件下，基站发射天线增益 G_{T} 与通信距离 R 有如下近似关系：

1. 自由空间

根据式(1.19)Friss 传输公式：

$$R \propto (G_{\mathrm{T}})^{\frac{1}{2}} = (10^{G_{\mathrm{T}}(\mathrm{dB})/10})^{\frac{1}{2}}$$

可得出天线增益变化与通信距离变化的倍数关系如下：

天线增益的变化	距离 R	变化的倍数
$\Delta G=\pm 1$ dB	1.12	0.89
$\Delta G=\pm 2$ dB	1.26	0.794
$\Delta G=\pm 3$ dB	1.41	0.71
$\Delta G=\pm 4$ dB	1.58	0.63
$\Delta G=\pm 5$ dB	1.78	0.56
$\Delta G=\pm 6$ dB	2.0	0.50

2. 平坦反射地面

根据式(1.24)有

$$R \propto (G_{\mathrm{T}})^{\frac{1}{4}} = [10^{G_{\mathrm{T}}(\mathrm{dB})/10}]^{\frac{1}{4}}$$

可得出天线增益变化与距离变化的倍数关系如下：

天线增益的变化	距离 R	变化的倍数
$\Delta G=\pm1$ dB	1.06	0.944
$\Delta G=\pm2$ dB	1.12	0.89
$\Delta G=\pm3$ dB	1.19	0.84
$\Delta G=\pm4$ dB	1.26	0.794
$\Delta G=\pm5$ dB	1.33	0.75
$\Delta G=\pm6$ dB	1.41	0.71

1.13 基站天线的选型及安装架设

好的基站天线位置往往都设在居民区，为了覆盖整个蜂窝小区，需要安装多面天线，但又不能影响人们的视线。这就要求系统设计师确定需要多大的范围，消除或者减小干扰以及确定每个天线的最佳位置。

在基站天线位置的设计中，首先要根据所覆盖蜂窝小区的形状及具体安装位置，选取具有什么样方向图的天线及多大增益的天线，也就是说，用全向天线还是板状天线，是用 $\mathrm{HPBW}_H=65°$的板状天线，还是用 $\mathrm{HPBW}_H=90°$、120°的板状天线。对圆形或方形蜂窝小区，可以采用全向天线，也可以采用四个或三个定向板状天线。对长方形服务区，可以采用定向天线，也可以采用双向天线。

1.13.1 基站天线的选型原则

按照基站覆盖类型的不同，应选用合适的基站天线。

1. 业务量高密集市区

(1) 对基站距离 300～500 mm 的业务量高密集区，天线下倾角一般为 10°～19°，宜采用内置下倾角度 9°、$\mathrm{HPBW}_H=65°$、$G=12$～18 dBi 的±45°双极化板状天线。

(2) 对基站距离大于 500 m 的业务量中密度区，天线下倾角一般为 6°～16°，宜选用内置下倾角度为 6°、$\mathrm{HPBW}_H=65°$、$G=14$～18 dBi 的±45°双极化板状天线。

(3) 对基站距离在 800～1000 m 的业务量低密度区，天线倾角一般为 3°～10°，宜选用内置下倾角为 3°、$\mathrm{HPBW}_H=65°$、G=15～18 dBi 的±45°双极化板状天线。

2. 县城及城镇地区

由于业务量相对市区小，所以宜采用增益较高的单极化或双极化板状天线，例如 $\mathrm{HPBW}_H=65°$、$G=18$ dBi 或 $\mathrm{HPBW}_H=90°$、$G=17$ dBi 的定向板状天线。

乡镇地区话务量很小，主要考虑覆盖，基站大都为全向站，天线可选增益为 11 dBi 的全向天线。根据基站架设高度，可选择主波束下倾 3°、5°、7°的全向天线。

在铁路或公路沿线及乡镇有以下三种情况：

(1) 对于双扇区型，两个区180°划分的区域，可选择单极化3 dB波瓣宽度为90°、最大增益为17 dBi的定向天线。其特点是两天线背向，最大辐射方向均指向高速路方向。该方案的缺点是需要功分器。

(2) 沿公路、铁路，若话务量很小，可采用3 dB波瓣宽度为70°、最大增益为14 dBi的公路双向天线。

(3) 对于既要覆盖铁路、公路，又要覆盖乡镇的小话务量地区，采用半功率波束宽度为210°、13 dBi的弱定向天线，以兼顾铁路、公路和路边乡镇的需要。

1.13.2 减少基站天线之间相互干扰的方法

在铁塔的同一平台上，或者在一个楼顶上，基站天线通常都有几副，这些天线靠得比较近，或者工作在相接近的信道上，由于接收机在强射频场环境下灵敏度下降，发射机产生杂散辐射，接收机收到杂散输入信号，因而会产生干扰，为此必须对天线的取向和隔离度按以下原则作相应的调整。

(1) 如果共塔同平台安装基站天线，则把全向天线安装在铁塔任何一侧，调整天线与天线之间的间距，就可以获得最佳隔离度，而不会影响每个天线的单独覆盖区。

(2) 在铁塔同一平台安装定向板状天线和全向天线时，要把不带波束下倾的全向天线安装在其他所有天线的上方，且分开的距离尽可能得大，这样就可以使其他基站天线处于全向天线方向图的零辐射区或者使其他天线靠近全向天线的零辐射区。

(3) 如果在同一平台安装两副以上全向天线，应把它们上下共线安装，且上下共线安装的距离越大越好，以便使它们的耦合影响最小，隔离度最大。

(4) 带波束下倾的全向天线宜安装在定向板状天线的下方，使板状天线位于全向天线的零辐射区及副瓣区。

(5) 在同一平台要把高增益板状天线背靠背安装，以获得天线间的最大去耦。

(6) 选用后瓣和副瓣电平在－25～20 dB的定向天线，以利于天线间的去耦。

1.13.3 基站天线的安装架设

正确安装天线是确保覆盖区通信性能极为重要的一个环节，也是保证BTS系统正常可靠工作的重要方面。安装必须保证天线的正确指向，包括正确的天线下倾角、各扇区天线之间的夹角，还必须保证天线能承受150 km/h的抗风能力。

安装基站天线除了要求减少相互耦合影响，减少相互干扰外，还应注意以下几点：

(1) 要设法减少金属结构和天线周围许多障碍物造成方向图畸变的影响。大部分蜂窝基站天线安装在铁塔上，也有不少安装在楼顶。天线附近可能存在许多障碍物，例如铁塔、烟囱、建筑物、水箱和其他天线。障碍物可能是导体，也可能是非导体。如果导体障碍物的尺寸(例如其他天线)接近天线的谐振长度，其作用就好像一个寄生振子，会使全向天线的方向图出现零区和畸变，不再是全向图。如果天线和大的金属结构间距大于$0.75\lambda_0$，就可能产生深的零区。如果天线抱杆直径较小，则使天线距金属结构$0.7\lambda_0$，从而可以防止天线方向图畸变，得到一个可以接受的方向图。对非金属砖墙建筑，只要天线离开它的距离大于$0.5\lambda_0$，对天线方向图的影响就很小，甚至不影响方向图。如果有可能，将天线高出建筑物架设更好。

(2) 要减小盲区。大的金属建筑物可能造成通信的盲区，而且天线越靠近大型金属建筑物，盲区就越大。减少盲区的唯一办法就是抬高天线的架设高度。如果条件不允许，只能把这个容许的盲区对准用户最少的扇区。全向天线的安装如图 1.194 所示。

定向板状天线的安装位置相对比较灵活，可以安装在铁塔或建筑物的侧面，也可以安装在楼顶的边沿上。如果要用四面或三面板状天线覆盖一个微蜂窝，应在楼顶中心竖一金属杆，把天线架在金属杆上，如图 1.195 所示。

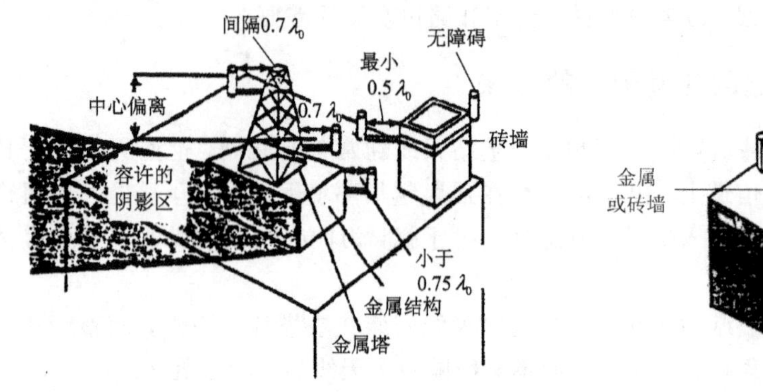

图 1.194　全向天线的安装架设

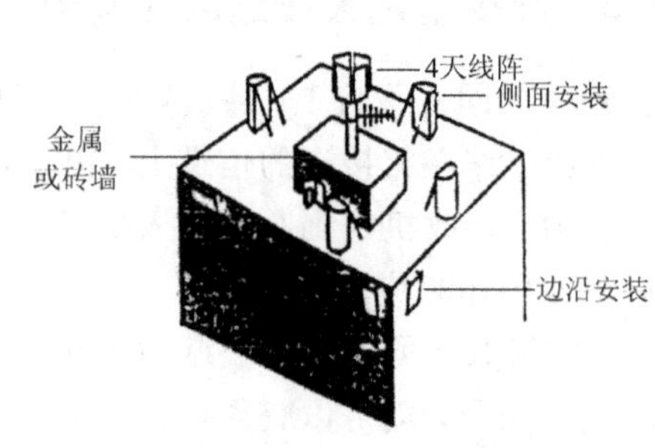

图 1.195　定向板状天线的安装架设

在楼顶安装波束下倾的全向天线或者定向板状天线时，要尽量靠近楼的边沿架设，要避免下倾的主瓣指向楼顶和女儿墙。对用带波束下倾的定向天线覆盖三个或四个扇区的基站而言，除把天线塔竖在楼顶靠近中心的位置外，还要根据下倾的角度、天线的半功率波束宽度、楼顶的宽度和长度，计算出天线主瓣不指向楼顶及女儿墙所需要的天线架设高度，再把天线安装在这个高度上。

(3) 天线的安装位置必须置于铁塔避雷针 45°的保护范围之内。

(4) 特殊地区天线的架设。在很平坦的地面，降低基站天线高度对减小干扰很有效，但与降低功率一样，也会影响服务区的覆盖范围。然而对于基站设置在高山或高地上的情况，降低基站天线高度可能并不会减少同频干扰和邻频干扰。因此在计算传播路径损耗时，路径损耗与有效天线高度成正比，而不是实际天线高度。有效天线高度是指在反射线的反射点处与地面相切的平面之上的天线高度。当天线在高山上时，如图 1.196(a)所示，有效天线高度是 h_1+H，其中 h_1 为天线相对地面的高度，H 为山的高度。如果把实际天线高度减少到 $0.5h_1$，则有效天线高度变为 $0.5h_1+H$。如果 $h_1 \ll H$，则两种有效天线高度基本没有变化，所以在高山上降低天线高度对减少干扰没有作用。当天线在山谷时，如图 1.196(b)所示，移动台看到的有效天线高度是 h_{e1}，它小于实际天线高度 h_1。如果 $h_{e1}=2h_1/3$，并且天线降低到 $h_1/2$，则新的有效天线高度为 $h'_{e1}=h_1/2-(h_1-2h_1/3)=h_1/6$，$h_{e1}=4h'_{e1}$。因此，降低山谷中基站的天线高度对距离较远的高地上的路径损耗影响较大，对基站天线附近的地区影响则不是很大。

当天线位于森林地区时，天线的架设高度应该超过近处任何树木的顶端，尤其是当树木非常接近天线时。在这种情况下，如果天线低于树顶，则由于需要的信号在天线附近和它的小区界内衰减过大，降低天线高度并不是减少同信道干扰的恰当方法。

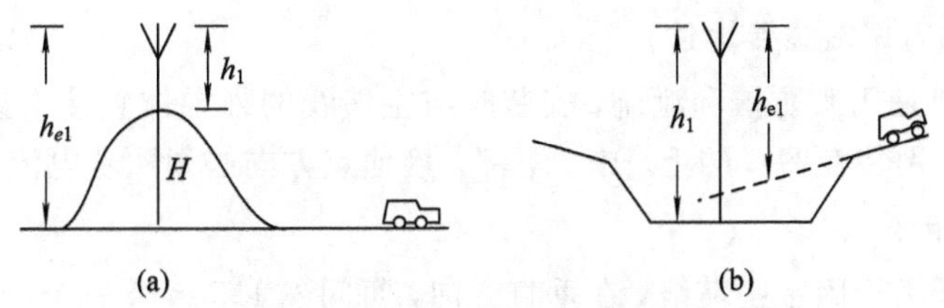

图 1.196　特殊地形天线的架设

(a) 山上；(b) 山谷

1.14　基站天馈系统的组成

基站天馈系统是指从基站收发信机台(BTS，Base Transceiver Station)机柜到基站天线输入、输出端口的一些设备，主要用于基站发射信号的传输、发射，基站接收信号的接收及传输。若系统配有塔顶放大器，则基站天馈系统兼作塔顶放大器的供电线路。图1.197为基站天馈系统。

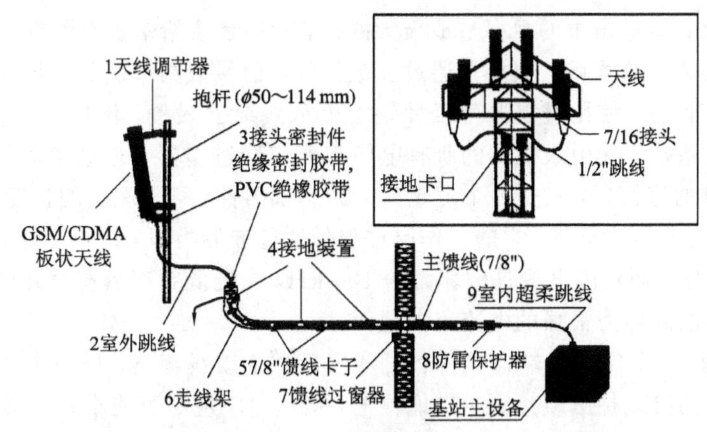

图 1.197　基站天馈系统

由图 1.197 看出，基站天馈系统由以下器件组成。

1. 天线调节器

天线调节器用于调整天线的俯仰角度，范围为 0°～15°。

2. 室外跳线

室外跳线用于天线与 7/8″主馈线之间的连接。常用的跳线采用 1/2″馈线，长度一般为 3 m。按照合适的力矩，连接天线和跳线的接头，确保跳线和天线的接头无侧向受力，严禁把主馈线连接在天线的电缆插座上，用天线吊馈线到安装平台，因为馈线很重，这样做会损坏天线。

3. 接头密封件

接头密封件用于室外跳线两端接头(与天线和主馈线相接)的密封。常用的材料有绝缘防水胶带(3M2228)和 PVC 绝缘胶带(3M33＋)。接头密封件具有阻燃、耐寒、耐腐蚀等特性，适合 600 V 以下工作电压，使用温度不超过 80℃。

4. 接地装置(7/8″馈线接地件)

接地装置主要是用来防雷和泄流，安装时与主馈线的外导体直接连接在一起。一般每根馈线装三套，分别装在馈线的上、中、下部，接地点方向必须顺着电流方向。

5. 7/8″馈线卡子

7/8″馈线卡子用于固定主馈线，在垂直方向，每间隔1.5 m装一个，水平方向每隔1 m安装一个(在室内的主馈线部分，不需要安装卡子，一般用尼龙白扎带捆扎固定)。常用的7/8″卡子有两种：双联和三联。7/8″双联卡子可固定两根馈线；三联卡子可固定三根馈线。

6. 走线架

走线架用于布放主馈线、传输线、电源及安装馈线卡子。

7. 馈线过窗器

馈线过窗器主要用来穿过各类线缆，并可用来防止雨水、鸟类、鼠类及灰尘的进入。

8. 防雷保护器(避雷器)

防雷保护器主要用来防雷和泄流，装在主馈线与室内超柔跳线之间，其接地线穿过过线窗引出室外，与塔体相连或直接接入地网。

雷电除了对直接被击中的目标造成极大的伤害外，还会给落雷点附近较大的一片区域里的电子设备带来严重影响，主要是通过在电源线、信号数据线及其他导体中感应生成的瞬间强电压损坏设备。使用避雷器可以杜绝雷电从线缆上入侵，保护基站设备不受损伤。具体做法是：从基站天线引入机房的所有电缆都要串联避雷器，再把避雷器接地。$\lambda_0/4$短路器是一种典型的避雷器，它是一个三端口无源同轴器件，第三端口的长度为$\lambda_0/4$(λ_0为中心工作波长)且内外导体短路，它的工作原理与带通滤波器类似，即在工作频段，呈现无限大阻抗，等效开路，而对闪电最具破坏力的100 kHz或更低频率具有很强的衰减，构成了直流通路，使雷电破坏力很强的电流流向地面。

避雷器有两个RF(射频)端口，一个端口与7/8″主馈线相连，另一端口与1/2″机顶跳线相连。避雷器的接地柱必须接到主接地柱上，接地电阻应尽可能小。

9. 室内超柔跳线

室内超柔跳线用于主馈线(经避雷器)与基站主设备之间的连接，常用的跳线采用1/2″超柔馈线，长度一般为2～3 m。该线具有损耗低、弯曲半径小的特点。

由于各公司基站主设备的接口及接口位置有所不同，因此室内超柔跳线与主设备连接的接头规格亦有所不同。常用的接头有7/16DIN型、N型，有直头，也有弯头。

10. 尼龙白扎带

尼龙白扎带用于捆扎固定室内部分的主馈线及室内超柔跳线。

1.15 基站天馈系统VSWR的现场测量

1.15.1 测量基站天线VSWR的环境

由于天线是一个开放系统，周围的金属物体不仅仅对它的方向图有影响，特别是距离天线$\lambda_0/2$～λ_0的金属物体，建筑物对它的VSWR影响很大，所以不能随意找一个地方，把天线放在地上测量，否则测量结果不是天线真实的 VSWR。准确测量天线 VSWR 的环境应当是：

(1) 在实际使用状态下测量。

(2) 在微波暗室测量。

(3) 在开阔的室外(距天线最大辐射方向 2～3 m 以内无金属物体)，把天线架高 1.5 m 以上测量。定向板状天线可以把最大辐射方向朝天空方向架设，全向天线宜垂直架设。

(4) 绝对禁止把天线水平放在地面上，或放在狭小库房的地上测量。

1.15.2 铁塔上测量

测量人员爬上铁塔，检查天线安装是否符合规范，如果没有问题，把跳线与天线断开，用已校准好的 Site Master 直接测量天线输入端的 VSWR。如果 VSWR≤1.4，表示天线没有问题，再把跳线与天线相接，重新做好防水处理。如果 VSWR>1.5，或在铁塔上无法准确判断天线是否好坏，则需要把天线从铁塔上拆下，移到地面重新测量判断。

1.15.3 地面测量

为方便检查天线，可把天线水平架设在室外距地面 1.5 m 以上开阔的地方，重新测量天线的 VSWR，如果 VSWR 仍然满足要求，但通信效果差，则此时需要从时域角度查看天线的反射，如果存在不连续点，则说明天线本身有几处不连续点产生反射，此时仅有 VSWR 无法判断天线的好坏，需采用人为干预的办法。

由于基站天线不管是全向还是定向板状天线，基本上都是由多个 $\lambda_0/2$ 长偶极子沿轴线组成的，对无下倾的全向或板状天线，不仅单元长度相同，而且间距也相等，所以沿天线轴线用手去摸天线或用 $\lambda_0/2$ 长的金属或金属管沿天线罩轴线移动时，金属条相当于寄生单元。当它靠近天线的辐射单元时，会改变天线辐射单元的互阻抗，使天线的 VSWR 发生变化。如果沿轴线这种变化的规律相同，表明天线没有问题。如果某个位置变化不明显，表明这个辐射单元虚焊或焊点脱落。用手触摸，若在某个位置变化很明显，说明此位置的微带馈线发生形变，需要打开天线罩修理。

1.15.4 机房天馈系统 VSWR 的测量

在机房，测量天馈系统(包括天线、室内外跳线、主馈线、避雷器)的 VSWR 时，不需要人爬上铁塔，因而简单、省时，只需要把与接收设备相连的跳线从收发设备上旋下，接入已校准好的 Site Master，但要对实测 VSWR 作出正确判断。

(1) VSWR 为 1.3～1.2 时，由于馈线损耗，使整个天馈系统 VSWR 变小，那么 VSWR 到底多大才算合理呢?

在回答此问题之前，先要弄清以下两个问题：

① 反射损耗(Return Loss)R_L 与 VSWR 的关系。

按照定义 $R_L(\mathrm{dB})=20\lg|\Gamma|$，又因为 $\mathrm{VSWR}=\dfrac{1+|\Gamma|}{1-|\Gamma|}=\dfrac{1+10^{-R_L/20}}{1-10^{-R_L/20}}$，通过计算得到如表 1.12 所示的 R_L 与 VSWR 的关系。

表 1.12　R_L 与 VSWR 的关系

VSWR	1.10	1.15	1.20	1.25	1.30	1.35	1.40	1.45	1.50
R_L/dB	−26.4	−23.1	−20.8	−19.2	−17.7	−16.5	−15.6	−14.7	−14.0

② 为了折算馈线衰减对 VSWR 的贡献，需查阅电缆手册，知道电缆的衰减常数 α (dB/m)。常用 7/8 主馈同轴线在 800～900 MHz 的衰减常数 $\alpha \approx 0.04$ dB/m。

【例 1.3】 已知天线的 VSWR=1.35，假定主馈线长 50 m，试求天馈系统的 VSWR。

解　由 VSWR=1.35，查 VSWR～R_L 的换算表得 $R_L=-16.5$ dB。

计算馈线的总衰减：

$$\alpha=0.04\ \text{dB/m}\times 50\times 2=-4\ \text{dB}$$

总的 R_L 为

$$R_L=-16.5\ \text{dB}+(-4\ \text{dB})=-20.5\ \text{dB}$$

可以求得

$$\text{VSWR}=1.208$$

假定馈线的损耗为−2 dB，不同天线 VSWR，经过不同长度馈线后的 VSWR 大致如表 1.13 所示。

表 1.13　不同天线驻波比经过不同长度馈线后的驻波比

天线本身驻波比	天馈线输入端驻波比			
	馈线长为 25 m	馈线长为 30 m	馈线长为 50 m	馈线长为 60 m
1.13	1.1	1.09	1.08	1.07
1.34	1.26	1.22	1.2	1.18
1.3	1.23	1.2	1.18	1.16
1.4	1.31	1.26	1.24	1.21

(2) 用长馈线实测天馈系统 VSWR>1.5，表明天馈系统有问题，到底是天线有问题，还是馈线有问题，需要分开检测检查。

造成 VSWR 大的原因如下：

① 同轴转接头或同轴插头插座质量不好、接触不良，不仅使三阶无源互调变差，而且使 VSWR 变差。如果同轴接插件或转接头的 VSWR>1.1，就会使天馈系统的 VSWR>1.34。当转接头同轴接插头的 VSWR>1.25 时，使天馈系统的 VSWR 大到可能报警的程度。

同轴接插件或转接头与馈线或测量仪表插座不匹配时，实测 VSWR 是一条呈周期振荡的曲线。同轴转接器处或同轴插头插座连接处残余 VSWR 越大，振荡的幅度就越大。

② 馈线受损。如果现场测量结果呈现周期性振荡，则是由于多点反射叠加造成的结果，且往往大的振荡周期包含多个小振荡周期，这表明馈线受损。如果馈线出现大的损坏或中间多处经踩踏或受外力变形，则测量结果往往会出现杂乱现象。

带长馈线的天馈系统的VSWR好，并不能完全判定天馈系统一定好，还必须与实际使用效果相结合。如果使用效果好，则可以判定天馈线没有问题；如果使用效果不好，就需要仔细分析判断，找出原因。

【例1.4】 一用户在2.4 GHz用长20 m的SDV-50-5连接抛物面天线作试验，实测天馈系统的VSWR=1.2，但就是不能正常工作，分析原因如下：

查SDV-50-5电缆手册，手册上并没有2450 MHz衰减，但有1000 MHz的衰减为$\alpha_1=0.328$ dB/m，利用近似计算公式可以计算出2450 MHz的衰减为

$$\alpha=0.328\ \text{dB/m}\times\frac{2450}{1000}\times\frac{1}{2}=0.513\text{dB/m}$$

20 m电缆的来回衰减量为

$$40\ \text{m}\times 0.513\ \text{dB/m}=-20.52\ \text{dB}$$

把-20.52 dB损耗折算成VSWR后为

$$\text{VSWR}=\frac{1+10^{R_L/20}}{1-10^{R_L/20}}=\frac{1+10^{-25.52/20}}{1-10^{-25.52/20}}=1.2$$

可见，馈线损耗使VSWR=1.2，表明天线与馈线短路。打开进行修理后，实测天馈系统的VSWR<1.1，但通信效果仍然不好，检查结果发现收发天线极化不匹配。

1.15.5 造成VSWR超标的原因

在测量基站天线馈线系统电压驻波比的过程中，应先采用频域模式进行全工作频段的驻波比测量，再进行时域模式(DTF模式)的测量。一般频域模式的测量结果VSWR≤1.4时为正常值，时域模式的测量结果每个反射点VSWR≤1.2时正常。如果两种测量方式中有一种超标，则为不合格。此时应检查天馈系统，寻找故障点。一般造成故障的原因有如下几种。

1. 馈线接头问题导致的故障

可以通过Site Master仪表的故障定位图形来分析各反射点的波峰值，对于超过1.1的反射点应作为重点检查点。一般问题较多的为室内避雷器，其次是塔上的主馈线与室外跳线接头。

(1) 对于室内跳线接头故障，可采用紧固接头或重新制作跳线接头的方式加以解决。

(2) 对于避雷故障，若为接头松动，紧固即可解决问题。大多数情况下，驻波比过高是因为室内避雷器频段与基站工作频段不符，常见有GSM900 MHz基站采用1800 MHz基站的避雷器；另一种情况是1800 MHz基站采用厂家提供的所谓900～1800 MHz的宽频避雷器，目前这种避雷器真正做到宽频的很少，往往无法保证宽频段内VSWR≤1.1的行业标准要求，导致天馈系统电压驻波比超标。这时只能更换成与基站工作频段相符的避雷器。

(3) 塔上主馈线与室外跳线接头故障，此类故障主要为接头进水或松动。安装人员可以检查接头防水密封情况，如果接头进水，则需重新制作接头。应将馈线进水部分锯掉，将进水接头擦干或晾干(如果接头氧化生锈，则需要更换接头)，重新制作好后，将接头拧紧，用防水胶泥和防水带严格按照安装规范中要求的防水制作方法包裹密封接头，排除故障。

(4) 严格把好同馈转接头、同轴插头座的进货关，因为它们不仅影响三阶无源互调，而且影响天馈系统的VSWR。一定要抽查这些同轴器件的VSWR，VSWR在1.05以下为合格，因为VSWR超标对天馈系统的VSWR影响很大。

2. 主馈线受损导致的故障

移动通信基站中使用的传输线是特性阻抗为50 Ω的同轴馈线，其阻抗特性由馈线内导体的外径和外导体的内径及内外导体之间填充介质的介电常数三个量决定。好的传输线其特性阻抗不会发生变化，传输效率高；相反，差的同轴馈线，由于特性阻抗偏离50 Ω，使天馈系统的VSWR升高，其原因一般有以下几种：

(1) 馈线弯曲半径过小，导致外导体变形，传输线弯曲部位的外导体直径变化，造成特性阻抗变化，形成能量反射点。

(2) 馈线安装时受到磕碰、挤压，造成外导体变形，形成故障点。

(3) 馈线进水，导致内外导体间的传输介质介电常数改变，形成故障点。

可以通过Site Master仪表进行故障定位，查出馈线受损位置。对于第(1)、(2)种情况，一方面要更换受损馈线，另一方面要加强安装维护人员的技术及基础知识培训，增强安装维护人员的操作技能，避免人为原因受损。对于第(3)种情况，要剪掉馈线进水段或更换新馈线，同时做好故障处理后的防水密封工作。

3. 天线安装问题或天线自身引起的故障

天线安装问题导致的驻波比偏高在全向基站上较为多见，主要表现在：

(1) 全向天线的金属抱杆伸出天线底座进入天线辐射体导致驻波比升高或覆盖不好。

(2) 天线辐射正前方(小于3倍的波长范围内)有金属物体(如抱杆、旧天线、其他天线等)阻挡或影响天线，导致驻波比升高或覆盖效果下降。

(3) 全向天线安装不垂直，导致覆盖效果不好。此类问题只需由安装人员严格按照安装规范调整天线，使其安装正常即可。

天线自身的问题也会造成驻波比偏高或覆盖效果不好，主要表现如下：

(1) 天线进水。

(2) 天线自身性能下降或损坏。

此类问题只能更换天线。

4. 腐蚀及气候对天线的影响

制作天线的材料及安装结构最容易生锈，特别在潮湿温和的环境条件下，在工业污染或沿海地区，生锈损坏的速度会大大加快，在金属接触处也是如此。

天线和安装结构生锈不仅缩短了产品的寿命，而且增大了非线性传导，因此产生了PIM产物。另外，在连接处接触电阻变大会导致欧姆损耗增大，从而使天线增益减小。

水如果流进天线的绝缘材料中，就会使相对介电常数变化，还将增加介质损耗，特别是水沾污流进了金属部件，也会增大损耗。水流进馈线和同轴接插件中，不仅会使天线失配，还会增加损耗。

风带来的振动会造成天线单元疲劳失效而损坏，冰雪会暂时增大天线的VSWR，降低天线增益和极化纯度。

1.16 基站天线的共用技术和天线之间的隔离度

1.16.1 天线的共用技术的定义

在基站设备中，把多部接收机或多部发射机共用一副天线，或把收、发信机共用一副天线称为天线共用技术，如图 1.198 所示。

在空间分集接收和极化分集接收中广泛采用天线共用技术。

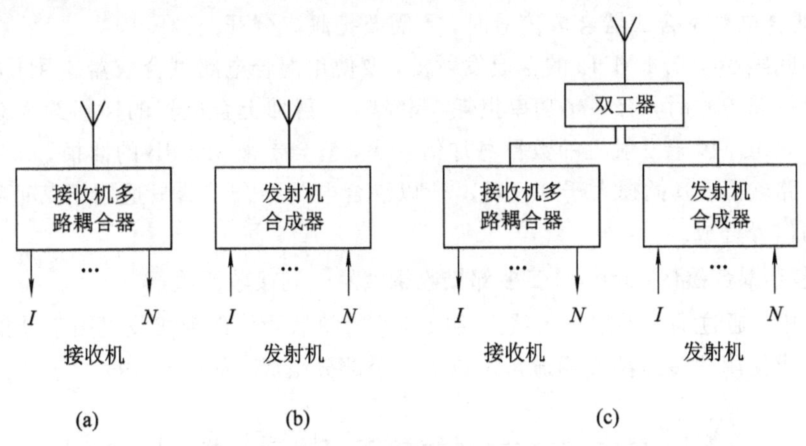

图 1.198 接收信号和发射机共用天线

(a) 用多路耦合器，使多部接收机共用一副天线；(b) 用合成器，使多部发射机共用一副天线；(c) 用多路耦合器、合成器和双工器，使多路接收机和发射机共用一副天线

1.16.2 共用的实现

1. 用合成器(Combiners)使多部发射机共用一副发射天线

1) 对发射天线合成器的要求

把发射机与合成器的输入端相连，把合成器的输出端与基站发射天线相连。合成器输入端的个数必须与发射机的个数相等。

(1) 合成器既要和发射机匹配，也要与天线匹配。

(2) 必须承受一定的功率。

(3) 输入通道之间必须有高的隔离度。

(4) 能滤掉不必要的互调产物或可能的干扰。

2) 合成器的基本工作原理

由于合成器可以用滤波器，也可以用混合电路构成，所以把合成器分为滤波型合成器(Filter Combiners)和混合电路型合成器(Hybrid Combiners)。

(1) 滤波型合成器。滤波型合成器是由两个以上与共用端相连的带通滤波器组成的，每个滤波器都工作在给定的频段，进入每个滤波器的信号在共用端合成输出，信号不会从一个端口泄露到其他端口。

滤波型合成器的特点如下：① 低损耗；② 端口间有相当好的隔离度。

为了隔离，滤波型合成器要把不同带通滤波器的工作频段分开，各滤波器分开的频率间隔要足够宽，在 GSM 900 MHz 频段，频率间隔至少要大于 0.4 MHz。

(2) 混合电路型合成器。混合电路型合成器是由有两个通道、四个端口的混合电路(定向耦合器)构成的，能覆盖相当宽的工作频段，从混合电路型合成器的两个端口输入两个信号，合成后则从其他两个端口输出。

混合电路型合成器的特点如下：

① 把两个信号合成一个信号会产生较大的损耗。

② 与滤波型合成器相比，端口之间的隔离度稍差。

③ 用混合电路型合成器合成信号时，不需要把频率分开。

对频率间隔小于 0.4 MHz 的合成发射机，要使用混合电路型合成器。用此合成器把两路信号合成一路信号时，有一半功率损耗在电阻上，再加上合成器的插损约为 0.3 dB，即总插损为 3.3 dB。由于发射机的数目每加倍一次，就会带来 3.3 dB 的插损，如果把八部发射机合成一路输出，其插损大于 9.9 dB，所以混合电路型合成器只适用于信道数少，且信道间隔小的信号合成。

2. 用多路耦合器(Coupling)使多部接收机共用一副接收天线

在基站中，通过耦合器把从天线上接收到的射频信号传送到接收机用于分集合成。

分集合成使用的多路耦合器通常由以下三个部分组成，如图 1.199 所示。

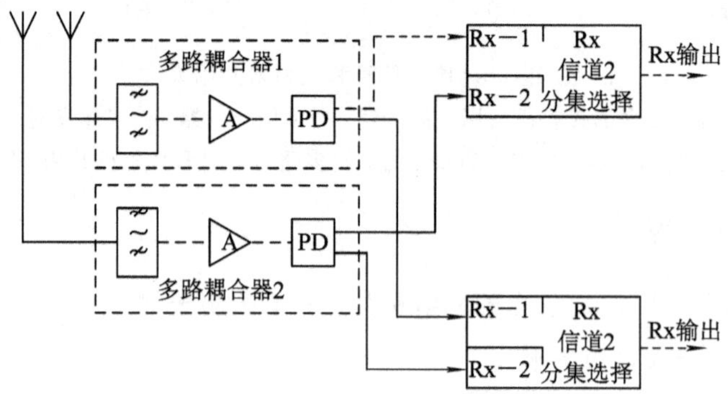

图 1.199 基站接收机多路耦合器结构图

1) 带通滤波器

带通滤波器使带内有用信号通过，并滤除带外无用信号。

2) 前置放大器

前置放大器(A)用来补偿馈线损耗，通常安装在靠近天线的塔顶。

3) 功分器

功分器(PD)把信号分成若干信道。在蜂窝应用中，通常采用有十六个输出端口的功分器。

3. 用双工器(Diplex)使一副天线既发射又接收

在基站中，采用双工器可以使同一副天线同时发射和接收，如图 1.200 所示。

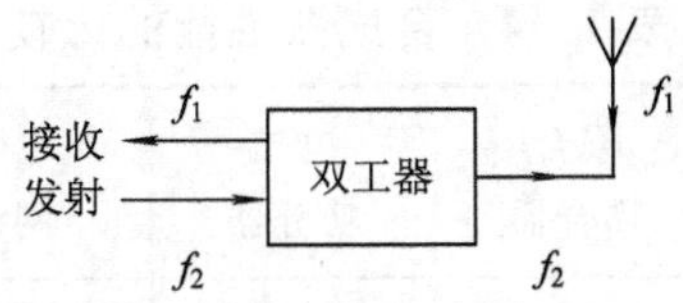

图 1.200 用双工器使发射和接收共用一副天线

1) 滤波型双工器

该双工器为三端口网络，通常由双频滤波器组成，它可以把较宽频带范围的信号分成两个指定频率范围的信号。例如，对 GSM900 频段，天线的工作频段为 870～960 MHz，但分成上、下两个频段：上行频段即基站的接收频率 f_1 为 880～909 MHz；下行频段即基站的发射频率 f_2 为 925～954 MHz。

可见，在 GSM 900 MHz 频段工作的双工器由 880～909 MHz 和 925～954 MHz 两个带通滤波器组成。

双工器应具有以下特性：

(1) 插损低。

(2) 收发端口具有高的隔离度，以防大功率信号进入接收机通道。

(3) 能抑制输出信号中的杂散辐射和接收信号中的接收噪声。

2) 微带双工器

该双工器只适用频率比接近 2 的系统，如 GSM 900 MHz 与 GSM 1800 MHz 双频系统。之所以能实现双工，主要是利用了传输中 $\lambda_0/2$ 阻抗的重复性和 $\lambda_0/4$ 阻抗的变换性。

4. 其他无源合成器

1) 电阻网络(Resistive Network)

通常把电阻网络看成星形网络。在典型的 10 臂网络中，所有臂的电阻都选为 50 Ω，任意一个臂既可以作输入端又可以作隔离等于损耗的输出端。这种网络功率低，且有损耗，在 10 臂网络情况下，损耗约 19 dB。电阻网络在理论上是按纯电阻设计的，所以频率响应直到直流都是平坦的。由于电阻的电抗，限制了上限频率只能到 1500 MHz。电阻网络主要用来把多路信号与一个或多个测量仪器相连，以监控系统的性能。

2) 电抗功分器(Reactive Power Splitter)

电抗功分器有时也叫作空气线功分器，在所有合成器中由于它具有的损耗最小，因而在双工系统中作为合成器。电抗功分器基本上是一系列用不同阻抗传输线构成的同轴阻抗变换段，在过去只使用两节或三节，因而只做到倍频程带宽。如今利用滤波模型已经能覆盖 380～2500 MHz、700～3600 MHz，在每一种情况下，几乎达 3 个倍频程。在发射方面，电抗功分器的输入端有相当低的 VSWR，典型为 VSWR≤1.15，无功率反射；但在接收通道，把电抗功分器作为合成器使用，VSWR 并不好，在最简单的两路合成器的情况下，25%的接收信号被反射，25%的接收信号直接到其他接收通道，只有 50%的接收信号到合成端。

5. 合成器性能的比较

表 1.14 把各种合成器的性能作了比较。

表 1.14　合成器性能的比较

合成器的类型	Wilkinson	混合耦合器	电抗功分器	电阻网络	双工或三功器	双工器
主要合成和功分应用	低功率信号合成和功分	合成同频信号	基站和构造DAS	多信号通道信号检测和测量	把不同频段的信号分开或合成	把发射和接收信号分开和合成
设计技术	微带	中/高功率频段靠近信号的合成	同轴阻抗变换	电阻星形网络	可以是空腔或微带滤波器	空腔滤波器
带宽	把多节功分器级联，可以达 5 个倍频程	只到 3 个倍频程	只到 3 个倍频程	直流到 1.5 GHz	不到倍频程，但频段之间有足够的保护频段	直接连接在相邻的发射和接收通道
输入/输出路数	对一个共用通道可以是 2～12 路	输入/输出 2 路、3 路和 4 路	2～6 路	星形，多达 12 个相同的臂	相对共用臂有 2～3 路	相对共用臂有 2 路
功率	作为合成器，只限 nW	200 W	700 W	仅限 nW	10～250 W	10～250 W
损耗	2 路～0.3 dB 4 路～0.5 dB	2×2～0.2 dB 4×4～0.3 dB	～0.05 dB	损耗大，取决于臂的个数	0.2～1 dB	～0.2 dB
输入/输出 VSWR	～1.3∶1	～1.2∶1	输入：～1.25∶1 输出：差	～1.25∶1	～1.25∶1	～1.15∶1
隔离度	典型为 －20 dB	－30～－35 dB	差	有许多臂高	－30～－70 dB	～－70 dB
PIM 性能	不合适	<－150dBc	<－150dBc	不合适	<－150dBc	<－150dBc
环境	一般室内	室内/室外	室内/室外	室内	室内/室外	室内

6. 合路器的正确选择

实现最小的合成损耗是正确选用合成器的首要原则。但无源合成器并不一定都有损耗，假定用无源网络来合成信号，在可靠性和成本方面的好处无疑是非常明显的。

如何把许多信号合成到一起呢？信号越多，似乎损耗也越大，但并不是所有情况下都是这样。例如，把两个不同频率的信号合成时，采用如图 1.201 所示的双工滤波器系统就能使损耗最小。注意：不要与把发射和接收信号分开使用的双工器混淆。

用微带线可以制成输入端口隔离度超过－50 dB 的简单低成本双工器。如果需要更大的端口隔离度，则需要借助体积更大、成本更高的空腔滤波器。如果要把三个或四个不同频段的信号合成，则需要使用结构更复杂的三功器和四功器。

如果要把相同频段的信号合成，则必须使用滤波器耦合或 Wilkinson 功分器。

合成信号是用混合耦合器还是 Wilkinson 功分器，主要取决于所承受的功率容量。不

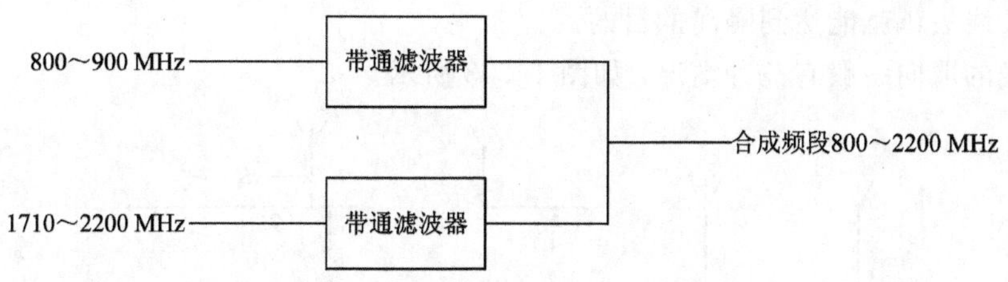

图 1.201 由带通滤波器构成的合成器

管在哪种情况下，假定两个信号不相干，均有一半功率以热量损耗掉。

Wilkinson 功分器通常把能承受 mmW 级功率的电阻安装在电路板上，因而限制了合成功率大于电阻功率的容量信号的能力。但混合耦合器则不同，它用外加负载吸收功率，所以能承受几百瓦的功率。基站广泛使用附加 100 W 负载的混合耦合器合成器。对低功率应用，可以采用具有宽带特性的 Wilkinson 功分器，其工作频段为 800～2700 MHz，有的甚至包含 70～2700 MHz。采用微带功分器也可以覆盖 350～6000 MHz，不仅包含现有商用无线频段，而且能包含 Wi-Fi 和 WiMAX 新业务频段。

用 Wilkinson 功分器很容易构成多路功分器，如二、四、六、八路功分器，也可以构成不常用的五路、十路功分器。为了降低成本，大多数 Wilkinson 功分器都采用微带。为了实现低耗，选用空气带线或低耗介质带线。混合耦合器通常用 $\lambda_0/4$ 长传输线构成，相对带宽只有 15%，不满足 800～2500 MHz 的多频段无线业务。但采用多节带线设计，其带宽可以扩展到 700～2700 MHz。

把多个混合耦合器组成矩阵，可以使其有三个到四个隔离输入端，一个或几个输出端。用三个混合耦合器和两个外接负载组成矩阵，可以实现有四个输入端、两个输出端的合成器，如图 1.202(a)所示；把一个 3 dB 混合耦合器与一个 4.8 dB 耦合器结合，就能把三个输入信号合成只有 4.8 dB 损耗的一路输出信号，如图 1.202(b)所示。

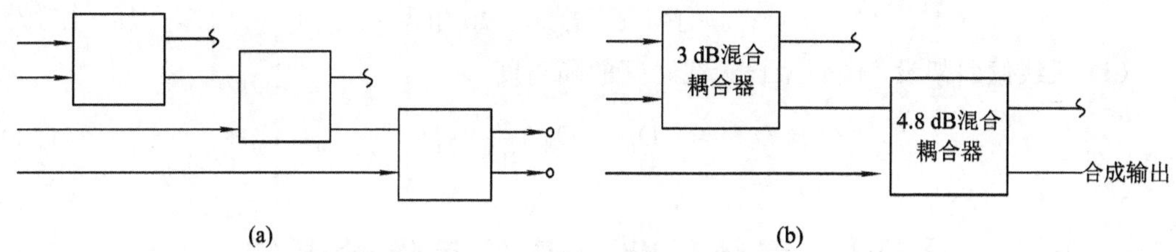

图 1.202 由多个混合耦合器级联构成的有四个和三个隔离输入端与两个和一个输出端的合成器
(a) 四个输入，两个输出；(b) 三个输入，一个输出

1.16.3 天线之间的隔离度

在铁塔的同一平台上或者在楼顶上，同一位置同时安装有好几副基站天线。这些天线靠得比较近，或者工作在相邻、相近的通道上，由于：

(1) 在强射频场中接收机的减敏感；

(2) 发射机的杂散辐射；

(3) 接收机对杂散输入的响应，因而产生了干扰。必须靠调整天线的指向及彼此之间分开的距离来减小它们之间的干扰。

通过天线去耦就能达到隔离的目的。

两天线的取向一般有三种情况，如图 1.203 所示。

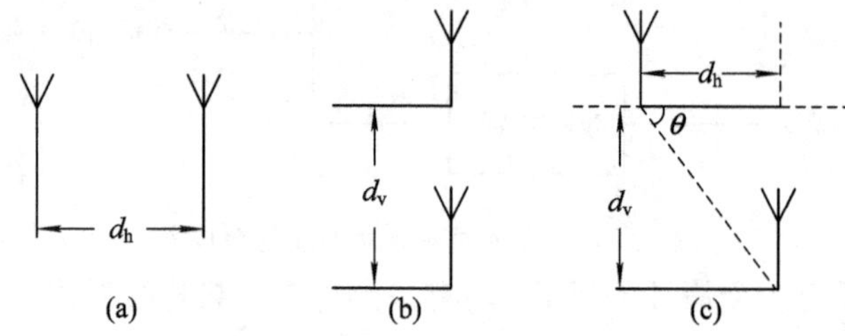

图 1.203　两天线的取向

(a) 等高水平架设；(b) 共线架设；(c) 倾斜架设

把式(1.19)Friss 公式用 dB 表示，则 P_T与 P_R的 dB 之差就叫作天线的隔离度 D_c，也叫作天线的空间去耦(Spatial Decoupling)。

$$10\ \lg\frac{P_T}{P_R} = 20\ \lg(4\pi) + 20\ \lg\left(\frac{d_h}{\lambda_0}\right) - (10\ \lg G_T + 10\ \lg G_R) \tag{1.27}$$

(1) 天线等高水平架设。等高水平架设天线之间的隔离度 D_{ch}为

$$D_{ch}(\text{dB}) = 22 + 20\ \lg\left(\frac{d_h}{\lambda_0}\right) - (g_T + g_R) \tag{1.28}$$

$$g_T = 10\ \lg G_T,\quad g_R = 10\ \lg G_R$$

(2) 天线共线架设。共线架设天线之间的隔离度 D_{cv}为

$$D_{cv}(\text{dB}) = 28 + 40\ \lg\left(\frac{d_v}{\lambda_0}\right) \tag{1.29}$$

$$d_v = \lambda_0,\quad D_{cv} = 28\ \text{dB}$$

$$d_v = 5\lambda_0,\quad D_{cv} = 56\ \text{dB}$$

$$d_v = 10\lambda_0,\quad D_{cv} = 70\ \text{dB}$$

(3) 天线倾斜架设。倾斜架设天线之间的隔离度 D_{avh}为

$$D_{cvh} = (D_{cv} - D_{ch})\frac{\theta}{90} + D_{ch} \tag{1.30}$$

1.17　网络优化对基站天线的要求

天线在网络优化中起着非常重要的作用，它是射频管理的重要组成部分。

(1) 板状天线应具有精确的水平面波束宽度。通常用三扇区定向板状天线来覆盖一个小区，所以必须对水平面波束宽度严格控制，因为精确的水平面波束宽度有利于减小小区之间覆盖的空白区，可避免相邻小区的过度重叠。

我国移动通信系统基站天线技术条件规定，基站天线的水平面半功率波束宽度(HPBW_H)有以下几种：

$$\text{HPBW}_H = 32° \pm 3°$$

$$\text{HPBW}_H = 65° \pm 6°$$

$$\text{HPBW}_H = 90° \pm 8°$$

$$\text{HPBW}_H=105°\pm10°$$

$$\text{HPBW}_H=120°\pm10°$$

(2) 有更宽的垂直面波束宽度。同等天线增益的前提下，应选用与垂直面半功率波束宽度相等的天线，因为宽的垂直面波束宽度有利于提高小区基站天线的覆盖空间。

(3) 有良好的上第一副瓣抑制能力。当主波束下倾时，为了减小第一副瓣越区带来的同频干扰，必须抑制第一副瓣电平到－18 dB，甚至到－20 dB，最大限度地降低对相邻小区的干扰。

(4) 有良好的下零填充功能。为了提高小区内近区域的覆盖，希望天线主瓣下侧第一个零点很浅，即天线具有良好的下零填充功能。填零电平一般要达到－15～－18 dB。

(5) 有高的前后比(F/B 比)。为了防止天线背向辐射带来的越区干扰，希望基站天线有大的 F/B 比。我国移动通信系统基站天线技术条件规定，不同天线有不同的 F/B 比要求：

$\text{HPBW}_H=32°$， $G\geqslant14.5$ dBi， $F/B\geqslant27$ dB；

$\text{HPBW}_H=65°$， $G\geqslant12$ dBi， $F/B\geqslant25$ dB；

$\text{HPBW}_H=90°$， $G\geqslant10.5$ dBi， $F/B\geqslant23$ dB；

$\text{HPBW}_H=105°$， $G\geqslant10$ dBi， $F/B\geqslant20$ dB；

$\text{HPBW}_H=120°$， $G\geqslant9$ dBi， $F/B\geqslant18$ dB。

(6) 应具有固定或可调的电下倾角。在网络优化中，大量使用了带电下倾角的全向天线和定向板状天线。

参考文献

[1] Balanis C A. Modern Antenna Handbook. John Wiley & Sons Inc., 2008.

[2] Fujimoto K, James J R. Mobile Antenna Systems Handbook. 3rd ed. ARTECH House Boston Londen Chapter4, 2008.

[3] Fujimoto K, James J R. Mobile Antenna Systems Handbook. 2nd ed. Norwood, MA: Artech House, 2001.

[4] Bialkowski M E. A Microstrip Subarray For A DCS1800 Base Station. Microwave optical Technol lett., 1999, 20(3).

[5] US 专利，6243050B.

[6] Srimoon D A. A probe - Fed U - Shaped Cross - Sectional Antenna with Tuning Stubs on a U - Shapped Ground plane. IEICE Trans., COMMUN, 2006, E89 - B(5).

[7] Liu AN - SHYI, et al. Synthesis of Nonuniformly Spcaed Linear Array for GSM/DCS/WCDMA Base Station Application using Genetic Algorithm. APS, 2004.

[8] US专利，5309164.

[9] KIJIMA Makoto, et al. Development of a dual - Freguency Base Station Antenna for Cellular Mobile Radios. IEICE Trans., COMMUN, 1999, E82 - B(4).

[10] US 专利，6295028 B1.

[11] US 专利，6211841 B1.

[12] Huang Y H, Wu Q, Liu Q Z. Broadband Dual - polarised Antenna with High lsolation for wireless Communication. Electronics Lett., 2009, 45(14).

[13] US专利，5926137.

[14] US专利，2005/01345 17A1.

[15] Chuang H R, Kuo L C. 3 - D FDTD Design Analysis of a 2. 4GHz polarization - Diversity Printed Diploe Antenna with lntegrated Balun and polarization - Switching Circuit for WLAN and Wireless Communication Applications. IEEE Trans. Microwave Theory Tech.，2003，51(2).

[16] US专利，5952983.

[17] US专利，6069586.

[18] Chang F S, Chen H T, Wong K L. Dual - polarized probe - Fed patch Antenna with Highly Decoupled Ports for WLAN Base station.，APS，2004.

[19] Lai H W, Wong T P, Mak C L, et al. Wideband Dual - polarized Antenna Array on Finite Conducting Cylinder. Microwave optical Technol Lett.，2006，48(5).

[20] Lee B, Kwonn S, Choi J. Polarization Diversity Microstrip Base station Antenna at 2GHz using T - shaped Aperture - coupled feeds. IEEE proc - Microw. Antennas propag，2001，148(5).

[21] Hienonen S, Lehto A, Raisnanen A V. Compact Wideband Dual - Polarized Microstrip Antenna. Microwave optical Technol Lett.，2001，28(6).

[22] US专利，6831615.

[23] Saou Wensu，et al. Realization of Dual - Dipole Antenna system For Concurrent Dual - Radio operation using polarization Diversity. Microwave optical Technol Lett.，2009，51(7).

[24] 王红星，等. 一种新型低剖面，双频，双极化宽频带阵列天线的研究与设计. 微波学报，2006，22(6).

[25] KOSULVIT Sompol，et al. A Simple and cost - Effective Bidrectional Antenna using a probe Excited Circular Ring. IEICE Trans. Electron，2001，E84 - c(4).

[26] YAMAMOTO Atsushi，et al. A LowProfile Bi - Directional Cavity Antenna with Broad band lmpedance Charcteristics. IEICE Trans.，COMMUN.，2001. E84 - B(9).

[27] Mavridis G A，et al. Spatial Diversity two - Branch Antenna for wireless Devices. Electronics Lett.，2006，42(5).

[28] Wong K L, Wensu S, Kuo Y L. A printed Ultra - wideban Diversity Monopole Antenna. Microwave Optical Technol Lett.，2003. 38(4).

[29] Kuga Nobuhiro，et al. A Notch - Wire Composite Antenna for Polarization Diversity Recepion. IEEE Trans. Antenna Propog，1998，46(6).

[30] KIAN Wee，et al. A planar UWB Diversity Antenna. IEEE Trans. Antenna Propag，2009，57(11).

[31] US专利，5629713.

第2章 赋形波束天线

2.1 综合低副瓣天线阵使用的道尔夫-切比雪夫分布

2.1.1 概述

低副瓣电平是天线很重要的一个参数，因为用它可以扼制主瓣以外入射的不需要的信号。控制干扰也要求适当地降低比均匀照射口径低一点的副瓣电平；针对大功率干扰发射机，接收机必须使用特别低的副瓣天线。在某些情况下，还需要动态(自适应)控制方向图，以适应干扰/人为电子干扰状态的变化。副瓣设计常与赋形波束、多主波束(或更通用的是与一个笔波束)相结合，但低副瓣由于使主波束展宽会造成方向系数下降。

赋形方向图的含义不仅是指低副瓣，为满足用户的实际使用要求，往往还要求主瓣成余割平方型，如基站天线，有的用户甚至要求主瓣成其他形状。

综合赋形方向图的方法很多，下面仅给出部分综合方法，如道尔夫-切比雪夫分布，特别给出采用不同方法综合出的有参考价值的图表和结果。

道尔夫-切比雪夫天线阵对波束宽度与副瓣电平之间的关系做了最佳折中，由于低副瓣要求更大的渐变电流分布，因而会造成宽的主波束。道尔夫-切比雪夫方向图表达式只取决于副瓣电平(SLL)和单元的数目 N，与单元间距 d 无关，也就是与长度无关。

2.1.2 切比雪夫天线阵的几个参数

1. 切比雪夫天线阵的最佳单元间距 d_{opt}

边射阵：

$$d_{opt}=\lambda_0\left[1-\frac{\arccos(1/\alpha)}{\pi}\right] \tag{2.1}$$

端射阵：

$$d_{opt}=\frac{\lambda_0}{2}\left[1-\frac{\arccos(1/\alpha)}{\pi}\right] \tag{2.2}$$

式中：

$$\alpha=\cosh\left[\frac{1}{N-1}\ln(R+(R^2+1)^{0.5})\right] \tag{2.3}$$

其中：R 为最大主波束与最大副瓣电平之比，用 dB 表示则为

$$\mathrm{SLL(dB)}=-20\ \lg R \tag{2.4}$$

2. 切比雪夫天线阵的半功率波束宽度

切比雪夫天线阵的半功率波束宽度(HPBW)近似为

$$\mathrm{HPBW} \approx b_{\mathrm{hp}} 0.886\lambda_0 / L \tag{2.5}$$

式中，L 为天线阵的长度（$L=Nd$），b_{hp} 为相对均匀线阵的波束展宽因子，其计算公式为

$$b_{\mathrm{hp}} = 1 + 0.636\left\{\frac{2}{R}\cosh[(\mathrm{arccosh}(R))^2 - \pi^2]^{0.5}\right\}^2 \tag{2.6}$$

3. 切比雪夫天线阵的方向系数 D

切比雪夫天线阵的方向系数 D 近似表示为

$$D \approx \frac{100}{\mathrm{HPBW}(^\circ)} \tag{2.7}$$

具有相同单元和相同副瓣电平的边射和端射切比雪夫天线阵，一般有相同的方向系数，但主波束的宽度边射阵要比端射阵窄一些。

2.1.3 等间距切比雪夫天线阵的有关设计数据[1]

表 2.1 是不同单元等间距切比雪夫线阵在不同 SLL 电平下从中心到边缘的渐变电流幅度分布(边缘单元的电流幅度均为 1，表中省略)。

表 2.1 不同单元等间距切比雪夫线阵在不同 SLL 电平情况下的电流幅度

(边缘单元的电流幅度均为 1，表中省略)

N	SLL/dB					
	−10	−20	−25	−30	−35	−40
3	1.0390	1.6364	1.7870	1.8774	1.9301	1.9604
4	0.8794	1.7357	2.0699	2.3309	2.5265	2.6688
5	0.7905	1.9319	2.5478	3.1397	3.6785	4.1480
	0.7248	1.6085	2.0318	2.4123	2.7401	3.0131
6	0.6808	1.8499	2.5876	3.3828	4.1955	4.9891
	0.6071	1.4369	1.8804	2.3129	2.7180	3.0853
7	0.6102	1.8387	2.7267	3.7846	4.9811	6.2731
	0.5864	1.6837	2.4374	3.3071	4.2625	5.2678
	0.5191	1.2764	1.7081	2.1507	2.5880	3.0071
8	0.5413	1.7244	2.6467	3.8136	5.2208	6.8448
	0.5103	1.5091	2.2296	3.0965	4.0944	5.1982
	0.4519	1.1386	1.5464	1.9783	2.4205	2.8605
9	0.4923	1.6627	2.6434	3.9565	5.6368	7.6989
	0.4813	1.5800	2.4751	3.6516	5.1308	6.9168
	0.4494	1.3503	2.0193	2.8462	3.8279	4.9516
	0.3995	1.0231	1.4036	1.8158	2.2483	2.6901
10	0.4463	1.5585	2.5318	3.8830	5.6816	7.9837
	0.4306	1.4360	2.2770	3.4095	4.8740	6.6982
	0.4003	1.2125	1.8265	2.5986	3.5346	4.6319
	0.3576	0.9264	1.2802	1.6695	2.0852	2.5182

表 2.2 和表 2.3 分别是不同单元边射和端射切比雪夫天线阵在不同 SLL 电平情况下的 HPBW(°)，表中第一行 $d=\lambda_0/2$，第二行 $d=d_{opt}$。表 2.4 是不同单元边射切比雪夫天线阵在不同副瓣电平情况下的最佳电间距 $d_{opt}(\lambda)$。

表 2.2　不同单元边射切比雪夫天线阵在不同副瓣电平 SLL 情况下的 HPBW(°)

单元	SLL/dB			
N	−10	−20	−30	−40
3	36.45	40.38	41.92	42.45
	24.27	31.28	35.95	38.80
4	25.61	30.08	32.57	33.81
	15.58	20.62	24.66	27.69
5	19.61	23.71	26.40	28.04
	11.36	15.11	18.33	20.98
6	15.84	19.46	22.06	23.82
	8.91	11.83	14.42	16.66
7	13.27	16.45	18.87	20.62
	7.32	9.69	11.82	13.71
8	11.42	14.23	16.44	18.12
	6.21	8.19	9.99	11.60
9	10.01	12.53	14.55	16.13
	5.39	7.08	8.63	10.02
10	8.91	11.19	13.04	14.52
	4.76	6.24	7.58	8.81

表 2.3　不同单元端射切比雪夫天线阵在不同 SLL 电平情况下的 HPBW(°)

单元	SLL/dB			
N	−10	−20	−30	−40
3	93.17	98.19	100.08	100.72
	54.58	62.55	67.49	70.38
4	77.78	84.45	87.96	89.66
	43.20	50.06	55.04	58.56
5	67.86	74.77	79.00	81.47
	36.68	42.51	47.04	50.51
6	60.87	67.59	72.06	74.95
	32.37	37.45	41.50	44.74
7	55.64	62.06	66.54	69.62
	29.27	33.78	37.44	40.42
8	51.54	57.65	62.04	65.18
	26.91	30.99	34.31	37.07
9	48.22	54.04	58.30	61.44
	25.04	28.78	31.83	34.38
10	45.47	51.01	55.13	58.23
	23.51	26.97	29.80	32.18

如果是端射切比雪夫天线阵，则同一单元的最佳电间距 $d_{opt}(\lambda_0)$ 应等于边射切比雪夫天线阵最佳电间距的 1/2。例如，SLL＝－30 dB 七单元边射切比雪夫天线阵的最佳间距 $d_{opt}(\lambda_0)=0.8474\lambda_0$，那么 SLL＝－30 dB 七单元端射切比雪夫天线阵的最佳间距 $d_{opt}=0.8474\lambda_0/2=0.4237\lambda_0$。

【例 2.1】 用等间距七元线阵，综合 SLL＝－20 dB 的边射切比雪夫天线阵，查表 2.4 和表 2.1 可以求出等间距 $d_{opt}=0.8474\lambda_0$，SLL＝－20 dB 边射切比雪夫天线阵单元的电流分布如表 2.5 所示。

表 2.4　不同单元边射切比雪夫天线阵在不同副瓣电平情况下的最佳电间距 $d_{opt}(\lambda_0)$

单元	SLL/dB			
N	－10	－20	－30	－40
3	0.7438	0.6402	0.5796	0.5449
4	0.8179	0.7249	0.6566	0.6078
5	0.8600	0.7814	0.7170	0.6655
6	0.8867	0.8199	0.7619	0.7124
7	0.9050	0.8474	0.7957	0.7496
8	0.9182	0.8679	0.8216	0.7792
9	0.9283	0.8836	0.8419	0.8031
10	0.9361	0.8960	0.8583	0.8226

表 2.5　等间距 $d_{opt}=0.8474\lambda_0$，SLL＝－20 dB 边射切比雪夫天线阵单元的电流分布

N	1	2	3	4	5	6	7
电流分布	1	1.2764	1.6837	1.8387	1.6837	1.2764	1

由表 2.2 可以求得 HPBW＝9.69°，如果 $d=\lambda_0/2$，则 HPBW＝16.45°；如果是端射阵，则 $d_{opt}=0.425\lambda_0$，HPBW＝33.78°。

【例 2.2】 用等间距八元线阵综合 SLL＝－30 dB 的边射切比雪夫天线阵，查表 2.4 和表 2.1 可以求出等间距 $d_{opt}=0.82\lambda_0$ 边射切比雪夫天线阵单元的电流分布如表 2.6 所示。

表 2.6　等间距 $d_{opt}=0.82\lambda_0$ 边射切比雪夫天线阵单元的电流分布

N	1	2	3	4	5	6	7	8
电流分布	1	1.1386	1.5091	1.7244	1.7244	1.5091	1.1386	1

由表 2.2 可以求得 HPBW＝9.99°。

【例 2.3】 用等间距($d=\lambda_0/2$)十元线阵综合 SLL＝－30 dB 边射切比雪夫天线阵。

由表 2.1 可以查得 SLL＝－30 dB 十单元切比雪夫从中心到边缘的渐变电流幅度分布如下：1.0000，1.6695，2.5986，3.4095，3.8830，3.8830，3.4095，2.5986，1.6695，1.0000。

由表 2.2 可求得 HPBW＝13°，最大/最小电流幅度比为 3.9。

表 2.7 是实现 SLL＝－20 dB 的切比雪夫方向图等间距($d=\lambda_0/2$)八元线阵单元激励电流的幅度和相位[2]。由表 2.7 看出，实测副瓣电平只有－19.2 dB。

为了测量八单元等间距($d=\lambda_0/2$)−20 dB切比雪夫天线阵单元激励电流的幅度分布，利用镜像原理，把八个$\lambda_0/4$长单极子按间距$d=\lambda_0/2$直线垂直安装在金属板上，用能实现仿真电流幅度分布的馈电网络给八元单极子线阵馈电，再用如图2.1所示的环探头测出每个单元馈电点的电流幅度和相位，就能得出如表2.7所示的实测电流幅度和相位。

表2.7 实现SLL=−20 dB切比雪夫方向图仿真和实测等间距($d=\lambda_0/2$)八元线阵单元激励电流的幅度和相位

N	I_n(仿真)	I_n(实测)
1	0.574∠0°	0.569∠3°
2	0.655∠0°	0.653∠2°
3	0.872∠0°	0.861∠2°
4	1.000∠0°	1.000∠0°
5	1.000∠0°	0.993∠0°
6	0.872∠0°	0.819∠3°
7	0.655∠0°	0.660∠3°
8	0.574∠0°	0.542∠2°

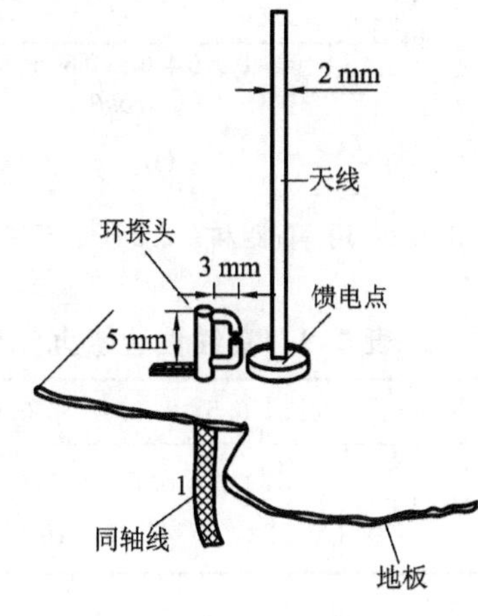

图2.1 测量天线电流分布的装置

2.2 用不等间距多元线阵综合的赋形主波束方向图[3]

2.2.1 用不等间距九元和十九元线阵综合的赋形主波束方向图

用不等间距线阵不仅可以综合出有低副瓣的平顶主波束和笔形主波束，而且让主波束有陡的边缘或线性边缘。用表2.8所示的九元和十九元不等电间距(λ_0)线阵，可以综合出如图2.2(a)、(b)所示的有陡边缘的平顶主波束方向图，也可以综合出有线性边缘的平顶主波束方向图。用表2.9所示的不等电间距(λ_0)九元和十九元线阵还可以综合出如图2.3(a)、(b)所示的有线性边缘笔形主波束方向图。为了比较，在图2.2和图2.3中均给出了等间距天线阵和理想天线阵的方向图。由这些赋形方向图可以看出，与等间距天线阵相比，用不等间距综合的线阵方向图，无论是平顶主波束，还是笔形主波束，均使SLL电平降低6～12 dB，特别是笔形赋形波束的SLL均小于−20 dB。

表2.8 有线性边缘九元和十九元平顶主波束线阵天线的单元电间距(λ_0)

$N=9$	0.5, 0.5, 0.578, 0.501, 0.616, 0.5, 0.553, 0.597
$N=19$	0.5, 0.5, 0.575, 0.515, 0.5, 0.5, 0.5, 0.603, 0.507, 0.5, 0.5, 0.561, 0.61, 0.5, 0.627, 0.5, 0.604, 0.604

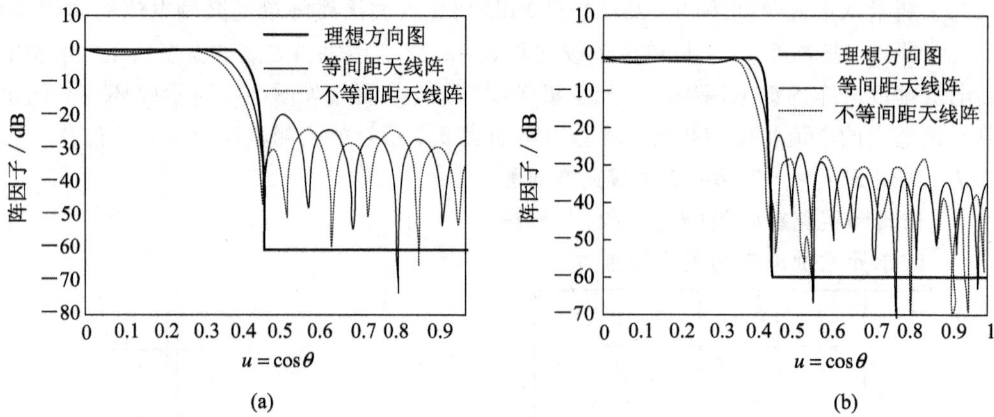

图 2.2 用等间距和表 2.8 所示不等间距天线阵综合出来的平顶主波束方向图与理想方向图的比较

(a) $N=9$；(b) $N=19$

表 2.9 有线性边缘九元和十九元笔形波束线阵天线的单元电间距(λ_0)

$N=9$	0.5，0.5，0.5，0.5，0.683，0.781，0.833，0.866
$N=19$	0.5，0.5，0.5，0.5，0.5，0.5，0.5，0.5，0.589，0.633，0.664，0.687，0.707，0.722，0.735，0.746，0.754，0.761

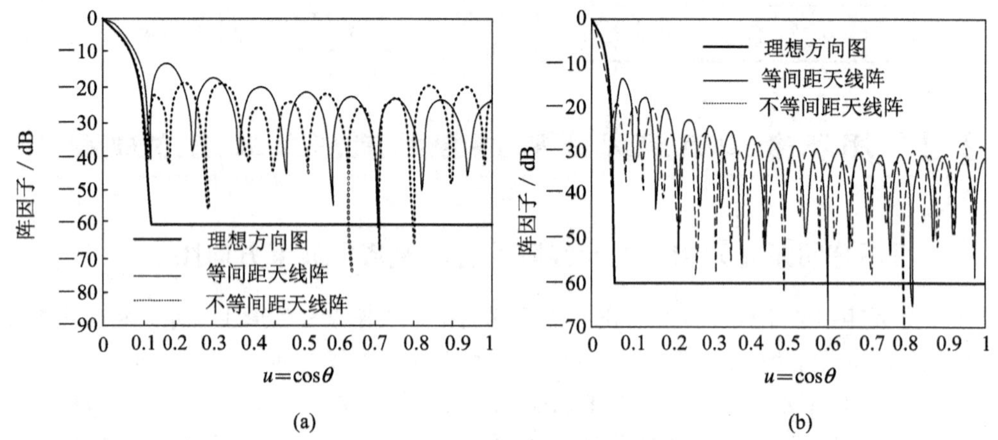

图 2.3 用等间距和表 2.9 所示不等间距天线阵综合的有线性边缘笔形方向图与理想方向图的比较

(a) $N=9$；(b) $N=19$

2.2.2 用十元和十四元不等间距线阵综合的低副瓣天线阵[4]

图 2.4(a)、(b)分别是用表 2.10 所示的十元和十四元不等间距线阵综合的低副瓣天线阵的方向图。为了比较，图 2.4 中还给出了不等间距十元($d=0.41\lambda_0$)和十四元($d=0.2934\lambda_0$)天线阵的方向图。

由图 2.4 可以看出，对十元等间距天线阵，SLL＝－13 dB；对十元不等间距天线阵，SLL＝－17 dB；对十四元天线阵，等间距 SLL＝－13.1 dB，不等间距 SLL＝－18.5 dB。表 2.11 把十元和十四元等间距和不等间距线阵天线的电参数作了比较。

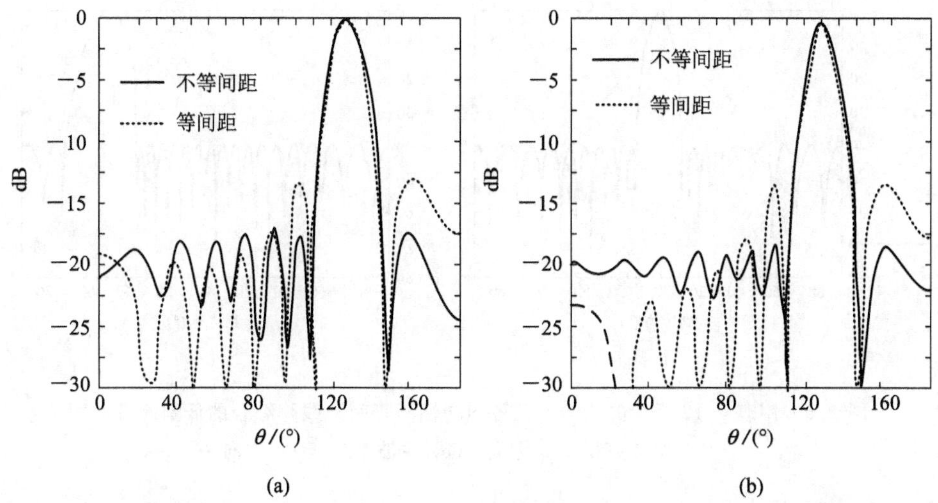

图 2.4 十元和十四元等间距和不等间距线阵综合的低副瓣天线阵的方向图
(a) 十元；(b) 十四元

表 2.10 图 2.4 所示的十元和十四元低副瓣天线阵的不等电位置

N		1	2	3	4	5	6	7	8	9	10	11	12	13	14
电位置 (λ_0)	十元	0	0.52	0.99	1.285	1.666	2.03	2.321	2.82	3.3	3.78	—	—	—	—
	十四元	0	0.46	0.79	1.24	1.33	1.68	1.78	2.07	2.36	2.78	2.96	3.25	3.63	4.0

表 2.11 等间距和不等间距十元和十四元线阵天线的电参数

参数	十元		十四元	
	等间距	不等间距	等间距	不等间距
最大辐射角/(°)	125	125	125	125
HPBW/(°)	35.5	38.2	35.5	38.7
SLL/dB	−13	−17	−13.1	−18.5
天线阵电长度	3.697λ	3.87λ	3.81λ	4.0λ

2.2.3 用二十一元不等间距线阵综合的低副瓣方向图[5]

图 2.5 是用表 2.12 所示二十一元各向同性不等间距线阵综合的低副瓣方向图。由图 2.5 可以看出，主瓣两侧的所有副瓣电平平均小于−40 dB。

表 2.12 二十一元各向同性不等间距线阵的相对单元电位置

单元 N	1	2	3	4	5	6	7	8	9	10
相对电位置 (λ_0)	0.4618	0.8425	1.2126	1.6328	1.9412	2.5037	3.0292	3.4567	3.9539	4.2221
单元 N	11	12	13	14	15	16	17	18	19	20
相对电位置 (λ_0)	4.5851	5.2431	5.6073	6.2850	6.5660	7.1697	7.5401	8.1355	8.4386	8.8206

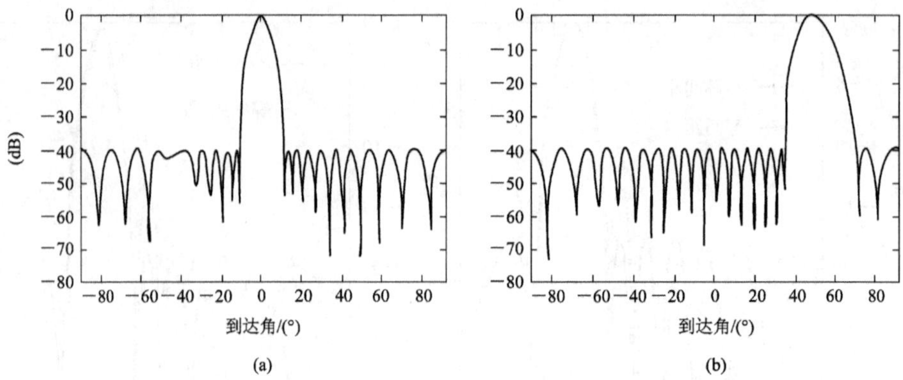

图 2.5 用表 2.12 所示的二十一元各向同性不等间距线阵综合的低副瓣方向图
(a) 主波束位于 0°方向；(b) 主波束位于 50°方向

2.3 用等间距不等幅不同相线阵综合的赋形方向图[6]

2.3.1 用等间距($d=\lambda_0/2$)不等幅不同相十六元线阵综合的余割平方方向图

用表 2.13 所示的 A 和 B 所列等间距($d=\lambda_0/2$)十六元线阵激励电流的幅度和相位，可以综合出如图 2.6(a)所示的主波束波动±1.5 dB 的 $\csc^2\theta\times\cos\theta$ 型余割平方方向图和如图 2.6(b)所示的主波束波动±0.1 dB 的 $\csc^2\theta\times\cos\theta$ 型余割平方方向图。

表 2.13 能产生图 2.6(a)、(b)所示的余割平方方向图的十六元等间距($d=\lambda_0/2$)线阵激励电流的幅度和相位

N	A		B	
	$\|a_n\|$	Φ_n	$\|a_n\|$	Φ_n
1	0.77	177.1°	1.68	−99.9°
2	0.5	−89.2°	1.69	−3.8°
3	0.38	−76.0°	1.45	64.0°
4	0.56	−88.3°	0.87	−158.3°
5	0.76	−38.1°	1.83	−48.7°
6	0.63	7.7°	2.74	22.2°
7	0.56	−5.0°	3.03	70.5°
8	0.99	19.0°	2.94	105.7°
9	1.04	66.8°	3.13	142.3°
10	0.81	94.1°	3.14	−178.0°
11	1.03	96.9°	2.50	−141.6°
12	1.47	132.2°	1.86	−110.8°
13	1.66	−176.8°	1.74	−80.4°
14	1.64	−126.1°	1.39	−46.1°
15	1.17	−76.4°	0.34	16.9°
16	1.00	0.0°	1.00	0.0°

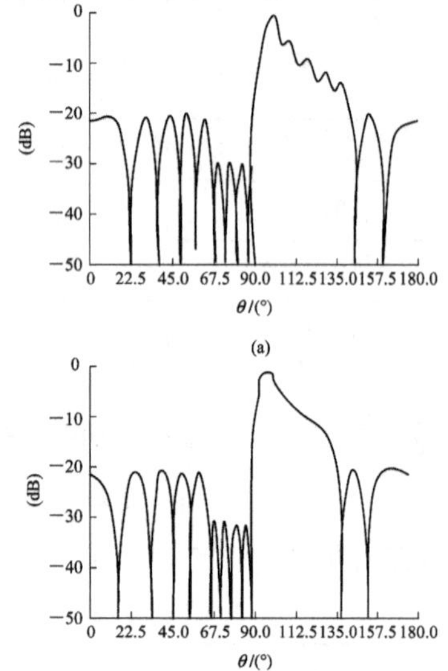

图 2.6 用表 2.13 所示的 A 和 B 所列等间距($d=\lambda_0/2$)十六元线阵激励电流幅度和相位综合的余割平方方向图
(a) 主波束波动±1.5 dB；
(b) 主波束波动±0.1 dB

由图 2.6 可以看出，不仅主波束呈余割平方型，而且靠近主波束的另一侧有四个低于 −30 dB 的副瓣，其他副瓣均小于 −20 dB。

图 2.7 所示的 $\csc^2\theta\times\cos\theta$ 型余割平方赋形方向图也可以用表 2.14 所示的等间距($d=\lambda_0/2$)十六元线阵单元激励电流幅度和相位来综合，综合的赋形方向图与图 2.6(a)、(b)基本相同[7]。

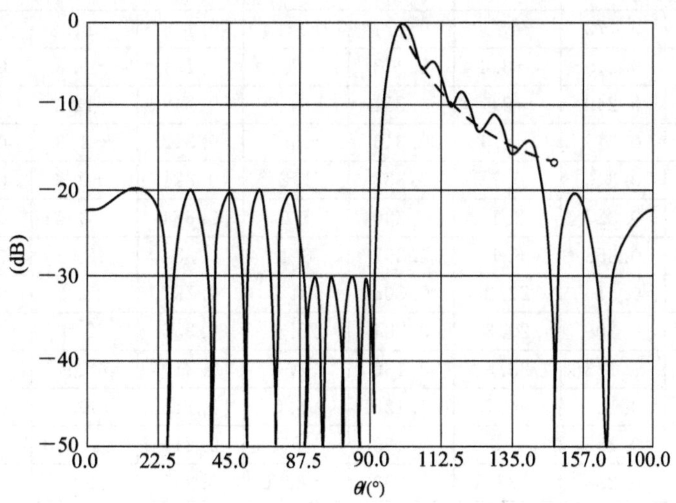

图 2.7　$\csc^2\theta\times\cos\theta$ 赋形方向图

表 2.14　实现图 2.7 所示的 $\csc^2\theta\times\cos\theta$ 赋形方向图的 $d=\lambda_0/2$ 十六元线阵单元的激励幅度和相位

N	$\lvert a_n \rvert$	Φ_n	N	$\lvert a_n \rvert$	Φ_n
−8	0.928	−36.67°	1	1.083	45.42°
−7	0.464	−78.29°	2	1.444	53.23°
−6	0.701	−51.58°	3	1.547	59.33°
−5	0.728	−35.40°	4	1.564	76.21°
−4	0.629	−26.34°	5	2.096	78.29°
−3	0.741	−4.49°	6	2.581	62.38°
−2	0.999	11.80°	7	2.087	40.67°
−1	1.000	25.76°	8	1.524	−4.77°

余割平方方向图也可以用表 2.15 所示的十六元等间距线阵单元激励电流的幅度和相位来综合，如图 2.8 所示。

表 2.15　综合图 2.8(a)、(b)、(c)、(d)所示的余割方向图的十六元等间距线阵单元激励电流的幅度 $|a_n|$ 的相位 Φ_n

N	A		B		C		D	
	$\|a_n\|$	$\Phi_n/(°)$	$\|a_n\|$	$\Phi_n/(°)$	$\|a_n\|$	$\Phi_n/(°)$	$\|a_n\|$	$\Phi_n/(°)$
0	0.076	−9.5	0.102	−6.0	0.037	−29.9	0.060	−6.2
1	0.114	−19.8	0.117	−17.5	0.090	−21.2	0.092	−10.2
2	0.172	−15.8	0.171	−11.4	0.145	−11.2	0.137	−4.4
3	0.219	−8.4	0.213	−7.0	0.181	−9.8	0.163	−10.1
4	0.249	−9.7	0.251	−9.0	0.249	−12.7	0.246	−14.6
5	0.316	−8.1	0.316	−6.5	0.312	−4.9	0.296	−6.5
6	0.340	0.2	0.335	1.2	0.321	−0.9	0.312	−7.1
7	0.327	2.1	0.330	1.0	0.364	−0.4	0.379	−5.3
8	0.353	6.1	0.357	6.1	0.384	12.4	0.389	9.0
9	0.316	22.2	0.308	21.7	0.297	23.2	0.303	16.4
10	0.209	29.3	0.204	25.6	0.256	22.9	0.285	17.3
11	0.173	33.8	0.185	32.4	0.219	45.9	0.255	47.9
12	0.124	94.7	0.128	96.6	0.118	130.0	0.146	130.5
13	0.182	−150.8	0.193	−150.5	0.215	−130.0	0.214	−130.0
14	0.288	−83.1	0.293	−83.6	0.289	−50.0	0.254	−50.0
15	0.259	−26.8	0.253	−28.5	0.205	−6.0	0.167	−9.4
16	0.153	36.5	0.123	28.6	0.082	45.2	0.060	35.8

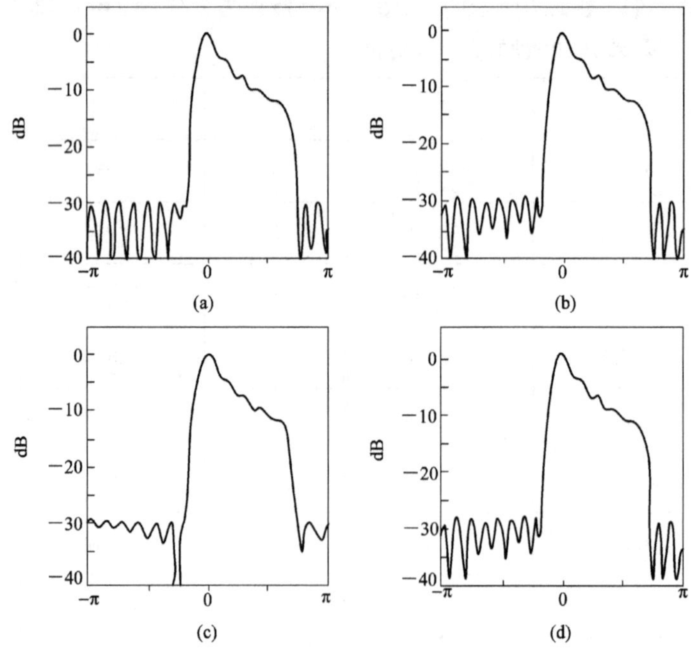

图 2.8　用表 2.13 所示的等间距十六元线阵单元激励电流的幅度和相位综合的余割方向图

(a) 无约束；(b) $a_{max}/a_{min}=3.5$；(c) $\Phi_{max}=56°$；(d) $a_{max}/a_{min}=6.5$，$\Phi_{max}=50°$

2.3.2　用等间距($d=\lambda_0/2$)不等幅不同相十六元线阵综合的平顶主波束方向图[8]

用表 2.16 所示的等间距($d=\lambda_0/2$)十六元线阵单元激励电流的幅度和相位，能综合出如图 2.9 所示的平顶主波束赋形方向图。由图 2.9 可以看出，主波束一侧有四个低于 −30 dB的副瓣电平，两侧的其余副瓣电平均低于 −20 dB。

表 2.16　实现图 2.9 所示的平顶赋形波束的等间距($d=\lambda_0/2$)十六元线阵单元激励电流的幅度和相位

N	$\|a_n\|$	Φ_n
1	0.99	−7.6°
2	1.46	23.32°
3	1.18	78.4°
4	1.42	138.7°
5	1.12	−138.7°
6	2.26	−73.8°
7	2.35	−54.8°
8	1.29	−27.3°
9	1.32	−25.7°
10	2.32	−52.9°
11	2.38	−76.8°
12	1.12	−141.3°
13	1.42	134.7°
14	1.30	76.1°
15	1.30	13.4°
16	1.00	0.0°

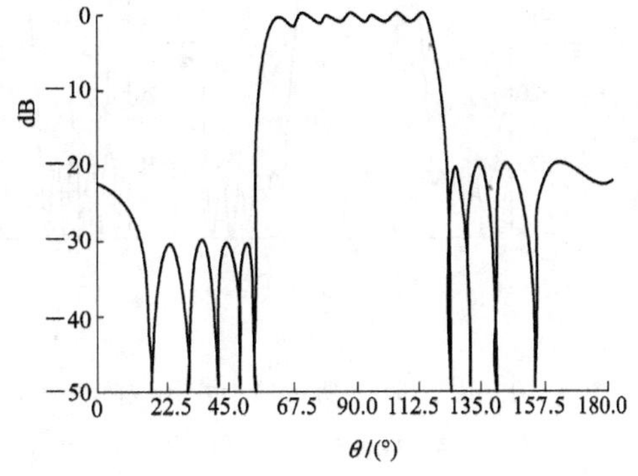

图 2.9　有±0.5 dB 波动平顶主波束、一侧有 −30 dB 副瓣、其余副瓣低于 −20 dB 的赋形波束方向图

图 2.10(a)、(b)、(c)所示的平顶主波束赋形方向图是分别用表 2.17 中 A、B、C 所列等间距十六元线阵单元激励电流的幅度和相位综合得出的。在图 2.10(a)、(b)、(c)中，激励电流最大和最小幅度之比 a_{max}/a_{min} 分别为 4.7、3.5 和 6.3，副瓣基本在 −30 dB 左右。

表 2.17　综合图 2.10(a)、(b)、(c)所示的平顶主波束赋形方向图的十六元等间距线阵单元激励电流的幅度 $|a_n|$ 和相位 Φ_n

N	A		B		C	
	$\|a_n\|$	$\Phi_n/(°)$	$\|a_n\|$	$\Phi_n/(°)$	$\|a_n\|$	$\Phi_n/(°)$
0	0.078	117.3	0.105	108.2	0.036	105.0
1	0.170	88.2	0.176	89.0	0.092	75.0
2	0.228	62.9	0.217	62.4	0.123	60.3
3	0.256	22.4	0.243	18.8	0.132	20.7
4	0.322	−20.6	0.328	−20.5	0.188	−24.3
5	0.370	−46.8	0.367	−43.7	0.228	−48.1
6	0.279	−68.5	0.270	−65.6	0.172	−70.8
7	0.148	−113.2	0.156	−111.7	0.108	−122.5
8	0.142	−152.8	0.157	−146.3	0.120	−155.1
9	0.148	−113.2	0.156	−111.7	0.108	−122.5
10	0.279	−68.5	0.270	−65.6	0.172	−70.8
11	0.370	−46.8	0.367	−43.7	0.228	−48.1
12	0.322	−20.6	0.328	−20.5	0.118	−24.3
13	0.250	22.4	0.243	18.8	0.132	20.7
14	0.288	62.9	0.217	62.4	0.123	60.3
15	0.170	88.2	0.176	89.0	0.092	75.0
16	0.078	117.3	0.105	108.2	0.036	105.0

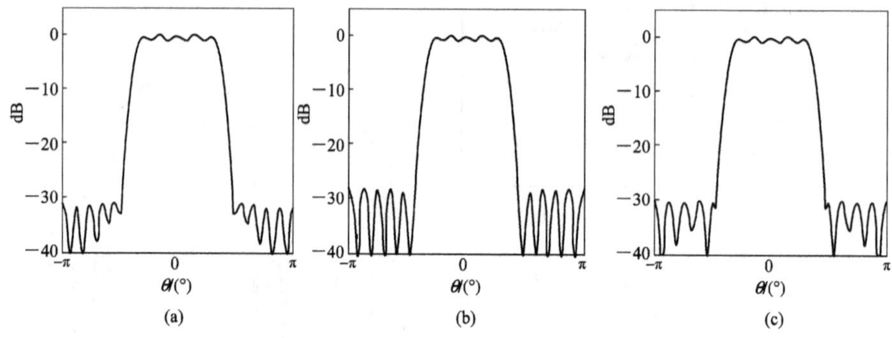

图 2.10　用表 2.17 所示的十六元线阵单元激励电流的幅度和相位综合的平顶主波束方向图

(a) $a_{max}/a_{min}=4.7$；(b) $a_{max}/a_{min}=3.5$；(c) $a_{max}/a_{min}=6.3$，$\Phi_{max}=75°$

2.4　用 ORAMA 计算工具综合的赋形波束线阵天线[9]

ORAMA(ORthogonal Advanced Methods for Antenna)是综合线阵天线的一种计算工具。该计算工具使用了正交法(OM，Orthogonal Method)和正交扰动法(OPM，Orthogonal Perturbation Method)。用正交法(OM)导出了阵元的激励系数，用正交扰动(OPM)则量化了激励系数，并确定了单元的间距。下面是用 ORAMA 计算工具综合出的一些赋形线阵天线方向图的实例。

2.4.1　SLL＝－20 dB 的切比雪夫边射天线阵

图 2.11 是用 OM 和 OPM 与表 2.18 所示激励幅度综合的 $d=0.5\lambda_0$ 的九元和 $d=0.57\lambda_0$ 的八元 SLL＝－20 dB 的切比雪夫方向图。对同一个 SLL＝－20 dB 的切比雪夫天线，也可以用 OPM。对九元和八元天线阵，用表 2.18 所示的间距和激励幅度，综合出的方向图如图 2.11 所示。用表 2.19 所示的九元和八元天线阵的不等电间距和不等激励幅度综合出 SLL＝－20 dB 的切比雪夫天线阵的方向图如图 2.12 所示。表 2.19 是实现 SLL＝－20 dB 九元和八元天线阵的电间距和激励幅度。

表 2.18　$d=0.5\lambda_0$ 的九元和 $d=0.57\lambda_0$ 的八元 SLL＝－20 dB 的切比雪夫天线阵的激励幅度

N	激励幅度	
	N=9	N=8
1	0.601	0.572
2	0.615	0.662
3	0.812	0.871
4	0.950	1.000
5	1.000	1.000
6	0.950	0.871
7	0.812	0.662
8	0.615	0.572
9	0.601	

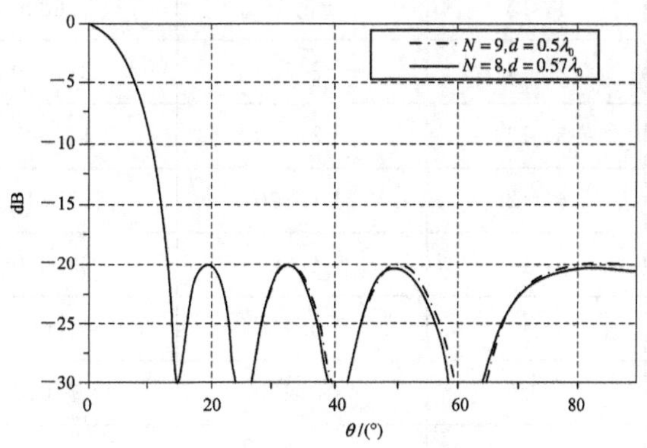

图 2.11　$d=0.5\lambda_0$ 九元和 $d=0.57\lambda_0$ 八元 SLL＝－20 dB 泰勒分布的边射方向图

表 2.19　实现 SLL＝－20 dB 九元和八元天线阵的电间距和激励幅度

单元	电位置(λ_0) N=9	激励幅度 N=9	电位置(λ_0) N=8	激励幅度 N=8
1	－2.004	3	1.989	2
2	－1.507	3	1.467	2
3	－1.025	4	0.941	3
4	－0.509	5	0.326	4
5	0	5	－0.326	4
6	0.509	5	－0.941	3
7	1.025	4	－1.467	2
8	1.507	3	－1.989	2
9	2.004	3		

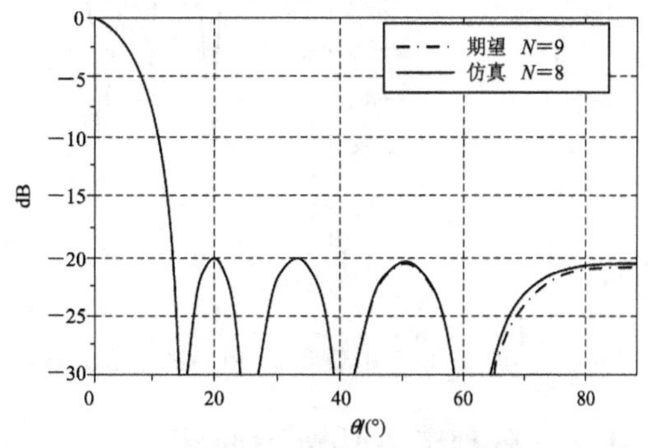

图 2.12　用表 2.19 所示的八元和九元天线阵的不等间距和不等激励幅度综合的 SLL＝－20 dB 切比雪夫天线阵的方向图

2.4.2 SLL＝－30 dB 的泰勒级数方向图

可以用 OM 按照表 2.20 所示的激励幅度对间距 $d=0.45\lambda_0$ 的十五元天线阵方向图进行综合，也可以用 OPM 按表 2.20 所示的激励幅度和不等间距对十五元线阵方向图进行综合。图 2.13 为综合出来的 SLL＝－30 dB 的泰勒方向图。由图 2.13 可以看出，不仅靠主瓣的两个副瓣小于－30 dB，而且其余副瓣均小于－20 dB。

表 2.20 用 OM 和 OPM 综合 SLL＝－30 dB 低副瓣方向图使用的十五元不等间距（$d=0.45\lambda_0$）线阵单元的电间距和激励幅度

单元	OM 电位置(λ_0)	OM 激励幅度	OPM 电位置(λ_0)	OPM 激励幅度
1，15	±3.15	1.8800	±3.146	2
2，14	±2.700	27.119	±2.698	27
3，13	±2.250	13.583	±2.248	14
4，12	±1.800	26.743	±1.799	27
5，11	±1.350	39.010	±1.349	39
6，10	±0.900	44.086	±0.899	45
7，9	±0.450	47.000	±0.450	47
8	0	45.026	0	45

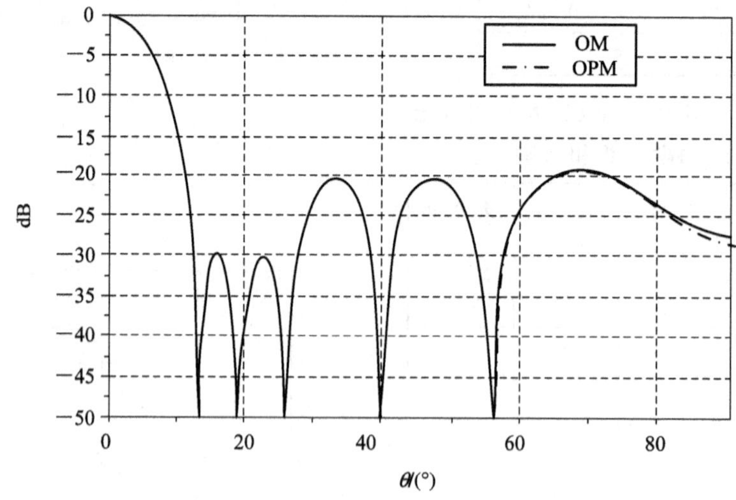

图 2.13 用表 2.20 所示的十五元线阵电间距和激励幅度综合出来的泰勒方向图

2.4.3 余割平方功率方向图

用 OM 对等间距（$d=0.5\lambda_0$）十五元天线阵用表 2.21 所示的激励幅度和相位综合的余割平方功率方向图如图 2.14 所示。由图 2.14 可以看出，HPBW＝13.5°，SLL＝－35 dB。

表 2.21　用等间距($d=0.5\lambda_0$)十五元天线阵实现余割平方功率方向图的单元激励幅度和相位

N	激励	
	幅度	相位/(°)
1，15	0.034	±126.38
2，14	0.071	±148.64
3，13	0.056	±121.15
4，12	0.166	±120.45
5，11	0.250	±79.23
6，10	0.324	±80.36
7，9	0.743	±53.42
8	1.00	0

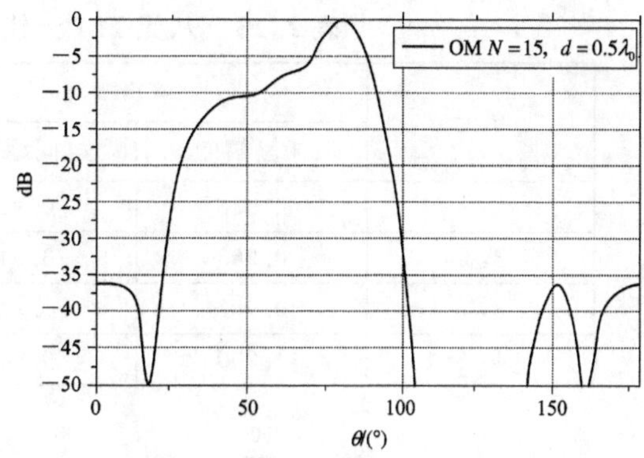

图 2.14　用等间距($d=0.5\lambda_0$)和表 2.21 所示的激励幅度和相位综合的余割平方功率方向图

2.4.4　用等幅但不等间距综合的低副瓣天线

用OPM和表2.22所示的十一元等幅但不等电间距的线阵也能实现如图2.15所示的 SLL<−20 dB 的方向图。图 2.15 中，虚线为十一元等幅等间距($d=0.5\lambda_0$)线阵的方向图，除第一副瓣电平有差别外，其他基本相同。

表 2.22　构成 SLL<−20 dB 十一元等幅但不等间距的天线阵元的电间距

单元	电间距(λ)	激励幅度
1，11	±2.655	1
2，10	±2.014	1
3，9	±1.354	1
4，8	±0.834	1
5，7	±0.391	1
6	0	1

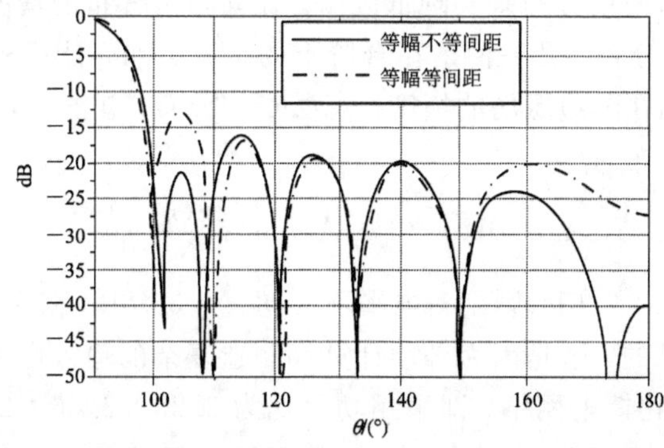

图 2.15　用表 2.22 所示的十一元等幅等间距和等幅不等间距天线综合的方向图

对八元 FM 天线，用 OM 和表 2.23 所示的激励幅度和等间距 $d=0.947\lambda_0$ 综合出来的水平方向图如图 2.16(a)所示，用 OPM 和表 2.23 所示的等幅不等间距综合出来的八元 FM 天线的垂直面方向图如图 2.16(b)所示。

表 2.23 八元 FM 天线的激励幅度和电间距

单元	OM		OPM	
	激励幅度	电间距(λ_0)	激励幅度	电间距(λ_0)
1，8	0.928	0.947	1	±3.554
2，7	0.963	0.947	1	±2.511
3，6	0.987	0.947	1	±1.519
4，5	1.000	0.947	1	±0.499

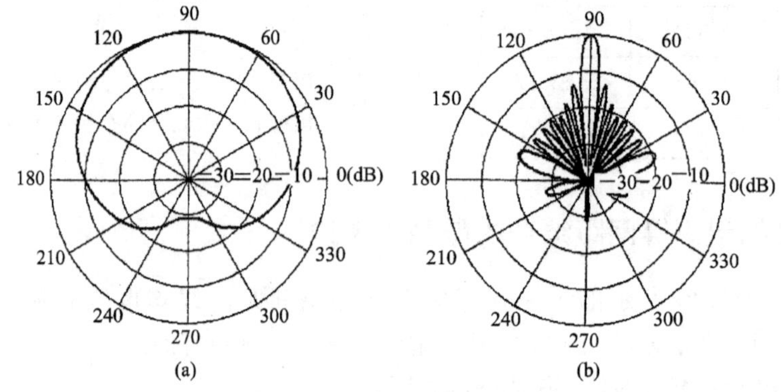

图 2.16 用表 2.23 所示的激励幅度和单元间距综合出来的八元 FM 天线的方向图

(a) 水平面；(b) 垂直面

2.5 用不等幅度分布十九元线阵综合的低副瓣雷达天线[10]

目前在生态监测系统广泛使用机载警戒雷达来研究地面大气、地球表面和水的特征。因此天线必须具有足够宽的垂直面方向图，有比较窄的低副瓣方位面方向图。由于机载，天线必须具有小的航空阻力，不仅尺寸要小，而且重量要轻。为此选用低副瓣微带天线阵。通常通过选择合适的口面场分布来实现低副瓣。在同相位分布的情况下，有两种口面幅度分布：一种是指数渐变分布，另一种是在台阶上的余弦分布。计算机仿真结果表明：选择辐射单元的数目和控制在阵边缘场的幅度按指数渐变分布，就能实现－20 dB 的副瓣电平。

台阶上余弦幅度分布 A_n 为

$$A_n = A_0 + (1 + A_0)\cos\frac{2\pi(n-1)}{N-1} \tag{2.8}$$

如果选 $N=19$，$A_0=0.61$，则副瓣电平不会超过－30 dB。在实际中，要实现式(2.8)的幅度分布是非常困难的，这是因为必须计算和制造复杂的输入电压功分器。为此采用一种如图 2.17 所示的简化馈电网络，即采用功分比为 3.28∶2.56∶2 的三路功分器和几个 3 dB 功分器。图 2.17 中上面一行为相对功率，下面一行是用式(2.8)计算的功率。可见，两种幅度分布不同。

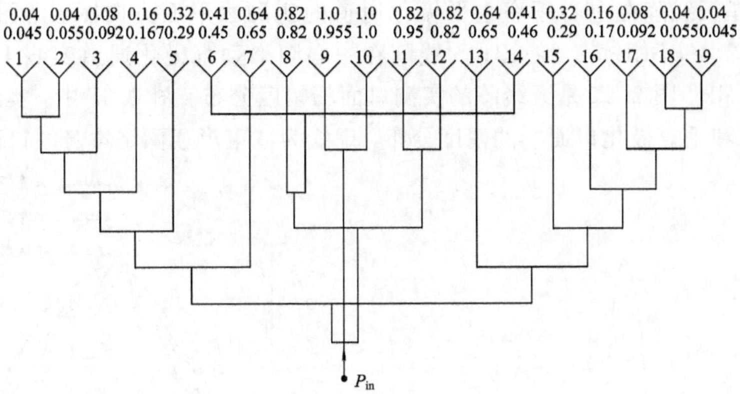

0.04 0.04 0.08 0.16 0.32 0.41 0.64 0.82 1.0 1.0 0.82 0.82 0.64 0.41 0.32 0.16 0.08 0.04 0.04
0.045 0.055 0.092 0.167 0.29 0.45 0.65 0.82 0.955 1.0 0.95 0.82 0.65 0.46 0.29 0.17 0.092 0.055 0.045
1 2 3 4 5 6 7 8 9 10 11 12 13 14 15 16 17 18 19
P_{in}

图 2.17 十九元低副瓣天线阵的馈电网络

天线阵的极化特性也很重要，必须解决两个问题：一个是天线辐射场的极化纯度问题，也就是辐射场无交叉极化分量；另一个就是正交极化通道要有足够高的去耦。实验表明，利用双极化微带辐射单元无法解决这些问题。基于这个原因，必须使用两个独立的、在电气上隔离的、具有不同极化的线极化天线阵，双通道天线阵中的每一个通道都包含一个线极化微带天线阵。微带天线阵的方位面方向图取决于如图 2.17 所示的馈电网络结构，垂直面方向图就是辐射单元的方向图。每一个通道辐射一个线极化场(垂直或水平)。为了减小天线的厚度，两个通道的波束形成网络均使用微带功分器。微带功分器通过地板下面的一段同轴线与辐射单元相连。为保证同相激励每个辐射单元，必须让电缆的长度相等。

垂直极化通道的辐射单元是用厚 3 mm 的基板制作的电尺寸为 $0.374\lambda_0 \times 0.3\lambda_0$ 的用探针激励的半波长微带辐射单元。假定馈电点位于微带辐射单元的纵轴上，馈电点到窄边的距离为 $0.073\lambda_0$，则可以实现 VSWR<2 的频率范围为 $0.984\lambda_0 \sim 1.034\lambda_0$。这种辐射单元在 E 面和 H 面的 HPBW 分别为 55°和 75°。水平极化通道使用类似的辐射单元，导致两个通道垂直面波束宽度差 20°。

天线阵的电尺寸为

$$长\times宽\times厚 = 13\lambda_0 \times 2.3\lambda_0 \times 0.15\lambda_0$$

图 2.18 是天线阵垂直和水平通道实测 VSWR～f 特性曲线。由图 2.18 可以看出，两个通道都有宽的阻抗带宽。图 2.19 是实测的垂直面方向图。由图 2.19 可以看出，双极化天线的 HPBW 均为 57°。

VSWR
1.9
1.7
1.5
1.3
1.1
0.97 0.98 0.99 1.00 1.01 1.02 f/f₀
水平
垂直

图 2.18 天线阵双通道实测 VSWR～f 特性曲线

dB
0
−10
−20
−30
−80 −60 −40 −20 0 20 40 60 80 θ/(°)
水平
垂直

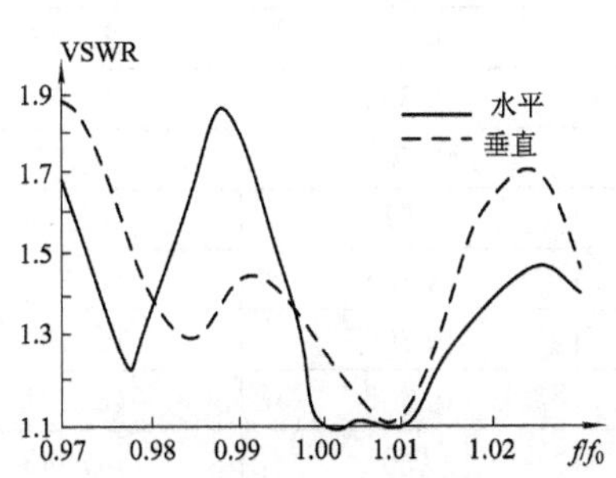

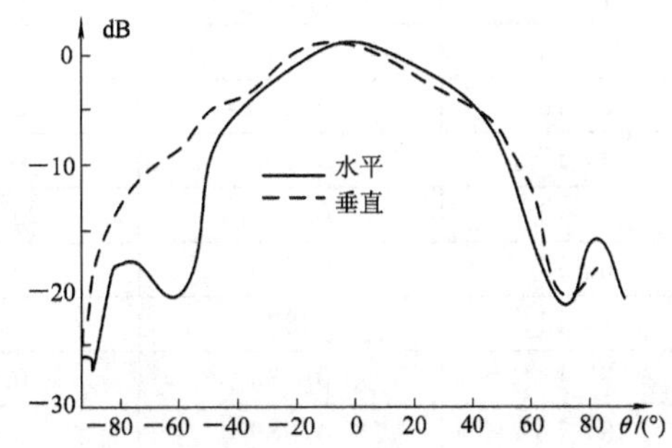

图 2.19 天线阵双通道实测垂直面方向图

图 2.20 是天线阵在中心频率水平极化通道的实测水平面方向图。由图 2.20 可以看出，HPBW=7.4°，SLL<−20 dB；天线阵在中心频率垂直极化通道实测 HPBW=6.9°，SLL<−17.5 dB。图 2.21 是天线阵的实测口面场幅度分布。图 2.21 中，实线 1 和 2 分别为天线阵水平和垂直极化口面场的幅度分布，虚线为波束形成网络本身的口面场分布。

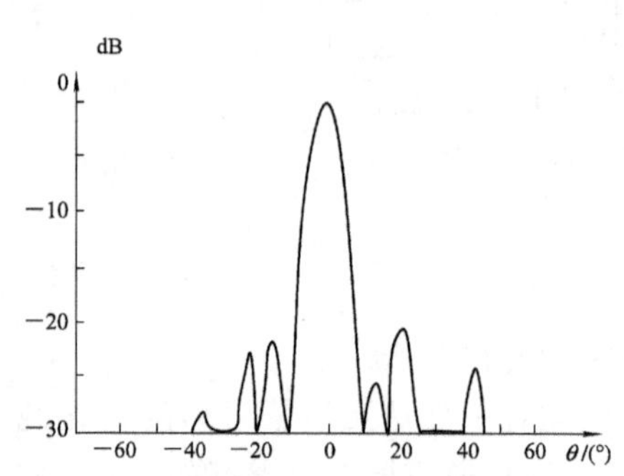

图 2.20　天线阵在中心频率水平极化通道的实测水平面方向图

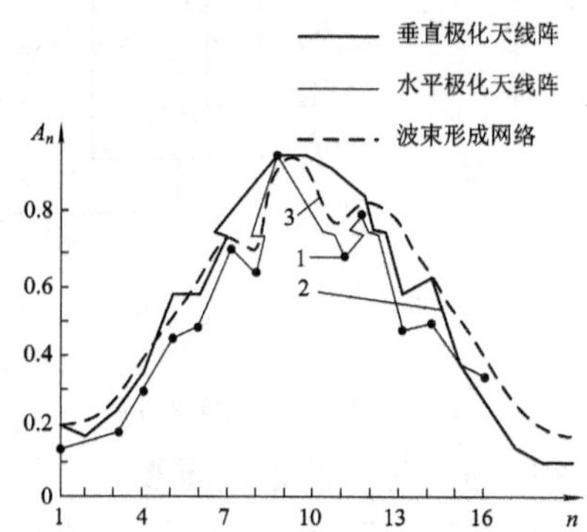

图 2.21　实测天线阵的口面场幅度分布

2.6　在不同角度有零深的赋形方向图

在许多应用中，为了抗干扰，一种最有效的办法就是让天线阵方向图的零点指向干扰方向，所以天线阵方向图零的形成、零的控制为赋形方向图一项极为重要的内容。控制天线阵零的方法与综合天线阵赋形方向图一样，可以采用控制阵单元激励电流的相位、幅度、幅度和相位及阵单元的间距四种方法。

图 2.22(a)、(b)、(c)、(d)所示的不同零深赋形方向图仅用表 2.24 中 A、B、C 和 D 所示的等间距($d=0.5\lambda_0$)二十元线阵，并用 DE 算法(Differential Evolution)得出的单元激励幅度就能综合得出。

表 2.24　能综合出图 2.22(a)、(b)、(c)、(d)所示赋形方向图所使用的等间距($d=0.5\lambda_0$)二十元线阵激励电流的幅度分布 A(图(a))、B(图(b))、C(图(c))和 D (图(d))

n	激励幅度			
	A(图(a))	B(图(b))	C(图(c))	D (图(d))
1，20	0.252	0.243	0.205	1.0
2，19	0.245	0.259	0.207	2.643
3，18	0.322	0.477	0.352	4.255
4，17	0.459	0.531	0.435	6.152
5，16	0.627	0.602	0.578	8.223
6，15	0.735	0.642	0.723	10.277
7，14	0.877	0.866	0.800	12.174
8，13	0.935	0.951	0.936	13.781
9，12	0.989	0.919	1.0	14.943
10，11	1.0	1.0	0.932	15.534

图 2.22(a)是用表 2.24 A 所示等间距二十元激励幅度综合的，在 14°只有一个很深的零，最大/最小幅度比为 3.97；图 2.22(b)是用表 2.24 C 所示的等间距二十元线阵激励幅度综合的，在 14°、25°和 40°有很深的零，最大/最小幅度比为 4.88；图 2.22(c)是用表 2.24 B 所示的等间距二十元线阵激励幅度综合的，在 36°有很深的零和宽角零深，最大/最小幅度比为 4.1；图 2.22(d)是用表 2.24 D 所示的等间距二十元线阵激励幅度综合的，SLL＝－30 dB的切比雪夫方向图，在 10°、14.5°、20°、26°、32.5°、40°、48°、58°和 71.5°共九个角度上零深达到－60 dB，最大/最小幅度比为 15.5。

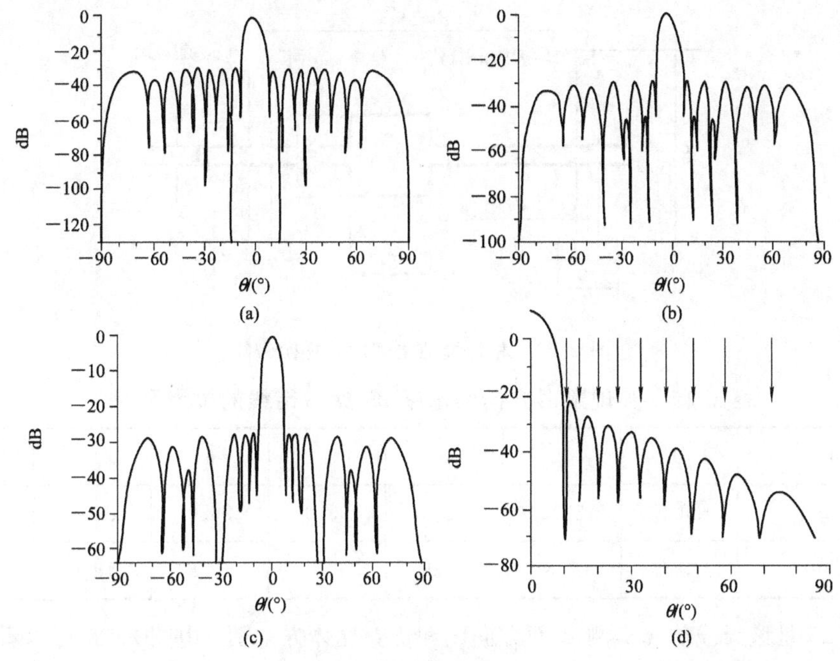

图 2.22　由等间距(d＝0.5λ_0)二十元线阵激励幅度综合的在不同角度有零深的赋形方向图

(a) 用表 2.22 中 A 的激励幅度；(b) 用表 2.22 中 C 的激励幅度；

(c) 用表 2.22 中 B 的激励幅度；(d) 用表 2.22 中 D 的激励幅度

2.7　用阶梯阻抗线串馈微带缝隙天线阵构成的赋形波束[11]

赋形波束常用并馈天线阵，通过控制单元的幅度和相位或单元间距来实现。并馈赋形天线阵虽然容易设计，但馈电网络不仅复杂，而且插损相对串馈大。图 2.23 是串馈八元赋形波束微带缝隙天线阵，谐振频率 f_0＝3.5 GHz，该天线是用厚 0.8 mm，ε_r＝2.55，尺寸为 445 mm×80 mm 的基板制成的，T 形缝隙位于基板的背面，单元间距 d＝55 mm，串馈

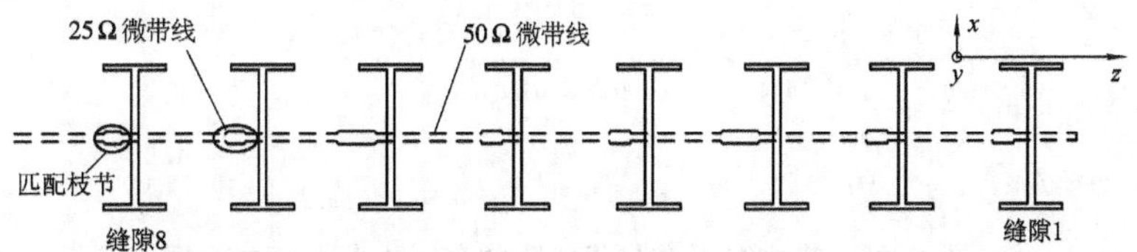

图 2.23　串馈微带缝隙天线阵

微带线位于基板的正面。为了使天线垂直面方向图赋形，在相邻缝隙之间的带宽为2.23 mm、特性阻抗为50 Ω的馈电微带线之间串接线宽为5.76 mm、特性阻抗为25 Ω的带线，调整25 Ω微带线在不同缝隙中到缝隙的距离a_n和长度L_n，如图2.24所示。微带馈线开路端距第一个缝隙$\lambda_g/4$，为了改进匹配，在第八个缝隙和馈电端之间串联了尺寸为4.2 mm×4.7 mm的匹配支节。为了实现赋形方向图，位于不同缝隙之间的25 Ω微带线的位置及长度如表2.25所示。

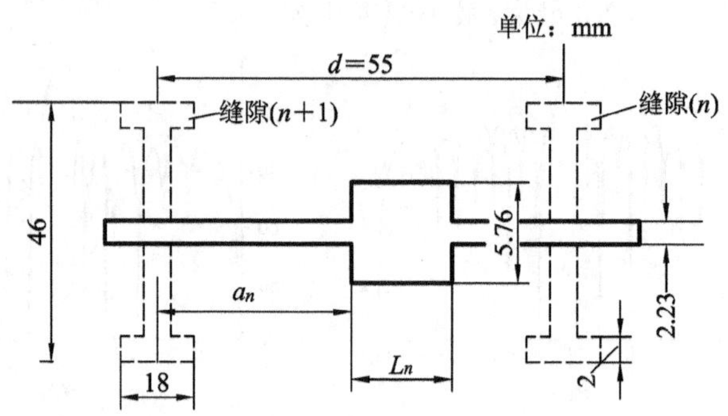

图 2.24　相邻缝隙之间的阶梯微带线

表 2.25　实现赋形方向图串联 25 Ω 微带线的位置及尺寸

n	1	2	3	4	5	6	7
a_n/mm	29.0	32.0	32.0	35.0	26.0	26.0	35.0
L_n/mm	13.9	7.8	10.9	9.1	15.8	18.6	15.0

图2.25是该天线仿真实测E面方向图和仿真立体方向图。由图2.25可以看出，波束指向$\theta=95°$，在95°和135°区间赋形，SLL<−19 dB，在3.5 GHz，$S_{11}<-35$ dB，$G=10.86$ dBi。

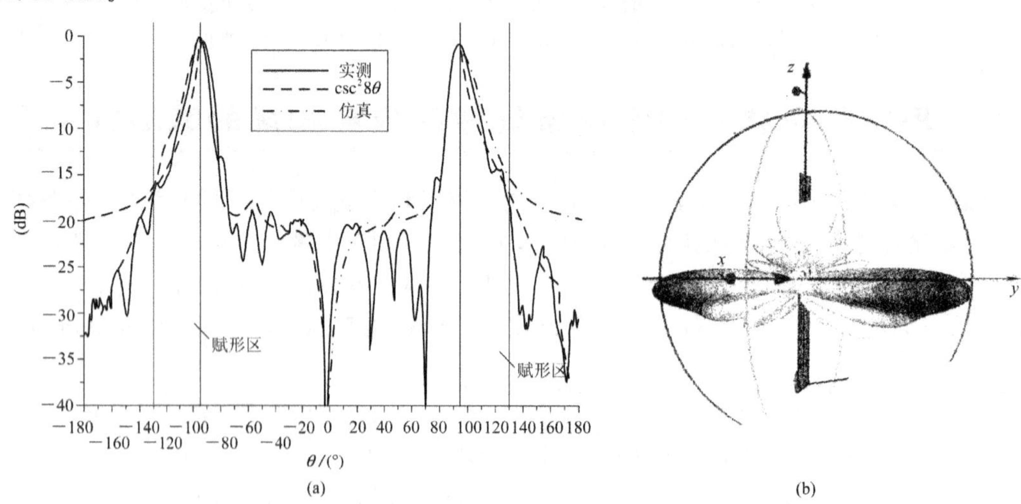

图 2.25　串馈赋形微带天线阵的实测仿真E面方向图

(a) 仿真实测E面方向图；(b) 立体E面方向图

2.8 用寄生线阵变换天线赋形波束的形状[12]

通常通过改变线阵单元激励电流的幅度和相位来赋形波束和改变波束的形状，这种方法需要设计和实现大量相当复杂的馈电网络。采用与有源线阵平行的寄生线阵，调整它们的自阻抗和互阻抗，就能计算出每个单元上的电流幅度和相位，从而实现预定方向图的目的。

单元间距为 $0.5\lambda_0$ 的寄生线阵与单元间距为 $0.5\lambda_0$ 的有源偶极子线阵平行，它们相距 Δy，把偶数寄生单元分成两半，调整它们之间的间距为 Δx_A 时，如图 2.26(a)所示，天线阵的方向图为笔形赋形波束；当它们分开的间距为 Δx_B（$\Delta x_A > \Delta x_B$）时，如图 2.26(b)所示，天线阵的方向图为平顶赋形波束。

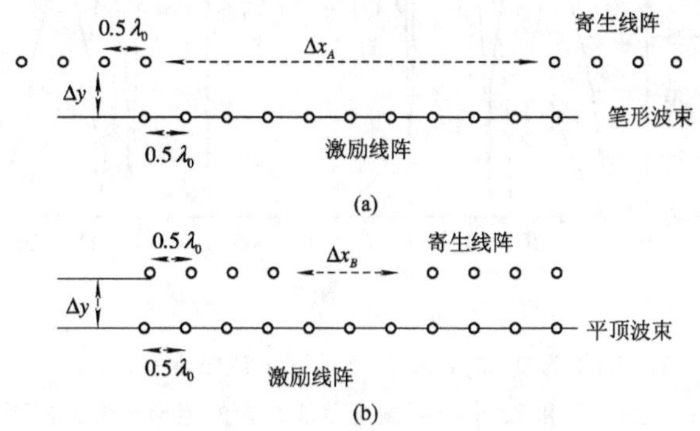

图 2.26　实现笔形和平顶赋形波束有源和无源天线阵的布局
(a) 笔形赋形波束；(b) 平顶赋形波束

在 $\Delta y=0.15\lambda_0$，$\Delta x_A=11\lambda_0$，寄生振子为 14 个，有源振子为 21 个的情况下，综合出了如图 2.27 中虚线所示的 SLL＝−20 dB 笔形赋形波束，把它们的间距由 Δx_A 变成 $\Delta x_B=2.8\lambda_0$，就综合出了如图 2.27 中实线所示的 HPBW＝44.2°，波动为±0.25 dB，SLL＝−20 dB 的平顶赋形方向图。在上述情况下，有源振子的最大输入电阻为 43 Ω，电抗为 66 Ω。

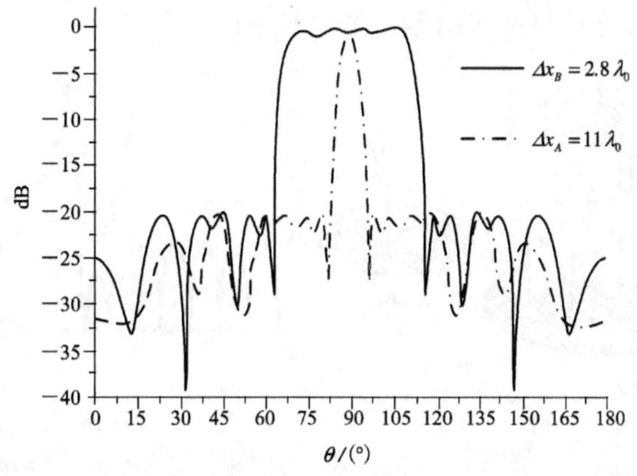

图 2.27　间距为 $0.5\lambda_0$，$\Delta y=0.15\lambda_0$，$\Delta x_B=2.8\lambda_0$ 或 $\Delta x_A=11\lambda_0$，由 14 个寄生振子和 21 个有源振子综合的平顶或笔形赋形方向图

如果距有源线阵 $\lambda_0/4$ 放一块地板，让 $\Delta y=0.2\lambda_0$，调整 $\Delta x_A=12.7\lambda_0$，用间距为 $0.5\lambda_0$，14 个寄生振子和 21 个有源振子就能综合出如图 2.28 中虚线所示的 SLL＝－19.5 dB 的笔形赋形方向图；如果把寄生振子的间距调整为 $\Delta x_B=2.7\lambda_0$，就能综合如图 2.28 中实线所示的 HPBW＝44.2°，SLL＝－19.7 dB，波动为±0.35 dB 的平顶赋形方向图。由于接地板的存在，此时有源振子的最大输入电阻和电抗变大，分别为 456 Ω 和 342.7 Ω。

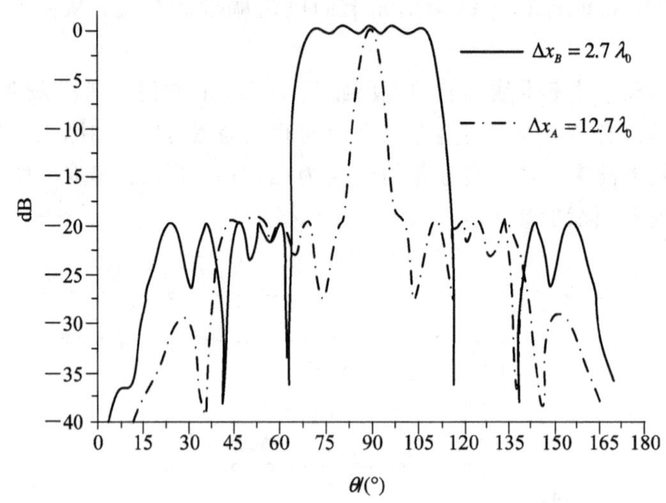

图 2.28　$\Delta y=0.2\lambda_0$，间距为 $0.5\lambda_0$，$\Delta x_A=12.7\lambda_0$，或 $\Delta x_B=2.7\lambda_0$，位于地面之上 $\lambda_0/4$，由 14 个寄生振子和 21 个有源振子就能综合的笔形赋形方向图

2.9　赋形波束基站天线

2.9.1　基站天线的赋形波束

为了减小频率复用距离，对如图 2.29(a)所示的蜂窝系统基站使用的基站天线，应具有如图 2.29(b)所示的赋形波束方向图，以尽可能低的副瓣电平指向使用相同频率的干扰区，以尽可能高的辐射电平包括浅的零深指向服务区。

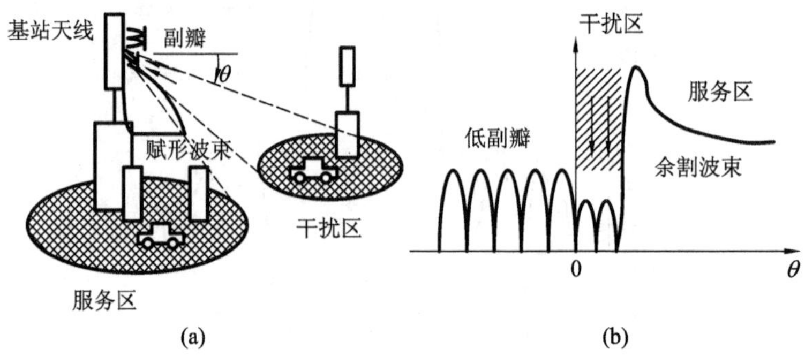

图 2.29　基站和赋形波束
(a) 基站；(b) 赋形波束

实现赋形波束方向图的方法层出不穷，但大多围绕在不影响主瓣波束宽度的情况下来降低副瓣电平。能实现赋形波束的方法是采用道尔夫-切比雪夫和泰勒分布，它们都采用等间距线阵，通过改变阵元电流的幅度、相位，或同时改变阵元电流的幅度和相位来实现低副瓣。道尔夫-切比雪夫分布在扼制副瓣电平和保持主瓣波束宽度之间的折中达到了最佳。但在应用切比雪夫多项式设计低副瓣天线阵时，不仅会遇到复杂的天线功分馈电网络的设计，还使天线增益降低，成本增加，另外对设计赋形波束方向图的基站天线而言，也有不足之处，因为基站天线不是压低所有副瓣电平，只是上副瓣的电平要低，以减小对邻区的干扰，下副瓣电平不仅不要低，而且要尽可能地高，还要对下第一个零深填充，以消除塔下黑。

用道尔夫-切比雪夫和泰勒分布在设计不均匀幅度天线阵时，也会遇到许多实际困难。特别是在设计用微带线馈电小尺寸低轮廓幅度渐变微带天线阵时，如果使用高介电常数基板来实现大幅度比阵元幅度分布，则会使微带线的宽度变得很窄，给加工带来困难；如果用低介电常数基板来实现大幅度比阵元幅度分布，则微带线的宽度又变得特别宽，宽的微带线将引起杂散辐射，恶化了所需要的辐射方向图。

随着赋形波束技术的不断发展，有一些适合基站赋形波束方向图使用的赋形波束技术。例如，用中心大、末端小的线性幅度分布，不等间距线阵、阵元电流的不等幅度和不等相位分布，不等间距和不等相位分布等都能实现基站天线需要的赋形方向图。在许多应用中，仅用不均匀相位比用不均匀幅度来综合赋形方向图更有吸引力，但仅用相位比仅用渐变幅度分布综合赋形波束需要更多的阵元。

2.9.2　用不等间距综合的赋形基站天线阵[14]

【例 2.4】　八元不等间距赋形微带基站天线阵。

图 2.30 是用 L 形探针给不等间距八元微带天线馈电构成的赋形基站天线阵。采用层叠贴片克服了微带天线频带窄的缺点，采用空气传输线和空气贴片天线克服了微带天线效率低的缺陷。由图 2.30 可以看出，该天线阵是由八个对称不等间距的矩形贴片组成的，工作频段为 1710～1880 MHz，每个贴片都是由厚 1 mm、长×宽($L\times W$)=62 mm×90 mm 的铝板组成的，平行位于接地板之上，贴片到接地板的距离 $h_1=17$ mm(相当 $h\approx0.1\lambda_0$)。为了赋形，采用了不等间距方案。相邻贴片之间的间距依次为 $1.12\lambda_0$，λ_0，$0.88\lambda_0$，$0.62\lambda_0$，$0.88\lambda_0$，λ_0，$1.12\lambda_0$。所有贴片都用直径为 2 mm 的 L 形探针馈电。L 形探针水平部分的长度 $L_p=31$ mm($\approx0.19\lambda_0$)，垂直部分的长度为 6.7 mm，所有的 L 形探针都接在一个截面为 6.3 mm×6.3 mm 的、由方铜棒构成的距地面 2 mm($h_2=2$ mm)高的空气传输线上，再与位于中心位置的同轴插座的内导体相连。空气传输线末端与接地板端接在一起，不仅起到固定支撑传输线的目的，而且使天线直流接地。由于距贴片 $\lambda_0/4$，因此在电气上相当于开路。接地板的尺寸为：长×宽=$L\times W$=1400 mm×170 mm。

传输线的阻抗按 50 Ω 设计，两个 L 形探针之间的间距均为 $\lambda_0/2$ 的整数倍，其等效电路如图 2.31 所示。每个贴片的输入阻抗均设计调整为 100 Ω。由于#1，#2，#3，#4 贴片并联，其输入阻抗为 100/4=25 Ω。同理，#5，#6，#7，#8 贴片也并联，输入阻抗也为 25 Ω。再分别经过 $3\lambda_0/4$ 和 $\lambda_0/4$，50 Ω 阻抗变换段变为 100 Ω，之后把它们并联变为 50 Ω，即与 50 Ω 馈线匹配。

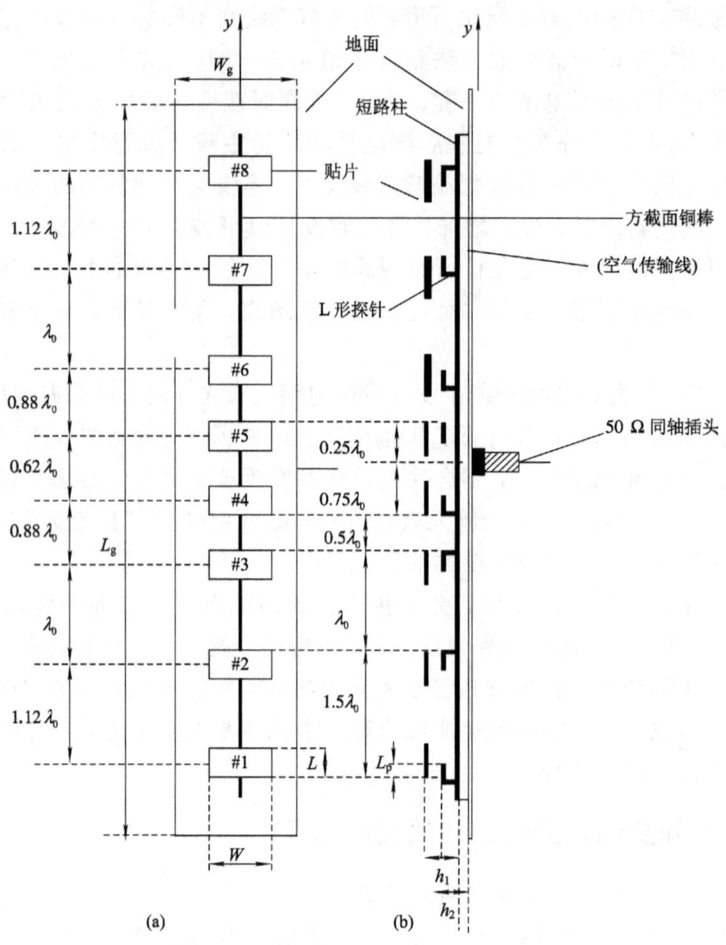

图 2.30 八元赋形波束微带天线阵的结构及尺寸

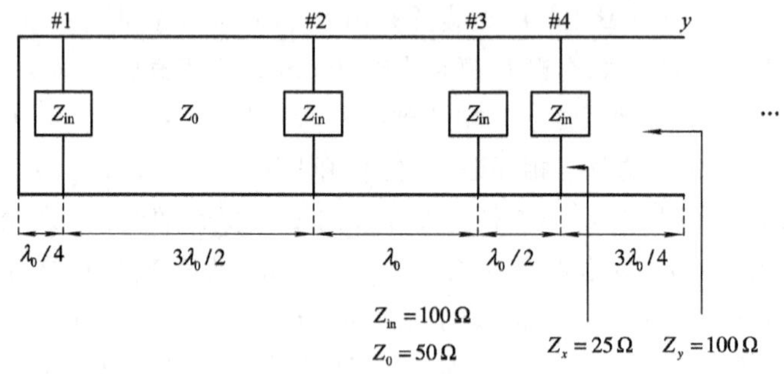

图 2.31 半个天线阵馈电网络的等效电路

图 2.32 是该天线阵实测 VSWR 和 G 的频率特性曲线。由图 2.32 可以看出，在 1700～1880 MHz 频段内，VSWR <1.5，最大增益为 14.5 dBi。在 1760 MHz 实测的 E 面和 H 面主极化和交叉极化方向图分别如图 2.33(a)、(b)所示。图 2.33 中，点画线为交叉极化分量。由 E 面方向图可以看出，$F/B>25$ dB，且有赋形功能，主瓣一侧，副瓣控制在 -20 dB 以下，另一侧则零填充，这些特性都是基站所希望的。由 E 面和 H 面方向图还可以看出，交叉极化电平均小于 -20 dB。

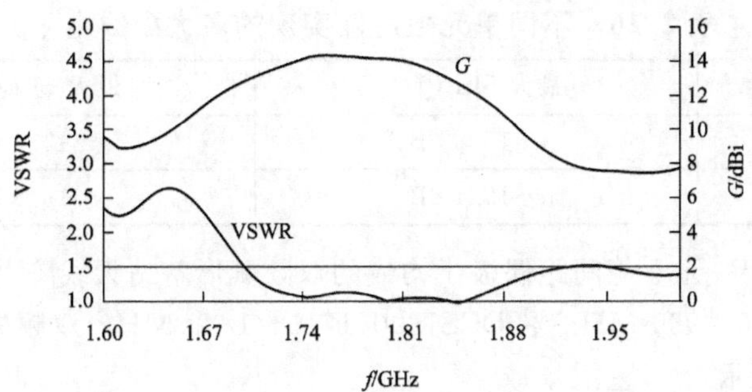

图 2.32　八元赋形波束微带天线阵实测 VSWR 和 G 的频率特性曲线

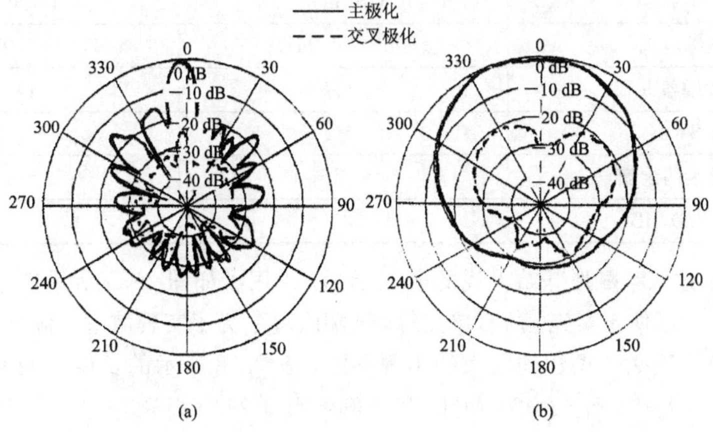

图 2.33　八元赋形波束微带天线阵在 1.76 GHz 实测 E 面和 H 面主极化和交叉极化方向图

(a) E 面；(b) H 面

【例 2.5】 用不等间距综合的双频低副瓣贴片天线阵。

图 2.34 是不等间距八元贴片天线阵。基本单元贴片的尺寸为长×宽＝40 mm×52 mm，支节宽 3.3 mm。制作贴片的介质基板厚 1.59 mm，$\varepsilon_r=4.3$。谐振频率 $f_1=1514$ MHz($\lambda_1=198$ mm)，$f_2=1993$ MHz，单元间距 $d_1=0.208\lambda_1$，$d_2=0.658\lambda_1$，$d_3=1.169\lambda_1$，$d_4=1.743\lambda_1$，每个单元的输入阻抗为 100 Ω，采用如图 2.34 所示的馈电网络。由于两两并联，所以并联点 A、B、C、D 的阻抗均为 50 Ω。两个 50 Ω 阻抗并联，故 P、Q 点阻抗只有 25 Ω。再经过特性阻抗为 50 Ω 的 $\lambda_0/4$ 阻抗变换段变成 100 Ω，在 F 点并联之后为 50 Ω。不同单元数所能实现的最大副瓣电平如表 2.26 所示。

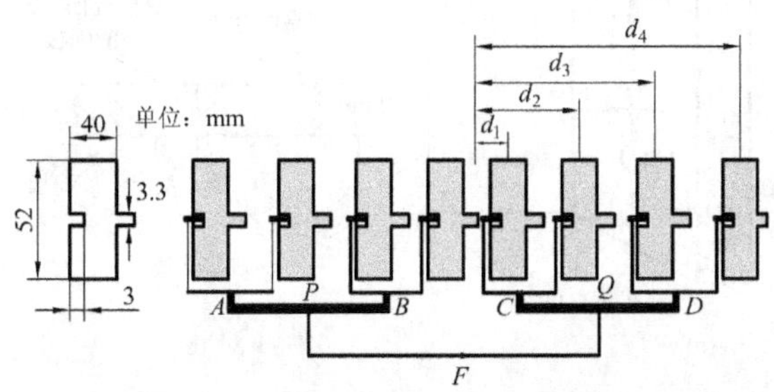

图 2.34　等间距八元贴片天线阵

表 2.26　不同单元数所能实现的最大副瓣电平

单元数	最大 SLL(f_1)	最大 SLL(f_2)
8	−15.8 dB	−15.8 dB
16	−19.4 dB	−19.8 dB

【例 2.6】 由十一元不等间距偶极子构成的双频赋形基站天线阵[15]。

对 GSM900(800～960 MHz)和 DCS1800(1710～1880 MHz)双频中增益赋形基站天线的要求如表 2.27 所示。

表 2.27　对 GSM900 和 DCS1800 双频中增益赋形基站天线的要求

参数	GSM900	DCS1800
频率范围	800～960 MHz	1710～1880 MHz
最大增益/dBi	15.5	17.5
HPBW/(°)	<10.5	<6
在 20 扇区的副瓣/dB	−18	−18
(F/B)/dB	20	20

为了实现上述双频赋形基站天线的电气指标，采用了如图 2.35 所示的十一元共线印刷偶极子天线阵。为了便于实施，所有单元等幅同相馈电。为了实现波束下倾和赋形，采用如表 2.28 所示的中间间距小、两边间距大的不等间距。表 2.28 所示的长度和间距都是计算机优化的结果。表 2.28 中，λ_0 为 920 MHz 和 1800 MHz 的中心频率 $f_0=(920+1800)/2=1360$ MHz 所对应的波长($\lambda_0=220$ mm)。

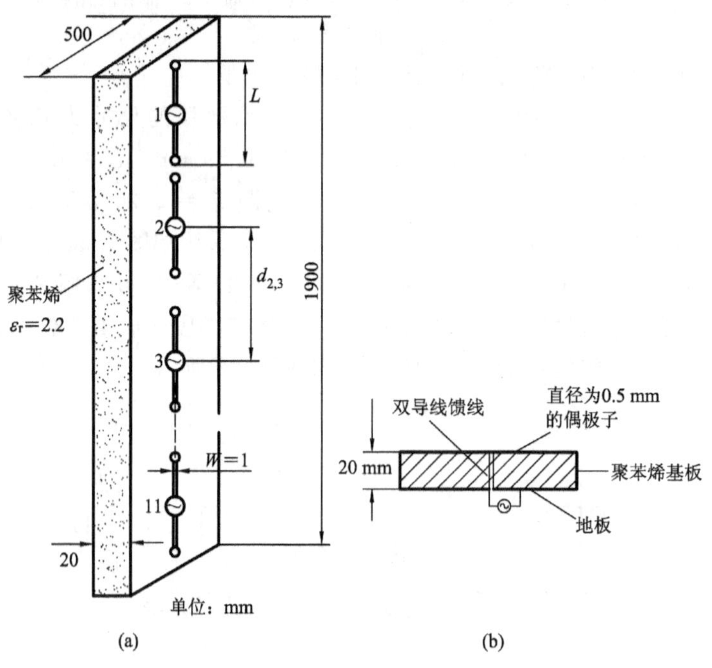

图 2.35　双频中增益十一元赋形基站天线和基本辐射单元

(a) 基站天线；(b) 基本辐射单元

表 2.28　有和无波束下倾十一元偶极子赋形波束基站天线的不等单元间距

波束下倾		波束下倾 5°	无波束下倾
长度 $L_1, L_2, \cdots, L_{11}$		111.3(0.506λ_0)	112.3(0.51λ_0)
间距	$d_{1,2}$	206(0.936λ_0)	209(0.95λ_0)
	$d_{2,3}$	200(0.909λ_0)	201(0.91λ_0)
	$d_{3,4}$	166(0.75λ_0)	156(0.709λ_0)
	$d_{4,5}$	138(0.627λ_0)	151(0.686λ_0)
	$d_{5,6}$	138(0.627λ_0)	140(0.636λ_0)
	$d_{6,7}$	134(0.609λ_0)	141(0.641λ_0)
	$d_{7,8}$	155(0.704λ_0)	142(0.645λ_0)
	$d_{8,9}$	129(0.586λ_0)	130(0.591λ_0)
	$d_{9,10}$	210(0.954λ_0)	185(0.841λ_0)
	$d_{10,11}$	206(0.936λ_0)	210(0.954λ_0)

用表 2.28 给出的单元长度和间距可制作无波束下倾和波束下倾 5°的十一元双极化共线赋形基站天线。图 2.36(a)为 GSM 920 MHz 频段波束下倾 5°实测 E 面方向图。由图 2.36(a)可看出，主波束下倾 5°，G=15.5 dBi，SLL<−18 dB。图 2.36(b)为 DCS 1800 MHz 频段波束下倾 5°实测 E 面方向图。由图 2.36(b)可以看出，G=17.5 dBi，SLL<−20 dB。

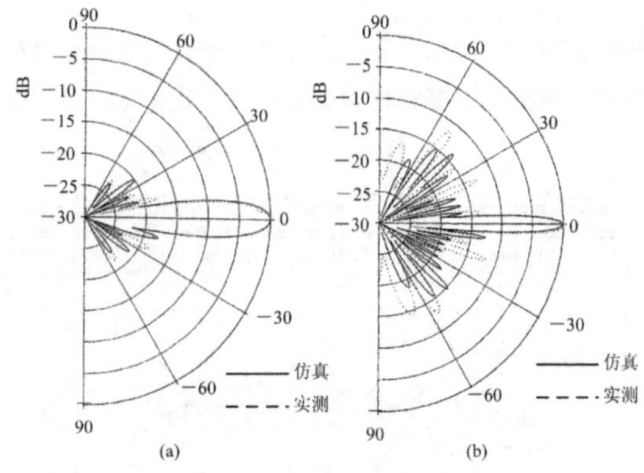

图 2.36　双频赋形基站天线在 920 MHz 和 1800 MHz 频段仿真和实测 E 面方向图
(a) f=920 MHz；(b) f=1800 MHz

2.9.3　用不等间距和不等相位差线阵综合的赋形基站天线

【例 2.7】　用不等间距和不同相位差八元偶极子综合的赋形波束基站天线阵。

图 2.37(a)是用不等间距不等相位差八元 $\lambda_0/2$ 偶极子构成的基站天线阵，所有单元都安装在宽 0.75λ_0、侧边高 0.045λ_0 的 U 形地板上，偶极子到 U 形地板的距离为 0.25λ_0。图 2.37(b)是用图 2.37(a)所示的单元间距和相位差但阵元等幅馈电综合出来的赋形垂直面方向图。由图 2.37(b)可求得 $HPBW_E$=8.4°，上副瓣为−19.6 dB，下第一个零填充到−19.9 dB。图 2.38(a)是另外一组单元间距和相位差八元偶极子基站天线阵，U 形地板的尺寸与图 2.37 相同，图 2.38(b)是用图 2.38(a)所示的单元间距和单元激励相位综合出来的垂直面赋形方向图。由图 2.38 可以求得：$HPBW_E$=7.8°，上副瓣电平−18.7 dB，下第一个零深填充到−18.7 dB。

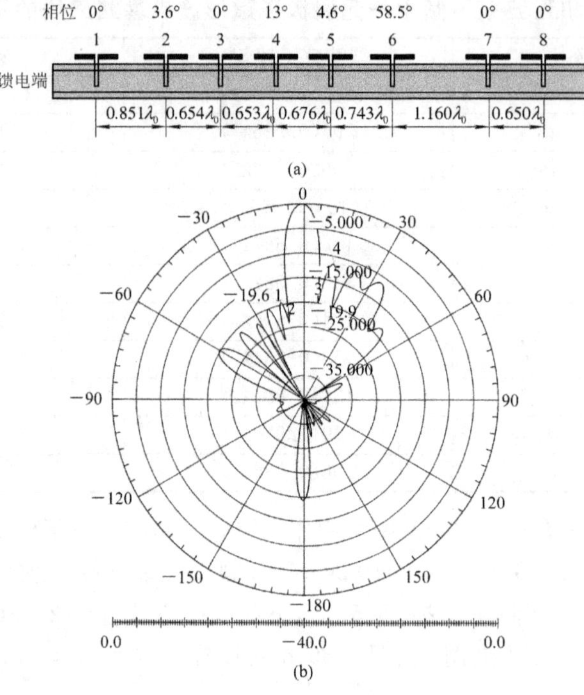

图 2.37 八元不等间距不等相位差八元 $\lambda_0/2$ 长偶极子天线阵及仿真的垂直面赋形方向图

(a) 不等间距及不等相位差分布；(b) 垂直面赋形方向图

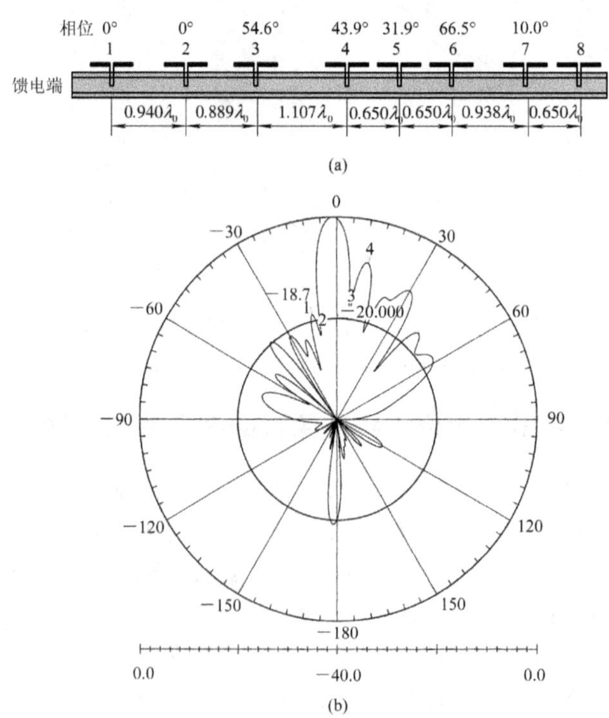

图 2.38 八元不等间距不等相位差八元 $\lambda_0/2$ 长偶极子天线阵及仿真的垂直面赋形方向图

(a) 不等间距及不等相位差分布；(b) 垂直面赋形方向图

【例 2.8】 用不等间距和不等相位差综合的中增益赋形贴片天线阵。

图 2.39 是由四单元 L 形探针给贴片天线馈电构成的 PCS 频段中增益赋形基站天线的结构和尺寸。设计频段为 PCS 1800 MHz（1710～1880 MHz），中心工作频率 $f_0 =$ 1800 MHz($\lambda_0 = 166.67$ mm)。为实现宽带赋形波束，采用了以下技术：

(1) 用 L 形探针电磁耦合馈电技术，实现了宽频带。L 形探针是用 $\Phi = 1.6$ mm 的铜线制成的。垂直部分长度 $N = 14$ mm($0.084\lambda_0$)，水平部分长度 $S = 27$ mm(0.162λ)，每个 L 形探针由贴片长边中心馈电，且均与馈电网络相连。

(2) 赋形波束，采用了不等间距天线阵及不等相位差馈电。如图 2.39 所示，四个尺寸完全相同的贴片从左到右记作 1～4，它们的间距分别为 110 mm、140 mm 和 150 mm，相位差依次为 0°、30°、−15°和 15°。注意：给 1 和 4 贴片馈电的 L 形探针向右同相，给 2、3 贴片馈电的 L 形探针也同相，但向左。可见，1、4 和 2、3 反相，结果使 1～4 贴片的相对相位差变成 0°、210°(180°+30°)、165°(180°−15°)、15°。

贴片的尺寸为长×宽＝63 mm×91 mm，距地面的高度 $H = 19$ mm($0.114\lambda_0$)。

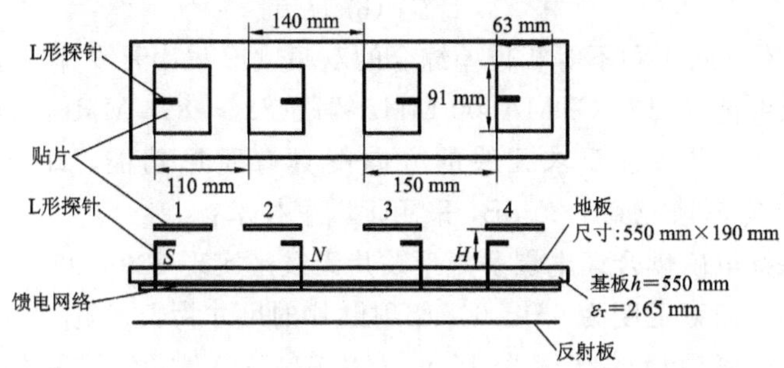

图 2.39 用 L 形探针馈电四元不等间距贴片天线阵

图 2.40 为天线阵实测 VSWR 的频率特性曲线。由图 2.40 看出，在 1550～1950 MHz 的频段内，VSWR<1.5，相对带宽为 22.2%。在 1800 MHz 实测的 E 面和 H 面方向图如图 2.41(a)、(b)所示。由图 2.41(a)可以求出，$\mathrm{HPBW}_E = 16°$，$F/B = 32.4$ dB。右边第一副瓣电平为 −20.7 dB，左边第一副瓣电平为 −15.5 dB，左边第一零深为 −18 dB。可见，E 面方向图确实具有赋形特性。由图 2.41(b)所示的 H 面方向图可以求出 $\mathrm{HPBW}_H = 59°$，$F/B = 39.7$ dB，在轴线，交叉极化比高达 −35 dB。由 $\mathrm{HPBW}_E = 16°$和 $\mathrm{HPBW}_H = 59°$求出天线阵的增益为

$$G = 10\lg\frac{30000}{16 \times 59} = 15 \text{ dB}$$

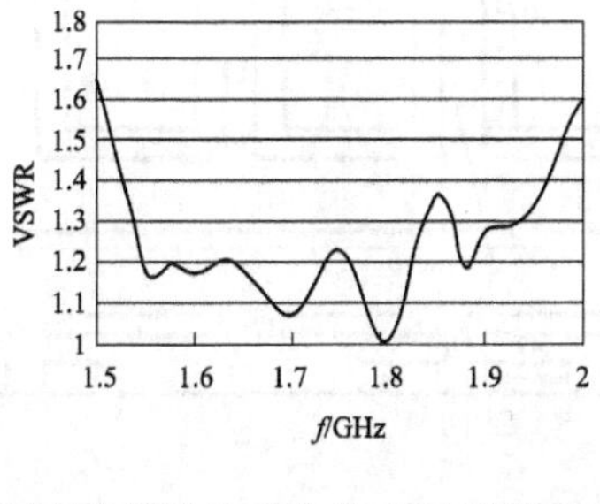

图 2.40 四元不等距贴片天线阵实测 VSWR～f 特性曲线

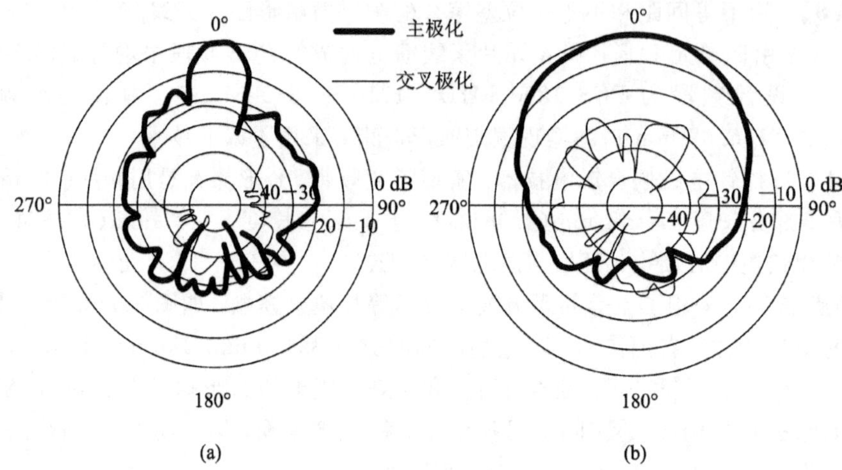

图 2.41 四元不等间距贴片天线阵实测 E 面和 H 面赋形方向图

(a) E 面；(b) H 面

【例 2.9】 用不等间距和不等相位差综合的双频赋形贴片天线阵[16]。

为了用一副天线能同时在 CDMA800 MHz 频段(824～896 MHz)和 GSM 900 MHz 频段(870～960 MHz)工作，且要求天线的方向图具有赋形功能，即上第一副瓣抑制到 -15 dB，下第一个零深填充到 -20 dB，采用了以下技术：

(1) 用 L 形探针电磁耦合馈电层叠矩形贴片天线来实现 820～960 MHz 的宽频带。为了保证水平面半功率波束宽度为 65°±6°，辐射贴片的尺寸为长×宽＝143 mm($0.424\lambda_0$)×217 mm($0.644\lambda_0$)，离地板的高度为 15 mm($0.0445\lambda_0$)。寄生贴片的尺寸为长×宽＝129 mm($0.383\lambda_0$)×199 mm($0.59\lambda_0$)，离地板的高度为 32 mm($0.0949\lambda_0$)。接地板的宽度为 260 mm($0.7715\lambda_0$)。在接地板的每一边都附加了能减小后瓣高 50 mm 的侧边。L 形探针的尺寸为：垂直部分 12 mm，水平部分 49 mm。为扼制交叉极化分量，用一对反相 L 形探针给相邻贴片电磁耦合馈电。

(2) 为了实现赋形波束，采用了不等间距线阵，每单元等功率，但用不同相位馈电。

1. 四元天线阵

天线的单元间距如图 2.42 所示。地板的尺寸为 1200 mm×260 mm。

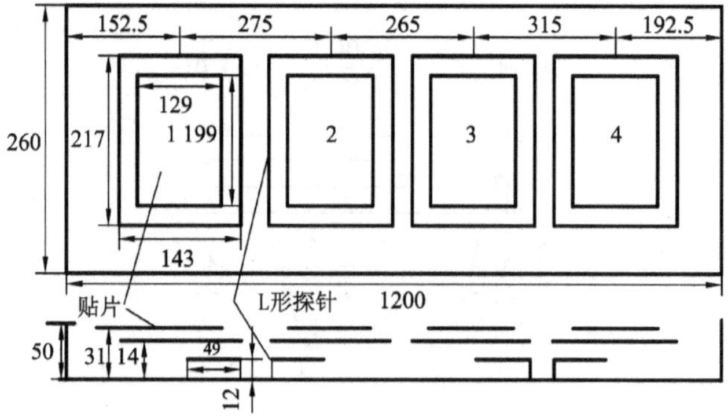

图 2.42 四元赋形波束贴片天线阵的结构尺寸(单位：mm)

1～4 单元的最佳相位如表 2.29 所示。

表 2.29 1～4 单元的最佳相位

0°	−10°	−10°	0°	无波束倾斜
0°	−70°	−100°	−150°	波束下倾 10°

四元无波束倾斜的 E 面和 H 面增益方向图如图 2.43(a)所示，波束下倾 10°的 E 面和 H 面增益方向图如图 2.43(b)所示。

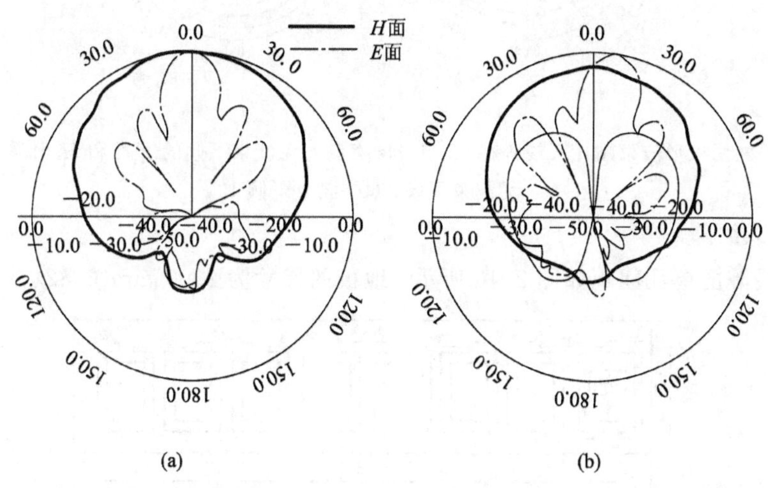

图 2.43 四元赋形波束贴片天线阵在 820 MHz 实测有无波束下倾的 E 面和 H 面的增益方向图
(a) 无波束下倾；(b) 波束下倾 10°

2. 六元天线阵

六元天线阵的单元间距如图 2.44 所示。地板的尺寸为 1700 mm×2600 mm。

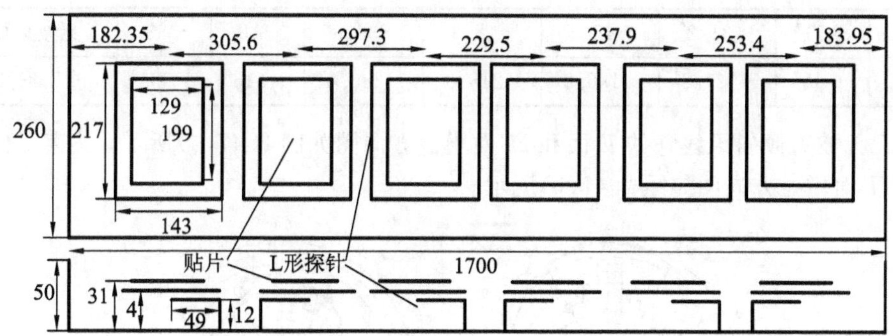

图 2.44 六元赋形波束贴片天线阵的结构尺寸

1～6 单元的最佳相位如表 2.30 所示。

表 2.30 1～6 单元的最佳相位

0°	−15°	18.9°	3.9°	−11.5°	−25.8°	无波束倾斜
0°	−75°	−81.1°	−126°	−171.5°	−238.5°	波束下倾 10°

六元无波束倾斜天线阵的 E 面和 H 面增益方向图如图 2.45(a)所示，波束下倾 10°的 E 面和 H 面增益方向图如图 2.45(b)所示。

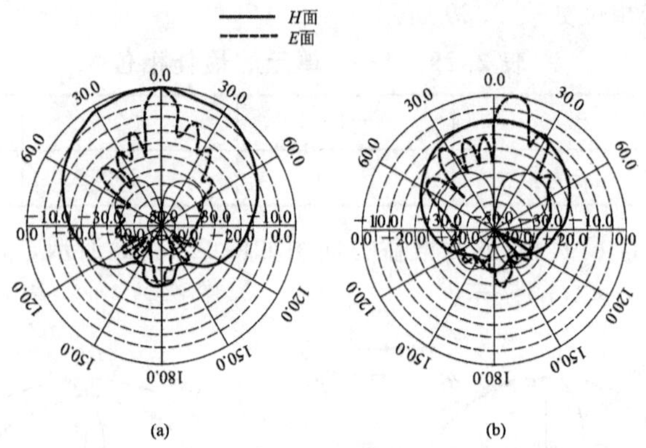

图 2.45 六元赋形波束贴片天线阵在 820 MHz 实测有无波束下倾的 E 面和 H 面增益方向图
(a) 无波束下倾；(b) 波束下倾 10°

3. 八元天线阵

八元天线阵的单元间距如图 2.46 所示。地板的尺寸为 2300 mm($6.82\lambda_0$)×260 mm。

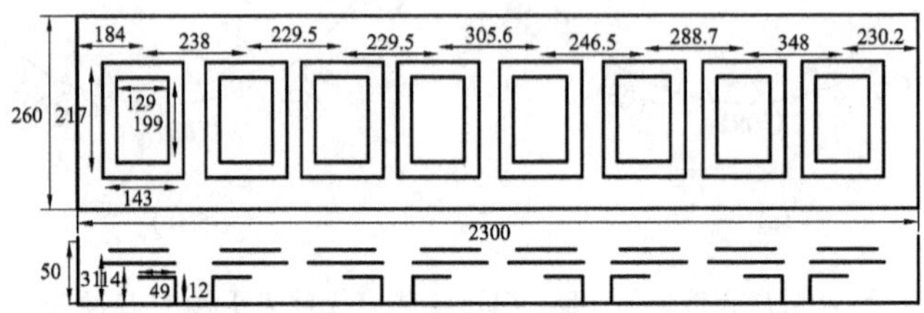

图 2.46 八元赋形波束贴片天线阵的结构尺寸

1～8 单元的最佳相位如表 2.31 所示。

表 2.31 1～8 单元的最佳相位

0°	−11°	−31.2°	−46.2°	−18.8°	−33.8°	−18°	−33°	无波束倾斜
0°	−61°	−131.2°	−196.2°	−218.8°	−283.8°	−318°	−383°	波束下倾 10°

八元无波束倾斜天线阵的 E 面和 H 面增益方向图如图 2.47(a)所示，波束下倾 10°的 E 面和 H 面增益方向图如图 2.47(b)所示。

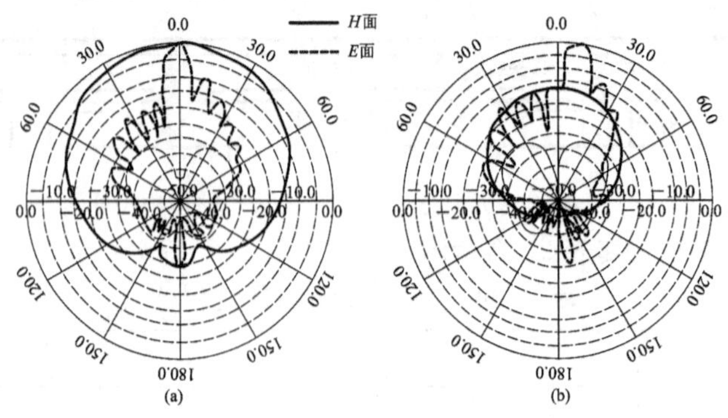

图 2.47 八元赋形波束贴片天线阵在 820 MHz 实测有无波束下倾的 E 面和 H 面增益方向图
(a) 无波束下倾；(b) 波束下倾 10°

四元、六元和八元赋形波束天线阵的 VSWR 频率特性曲线如图 2.48(a)所示。增益的频率特性如图 2.48(b)所示。由上述图求出的天线阵的电参数如表 2.32 所示。

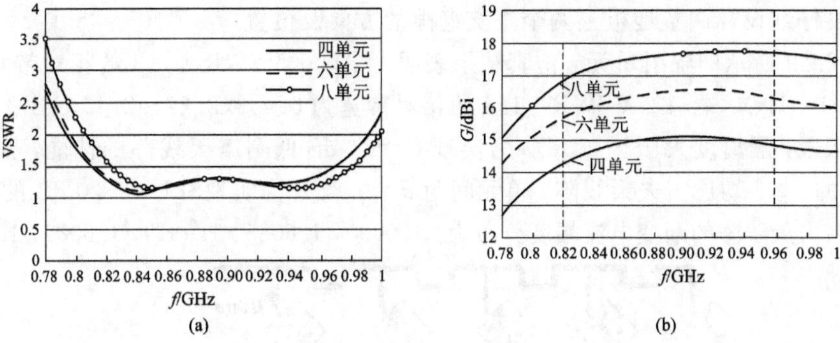

图 2.48　四元、六元和八元赋形波束贴片天线阵实测 VSWR 和 G 的频率特性曲线

(a) VSWR 曲线；(b) 增益曲线

表 2.32　四元、六元和八元赋形波束天线阵的实测电参数

单元	VSWR<1.5 的相对带宽	E 面方向图			$HPBW_H$	G/dB	F/B
		$HPBW_E$	上第一副瓣	下第一零深			
四单元	18% 810～970 MHz	16°	−15 dB	−20 dB	70°	14～15	25 dB
六单元	17.4% 815～970 MHz	12°	−18 dB	−17 dB	69°	15～16.5	25 dB
八单元	17.2% 825～980 MHz	9°	−15 dB	−17 dB	69°	16.7～17.7	25 dB

2.9.4　用切比雪夫分布综合的 2.4 GHz 双极化赋形基站天线阵[17]

图 2.49 是双极化赋形基站天线阵的基本辐射单元。为实现高增益和宽频带，该辐射单元采用了以下技术。

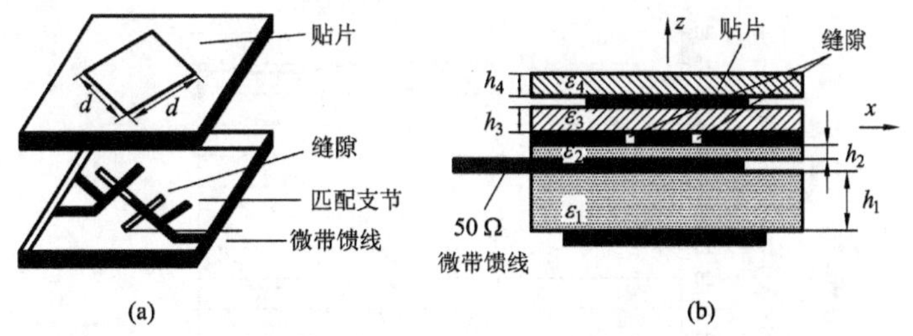

图 2.49　双极化赋形基站天线阵的基本辐射单元

(a) 立体；(b) 侧视

1. 多层结构

由图 2.49(b)可以看出，使用了 $h_2=1.6$ mm，$\varepsilon_2=4.7$ 和 $h_4=1.6$ mm，$\varepsilon_4=4.7$ 的两层 FR4 基板，以及 $\varepsilon_1=1.07$，$h_1=45$ mm，$h_3=6$ mm 的两层泡沫层。

2. 缝隙耦合馈电菱形方贴片

为实现±45°双极化，使用了边长 $d=45.6$ mm 的方菱形贴片，为实现端口之间的最大隔离度，要仔细设计调整地板上两个正交缝隙的方向及位置。

对图 2.49 所示的辐射单元，仿真结果表明：端口 1 VSWR≤1.3 的相对带宽为 4.7%（2.29～2.4 GHz），端口 2 VSWR≤1.3 的相对带宽为 6.4%（2.27～2.42 GHz），在 2.3～2.4 GHz 频段，隔离度大于－47 dB。为实现 $G=14$ dB 低副瓣天线阵的性能，采用了如图 2.50 所示的 1×5 切比雪夫天线阵。单元间距 $d=0.8\lambda_0$。为实现SLL＝－20 dB 的副瓣电平，五元切比雪夫天线阵的渐变电流幅度分布为：1.0000，1.6085，1.9319，1.6085，1.0000。

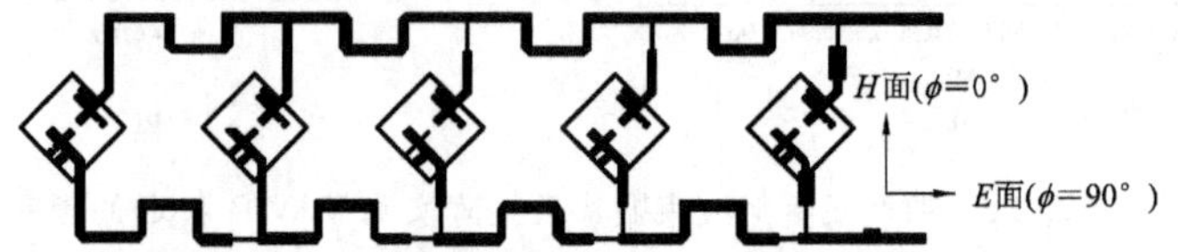

图 2.50　由图 2.49 所示的基本辐射单元构成的五元切比雪夫天线阵

为了使尺寸紧凑，使用了串联行波馈电技术。使用串联行波馈电技术造成主波束在 2.3 GHz 和 2.4 GHz 两个边频波束最大值倾斜 1.5°。通过设计馈线的宽度，可获得馈电网络中使用的功分比。

图 2.51(a)、(b)是在一个端口激励，实测天线阵的 E 面和 H 面方向图。由图 2.51(a)可以看出，采用渐变电流幅度分布确实把 SLL 压低到了－20 dB，且上下副瓣相等。图 2.51(c)是在 45°平面实测天线阵的 S_{11} 和 G 的频率特性曲线，另外还实测了端口隔离度，在 2.3 GHz 为－37 dB，在 2.4 GHz 为－45 dB。

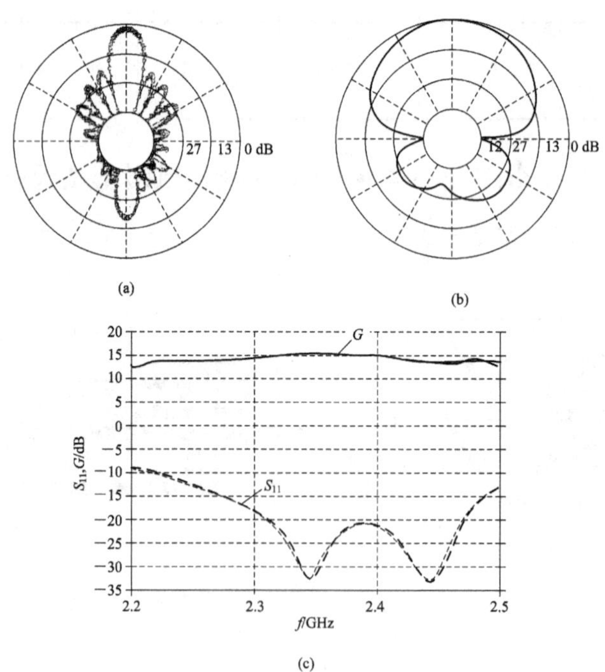

图 2.51　五元切比雪夫天线阵实测方向图及 S_{11} 和增益的频率特性曲线

(a) E 面；(b) H 面；(c) S_{11} 和 G

根据实测结果，把主要电参数列在表 2.33 中。

表 2.33　五元切比雪夫天线阵主要实测电参数

电参数	实测结果
频率范围	端口 1，2270～2470 GHz
	端口 2，2300～2470 GHz
$HPBW_H$	65°
$HPBW_E$	14°
(F/B)/dB	30
G/dBi	14.5
隔离度	－40 dB
SLL	－20 dB
VSWR	1.3∶1

2.9.5　用不等幅度和不等相位线阵综合的赋形基站天线

计算机仿真分析和实验验证表明，对等间距线阵天线，可以只用不等功率分布，或只用不等相位分布，都能有效扼制上副瓣，增大下副瓣电平，但都有不足之处，如仅用不等功率分配。例如，给各阵元按 2∶1 功分比同相馈电，存在主副瓣之间有很深零值的缺点，仅用不等相位扼制上副瓣，抬高下副瓣效果不明显，而且两种方法均不能对下第一个零深有效填充。但同时使用不等幅不同相线阵天线，就能得到比较满意的基站天线所需要的赋形方向图。

(1) 把线阵分成三组，用等功分器实现上大、中下小的幅度分布。

在工程上，为了便于实现，一种简单的方法就是把多单元线阵天线分成三组，如果单元的数目不能被 3 整除，余数为 1，则分给上面一组，如果余数为 2，则给上面一组和中间一组各加一个。在功率分配方面，要让上面一组是中间一组和下面一组功率的 1.1～1.2 倍，中间一组和下面一组功率相等；在相位方面，要让中间一组的相位均比上下两组滞后，就能在很宽的频带内实现比较好的赋形波束方向图。按上述分配阵元的幅度和相位的六元线阵天线，在 15.2%的带宽内，上副瓣扼制到－18 dB，下第一个零值填充到－15 dB。图 2.52(a)、(b)分别是按上述原则，用等间距十元和八元线阵实现赋形方向图所需要的幅度和相位分布。

图 2.53(a)、(b)仍然是把八元线阵分成三组，让上面一组的幅度比中间和下面一组的大。图 2.53(a)是用了三个二功分器和两个三功分器实现了 1，1，1，0.866，0.866，0.707，0.707，0.707 的不等幅度分布。图 2.53(b)是用了四个二功分器和一个三功分器实现了 1，1，1，0.866，0.866，0.866，0.612，0.612 的不等幅度分布。

用图 2.52 和图 2.53 所示的不等幅度分布综合赋形基站天线阵，由于均使用等功分器，因而具有容易实施的优点。

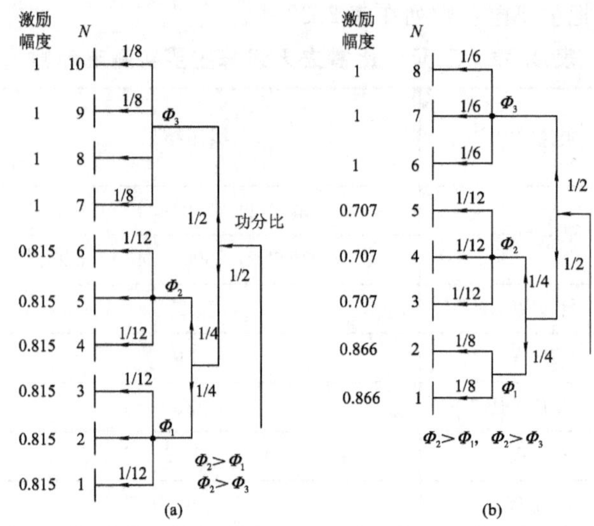

图 2.52 实现基站天线赋形方向图所需要的阵元幅度和相位分布

(a) 十元线阵；(b) 八元线阵

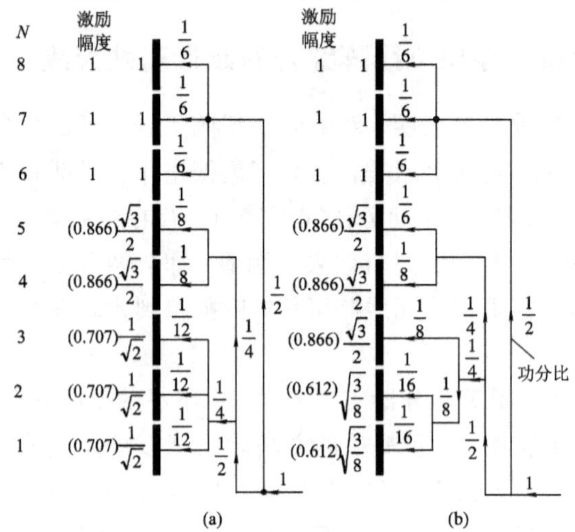

图 2.53 由二功分器和三功分器实现八元线阵天线的幅度分布

(a) 用了三个二功分器和两个三功分器；(b) 用了四个二功分器和一个三功分器

当然，上面综合基站天线赋形波束方向图所采用的分组及不等幅度和不等相位的分布原则只是一般原则，只要能实现基站天线阵的赋形波束方向图，也可以用其他分组方法及不等幅度和不等相位分布。

(2) 把线阵分成三组，用等功分器实现上小、中下大且相等的幅度分布。

【例 2.10】 用不等幅不同相六元 $\lambda_0/2$ 长偶极子在 2.4 GHz 综合的赋形方向图。

在 2.4 GHz 频段，把等间距(d=120 mm)六元不等幅不同相 $\lambda_0/2$ 长偶极子安装在宽度为 125 mm、侧边高 30 mm(HPBW_H=65°)的 U 形地板上，一种方法是用如图 2.54(a)所示的三个二功分器和一个三功分器给六元 $\lambda_0/2$ 长偶极子馈电来实现表 2.34 中六元线阵天线的幅度分布。表 2.34 还给出了阵元的相位分布。图 2.54(b)是用表 2.34 中的阵元幅度和相位分布综合的赋形方向图。由图 2.54 可以看出，上副瓣扼制到－18.3 dB，下第一个零值填充到－13.6 dB。

表 2.34　六元线阵天线的阵元幅度和相位分布

n	1	2	3	4	5	6
$\|a_n\|$	1	1	1	1.73	1.73	1.73
Φ_n	0°	0°	30°	25°	30°	0°

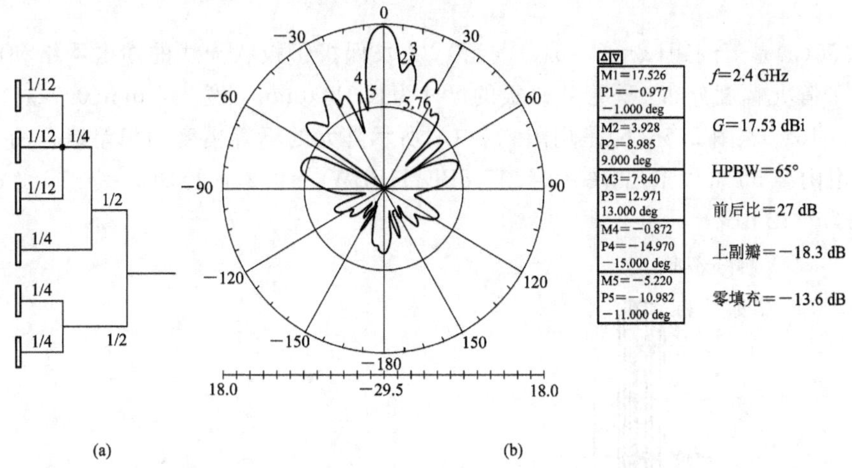

图 2.54　实现表 2.34 所示阵元幅度的馈电网络及用表 2.34 给定的幅度相位分布综合的赋形方向图

(a) 馈电网络；(b) 综合的赋形方向图

另一种方法仍然用了三个二功分器和一个三功分器。表 2.35 为六元 $\lambda_0/2$ 长偶极子的阵元幅度和相位分布，图 2.55 是表 2.35 所示阵元幅度的馈电网络及用表 2.35 中给定的阵元幅度和相位分布综合的赋形方向图。由图 2.55 可以看出，上副瓣扼制到－16.6 dB，下第一个零值填充到－13 dB。

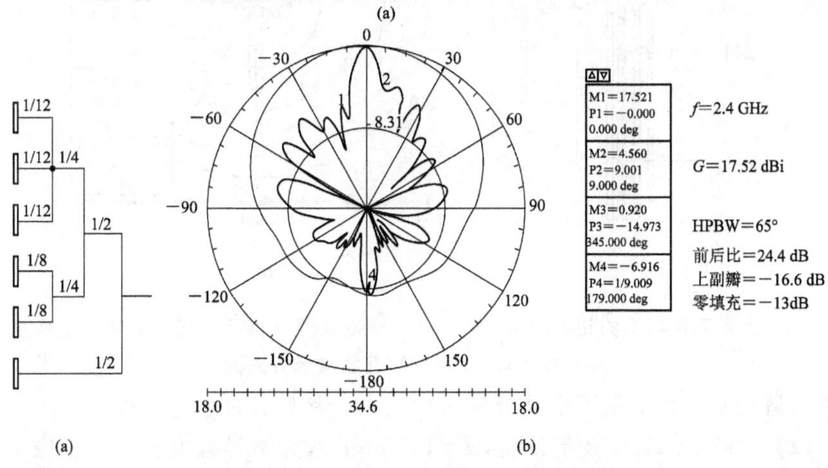

图 2.55　实现表 2.35 所示阵元幅度的馈电网络及用表 2.35 给定的幅度相位分布综合的赋形方向图

(a) 馈电网络；(b) 综合的赋形方向图

表 2.35 六元线阵天线的阵元幅度和相位分布

n	1	2	3	4	5	6
$\lvert a_n \rvert$	1	1	1	1.5	1.5	1.5
Φ_n	0°	0°	30°	25°	40°	0°

以上两种情况相比，用表 2.34 阵元的幅度和相位分布综合的上副瓣要小一些。

【例 2.11】 用不等幅不同相六元等间距 $\lambda_0/2$ 长偶极子在 $f_0=915$ MHz 综合的赋形基站天线。

图 2.56(a)是等间距($d=0.95\lambda_0$)六元 $\lambda_0/2$ 长偶极子板状天线的馈电网络和由此馈电网络构成的阵元幅度分布，U 形接地板的尺寸为长 1850 mm，宽 244 mm($0.74\lambda_0$)，侧边高 15 mm($0.046\lambda_0$)。图 2.56(b)是用图 2.56(a)所示阵元的不等幅度和相差综合的垂直赋形方向图。由图 2.56 可以求出，$G=15.47$ dBi，$\text{HPBW}_E=9.2°$，上 SLL＝－15.3 dB，下第一个零深为－12 dB。

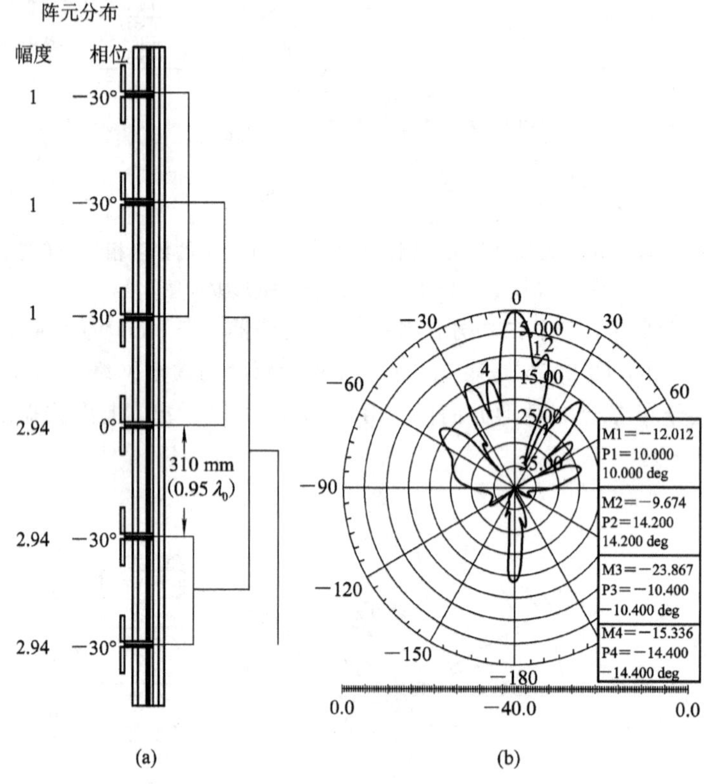

图 2.56 六元不等幅不同相等间距线阵天线的幅度相位分布及仿真的赋形垂直面方向图

(a) 馈电网络；(b) 综合的赋形方向图

(3) 把线阵分成三组，用不等功分器实现上大、中下小的幅度分布。

【例 2.12】 在 2.4 GHz 用等间距($d=120$ mm)八元不等幅度和不等相位 $\lambda_0/2$ 长偶极子综合的赋形方向图。

图 2.57 是用表 2.36 所示的八元 $\lambda_0/2$ 长偶极子天线的不等幅度和不等相位综合出来的赋形方向图。由图 2.57 可以看出，上副瓣扼制到－17 dB，下第一个零值填充到－13 dB。

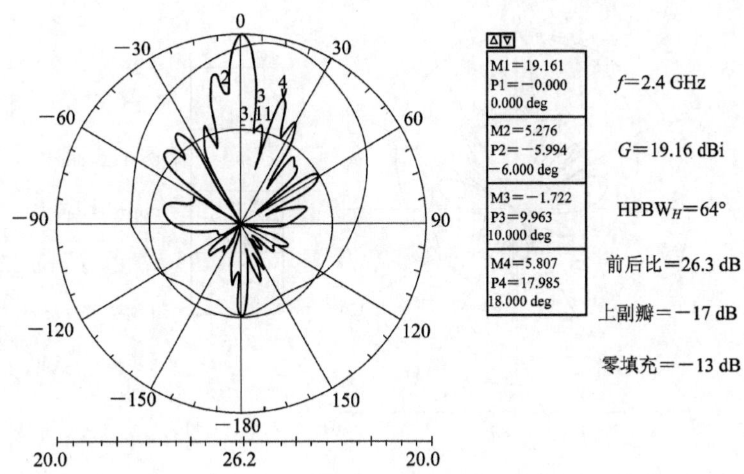

图 2.57 用表 2.36 给定的阵元幅度和相位分布综合的赋形方向图

表 2.36 八元 $\lambda_0/2$ 长偶极子天线的不等幅度和不等相位分布

阵元分布	幅度	0.707	0.707	0.707	0.866	0.866	1	1	1
	相位/(°)	0	15	−30	10	35	25	15	0

(4) 用中间大、两端小的线性幅度分布和不等相位综合的赋形基站天线。

让阵元电流为幅度中间大、两端小的线阵分布，而且最大/最小幅度比又比较小，就能比较容易地通过控制单元电流的相位分布来综合赋形波束。

【例 2.13】 用等间距($d=\lambda_0/2$)十六元线阵综合的赋形方向图。

采用如图 2.58(a)所示的对称线性幅度分布和相位分布就能综合出如图 2.58(b)所示的赋形方向图。由图 2.58 可以看出，在服务区主瓣类似于余割方向图，−30 dB 的副瓣电平指向干扰区，−20 dB 的副瓣电平指向非服务区。

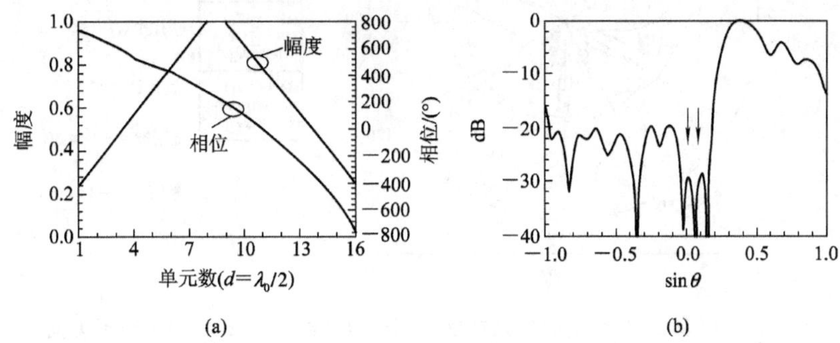

图 2.58 等间距($d=\lambda_0/2$)十六元线阵的激励幅度和相位分布及赋形方向图

(a) 单元的激励幅度和相位分布；(b) 赋形方向图

【例 2.14】 用等间距($d=120$ mm)中间大、两端小的幅度分布和不等相位分布八元 $\lambda_0/2$ 长偶极子综合 2.4 GHz 赋形方向图。

图 2.59 是用表 2.37 所示的八元 $\lambda_0/2$ 长偶极子天线阵中间大、两端小的幅度分布和不等相位分布综合出来的赋形方向图。由图 2.59 可以看出，上副瓣扼制到−19.5 dB，下第一个零值填充到−15 dB。

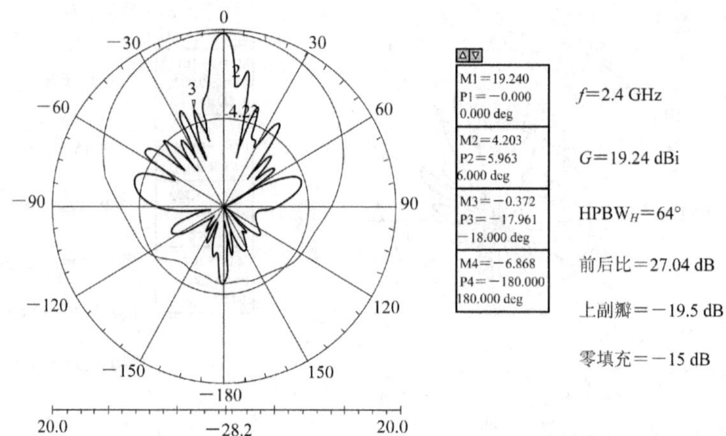

图 2.59　用表 2.37 给定的阵元幅度和相位分布综合的 2.4 GHz 赋形方向图

表 2.37　八元 $\lambda_0/2$ 长偶极子天线阵的中间大、两端小的幅度分布和不等相位分布

阵元分布	幅度	0.597	0.805	0.930	1.000	1.000	0.930	0.805	0.597
	相位/(°)	0	15	30	40	30	0	0	0

图 2.60 是用另外一种等间距(d=120 mm)及表 2.38 所示的中间大、两端小的线性幅度分布和不等相位分布八元 $\lambda_0/2$ 长偶极子天线阵综合出来的 2.4 GHz 赋形方向图。由图 2.60 可以看出，上副瓣扼制到−18.4 dB，下第一个零值填充到−15 dB。

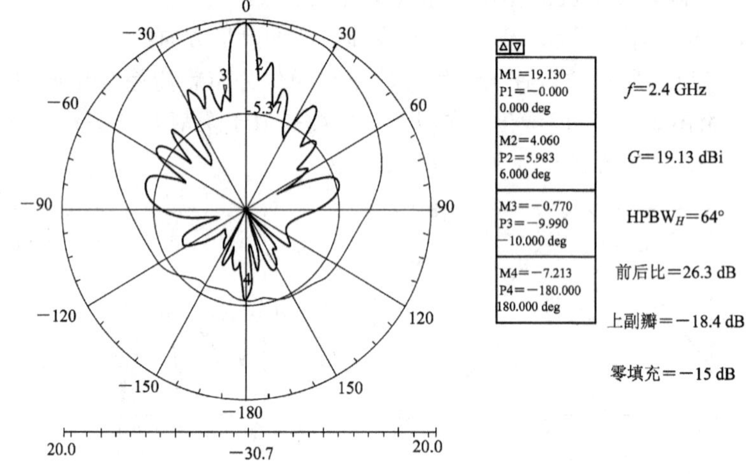

图 2.60　用表 2.38 给定的阵元幅度和相位分布综合的 2.4 GHz 赋形方向图

表 2.38　八元 $\lambda_0/2$ 长偶极子天线阵的中间大、两端小的线性幅度分布和不等相位分布

阵元分布	幅度	1.15	1.15	1.15	2	1	1	1	1
	相位/(°)	0	−10	30	20	30	−15	−10	0

【例 2.15】 十六元赋形波束基站天线阵[18]。

用神经网络也可以综合上副瓣扼制，下零填充赋形波束基站天线阵。图 2.61 是赋形基站天线阵的垂直面方向图。由图 2.61 可以看出，上副瓣扼制(SLL=−18 dB)，下零填充

(−13 dB)，它是用十六元等间距($d=0.7\lambda_0$)但不等幅不同相 $\lambda_0/2$ 长偶极子综合出来的，每个单元电流的激励幅度和相位如表 2.39 所示。

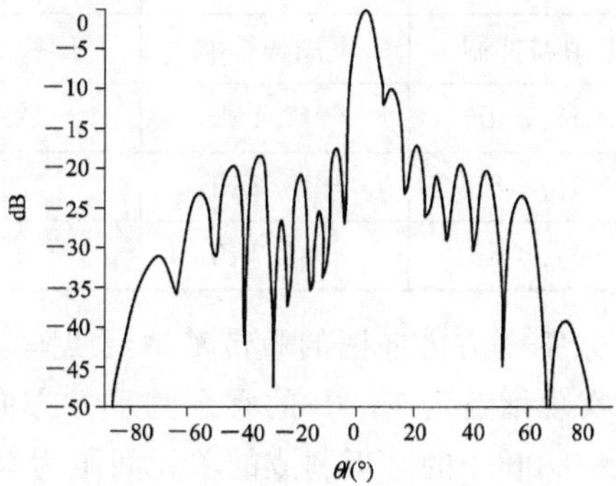

图 2.61　用表 2.39 所示的十六元线阵单元电流激励幅度和相位综合的赋形方向图

表 2.39　综合图 2.61 所示的赋形方向图使用的等间距($d=0.7\lambda_0$)十六元共线 $\lambda_0/2$ 长偶极子天线阵激励电流的幅度和相位

n	$\|a_n\|\Phi_n/(°)$	n	$\|a_n\|\Phi_n/(°)$
1	0.0398∠118.05	9	0.7134∠4.51
2	0.0848∠(−17.44)	10	0.7124∠8.03
3	0.8458∠109.86	11	0.5842∠10.47
4	0.8567∠62.16	12	0.6565∠(−3.38)
5	0.9926∠55.98	13	0.5256∠2.06
6	1.0000∠34.86	14	0.6091∠(−33.84)
7	0.9441∠28.48	15	0.1525∠30.37
8	0.7952∠21.40	16	0.0318∠(−84.70)

【例 2.16】　用中间大、两端小的不等幅度分布八元线阵天线综合的宽带赋形基站天线阵。

图 2.62 是 1710～2170 MHz 频段八元线阵天线的馈电网络和阵元幅度分布。由图2.62可以看出，仍然分成三组，但阵元的幅度是上组小，中组和下组幅度大，具体幅度分布为 1，1，1，1，4，1.33，1.33，1.33，使用两个三功分器和一个四功分器就能极容易实现上述阵元的幅度分布，在阵元间距 $d=144$ mm($0.93\lambda_0$)的情况下，适当调整同轴线 L_9、L_4 和 L_{10} 的长度(相位)，就能用上述不等幅度分布综合出如表 2.40 所示的副瓣电平和下零填充值。由表 2.40 可以看出，无论是仿真还是实测，均扼制了上副瓣并对下第一个零值进行了填充。

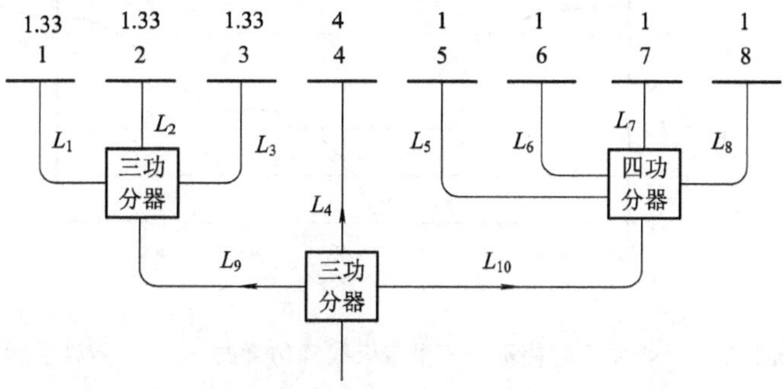

图 2.62　八元线阵天线的馈电网络和阵元幅度分布

表 2.40　图 2.62 所示的不等幅度分布八元线阵天线仿真和实测上副瓣和下零值填充

频率＼项目	仿真	实测	仿真	实测
	上副瓣抑制	上副瓣抑制	下零值填充	下零值填充
1710 MHz	−17.3 dB	−15.1 dB	−12.4 dB	−12.3 dB
1920 MHz	−18.4 dB	−18.2 dB	−13.4 dB	−14.9 dB
2170 MHz	−17.8 dB	−18.7 dB	−14.1 dB	−14.3 dB

【例 2.17】 40 GHz 有余割平方方向图的微带基站天线阵[19]。

在 40 GHz 频段，为了实现增益为 15 dB 的有余割平方方向图的基站天线阵，采用厚 0.254 mm，$\varepsilon_r=2.2$，$\tan\delta=0.0009$ 的基板制成的单元间距为 $0.7\lambda_0$ 的八元方贴片天线阵，如图 2.63 所示。为了实现余割平方方向图，采用了如表 2.41 所示的不等幅度和不同相位的单元激励系数。

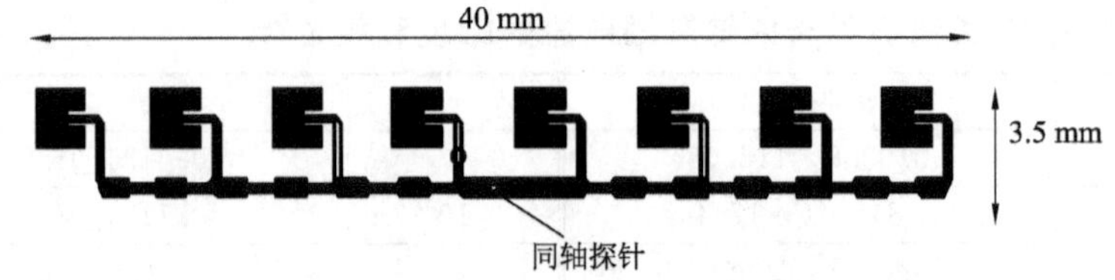

图 2.63　八元不等幅不同相微带天线阵

表 2.41　八元微带天线阵单元的激励幅度和相位

单元 N	1	2	3	4	5	6	7	8
激励幅度	0.15	0.30	0.55	1.00	1.00	0.6	0.30	0.15
激励相位/(°)	−50	−2.5	−40	−33	33	40	50	55

由于每个单元的幅度和相位都不相同，因而给设计馈电网络带来了很大困难。由于每个贴片的输入阻抗相当低，因而采用了插入式馈电方法。为了实现不等幅和不同相位的单元激励系数，在馈电网络中，采用了 $\lambda_0/4$ 阻抗变换段和延迟两项技术。

图 2.64 是八元不等幅不同相微带天线阵仿真的 $S_{11}\sim f$ 特性曲线。由图 2.64 可以看出，VSWR⩽2($S_{11}=-10$ dB)的相对带宽为 6.5%。

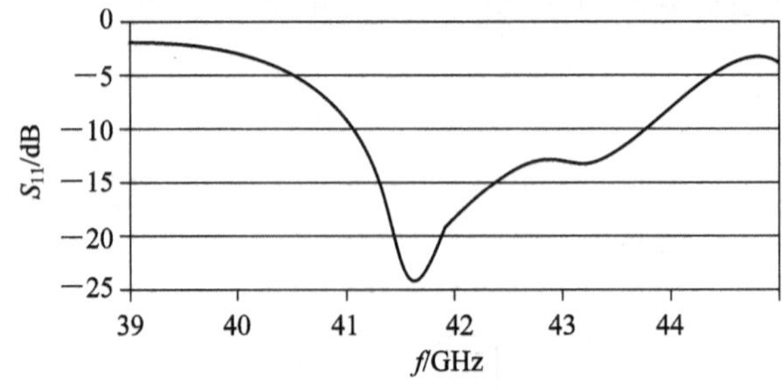

图 2.64　八元不等幅不同相微带天线阵仿真的 $S_{11}\sim f$ 特性曲线

图 2.65(a)是用表 2.41 所示的单元激励幅度和相位综合的余割平方方向图。表 2.42 是实际制作天线阵所用的单元激励幅度和相位。

表 2.42 制作八元微带天线阵实际使用的单元激励幅度和相位

单元 N	1	2	3	4	5	6	7	8
激励幅度	0.09	0.32	0.63	1.00	0.89	0.57	0.36	0.17
激励相位/(°)	−25	−46	−50	−33	33	44	60	48

图 2.65(b)是用表 2.42 所示的激励幅度和相位综合的余割平方方向图。

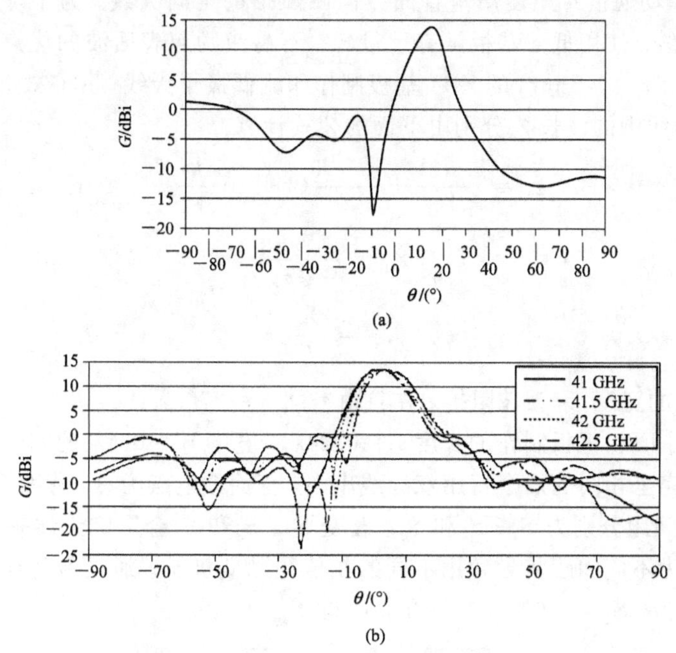

图 2.65 八元微带天线阵余割平方方向图

(a) 用表 2.41 所示的幅度和相位综合的方向图；(b) 用表 2.42 所示的幅度和相位综合的方向图

图 2.66 在 41 GHz 把有余割平方方向图的天线和普通定向天线在不同距离上的接收功率作了比较。由图 2.66 可以看出，与普通定向天线相反，有余割平方方向图的天线在 0～350 m 的距离范围内接收功率几乎为常数，不存在常规定向基站天线在基站天线附近出现的塔下黑问题。在 LMDS 系统有余割平方方向图的天线让所有用户都能接收到足够大的功率。

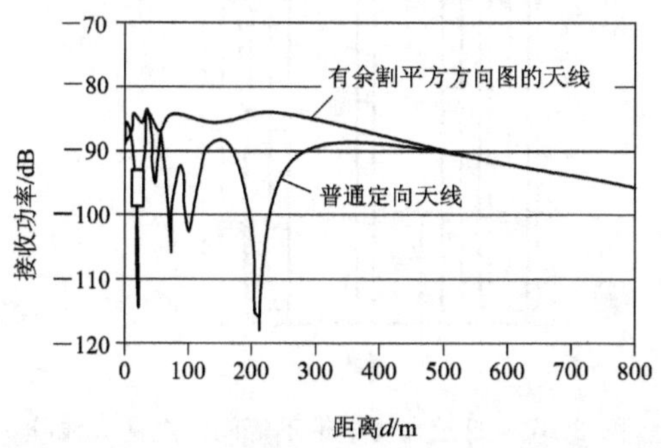

图 2.66 在 41 GHz 有余割平方方向图的天线和定向接收天线在不同距离上的接收功率

2.10 全向赋形波束天线

2.10.1 全向赋形波束印刷偶极子天线阵[20]

UHF 车载移动通信希望使用垂直面方向图赋形的全向天线。为了降低成本，采用双面印刷偶极子天线。使用低 ε_r 基板虽有重量轻、不易激励起表面波的优点，但天线尺寸偏大。选用 $\varepsilon_r=4.4$，$h=0.8$ mm 的 FR4 基板制作印刷偶极子天线，其有效介电常数 ε_e、特性阻抗 Z_0 和在传输线中的波长 λ_e 分别由下面的公式计算：

$$\varepsilon_e=\frac{\varepsilon_r+1}{2}+\frac{\varepsilon_r-1}{2}\left(1+10\frac{h}{W_F}\right)^{-\frac{1}{2}}$$

$$Z_0=\frac{h}{W_F}\frac{\eta}{\varepsilon_e}$$

$$\lambda_e=\frac{\lambda_0}{\sqrt{\varepsilon_e}}$$

式中，W_F 为馈线的宽度；η 为波阻抗，在自由空间 $\eta=376.7\ \Omega$。

图 2.67 是用 FR4 基板制作的长度 $L=0.24\lambda_0$，宽度 $W=0.1\lambda_0$ 的四个不等间距共线偶极子天线，尺寸完全相同的两个臂用双导线串馈，正面馈电点为 A，背面馈电点为 B，偶极子中心到中心的间距分别为 S_1、S_2 和 S_3。改变 S_1、S_2 和 S_3 会影响天线垂直面赋形方向图及天线增益，因为不同间距将导致用不同的相位激励偶极子。通过最优化设计，实现赋形波束的最佳间距为：$S_1=0.62\lambda_0$，$S_2=0.56\lambda_0$ 和 $S_3=0.49\lambda_0$。

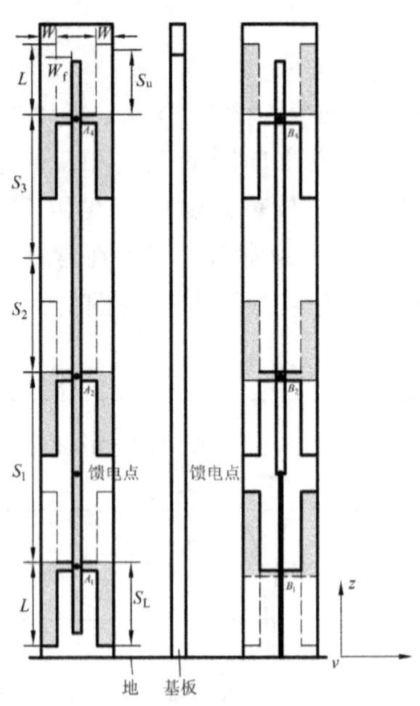

图 2.67 四元共线微带不等间距全向天线阵

图 2.68(a)是该天线阵仿真和实测的 VSWR～f 特性曲线。由图 2.68(a)看出，VSWR≤1.5的相对带宽为 3.5%。图 2.68(b)是天线阵在 f_0 实测的水平面和垂直面方向

图。由图 2.68(b)可以看出，水平面(xy 面)方向图呈全向，垂直面为赋形方向图。图 2.68(c)是天线阵实测的增益频率特性曲线。由图2.68(c)可以看出，在阻抗带宽内，G=6.4～6.9 dBi。

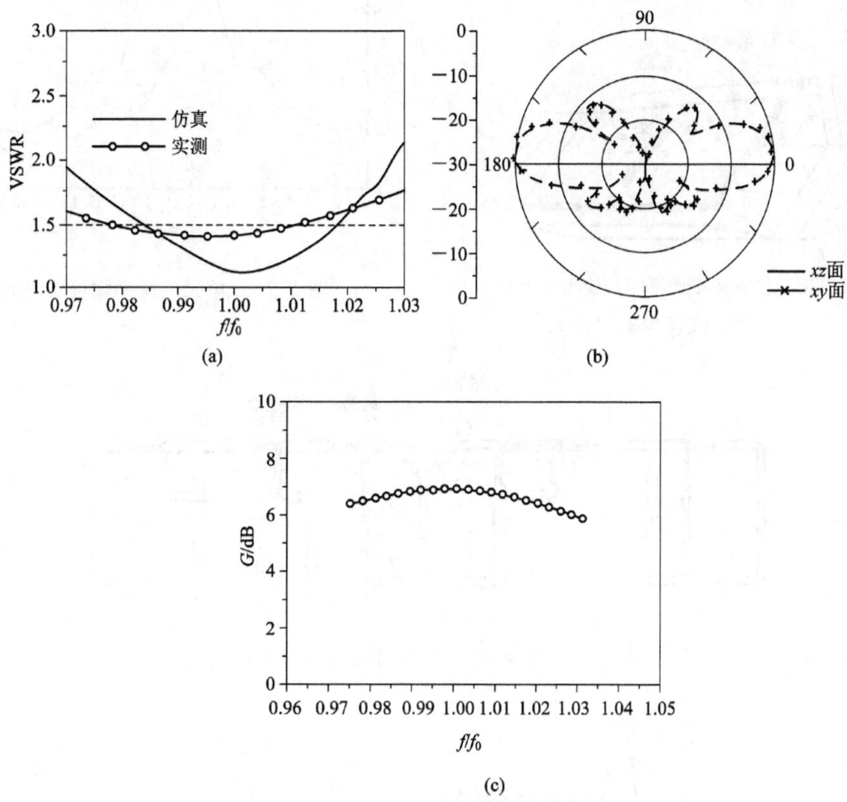

图 2.68　四元不等间距共线全向天线阵实测电参数的频率特性曲线

(a) VSWR；(b) 水平面和垂直面方向图；(c) 增益

2.10.2　全向赋形微带缝隙天线阵[21]

图 2.69 是在 f_0=3000 MHz(λ_0=100 mm)用微带缝隙作为基本辐射单元构成的定向天线。为了使 H 面 6 dB 波束宽度为 120°，采用了变型倒 U 形接地板。图 2.69 所示的微带缝隙天线阵和微带馈线是用 ε_r=2.6，厚 0.8 mm 的双面覆铜聚四氟乙烯介质板采用印刷电路技术制造的。缝隙的尺寸为：长×宽=L×W=45 mm×1 mm；其他尺寸为：L_1=35 mm，L_2=25 mm，L_3=15 mm，L_4=70 mm，d=19.35 mm。

为了使缝隙与微带线匹配，对缝隙进行了偏馈。微带线离缝隙中心的距离为 d，当 d/L=0.43 时，就能使缝隙在 f_0=3000 MHz 与 50 Ω 微带线匹配。为了赋形，必须精心设计 T 形功分器的功分比及位置，以实现赋形需要的如图 2.70 所示的相对激励幅度和相位。由图 2.70 可以看出，天线阵的幅度分布主要集中在阵的中部，因此把馈电点选在中部，以实现高的效率。图 2.71 为中馈馈电网络。中馈还有一个优点——随频率变化，波束基本不倾斜。单元间距 $\lambda_0/2$，共用了十六个缝隙，总长度为 800 mm，实测的 E 面和 H 面方向图分别如图 2.72(a)、(b)所示。

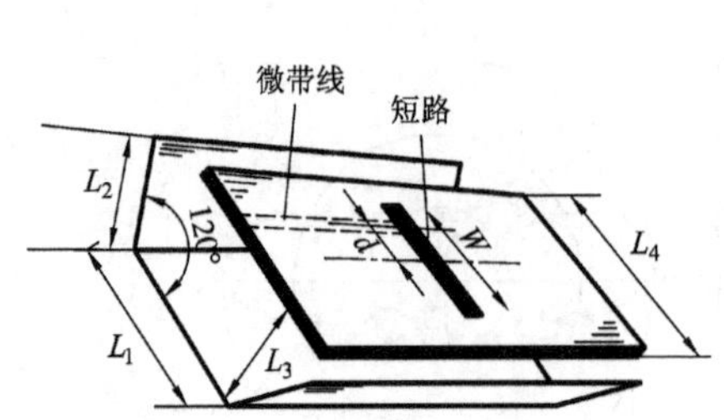

图 2.69 安装在变型倒 U 形地板上用于微带线馈电的缝隙天线

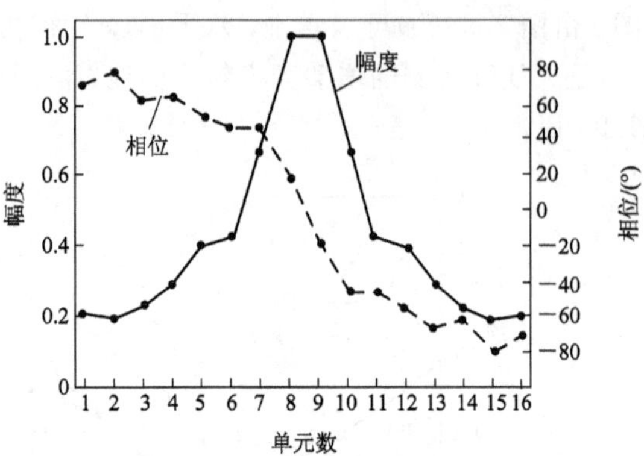

图 2.70 单元的激励幅度和相位

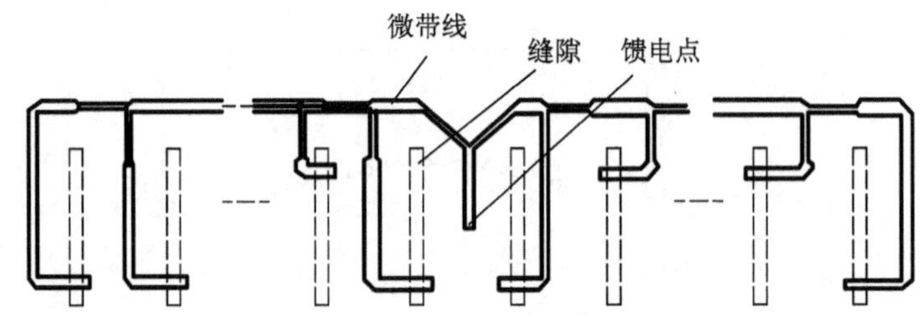

图 2.71 中馈馈电网络

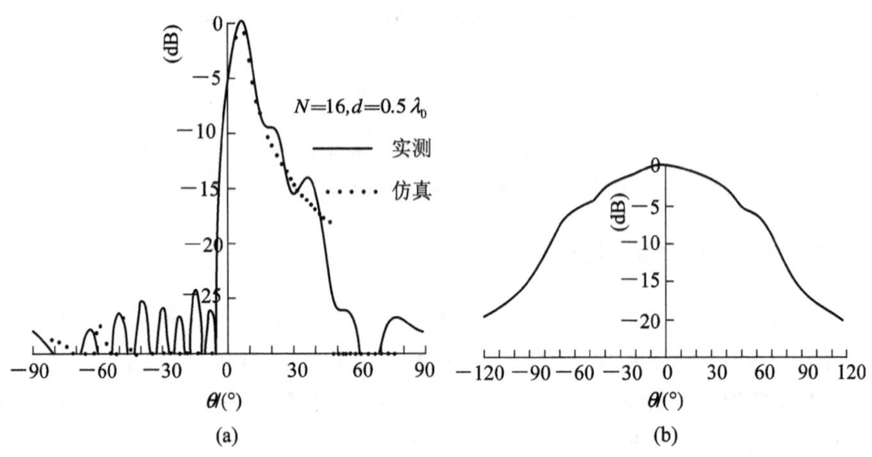

图 2.72 天线阵实测和仿真 E 面方向图及实测 H 面方向图

(a) E 面；(b) H 面

为了在方位面得到全向方向图，如图 2.73 所示，用三个定向缝隙天线阵和一个三功分器来合成。实测三功分器的插损为 0.4 dB，由于微带线的损耗为 2.2 dB/m，故可以计算出天线阵的传输损耗为 0.25 dB，则总损耗为 0.65 dB。图 2.74(a)、(b)分别是在 3000 MHz 实测全向天线阵的 E 面和 H 面方向图，交叉极化电平小于－23 dB，实测增益为 9.5 dBi。

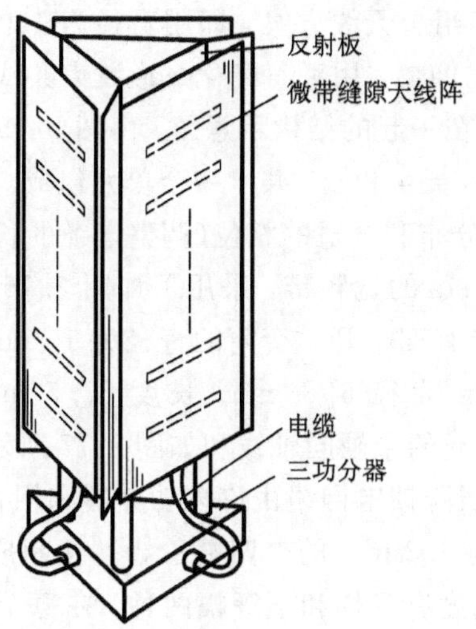

图 2.73　由三个定向天线构成的全向天线阵

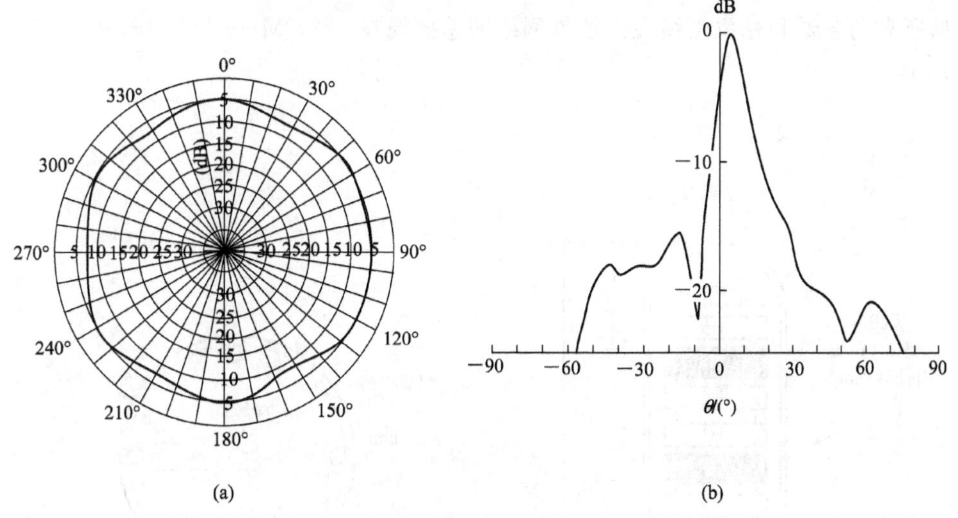

图 2.74　全向微带缝隙天线阵实测水平面和垂直面方向图
(a) 水平面；(b) 垂直面

2.10.3　宽带全向赋形波束共线天线阵[22]

GPS 控制监视站需要使用一个 0 dBi 的半球覆盖天线。低增益单极子天线虽然是一个宽波束天线，但在仰角接近水平面时，方向图收缩太慢，这种接近水平面或水平面以下固有慢收缩的方向图极容易遭受多路径干扰。对 L_1(1575 MHz)和 L_2(1227 MHz)双频 GPS 监控站天线的要求如下：

(1) 水平面方向图呈全向。

(2) 5°～30°仰角，垂直极化几乎等增益，$G \geqslant 0$ dBic 或 3 dBi。

(3) 5°以下仰角，方向图突然收缩。

(4) 30°～90°圆极化。

为实现上述要求，使用了组合天线方案，即用直径为 140 mm，高为 32 mm 的背腔开式套筒绕杆天线覆盖 30°～90°仰角，用垂直极化赋形波束共线天线阵覆盖 5°～30°仰角。

图 2.75 为两种天线集成在一起的结构示意图。由图 2.75 可以看出，共线天线阵由 5，4，3，2，1，0，－1，－2，－3，－4 和－5 共十一个单元组成。为实现 5°～30°仰角的赋形波束，采用了截断 $\sin x/x$ 幅度分布和合适的相位(调整电缆的长度)给每单元馈电。

为了实现 1200～1600 MHz 的宽频带，采用了如图 2.76 所示的单元布局。由图 2.76 可以看出，每个单元都是由带有四个开式套筒的直径为 10 mm、长度为 105 mm 的偶极子组成的。开式套筒的尺寸为：直径 6.8 mm，长度 67.5 mm，到偶极子中心的间距为 21.6 mm。可用直径为 6.3 mm 的半硬同轴线和如图 2.77 所示的馈电网络给十一个单元馈电。由图 2.77 可以看出，天线阵馈电网络由许多功分器和用直径为 6.3 mm 的电缆构成的相位线组成。功分器是用厚为 3.2 mm 的聚四氟乙烯基板制成的微带功分器，功分器的两个输出端同相，彼此隔离，幅度有等幅和不等幅两种。在每个端口，VSWR<1.5。主功分器位于天线阵的底部。上单元和下单元中的功分器和相位网络则插入天线阵的不同部位。为了近似得到$(\sin x)/x$ 型场分布，对称配置的(＋3，＋4)和(－3，－4)单元反相馈电。实测包括所有功分器和相位电缆在内馈电网络的总插损在 1227 MHz 为 1 dB，在 1575 MHz 为1.1 dB。

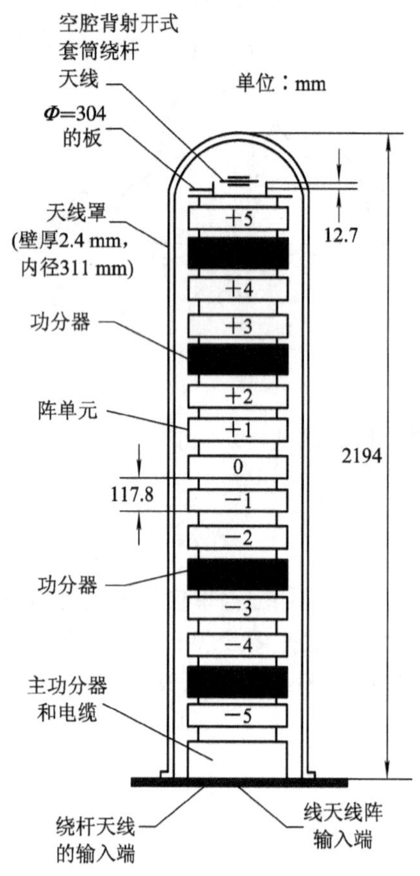

图 2.75 全向赋形波束组合天线阵

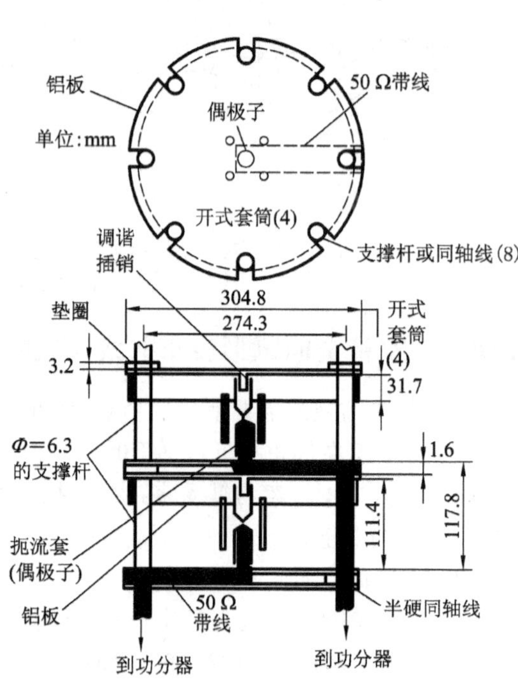

图 2.76 单元的布局

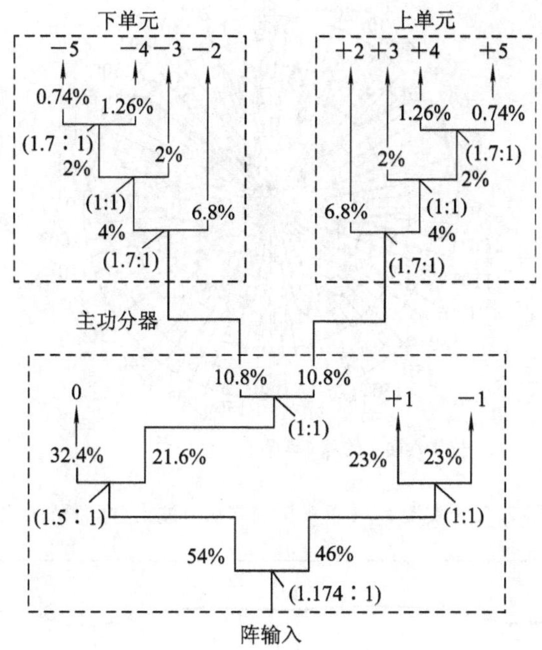

图 2.77　功分网络

图 2.78 是在 f=1227 MHz 和 1575 MHz 实测绕杆天线和线阵天线的垂直面增益方向图。由图 2.78 可以看出，在 5°～30°仰角范围内，$G \geqslant 0$ dBic，水平面方向图呈全向，不圆度在±0.5 dB 以内。图 2.79 把十一元垂直天线阵的赋形方向图和位于地面上的 $\lambda_0/4$ 长单极子的方向图作了比较。由图 2.79 可以看出，单极子在 5°以下仰角及水平面以下，方向图并不像赋形波束那样突然收缩。图 2.80 是天线阵实测 VSWR～f 特性曲线。由图 2.80 可以看出，在 1200～1600 MHz 频段内，VSWR≤1.3。

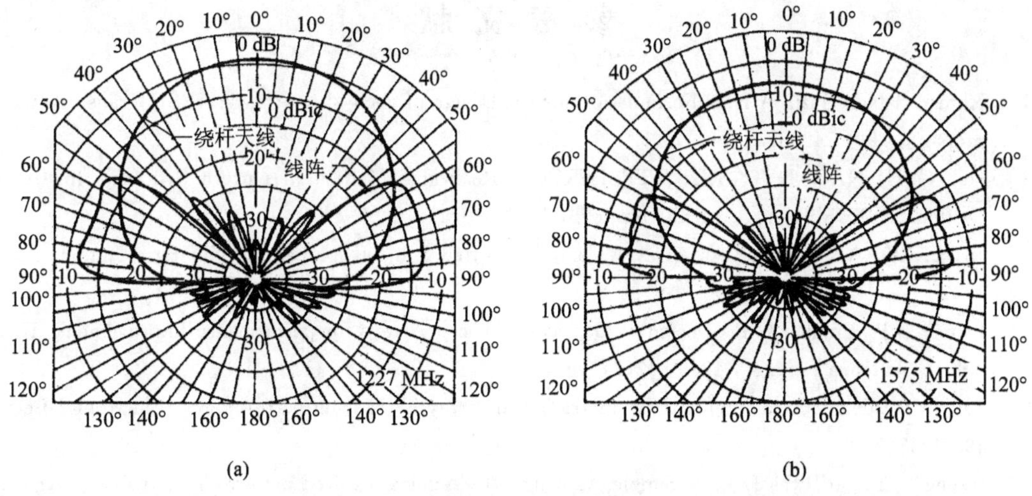

图 2.78　实测绕杆天线和线阵天线的垂直面增益方向图

(a) f=1227 MHz；(b) f=1575 MHz

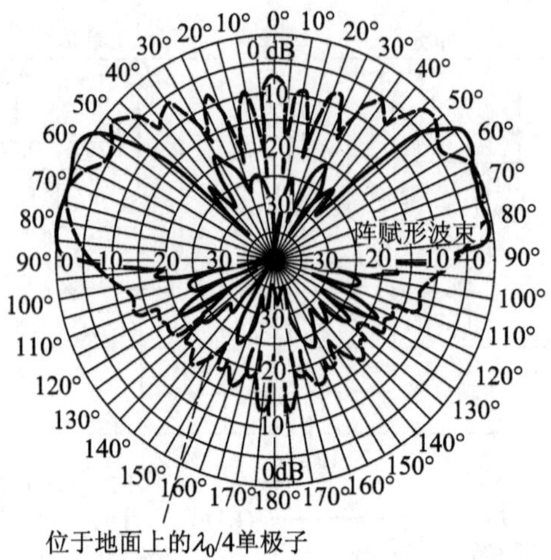

图 2.79　实测 $\lambda_0/4$ 单极子和阵赋形波束方向图的比较

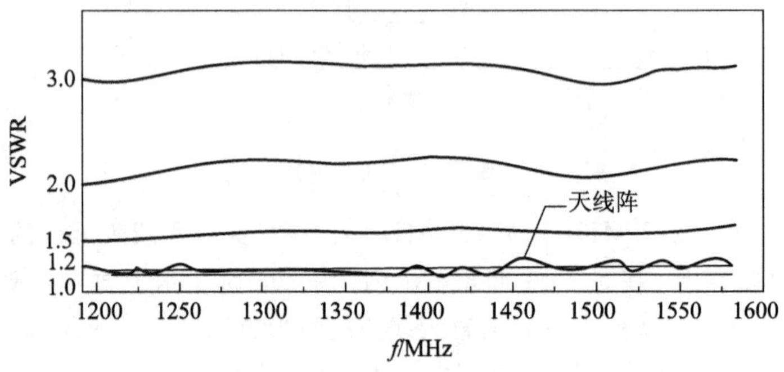

图 2.80　天线阵实测 VSWR～f 特性曲线

参考文献

[1]　Ahmad Safaai-Jazi. A New Formulation for the Design of chebyshev Arrays. IEEE Trans. Antenna propag., 1994, 42(3).

[2]　KIYOSHI NAGAI, TASUKU TESHIROGI. Realizable Method of pattern Synthesis for Array Antenna. IEEE Trans. Antenna propag., 1971, 19(1).

[3]　Jiro HIROKAWA, et al. An Array Antenna of Slotted Cylinder for Land Mobile Base Station. APS, 1992.

[4]　Kumar B P, Branner G R. Design of Unegually Spaced Arrays for performance Improvement. IEEE Trans. Antenna propag., 1999, 47(3).

[5]　Yu C C. Sidelobe Reduction of Asymmetric linear Array by Spacing perturbation. Electronics Lett., 1997, 33(9).

[6]　Tseng C Y, Griffiths L J. A Simple Algorithm to Achieve Desired patterns for Arbitrary Arrays. IEEE Trans. Signal Processing, 1992, 40(11).

[7]　Orchard H J, et al. Optimising the Synthesis of Shaped Beam Antenna Patterns. IEEE PROCEEDINGS, 1985, 132(1).

[8] ROBERT, S, STERN G J. A New Technique for Shaped Beam Synthesis of Equispaced Arrays. IEEE Trans. Antenna propag., 1984, 32(10).

[9] BUCCL O M, et al. Lntersection Approach to Array Pattern Synthesis. IEEE PROCEEDINGS, 1990, 137(6).

[10] Miaris G S, et al. Orthogonal Advanced Methods for Antennas: the ORAMA Computer Tool. IEEE Antenna propag., 2002, 44(5).

[11] Gorobets N N, Blinova N K, Gorobets Y N. Microstrip Antenna Array for Side-Looking Radars. Telecommu and Radio Engineering, 1998, 52(9).

[12] Hanging M A, Chu Q X, Zhang Q. Novel Shaped-beam Microstrip Slot Array Series Feed By Stepped lmpedance line. Microwave Optical Technol. 2008, 50(9).

[13] Rodriguey J A, et al. Beam Reconifiguration of Linear Arrays Using Parasitic Elements. Electronics Lett., 2006, 42(3).

[14] Wong H, Luk K M. A Low-cost L-probe patch Antenna Array. Microwave Optical Technol. 2001, 29(4).

[15] Starke P L, Cook G G. Optimization of an Unequally Spaced Dual-Band Printed Base station Antenna Array Using a marginal Distribution Technique. IEE Proc-Microw, Antennas, propag., 2002, 149(4).

[16] Hui K Y, Luk K M. Design of Wideband Base Station Antenna Arrays for CDMA 800 and GSM 900 Systems. Microwave Optical Technol, 2003, 39(5).

[17] Myungwan lyou, Bomson lee. Compact size Dual-polarized WLL Base-Station Antenna Using Aperture Microstrip pathes. APS, 2000

[18] Ayestaran R G, Heras F L. Neural Networks and Equivalent Source Reconstruction for Real Antenna Array Synthesis. Electron, 2003, 39(13).

[19] FREYTAG L, JECKO B. Cosecant-Squared Pattern Antenna for Base Station at 40 GHz. APS, 2004.

[20] Lei J, Fu G, Yang L, et al. An Omnidirectional printed Dipole Array Antenna with shaped radiation pattern in the Elevation Plane, J. of Electromagn. Waves and Appl., 2006, 20(14).

[21] HARA Yasuhiko, et al. An Omnidirectional Vertical Shaped-Beam Three Faced Microstrip slot Array Antenna. Aps-14-6, 1984.

[22] WONG J, KING H. A Wide-Band Omnidirectional Vertical Shaped-Beam Collinear Array. IEEE Trans. Antenna Propag., 1982, 30(6).

第3章 环天线

3.1 环天线的分类

把一根长导线绕成一圈或几圈，在导线的两端馈电，就构成了环天线。环天线的形状可以是圆形、方形、矩形、菱形、三角形等。环天线是一种结构简单、成本低的基本天线单元，可以单独作为天线使用，也可以构成阵列天线，可以是全向，也可以是定向。

按照环天线的电尺寸，通常把它分成两类。

1. 小环天线

把周长 $C \ll \lambda_0$ 或 $C < 0.1\lambda_0$ 的环天线叫小环天线或电小环天线。其方向图如图 3.1(a)所示。由图 3.1(a)可看出，环的轴线为零辐射方向，垂直环面为 8 字形，最大辐射方向位于环平面。图 3.1(b)是环天线的立体方向图。由图 3.1(b)可看出，如果环面与地面平行，它的水平面(E 面)方向图呈全向，垂直面(H 面)呈 8 字形方向图，环的轴线为零辐射方向。

2. 大环天线

把周长 $C \geqslant \lambda_0$ 的环天线叫大环天线。图 3.1(c)是周长 $C = \lambda_0$ 环天线的方向图。由图 3.1(c)可以看出，最大辐射方向垂直环面。

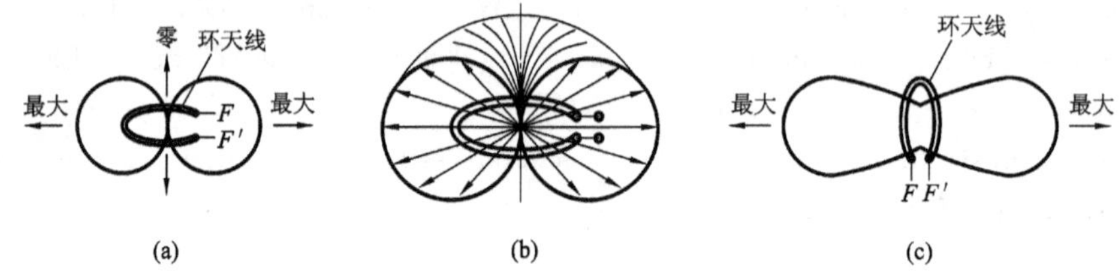

图 3.1 环天线的方向图

(a) 小环天线；(b) 小环天线的立体方向图；(c) 大环天线

3. 大小环天线的主要区别

大小环天线的主要区别有以下几点：

(1) 周长不同，小环天线周长 C 小于波长 λ_0，大环天线则相反。

(2) 环上的电流分布不同，小环上的电流均匀分布，大环上的电流则随长度变化，电流波节点和波腹点取决于馈电点的位置。

(3) 与电磁场响应不同，大环主要与电场响应，小环主要与磁场响应。

(4) 最大辐射方向正好相反，大环天线最大辐射方向与环面垂直，小环天线最大辐射方向位于环面，最小辐射方向则垂直于环面。

3.2 环天线的极化

环天线的极化与环面相对于地面的位置(即与地面垂直还是与地面平行)有关，而且与馈电点位置有关。把水平 $\lambda_0/2$ 长偶极子弯曲变成一个圆，就构成了水平环天线。显然，水平环天线为水平极化波。在环所在平面，环上任一点辐射场的极化分量与该点环的切线分量平行。

如果把环面垂直于地面放置，在仰角等于 90 度的垂直面为垂直极化。在 0°～90°仰角之间为斜极化。

对周长为一个波长 λ_0 的圆形、方形、菱形环天线和 Δ 环天线，它们都具有以下特点：

(1) 极化方向与环的馈电位置有关，底馈为水平极化，侧馈为垂直极化。

(2) 馈电点为电流波腹点，环周长一半的地方电流反相。

(3) 最大辐射方向与环面垂直。

图 3.2(a)是位于地面上的底馈 Δ 环天线，为水平极化；图 3.2(b)是位于地面上的倒 Δ 环天线，在上顶角馈电为垂直极化，最大辐射仰角为 20°；图 3.2(c)是天线位于 0°～180°时在 15°仰角上的方位面方向图。

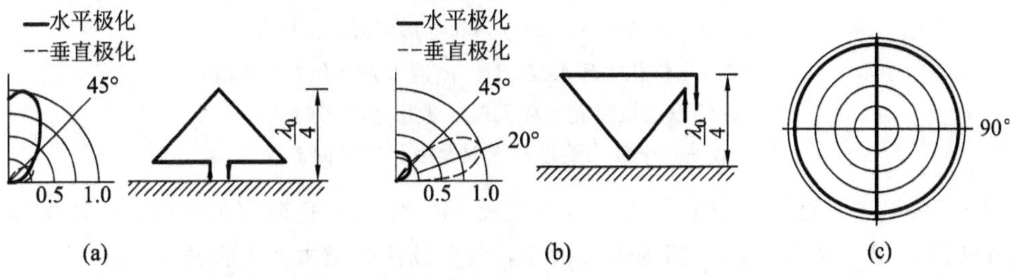

图 3.2　位于地面上的 Δ 环天线及方向图

(a) 底馈 Δ 环天线及垂直面方向图；(b)、(c) 侧馈 Δ 环天线及垂直面、方位面方向图

图 3.3(a)是位于地面上的倒 Δ 环天线，下顶角馈电为水平极化；图 3.3(b)是位于地面上的 Δ 环天线，上顶角馈电为水平极化；图 3.3(c)是位于地面上的 Δ 环天线，在下顶角馈电为垂直极化。该方案具有只需要一个支撑杆的优点。

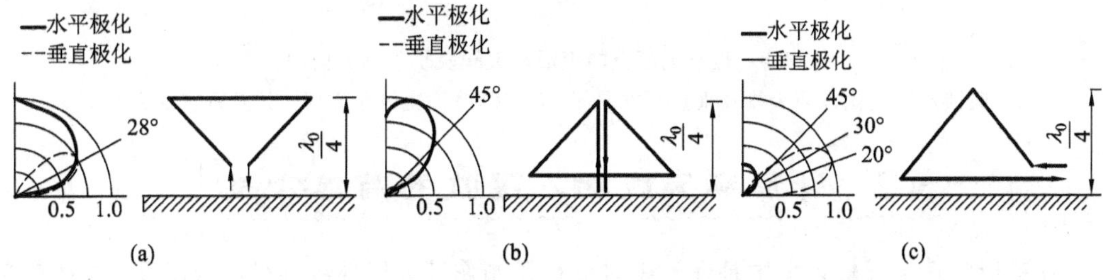

图 3.3　位于地面上的 Δ 环天线及方向图

(a) 下顶角馈电为水平极化的倒 Δ 环天线及垂直面方向图；

(b) 上顶角馈电为水平极化的 Δ 环天线及垂直面方向图；

(c) 底顶角馈电为垂直极化的 Δ 环天线及垂直面方向图

图 3.4(a)是底馈边长为 $\lambda_0/4$ 的方环天线，水平极化；图 3.4(b)是侧馈边长为 $\lambda_0/4$ 的方环天线，垂直极化；图 3.4(c)是侧馈边长为 $\lambda_0/4$ 的菱形环天线极化随时间变化的情况，为垂直极化；图 3.4(d)是底馈边长为 $\lambda_0/4$ 的菱形环天线极化随时间变化的情况，为水平极化。

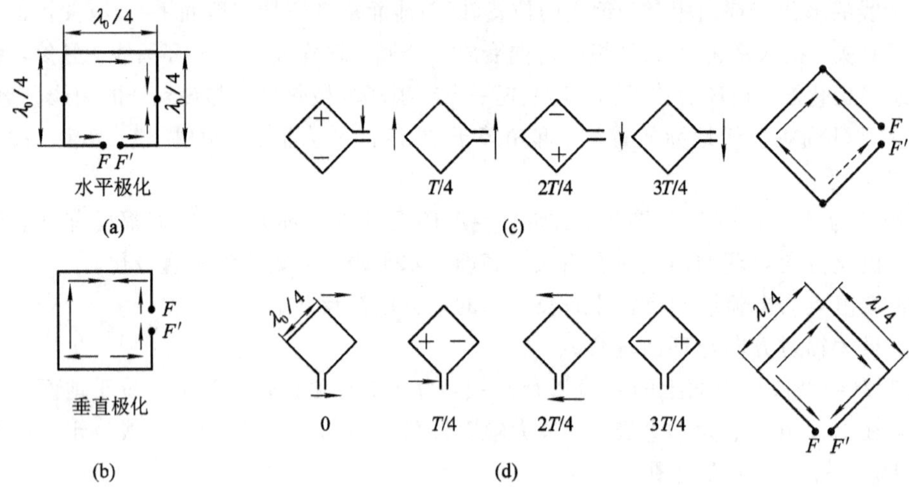

图 3.4　周长 $C=\lambda_0$ 的方环和菱形环天线的极化

(a) 底馈水平极化方环天线；(b) 侧馈垂直极化方环天线；

(c) 侧馈垂直极化菱形环天线及极化随时间的变化；

(d) 底馈水平极化菱形环天线及极化随时间的变化

图 3.5(a)、(b)是位于地面上的矩形环天线。图 3.5(a)底馈为水平极化，也可以由左边的方向图看出；图 3.5(b)侧馈为垂直极化，垂直极化的最大辐射仰角为 30°。

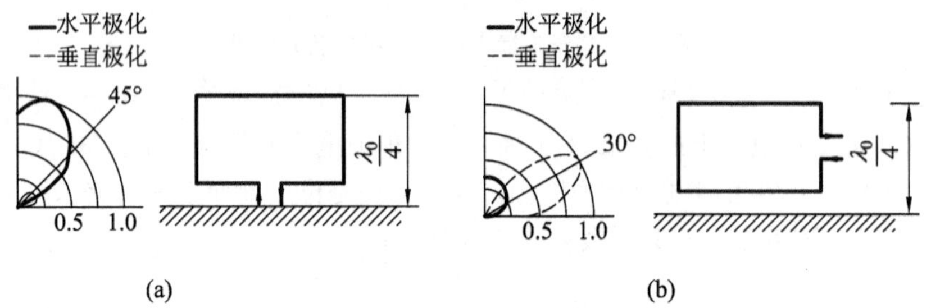

图 3.5　位于地面上的矩形环天线及垂直面方向图

(a) 底馈水平极化方环天线及垂直面方向图；(b) 侧馈垂直极化方环天线及垂直面方向图

3.3　计算环天线输入阻抗的简单公式[1]

任意形状环天线输入电抗是环天线周长 C 及制作环天线导线半径 a 的函数。在计算它们的输入电抗时，可以把环天线等效为一短路转输线，其输入电抗 X_{in} 为

$$X_{in}=jZ_c\tan\left(\frac{KC}{2}\right) \tag{3.1}$$

式中：

$$Z_c = 120\ln\left(\frac{C}{2a}\right) \tag{3.2}$$

$$K = \frac{2\pi}{\lambda_0}$$

其中，C 为环天线的周长。

环天线的平均特性阻抗 Z_c 是在环天线的面积与等效传输线面积相等的条件下得出的。

环天线的输入电阻与环的辐射功率有关，它是环周长的函数，对细导线制作的环天线，几乎与线径 a 无关。具体计算公式为

$$R_{in} = X\tan^{B}\left(\frac{KC}{2}\right) \tag{3.3}$$

式中：X、B 是常数。

不同周长 C 和不同形状环天线的输入电阻的常数 X、B 如表 3.1 所示。

表 3.1　不同周长 C 和不同形状环天线的输入电阻的常数 X、B

环的形状	$C\leqslant 0.2\lambda_0$		$0.2\lambda_0\leqslant C\leqslant 0.5$	
	X	B	X	B
圆环	1.793	3.928	1.722	3.676
底馈方环	1.126	3.950	1.073	3.271
下角馈菱形环	1.140	3.958	1.065	3.452
底馈三角环	0.694	3.998	0.755	2.632
顶馈三角环	0.688	3.995	0.667	3.280
底馈等六边形环	1.588	4.293	1.385	3.525

3.4 小 环 天 线

3.4.1 小环天线的特点及方向图

把绕制单圈环天线所用导线的总长度或每一圈的周长 C ($C=2\pi b$，b 为环的半径)为 $0.04\lambda_0\sim 0.1\lambda_0$ 的环天线叫作电小环天线或小环天线。小环天线有以下特点：小环天线属边射天线，环上任一点电流幅度相等、相位同相。大电流、窄频带是小环天线的主要缺点。由于环天线相当于一个大的线圈，所以必须用高压或真空可变电容器调谐。

对调谐小环天线，可调频率范围为 1～3 倍，主要取决于可调电容器的最大与最小电容量之比。周长小于 $\lambda_0/2$ 的水平环天线，或者周长比 λ_0 小很多的水平环天线，是最简单的水平极化全向天线。由于环上有均匀的电流分布，所以可以用如图 3.6(b)所示的短磁偶极子来代替。因此有时也把小环天线称作磁偶极子。图 3.6(a)为电偶极子及方向图，磁偶极子与电偶极子有相似的方向图，即环平面(水平面)方向图呈全向，垂直面(与环面垂直的平面)呈 8 字形。环面的轴线为零辐射方向。磁偶极子与电偶极子唯一的不同点是极化旋转了 90°，电偶极子为垂直极化，则磁偶极子为水平极化，它们的电、磁场互换，电偶极子的电场为小环天线的磁场，电偶极子的磁场为小环天线的电场。

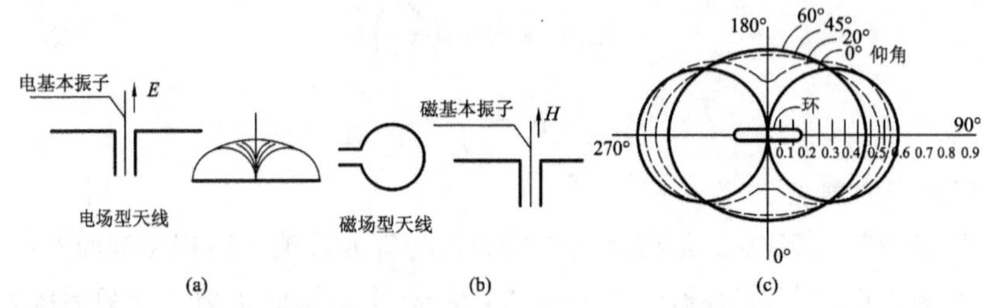

图 3.6　电偶极子、磁偶极子及方向图

(a) 电偶极子及方向图；(b) 磁偶极子及水平面方向图；(c) 磁偶极子的垂直面方向图

图 3.6(c)是水平小环天线在自由空间的垂直面方向图。由图 3.6(c)可以看出，0°仰角为典型的 8 字形方向图，随仰角的增大，环面轴线方向上的零深变浅，逐渐由 8 字形变成花生形，到高仰角变为全向。

由于环天线的 Q 值很高，所以电流、电压都异常地高，辐射电阻极小，带宽极窄，为此必须仔细调电容器。为了提高环天线的效率，除了采用粗的铜管或铝管制造环天线外，还要使用介质损耗小的电容器，最好采用真空电容器和空气介质电容器。把几个电容器并联也能进一步减小电容器的损耗。提高环天线效率的另外一种方法就是利用多圈环天线来提高环天线的辐射电阻。

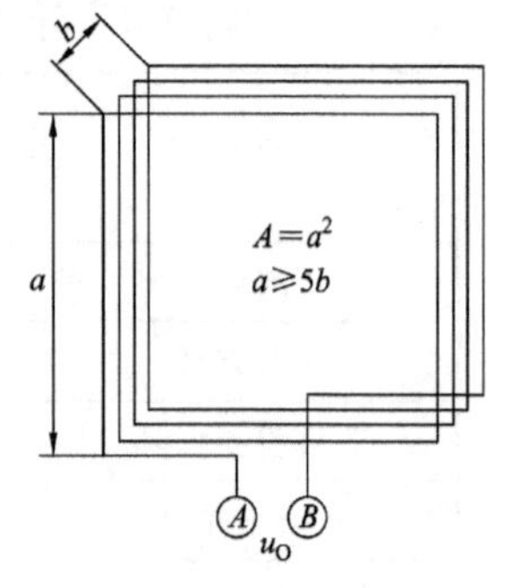

图 3.7　非平面多圈环天线

多圈环天线有平面和非平面两种。图 3.7 所示为方形非平面环天线，它的边长 a 与厚度 b 必须满足 $a \geqslant 5b$。也可以用电缆绕成多圈同轴环天线，注意最后一圈同轴线的内导体与第一圈同轴线的外导体相连。图 3.8(a)是在 100 kHz 频段使用平均直径为 2 m 的同轴环天线，它用 75 Ω 电缆绕 16 圈，最后一圈同轴线的内导体与第一圈同轴线的外导体相连，最后通过 8 Ω/1000 Ω 的自耦变压器与接收机的前置放大器相连。图 3.8(b)是平面多圈环天线的照片。

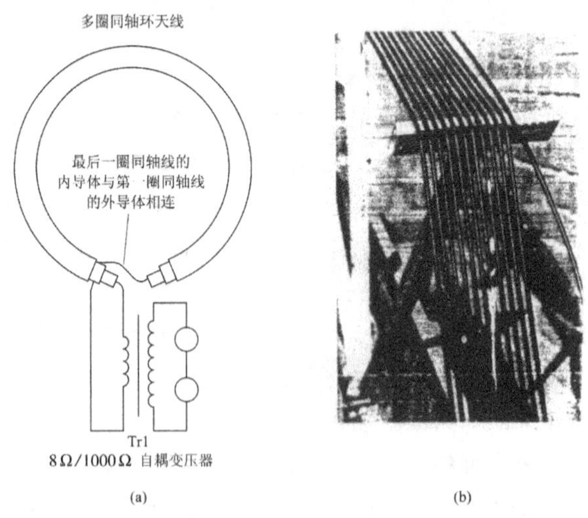

图 3.8　平面多圈环天线

(a) 多圈同轴环天线及匹配方法；(b) 平面多圈环天线的照片

图 3.9(a)是适合 f=7.5 MHz 使用的三圈环天线，使用大约 40 pF 的三个电容器使环天线谐振，且与 50 Ω 同轴馈线匹配。不改变环天线的直径，只要把图 3.9(a)所示的环天线由三圈变成四圈，就能让环天线在 3.5 MHz 工作，如图 3.9(b)所示。使用四个耐压为 1 kV、电容量为 100 pF 的陶瓷电容，就能使环天线在 3.6 MHz 谐振并与 50 Ω 同轴线匹配。此时环的周长为 0.0625λ_0。

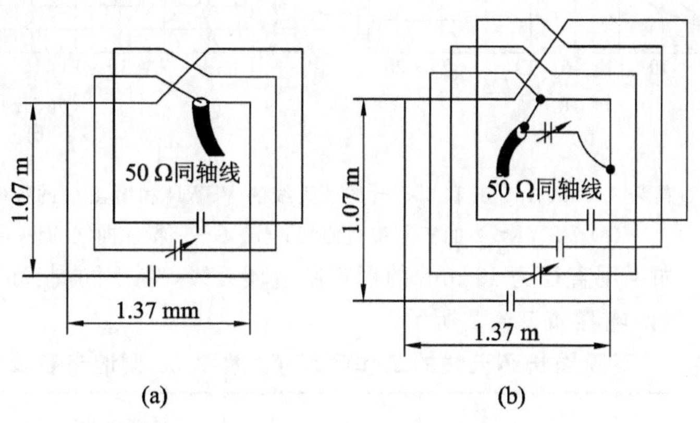

图 3.9 用同轴线馈电的多圈非平面环天线

(a) 7.5 MHz 使用的三圈非平面环天线；(b) 3.5 MHz 使用的四圈非平面环天线

在环尺寸为 1.07 m×1.37 m 的情况下，图 3.10(a)是工作频率为 10.1 MHz 和 14 MHz用两个约 20 pF 的电容调谐的两圈环天线。图 3.10(b)是用对称分开的两圈环天线，工作频段为 17.6 MHz 和 20 MHz，由于是电小环天线，所以用了电容量为 15 pF 的四个电容调谐，且与 50 Ω 同轴线匹配。注意：馈电点移到了环天线垂直边的中间位置。图3.10(c)是用两个电容量约 12 pF 的电容调谐的单圈环天线，工作频率为 25 MHz 和30 MHz。

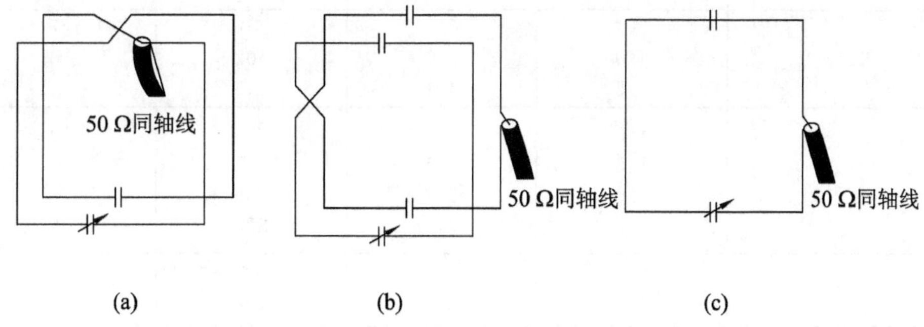

图 3.10 用同轴线馈电的两圈或单圈环天线

(a) 10.1 MHz 和 14 MHz 使用的双圈环天线；(b) 17.6 MHz 和 20 MHz 使用的双圈环天线；(c) 25 MHz 和 30 MHz 使用的单圈环天线

图 3.11(a)是 VSWR≤2，直径为 3.4 m、1.7 m 和 0.8 m 的三个环天线的实测带宽曲线。图 3.11(b)是直径 3.4 m、1.7 m 和 0.8 m 三个环天线在自由空间的增益频率特性曲线。

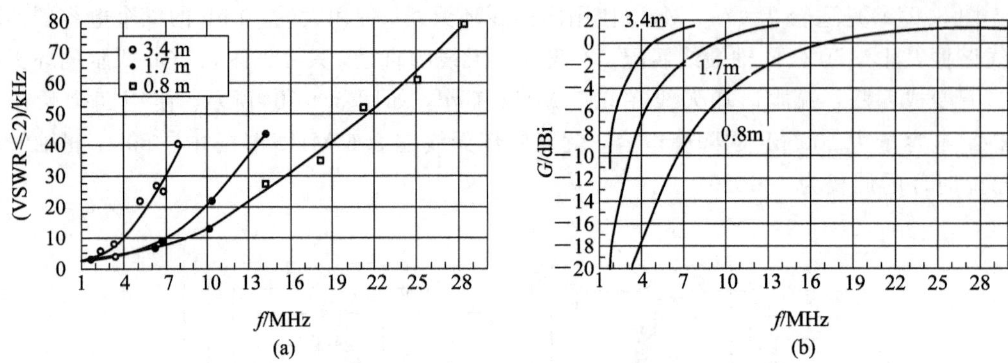

图 3.11　直径为 3.4 m、1.7 m 和 0.8 m 的环天线的 VSWR 和增益 G 的频率特性曲线

(a) VSWR≤2 的实测带宽曲线；(b) $G\sim f$ 特性曲线

在短波波段，如果用直径为 19 mm 的铜管制造环天线，则不同周长的环天线的工作频率、效率、带宽、调谐电容如表 3.2 所示。

表 3.2　不同周长环天线的工作频率 f、效率 η、调谐电容及带宽

周长 C /mm	f/MHz	效率 η (%)	调谐电容 /pF	带宽 /kHz
2590	29	0.4	9	109
	24	0.7	9	55
	21	1.0	23	36
	18	1.6	35	22
	14	3.1	60	12
	10	6.5	125	7
6096	14	0.3	6	66
	10	1.0	29	20
	7	2.7	73	7
1158	7.2	0.5	10	27
	4.0	3.0	102	5
	3.5	4.1	143	4
1829	4.0	1.0	23	10
	3.5	1.5	47	7
	2.0	5.8	255	2
	1.8	7.0	328	2
3048	2.0	2.1	86	4
	1.8	2.7	128	3

这种小发射环天线的 Q 值特别高，在 10 MHz，Q 高达 1824，结果导致只有 5.5 kHz 的带宽，为此必须仔细调谐环天线。直径为 1 m 的环天线的工作带宽随频率升高迅速展宽，在 28 MHz 达到 590 kHz。

图 3.12(a)是 $f=3.75$ MHz，直径为 3.4 m 的环天线垂直架设在离地面 2 m 高的支撑杆上的垂直面方向图。图 3.12(b)是接近地面的电小环天线在 75°仰角上的方位面方向图。由图 3.12 可以看出，环辐射的垂直和水平极化场合成后的方位面方向图在高仰角呈全向，但主要分量仍然是垂直极化。图 3.12(c)是位于地面上，环天线在 10°仰角的方位面方向

图。由图 3.12(c)可以看出，方位面方向图不再呈全向性，因为在方向图中垂直极化分量仍然占优势。

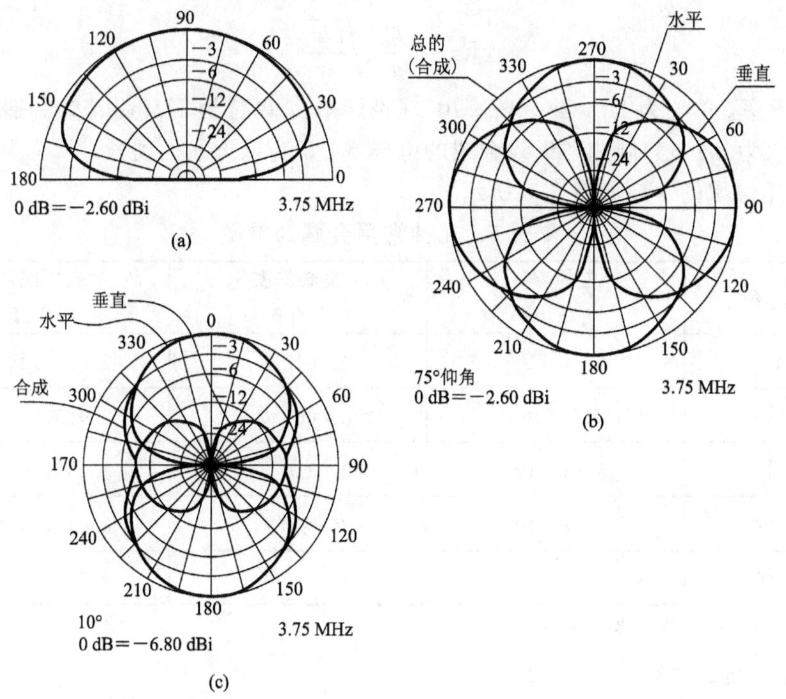

图 3.12　直径为 3.4 m 的环天线在 $f=3.75$ MHz 的方向图

(a) 离地 2 m 高的垂直面方向图；(b) 接近地面环天线在 75°仰角上的方位面方向图；

(c) 位于地面上 10°仰角的方位面方向图

3.4.2　小环天线的电参数[1-2]

1. 小环天线的辐射电阻

单圈小环天线的辐射电阻 R_r 为

$$R_r = 31200\left(\frac{A}{\lambda_0^2}\right)^2 = 20\pi^2\left(\frac{C}{\lambda_0}\right)^4 = 197\left(\frac{C}{\lambda_0}\right)^4 \tag{3.4}$$

如果环的圈数为 N，则 N 圈小环天线的辐射电阻为

$$R_r = 31200\left(\frac{NA}{\lambda_0^2}\right)^2 = 20\pi^2\left(\frac{C}{\lambda_0}\right)^4 N^2 \tag{3.5}$$

式中，$C=2\pi b$(C 为环的周长)。

【例 3.1】　假定环的半径 $b=\lambda_0/25$，则单圈和 8 圈环天线的辐射电阻 R_r 分别为

$$R_r(\text{单圈}) = 31200\times\left(\frac{\pi}{25^2}\right)^2 = 0.788\ \Omega$$

$$R_r(8\ \text{圈}) = 8^2\times 0.788 = 50.43\ \Omega$$

可见，单圈环天线的辐射电阻是很小的，由于 $R_r\propto A^2 f^4 N^2$，所以要提高环天线的辐射电阻，必须设法使环的面积增大，且尽量采用多圈环天线。在环天线尺寸一定的情况下，由于 R_r 与 f^4 成正比，所以随工作频率的升高，R_r 迅速增大。

2. 小环天线的损耗电阻

小环天线的损耗电阻 R_L 近似为

$$R_L=\frac{C}{d}\sqrt{\frac{f\mu_0}{\pi\sigma}} \tag{3.6}$$

式中：f 为频率，单位为 Hz；$\mu_0=4\pi\times10^{-7}$（磁导率），单位为 H/m；d 为制造环天线导线的直径，单位为 m；σ 为制造环天线金属的电导率；C 为环天线的周长，单位为 m。

几种常用金属的常数如表 3.3 所示。

表 3.3　几种常用金属的常数

材　料	电导率 σ /(S/m)	集肤深度 δ/m	表面电阻 R_s/Ω
银	6.17×10^7	$0.0642/\sqrt{f}$	$2.52\times10^{-7}\sqrt{f}$
紫铜	5.8×10^7	$0.0660/\sqrt{f}$	$2.61\times10^{-7}\sqrt{f}$
铝	3.72×10^7	$0.0826/\sqrt{f}$	$3.26\times10^{-7}\sqrt{f}$
黄铜	1.57×10^7	$0.127/\sqrt{f}$	$5.01\times10^{-7}\sqrt{f}$
焊锡	0.706×10^7	$0.185/\sqrt{f}$	$7.73\times10^{-7}\sqrt{f}$

注：f 为频率，单位为 Hz。

3. 小环天线的效率

单圈小环天线的效率 η 为

$$\eta=\frac{R_r}{R_r+R_L}=\frac{1}{1+\dfrac{R_L}{R_r}} \tag{3.7}$$

由于单圈环天线的 R_r 很小，所以要提高小环天线的效率，就必须设法减小 R_L，为此需要用直径比较粗的金属管，例如用直径为 25～100 mm 的铝管来制作环天线。

对单圈铜管制成的圆环天线，在空气中，有

$$\frac{R_L}{R_r}=\frac{3430}{C^3f^{3.5}d} \tag{3.8}$$

式中：C 为环的周长，单位为 m；f 为频率，单位为 MHz；d 为制造环天线导线的直径，单位为 m。

【例 3.2】 试求用 $d=10$ mm 的铜导线制成直径为 1 m 的环天线，在 1 MHz 和 10 MHz的效率。

解 (1)

$$f=1\ \text{MHz},\ \frac{R_L}{R_r}=\frac{3430}{\pi^3\times1\times0.01}=11068$$

$$\eta=\frac{1}{1+\dfrac{R_L}{R_r}}=\frac{1}{1+11068}=9\times10^{-5}\ (-40.4\ \text{dB})$$

(2)

$$f=10\ \text{MHz},\ \frac{R_L}{R_r}=\frac{3430}{\pi^3\times10^{3.5}\times0.01}=3.5$$

$$\eta=\frac{1}{1+3.5}=0.22\ (-6.5\ \text{dB})$$

对圈数为 N 的多圈环天线，则

$$\frac{R_L}{R_r}=\frac{3430}{C^3 f^{3.5} Nd} \tag{3.9}$$

4. 小环天线的方向系数

对周长 $C\leqslant\lambda_0/3$ 的小环天线，方向系数 D 为

$$D=1.5\sin^2\theta=1.5\ (1.76\ \text{dB})$$

因为小环天线的最大辐射方向在 $\theta=90°$，所以小环天线的方向系数与短电偶极子天线相同。

5. 小环天线的有效高度

小环天线的有效高度 H_e 为

$$H_e=\frac{2\pi NA^2}{\lambda_0} \tag{3.10}$$

式中：A 为环的面积。

圆环的面积 $A=\pi b^2$，方环的面积 $A=(2b^2)=4b^2$。可见，圆环的面积比方环小。

6. 环天线的电感

环天线的电感 L 为

$$L=0.00508C\left[2.303\ \lg\left(\frac{4c}{d}\right)-B\right] \tag{3.11}$$

式中：C 为环的周长，单位为英寸，1 英寸＝2.54 厘米；d 为制造环天线导线的直径，单位为英寸；B 为系数。不同形状的环天线的系数 B 如表 3.4 所示。

表 3.4　不同形状环天线电感 L 中的系数 B

环的形状	圆形	八角形	六角形	五角形	方形	三角形
系数 B	2.451	2.561	2.66	2.712	2.853	3.197

3.4.3　小环天线的馈电及阻抗匹配

使一圈小环天线谐振最常用的方法是在与馈电点相反的环上串联可调电容。图 3.13 就是采用可调电容实用环天线的一个实例。

图 3.13 中，大环是辐射环，小环是馈电环，大小环共面，用同轴线通过馈电环耦合馈电。在馈电点电流最大，所产生的磁场也最强，在该处耦合，可以使馈电环的尺寸最小。

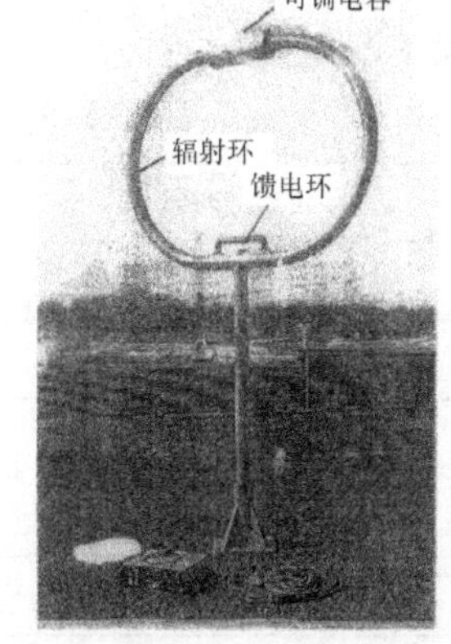

图 3.13　带可调电容实用环天线的照片

图 3.14 给出了五种调谐环天线和用同轴线给环天线馈电匹配的方法。由于小环天线呈感性，所以必须用串联电容调谐，如图 3.14(a)、(b)所示。调谐小环天线的另外一种更实用简单的方法是利用耦合馈电环，如图 3.14(c)、(d)、(e)所示，辐射环的直径 D 大约是耦合馈电环直径 d 的五倍，即 $D/d\approx 5/1$。耦合馈电环可以用导线构成，如图

3.14(c)、(d)所示，也可以用同轴线构成，如图 3.14(e)所示。图 3.14(f)是把同轴线经 1∶1 巴伦变成长度 $Y=\lambda_0/200$ 的平衡双导线，再把双导线与环上相距 X 的两个点相接，两个接点间的距离 X 仅为辐射环周长的 1/10。图 3.14(g)是直接把同轴线的外导体与环相接，把同轴线内导线(长度 $Y=\lambda_0/200$) 与环也相接，但同轴线内外导体与环相接的间距 X 也仅为辐射环周长的 1/10。

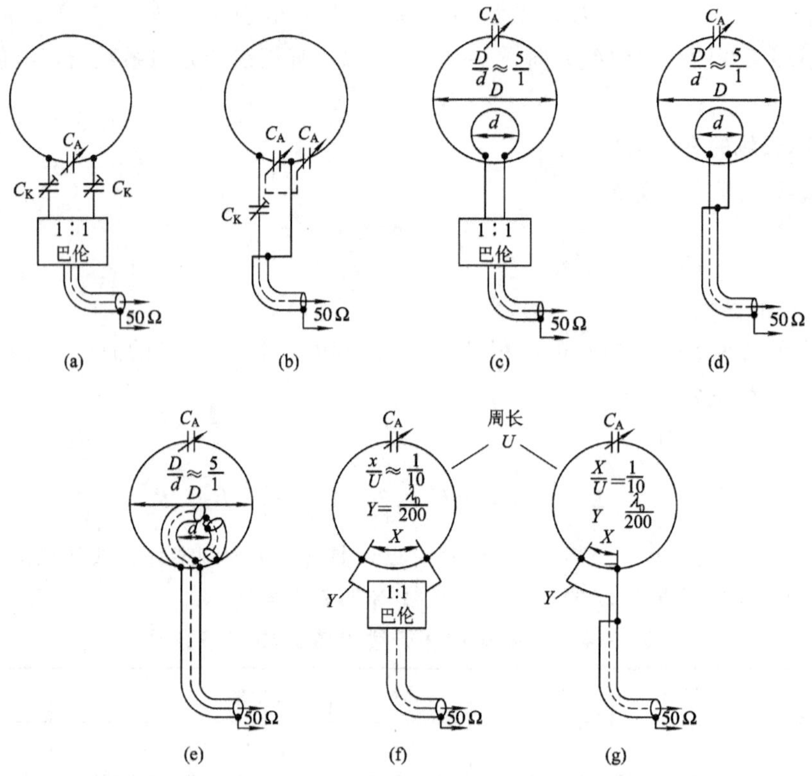

图 3.14　调谐圆环天线及用同轴线馈电的方法

3.4.4　短波使用的紧凑发射环天线

表 3.5 给出了在市场上可买到的业余无线电爱好者使用的几种紧凑的短波发射天线的尺寸和频率范围。

表 3.5　短波环天线的直径及使用频率范围

环天线的直径/m	制造环天线金属管的直径/mm	频率范围/MHz
3.4	32	1.75～8
1.7	32	6.9～16
1.3	32	7～22
0.8	32	13.5～30
0.89	1.5 ×38.1 的金属带	10～30
0.91	26.7	10～30

环天线的辐射效率为38%到95%，主要取决于环的尺寸、工作频率及导体的损耗。

用Φ=25.4 mm的铝管制造的直径为1 m的六边形环天线在自由空间的增益如表3.6所示。

表3.6 直径为1 m的六边形环天线在几个频点的增益

f/MHz	10	14	21	30
G/dBi	−2.88	−0.22	1.14	1.42

如前所述，小环天线的主要缺点是：大电流，窄频带，低辐射电阻，所以必须用高压电容器调谐。这意味着必须限制发射功率小于150 W，如果功率超过150 W，则必须使用耐压为10～20 kV的真空或陶瓷可变电容器。在10 MHz，直径为1 m的环天线的输入阻抗为0.088+j161Ω，如果发射功率为150 W，环电流为41 A，则在电容器两端的电压高达6.6 kV。

3.4.5 短波使用的小接收环天线

1. 定向宽带接收环天线

图3.15是带有低噪声放大器的短波有源定向接收环天线。小环天线具有类似cosθ的8字形方向图，由于在环天线顶部用不平衡电阻R加载，因此方向图$F(\theta)$有如下形式：

$$F(\theta)=\frac{1+K\ \cos\theta}{1+k} \qquad (3.12)$$

式中，系数K取决于加载电阻的大小。假定$K\ll1$，则方向图类似于单极子的方向图；假定$K\gg1$，则方向图类似于环天线的方向图。若R=100～200 Ω，则所提供的K值接近于1，方向图近似为心脏形。

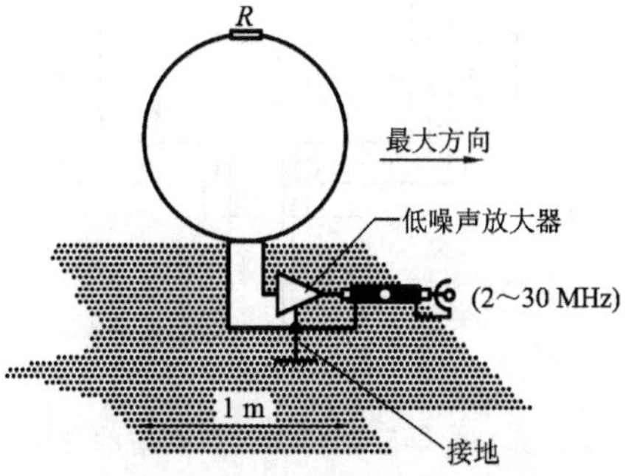

图3.15 有源定向宽带接收环天线

2. 匹配平衡屏蔽小接收环天线

经常用小环天线来接收低频无线电广播信号，特别是接收1.8 MHz(160 m波段)和3.7 MHz(80 m波段)的无线电信号。为了扼制环天线边射方向的干扰，常用平衡屏蔽小环天线，因为平衡屏蔽环天线在它的边射方向具有很深的零，因而与馈线及附近的其他物体的耦合最小。

屏蔽接收环天线的对称性并不是关键，因为采用如图3.16所示的方法可以使小环天线谐振，且与50 Ω馈线匹配。使用可调电容器C_2使环天线在所希望的频率上谐振，使用电容量比较大的电容器C_1使馈电点的阻抗在谐振时为50 Ω，使用任意选择的电阻R_1以牺牲天线效率为代价来展宽天线的带宽。

电容C_2的大小是很精确的，最好使用与小云母电容并联的空气介质可调电容器。电容C_1的大小并不严格，可采用低损耗云母电容。电阻R_1应该为无感电阻。在f=1.8 MHz和f=3.5 MHz时环天线的尺寸及R_1、C_1、C_2的大小如表3.7所示。

表 3.7　工作频率为 1.8 MHz 和 3.5 MHz 时屏蔽环天线的尺寸及匹配元件值

f/MHz	S/m	R_1/Ω	C_1/pF	C_2/pF
1.8	1.524	3.3	4970	696
3.5	1.524	3.3	2950	83

注意：改变 R_1 会明显地使 C_1 变化；增加 R_1 虽然使 C_1 减小，但对 C_1 影响不大。

在许多实际应用中，天馈系统的带宽和噪声性能往往比效率更重要，除采用屏蔽环天线外，对对称环天线，还必须有巴伦，如图 3.17 所示。短波接收环天线的输入电阻是很小的，若为 0.1 Ω，则作为巴伦使用的传输线变压器的匝数比要达到 20∶1 才能使环天线与 50 Ω 馈线匹配。

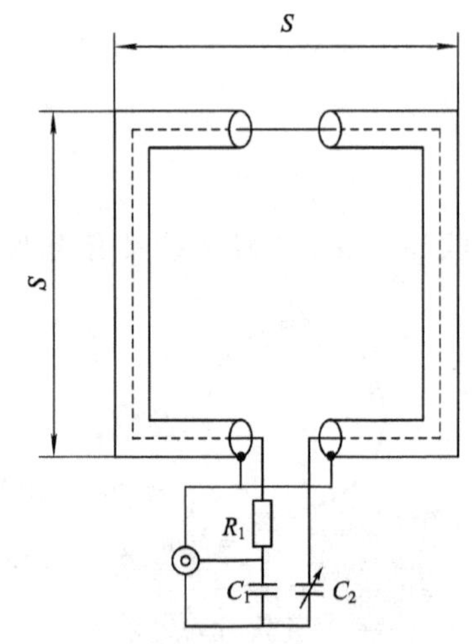

图 3.16　屏蔽方环天线及调谐的方法

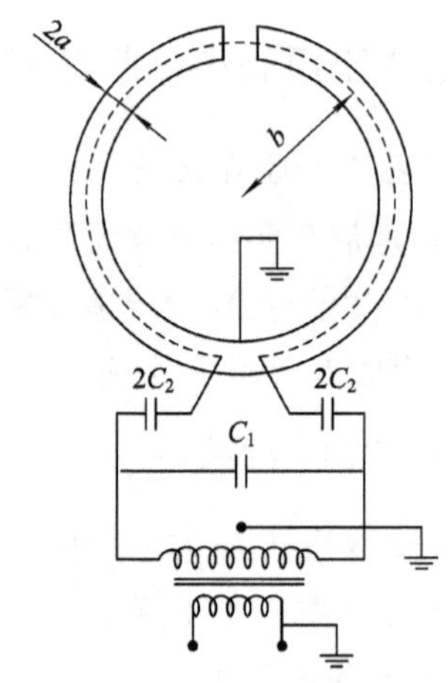

图 3.17　用电容和自耦变压器使低输入阻抗屏蔽圆环接收天线匹配

3.4.6　屏蔽环探头

环探头最理想的方向图应当是零很深且均匀的 8 字形，这些特性是能否成功使用环探头的关键，但是当环探头靠近地面或其他物体时，由于杂散耦合使方向图严重失真，不仅零变浅，而且最大瓣也会变形。为了消除这些缺点，应采用屏蔽环探头。为了让环探头与电磁波的磁场分量响应，必须在屏蔽环探头的中心留出间隙，由于屏蔽，因而有效地抑制了电场。

1. 屏蔽单圈环探头

让环探头的环面位于与磁场垂直(见图 3.18)的 yz 平面上，环的周长远小于波长，磁场在环上产生的感应环电流 I_H 在环上处处相等，但 z 方向上电场产生的感应电流 I_z 流过负载 Z_L 时，由于大小相等、方向相反而抵消。由于负载的存在，环的上下两个边不对称，使 y 向电场感应的电流 I_y 流过了负载，造成磁场测量误差。为了准确测量线极化磁场分量，必须调整环的取向，使线极化电场的方向指向 z 轴。

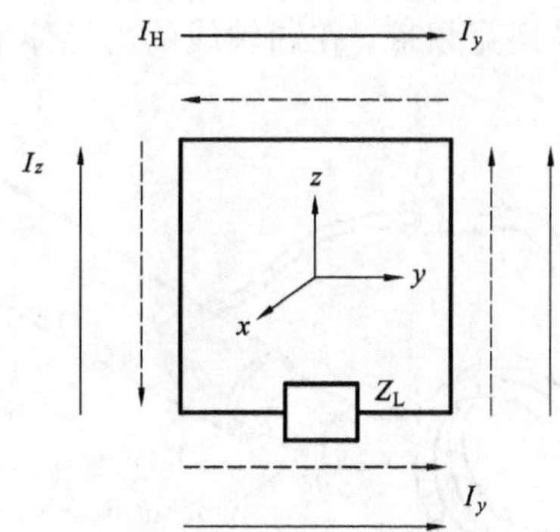

图 3.18 分析环探头的原理图

常用图 3.19(a)、(b)所示的圆形和方形屏蔽环探头来测量线天线上的电流分布。图 3.19(c)为用环探头测量线天线(如单极子)上电流分布的装置示意图。为了不破坏线天线上的电流分布，环探头的尺寸要足够小；为了只对磁场响应，以提高测量精度，环探头的环面要同线天线共面，以便让磁场穿过环面。为了保证环探头沿线天线等距离移动，在屏蔽环探头的间隙处固定一层很薄很小的泡沫，让泡沫始终紧贴线天线移动。

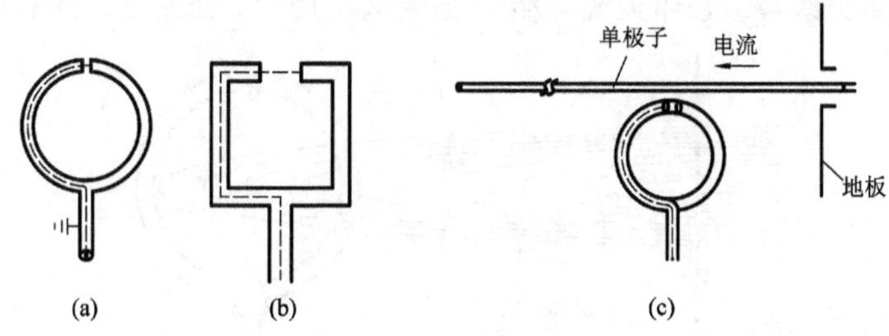

图 3.19 屏蔽环探头

(a) 圆形；(b) 方形；(c) 用圆屏蔽环探头测量单极子天线上电流分布的方法

图 3.20(a)是屏蔽平衡单圈环探头。把一根细同轴电缆弯成一个圆，在与馈电相反的圆上，把同轴线的外导体切断，留出一小间隙 Δ，就能很容易地构成屏蔽平衡环探头。图 3.20(b)是同轴线给位于地板上的屏蔽环探头馈电的方法。

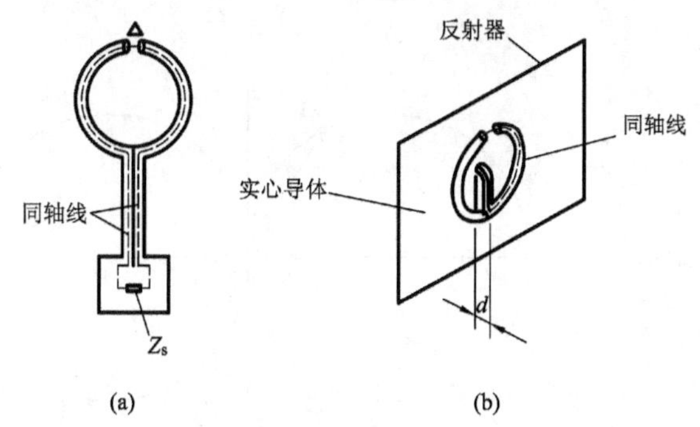

图 3.20 屏蔽环探头及应用

(a) 屏蔽平衡单圈环探头；(b) 用同轴线给位于地板上面屏蔽环探头馈电的方法

2. 多线圈环探头

把同轴线的内导体绕成直径为 5 mm 的 3～4 圈的线圈，就构成了最简单的多线圈环探头，如图 3.21 所示。为了得到宽频带，在同轴线的内导体上串联一只 47 Ω 的微型电阻，再与同轴线的外导体相接。

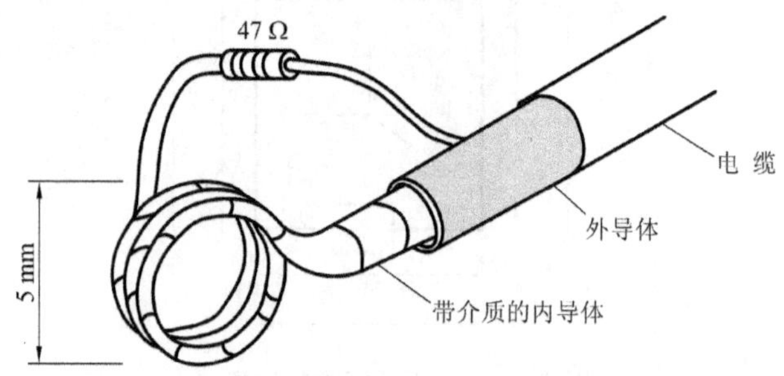

图 3.21　多线圈宽带环探头

3.4.7　小环天线在测向中的应用

众所周知，如果通过环天线的磁力线的数量变化(增加或减小)，就会在环天线中产生交变电压。如图 3.22(a)所示，当环的平面与垂直极化发射天线来波方向位于同一平面时，环天线中通过的磁力线最多，环天线产生的交变电压最大；如图 3.22(b)所示，如果把环

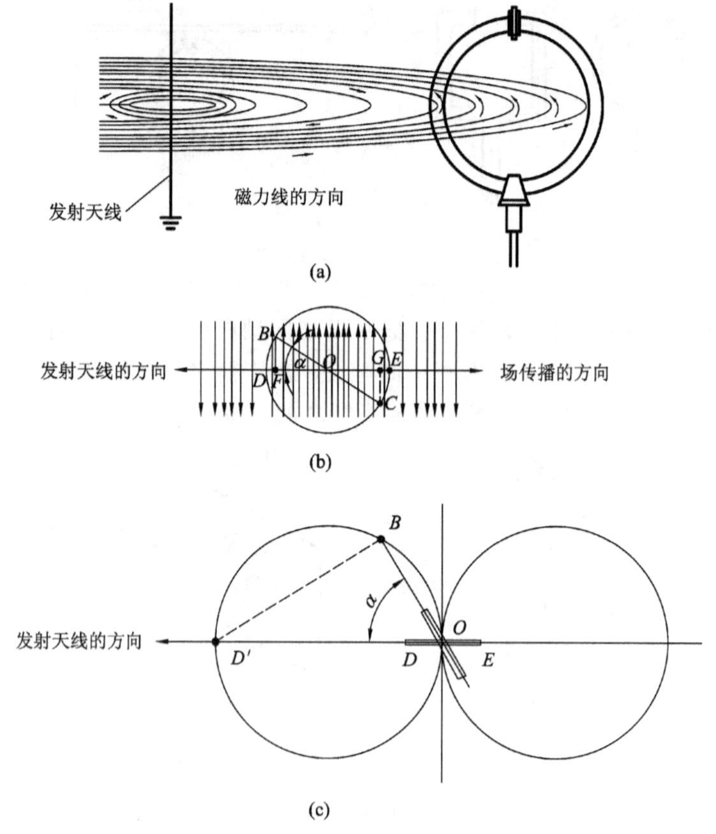

图 3.22　环天线与磁力线及来波方向的关系

(a) 通过环天线的磁力线；(b) 环平面与来波方向位于同一平面；

(c) 环平面与来波方向位于同一平面时的 8 字形方向图

天线绕轴 O 旋转到任意位置 BC，则在 BC 位置通过环面磁力线的数量显然比在 DE 位置时小，它们之比为

$$\frac{FG}{DE}=\frac{FO}{DO}=\frac{FO}{BO}=\cos\alpha$$

因此，在 BC 位置产生的电压 $V=V_{\max}\cos\alpha$。其中，$V_{\max}$ 是环平面在 DE 位置产生的最大电压。

图 3.22(c)是环平面与来波方向位于同一平面时环天线的 8 字形方向图。

用一个垂直矩形环天线来接收波长为 λ_0 的垂直极化信号时，如果水平面信号的到达方向与环面的夹角为 θ，如图 3.23 所示，则在两个垂直边上的相位差为 $\Delta\Phi=(2\pi d/\lambda)\cos\theta$，在环天线中感应的电压为

$$V=2V_s\sin\left(\frac{\pi d\cos\theta}{\lambda_0}\right) \tag{3.13}$$

式中：d 为环天线两个垂直边之间的间距；V_s为在一个垂直边上的感应电压。

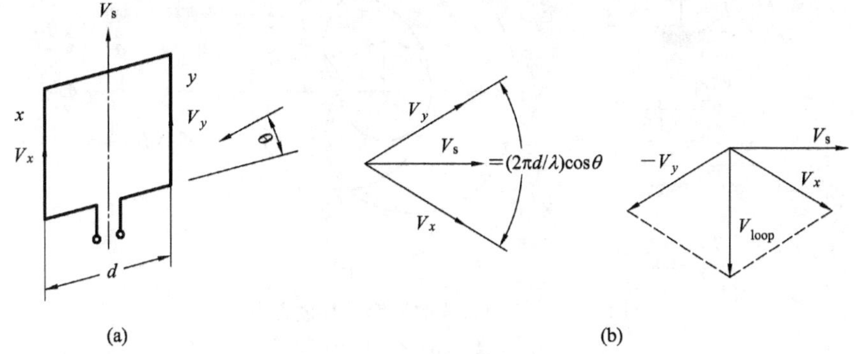

图 3.23 环天线的输出电压

(a) 环天线的结构尺寸；(b) 电压相加

图 3.24 是垂直矩形环天线有不同电间距离 d/λ_0 时的垂直面方向图。由图 3.24 可以看出，$d/\lambda_0\leqslant\lambda_0/2$，垂直面方向图均呈 8 字形，沿环的轴线均为零辐射方向。

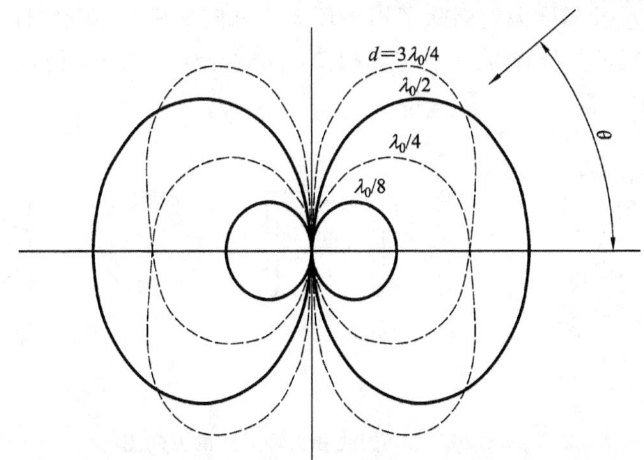

图 3.24 垂直矩形环天线有不同电间距 d/λ_0 时的垂直面方向面

小环天线垂直放置时，它的方向图在水平面呈8字形。通常把小环天线绕它的轴旋转，利用感应的最小电压，即方向图的零辐射方向来测向。感应电压最小的方向就是环平面法线正好对准来波方向。由于垂直放置的小环天线旋转一周有两个方向感应的电压都最小，因此无法确定来波方向。为解决用垂直小环天线测向出现的模糊问题，可以把在垂直环天线中间附加的一根垂直单极子天线作为判断天线，如图3.25(a)所示。单极子天线在水平面的全向方向图与垂直环天线在水平面的8字形叠加如图3.25(b)所示。由于单极子的全向方向图与小环天线8字形方向图中左半边同相，与右半边反相，因此合成的方向图为心脏形，从而消除了仅用环天线测向出现的模糊问题。在垂直辅助天线中附加电阻 R，是为了减小垂直辅助天线的接收信号，以保证全向方向图圆的半径与每个8字形方向图圆的直径相等，这样合成的心脏形方向图只有一个最大值和一个最小值，从而就能利用心脏形方向图的最小值来测向。

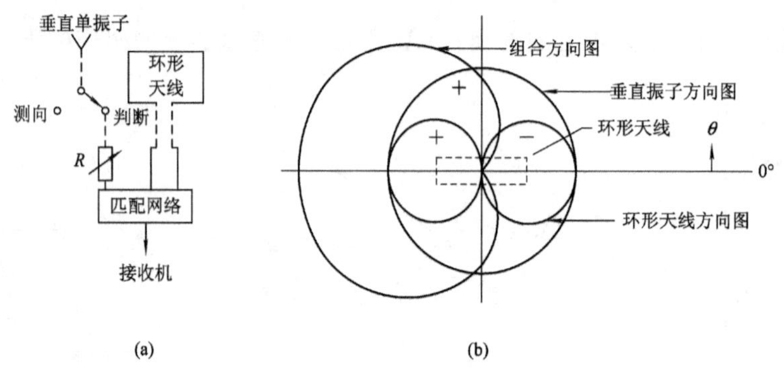

图 3.25 测向天线的方案及合成方向图

(a) 方案；(b) 合成方向图

直径为 $0.1\lambda_0$ 的水平环天线在自由空间的方向如图3.26(a)所示。由图3.26(a)可以看出，环面呈全向，垂直面呈8字形。人们经常用水平环天线在短波波段利用天波测向，由于环天线方向图中有两个零，因此会导致不确定性，如果把环面平行位于尺寸约 λ_0 的地板上放置，环天线与地板的间距为 $0.1\lambda_0$ 时如图3.26(b)所示，其方向图如图3.26(c)所示。由于方向图中只有一个零，因而消除了用小环天线测向造成的不确定性。用同轴线直接给环天线馈电，同轴线的外导体在 A 点与环相接，同时与地板相接，同轴线的内导体沿左半环，穿过 B 点环的间隙，与右半环相接。

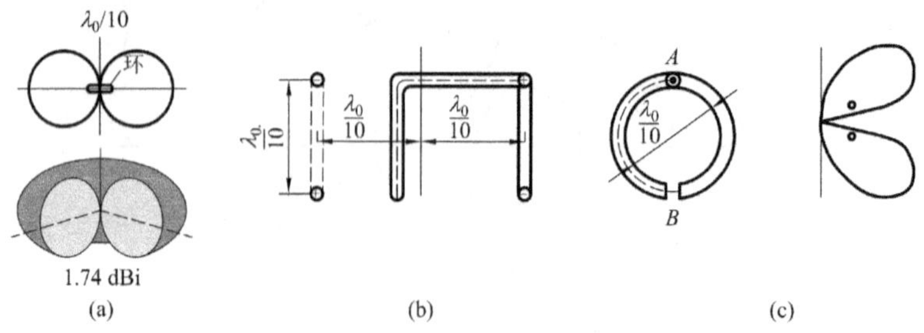

图 3.26 小环天线和大环天线的方向图

(a) 小水平环天线的方向图；(b) 离地面为 $0.1\lambda_0$、直径为 $\lambda_0/10$ 的环天线；

(c) 直径为 $\lambda_0/10$ 的 环天线的馈电及方向图

3.5 方位不连续环形天线[3-5]

方位不连续环形天线(DDRR，Directional Discontinuty Ring Radiator)可以看成是用扩展的水平部分提供的 $\lambda_0/4$ 谐振短垂直接地天线，是倒 L 形天线或倒 F 形天线的变型，它相当于在短垂直天线顶上用水平导线加载。由于水平加载导线上的电流与地板上的镜像电流流向相反，因而可以完全忽略水平加载线的辐射，故 DDRR 的方向图基本上与短垂直天线相同。图 3.27 是 DDRR 天线的结构示意图。

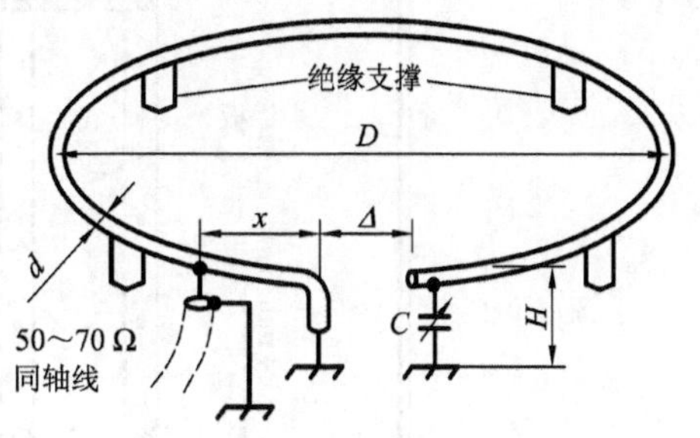

图 3.27　DDRR 天线的结构示意图

影响 DDRR 天线谐振的因素包括：① 环的直径 D；② 环离地面的高度 H；③ 环末端分开的间隙 Δ；④ 调谐电容 C 的大小。

提高 DDRR 天线效率的方法如下：① 加粗环形导线的直径 d；② 加大水平环离地面的高度 H；③ 减小电容 C；④ 采用良导体地面。

DDRR 天线用同轴线馈电，即把同轴线的内导体与环形导体相接，同轴线外导体接地。调整同轴线内导体离环形导线末端接地点的距离 X，可以使 DDRR 天线与同轴线匹配。

图 3.28(a)是车载 DDRR 天线的照片。通过调整末端重叠天线的间隙可以使天线谐振与匹配，如图 3.28(b)所示。也可以利用天线末端重叠部分形成的电容，再通过滑动环天线不接地端伸出与管壁紧配合的塑料管的距离，达到调节电容的目的，以便使 DDRR 天线揩振，如图 3.29 所示。在短波业余无线电频段，DDRR 天线的主要尺寸如表 3.8 所示。DDRR 天线在 $D=0.078\lambda_0$、$H=0.007\lambda_0$ 时，性能最佳。

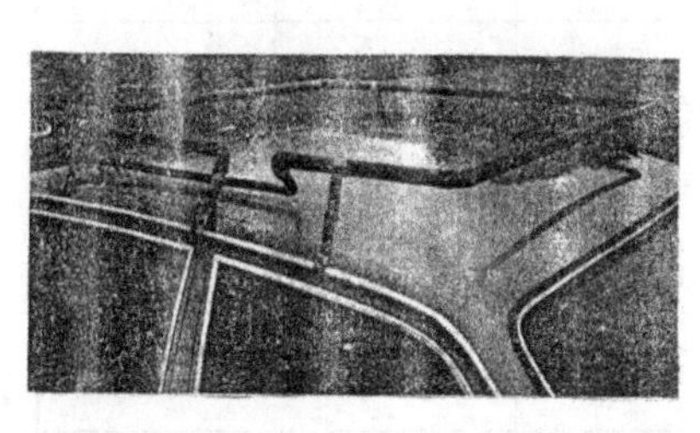

(a)

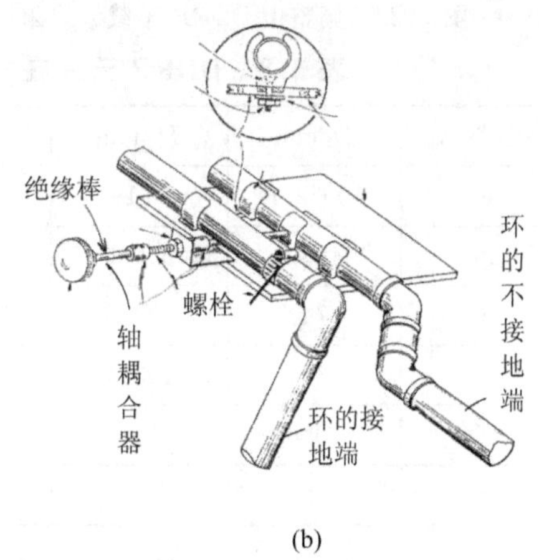

(b)

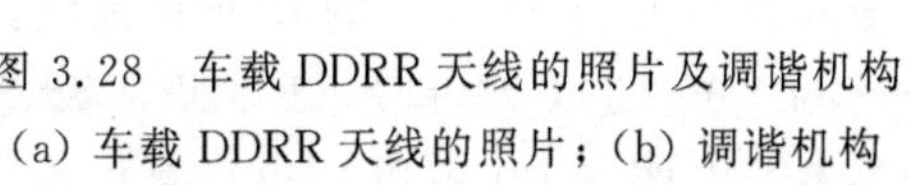

图 3.28　车载 DDRR 天线的照片及调谐机构
(a) 车载 DDRR 天线的照片；(b) 调谐机构

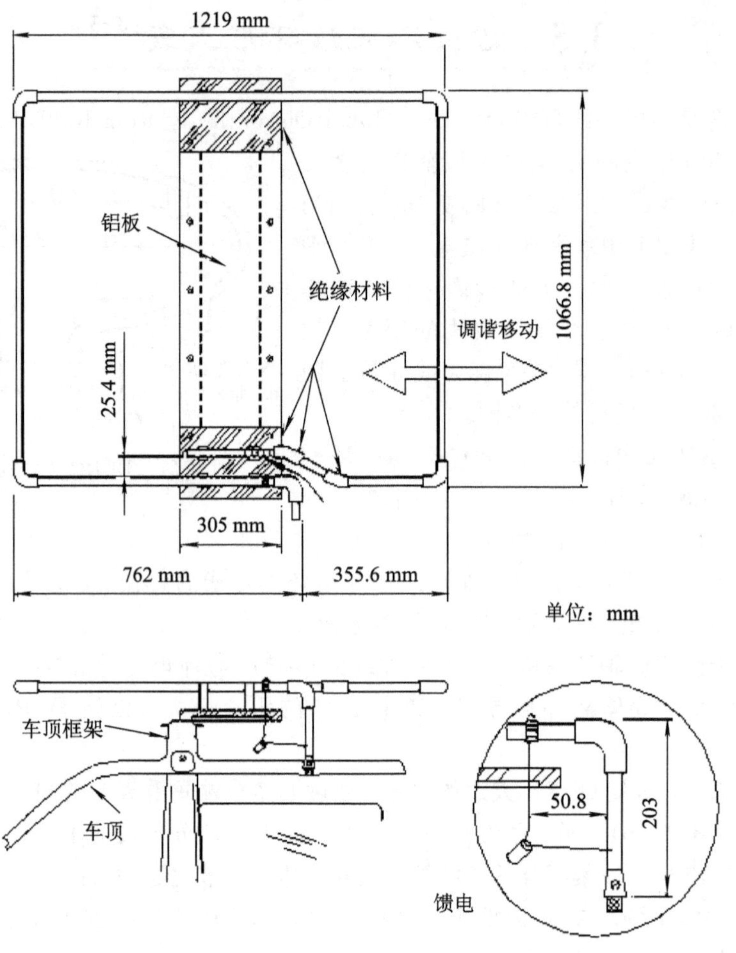

图 3.29 调整由 DDRR 车载天线末端重叠导体构成的电容器使 DDRR 天线谐振

表 3.8 DDRR 天线在短波业余无线频段的主要尺寸

频段/m	D/mm	H/mm	d/mm	Δ/mm	X/mm	C/pF
160	10972.8	1219	127	457	304.8	100
80	5486.4	609.6	127	304.8	152	100
40	2743	304.8	63.5	152	76	75
20	1321	152.4	25.4	76	38	50
15	1018	114	12.7	51	25.4	35
10	686	76	12.7	51	19	25

图 3.30(a)、(b)分别是周长为 $\lambda_0/4$ 和 $\lambda_0/2$ 的 DDRR 天线。注意：$\lambda_0/2$ 长 DDRR 天线是闭合环天线。图 3.30(c)、(d)分别是 $\lambda_0/4$ 和 $\lambda_0/2$ DDRR 天线的谐振电阻 R 及相对带宽 BW%与馈电角度 φ 间的关系。由图 3.30 可以看出，周长为 $\lambda_0/2$ DDRR 的天线在 $\varphi=20°\sim140°$ 范围内电阻均为 50 Ω，相对带宽也比 $\lambda_0/4$ DDRR 天线宽。

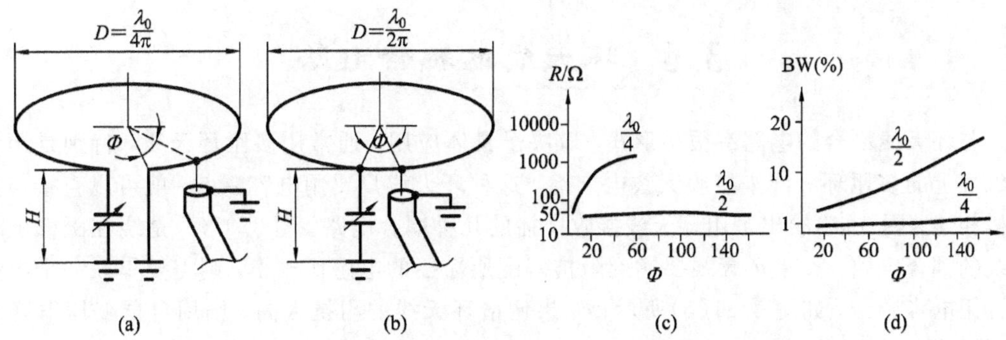

图 3.30 周长为 $\lambda_0/4$ 和 $\lambda_0/2$ 的 DDRR 天线的谐振电阻及相对带宽

(a) $\lambda_0/4$ DDRR 天线；(b) $\lambda_0/2$ DDRR 天线；(c) $\lambda_0/4$、$\lambda_0/2$ DDRR 天线谐振电阻 R 与 φ 的关系曲线；(d) $\lambda_0/4$、$\lambda_0/2$ DDRR 天线相对带宽 BW 与 φ 的关系曲线

表 3.9 是周长为 $\lambda_0/2$DDRR 天线的直径 D 和高度 H 及谐振频率和带宽。

表 3.9 周长为 $\lambda_0/2$ DDRR 天线的直径、高度及谐振频率和带宽

环的直径 D/mm	环的高度 H/mm	谐振频率/MHz	带宽/MHz
50	30	1050	90
50	35	975	85
50	40	910	70
50	45	855	60
60	25	1040	120
60	30	960	105
60	35	900	80
60	40	840	70
60	45	795	65
70	25	940	50
70	30	880	65
70	35	825	70
70	40	775	60
70	45	735	60
80	25	870	45
80	30	760	50
80	35	760	55
80	40	720	60
80	45	685	60

地板的大小对天线的带宽影响极大，如果要把此天线作为 GSM 900 MHz 室内全向天线或车载天线，宜用直径为 240 mm 的圆形地板。环的直径 $D=60$ mm，$H=32$ mm，VSWR≤2 的带宽为 90 MHz。天线在水平面的方向图基本呈全向，水平面最大增益为 0.2 dBi，仰角增益为 2 dBi。DDRR 天线用同轴线馈电，具体连接方法是把同轴线的内导体与水平环相连，同轴线的外导体接地，在距馈电 $\Phi=100°\sim140°$角域内，用短线把环接地，如图 3.30(a)所示。DDRR 天线除具有全向水平面方向图外，还具有低轮廓、低成本、隐蔽和耐用的优点。

3.6 环天线的耦合电路

与环天线耦合的电路有很多形式，取决于具体应用。通常用多匝环天线，特别是用绕在磁环上的多匝环天线来接收无线电广播，这种环天线只要用电容调谐，就可以直接与接收机相连。图 3.31 给出了用环天线接收广播的几种耦合电路。图 3.31(a)是绕在磁棒上环天线的耦合电路。如果环天线要达到阻抗匹配所需要的电感比较小，则需要串联一个电感后再用电容调谐，如图 3.31(b)所示；如果调谐环天线的阻抗太高，则用自耦变压器降低后再接接收机，如图 3.31(c)所示。

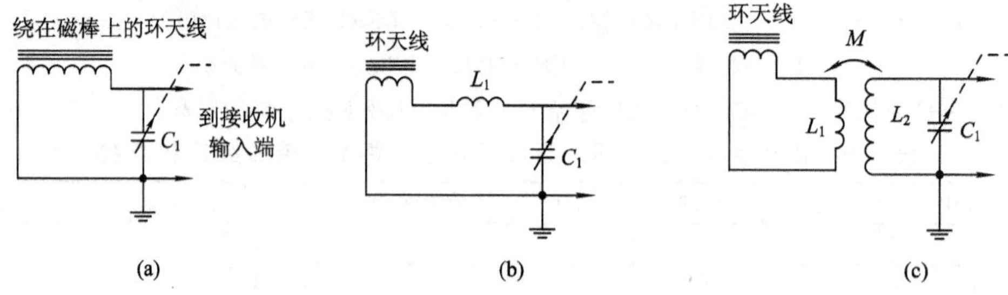

图 3.31 用环天线接收广播的几种耦合电路

(a) 绕在磁棒上的环天线；(b) 用 LC 电路调谐；(c) 用自耦变压器调谐

在环天线离开接收机一定距离的情况下，希望环天线具有低的电抗，以致长度小于$\lambda_0/4$的电缆的影响最小，此时宜用平衡屏蔽双线直接与环天线相连。图 3.32(a)是低阻抗屏蔽环天线的耦合电路，图(b)中用宽带传输线变压器与环天线耦合，再与平衡屏蔽双线相连。

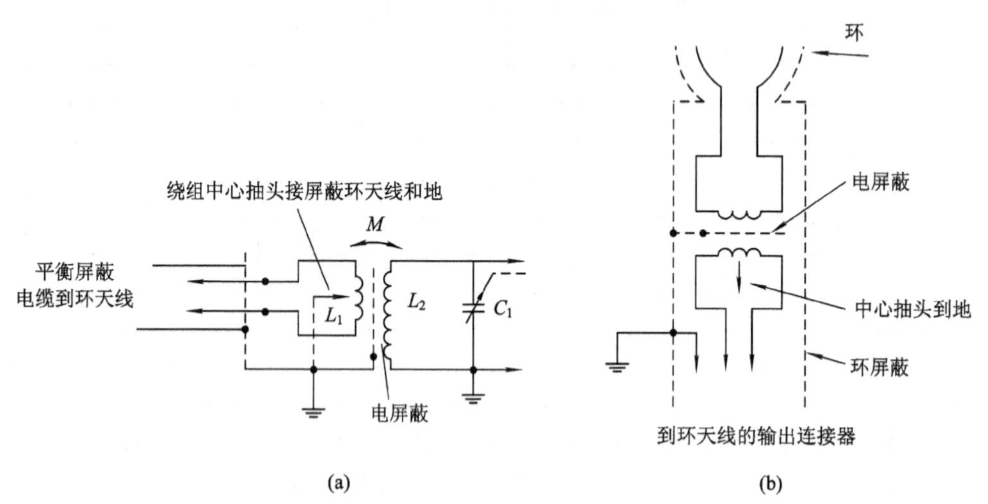

图 3.32 低阻抗耦合环天线

(a) 低阻抗屏蔽环天线的耦合电路；(b) 低阻抗屏蔽环天线的宽带耦合电路

图 3.33 是用两个正交环天线在水平面产生全向方向图的耦合电路。需要调整两个谐振电路之间的耦合，以便从两个正交环天线上产生等信号电平及实现 90°相差。

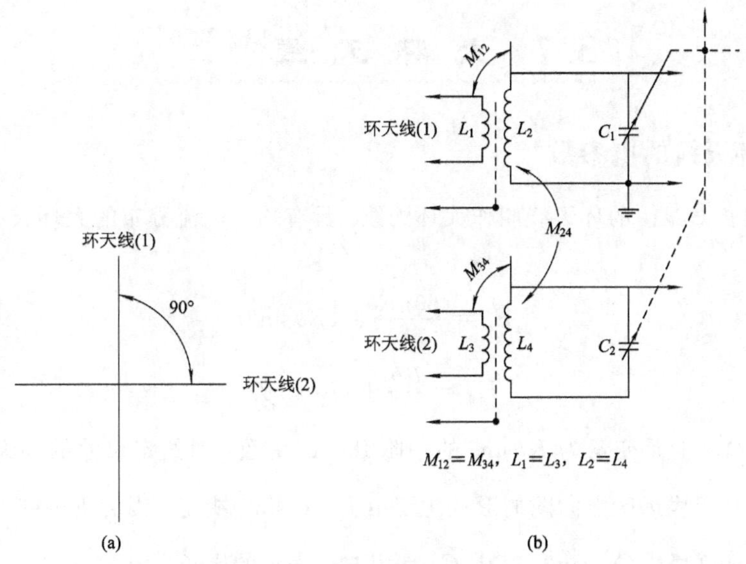

图 3.33 正交环天线在方位面的布局与用正交环天线实现全向方向图的电路

(a) 正交环天线在方位面的布局；(b) 用正交环天线实现全向方向图的耦合电路

图 3.34 是一些典型的天线耦合调谐电路，它们之间的主要差别是耦合电路的形式不同。在某些情况下，在一个接收机里，可以有几个耦合电路，以适应不同的天线结构。

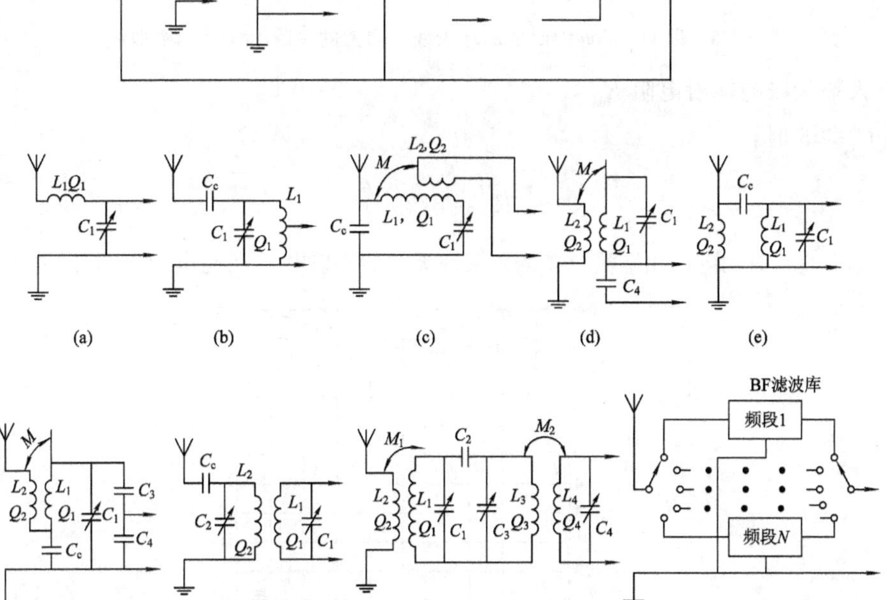

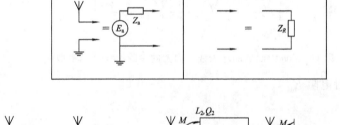

图 3.34 典型的天线耦合调谐电路

3.7 大环天线[1, 2, 6]

3.7.1 大环天线的电参数

通常把周长 $C \geqslant \lambda_0$ 的环天线叫作大环天线。具有均匀电流分布的大环天线远区的电磁场为

$$E_\varphi = \frac{60\pi Kb}{r} J_1(Kb\sin\theta) \tag{3.14}$$

$$H_\theta = \frac{KbI}{2r} J_1(Kb\sin\theta) \tag{3.15}$$

式中：$K=2\pi/\lambda_0$；J_1是变量为 $Kb\sin\theta$ 的一阶 Bessel 函数，对给定尺寸的环天线，由于 Kb 是常数，所以环天线远区方向图的形状主要由 $J_1(Kb\sin\theta)$决定。因为 $Kb=\frac{2\pi}{\lambda_0}b=C_{\lambda_0}$，所以也可以把 $Kb\ \sin\theta$ 写成 $C_{\lambda_0}\ \sin\theta$，其中 C_{λ_0} 是用波长表示的周长。图 3.35 是以 $C_{\lambda_0}\ \sin\theta$ 为函数的环天线方向图的一阶 Bessel 函数曲线图。

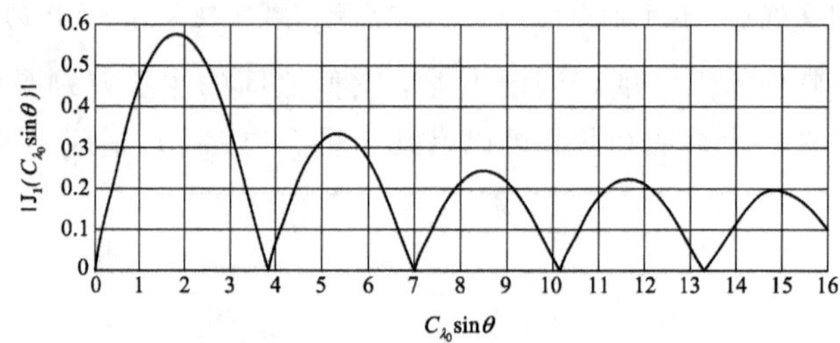

图 3.35 以 $C_{\lambda_0}\ \sin\theta$ 为函数的环天线方向图的一阶 Bessel 函数曲线图

1. 大环天线的辐射电阻 R_r

当 $C_{\lambda_0} \geqslant 5$ 时：

$$R_r = 3720\ \frac{b}{\lambda_0} \tag{3.16}$$

图 3.36 是具有均匀同相电流分布的单圈环天线的辐射电阻 R_r与电周长 C_{λ_0} 间的关系曲线。

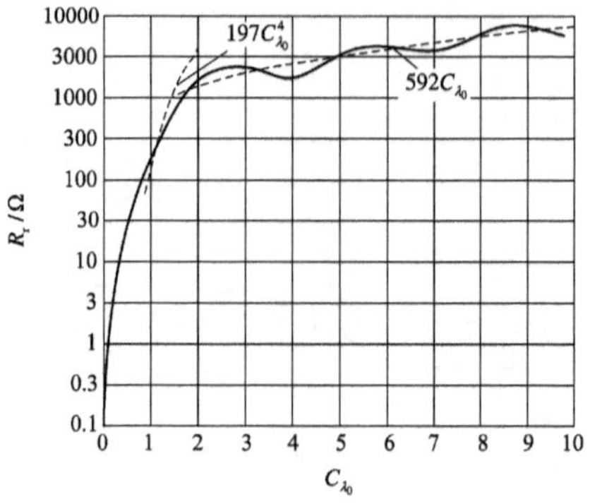

图 3.36 具有均匀同相电流分布的单圈环天线的辐射电阻 R_r与周长 C_{λ_0} 间的关系曲线

2. 大环天线的方向系数 D

当 $C_{\lambda_0}>5$ 时：

$$D = 2C_{\lambda_0}\mathrm{J}_1^2(C_{\lambda_0}\ \sin\theta) \tag{3.17}$$

由图 3.36 可看出，$C_{\lambda_0}=1.84$ 时，$\mathrm{J}_1(C_{\lambda_0}\ \sin\theta)$的最大值为 0.582。所以当 $C_{\lambda_0}\geqslant 2$ 时，$D=0.68C_{\lambda_0}$。图 3.37 是均匀同相电流分布的环天线在不同周长 C_{λ_0} 时的方向系数。

如果把周长为 λ_0（直径 $2b=0.318\lambda_0$）的圆环天线平行于地板放置，用 50 Ω 同轴线馈电，如图 3.38 所示，则环面到地板的间距为 $0.1\lambda_0$。

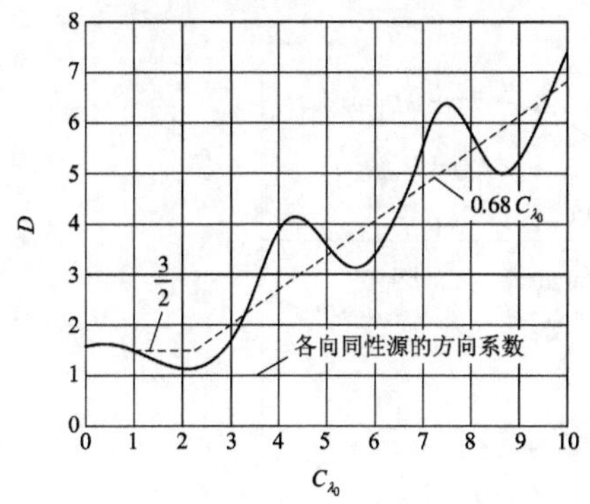

图 3.37　均匀同相圆环天线的方向系数 D 与周长 C_{λ_0} 间的关系曲线

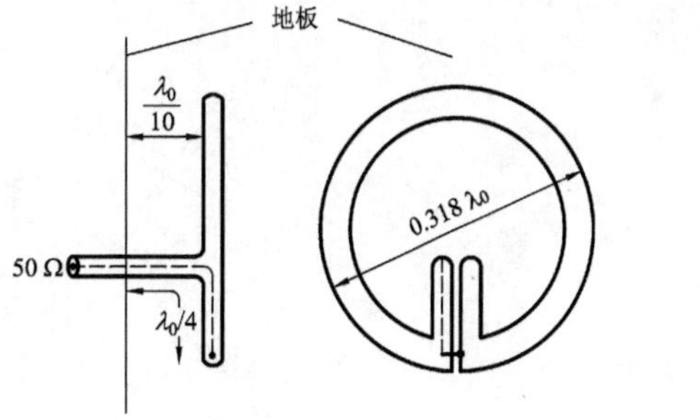

图 3.38　用 50 Ω 同轴线馈电、距地板 $0.1\lambda_0$、周长为 λ_0 的圆环天线

由于要考虑互阻抗 R_{m}，所以此时天线的方向系数 D 变为

$$D = \left\{2\left[\frac{R_{\mathrm{r}}}{R_{\mathrm{r}}-R_{\mathrm{m}}}\right]^{\frac{1}{2}}\sin 36^\circ\right\}^2 \times 1.5 \tag{3.18}$$

对周长为 λ_0 的环天线，由于 $R_{\mathrm{r}}=197\ \Omega$，$R_{\mathrm{m}}=157\ \Omega$ 已知，所以能很容易求出它的方向系数 D，即

$$D = \left\{2\times\left[\frac{197}{197-157}\right]^{\frac{1}{2}}\times\sin 36^\circ\right\}^2\times 1.5 = 10.2(10.1\ \mathrm{dBi})$$

图 3.39 是底馈矩形环天线。其周长 $C=2(H+W)$，制作环天线导线的直径为 $2a$。用

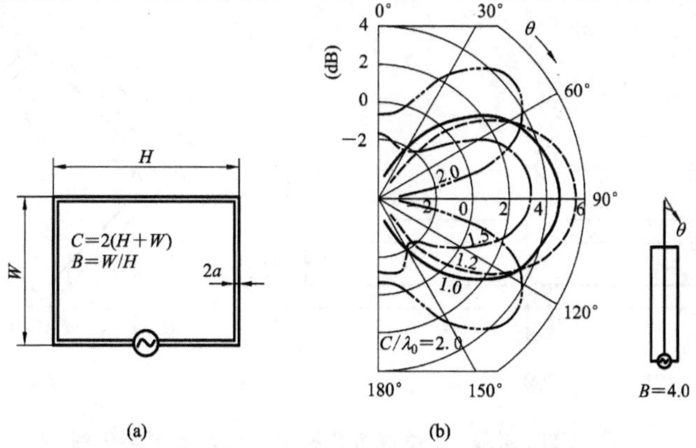

图 3.39　底馈矩形环天线

(a) 结构；(b) 不同 C/λ_0 时底馈矩形环天线的方向图

B 表示宽度/长度比，即 $B=W/H$。在 $C/\lambda_0=1.0$ 时，底馈方环天线的输入电阻约 100 Ω，$B=0.5$ 为矩形环天线；在 $C/\lambda_0=1.0$ 时，底馈矩形环天线的输入电阻约 180 Ω。图 3.39(b)是 $B=4$，不同电周长 C/λ_0 时底馈矩形环天线的垂直面方向图。由图 3.39 可以看出，$C/\lambda_0=1.0$、1.2 和 1.5 时，$\theta=90°$为最大辐射方向；在 $C/\lambda_0=1.2$ 时，增益最大；$C/\lambda_0=2$ 时，方向图裂瓣，$\theta=90°$方向为零辐射方向。

图 3.40(a)是夹角为 β 的顶馈菱形环天线。在制造环天线导线半径 a 与环的周长 C 之比 $a/C=0.0025$ 的情况下，图 3.40(b)为不同 β 及不同电周长 C/λ_0 时，顶馈菱形环天线的输入阻抗曲线。由图 3.40 可以看出，$\beta=120°$，阻抗带宽相对宽一些。

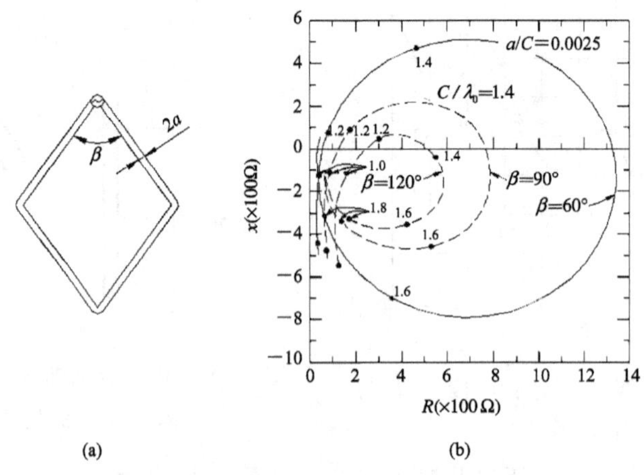

图 3.40　顶馈菱形环天线及史密斯阻抗圆图

(a) 顶馈菱形环天线；(b) 不同 β 及不同电周长 C/λ_0 输入阻抗的史密斯阻抗圆图

把图 3.41(a)所示的 $\lambda_0/2$ 长双折合振子以电流最小点 A、B、C、D 为基准拉成如图 3.41(b)所示的双菱形，在 FF'点馈电，就构成了每个臂长 $\lambda_0/4$ 的双菱形环天线。图 3.41 中的箭头表示电流的方向，可见每个臂上双导线的电流同相。周长为 λ_0 的垂直菱形、方形、圆形和双菱形环天线，具有像垂直偶极子一样的 8 字形垂直面方向图，最大辐射方向垂直于环面。由于它们均为底馈，因此由电流分布可以看出，均为水平极化天线。

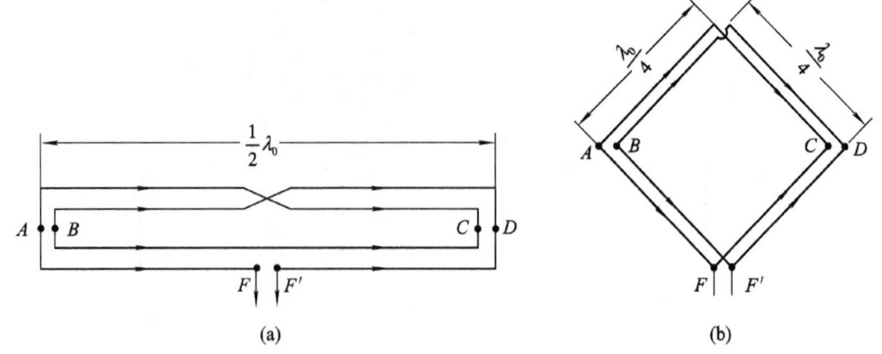

图 3.41　由 $\lambda_0/2$ 长双折合振子变成双菱形环天线

(a) $\lambda_0/2$ 长双折合振子；(b) 双菱形环天线

3.7.2 周长为一个波长的环天线

把如图 3.42(a)所示的长为 $\lambda_0/2$ 的折合振子变形，就可以构成分别如图 3.42(b)、(c)、(d)所示的菱形、方形和圆形环天线。图中箭头代表电流的方向，黑点表示电压最大点、电流最小点。

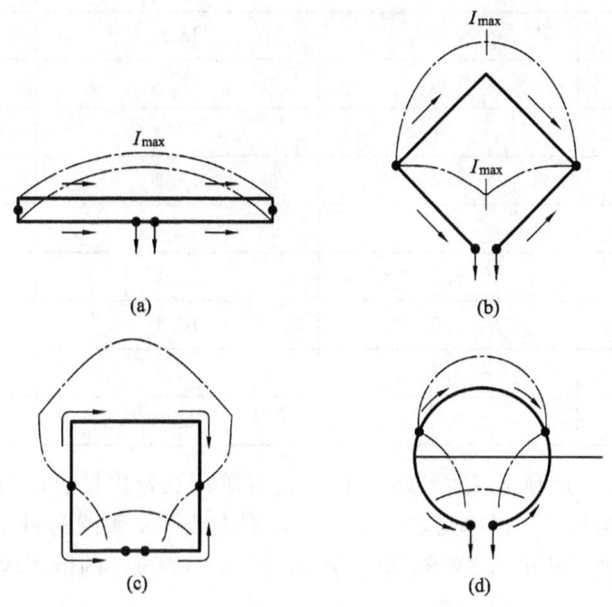

图 3.42　周长为 λ_0 的环天线的电流分布

(a) 长为 $\lambda_0/2$ 的折合振子；(b) 菱形环天线；(c) 方形环天线；(d) 圆形环天线

3.7.3 两单元方环天线

为了将单环天线的双向辐射变为单向辐射，类似于二元八木天线，在有源环天线的后面附加一个寄生反射环。寄生反射环的周长要大于有源环天线的周长。有源环和寄生反射环相距为 $d(\lambda_0)$，制作有源环和寄生环导线的直径为 $0.0004\lambda_0$ 时，有源环天线和寄生环为不同周长、不同间距时的电性能如表 3.10 所示。

表 3.10　不同间距两单元方环天线的电性能

间距 $d(\lambda_0)$	有源环周长(λ_0)	寄生环周长(λ_0)	G/dBi	(F/B)/dB	R_{in}/Ω
0.10	1.000	1.059	7.2	17.5	76
0.15	1.010	1.073	7.1	32.8	128
0.16	1.013	1.075	7.1	46.1	137
0.163	1.014	1.0757	7.1	59.6	140
0.17	1.016	1.077	7.1	38.1	145
0.18	1.018	1.079	7.0	31.0	153
0.20	1.025	1.082	6.9	24.6	166

有源环和寄生反射环的周长分别 1.010λ、1.073λ，且间距 $d=0.15\lambda_0$ 时，两单元环天线电参数的频率响应如表 3.11 所示。

表 3.11 间距 $d=0.15\lambda_0$，周长分别为 $1.010\lambda_0$、$1.073\lambda_0$ 时两单元环天线电参数的频率特性

f/f_0	G/dBi	(F/B)/dB	Z_{in}/Ω
0.96	7.3	2.9	38.5−j140.9
0.98	7.8	11.0	72.9−j55.4
0.99	7.5	17.9	100.5−j22.4
1.00	7.1	32.8	128.0
1.01	6.8	19.9	150.7+j13.3
1.02	6.8	14.8	167.0+j24.2
1.03	6.2	12.1	178.0+j35.1
1.04	6.0	10.4	185.4+j47.3
1.06	5.7	8.2	195+j77
1.08	5.5	6.8	202+j113.4

图 3.43 是中心设计频率 $f_0=145$ MHz，由有源环及寄生反射环构成的两单元水平极化定向环天线的结构尺寸。在单元之间 $d=0.2\lambda_0$ 的情况下，天线的最大增益约 8 dB。为了确保最大增益并实现最小的 VSWR，应在 $d=0.15\lambda_0\sim0.25\lambda_0$ 的范围内调整单元间距。

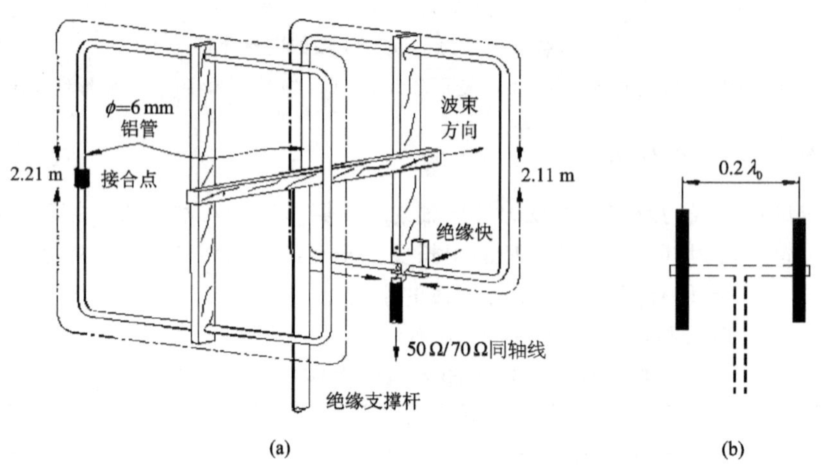

图 3.43 两单元定向环天线的结构及尺寸

在由有源环和寄生环构成的两单元环天线阵中，寄生环可以是反射环，也可以是引向环。假定它们的尺寸与有源环一样，则需要附加长度为 $\lambda_0/8$ 的调谐支节，反射环为短路支节，引向器为开路支节，如图 3.44(a)、(b)所示。

图 3.45 是中心设计频率 $f_0=145$ MHz，由两个有源双菱形环构成的水平极化定向天线。为了实现最大前向增益，单元间距为 $0.125\lambda_0$，并用相位线、双导线交叉馈电，以实现两个环之间有 135°相位差。为了实现阻抗匹配，把最大为 20 pF 的可调电容器并联在天线的输入端。

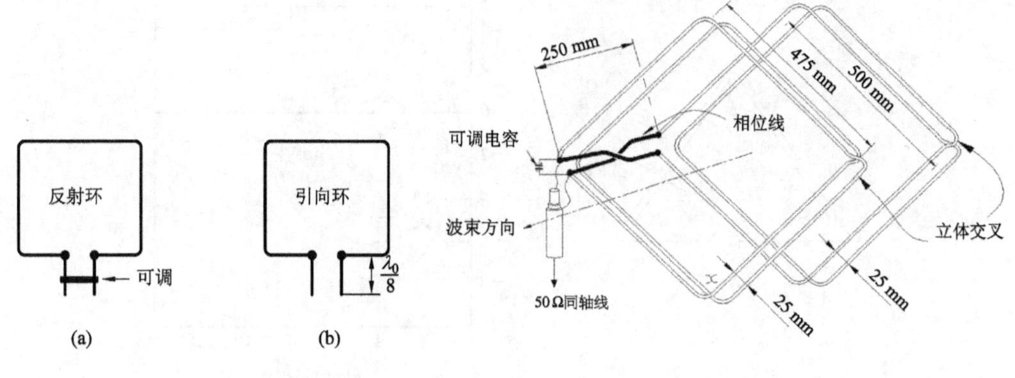

图 3.44 带支节的环天线
(a) 反射环；(b) 引向环

图 3.45 双菱形有源环天线

3.7.4 由双环构成的水平极化全向天线

用间隔为 $\lambda_0/4$ 的双导线把两个周长为 λ_0 的正交方环天线，从环的一个边中点相连，就构成了增益为 5 dB 的水平极化全向天线，如图 3.46 所示。这是因为从一边中点馈电周长为 λ_0 的垂直方环可以等效成间距为 $0.27\lambda_0$ 的两个水平偶极子，水平偶极子在水平面的方向图呈 8 字形。假定最大辐射方向指向南北，由于上下环面正交，所以下面环的最大辐射方向必然指向东西。另外，由于两个环相距 $\lambda_0/4$，相当于两个环的馈电相位差为 90°，在原理上类似于绕杆天线，水平面方向图呈全向。

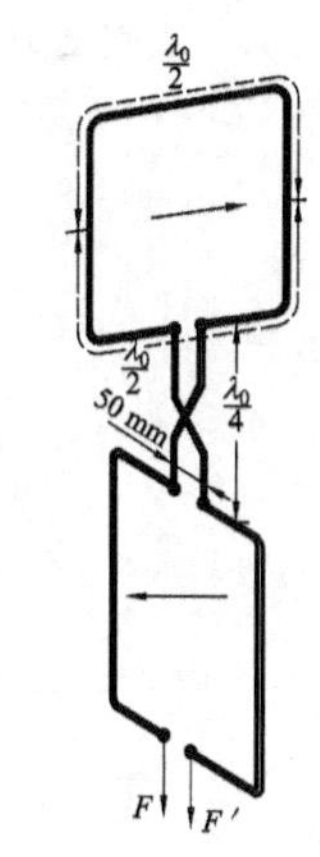

图 3.46 正交双环天线的结构

3.8 Δ环天线

3.8.1 Δ环天线的输入阻抗及垂直面方向图[1]

假定用 $2a$ 表示制作的 Δ 环天线导线的直径，用 C 表示 Δ 环天线的周长，图 3.47(a)、(b)和图 3.48(a)、(b)分别是 $a/C=0.0033$ 的情况下底馈和顶馈 Δ 环天线的结构及在不同电周长 C/λ、不同张角 β 的情况下输入阻抗在史密斯圆图上的变化轨迹。图中输入阻抗的轨迹相邻频率间隔为 $C/\lambda=0.2$。由图 3.49(b)可以看出，$\beta=60°$顶馈 Δ 环天线的输入阻抗随 C/λ 的变化比较小，也就是说它的阻抗带宽最宽，$\beta=30°$时天线的阻抗带宽最差。对底馈 Δ 环天线，由图 3.47(b)可以看出，$\beta=60°$时天线的阻抗带宽最差。

图 3.49(a)、(b)分别是 $\beta=60°$顶馈和底馈 Δ 环天线在不同电周长 C/λ_0 情况下的垂直面方向图。由图 3.49 可看出，当 $C/\lambda_0=1.0$、1.4 时，不管是顶馈还是底馈 Δ 环天线，$\beta=90°$为最大辐射方向。对 $\beta=60°$底馈 Δ 环天线，$C/\lambda_0=1.7$ 时最大辐射仍然位于 $\theta=90°$方向，而且增益最大，$C/\lambda_0=2.0$ 时方向图裂瓣，$\theta=90°$为零辐射方向，这可以由图 3.49(b)看出。

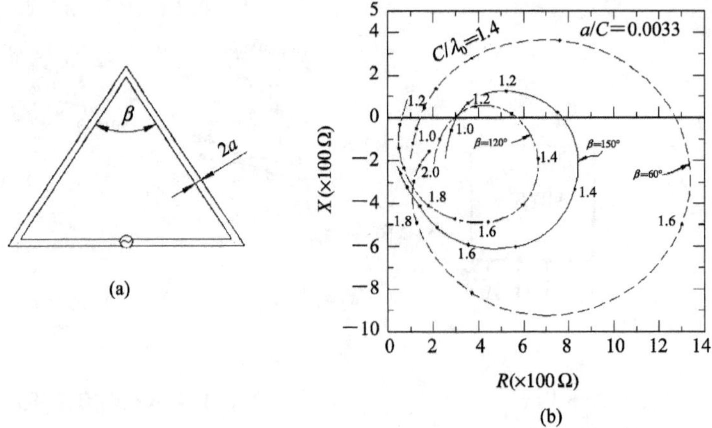

图 3.47 底馈 Δ 环天线和不同电周长 C/λ_0 及不用张角 β 时输入阻抗在史密斯圆图上的轨迹

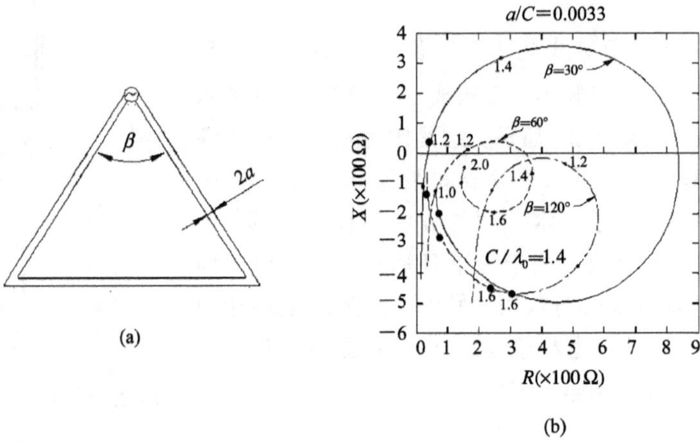

图 3.48 顶馈 Δ 环天线和不同电周长 C/λ_0 及不同张角 β 时输入阻抗在史密斯圆图上的轨迹

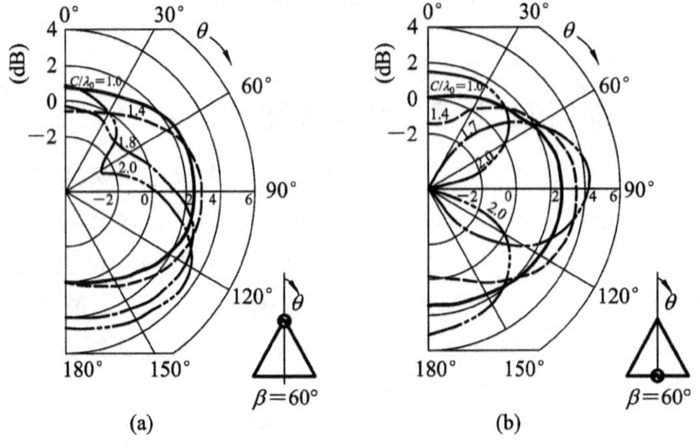

图 3.49 $\beta=60°$ Δ 环天线在不同 C/λ_0 时的方向图

(a) 顶馈；(b) 底馈

3.8.2 短波用 Δ 环天线

图 3.50 是分别在 3.7 MHz 和 7.15 MHz 谐振的垂直 Δ 环天线的结构及尺寸。环天线用双导线馈电，在 7.15 MHz，该双导线还起 $\lambda_0/4$ 阻抗变换器的作用。第 2 个阻抗变换器是用 75 Ω 同轴线构成的。为了减小尺寸，把总长为 6.95 m 的 75 Ω 同轴线绕成直径为 200 mm、匝数为 10 的线圈。

图 3.51 是 3.8 MHz 垂直 Δ 环天线的结构及尺寸，天线顶端距地面 18.3 m。为了使天线与 50 Ω 同轴线匹配，使用了 1∶4 空气芯传输线变压器。1∶4 空气芯传输线变压器是把绞绕的双导线在直径 60 mm 的绝缘管上绕 7 圈制成的。VSWR≤2 的带宽只有250 kHz。

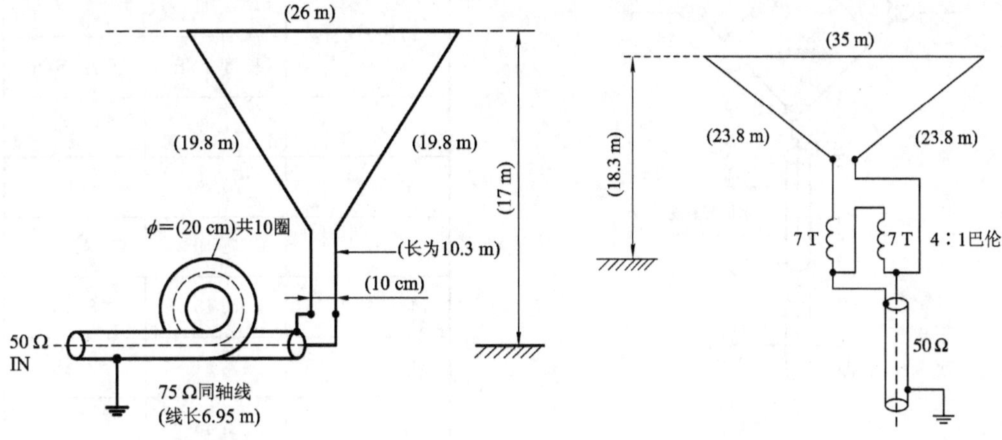

图 3.50 3.7 MHz 和 7.15 MHz 垂直 Δ 环天线的结构及尺寸

图 3.51 3.8 MHz 垂直 Δ 环天线的结构尺寸

图 3.52 是适合 $f=3.75$ MHz 使用的倾斜 Δ 环天线的结构及尺寸，由于在下顶角馈电，所以为垂直极化低辐射仰角天线。

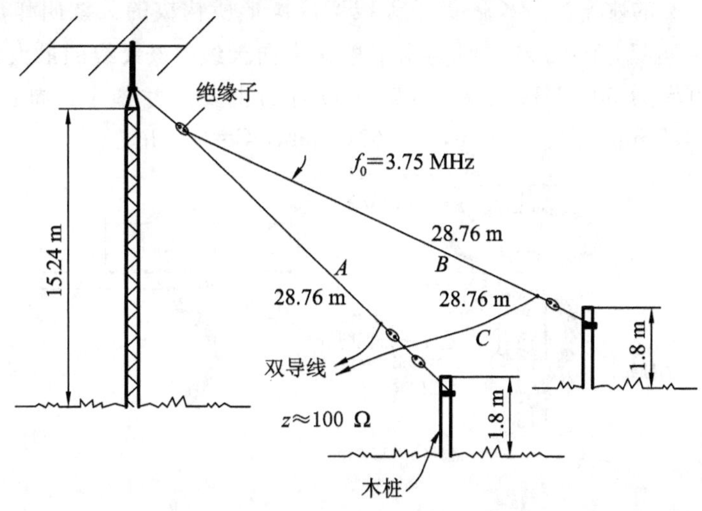

图 3.52 3.75 MHz 斜 Δ 环天线的结构

3.9 短波使用的垂直菱形环天线

图 3.53 是短波使用的单频垂直菱形环天线。天线的主要特性如下：① $G=4$ dBi；② 8 字形方向图，最大辐射方向与环面垂直；③ $Z_{in}=120\ \Omega$。

为了使天线与 50 Ω 同轴线匹配，使用长度为 S、特性阻抗为 75 Ω 的 $\lambda_0/4$ 长阻抗变换段。不同频段方形环天线的边长 L 及阻抗变换段的长度 S 如表 3.12 所示。

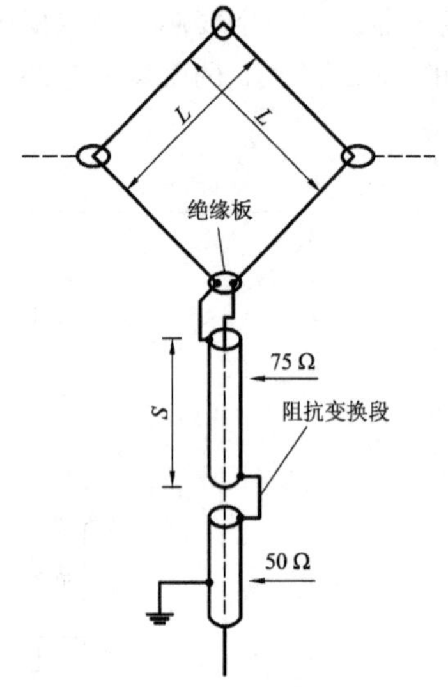

图 3.53　单频垂直菱形环天线

表 3.12　不同频段方形环天线的边长 L 及变换段的长度 S

频段/MHz	尺寸	
	长度 L/m	间距 S/m
3.5～4.0	21.60	13.68
7.0～7.3	10.80	6.84
10.1	7.49	4.8
14.0～14.35	5.45	3.42
21.0～21.45	3.51	2.28
28.0～29.7	2.66	1.71

3.10 Halo 环天线

用gamma匹配的水平$\lambda_0/2$长偶极子天线弯成圆形所构成的天线叫作Halo环天线，如图 3.54(a)所示。可见，Halo 环天线为水平极化全向天线。该天线的最大优点是价格低。该天线在工作频率为 50 MHz($\lambda_0=6000$ mm)时的主要尺寸如下：周长 $A=2680$ mm ($0.447\lambda_0$)，$B=457$ mm，$D=89$ mm，$E=63.5$ mm，$C=50$ pF。

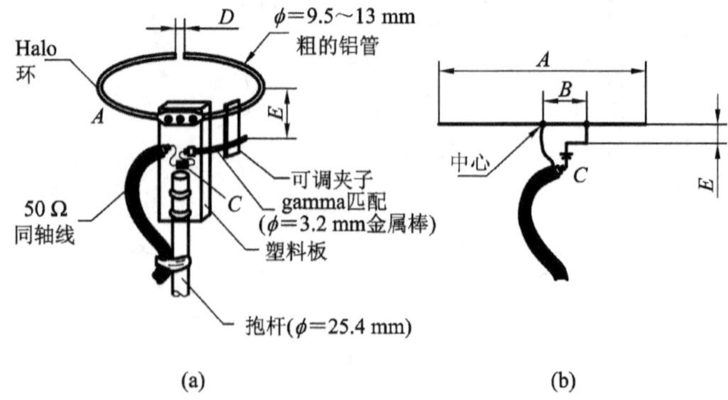

图 3.54　Halo 环天线和用 gamma 匹配的 $\lambda_0/2$ 长偶极子天线

图 3.55 是 150 MHz 频段用 gamma 匹配周长小于 $\lambda_0/2$ 的水平极化全向环天线的结构及尺寸。调整 gamma 杆的长度，可以使天线与 50 Ω 同轴线匹配。当环的直径为 300 mm 时，gamma 杆的长度约 114 mm。也可以调整位于环上电容约 50 pF 的空气可调电容器。如果得到了最小 VSWR，也可以用间隔为 12 mm 的由两块铜板制成的电容来代替可调电容。

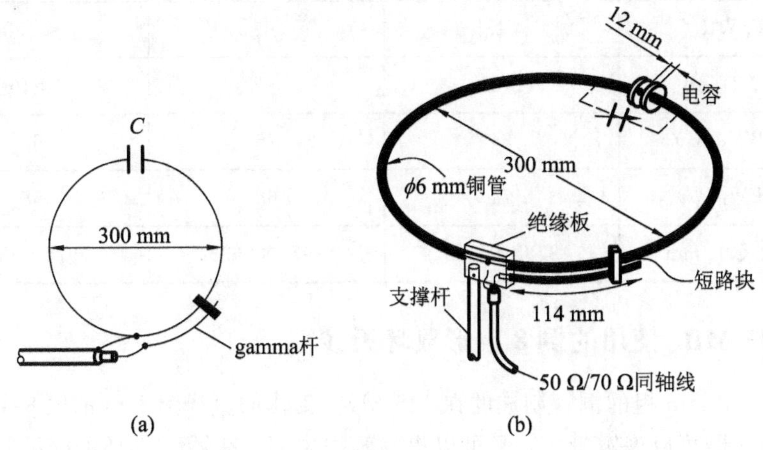

图 3.55 150 MHz 水平极化全向环天线的结构及尺寸
(a) 平面结构；(b) 立体结构

3.11 VHF 环天线

3.11.1 移动通信使用的环天线

在 40～42 MHz 频段，把周长 $C=0.266\lambda_0$ 的水平极化圆环天线作为移动车载天线，把有不同增益的水平极化八木天线作为固定台天线，利用流雨和水平环天线及八木天线组成 40～42 MHz 移动通信系统。

水平环天线的尺寸如下：

(1) 外形尺寸：(含天线罩)直径为 642 mm，厚度为 70 mm，天线距车顶的高度为 250 mm。

(2) 环天线的尺寸：辐射环直径 $D_2=620$ mm($0.0828\lambda_0$)，耦合环直径 $D_1=124$ mm。

环天线的电气性能如下：

(1) $G=0$ dBi。

(2) VSWR≤1.5。

(3) 承受功率 $P=100$ W。

(4) 输入阻抗为 50 Ω。

(5) 频率范围为 40～50 MHz，在 2 MHz 范围内可调。

(6) 带宽为 100 kHz。

(7) 通过天线罩下面的孔，调高电压电容，电容的范围为 20～30 pF。

固定站使用的二元、三元和五元八木天线的尺寸及电性能如表 3.13 所示。

表 3.13　二、三、五元八木天线的尺寸及主要电性能

	二单元	三单元	五单元
f/MHz	40～50	40～50	4050
G/dBi	6	7.6	9
VSWR	<1.5	<1.5	<1.5
(F/B)/dB	>11	>13	>16
$HPBW_H$/(°)	84	76	68
$HPBW_E$/(°)	74	66	58
最大尺寸/mm	3785×1060	3975×2692	3975×3242

3.11.2　145 MHz使用的倒8字形双环天线

图 3.56 是 3 mm 粗的铜管制成的在 145 MHz 工作的直径为 1 m 的倒 8 字形双环天线把两个环并联，既可以展宽带宽，又可以提高辐射电阻。在两个小环的交叉处，用微调电容使双环天线谐振，在机械上又可以把两个环分开。使双环天线与 50 Ω 同轴线匹配的方法是介于图 3.57(a)使用的耦合环匹配与图 3.57(b)使用的 gamma 匹配之间的一种，即如图 3.57(c)所示的混合匹配方法。

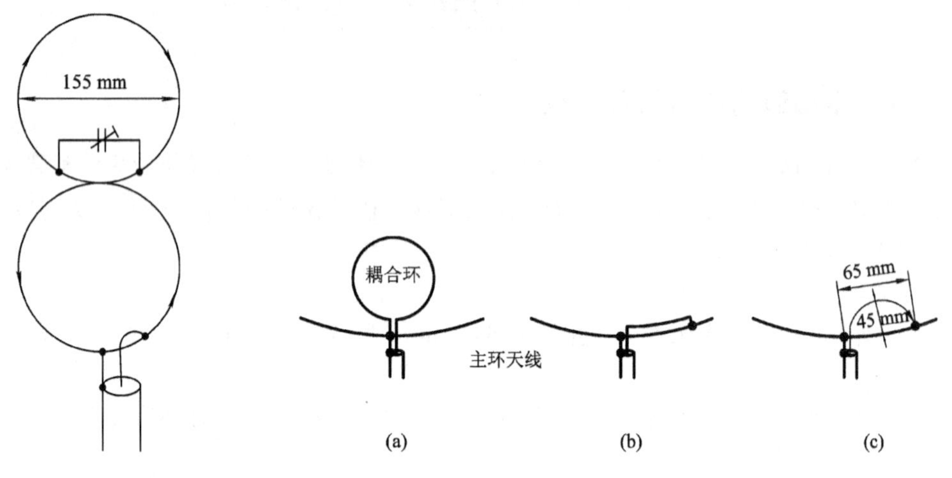

图 3.56　145 MHz 使用的 8 字形双环天线

图 3.57　环天线的匹配方法
(a) 耦合环匹配；(b) gamma 匹配；(c) 混合匹配

3.11.3　有源定向接收环天线

图 3.58(a)是 VHF/UHF 频段使用的平衡有源环天线，用 180°混合电路为巴伦，获得心脏形方向图所需要的加载电阻的大小并不严格，100～200 Ω 都可以。图 3.58(b)是在 200 MHz 实测的心脏形方向图，F/B 比约 17 dB，接近±90°方向图的电平下降得很快。

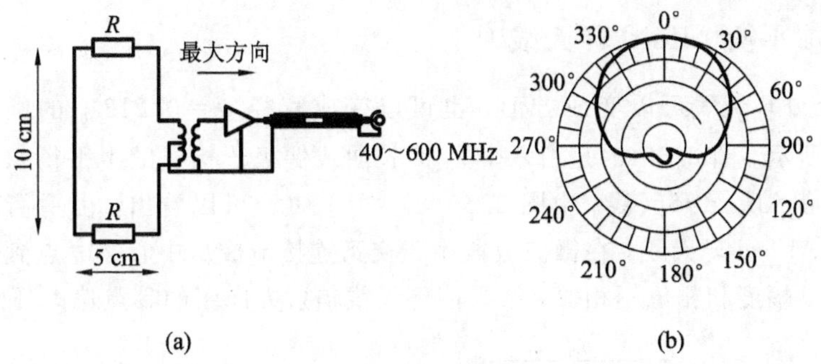

图 3.58 VHF/UHF 有源环天线和 200 MHz 实测方向图

3.12 Alford 环天线

3.12.1 概述

电磁波在城市和室内无线环境的传播过程中，经历了复杂的多路径反射之后，极化方向也发生了很大变化。虽然当今许多无线通信系统普遍使用垂直极化波，但在上述环境中，使用水平极化的发射天线和接收天线，其通信效果要比使用垂直极化天线改善10 dB。

为了得到水平极化全向方向图，应优先选用环天线，因为具有均匀电流分布的小环天线，具有相当好的全向方向图。但由于小环天线有很小的辐射电阻和大的电抗，因而难以实现阻抗匹配。大环天线虽然有合适的辐射电阻，但环上电流分布不均匀，使水平面方向图全向性变差；采用 Alford 环天线，不仅能得到水平极化全向方向图，而且可以实现阻抗匹配。

通常把图 3.59(a)所示的方环天线叫作 Alford 环天线，天线的每一个边都是谐振馈线的一部分，要仔细调整线的布局和长短，使电流波腹点正好位于方环天线每一个边的中点，这样就能保证每个边电流的相位同相，使它的方向图在环面为全向。图 3.59(b)是层叠天线阵增益与层间距 d/λ_0 之间的关系曲线。

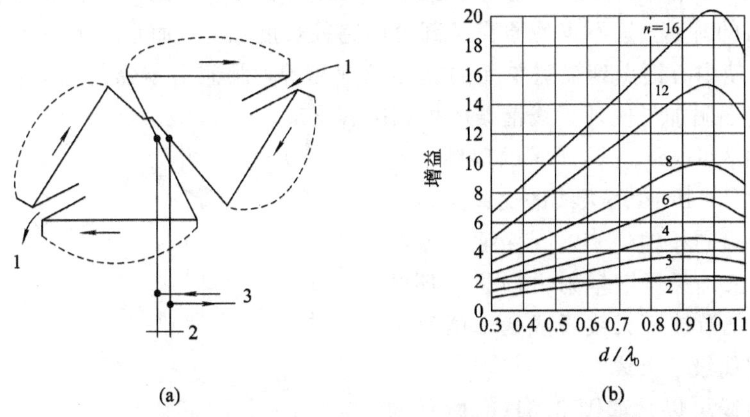

图 3.59 Alford 环天线的结构和层叠天线阵增益与层间距 d/λ_0 之间的关系曲线

3.12.2 双馈平衡 Alford 环天线[7]

菱形 Alford 环天线可以变成方形，也可以变成直径 $d=0.212\lambda_0$ 的圆形，分别如图 3.60(a)、(b)所示。图 3.60(c)是由六个 $\lambda_0/2$ 长曲线偶极子构成的由平衡双导线馈电的直径 $d=\lambda_0$ 的圆形 Alford 环天线。由图 3.60(a)、(b)、(c)可以看出，由平衡双导线在中心 FF' 点馈电的 Alford 环天线，在微波波段由于交叉连接造成从中心馈电点到环辐射单元上面电流的路径、幅度和相位不相等，结果使环天线辐射方向图的零点偏离环的轴线。

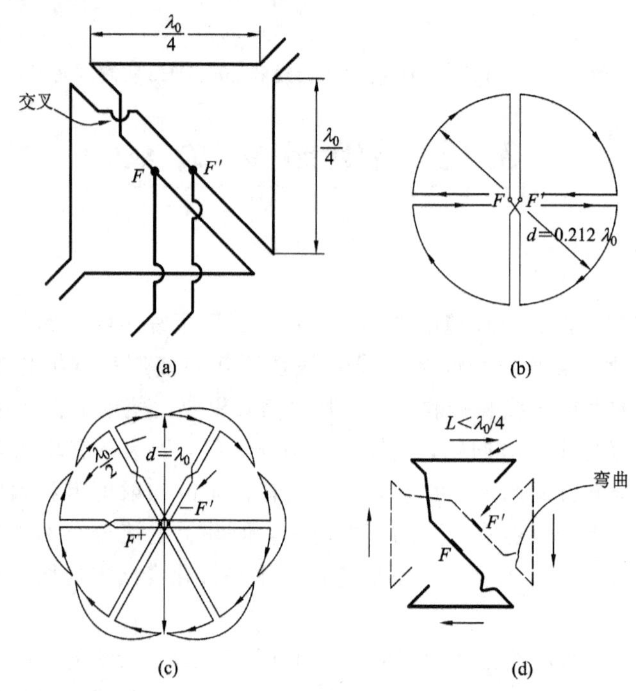

图 3.60 多种形状的 Alford 环天线

(a) 方形；(b)、(c) 圆形；(d) 印刷方形

图 3.60(d)是用双面覆铜介质板制成的 Alford 环天线。环的一半位于基板的正面，另一半位于基板的背面，这不仅使原交叉部分的路径长度相等，而且在另一半传输线上引入了弯曲部分，使中心馈点到辐射单元的路径长度相等，保证了零辐射方向位于环的轴线。在环的末端仍然附加了使环天线谐振的可调电容支节。

采用如图 3.61(a)、(b)所示的双馈平衡环天线，避免了 Alford 环天线的交叉连接问题。用两个等幅同相馈电点，既保证了方向图的对称性，又确保了零辐射方向位于环的轴线。也可以把双馈环天线看成是由两对末端加载的弯曲偶级子天线。

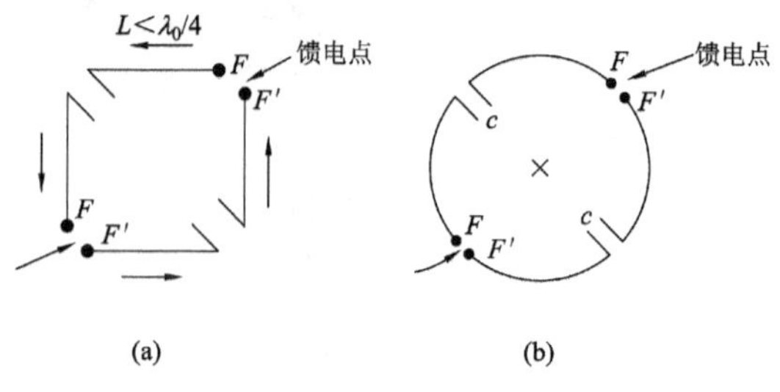

图 3.61 双馈平衡环天线

(a) 方形；(b) 圆形

双馈环天线可以是如图 3.61(a)所示的方形，也可以是如图 3.61(b)所示的圆形。图 3.62 是把双馈圆环天线放在地面上的实

测垂直面方向图。由图 3.61 可以看出，方向图不仅对称，而且环的轴线为零辐射方向。

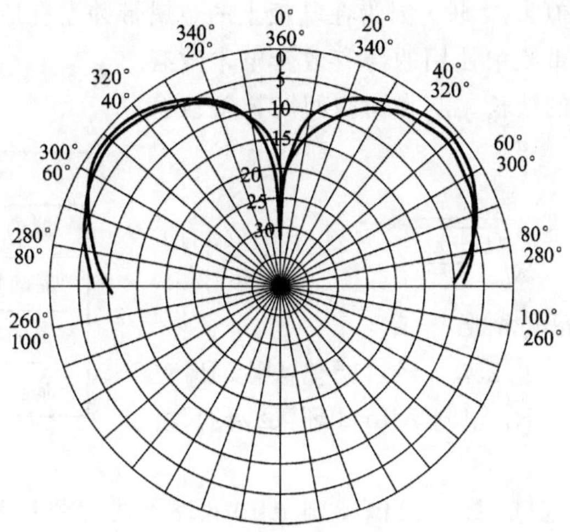

图 3.62 双馈圆环天线位于地面上实测垂直面方向图

3.12.3 印刷 Alford 环天线[8-9]

图 3.63(a)是由 Alford 环天线构成的水平极化全向天线。图 3.63(a)中，FF'点为馈电点，由于结构对称，所以在 1、2、3、4 导线上的电流幅度相等，但相位差 180°。由于导线BB'、DD'、AC 彼此靠得很近(远远小于 λ_0)，在它们上面的电流流向又相反，因而抵消了由这些电流产生的辐射，最后只剩下能产生水平极化全向方向图由 1、2、3、4 导线携带的环流。

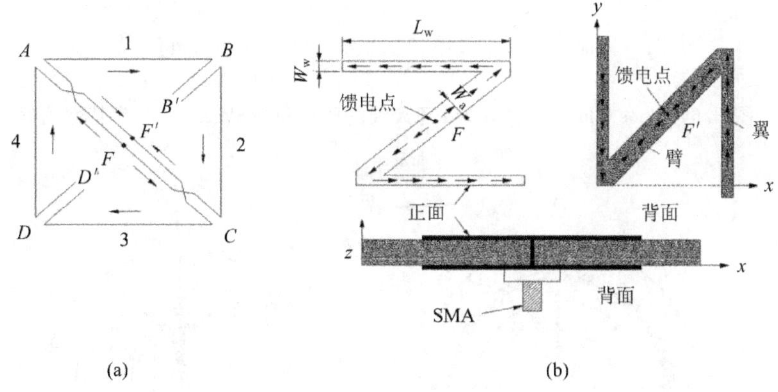

图 3.63 方形 Alford 环天线上的电流分布和印刷 Alford 环天线的结构及电流分布

图 3.63(b)是同轴线馈电由印刷电路板正面和反面的 Z 字形带线组成的印刷 Alford 环天线。把 Z 字形的平行部分叫翼，倾斜部分叫臂。同轴线内导体接 F 点、同轴线外导体接 F'点。翼的长度约 $\lambda_0/4$，由于结构对称，因而在两个带子上的电流分布幅度相等，但相位反相。具体电流分布如图 3.63(b)所示。由于基板的厚度非常薄，因而沿臂电流产生的辐射彼此抵消，最后只剩下两个 Z 字形翼上能给出水平极化全向方向图的方形环电流分布。

用厚度为 1.6 mm 的 FR4 基板制作能在 902～928 MHz 频段工作的印刷 Alford 环天线的尺寸为：翼的长度 $L_w=42.25$ mm，翼的宽度 $W_w=3.68$ mm，臂的宽度 $W_a=$

7.81 mm。在用基板制作印刷 Alford 环天线时，要特别仔细设计 Z 字形的臂和翼，以便实现好的阻抗匹配。翼近似 $\lambda_0/4$ 长，因为在基板上的金属带并没有地，金属带并不属于微带线，所以不能使用在微带线中使用的与有效介电常数有关的波长。在此情况下的波长 λ_e 与自由空间波长 λ_0 应有如下关系：

$$\lambda_e = \frac{\lambda_0}{\sqrt{\frac{1+\varepsilon_r}{2}}} \tag{3.19}$$

式中，ε_r 为基板的相对介电常数。

显然，翼的长度 $L_w = 0.25\lambda_e$，经过调整，用 FR4 基板($\varepsilon_r = 4.7$)制作的 2.4 GHz 印刷 Alford 环天线的尺寸如表 3.14 所示。

表 3.14 2.4 GHz 印刷 Alford 环天线的尺寸

参数	尺寸/mm
翼的长度 L_w	17.8
翼的宽度 W_w	1.5
臂的宽度 W_a	6.4
基板的厚度 t	1.0

图 3.64(a)、(b)分别是 2.4 GHz 印刷 Alford 环天线的照片及实测 VSWR。图 3.65(a)、(b)分别是 2.4 GHz 印刷 Alford 环天线实测和仿真的水平面和垂直面方向图。

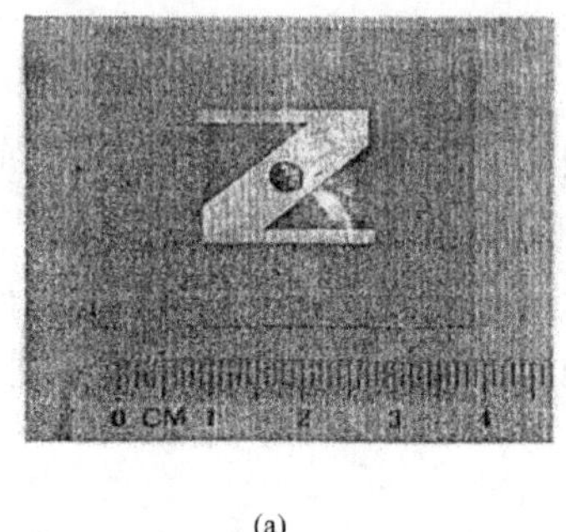

(a)

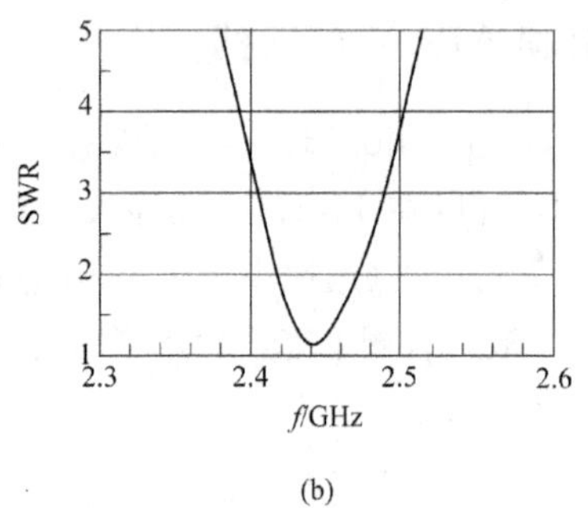

(b)

图 3.64 2.4 GHz 印刷 Alford 环天线的照片和 VSWR～f 频率特性曲线

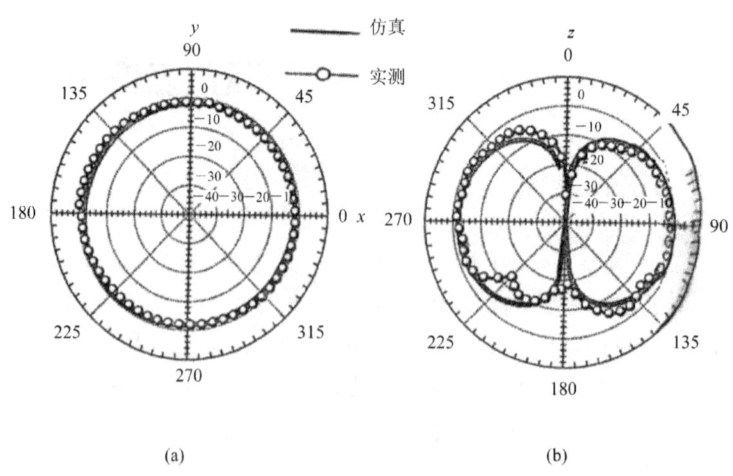

(a) (b)

图 3.65 2.4 GHz 印刷 Alford 环天线实测和仿真的方向图

(a) 水平面；(b) 垂直面

3.13 由环天线构成的FM天线

FM广播的工作频段为88～108 MHz，FM广播发射天线需要水平极化全向天线。构成水平极化全向天线的方法很多。用水平环天线作为FM天线就是其中的一种。正如前面所述，具有均匀电流分布，直径比波长小很多的水平环天线的方向图在环所在的水平面呈全向。

对任意直径，仍然有均匀电流分布的水平环天线，它的水平面方向仍然呈全向性。用环天线构成的FM天线，除了前面介绍的Alford环天线外，还有以下几种。

3.13.1 把$\lambda_0/2$长折合振子弯曲成圆构成的水平极化全向天线

图3.66(a)是$\lambda_0/2$长折合振子及电流分布，图3.66(b)是带电容板的$\lambda_0/2$长折合振子及电流分布。由图3.66可以看出，有电容板的$\lambda_0/2$长折合振子上的电流分布要比无电容板的$\lambda_0/2$长折合振子上的电流分布更均匀。把图3.66(b)所示的带电容板的$\lambda_0/2$长折合振子弯成一个圆，就变成了如图3.66(c)所示的圆环天线。它的水平面方向图近似为一个圆，如图3.66(d)所示。

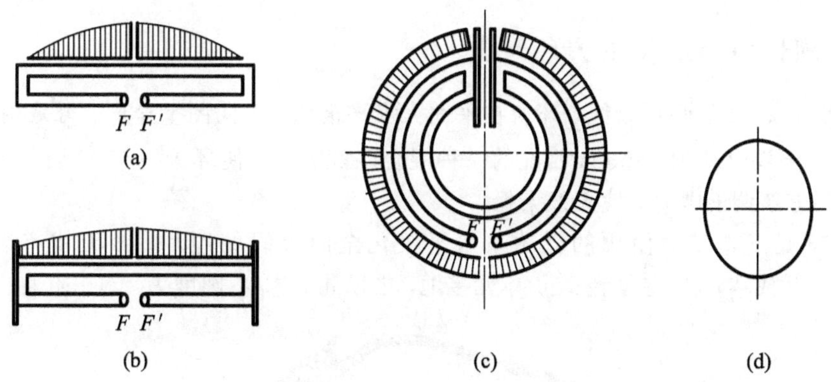

图3.66 水平极化全向天线的演变及方向图
(a) $\lambda_0/2$长折合振子及电流分布；(b) 带电容板的$\lambda_0/2$长折合振子及电流分布；
(c) 由图(b)演变的圆环天线；(d) 水平面方向图

由于折合环天线比简单的环天线有更大的辐射电阻(约35 Ω)，因而容易匹配。为了提高由$\lambda_0/2$长弯曲折合振子构成的FM天线的增益，可以把多个折合环层叠组阵。

3.13.2 四叶天线

图3.67是把四个小环天线并联构成的水平极化全向FM广播天线。四个小环均用金属管弯成，小环的一端与中心直径为76 mm的同轴线内导体1相连，小环的另一端与铁塔的角2相连。间距为300 mm长的方形铁塔，相当于同轴线的外导体，每个环从a到2的辐射长度为$\lambda_0/2$。按照环的形状，又把这个天线又叫四叶天线。四叶天线的有效直径约$0.3\lambda_0$。

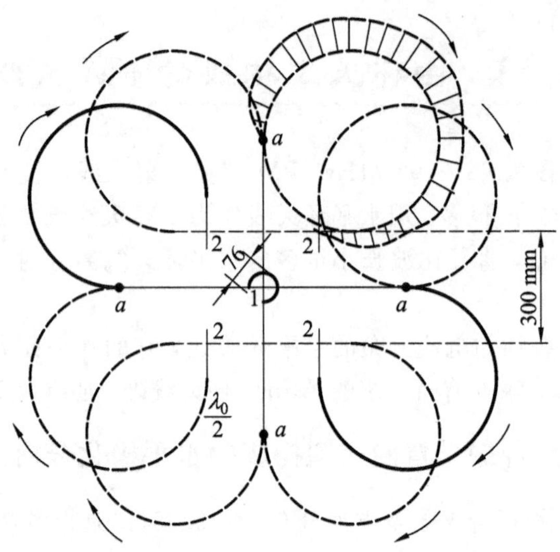

图 3.67　四叶天线

FM 广播天线一般由 2～8 层四叶天线组成，层间距为 $\lambda_0/2$。为了得到更好的方向图及同相辐射，要把小环两端与同轴线内外导体连接对调一次。图 3.67 中虚线表示相邻层环天线的连接。

3.13.3　周长小于 $\lambda_0/2$ 的方环天线

周长小于 $\lambda_0/2$ 的圆环天线，环所在平面为水平极化，方向图呈全向。可采用类似于图 3.57(c)，介于耦合环和 gamma 匹配的一种混合匹配方法，使环天线与 75 Ω 同轴线匹配。改变频率要重新调谐电容，使天线谐振。

图 3.68 是 FM 广播使用的低功率水平极化全向天线的照片。该天线有以下优点：① 低风阻，低成本；② 重量轻；③ 单元接地，能防雷；④ 不圆度为 ±1 dB(自由空间)。

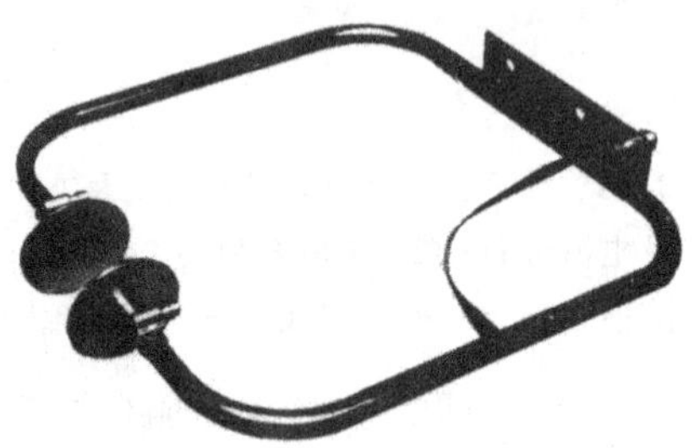

图 3.68　FM 广播使用的水平极化环天线的照片

为了提高天线的增益，按单元间距为 3 m，把水平环天线在垂直面组阵。水平环天线阵增益与层数 N 的关系如表 3.15 所示。

表 3.15　水平环天线阵增益与层数 N 的关系

层数 N	1	2	3	4	5	6	7	8	10	12	14
G/dB	0	2.8	4.7	6.1	7.1	8.0	8.6	9.2	10.2	11.0	11.6

3.13.4　同轴线馈电的圆环天线

图 3.69 是用同轴馈电，周长小于 $\lambda_0/2$ 的有均匀电流分布的一单元环天线。

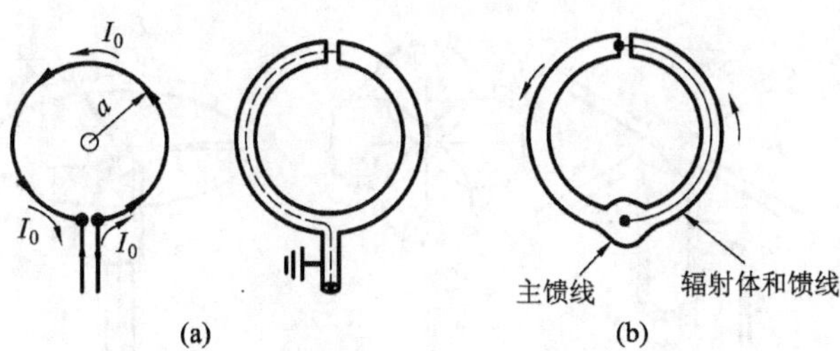

图 3.69　用同轴线馈电的一单元小环天线

(a) 均匀电流分布的小环天线；(b) 同轴线馈电的小环天线

图 3.70 是由多个 $\lambda_0/2$ 长曲线对称振子，用变型分支导体型巴伦馈电构成的圆环天线。其中，图(a)、(b)分别用四个和六个 $\lambda_0/2$ 长曲线对称振子。不管是用四个还是用六个 $\lambda_0/2$ 长曲线对称振子，环天线本身及支撑结构都是变型分支导体型巴伦的一部分。

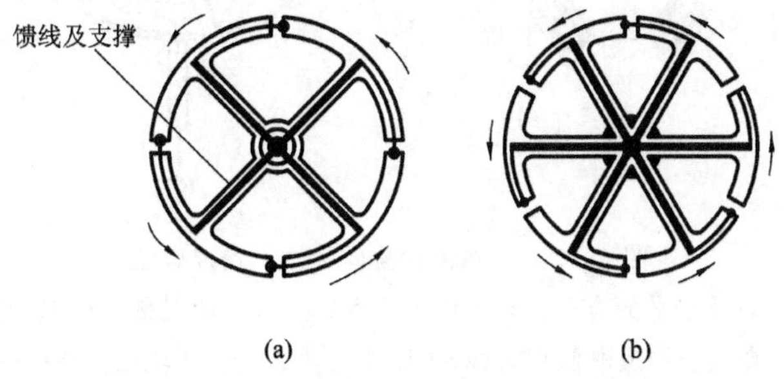

图 3.70　由多个 $\lambda_0/2$ 长曲线对称振子构成的圆环天线

(a) 周长为 $2\lambda_0$ 的圆环天线；(b) 周长为 $3\lambda_0$ 的圆环天线

图 3.71 是用直径为 51 mm 的铜管制造的由四个 $\lambda_0/2$ 长对称振子构成的直径为 216 mm方环天线的 VSWR～f 特性曲线。

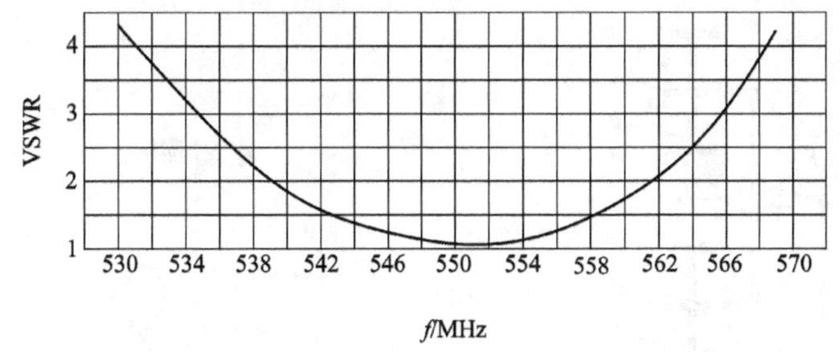

图 3.71　直径为 216 mm 的方环天线的 VSWR～f 特性曲线

图 3.72(a)是用 90°相差馈电，由一对正交对称振子构成的绕杆天线及水平面方向图。图 3.72(b)是由三个 $\lambda_0/2$ 长曲线对称振子构成的直径小于 $0.5\lambda_0$ 的水平圆环天线。为了扼制同轴线外导体上的电流，使用了扼流套巴伦。它的水平面方向图类似图 3.72(a)所示的绕杆天线的方向图。图 3.72(c)是用均匀分布在直径小于 $0.5\lambda_0$ 的圆周上的三个折合振子构成的圆环天线。图 3.72(d)是由三个 $\lambda_0/2$ 长印刷弯曲对称振子构成的圆环天线，它是利

用双面覆铜介质板、采用印刷电路技术制成的，背面虚线为 $\lambda_0/2$ 长曲线对称振子及微带传输线的地，正面黑体部分是通过耦合给对称振子馈电的微带线。调整 $\lambda_0/2$ 长对称振子的长度、宽度及微带线的宽度和长度，可以使天线与馈线匹配。

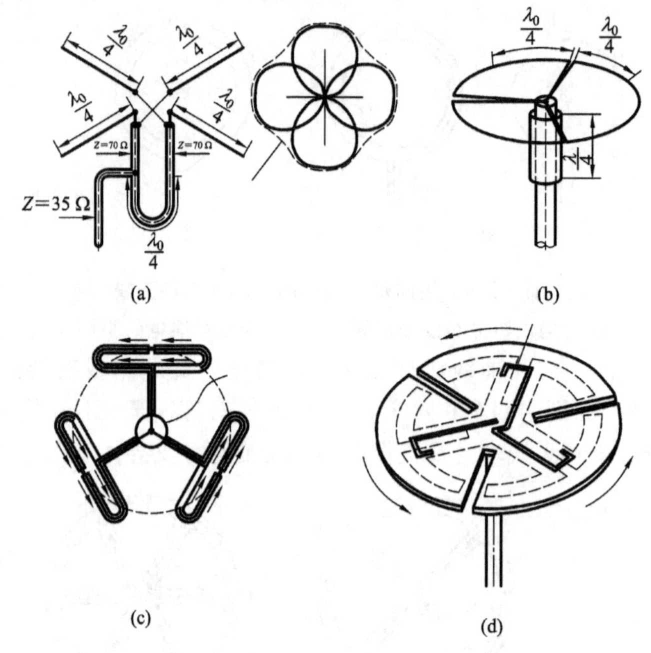

图 3.72　水平极化全向天线及构成方法

(a) 绕杆天线及水平面方向图；(b) 由三个 $\lambda_0/2$ 长曲线对称子构成的圆环天线；(c) 由三个 $\lambda_0/2$ 长折合振子构成的圆环天线；(d) 由三个 $\lambda_0/2$ 长印刷曲线对称振子构成的圆环天线

图 3.73 是由四个层叠水平环构成的 FM 广播天线阵及馈电网络。

图 3.73 中，A 为由两个 $\lambda_0/2$ 长曲线对称振子组成的周长小于 λ_0 的水平环天线，B 为特性阻抗为 100 Ω 的同轴线，C 为匹配支节，D、F 为特性阻抗为 50 Ω 的同轴线，E 为特性阻抗为 35 Ω 的 $\lambda_0/4$ 阻抗变换段。

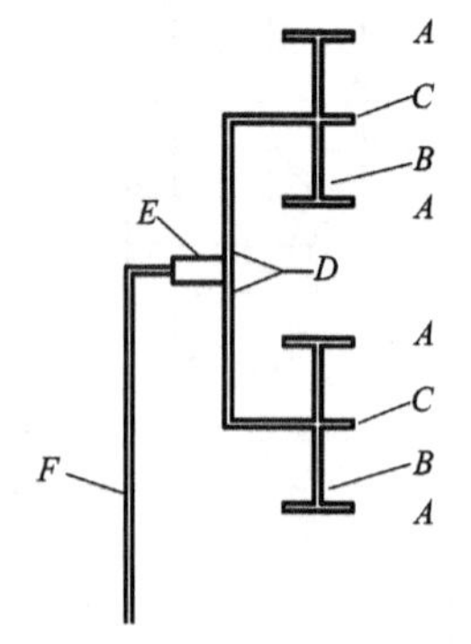

图 3.73　四个层叠水平环构成的 FM 广播天线阵及馈电网络

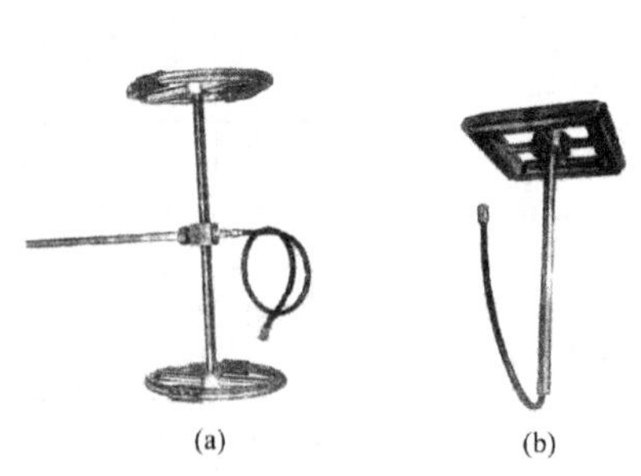

图 3.74　水平环天线的照片

(a) 两元层叠环天线阵；(b) 方环天线

图 3.74(a)是层叠两元环天线阵的照片，每个环都由两个并联的用分支导体巴伦馈电

的 $\lambda_0/2$ 长曲线对称振子组成，单元间距约一个波长，为了与 50 Ω 同轴线匹配，除了要求每个环天线的输入阻抗为 100 Ω 外，还附加用来调匹配的支节。图 3.74(b)是由四个 $\lambda_0/2$ 长对称振子构成的一单元方环天线的照片。图 3.75 是用多个环层叠组阵天线阵增益 G 与单元间距 S°($S^\circ=360^\circ S/\lambda_0$)的关系曲线。由图 3.75 可以看出，$S^\circ=360^\circ$，即 $S=\lambda_0$，二单元环天线阵的增益约 3.4 dB。

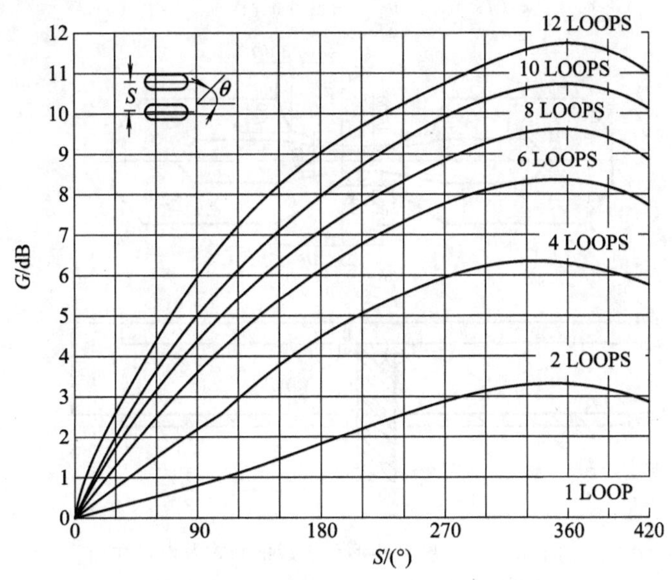

图 3.75　多个环层叠组阵天线阵增益 G 与单元间距 S°之间的关系曲线

3.14　由印刷多边形环天线构成的宽带定向天线[10]

图 3.76 是印刷多边形环天线的结构及电尺寸。图 3.76(a)是端馈，内周长约 $3\lambda_0/4$。图 3.76(b)是中馈，内周长为 $1.5\lambda_0$。它们与反射板的间距为 $\lambda_0/4$，均用同轴线直接馈电，同轴线内导体与环的窄边 F 点相连，同轴线外导体则与环的宽边 F'点相连。由于环的大部分内周长平行，因而形成缝隙，由此使印刷多边形环天线具有以下特点：

(1) 把印刷多边形环天线内周长形成的缝隙作为缝隙天线。

(2) 印刷多边形环天线的辐射方向图主要由中心的缝隙决定。

(3) 印刷多边形环外周长形状及环的带线宽度不影响方向图，但对特性阻抗有明显影响。

(4) 印刷多边形环天线不仅有宽的阻抗带宽，而且有高的增益。VSWR≤2 的相对带宽为 24%，在频带范围内，$G=8\sim9$ dBi。

图 3.77 是中心工作频率 $f_0=3.3$ GHz，用 $\varepsilon_r=2.5$ 基板制造的印刷多边形环天线的结构尺寸图。在 2.9～3.6 GHz 频段内，端馈 $G=7$ dBi，有效口面约 $0.4\lambda_0^2$。中馈在同样频段内，$G=9.5$ dBi，有效口面约 $0.7\lambda_0^2$。图 3.78 是中馈 3.3 GHz 印刷多边环天线在 yz 面和 xz 面的方向图。

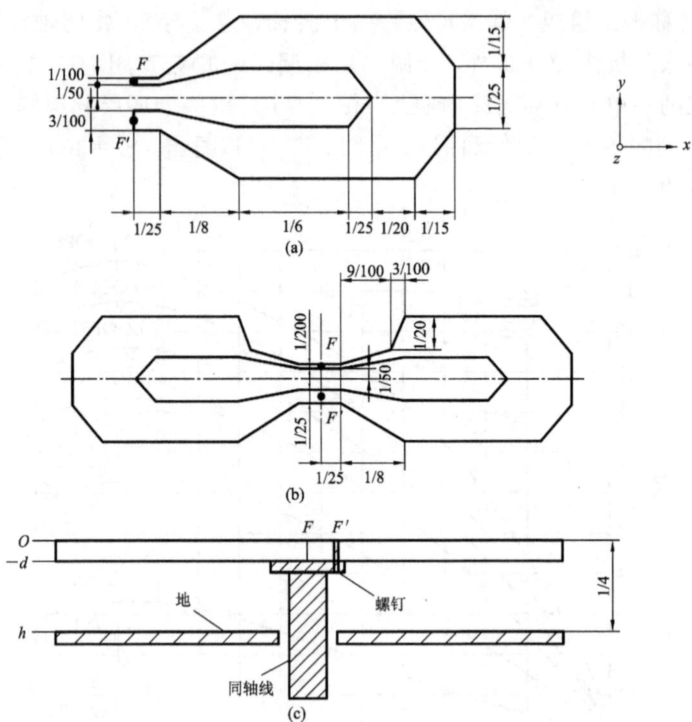

图 3.76 印刷多边形环天线的结构及电尺寸

(a) 端馈；(b) 中馈；(c) 中馈侧视图

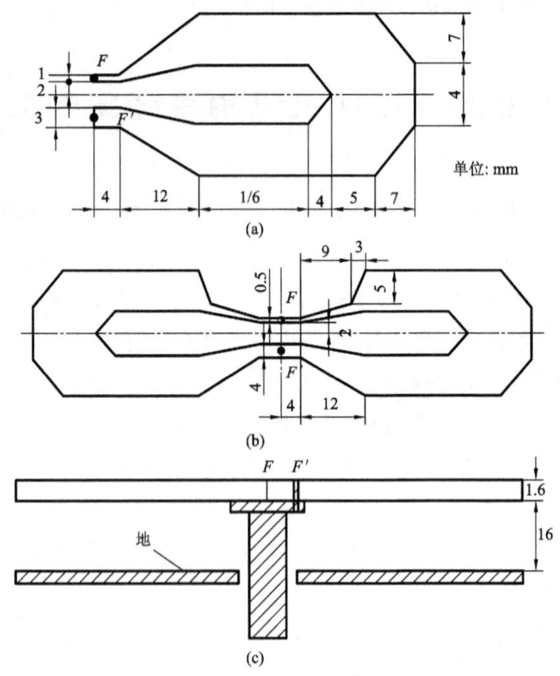

图 3.77 3.3 GHz 印刷多边形环天线的结构及尺寸

(a) 端馈；(b) 中馈；(c) 中馈侧视图

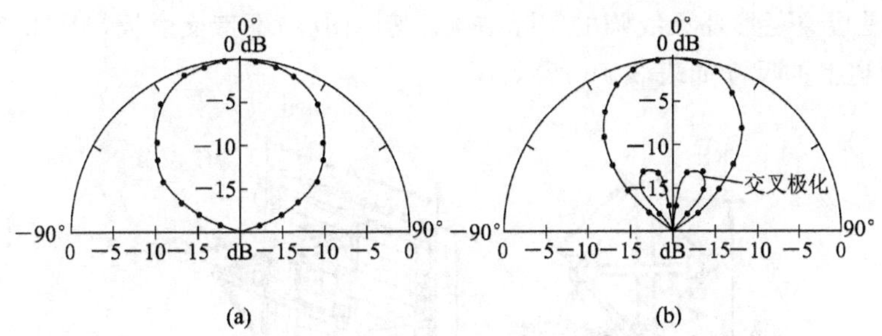

图 3.78　3.3 GHz 印刷多边形环天线的垂直面方向图

(a) yz 面；(b) xz 面

3.15　层叠菱形环天线[11]

层叠菱形环天线是由中间 FF' 馈电的多个菱形环天线和 Δ 形环天线串联构成的水平极化高增益天线。图 3.79 是最常用的层叠菱形环天线阵。图中，$L_1=0.375\lambda_0$，$L_2=0.5\lambda_0$。其中图(a)边长相等，图(b)为中间与两端菱形环的边长不相等，图(c)为用 Δ 环与菱形环串联构成的天线阵。

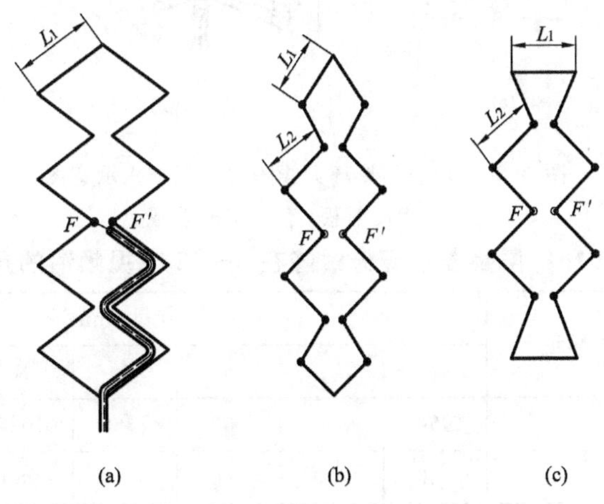

图 3.79　中馈菱形环天线阵、中馈尺寸不相同的菱形环天线阵及由 Δ 环和菱形环构成的天线阵

三种结构形式的馈电方法完全相同，都是用一根 75 Ω 的同轴电缆沿天线一侧的锯齿形线路敷设，在中间 FF' 点，把同轴线的芯线接在左边的 F 点上，把同轴线的外皮接在右边的 F' 点上。可以把层叠菱形环天线看成是由两个锯齿形天线在终端短路组合而成的。由于齿数少，所以齿上的电流仍按驻波分布；由于结构对称，且在中间馈电，因此决定了它以水平极化波的方式工作。

此外，也可以按照四个环天线的道理来分析。例如把图 3.79(a)所示的多层天线看成是由四个周长为 $1.5\lambda_0$ 的环天线串联而成的，而每个环又可等效成长度为 $0.75\lambda_0$ 的两个水平对称振子。为了提高层叠菱形环天线阵的增益，可以在距天线 $0.25\lambda_0$ 处设置比天线阵面大 10% 的金属反射网（网线之间的间距为 $0.07\lambda_{max}\sim0.1\lambda_{max}$，$\lambda_{max}$ 为频段内最低频率的波长）。

图 3.80 是层叠菱形环天线阵的实际结构。其中图(a)不带反射板，图(b)带反射板。在 6～12 电视频道上的尺寸如表 3.16 所示。

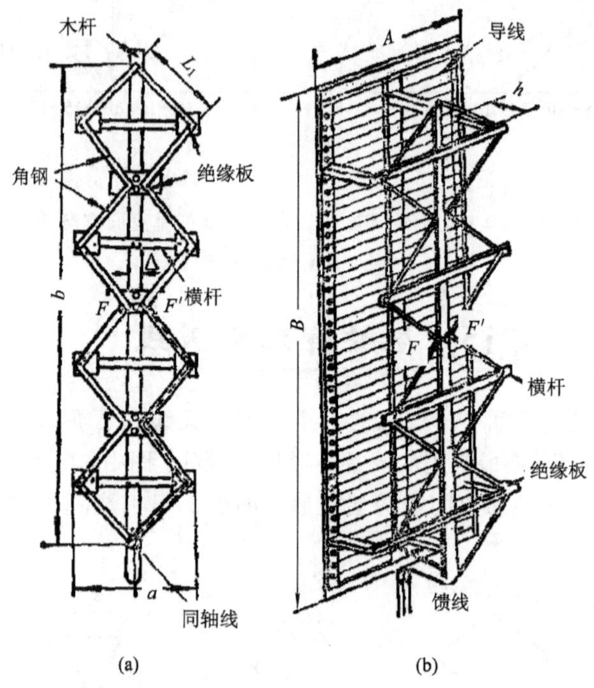

图 3.80　层叠菱形环天线阵的实际结构示意图
(a) 无反射板；(b) 带反射板

表 3.16　层叠菱形环天线阵在 6～12 电视频道的尺寸

f/MHz	频道	尺寸/mm						
		L_1	L_2	a	b	A	B	h
167～175	6	660	880	930	3730	1020	3920	500
175～183	7	630	840	890	3560	980	3740	480
183～191	8	600	800	850	3400	940	3740	460
191～199	9	580	770	820	3280	900	3440	420
199～207	10	550	740	780	3130	860	3290	410
207～215	11	530	710	750	3020	830	3170	400
215～223	12	520	680	730	2020	800	3030	200

四个层叠菱形环天线阵的电性能为

$$G=16\sim17\ \text{dBi}$$

$$\text{VSWR}\leqslant1.5$$

层叠菱形环天线阵具有宽带特性，不仅可以用于单频道电视，而且可以用于多频道电视，具体频率范围及尺寸如表 3.17 所示。

表 3.17 层叠菱形环天线在不同频段的尺寸

f/MHz	频道	尺寸/mm						
		L_1	L_2	a	b	A	B	h
167～223	6～12	580	770	820	3280	900	3440	390
167～199	6～9	650	820	920	3630	1010	3860	490
183～223	8～12	550	740	780	3140	860	3300	350
470～622	13～26	210	280	300	1200	330	1350	110
470～526	13～19	245	300	350	1400	385	1550	155
470～566	13～24	220	290	310	1210	340	1300	145
518～566	19～24	210	280	290	1160	320	1220	140
518～622	19～26	200	260	280	1120	310	1180	130
558～622	24～26	190	250	270	1030	300	1130	130

图 3.81 是 145 MHz 和 435 MHz 双菱形环天线的结构和尺寸。它是用直径为 4.5 mm 的铜管或 1.6 mm 的铜线制造的，中间 FF' 点为平衡馈电点。距天线大约 $0.13\lambda_0$ 处，用三根水平金属杆作为反射网。工作频率为 $f_1=145$ MHz($\lambda_1=2069$ mm)，也可以是 $f_2=435$ MHz($\lambda_2=689.65$ mm)。图 3.81 所示尺寸为 145 MHz 天线的尺寸，括号内为 435 MHz天线的尺寸。

天线的特性如下：① 低风阻；② $G=10$ dBi；③ $F/B=20$ dB；④ Z_{in}约 50 Ω。

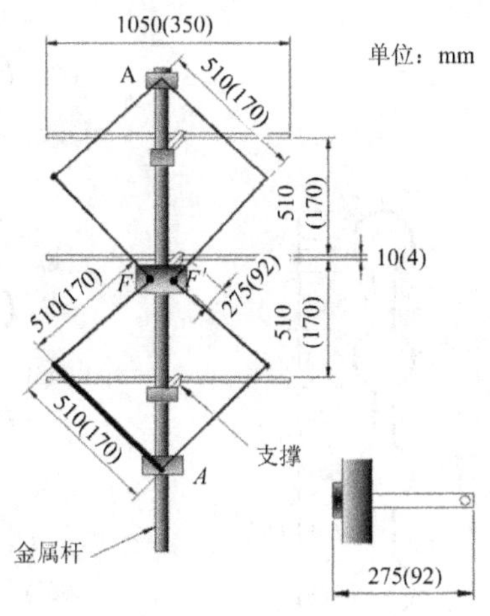

图 3.81 145 MHz/435 MHz 中馈双菱形环天线的结构及尺寸

3.16 双圆环天线[12]

把两个周长为 λ_0 的圆环天线用长度为 $0.5\lambda_0$ 的双导线相连接，在双导线的中点 FF' 馈电，就构成了如图 3.82(a)所示的双圆环天线。双圆环天线具有馈电少、结构简单、带宽较宽和增益较高的优点。把它安装在间距为 $\lambda_0/4$ 的反射板上，就能构成一个水平极化定向天线。

周长为λ_0的圆环天线可以等效成间距为$0.27\lambda_0$的两个$\lambda_0/2$长对称振子，那么图3.82(a)所示双圆环天线就可以等效成间距约$0.82\lambda_0$的两对$\lambda_0/2$长对称振子，如图3.83(b)所示。

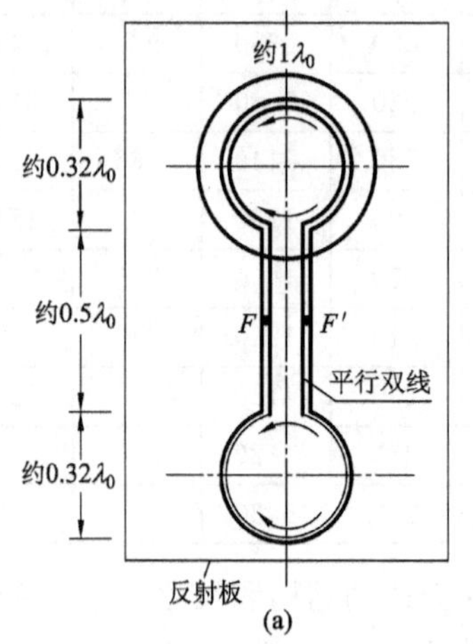

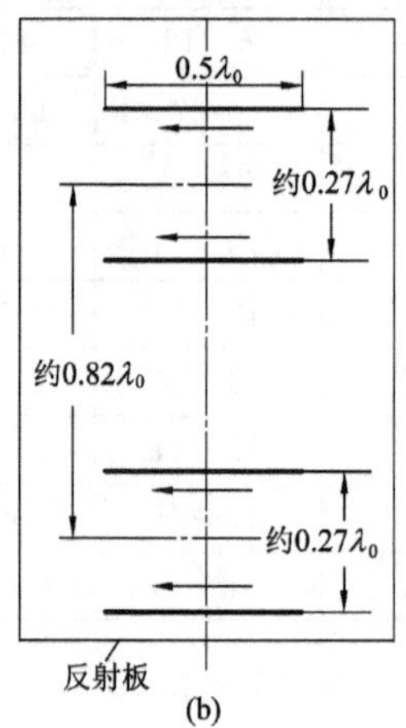

图 3.82 双圆环天线

(a) 结构与电流分布；(b) 等效为$\lambda_0/2$长对称振子的电尺寸

为了提高双圆环天线的增益，可以把多个圆环天线串联组阵。通常把双圆环通常叫2L形，把两个双圆环和三个双圆环组成的天线阵则分别叫4L形和6L形，分别如图3.83(a)、(b)、(c)所示。

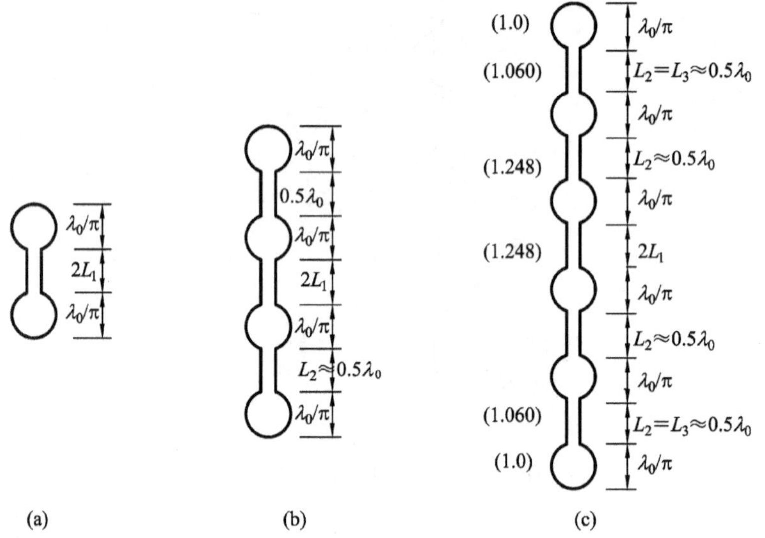

图 3.83 双环天线阵

(a) 2L 形；(b) 4L 形；(c) 6L 形

用同轴线给双圆环天线馈电必须使用巴伦完成不平衡-平衡变换。常用的方法有两种：一种是利用分支导体型巴伦，另一种是采用裂缝式巴伦。常在双圆环天线的两个末端附加可以调整的短路支节以使天线阻抗匹配。

当要求VSWR≤1.05时，2L形双圆环的相对带宽为20%，4L形为16%，6L形仅为12%。

垂直双圆环天线及天线阵像单个圆环天线一样，水平面方向图均呈 8 字形，即最大辐射方向与环面垂直。多数应用场合都希望单向辐射，为此在距双圆环及天线阵 $\lambda_0/4$ 处附加反射板或反射网，变双向辐射为单向辐射。双圆环天线广泛作为电视发射天线，为了在水平面得到全向方向图，可以在一个方形支撑塔的四周安放四个双圆环天线，一层 2L 形双圆环天线 $G=3$ dB，比增益只有 0.8 dB 的蝙蝠翼电视发射天线高出 2 dB 多。不仅如此，双圆环天线还具有较宽的带宽。双圆环天线及天线阵的 HPBW 及增益如表 3.18 所示。

表 3.18 双圆环及天线阵的 HPBW 及 *G*

天线形式			2L 形	4L 形	6L 形
单面	$HPBW_E$		75°	75°	75°
	$HPBW_H$		36°	16°	10°
	G/dB	$L_1=0.25\lambda_0$	9	12.1	13.8
		$L_1=0.175\lambda_0$	8.5	11.5	13.3
四面	G/dB	$L_1=0.25\lambda_0$	3	6.1	7.8
		$L_1=0.175\lambda_0$	2.5	5.5	7.3

3.17 由半环构成的宽带全向天线[13]

半环天线虽然不是宽带天线，但在如图 3.84(a)所示的垂直安装在地板上的半环天线的顶端切一个间隙为 0.6 mm 的缺口，就大大地展宽了它的带宽。该天线是用 $\varepsilon_r=2.2$ 的单面覆铜介质板制作的，其特点是高度与宽度之比等于 2。中心工作频率为 $f_0=2$ GHz ($\lambda_0=150$ mm)。由图 3.84(a)可以求出天线的电尺寸为：高×宽$=0.2\lambda_0\times0.1\lambda_0$。图 3.84(b)是该垂直半环天线仿真和实测的 $S_{11}\sim f$ 特性曲线。由图 3.84(b)可以看出，VSWR≤2 的相对带宽为 30%，VSWR ≤1.5 的相对带宽为 23%。图 3.85(a)、(b)、(c)分别是该垂直半环天线在 2 GHz 实测和仿真垂直面和水平面方向图。由图 3.85(a)可以看出，环所在垂直方向图有点不对称，水平面呈全向。实测最大增益为 2.8 dB。

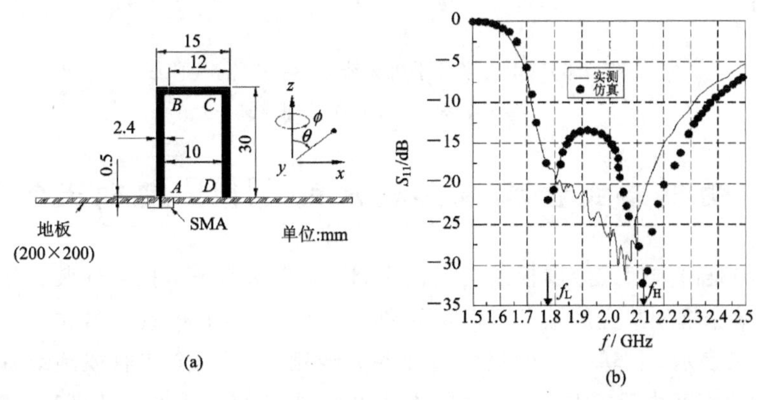

图 3.84 垂直半环天线的结构尺寸及 $S_{11}\sim f$ 特性曲线

(a) 结构；(b) S_{11} 曲线

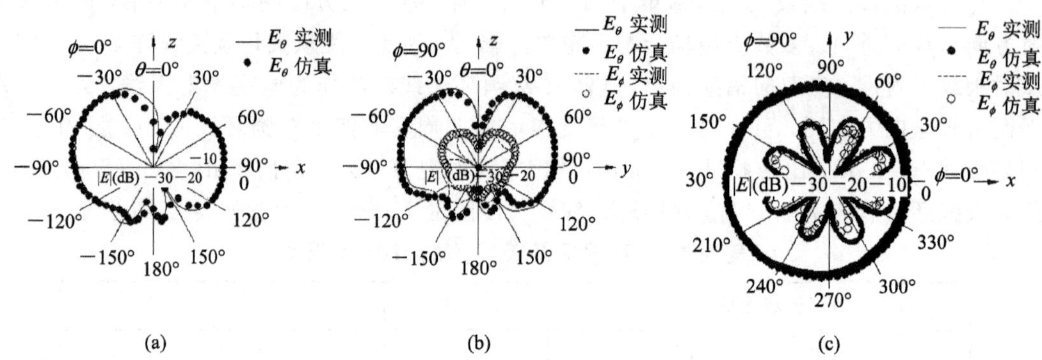

图 3.85　垂直半环天线在 2 GHz 仿真和实测方向图

(a) xz 面；(b) yz 面；(c) 水平面

半环天线也可以作为手机天线。图 3.86(a)是在 DSC－1800 1710～1880 MHz 和 1MT－2000 1920～2170 MHz 频段手机天线的尺寸。图 3.86(b)是图 3.86(a)所示天线仿真和实测 $S_{11}\sim f$ 特性曲线。由图 3.86(b)可以看出，$S_{11}\leqslant -10$ dB，相对带宽为 24%。在环上引入一小间隙，不仅展宽了半环天线的阻抗带宽，而且减小了位于用户头部天线的增益，这是减小手机天线 SAR 所希望的。

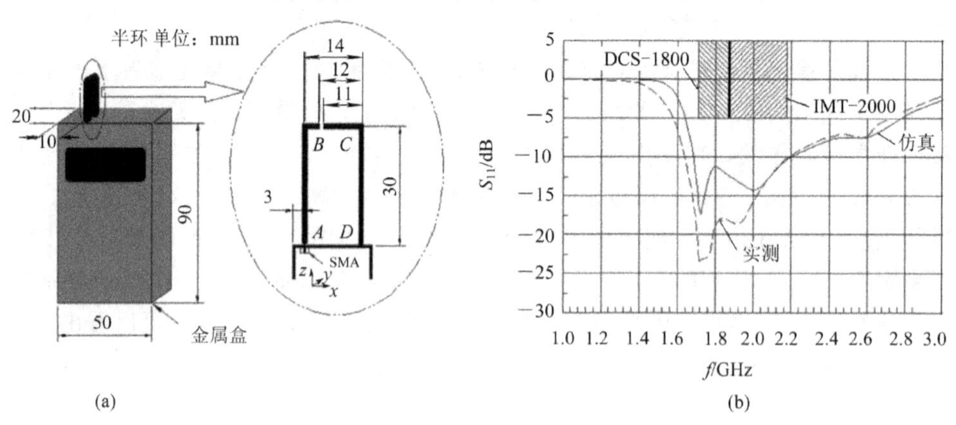

图 3.86　垂直半环手机天线及 $S_{11}\sim f$ 特性曲线

(a) 结构尺寸；(b) S_{11} 曲线

3.18　由框架式金属板条构成的 UHF 定向天线阵[14]

图 3.87(b)是由框架式金属板条构成的 UHF 定向天线阵，把它安装在屋檐下可以用来接收电视。单个框架式金属板条可以用如图 3.87(a)所示的相距 $\lambda_0/4$ 的三个偶极子模型中的虚线部分来表示。把单个框架式金属板条天线用 $\lambda_0/4$ 长金属管或绝缘杆安装在反射板上，在 35%的带宽内(VSWR≤2)，G=4.8 dBi。为了使天线增益达到12 dBi，用四个框架式金属板条单元组阵，如图 3.87(b)所示。单元间距 $d=0.5\lambda_0$，用特性阻抗为 200 Ω 的双导线给每个框架式金属板条单元馈电，馈电网络如图 3.88(a)所示。两两并联变为

100 Ω，再两两并联变为 50 Ω，最后与如图 3.88(b)所示的由同轴线构成的串联补偿式巴伦相连。通过变化分馈线的长度(如图 3.88(b)中的虚线所示)可实现波束倾斜，图 3.89(a)、(b)、(c)分别是该天线阵仿真和实测的最大波束指向角为 $\theta_0=0°$，10.2°，20.8° 的垂直面方向图。

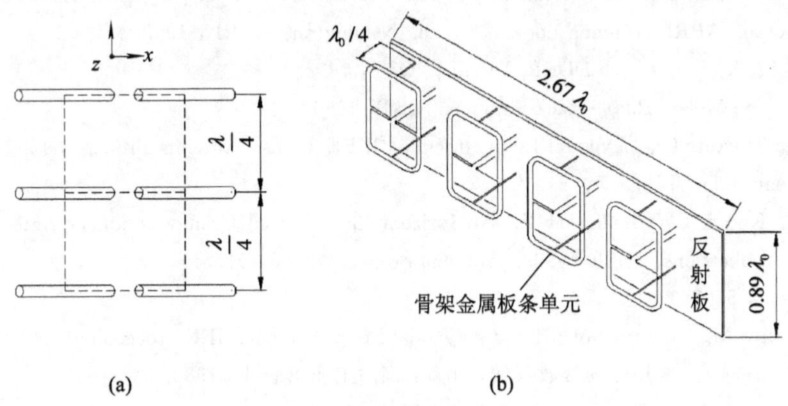

图 3.87　框架式金属板条偶极子模型和由四元框架金属板条单元构成的定向天线阵

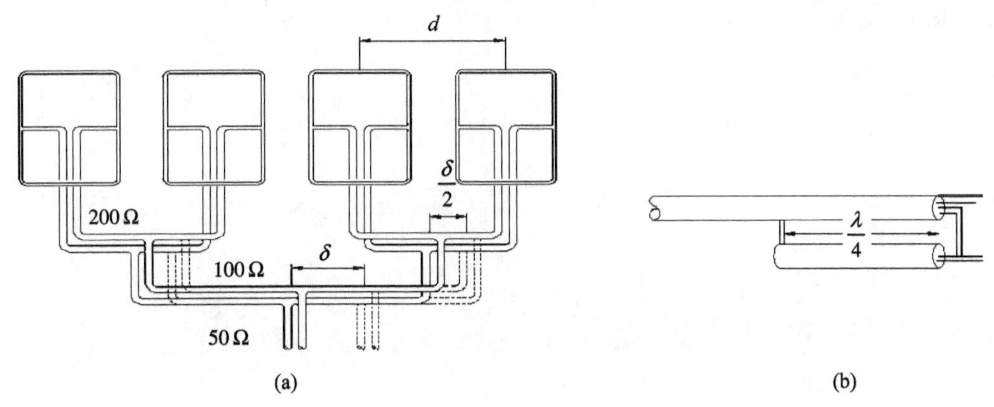

图 3.88　四元天线阵的馈电电路和分支导体型巴伦

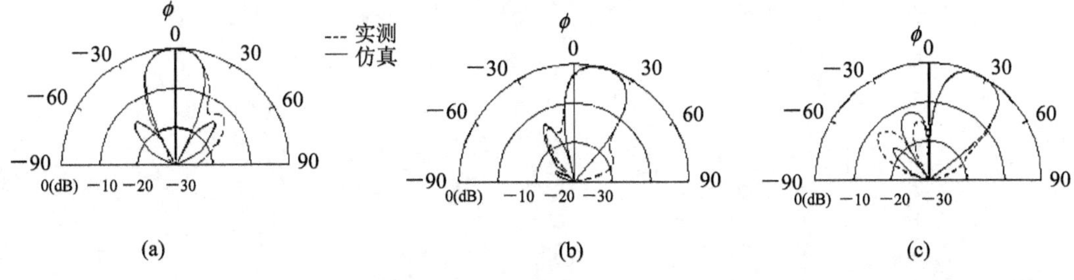

图 3.89　辐射方向图

(a) $\theta_0=0°$；(b) $\theta_0=10.2°$；(c) $\theta_0=20.8°$

参 考 文 献

[1] 林昌禄. 近代天线设计，北京：人民邮电出版社，1990.

[2] Kraus J D，Marhefka R J. Antennas：For All Application. 3rd. ed. McGraw Hill，2002.

[3] Hall J，et al. ARRL Antenna Book. 15th ed. Newington：ARRL，1988.

[4] Dome R B. A Study of the DDRR Antenna. QST，1992.

[5] Dodd P. The Mobile Roof－Rack Antenna. QST，1988.

[6] Takehiko Tsukul. On polygonal Loop Antenna. IEEE Trans. Antenna Propag.，1980，28(4).

[7] U S Patent，4 547 776.

[8] CLin C，Kuo L C，Chuang H R. A Horizontallg polarized Omnidirectional printed Antenna For WLAN Applications. IEEE Trans. Antenna propag.，2006，54(11).

[9] U S Patent，5767809.

[10] Cai M，Lto M. New type of printed polygonal Loop Antenna. IEE proceeding－H，1991，138(5).

[11] 俱新德，谷深远. 常用电视接收天线，北京：国防工业出版社，1983.

[12] 林昌禄. 天线工程手册，北京：电子工业出版社，2002.

[13] Li R L，Fusco V F. Brodband Semiloop Antenna. Microwave Optical Technol Lett.，2002，34(4).

[14] Arai H，Aoki K，Sakurai K，et al. A Skeleton Slot Array Antenna for UHF－TV. IEICE Technical Report Ap87～5，1987.

第 4 章　对数周期天线

对数周期天线是非频变天线的另一种类型，它是根据“相似”概念构成的：天线按照某一特定的比例因子 τ 变换后，仍为它原来的结构。这样出现在频率 f 和 τf 间的天线性能将在 τf 和 $\tau^2 f$ 的频率范围内重复出现，以此类推，天线的电指标将在很宽的频率范围内作周期性的变化。若能作到 $f \sim \tau f$ 频带内天线性能指标变化很小，就有可能达到非频变天线的基本要求。如果说等角螺旋天线是结构连续的自相似结构，则对数周期天线就是离散的自相似结构。

对数周期天线是中增益宽带天线，其带宽比为 10∶1，甚至到 15∶1，在短波、超短波，甚至微波波段得到了广泛应用。

实用中，对数周期天线有很多种类型。例如，有金属片结构或导线结构的、共面或非共面的；电场极化可以是水平极化、垂直极化或圆极化；方向图可以是双向、单向或全向。用途也极为广泛，在微波波段，可以作为反射面天线或透镜天线的照射器、相控阵天线的辐射单元等；在超短波波段，可用作全频道的电视接收天线和宽带通信天线；在短波波段，既可作为 3～30 MHz 的固定天线，也可以在 6～30 MHz 作为旋转对数周期天线。对数周期天线在测向、电子对抗、电磁兼容测量中，也得到了广泛的应用。

4.1　对数周期偶极子天线[1-2]

4.1.1　对数周期偶极子天线的工作原理

对数周期偶极子天线(LPDA，Log - Periodic Dipole Antenna)是对数周期天线的基本形式，如图 4.1 所示。它是把 N 个平行偶极子用双导线交叉连接而成的，结构特点是相邻振子的长度和间距之比等于结构周期 τ(或叫周期率、比例因子)。

LPDA 也可以看成是用扭转平衡传输线给不等长、不等间距平行直线偶极子馈电构成的共面线阵。信号源供给的电磁能量沿集合线传输，依次对各振子激励。只有长度接近谐振长度的这部分振子才能激励起较大的电流，向空间形成有效辐射，通常称这部分振子为有效区域或辐射区；但远离谐振长度的那些或长或短的振子上的电流都很小，对远场几乎没有什么贡献。这就是说，对某一个工作频率而言，各振子由于电尺寸不同而起着不同的作用，通常按传输区、辐射区和未激励区来阐述它们的作用。

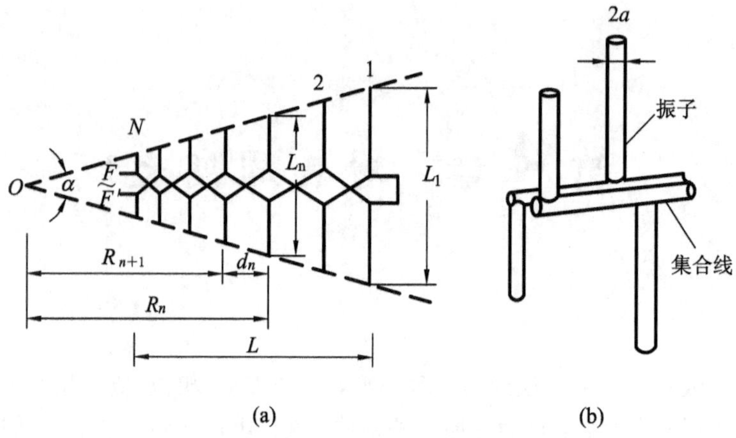

图 4.1　对数周期偶极子天线的结构及馈电

(a) 结构；(b) 馈电

1. 传输区

传输区是指从馈电到辐射区之间的这一段短振子区域。由于振子的电尺寸很小，输入阻抗很大，故振子上电流小，可忽略其辐射效应。这个区域主要是起传输电磁能量的作用。振子输入端呈现很大的容抗，它相当于一个小电容并联在集合线上。

2. 辐射区

把长度在 $\lambda_0/2$ 附近的 4～6 个振子及集合线的区段叫辐射区，位于辐射区的振子能有效吸收从集合线传过来的能量，并向外辐射，工作频率变化辐射区的几何位置会前后移动，但距顶点 O 以波长计的轴向距离却保持不变，或者说辐射区的相位中心与天线顶点 O 之间的电尺寸等于常数，与频率无关。实际上短振子长度及间距也不能任意小。因此，总要裁掉一段，这样就使辐射区的相位中心到实际馈电点的电尺寸随频率变化。

3. 未激励区

通常把长度稍大于或远大于 $\lambda_0/2$ 的长振子及集合线的区段叫未激励区。从集合线传过来的能量主要被辐射区吸收，经过辐射区，振子上的电流迅速减小到对辐射无贡献的地步，虽对辐射没有贡献，但该区域的存在减弱了终端反射效应，这一点正是非频变天线所要求的。在工作频率，LPDA 仅仅一部分振子起作用，而整个结构并没有发生作用。

4.1.2　LPDA 的参数

1. 比例因子 τ

比例因子 τ 的计算公式为

$$\tau = \frac{d_{n+1}}{d_n} = \frac{L_{n+1}}{L_n} = \frac{R_{n+1}}{R_n} = \frac{a_{n+1}}{a_n} \tag{4.1}$$

式中：n 为振子的序号，$n=1, 2, 3, \cdots, N$，1 代表最长振子，N 代表最短振子；τ 的取值范围视增益及尺寸限制而定，通常在 0.80～0.95 之间，最大值趋于 1，最小值为

$$\tau_{\min} = 1 - 2.6\tan\frac{\alpha}{2}$$

式中，α 为天线虚顶角。

2. 相邻振子的间距 d

相邻振子的间距 d 的计算公式为

$$d_2 = \tau d_1, \quad d_3 = \tau d_2, \cdots, d_n = \tau^{n-1} d_1 \quad 或 \quad d_n = 2L_n\sigma \tag{4.2}$$

注意：d_n不是独立变量，因为

$$d_n = R_n - R_{n-1} = R_n(1-\tau) \quad 或 \quad d_1 = \frac{1}{2}(L_1 - L_2)\cot\frac{\alpha}{2} \tag{4.3}$$

3. 间隔因子 σ

间隔因子 σ 的计算公式为

$$\sigma = \frac{d_n}{2L_n} \quad 或 \quad \sigma = \frac{1-\tau}{4\tan(\alpha/2)} \tag{4.4}$$

$$\sigma_{\text{opt}} = 0.258\tau - 0.066$$

4. 结构角(顶角)α

结构顶角 α 是振子末端连线的夹角，其计算公式为

$$\alpha = 2\arctan\left(\frac{L_n - L_{n+1}}{2d_n}\right) = 2\arctan\left(\frac{L_n(1-\tau)}{2d_n}\right) = 2\arctan\left(\frac{1-\tau}{4\sigma}\right) \tag{4.5}$$

5. 工作带宽 B

工作带宽 B 的计算公式为

$$B = \frac{f_{\max}}{f_{\min}} = \frac{B_s}{B_{ar}}, \quad B_s = B \times B_{ar} \tag{4.6}$$

式中，B_s为结构带宽，计算公式为

$$B_s = \frac{L_1}{L_N} = \tau^{1-N} \tag{4.7}$$

式(4.6)中，B_{ar}为辐射区的平均带宽，当 $\tau \geqslant 0.875$ 时

$$B_{ar} \approx 1.1 + 30.7\sigma(1-\tau) \tag{4.8}$$

6. 振子的长度

当工作频率改变时，天线的有效区将由天线的某一部分沿轴线前后移动，对每个工作频点总有相应的一组振子构成辐射区。工作频带可以粗略地由最长振子的长度 $L_{\max}$及最短振子的长度 $L_{\min}$近似决定，即

$$\begin{cases} \lambda_{\max} = 2L_{\max} \\ \lambda_{\min} = 2L_{\min} \end{cases} \tag{4.9}$$

式中，$\lambda_{\max}$、$\lambda_{\min}$分别对应于 $f_{\min}$、$f_{\max}$的波长。

实际上天线的带宽并非无限大。天线不可能无限向外延伸，它的有限长度限制了天线工作频率的低端；另一方面，由于最短的振子末端要接馈线，不可能把天线顶端延伸到顶点，因而限制了天线的高频端。为此，引入截止常数 K_1、K_2来精确地确定振子长度。

最长振子的长度为

$$L_1 = L_{\max} = K_1\lambda_{\max}, \quad L_1 \approx 0.5\lambda_{\max} \tag{4.10}$$

$$K_1 = 1.01 - 0.519\tau \tag{4.11}$$

最短振子的长度为

$$L_{\min} = K_2\lambda_{\min}, \quad L_{\min} \approx 0.5\lambda_{\min} \tag{4.12}$$

K_2由经验公式(4.13)确定，即

$$K_2 = 7.08\tau^3 - 21.3\tau^2 + 21.98\tau - 7.30 + \sigma(21.82 - 66\tau + 62.12\tau - 18.29\tau^3) \tag{4.13}$$

为了保证高频段的电气性能，也可按 $L_n \leqslant 3\lambda_{min}/8$ 选取最短振子长度。

实践证明，由式(4.10)和式(4.12)计算的最长振子和最短振子的长度要比用式(4.9)精确得多。

一旦 L_1 确定，就能由式(4.14)确定其他振子的长度：

$$L_2 = \tau L_1,\ L_3 = \tau L_2,\ \cdots,\ L_n = \tau^{n-1} L_1 \tag{4.14}$$

7. 振子的总数 N

振子的总数 N 的计算公式为

$$N = 1 + \frac{\lg(K_2/K_1) + \lg(f_{min}/f_{max})}{\lg\tau} \tag{4.15}$$

$$N = 1 + \frac{\lg B_s}{\lg(1/\tau)} \tag{4.16}$$

对给定频率，$f_{max} = f_{min} = f$ 时，工作区偶极子的数目 N_a 为

$$N_a = 1 + \frac{\lg(K_2/K_1)}{\lg\tau} \tag{4.17}$$

实验表明，增加有效区内的振子数，增益将有所增加。

短于半波长振子的总数：

$$N_1 = \frac{\lg 2K_1}{\lg(1/\tau)}$$

8. LPDA 的长度

LPDA 的轴长 L 是 R_1 与 R_N 之差：

$$L = R_1 - R_N = R_1(1 - \tau^{N-1}) = \frac{2L_1\sigma(1 - \tau^{N-1})}{1 - \tau} \tag{4.18}$$

$$L = \frac{\lambda_{max}}{4}\left(1 - \frac{1}{B_s}\right)\cot\frac{\alpha}{2} \tag{4.19}$$

到虚顶点 O 的距离 R_N 为

$$R_N = \frac{2L_N\sigma}{1 - \tau} = \tau^{N-1} R_1 \tag{4.20}$$

式中，$R_1 = \dfrac{2L_1\sigma}{1-\tau}$。

4.1.3 LPDA 的馈电及阻抗

LPDA 是由许多偶极子组成的。由于偶极子天线是对称天线，所以必须用平衡馈线给 LPDA 馈电。双导线是平衡馈线，故 LPDA 多用双线传输线(通常称为集合线)交叉馈电，如图 4.2(a)所示，馈源在短振子一端，结果产生指向短振子的端射。为了使 LPDA 更好地工作，相邻偶极子与传输线交叉馈电，以实现 180°的相位延迟来维持端射的条件。对称振子的两个辐射臂与双线传输线交叉连接，必然使对称振子的两个臂横向位移。这种横向位移偶极子的特性与共面结构的偶极子不同，但仅在双导线的间距 $D > 0.02\lambda_{min}$ 时才会对

LPDA的性能有影响。

实际应用中，通常把同轴线作为馈线，由于同轴线为不平衡馈线，所以必须使用巴伦，完成不平衡-平衡变换。在短波频段，可以用传输线变压器型巴伦；在 VHF 以上频段，往往采用如图 4.2(b)、(c)、(d)所示的无穷巴伦。具体方法如下：仍然用两根金属管 A、B 作为集合线，把对称振子的两个辐射臂交叉相接在金属管 A、B 上，在长振子的一端把一根细同轴电缆穿入并穿出金属管 A，在 F 点把同轴电缆的外导体与金属管 A 连接，同轴电缆的内导体在 F' 点与金属管 B 相连。在长振子一端，把 A、B 金属管短路连接。B 金属管为假同轴线，由于振子交叉连接在同轴线和假同轴线的外导体上，因而实现了用真假同轴线构成的双导线(集合线)给 LPDA 交叉馈电的任务，用同轴线给 LPDA 馈电还避免了与辐射单元相互干扰的优点。

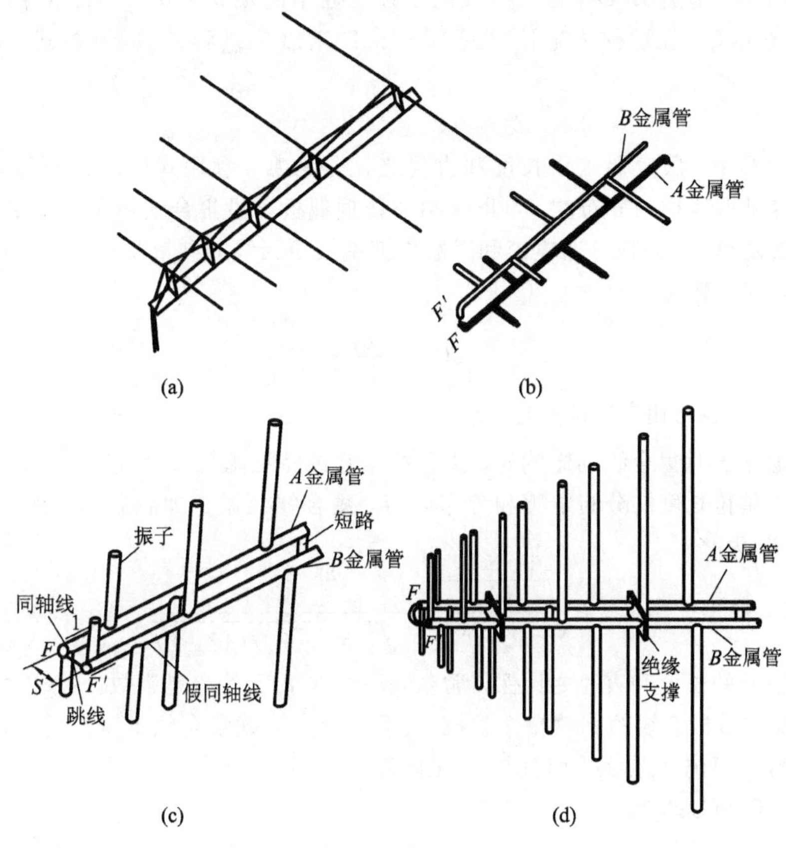

图 4.2　对数周期偶极子天线及馈电

(a) 双导线；(b)、(c)、(d) 同轴线

另外通常在长振子一端集合线的末端，端接长度小于 $\lambda_{max}/8$ 的短路支节、短路板或阻抗元件来减小电磁波在末端的反射，以改善天线在低频段的阻抗匹配。如果要增加 LPDA 在低频段的 F/B 比，则类似于八木天线的反射器，把最长的 1＃偶极子不馈电，向后移动距2＃ 偶极子 $0.15\lambda_0$ 到 $0.25\lambda_0$。再用集合线给偶极子馈电，天线的截止特性可防止从输入端到工作区之间因馈电而引起的感应电流。使用交叉馈电是为了增加工作区中集合线上的相速，使天线向短振子方向产生单向辐射。如果振子不交叉馈电，则相位滞后是相等的，

必然在馈电电流的方向上产生端射，这样就可能使方向图指向天线结构增加的方向而破坏了截止条件。交叉连接在振子间附加一个180°的相移，使工作区中产生一个背射快波，方向图将指向短振子方向。由于传输区可以等效成用短偶极子加载的集合线，因此这些容性加载会使集合线的特性阻抗减少。可以用下式求出每个短偶极子的容抗 X：

$$X = -\mathrm{j}Z_a \cot \frac{KL_n}{2} \tag{4.21}$$

式中，$K=2\pi/\lambda$（相移常数），Z_a为偶极子的平均等效特性阻抗，其计算公式为

$$Z_a = 120\left[\ln\left(\frac{L_n}{2a}\right) - 2.25\right] \tag{4.22}$$

式中，L_n为偶极子的长度；$2a$ 为偶极子的直径。

实际应用中，制造 LPDA 振子导线的半径往往不满足 $a_n=a_1\tau^{n-1}$的条件。也就是说，各振子的 Z_a不相等。在这种情况下，要按式(4.22)求出 $Z_{a\max}$和 $Z_{a\min}$，再按式(4.23)求出平均 Z_{ac}作为 Z_a：

$$Z_a = (Z_{a\max} \times Z_{a\min})^{0.5} \tag{4.23}$$

在式(4.22)中，假定偶极子长度和直径之比是常数，利用式(4.21)可以求得附加电容。附加电容是沿线均匀分布的。可以求得非谐振偶极子沿集合线每单位长度上的分布电容。经过稍微处理，可以使分布电容和对数周期偶极子天线的参量联系起来。ΔC 为集合线上附加电容，其计算公式为

$$\Delta C = \frac{\sqrt{\tau}}{4Z_a c\sigma} \tag{4.24}$$

式中，c 为电磁波在自由空间的相速。

当不考虑振子对集合线的影响时，集合线本身的特性阻抗 $Z_0=\sqrt{L_1/C_1}$，这里 L_1、C_1为集合线上每单位长度的分布电感和分布电容。集合线经振子加载后的有效特性阻抗（馈线的输入阻抗）为

$$R_0 = \sqrt{\frac{L_1}{C_1 + \Delta C}} = \frac{Z_0}{\sqrt{1 + (\sqrt{\tau}Z_0/(4Z_a\sigma))}} \tag{4.25}$$

如果偶极子的长度和直径之比保持常数，那么 R_0沿天线也是常数。由式(4.25)可以看出，偶极子加载后集合线的有效特性阻抗 R_0不仅与未加载集合线本身的特性阻抗 Z_0、偶极子的平均特性阻抗 Z_a有关，而且与 τ、σ 有关。

由式(4.25)可以求出 Z_0与 R_0的表达式：

$$Z_0 \approx \frac{R_0^2\sqrt{\tau}}{8\sigma Z_a} + R_0\left[\left(\frac{R_0\sqrt{\tau}}{8\sigma Z_a}\right)^2 + 1\right]^{0.5} \tag{4.26}$$

由式(4.26)可以看出，要求出 Z_0，必须求出 σ、τ、R_0和 Z_a。在设计 LPDA 天线阵时，由于已选定了 τ 和σ，所以只要求出 Z_a和 R_0即可。

只要求出了 Z_0，就能选择馈线和巴伦设计出馈线的尺寸。假定 $Z_0=100\ \Omega$，对 75 Ω 同轴馈线，可以采用1∶1巴伦；假定 $Z_0=200\ \Omega$，对 50 Ω 同轴馈线，可以选用4∶1巴伦。在 VHF 频段，应使 $Z_0=100\sim200\ \Omega$，以便与同轴线匹配；在 HF 频段，用 $Z_0=250\sim450\ \Omega$ 的双线传输线作为馈线。在选择馈线的特性阻抗 Z_0及偶极子的直径 $2a$ 时，必须考虑所要求的输入电阻 R_0、所允许的 VSWR、承受功率容量的能力及实际制作的限制。例如，往往

不能按比例选取偶极子的直径 $2a$，而常用等直径。

馈线的特性阻抗只有与振子加载集合线的有效特性阻抗 R_0 相等时才能匹配。

未加载集合线通常用平行金属管制造，它的特性阻抗 Z_0 为

$$Z_0 = 120 \ln\left[\frac{D}{d}+\sqrt{\left(\frac{D}{d}\right)^2-1}\right] \tag{4.27}$$

式中：D 为双金属管中心之间距；d 为单根金属管的直径。

当 $D \gg d$ 时，式(4.27)简化成

$$Z_0 = 120 \ln \frac{2D}{d} = 138 \lg \frac{2D}{d} \tag{4.28}$$

这样集合线的间距与线径之比就变成

$$\frac{2D}{d} = \mathrm{e}^{\frac{Z_0}{120}} \tag{4.29}$$

由式(4.26)求出了 Z_0，就能由式(4.29)确定 D/d，选 d，就能确定 D，集合线的尺寸就完全确定。集合线上的电流也会辐射，但是它们靠得很近，其上电流幅度相等，相位相反，远区场相互抵消。集合线中同轴线的内导体和假同轴线之间的接线在高频时会引起波束向假同轴线方向偏转。接线可以看成是传输线串联的电感，它会影响对数周期天线的高频特性，集合线的间距以小于 $0.04\lambda_0$ 为宜。但在设计大功率的对数周期天线时，必须考虑防止电压击穿问题。

4.1.4　LPDA 阵的设计[1-5]

(1) 根据使用要求(如增益，HPBW)，查有关设计图表，求出 τ 和 σ。

LPDA 阵的增益 $G(G=D\times\eta)$ 主要由 τ 和 σ 决定。对给定天线的方向系数 D，由于达到所要求的 D，τ 和 σ 有多种组合，所以利用图 4.3 只能确定一组 τ 和 σ。

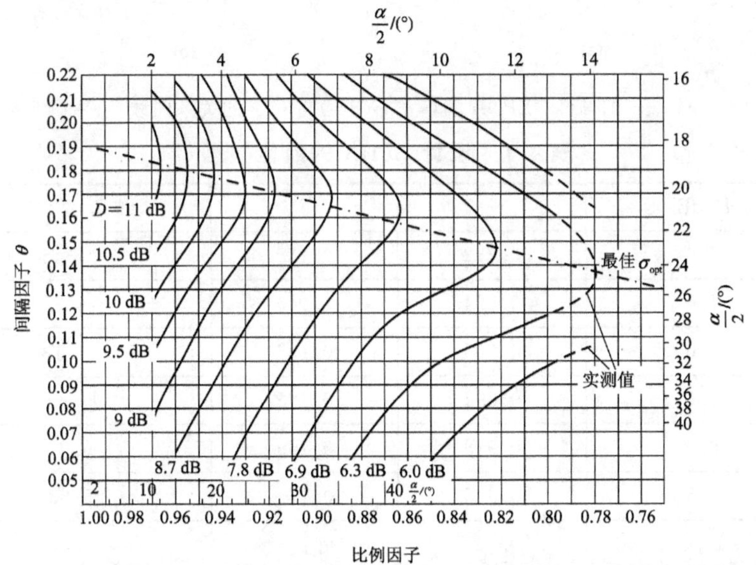

图 4.3　$Z_0=100\ \Omega$，$L_n/(2a)=125$，LPDA 仿真的等方向系数 D 与顶角 $\alpha/2$、比例因子 τ 及间隔因子 σ 的关系曲线

图 4.3 给出了 LPDA 方向系数 D 与 τ、σ 之间的关系曲线，图中虚线为外推值。该图虽然是在 $Z_0=100\ \Omega$，$L_n/(2a)=125$ 的情况下得出的，但也可以近似用于任意 LPDA 阵的设计。

由图 4.3 可以看出，当 σ 一定时，τ 愈大，则方向系数 D 就愈大。但大的 τ 就需要使用更多的振子，这样必然使天线轴长加长，通常取 $\tau=0.8\sim0.95$。当 τ 一定时，σ 有如图 4.3 中长虚线所示的最佳值 σ_{opt}，通常选 $\sigma_{opt}\geqslant\sigma\geqslant0.05$，一般选 $\sigma=0.08\sim0.15$。对最佳 σ_{opt}，对在 $0.8\leqslant\tau<1.0$ 中的每一个 τ 值，增益都最大。

根据设计要求，已知 LPDA 的增益 G(dBi)，也可以通过图 4.4 选择 τ 和 σ。

计算和实测结果表明，振子的长度与直径比 $L_n/(2a)$ 对增益有一定影响，在 $50<L_n/(2a)<1000$ 的范围内，$L_n/(2a)$ 每减小一半，增益约增加 0.2 dB。显然加粗振子，对提高天线增益和阻抗匹配都有利。

在实际中发现，用图 4.4 所示曲线估算的天线增益偏高，最好根据设计时要求的方向系数 D，由图 4.3 曲线查出所对应的 τ 和 σ 来设计 LPDA，也可以利用经过修正得到的最佳数据表 4.1 来设计 LPDA。

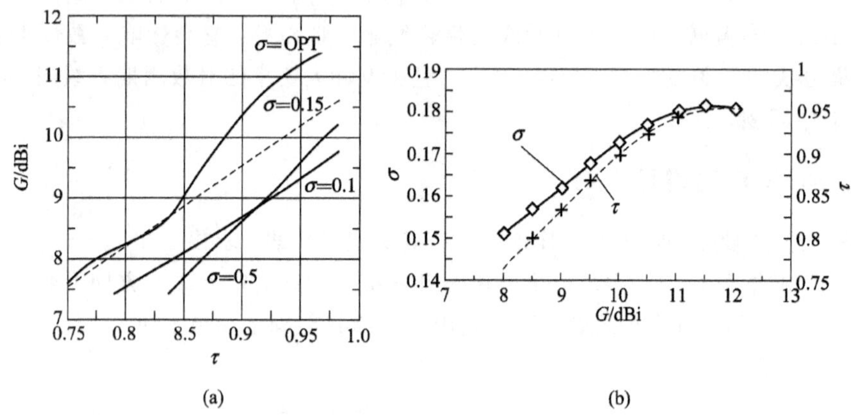

图 4.4 LPDA 的增益 G(dBi)与 τ、σ 的关系曲线

表 4.1 设计 LPDA 的最佳数据[6]

D/dBi	τ	σ	顶角 $\alpha/2$/(°)
7.0	0.782	0.138	21.55
7.5	0.824	0.146	16.77
8.0	0.865	0.157	12.13
8.5	0.892	0.165	9.29
9.0	0.918	0.169	6.91
9.5	0.935	0.174	5.33
10.0	0.943	0.179	4.55
10.5	0.957	0.182	3.38
11.0	0.964	0.185	2.79

图 4.5 是 $\tau=0.95$ LPDA 的 G、HPBW 与顶角 $\alpha/2$ 的关系曲线。由图 4.5 可以看出，$\alpha/2$ 越小，增益越高，HPBW 越窄。

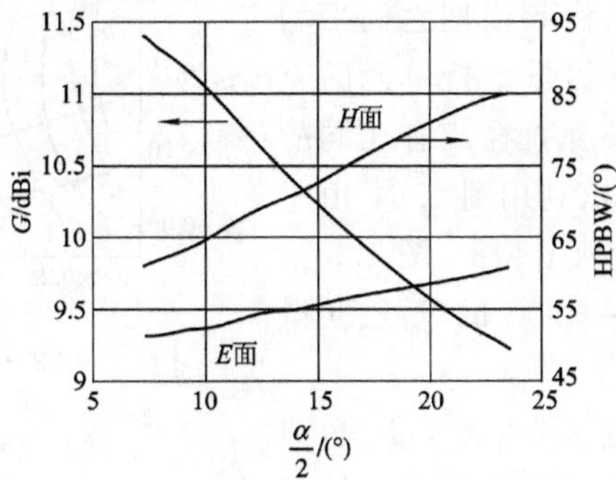

图 4.5　$\tau=0.95$，LPDA 的 G、HPBW 与 $\alpha/2$ 的关系曲线

对两个主平面 HPBW 有要求的 LPDA，要根据对 HPBW 的要求，由表 4.2 的 E 面 $HPBW_E$ 确定 τ 和 σ，由表 4.3 的 H 面 $HPBW_H$ 确定 τ 和 σ。

表 4.2　LPDA 的 $HPBW_E$ 与 τ 和 σ 之间的关系

	比例因子 τ								
σ	0.80	0.82	0.84	0.86	0.88	0.90	0.92	0.94	0.96
0.06	60	59	86	78	61	69	66	62	58
0.07	76	61	57	73	69	67	64	61	56
0.08	83	76	61	63	71	61	64	60	55
0.09	75	83	72	60	62	69	62	58	54
0.10	57	76	81	72	63	62	62	58	53
0.12	66	61	60	63	69	65	59	57	51
0.14	73	69	67	65	63	63	61	54	50
0.16	64	65	64	63	62	63	61	54	49
0.18	69	66	66	64	60	58	56	55	48
0.20	78	80	80	76	71	64	57	53	48
0.22	81	81	86	84	79	71	62	55	48

表 4.3　LPDA 的 $HPBW_H$ 与 τ 和 σ 之间的关系

	比例因子 τ								
σ	0.80	0.82	0.84	0.86	0.88	0.90	0.92	0.94	0.96
0.06	157	127	118	150	118	120	104	92	78
0.07	171	146	111	122	124	107	97	87	74
0.08	166	156	123	101	122	98	98	83	70
0.09	115	159	135	106	96	108	90	80	68
0.10	103	124	142	122	99	100	88	77	65
0.12	108	99	95	106	113	95	82	74	62
0.14	121	115	107	99	95	100	82	71	59
0.16	107	106	100	99	95	92	82	68	58
0.18	121	109	99	90	82	77	74	70	56
0.20	135	131	123	111	98	86	73	66	56
0.22		149	136	126	116	100	82	67	56

表 4.1、表 4.2 和表 4.3 都是在振子长度直径比为 70 的情况下，利用矩量法计算出的许多参数的频率响应曲线，在工作频段把它们平均得出的。因此在选用时，要尽量维持单元的直径与 τ 成比例，以便维持长度直径比有相同的比值。对短波 LPDA，也可以利用图 4.6，由所要求的天线方向系数 D，选取 τ 和 σ。图 4.6 是在 $Z_0=400\ \Omega$，$L_n/(2a)=3000$ 的情况下得出的。

根据所要求的平均增益，利用表 4.4，也能很快选定 τ 和 σ，该表是在 $L_n/(2a)=70$ 的情况下得出的。

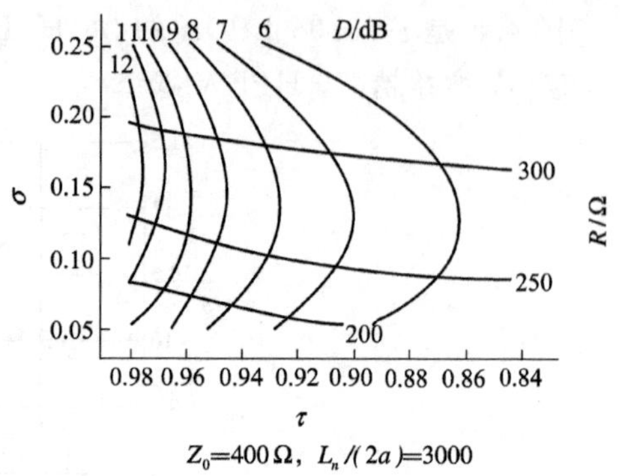

图 4.6　短波 LPDA 的 D 与 τ、R 和 σ 之间的关系曲线

表 4.4　LPDA 平均增益与 τ 和 σ 之间的关系

	比例因子 τ								
σ	0.80	0.82	0.84	0.86	0.88	0.90	0.92	0.94	0.96
0.06	6.0	6.5	6.0	6.0	6.9	7.2	7.9	8.6	9.7
0.07	5.2	6.1	6.9	6.8	6.9	7.6	8.2	9.0	10.1
0.08	5.5	5.6	6.7	7.2	7.1	7.8	8.4	9.2	10.4
0.09	6.0	5.7	6.0	7.3	7.7	7.8	8.8	9.6	10.7
0.10	6.6	6.4	6.1	6.5	7.7	8.2	8.8	9.7	10.9
0.12	6.5	6.9	7.3	7.5	7.7	8.3	9.3	10.1	11.4
0.14	6.3	6.7	7.1	7.5	8.0	8.6	9.5	10.4	11.7
0.16	6.7	7.1	7.6	8.0	8.4	8.7	9.4	10.6	11.9
0.18	6.3	6.8	7.5	8.1	8.8	9.3	9.8	10.6	12.1
0.20	5.7	5.9	6.4	7.2	8.1	9.0	10.0	10.8	12.1
0.22	5.3	5.3	5.7	6.3	7.2	8.3	9.6	10.8	12.1

(2) 由给定的工作频率范围和选定的 σ 及 τ，求出 LPDA 的结构尺寸。

由给定的工作频率范围和选定的 σ 及 τ，利用 LPDA 参数的设计方程，就能确定 LPDA 的结构尺寸，如顶角 α、轴长 L、单元长度间距等。也可以用一些图表近似求解，例如可以用图 4.7 近似求出截断系数 K_1 和 K_2。

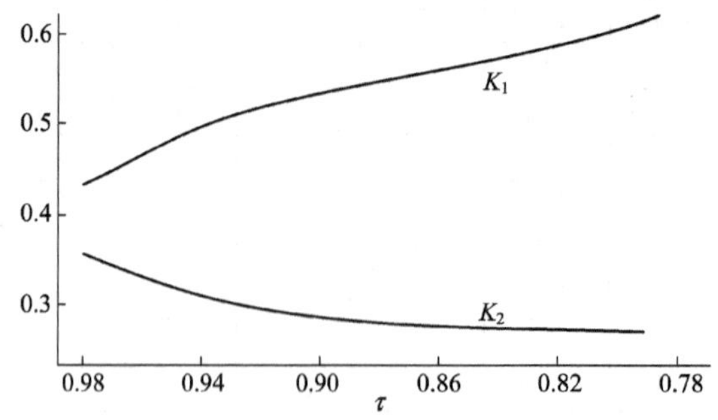

图 4.7　$Z_0=100\ \Omega$，$L_n/(2a)=177$，K_1 和 K_2 与最佳 σ 及 τ 之间的关系曲线

图 4.7 是在 $Z_0=100\ \Omega$，$L_n/(2a)=177$ 情况下得出的截断系数 K_1 和 K_2 与最佳 σ 及 τ 之间的关系曲线，如果 Z_0 和 $L_n/(2a)$ 为其他值，但也可以根据 τ，近似计算出 K_1 和 K_2。

图 4.8 是在 $Z_0=400\ \Omega$，$L_n/(2a)=3000$ 情况下得出的短波 LPDA 截断系数 K_1、K_2 与 σ 及 D 的关系曲线。

图 4.9 是 B_{ar} 随 τ 和半顶角 $\alpha/2$ 的变化曲线；图 4.10 是 B_{ar} 与 τ 及 σ 之间的关系曲线。由给定的 τ 和 σ，由图 4.9 就能求出 B_{ar}。求出顶角 α，由给定的 τ，由图 4.8 也能求出 B_{ar}。

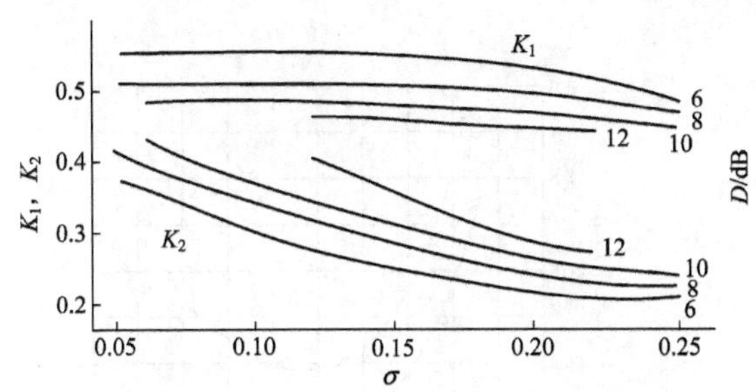

图 4.8　$Z_0=400\ \Omega$，$L_n/(2a)=3000$ 情况下，短波 LPDA 截断系数 K_1、K_2 与 σ 及 D 的关系曲线

图 4.9　B_{ar} 随 τ 和半顶角 $\alpha/2$ 的变化曲线

(3) 利用一些图表和公式，计算 LPDA 馈线的相关参数及尺寸。

图 4.11 是半顶角 $\alpha/2$、τ 为不同值时，R_0 及 VSWR 的关系曲线。由图 4.11 可以看出，R_0 随 τ 和 $\alpha/2$ 角的增大而减小，τ 越大，α 角越小，R_0 越小，VSWR 越小。

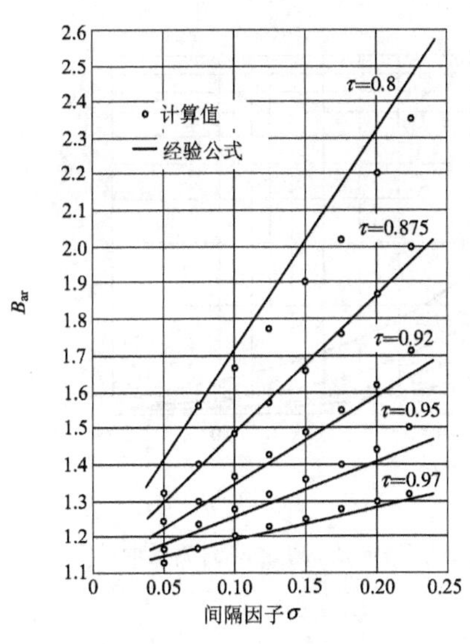

图 4.10　B_{ar} 与 τ 及 σ 的关系曲线

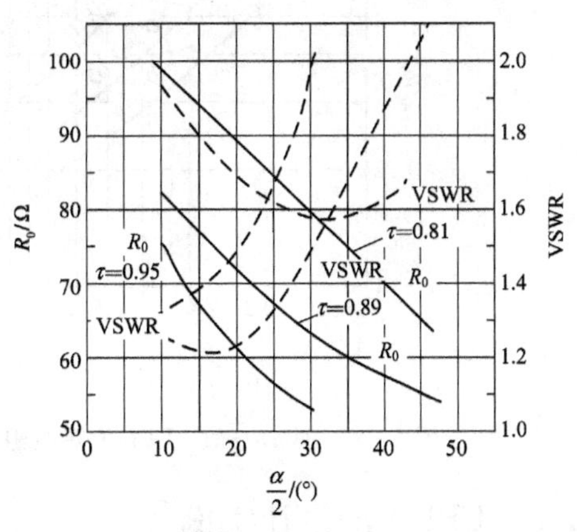

图 4.11　半顶角 $\alpha/2$、τ 为不同值时，R_0 及 VSWR 的关系曲线

图 4.12(a)、(b)分别是 $\tau=0.888$，$\sigma=0.089$，$N=8$，$L_n/(2a)=125$ 的情况下，LPDA 相对于 R_0 与 Z_0 的关系曲线和 LPDA 相对于 R_0 与 Z_0 的关系曲线。

图 4.13 是在 $Z_0=100\ \Omega$，$L_n/(2a)=177$ 情况下得出的 LPDA VSWR(相对于 R_0)与 τ 和 σ 的关系曲线。图 4.14 是对几个 $\sigma/\sqrt{\tau}$ 值，LPDA 馈线阻抗相对值 Z_0/R_0 与 Z_a/R_0 之间的关系曲线。

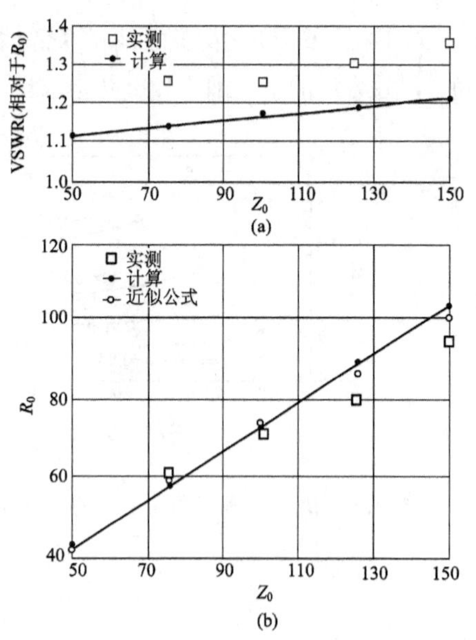

图 4.12 在 $\tau=0.888$，$\sigma=0.089$，$N=8$，$L_n/(2a)=125$ 的情况下，得出的 LPDA 相对于 R_0 与 Z_0 的关系曲线和 R_0 与 Z_0 的关系曲线

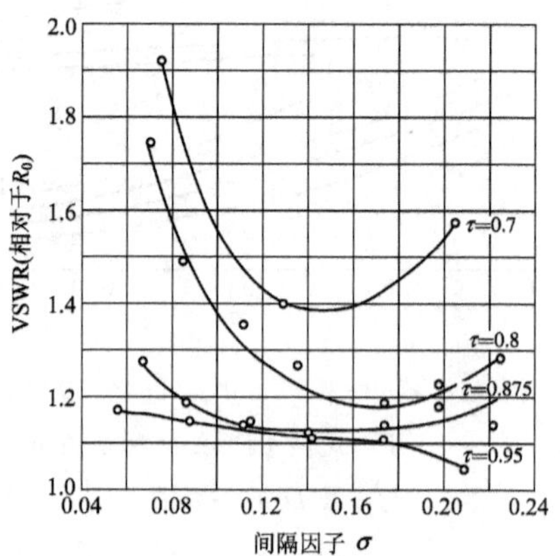

图 4.13 在 $Z_0=100\ \Omega$，$L_n/(2a)=177$ 的情况下得出的 LPDA VSWR(相对于 R_0)与 τ 和 σ 的关系曲线

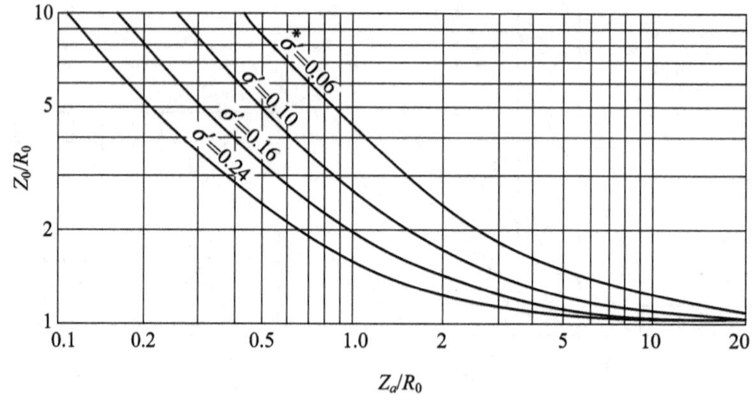

图 4.14 对 $\sigma/\sqrt{\tau}$ 值，LPDA 馈线阻抗相对值 Z_0/R_0 与 Z_a/R_0 之间的关系曲线

4.1.5 LPDA 的设计实例[7-9]

【例 4.1】 设计一副在 100～1000 MHz 频段工作的 LPDA，选 $\tau=0.9$，$\sigma=0.15$。

解 利用式(4.11)求得低频截止常数 K_1：

$$K_1=1.01-0.519\tau=1.01-0.519\times 0.9=0.543$$

利用式(4.10)求得最长振子长度：

$$L_1 = K_1\lambda_{\max} = 0.543 \times 3000 = 1629 \text{ mm}$$

利用式(4.13)求得

$$K_2 = 0.32$$

利用式(4.15)求出振子的总数 N：

$$N = 1 + \frac{\lg(K_2/K_1) + \lg(f_{\min}/f_{\max})}{\lg\tau} = 1 + \frac{\lg(0.32/0.54) + \lg(100/1000)}{\lg 0.9} = 27.8$$

取整数 N=28。

利用式(4.18)求出 LPDA 的轴长 L：

$$L = \frac{2L_1\sigma(1-\tau^{N-1})}{1-\tau} = \frac{2 \times 1620 \times 0.15 \times (1-0.9^{28-1})}{1-0.9} = 4577 \text{ mm}$$

利用式(4.5)求出结构角 α：

$$\alpha = 2\arctan\left(\frac{1-\tau}{4\sigma}\right) = 2\arctan\left(\frac{1-0.9}{4 \times 0.15}\right) = 18.9°$$

利用式(4.14)求出 L_2，L_3，…，L_{28}：

$$L_2 = \tau L_1 = 0.9 \times 1629 = 1466 \text{ mm}$$

$$\vdots$$

利用式(4.20)求出 R_1：

$$R_1 = \frac{2L_1\sigma}{1-\tau} = \frac{2 \times 1629 \times 0.15}{1-0.9} = 4887 \text{ mm}$$

利用式(4.2)、式(4.3)求出 d_1，d_2，…，d_n：

$$d_1 = 2L_1\sigma = 2 \times 1629 \times 0.15 = 488.7 \text{ mm}$$

$$d_2 = d_1\tau = 488.7 \times 0.9 = 439.8 \text{ mm}$$

$$d_3 = d_2\tau = 395.8 \text{ mm}$$

【例 4.2】 设计一副在 54～216 MHz 频段工作的 LPDA，要求 G=8.5 dB。如果用 75 Ω同轴线馈电，假定 $L_n/(2a)=100$，试设计集合线。

解 根据 8.5 dB 的增益要求，查图 4.4 求得 τ=0.822，σ=0.149。

利用式(4.10)求出最长振子的长度 L_1：

$$L_1 \approx 0.5\lambda_{\max} = \frac{0.5 \times 300000}{54} = 2777.7 \text{ mm}$$

利用式(4.12)求出最短振子的长度 L_N：

$$L_N \approx 0.5\lambda_{\min} = \frac{0.5 \times 300000}{216} = 694.4 \text{ mm}$$

利用式(4.7)求出结构宽度 B_s：

$$B_s = \frac{L_1}{L_N} = \frac{2777.7}{694.4} = 4$$

利用式(4.16)求出振子的总数 N：

$$N = 1 + \frac{\lg B_s}{\lg(1/\tau)} = 1 + \frac{\lg 4}{\lg(1/0.822)} = 8$$

利用式(4.18)求出 LPDA 的轴长 L：

$$L = \frac{2L_1\sigma(1-\tau^{N-1})}{1-\tau} = \frac{2 \times 2777.7 \times 0.149 \times (1-0.822^7)}{1-0.822} = 3471 \text{ mm}$$

利用式(4.5)求出结构角 α：

$$\alpha = 2\ \arctan\left(\frac{1-\tau}{4\sigma}\right) = 2\ \arctan\left(\frac{1-0.822}{4\times 0.149}\right) = 33.3°$$

利用式(4.3)求出 d_1：

$$d_1 = 2L_1\sigma = 2\times 2777.7\times 0.149 = 827.7\ \text{mm}$$

利用式(4.3)和式(4.2)分别求出其余单元长度和间距：

$L_2 = 2283.3$ mm，$L_3 = 1876.8$ mm，$L_4 = 1542.8$ mm，$L_5 = 1268.2$ mm

$L_6 = 1042.4$ mm，$L_7 = 856.9$ mm，$L_8 = 704.3$ mm

$d_2 = 680.4$ mm，$d_3 = 559.3$ mm，$d_4 = 459.7$ mm

$d_5 = 377.9$ mm，$d_6 = 310.6$ mm，$d_7 = 255.3$ mm

已知 $L_n/(2a)=100$，由式(4.22)求出偶极子的等效特性阻抗：

$$Z_a = 120\left[\ln\left(\frac{L_n}{(2a)}\right)-2.25\right] = 120\times[(\ln 100-2.25)] = 282.6\ \Omega$$

要与 75 Ω 同轴线匹配，显然 $R_0=75\ \Omega$。

由式(4.26)求出集合线本身的特性阻抗 Z_0：

$$\begin{aligned}Z_0 &= \frac{R_0^2\sqrt{\tau}}{8\sigma Z_a}+R_0\left[\left(\frac{R_0\sqrt{\tau}}{8\sigma Z_a}\right)^2+1\right]^{0.5}\\ &= \frac{75^2\times(0.822)^{0.5}}{8\times 0.149\times 282.6}+75\times\left[\left(\frac{75\times(0.822)^{0.5}}{8\times 0.149\times 282.6}\right)^2+1\right]^{0.5}\\ &= 91.76\ \Omega\end{aligned}$$

由式(4.29)得

$$\frac{2D}{d} = e^{\frac{Z_0}{120}} = e^{\frac{91.76}{120}} = 2.148$$

选 $d=10$ mm，则 $D=10.7$ mm。

可见集合线靠得很近，几乎无法实现，改用特性阻抗为 300 Ω 双导线馈电，再用 4∶1 传输线变压器把 75 Ω 变成 300 Ω，重新用式(4.26)计算集合线本身的特性阻抗 Z_0：

$$Z_0 = \frac{300^2\times\sqrt{0.822}}{8\times 0.149\times 282.6}+300\times\left[\left(\frac{300\times\sqrt{0.822}}{8\times 0.149\times 282.6}\right)^2+1\right]^{0.5} = 627.8$$

由式(4.29)得

$$\frac{2D}{d} = e^{\frac{627.8}{120}} = 187.1$$

选 $d=3$ mm，则 $D=280.6$ mm。

【例 4.3】 设计一副在 470～890 MHz 频段，$D=8$ dBi 的 LPDA 电视天线，用 75 Ω 同轴线馈电。

解 已知 $D=8$ dBi，查表 4.1，得 $\tau=0.865$ ，$\sigma=0.157$，顶角 $\alpha=24.26°$。

由式(4.8)得

$$B_{ar} = 1.1+30.7\times 0.157(1-0.865) = 1.75$$

由式(4.6)得

$$B_s = B_{ar}\times B = \frac{1.75\times 890}{470} = 3.31$$

由式(4.16)得

$$N = 1 + \frac{\lg 3.31}{\lg(1/0.865)} = 9.25$$

取整 $N=9$。

由式(4.11)得

$$K_1 = 1.01 - 0.519\tau = 0.56$$

由式(4.10)得

$$L_1 = K_1\lambda_{max} = 357.4\ \text{mm}$$

由式(4.14)得

$$L_2 = \tau L_1 = 309.1\ \text{mm},\ \cdots,\ L_9 = \tau^{9-1}L_1 = 112\ \text{mm}$$

由式(4.3)和式(4.2)得

$$d_1 = 2L_1\sigma = 2\times 357.4\times 0.157 = 112.2\ \text{mm}$$

$$d_2 = \tau d_1 = 97\ \text{mm},\ \cdots,\ d_8 = \tau^{8-1}d_1 = 40.6\ \text{mm}$$

由式(4.19)求得轴长：

$$L = \frac{\lambda_{max}}{4}\left(1-\frac{1}{B_s}\right)\cot\frac{\alpha}{2} = \frac{638.3}{4}\times\left(1-\frac{1}{3.31}\right)\cot 12.13 = 742\ \text{mm}$$

假定用 $2a=10$ mm 的铝管制造 LPDA，则由式(4.22)得

$$Z_{amax} = 120\left[\ln\left(\frac{357.4}{10}\right)-2.25\right] = 159$$

$$Z_{amin} = 120\left[\ln\left(\frac{112}{10}\right)-2.25\right] = 19.9$$

由式(4.23)得

$$Z_{ac} = (159\times 19.9)^{0.5} = 56.25$$

由于用 75 Ω 同轴线作为馈线，为了匹配，馈线的输入电阻 R_0 必须等于 75 Ω，由式(4.26)得集合线的特性阻抗：

$$Z_0 = \frac{75^2\sqrt{0.865}}{8\times 0.157\times 56.25} + 75\left[\left(\frac{75\times\sqrt{0.865}}{8\times 0.157\times 56.25}\right)+1\right]^{0.5} = 179.74$$

由式(4.29)求出集合线的尺寸：

$$\frac{2D}{d} = \mathrm{e}^{\frac{179.4}{120}} = 4.47$$

选 $d=4$ mm，则 $D=8.9$ mm。

【例 4.4】 试设计一副在 200～600 MHz 频段工作的对数周期天线，要求 $G\geqslant 10$ dBi。

根据 $G\geqslant 10$ dBi 的要求，由图 4.4(b)的曲线可以查得：$\tau = 0.917$，$\sigma = 0.169$ 。

利用式(4.10)求出最长振子的长度：

$$L_1 = 0.5\lambda_{max} = \frac{0.5\times 300000}{200} = 750\ \text{mm}$$

利用式(4.10)求出最短振子的长度：

$$L_N = 0.5\lambda_{min} = \frac{0.5\times 300000}{600} = 250\ \text{mm}$$

为了保证高频段天线的增益，应在谐振振子的前面增加振子，例如按 $L_N < 3\lambda_{min}/8 = 187.5$ mm，实际取 $L_N=172$ mm。

利用式(4.7)求出结构带宽 B_s：

$$B_s = \frac{L_1}{L_N} = \frac{750}{172} = 4.36$$

利用式(4.16)求出振子的总数：

$$N = 1 + \frac{\lg B_s}{\lg(1/\tau)} = 1 + \frac{\lg 4.36}{\lg(1/0.917)} = 17$$

利用式(4.5)求出结构角 α：

$$\alpha = 2\ \arctan\left(\frac{1-\tau}{4\sigma}\right) = 2\ \arctan\left(\frac{1-0.917}{4\times 0.169}\right) = 14^\circ$$

利用式(4.2)求出 d_1：

$$d_1 = 2L_1\delta = 2\times 750\times 0.169 = 253.5\ \text{mm}$$

其他尺寸可以用类似的方法求得。

图 4.15(a)是 LPDA 在 200 MHz、300 MHz 和 600 MHz 的电流分布图。由图 4.15(a)可以看出，在 200 MHz 有三个振子上的电流很大，五个振子上的电流小一些。在工作频段的其他频率上也是如此，只是辐射区沿轴向移到其他几个振子上。图 4.15(b)是天线的结构示意图。

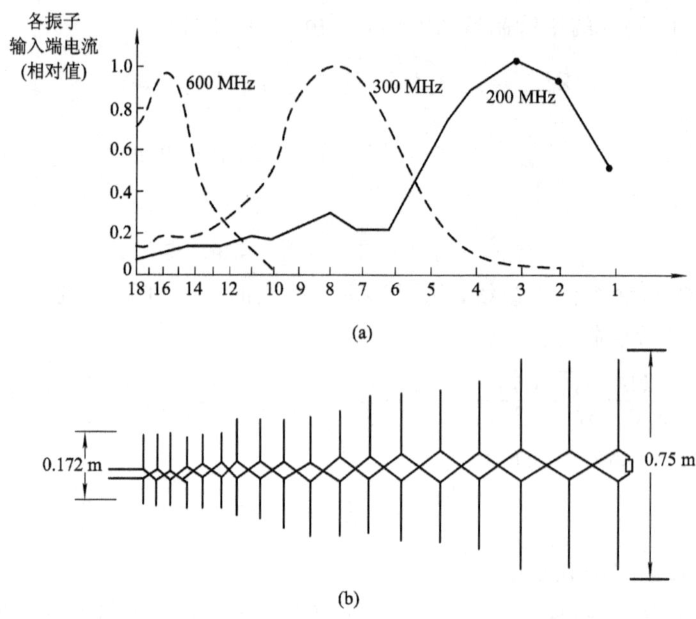

图 4.15　在 200～600 MHz 频段，LPDA 的电流分布和结构图

(a) 电流分布；(b)结构

【例 4.5】 设计一副位于地面上的短波 LPDA。要求 f 为 5～20 MHz，G=9.5 dB，VSWR≤2.0，主馈线为 300 Ω 的双导线，设计集合线。

解　由图 4.4，按增益为 9.5 dB 查得：τ=0.895，σ=0.162。

(1) 计算 LPDA 的尺寸。

由式(4.10)求得 $L_1 = 0.5\lambda_{\max} = 30\ \text{m}$，由式(4.12)求得 $L_N = 0.5\lambda_{\min} = 7.5\ \text{m}$。由式(4.5)求得

$$\alpha = 2\ \arctan\left(\frac{1-\tau}{4\sigma}\right) = 2\ \arctan\left(\frac{1-0.895}{4\times 0.162}\right) = 18.4°$$

由式(4.6)求出工作带宽：

$$B = \frac{f_{\max}}{f_{\min}} = \frac{20}{5} = 4$$

由式(4.8)求出 B_{ar}：

$$B_{ar} = 1.1 + 30.7\sigma(1-\tau) = 1.1 + 30.7\times 0.162\times(1-0.895) = 1.622$$

由式(4.7)求出结构带宽 B_s：

$$B_s = B\times B_{ar} = 4\times 1.622 = 6.49$$

由式(4.16)求得：

$$N = 1 + \frac{\lg B_s}{\lg(1/\tau)} = 1 + \frac{\lg 6.49}{\lg(1/0.895)} = 17.8$$

取整 $N=18$。

由式(4.2)、式(4.3)求出：

$$d_1 = 2L_1\delta = 2\times 30\times 0.162 = 9.72\ \text{m}$$

$$d_2 = \tau d_1 = 0.895\times 9.72 = 8.699\ \text{m}$$

$$d_{17} = d_1\tau^{18-1} = 9.72\times 0.895^{17} = 1.47\ \text{m}$$

由式(4.14)求出：

$$L_2 = \tau L_1 = 27\ \text{m}$$

$$L_{18} = L_1\times\tau^{N-1} = 30\times 0.895^{17} = 4.551\ \text{m}$$

由式(4.18)求出轴长 L：

$$L = \frac{2L_1\delta(1-\tau^{N-1})}{1-\tau} = \frac{2\times 30\times 0.162(1-0.895^{17})}{1-0.895} = 78.528\ \text{m}$$

(2) 计算集合线的尺寸。

假定低频段用 $2a=20$ mm 的铝合金管，高频段用 $2a=4$ mm 的铜包钢制作 LPDA。

由式(4.22)求出第一个和第十八个振子的平均等效特性阻抗 Z_a：

$$Z_{a\max} = 120\times\left[\ln\left(\frac{L_1}{2a}\right) - 2.25\right] = 120\times\left[\ln\left(\frac{30}{0.02}\right) - 2.25\right] = 607.6\ \Omega$$

$$Z_{a\min} = 120\times\left[\ln\left(\frac{L_{18}}{2a}\right) - 2.25\right] = 120\times\left[\ln\left(\frac{4.551}{0.004}\right) - 2.25\right] = 574.4\ \Omega$$

因此

$$Z_{ac} = (Z_{a\max}\cdot Z_{a\min})^{0.5} = 590.7\ \Omega$$

为了阻抗匹配，天线的输入电阻 R_0 必须等于主馈线的特性阻抗，即 $R_0=300\ \Omega$。

由式(4.26)求集合线的特性阻抗 Z_0：

$$Z_0 = \frac{{R_0}^2\sqrt{\tau}}{8\sigma Z_a} + R_0\left[\left(\frac{R_0\sqrt{\tau}}{8\sigma Z_a}\right)^2 + 1\right]^{0.5}$$

$$= \frac{300^2\times\sqrt{0.895}}{8\times 0.162\times 590.7} + 300\left[\left(\frac{300\times\sqrt{0.895}}{8\times 0.162\times 590.7}\right)^2 + 1\right]^{0.5}$$

$$= 431\ \Omega$$

由式(4.29)得

$$\frac{2D}{d}=e^{\frac{Z_0}{120}}=e^{\frac{431}{120}}=36.3$$

选 $d=5$ mm，则 $D=90.85$ mm。

【例 4.6】 设计一副位于地面上的 LPDA。要求：f 为 2.332～12.0 MHz，通信距离为 640 km，利用电离层 F 层，最大仰角为 48°(有效高度为 350 km)，最小仰角(发射角)为 32°(有效高度为 200 km)，平均仰角为 40°，选 $\tau=0.89$，$\sigma=0.165$。

由式(4.5)求出结构角：

$$\alpha=2\ \arctan\left(\frac{1-\tau}{4\sigma}\right)=2\ \arctan\left(\frac{1-0.89}{4\times 0.1}\right)=30.8^\circ$$

LPDA 在自由空间 H 面方向图函数表示为

$$f(\varphi)=\cos^n\left(\frac{\phi}{2}\right)$$

式中，ϕ 为仰角，波束宽度取决于 n。知道 HPBW_H，可以用下式近似计算 n：

$$n=\frac{\lg 0.707}{\lg[\cos(\text{HPBW}_H/4)]}=4$$

知道 τ、σ 和 α 角，由表 4.3 可以求得

$$\text{HPBW}_H=93^\circ$$

则

$$n=\frac{\lg 0.707}{\lg[\cos(93/4)]}=4$$

LPDA 位于地面上与镜像构成的合成方向函数：

$$F(\phi\cdot\psi)=f(\phi+\psi)-f(\phi-\psi)e^{-j2KH\sin\phi}$$

式中：ψ 为天线与地面的倾角；$K=2\pi/\lambda$；H 为相位中心距离地面的高度。

利用有关图表求得顶点到相位中心的距离为 $0.77\lambda_0$，对各种试用倾角 ψ，利用下式求相位中心位于地面的高度：

$$H=0.77\lambda_0\ \sin\psi$$

选 $\psi=23^\circ$，则

$$H=0.77\lambda_0\ \sin 23^\circ=0.39\lambda_0$$

对各种试用倾角 ψ，求位于地面上的方向图：

$$F(\phi\cdot\psi)=\cos^4\left(\frac{\phi+23^\circ}{2}\right)-\cos^4\left(\frac{\phi-23^\circ}{2}\right)e^{-j4\pi\times 0.39\sin\phi}$$

在发射角，由于地面反射，使增益增大，在 $\psi=23^\circ$，辐射角为 40°，增益增加 2.9 dB。

由于 $\tau=0.89$，$\sigma=0.1$，由图 4.4 所示曲线得 $D=8.6$ dBi，所以在地面上的增益为 8.6＋2.9(dB)＝11.5 dBi。

(1) 计算 LPDA 的尺寸。

由式(4.10)求出最长振子的长度 L_1：

$$L_1=0.5\lambda_{\max}=\frac{0.5\times 300}{2.332}=64.3\text{ m}$$

由于端效应，长度缩短 5%，因而 $L_1=61.0$ m。

由式(4.20)求最长单元到顶点 O 的距离 R_1：

$$R_1 = \frac{2L_1\sigma}{1-\tau} = \frac{2\times 61\times 0.1}{1-0.89} = 110.9\ \text{m}$$

由式(4.8)求出辐射区平均宽度 B_{ar}：

$$B_{ar} = 1.1 + 30.7\delta(1-\tau) = 1.44$$

由式(4.6)求工作带宽 B：

$$B = \frac{f_{max}}{f_{min}} = \frac{12}{2.332} = 5.145$$

结构带宽 B_s：

$$B_s = B\times B_{ar} = 5.145\times 1.44 = 7.409$$

由式(4.16)计算振子的总数 N：

$$N = 1 - \frac{\lg B_s}{\lg(1/\tau)} = 1 + \frac{\lg 7.409}{\lg(1/0.89)} = 17.2$$

取 $N=18$。

振子的长度和间距见表 4.5。

表 4.5　2.3～12 MHz LPDA 的尺寸

振子序号	1	2	3	4	5	6	7	8	9
$L_n=\tau L_{n-1}$/m	61.0	54.29	48.32	43.00	38.27	34.00	30.32	26.98	24
$R_n=\tau R_{n-1}$/m	11.09	98.70	87.84	78.18	69.58	61.93	55.11	49.05	43.66
振子序号	10	11	12	13	14	15	16	17	18
$L_n=\tau L_{n-1}$/m	21.37	19.02	16.93	15.07	13.41	11.93	10.62	9.45	8.4
$R_n=\tau R_{n-1}$/m	38.85	34.85	30.78	27.39	24.38	21.70	19.31	17.18	15.29

(2) 计算集合线的尺寸。

选振子的直径 $2a=4$ mm。由式(4.22)求振子的平均等效特性阻抗 Z_a：

$$Z_{amax} = 120\times\left[\ln\left(\frac{L_1}{2a}\right) - 2.25\right] = 120\times\left[\ln\left(\frac{61000}{4}\right) - 2.25\right] = 885.88\ \Omega$$

$$Z_{amin} = 120\times\left[\ln\left(\frac{L_{18}}{2a}\right) - 2.25\right] = 120\times\left[\ln\left(\frac{8400}{4}\right) - 2.25\right] = 647.96\ \Omega$$

$$Z_{ac} = \left(\sqrt{Z_{amax}\times Z_{amin}}\right) = \sqrt{885.88\times 647.96} = 757.6\ \Omega$$

选特性阻抗为 200 Ω 的 4 线传输线为 LPDA 的馈线，为了匹配，让 $R_0=200\ \Omega$。

由式(4.26)计算集合线的特性阻抗 Z_0：

$$Z_0 = \frac{200^2\times\sqrt{0.89}}{8\times 0.1\times 757.6} + 200\times\left[\left(\frac{200\times\sqrt{0.89}}{8\times 0.1\times 757.6}\right)^2 + 1\right]^{0.5} = 271.7\ \Omega$$

由式(4.29)得

$$\frac{2D}{d} = e^{\frac{Z_0}{120}} = e^{\frac{271.7}{120}} = 9.6$$

选 $d=5$ mm，则 $D=24$ mm。

【例 4.7】 设计能在业余无线电 80 m 和 40 m 波段工作的 LPDA，要求 $G=7.5$ dBi，用 50 Ω 同轴线馈电。

解　由图4.4(a)查得：$\tau=0.845$，$\sigma=0.06$。

由式(4.5)求出结构角α：

$$\alpha = 2\ \arctan\left(\frac{1-0.845}{4\times 0.06}\right) = 65.7°$$

对80 m波段，有：

$$f_{min} = 3.3\ \text{MHz},\quad \lambda_{max} = 90.909\ \text{m}$$
$$f_{max} = 4.1\ \text{MHz},\quad \lambda_{min} = 73.171\ \text{m}$$
$$L_1 = 0.5\lambda_{max} = 45.455\ \text{m}$$

利用式(4.6)求出工作带宽B：

$$B = \frac{f_{max}}{f_{min}} = \frac{4.1}{3.3} = 1.24$$

由式(4.8)求出B_{ar}：

$$B_{ar} = 1.1 + 30.7\times 0.06\times(1-0.845) = 1.385$$

由式(4.6)计算结构带宽B_s：

$$B_s = B\times B_{ar} = 1.24\times 1.385 = 1.718$$

由式(4.16)求出N：

$$N = 1 + \frac{\lg 1.718}{\lg(1/0.845)} = 4.2$$

取$N=4$。

由式(4.18)求出轴长L：

$$L = \frac{2\times 45.455\times 0.06\times(1-0.845^{4-1})}{1-0.845} = 13.96\ \text{m}$$

假定$L_n/(2a)=23400$，则

$$R_0 = 70\ \Omega$$

由式(4.22)求得

$$Z_a = 120\times[\ln 23400 - 2.25] = 937.2\ \Omega$$

由式(4.26)求得

$$Z_0 = \frac{70^2\times\sqrt{0.845}}{8\times 0.06\times 937.2} + 70\times\left[\left(\frac{70\times\sqrt{0.845}}{8\times 0.06\times 937.2}\right)^2 + 1\right]^{0.5} = 80.7\ \Omega$$

由式(4.14)求得

$$L_2 = \tau L_1 = 38.409\ \text{m},\quad L_3 = \tau L_2 = 32.456\ \text{m},\quad L_4 = \tau L_3 = 27.425\ \text{m}$$

由式(4.2)求得

$$d_1 = 2\ \ln\sigma = 2\times 27.425\times 0.06 = 3.29\ \text{m}$$
$$d_2 = \tau d_1 = 2.78\ \text{m},\quad d_3 = \tau d_2 = 2.35\ \text{m}$$

对40 m波段，有

$$f_{min} = 6.9\ \text{MHz},\quad \lambda_{max} = 43.478\ \text{m}$$
$$f_{max} = 7.5\ \text{MHz},\quad \lambda_{min} = 40\ \text{m}$$

用类似的方法可以求出

$$B = 1.09,\quad B_s = 1.51,\quad N = 3.44$$

取$N=4$。

假定 $L_n/(2a)=12273$，$Z_a=859.82\ \Omega$，则

$$R_0 = 70\ \Omega,\ Z_0 = 81.76\ \Omega$$

单元长度和间距如下：

$$L_1 = 21.73\ \text{m},\quad d_{12} = 2.609\ \text{m}$$
$$L_2 = 18.364\ \text{m},\quad d_{23} = 2.204\ \text{m}$$
$$L_3 = 15.517\ \text{m},\quad d_{34} = 1.862\ \text{m}$$
$$L_4 = 13.112\ \text{m}$$

图 4.16 是结构示意图，在馈电点接 4∶1 巴伦。把巴伦固定在安装板的下面。

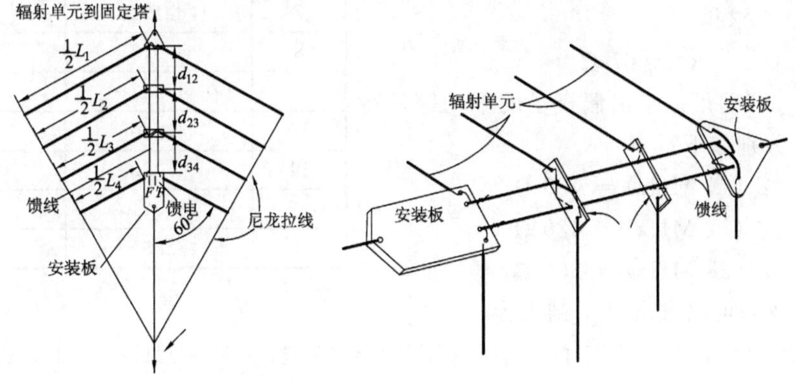

图 4.16　四元业余短波 V 形 LPDA

【例 4.8】　设计一副工作频段为 13～30 MHz 的 LPDA，要求 $G\geqslant 8.5$ dBi。

解　由 $G\geqslant 8.5$ dBi，查图 4.4(a)的曲线得 $\tau=0.9$，$\sigma=0.05$。

由式(4.6)求得工作带宽

$$B = \frac{f_{\max}}{f_{\min}} = \frac{30}{13} = 2.3$$

由式(4.5)求得顶角

$$\alpha = 2\ \arctan\left(\frac{1-0.9}{4\times 0.05}\right) = 53^\circ$$

由 $\tau=0.9$，$\alpha/2=26.5^\circ$，查图 4.9 得

$$B_{\text{ar}} = 1.5$$

由式(4.6)得

$$B_{\text{s}} = B\times B_{\text{ar}} = 3.45$$

由式(4.19)求得轴长

$$L = \frac{\lambda_{\max}}{4}\left(1-\frac{1}{B_{\text{s}}}\right)\cot\frac{\alpha}{2} = 8.2\ \text{m}$$

由式(4.16)求得

$$N = 1+\frac{\lg B_{\text{s}}}{\lg(1/\tau)} = 1+\frac{\lg 3.45}{\lg(1/0.9)} = 12.75$$

取整，$N=13$。

由式(4.10)求得最长单元长度

$$L_1 = 0.5\lambda_{\max} = 11.538\ \text{m}$$

由式(4.14)得

$$L_2 = \tau L_1 = 10.384 \text{ m}$$

由式(4.3)得

$$d_1 = \frac{1}{2}(L_1 - L_2)\cot\left(\frac{\alpha}{2}\right)$$

$$= \frac{1}{2} \times (11.538 - 10.384) \times \cot\left(\frac{53^\circ}{2}\right)$$

$$= 1.157 \text{ m}$$

其余单元长度 L_n、间距 d_n 如表 4.6 所示。

表 4.6 13～30 MHz LPDA 的尺寸

单元	$L_n = \tau^{n-1}L_1$/m	$d_n = \tau^{n-1}d_1$/m
1	11.538	0
2	10.384	1.157
3	9.345	1.041
4	8.411	0.937
5	5.570	0.843
6	6.813	0.759
7	6.132	0.683
8	5.518	0.615
9	4.967	0.553
10	4.470	0.498
11	4.023	0.448
12	3.621	0.403
13	3.259	0.363

由图 4.11 求得

$$R_0 = 67\ \Omega$$

根据 $L_n/(2a)$ 可以求出偶极子的平均等效特性阻抗 Z_a，分别如下：

$$Z_a(14 \text{ MHz}) = 450\ \Omega$$

$$Z_a(21 \text{ MHz}) = 420\ \Omega$$

$$Z_a(28 \text{ MHz}) = 360\ \Omega$$

由式(4.26)可以求出 Z_0，结果为

$$Z_0(14 \text{ MHz}) = 95\ \Omega,\ Z_0(21 \text{ MHz}) = 97\ \Omega,\ Z_0(28 \text{ MHz}) = 103\ \Omega$$

用 1∶1 传输线变压器作为巴伦，相对 75 Ω，VSWR≤1.4。

天线的主要电气性能如下：

$G \geqslant 8.5$ dBi，HPBW(14 MHz)=43°，F/B=14.4 dB(14 MHz)、19.5 dB(21 MHz)、21 dB(28 MHz)。

图 4.17 是天线的结构示意图。

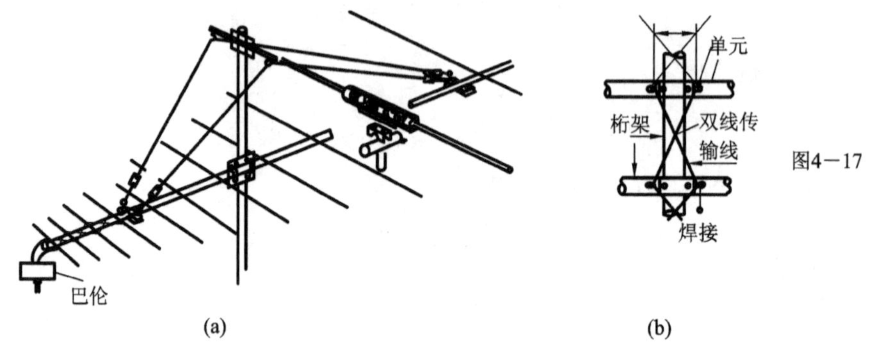

图 4.17 十三元 LPDA 的结构

【例 4.9】 设计 150～300 MHz LPDA，要求 G=9 dBi，用 75 Ω 同轴线馈电(R_0=75 Ω)。

解 由 $f_{\max}/f_{\min}$，求出工作带宽 B=2。

由 G=9 dBi，R_0=75 Ω，由图 4.4，求得 τ=0.875，σ=0.15。

由式(4.5)求出 α=23.6°。由图 4.9 查得 B_{ar}=1.85。由式(4.6)求得 B_s=3.70。由式(4.19)求得轴长 L=1750 mm。

由式(4.16)求得

$$N = 1 + \frac{\lg B_s}{\lg(1/\tau)} = 10.9 \approx 11$$

单元的长度 L_n、半径 a_n 及间距 d_n 如表 4.7 所示。

由式(4.22)求出振子的平均特性阻抗 Z_{ac}。

由式(4.26)求出集合线的特性阻抗

$$Z_0 = 93\ \Omega$$

若 d=20 mm，由式(4.27)求得

$$D = 27\ \text{mm}$$

表 4.7　150～300 MHz 十一元 LPDA 的尺寸　mm

单元长度 L_n	单元半径 a_n	单元间距 d_n
500	5	300
437	4.4	262
382	3.8	230
334	3.3	200
292	2.9	175
255	2.6	153
223	2.2	134
195	2.0	117
171	1.7	103
150	1.5	90
131	1.3	

表 4.8　HF 高频段 LPDA 的设计参数

单元	七元	九元	十一元
f/MHz	20～30	17.5～30	13.5～30
τ	0.9	0.9	0.9
σ	0.05	0.049	0.05
B_{ar}	1.41	1.41	1.41
R_0/Ω	64	64	64
Z_a/Ω	390	380	390
轴长 L/m	3.657	4.877	7.62
Z_0/Ω	93.6	96	93.6
短路支节长度/mm	196.85	215.9	266.7

【例 4.10】　表 4.8 是 HF 高频段七元、九元和十一元 LPDA 的设计参数[12]，表 4.9 是七元、九元和十一元 LPDA 的元长度和间距，一般按 V 形架设天线，十一元用 50 Ω 同轴线馈电，七元和九元用 75 Ω 同轴线馈电，由于偶极子是对称天线，还必须用同轴电缆绕成的 1∶1 不平衡-平衡传输线变压器。

表 4.9　七元、九元和十一元 LPDA 的尺寸

单元长度/mm	单元			单元间距/mm	单元		
	七元	九元	十一元		七元	九元	十一元
L_1	7477	8821	11107	d_1	747	847	1109
L_2	6730	7940	9997	d_2	674	762	999
L_3	6056	7144	8997	d_3	606	686	899
L_4	5453	6340	8098	d_4	545	617	826
L_5	4907	5790	7288	d_5	491	555	811
L_6	4146	5210	6559	d_6	442	500	728
L_7	3975	4690	5904	d_7		450	655
L_8		4220	5313	d_8		405	591
L_9		3800	4782	d_9			530
L_{10}			4304	d_{10}			478
L_{11}			3874				

【例 4.11】 14～33 MHz 七元对数周期天线。

图 4.18 是 14～22 MHz 频段使用的七元对数周期天线，表 4.10 是 14～22 MHz 七元 LPDA 的元长度及间距。

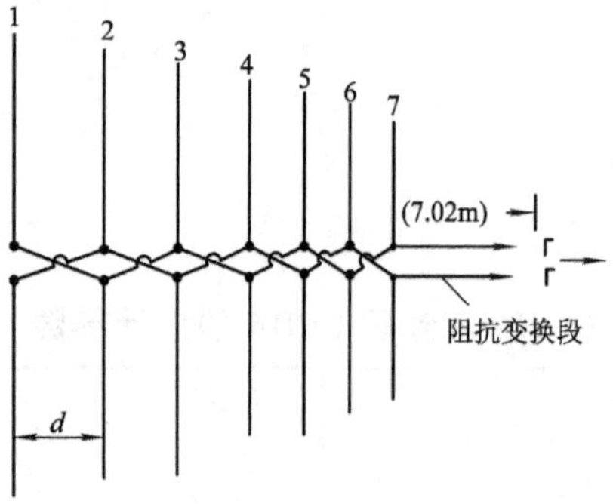

图 4.18 七元 LPDA

表 4.10 14～22 MHz 七元 LPDA 的元长度及间距

单元	单元长度/m	单元间距/m
1	11.0	2.44
2	9.76	2.21
3	8.54	1.91
4	7.32	1.83
5	6.56	1.68
6	5.5	1.30
7	4.96	

天线的增益约 8 dBi。天线阵的轴长约 26 m。为了与同轴线匹配，在天线输入端附加了由双导线构成的长度约 7 m 的阻抗变换段，再通过 4∶1 巴伦与 50 Ω 同轴线相连。

【例 4.12】 设计一副 450～1350 MHz LPDA，要求 $G \geqslant 8.0$ dBi[13]。

解 选 $\tau=0.855$，$\sigma=0.1725$，$L_1=0.5\lambda_{max}$，$N=10$，$Z_0=100\ \Omega$，$L_n/(2a)=125$。

按常规和最优方法设计的 450～1350 MHz 十元 LPDA 的元长度和间距如表 4.11 所示。

表 4.11 按常规和最优方法设计的 450～1350 MHz 十元 LPDA 的元长度和间距

间距和元长度	常规 LPDA	最优 LPDA
d_1	$0.1149\lambda_0$	$0.1264\lambda_0$
d_2	$0.0983\lambda_0$	$0.0966\lambda_0$
d_3	$0.0840\lambda_0$	$0.0748\lambda_0$
d_4	$0.0718\lambda_0$	$0.0717\lambda_0$
d_5	$0.0614\lambda_0$	$0.0618\lambda_0$
d_6	$0.0525\lambda_0$	$0.0524\lambda_0$
d_7	$0.0449\lambda_0$	$0.0486\lambda_0$
d_8	$0.0384\lambda_0$	$0.0378\lambda_0$
d_9	$0.0328\lambda_0$	$0.0289\lambda_0$
L_1	$0.1666\lambda_0$	$0.1832\lambda_0$
L_2	$0.1424\lambda_0$	$0.1566\lambda_0$
L_3	$0.1218\lambda_0$	$0.1339\lambda_0$
L_4	$0.1041\lambda_0$	$0.1061\lambda_0$
L_5	$0.0890\lambda_0$	$0.0908\lambda_0$
L_6	$0.0761\lambda_0$	$0.0816\lambda_0$
L_7	$0.0651\lambda_0$	$0.0698\lambda_0$
L_8	$0.0556\lambda_0$	$0.0574\lambda_0$
L_9	$0.0476\lambda_0$	$0.0490\lambda_0$
L_{10}	$0.0407\lambda_0$	$0.0437\lambda_0$
d_{z_t}	$0.0833\lambda_0$	$0.0871\lambda_0$

为了说明最优设计方法带来的好处，用 $\tau=0.855$，$\sigma=0.1725$，$L_1=0.5\lambda_{max}$，$Z_0=100\ \Omega$，$L_n/(2a)=125$，$N=20$，按常规方法也进行了设计。表 4.12 列出了按常规设计方法设计的十元和二十元 LPDA 及按最优方法设计的十元 LPDA 的主要电气性能比较。

表 4.12　常规十元和二十元 LPDA 及按最优方法设计的十元 LPDA 的主要电气性能比较

性能指标	常规十元 LPDA	最优十元 LPDA	常规二十元 LPDA
平均 VSWR	1.31	1.46	1.21
平均 G/dBi	7.91	8.20	8.23
平均 F/B/dB	20.59	20.77	22.37

可见，用最优设计方法设计的十元 LPDA 的性能不仅超过了用常规方法设计的十元 LPDA，而且与常规二十元 LPDA 的性能类似。

4.2　缩短尺寸的对数周期天线

在理论上，对数周期偶极子天线的带宽应该无限大，但实际上 LPDA 的高频受到靠近馈电点小尺寸单元结构的限制，低频则受到最长单元物理尺寸的限制。因此在实际应用中都希望采用缩短尺寸的 LPDA。

4.2.1　缩短 LPDA 尺寸的方法

缩短对数周期天线尺寸的方法很多，例如可以采用以下方法：① 各种形式的集中和分布电感加载；② 末端加载；③ 折叠单元；④ 电容馈电系统。

图 4.19(a)、(b)是用折叠单元构成的缩短尺寸的对数周期天线。其中，图 4.19(a)为双线极化，工作频率为 325～6500 MHz，带宽比达到 20∶1，由于把尺寸比较大的几个振子向后向内弯折，因此使尺寸减小 40%，天线在整个工作频段内具有恒定的波束宽度和输入阻抗。图 4.19(b)是 80～5 GHz 的单极化 LPDA，增益为(6±1.5)dB。为了缩短尺寸，通常把几个长振子如图 4.19(b)所示向前弯曲，与无弯曲标准 LPDA 天线尺寸相比，尺寸缩小 60%。

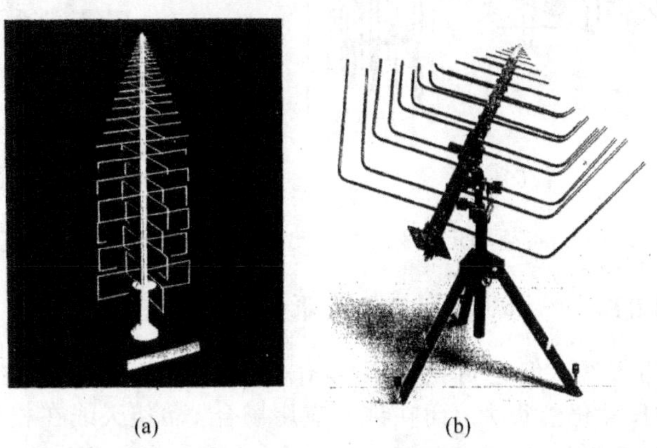

(a)　　(b)

图 4.19　用折叠单元构成的缩短尺寸的对数周期天线

(a) 双线极化；(b) 单线极化

图 4.20 是利用末端加载技术来缩短 LPDA 的尺寸。其中，图 4.20(a)是末端用菱形加载；图 4.20(b)是末端用 T 形加载，图中还与无加载振子的尺寸做了比较；图 4.20(c)是末端用菱形加载振子构成的缩短尺寸的角锥形 LPDA。

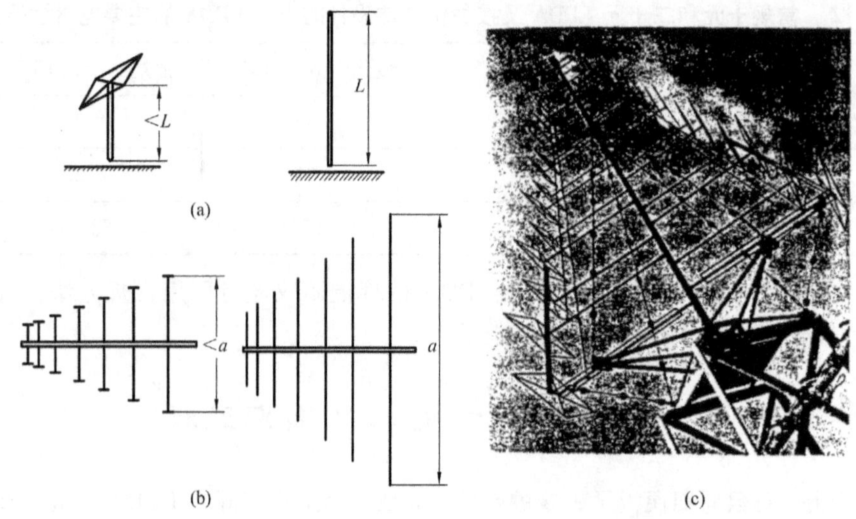

图 4.20 用末端加载技术构成的缩短尺寸的对数周期天线

(a) 加菱形；(b) 加 T 形；(c) 由菱形加载构成的缩短尺寸的角锥型对数周期天线

图 4.21(a)、(b)也是用折叠单元构成的缩短尺寸的印刷对数周期偶极子天线，在短波，经常用线型三角形振子，或在最长的几个振子中加感来缩小尺寸。

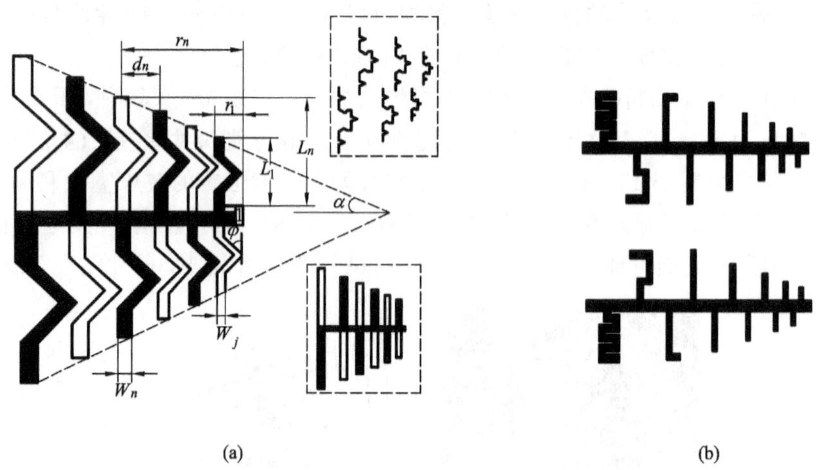

图 4.21 由折叠单元构成的缩短尺寸的印刷对数周期偶极子天线

4.2.2 缩短尺寸的 20～200 MHz 电磁兼容测试天线[14]

LPDA 是宽频带天线，但也可把 LPDA 作为 20～200 MHz 电磁兼容测试天线。在 20 MHz，LPDA 的尺寸仍然很大，而在许多应用场合，希望天线在相当于 $0.1\lambda_0$ 的频率上工作，为此必须使用变形偶极子，例如使用线型三角偶极子。尽管普通平面线型三角偶极子的谐振长度为 $0.32\lambda_0$，但仍然不能用作电磁兼容使用的对数周期天线。有研究表明，把折叠线型三角形作为偶极子的一个辐射臂，能明显降低天线的谐振频率。为了保证对数周期天线在高频段有好的宽带电性能，在高频段，仍然采用普通 LPDA，在低频段把顶角为 60°的折叠线型三角形作为偶极子的辐射臂，构成如图 4.22 所示的缩短尺寸的混合型对数周期天线。

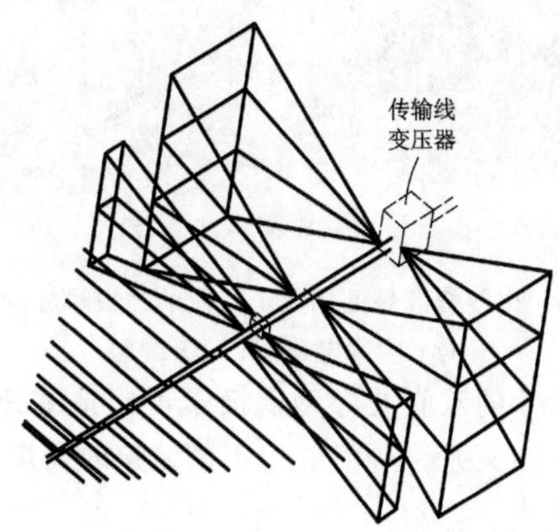

图 4.22　由折叠线型三角形偶极子和普通偶极子构成的缩短尺寸的混合型对数周期天线

4.2.3　采用双脊波导型偶极子的 LPDA[15]

图 4.23(b)所示的双脊波导型缝隙的谐振频率要比图 4.23(a)所示的同样的长度为 A 的缝隙的低。在相同长度的前提下，如图 4.23(c)所示的双脊波导型偶极子比线性偶极子具有更低的谐振频率。图 4.24(a)、(b)分别是双脊波导型偶极子在不同参数时的缩短系数。它们是把同样长度的单极子(直径/长度＝0.03)和双脊波导型单极子安装在同样大的地板上，分别测量它们的输入阻抗，比较它们的第一个谐振频率得出的。$B/A=0.3$，$D/B=0.1$和 $S/A=0.5$，缩短尺寸单极子的输入电阻约 20 Ω。

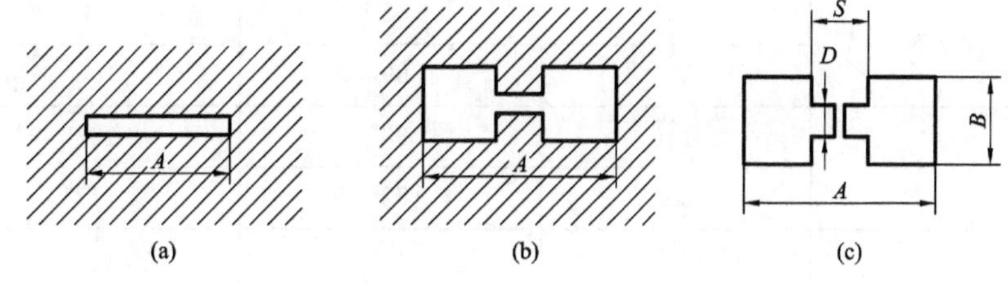

图 4.23　三种天线的比较

(a) 窄缝；(b) 双脊波导型缝隙；(c) 双脊波导型偶极子

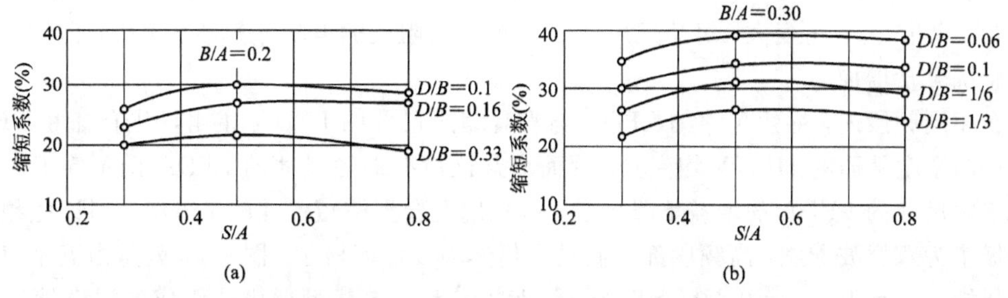

图 4.24　双脊波导型偶极子在不同设计参数的缩短系数

用双脊波导型偶极子构成的缩短尺寸的 LPDA 有如图 4.25(a)、(b)所示的印刷电路型和线型两种。

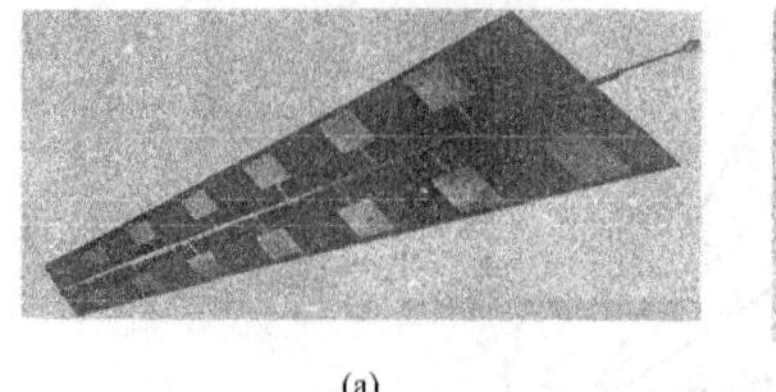
(a)

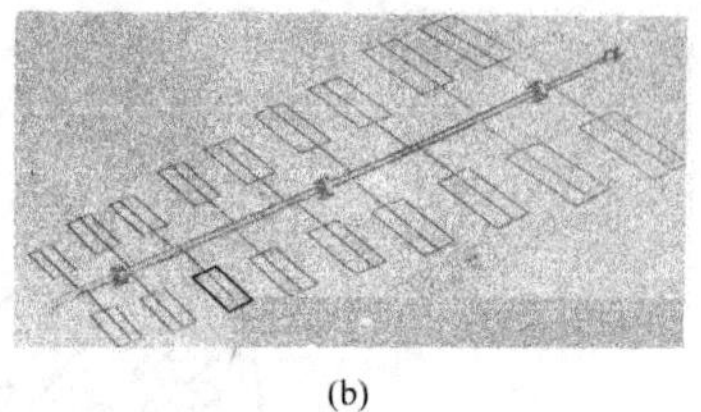
(b)

图 4.25 由双脊波导型偶极子构成的缩短尺寸的 LPDA
(a) 印刷电路型；(b) 线型

用不同的 α、τ 和不同尺寸的双脊波导型偶极子可制造缩短尺寸的 LPDA 天线，具体尺寸及天线的 HPBW 如表 4.13 所示。相同 τ、不同 α 角的缩短尺寸的 LPDA 的 HPBW 如表 4.14 所示。

表 4.13 缩短尺寸双脊偶极子的参数及 HPBW

形式	α	τ	B/A	S/A	D/B	缩短系数	缩短尺寸 LPDA		普通 LPDA	
							$HPBW_E$	$HPBW_H$	$HPBW_E$	$HPBW_H$
1	10°	0.91	0.2	0.5	0.06	35%	63°	94°	56°	80°
2	14°	0.88	0.2	0.5	0.06	35%	66°	108°	60°	98°
3	20°	0.86	0.15	0.5	0.06	30%	70°	125°	63°	107°
4	26°	0.80	0.15	0.5	0.06	30%	75°	135°		

表 4.14 相同 τ、不同 α 角的缩短尺寸的 LPDA 的 HPBW

τ	α	$HPBW_E$	$HPBW_H$
0.91	10°	63°	94°
	15°	69°	106°
0.88	14°	66°	108°
	20°	72°	117°
0.86	20°	70°	125°
	26°	75°	135

由表 4.14 可以看出，τ 相同，α 增加，结构变短，但 HPBW 变宽。阻抗测量也表明，在 τ 相同的情况下，α 角变大，对缩短尺寸 LPDA 输入阻抗的电阻分量影响不大，但使输入阻抗的感抗分量增加。

在相同频段内，缩短尺寸的 LPDA 与没有缩短尺寸的 LPDA 相比，由于缩短了尺寸，LPDA 两个主平面的 HPBW 均变宽，因而增益比没有缩短尺寸的 LPDA 低 1.5 dB。为了不使缩短尺寸的 LPDA 的增益下降太多，可采用混合型缩短尺寸的 LPDA，即让低频段部分偶极子为双脊波导型，高频段部分偶极子仍然为线性偶极子。图 4.26 就是由五个双脊波导型偶极子($\alpha=10°$，$\tau=0.90$)和四个 $\alpha=20°$，$\tau=0.86$ 线型偶极子组成的混合缩短尺寸 LPDA 的照片。

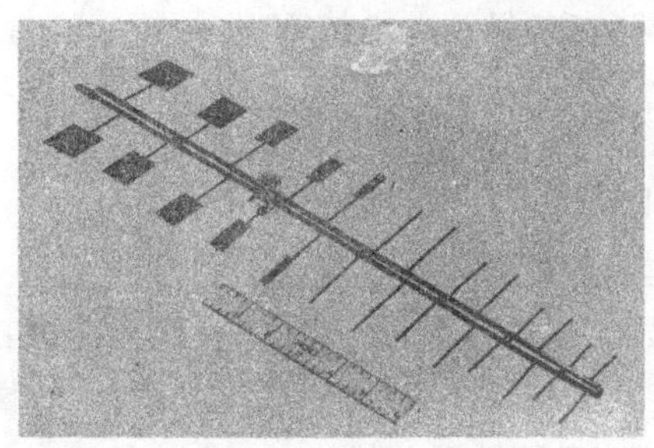

图 4.26　由双脊波导型偶极子和普通偶极子构成的缩短尺寸的混合 LPDA 的照片

对图 4.26 所示的十三元混合 LPDA，在 700～1600 MHz 频段，实测增益大于8 dBi，但比单元相同无缩短尺寸 LPDA 增益低 1.5 dB。

4.2.4　对数周期单极子天线阵(LPMA)

实际应用中，特别是在短波的低频段，波长很长，对 LPDA 来说，由于要满足偶极子 $\lambda_0/2$ 的谐振长度，因而使天线的尺寸变得非常庞大，甚至在结构上很难实现。不仅如此，天线的可靠性也变得很差，而且成本也大大增加。利用镜像原理，把偶极子天线变成单极子，就能使长度减小一半，由 $\lambda_0/2$ 变成 $\lambda_0/4$。再把许多单极子按照对数周期天线的原理组成对数周期单极子天线阵(LPMA，Log - Periodic Monopole Array)，即可克服 LPDA 尺寸大的缺点。

图 4.27 是由许多垂直位于地面上的单极子构成的 LPMA。单极子的长度及它们之间的间距要按对数周期的原理来确定的，每个单极子的下端都要接在作为双导线传输线的一根金属管子上，金属管的镜像构成另一根双线传输线。与水平金属管相接的还有许多水平线，把水平线与它的镜像构成的开路传输线叫开路支节。开路支节位于相邻单极子的几何中心，假定最长单极子的长度仍然用 L_1 表示，在谐振时 $L_1=0.25\lambda_{max}$。直接位于最长单极子 L_1 前面开路支节的长度 $l_1=L_1\sqrt{\tau}$。像 LPDA 天线一样，LPMA 在最短单极子一端，在水

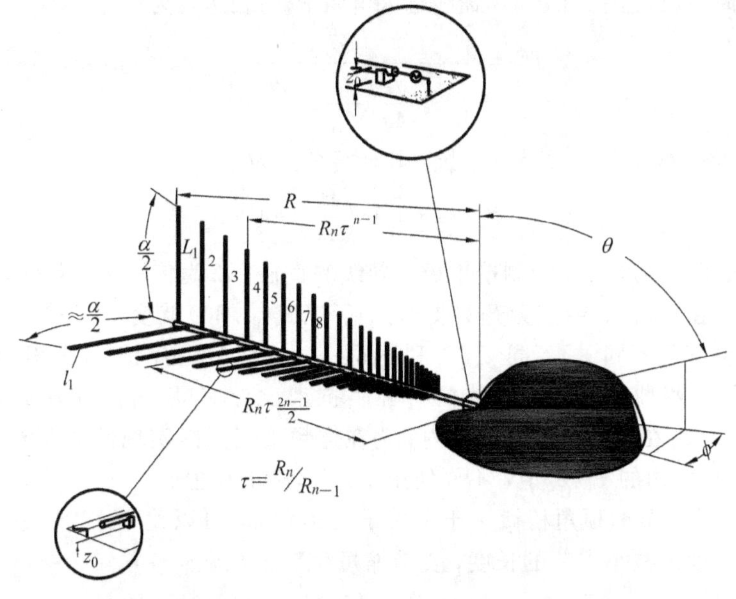

图 4.27　对数周期单极子天线阵(LPMA)

平传输线与地之间馈电，开路支节呈现的电抗 X 为

$$X = -\mathrm{j}z_0 \cot \frac{2\pi}{\lambda_0} l$$

式中，z_0 为开路支节的特性阻抗；l 为开路线的长度。

由于支节和单极子都呈对数配置，因而实现了宽频带。

LPMA 的设计参数主要有 τ 和 α。除此之外还有两个参数：一个是开路支节的特性阻抗 z_0，另一个是传输线的特性阻抗 Z_0。图 4.28 是在不同 τ 的情况下顶角 α 与位于理想地面上天线的 E 面和 H 面 HPBW 的关系曲线。

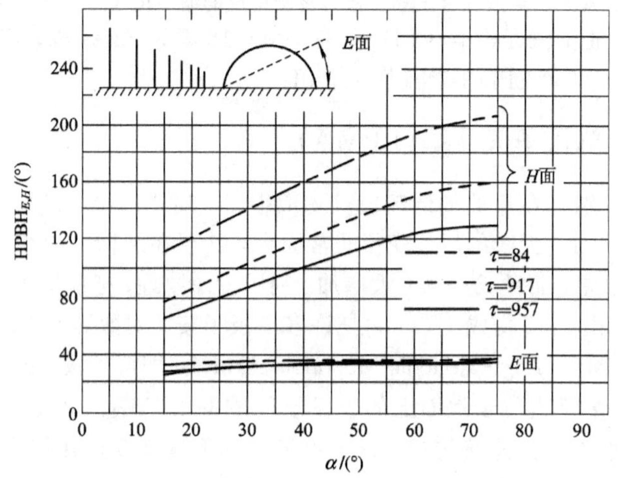

图4.28 在不同 τ 的情况下位于理想导电地面上 LPMA 的顶角 α 与 HPBW_E、HPBW_H 之间的关系曲线

经单极子加载后，天线的阻抗特性用馈线的输入电阻 R_0 和相对 R_0 的 VSWR 来表示。馈线输入电阻 R_0 是在周期频段范围内的最大和最小输入电阻值的几何平均值，VSWR 就是最大输入电阻与 R_0 之比。LPMA 馈线输入电阻 R_0 的表达式为

$$R_0 = \frac{Z_0}{\left[1 + \frac{\sqrt{\tau}}{4\sigma}\left(\frac{Z_0}{Z_{\mathrm{am}}} + \frac{Z_0}{z_0}\right)\right]^{0.5}} \tag{4.30}$$

式中，Z_{am} 为单极子的平均等效特性阻抗，其计算公式为

$$Z_{\mathrm{am}} \approx 60\left[\ln\left(\frac{4h}{2a}\right) - 1\right] \tag{4.31}$$

式中，h 为单极子的高度；$2a$ 为制造单极子导线的直径；Z_0 为传输线的特性阻抗。

对 LPDA，由于 $Z_0/z_0=0$（无开路支节），所以式(4.30)就变成了式(4.25)。图 4.29(a)、(b)、(c)分别是不同 τ、不同 z_0/Z_0 和不同 $\alpha/2$，LPMA 实测输入电阻 R_0 与 z_0 的关系曲线。下面利用这些曲线，根据馈线的特性阻抗来设计 Z_0 和 z_0。由图 4.29 可以看出，$z_0/Z_0=1.995$，z_0 落在 85～270 Ω 范围内。为在宽频带范围内实现低的 VSWR，最好使用比值在 1.6～2 范围内的 z_0/Z_0 值，不要使用 $z_0/Z_0>2$ 的比值。

实验发现，让支节的顶角稍微小于单极子的顶角 α，可以使 VSWR 最佳。也就是说，相对单极子的长度来减小支节的长度，支节缩短系数为 5%。

在 $\alpha=60°$ 时，$\tau=0.915$，相对 50 Ω，LPMA 在 4～20 MHz 的频段内，实测 VSWR≤1.8。

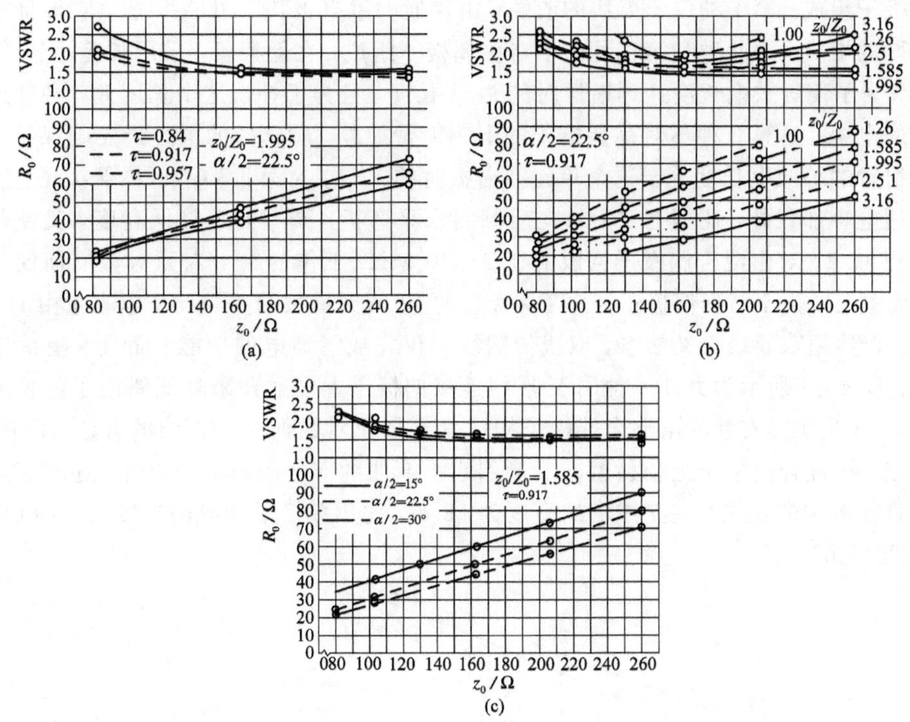

图 4.29　不同 τ、不同 z_0/Z_0 和 $\alpha/2$ 情况下，LPMA 实测输入电阻 R_0 和 z_0 的关系曲线

(a) 以 z_0 和 τ 为函数；(b) 以 z_0 和 z_0/Z_0 为函数；(c) 以 $\alpha/2$ 和 z_0 为函数

4.2.5　缩短尺寸的垂直极化 HF 对数周期偶极子天线[16]

在 3～30 MHz 的短波，由偶极子构成的垂直极化 LPDA，为了用吊线把许多垂直偶极子悬挂在空中，支撑塔的高度高达 67 m，这在实际中由于成本和建造的难度是无法实现的。但采用如图 4.30 所示的对数周期单极子天线阵就能使尺寸减小原来的一半。如图 4.30 所示，采用不平衡馈线馈电，单元与单元之间附加的网络与馈线串联，用附加网络产生单元之间所需要的附加延迟相位。单极子对数周期天线的优点是天线的高度减小一半，却使天线的增益下降，特别使天线高频段的增益下降，另外一个缺点是天线需要地网，特别是靠近天线前端需要大的地网，这必然会使成本加大。

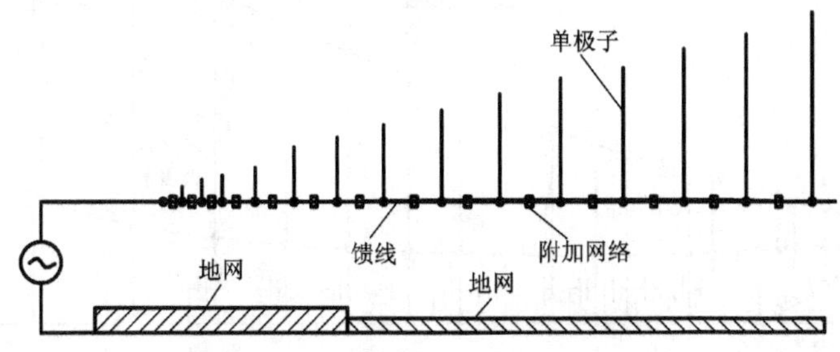

图 4.30　对数周期单极子天线阵

为了既能降低天线高度到 $\lambda_{max}/4$，又能克服上述单极子对数周期天线的缺点，可采用如图 4.31 所示的由混合偶极子构成的对数周期天线。由图 4.31 可以看出，混合偶极子由

三种偶极子组成。第Ⅰ种位于天线的前端，由普通的垂直极化 LPDA 构成，它保证了天线在高频段的增益。第Ⅱ种和第Ⅲ种由不对称偶极子组成。在低频段，采用长度小于 $\lambda_0/4$ 的偶极子。为了使等效电长度达到谐振时的 $\lambda_0/2$ 长度，且为了补偿这个长度差，必须用有合适容量的电容。对第Ⅱ种不对称偶极子的下辐射臂加载，所选择的电容量要确保每个偶极子下辐射臂的等效电长度等于这个单元在谐振时的 $\lambda_0/4$。对第Ⅲ种不对称偶极子，除了下辐射臂用电容加载外，还把上辐射臂向后倾斜水平弯折，既有利于降低高度，又使等效电长度达到 $\lambda_0/2$。对由混合偶极子构成的在 2～30 MHz 工作的二十六元对数周期偶极子天线阵，其中三个为不对称偶极子，长度从最短的 13 m 到最长的 33.8 m，电容量由 16 pF 到 400 pF。仍然用双导线交叉馈电，双线传输线不仅完成了馈电的功能，而且兼有固定天线的功能。图 4.32 所示为另外一种用 V 形线连接偶极子上辐射臂来降低偶极子的长度的方法。图 4.33 是实际安装的由混合偶极子构成垂直极化对数偶极子天线的方法。由图 4.33 可以看出，把混合偶极子上辐射臂向后倾斜水平弯曲的部分用隔电子隔开，还起着用吊线悬浮垂直偶极子的功能。主支撑塔的高度为 38 m，比用单极子构成的高度为 53 m 的对数周期还低 15 m。

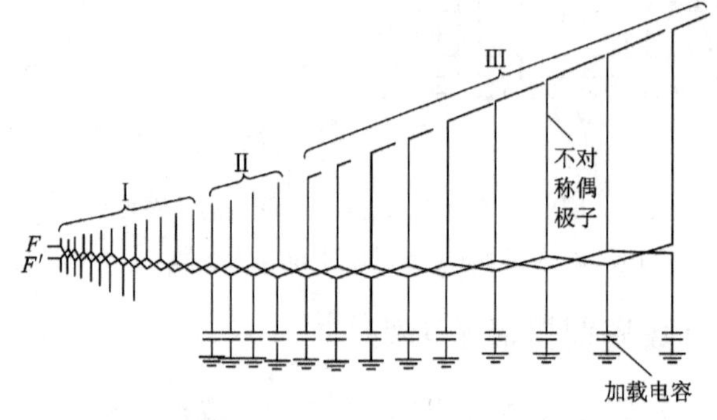

图 4.31　混合对数周期偶极子天线阵

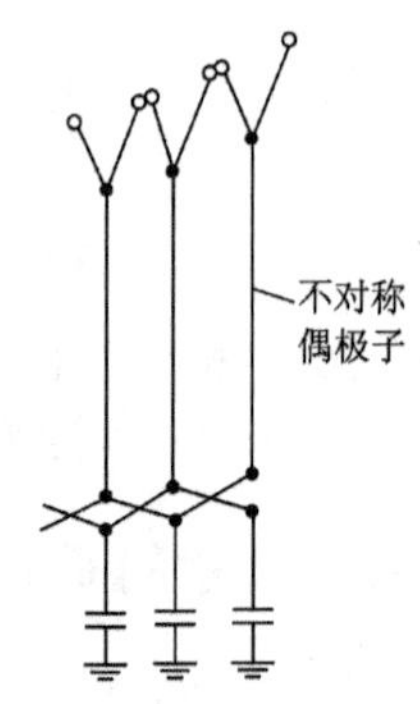

图 4.32　带有 V 形连线的缩短尺寸对数周期天线阵

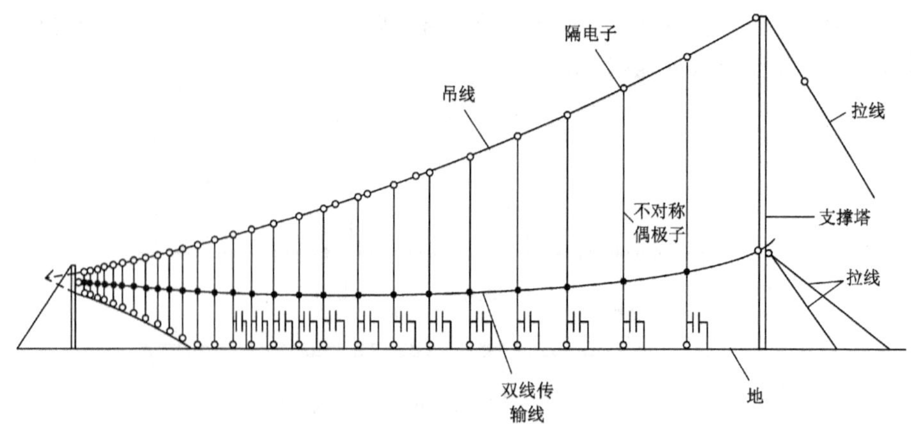

图 4.33　实际 HF 混合对数周期偶极子天线阵

图 4.34 是用 300 Ω 双导线交叉馈电构成的 7.7～15.5 MHz 垂直极化 LPDA。可以把该天线阵近似看成在有效区单元长度近似 $0.5\lambda_0$，间距近似 $0.125\lambda_0$ 的端射阵。天线的高度及长度如图 4.34 所示，单元长度 X 及间距 Y 如表 4.15 所示。

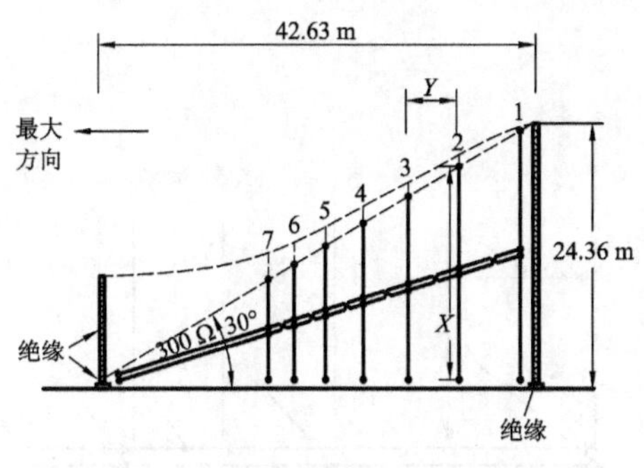

图 4.34　7.7～15.5 MHz 垂直极化对数周期天线阵的结构及尺寸

表 4.15　7.7～15.5 MHz 垂直极化 LPDA 的尺寸　　m

单元序号	长度 X	间距 Y
1	22.86	6.09
2	20.42	5.09
3	17.37	4.33
4	14.63	3.66
5	12.50	3.05
6	10.67	2.65
7	9.14	

为了降低天线的高度，可以把偶极子的长度从两端弯折成水平。图 4.35 就是用这种方法构成的 3.8～15.5 MHz 垂直极化 LPDA，天线的高度及长度如图 4.35 所示，单元长度 X 及水平尺寸 Y 如表 4.16 所示。

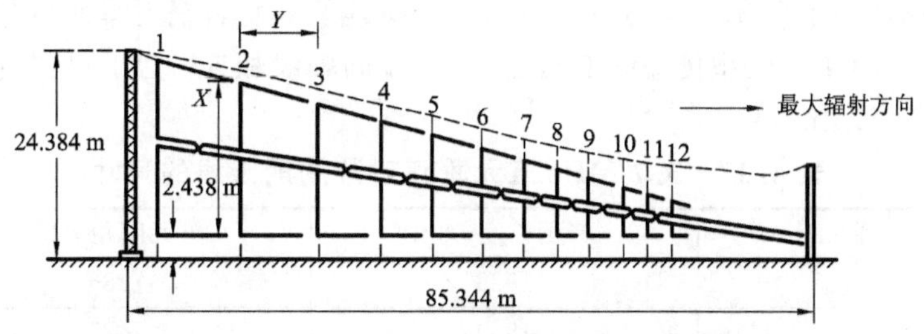

图 4.35　3.8～15.5 MHz 缩短尺寸的垂直极化对数周期天线的结构及尺寸

表 4.16　3.8～15.5 MHz 垂直极化 LPDA 的尺寸　　m

单元序号	X	Y
1	21.336	10.668
2	18.593	9.296
3	16.154	8.077
4	14.021	7.010
5	12.192	6.096
6	10.668	5.334
7	9.144	4.572
8	7.925	3.962
9	7.010	3.505
10	6.096	3.048
11	5.182	2.591
12	4.267	2.210

图 4.36 是 45～225 MHz 垂直极化对数周期天线的结构及尺寸，最小单元长度约 0.37 m。

图 4.37 是由五元垂直对数周期天线和五根地线构成的 3.7 MHz 定向天线。天线增益约 8 dBi。

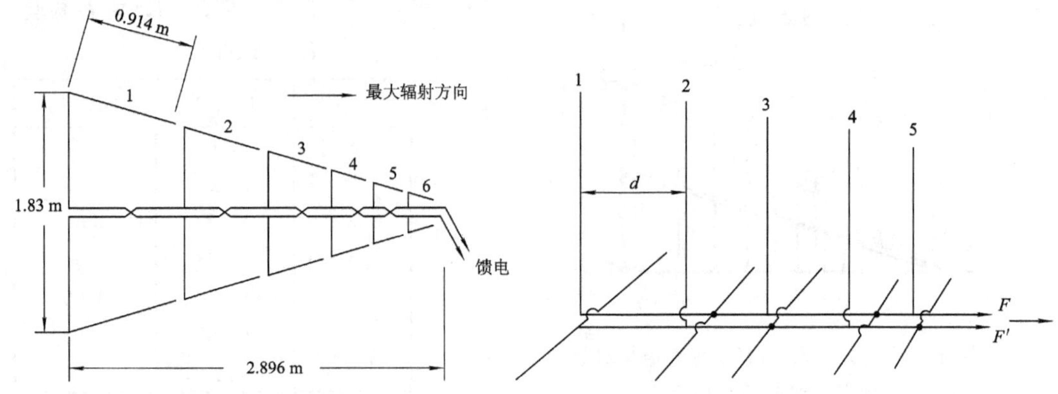

图 4.36　45～225 MHz 垂直极化对数周期天线的结构及尺寸

图 4.37　五元垂直对数周期天线

天线的元长度及间距如表 4.17 所示。由表 4.17 可看出，整个天线用两个支撑杆悬挂在地面上，支撑杆一个高 21 m，另一个高 13.7 m。地线和垂直辐射单元与两根水平馈线交叉连接，再通过 4∶1 巴伦型传输线变压器与 50 Ω 同轴线相连。为了得到更好的结果，地线最好离开地面 1.5 m。

表 4.17　3.7 MHz 五元垂直对数周期天线的尺寸

单元	单元长度 L/m	单元间距 d/m
1	19.8	7.86
2	18.9	7.25
3	16.8	7.0
4	13.7	5.5
5	12.2	

4.3　其他对数周期天线

4.3.1　由对数周期环天线构成的高增益线极化天线[18]

缩短 LPDA 横向尺寸的另外一种方法，是采用对数周期环天线(LPLA，Log - Periodic Loop Antenna)。该方法不仅可以使 LPDA 的横向尺寸减小 $2/\pi$，而且谐振环天线比谐振偶极子天线增益高 1.5 dB。用 b、a 和 d 分别表示 LPLA 环的半径、制造环天线导线的半径及环与环之间距，它们仍然要满足对数周期的关系，即

$$\frac{b_n}{b_{n-1}} = \frac{a_n}{a_{n-1}} = \tau^{n-1} \tag{4.32}$$

$$\sigma = \frac{d}{4b} = \frac{(1-\tau)}{4\tan}\left(\frac{\alpha}{2}\right) \tag{4.33}$$

如图 4.38(a)所示，LPLA 仍然用双导线交叉馈电，为了提高增益，减小后向辐射，要通过巴伦把连接 LPLA 的馈线与同轴线相连，且要把顶点靠近地面。

如果顶角 α 很小，τ 接近 1，天线的方向系数就比较大，为了提供好的电性能，六元 LPLA 的设计参数为

$$\tau = 0.84, \quad \sigma = 0.149, \quad \alpha = 30^\circ$$

图 4.38(b)是 LPLA 在 f=2.3 GHz 仿真和实测的方向图，图 4.38(c)是增益的频率特性曲线。由图 4.38(c)可以看出，HPBW=36°，F/B=18.8 dB，在 2～3.25 GHz 47.6% 的带宽内，G≥10 dB。

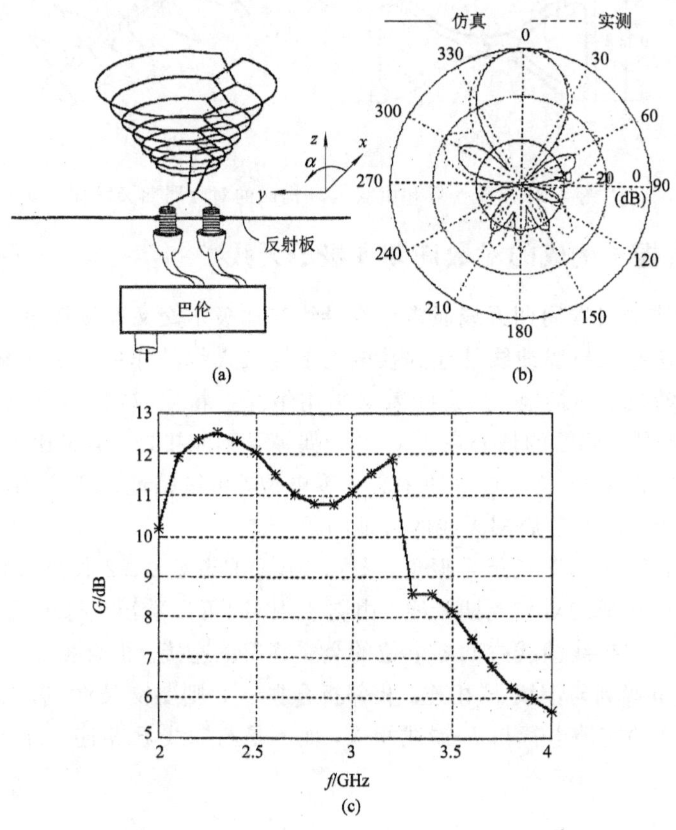

图 4.38 带有反射板 LPLA 的结构、方向图和增益曲线

(a) 结构；(b) f=2.3 GHz 仿真和实测的方向图；(c) 增益的频率特性曲线

4.3.2 由双 Δ 环构成的对数周期天线[19]

LPDA 阵的基本辐射单元为 $\lambda_0/2$ 偶极子，单个 $\lambda_0/2$ 长偶极子在自由空间的增益只有 2.15 dB，要使 LPDA 阵具有较高的天线增益，类似于八木天线，只能加长 LPDA 的轴向长度。提高 LPDA 增益的另外一种方法是提高基本单元的增益，如采用如图 4.39(a)所示的双 Δ 环天线来代替 $\lambda_0/2$ 长偶极子天线。由于单个 Δ 环天线的周长为 λ_0，它的 H 面方向图不再像偶极子天线那样呈全向，因而周长为 $2\lambda_0$ 的双 Δ 环天线的增益要比 $\lambda_0/2$ 长偶极子高。图4.39(a)中，粗线箭头代表电流分布，由于水平电流相互抵消，所以图 4.43(a)所示双 Δ 环天线为垂直极化，双 Δ 环天线的最佳电尺寸如图所示。

用多个垂直放置的双Δ环天线，按照对数周期的原理可以构成如图 4.39(b)所示的水平极化双Δ环对数周期天线阵。仍然用双导线交叉馈电，图中 FF' 为平衡馈电点。具体设计方法类似于 LPDA。建议比例因子 τ 和间隔因子 σ 按以下选取：

$$\tau = 0.88, \quad \sigma_{\text{opt}} = 0.2435\tau \sim 0.052$$

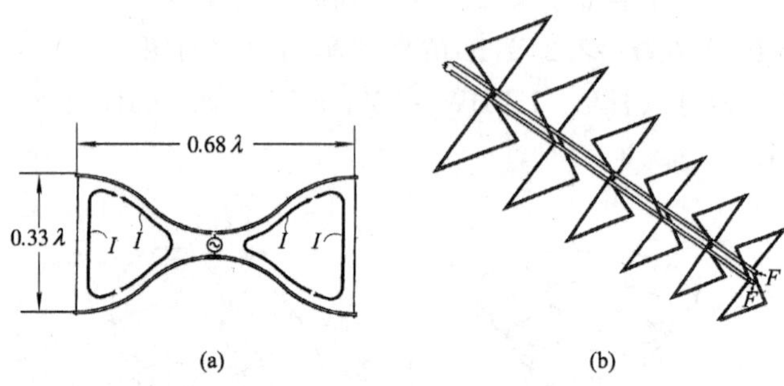

图 4.39　双Δ环和由双Δ环构成的对数周期天线阵

4.3.3　由折合振子构成的对数周期偶极子天线[20]

用偶极子构成的对数周期天线通常用双导线与偶极子交叉连接馈电，以便让每一对偶极子之间反相。这些双导线馈线既起到在电气上连接天线的作用，在结构上又起到支撑天线的作用，因此馈线不能接地，这意味着必须用绝缘材料支撑馈线，既不方便，又使天线不能接地，无法防雷。问题的核心在于 $\lambda_0/2$ 长偶极子不能接地，但采用 $\lambda_0/2$ 长折合振子就不存在此问题，因为 $\lambda_0/2$ 长折合臂的中心为零电位，可以接地。显然，用折合振子构成对数周期天线，就能解决对数周期天线的接地问题。

图 4.40(a)是普通 $\lambda_0/2$ 长折合振子，图 4.40(b)是新型 $\lambda_0/2$ 长折合振子，图 4.40(c)是由新型折合振子构成的对数周期天线。由图 4.40(c)可以看出，每一对 $\lambda_0/2$ 长折合振子的折合臂均与位于双导线馈线中间零电位的金属管 PQ 连接。折合振子 1 的左馈电臂与馈线 F 相接，右馈电臂则与馈线 F' 相连。相邻折合振子 2 则要交叉馈电，以便与折合振子 1 反相；折合振子 2 的左馈电臂与 F' 馈线相连，而不是与馈线 F 相连，折合振子 2 的右馈电臂与馈线 F 相连。

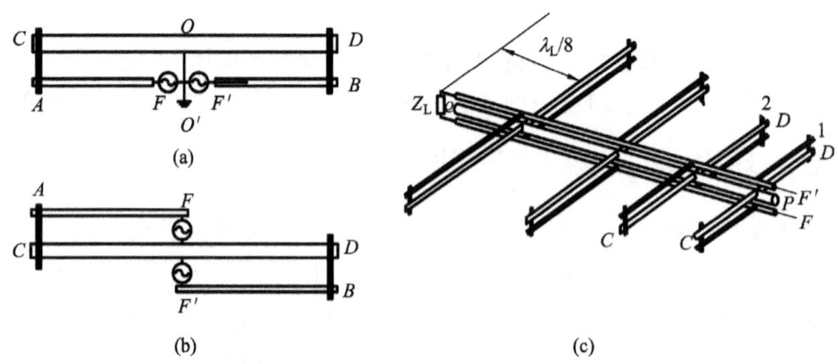

图 4.40　折合振子及由新型 $\lambda_0/2$ 长折合振子构成的对数周期偶极子阵

由交错折合振子构成的对数周期天线其设计原则基本上与普通由对称振子构成的对数周期相同，唯一不同点在于折合振子的阻抗比偶极子高，采用不等直径的交错折合振子，通过调整它们的直径比，还可以达到调整阻抗匹配的目的。双导线馈线距最长折合振子的距离一般为 $\lambda_L/8$（λ_L 为最低工作频率所对应的波长），末端可以接阻值等于双导线馈线特性阻抗的电阻 Z_L，或把它们短路连接。

4.3.4　高仰角 HF 水平极化对数周期环天线

靠近地面架设的水平极化对数周期环天线是一个低轮廓 HF 高仰角宽带天线。图 4.41 所示为水平环天线用绝缘拉线悬挂固定在支撑杆上，水平环天线可以是正方形，也可以是三角形。正方形和三角形环天线均从周长最小环天线的一个角上，用双导线交叉馈电。环天线的谐振频率从高到低，由下到上平行位于地面上，结果形成一个倒锥形。每一个环距离地面的高度 H 为 $0.05\lambda_0$（λ_0 为这个环天线的谐振频率），相邻环天线距离地面的高度之比 $H_x : H_{x+1}$ 为常数 R，R 与最高工作频率 $f_{\max}$、最低工作频率 $f_{\min}$ 及环的总数 N 有关，即

$$\frac{H_x}{H_{x+1}} = R = \left(\frac{f_{\max}}{f_{\min}}\right)^{\frac{1}{N-1}} \tag{4.34}$$

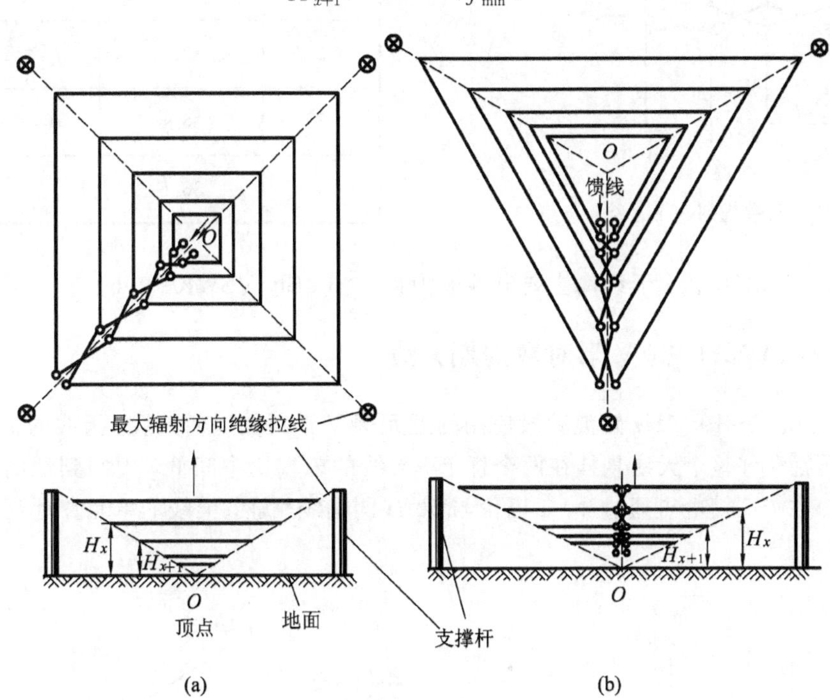

图 4.41　对数周期水平环天线
(a) 方形；(b) 三角形

环天线的周长约 $1.05\lambda_0$。

假定 $N=10$，$f_{\max}=10$ MHz，$f_{\min}=2$ MHz，利用式(4.34)可以求得：

$$R = \left(\frac{10}{2}\right)^{\frac{1}{10-1}} = 1.195$$

对 10 MHz 第一个水平环天线，其波长 $\lambda_0=30$ m，距离地面的架设高度 $H_1=0.05\lambda_0=1.5$ m，则其他环天线离地面的高度由 $H_2=H_1/R$ 求出，具体如表 4.18 所示。

表 4.18　2～10 MHz 十元水平极化对数周期环天线距地面的高度

序号	1	2	3	4	5	6	7	8	9	10
H/m	7.5	6.276	5.25	4.39	3.677	3.077	2.575	2.15	1.8	1.5

4.3.5　紧凑的对数周期八木天线

把对数周期和寄生单元组合，可以构成紧凑的对数周期八木天线。图 4.42 就是 80 m 波段使用的对数周期八木天线，图中寄生单元为引向器。

在馈电点 FF'，通过 4∶1 巴伦与 50 Ω 同轴线相连，单元长度和间距如表 4.19 所示。

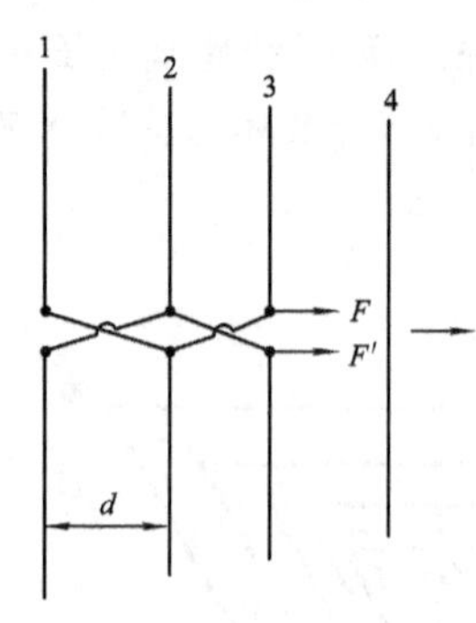

图 4.42　对数周期八木天线

表 4.19　80 米波段对数周期八木天线的尺寸

单元	单元长度/m	单元间距/m
1	41.7	$d_{12}=14.6$
2	39.0	$d_{23}=13.7$
3	36.8	$d_{34}=7.6$
4	36.6	

在 3.5～4 MHz 内，天线的主要电性能为：$G\geqslant 5$ dBi，VSWR≤1.6。

4.3.6　7～10 MHz 倒 V 形对数周期天线

图 4.43 是 7～10 MHz 短波频段使用的五元倒 V 形对数周期天线。天线的辐射单元呈 V 形，这样就允许整个天线悬挂在两个杆上。天线的末端比中间低，中间到地的高度应为 12～18 m。在 FF' 馈电点通过 4∶1 巴伦与 50 Ω 同轴线相连，天线的单元长度及间距 d 如表 4.20 所示。

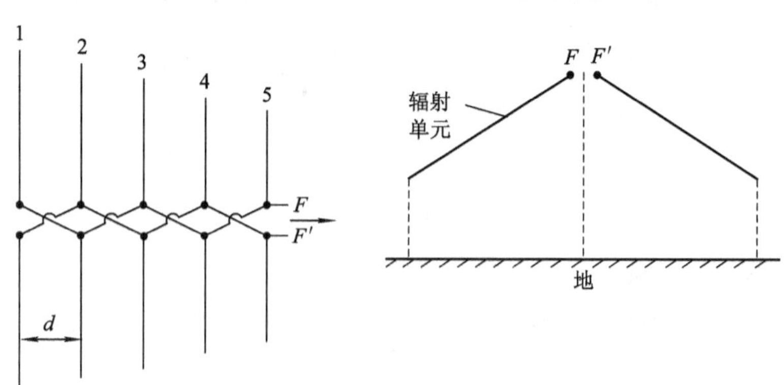

图 4.43　倒 V 形 LPDA

表 4.20　7～10 MHz 五元倒 V 形 LPDA 的尺寸

单元	单元长度 L/m	单元间距 d/m
1	21.3	$d_{12}=4.27$
2	19.5	$d_{23}=3.96$
3	17.0	$d_{34}=3.66$
4	14.9	$d_{45}=2.75$
5	12.2	

天线的增益如下：

$$G = 8\ \text{dBi}(7\ \text{MHz})$$

$$G = 5\ \text{dBi}(10.3\ \text{MHz})$$

4.3.7　双面印刷 LPDA[21]

图 4.44 是用 $\varepsilon_r=3.2$，厚 1.52 mm 的基板制作的双面印刷 LPDA，天线的尺寸与 τ 有如下关系：

$$\tau = \frac{L_n}{L_{n+1}} = \frac{S_n}{S_{n+1}} = \frac{W_n}{W_{n+1}} \tag{4.35}$$

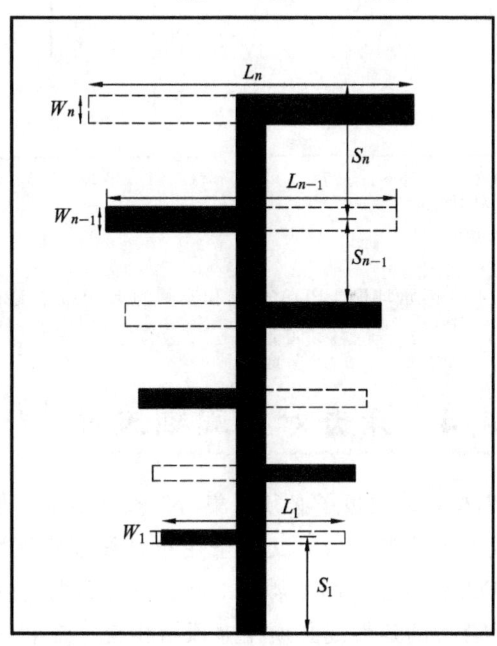

图 4.44　双面印刷 LPDA 的结构

由于用 $\varepsilon_r=3.2$ 的基板制作印刷 LPDA，所以偶极子的长度要缩短，按经验，振子的长度 L 用下式计算，与标准相比，尺寸减小 20%。

$$L = 0.38 \times \frac{3\times 10^5}{f(\text{MHz})}$$

选 $\tau=0.88$，设计四元和八元双面印刷 LPDA 的尺寸分别如表 4.21 和表 4.22 所示。

表 4.21　四元双面印刷 LPDA 的尺寸

单元	f/GHz	L/mm	W/mm	S/mm
1	2.93	38.84	2.04	31.80
2	2.58	44.14	2.32	18.92
3	2.27	50.16	2.64	21.50
4	2.00	57.00	3.00	24.43

表 4.22　八元双面印刷 LPDA 的尺寸

单元	f/GHz	L/mm	W/mm	S/mm
1	4.89	23.29	1.22	18.88
2	4.30	26.47	1.39	11.34
3	3.79	30.08	1.58	12.89
4	3.33	34.18	1.80	14.65
5	2.93	38.84	2.04	16.65
6、7	2.58	44.14	2.32	18.92
8	2.27	50.16	2.64	21.50
9	2.00	57.00	3.00	24.43

图 4.45(a)、(b)分别是四元和八元双面印刷 LPDA 仿真和实测的 $S_{11}\sim f$ 特性曲线。由图 4.45 可以看出，四元和八元双面印刷 LPDA $S_{11}\leqslant-10$ dB(VSWR$\leqslant$2)的相对带宽分别为 82%和 65%，实测增益为 6.5 dBi，F/B 比约 8 dB。

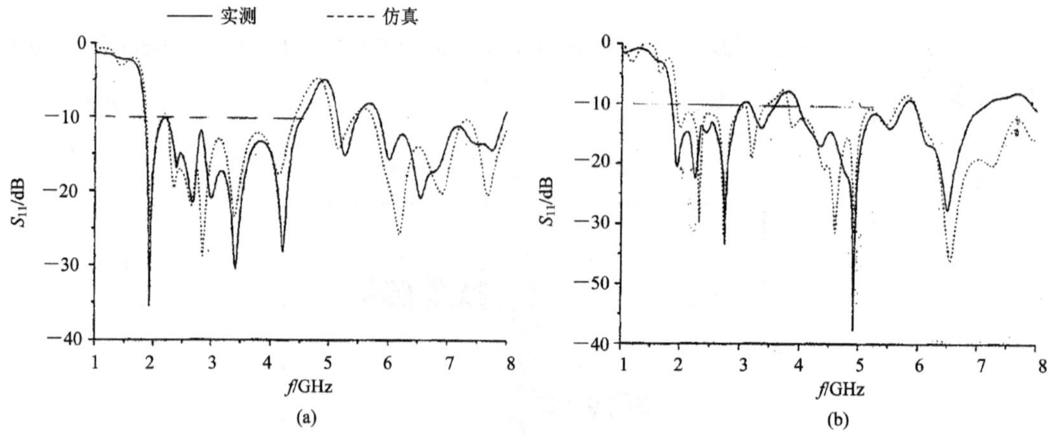

图 4.45　双面印刷 LPDA 仿真和实测的 $S_{11}\sim f$ 特性曲线

(a) 四元；(b) 八元

4.4　角齿对数周期天线[8-9]

前面介绍的普通 LPDA 中的偶极子必须与集合线交叉连接，但集合线是可以分开的，把集合线分开，既利于天线的安装架设，又利于用集合线固定天线。如果把集合线分开，则图 4.46(b)所示的 LPDA 就变成了图 4.46(a)所示的角形直线齿对数周期天线。为了保持非频变天线的特征，集合线的延长线必须在虚顶角相交。夹角 φ 把天线分成两瓣，由于此平面尺寸增加，因而使 H 面波束宽度变窄。可见，控制夹角 φ，就能控制天线的方向图和增益。当 $\varphi=0°$时，角形直线齿对数周期天线就变成了普通 LPDA，可见角形直线齿对数周期天线可以按 LPDA 来设计。如果 $\varphi=180°$，则有单向方向图的角形直线齿对数周期天线就变成了有双向方向图的平面直线齿对数周期天线。图 4.47(a)、(b)分别是角形直线齿对数周期天线在几个 α 角时，相对偶极子的增益 G(dBd)和 HPBW$_H$随 φ 的变化曲线。

角齿有金属片型、梯形齿线和三角齿线，还有圆弧形和直线形。

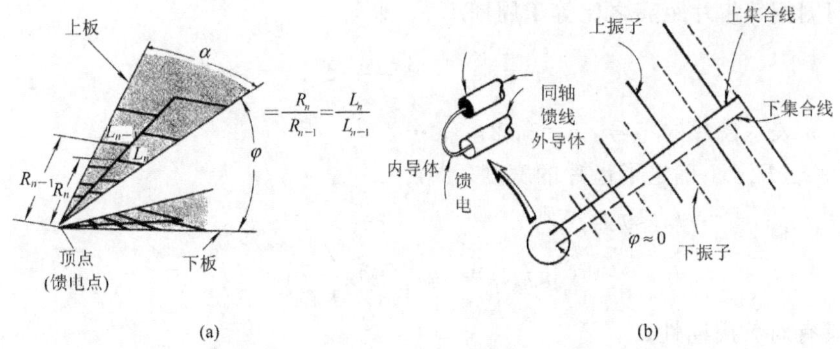

图 4.46　角形直线齿对数周期天线和普通对数周期偶极子天线

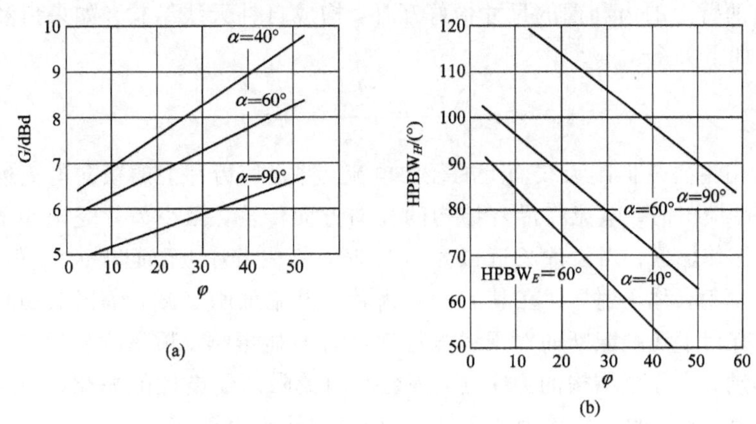

图 4.47　角形直线齿对数周期天线在 n 个 α 角时，G(dBd)和 HPBW_H 随 φ 的变化曲线：

(a) G；(b) HPBW

4.4.1　齿片型对数周期天线

图 4.48(a)、(b)为齿片型对数周期天线。结构参数有 τ、σ，以及描述齿片特性的角度 α、β、γ 和 δ，下面分别给出定义。

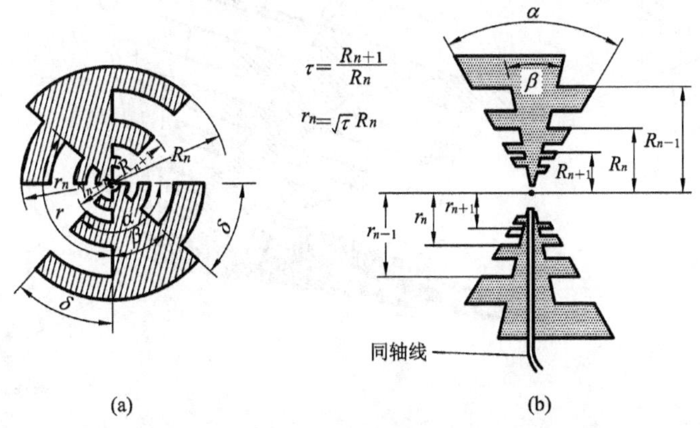

图 4.48　齿片型平面对数周期天线

(a) 圆弧形齿片；(b) 直线齿片

(1) 同侧相邻齿片距离之比等于周期率 τ，即

$$\tau = \frac{R_{n+1}}{R_n} = \frac{r_{n+1}}{r_n} < 1 \tag{4.36}$$

式中，下标 n 表示齿片的序号，$n=1, 2, 3, \cdots, N$。

(2) $\sigma = r_n/R_n < 1$ 确定了齿片的宽度。

如果 $f_n/f_{n+1}=\tau$，$f_n<f_{n+1}$，则

$$\lg f_{n+1} = \lg f_n + \lg\left(\frac{1}{\tau}\right)$$

天线特性具有对数周期性。

(3) $\beta+\gamma=180°$，$\beta+2\delta=\alpha$。如果 $\alpha=\gamma$，$\beta=\delta$，则 $\alpha=135°$，$\beta=45°$。

此时天线两臂上的齿和槽的尺寸恰好互补，构成自补天线结构。如果齿和槽的相对宽度相等，则有如下关系：

$$\sigma = \frac{r_n}{R_n} = \frac{R_{n+1}}{r_n} = \sqrt{\tau} \tag{4.37}$$

齿片的作用主要是抑制天线面上的径向电流，并且使齿片上的横向电流远大于径向电流。在天线顶端馈电时，电流将沿着结构的径向方向传输，因小齿片是电小的，基本上不参与辐射，故称传输区。当齿片长近似为 $\lambda_0/4$ 时，将在齿片上激起很大的横向电流，并向空间形成有效辐射，称辐射区。在其后的长齿片，电流急剧衰减，辐射甚微，故称末激励区。这种特性有利于终端截断而对天线电特性没有明显影响。频率改变后，辐射区沿结构的径向方向移动，当移至结构的边缘处，辐射区因受限而使电性能恶化，从而限制了工作带宽。通常认为，最长的齿长约为 $0.25\lambda_{max}$，最短齿长约为 $0.25\lambda_{min}$。

为获得单向辐射，可改变两齿片间的夹角 φ，使 $\varphi<180°$，齿片的边缘也由弧形改为直线，这样就变成如图 4.49 所示的直齿片型对数周期天线。其结构参数有 τ、σ、α、β 和 φ。通常取 $\sigma=\sqrt{\tau}$。天线最大辐射方向沿着 φ 角平分线指向馈电端的方向。

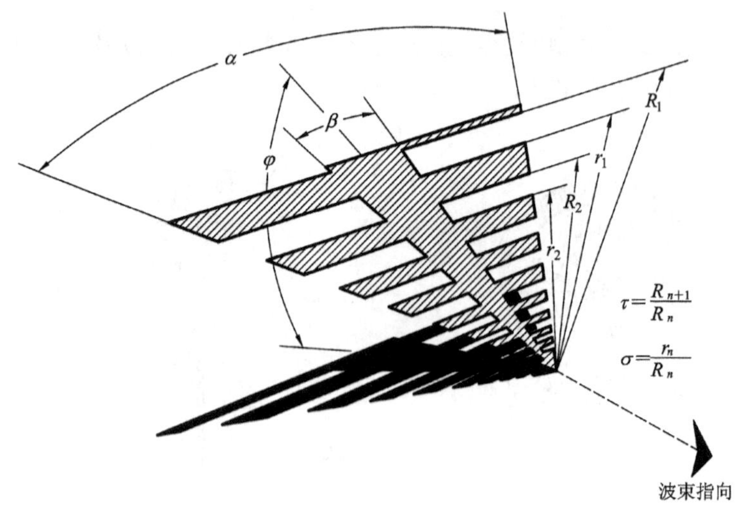

图 4.49 直齿片型对数周期天线的结构

在 $\alpha=90°$，$\beta=15°$和 $\tau=0.5$ 的情况下，图 4.50(a)、(b)、(c)分别为 $\varphi=180°$，60°和45°时，梯形齿片对数周期天线的 E 面和 H 面方向图。由图 4.50 可以看出，$\varphi=180°$时，E

面和 H 面方向图均呈双向，$\varphi=60°$和 $45°$时，E 面和 H 面方向图均呈单向辐射。

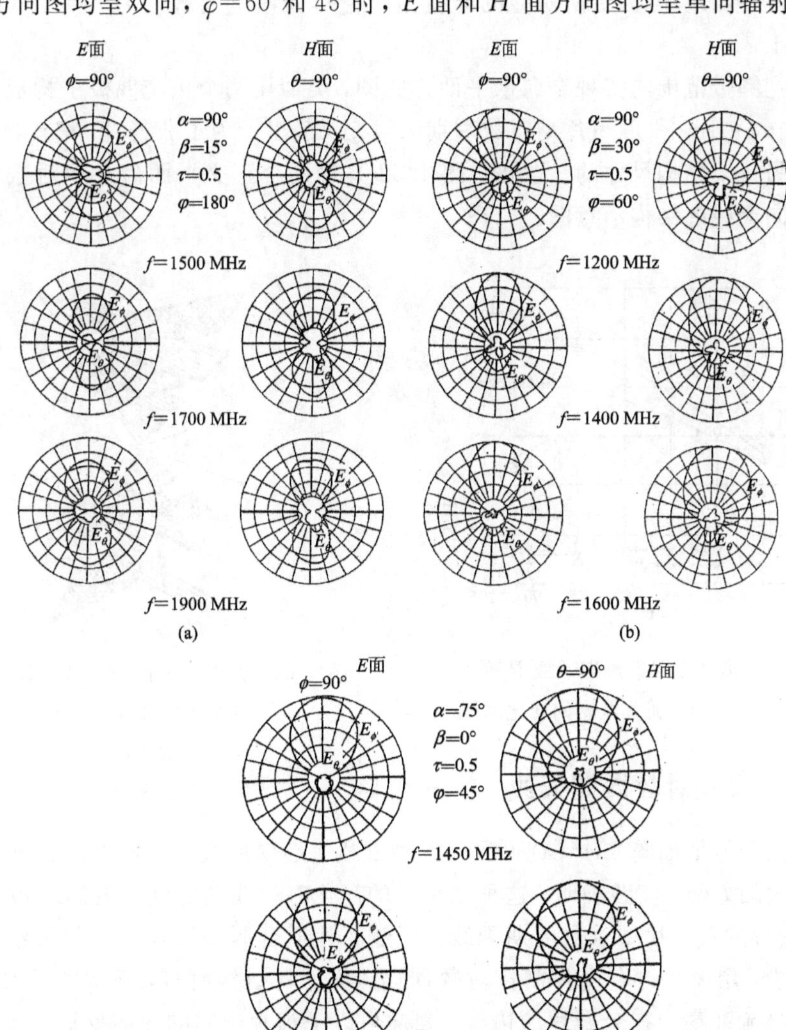

图 4.50　$\alpha=90°$，$\beta=15°$和 $\tau=0.5$ 直齿片型对数周期天线在不同 φ 角不同频率时的 E 面和 H 面方向图
(a) $\varphi=180°$；(b) $\varphi=60°$；(c) $\varphi=45°$

齿片型对数周期天线输入电阻 R_0 随频率的变化，在史密斯圆图上表现为一组离散的点群。可以用一个中心位于零电抗线上的圆将它们包围在内，该圆与零电抗线的交点即为输入电阻摆动的最大值 R_{max} 和最小值 R_{min}。把 R_{max} 和 R_{min} 的几何平均值作为 R_0，即

$$R_0 = \sqrt{R_{max} \cdot R_{min}} \tag{4.38}$$

把 R_{max}/R_{min} 的开方定义为 VSWR，即

$$\mathrm{VSWR} = \sqrt{\frac{R_{max}}{R_{min}}} \tag{4.39}$$

图 4.51 是 R_0 和 VSWR 随 φ 及 α 的变化曲线。由图 4.51 可以看出，R_0 随 φ 角减小或 α 角增加而减小。除 φ 很小外，VSWR 均小于 2。对常用的 15°～90°的 φ 角，由于 R_0 为 100～

200 Ω，所以常用兼有阻抗变换功能的渐变型巴伦作为馈电装置，在 50∶1 的频带范围内使 VSWR<1.3。

为了在宽频带范围内实现全向水平面方向图，类似用两个正交偶极子构成的绕杆天线那样，把两个 $\varphi=180°$平面齿片型对数周期天线交叉安装。为了获得 90°相差，可让一个结构的尺寸是另一个结构尺寸的 $\tau^{0.25}$倍。图 4.52 是用两个正交平面齿片型对数周期天线构成的宽带全向天线的结构示意图。

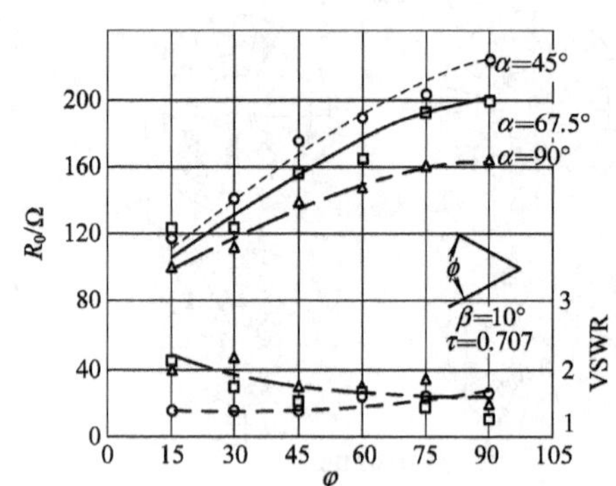

图 4.51　齿片型对数周期天线 R_0 和 VSWR 随 φ 及 α 的变化曲线

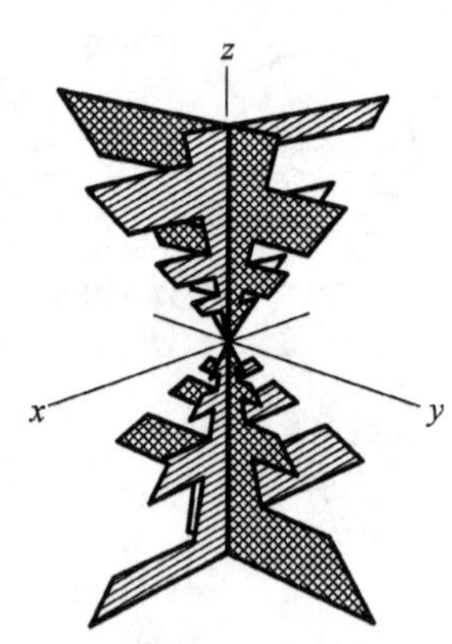

图 4.52　由两个平面齿片型对数周期天线构成的宽带全向天线

4.4.2　梯形齿线对数周期天线

在结构上若能把如图 4.48(a)所示的齿片由圆弧形变成直线，将给加工制作对数周期天线带来极大的方便。实践表明，这种结构上的简化对天线的电性能的影响极小。图 4.48(b)就是改进后的直齿片型对数周期天线。用金属片适合制作波长较短的天线。但在米波和超短波波段，用庞大的金属片制作对数周期天线，就结构而言，已失去了使用的价值，由于大部分电流都集中在金属片的边缘，因此可以把齿片中间的导体挖掉，这样做对天线性能影响不大。故人们用金属导线来代替金属片。把齿片边缘用细导线制作的如图 4.53(a)所示的对数周期天线叫梯形齿线对数周期天线。这种齿线对数天线与齿片对数周期天线具有类似的电性能。这一改进对扩展对数周期天线使用频率范围起着重要作用。另外梯形齿线对数周期天线还具有结构简单，重量轻，风阻小，成本低的优点，因而得到了广泛应用。图 4.53(b)是梯形齿线对数周期天线一个臂的几何参数。具体参数如下：

$$\tau=\frac{R_3}{R_1} \tag{4.40}$$

$$\sigma=\sqrt{\tau}=\frac{R_2}{R_1} \tag{4.41}$$

$$L_1=\frac{\lambda_{\max}}{2} \tag{4.42}$$

$$L_{n+1}=\sqrt{\tau}L_n \tag{4.43}$$

$$R_n=\frac{L_n}{2}\cot\frac{\alpha}{2} \tag{4.44}$$

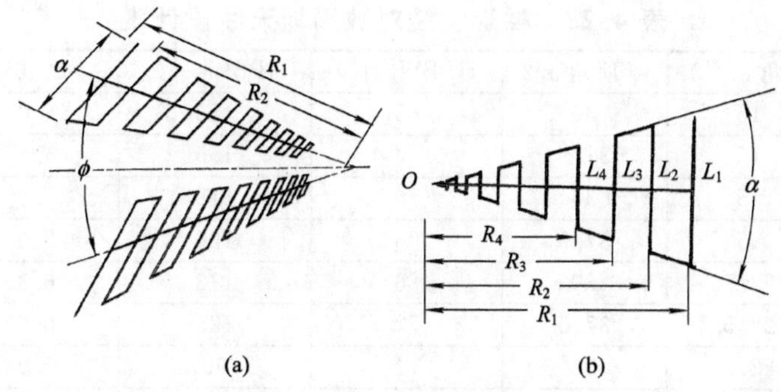

图 4.53　梯形齿线对数周期天线

梯形齿线对数周期天线的 H 面和 E 面 HPBW 与 τ 和 α 之间的关系如图 4.54 所示。图 4.55 是相位中心随 α 的变化曲线。

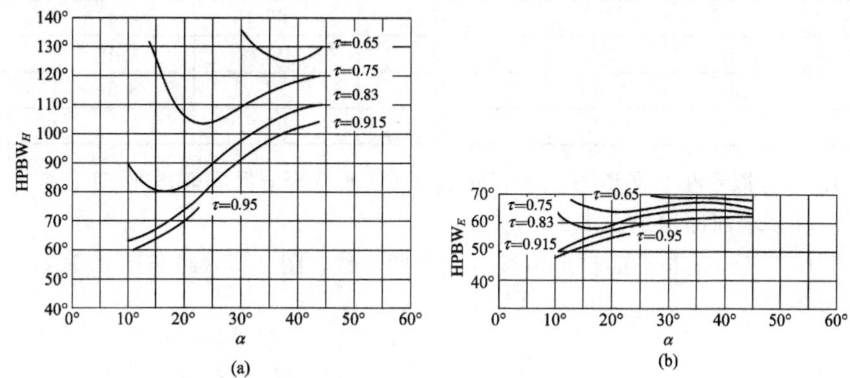

图 4.54　梯形齿线对数周期天线 HPBW 随 τ 和 α 的变化曲线

(a) H 面；(b) E 面

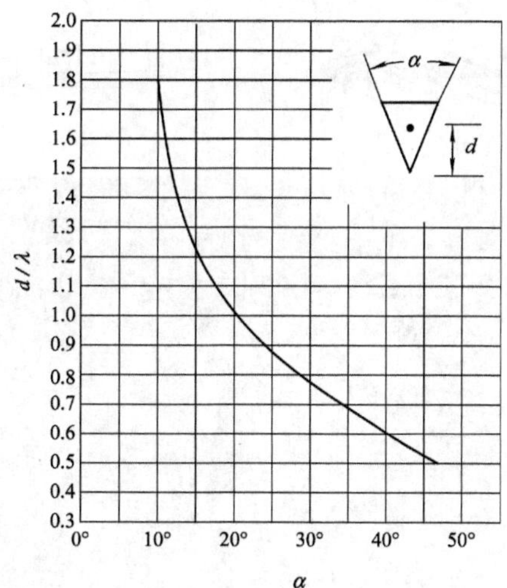

图 4.55　梯形齿线对数周期天线相位中心 d/λ_0 随 α 的变化曲线

根据对梯形齿线对数周期天线电参数的要求，可以利用表 4.23 设计梯形齿线对数周期天线，知道了 τ，就能确定天线的其他结构参数。

表 4.23 梯形齿线对数周期天线设计表

比例常数 τ	仰角 φ/(°)	半顶角 $\alpha/2$	$HPBW_E$/(°)	$HPBW_H$/(°)	D/dB	SLL/dB
0.63	15	30	85	153	5.0	−12
0.63	15	37.5	74	155	5.6	−12.4
0.71	15	30	70	118	7.0	−17.7
0.71	15	37.5	66	126	7.0	−17.0
0.63	22.5	30	86	112	6.3	−8.6
0.63	22.5	37.5	72	125	6.6	−11.4
0.71	22.5	30	71	95	7.9	−14.0
0.71	22.5	37.5	67	106	7.6	−14.9
0.77	22.5	30	67	85	8.6	−15.8
0.84	22.5	22.5	66	66	9.8	−12.3
0.84	22.5	30	64	79	9.1	−15.8
0.63	30	30	87	87	7.4	−7.0
0.63	30	37.5	73	103	7.4	−8.6
0.71	30	30	71	77	8.8	−9.9
0.71	30	37.5	68	93	8.1	−12.8

由表 4.23 可以看出，夹角 φ 变大，H 面 HPBW 变窄，但副瓣电平 SLL 变大，天线的方向系数 D 随 τ 增加而增加。

图 4.56(a)、(b)是非平面梯形齿线对数周期天线。图 4.56(a)与图 4.56(b)的不同点

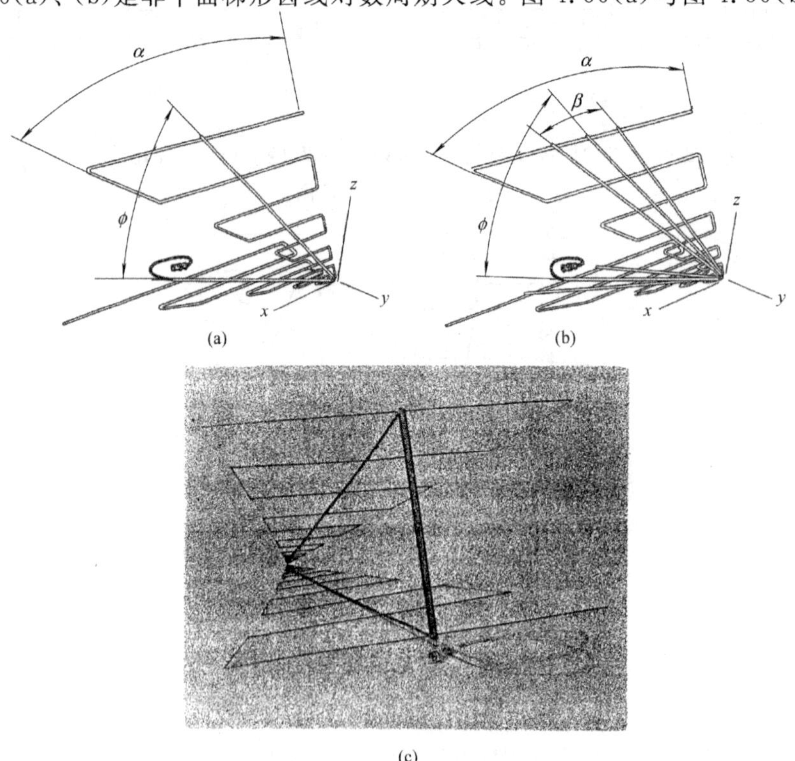

图 4.56 梯形齿线对数周期天线

(a) $\beta=0$；(b) $\beta\neq0$；(c) 照片

在于：在图 4.56(a)中 $\beta=0°$。图 4.56(c)是实验用天线照片。图 4.57 是 $\alpha=75°$，$\beta=0$，$\varphi=45°$，$\tau=0.5$，$R_1=127.5$ mm 的情况下，非平面梯形齿线对数周期天线的 E 面和 H 面方向图。E 面平均 HPBW=67°，H 面平均 HPBW=106°，平均 $F/B=15$ dB。

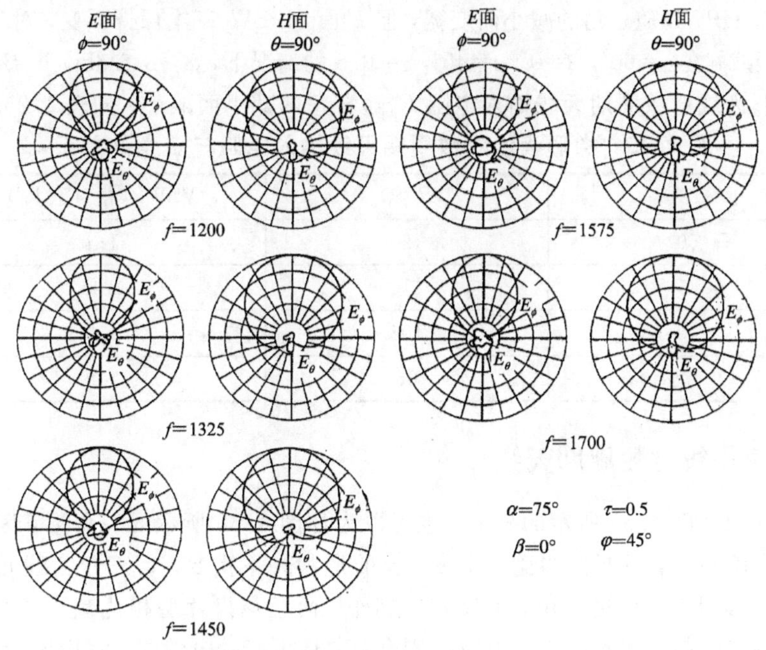

图 4.57　$\alpha=75°$，$\beta=0$，$\varphi=45°$，$\tau=0.5$，$R_1=127.5$ mm 的情况下梯形齿线对数周期天线在几个频率的 E 面和 H 面方向图

表 4.24 是不同 α 角、φ 角和 τ 的情况下梯形齿线对数周期天线的主要电参数。

表 4.24　梯形齿线对数周期天线在不同 α 角、φ 角和 τ 的情况下的主要电参数

天线序号	α/(°)	τ	φ/(°)	HPBW_E/(°)	HPBW_H/(°)	G_d/dB	最大副瓣电平/(−dB)
1	75	0.4	30	74	155	3.5	1.4
2	75	0.4	45	72	125	4.5	11.4
3	75	0.4	60	73	103	5.3	8.6
4	60	0.4	30	85	153	3.0	12.0
5	60	0.4	45	86	112	4.2	8.6
6	60	0.4	60	87	87	5.3	7.0
8	75	0.5	30	66	126	4.9	17.0
9	75	0.5	45	67	106	5.6	14.9
10	75	0.5	60	68	93	6.1	12.75
11	60	0.5	30	70	118	4.9	17.7
12	60	0.5	45	71	95	5.8	14.0
13	60	0.5	60	71	77	6.7	9.9
14	60	0.6	45	67	85	6.5	15.8
15	60	0.707	45	64	79	7.0	15.8
16	45	0.707	45	66	66	7.7	12.3

由表 4.24 可以看出：

(1) 随 τ 的增加，E 面和 H 面半功率波束宽度均减小，增益增加。例如，$\varphi=45°$，$\alpha=60°$时，τ 从 0.4 变到 0.707，$HPBW_E$由 86°减小到 64°，$HPBW_H$由 112°减小到 79°。

(2) H 面 HPWB 随 φ 角的减小而变宽，但 E 面 $HPBW_E$基本保持不变，对十四元梯形齿线对数周期天线，在 $\alpha=60°$，$\beta=0$，$\varphi=45°$，$\tau=0.6$ 的情况下，$G\geqslant8.6$ dBi，$F/B=15.8$ dB。

上述梯形齿线对数周期天线输入电阻 R_0随 φ 角的减小而减小，如表 4.25 所示。

表 4.25　梯形齿线对数周期天线输入电阻与 φ 角的关系

φ/(°)	R_0/Ω	VSWR(相对于 R_0)
60	120	1.4
45	110	1.45
30	105	1.5
7	65	1.8

4.4.3　三角齿线对数周期天线

齿线可以为如图 4.53 所示的梯形，也可以为如图 4.58 所示的三角形，因为三角形线齿对方向图影响不大，只要齿的比例不变，齿的形状并不重要。但三角齿线对数周期天线比梯形齿线对数周期天线更实用，不仅容易制作，而且与齿片型相比减小了相互耦合，特别是在工作频率比较低的情况下。为减小耦合，实现更好的电性能，宜用比较小的 τ，例如用 $\tau=0.63$ 来设计梯形齿线对数周期天线。

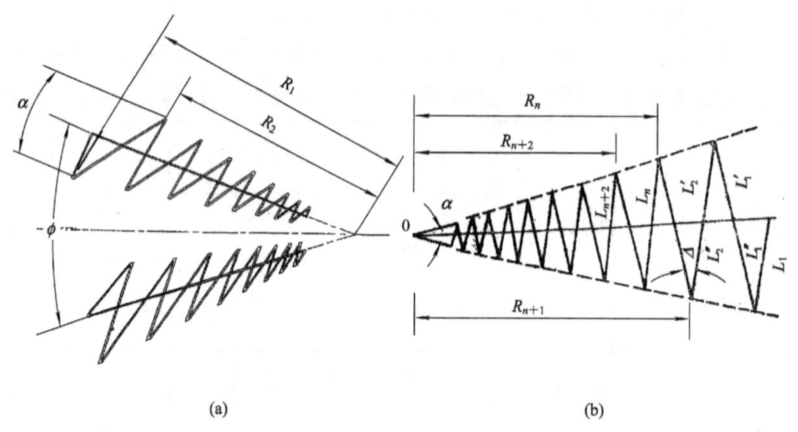

图 4.58　三角齿线对数周期天线的结构及参数

由图 4.58 可以看出，三角齿线对数周期天线是从馈电点开始由一系列由小到大的三角齿构成的，各三角齿形振子分布在集合线的两侧，由于没有交叉馈电结构，因而具有架设简单等优点。

三角齿线对数周期天线的主要设计参数有周期率 τ、间隔因子 σ 和夹角 φ，其计算公式为

$$\tau=\frac{R_{n+2}}{R_n}=\frac{L_{n+2}}{L_n} \tag{4.45}$$

$$\sigma=\frac{(1-\tau)/4\cot\alpha}{2} \tag{4.46}$$

式中，α 为角齿的顶角。

由上述关系式及天线的几何结构可以导出以下关系式：

$$L_{n+1}=\sqrt{\tau}L_n,\quad L''_n=\sqrt{\tau}L'_n$$

$$\Delta(\text{齿角})=2\arctan\left[\frac{4\sigma}{(1+\sqrt{\tau})^2}\right] \tag{4.47}$$

式中：$L'_n+L''_n=L_n$，其中 L''_n 为 L_n 中较短的线段，L_1 为角齿中最长的线段。通常 L_1 略大于 $0.5\lambda_{\max}$，L_n 应小于 $0.2\lambda_{\min}$，以保证在最低和最高频率时天线电性能不致明显恶化。

三角齿线对数周期天线设计参数 τ、σ 的选择规则如下：

(1) α 角愈小，τ 就愈大，天线的结构就愈庞大，天线的增益也就愈高。

(2) α 和 τ 要适当组合，否则会使方向图畸变。通常 $\alpha=14°\sim40°$，$\tau=0.65\sim0.90$。

图 4.59 是三角齿线对数周期天线 α 角和 τ 与 HPWB 的关系曲线。

三角齿线对数周期天线为端射式宽带天线，最大辐射方向沿夹角 φ 的平分线并指向馈电端。三角齿线对数周期天线相位中心的位置主要与三角齿线的顶角 α 有关，与两齿片之间的夹角 φ 关系不大，当 $\varphi<30°$时，相位中心落在夹角 φ 的平分线上。与 LPDA 不同，三角齿线对数周期天线的 E 面相位中心 d_E 和 H 面相位中心 d_H 不重合。图 4.60 是三角齿线对数周期天线顶角 α 与相位中心的关系曲线。

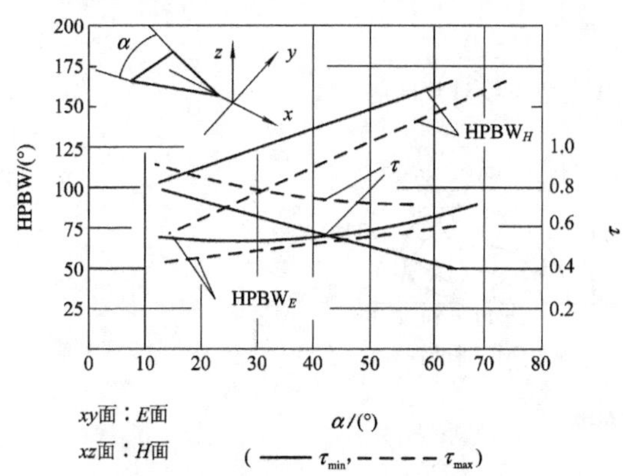

图 4.59　三角齿线对数周期天线 α 角和 τ 与 HPWB 的关系曲线

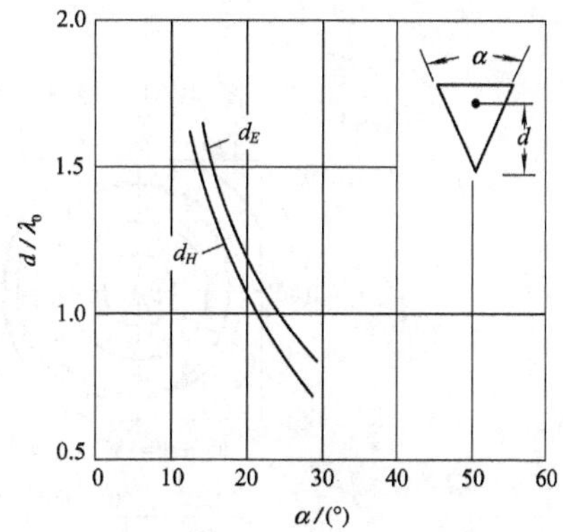

图 4.60　三角齿线对数周期天线顶角 α 与相位中心 d/λ_0 的关系曲线

三角齿线对数周期天线的阻抗与馈电区角齿的多少有很大关系。在理想情况下，在馈电区内应包含无限多个角齿，但实际应用中却难以实现，可以采用以下补救措施。

(1) 从馈电点到对数周期天线结构始端的距离要极短，即最短齿长 L_n 愈短愈好。

(2) 从馈电点到对数周期天线结构的过渡区要平滑，馈电点到最小角齿之间最好用三角形金属线环构成。

三角齿线对数周期天线的输入电阻 R_0 为 125～170 Ω。实验发现，集合线存在于否，对方向图几乎没有什么影响。可见，集合线的重要作用是传输能量，同时还兼有固定天线结构的作用。

图 4.61 是短波便携式三角齿线对数周期天线。为了架设方便，将三角齿线非共面架设在集合线的两侧，其结构参数 $\tau=0.86$，$\alpha=43°$。在 2～30 MHz 范围内，增益为 6～10 dBi，水平面 HPBW 为 80°～100°，辐射水平极化波。这种天线适用于 3000 km 距离以内的短波

通信。图 4.62 是三角齿线对数周期天线水平面和垂直面方向图。

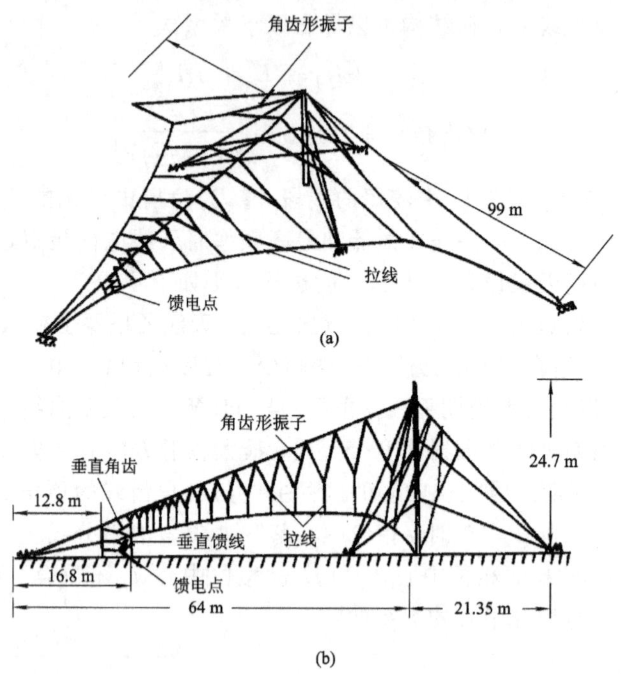

图 4.61 短波三角便携式三角齿线对数周期天线

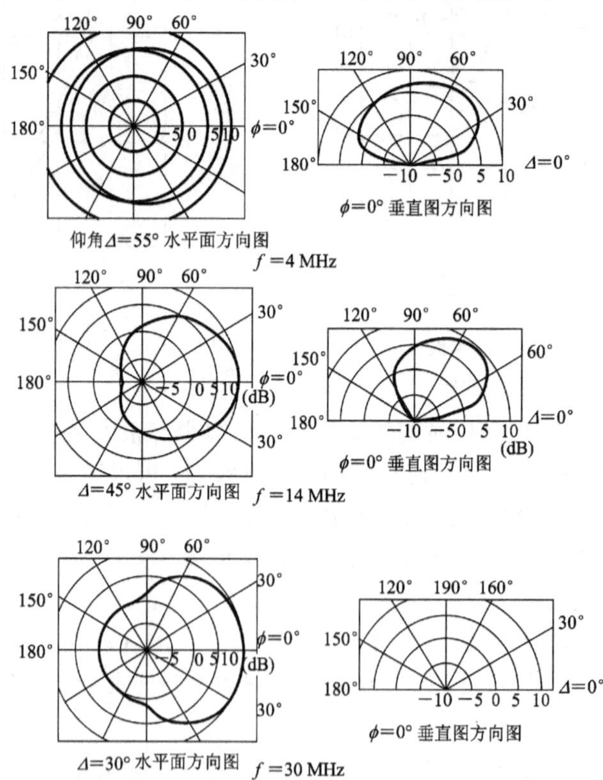

图 4.62 短波便携式三角齿线对数周期天线的水平面和垂直面方向图

为了保证馈电点到角齿结构之间过渡区的平滑性，使用了一段由垂直角齿和垂直馈线组成的锯齿状结构(见图 4.61)。由于角齿都位于垂直馈线的同一侧，因而它们的辐射因相位反相而相互抵消，故主要作用是传输电磁能量。在整个短波频段内，输入电阻约为 270 Ω，通过宽频带阻抗变换器(270/50 Ω)，与特性阻抗为 50 Ω 的同轴线连接，使驻波比小于 2。

图 4.63、图 4.64 和图 4.65 分别是短波便携式三角齿线对数周期天线的最大辐射仰角、最大增益及 VSWR 的频率特性曲线。

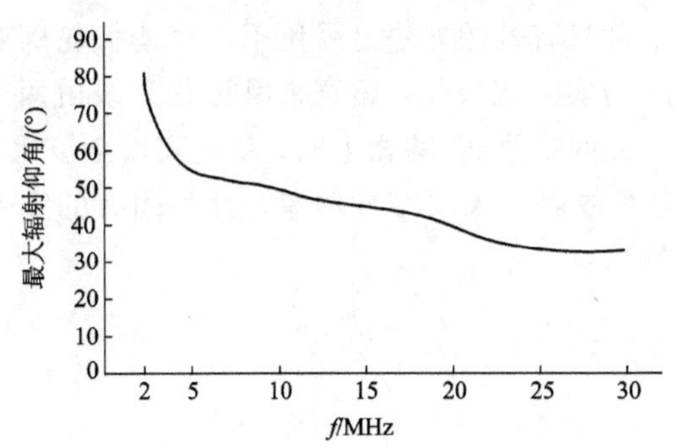

图 4.63　三角齿线对数周期天线最大辐射仰角随频率的变化曲线

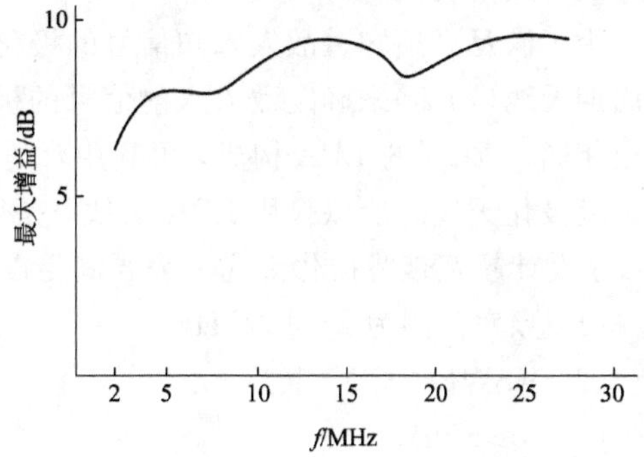

图 4.64　三角齿线对数周期天线最大增益随频率的变化曲线

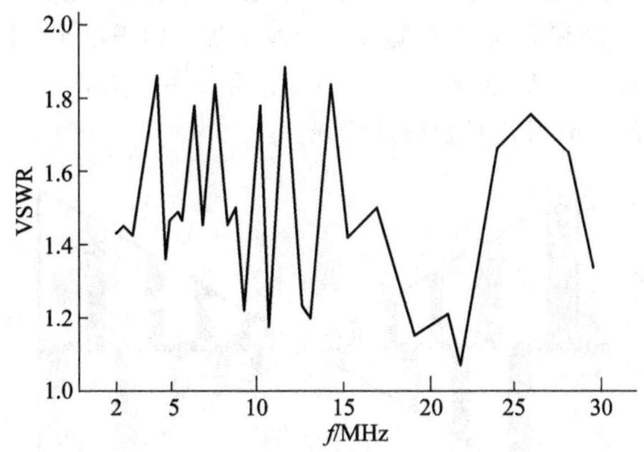

图 4.65　三角齿线对数周期天线 VSWR 随频率的变化曲线

4.5　对数周期天线在电子战中的应用

4.5.1　超宽带跳极化天线[22]

对任何一个实用系统，在设计天线时必须首先考虑三个参数：

(1) 带宽和 VSWR；

(2) 方向图及波束宽度；

(3) 增益。

对 EW 系统，当敌人的目标快速出现时，最关键的任务就是确定它的极化。在电子战中，知道来自敌人雷达信号的极化是非常重要的，因为只有这样，才能知道如何有效干扰敌人。

如果来波的极化方向未知，为了拦截和识别敌人的无线信号的精确极化，接收天线必须具有全极化性能，即同时具有垂直极化、RHCP、水平极化和 LHCP。普通的圆极化天线，像螺旋天线，有可能接收或发射任意极化信号，但是具有变化的灵敏度，因而用途有限。因为不能精确确定敌人雷达信号的极化特征，加上由于极化失配会造成功率损耗，因而不能有效干扰敌人。

为了满足必须知道敌人未知信号的极化，一种最有效的方法是采用平面紧凑低轮廓对数周期天线(LPA)来确定敌人入射信号的极化。为实现双极化，超宽带跳极化天线由两个完全相同、成 90°的 LPA 构成，再利用合适的开关网络及 90°移相电路，就能实现全极化。

跳极化天线之所以采用 LPA 天线，是因为对数周期天线结构简单，且为固有的宽带天线。设计超宽带跳极化天线一般要满足以下要求：

(1) 频率范围为 2～15 GHz。

(2) VSWR<3.0∶1。

(3) $G \geqslant 5$ dB。

(4) AR<±3 dB。

(5) 同时具有垂直极化 RHCP 和水平极化 LHCP。

由图 4.48 所示的齿片型对数周期天线得知，设计 φ 角、α 角和 τ 等参数，就能控制齿片型对数周期天线的 E 面和 H 面波束宽度、天线增益和副瓣电平。给定 τ 和 α，由 φ 角就能控制天线的后瓣。减小 φ，后瓣减小，$\varphi<50°$，只存在一个瓣，$\varphi=180°$，就变成如图 4.66 所示的有双向方向图的平面齿片对数周期天线。

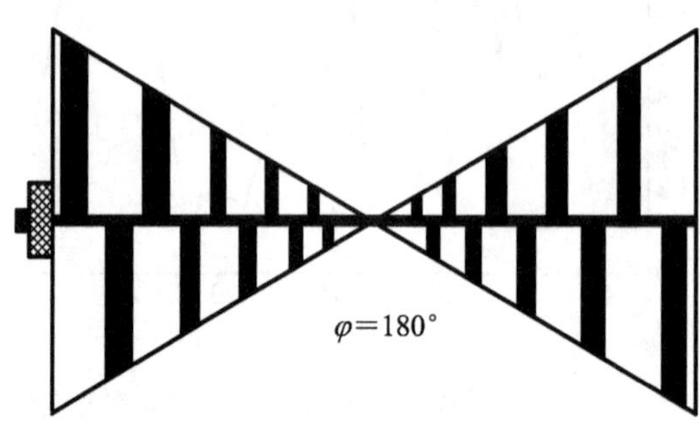

图 4.66　平面齿片型对数周期天线

选择合适的 τ，就能够使结构紧凑，易实现，且能满足电气指标要求，但 α 角不能太小，否则天线太长，τ 也不能太大，否则天线单元太多。折中考虑，选取如下参数：

$$\alpha = 60°,\quad \tau = 0.89,\quad \varphi = 180°$$

把图 4.66 所示的垂直极化对数周期天线绕圆点旋转 90°，就变成了如图 4.67 所示的有两个正交线极化的四臂平面对数周期天线。对系统应用，双向方向图并不可取，需要用如图 4.68 所示的填充吸波材料的空腔把后向辐射吸收掉。空腔的深度及吸收负载由实验确定，以便在 2～18 GHz 频段内能有效消除后向辐射。

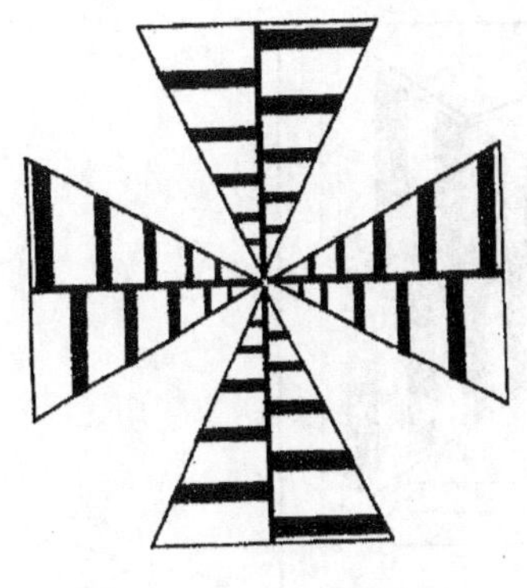

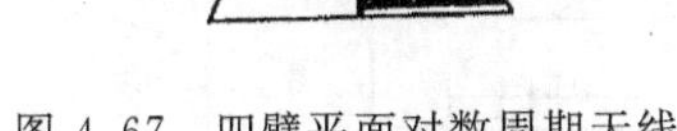

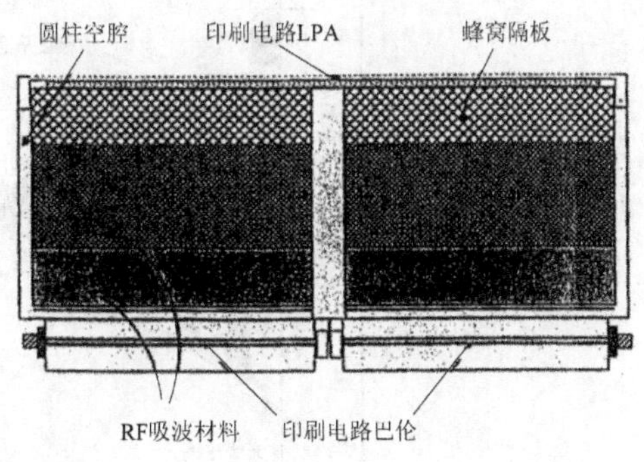

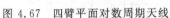

图 4.67　四臂平面对数周期天线

图 4.68　吸收材料加载背腔平面对数周期天线

用印刷电路渐变巴伦可完成不平衡-平衡变换。图 4.69(a)是跳极化对数周期天线，图 4.69(b)是实现全极化的馈电网络。由图 4.69(b)看出，馈电网络由两个二路功分器和一个 90°混合电路组成。

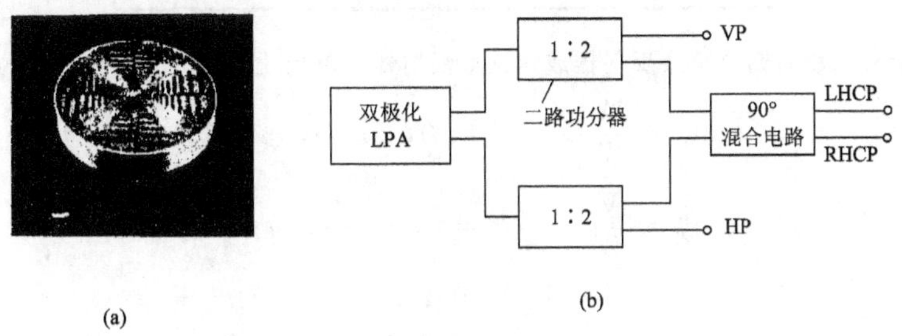

图 4.69　跳极化对数周期天线的照片及馈电网络

在 2～18 GHz 频段，实测 VSWR≤3.0，G≥5 dB。

超宽带平面对数周期天线在电子战中大量采用，不仅由于这种天线具有相对宽的主瓣幅度方向图，更重要的是与其他非平面结构相比，具有更宽的阻抗和增益频率特性，虽然在背腔中可以用吸波材料，把垂直平面对数周期的双向方向图变成单向方向图，但与具有同尺寸的单向方向图相比，增益几乎损失 3 dB。

提高有单向方向图双极化平面对数周期天线增益最有效的方法是使用如图 4.70 所示的带有对数周期台阶式反射器或角锥形反射器的双极化平面对数周期天线[23]。图 4.70 中，$A_1 \geqslant 0.01\lambda_{F_{\min}} \leqslant 0.02\lambda_{F_{\min}}$，$A_2 \approx 0.01\lambda_{F_{\min}}$，$A_3 > 0.5\lambda_{F_{\min}}$。

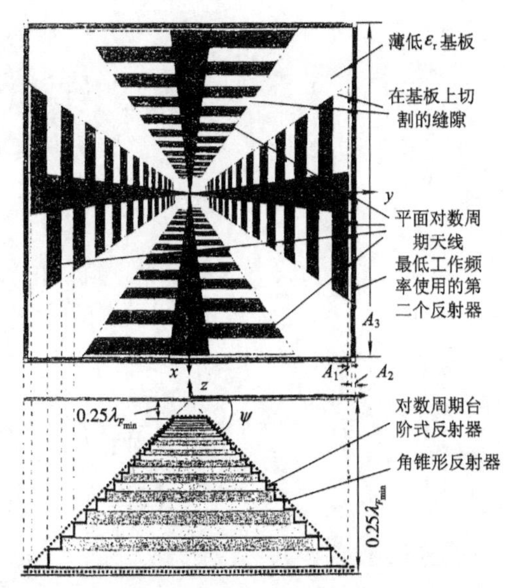

图 4.70　带有对数周期台阶式反射器或角锥形反射器的双极化平面对数周期天线

图 4.71 是单极化平面对数周期天线及对数周期台阶式反射器的设计参数。具体设计方程如下：

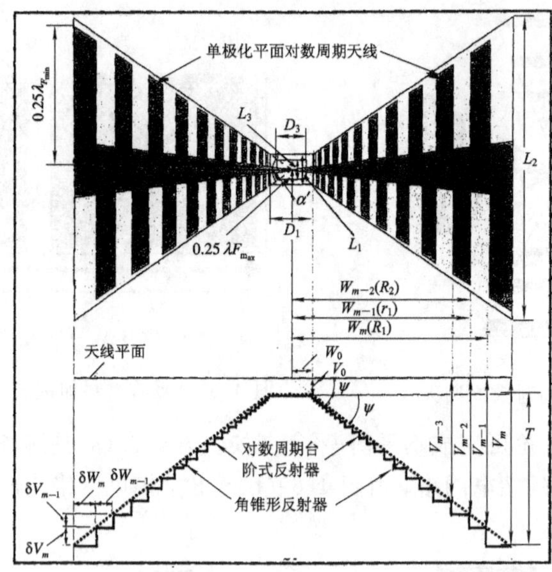

图 4.71　带有对数周期台阶式反射器或角锥形反射器的单极化平面对数周期天线的结构及参数

$$\tan\psi = \frac{\delta V_k}{\delta W_k} \qquad k = 0, 1, \cdots, m-1, m \tag{4.48}$$

$$\tan\psi = \frac{V_k}{W_k} \qquad k = 0, 1, \cdots, m-1, m \tag{4.49}$$

$$V_0 = 0.25\lambda_{F_{\max}} \tag{4.50}$$

$$V_m = 0.25\lambda_{F_{\min}} \tag{4.51}$$

$$D_1 = \frac{\lambda_{F_{\max}}}{2\tan(0.5\alpha)} \tag{4.52}$$

$$D_2 \geqslant 2W_m \tag{4.53}$$

$$D_2 \geqslant \left(\frac{\lambda_{F_{\min}}}{2\tan(0.5\alpha)}\right) \tag{4.54}$$

$$0 \leqslant D_3 \leqslant 2W_0 \tag{4.55}$$

$$T = 0.25(\lambda_{F_{\min}} - \lambda_{F_{\max}}) \tag{4.56}$$

$$L_1 \geqslant 0.5\lambda_{F_{\max}} \tag{4.57}$$

$$L_2 \geqslant 0.5\lambda_{F_{\min}} \tag{4.58}$$

$$0 \leqslant L_3 \leqslant 2V_0$$

$$\alpha' \geqslant \alpha$$

$$\tau = \left(\frac{W_{k-1}}{W_k}\right)^2 \qquad k = 1, 2, \cdots, m-1, m \tag{4.59}$$

$$\tau = \left(\frac{V_{k-1}}{V_k}\right)^2 \qquad k = 1, 2, \cdots, m-1, m \tag{4.60}$$

$$\tau^m = \left(\frac{V_0}{V_m}\right)^2 \tag{4.61}$$

$$\tau^m = \left(\frac{W_0}{W_m}\right)^2 \tag{4.62}$$

式中：$\lambda_{F_{max}}$ 表示最高工作频率所对应的波长；$\lambda_{F_{min}}$ 表示最低工作频率所对应的波长；m 为台阶的总数(包括顶和底)。

图 4.72 是工作频率为 200～2000 MHz，带有对数周期台阶式反射器的平面对数周期天线及利用式(4.48)～式(4.62)计算的具体尺寸。

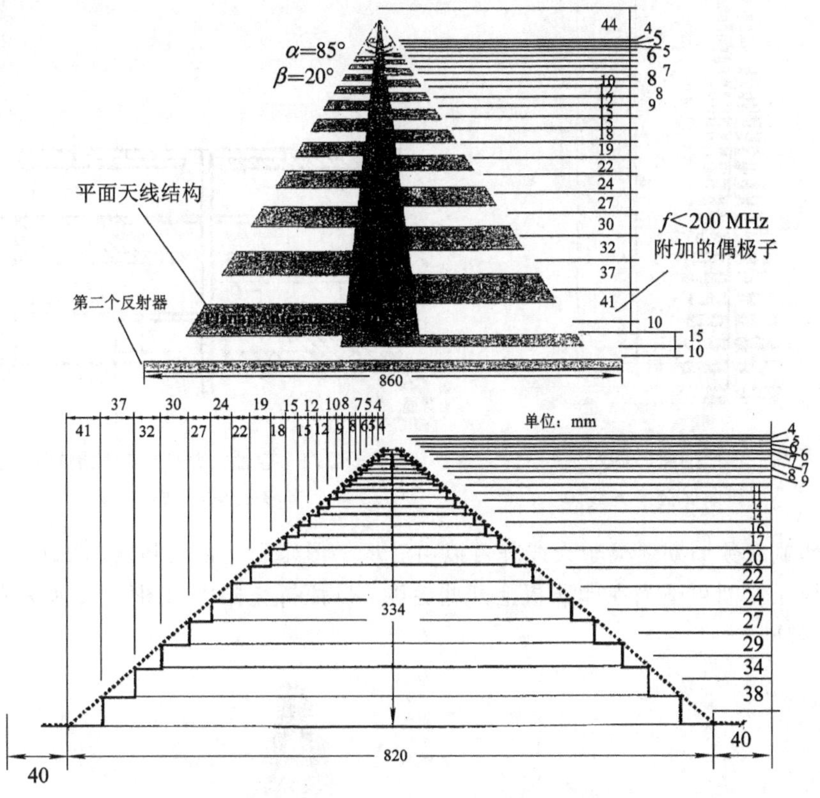

图 4.72　200～2000 MHz 带对数周期台阶式反射器的平面对数周期天线的尺寸

附加第二个反射器，使天线在 200 MHz 增益增加 1 dB，使 E 面方向图副瓣电平减小 3 dB。在 200～2000 MHz，实测 VSWR≤2，G≥7 dBi。

4.5.2　由六个印刷对数周期天线构成的宽带测向天线[24]

图 4.73 是由顶点均匀渐变的印刷偶极子构成的对数周期天线，每个偶极子的两个辐射臂，一个位于印刷电路板的正面，另一个位于印刷电路板的背面，半顶角为 4.96°，单元间距满足对数关系，即

$$\tau = \frac{h_{n+1}}{h_n}$$

所有偶极子的辐射都采用容性加载折叠臂，由于容性加载，单元长度 $0.3\lambda_0$ 就相当普通无加载 $0.5\lambda_0$ 的单元长度。图 4.74 是容性加载偶极子的结构参数，具体如下：

$A=0.0844\lambda_0$，$B=0.0437\lambda_0$，$C=0.0066\lambda_0$，$D=0.0188\lambda_0$，$E=0.0375\lambda_0$，$F=0.15\lambda_0$

其中，λ 为工作波长。

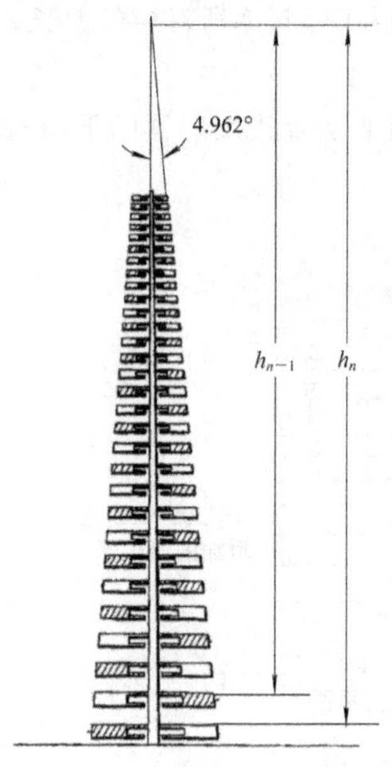

图 4.73　容性加载印刷对数周期偶极子天线阵

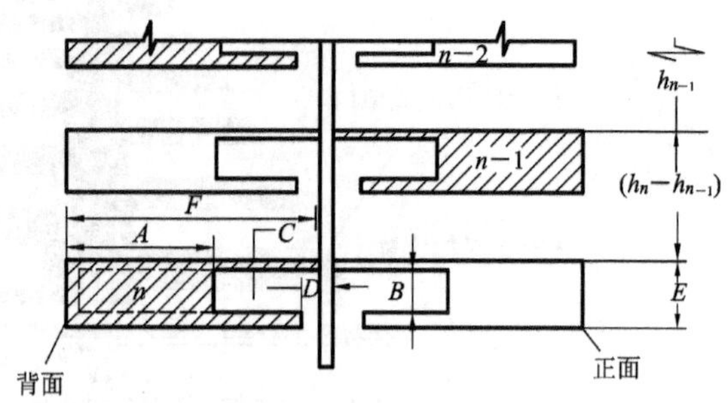

图 4.74　容性加载印刷对数周期偶极子天线阵的结构参数

六个印刷对数周期偶极子天线阵可以由三块梯形印刷电路板制造，每块板上两个。两个对数偶极子之间可适当在印刷板上开些缝隙，以便折叠构成如图 4.75 所示的对数周期偶极子天线阵。

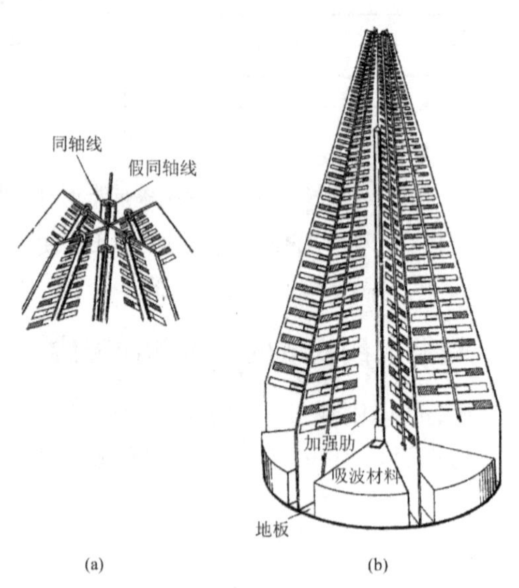

图 4.75　六个电容加载对数周期偶极子天线阵及馈电

(a) 馈电结构；(b) 天线阵

每个对数周期偶极子天线阵都由同轴线在最短偶极子一端馈电，即把一根同轴线和一根假同轴线(金属管)焊接在正反面对称振子的中心线上，把同轴线的内导体焊接在假同轴线上，如图 4.75(a)所示。六个对数周期偶极子天线的电轴与每个天线馈线之间的夹角必须相同，且必须保证天线的辐射区处在近似一个波长的圆周上，以便能更好地实现与电轴偏离 35°的左旋和右旋圆极化。

为了测向，六个天线之间必须有一定的相差，以便能产生左、右旋圆极化和模(Σ)与差(Δ)模。为了实现左旋圆极化 Σ 模，六个天线相邻单元之间必须用等幅－60°相差馈电；为了实现右旋圆极化 Σ 模，六个天线相邻单元之间必须用等幅＋60°相差馈电；为了实现左、右旋圆极化 Δ 模，六个天线相邻单元之间必须用等幅－120°和＋120°相差馈电。图 4.76 是实现上述左、右旋 Σ、Δ 模的馈电网络。由图 4.76 可以看出，整个馈电网络由两个 90°3 dB 电桥、五个 0°～180° 3 dB 电桥和两个 0°～180° 4.77 dB 电桥组成。

假定采用对称馈电网络，就可以利用普通双通道单脉冲工作模式处理信号。把左旋圆极化和模(Σ_1)方向图与左旋圆极化差模(Δ_2)方向图组合，就能以 $\Sigma_1 \pm \Delta_2$ 的形式实现测向天线的功能，两个正交平面的测向波束可以用 $\Sigma_1 \pm j\Delta_2$ 及 $\Sigma_5 \pm \Delta_4$ 来构成。其中 Σ_5 为右旋和模，Δ_4 为右旋差模。

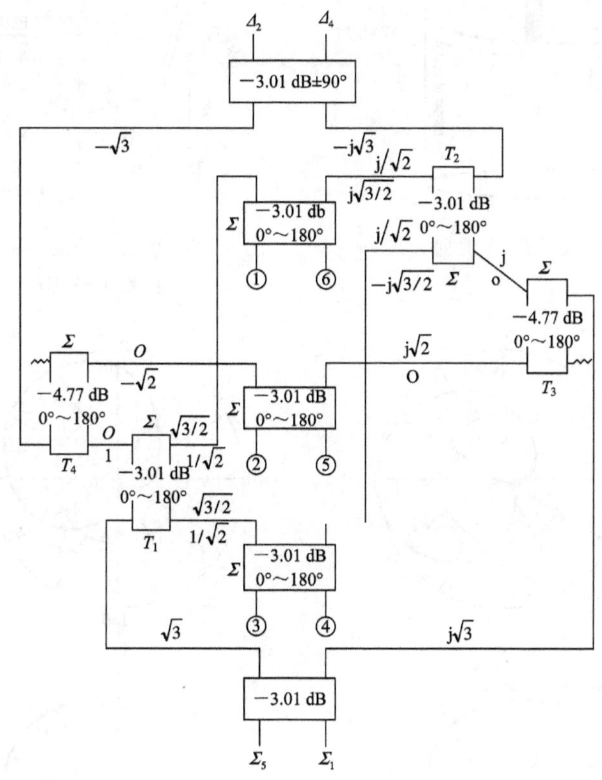

图 4.76　六个电容加载对数周期天线实现左、右旋圆极化及 Σ、Δ 模的馈电网络

在最大辐射方向，和模增益为 10 dBic，且与工作频率无关，另外和差模左右旋圆极化天线的相位中心与工作频率相关，因此没有必要进行相位补偿。在频段的高端，相位中心靠近顶点，随工作频率的降低，天线的相位中心逐渐移向底部。天线有特别低的后瓣，F/B 比达到 30 dB。

图 4.77 是用 $\tau=0.89$，$\alpha=34°$，厚 0.1 mm，$\varepsilon_r=3.9$ 的基板制成的半径 $R=95$ mm，高 265 mm 的圆柱型 LPDA 测向(DF，Direction Finding)天线，用 50 Ω 微带线馈电，微带传输线的地很窄，相邻辐射单元交叉连接在微带线上。图 4.78 是平面印刷 LPDA 和 DF 天线

实测 VSWR 的频率特性曲线。由图 4.78 可以看出，DF 天线仅在 390～720 MHz 频段有低的 VSWR，高频段 VSWR 相对于印刷 LPDA 差得多，这是由于圆柱形 LPDA 高低频段辐射单元靠得很近，低频振子对高频振子影响造成的。图 4.79(a)、(b)、(c)、(d)分别是 DF 天线在 400，500，600，700 MHz 实测水平面方向图。由图 4.79 可看出，在四个频率上，方向图均呈心脏形，随频率升高，方向图波束宽度变宽，但仍然有测向所需要的大的 F/B 比及很深的零。另外零深的方向随工作频率变化，这是因为一个单元辐射时，其他单元作为反射器所致。

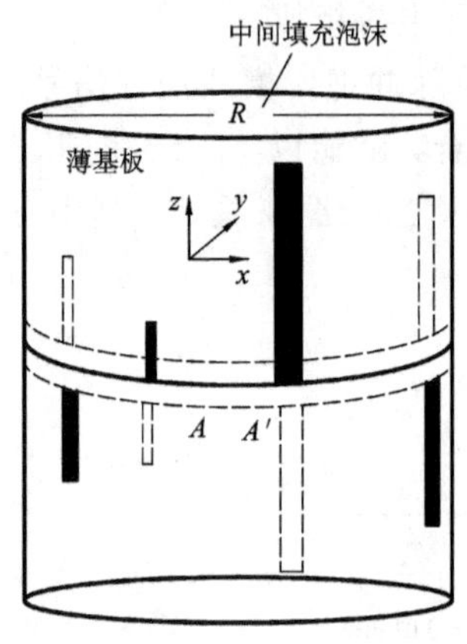

图 4.77　圆柱印刷 LPDA 测向天线

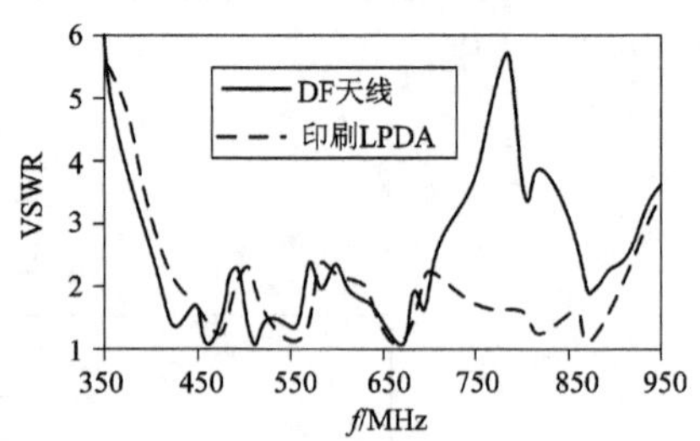

图 4.78　平面和圆柱印刷 LPDA 及 DF 天线实测 VSWR～f 特性曲线

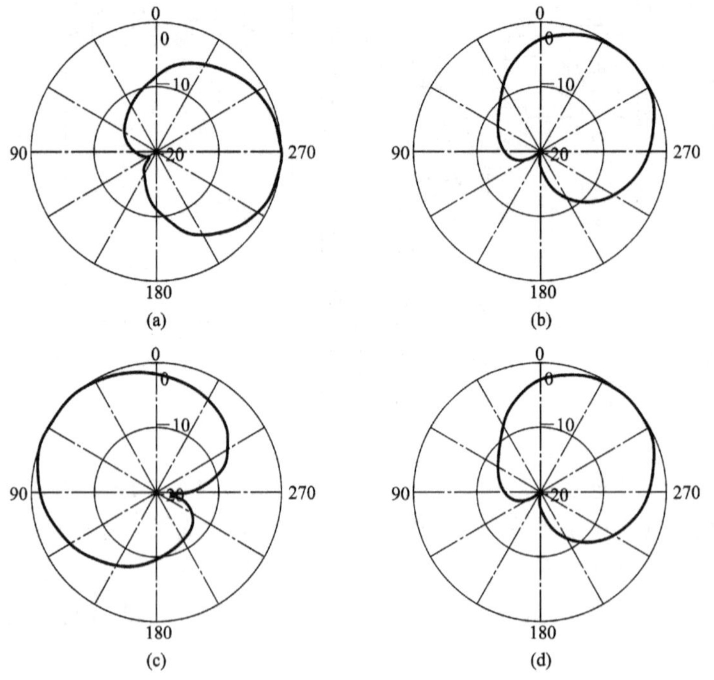

图 4.79　DF 天线在不同频率实测水平面方向图

(a) 400 MHz；(b) 500 MHz；(c) 600 MHz；(d) 700 MHz

参 考 文 献

[1] Elliott R S. Antenna Theory and Design. John Wiley& Sons, 2003.

[2] Milligan T A. Modern Antenna Design. J. Wiley&Sons, 2005.

[3] DuHamel R H, Scherer J P. Antenna Engineering Handbook , 3rd ed. McGaw - Hill, 1993.

[4] Lo Y T, Lee S W. Antenna Handbook. Van Norstrand New York, 1988.

[5] Peixeiro G. Design of Log - periodic Dipole Antenna. IEEE Proceedings 1988, 135(2).

[6] Huang Y, Boyle K. Antenna from Theory to practice. John Wiley &Sons, 2008.

[7] 林昌禄. 近代天线设计. 北京：人民邮电出版社，1990.

[8] 周朝栋，王元坤，周良明. 线天线理论与工程. 西安：西安电子科技大学出版社，1988.

[9] 林昌禄. 天线工程手册. 北京：电子工业出版社，2002.

[10] The Telecommunication Journal of Australla, Febrary 1967.

[11] Rhodes P D. Jhe Log - Periodic Dipole Array. QST, 1973.

[12] Colline A E. Log - Periodic Dipole Arrays for the Upper HF Bands. QST, 1988.

[13] Pantoja M F. et al. Optimization in Antenna Design; Optimization of Log - Periodic Dipole Arrays. IEEE Antennas propag. , 2007, 49(4).

[14] 美国专利，5945962.

[15] Kuo S. Size - Reduced Log - Periodic Dipole Array Antenna. Microwave J, 1972.

[16] 美国专利，3594807.

[17] TREHARNE R F. Short Note on log periodic Aerials. Proceedings I. R. E. E. . Australia, 1966.

[18] Kim J I, Jazi A S. Log - Periodic Loop Antennas with High Gain and linear polar. Microwave Optical Technol Lett. , 2000, 27(1).

[19] 美国专利，5790082.

[20] 美国专利，6121937.

[21] Navarro E A, et al. A New Bifaced log Periodic printed Antenna. Microwave optical Technol Lett. , 2006, 48(2).

[22] Pal R, Sudhir H, Jyiithi M B. A Novel Ultra - Wideband polarization - Agile Antenna. Microwave Optical Technol Lett. , 2003, 36(1).

[23] Joardar S. Two New Ultra Wideband Dual polarized Antenna - Feeds Using planar log Periodic Antenna and Innovative Freguency Independent Reflectors, J. of Electromagn. Waves and APPL, 2006, 20(11).

[24] 美国专利，4360816.

第5章 全向天线

5.1 全向天线的组成及主要特点

5.1.1 概述

全向天线由于水平面方向图呈全向，因而特别适合移动通信使用。就极化而言，有垂直极化全向天线，也有水平极化全向天线。垂直极化天线由于水平面方向图固有的全向性，因而得到了更广泛的应用。垂直线极化天线，有长度为 $\lambda_0/4$ 的单极子天线，为了得到更高的增益，也有长度为 $5\lambda_0/8$ 的单极子天线。此外，还有垂直对称振子天线、J 形天线、折合单极子天线、螺旋单极子天线。垂直线极化天线可以用导线、金属管制造，也可以用印刷电路技术制造。就带宽而言，有窄带、宽带和超宽带全向天线。全向天线既可以用单极子、偶极子构成，也可以用贴片构成。把 $\lambda_0/2$ 长垂直偶极子共线组阵，还可以构成高增益全向天线阵。

5.1.2 垂直接地天线的电流分布

假定地面为无限大理想导电地面，单极子上的电流为正弦分布。图 5.1 是典型单极子天线及镜像电流分布。长度小于 $\lambda_0/2$ 的垂直接地天线具有以下特性：

(1) 水平面方向图为一个圆。

(2) 垂直面方向图为半个倒 8 字形。

(3) 垂直部分与镜像上的电流同相。

(4) 水平部分与镜像部分上的电流反相。

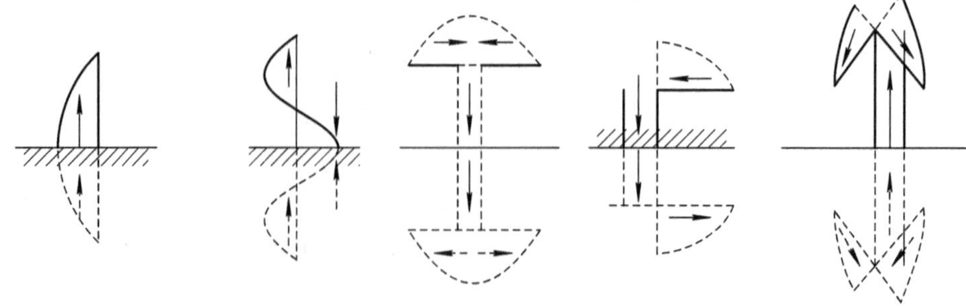

图 5.1 典型单极天线及镜像电流分布

(5) 如果天线高度 $h \ll \lambda_0$，则水平部分和镜像部分由于电流反相而使辐射几乎相抵消。也就是说，水平部分只影响天线阻抗，对辐射无贡献。

(6) 单极天线的等效长度和输入阻抗是相对应对称振子的一半。

(7) 垂直接地天线的增益比自由空间对称振子的增益大 3 dBi，这是因为垂直接地天线的全部辐射功率只是上半球空间而不是整个空间。

5.1.3 不同高度直立接地天线的增益

图 5.2 是不同高度直立接地天线相对 $\lambda_0/2$ 长偶极子天线的增益。表 5.1 是不同电高度单极子的主要电参数。

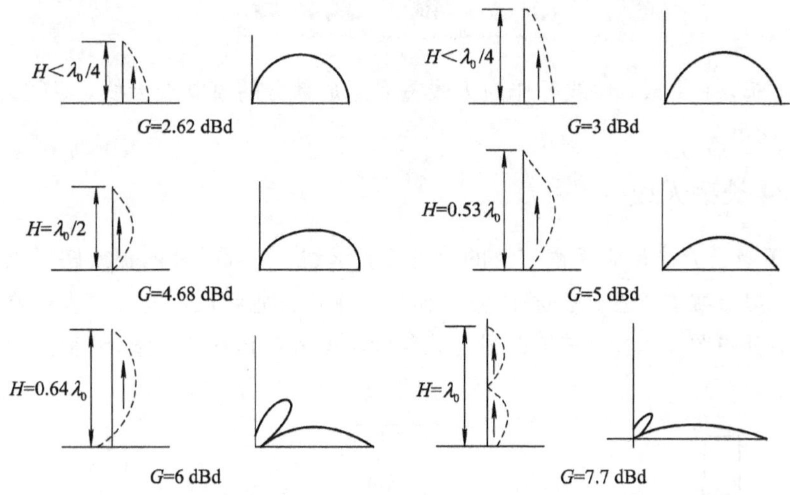

图 5.2 不同高度直立接地天线相对 $\lambda_0/2$ 长偶极子天线的增益

表 5.1 不同电长度单极子的主要电参数

单极子的电长度	$\lambda_0/20$	$\lambda_0/4$	$\lambda_0/2$	$3\lambda_0/4$
电流分布				
垂直面方向图				
方向系数	3.0 dBi 或 4.76 dBi	3.28 dBi 或 5.15 dBi	4.8 dBi 或 6.8 dBi	约 4.6 dBi

续表

HPBW$_E$	45°	39°	23.5°	NA
输入阻抗	R：非常小 (～1 Ω) jX：大容抗	R：～37 Ω jX：～0 Ω	R：非常大 jX：～0 Ω 对细单极子	R：～50 Ω jX：～0 Ω 对细单极子
备注	jX 对单极子的粗细比较敏感	R+jX 对单极子的粗细不敏感	R+jX 对单极子的粗细敏感	R+jX 对单极子的粗细敏感

5.2 鞭　天　线

把地面、车顶、甲板、地线等作为天线重要组成部分的直立线天线，叫鞭天线。其长度有 $\lambda_0/4$、$5\lambda_0/8$ 等。

5.2.1　$\lambda_0/4$ 长鞭天线

$\lambda_0/4$ 长单极子天线是应用最广泛的一种垂直天线，可以带有四根或四根以上地线在空中使用，也可以直接安装在地面或地板上使用。在几百兆频段，也可以安装在车顶上。如图 5.3 所示，其中图(a)、(c)是把四根地线与同轴线外导体相连，图(b)是把同轴线外导体与地面相连。

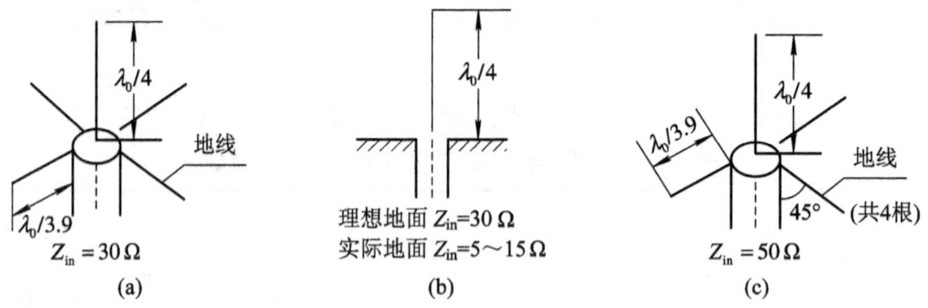

图 5.3　位于地线或地面上的 $\lambda_0/4$ 长单极子天线

(a) 位于四根地线上；(b) 位于地面上；(c) 位于四根倾斜地线上

在短波以下波段多用直立天线，很少或不采用水平天线，这是因为：

(1) 天线的工作波长太长，如果使用悬挂的水平天线，不仅占地面积大，支撑天线的费用高，而且若离地的高度太低，则受地面负镜像的影响，天线辐射的能力很弱(特别是在中长波段)。

(2) 在短波的低波段，主要采用地波传播模式完成通信任务，但水平极化天线沿地面传播衰减很大，而垂直极化天线沿地面传播时衰减相对小。

在几百兆以上频段使用直立天线，这是因为：直立天线占有的空间位置最小，而且水平面方向图呈全向，所以特别适合移动通信。

由图 5.3(b)可以看出，位于地面上的 $\lambda_0/4$ 长鞭天线与特性阻抗为 50 Ω 的同轴馈线不匹配，但采用如图 5.4 所示的 gamma 匹配，就能实现天线与馈线匹配。实现匹配 gamma 的尺寸近似如下：

间距 $D=0.007\lambda_0$，长度 $L=0.04\lambda_0\sim0.05\lambda_0$，直径 $\phi_2=(0.33\sim0.5)\phi_1$

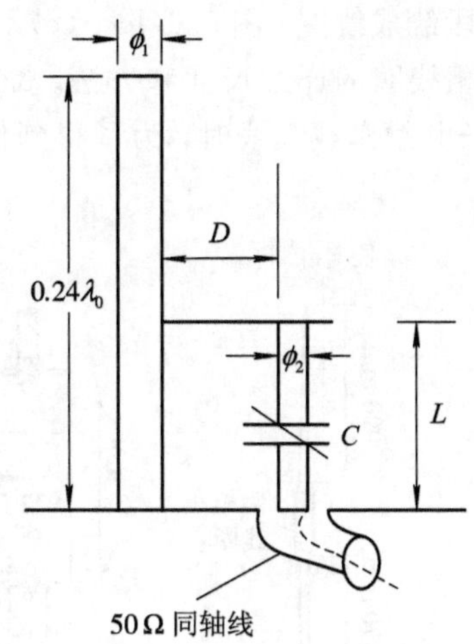

图 5.4 带 gamma 匹配的 $\lambda_0/4$ 长鞭天线

5.2.2 $5\lambda_0/8$ 长鞭天线

通常把 $\lambda_0/4$ 长接地天线叫作谐振天线。如果馈电点在它的根部，或者天线的末端接近地面，则它有相对低的输入阻抗，与馈线不精确匹配。

解决方法之一是采用 $5\lambda_0/8$ 长鞭天线。其好处是：解决了匹配问题并提高了天线增益。之所以叫 $5\lambda_0/8$ 长鞭天线，是因为它的几何长度接近 $5\lambda_0/8$。采用加载线圈来抵消 $5\lambda_0/8$ 长鞭天线输入阻抗中的容抗，可使天线与 50 Ω 同轴线匹配。对 150 MHz 工作频段，加载线圈是用 1.5 mm 的漆包线在直径 18 mm 绝缘管上绕 4 圈。

图 5.5(a)是 $5\lambda_0/8$ 长鞭天线垂直面示意增益方向图(用虚线表示)，为了比较图中还给出了 $\lambda_0/4$ 长鞭天线的垂直面增益方向图；图(b)是 $5\lambda_0/8$ 长鞭天线的电流分布。

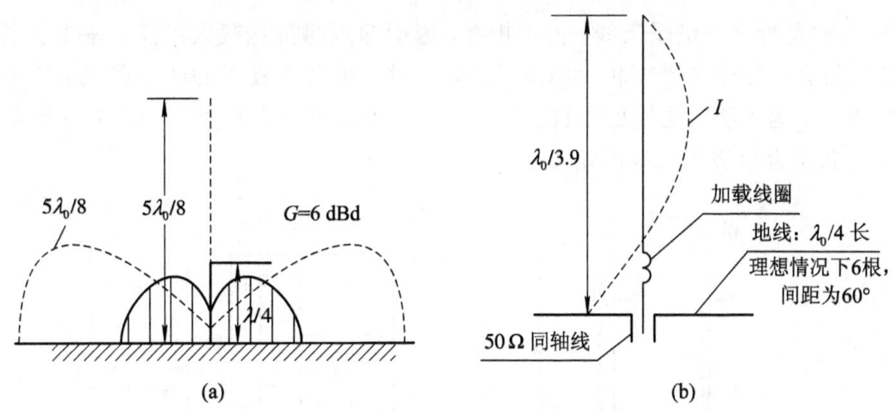

图 5.5 $5\lambda_0/8$ 长鞭天线垂直面示意增益图和电流分布

(a) 垂直面增益示意方向图；(b) 电流分布

5.2.3 $3\lambda_0/4$ 长共线车载天线

$3\lambda_0/4$ 长共线车载天线是由上面 $\lambda_0/2$ 长和下面 $\lambda_0/4$ 长的辐射体组成的如图 5.6(a)所

示。为了保证上下辐射体同相辐射，在它们之间串联了由 $\lambda_0/4$ 长短路支节组成的倒相段，如图 5.6(b)所示。可以把倒相段绕成线圈。图 5.6(b)、(c)、(d)、(e)给出了 $f_0=150$ MHz 频段天线的几何尺寸和绕制倒相线圈的详细尺寸和方法。$3\lambda_0/4$ 长共线车载天线用同轴线直接馈电，在实际制作 $3\lambda_0/4$ 长共线车载天线时，为了得到低的 VSWR，可以适当调整鞭天线顶部的长度。

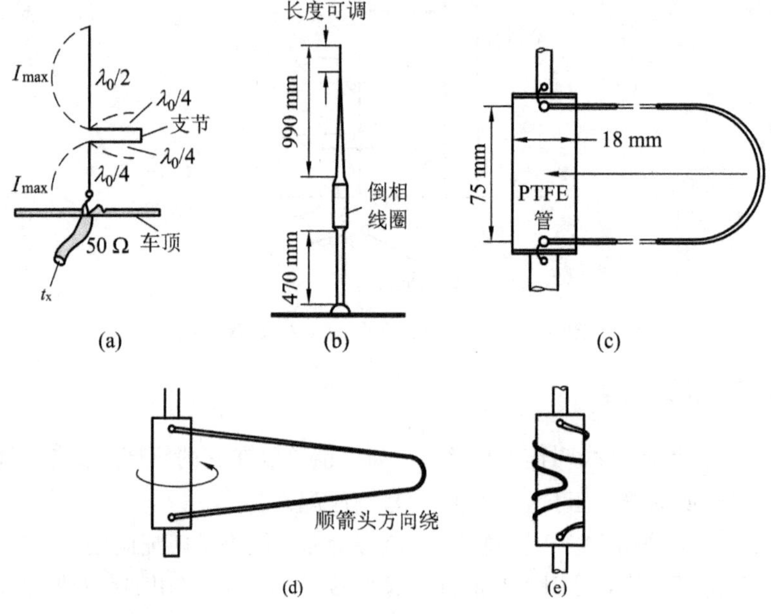

图 5.6　$3\lambda_0/4$ 长共线车载天线的原理及构成方法

(a) 原理；(b) 150 MHz $3\lambda_0/4$ 长共线天线的尺寸；(c)、(d)、(e)构成倒相段的方法及结构

5.2.4　折合单极子天线

图 5.7(a)是折合单极子天线。由于折叠，因而输入阻抗比鞭天线高，等效于把单极子加粗，所以折合单极子的带宽相对单极子要宽一些。折合单极子的两个臂可以等直径，也可以不等直径。为了实现更宽的阻抗带宽，往往采用如图 5.7(b)所示的不对称折合单极子天线。$\lambda_0/4$ 长折合单极子天线的输入阻抗约 144 Ω。

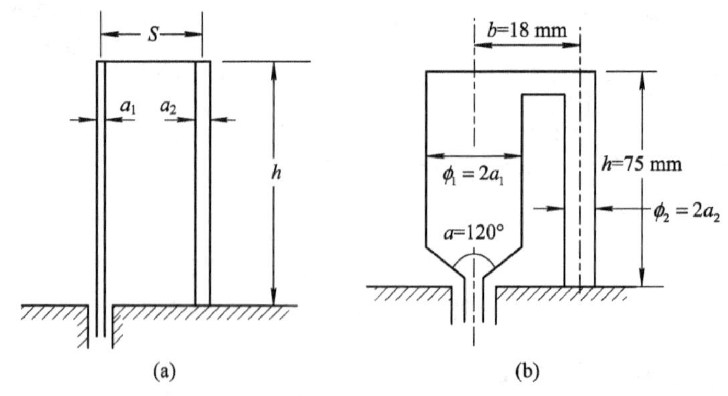

图 5.7　折合单极子天线和不对称折合单极子天线

为了使输入阻抗在一个倍频程范围内基本不变，应按下述原则选取不对称折合单极子的尺寸：

$$\frac{h}{a_1}=6.25,\quad \frac{b}{a_1}=1.5,\quad \frac{a_1}{a_2}=8$$

如果 $a_1=a_2$，则折合单极子天线的输入阻抗为

$$Z_{\mathrm{ain}}=\frac{4Z_a Z_t}{Z_t+4Z_a}$$

式中：Z_a为等效直径为 ϕ_e 的对称振子的输入阻抗，$\phi_e=\sqrt{2as}$；$Z_t=\mathrm{j}2Z_c\tan\frac{2\pi}{\lambda_0}(h+S/2)$，$Z_c=60\ln\frac{S}{a}$，$a$ 为导体半径；S 为折合臂和馈电臂之间距。

图 5.8(a)是用厚 $h=0.8$ mm，$\varepsilon_r=4.4$ 的 FR4 基板制成的带短路柱的折合单极子天线[1]。由于用短路柱 A、B、C 与基板背面的贴片相连，因而大大展宽了阻抗带宽。图 5.8(b)是折合单极子上的电流分布。

单极子的尺寸长×宽$=L_p\times W_p=$ 40 mm×6 mm，地板的尺寸 $W_s\times L_g=$ 10 mm×20 mm，单极子距离地板的间隙 $d=2$ mm，用宽 $W_f=0.1$ mm、长 $L_g=20$ mm 的微带线馈电。为了更好地匹配，在微带线的底端把长度 p(3 mm)变宽($S=1.2$ mm)。把有上述尺寸的天线进行了实测，在 1.66～2.62 GHz频段内，VSWR≤2.0，相对带宽为 46.6%，增益为2.5 dB左右，方向图与单极子类似。

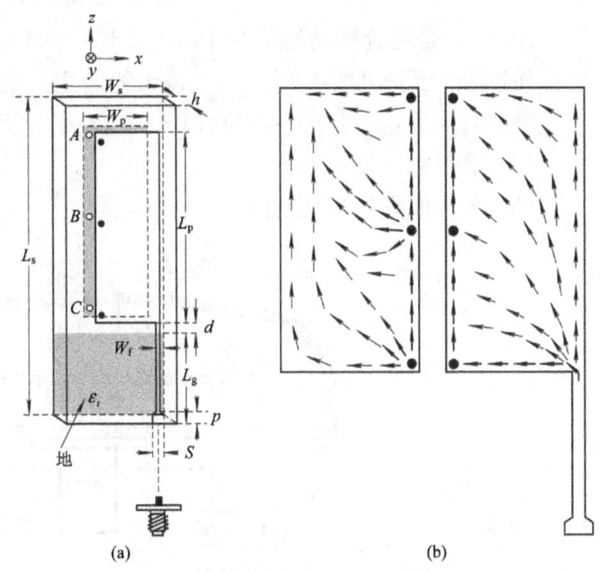

图 5.8　折合单极子天线及电流分布

(a) 结构；(b) 电流分布

5.3　宽带单极子天线

5.3.1　由十字形短路金属板顶加载单极子构成的低轮廓全向天线[2]

图 5.9(a)是用十字形短路金属板顶加载构成的低轮廓宽带单极子天线。由于结构对称，因此在方位面有均匀的全向方向图。由于顶加载，不仅使 VSWR≤2 的带宽达到了 23%，而且实现了低轮廓，电高度仅为 $0.075\lambda_0$(λ_0为中心工作波长)。天线的具体尺寸为 $L=64$ mm，$W=20$ mm，$d_1=4$ mm，$d_2=0.6$ mm，$h=10$ mm，接地板的尺寸为 100 mm×100 mm。图 5.9(b)是具有上述尺寸的天线的实测 $S_{11}\sim f$ 特性曲线。由图 5.9(b)可以看出，VSWR≤2 的频率范围为 1990～2523 MHz，相对带宽为 23%。

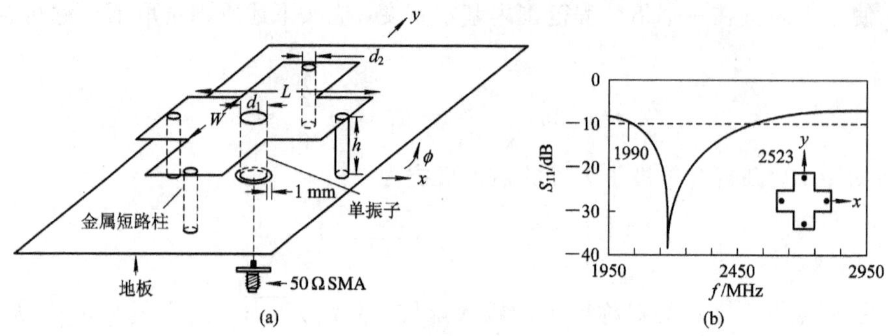

图 5.9　十字形短路金属板顶加载宽带低轮廓单极子天线及实测 $S_{11}\sim f$ 特性曲线

(a) 结构；(b) S_{11}

图 5.10 是适合移动通信在 1600～2300 MHz 频段使用的用十字形顶加载单极子构成的低轮廓全向天线的结构及尺寸。该天线的主要电参数如下：

(1) 宽频带：在 1600～2300 MHz 频段内，VSWR≤1.5，相对带宽为 35.9%。

(2) 增益：2～3 dBi。

(3) 水平面方向图呈全向。

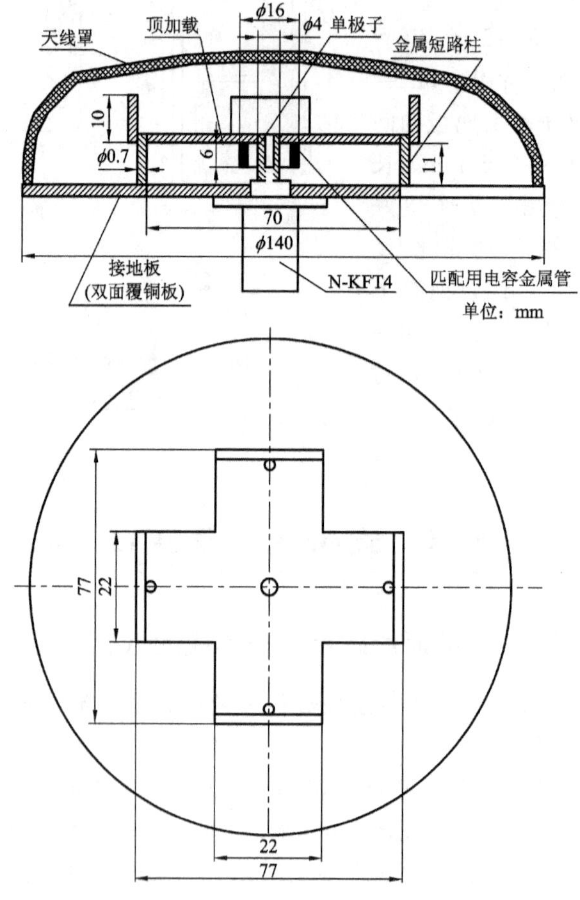

图 5.10　低轮廓全向吸顶天线

5.3.2 由套筒和寄生辐射管构成的宽带单极子天线[3]

图 5.11(a)是由套筒和寄生辐射管构成的 $f_0=1350$ MHz ($\lambda_0=220$ mm)宽带单极子天线。由图 5.11(a)可以看出，单极子由直径为 $2r_1$、中间间隙为 d、长度分别为 L_1 和 L_3 的上下金属管组成。为了进一步展宽带宽，以间隙 d 为中心，在上下单极子的外面寄生了外直径为 $2r_2+2W$、长度为 L_2 的金属管。天线的具体尺寸为 $L_1=L_2=L_3=50$ mm，$d=10$ mm，$r_1=5$ mm，$r_2=12.5$ mm，地板的尺寸为 450 mm×450 mm。

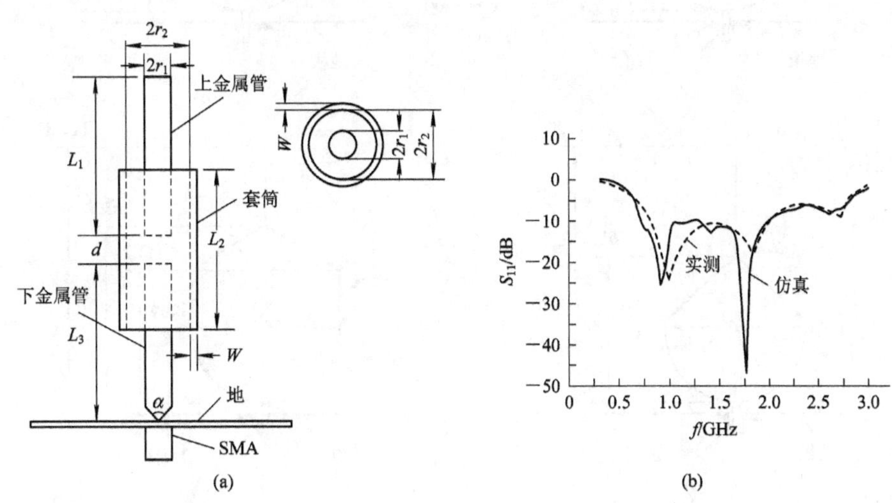

图 5.11 由套筒和寄生辐射管构成的宽带单极子天线和仿真实测 $S_{11}\sim f$ 特性曲线

(a) 结构；(b) S_{11}

图 5.11(b)是该天线仿真和实测的 $S_{11}\sim f$ 特性曲线。由图 5.11(b)可以看出，在 700～2020 MHz 频段 97%的相对带宽内，VSWR≤2。在 $f=1350$ MHz 时，实测增益为 2.9 dBi。天线的总高度 H 为 110 mm，相对最低工作频率为 700 MHz ($\lambda_L=428.57$ mm)，$H=0.256\lambda_L$，天线最大直径为 $2r_2=25$ mm($0.058\lambda_L$)。

图 5.12 是由套筒和不等直径单极子构成的宽带单极子天线。在 756～1017 MHz 频段内，VSWR≤1.5，相对带宽 29.5%，$G=4\sim5$ dBi。

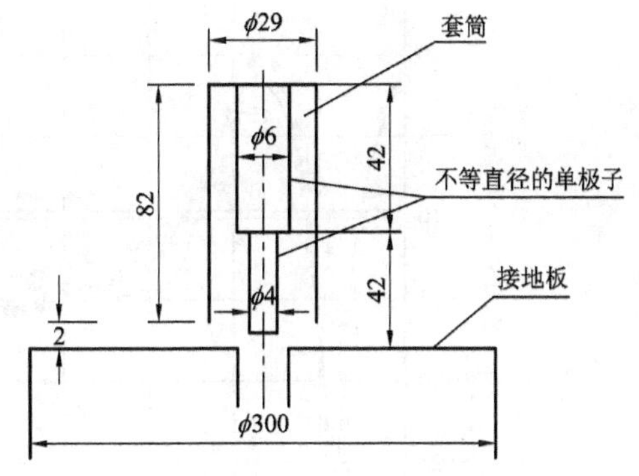

图 5.12 由套筒和不等直径单极子构成的宽带全向天线(单位为 mm)

5.3.3 四种带圆盘的单极子天线[4]

图 5.13(a)、(b)、(c)、(d)是四种带圆盘的单极子天线，在 1.7～5.5 GHz 频段，VSWR≤2，$G=3\sim4$ dB，具有单极子的全向方向图，这四种天线的圆盘尽管不同，但底部馈电都呈圆形，高度均相同，总高 $h=\lambda_{max}/4$(λ_{max} 为最低工作频率对应的波长)，均用一段导线在顶部加载，均安装在尺寸相同的有限大地面上。图 5.13(e)为它们的 $S_{11}\sim f$ 特性曲

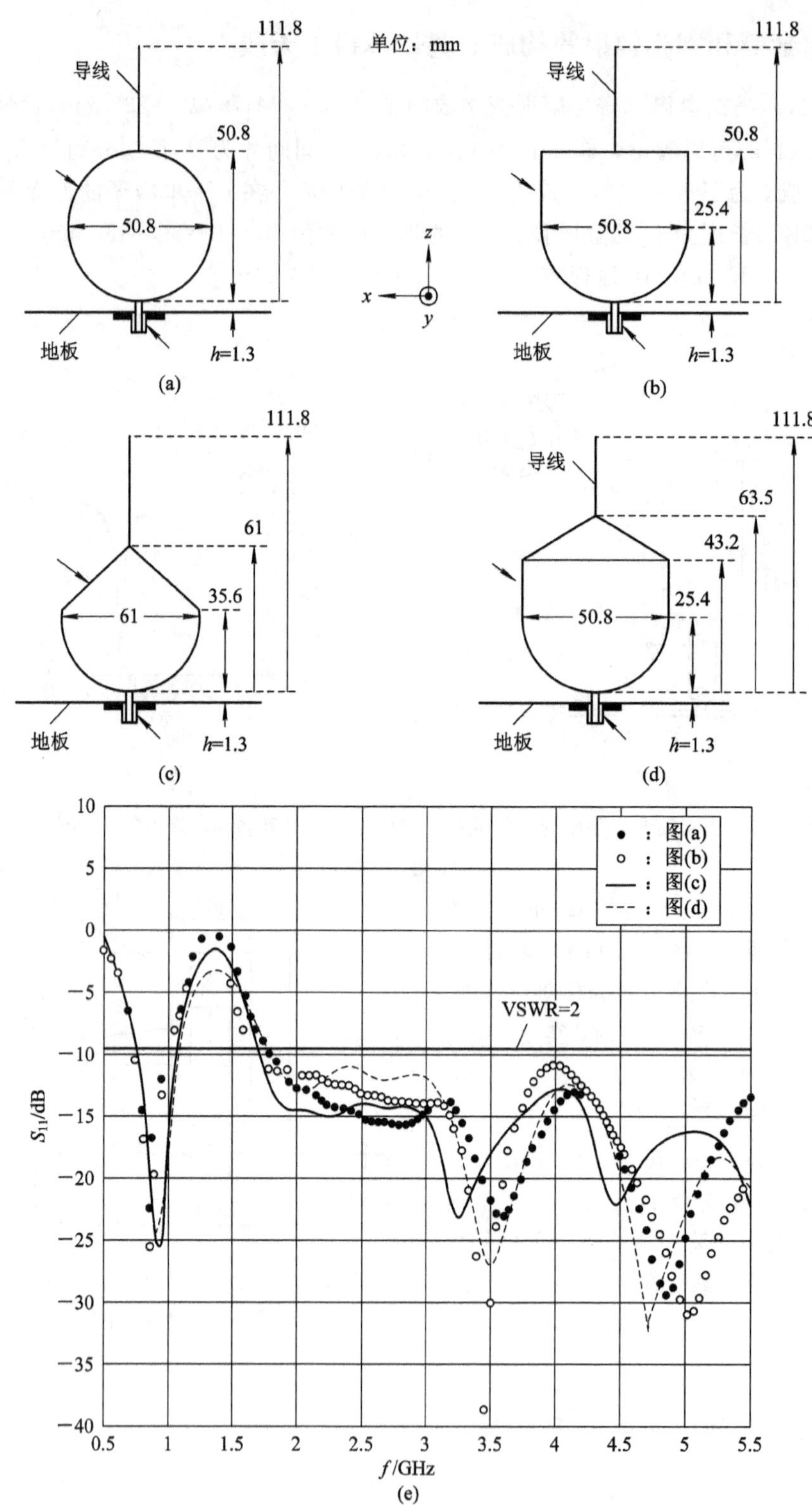

图 5.13　四种宽带圆盘单极子及仿真的 $S_{11}\sim f$ 特性曲线

(a)、(b)、(c)、(d)四种圆盘单极子；(e) S_{11}

线。由图 5.13(e)可以看出，图 5.13(c)所示的(PIC)圆盘单极子天线的 VSWR 最小，且天线尺寸相对小。图 5.14 是图 5.13(c)线加载平面倒锥圆盘单极子天线仿真和实测的 VSWR～f 特性曲线。由图 5.14 可以看出，在 1.71～5.5 GHz，3.2：1 的带宽内 VSWR≤2。图 5.15 是该天线在 f=0.8、1.0、1.8、2.0、2.4、5.0 GHz 的垂直面及水平面(θ=70°)增益方向图。由图 5.15 可以看出，所有频点均具有单极子型方向图，最大增益为 3～4 dBi，在整个工作频段，交叉极化电平≤－20 dB。

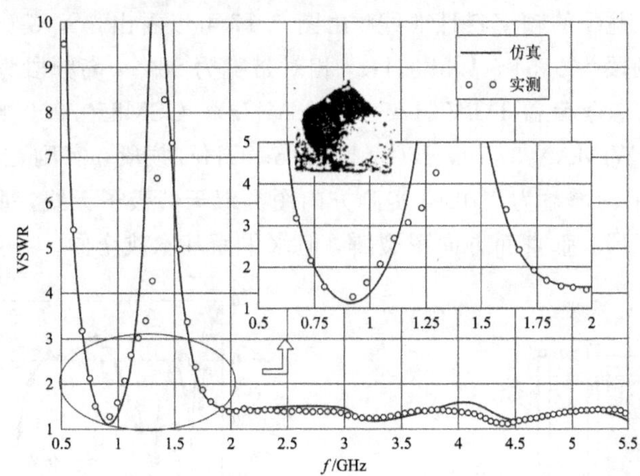

图 5.14 线加载平面倒锥圆盘单极子天线仿真和实测 VSWR～f 特性曲线

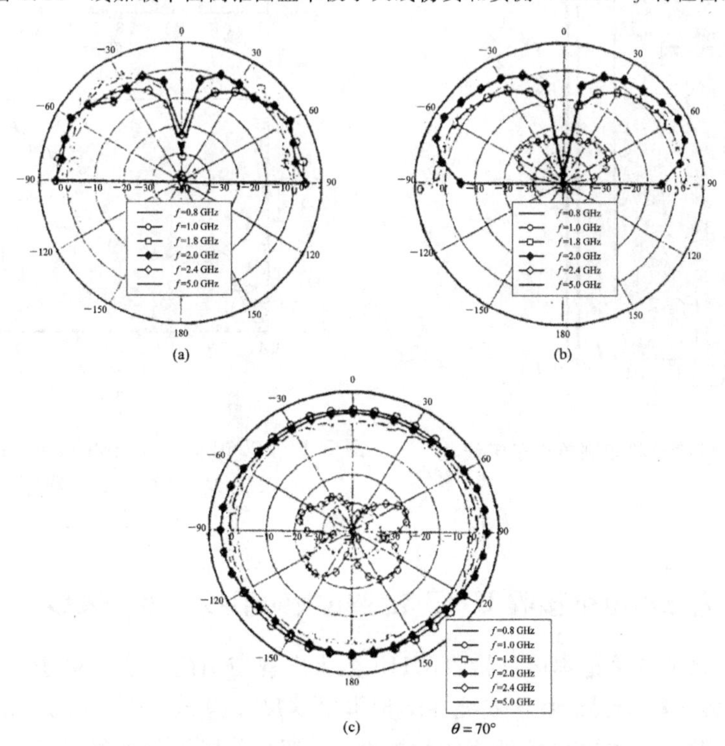

图 5.15 线加载平面倒锥圆盘单极子天线在 f=0.8、1.0、1.8、2.0、2.4、5.0 GHz 仿真垂直面和水平面增益方向图

(a) xz 面；(b) yz 面；(c) xy 面

5.3.4 由阶梯状印刷单极子构成的多频全向天线

图5.16是用$\varepsilon_r=4.4$，厚1.6 mm的FR4基板制成的多频全向单极子天线。由图5.16可以看出，用宽2.5 mm、长105 mm的微带线制成阶梯状的尺寸分别为15 mm×25 mm、54 mm×15 mm和84 mm×82 mm的单极子馈电，为了进一步展宽带宽，在100 mm×123 mm矩形地板的顶部切割有宽25 mm、长20 mm的缺口。图5.17(a)、(b)分别是该天线仿真实测S_{11}和实测G的频率特性曲线。由图5.17可以看出，$S_{11}\leqslant-10$ dB(VSWR≤2)的频率范围内，低频段为0.51～1.39 GHz，相对带宽为88%，高频段为2.11～3.77 GHz，相对带宽为63%，完全覆盖DTV(470～862 MHz)、GSM850/900频段、IMT-2000、2.4 GHzWLAN和WiMAX 3.5 GHz(3.4～3.69 GHz)频段，实测在低频段平均增益为0.1 dBi，在高频段平均增益为4 dBi，实测方向图类似于偶极子天线，垂直面为8字形，水平面为全向，在高频段，垂直面方向图裂瓣，但水平面基本成全向。

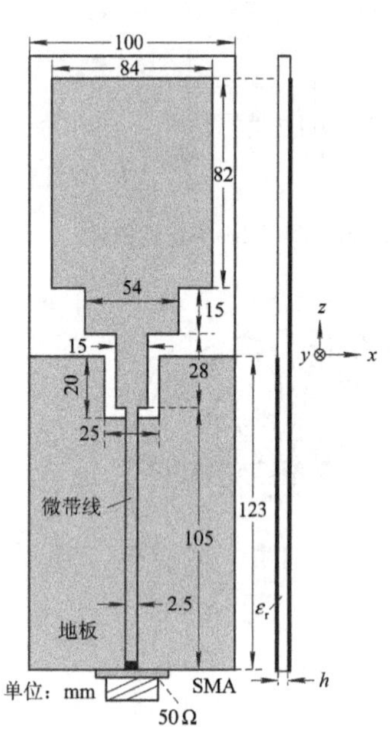

图5.16 多频阶梯状印刷单极子天线

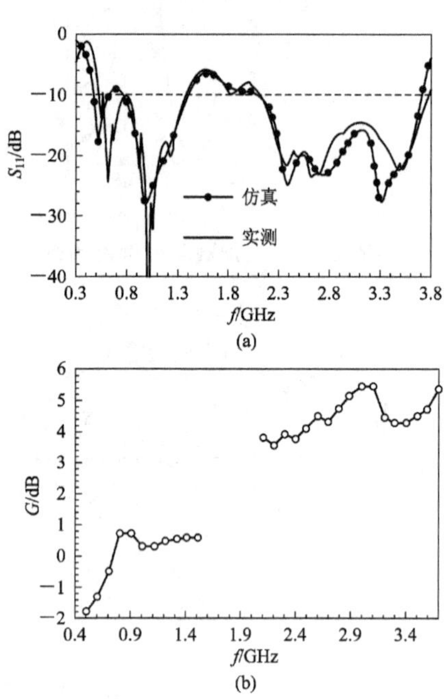

图5.17 双频阶梯状印刷单极子天线仿真实测S_{11}和实测G的频率特性曲线

(a) S_{11}；(b) G

5.3.5 适合笔记本电脑接收UHF数字电视的平板单极子天线

图5.18(a)是适合笔记本电脑接收UHF数字电视使用的平板单极子天线。由图5.18(a)可看出，平板单极子天线直接安装在笔记本电脑尺寸为200 mm×300 mm顶盖的顶边缘，可见单极子把笔记本电脑的顶盖作为接地板，调整单极子与地板之间的间隙g和大的张角α，可以使天线匹配。在给定的工作频率下，$\alpha=123°$，$g=1$ mm。为了使天线轮廓低，在天线底部切割了宽度为2 mm，间隙为5 mm，长度分别为15、37.5和44 mm的缝隙，使

天线在中心频率 600 MHz 处，高度只有 46 mm(电高度仅为 $0.092\lambda_0$)。在天线底部开缝，确实降低了天线的谐振频率，但使天线阻抗带宽变窄。不同缝隙对天线 VSWR≤2.5 的绝对带宽 Δf 和相对带宽 BW%的影响比较如表 5.2 所示。

表 5.2　不同缝隙对平板单极子天线带宽的影响

缝隙	f_L/MHz	f_H/MHz	f_0/MHz	Δf/MHz	BW/(%)
无缝隙	551	1355	953	804	84
一个	540	1295	918	755	82
二个	525	860	693	335	48
三个	480	742	611	262	43

由表 5.2 可以看出，随缝隙的增加，f_0迅速由 953 MHz 下降到 611 MHz，因而大大减小了天线的尺寸。值得注意的是，缝隙的增加对最高工作频率 f_H的影响远大于对最低工作频率 f_L的影响。图 5.18(b)是该天线仿真和实测 $S_{11}\sim f$ 特性曲线。由图 5.18(b)可以看出，VSWR≤2.5 频率范围为 480～742 MHz，相对带宽大于 40%。图 5.18(c)是该天线实测 $G\sim f$ 特性曲线，在阻抗带宽内，$G=1.5\sim2.2$ dBi。在 $f=480$、611 和 742 MHz 仿真了垂直面和水平面方向图，在 480 和 611 MHz 垂直面为 8 字形方向图，水平面呈全向，但在 742 MHz 水平面方向图不圆度变差。

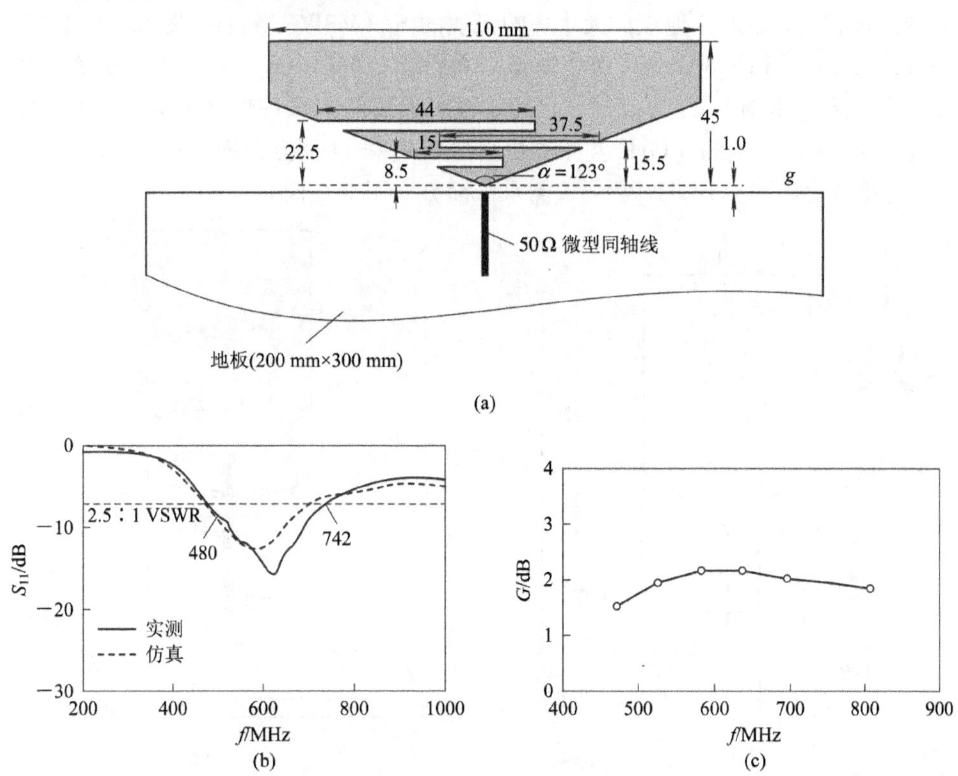

图 5.18　适合笔记本电脑接收 UHF 数字电视使用的平板单极子天线及 S_{11} 和 G 的频率特性曲线

(a) 结构；(b) S_{11}；(c) G

5.3.6 带有套筒和抬高馈电点的平面单极子天线

展宽平面单极子天线带宽的方法很多，方法之一就是采用套筒和抬高馈电点。图 5.19(a)所示的宽带矩形平面单极子不仅抬高了馈电点，而且采用了金属管套筒及小矩形接地板技术。图 5.19(b)是该天线的立体结构示意图。为了让该单极子天线能在 0.5～9.5 GHz 频段工作，天线的具体结构尺寸如表 5.3 所示。

表 5.3 矩形平面单极子的尺寸

参数	H	L	W	L_1	L_2	L_3	a	B	g	L_g	W_g
尺寸/mm	160	126	60	6	28	34	9.5	3.45	1	60	30

由图 5.19 可看出，特性阻抗为 50 Ω，外导体半径 b=3.45 mm 的空气介质同轴线离开地板 g=1 mm，伸出长度 L_2=28 mm，内导体与长度 L=126 mm、宽 W=60 mm 的矩形金属板相连构成平面矩形单极子天线。为了实现宽带阻抗匹配，除抬高馈电点外，还附加了长度 L_3=34 mm，半径 a=9.5 mm 的金属管套筒，长度为 L_1 的这部分套筒和同轴线内导体之间构成特性阻抗为 Z_{01} 的一段传输线，长度为 L_2 的这部分套筒与同轴线的外导体构成特性阻抗为 Z_{02} 的一段开路传输线。由于 $L_1<\lambda_0/12$，所以把 Z_{01}=110 Ω 的高阻抗线作为串联感抗，由于 Z_{02}=25 Ω 的低阻抗开路线提供了容抗，因而感抗、容抗的相互补偿展宽了天线的阻抗带宽，矩形接地板的大小影响天线的 S_{11}(VSWR)特性。图 5.20 用三种不同尺寸的接地板(60 mm×30 mm、100 mm×100 mm、600 mm×600 mm)实测了该天线 $S_{11}\sim f$ 特性曲线。由图 5.20 可看出，大的地板对天线的阻抗特性并无大的影响。图 5.21 是该天线在 f=0.5、2.6 和 8 GHz 实测和仿真的 E 面和 H 面方向图。由图 5.21 可以看出，在12∶1 的宽带比(0.5～6 GHz)内，实测水平面方向图呈全向。

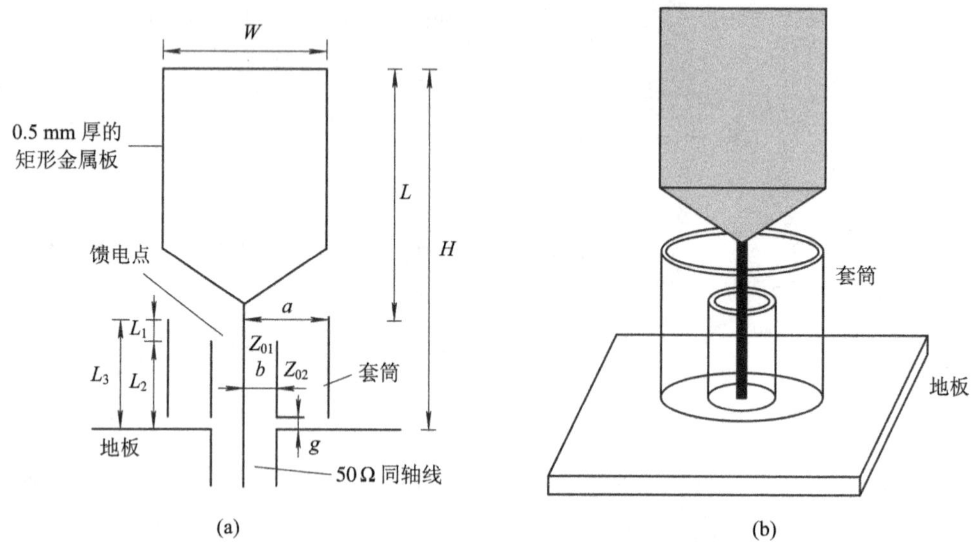

图 5.19 带有套筒和抬高馈电点的矩形平面单极子天线
(a) 平面结构及尺寸；(b) 立体结构

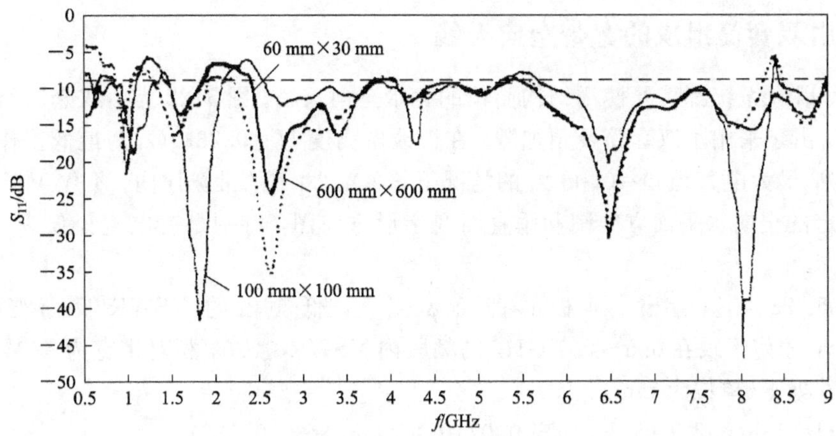

图 5.20 不同地板情况下实测 $S_{11}\sim f$ 特性曲线

—— 实测 ---- 仿真(每格10 dB)

H 面 f=0.5 GHz　　H 面 f=2 GHz　　H 面 f=6 GHz

E 面 f=0.5 GHz　　E 面 f=2 GHz　　E 面 f=6 GHz

H 面 f=8 GHz　　E 面 f=8 GHz

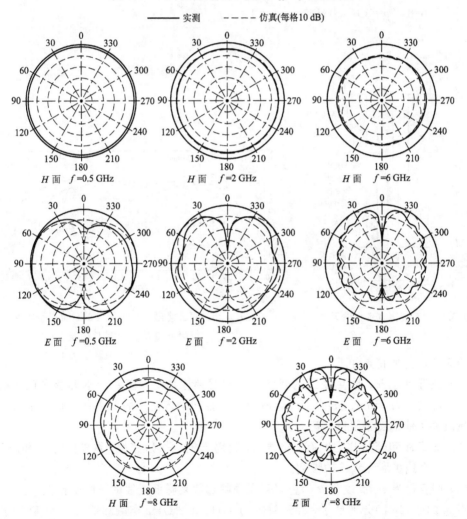

图 5.21 图 5.19 所示天线在 f=0.5、2、6 和 8 GHz 实测和仿真的 E 面和 H 面方向图

5.3.7 由双套筒组成的宽带全向天线

扩频、跳频系统都需要使用结构简单的宽带全向天线。图 5.22 为由双套筒组成的宽带全向天线。由于采用了双套筒及顶加载，在天线电高度 $H=0.23\lambda_L$（λ_L为最低工作频率所对应的波长），最大电直径 $\Phi=0.083\lambda_L$的情况下，在 4.2∶1 的带宽比内，不仅 VSWR≤2.0，而且有稳定的全向水平面方向图和垂直面 8 字形方向图，特别是有电直径仅为 $0.083\lambda_L$的小地板。

由图 5.23 可以看出，地板的直径 ϕ 变大，低频段的 VSWR 反而变坏，只有 $\phi=50$ mm，才使天线在 0.5～2.1 GHz 的频段内 VSWR≤2.0，相对带宽为 123%。该天线的具体尺寸如下(单位为 mm)：

$$H=138(0.23\lambda_L),\ L_1=43(0.07167\lambda_L),\ L_2=80(0.133\lambda_L)$$
$$\phi=50(0.083\lambda_L),\ h=40(0.0666\lambda_L),\ L=35(0.0583\lambda_L),$$
$$2a=8,\ 2b=19(0.0316\lambda_L),\ g=1$$

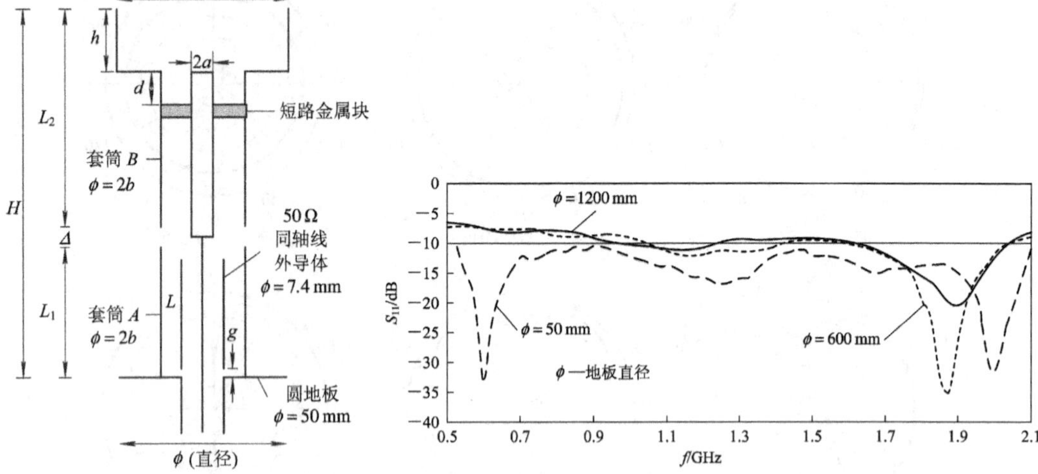

图 5.22 双套筒宽带全向天线

图 5.23 双套筒宽带全向天线在不同直径地板情况下的 $S_{11}\sim f$ 特性曲线

该天线的主要特点如下：

(1) 把直径为 $2b$、长度为 L_1的套筒 A 的外导体作为高频段 $\lambda_0/4$ 长单极子的辐射体。

(2) 直径为 7.4 mm、长度 $L=35$ mm 的 50 Ω 同轴传输线的下端有一间隙 g，g 的大小能明显改善天线的宽带阻抗匹配。

(3) 套筒 A 和套筒 B 之间有一间隙 Δ，套筒 B 有一个短路块，调整间隙 Δ 和短路块的位置，能极大地扩展高频段的带宽。

(4) 用直径为 φ、高度为 h 的金属管在顶部加载来降低天线的下限工作频率。

图 5.24(a)、(b)分别是 $f=0.5$ GHz、1 GHz 和 2 GHz 实测和仿真 E 面和 H 面方向图。由图5.24可以看出，在 0.5～2 GHz 频段内，E 面方向图呈 8 字形，H 面呈全向。图 5.25 是该天线的照片。

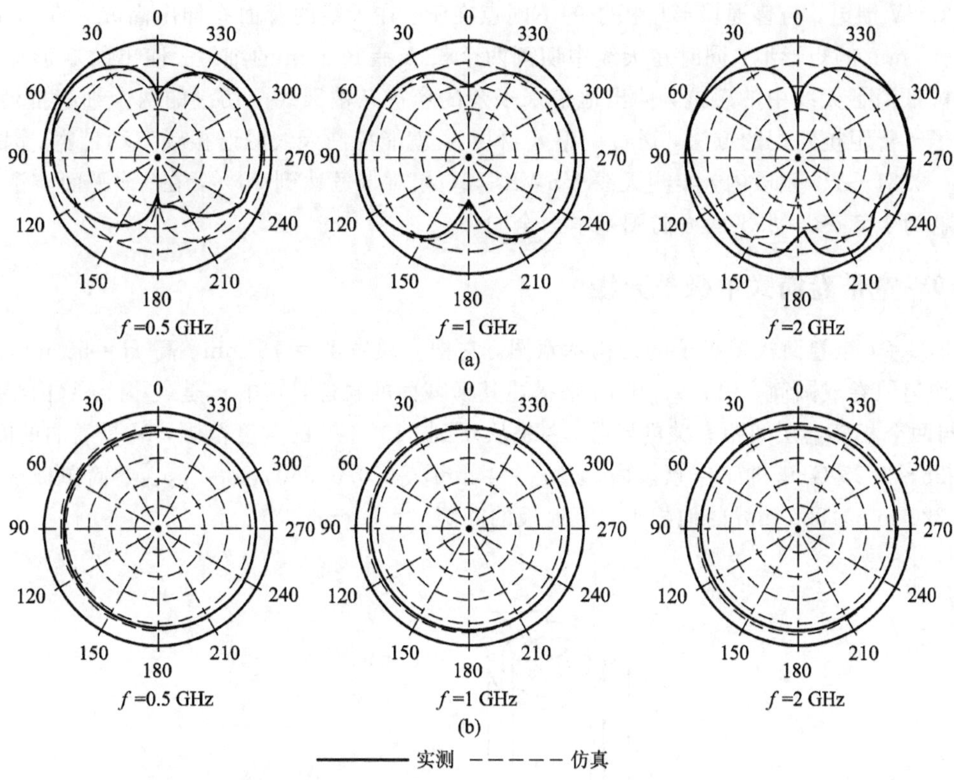

图 5.24　双套筒宽带全向天线在 f=0.5 GHz、1 GHz 和 2 GHz 实测和仿真 E 面和 H 面方向图

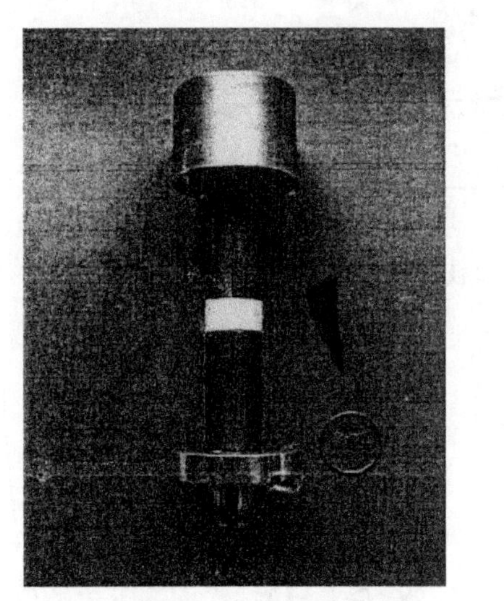

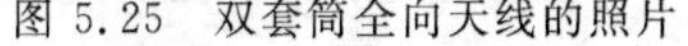

图 5.25　双套筒全向天线的照片

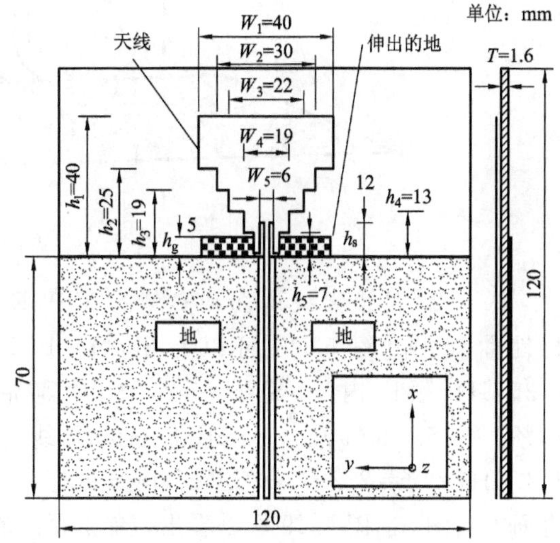

图 5.26　带有改善阻抗匹配的宽带蝶形单极子天线

5.3.8　带有改善阻抗匹配的宽带蝶形全向单极子天线

图 5.26 是用厚 1.6 mm，ε_r=4.6 的 FR4 基板制造的在 1.03～2.31 GHz 频段工作的带有改善阻抗匹配的宽带蝶形全向单极子天线的结构尺寸。由图 5.26 可以看出，蝶形单极

子用 CPW 馈电，与普通蝶形单极子的不同点在于：在天线的背面有伸出高 $h_g=5$ mm，宽 $W_1=40$ mm 的矩形地，同时在天线中切割两个长 $h_s=12$ mm 的细缝。伸出的矩形地带来的容抗抵消了天线中的感抗，伸出地带来多余的容抗又被天线中切割的两个细缝抵消。由于有了改善阻抗匹配的方法，通过调整 h_g 和 h_s，就能控制天线的谐振频率和带宽。因而在 1.03～2.31 GHz 频段内，实测天线 VSWR≤2，相对带宽达到 76%，在 xy 平面实测天线的增益为 1.7 dBi，水平面方向图基本为全向。

5.3.9 宽带卷筒式单极子天线

图 5.27 是卷筒式单极子的结构示意图，它把一块宽 $W=75$ mm、高 $H=50$ mm 的薄铜皮均匀地卷成圆筒，用 $r=r_0+\alpha\phi$ 来描述其横截面的轨迹，其中 r_0 是最小半径(内半径)，α 是与两个相邻卷层间距有关的常数，ϕ 是从 0°到 360°×N 的角度范围，N 是卷曲的圈数。在 1.25～2.25 GHz 的工作频段内，选 $r_0=4$ mm，$\alpha=0.5/360$，$N=2.5$。卷筒单极子垂直位于 320 mm×320 mm 的地板上，距地板的间隙 $g=1$ mm。

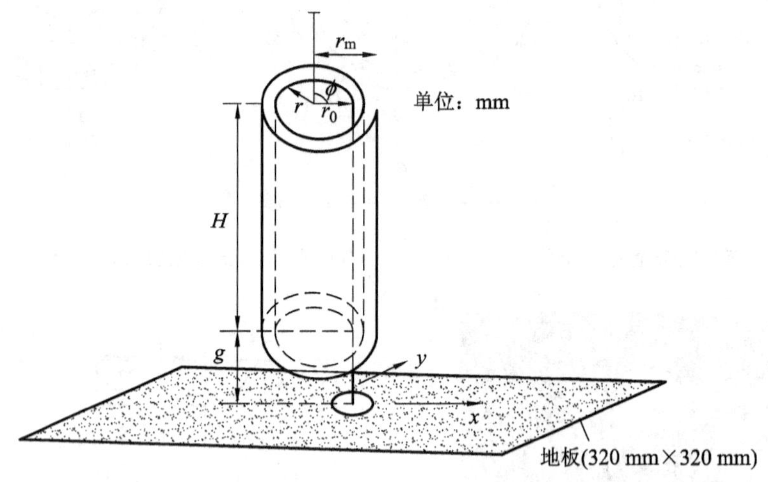

图 5.27 卷筒式单极子天线

图 5.28 是该天线仿真和实测的 VSWR～f 特性曲线。由图 5.28 可以看出，在 1.25～2.25 GHz 频段内，VSWR≤2，相对宽带为 70%。图 5.29(a)、(b)分别是该天线 $f=1.4$ GHz和 $f=2.2$ GHz 实测和仿真的 $\phi=0°$ 垂直面方向图。由图 5.29 可以看出，在宽频带范围内，方向图均呈 8 字形。图 5.30 是该天线在 $f=1.4$ GHz 和 2.2 GHz 实测水平面方向图。由图 5.30 可以看出，在频段内，方向图基本上呈全向。图 5.31 是该天线仿真和实测的增益频率特性曲线。由图 5.31 可以看出，在频段内，增益为 3.2～4.6 dBi。

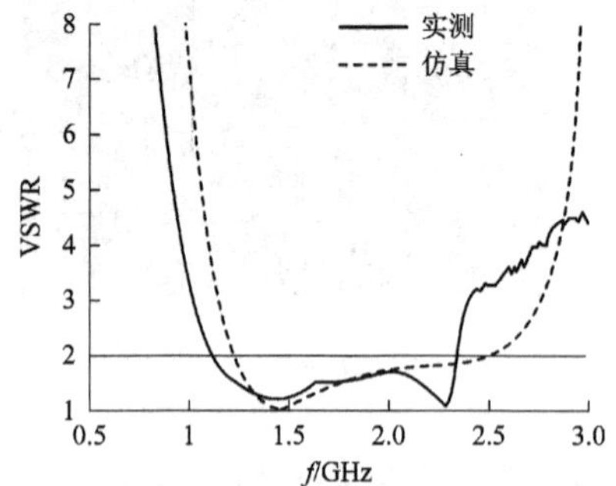

图 5.28 卷筒式单极子天线实测 VSWR～f 特性曲线

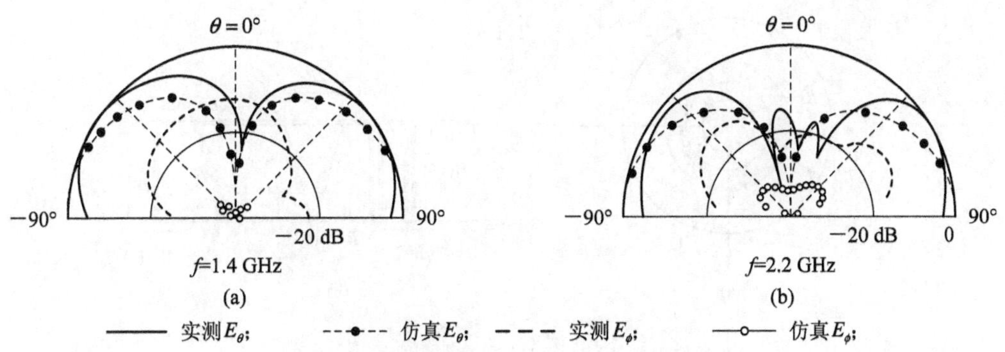

图 5.29 卷筒式单极子天线仿真和实测垂直面方向图
(a) 1.4 GHz；(b) 2.2 GHz

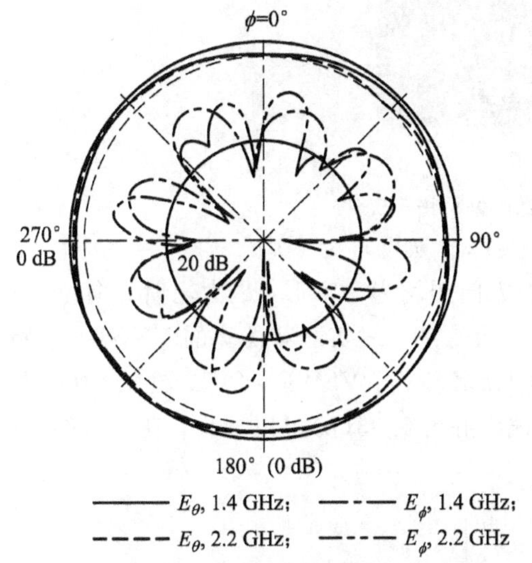

图 5.30 卷筒式单极子天线在 1.4 和 2.2 GHz 实测水平面方向图

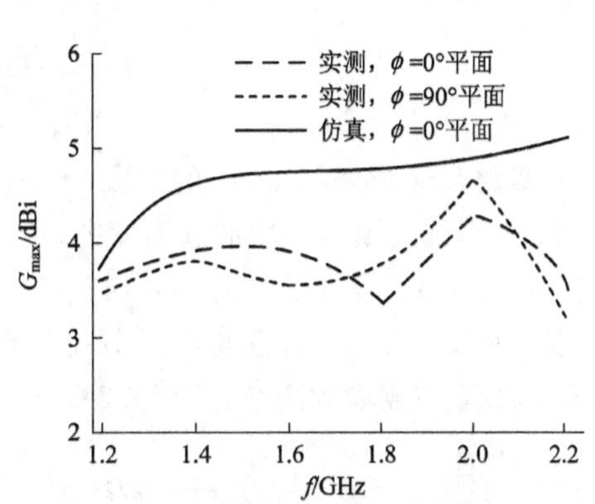

图 5.31 卷筒式单极子天线仿真和实测 $G\sim f$ 特性曲线

5.4 由倒锥、盘锥和双锥构成的宽带全向天线

5.4.1 宽带低轮廓圆锥单极子天线[6]

图 5.32(a)、(b)、(c)是高 $H=0.0622\lambda_L$、直径 $\phi=0.048\lambda_L$ 的圆锥单极子天线的结构及照片。该天线在 747～5900 MHz 频段内，VSWR≤2.5。之所以能在 7.9∶1 的带宽比内有低的 VSWR，主要是由于采用了带寄生套筒的圆锥单极子和与接地板短路连接的寄生圆环。由图 5.32 可以看出，该天线由顶半径 $R_2=8.2$ mm，底半径 $R_1=1$ mm 的圆锥单极子和三个截面为 2 mm×1 mm 的短路柱与直径为 375 mm($0.93\lambda_L$)的地板短路的寄生环组成，寄生环内外半径分别为 $R_3=10$ mm，$R_4=43.75$ mm。为了进一步改进天线的阻抗带宽，在馈电点圆锥单极子的外面附加了高度为 7 mm 的套筒。

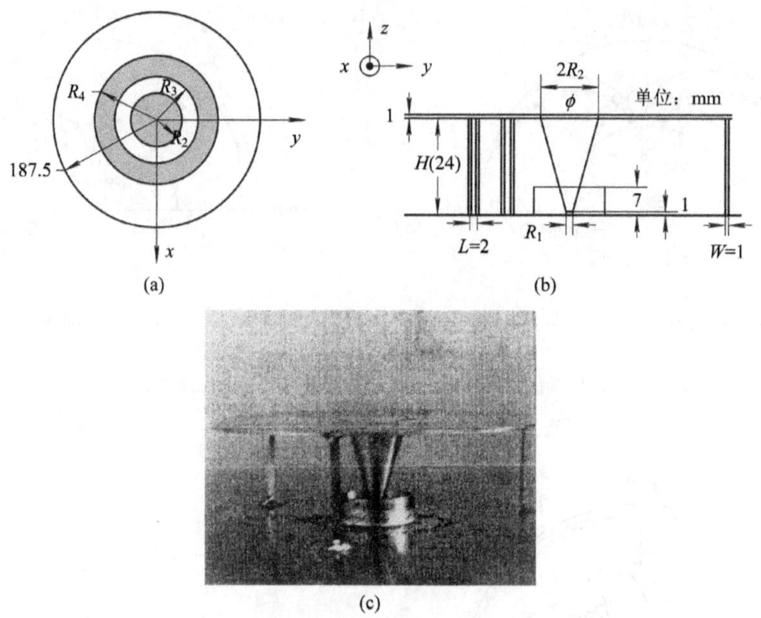

图 5.32　宽带低轮廓圆锥单极子天线

(a) 顶视；(b) 侧视；(c) 照片

经实测，在 1～5.2 GHz 的频段内，垂直面方向图均为 8 字形，最大辐射方向位于 $\theta=55°\sim60°$，不圆度随频率增加逐渐变差。图 5.33(a)是该天线实测和仿真的 VSWR～f 特性曲线。由图 5.33(a)可以看出，在 747～5900 MHz 频段内，VSWR≤2.5。图 5.33(b)是该天线在 $\varphi=30°$，$\theta=55°$方向增益的频率特性曲线。由图 5.33(b)可以看出，在频段的低端，$G=2.6$ dBi，在频段的高端，$G=5.3$ dBi。

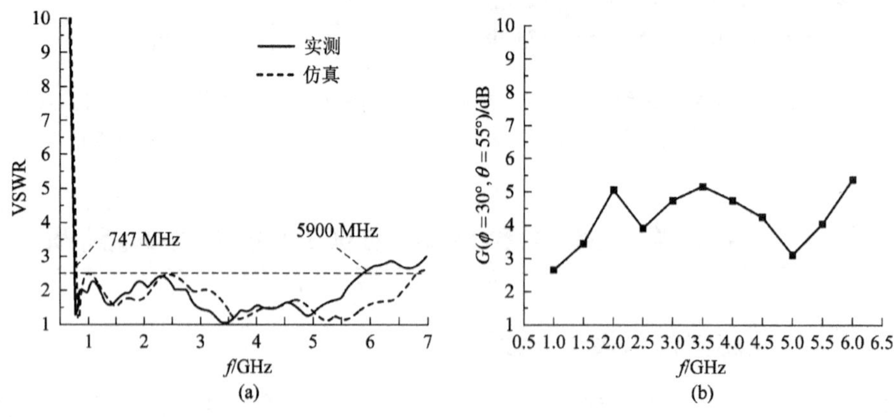

图 5.33　图 5.32 所示的天线实测和仿真 VSWR～f 特性曲线与 $\theta=55°$、$\phi=30°$方向 $G\sim f$ 特性曲线

(a) VSWR；(b) G

5.4.2　宽频带 $\lambda_L/8$ 单极子天线[7]

小宽带单极子天线由于具有垂直极化，因而全向方向图和相对小的电尺寸得到了广泛应用。图 5.34 给出了最低工作频率 $f_L=500$ MHz($\lambda_L=600$ mm)宽频带圆锥单极子天线的

结构和尺寸。由于限制高度只能为$\lambda_L/8=75$ mm，因此仅用圆锥单极子只能在6.38∶1的带宽比范围内使VSWR≤2，且最低工作频率为625 MHz。为了降低天线的高度和实现宽频带，在圆锥单极子天线的基础上，采取了以下技术：

(1) 在圆锥单极子天线的顶部附加直径160 mm($\phi=0.267\lambda_L$)的电容盘。

(2) 在圆锥单极子的底部附加厚为6.4 mm、直径为60 mm($\phi=0.1\lambda_L$)的FR4基板。为了使阻抗最佳，把圆锥单极子的底部变成高6.5 mm、直径5.2 mm的金属圆柱体。

(3) 在圆锥单极子的周围对称地附加四个直径8 mm、高42.7 mm($0.071\lambda_L$)的寄生金属柱。

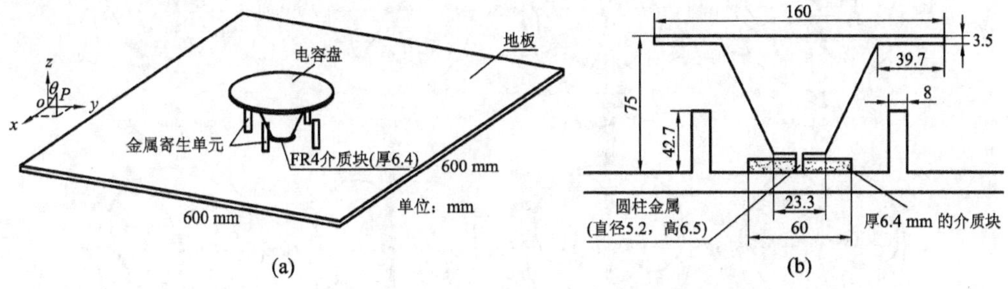

图 5.34 顶加载圆锥单极子天线的结构及尺寸

图5.35(a)、(b)分别是该天线仿真和实测的VSWR～f特性曲线及史密斯阻抗圆图。由图5.35(a)、(b)可看出，在498～1460.5 MHz频段内，实测VSWR≤2，带宽比为2.93∶1。图5.36是f=500、750、1000和1200 MHz仿真和实测的方向图，其中图(a)、(b)、(c)、(d)为H面方向图，不圆度小于1.8 dB，图(e)、(f)、(g)、(h)是$\phi=0°$平面的E面方向图，图(i)、(j)、(k)、(l)是$\phi=45°$平面的E面方向图。由图5.36可看出，均呈8字形。图5.37是在边长为λ_L的方地板上仿真和实测的增益频率特性曲线。由图5.37可看出，在500～1200 MHz频段内，3.9 dBi$<G<$5 dBi。为了比较，图5.37中还给出了在600 mm圆地板上仿真的增益。

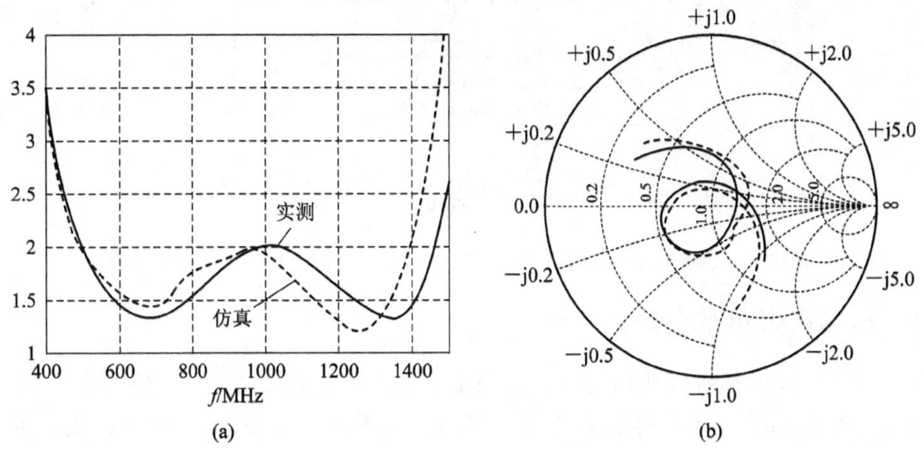

图 5.35 顶加载圆锥单极子天线仿真和实测VSWR～f特性曲线及史密斯圆图

(a) VSWR～f特性曲线；(b) 史密斯圆图

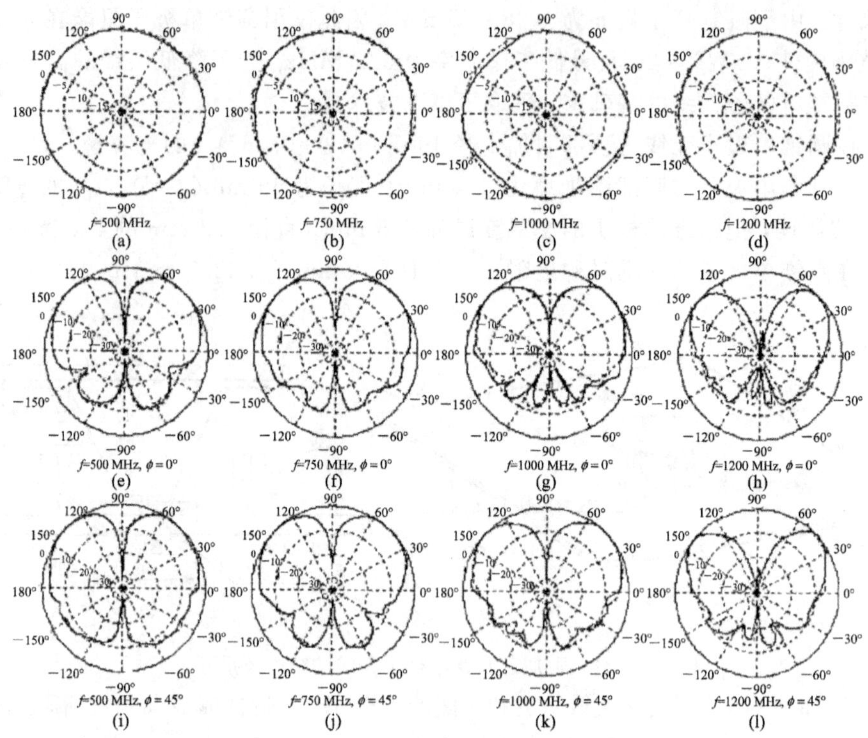

图 5.36　顶加载圆锥单极子天线在 500、750、1000 和 1200 MHz 仿真和实测 H 面和 $\phi=0°$、45°平面的 E 面方向图

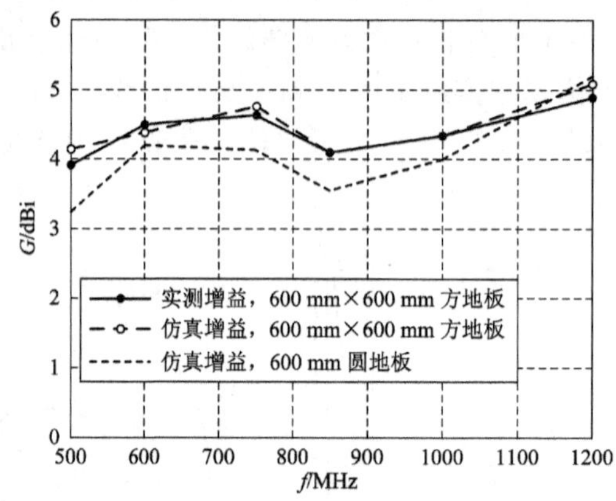

图 5.37　顶加载圆锥单极子天线位于不同地面上仿真和实测 $G\sim f$ 特性曲线

5.4.3　矩形宽带单锥全向天线[8]

无线通信和检测都希望使用全向、宽频带、小尺寸、平坦增益、无信号失真和低成本全向天线。图 5.38(a)所示的矩形宽带单锥就是结构简单、紧凑的全向天线。在 2.8～11 GHz频段，天线的尺寸为 $\theta=52°$，$L_1=L_2=20$ mm，$H_1=20$ mm，地板 $G_1=G_2=13$ mm。图 5.38(b)是该天线实测和仿真的 VSWR～f 特性曲线。由图 5.38(b)可看出，在 2.8～11 GHz 频段内，VSWR≤2，带宽比为 3.92：1。地板的大小对天线阻抗带宽的影响如图 5.39 所示。由图 5.39 可看出，地板小天线的阻抗带宽反而好。

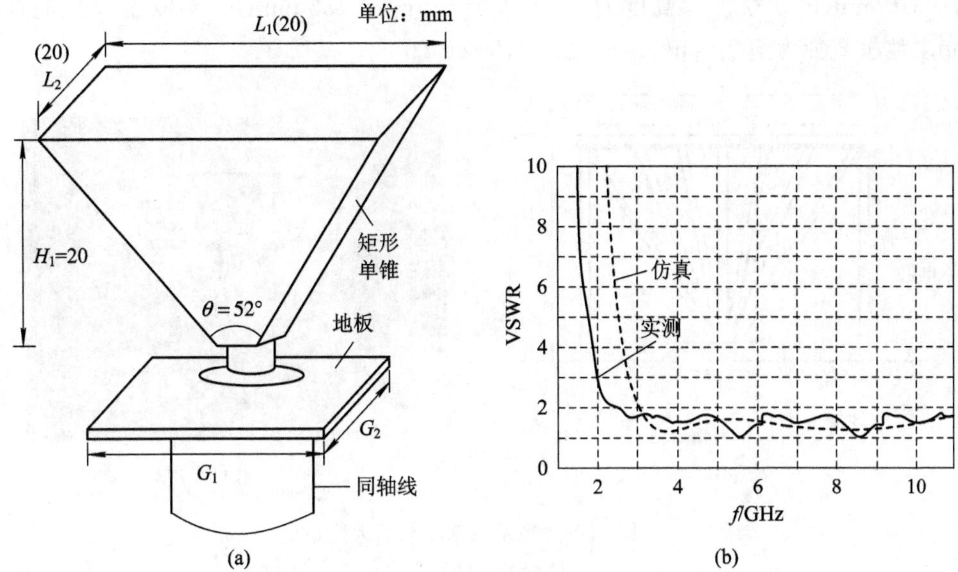

图 5.38 矩形单锥天线的结构及仿真实测 VSWR～f 特性曲线

(a) 结构；(b) VSWR

图 5.40 是该天线仿真的 G～f 特性曲线。由图 5.40 可看出，在 2～11 GHz 频段内，G=1.8～2.5 dBi，增益随频率变化比较平坦。在频段内实测 E 面方向图为 8 字形，最大辐射方向指向水平面，H 面为全向。

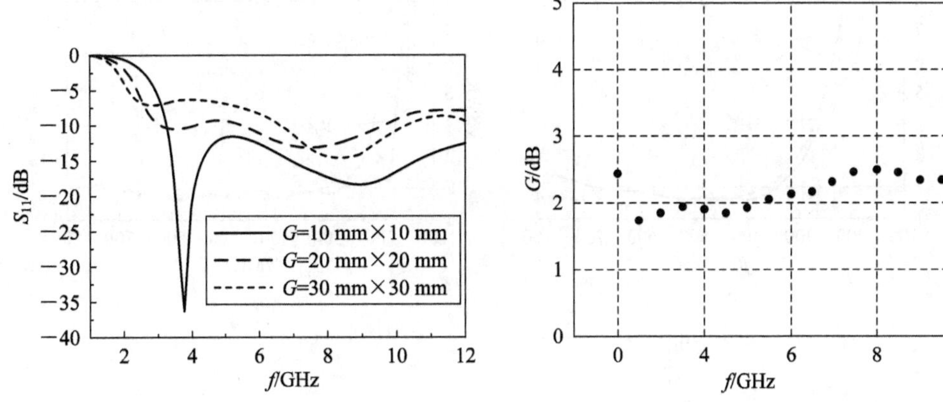

图 5.39 矩形单锥天线在不同地板尺寸情况下的 S_{11}～f 特性曲线

图 5.40 矩形单锥天线仿真的 G～f 特性曲线

5.4.4 宽带线锥单极子天线[9]

图 5.41(a)、(b)分别是宽带线锥单极子天线的结构图和照片。为了进一步展宽倒锥单极子天线的阻抗带宽，采用了以下技术：

(1) 电容帽加载；

(2) 感性柱和用位于感性柱中间的电阻 R 加载。

该天线的工作频段为 100～800 MHz，具体尺寸为 b_1=20 mm，b_2=300 mm，最大直

径 d_e=310 mm(0.103λ_{max})，高度 $H=h_1+h_2$=150+5=155 mm(0.0516λ_{max})，线的直径为10 mm，地板直径为 500 mm(0.167λ_{max})，R=40 Ω。

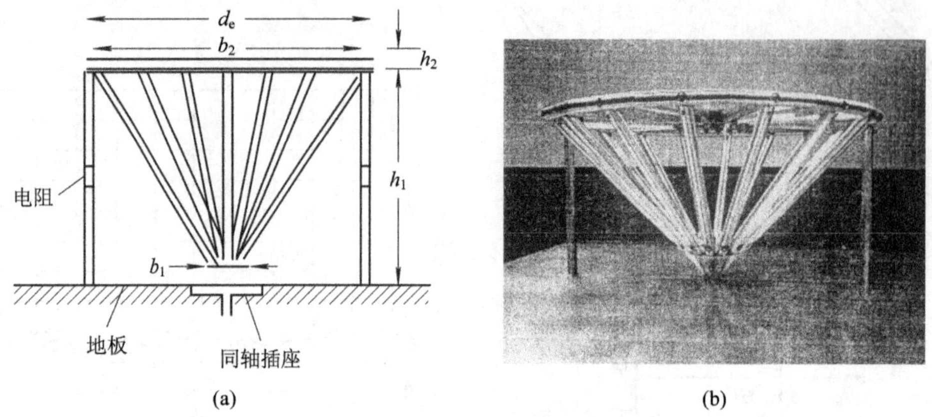

图 5.41 宽带线锥单极子天线
(a) 结构；(b) 照片

图 5.42 是在具有上述尺寸的线锥单极子天线无柱(见图(a))、有两个柱(见图(b))和有两个柱及 R=40 Ω 电阻(见图(c))的情况下仿真和实测的 VSWR～f 特性曲线。由图 5.42 可看出，给锥角为 90°的线锥附加两个感性柱和在杆的中间用 40 Ω 电阻加载，使 VSWR≤2 的带宽从 350～620 MHz 的频段扩展到 120～700 MHz 频段。图 5.43(a)、(b)、(c)分别是该天线在 f=300，500 和 600 MHz 仿真的垂直面方向图。

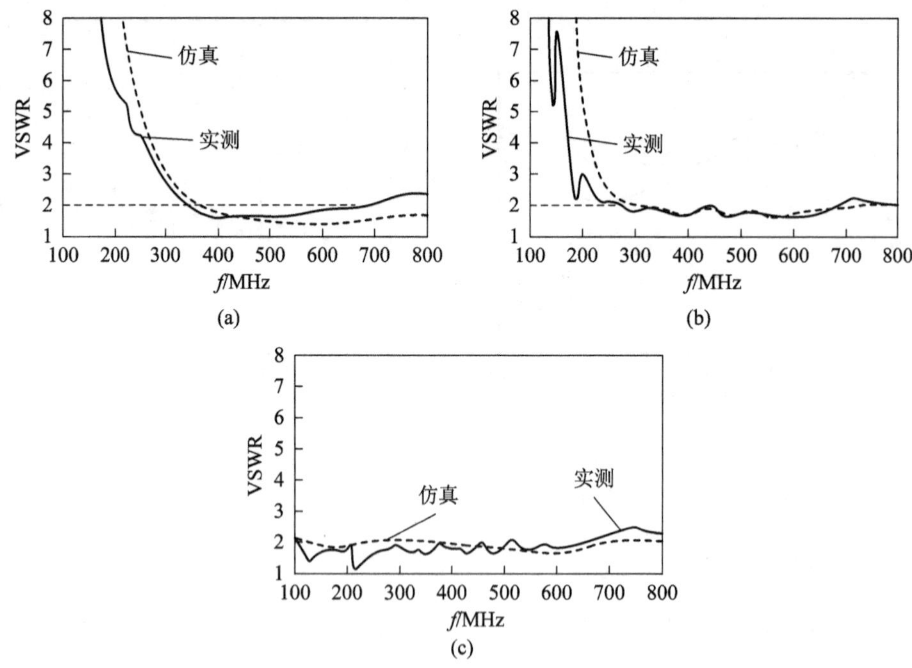

图 5.42 宽带线锥单极子天线仿真和实测 VSWR～f 特性曲线
(a) 无柱；(b) 两个柱；(c) 两个柱及用 R=40 Ω 电阻加载

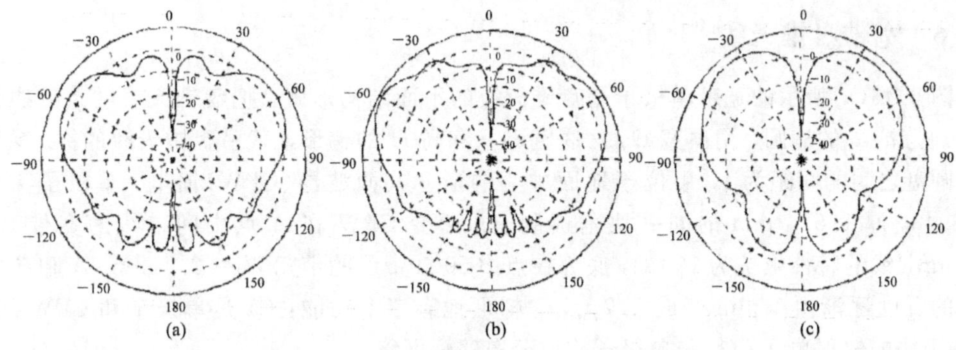

图 5.43　宽带线锥单极子天线在 $f=300$，500 和 600 MHz 仿真的垂直面方向图
(a) 300 MHz；(b) 500 MHz；(c) 600 MHz

5.4.5　改善高仰角辐射的倒锥全向天线

为了改进普通倒锥天线的高仰角辐射，可采用如图 5.44 所示的技术措施，假定倒锥接地板的直径为 ϕ_1，在倒锥的顶上覆盖直径 $\phi_2=\phi_1/2$ 的金属板和直径为 ϕ_3（$\phi_3<\phi_2$）的金属板，ϕ_3 和 ϕ_2 用绝缘材料支撑，间距 $H=0.625\phi_2$。图 5.45 中把普通和改进型倒锥天线的垂直面方向图作了比较，图中实线为普通倒锥天线，虚线为改进型倒锥天线的垂直面方向图。由图 5.44 可看出，改进型倒锥天线在 0°～30°电平不仅有提高，而且更均匀。

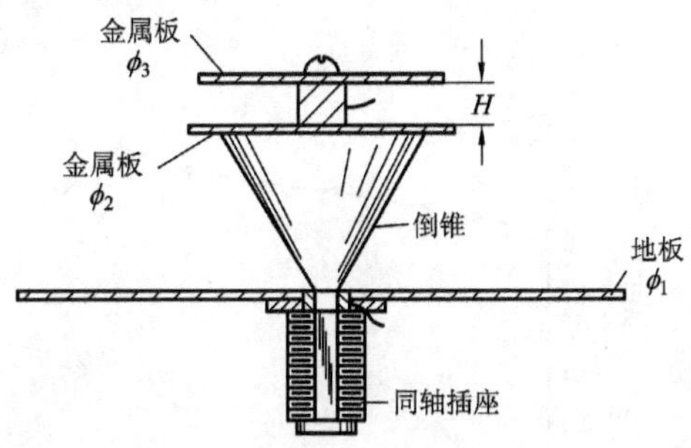

图 5.44　能改善高仰角辐射的改进倒锥天线

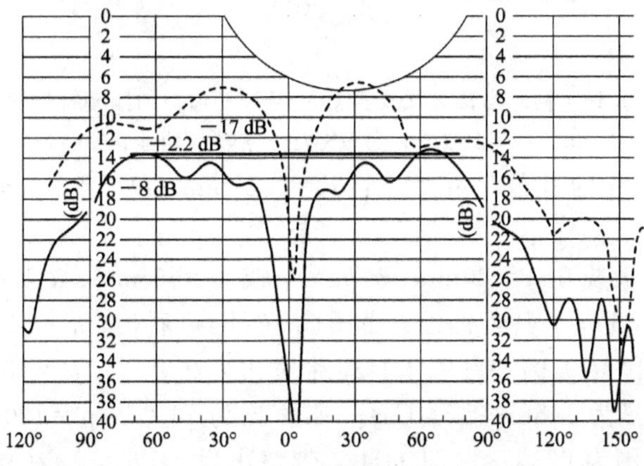

图 5.45　普通和改进倒锥天线垂直面方向图的比较

5.4.6 宽带盘锥天线[10]

图 5.46(a)所示的宽带单极子是盘锥天线的平面结构形式，把盘锥天线的盘变成长短轴分别为 a、b 的椭圆，用顶宽 $D_{\min}$、底宽 $D_{\max}$ 和高 H 的梯形地代替盘锥天线的锥。梯形地与椭圆盘之间的间距为 t，用位于地面中心的渐变共面波导(CPW)馈电。单极子和地用 $\varepsilon_r=3.48$，厚 1.524 mm 的同一块基板制造。渐变 CPW 在 A 点中间带线的宽带 $W_1=1.0$ mm，线的特性阻抗为 100 Ω，底部在点 B 50 Ω 带线的带宽 $W_b=2.7$ mm。A 和 B 之间带线的宽度逐渐由 1 mm 变成 2.7 mm。梯形地有三个功能：① 是单极子和 CPW 的地；② 是天线的辐射单元；③ 与单极子构成分布匹配网络。

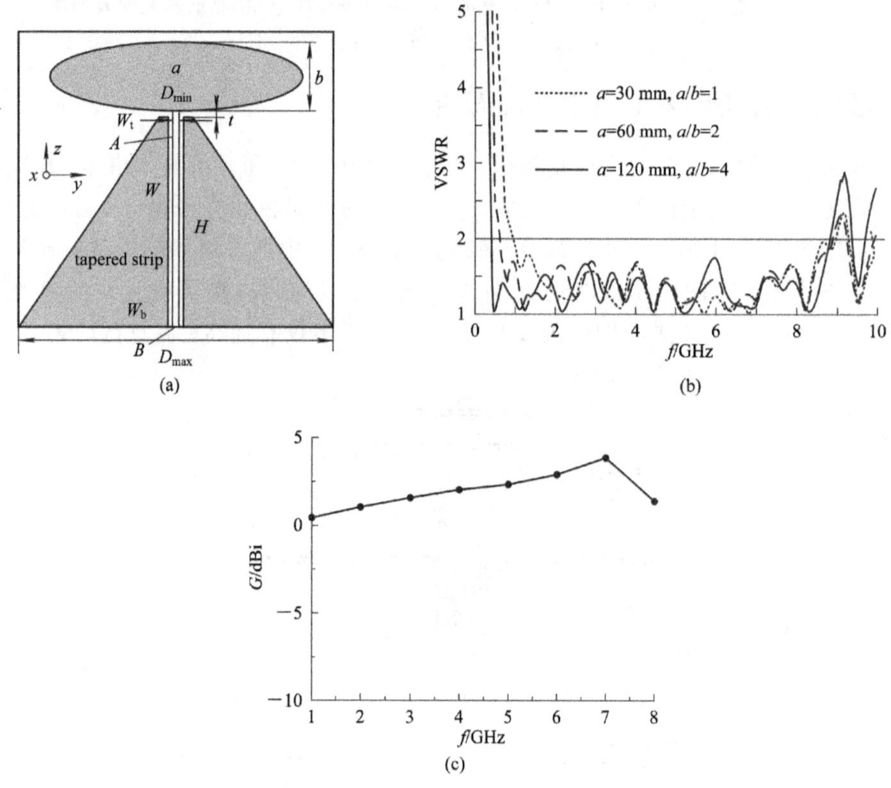

图 5.46 椭圆盘锥天线及实测 VSWR 和增益的频率特性曲线

(a) 结构；(b) $a/b=1$，2 和 4 时的 VSWR～f 特性曲线；(c) G～f 特性曲线

椭圆平面盘锥天线的其他尺寸如下：$T=2.3$ mm，$D_{\min}=9$ mm，$D_{\max}=140$，$H=75$ mm。

图 5.46(b)是该天线在 $a=30$mm、$a/b=1$，或 $a=60$ mm、$a/b=2$，或 $a=120$ mm、$a/b=4$ 时，实测 VSWR～f 特性曲线。由图 5.46(b)可看出，$a=30$ mm，$a/b=1$，实测 VSWR≤2 的频率范围为 0.97～8.98 GHz，带宽比为 9.2∶1；$a=60$ mm，$a/b=2$，实测 VSWR≤2 的频率范围为 0.58～9.54 GHz，带宽比为 14∶1；$a=120$ mm，$a/b=4$，实测 VSWR≤2 的频率范围为 0.41～9.51 GHz，带宽比为 21.6∶1。在 $a=120$ mm，$a/b=4$ 时，VSWR≤2 的最低工作频率为 $f_L=410$ MHz，天线的面积为 $0.19\lambda_L\times0.16\lambda_L$。图 5.46(c)是该天线在 1～8 GHz 频段实测 G～f 特性曲线。由图 5.46(c)可看出，在 1～7 GHz，

增益单调上升，从 0.4 dBi 上升至 4 dBi，在 8 GHz 下降为 1.5 dBi。图 5.47 是该天线在 1 GHz和 6 GHz 实测垂直面和水平面方向图。由图 5.47 可看出，天线的水平面方向图几乎为全向。

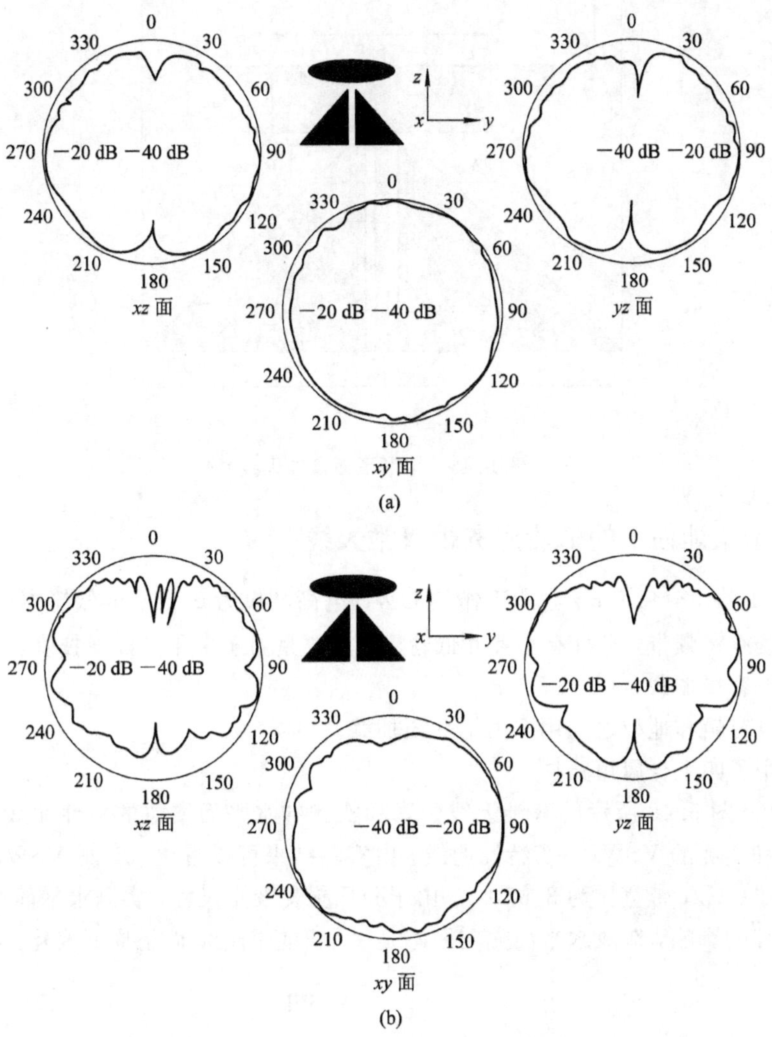

图 5.47 平面椭圆盘锥天线在 1 GHz 和 6 GHz 实测水平面和垂直面方向图
(a) f=1 GHz；(b) f=6 GHz

由上述分析可见，该天线采用椭圆单极子、梯形地和渐变 CPW 三项技术，具有以下特点：

(1) 结构简单。

(2) 小尺寸(宽×高=$0.19\lambda_L \times 0.16\lambda_L$)。

(3) 低成本。

(4) 超带宽，VSWR≤2 的带宽比为 21.6∶1。

图 5.48 是用厚 2 mm、ε_r=10.2 的基板制造，用 CPW 馈电的矩形平面盘锥天线，在 0.76～2.58 GHz 频段内天线最佳尺寸为：D_{max}=140 mm，D_{min}=24 mm，H=70 mm，L_m=80 mm，W_m=35 mm，t=3 mm。

具有上述尺寸的矩形盘锥天线实测 VSWR≤2 的频率范围为 0.76～2.86 GHz，带宽比为 3.76∶1。

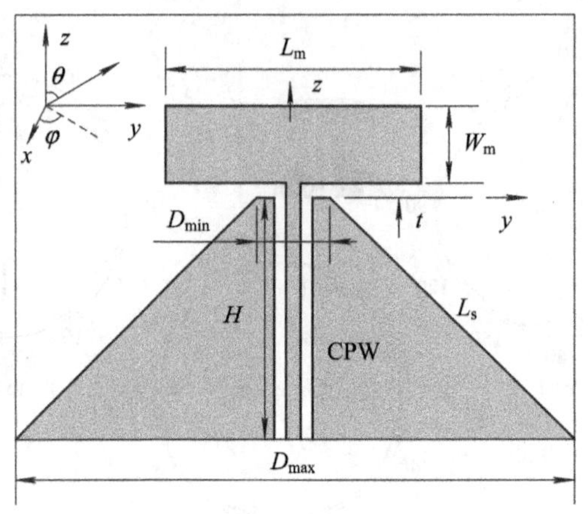

图 5.48　矩形平面盘锥天线

5.4.7　位于圆地面上的低轮廓宽带双锥天线[11]

图 5.49 是在 3～11 GHz 频段工作的 UWB 电高度仅为 $0.15\lambda_L$ 的低轮廓小尺寸双锥天线。之所以既有宽频带，又具有小尺寸低轮廓，主要是由于采用了以下技术：

(1) 用电容帽加载。

(2) 在电容帽和地板之间用聚丙烯介质加载。

(3) 使用了四个金属短路柱。

图 5.50 是图 5.49 所示的双锥天线仿真和实测的水平面增益的特性曲线。图 5.51 是该天线仿真和实测的 VSWR～f 特性曲线。由实测结果可以看出，实测 VSWR≤2 的频率范围为 3～11 GHz，带宽比为 3.67∶1。由于介质损耗及小尺寸，实测水平面增益偏低；由于四根短路柱的影响，造成水平面方向图不是一个理想的圆，而呈周期变化。

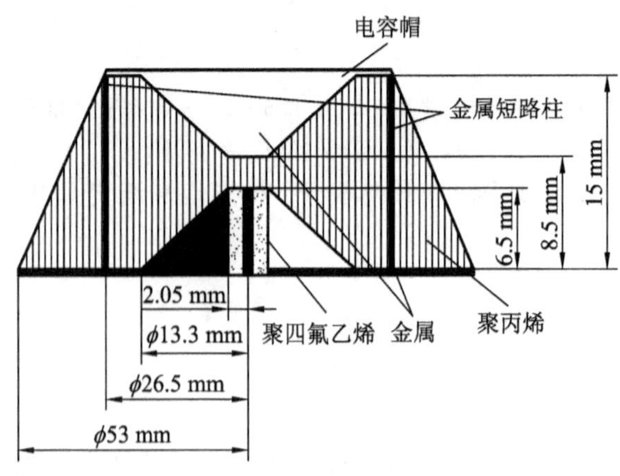

图 5.49　低轮廓双锥天线

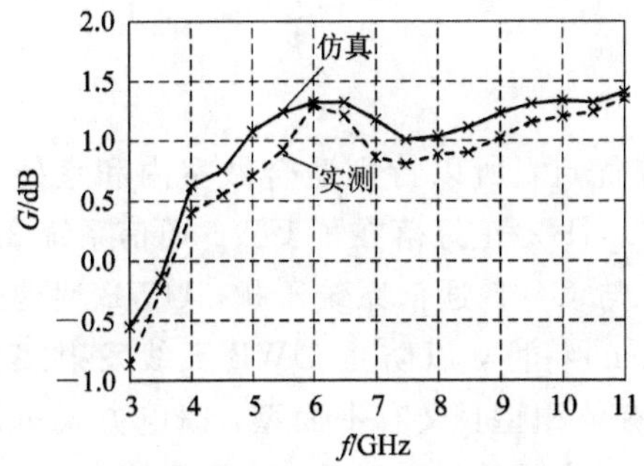

图 5.50 低轮廓双锥天线仿真和实测水平面增益的特性曲线

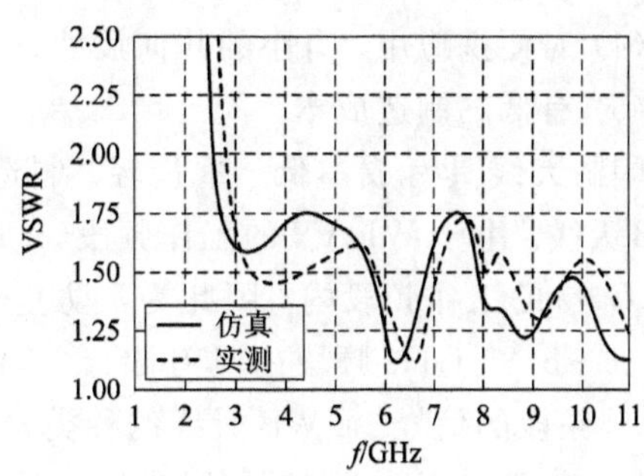

图 5.51 低轮廓双锥天线仿真和实测 VSWR～f 特性曲线

5.4.8 宽带毫米波全向双锥天线[12]

图 5.52 是由上下对称双锥构成的毫米波全向天线，通常低频段双锥天线采用同轴馈电。但在毫米波段，由于天线绝对几何尺寸已相当小，常规的同轴线结构已不能沿用。考虑实际工程要求天线输入端为波导，故采用带宽同轴线馈电结构，下锥与同轴线外导体相连，同轴线内导体伸出约 $\lambda_0/4$，作为双锥的馈源，上下锥通过支撑介质连接在一起，即同轴线内导体和介质与波导段连接，用来耦合能量向双锥天线馈电。

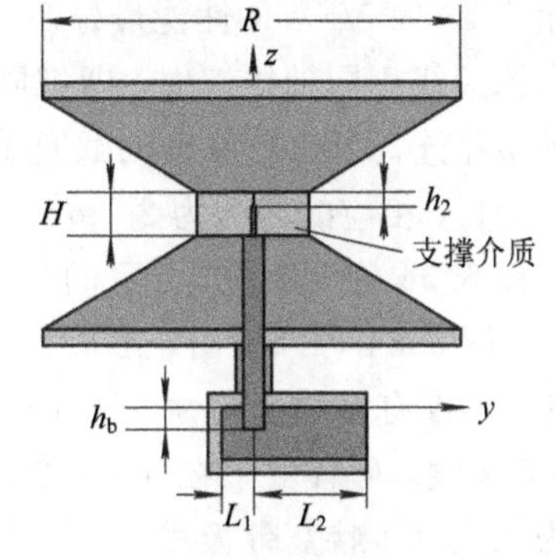

图 5.52 毫米波双锥天馈系统

在 27～40 GHz 毫米波段，天线的尺寸如下：上下锥台的底边直径 R 为 30 mm，上下锥台的高度为 6.5 mm，用介电常数 $\varepsilon_r=2.2$、高度 H 为 3 mm、直径为 8 mm 的介质对上下锥台进行支撑，与双锥天线馈源同轴的内导体其高度为 2 mm，同轴线伸进波导的长度 h_b 为 1.7 mm，同轴内导体中心离波导壁的距离 $L_1=2$ mm，离波导端口的距离 $L_2=8.5$ mm。仿真的主要电性能如下：在 27～40 GHz 频段内，VSWR≤2，$G=6.2$ dBi，$\text{HPBW}_E=26°$，水平面呈全向。

5.5 超宽带全向天线

以无线通信技术为基础的超宽带(UWB，Ultra - WideBand)通信系统最初是由美国军事防御部门在 1960 年提出的。这些系统提供了从 500 Mb/s 到 1 Gb/s 的传输速度，比 WLAN IEEE802.11a 标准的传输速度 54 Mb/s 快 10 倍。近年来，UWB 通信系统在军事和商业的图像、探测及通信等业务中得到了广泛应用。UWB 无线通信系统的工作频段为 3.1～10.6 GHz。

UWB 天线是 UWB 通信系统中的主要部件之一。UWB 天线应具有以下特性：

(1) 在整个工作频段内，方向图呈全向且有小的相位变化。

(2) 对脉冲通信，信号不失真。

(3) 在整个工作频段内有基本平坦的增益。

(4) 对便携应用，有小的几何尺寸。

(5) 有低的制造成本。

印刷天线具有成本低、重量轻、制造容易等优点，所以特别适合做室内和室外手提UWB天线。由于WLAN的工作频段(5.15～5.85 GHz)正好落在了UWB通信系统3.1～10.6 GHz的工作频段内，因此为了防止WLAN与UWB通信系统干扰，UWB通信还应在5.15～5.85 GHz频段内具有缺口(陷波)(notch)特性，以防止UWB天线发射或接收WLAN频段的信号。UWB天线的种类较多，既有体积型，又有平面型，馈电方式可以用同轴线，也可以用共面波导、微带线，不少UWB天线还具有缺口功能。下面简介在3.1～10.6 GHz频段工作的UWB天线。

5.5.1 泪珠型UWB天线

图5.53为泪珠型UWB单极子天线。由图5.53可以看出，该天线由圆形接地板和泪珠型(Teardrop)单锥构成。泪珠型单锥是由有限锥和一部分球面组合而成的。有限锥的半锥角为48°时VSWR性能最好。

该天线用同轴线馈电，即把同轴线的内导体与泪珠型单锥相连，把同轴线的外导体与接地板相连。泪珠型单锥的最低高度大约为最低工作频率的1/4波长，最低工作频率为3.1 GHz，相应的高度为24 mm。

图5.54为图5.53所示的尺寸的泪珠型单极子天线的仿真和实测VSWR～f特性曲线。由图5.54可以看出，在3.1～10.6 GHz UWB频段内，VSWR≤1.4。该天线由于结构对称，不仅有好的全向性，而且有低的VSWR特性，不仅适合作为3.1～10.6 GHz频段的UWB天线，而且由于在3.1～20 GHz频段的特宽频段内VSWR≤1.4，故该天线还适合作为6.45∶1特宽带天线。

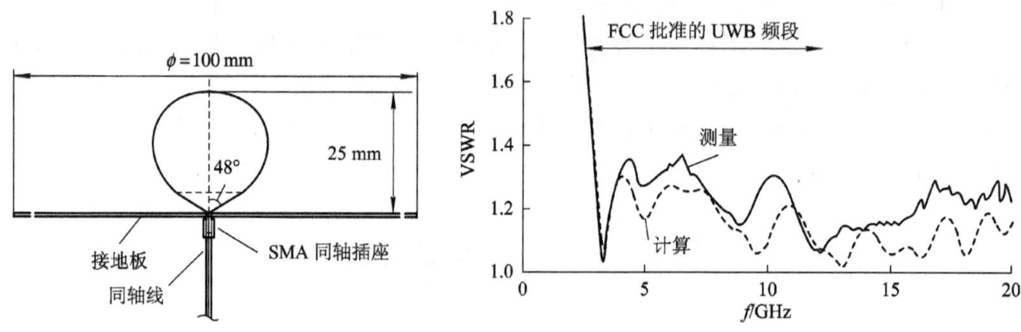

图5.53 泪珠型UWB单极子天线　　图5.54 泪珠型单极子天线仿真和实测VSWR～f特性曲线

5.5.2 印刷平面倒锥UWB单极子天线

泪珠型UWB单极子确实有好的UWB全向和低VSWR特性，但泪珠型单极子属体积型，相对平面UWB单极子天线，不仅体积大，而且难加工。把泪珠型单极子变成平面型，并反转180°，且用印刷电路技术生产，我们把这种UWB单极子天线叫作印刷平面倒锥天线(PICA，Planar Inverted Cone Antenna)，如图5.55(a)所示。

由图 5.55(a)可以看出，PICA 是由高度为 L_1、宽度为 L_3 的倒锥和短半径为 L_2 的半椭圆构成的平面结构。$L_1+L_2=L=\lambda_L/4$（λ_L 是最低工作频率所对应的波长）。$L_1=0.154\lambda_L$，$L_2=0.095\lambda_L$，$L_1/L_2=1.614$，接近 1.168 的黄金分割，L_3 也基本等于 L。假定最低工作频率为 987 MHz，则 $\lambda_L=303.9$ mm，$\lambda_L/4=76$ mm，$L=L_3=76.2$ mm，$L_1=0.168L=47$ mm，$L_2=0.382L=29.2$ mm。

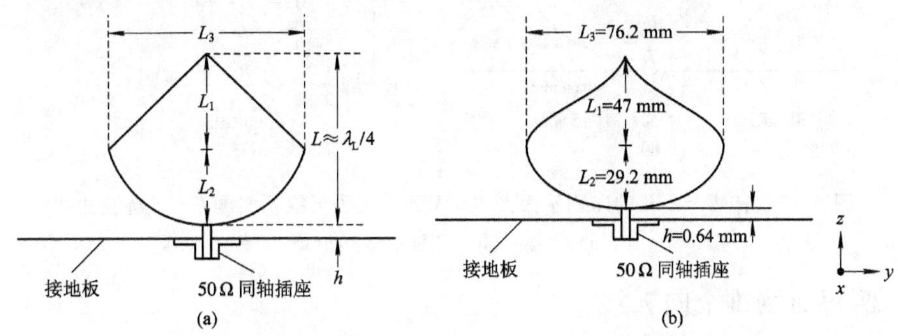

图 5.55　印刷平面倒锥 UWB 单极子天线及最低工作频率为 987 MHz 的尺寸
(a) 结构；(b) 最低频率为 987 MHz 天线的尺寸

用厚度为 0.79 mm 的基板制作最低工作频率为 987 MHz 的 PICA，具体尺寸如图 5.55(b)所示。接地板为 $\phi=609.6$ mm 的铝板。实测 VSWR～f 特性曲线如图 5.56 所示。由图 5.56 可以看出，在 1～9 GHz 频段内，VSWR≤2；在 f>9 GHz 频段，VSWR>2。为了进一步扩展 PICA 的阻抗带宽和改善方向图的宽频带特性，在 PICA 上挖两个小圆孔，小圆孔的具体尺寸和相对位置如图 5.57(a)所示，实测 VSWR～f 特性曲线如图 5.56 所示。由图 5.56 可以看出，在 1～10 GHz 即 10∶1 的频段内，VSWR≤2.0。带有 2 个小圆孔的 PICA 虽有 10∶1 的阻抗带宽，但方向图带宽只有 7∶1。图 5.57 所示尺寸的带有两个小圆孔（半径为 0.16 mm）的 PICA 计算的最大增益曲线如图 5.57(b)所示。由图 5.57(b)可以看出，增益随频率增加而逐渐增加，$f=1$ GHz 时，$G=4.5$ dBi，$f=7$ GHz 时，$G=8$ dBi。由此可以看出，PICA 和带两个小孔的 PICA 完全可以作为 3.1～10.6 GHz 频段的 UWB 全向天线。

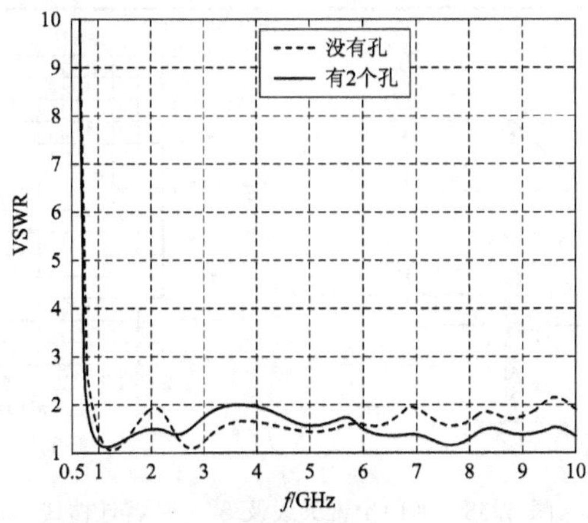

图 5.56　图 5.55(b)所示天线的实测 VSWR～f 特性曲线

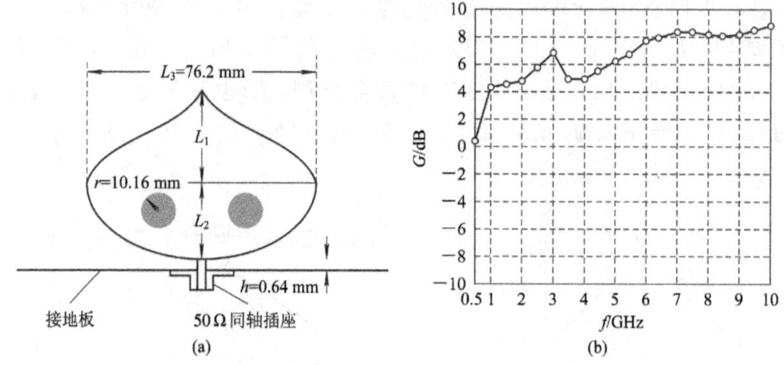

图 5.57　有两个小孔的印刷平面倒锥 UWB 单极子天线及实测 $G\sim f$ 特性曲线

(a) 结构；(b) 实测 $G\sim f$ 曲线

5.5.3　倒平面倒锥全向天线[13]

平面倒锥天线是一个宽带全向天线，但在如表 5.4 所示的尺寸相同的情况下，只要把如图 5.58 所示的平面倒锥天线反转 180°，就成了图 5.59(b)。对照图 5.58(b)和图 5.59(b)所示仿真的 $S_{11}\sim f$ 特性曲线就能明显看出，倒平面倒锥天线的 VSWR 特性优于平面倒锥天线。由图 5.59(b)可以看出，倒平面倒锥天线 VSWR≤2 的带宽比为 4∶1。

表 5.4　平面倒锥天线和倒平面倒锥天线的尺寸　　mm

参数	平面倒锥	倒平面倒锥
L_1	37.5	37.5
L_2	37.5	37.5
L	75	75
L_3	75	75
α	90°	90°
H	0.7	4.4
地板直径	600	600

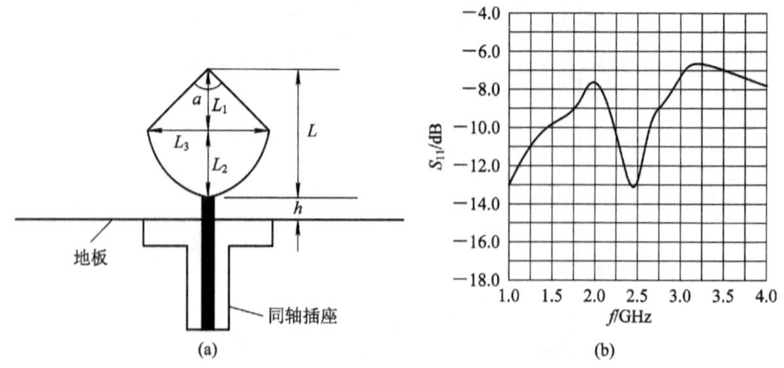

图 5.58　平面倒锥天线及 $S_{11}\sim f$ 特性曲线

(a) 结构；(b) $S_{11}\sim f$ 曲线

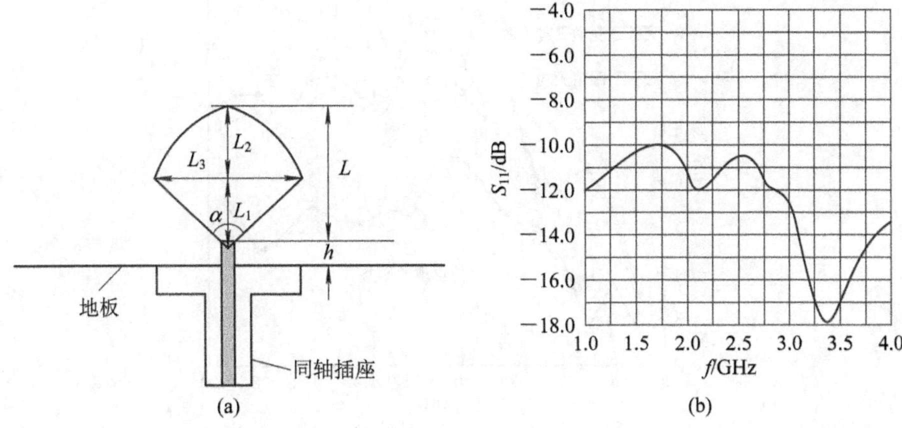

图 5.59 倒平面倒锥天线及 $S_{11}\sim f$ 特性曲线

(a) 结构；(b) $S_{11}\sim f$ 曲线

5.5.4 超宽带全向眼睛天线

众所周知，无限长双锥天线、单锥天线是全向频率无关天线，但缺点是这些天线的尺寸太大。盘锥是宽带全向天线，但不是频率无关天线。

图 5.60(a)是由眼睛构成的新型全向宽带天线，图 5.60(b)、(c)为变形眼睛天线。在 3～20 GHz 相对带宽为 147.8%的频段内，眼睛天线的尺寸为 d＝14.6 mm，平坦有限大地面的半径 r_u＝50 mm，r＝14 mm，h＝1 mm。变形眼睛天线的尺寸为 r_u＝50 mm，h_g＝20 mm，r_1＝15 mm，h＝1.2 mm，d＝8 mm。

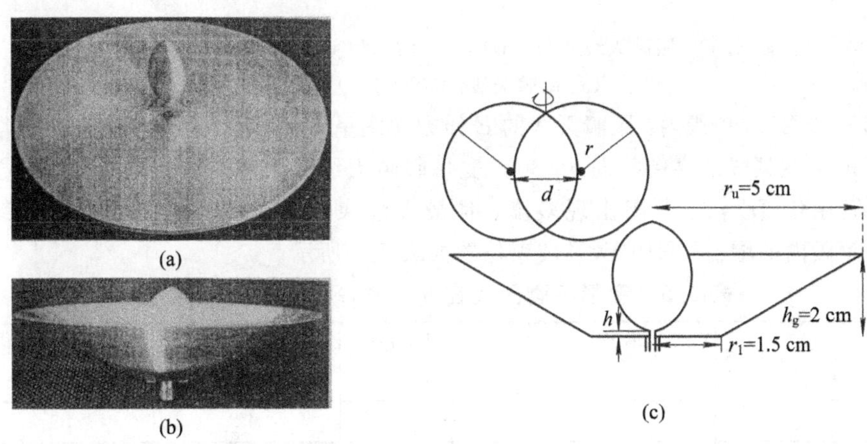

图 5.60 眼睛天线

(a) 立体结构照片；(b) 变型立体照片；(c) 剖视图及尺寸

图 5.61 是眼睛天线和变形眼睛天线的增益和可实现增益的频率特性曲线。由图 5.61 可看出，在 3～20 GHz 频段内，眼睛天线的增益为 2.5～6 dBi，变形眼睛天线的增益为 3.5～9.5 dBi。

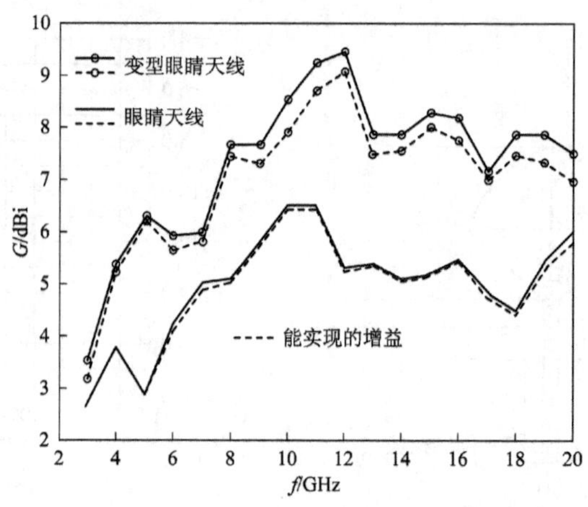

图 5.61 眼睛天线和变形眼睛天线的增益-频率特性曲线

图 5.62(a)、(b)分别是眼睛天线和变形眼睛天线仿真和实测的 VSWR～f 特性曲线。由图 5.62 可看出，在 3～20 GHz 频段内，眼睛天线 VSWR≤1.5，变形眼睛天线 VSWR≤1.8。

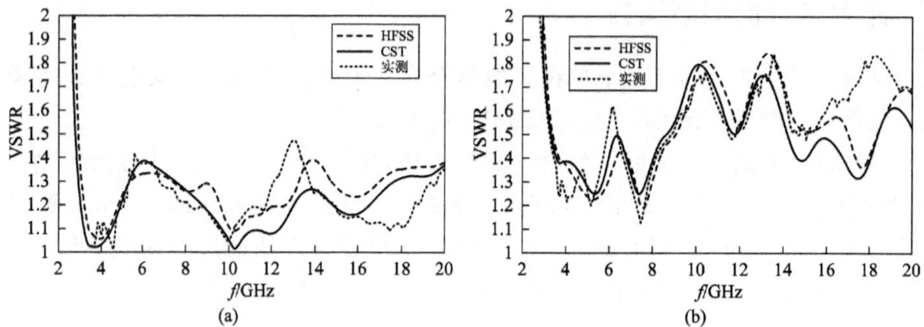

图 5.62 眼睛天线和变型眼睛天线仿真和实测 VSWR～f 特性曲线

(a) 眼睛天线；(b) 变形眼睛天线

在 3～20 GHz 频段内，眼睛天线的 E 面方向图呈 8 字形，波束最大方向在频段的低端指向 $\theta=60°$，在频段的高端指向 $\theta=30°$。变形眼睛天线在大部分频点，波束最大方向指向 $\theta=30°$，但在高频段，方向图出现多瓣，且最大波束偏离 $\theta=30°$。变形眼睛天线在 3～20 GHz 频段内的增益、HPBW 及波束位置如表 5.5 所示。

表 5.5 变形眼睛天线在 3～20 GHz 频段的电参数

频率 f/GHz	增益 G_{max}/dBi	水平面增益 G/dBi	最大波束方向/(°)	垂直面 HPBW/(°)
3	3.5	−2.2	42	55
4	5.4	−3.2	34	44
5	6.3	−4.2	28	37
6	5.9	−3.0	23	44
7	6	−5.4	37	44
8	7.7	−12	23	38
9	7.7	−10	34	39

续表

频率 f/GHz	增益 G_{max}/dBi	水平面增益 G/dBi	最大波束 方向/(°)	垂直面 HPBW/(°)
10	8.6	−10	32	24
11	9.3	−11	30	19
12	9.5	−5.6	27	17
13	7.9	−6.4	24	28
14	7.9	−7.8	35	26
15	8.3	−4.8	34	17
16	8.2	−5.6	32	21
17	7.2	−7.5	31	25
18	7.8	−7.1	39	19
19	7.9	−9	36	16
20	7.5	−10	35	24

5.5.5 有缺口功能的平面印刷UWB单极子天线

由于WLAN的5.15～5.85 GHz工作频段正好落在了3.1～10.6 GHz UWB无线通信系统的工作带宽内，为了避免WLAN对UWB无线通信系统的干扰，希望UWB天线在5.15～5.85 GHz工作频段内具有缺口功能，以防UWB天线接收或发射WLAN频段的信号。下面简介两种具有缺口功能的UWB单极子天线：一种是用共面波导馈电，另一种是用微带线馈电。平面单极子天线由于具有宽的阻抗带宽、简单的结构及全向辐射方向图，所以特别适合UWB通信系统应用。图5.63是用微带线馈电的印刷平面UWB单极子天线。为了展宽阻抗带宽，单极子下端除有两个台阶外，在接地板上还有一个尺寸为7 mm×1 mm的矩形缺口。该天线是由厚1.6 mm、尺寸为16 mm×18 mm的双面覆铜环氧板FR4用印刷电路技术加工而成的。为了使它在WLAN 5 GHz频段具有缺口功能，在单极子中切割一个长度为L的U形缝隙，L的尺寸约为5 GHz频段中心频率所对应1/4中心波长。天线的其他尺寸如图5.63所示。图5.63所示尺寸的UWB单极子天线的实测反射损耗-频率特性曲线如图5.64所示。

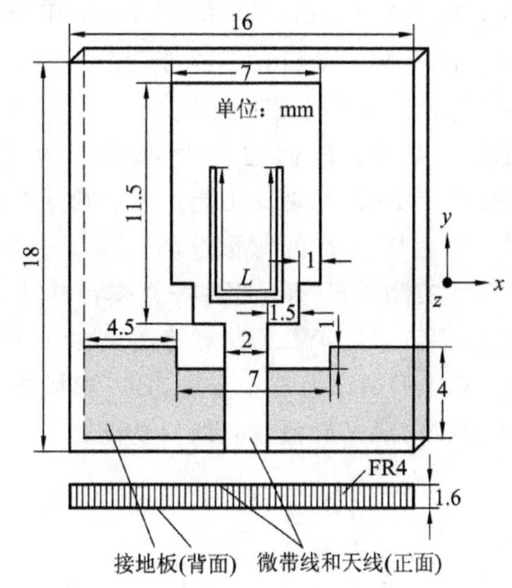

图5.63 有缺口功能的平面UWB单极子

由图5.64可以看出，在接地板上切割一个矩形缺口，确实改善了天线在高频段的反射损耗特性，使天线在3.1～10.6 GHz的UWB内VSWR≤2。图5.65为图5.63所示的天线有和无U形缝隙时的实测增益-频率特性曲线。由图5.65可看出，无U形缝隙天线的平均增益约为 2.8 dBi，有 U 形缝隙在 5 GHz WLAN 频段增益迅速下降 11～12 dB，使天线具有缺口功能。

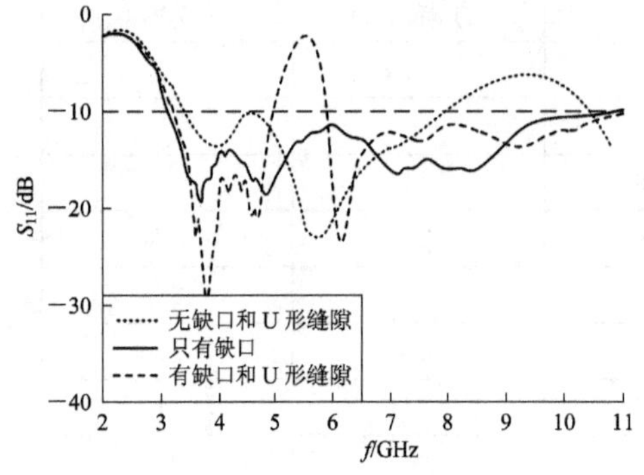

图 5.64 图 5.63 所示天线实测 $S_{11}\sim f$ 特性曲线

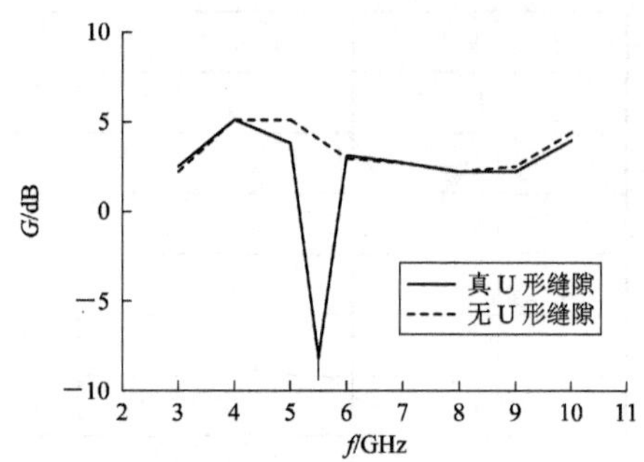

图 5.65 图 5.63 所示天线有和无 U 形缝隙实测 $G\sim f$ 特性曲线

5.5.6 用共面波导馈电有缺口功能的 UWB 单极子天线[14]

图 5.66 是用厚 0.762 mm、尺寸为 30 mm×30 mm，$\varepsilon_r=4.4$ 的基板制成的用共面波导馈电的有缺口功能的呈半圆形平面的印刷 UWB 单极子天线。天线的尺寸如下：$L_1=L_2=3$ mm，$W_1=28$ mm，$\alpha=30°$，$W_g=1.2$ mm，$G=0.37$ mm，$W_s=13.4$ mm，$L_s=2.3$ mm，$R=13$ mm。地的尺寸为：12.85 mm×10.9 mm。为了展宽阻抗带宽，半圆形单极子的末端有两段匹配支节，地面也为喇叭状。为了使其在 5 GHz WLAN 频段具有缺口功能，在半圆形单极子的下端切割了尺寸为 $W_s\times L_s$ 的帽形缝隙。图 5.67 为图 5.66 所示尺寸天线实测 VSWR 和增益-频率特性曲线。由图 5.67 可看出，除5 GHz WLAN 频率外，在 3.1～10.6 GHz频率内，VSWR≤2.0，$G\geqslant2.4$ dBi，帽形缝隙确实使天线在 5 GHz WLAN 频段具有缺口功能。

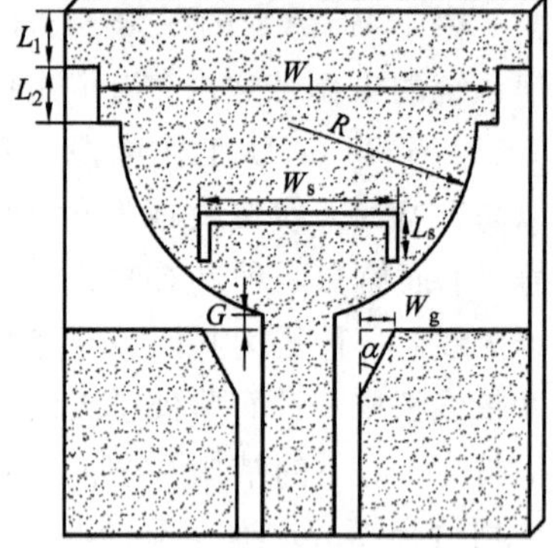

图 5.66 用共面波导馈电的有缺口功能的 UWB 单极子天线

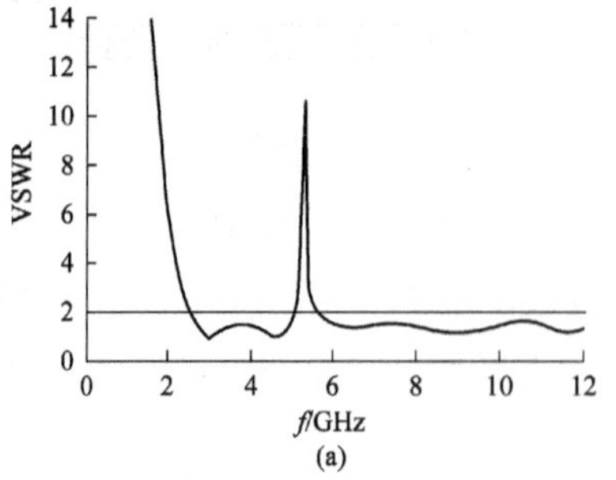

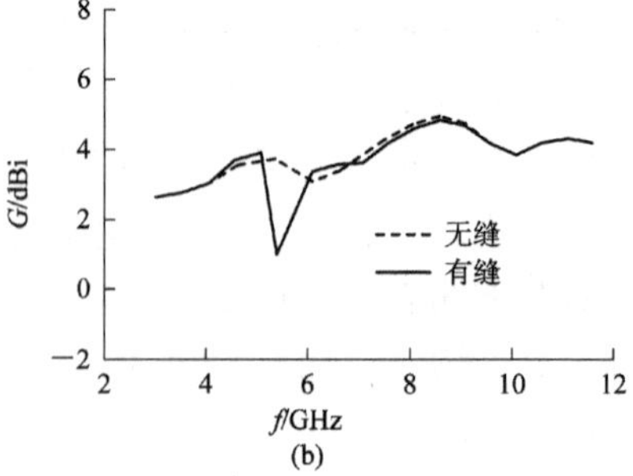

图 5.67 图 5.66 所示天线实测 VSWR 和 G 的频率特性曲线

(a) VSWR；(b) G

5.6 由法线模螺旋天线构成的全向天线

5.6.1 法线模螺旋天线在终端天线中的应用

用螺旋线作为天线必须明确所用天线是线极化还是圆极化，因为它们与螺旋线的周长有关。当螺旋线的周长等于一个波长时，其最大辐射方向沿螺旋线的轴线，而且为圆极化，通常称螺旋线为轴模螺旋天线。

如果螺旋天线的直径远远小于波长，方向图类似于单极子，即最大辐射方向与螺旋线的轴垂直，这种螺旋天线称为法线模螺旋天线。终端使用的线极化螺旋天线均为法线模螺旋天线。

众所周知，波在螺旋线中的传播速度 v 比光速 c 慢，螺旋的直径 D、单位长度上的圈数 n 和自由空间波长 λ_0 有如下关系：

$$\frac{\lambda_0}{c}=\frac{1}{\left[1+20(nD)^{2.5}\left(\frac{D}{\lambda_0}\right)^{1/2}\right]^{\frac{1}{2}}} \tag{5.1}$$

螺旋单极子天线在谐振时的轴向长度 h 与单位长度上的圈数 n、直径 D 有如下关系：

$$\frac{h}{\lambda_0}=\frac{1}{4}\left[1+20(nD)^{5/2}\left(\frac{D}{\lambda_0}\right)^{1/2}\right]^{-1/2} \tag{5.2}$$

显然，总圈数 $N=nh$。

一般情况下，n、D 已知，往往需要计算总的圈数 N，在这种情况下，有

$$\lg n=0.4\left[\lg\left(\frac{\lambda_0}{h}-4\right)+\lg\left(\frac{\lambda_0}{4}\right)+\frac{1}{2}\lg\lambda_0-3\lg D\right]-1 \tag{5.3}$$

也可以用下式近似表示：

$$N=320^{-2/5}\frac{\lambda_0}{D}\left(\frac{h}{D}\right)^{\frac{1}{5}} \tag{5.4}$$

由于 $320^{2/5}=10.05\approx10$，因此有

$$N\approx\left(\frac{\lambda_0}{10D}\right)\left(\frac{h}{D}\right)^{1/5} \tag{5.5}$$

把 λ_0 换成 f(MHz)，则式(5.5)变成：

$$N=\left(\frac{30}{fD}\right)\left(\frac{h}{D}\right)^{1/5} \tag{5.6}$$

绕制螺旋所需要的导线总长度 L 为

$$L=\pi DN-\left(\frac{\pi\lambda_0}{10}\right)\left(\frac{h}{D}\right)^{1/5} \tag{5.7}$$

一般情况下，绕制 $\lambda_0/4$ 长螺旋鞭状天线所用导线的长度 L 约 $\lambda_0/2$，一旦 L 已知，则螺旋线的总圈数 N 为

$$N=\frac{L}{\lambda_0 D} \tag{5.8}$$

在绕制螺旋天线的过程中，如果把螺旋天线的直径 D_1 变成 D_2，但仍然维持相同的谐

振频率，则需要把单位长度上的圈数 n_1 变成 n_2，且满足：

$$\left(\frac{n_2}{n_1}\right)^{2.5}=\left(\frac{D_1}{D_2}\right)^3 \tag{5.9}$$

由于 $n_2/n_1=N_2/N_1$，因此可把式(5.9)用对数表示成：

$$\lg\left(\frac{N_2}{N_1}\right)=-1.2\lg\left(\frac{D_2}{D_1}\right) \tag{5.10}$$

对于不同的 D_1/D_2，相应的 N_2/N_1 如表 5.6 所示。

表 5.6　D_1/D_2 与 N_2/N_1 的关系

D_1/D_2	100	10	1	0.1	0.01
N_2/N_1	0.003 98	0.0631	1.0	15.8	251.0

螺旋天线的效率比偶极子低，这是因为螺旋天线的线不仅长而且细，因而损耗电阻大。

图 5.68 是螺旋单极子天线及馈电方法。螺旋单极子天线可以直接与同轴线内导体相连馈电，如图 5.68(a)所示，也可以像图 5.68(b)那样抽头并联馈电，调整抽头的位置，可以实现阻抗匹配。为了使螺旋单极子天线与馈线匹配，在绕制螺旋单极子天线时可以适当多绕几圈，然后慢慢剪短，一边剪一边看史密斯阻抗圆图，直到 VSWR 满足要求为至。

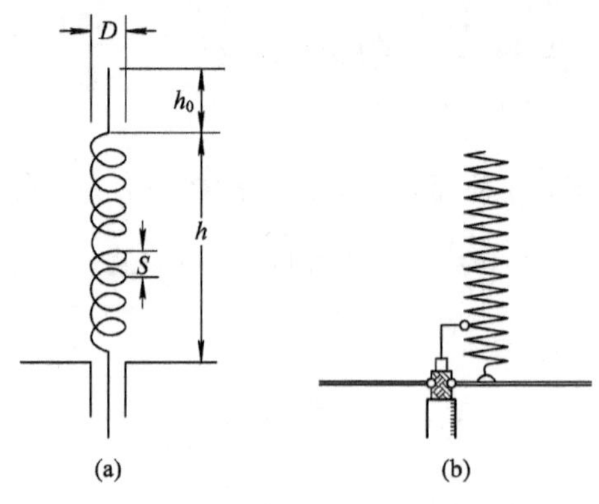

图 5.68　螺旋单极子天线

(a) 用同轴线馈电；(b) 并馈

5.6.2　VHF 螺旋鞭状天线

在 VHF 的低频段，常采用带有三根长度为 $\lambda_0/4$ 地线的鞭天线作为固定站使用的全向天线，如图 5.69(a)所示。为了降低天线的高度，可以采用如图 5.69(b)所示的螺旋天线。46～56 MHz 频段螺旋鞭天线由总长度为 4500 mm、直径为 1.5 mm 的铜线按照不等螺距绕在直径为 20 mm 的介质上构成。为了阻抗匹配，在天线的底部连接了 LC 匹配电路。电感 L 是用直径为 1.5 mm 的铜线绕十圈制成的，线圈的直径为 15 mm，与螺旋鞭串联；可调电容一端与螺旋鞭状的下端相连，另一端与天线的底座相连，电容的可调范围为 $C=6\sim60$ pF。天线高 820 mm，外直径为 90 mm，天线底座的最大直径为 130 mm。用螺栓把天线固定在安装金属管上。在 46～56 MHz 的频段内，VSWR=1.1，天线的增益与同频段直线鞭状天线的增益相当。

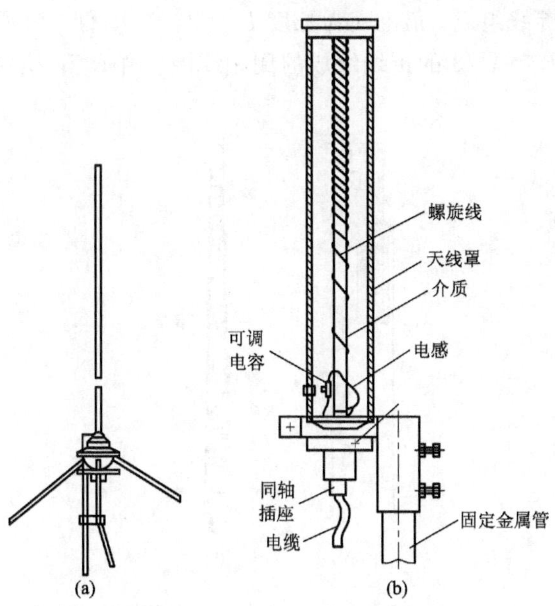

图 5.69 VHF不等螺距螺旋鞭天线

(a) 外形结构；(b) 组成

螺旋鞭状天线的缩短系数 A 为

$$A=\frac{C}{v}=\frac{\beta}{K}=\frac{\lambda_0}{4L_A} \tag{5.11}$$

式中：C 为光速；v 为沿螺旋轴线的相速；$K=2\pi/\lambda_0$；$\beta=2\pi/\lambda_0$；L_A 为螺旋鞭状天线的高度。

如果 L_A 和螺距 S 已知，就能很容易求出绕制螺旋的导线长度。对等螺距 S，沿天线长度电流呈正弦分布，如同在直导线中的电流分布(见图 5.70)。为了确保沿天线长度方向电流分布接近矩形，需要采用不等螺距，并按照下式由馈电点到末端改变螺旋天线的螺距：

$$S_n=S_0\mathrm{e}^{P/(AD)} \tag{5.12}$$

式中：S_n 为末端的螺距；S_0 为螺旋起点(天线底端)的螺距；P 为常数，取决于工作频率，可以用迭代法求得；D 为螺旋天线的直径；A 为缩短系数。

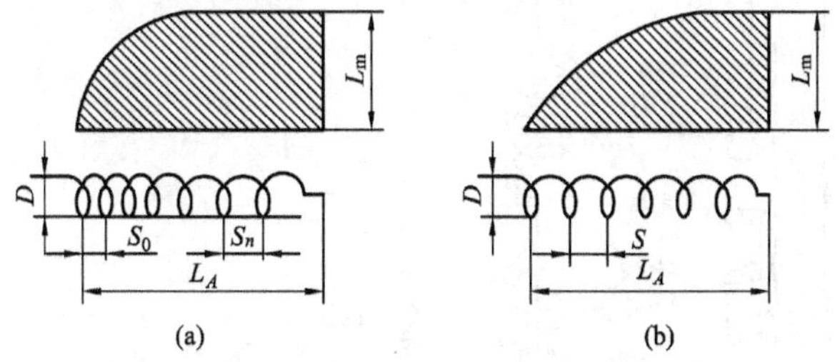

图 5.70 等螺距和不等螺距鞭天线上的电流分布

5.6.3 高增益 450～470 MHz 车载螺旋鞭天线

图 5.71 是适合在 450～470 MHz 频段工作的高增益车载天线。图 5.71(a)中给出了由长度 $L_1=\lambda_0/4$，$L_2=\lambda_0/4$，$L_3=\lambda_0/8$，$L_4=3\lambda_0/8$ 四段导线构成的螺旋鞭天线。把部分导线绕成串联螺旋线是为了降低天线的高度。由图 5.71(a)可以看出，最下边的长度 L_1 由减震

弹簧和螺距很小的螺旋线组成；最上面为长度 $L_4=3\lambda_0/8$ 的鞭，为了保证螺旋鞭天线同相辐射，采用了由长度 $L_3=\lambda_0/8$ 的折线组成的倒相线圈。由 L_2 和 L_3 绕制的螺旋线的螺距相对 L_1 要大一些。

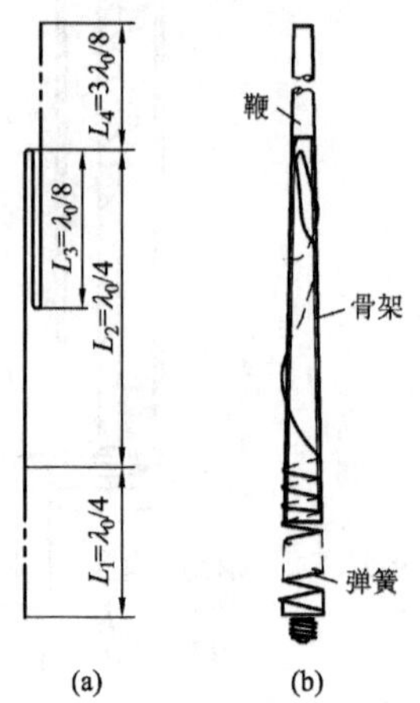

图 5.71　高增益 450～470 MHz 车载螺旋鞭天线

(a) 电原理图；(b) 结构示意图

5.6.4　缩短尺寸的宽带全向车载天线

为了缩小同轴 $\lambda_0/2$ 长偶极子天线的尺寸和展宽它的阻抗宽带，采用旋向相反的螺旋给偶极子加载。这样既可以减少天线的几何尺寸，又展宽了天线的阻抗宽带。具体结构如图 5.72(a)所示。由图 5.72(a)可以看出，上螺旋线在馈电点 F 与作为上辐射体的同轴线的内导体相连接，上螺旋线的另一端开路，下螺旋线与同轴线的外导体在 F' 点相连。作为偶极子的下辐射体，注意上下螺旋线的绕向相反。中心设计频率 $f_0=832.5$ MHz($\lambda_0=360$ mm)天线的主要尺寸如下：$L_1=41.9$ mm，$L_2=44.45$ mm，$L_3=35.56$ mm，$L_4=21.59$ mm，$\phi=10$ mm(绝缘支撑管的直径)，天线的总长 $L=143.5$ mm($0.399\lambda_0$)。

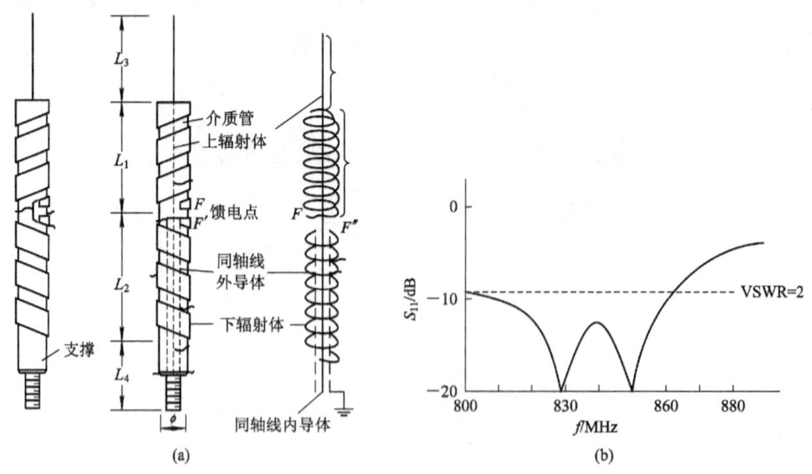

图 5.72　缩短尺寸的 830 MHz 频段螺旋加载偶极子全向天线的结构及 $S_{11}\sim f$ 特性曲线

(a) 结构；(b) $S_{11}\sim f$ 曲线

图 5.72(b)是天线的 S_{11} 频率特性曲线。由图 5.72(b)可以看出，该天线有两个谐振点，即 f_1=827 MHz，f_2=860 MHz，VSWR≤2 的频段为 805～860 MHz，相对带宽为 6.6%。

图 5.73(a)为另一种宽带法线模螺旋天线。其尺寸为：直径 ϕ=7 mm，长度 L_1=220 mm，每 10 mm 绕 3.2 圈的情况下，螺旋天线的谐振频率为 115 MHz。如果希望螺旋天线能在 136～174 MHz(f_0=155 MHz)相对带宽为 24.5%的宽带范围内工作，为扩展图 5.73(a)所示的法线模螺旋天线的带宽，在它的下端套长度 L_4=70 mm 的介质套，介质套的壁厚 0.25～0.3 mm，在介质套的外面再绕一个寄生螺旋，其长度约为总长度的 1/3，螺旋的圈数为每 10 mm 1.4～1.8。寄生螺旋的谐振频率为 356 MHz，如图 5.73(b)所示，由于寄生振子与螺旋紧耦合，结果使天线在 155 MHz 谐振，而且在 135～170 MHz 相对 20%的带宽内，VSWR≤2。

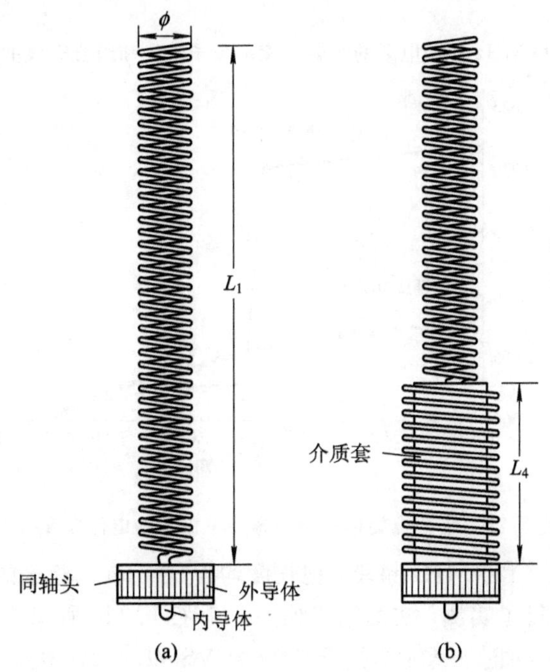

图 5.73 法线模螺旋天线与带寄生螺旋的法线模螺旋天线

(a) 法线模螺旋线；(b) 带寄生螺旋的法线模螺旋天线

5.6.5 适合 400 MHz 频段双向移动电话使用的组合螺旋单极子天线[15]

图 5.74(a)是位于尺寸为 120 mm×55 mm×35 mm、400～420 MHz 双向移动电话上的组合螺旋单极子天线。所谓组合螺旋单极子，是指该天线由 35 mm 长单极子和顶部的螺旋两部分组合而成。螺旋用直径为 0.8 mm 的铜线以间距 2.6 mm 绕成，圈数为 17，直径为 6.5 mm，具体尺寸如图 5.74(b)所示。由于螺旋位于单极子的顶部，相当于单极子用螺旋顶加载，因而增大了组合螺旋单极子底部的电流分布，具体如图 5.75 所示。由图 5.75 可看出，大约在天线高度低于 50 mm 的 B 点以下，在组合螺旋单极子天线上的电流分布明显高于螺旋单极子上的电流分布。

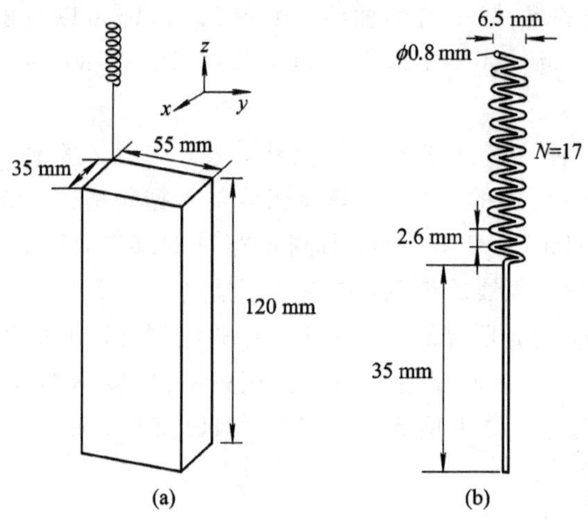

图 5.74　400 MHz 移动电话的组合螺旋单极子天线和组合天线的结构及尺寸

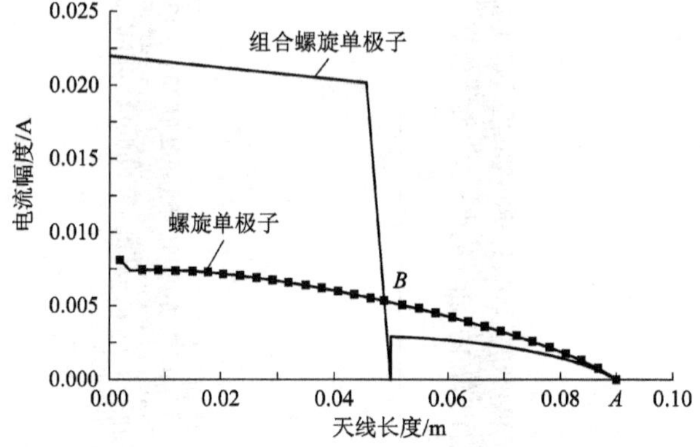

图 5.75　组合螺旋单极子和螺旋单极子的电流幅度分布

为了比较，在 400～420 MHz 频段，把长度均为 90 mm 的组合螺旋单极子与螺旋单极子的 VSWR 和增益进行了实测，实测结果如图 5.76(a)、(b)所示。由图 5.76 可看出，在 400～420 MHz 频段内，组合螺旋单极子天线的 VSWR≤2，增益平均比螺旋单极子高 2 dB。组合螺旋单极子和螺旋单极子在频段内实测增益和效率比较如表 5.7 所示。

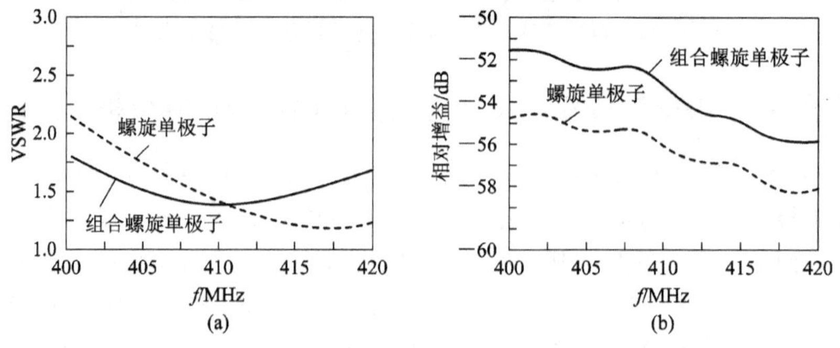

图 5.76　组合螺旋单极子和螺旋单极子实测 VSWR 和 G 的频率特性曲线

(a) VSWR；(b) G

表 5.7 组合螺旋单极子与螺旋单极子实测增益和效率

	组合螺旋单极子			螺旋单极子		
f/MHz	400	410	420	400	410	420
G/dBi	2.53	2.86	3.72	−0.25	−0.23	0.32
效率 η(%)	90	98	97	53	52	55

5.6.6 由螺旋和鞭构成的双频终端天线

$\lambda_0/4$ 长鞭状天线是最常用的终端天线。由于移动通信的迅速发展，常常需要双频或三频全向终端 $\lambda_0/4$ 天线，为此在鞭状天线的周围附加一个螺旋天线，让鞭状天线的工作频率为 f_1，螺旋天线工作在频率 f_2上，就构成了双频天线。螺旋天线和鞭状天线可以并馈，如图 5.77(a)所示。在天线的外面常常需要有一个具有弹性的天线罩把天线保护起来。为了批量生产，天线罩通常是把塑料和橡胶混合通过注模加工而成的。螺旋天线和鞭状天线也可以分开馈电，如图 5.77(c)所示。

为了构成三频天线，如 900 MHz、1500 MHz 和 1900 MHz，可以在鞭状天线的周围附加两个直径不同的螺旋天线，就构成了有三个输出端口的三频全向天线，如图 5.77(b)所示。

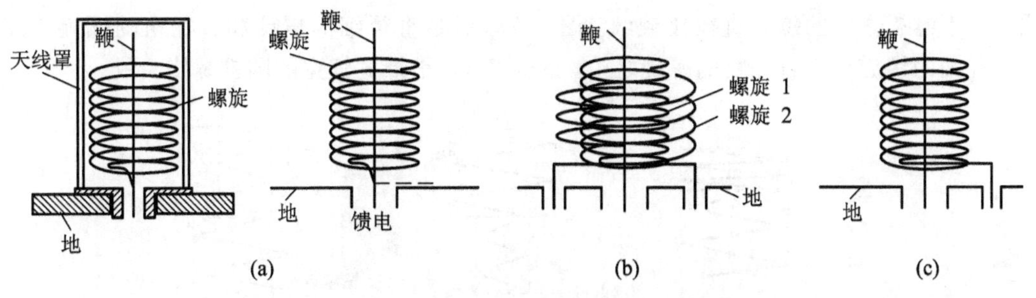

图 5.77 由螺旋和鞭构成的双频终端天线
(a) 并馈；(b) 三频分馈；(c) 双频分馈

5.6.7 由变螺距螺旋和鞭天线构成的双频宽带天线

把变螺距的螺旋天线与鞭状天线相结合，不仅能产生双频，而且能展宽组合终端天线的带宽。图 5.78(a)表示有三种螺距的螺旋天线，中间的螺距最小。图 5.78(a)中，用下边靠近馈电点螺旋的电长度来控制高频段天线的谐振频率，中间螺距最小的这部分螺旋在低频段呈现低的阻抗，但在高频段呈现高阻抗，起扼流套的作用，扼制高频段电流不会流到螺旋天线的上部。绕制上中下螺旋天线所用导线的总长度决定了低频段天线的谐振频率，把位于螺旋中心长度为 $\lambda_0/4$ 的鞭天线与有三种螺距的螺旋天线并联来改善天线的阻抗带宽，特别是高频段的阻抗带宽。可见，高频天线的谐振频率是由单极子和下面的螺旋一起决定的。螺旋天线可以绕在由绝缘材料制成的骨架上，事先根据螺旋可以在骨架上切割出凹槽，制作的双频天线高 27 mm，顶直径 8.5 mm，底直径 9.9 mm。为了保证最佳阻抗匹配，需要使用如图 5.78(b)所示的由三个元件构成的阻抗匹配网络。

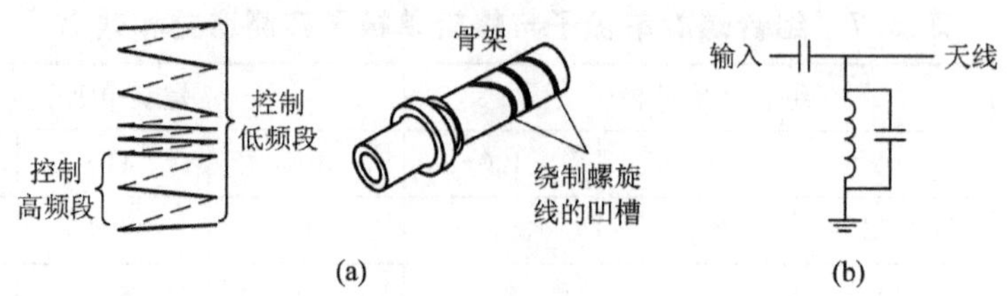

图 5.78 有三种螺距的螺旋天线和匹配网络

(a) 有三种螺距的螺旋天线；(b) 匹配网络

5.6.8 由不等螺距或不等直径螺旋天线构成的双频终端天线

和鞭天线相比，使用细螺旋天线作为终端天线不仅能减少天线的长度，通过采用不等螺距或不等直径，还能构成双频全向终端天线。

图 5.79 是几种采用不等直径和不等螺距构成的双频全向终端天线的例子。图 5.79(a)为变螺距双频终端天线，低频螺旋天线的带宽要比高频螺旋天线的带宽宽一些。图 5.79(b)、(c)为不等直径双频螺旋天线。其中，图 5.79(b)是直径细的靠近馈电点作为高频用的螺旋，低频段使用的直径粗的螺旋位于直径细的螺旋之上，高频螺旋天线的带宽要比低频螺旋天线的宽；图 5.79(c)与图 5.79(b)正好相反，直径细的螺旋位于直径粗的螺旋之上，则低频螺旋天线的带宽比高频螺旋天线的宽。图 5.79(d)是上端和下端的直径相等，位于上下螺旋之间的螺旋直径比较细。图 5.79(e)是直径细的螺旋和直径粗的螺旋等高，但直径细的螺旋位于直径粗的螺旋之中。图 5.79(f)是带宽较宽的圆锥螺旋天线。

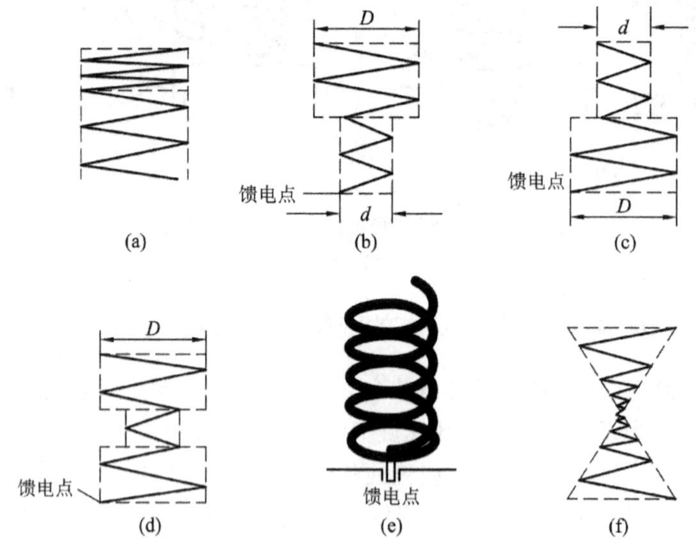

图 5.79 由不等螺距或不等直径螺旋构成的双频终端天线

(a) 不等螺距；(b)、(c)、(d) 不等直径；(e) 等高不等直径；(f) 圆锥螺旋

对频率比近似等于 2 的双频手机天线，通常要求天线的电阻接近 50 Ω。改变频率比最简单的方法就是采用如图 5.80(a)所示的上部和下部不等螺距的法向模螺旋天线，调整轴向长度来满足低频，调整上升角来满足高频。把两根并联在一起，但用长度不等的导线按不等螺距绕成螺旋天线也能构成双频螺旋单极子天线，如图 5.80(b)所示。

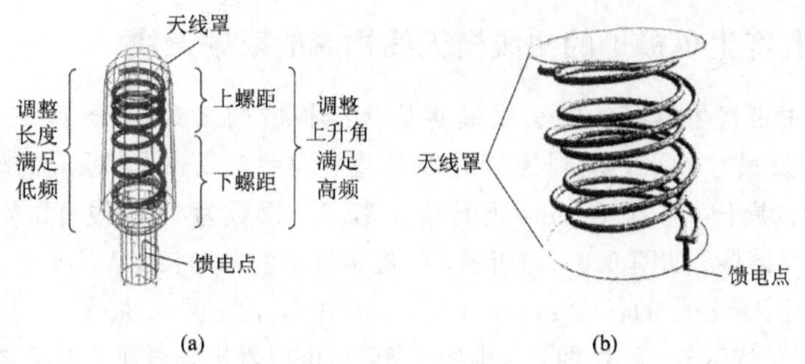

图 5.80 双频螺旋单极子天线

(a) 由不等螺距构成的双频螺旋单极子天线；

(b) 用两根并联不等长导线按不等螺距绕成的双频螺旋单极子天线

图 5.81(a)、(b)是用变螺距螺旋天线构成的 900 MHz 和 1800 MHz 双频终端天线。常用 $\lambda_0/4$ 鞭状天线作为终端天线。由 $f_1=900$ MHz，可以求得 $\lambda_1=333.3$ mm，$\lambda_L/4=83$ mm。为了缩短尺寸及实现 900 MHz 和 1800 MHz 双频工作，采用了变螺距螺旋天线，选螺旋的高度 $L_2=20$ mm，把 83 mm 长的线按上升角为 9°、直径 $D=9$ mm 绕 3 圈，轴长 $L_3=16$ mm，按上升角为 4.5°、直径 $D=9$ mm 绕 2 圈，轴长 $L_4=4$ mm。

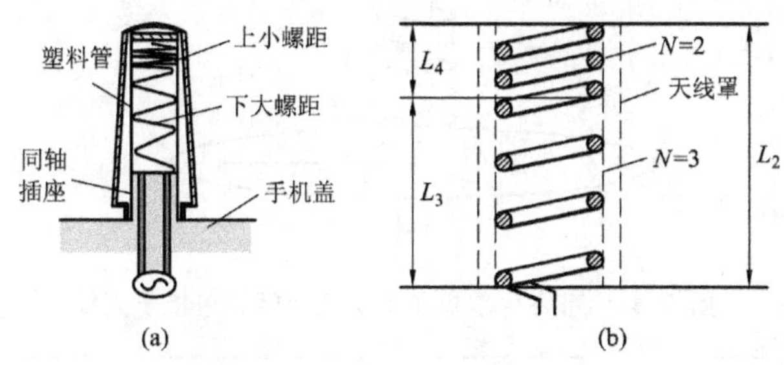

图 5.81 变螺距双频螺旋单极子天线

(a) 整体结构侧剖视图；(b) 螺旋侧剖视图

绕制螺旋天线所用导线的总长度决定了低频段的谐振频率，改变一部分螺旋天线的上升角，就相当于改变螺旋线圈与圈之间的耦合电容来产生第二个谐振频率。图 5.82(a)就是采用这种技术制成的 900 MHz 和 1800 MHz 变螺距双频螺旋天线(高 30 mm，外径 9 mm)的照片。

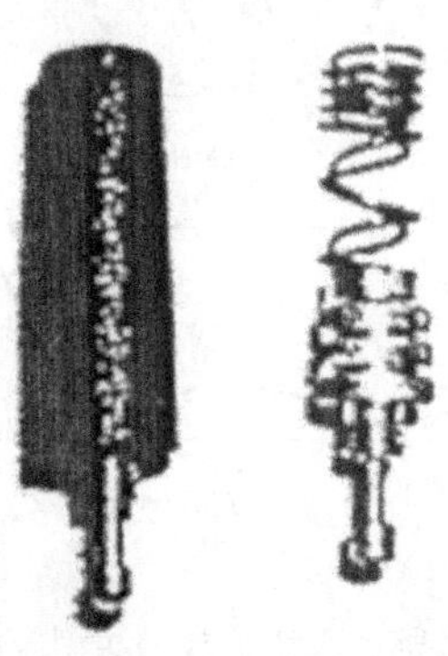

图 5.82 900 MHz 和 1800 MHz 双频螺旋天线的照片

5.6.9 由带有寄生单极子的法线模天线构成的双频天线

图 5.83 是由带寄生单极子的法线模螺旋天线构成的 800 MHz 和 1000 MHz 双频天线。螺旋的参数及尺寸如下：绕制螺旋导线的直径 $\phi=0.6$ mm，螺旋的轴向长度 $V_{HX}=64.5$ mm，螺旋的周长 $C=14.8$ mm，上升角为 37.5°，圈数为 5.6，没有寄生单极子，螺旋在 $f_{HX}=850$ MHz 时谐振，如图 5.84(a)所示，螺旋单极子的轴向长度 $V_{HX}=0.18\lambda_{HX}$，单极子的直径为 3 mm，固定单极子的长度 $L_{MP}=140$ mm($\approx0.4\lambda_{HX}$)。图 5.84(b)、(c)是单极子相对螺旋为不同高度的 VSWR～f 特性曲线。由图 5.84(c)可以看出，出现了双频谐振点。在 $L_{MP}=140$ mm 的情况下，单极子伸进螺旋不同高度时，VSWR 的带宽如表 5.8 所示。

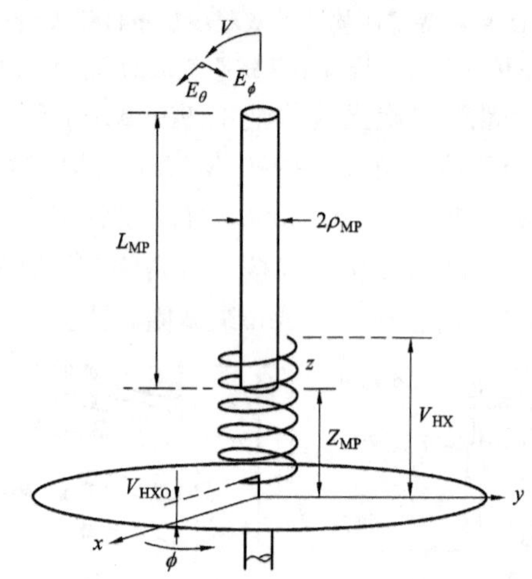

图 5.83　带寄生单极子的法线模螺旋单极子天线

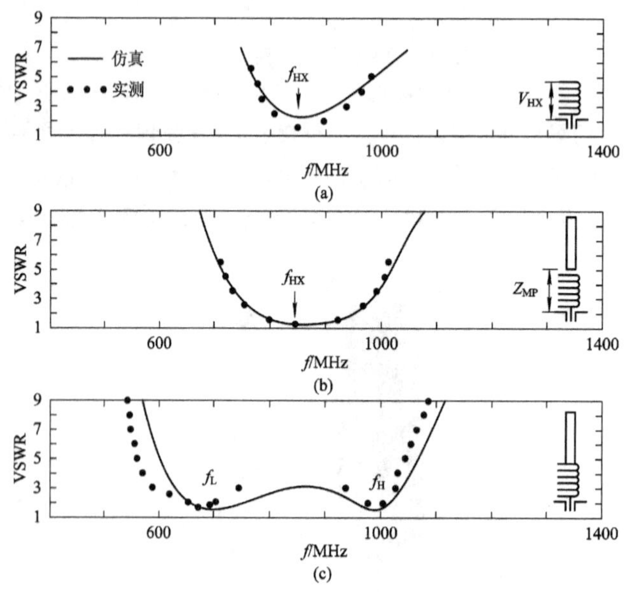

图 5.84　图 5.83 所示天线仿真和实测 VSWR～f 特性曲线

(a) 无寄生单极子；(b)、(c) 寄生单极子相对螺旋单极子为不同高度

表 5.8　Z_{MP}/V_{HX}为不同值时 VSWR≤2 的相对带宽及电长度

Z_{mp}/V_{HX}	VSWR≤2 的相对带宽(%)		总长($L_{MP}+Z_{MP}$)	
	f_L/GHz	f_H/GHz	长度/mm	电长度(λ_{HX})
∞	0		64.5	0.18
1.03	20.1		206.5	0.58
0.91	14.9	5.8	198.7	0.56
0.30	12.5	5.2	159.4	0.45
0.12	12.2	3.9	147.7	0.42

图 5.85 给出了最高谐振频率 f_H和最低谐振频率 f_L与 Z_{MP}/V_{HX}之间的关系。图 5.86 是该天线在 $Z_{MP}/V_{HX}=0.3$ 时，在 f_H、f_L处的实测和仿真垂直面方向图。在 $Z_{MP}/V_{HX}=0.3$ 时，在 f_L和 f_H处的增益分别为 5 dB 和 7 dB。

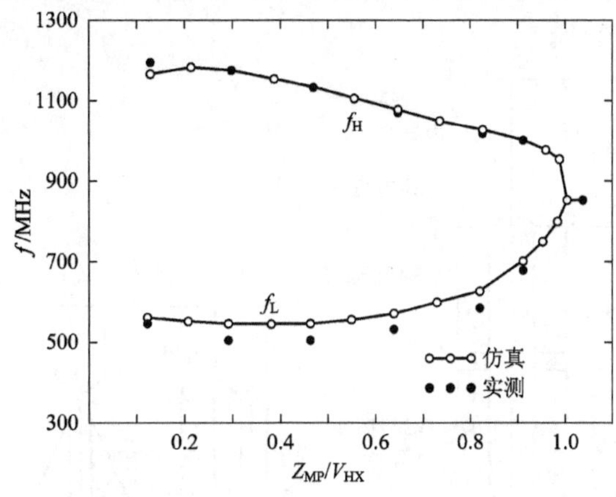

图 5.85　最高和最低谐振频率 f_H、f_L与 Z_{MP}/V_{HX}的关系曲线

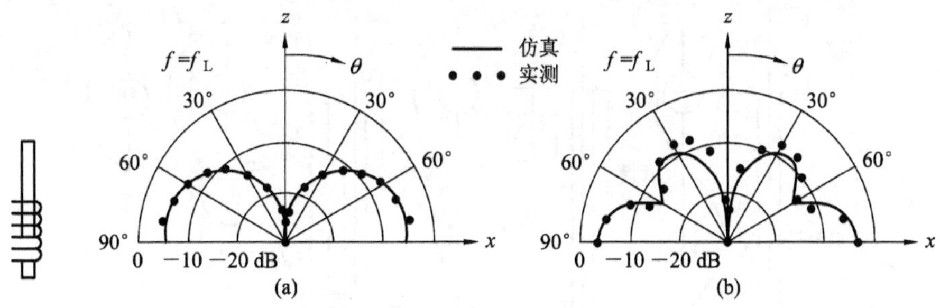

图 5.86　在 $Z_{MP}/V_{HX}=0.3$ 时，在 f_H、f_L处仿真和实测垂直面增益方向图

(a) $f=f_L$；(b) $f=f_H$

5.7　与地无关的低增益全向天线

位于地平面上的 $\lambda_0/4$ 长单极子是最常用的全向天线。由于地平面是天线的一部分，所以地面的大小、不同的电导率都极大地影响天线的性能。例如，在同一频段工作的 $\lambda_0/4$ 长

单极子车载天线的性能就与车的类型密切相关。为了消除不同车顶(地面)对全向天线性能的影响，实用中常希望使用与地无关的全向天线。

5.7.1 由同轴中馈 $\lambda_0/2$ 长偶极子构成的全向天线

图 5.87(a)为中馈 $\lambda_0/2$ 长套筒偶极子天线，它把 $\lambda_0/4$ 长同轴线内导体作为上辐射体。把 $\lambda_0/4$ 长倒扣的口杯形金属管底部开一个与同轴线外导体直径相等的圆孔，穿过同轴线，在馈电点 F 与同轴线的外导体焊接在一起，就构成了 $\lambda_0/2$ 长中馈套筒偶极子的下辐射体。$\lambda_0/4$ 长扼流套与同轴线的外导体构成一段 $\lambda_0/4$ 长短路线，从 A 点看进去的阻抗无限大，阻止了同轴线外导体上电流的流动。可见，$\lambda_0/4$ 长套筒还兼起作为不平衡同轴馈线给对称偶极子馈电所需巴伦的作用。$\lambda_0/2$ 长中馈套筒偶极子天线为垂直极化，是最常用的与地无关的低增益全向天线。为了展宽同轴中馈 $\lambda_0/2$ 长偶极子的带宽，可以把上辐射体变得与同轴线外导体一样粗，或把套筒变成圆锥形，如图 5.87(b)所示。图 5.87(c)说明了同轴中馈 $\lambda_0/2$ 长偶极子演变的过程及电流分布，有时为了完全扼制同轴电缆外皮上的电流，需要使用倒置的双 $\lambda_0/4$ 长扼流套。

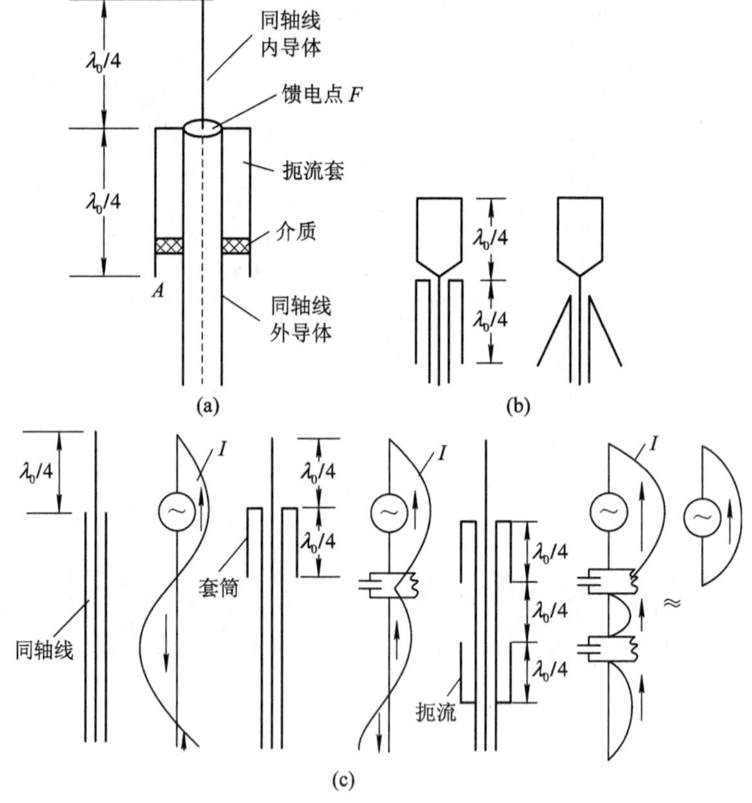

图 5.87 同轴中馈 $\lambda_0/2$ 长偶极子天线

(a) 窄带；(b) 宽带；(c) 演变过程及电流分布

图 5.88(a)、(b)是进一步扼制同轴线外导体上电流所使用的双扼流装置。由图 5.88 可以看出，除采用 $\lambda_0/4$ 长扼流套外，图 5.88(a)还在同轴线的外导体上套上磁环，图 5.88(b)则把位于 $\lambda_0/4$ 长扼流套中的同轴线绕成线圈，以进一步扼制流到同轴线外导体上的电流。

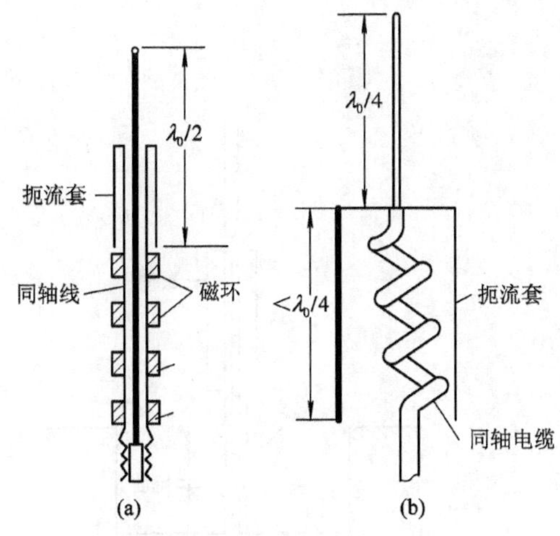

图 5.88 带双扼流装置的同轴中馈 $\lambda_0/2$ 长偶极子天线

(a) 在同轴线上套磁环；(b) 把同轴线绕成线圈

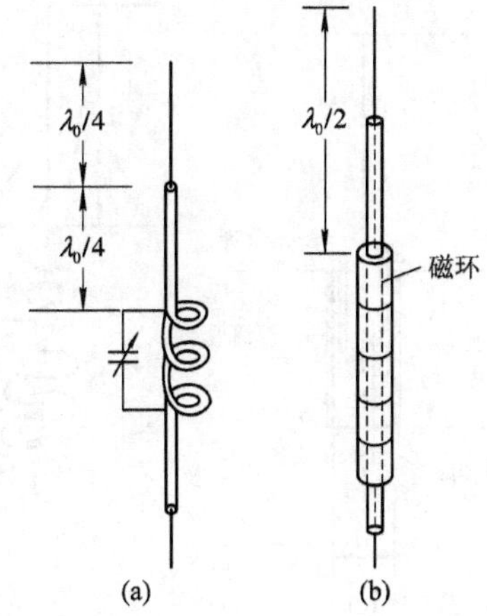

图 5.89 带扼流线圈或磁环的同轴中馈 $\lambda_0/2$ 长偶极子天线

(a) 把电缆绕成线圈；(b) 在电缆外边套磁环

5.7.2 由带扼流线圈或磁环的 $\lambda_0/2$ 长同轴偶极子构成的全向天线

为了扼制同轴线外导体上的电流，可以如图 5.89(a)所示，把同轴馈线绕成线圈，使电感呈现的阻抗极大，也可以把一个可调电容器与同轴线绕制的电感并联，调整它们的尺寸，让 LC 并联电路谐振，使阻抗无限大，还可以如图 5.89(b)所示，在同轴线的外导体上套一些磁环来扼制流到同轴线外导体上的电流。

5.7.3 与地无关的 $\lambda_0/2$ 长全向天线

实用中有时需要使用宽带或双频 $\lambda_0/2$ 长与地无关的全向天线，为此必须解决以下两个问题：

(1) 由于 $\lambda_0/2$ 长辐射单元在馈电点呈现高阻抗，因此必须利用谐振空腔来解决天线与馈线之间的阻抗匹配问题。

(2) 利用 $\lambda_0/4$ 扼流套在开路端形成的高阻抗来扼制流到扼流套外边及同轴线外导体上的电流，实现天线与馈线间的去耦问题。

图 5.90(a)为 $\lambda_0/2$ 长与地无关的全向天线的结构示意图。$\lambda_0/2$ 长辐射单元在馈电点呈高阻抗，为解决天线与馈线的阻抗匹配，如图 5.90(a)所示，采用了移动馈电点位置及附加扼流套。由于 $\lambda_0/4$ 长扼流套在 B 点与同轴线外导体短路，所以在开路端 A 点呈现无限大阻抗，扼制了流到扼流套外边及同轴线外导体上的电流。由于把馈电点由高阻抗点 A 移到 F 点，经过了阻抗变换，再加上 F 点上、下的开路、短路支节对阻抗的相互补偿，解决了阻抗匹配问题。图 5.90(b)利用附加的 L_1C_1 并联谐振电路使天线谐振以实现天线阻抗匹配，利用同轴馈线外导体构成的扼流线圈，扼制流到同轴线外导体上的电流。图 5.91 是利用 LC 调谐电路构成的 30～88 MHz 中馈坦克天线的结构示意图，实用中有时需要使用如图 5.92(a)、(b)所示的高度比较低的低增益与地无关全向天线，它用螺旋线代替 $\lambda_0/4$ 长直导线。

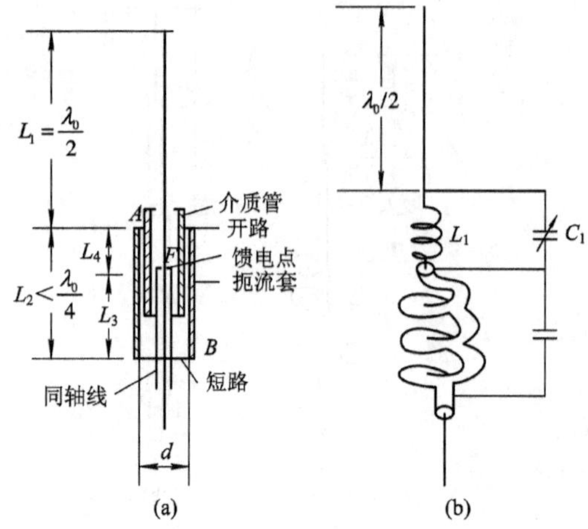

图 5.90 与地无关的 $\lambda_0/2$ 长全向天线

(a) 抬高馈电点及附加扼流套；(b) 附加 LC 谐振电路

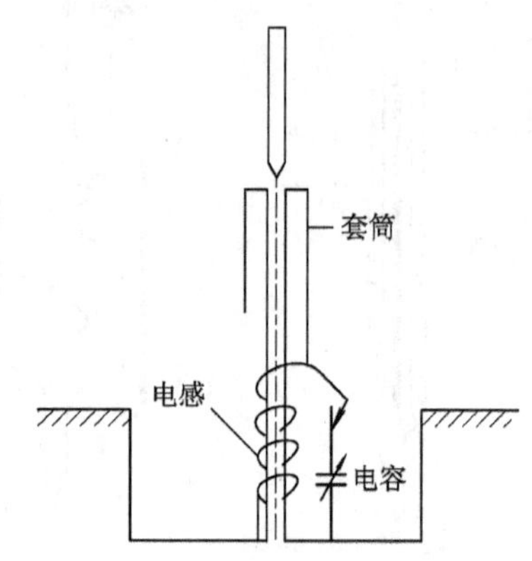

图 5.91 30～88 MHz 中馈坦克天线结构示意图

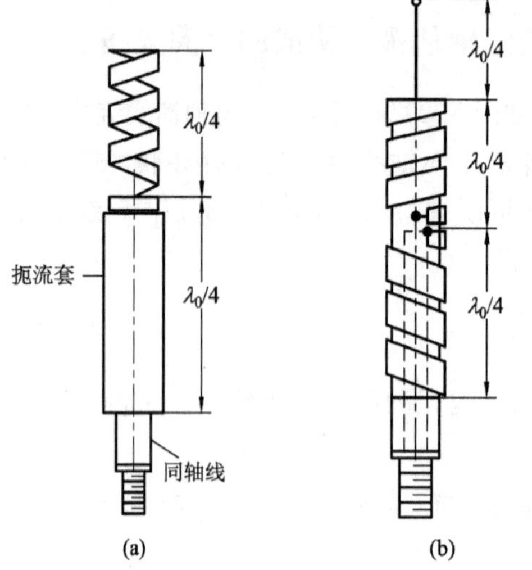

图 5.92 用螺旋线构成的与地无关全向天线

(a) 单臂螺旋；(b) 双臂螺旋

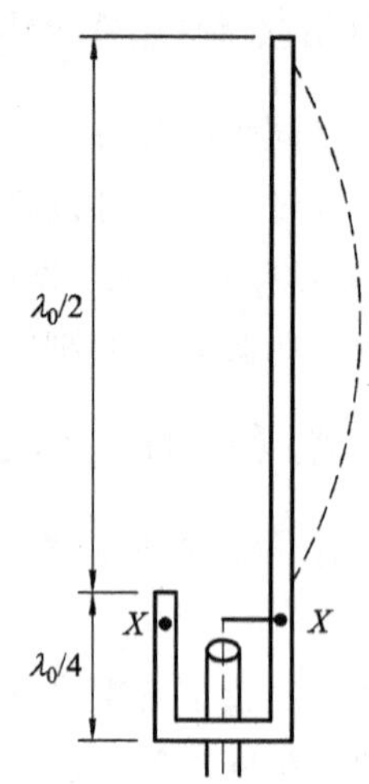

图 5.93 J 形天线

5.7.4 全向 J 形天线

图 5.93 是全向 J 形天线，该天线为自由空间 $\lambda_0/2$ 长垂直线极化全向天线，主要特点如下：

(1) 不需要接地线或者接地。

(2) 最大辐射方向平行于地面(但其他接地天线或带地线的天线最大辐射方向上翘约 30°仰角)。

(3) 上下移动馈电点，很容易使天线与馈线匹配。

(4) 结构简单，成本低。

图 5.94 是 $f_L=52.5$ MHz，$f_H=145.5$ MHz 双频 J 形天线的结构及尺寸。由 $f_L=52.5$ MHz，可以求得 $\lambda_L=5714$ mm，$\lambda_L/2=2857$ mm，$\lambda_L/4=1428$ mm，由 $f_H=145.5$ MHz可以求得 $\lambda_H=2062$ mm，$\lambda_H/2=1031$ mm，$\lambda_H/4=515$ mm。图 5.94 中的尺寸均考虑了0.96的缩短系数。由图 5.94 可以看出，低频天线把高频天线及支撑结构作为它的辐射体，高频天线的同轴馈线位于低频天线辐射体的金属管内。

为了展宽 J 形天线的带宽，可以采用折合 J 形天线，由于折合等效振子加粗，所以带宽要宽一些，增益也略高一些，考虑到波长缩短效应，图 5.95(a)是 1450 MHz 折合 J 形天线的实际结构尺寸，图 5.95(b)该天线的电流分布。

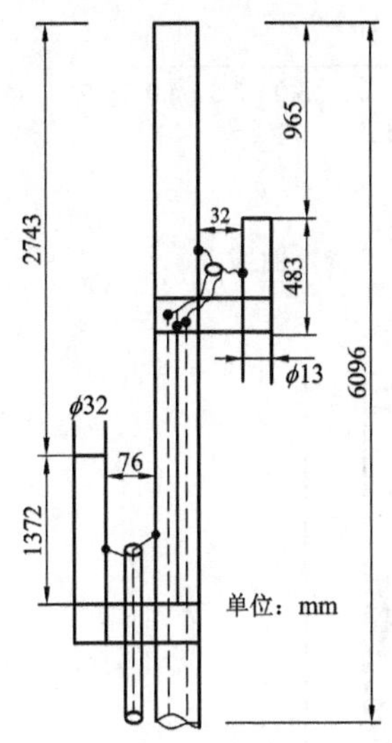

图 5.94　52.5 MHz 和 145.5 MHz 双频 J 形天线的结构及尺寸

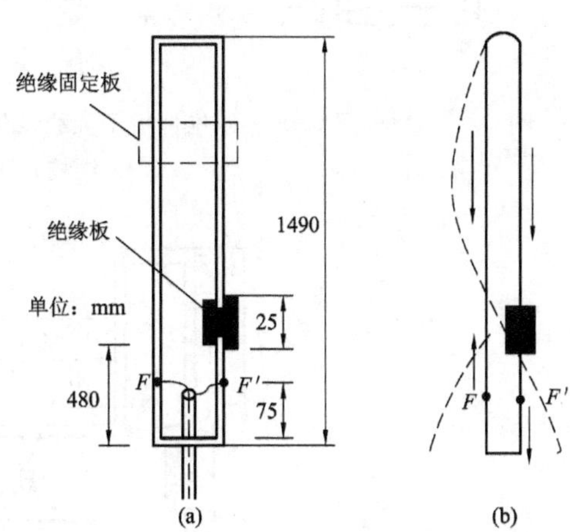

图 5.95　1450 MHz 折合 J 形天线的结构尺寸及电流分布
(a) 结构尺寸；(b) 电流分布

5.7.5　由双锥对称振子构成的宽带全向天线[16]

双锥偶极子天线的特性阻抗 Z_0 与半锥角 θ_0 有如下关系：

$$Z_0 = 120\ \ln\cot\left(\frac{\theta_0}{2}\right) \tag{5.13}$$

可见，Z_0 仅与 θ_0 有关，与离开馈电点的距离无关，θ_0 较大时，Z_0 比较低，天线具有宽带特性。图 5.96(a)是改进型双锥偶极子，$\theta_0=49.4°$，$l_1=33$ mm，$l_2=35$ mm，$m=2$ mm，图 5.96(b)是该天线仿真的 VSWR～f 特性曲线。由图 5.96 可以看出，VSWR≤2 的频段为(0.6～3.5)GHz，带宽比为 5.83。

5.7.6　由 $\lambda_0/2$ 长折合振子构成的全向天线

图 5.97 是由两个中间开路的 $\lambda_0/2$ 长折合振子构成的与地无关的全向天线。由于折合振子距离安装固定杆 $5\lambda_0/8$，所以固定杆对天线的影响极小，移动短路块，可以使 VSWR 最小。又由于组阵，所以增益相对高，垂直面半功率波束宽度约 60°。

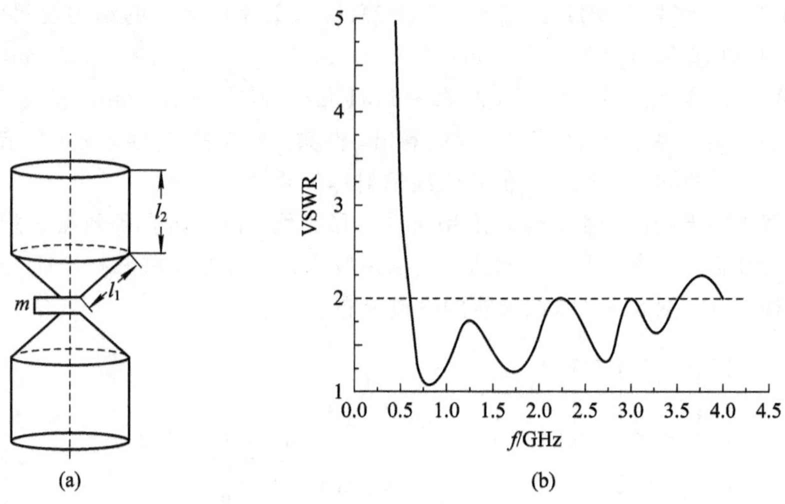

图 5.96　双锥偶极子天线及仿真的 VSWR～f 特性曲线

(a) 结构；(b) VSWR

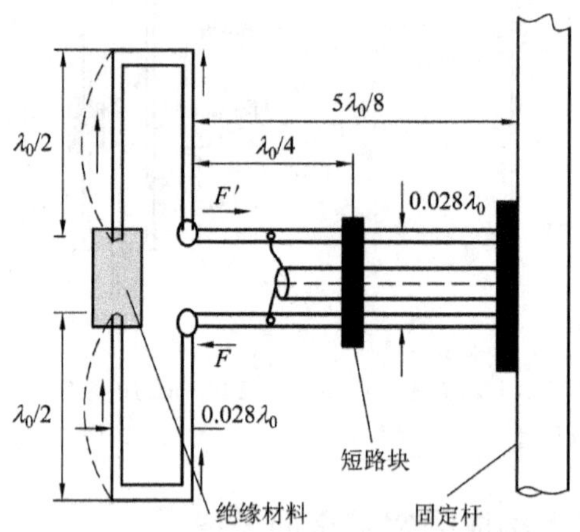

图 5.97　由双 $\lambda_0/2$ 长折合振子构成的全向天线

5.7.7　能扼制电缆外皮泄漏电流的印刷碟形偶极子全向天线[17]

图 5.98(a)所示垂直极化印刷碟形偶极子天线是 UWB 全向天线，但辐射受到馈电电缆的影响，在碟形偶极子的下辐射臂中，距离宽度为 W，间隙为 g，共面波导馈线为 d，插入两个长度为 L、宽度为 t 的用于阻止同轴线泄漏的细缝，如图 5.98(b)所示，以达到扼制同轴线外导体上漏泄电流的目的。由图 5.98 可以看出，碟形偶极子天线的上下臂均由尺寸为 $a\times c$ 的矩形与长短分别为 $0.5a$ 和 c 的半圆形组成。用 $\varepsilon_r=4.4$，厚为 1 mm 的基板按表 5.9 所示的尺寸制造的有相同尺寸、用共面波导馈电的印刷碟形偶极子天线中，一个有细缝，一个无细缝。

表 5.9　用共面波导馈电，用 1 mm 厚、$\varepsilon_r=4.4$ 的基板制造的印刷碟形偶极子天线的尺寸

参数	a	b	c	h	L	t	d	W	g
尺寸/mm	23.0	32.7	8.05	0.5	13.1	2.0	1.8	1.5	0.22

图 5.98(c)是两种印刷碟形偶极子天线实测的 VSWR～f 特性曲线，虽然有细缝印刷碟形偶极子天线低频 VSWR 变坏，但仍然在 3.1～10.6 GHz 频段内，VSWR≤2.0，带宽比为 3.4∶1。两种印刷碟形偶极子天线的垂直面方向图类似于标准中馈偶极子的 8 字形方向图，但有细缝印刷碟形偶极子天线由于用细缝扼制了电缆外皮的电流，因而水平面增益，特别是在频段的低端，均比无细缝印刷碟形偶极子天线高。表 5.10 所示为有细缝和无细缝印刷碟形偶极子天线水平面实测增益。由表 5.10 也可以看出，在 3.1 GHz 的 x 和 y 方向高出 3.98 dB 和 4.37 dB，在整个频段平均高出 1.5 dB 和 1.8 dB。

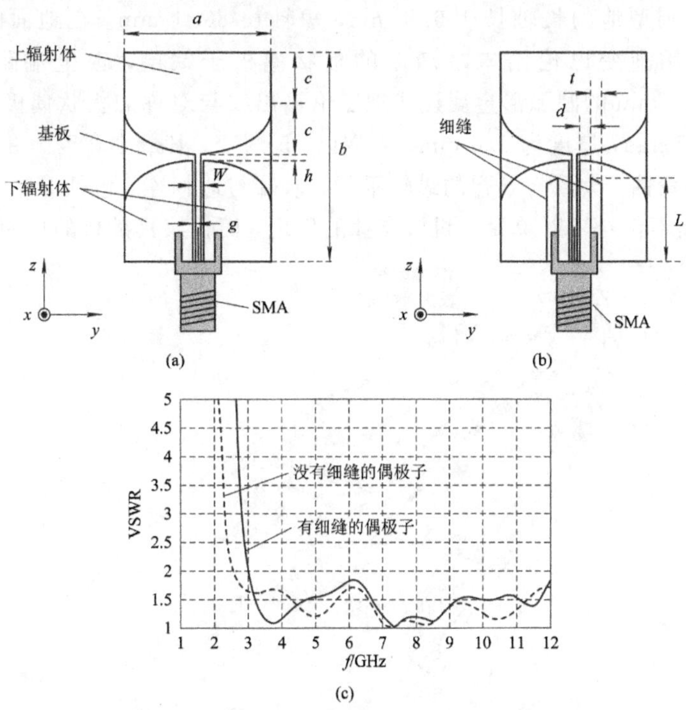

图 5.98 印刷碟形偶极子天线和能消除电缆外皮电流的印刷碟形偶极子天线及实测 VSWR～f 特性曲线

(a) 印刷碟形偶极子天线；(b) 有细缝的印刷碟形偶极子天线；(c) VSWR

表 5.10 有细缝和无细缝印刷碟形偶极子天线水平面实测增益

频率 f/GHz	增益 G/dBi			
	x 方向		y 方向	
	有缝隙	无缝隙	有缝隙	无缝隙
3.1	0.18	−3.80	−1.12	−5.49
4.1	1.06	−0.84	−0.76	−2.70
5.1	3.83	1.55	1.06	−2.75
6.1	1.66	0.69	−3.52	−5.36
7.1	3.44	2.82	−2.26	−3.52
8.1	2.93	2.51	−2.67	−3.50
9.1	3.09	2.73	−0.05	−0.39
10.1	1.14	0.3	2.73	2.73

5.7.8 安装在小型导弹头部的天线

有时需要用小型导弹发射 RF 信标或检测 RF 信号，在这种小型导弹中使用的天线必须占有最小的空间，要有足够的机械强度，以便能承受导弹发射引起的振动，在一些特殊应用中，还必须承受 2～3 kW 的平均功率。

图 5.99 是适合在 720～880 MHz 频率工作，安装在小型导弹头部能承受 2～3 kW 平均功率的折叠偶极子天线。该天线由与导弹舱壁焊接在一起的椭圆型地、两个辐射臂及渐变巴伦组成。椭圆型地的长轴长 116.8 mm，短轴长 86.4 mm。在地面的中心开有 ϕ=19 mm的圆孔。用渐变巴伦给末端渐变的板状偶极子馈电，馈电端距地板的距离约 127 mm。用长 19 mm 的圆弧形金属连线把巴伦输出线与对称的板状偶极子相连。板状偶极子的宽度为 43 mm，厚度为 1.6 mm，末端以 55°渐变，其最小宽度为 37.3 mm。板状偶极子由馈点向内弯曲，大致与导弹的纵轴平行，末端与地相连，包括 S 形连线在内长度为 134.6 mm。地面不仅对辐射单元起机械支撑的作用，而且兼具散热的功能。

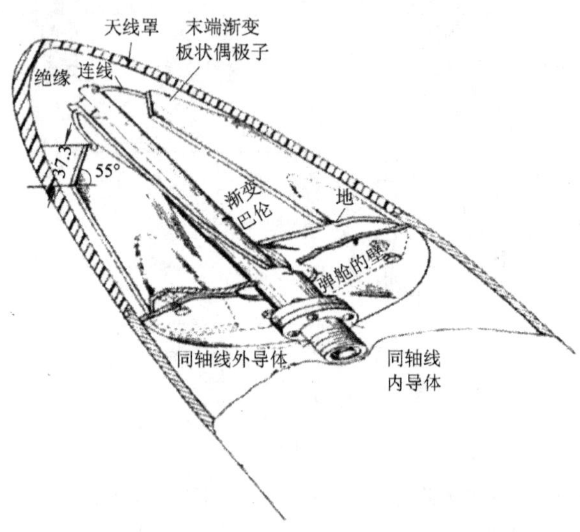

图 5.99 安装在小型导弹头部的折叠偶极子天线

5.8 由贴片构成的全向天线

5.8.1 由圆贴片构成的宽带低轮廓全向天线[18]

图 5.100(a)是由直径为 ϕ_1的寄生圆贴片和直径为 ϕ_2的馈电圆贴片构成的低轮廓全向天线。天线的工作频率为 1.8～2.45 GHz，具体尺寸及相对最低工作频率 1.8 GHz 的波长 λ_L的电尺寸如下：ϕ_1=140 mm(0.84λ_L)，ϕ_2=40 mm(0.24λ_L)，接地板的直径 ϕ_3=240 mm(1.44λ_L)，h_1=24 mm(0.144λ_L)，h_2=19 mm(0.114λ_L)。图 5.100(b)、(c) 分别是该天线实测 VSWR 和 G 的频率特性曲线。由图 5.100 可以看出，VSWR≤2 的相对带宽为 52%，G=5 dBi，在 1.8～2.45 GHz 频段内，水平面方向图呈全向，垂直面方向图呈 8 字形，有 30 dB 的零深，但最大辐射方向位于±30°，交叉极化电平为－20 dB。

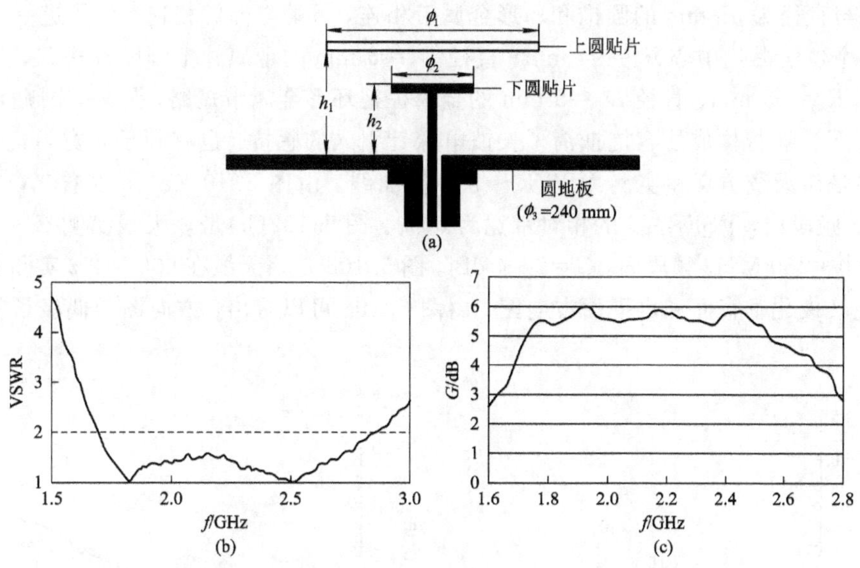

图 5.100 由两个圆贴片构成的低轮廓全向天线

(a) 结构；(b) 实测 VSWR～f 特性曲线；(c) G～f 特性曲线

5.8.2 由带短路环圆锥套筒的圆贴片构成的宽带全向天线[19]

图 5.101 是 UHF 频段 DVB-H 频段 470～706 MHz 使用的宽带全向天线。由图 5.101可以看出，半径 R_1=110 mm 的圆贴片天线用直径为 D_1=10 mm 的探针馈电，贴片到直径 ϕ=400 mm 的地板的高度 H_1=56 mm。为了展开带宽，在探针的外边附加了内外半径分别为 R_5=32 mm，R_3=67 mm 的环形金属带，该环形金属带离地的高度为 H_2=

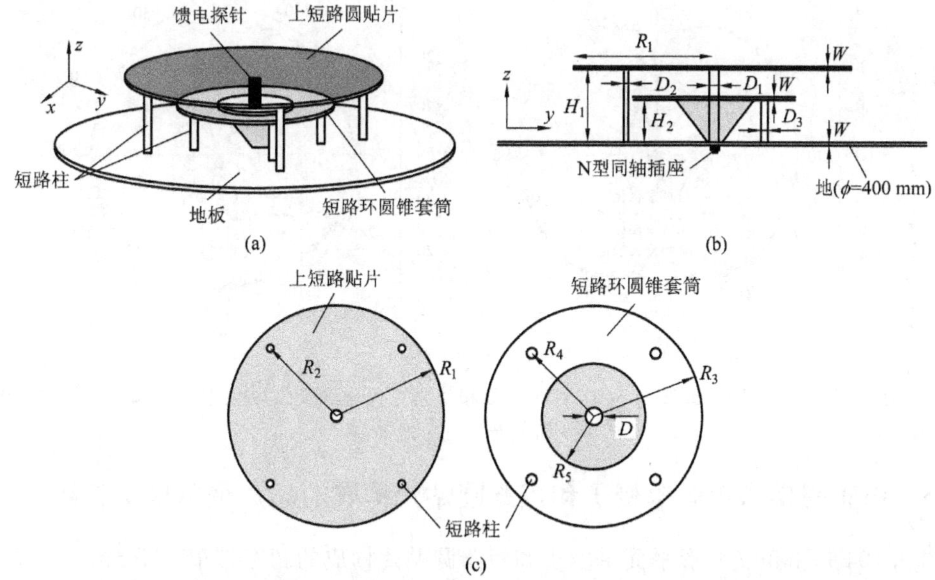

图 5.101 由带短路环圆锥套筒的短路圆贴片构成的宽带全向天线

(a) 立体结构；(b) 侧视；(c) 部分视图

33 mm，与直径为 67 mm 的圆锥和环形金属带相连，下端与探针相连。为了进一步展宽带宽，用四个位于贴片中心 R_2=94 mm、直径 D_2=6 mm 的金属柱把圆贴片短路，用四个距天线中心 R_4=55 mm、直径 D_3=5 mm 的金属柱把环形金属带短路。另外，圆贴片和与它平行的环形金属带构成的容抗抵消了长馈电探针引入的感抗，也有利于展宽阻抗带宽。图 5.102(a)是该天线仿真和实测 VSWR～f 特性曲线。由图 5.102(a)可以看出，在 466～732 MHz 频段内，VSER≤2 的相对带宽为 50%。图 5.102(b)是该天线实测 G～f 特性曲线，在 450～750 MHz 频段内，G=2～4 dBi。图 5.103 是该天线在 600 MHz 实测和仿真主极化和交叉极化垂直面和水平面方向图。由图 5.103 可以看出，方向图与偶极子的方向图类似。

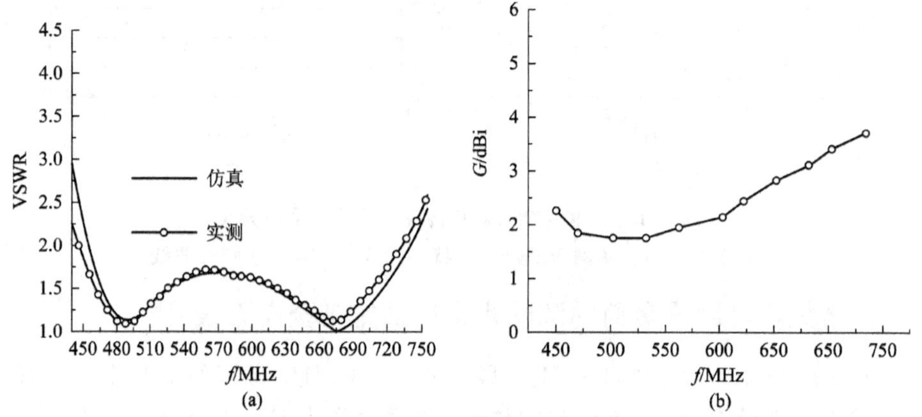

图 5.102　图 5.101 所示天线仿真和实测 VSWR 和 G 的频率特性曲线

(a) VSWR；(b) G

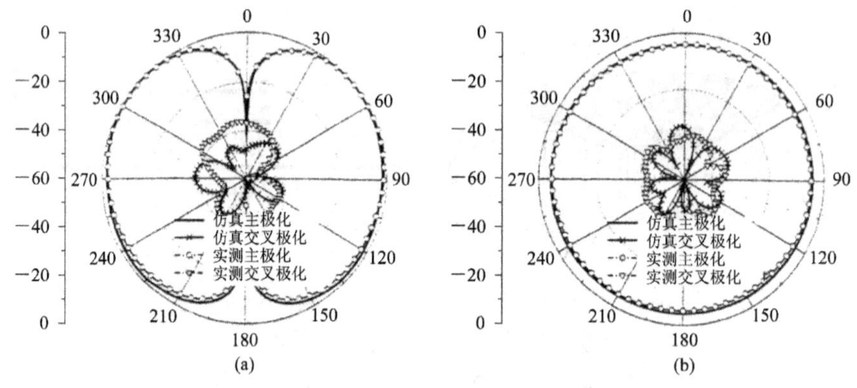

图 5.103　图 5.101 所示天线在 600 MHz 实测和仿真主极化和交叉极化垂直面和水平面方向图

(a) 垂直面；(b) 水平面

5.8.3　由正交梯形平面单极子和短路圆贴片构成的超宽带单极子天线

图 5.104 是由正交梯形平面单极子和短路圆贴片构成的超宽带单极子天线，直径为 $2r$ 的圆贴片与直径为 $2R$ 的接地板之间距离为 H，用直径为 d_s 的离贴片中心为 d_r 的等间距四根短路线把贴片与地短路连接，再把正交梯形平面单极子与圆贴片相连，同轴线内导体与正交梯形平面单极子的交点相连馈电。

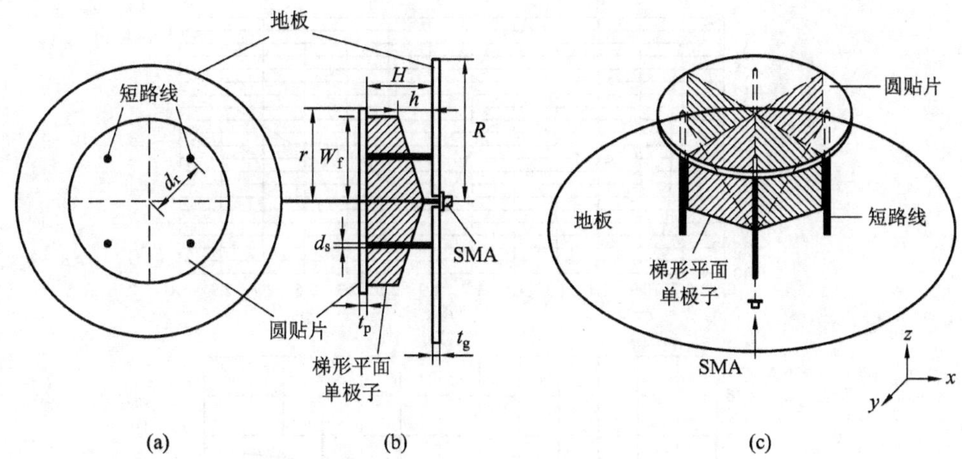

图 5.104　由正交梯形平面和顶部短路贴片构成的超宽带单极子天线

(a) 顶视；(b) 侧视；(c) 立体

在 0.77～2.55 GHz 频段工作(中心谐振频率 f_0=1.65 GHz)，天线的具体尺寸和相对 λ_0 的电尺寸为：$2r$=96 mm(0.528λ_0)，H=34 mm(0.187λ_0)，d_s=1 mm，d_r=41 mm，W_f=48 mm，h=16 mm，t_p=0.3 mm，$2R$=360 mm(1.98λ_0)。

图 5.105 是具有上述尺寸的单极子天线在 0.8 GHz、1.65 GHz 和 2.5 GHz 实测方位面和垂直面主极化和交叉极化方向图。由图 5.105(a)可以看出，方位面交叉极化电平为 −22 dB，±45° 垂直面交叉极化电平为 −13.5 dB。由图 5.105(b)可以看出，方位面交叉极化电平为 −20 dB，±45°垂直面交叉极化电平为 −23 dB；由图 5.105(c)可以看出，方位面交叉极化电平为 −19 dB，±45°垂直面交叉极化电平为 −26 dB。在 0.8～2.5 GHz 频段内，天线的垂直面方向图均为 8 字形，最大电平均位于 θ=±45°方向，方位面呈全向，不圆度小于 2 dB。图 5.106 是该天线实测 S_{11} 和 G 的频率特性曲线。由图 5.106 可以看出，在 0.77～2.55 GHz 频段内，VSWR≤1.5，相对带宽为 107.2%，在 0.5～3.1 GHz 频段内，实测平均增益为 3.5 dBi。

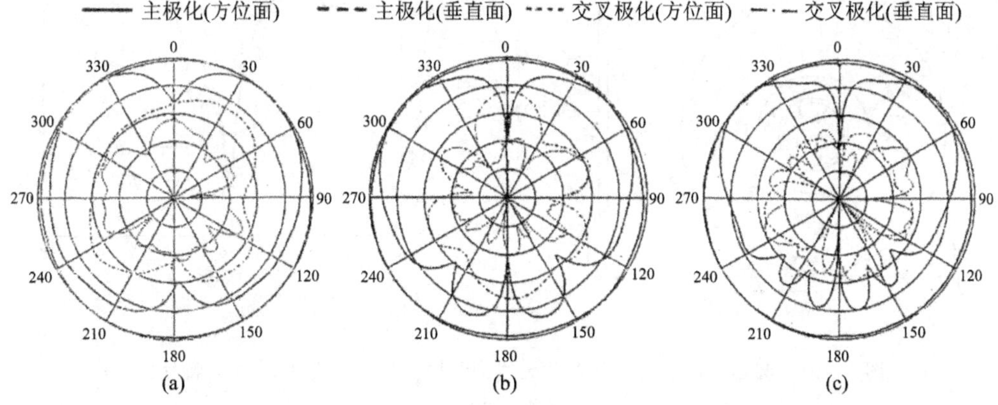

图 5.105　图 5.104 所示单极子天线在 f=0.8 GHz、1.65 GHz 和 2.5 GHz 实测方位面和垂直面主极化和交叉极化方向图

(a) 0.8 GHz；(b) 1.65 GHz；(c) 2.5 GHz

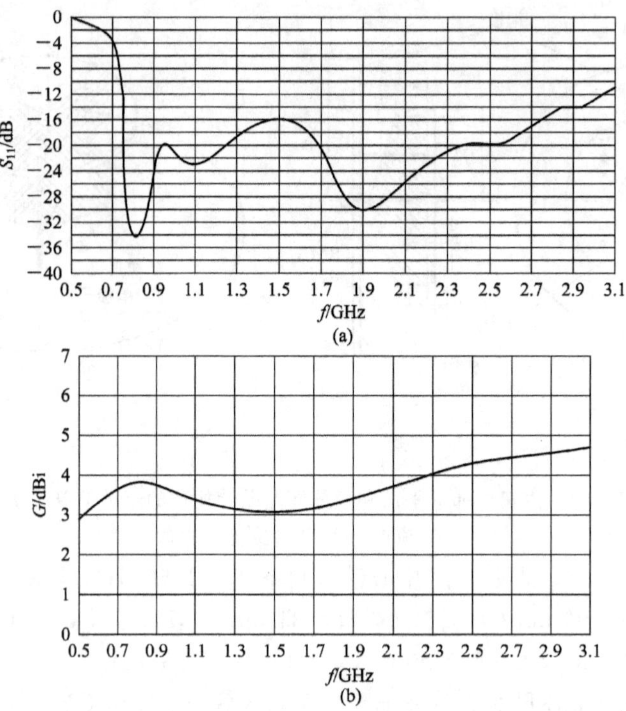

图 5.106　图 5.104 所示单极子天线实测 S_{11} 和 G 的频率特性曲线

(a) S_{11}；(b) G

5.8.4　由中心馈电圆贴片和耦合环状贴片构成的全向天线[21]

单极子水平面方向图呈全向，由于高度一般为 $\lambda_0/4$，因而不适合低轮廓和共形设计。但采用图 5.107(a)所示由中心馈电圆贴片和耦合环状贴片组成的高度只有 $0.029\lambda_0$ 的结构，就能提供类似单极子的全向方向图。

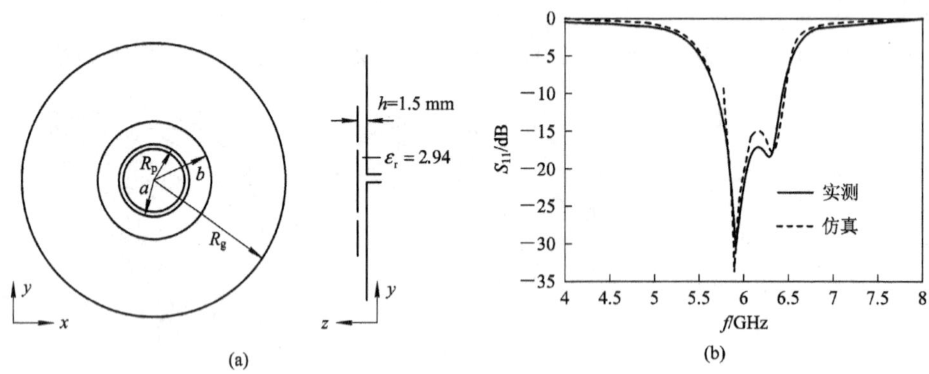

图 5.107　圆贴片和耦合环状贴片天线的结构及仿真和实测 $S_{11} \sim f$ 特性曲线

(a) 结构；(b) $S_{11} \sim f$

中心设计频率 $f=5.8$ GHz，圆贴片和耦合环状贴片是用厚 $h=1.5$ mm，$\varepsilon_r=2.94$ 的基板制造的。天线的具体尺寸为：圆贴片的半径 $R_p=18$ mm，环形贴片的内半径 $a=19$ mm，外半径 $b=31$ mm，与圆贴片天线同心，接地板的半径 $R_g=75$ mm。

图5.107(b)是该天线仿真和实测 $S_{11}\sim f$ 特性曲线。由图5.107(b)可以看出，VSWR≤2的相对带宽为12.8%。在 $f=5.7$，5.8和5.9 GHz仿真和实测该天线 E 面、H 面主极化和交叉极化方向图，结果为 H 面呈全向，E 面为8字形，但在最大波束指向45°，交叉极化 E 面和 H 面分别低于−18 dB和−15 dB，仿真增益为5.8 dB。

5.8.5 由正方形环状贴片构成的宽带低轮廓全向天线

图5.108为外边长为 a、内边长为 b 的正方形环状贴片构成的宽带低轮廓全向天线。正方形环状贴片与接地板平行，用宽度为 W 的两块金属板与地板短路连接作为寄生贴片。同轴线的内导体直接与正方形环状贴片天线中心边长为 c 的正方形贴片相连，作为激励贴片。工作频段为1700～2700 MHz，中心频率 $f_0=2200$ MHz($\lambda_0=136.4$ mm)。方形环状贴片和中心的馈电贴片均用厚1.6 mm、$\varepsilon_r=4.4$ 的FR4双面覆铜环氧板用印刷电路技术制造。具体尺寸和电尺寸如下：$a=40(0.29\lambda_0)$mm、$b=14$ mm、$h=12$ mm$(0.09\lambda_0)$、$W=15$ mm。接地板尺寸为100 mm×100 mm。不同 c 的情况下的反射损耗曲线表示在图5.109中。由图5.109可看出，$c=6$ mm，反射损耗小于−10 dB的相对带宽为46%。图5.110为实测增益曲线。由图5.110可看出，在45%的相对带宽内，G≥3 dBi。

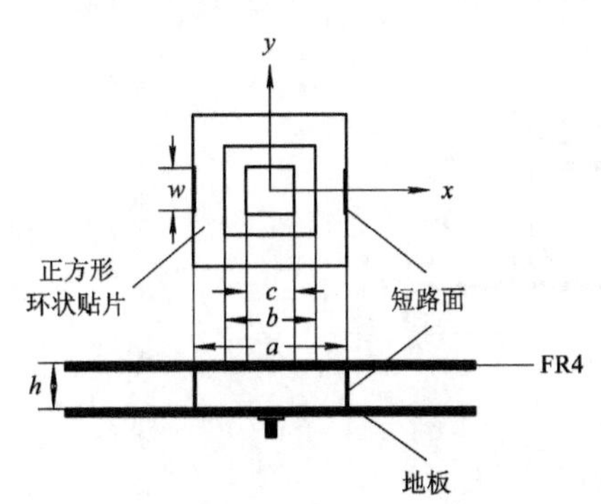

图5.108　由正方形环状贴片构成的宽带低轮廓全向天线

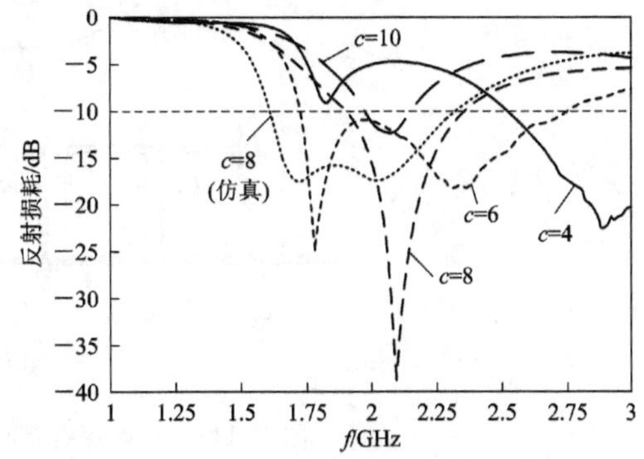

图5.109　在不同 c 的情况下图5.108所示天线仿真 $S_{11}\sim f$ 特性曲线

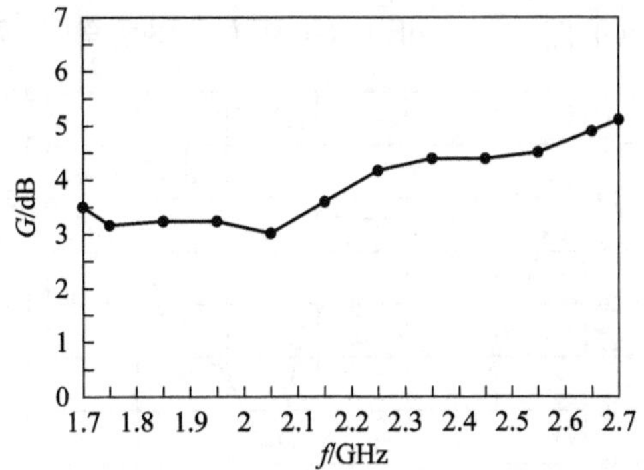

图5.110　图5.108所示天线实测 $G\sim f$ 特性曲线

由上可以看出，该天线具有以下特点：

(1) 宽频带，VSWR≤2的相对带宽为45%，G≥3 dBi的相对带宽也为45%。

(2) 小尺寸，贴片的边长为 0.29λ_0。

(3) 低轮廓，高度低于 0.1λ_0。

5.8.6 宽带全向贴片天线

图 5.111 是适合室内直放站使用的由 L 形探针耦合馈电短路圆贴片构成的低轮廓宽带全向天线的结构及尺寸。图 5.111 中的 λ_0 是 f_0=893 MHz 所对应的波长。天线的具体尺寸和电尺寸如下：H=31 mm(0.092λ_0)，R=60 mm(0.179λ_0)，r=55 mm(0.164λ_0)，d=3.6 mm(0.011λ_0)，h=26.5 mm(0.079λ_0)，l=44 mm(0.131λ_0)，r_1=1 mm，t=0.5 mm，G_R=120 mm(0.357λ_0)，G_T=2 mm。

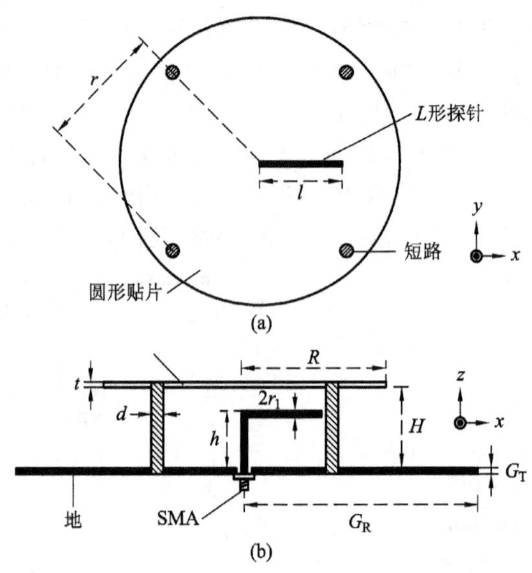

图 5.111 L 形探针耦合馈电短路圆贴片天线

图 5.112 是该天线仿真的 S_{11} 和平均增益的频率特性曲线。由图 5.112 可以看出，$S_{11}\leqslant-14$ dB(VSWR$\leqslant$1.5)的相对带宽为 27.1%(f 为 0.772～1.014 GHz)。在整个频段，平均增益 G=3.6 dBi。图 5.113 是在中心频率 f_0 实测的垂直面和水平面方向图。最大辐射电平位于 $\theta=\pm60°$，交叉极化电平低于−21 dB，水平面方向图呈全向，不圆度小于 1.7 dB。

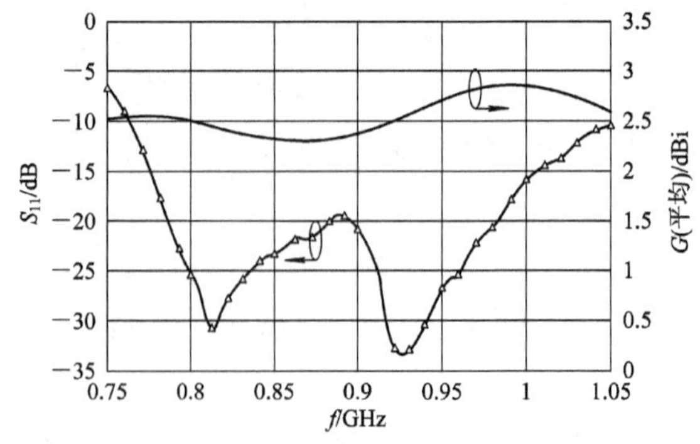

图 5.112 图 5.111 所示天线仿真 S_{11} 和平均增益的频率特性曲线

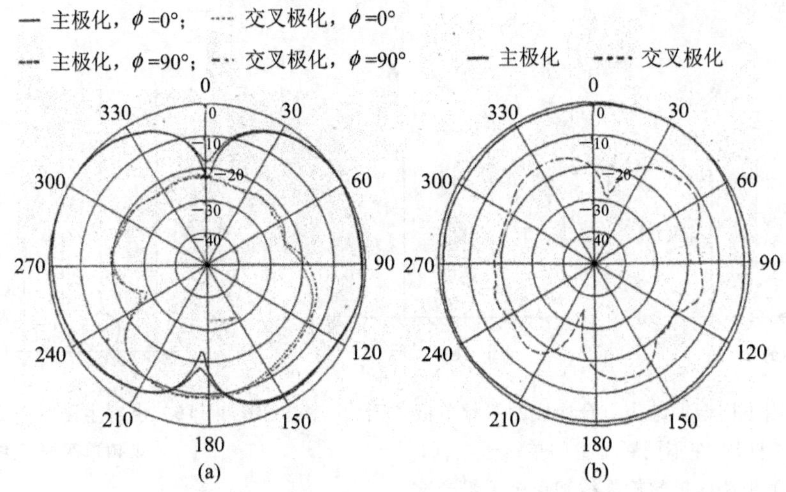

图 5.113　图 5.111 所示天线在 893 MHz 实测垂直面和水平面主极化和交叉极化方向图

5.9　双频和三频全向天线

5.9.1　由陷波、组合结构和附加寄生单元构成的双频单极子天线

用陷波、组合结构和附加寄生单元等多种方法可以构成双频单极子天线。图 5.114 是用谐振陷波器构成的双频单极子天线，在低频 f_1，陷波器以电感给天线加载，此时天线是全部长度为 $\lambda_0/4$ 的单极子天线，在高频 f_2，由于 LC 并联电路构成的陷波器谐振，阻抗无限大，阻止电流流到陷波器上面的辐射单元，即在 f_2上面的辐射单元不起作用，此时仅把陷波器下面长度为 $\lambda_2/4$ 的导线作为单极子天线。

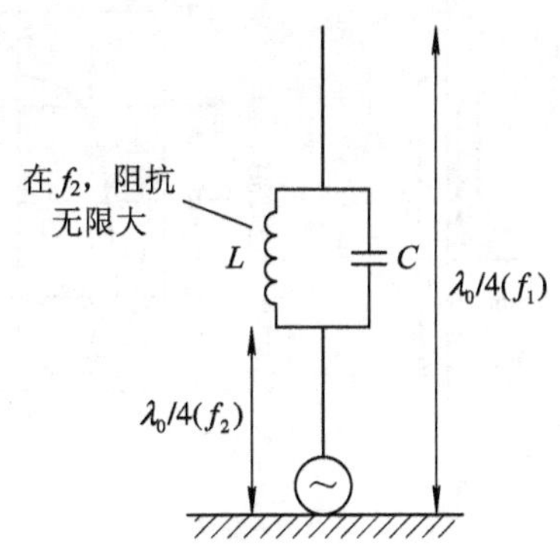

图 5.114　用陷波器构成的双频单极子天线

图 5.115 是用组合结构单极子构成的双频单极子天线。把两个或更多靠在一起谐振在不同频率的单极子组合在一起，用一个馈电点馈电，就能构成多频单极子天线。图 5.115(a)是把两个近间距长度不等，一个谐振在 f_1，另一个谐振在 f_2的单极子并联构成的双频单极子天线。图 5.115(b)是把在 f_1谐振的法向模螺旋天线与位于它的中心且在 f_2工作的单极子并联构成的双频单极子天线。用谐振在不同频率上的寄生单元也能构成双频单极子天线，如图 5.116 所示。

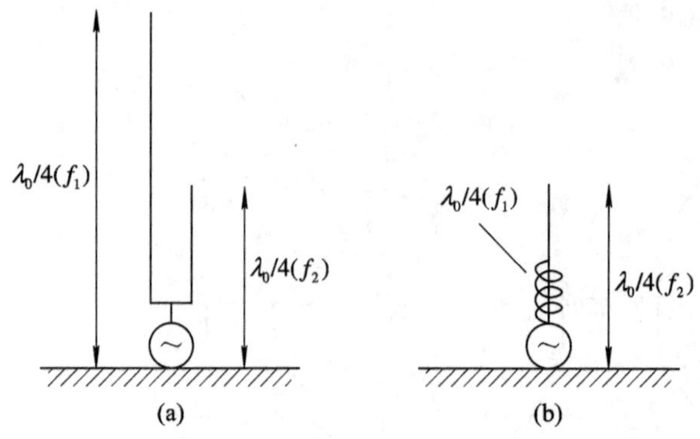

图 5.115　用不同谐振结构组合构成的双频单极子天线
(a) 把谐振在不同频率上的单极子组合；
(b) 把法向模螺旋天线和单极子组合

图 5.116　由寄生谐振单元构成的双频单极子天线

5.9.2　有带线套筒的双频单极子天线

图 5.117(a)是用厚 1 mm，$\varepsilon_r=16$ 的基板制造的用共面波导馈电的带寄生带线套筒的双频单极子天线，由于附加了寄生带线套筒，因而实现了双频工作。在 900 MHz 和 1800 MHz 工作的双频天线的最佳尺寸如下：$L_p=80$ mm，$W_p=4.0$ mm，$L_t=6.0$ mm，$L_s=30$ mm，$W_s=2.0$ mm，$D=23$ mm，$d=1.0$ mm。图 5.117(b)是该天线实测 $S_{11}\sim f$ 特性曲线。由图 5.117(b)可看出，在 900 MHz 频段，VSWR≤2 的频段为 840～940 MHz，相对带宽为11.2%，在 1800 MHz 频段，VSWR≤2 的频段为 1780～1920 MHz，相对带宽为 7.6%。

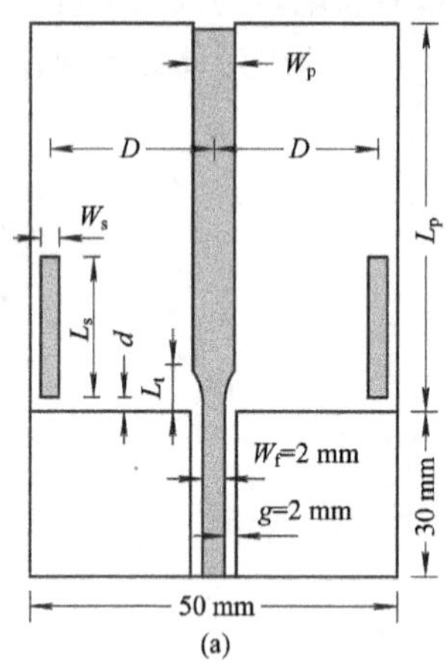

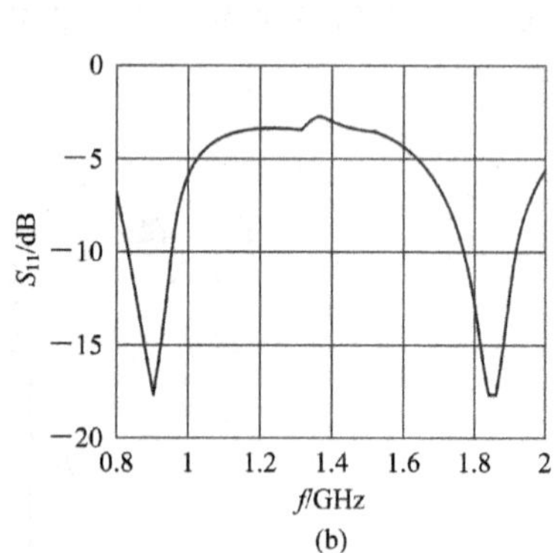

图 5.117　共面波导馈电有寄生带线套筒双频单极子天线及实测 $S_{11}\sim f$ 特性曲线
(a) 结构；(b) $S_{11}\sim f$

5.9.3　由分叉单极子和共面波导馈电构成的双频全向天线

图 5.118 是用 $\varepsilon_r=4.4$，厚 1.6 mm 的 FR4 基板制成的共面波导(CPW)馈电的双频单极子天线。由图 5.118 可以看出，左右长度为 L_1 和 L_2、宽度不相等的分叉单极子分别谐振在两个频率上，其谐振频率主要由单极子的长度和宽度决定，固定 L_1 的长度，改变 L_2，可

以调整高低工作频率之比。选择合适的有限地面的长度 L，可以使双频天线都有比较好的VSWR。

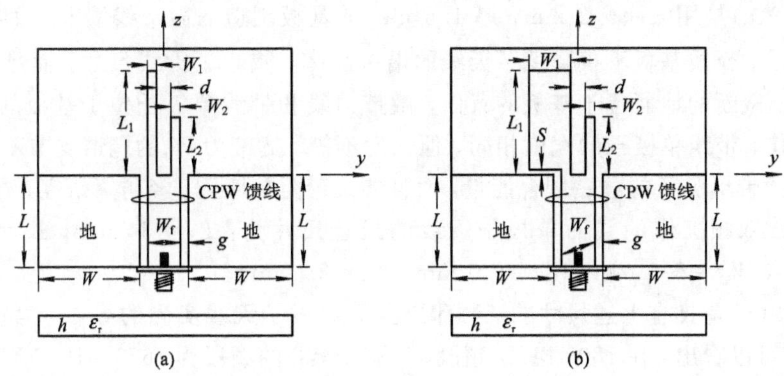

图 5.118 共面波导馈电印刷双频单极子天线

在 $f_L=1800$ MHz，$f_H=2400$ MHz 两个频率上谐振的单极子的长度分别为 $L_1=31$ mm，$L_2=20$ mm。图 5.118(a)所示的双频单极子天线在 $L=30$ mm，$W=25$ mm，$L_1=31$ mm，$W_1=W_2=2$ mm，$d=2.37$ mm，$W_f=6.37$ mm，$g=0.5$ mm，$\varepsilon_r=4.4$，$h=1.6$ mm 的情况下，不同 L_2所实现的相对带宽及频率比如表 5.11 所示。

表 5.11 不同 L_2所实现的相对带宽及频率比

L_2/mm	f_1/MHz，BW(%)	f_2/MHz，BW(%)	f_2/f_1
65	1042，4.8	1623，7.2	1.56
60	1097，7.4	1640，9.0	1.49
50	1220，5.8	1687，11.2	1.38
40	1360，2.3	1788，17.1	1.31
37	1387，1.6	1810，18.0	1.30
31	—	1941，20.3	1.00
25	1658，2.5	2117，15.0	1.28
20	1765，8.1	2383，14.2	1.35
15	1824，12.0	2913，9.7	1.60

对如图 5.118(b)所示的双频单极子天线，在 $S=0.5$ mm，$L=30$ mm，$W=25$ mm，$L_1=31$ mm，$L_2=20$ mm，$W_2=2$ mm，$d=2.37$ mm，$h=1.6$ mm，$\varepsilon_r=4.4$，$g=0.5$ mm，$W_f=6.37$ mm 的情况下，W_1为不同宽度时，高低频段的谐振频率及 VSWR≤2 的相对带宽如表 5.12 所示，在高低频段实测增益分别为 2.4 dBi 和 1.8 dBi。

表 5.12 W_1为不同宽度时的谐振频率及 VSWR≤2 的相对带宽

W_1/mm	f_1/MHz	BW(%)	f_2/MHz	BW(%)
2	1765.8	8.1	2383.1	14.2
6	1765.8	10.3	2380.1	16.5
10	1798.1	12.2	2458.2	18.3
14	1781.1	14.4	2540.3	27.5

5.9.4 微带线馈电共面印刷双频单极子天线

图 5.119(a)是用 $\varepsilon_r=4.2$ mm，厚 1.6 mm 的基板制造的微带线馈电共面印刷双频带线单极子天线。介质基板不仅降低了天线的谐振频率，减小了天线尺寸，而且又起到支撑天线的作用。截断的地面位于基板的背面，微带馈线和带线单极子位于基板的正面。为了实现双频工作，带线单极子的宽度相同，但长度不等。宽带为 W_f 的调谐支节不仅能控制从微带馈线到微带单极子的电磁耦合能量，而且能改善阻抗匹配。经仿真研究，在 1800 MHz 和 2400 MHz 双频工作的共面单极子天线的最佳尺寸为：$L_1=34$ mm，$L_2=20.5$ mm，$L_0=2.0$ mm，$W_m=5.0$ mm，$W_c=1.0$ mm，$W_f=3.0$ mm。

图 5.119(b)是具有上述尺寸的双频印刷共面单极子天线实测的 $S_{11}\sim f$ 特性曲线。由图 5.119(b)可以看出，在 1800 MHz 频段，VSWR≤2 的频段为 1679～1902 MHz，相对带宽为 12.45%；在 2400 MHz 频段，VSWR≤2 的频段为 2334～2552 MHz，相对带宽为 8.9%。在 1800 MHz 和 2450 MHz 实测了该天线的 E 面和 H 面方向图，H 面在两个频率基本呈全向，E 面最大辐射方向均位于水平面。

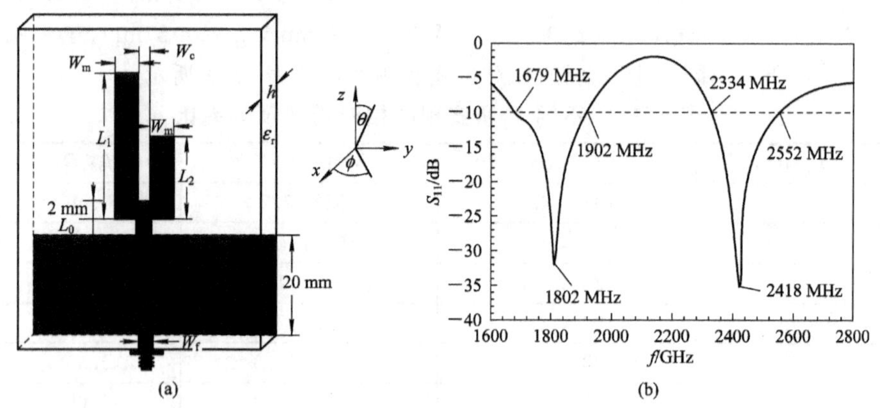

图 5.119 双频微带馈电印刷共面带线单极子天线及实测 $S_{11}\sim f$ 特性曲线

(a) 结构；(b) S_{11}

5.9.5 由分支线加载构成的双频全向天线

图 5.120 是由分支线加载构成的双频天线，低频天线是由 L_1+L_2 构成的 $\lambda_1/4$ 单极子天线。为了实现双频，在距鞭状天线馈电点 L_1 处附加长度为 L_3 的分支线，分支线的个数(NOB)可以是 1 个、2 个、4 个或 6 个。

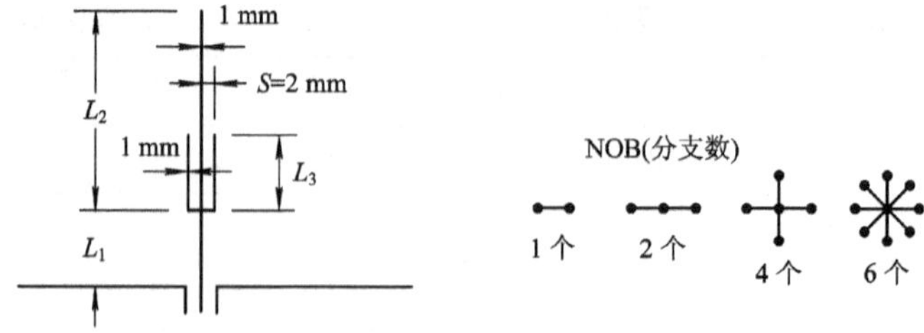

图 5.120 由分支线加载构成的双频全向天线

图 5.121(a)是在不同分支线高度 L_1 的情况下的单极子及分支线 L_3 的谐振频率。由图 5.121(a)可看出，随分支线高度 L_1 的升高，单极子的谐振长度缓慢减小，分支线的谐振长度随分支线 L_1 的增大而减小，直到 $L_1=22.5$ mm，然后再增加。注意，分支线的谐振长度相当于 $f=2450$ MHz 对应的波长。随分支线数目的增加，谐振长度明显减少。为了实现最佳 VSWR 带宽，选 $L_1=22.5$ mm。但在 $f=2450$ MHz 时，天线输入阻抗只有 25 Ω，使阻抗匹配困难。

图 5.121(b)为在不同分支线高度 L_1 的情况下，双频天线在各自中心谐振频率的辐射电阻。由图 5.121(b)可以看出，$L_1=28\sim30$ mm，在 915 MHz 和 2450 MHz 处，天线的输入阻抗均为 34 Ω，接近 $\lambda_0/4$ 单极子的输入阻抗 36.5 MHz，用阻抗变换段很容易就能实现与 50 Ω 馈线匹配。图 5.122(a)、(b)是该天线在 900 MHz 和 2400 MHz 频段的 VSWR 频率特性曲线。图 5.122 中，VSWR 是相对于 36.5 Ω 计算的。分支线的数目越多，VSWR 带宽越宽，所以实用中最好用金属管来代替分支线。

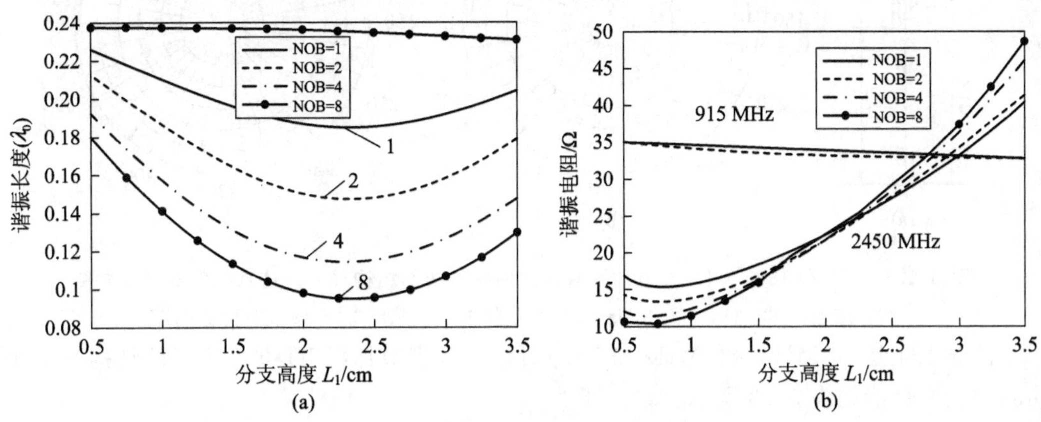

图 5.121　不同分支线高度 L_1 与单极子谐振频率及谐振电阻的关系曲线

(a) 谐振频率；(b) 谐振电阻

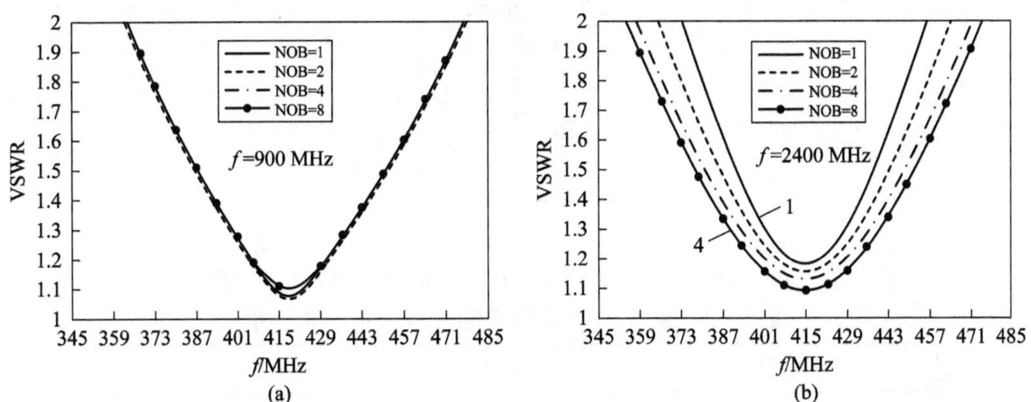

图 5.122　分支线加载单极子在 900 和 2400 MHz 频段的 VSWR～f 特性曲线

(a) $f=900$ MHz；(b) $f=2400$ MHz

5.9.6 由支节加载构成的双频全向天线

在移动通信和地面通信系统中，广泛采用单极子或鞭天线，为了同时减少天线尺寸及实现多频工作，可以采用如图 5.123(a)所示的支节加载双频鞭天线。天线的工作频率分别为 900 MHz 和 1800 MHz，把单极子和支节的最大长度分别固定在 50 mm 和 30 mm，采用位于单极子两侧的两个支节，具体尺寸如图 5.123(a)所示。该天线仿真的 900 MHz 和 1800 MHz 垂直面方向图分别如图 5.123(b)、(c)所示。最大增益在 900 MHz 为 4.9 dBi，在 1800 MHz 为 5.2 dBi。

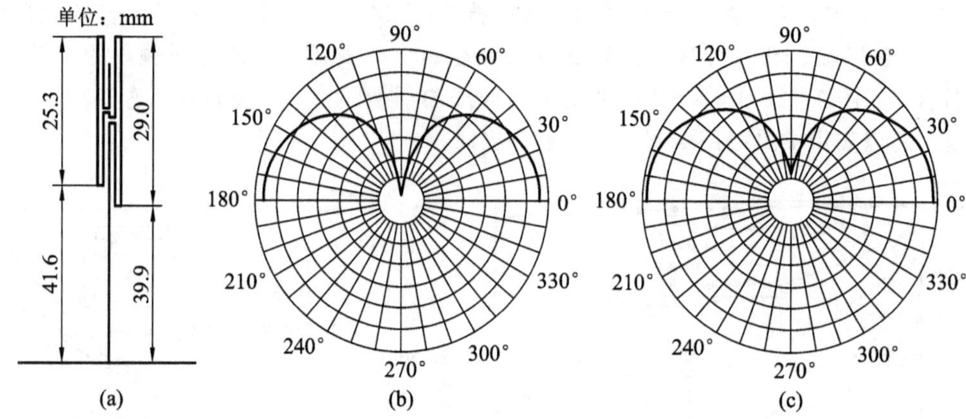

图 5.123 900 和 1800 MHz 支节加载双频全向鞭天线的结构尺寸及仿真的垂直面方向图
(a) 结构尺寸；(b) 900 MHz 垂直面方向图；(c) 1800 MHz 垂直面方向图

图 5.124 是 30 MHz、80 MHz 和 108 MHz 三频支节加载 VHF 鞭天线的结构及尺寸。仿真的主要性能如表 5.13 所示。

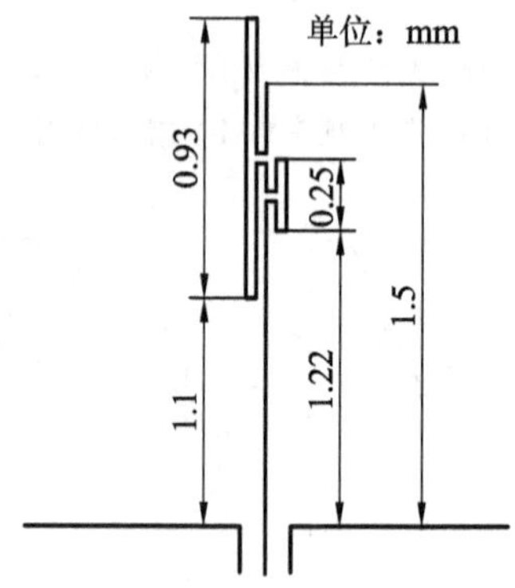

图 5.124 30、80 和 108 MHz 三频支节加载鞭天线的结构及尺寸

表 5.13 图 5.124 所示天线仿真的主要电性能

f/MHz	VSWR	G/dBi
30	2.94	4.94
80	2.30	4.0
108	2.88	7.88

5.9.7 由带U形支节印刷共线偶极子构成的双频全向天线

图5.125是用$\varepsilon_r=3.5$的基板制成的适合2.4 GHz/5 GHz双频使用的全向天线。由图5.125可看出，2.4 GHz频段的全向天线是由两个$\lambda_0/2$长的共线单元组成的，为了保障上下两个$\lambda_0/2$长辐射单元同相辐射，在它们之间使用了由折线组成的$\lambda_0/2$长反相段。该共线天线阵是位于底部圆柱金属管中的同轴线馈电，同轴线的内导体在图中的A点与辐射单元相连，同轴线的外导体与地的B点相连。为了覆盖5 GHz频段，在上下辐射单元中附加了两个倒置的U形支节，调整U形支节在天线中的位置及尺寸，就能实现双频工作。具体位置及尺寸如图5.125所示。

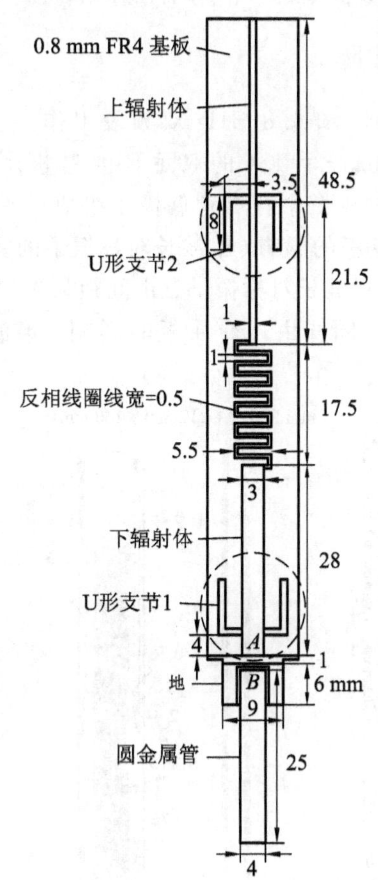

图5.125 适合2.4 GHz/5 GHz频段使用的印刷共线全向天线

图5.126(a)、(b)分别是该天线实测和仿真S_{11}、G与效率的频率特性曲线。由图5.126可看出，在2.4 GHz和5 GHz WLAN的工作频段内，VSWR≤2，增益分别为4 dBi和3.5 dBi，效率均大于80%。在2442 MHz和5490 MHz实测了该天线的垂直面和水平面方向图，其方向图类似于偶极子，水平面均呈全向，不圆度小于1.5 dB，垂直面为8字形，2.4 GHz频段最大辐射方向位于水平面，5 GHz频段最大辐射方向下倾。

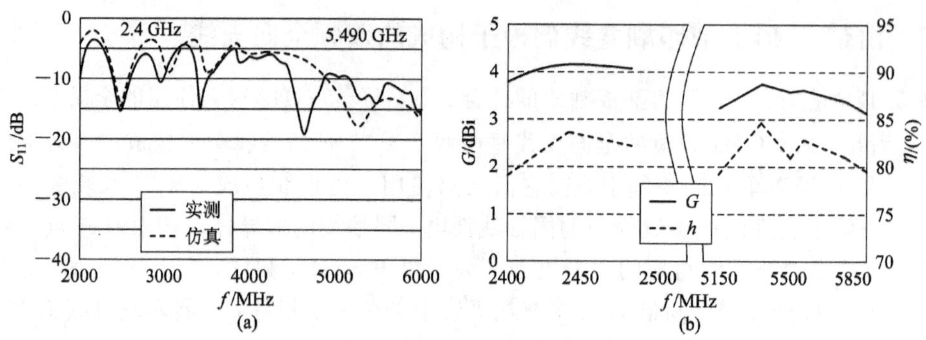

图 5.126　图 5.125 所示天线仿真实测 $S_{11} \sim f$ 特性曲线及实测 G 和效率 η 的频率特性曲线

5.9.8　双频印刷全向天线阵

能同时在 WLAN 2.4 GHz 和 5.8 GHz 双频段工作的全向天线的结构及尺寸如图 5.127所示。它是用厚 0.4 mm、$\varepsilon_r=4.4$ 的双面 RF4 基板用印刷电路技术制成的。由图 5.127可看出，该双频全向天线由三个背靠背偶极子组成。最上面的一个半波长对称振子工作在 2.4 GHz 频段，由于基板的影响，半波长对称振子的实际长度只有 46 mm，相当于 $0.38\lambda_0$。在 5.2 G 频段工作的半波长对称振子是由间距为 44.9 mm，相当于 $0.78\lambda_0$ 的两个半波长背靠背偶极子组成的，同样由于介质板的影响，半波长对称振子的实际长度为 24 mm，相当于 $0.42\lambda_0$。

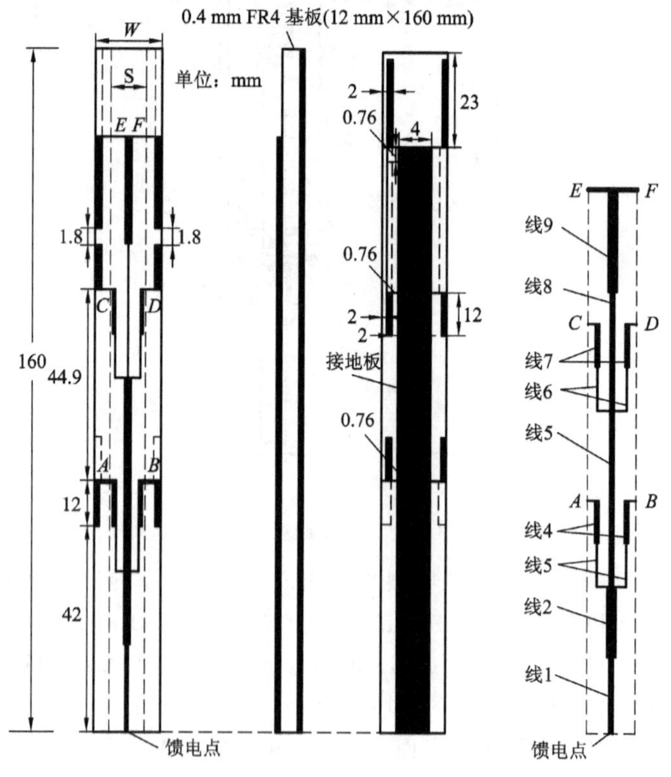

图 5.127　背靠背双频印刷全向天线

用微带线直接给 2.4 GHz 半波长对称振子在 E、F 点馈电。把微带线分成两路，由 C、D 点和 A、B 点给在 5.2 GHz 频段工作的两个共线偶极子馈电。由图 5.127 可看出，5.2 GHz频段，由 C、D 点馈电给上对称振子的上臂与由 A、B 点馈给下对称振子的下臂的取向正好相反，为保证给 5.2 GHz 上下两个对称振子等幅同相馈电，还必须使 C、D 点和 A、B 点的馈电相位反相，或者说，到 A、B 点和到 C、D 点馈电的路径差 $\lambda_e/2$。

为了阻抗匹配，采用了九段特性阻抗不同的微带线馈电网络。微带的特性阻抗、线长和线宽如表 5.14 所示。

表 5.14 馈电网络微带线的特性阻抗、线长及线宽

线的特性阻抗	线长	线宽
1：50 Ω	20 mm	0.76 mm
2：32 Ω	10 mm	1.5 mm
3：94.4 Ω	10.7 mm	0.2 mm
4：50 Ω	13.4 mm	0.76 mm
5：35.3 Ω	40.7 mm	1.3 mm
6：94.4 Ω	14.7 mm	0.2 mm
7：50 Ω	14.4 mm	0.76 mm
8：63.1 Ω	38.3 mm	0.5 mm
9：30.5 Ω	26.7 mm	1.6 mm

该天线在两个频段的实测增益表示在图 5.128(a)、(b)中。由图 5.128 可看出，在 2.4 GHz频段，G=2.2～2.8 dBi；在 5.2 GHz 频段，G=3.7～4.1 dBi。实测 VSWR≤1.5 的频段分别为 2385～2490 MHz 和 4840～5450 MHz，完全覆盖了 2.4 GHz 和 5.2 GHz WLAN 频段。实测两个频段的 H 面方向图均呈全向，不圆度小于 2 dB，E 面方向图均呈 8 字形，只是 5.2 GH 频段 E 面方向图的副瓣较大。

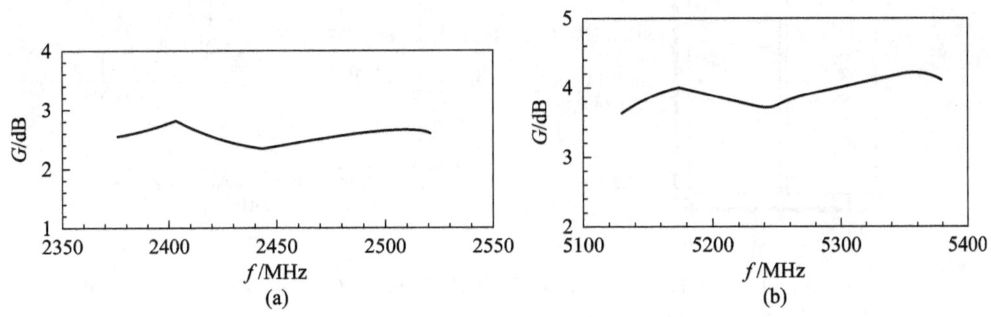

图 5.128 图 5.127 所示天线实测 G～f 特性曲线

(a) 2.4 GHz 频段；(b) 5.2 GHz 频段

5.9.9 双频印刷单极子天线

图 5.129 是适合 ISM 频段(2.4～2.4835 GHz，5.15～5.35 GHz 和 5.725～5.825 GHz)使用的用厚1.5 mm，ε_r=4.3 的 FR4 基板制成的双频 U 形印刷单极子天线的结构尺寸。由图 5.129 可看出，辐射单元由内外两个 U 形谐振单元构成，U 形谐振单元的长度均为 $\lambda_0/4$，用渐变微带巴伦和微带线给双频单极子天线馈电。

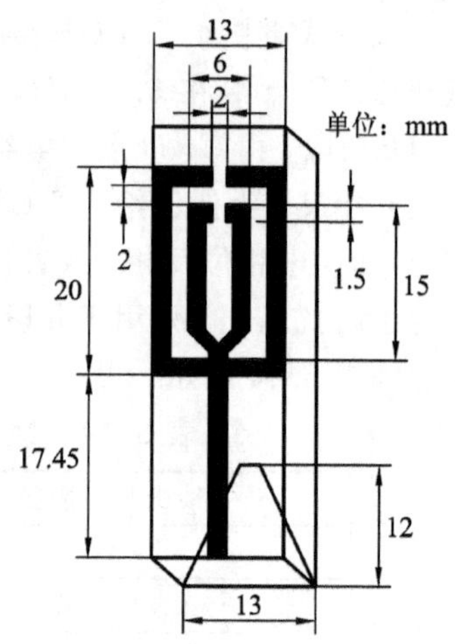

图 5.129　双频 U 形印刷单极子天线的结构及尺寸

调整 U 形单极子的长度和微带线、渐变微带巴伦的长度和宽度，可以使天线在 ISM 频段匹配，实测结果如下：f=2.4～2.5 GHz，S_{11}=－20～－22 dB；f=5.15～5.8 GHz，S_{11}=－17.8～－12.6 dB，即 VSWR≤2 的相对带宽为 33%。

在 2.4 GHz 频段，方向图类似于偶极子，水平面基本呈全向，E 面最大增益 2.75 dBi，H 面 G=0 dB；在 5.2 GHz 频段，E 面为 8 字形方向图，最大为 5.54 dBi，H 面全向方向图相当好，G=3 dBi。

图 5.130(a)是适合 2.4～2.5 GHz 双频 WLAN 使用的，用 ε_r=4.4、厚 0.5 mm 的 FR4 基板制作的 U 形缝矩形单极子天线的结构及尺寸。在 2.4 GHz 矩形单极子(长×宽=15 mm×12 mm)中切割宽 1.5 mm 的 U 形缝隙，使该天线又谐振在 5.2 GHz。图 5.130(b)是该天线实测 S_{11}～f 特性曲线。由图 5.130(b)可看出，在 2270～2550 MHz 和 5010～5610 MHz，VSWR≤2。

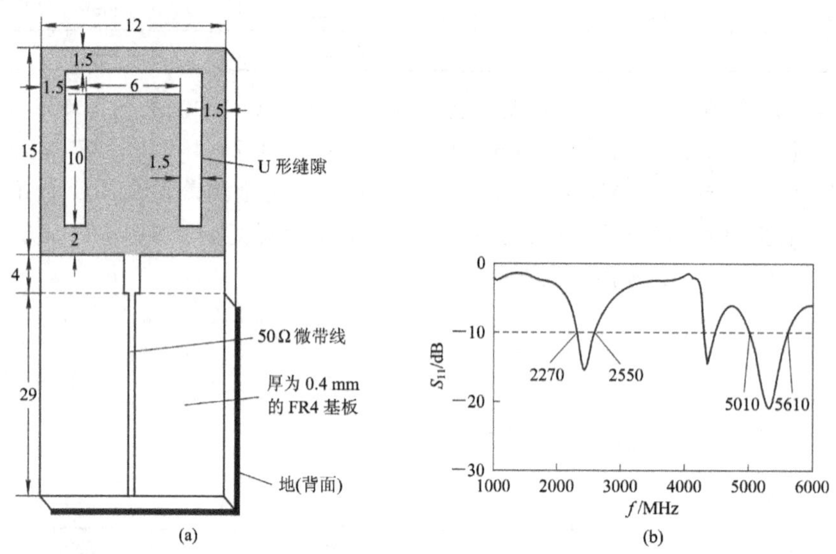

图 5.130　适合在 2.4 GHz/5.2 GHz 双频工作的 U 形缝隙矩形单极子天线的结构尺寸和实测 S_{11}～f 特性曲线

(a) 结构和尺寸；(b) S_{11}～f 曲线

在 2.4 GHz/5.2 GHz 双频段，该天线实测 E 面方向图为 8 字形，H 面方向图近似为全向。在 2.4 GHz 频段，实测增益约 3.6 dBi，在 5.2 GHz 频段，实测增益为 4.8～5.3 dBi。

5.9.10　印刷共面双频单极子天线

图 5.131(a)是适合在 2.4 GHz 和 5.2 GHz WLAN 双频段工作的印刷共面单极子天线的结构及尺寸。由图 5.131(a)可看出，双频单极子天线由两个分叉的单极子组成，是用厚0.4 mm的 FR4 基板制成的。天线和地板的尺寸分别 5 mm×38 mm 和 13 mm×8 mm，

由于尺寸小，所以特别适合安装在手提电脑中。图 5.131(b)是该天线实测 $S_{11}\sim f$ 特性曲线。由图 5.131(b)可看出，在 2375～2581 MHz、5131～5515 MHz 频段 VSWR≤2。图 5.132(a)、(b)分别是该天线在 2.4 GHz 和 5.2 GHz 频段的实测增益曲线。

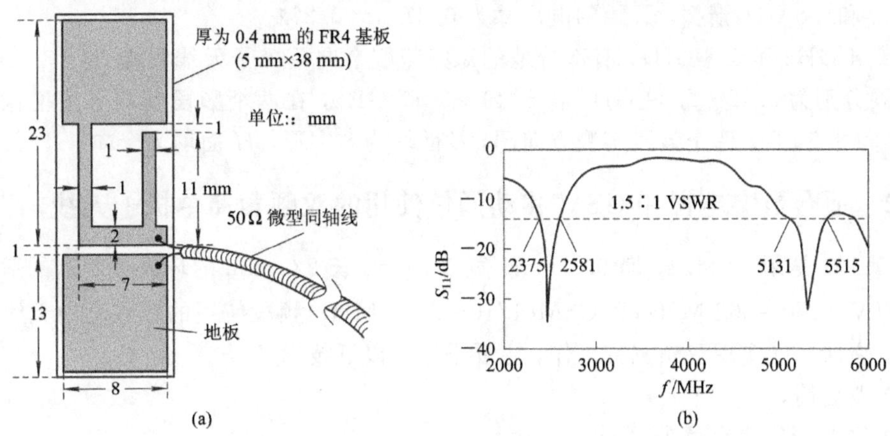

图 5.131 印刷共面双频单极子天线及实测 $S_{11}\sim f$ 曲线特性曲线

(a) 结构；(b) S_{11}

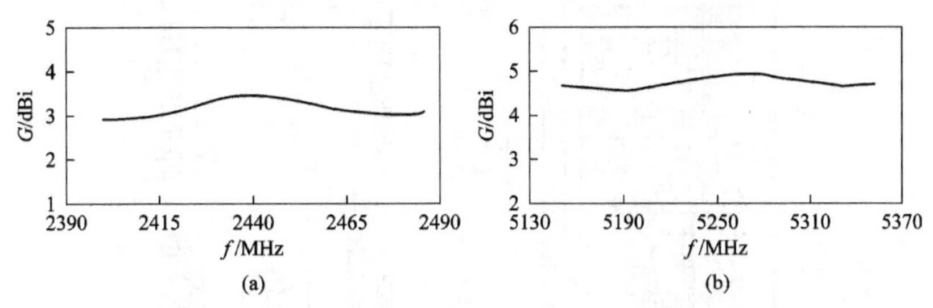

图 5.132 图 5.131 所示天线实测 $G\sim f$ 特性曲线

(a) 2.4 GHz 频段；(b) 5.2 GHz 频段

5.9.11 有部分地的双频印刷全向单极子天线[22]

图 5.133 是用厚 1.6 mm、$\varepsilon_r=4.4$ 的 FR4 基板制成的双频印刷全向单极子天线的结构。由图 5.133 可看出，由于采用四个弯曲辐射臂作为天线的辐射单元，不仅实现了 2.4 GHz和 5.8 GHz 的双频工作，而且使天线结构紧凑，尺寸只有 20 mm×20 mm。由于采用了部分地面，因而有利于阻抗匹配。

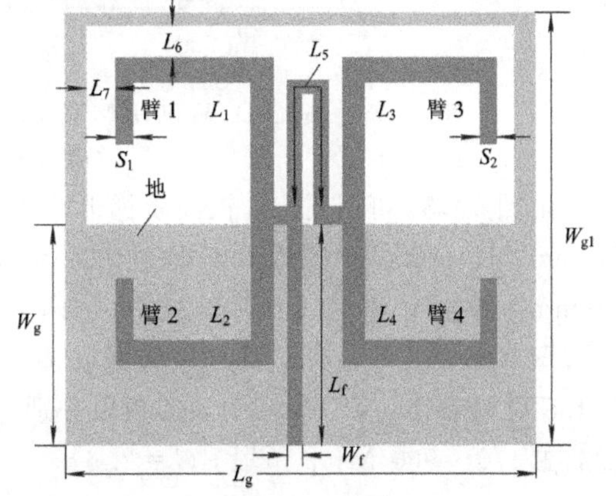

图 5.133 有部分地的双频印刷全向单极子天线

令 $L_1=L_3=15.9$ mm，$L_1+L_3=\lambda_{gL}/2$ (λ_{gL} 为 2.4 GHz 的导波波长)，$L_2=L_4=13.9$ mm，$L_2+L_4=\lambda_{gH}/2$ (λ_{gH} 为 5.8 GHz 的导波波长)。用 L_5 来改进 5.8 GHz 天线的增益，假定 $L_5=0$，由于结构对称，在 5.8 GHz，臂 2 和臂 4、臂 1 和臂 3 上的电流

反相，因而天线在 5.8 GHz 时增益下降，但当 $L_5=\lambda_{gH}/2$ 时，由于臂 2 和臂 4 上的电流同相，因而改善了天线在 5.8 GHz 时的增益。天线的其他尺寸为 $L_g=20$ mm，$W_g=9.8$ mm，$L_f=10.2$ mm，$W_f=0.6$ mm，$S_1=S_2=1.2$ mm，$L_5=12$ mm，$L_6=2.5$ mm，天线在 2.4 GHz 和5.8 GHz谐振，天线的电尺寸为 $0.27\lambda_{gL}\times0.27\lambda_{gL}$。

在 2.4 GHz 和 5.8 GHz，有部分地的双频印刷全向单极子天线实测 $S_{11}<-10$ dB 的频率范围分别为 2.12～2.39 GHz 和 5.49～6.17 GHz，在两个频段实测天线增益分别为 2.5 dBi 和 3.5 dBi。两个频段实测方向图，E 面均为 8 字形，H 面均为全向。

5.9.12 适合数字电视和 GSM 移动通信使用的双频套筒单极子天线

图 5.134 是用 $\varepsilon_r=4.4$、厚 0.8 mm、宽 50 mm、长 229 mm 的环氧板制造的适合数字电视(DTV)(470～862 MHz)和 GSM(1710～2170 MHz)频段使用的双频全向天线的结构及尺寸。之所以能实现双频宽带工作，主要采用了以下技术：

(1) 双套筒；

(2) 倒 L 形寄生金属带。

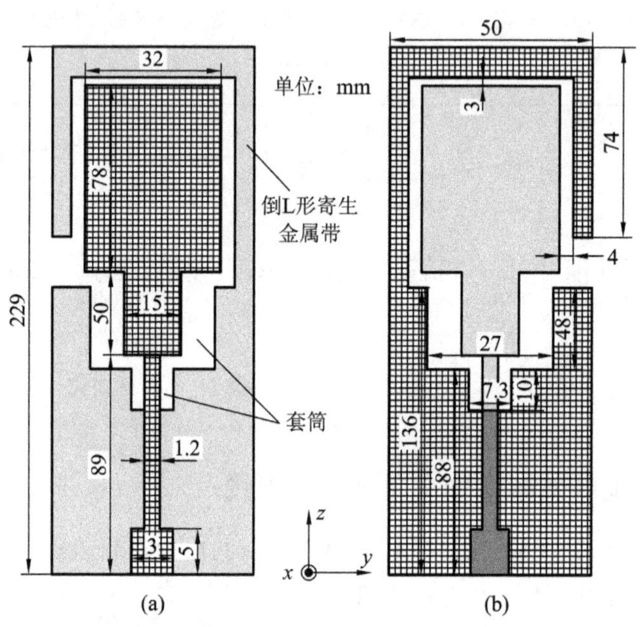

图 5.134 适合 DTV 和 GSM 使用的双频宽带印刷单极子天线的结构及尺寸

(a) 正面；(b) 背面

由图 5.134 可以看出，正面阶梯形印刷单极子用 1.2 mm 宽的微带线馈电，背面为宽 50 mm、长 136 mm 的地及与地连在一起的倒 L 形寄生金属带，在地板上留有尺寸为 48 mm×27 mm 和 10 mm×7.3 mm 的两个平面套筒。

图 5.135(a)、(b)分别是该天线仿真实测 VSWR 和实测 G 的频率特性曲线。由图 5.135 可以看出，VSWR≤2.5 的频段分别为 470～960 MHz 和 1710～2170 MHz；实测增益，在 470～960 MHz 频段，$G=2.6\sim4.3$ dBi，在 1710～2170 MHz 频段，$G=2.2\sim4.4$ dBi。

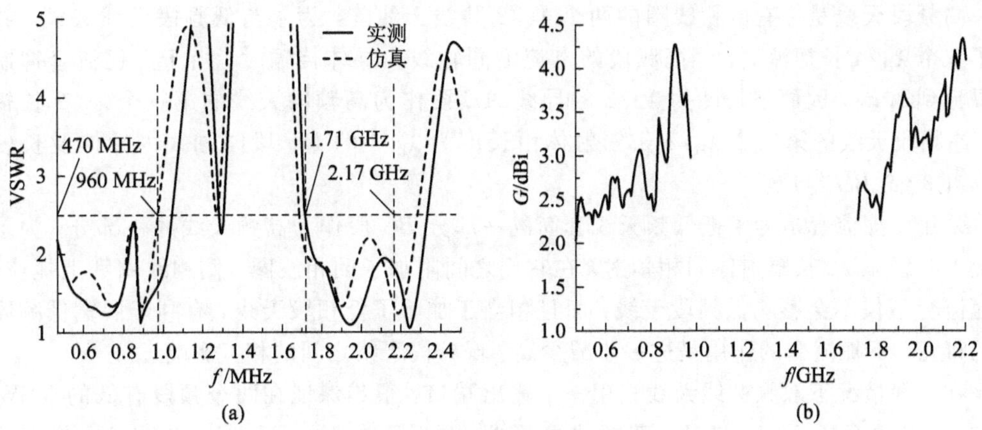

图 5.135　图 5.134 所示单极子天线仿真实测 VSWR 和实测 G 的频率特性曲线

(a) VSWR；(b) G

5.9.13　双频共线天线

移动通信常常需要使用 824～896 MHz 和 1850～1990 MHz 的双频低增益全向天线。图 5.136 为一种双频共线天线的电气原理图。由图 5.136 可看出，低频段天线为中馈 $\lambda_L/2$ 长偶极子天线，上辐射体为伸出的同轴线内导体，下辐射体为长度为 $\lambda_L/4$ 长的套筒。该套筒既是下辐射体，又起扼流套的作用，以扼制同轴线外皮上的电流。

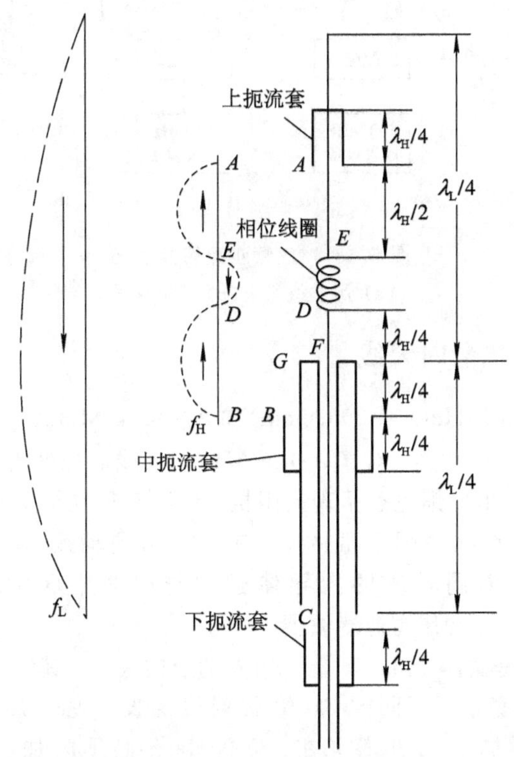

图 5.136　双频共线天线的电原理图

高频段天线是带有倒相线圈的两个 $\lambda_H/2$ 共线天线阵，为了与低频段天线去耦，共使用了三个 $\lambda_H/4$ 长扼流套，当高频段的电流沿同轴线内导体传输时，由于上扼流套抑制电流只流到 A 端，因而把长度为 $\lambda_H/2$ 的导线 AE 段作为高频段天线的第一个 $\lambda_L/2$ 长辐射体，高频段天线的第二个 $\lambda_H/2$ 长辐射体由长度为 $\lambda_L/4$ 的 DF 段同轴线内导体及长度为 $\lambda_H/4$ 的套筒 BG 组成。

采用中扼流套是为了把低频天线套筒的一部分 BG 段作为高频天线的一部分，为了保证上下共线 $\lambda_H/2$ 长辐射体同相辐射，在它们之间附加了倒相线圈。倒相线圈和上扼流套、中扼流套不仅不会影响低频段天线，而且相当于加粗了低频段天线，有利于展宽低频段天线的带宽。下扼流套的作用是进一步减少高、低频段天线之间的相互影响。

在一般情况下双频共线天线只用一个输出端口，很难保证在两个频段有低的 VSWR。例如，对 1.9 GHz 和 800 MHz 双频共线天线，要保证在 1.9 GHz 和 800 MHz 均有低的 VSWR，则需要分别给 1.9 GHz 和 800 MHz 天线附加阻抗匹配电路，再通过二极管切换，如图 5.137(a)所示。二极管关闭，1.9 GHz 天线工作，二极管打开，800 MHz 天线工作，由于 1.9 GHz 天线对 800 MHz 天线起加载作用，不会影响 800 MHz 天线工作，可能还会带来好处。也可以采用如图 5.137(b)所示的双刀开关 1 和开关 2，1.9 GHz 天线工作，开关 2 接 D 短路，800 MHz 天线不工作，开关 1 打到 A，接通 1.9 GHz 收发设备，若要 800 MHz 天线工作，开关 2 打到 C，开关 1 同时打到 B。

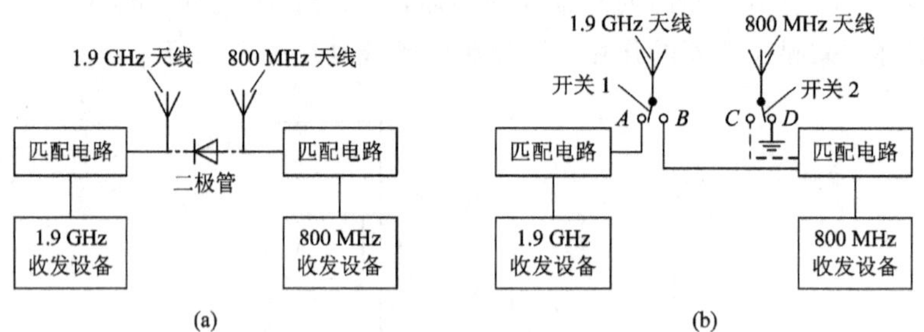

图 5.137　双频匹配切换电路
(a) 用二极管；(b) 用开关

5.9.14　双频垂直极化全向天线

图 5.138 是 $f_1=145$ MHz($\lambda_1=2069$ mm)和 $f_2=435$ MHz($\lambda_2=683$ mm)垂直极化全向天线的调谐电路和结构尺寸图。对 $f_1=145$ MHz，天线的长度为 1003 mm，相当于 $G=$ 2 dBi 的 $\lambda_0/2$ 长单极子。由于馈电点呈现高阻抗，所以必须在馈电点接入由电容和电感组成的并联谐振电路。通常在线圈下端的 50 Ω 点引出同轴线，但由于该天线还必须在 435 MHz频段工作，所以同轴座的内导体必须与电容串联构成串联调谐电路。在 435 MHz，可以把这种装置看作高通滤波器。

在 435 MHz，天线是由两个 $5\lambda_0/8$ 上下组阵的全向天线，其增益约 6 dB。为了用 50 Ω 同轴线对这种全向天线底馈，下面的 $5\lambda_0/8$ 辐射段的长度必须加到 $3\lambda_0/4$，这是因为在 145 MHz 线圈的上面附加了 1.75 圈，在 435 MHz 还必须附加四根 $\lambda_0/4$ 长的地线(在 145 MHz并不需要)。如图 5.138(a)所示，为了保证两个 $5\lambda_0/8$ 长辐射段同相辐射，必须在它们之间插入倒相线圈。适合 435 MHz 工作的 $2\times5\lambda_0/8$ 全向天线的尺寸如图 5.138(b)所示。

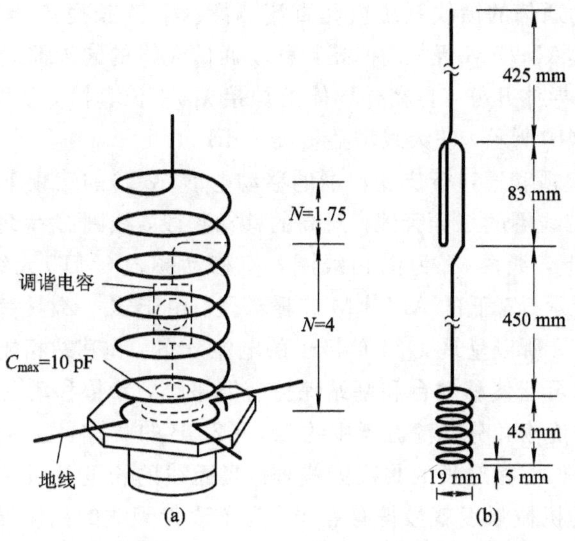

图 5.138　145 MHz 和 435 MHz 双频全向天线的结构及尺寸

5.9.15　三频车载天线

图 5.139(a)是适合接收 AM(f=1000 kHz)无线信号，发射和接收 f=80 MHz 左右的 FM 无线信号及移动通信的三频车载天线的电气原理图。图 5.139(a)中用 f_L 表示 AM/FM 天线的工作频率，用 f_H 表示移动通信的工作频率。在 FM 频段，天线是长单极子。移动通信天线是用同轴线中馈的垂直对称振子。把同轴线内导体伸长 $\lambda_L/4$ 作为对称振子的上辐射体。在中馈点 F，把同轴线外导体与一个小金属圆盘相接，通过电容耦合，把给 AM/FM 天线加载的 $\lambda_H/4$ 长套筒作为对称振子的下辐射体。通过电容使 AM/FM 信号与移动通信的馈线系统彼此直流隔离。为了进一步扼制高频移动通信信号对 AM/FM 信号的影响，在离 $\lambda_h/4$ 长套筒振子足够远的地方附加了 $\lambda_H/4$ 长扼流套。$\lambda_H/4$ 长扼流套使

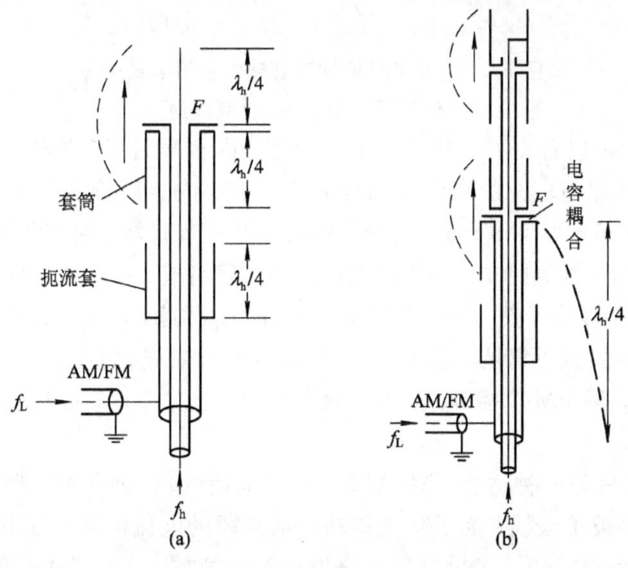

图 5.139　三频车载天线的电原理图和高频段高增益三频车载天线电原理图

AM/FM 信号与移动通信的馈线系统彼此直流隔离。$\lambda_H/4$ 长扼流套还是 AM/FM 天线的一部分，等效加粗了 AM/FM 天线。把高频移动通信天线的同轴馈线加长，在距 F 点一个波长处，把同轴线外导体开缝，再在外导体上焊接 $\lambda_H/4$ 长套筒，就能变成两个 $\lambda_H/2$ 长共线天线，如图 5.139(b)所示，使天线增益提高 3 dB。

用于 AM/FM 广播和通过分支滤波器的移动电话(MT)的三频车载天线可以采用如图图 5.140(a)所示的带线圈的三频天线。对高的移动频段，线圈 Z_a 呈现高阻，扼制电流不会流到 Z_a 上面的导线上，线圈 Z_b 为倒相线圈，使移动频段(MT)天线上的电流分布如图 5.140(a)中的虚线所示。对低的 AM/FM 广播频段，由于 Z_a、Z_b 具有低的电抗，不会影响广播频段的电流分布，所以呈现 $\lambda_0/4$ 单极子的电流分布。和基站相比，由于移动台的辐射功率相对小，为了尽可能使移动台和基站保持链路平衡，希望移动台天线的增益尽可能地高，另外为了补偿在传输和分支滤波器中约 1.5～2 dB 的衰减，也希望 MT 天线的增益高一些，为此必须采用长度相对长的共线天线阵。当天线的长度超过 700 mm 时，采用线圈加载三频车载天线的机械强度就显得有点弱。为了改善天线的机械强度和电气性能，可以采用如图 5.140(b)所示的双套筒来代替线圈 Z_a 和 Z_b。

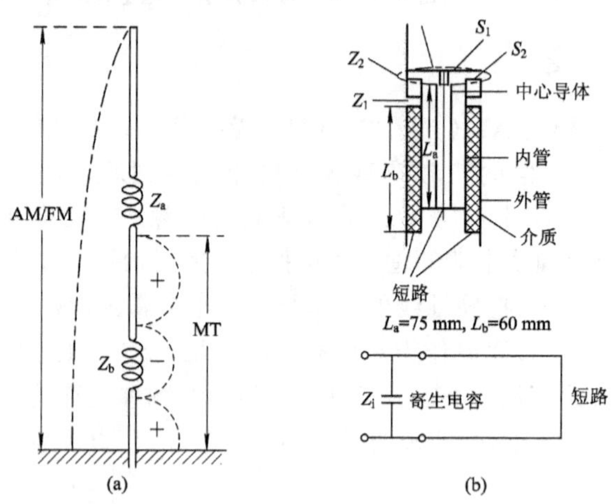

图 5.140　带双线圈和双套筒的三频车载天线

(a) 带双线圈；(b) 带双套筒

由图 5.140(b)可以看出，双套筒由中心导体、内金属管(简称内管)、外金属管(简称外管)及内外金属管之间填充的聚四氟乙烯介质组成。内金属管和外金属管的直径分别为 6 mm 和 9 mm，管子壁厚 0.5 mm。双套筒由内短路支节和外短路支节组成。内短路支节由中心导体和内管组成，外短路支节由短路的内管和外管组成。选取内管的长度 $L_a=75.0$ mm，以便可以把双套筒在移动频段($f=825$ MHz)作为能有效扼制电流幅度的相位补偿元件，即起到倒相线圈的作用，选外管的长度 $L_b=60.0$ mm，以便在基站频段($f=890$ MHz)把双套筒作为去耦单元。在 AM/FM 广播频段，由于双套筒的阻抗非常小，以致双套筒对 AM/TM 天线几乎没有影响。

图 5.141(a)是另外一种适合 FM/AM 和移动电话(MT)使用的三频车载天线。移动电话使用了 $\lambda_0/4$ 长单极子天线，为了防止移动电话频段的电流流到上面 FM 天线中，在移动天线的顶部附加了由 LC 组成的并联谐振电路作为陷波器。在移动电话频段，阻抗无限大，阻止了移动电话频段的电流流到 FM 中。在 FM/AM 频段，由于陷波器呈现很低的电抗，

所以 FM、AM 天线是由 MT 天线及与天线 MT 天线串联的鞭状天线组成的，总长度为 FM 频率的 $\lambda_0/4$。为了使 FM 天线谐振，在鞭天线的底部串联了可调整的加载线圈。由于 FM 广播为水平极化波，为了增加接收 FM、AM 广播的灵敏度，需要把天线倾斜安装在车顶上。鞭天线的倾斜角度可以通过能旋转的转动轴调整，如果需要调整角度，先松开上紧螺丝，调整好后，再旋紧上紧螺丝。为了把 MT 和 FM/AM 信号分开，使用了分波器，分波器由与 MT 收发设备相连的高通滤波器(HPF)和与 FM/AM 接收机相连的低通滤波器组成，如图 5.141(b)所示。

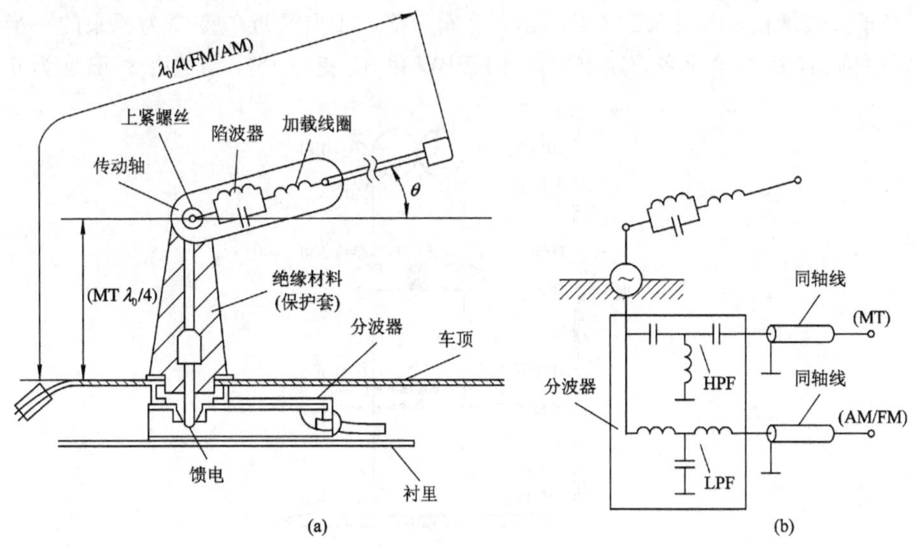

图 5.141 带陷波器和分波器的倾斜三频车载天线

(a) 带陷波器的倾斜三频车载天线；(b) 分波器

5.9.16 移动通信使用多频吸顶天线

图 5.142 是移动通信使用的多频吸顶天线的结构及尺寸，在 $f_1=824\sim960$ MHz，$f_2=1710\sim1990$ MHz，VSWR≤1.8，平均增益为 3 dBi。

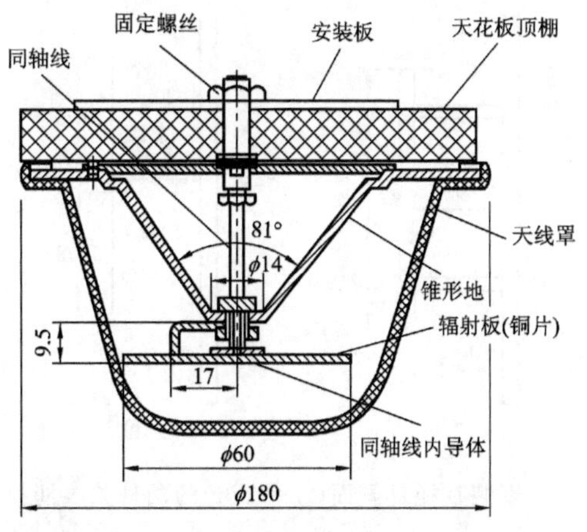

图 5.142 多频吸顶天线的结构及尺寸

5.10 共线全向天线阵

5.10.1 全向共线 $\lambda_0/2$ 长偶极子天线的增益及方向图

1. 在桅杆顶部架设的全向共线 $\lambda_0/2$ 长偶极子天线的 $HPBW_E$ 和增益

图 5.143 是一个、两个、四个和八个 $\lambda_0/2$ 偶极子天线的垂直面方向图、$HPBW_E$ 和相对 $\lambda_0/2$ 偶极子天线增益。由图 5.143 可看出，单元加倍，HPBW 近似变窄为原来的一半，增益增加3 dB。例如，由两单元变为四单元，则 HPBW 由 32°变为 15°，增益由 3 dB 变为 6 dB。

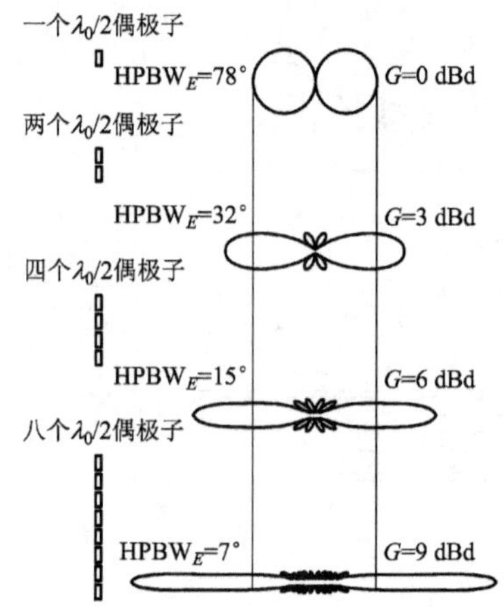

图 5.143 多元 $\lambda_0/2$ 长垂直偶极子天线的垂直面方向图、$HPBW_E$ 和相对 $\lambda_0/2$ 偶极子天线的增益

2. 在桅杆侧面平行架设的偶极子天线的增益及水平面方向图

在 VHF 的低频段，由于天线的尺寸相对比较大，通常采用平行安装在桅杆侧面的 $\lambda_0/2$ 长偶极子或共线阵作为全向天线阵。对图 5.144(a)、(b)所示的两种垂直偶极子天线，它们在 $S=0$，$S=\lambda_0/2$ 和 $S=5\lambda_0/8$ 时，1～8 元共线天线阵相对 $\lambda_0/2$ 长偶极子天线的增益(dBd)如表 5.15 所示。

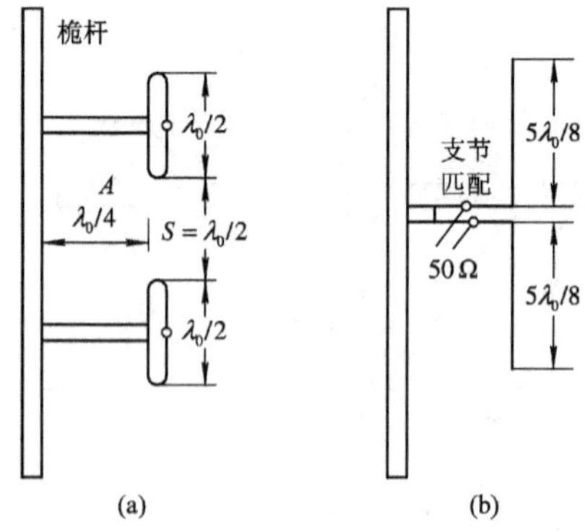

图 5.144 安装在桅杆侧面($A=\lambda_0/4$)的两种共线偶极子天线

(a) $\lambda_0/2$ 长偶极子；(b) $5\lambda_0/4$ 长偶极子

表 5.15 1～8 元 $\lambda_0/2$ 和 $5\lambda_0/4$ 长偶极子在 $S=0$, $S=\lambda_0/2$ 和 $S=5\lambda_0/8$ 时，相对 $\lambda_0/2$ 偶极子的增益(dBd)

单元间距 \ 单元长度 \ 单元数		1	2	3	4	5	6	7	8
$S=0$	$\lambda_0/2$ 偶极子	0	1.7	3.2	4.3	5.2	5.9	5.9	7.1
$S=\lambda_0/2$	$\lambda_0/2$ 偶极子	0	3.3	5.2	6.2	7.5	8.3	9.0	9.6
$S=5\lambda_0/8$	$5\lambda_0/4$ 偶极子	3	6.2	8.1	9.4	10.3	11.1	11.8	12.4

图 5.145 是一个、两个和四个 VHF $\lambda_0/2$ 偶极子天线平行安装在电直径比较细的桅杆侧面，在它们之间的间距 $A=\lambda_0/4$ 和 $\lambda_0/2$ 的情况下的水平面方向图。由图 5.145 可看出，由于桅杆的影响，桅杆到天线方向图的增益在 $A=\lambda_0/4$ 的情况下增加 3 dB，在 $A=\lambda_0/2$ 的情况下桅杆与天线连线的垂线方向天线增益增加 2 dB。如果希望天线的方向图呈全向，间距 d 应取 $\lambda_0/4$，而不宜用 $d=\lambda_0/2$。如果是多元共线天线阵，应依次沿桅杆圆周架设天线，这样就能得到好的全向水平面方向图。

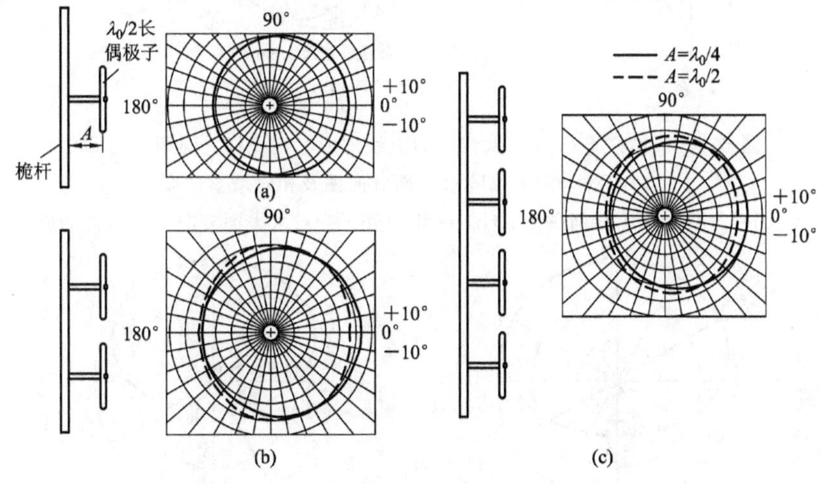

图 5.145 VHF 频段多个 $\lambda_0/2$ 长垂直偶极子天线平行于桅杆安装，在间距 A 为 $\lambda_0/4$ 和 $\lambda_0/2$ 时的水平面方向图

(a) 一个；(b) 两个；(c) 四个

3. 在桅杆侧面平行安装基站全向共线天线阵的水平面方向图

如图 5.146(a)所示，把与桅杆平行的全向共线基站天线阵固定安装在桅杆的侧面，桅杆的直径为 D，全向基站天线中心到桅杆的距离为 A。由于桅杆的影响，全向共线天线阵的水平面方向图不再是一个圆，而发生畸变，畸变的形状与间距 A 有关。图 5.146(b)给出了 $D=0.12\lambda_0$ 和 $0.3\lambda_0$，$A=0.3\lambda_0$、$0.5\lambda_0$ 和 $0.75\lambda_0$ 的水平面方向图及相对增益的变化情况。图 5.147(a)、(b)、(c)、(d)分别为 $D=0.04\lambda_0$、$A=0.25\lambda_0$、$D=0.04\lambda_0$、$A=0.5\lambda_0$、$D=0.4\lambda_0$、$A=0.25\lambda_0$、$D=0.4\lambda_0$、$A=0.5\lambda_0$ 情况下的水平面方向图。由图 5.147 可看出：

(1) $D=(0.04\sim0.4)\lambda_0$，$A=(0.25\sim0.3)\lambda_0$，水平面方向图由圆形变成半圆形，桅杆的电直径越小，半圆越圆。$D=0.12\lambda_0$ 和 $0.3\lambda_0$，使桅杆到天线方向和与桅杆和天线之间连线的垂线方向成半圆形水平面方向图，天线增益分别增加 2 dB 和 2.5 dB。这种附加了 2～

2.5 dB 增益的半圆形水平面方向图在移动通信中特别适合移动通信既覆盖铁路、公路又覆盖乡镇的小话务量区的公路兼镇天线。如果共线全向天线阵的增益为 11 dB，此时水平面方向图就变成如图 5.148 所示的 HPBW=210°，G=13 dBi 的公路兼镇天线所需要的水平面增益方向图。

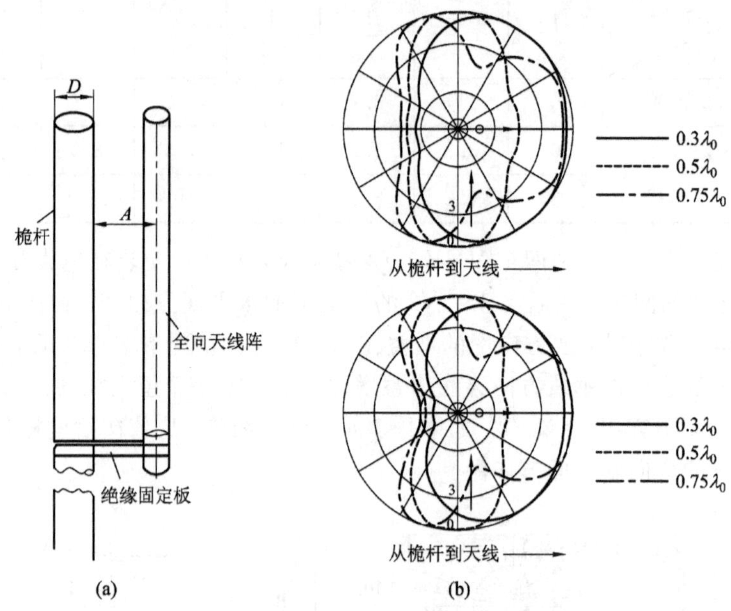

图 5.146　桅杆直径 D 和共线全向天线阵中心到桅杆之间距 A 不同，对共线全向天线阵水平面方向图及相对增益的影响

(a) 桅杆与共线阵的几何关系；(b) D 和 A 不同，对水平面方向图和增益的影响

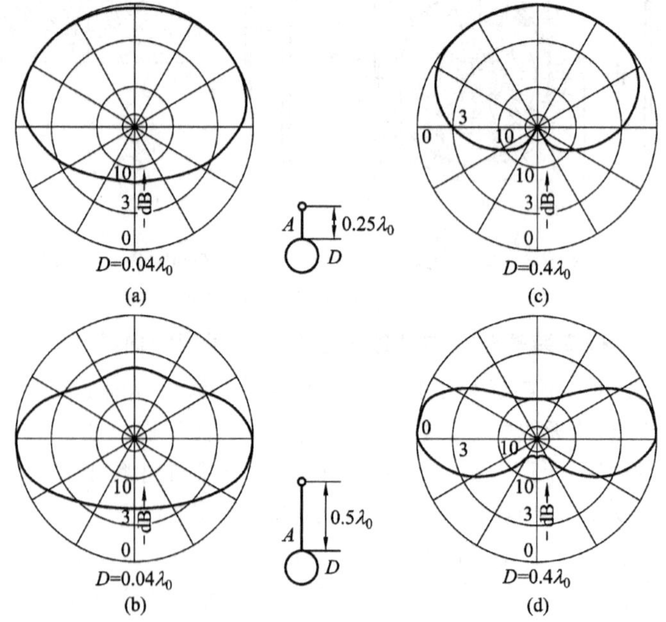

图 5.147　桅杆直径 $D=0.04\lambda_0$ 和 $D=0.4\lambda_0$，全向天线到桅杆的间距 A 为 $0.25\lambda_0$ 和 $0.5\lambda_0$ 时的水平面方向图

(a) $D=0.04\lambda_0$，$A=0.25\lambda_0$；(b) $D=0.04\lambda_0$，$A=0.5\lambda_0$；(c) $D=0.4\lambda_0$，$A=0.25\lambda_0$；(d) $D=0.4\lambda_0$，$A=0.5\lambda_0$

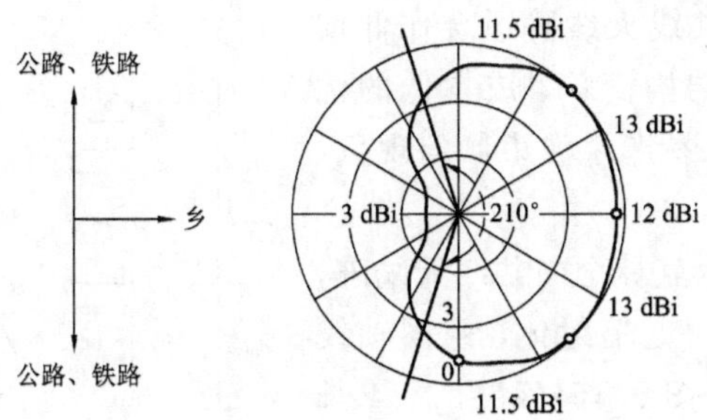

图 5.148 公路兼镇天线的水平面增益方向图

(2) $D=(0.04\sim0.4)\lambda_0$，$A=0.5\lambda_0$，水平面方向图变成双向型，即在桅杆和天线连线垂线方向(如图 5.149 所示)增益增加 3 dB 和 3.5 dB。这种双向方向图特别适合作为铁路、公路沿线使用的双向天线，如果全向天线阵的增益为 11 dBi，此时变成 $\text{HPBW}_E=70°$，$G=14$ dBi。

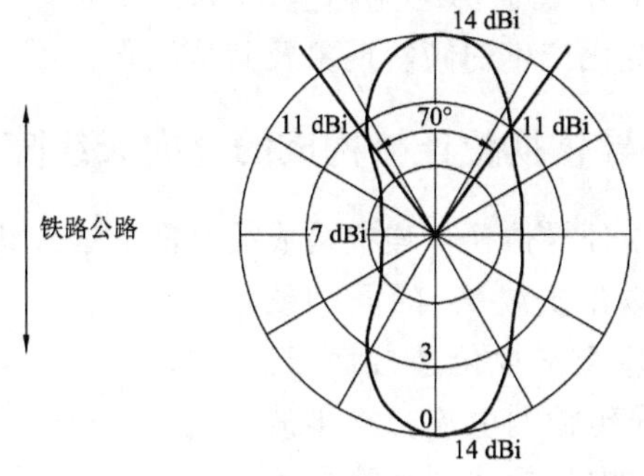

图 5.149 铁路、公路沿线使用的双向天线的水平面增益方向图

5.10.2 佛兰克林全向共线天线阵

图 5.150 是底馈佛兰克林全向共线天线阵。为了保证个辐射线段具有同相电流，富兰克林(FrankLin)把 $\lambda_0/2$ 长反相电流的线段弯折成 $\lambda_0/4$ 长水平短路线，如图 5.150(a)所示，或把 $\lambda_0/2$ 长反相线段绕成线圈，如图 5.150(b)所示，也可以用集中参数电感来代替，或用如图 5.150(c)所示的 $\lambda_0/4$ 长套筒(其作用相当于电感)来扼制反相电流。辐射单元的长度可以是$\lambda_0/2$，为了提高增益，也可以是如图 5.150(d)所示的 $5\lambda_0/8$。

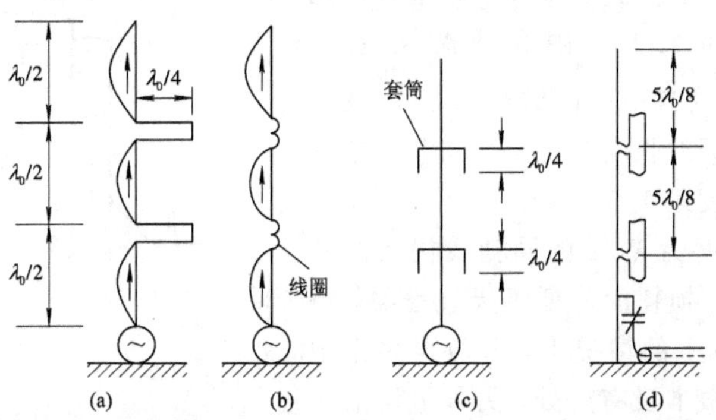

图 5.150 底馈佛兰克林全向共线天线阵扼制反相电流的方法

(a) 用 $\lambda_0/4$ 长水平短路线；(b) 把 $\lambda_0/4$ 长短路绕成线圈；(c) 用 $\lambda_0/4$ 长套筒；(d) 用 $\lambda_0/4$ 长垂直短路线圈

底馈佛兰克林全向共线天线阵适合作低增益窄频全向天线，具有结构简单、成本低的优点，主要缺点是频带窄，易产生波束倾斜现象，不能实现高增益。

图 5.151 是中馈佛兰克林全向共线天线阵，它用同轴线的内导体作为上辐射体，用同轴线的外导体作为下辐射体。图 5.151(a)用 $\lambda_0/4$ 长水平短路线来遏制反相电流，图 5.151(b)用 $\lambda_0/4$ 长垂直短路线来扼制反相电流。为了扼制输入端同轴线外导体上的电流，如图 5.151 所示，用 $\lambda_0/4$ 长扼流套。中馈佛兰克林全向共线天线阵结构对称，因而克服了底馈佛兰克林全向共线天线阵波束随频率变化产生的倾斜现象及其他缺点。

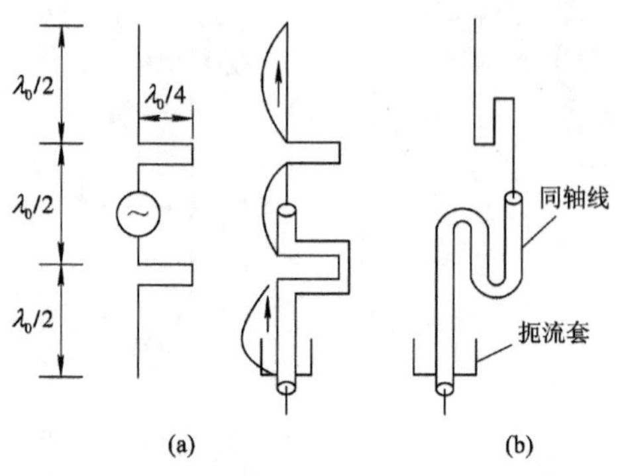

图 5.151 中馈佛兰克林全向共线天线阵
(a) 用 $\lambda_0/4$ 长水平短路线扼制反相电流；
(b) 用 $\lambda_0/4$ 长垂直短路线扼制反相电流

5.10.3 用同轴线内外导体换位连接构成的全向天线阵

图 5.152 是把同轴线内外导体换位连接构成的全向共线天线阵。该天线阵是由多段长度均为 $\lambda_g/2$(λ_g 为同轴线的介质波长)的同轴线段，在两端把它的内外导体交叉换位连接而成。根据传输线理论，沿传输线传输的电流相距半波长必然反相，但由于同轴线内外导体交叉换位连接，因而使电流相位倒相，从而保证了每段同轴线外导体上的电流同相。所以该方案的关键技术就是把同轴线段内外导体交叉换位连接，变反相电流为同相电流，使每段同轴线的外导体都作为同相天线单元参与辐射。

同轴线内外导体交叉换位串联天线阵具有结构简单、成本低、易加工生产等优点。天线是用介质电缆制作的，介质使波长缩短，如用聚乙烯同轴线，已知 $\varepsilon_r=2.15$，则介质波长 $\lambda_g=\lambda_0/\sqrt{\varepsilon_r}=0.68\lambda_0$ (λ_0为自由空间波长)，这就意味着介质电缆制作的天线长度要比用相同节数空气介质制作的天线长度短 1/3。

用底馈串联长度为 $\lambda_g/2$ 的同轴线构成的共线天线阵，由于电缆损耗而降低了天线增益，特别是在节数为 20 以上的情况下，节数再多也很少对增益有贡献或根本没有好处，另外电流沿线的滞后及天线的不断辐射也会造成波束倾斜。该天线阵还有一个缺点就是带宽相对较窄，特别是

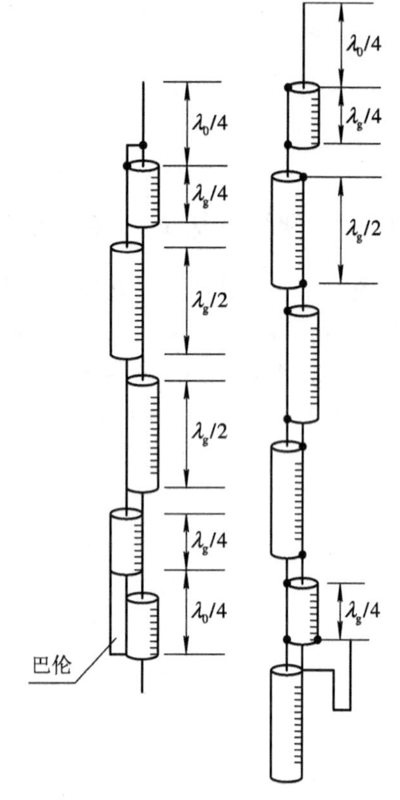

图 5.152 用同轴线内外导体交叉换位连接构成的共线天线阵

在节数多的情况下更是如此。

5.10.4 由双扼流套构成的全向天线

图 5.153 是由双扼流套构成的全向共线天线阵。

(1) 扼流器把长导线分成许多 $\lambda_0/2$ 长的同相辐射器。

(2) 扼流器扼制了在长导线上出现 180°反相电流的那部分导线的辐射电流。

(3) 扼流器提供了天线阵的排阵间距。

(4) 扼流器提供了天线阵各同相辐射单元之间所必需的能量耦合和相位关系。

(5) 双 $\lambda_0/4$ 扼流套为最佳扼流器，用它能最有效扼制电缆外皮上的电流。

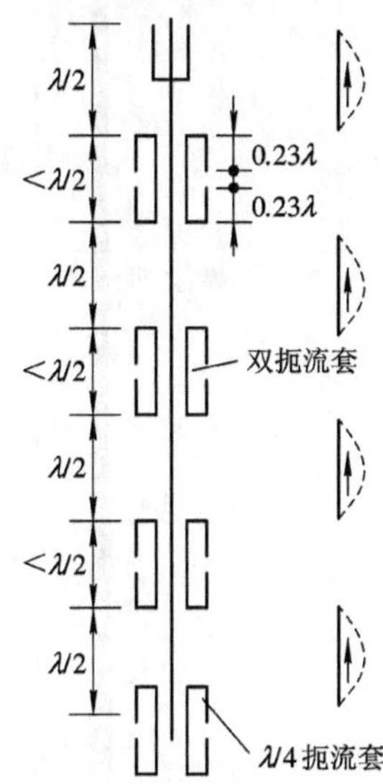

图 5.153 由双扼流套构成的全向共线天线阵

5.10.5 缝隙耦合套筒偶极子共线全向天线阵

1. 底馈缝隙耦合套筒偶极子共线全向天线阵

图 5.154(a)是底馈缝隙耦合套筒偶极子共线全向天线阵的结构示意图。

(1) 采用套筒偶极子作为辐射单元。

(2) 采用介质同轴线，在 5%的频带范围内实现 VSWR≤1.5，G=10 dBi 的电参数。

该天线的优点为：结构简单，成本相对较低，缩短了单元间距，易实现波束下倾。其缺点为：频带相对较窄，很难实现 G>10 dBi 的天线增益，单元较多时易产生波束倾斜现象。

(3) 底部并联短路支节，既可以调整它的长短来抵消天线输入阻抗中的电抗，又能利用它使同轴线内外导体直流短路，起到防雷的作用。

(4) 调整顶端内导体与外导体的短路位置 L_1，以及底部短路支节与主馈线并联点 F 距低端第一个偶极子输入端的距离 L_2，可以使天线与馈线匹配。

底馈缝隙耦合套筒偶极子共线全向天线阵使用的同轴馈线可以是空气同轴线，也可以是介质同轴线。在工程上，可以采用自制介质同轴线，即把有适合尺寸的带外护套(如聚四氟乙烯金属线)穿入有合适内径的铜管。使用空气介质同轴线，天线的辐射效率高，但尺寸大；使用介质同轴线，天线的尺寸小，但损耗相对大。兼顾尺寸和效率，可以采用填充部分介质的空气同轴线。为了降低成本，应采用如图 5.154(b)所示的用印刷电路技术制成的平面缝隙耦合套筒偶极子全向共线天线阵。该天线的工作频率为 2.4 GHz。

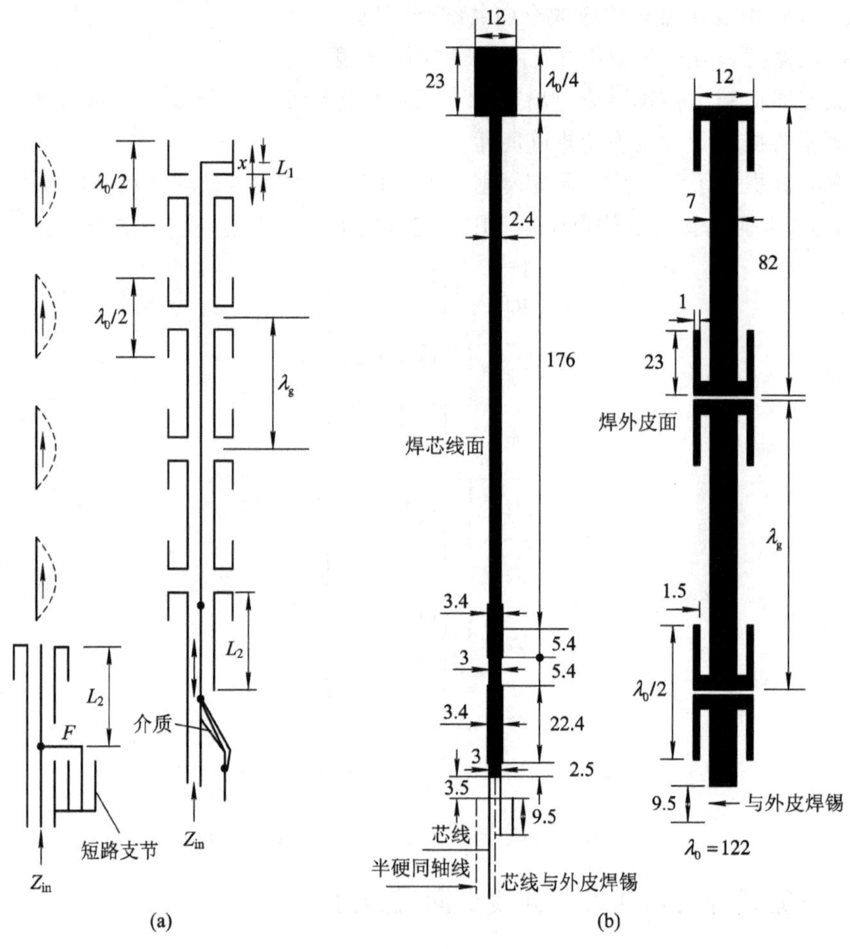

图 5.154　底馈缝隙耦合套筒偶极子共线全向天线阵

(a) 套筒偶极子；(b) 平面印刷偶极子

图 5.155 是两单元底馈缝隙耦合套筒偶极子共线全向天线阵及等效电路[26]。由图 5.155 看出，同轴线内导体和外导体的直径分别为 $2a$ 和 $2b$，同轴线内外导体之间填充 $\varepsilon_r=2.04$ 的聚四氟乙烯介质，为了构成辐射，能量由同轴线输入，在传输过程中，由于在末端用金属短路块把同轴线内外导体短路，因此反射信号由外导体上切割宽度为 Δ 的缝隙耦合给直径为 D、长度 $L=\lambda_0/2$ 的套筒偶极子。为了保证套筒偶极子同相辐射，单元间距 d 应等于同轴传输线中的导波波长，相邻辐射单元末端的间距 $P=0.15\lambda_0$ 为最佳。为了扼制同轴线外导体上的电流，除套筒偶极子本身由 $\lambda_0/4$ 长扼流套构成外，在天线的顶端和低端均附加了 $\lambda_0/4$ 长扼流套，如果扼流套长度不到 $\lambda_0/4$，应在扼流套中填充介质。

等幅同相 $\lambda_0/2$ 长的共线阵垂直面的方向函数 $F(\theta、\phi)$ 可以用下式表示：

$$F(\theta、\phi) = \cos\left(\frac{\pi d\ \cos\theta}{\lambda_0}\right)\frac{\cos\left(\dfrac{\pi}{2}\right)}{\sin\theta} \tag{5.14}$$

在单元间距 $d=\lambda_g=0.7\lambda_0$ 的情况下，经计算，两单元共线天线阵垂直面 HPBW=36°。为保证天线的强度，同轴线外导体与内导体半径之比 $b/a=4.16$，利用同轴线特性阻抗 Z_0 的公式，可以计算出：

$$Z_0 = 138\frac{1}{\sqrt{\varepsilon_r}}\lg\frac{b}{a} = 138\frac{1}{\sqrt{2.04}}\lg 4.16 = 59.8\ \Omega$$

在此情况下，$Z_1=Z_2=Z_0/2=29.9\ \Omega$。

根据 H. Jasik《天线工程手册》，套筒偶极子的长度/直径比 $L/D=3.35$ 时，套筒偶极子的阻抗 $Z=29.7\ \Omega$，为了使 59.8 Ω 的输入阻抗与 50 Ω 同轴线精确匹配，应串联特性阻抗为 54.7 Ω 的 $\lambda_0/4$ 长阻抗变换段。

在 $f_0=1030$ MHz 制造了两单元缝隙耦合套筒偶极子全向共线天线阵，选取 $\Delta=12$ mm，以便忽略缝隙边缘的耦合电容 C。在 f_0 实测了垂直面方向图，由实测的垂直面 HPBW($\mathrm{HPBW}_E=35°$)，利用下式可以近似计算出两元天线阵的增益为

$$G = 10\lg\left[\frac{1}{\sin(0.707\mathrm{HPBW}_E)}\right] = 3.8\ \mathrm{dBi}$$

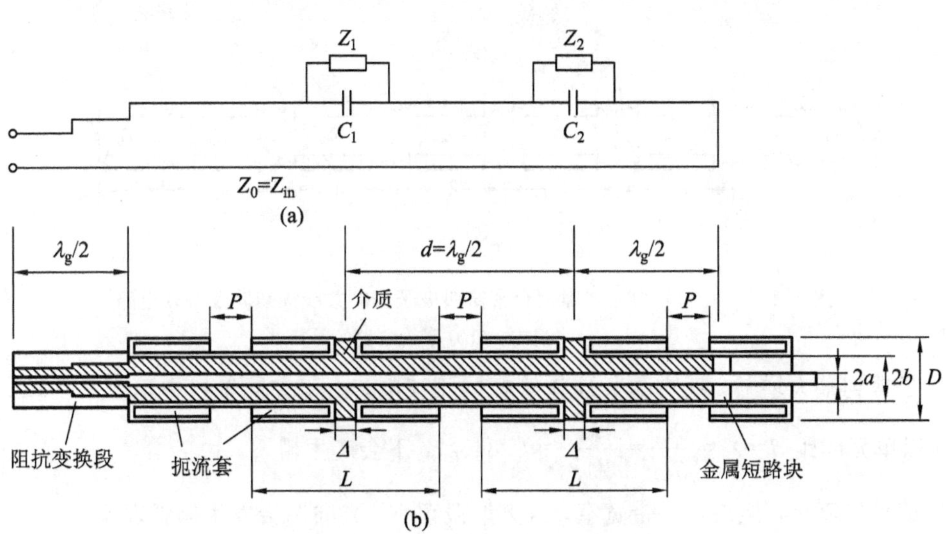

图 5.155 两单元缝隙耦合套筒偶极子共线全向天线阵

(a) 等效电路；(b) 结构

由图 5.155(a)的等效电路看出，串馈共线谐振天线阵等效为一系列阻抗 Z_1，Z_2，…，Z_n 串联。由于缝隙边缘耦合，所以给每个辐射单元的阻抗 Z_1、Z_2 并联了一个耦合电容。天线的输入阻抗 Z_{in} 为

$$Z_{in} = Z_1 + Z_2 + \cdots + Z_n = Z_0 \tag{5.15}$$

式中，Z_0 为填充介质的同轴线的特性阻抗。

由于辐射单元均为半波长套筒偶极子，所以对两单元共线天线阵，有 $Z_1=Z_2=Z_0/2$，且为纯电阻。

图 5.156(a)是由六单元底馈缝隙耦合套筒偶极子构成的中增益全向共线天线阵。由于还需要一个位于顶部的共线低增益全向接收天线，所以使用了两根同芯同轴传输线，位于

中心的同轴线是顶部低增益全向天线的馈线。为了给中增益发射天线馈电，在接收天线同轴馈线的外面又附加了一根金属管作为发射天线同轴馈线的外导体，把接收天线同轴馈线的外导体作为发射天线同轴馈线的内导体。为了构成发射天线，把同轴馈线末端短路，在同轴馈线的外导体上按间距 $d=\lambda_g$ 切割出许多缝隙，并把缝隙耦合 $\lambda_0/2$ 长套筒偶极子作为基本辐射单元。

图 5.156(b)是该天线阵的等效电路。由图 5.156(b)可看出，每个套筒偶极子均用复阻抗 Z 表示，再用特性阻抗为 Z_0、长度为 λ_g 的传输线把它们串联。

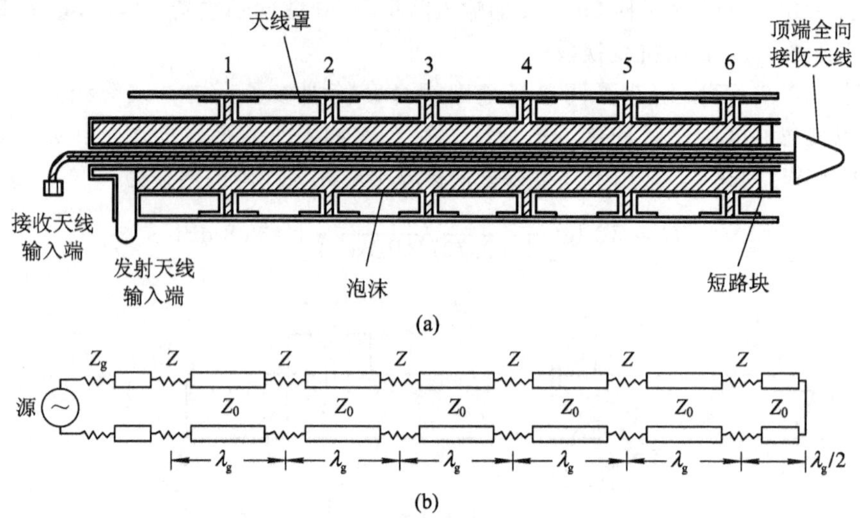

图 5.156　底馈六单元缝隙耦合套筒偶极子全向共线天线阵及等效电路

(a) 结构；(b) 等效电路

为了得到最大增益，所有单元应该等幅同相馈电。由于在同轴线中填充 $\varepsilon_r=1.4$ 的介质，所以单元间距 $d=\lambda_g=\dfrac{\lambda_0}{\sqrt{\varepsilon_r}}=\dfrac{\lambda_0}{\sqrt{1.4}}=0.845\lambda_0$，不会产生栅瓣。

底馈虽然简单，但缺点是带宽窄，偏离谐振频率，方向图会发生倾斜现象。

2. 中馈缝隙耦合套筒偶极子共线全向天线阵[27]

图 5.157(a)是六单元中馈缝隙耦合套筒偶极子的全向天线阵。由于在它的顶部还安装了一个低增益全向接收天线，所以采用了与图 5.156 一样的同轴传输线，即把接收天线同轴馈线的外导体作为发射天线同轴馈线的内导体，把里面填充 $\varepsilon_r=1.4$ 的合成泡沫介质的两个不等直径金属管中里边的那根金属管作为外导体。为了实现中馈，把里边的金属管在中间切断，构成一个环状缝隙，能量经这个缝隙耦合到由里外金属管构成的末端用金属块短路的第三根同轴馈线中，再反向传输。该同轴线以内金属管为内导体，以外金属管为外导体，为了把 $\lambda_0/2$ 长套筒偶极子作为辐射单元，仍然以间距 $d=\lambda_g$ 在外金属管即第三根同轴线的外导体上切割出许多缝隙，让能量通过缝隙耦合来激励每个同相 $\lambda_0/2$ 长套筒偶极子。图 5.157(b)为该天线阵的等效电路。在 $f=(2295\pm5)$ MHz 制作中馈六元缝隙耦合套筒偶极子全向共线天线阵，实测 $HPBW_E=15°$，天线的增益为 7.3 dBi。

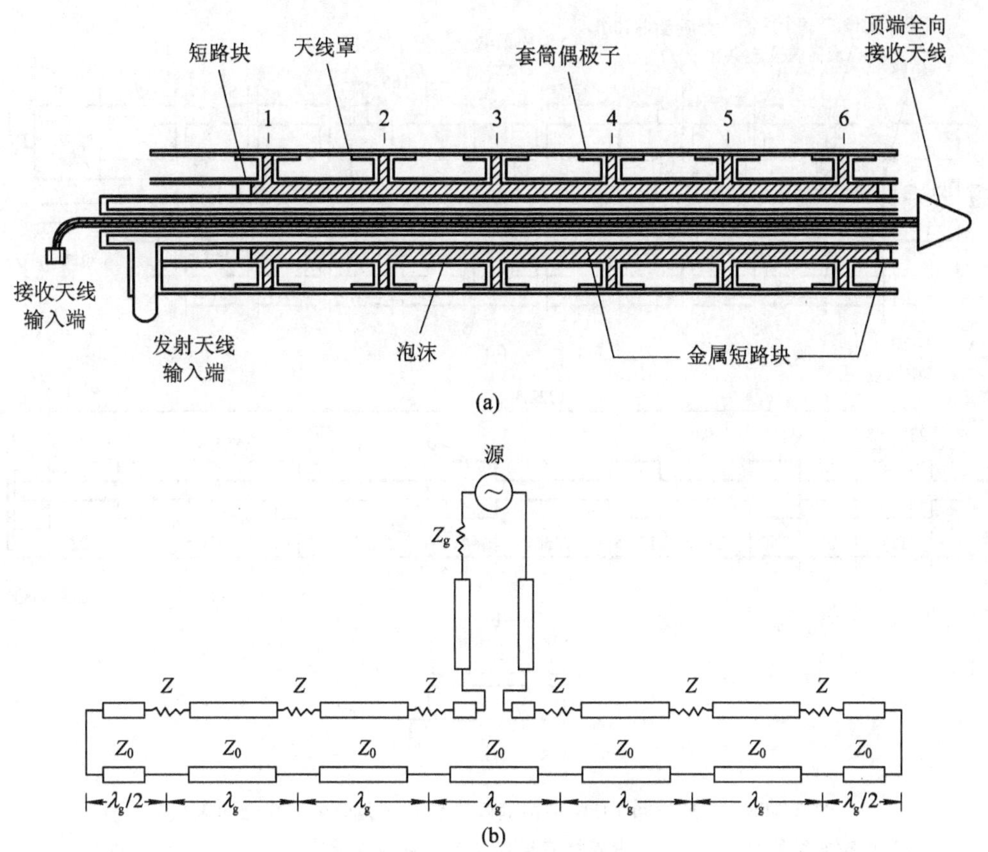

图 5.157　中馈六单元缝隙耦合套筒偶极子的共线全向天线阵

(a) 结构；(b) 等效电路

图 5.158 是 $f_0=860$ MHz($\lambda_0=349$ mm，频率范围为 824～896 MHz)频段使用的中馈缝隙耦合套筒偶极子全向天线阵的结构尺寸。其中，图 5.158(a)是横截面图，5.158(b)是外导体直径为 10 mm、主馈同轴线直径为 3.5 mm 时内导体的尺寸；图 5.158(c)是在主馈线同轴线直径为 10 mm 外导体上切割的中馈耦合缝隙的尺寸。为实现 $\mathrm{HPBW}_E=6.5°\sim7°$，$G=11$ dBi 的天线电参数，采用了电长度为 $9.6\lambda_0$ 的由十个半波长几何尺寸为 165 mm(含中间 $\Delta=5$ mm 的介质支撑圈)($0.473\lambda_0$)的套筒偶极子构成的辐射单元。为了构成中馈，从馈电点算起，在第五个和第六个辐射单元之间，在主馈同轴馈线的外导体上切割出如图 5.158(c)所示的耦合缝隙，由主馈同轴馈线输入的信号传到中馈点的缝隙处，再用探针把信号耦合到 $\phi10$ mm 和 $\phi22$ mm 金属管分别为分馈同轴线的内外导体。为了构成辐射，必须把分馈同轴线的内外导体在末端短路。为保证同相辐射，在分馈同轴馈线的外导体上，按等间距切割出十个间隙 $\Delta=5$ mm 的缝隙，通过缝隙耦合来同相激励每个半波长套筒偶极子。为了减小尺寸，减小馈线损耗及容易实施波束下倾，主馈同轴线为空气介质同轴线，但在分馈同轴线中却填充了长度 $L=80$ mm、$\varepsilon_r=2.1$ 的聚四氟乙烯介质套。在套筒偶极子的馈电区，用长度为 11 mm 的有空气间隙的介质支撑圈把套筒偶极子两个臂分开，其中两边分别把 3 mm 塞入分馈同轴线中。

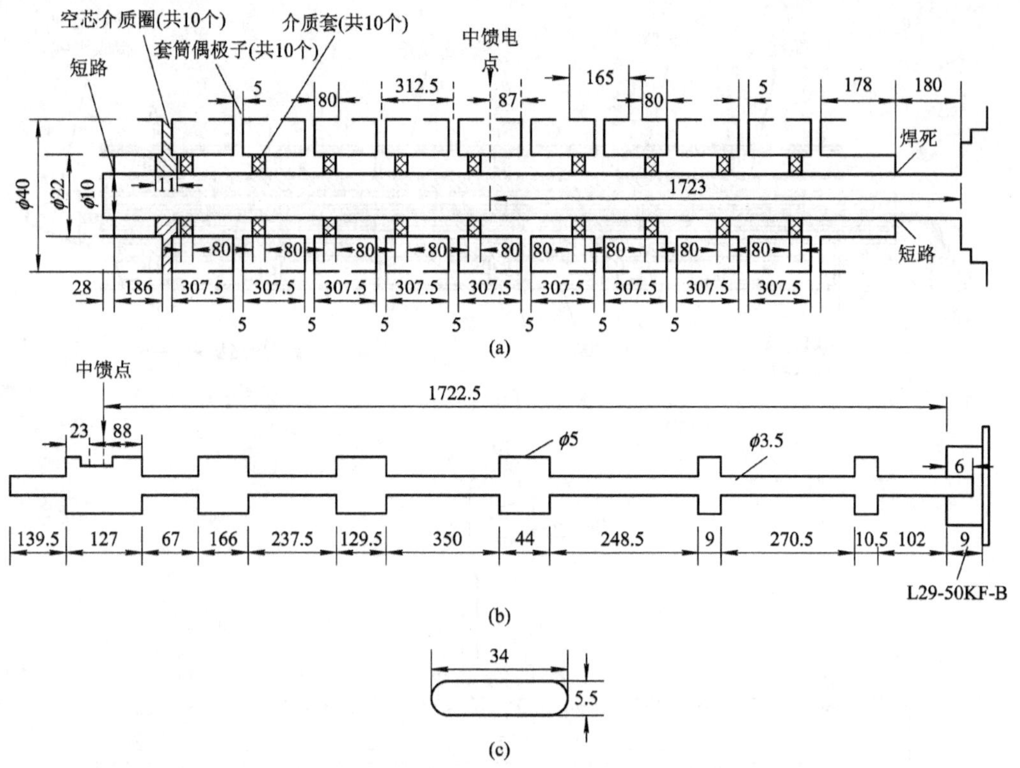

图 5.158　824～896 MHz 中馈缝隙耦合套筒偶极子共线全向天线阵

(a) 横截面结构尺寸图；(b) 带阻抗变换段主馈同轴线内导体的尺寸；(c) 缝隙的尺寸

套筒偶极子的长度为 165 mm($0.473\lambda_0$)，直径为 40 mm 长度直径比为 4.125，为保证同相辐射，单元间距 d 的电长度必须为 360°。由于分馈线同轴线中填充了部分介质套，所以单元之间的相移由空气和介质两部分同轴线构成，即

$$\phi = \phi_0 + \phi_g \approx 360^\circ$$

其中：

$$\phi_g = \frac{360^\circ}{\lambda_g}L = \frac{360^\circ}{\lambda_0}\sqrt{\varepsilon_r}L = \frac{360^\circ}{349}\sqrt{2.1}\times 80 = 119.6^\circ$$

$$\phi_0 = \frac{360^\circ}{\lambda_0}(d-L) = \frac{360^\circ}{349}(d-80) = 360^\circ - 119.6^\circ = 340.4^\circ$$

求得 $d=312.8$ mm。

除保证单元间距 $d=312.8$ mm(电长度为 360°)外，中馈点到第五个套筒偶极子的中心必须为 $\lambda_0/4$(87 mm)，到第六个套筒偶极子的中心必须为 $3\lambda_0/4$，这样才能保证第五个和第六个套筒偶极子同相辐射。

为了实现阻抗匹配，除正确设计主馈和分馈同轴线的特性阻抗、天线的辐射单元外，最主要就是在主馈同轴线的内导体上附加 $\phi5$ 的阻抗匹配段，必要时也可以调整分馈同轴线末端短路块的位置，以抵消天线输入阻抗中的电抗分量。

调整阻抗变换段的长度及位置来实现在带内的阻抗匹配，相对于 50 Ω，使 VSWR≤1.3。

注意：分馈同轴线中长度为 80 mm 的介质套位于分馈同轴线中的位置不同，中馈点上面五个套筒偶极子，80 mm 长介质套位于偶极子下臂的分馈同轴线中，中馈点下面五个套筒偶极子，80 mm 长介质套正好位于偶极子上臂的分馈同轴线中。

图 5.159(a)是该天线阵在 f_0=860 MHz 实测垂直面方向图，图 5.159(b)是该天线阵实测 VSWR～f 特性曲线。由图 5.159 可看出，在 824～890 MHz 频段，VSWR≤1.2。表 5.16 是该天线实测 $HPBW_E$波束下倾角 T(°)和 G(dBi)。

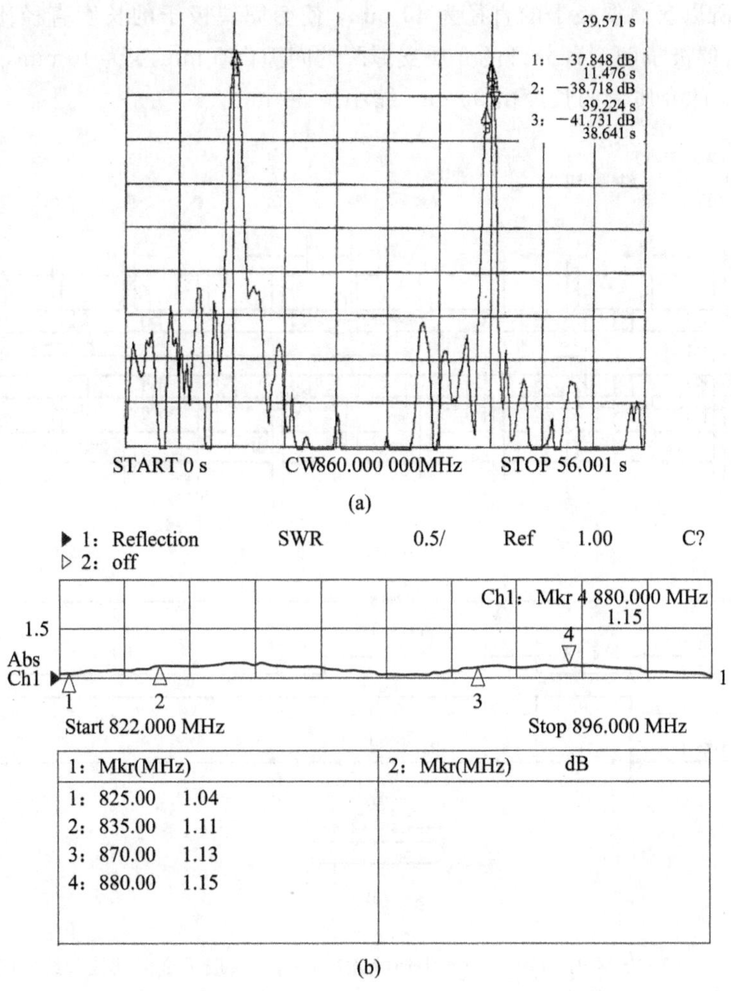

图 5.159 824～890 MHz 缝隙耦合套筒偶极子全向共线天线阵实测垂直面方向图和 VSWR～f 曲线

(a) 860 MHz 垂直面方向图；(b) VSWR～f 曲线

表 5.16 824～890 MHz 全向共线天线阵实测的主要电参数

f/MHz	$HPBW_E$	T(下倾角)	G/dBi
824	7.1°	−1.39°	11.33
860	6.0°	−0.82°	11.17
870	6.3°	−0.96°	+0.296
880	6.3°	−0.85°	+0.726
890	6.9°	0°	−0.143

图 5.160 是 1850～1990 MHz 频段 G=11 dBi 中馈缝隙耦合套筒偶极子全向共线天线阵的结构尺寸。为了实现 11 dBi 的天线增益，仍然使用了十个半波长套筒偶极子作为辐射单元。由于辐射单元比较粗，所以实际长度只有 $0.48\lambda_0$(75/156=0.48)。为了节约成本，与 824～896 MHz 中馈缝隙耦合套筒偶极子全向共线天线阵使用一样粗的天线罩及一样粗的天馈系统，所以套筒偶极子的直径为 40 mm，使套筒偶极子的长度直径比变为 75/40=1.875。把套筒偶极子两个臂分开的介质支撑圈的间隙由 5 mm 变为 10 mm，套在分馈同轴线中的 ε_r=2.1 的介质套的长度由 80 mm 缩小到 30 mm。

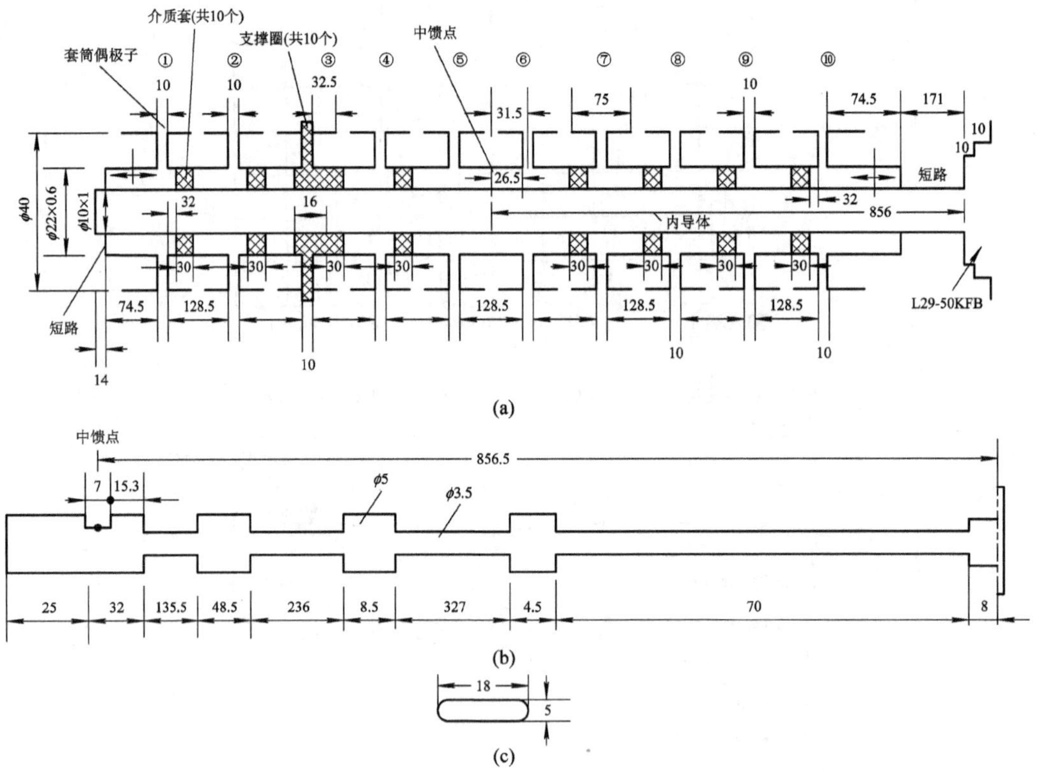

图 5.160　1850～1990 MHz，G=11 dBi 中馈缝隙耦合套筒偶极子全向共线天线阵的结构和尺寸

(a) 横截面结构尺寸图；(b) 主馈同轴线内导体的结构尺寸；(c) 中馈点缝隙的尺寸

本书作者在西安海天工作期间利用上述中馈缝隙耦合套筒偶极子技术研制成功分别在 870～960 MHz、1850～1990 MHz、1710～1890 MHz、1920～2170 MHz 频段工作的 G=11 dBi 的全向天线，还研制成功八单元、G=10 dBi、$\text{HPBW}_E=8°$，六单元 G=8 dBi、$\text{HPBW}_E=13°$ 的多频段全向天线。实践表明，用中馈缝隙耦合套筒偶极子实现 11 dB 到 12 dB 的高增益全向天线是一种比较好的方法，不仅带宽宽，全向性好，在带宽内波束无倾斜现象，且具有低的 VSWR，一般情况下，可以做到 VSWR≤1.3，但调阻抗匹配很费时间。

在 2.4～2.5 GHz，还研制成功 G=12 dBi 的全向天线。在这种情况下，天线的电高度达到 $13.3\lambda_0$，$\text{HPBW}_E=6°$。

3. 波束下倾缝隙耦合套筒偶极子全向共线天线阵[23]

移动通信往往把高增益共线天线阵安装在几十米高的铁塔上。由于天线的最大辐射方向位于水平面，结果使铁塔周围几百米范围内的用户无法通信或通信效果很差，即存在所谓的“塔下黑”。为消除塔下黑，必须使天线主波束下倾。

对底馈垂直线阵天线，假定要求波束下倾，按照落后方向偏的原理，如果下倾角为 θ，则单元间距 d_d小于 λ_0，具体值采用下式计算：

$$d_d = \frac{\lambda_0}{1+\sin\theta} \tag{5.16}$$

如果要求波束上翘，上翘角度为 θ，则单元间距应 d_u应大于 λ_0，具体值采用下式计算：

$$d_u = \frac{\lambda_0}{1-\sin\theta} \tag{5.17}$$

对波束下倾缝隙耦合套筒偶极子共线全向天线阵，对中馈点以上辐射单元，要缩短单元间距，可用式(5.16)计算单元间距 d_d；对中馈点以下单元，相当于馈电点在顶部，意味着波束要上翘，要用式(5.17)计算单元间距 d_u。对分馈同轴线中填充一部分 $\varepsilon_r=2.1$ 的介质的中馈缝隙耦合套筒偶极子全向共线天线阵，通过缩短中馈点以上分馈同轴馈线中填充介质的长度 L_d，增大中馈点以下分馈同轴馈线中填充介质的长度 L_u，就能极容易实现波束下倾。

假定要求波束下倾 $\theta=3°$，仍然以 CDMA $f_0=860$ MHz 的十单元无波束下倾中馈缝隙耦合套筒偶极子全向共线天线阵为基础，具体计算过程如下：

(1) 把 $\theta=3°$代入式(5.16)和式(5.17)，计算出波束下倾单元的间距 d_d和 d_u分别为

$$d_d = \frac{349}{1+\sin 3°} = 331.6 \text{ mm}$$

$$d_u = \frac{349}{1-\sin 3°} = 368 \text{ mm}$$

(2) 已知 $\varepsilon_r=2.1$，求出附加介质套的长度 L_d和 L_u。

由于在无波束下倾天线的基础上，不改变天线的结构尺寸，却要实现波束下倾，这样只能用改变夹在分馈同轴馈线中介质套长度的办法，故先求出不加介质套的单元间距，即 $312.5-80=232.5$，要让它等于 d_d和 d_u，必须附加长度 ΔL_d和 ΔL_u，即 $232.5+\Delta L_d=331.6$，求得 $\Delta d_d=99$ mm，$232.5+\Delta L_u=368$，求得 $\Delta d_u=135.5$ mm。

附加的长度 Δd_d和 Δd_u必须用 $\varepsilon_r=2.1$ 的介质套来实现。由于介质使长度缩短，故介质套的长度 L_d和 L_u分别为

$$L_d = \frac{\Delta d_d}{\sqrt{\varepsilon_r}} = \frac{99}{\sqrt{2.1}} = 68 \text{ mm}$$

$$L_u = \frac{\Delta d_u}{\sqrt{\varepsilon_r}} = \frac{135.5}{\sqrt{2.1}} = 93.9 \text{ mm}$$

可见，只要把无波束下倾全向共线天线阵中分馈同轴馈线所夹介质套的长度由80 mm变成 68 mm(中馈点以上)和 94 mm(中馈点以下单元)即可。同理可以计算出 $\theta=5°$和 7° 夹在分馈同轴馈线中介质套的尺寸分别为 $L_d=60$ mm，$L_u=103$ mm 和 $L_d=53$ mm，$L_u=114$ mm，再适当通过试验调整，就能实现波束下倾 3°、5° 和 7°的全向高增益天线。图5.161是在 880 MHz 实测波束下倾 3°的中馈缝隙耦合套筒偶极子全向共线天线阵的垂直面方向图。由图 5.161 可看出，波束下倾 3°，波束下倾会降低天线的增益，其规律是下降 1°，天线增益下降 0.1 dB。

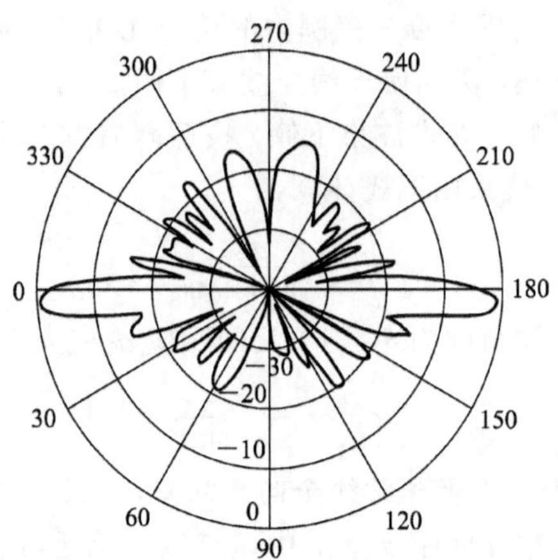

图 5.161　在 880 MHz 实测波束下倾中馈缝隙耦合套筒偶极子全向共线天线阵的垂直面方向图

5.10.6　耐高温中增益宽带全向天线

要求设计一副在 f=2.115～2.297 GHz 频段工作、增益约为 9 dBi 的全向天线，天线的工作环境温度为 200℃～100℃。由于天线的工作环境比较恶劣，为此在天线的设计中避免使用介质材料，而采用重量轻、结构强度高、耐高温的铝合金材料，为满足 10％的相对带宽和 9 dBi 的天线增益，采用如图 5.162 所示的十单元套筒偶极子共线阵。所有套筒偶极子都固定在中心轴向的支撑管上，用与同轴线内导体相连接的探针以 $\lambda_0/2$ 的间距来激励偶极子，支撑管本身就是同轴电缆的外导体。为了等功率分配，使传输线的特性阻抗为

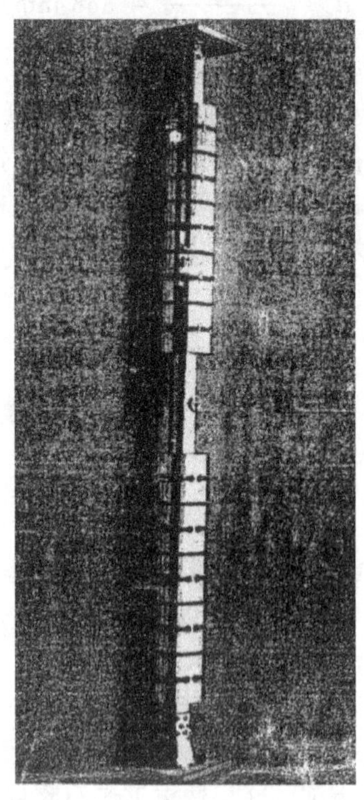

图 5.162　十单元中馈套筒偶极子共线天线阵的照片

一恒定值，也就是沿线让同轴线的内外导体直径之比不变。为克服底馈造成主波束倾斜的缺点，采用了中馈。由于在该天线的上部还安装有低增益偶极子天线，所以为了让低增益天线的馈电电缆及该中增益天线的中馈电缆线从同轴线的内导体穿过，如图 5.163(a)、(b)所示，同轴线的内导体要足够粗，其直径约为 $0.2\lambda_0$。每个偶极子由直径约为 $0.6\lambda_0$、每臂长 $0.2\lambda_0$ 的套筒偶极子组成。图 5.164(a)为一单元套筒偶极子的照片。为了得到更好的电气性能及机械强度，每个偶极子的两个套筒均有四个连接点，如图 5.164(b)所示，结果把偶极子馈电区的一个缝隙(间隙)分成如图 5.164(c)所示的小于 $\lambda_0/2$ 的四个缝隙。这种设计的好处是有固定的缝隙宽度，增强了机械强度。

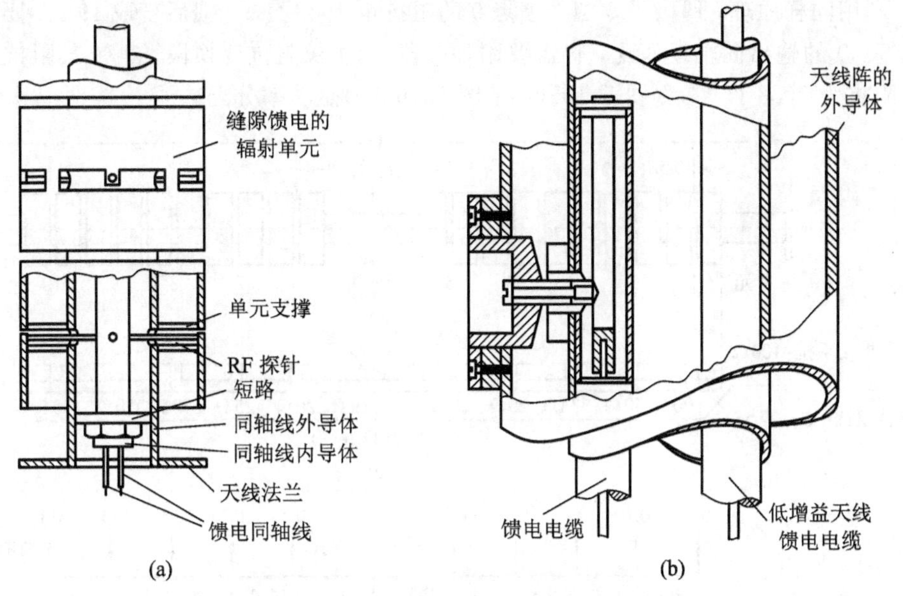

图 5.163　中增益共线天线阵的原理及馈电

(a) 原理；(b) 馈电

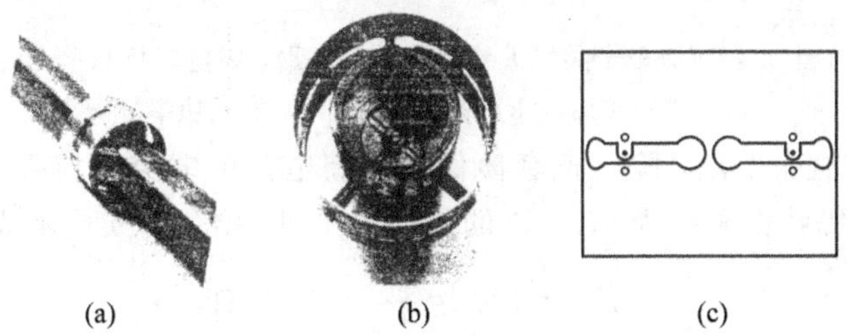

图 5.164　中增益共线天线阵一单元的照片、馈电区的连接及哑玲形缝隙

(a) 一单元照片；(b)、(c) 馈电区的连接及哑铃形缝隙

为了更好地匹配，在电气上也可以改变缝隙的长度和宽度。另外，通过改变缝隙的长度，还能改善水平面方向图的不圆度。用三线巴伦完成同轴线给套筒偶极子馈电所要求的不平衡-平衡变换。该三线巴伦还实现了宽带阻抗匹配。三线巴伦结构简单，由于不需要绝缘材料，因而能承受大功率且耐高温。三线巴伦中外面强度很高的两根线均把套筒偶极子固定在中心的支撑金属管上，使套筒偶极子有相当好的机械支撑。三线巴伦中间一根线是激励探针，与同轴线的内导体相接。由于相邻共线偶极子相距 $0.5\lambda_0$，所以再用仅在同轴线

中存在的 TEM 波激励时，随后的偶极子必然反相。为了保证所有的偶极子同相馈电，必须把给相邻偶极子馈电使用的三线巴伦中的馈电探针彼此反转 180°。

图 5.165(a)是天线阵的工作原理图。由图 5.165(a)可看出，共十个单元，中馈点之上有五个单元，中馈点之下有五个单元，每个套筒偶极子的输入阻抗为 100 Ω。由于相邻偶极子相距 $0.5\lambda_0$，因此利用阻抗重复原理，由偶极子 1 到偶极子 2 仍为 100 Ω，再与偶极子 2 的 100 Ω 输入阻抗并联变为 50 Ω，到偶极子 3 仍为 50 Ω，再与偶极子 3 的 100 Ω 输入阻抗并联，变为 33.3 Ω(100×50/(100+50)=33.3)，到了偶极子 5 变为 20 Ω。由于偶极子 5 到中馈点 0 为 $0.75\lambda_0$，因此利用特性阻抗 $Z_0=27.5$ Ω 的变换性变为 38 Ω($27.5^2/20=37.8$)，利用同样原理，偶极子 6 到中馈点 0 的阻抗也为 38 Ω，并馈后变成 19 Ω。要与特性阻抗为 50 Ω 的输出同轴线匹配，仍需要附加一段 $\lambda_0/4$ 长阻抗变换段。$\lambda_0/4$ 长阻抗变换段的特性阻抗为 30.8 Ω，参看图 5.165(b)。图 5.165(c)是功率分配。

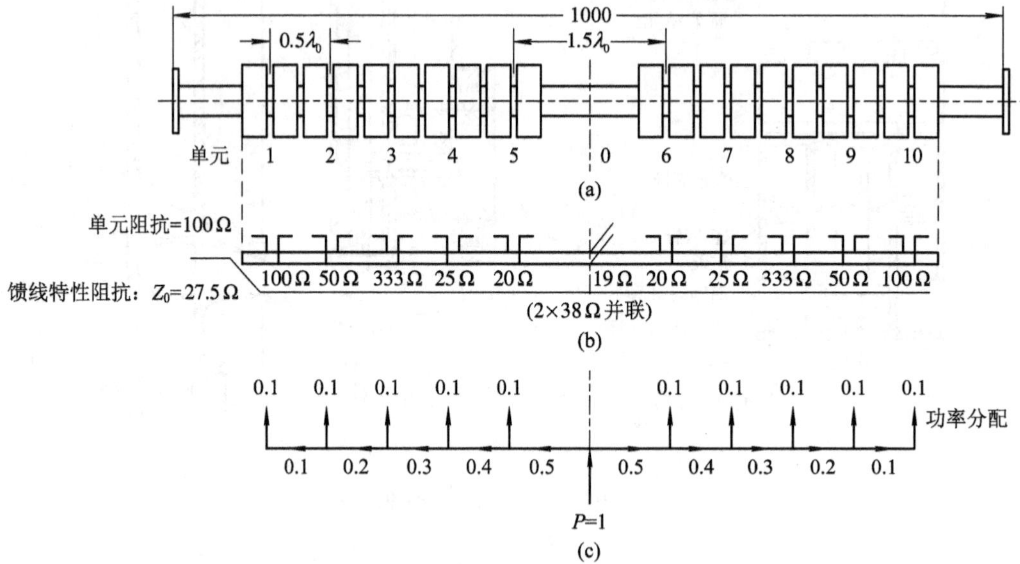

图 5.165 十元套筒偶极子共线天线阵的结构布局、馈电阻抗和单元的功率分配

(a) 结构布局；(b) 馈电阻抗；(c) 单元功率分配

为了实现最佳宽带匹配，除了把套筒偶极子馈电区的缝隙做成哑铃形(参看图 5.164(c))外，还使用了等特性阻抗为 27.5 Ω 的同轴传输线。空气介质同轴线的特性阻抗公式：

$$Z_0 = 138\ \lg\frac{b}{a} = 27.5\ \Omega$$

式中：a 为同轴线内导体的外径；b 为同轴线外导体的内径。已知 $a=0.2\lambda_0$，求得 $b=0.316\lambda_0$。实测该天线阵的 VSWR，在 $f=2.09\sim3.2$ GHz 的频段内，VSWR≤1.5，相对带宽约为 42%。

5.10.7 由盘锥构成的宽带中馈增益全向共线天线阵

把盘锥天线作为宽带中增益垂直极化全向天线的基本辐射单元，这是因为盘锥天线本身就是具有宽频带特性的垂直极化全向天线。图 5.166 是由九个盘锥天线构成的全向共线天线阵的照片。该天线阵垂直面的方向函数 $F(\beta)$ 为

$$F(\beta) \approx \cos\beta \frac{\sin n\left(\frac{\pi d}{\pi}\sin\beta - \frac{\phi}{2}\right)}{\sin\left(\frac{\pi d}{\lambda_0}\sin\beta - \frac{\phi}{2}\right)} \tag{5.18}$$

式中：β 为由水平测算的垂直角度，在水平面 $\beta=0$；n 为盘锥的个数；ϕ 为相邻辐射单元之间的相差；d 为相邻辐射单元之间的间距。

图 5.166　由盘锥天线构成的共线全向天线阵的照片

如果所有单元同相，则 $\phi=0°$，$\beta=0$，$F(\beta)$最大。也就是说，最大辐射方向位于水平面。工作频率范围为 960～1215 MHz，$f_0=1087.5$ MHz($\lambda_0=275.8$ mm)，相对带宽为23.5%，选单元间距 $d=0.78\lambda_0$。图 5.167 是该天线阵附加 15 m 长电缆实测的 VSWR～f 特性曲线。图 5.168(a)是在中心频率仿真和实测的水平面方向图，图中实线为仿真曲线，小圈为实测值。图 5.168(b)是仿真的垂直面方向图。为了在整个工作频率使波束上翘 3.5°，仍然给每个辐射单元等功率馈电，但从底到顶给每个单元馈电的相位要依次落后。落后的相位差 ϕ 与倾角 β_t 有如下关系：

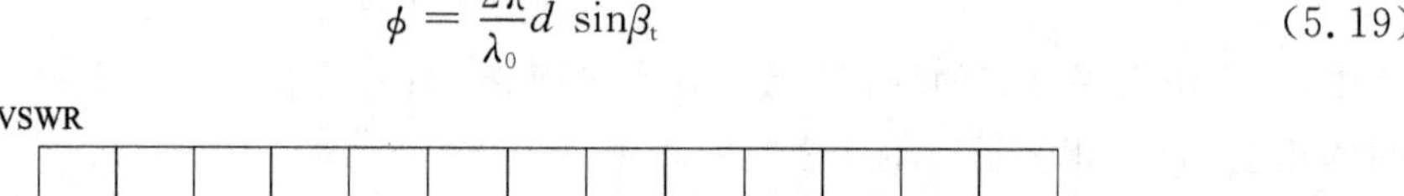

$$\phi = \frac{2\pi}{\lambda_0} d \sin\beta_t \tag{5.19}$$

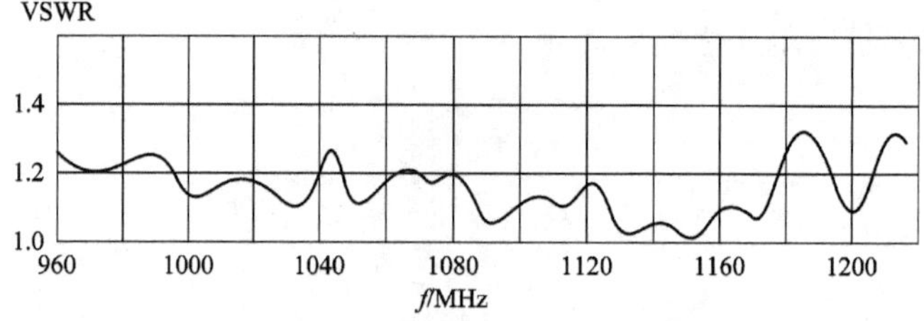

图 5.167　盘锥天线阵 VSWR～f 特性曲线

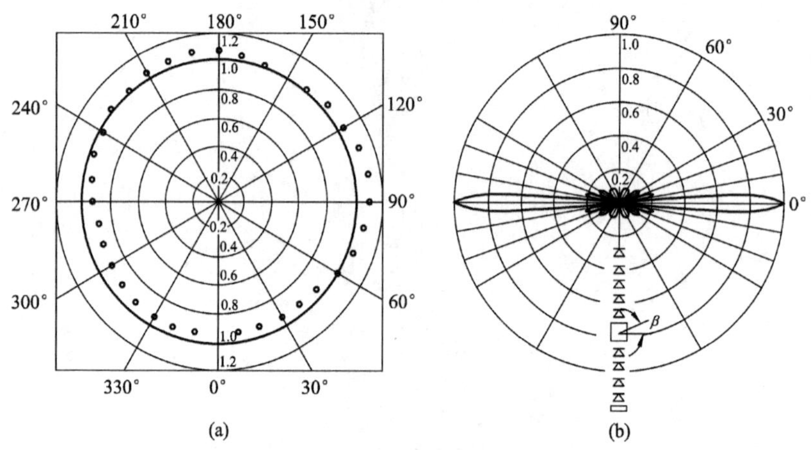

图 5.168　盘锥天线阵在 f_0 实测和仿真的水平面和垂直面方向图

(a) 水平面；(b) 垂直面

已知 $d=0.78\lambda_0$，$\beta_t=3.5°$，则 $\phi=17°$。

辐射单元依次落后的相位差可以用馈电电缆的长度差来实现。图 5.169(a)、(b)、(c) 分别是 $f=960$、1087、1215 MHz 实测的垂直面方向图。注意：HPBW 从 960 MHz 到 1215 MHz、从 8°变到 6°，在整个频段内，实测增益为(10±1)dB。

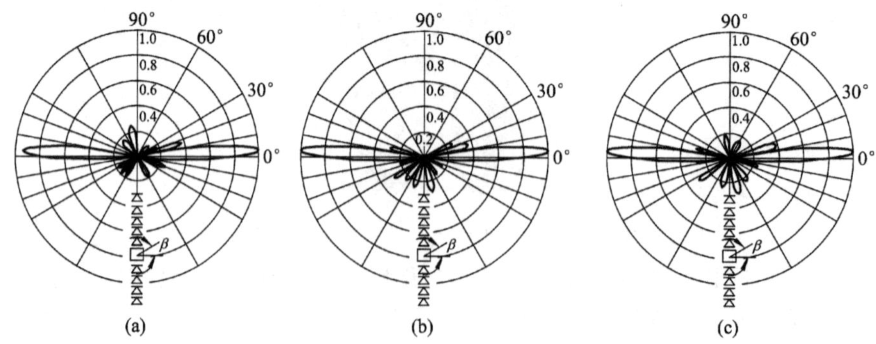

图 5.169　盘锥天线阵在 $f=960$，1087 和 1215 MHz 实测垂直面方向图

(a) $f=960$ MHz；(b) $f=1087$ MHz；(c) $f=1215$ MHz

5.10.8 由缝隙和套筒构成的垂直极化基站天线[24]

在一个细长基板的正面切割一个波长的缝隙，在基板的背面用微带线给缝隙馈电，就能构成一个垂直极化全向天线。为了展宽带宽，在它的外面套上一个金属套筒，就构成了宽带全向缝隙天线，如图 5.170 所示。用它作为基本辐射单元，可以构成如图 5.171 所示的共线全向天线阵。如果上下天线各用间距为 $0.7\lambda_0$ 的五个单元在垂直面组阵，可以实现 $HPBW_E=16°$和 7 dB 的增益。

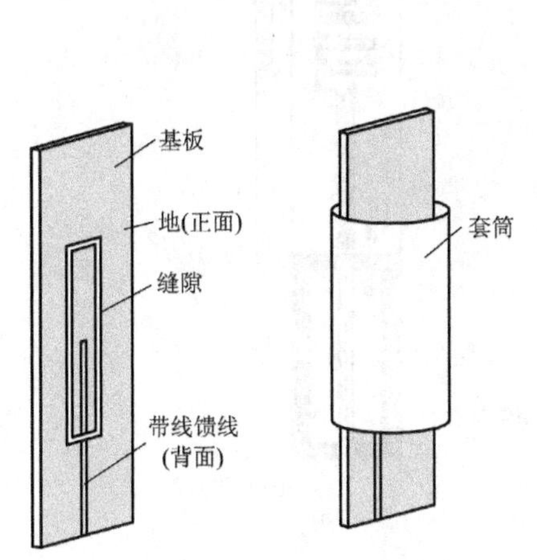

图 5.170 由缝隙和套筒构成的宽带全向天线

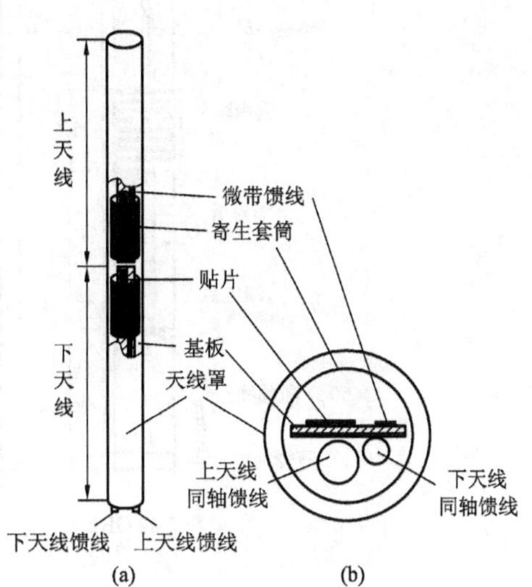

图 5.171 共线全向基站天线
(a) 立体；(b) 横截面

5.11 低成本印刷全向共线天线及天线阵

许多通信系统，如室内 WLAN、室外 WLAN、点对点、点对多点、航空、移动微波通信系统，都需要使用在水平面具有全向辐射方向图的天线，且大多为垂直极化。对天线不仅要求它具有好的全向性、4～8 dB 的中等增益，而且要有低的生产成本。下面介绍几种低成本全向天线。

5.11.1 有倒相段的全向不对称对称振子

为了提高半波长垂直偶极子天线的增益，应采用全波长不对称对称振子。图 5.172(a)所示的天线结构和尺寸就是在 WLAN 2.4 GHz 频段工作的印刷全波长不对称对称振子。该全向天线由不对称半波长对称振子、倒相段和半波长直导线辐射体三部分串联组成。倒相段为曲折线，其有效长度也为半波长，由于它倒相 180°，因此使半波长直线辐射体和不对称半波长对称振子上的电流同相，如图 5.172(b)所示。

为了降低成本，采用最便宜的厚 0.8 mm、$\varepsilon_r=4.4$ 的单面 RF4 基板用印刷电路技术制作天线。在 2.4 GHz，中心工作频率 $f_0=2442$ MHz($\lambda_0=122.85$ mm)，半波长应为 $\lambda_0/2=$ 61 mm。由于受 $\varepsilon_r=4.4$ 的介质使波长缩短的影响，半波长不是 61 mm，而变成 51 mm，缩

短系数为 0.836。注意：半波长不对称振子上下两个臂的长度不一样，下臂比上臂宽而变短。实践发现，调整它们的宽度，能有效控制阻抗匹配。图 5.173 为中心频率实测垂直和水平面方向图。图 5.173 中，不圆度小于 1.5 dB。在整个频段，实测增益约 4.4 dB，比半波长对称振子提高了 2 dB。

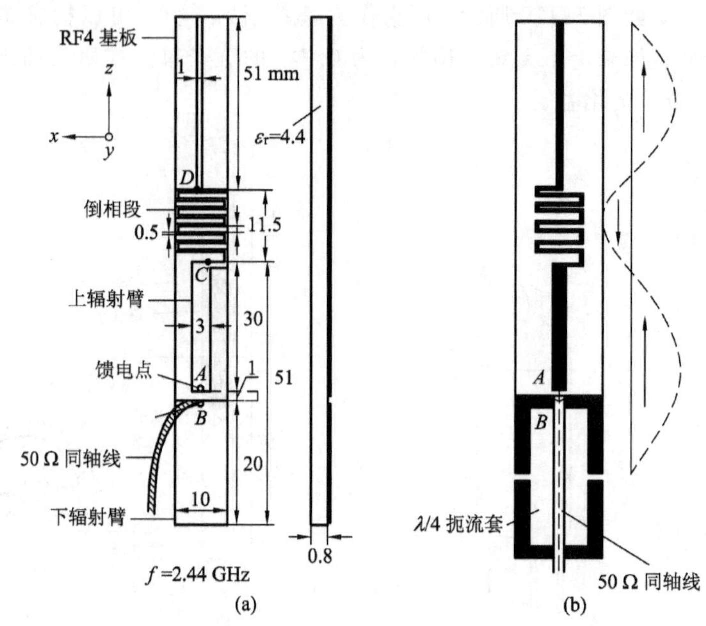

图 5.172　有倒相段的全向全波长不对称对称振子

(a) 结构尺寸；(b) 电流分布

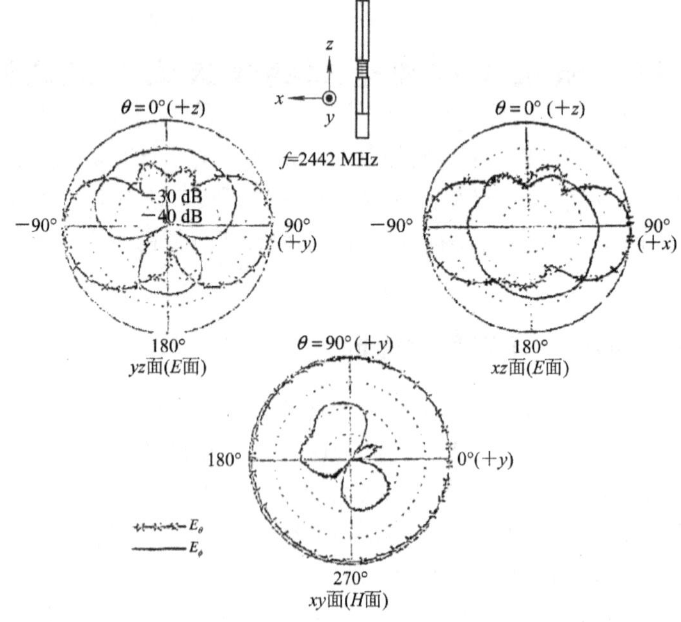

图 5.173　图 5.172 所示天线在 2442 MHz 实测垂直面和水平面方向图

5.11.2 由印刷折合偶极子组成的全向天线

作为 5.2 GHz(5150～5350 MHz)和 5.8 GHz(5725～5875 MHz)频段移动和 WLAN 用的低成本全向天线，由于相对带宽较宽(约 13%)，必须采用宽频带辐射单元，如使用半波长折合振子，因为它的阻抗带宽比普通半波长对称振子宽。图 5.174 是由两个面对面完全相同的半波长折合振子构成的 5 GHz WLAN 频段印刷全向天线。它是用厚 0.8 mm、$\varepsilon_r=4.4$ 的双面覆铜 FR4 基板用印刷电路技术制成的。长宽分别为 L、W_a 的双折合振子及带线位于基板的正面，宽度为 W_g 的微带线的地位于基板的背面。相当窄的地不仅把面对面折合振子分开，而且为容纳微带馈电网络提供了空间。注意：微带线的地越窄，天线的全向性就越好。由于介质使波长缩短，所以折合振子的实际长度 $L=18$ mm，要比自由空间半波长短，相当于 $L=0.33\lambda_0$。用 T 形微带线给双折合对称振子馈电，对称振子的两个输入端 B 和 D 端过孔接到微带线的地上，A 和 C 端与特性阻抗为 50 Ω 的带线并联连接，这样就保证了给两个折合偶极子等幅同相馈电。为了使 50/2 Ω 的阻抗与宽度为 1.5 mm 的 50 Ω 微带馈线匹配，必须附加特性阻抗为$\sqrt{\frac{50}{2}\times 50}=35$ Ω 的 $\lambda_g/4$ 阻抗变换段。按 $f_0=$ 5500 MHz($\lambda_0=54.5$ mm)设计，天线的具体尺寸如下：$W=18$ mm，$L=68$ mm，$l=$ 18 mm，$W_a=5$ mm，$S=2$ mm，$g=1$ mm，$d_1=d_2=25$ mm。

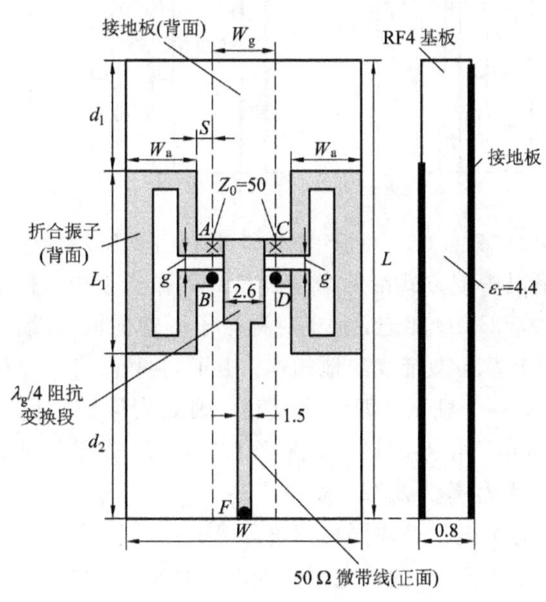

图 5.174 印刷双折合偶极子天线

注意：位于折合振子上下微带线地的大小 d_1 和 d_2 不仅影响天线的增益，还会影响天线主波束的指向，$d_1>d_2$，主波束向下倾斜，$d_1<d_2$，主波束向上倾斜。只有当 $d_1=d_2$ 时，主波束才指向水平面。在 $d_1=d_2=25$ mm$=0.46\lambda_0$ 时，天线增益最大约 4.5 dB。天线的水平面方向图呈全向，不圆度小于 1.8 dB，垂直面方向图为 8 字形，在 5070～6160 MHz 频段实测 VSWR≤2，相对带宽为 20%，在阻抗带宽内实测增益约 4 dBi。

5.11.3 中馈背靠背印刷偶极子共线天线阵

两个背靠背偶极子共线天线阵是用厚 0.4 mm、ε_r=4.4 的双面 FR4 基板用印刷电路技术制成的。图 5.175 是该天线在 2.4 GHz 频段的结构尺寸图。由图 5.175 可看出，天线相对基板背面位于中心宽 W=6 mm 的微带线地是对称的。按半波长设计对称偶极子，由于介质板的影响，偶极子的总长度 $2L$=50 mm，相当于 $2L=0.41\lambda_0$，单元间距 S=96 mm，相当于 $S=0.78\lambda_0$。

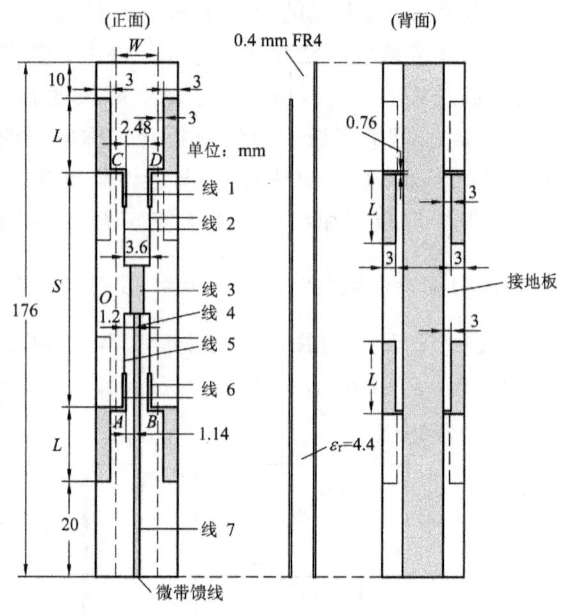

图 5.175 中馈背靠背印刷偶极子共线天线

用微带线馈电网络以中馈方式给两个半波长对称振子馈电，把带线分成两路，分别和上对称振子上臂的输入端 C、D 相连，和下对称振子下臂的输入端 A、B 相连。上对称振子的下臂、下对称振子的上臂与微带线的地相连。由于与 A、B 和 C、D 相连的半臂对称振子的取向相反，一个朝上，一个朝下，即电流反相，因此为保证它们同相，必须使微带线到 A、B 点和到 C、D 点的相位相差 180°。由图 5.175 看出，微带线从 O 点分成上下两路，到 A、B 点和到 C、D 点的路径差为 $\lambda_e/2$，即相位差 180°。

为保证上、下两个对称振子等幅同相馈电，用 HFSS 软件设计了如图 5.175 所示的较复杂的馈电网络及尺寸。表 5.17 为馈电网络线的特性阻抗、线长和线宽。

表 5.17 馈电网络线的特性阻抗、线长和线宽

线	特性阻抗/Ω	线长/mm	线宽/mm
1	50	17.5	0.76
2	95	18.8	0.2
3	26	29.3	2.0
4	37.4	7.8	1.2
5	95	17.0	0.2
6	50	17.5	0.76
7	50	74.3	0.76

中馈背靠背印刷偶极子共线天线实测水平面方向图呈全向，不圆度小于 2 dB，垂直面为 8 字形，实测增益超过 5 dB，在 $f=2450$ MHz 达到 6.1 dB(仿真的方向系数为 7.4 dB)。

注意：微带线地的宽度 W 对天线性能影响较大，它不仅影响天线的全向性，还影响天线的阻抗匹配。W 越窄，天线的 VSWR 越好。$W=6$ mm，在 2385～2520 MHz 的频段内，VSWR≤1.5，相对带宽达到 5.5%。

5.11.4　印刷全向微带天线阵[25]

1. 双短路印刷全向微带天线阵

类似于把 $\lambda_g/2$ 长同轴线的内外导体交错换位连接构成全向天线的方法，用 $\lambda_g/2$ 长微带线来代替 $\lambda_g/2$ 长同轴线，且把 $\lambda_g/2$ 长微带线的带线和地线交叉换位连接，也能构成全向微带天线阵。

图 5.176 是用五段双短路反相 50 Ω 微带传输线构成的微带全向天线阵。由图 5.176 可看出，用双面印刷电路板容易使 $\lambda_g/2$ 长微带传输线反相。图 5.177(a)是微带传输线及双短路反相微带传输线上的电流分布。由图 5.177(a)可看出，微带传输线由于每隔 $\lambda_g/2$ 电流反相，相互抵消，因而无辐射，但每隔 $\lambda_g/2$ 把微带线的带线和地线反相连接，在第一个和最后一个单元距离微带线地线边缘 $\lambda_g/4$ 处把微带线短路，结果使微带线和带线交错换位处电场最大，在作为所有辐射单元使用的微带线地线的中心不仅电流最大，而且使所有辐射单元电流同相，如图 5.177(b)所示，因而实现了全向辐射。把同轴馈线的内导体与馈电点的带线相连，同轴线的外导体与微带线的地线相连，在 1 和 2 单元的连接处，馈电点阻抗最大，而且这个最大阻抗的幅度与辐射单元宽度 W_e 成反比，减小单元的宽度，在结点的阻抗就增加，反之，增加单元的宽度，结点的最大阻抗就减小，可见通过改变单元宽度，在短路 0 Ω 和在结点最大馈电点阻抗之间求出合适的馈电位置，就能使天线与馈线匹配。

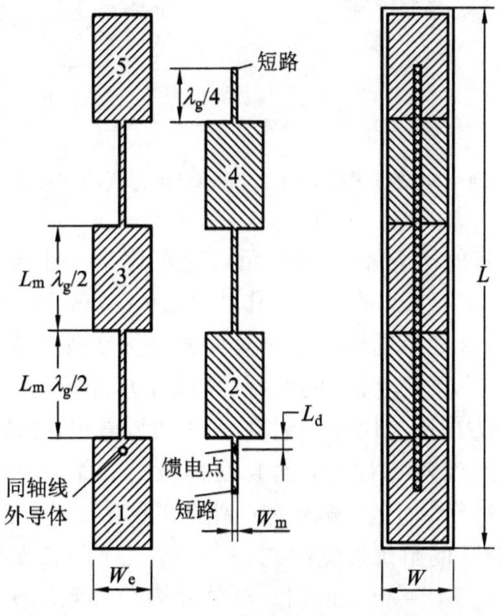

图 5.176　由双短路反相微带传输线构成的微带全向天线阵

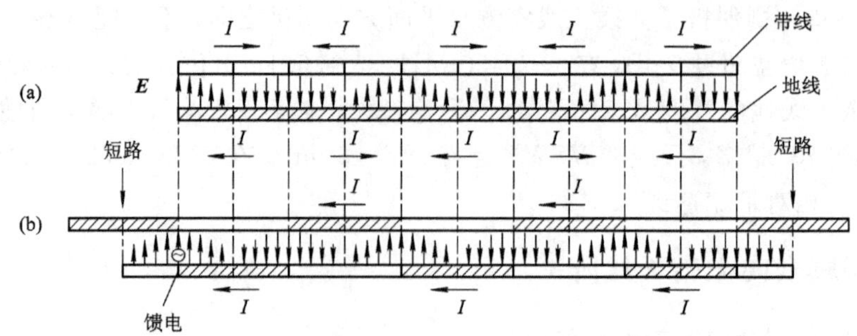

图 5.177　微带传输线及构成微带全向天线阵的反相微带传输线上的电流分布
(a) 微带传输线；(b) 反相微带传输线

用 $\varepsilon_r=2.6$，厚 0.762 mm 的基板制作 2.45 GHz 七单元印刷全向微带天线阵，天线阵的具体尺寸如下：$W_m=2.06$ mm，$W_e=16.25$ mm，$L_e=L_m=36.58$ mm，短路针直径为 1 mm，天线在 $L_d=0$ 的位置馈电(参见图 5.176)，基板每边多留出 2 mm。图 5.178(a)、(b)分别是该天线在 2.586 GHz 仿真和实测的垂直面和水平面方向图。最大增益仿真为 6.4 dBi，实测为 4.6 dBi，副瓣电平为−11 dB，VSWR≤2 的带宽为 15.4%，但方向图带宽只有 5%～6%，W_e 从 $0.1\lambda_0$ 变到 $0.25\lambda_0$，方向图的不圆度则从 0.1 dB 变到 2.77 dB。

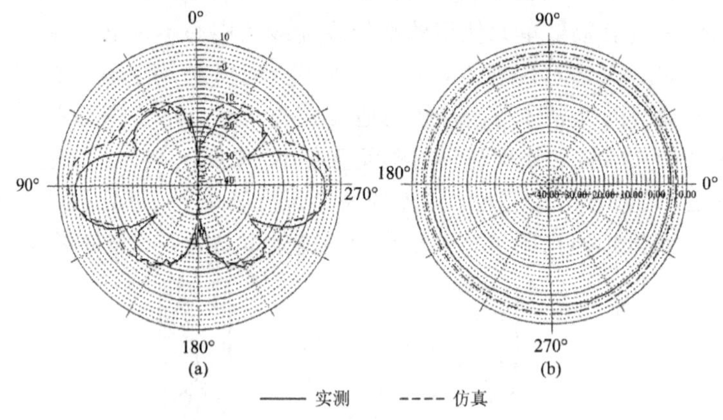

图 5.178　七单元印刷全向微带天线阵在 2.586 GHz 仿真和实测垂直面和水平面方向图
(a) 垂直面；(b) 水平面

印刷全向微带天线阵的增益不仅与单元数成正比，而且与单元的宽度 W_e 有关。图 5.179 是用厚 0.762 mm，$\varepsilon_r=2.6$ 的基板制作的 $W_m=2$ mm，W_e 分别为 10 mm 和 20 mm，中心设计频率为 2.45 GHz 的不同单元印刷全向微带天线阵仿真的垂直面方向图及增益。由图 5.179 可以看出，单元越多，天线的增益就越高，单元越宽，天线的效率就越高，增益也就高，但以牺牲天线的方向图为代价。由图 5.179 可以看出，如果单元宽度变窄，如 $W_e=10$ mm 则天线的方向图不仅对称性好，而且全向性好；如果把单元宽度变宽，如 $W_e=20$ mm，则方向图不仅不对称，而且主瓣变宽，副瓣电平增大。可见，单元的宽度不宜太宽。

双短路印刷全向天线阵的阻抗带宽约 3%～4%，几乎与长度无关。双短路印刷全向天线阵的效率 η，经仿真，在 $W_e=20$ mm 时，与单元多少关系不大，如 $N=2$，$\eta=96.5\%$，$N=7$，$\eta=94.7\%$；但 $W_e=10$ mm 时，效率随单元的增加而下降，如 $N=2$，$\eta=91.3\%$，$N=7$，$\eta=87.6\%$。

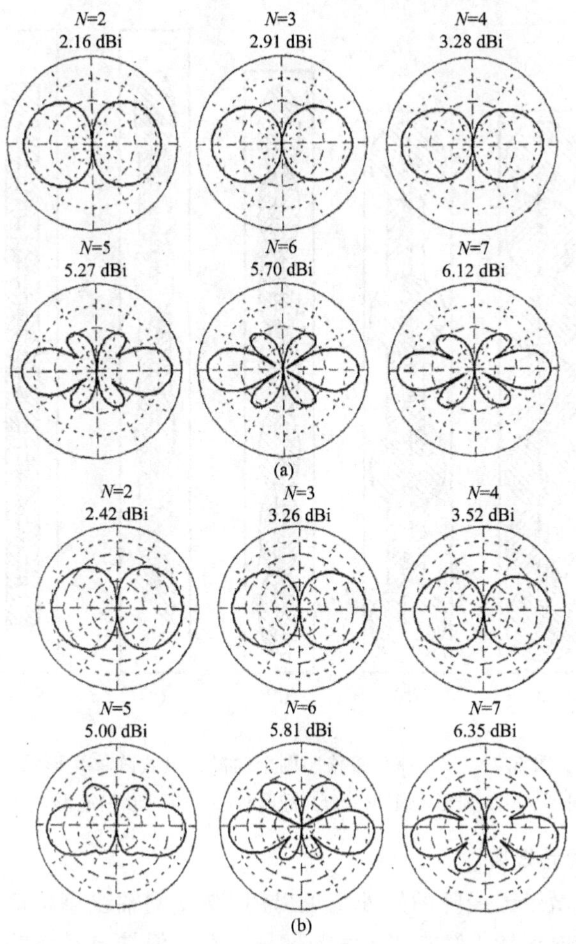

图 5.179 不同单元宽度和不同单元印刷全向微带天线的垂直面方向图及增益

(a) $W_e=10$ mm；(b) $W_e=20$ mm

2. 全向微带天线阵的形状

前面介绍的全向微带天线阵单元的形状为矩形，在设计印刷全向微带天线阵时，也可以使用圆形等其他形状的单元。图 5.180 给出了五种不同形状七单元双短路印刷全向微带天线阵，对它们的效率、增益及 SLL 做了仿真研究，其结果如表 5.18 所示。

表 5.18 不同形状七单元双短路印刷全向微带天线阵的效率、增益及 SLL

形状	圆(a)	圆和矩形(b)	椭圆(c)	椭圆和矩形(d)	矩形(e)
η(%)	96.8	95.8	93.5	92.5	92.5
G/dBi	7.7	6.7	6.8	6.7	6.2
SLL/dB	−11.8	−11.3	−13.1	−14.5	−11.8

由表 5.18 可以看出，单元形状对效率影响不大，仅差 0.2 dB，但采用圆形单元，相对矩形使增益提高 1.5 dB。

由于馈电点的阻抗与单元的宽度成反比，因此在谐振时圆形的宽度最宽，圆形馈电点的阻抗最低。

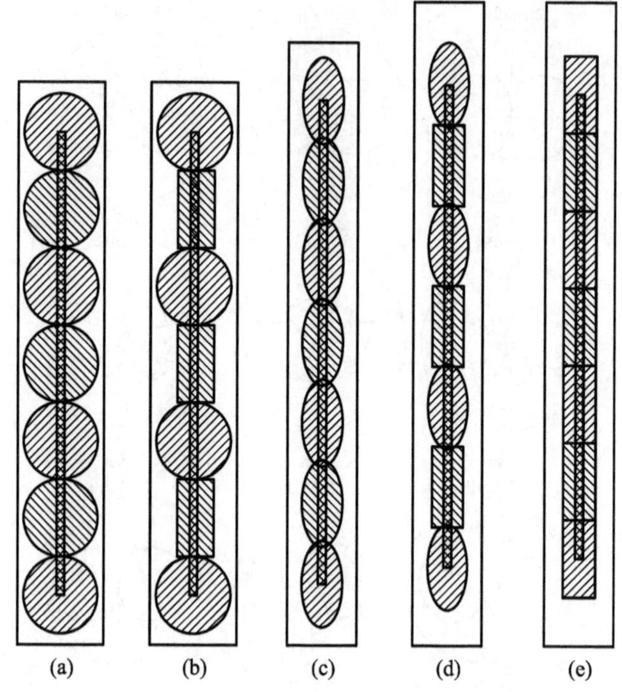

图 5.180　五种双短路印刷全向微带天线阵单元形状

(a) 圆形；(b) 圆形和矩形；(c) 椭圆；(d) 椭圆形和矩形；(e) 矩形

3. 印刷全向微带天线阵

双短路印刷全向微带天线阵的好处是可以用 50 Ω 同轴线直接馈电，通过调整单元的宽度及选择合适的馈电位置，就能使天线与馈线匹配，但缺点是无法实现宽频带。采用在天线顶部短路，在天线底部加宽带阻抗匹配的印刷全向微带天线阵，就能实现宽频带。

图 5.181(a)是在天线顶部短路，在底部带有宽带匹配的七单元圆形印刷全向微带天线阵；图 5.181(b)是在 5.5 GHz 和 5.875 GHz 仿真的垂直面方向图；图 5.181(c)是该天线仿真和实测的 VSWR～f 特性曲线。由图 5.181 可以看出，在 4.7～6 GHz 频段内，实测 VSWR≤2，相对带宽为 24.3%，仿真的天线增益 6.4～7.6 dBi。

4. 低副瓣印刷全向微带天线阵

辐射单元为均匀分布，在理论上第一副瓣电平为－13 dB。为了改善通信质量，希望天线有低的副瓣。对低成本印刷全向微带天线阵，可以通过改变天线阵辐射单元的宽度(中间宽，两端逐渐变窄)，控制全向微带天线的电流分布来实现低副瓣电平。

图 5.182 是用厚 0.762 mm、$\varepsilon_r = 2.6$ 的双面覆铜介质板制作的中心工作频率为 2.628 GHz，由七单元微带构成的全向微带天线阵的结构及尺寸。它是把 $\lambda_g/2$ 长同轴线内外导体交叉换位连接构成的全向微带天线。由图 5.182 可以看出，基板背面辐射部分均由长度为 L 的单元 1、3、5、7 组成。注意：1、7 的宽度为 W_1，3、5 的宽度为 W_3；基板正面的辐射部分也均由长度为 L 的单元 2、4、6 组成，单元 2、6 的宽度为 W_2，单元 4 的宽度为 W_4。所有辐射单元均用宽度为 2.06 mm、特性阻抗为 50 Ω 的微带线连接。注意：1～4 辐射单元的宽度由窄变宽，即 $W_1 < W_2 < W_3 < W_4$。把辐射单元 1 和 7 从中心与微带传输线短

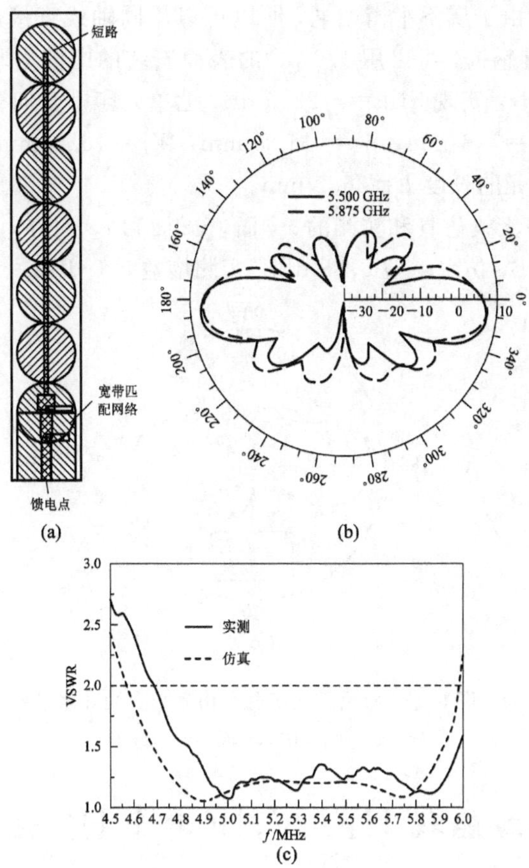

图 5.181　单短路带有宽带匹配网络的印刷全向圆形微带天线阵及垂直面方向图和仿真实测的 VSWR～f 特性曲线

（a）结构；（b）垂直面方向图；（c）VSWR～f 特性曲线

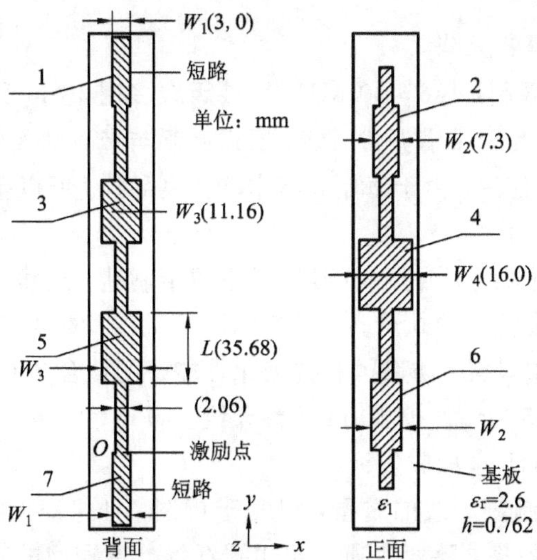

图 5.182　由七单元贴片构成的 f＝2.628 GHz 全向天线的结构及尺寸

路连接，在 O 点激励，由于属不平衡馈电，所以可以用同轴线直接连接。激励点的阻抗实数部分为 50 Ω，但带有感抗，可以用 1.0 pF 的表面安装的电容串联在馈电点来改善阻抗匹配。在 f=2.628 GHz，实现 SLL=－22.5 dB，七单元印刷全向微带天线的具体尺寸如下：W_1=3.0 mm，W_2=7.3 mm，W_3=11.7 mm，W_4=16.0 mm，50 Ω 微带线的宽度 W_m=2.0 mm，每个单元的长度 L=36.2 mm。

图 5.183 分别是该天线仿真和实测的 xy 面、yz 面和 xz 面方向图。由图 5.183 可以看出，实测 SLL=－20 dB，仿真增益 5.39 dBi，实测增益 5.0 dBi。

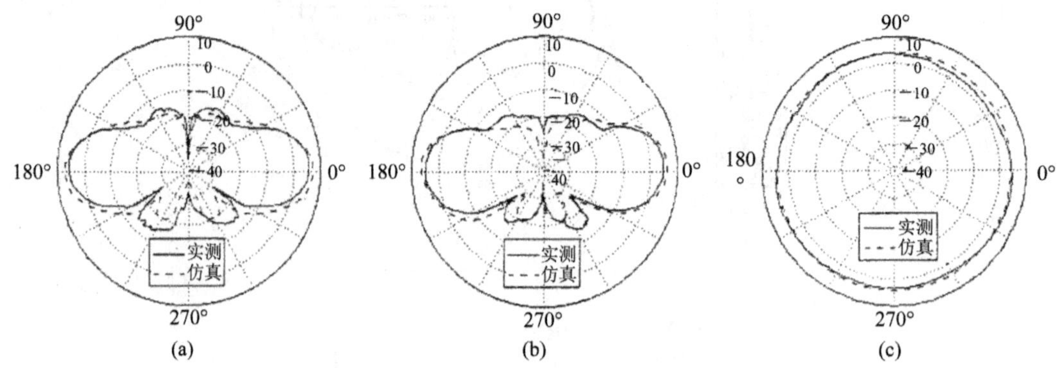

图 5.183　图 5.182 所示天线实测和仿真垂直面和水平面方向图

(a) xy 面；(b) yz 面；(c) xz 面

5.12　主要海船载 HF、VHF 和 UHF 全向天线简介

5.12.1　HF 全向天线

1. 窄带鞭天线

1) 10 m 和 6 m 底馈鞭天线

受海船有限空间的限制，1.6～30 MHz 短波天线多用 10 m 和 6 m 底馈鞭天线。由于 10 m 和 6 m 底馈鞭天线为窄带谐振式天线，所以必须与带自动天调的电台配套使用，才能在 1.6～30 MHz 频段内使用。由于海船和海水均为良导体，所以鞭天线通过地波传播的距离要比陆地上远得多。

10 m 和 6 m 底馈鞭天线通常用 45 号钢或不锈钢制造，虽然具有结构简单、成本相对低等优点，但存在易腐蚀损坏的缺点。为提高钢制鞭天线的生存率，本书作者所在公司陕西海通公司用高强度、重量轻、防腐蚀和抗老化性能好的钛合金制作了重量≤25 kg、底馈 6 m 的鞭天线和重量≤45 kg、底馈 10 m 的鞭天线。10 m 和 6 m 钛合金鞭天线可广泛用于大中小各型海船，作为 HF 全向收发天线。

为了进一步减轻钢制鞭天线的重量，以利于折倒，且保证天线末端颤动小于 0.5 m，提高钢制鞭天线的辐射效率，陕西海通公司用碳纤维外裹铜网的新材料、新工艺制作了短波 10 m 鞭天线。该天线具有重量轻、辐射效率高、强度高、可折倒、耐腐蚀、抗疲劳及可承受大功率等优点。

2）自适应伸缩鞭天线

陕西海通公司利用自主知识产权，把不同直径的玻璃钢和钢丝巧妙结合，研制成功短波自适应伸缩天线，在2～5 MHz天线全部伸出高度为15 m，再配固定匹配网络，使天线与50 Ω同轴馈线匹配，在5～30 MHz通过控制仪，根据工作频率，自动伸缩改变天线高度，使天线始终位于性能最佳的$\lambda_0/4$高度上，即靠改变天线高度实现宽带匹配，由于无*LC*匹配电路带来的插损，因而效率相对高。天线不工作时，利用电动或手动可以缩回，缩回高度仅为2 m，不仅有利于海船容貌，而且有利于减小海船的雷达散射截面。该天线也适合人防、海岛安装使用，由于能在25 s缩回，所以特别适合易发生台风的沿海地区使用。

2. 宽带天线

为适应利用跳频扩频技术抗干扰必须使用宽带天线的需求，海船必须配置短波宽带天线，短波宽带天线通常分为4～12 MHz和10～30 MHz两个分频段，过去多用多线扇锥天线，随着技术的发展，现在国内外海船广泛采用短波双鞭作为宽带天线。陕西海通公司在国内首次用外包铜网碳纤维制作双鞭天线的杆，用进口能承受大功率的电容，以及由镀银粗铜管制作的能承受大功率的电感构成多级T形和π形*LC*电路，进而构成宽带阻抗匹配网络，研制成功高低口短波宽带双鞭天线。低口（4～12 MHz）宽带天线由间距5 m、高12.5 m、重量≤80 kg×2的双鞭和宽带匹配网络组成；高口（10～30 MHz）宽带天线由间距3 m、高6 m、重量≤100 kg的双鞭和宽带匹配网络组成。

该天线具有重量轻、能折倒、辐射效率高、承受大功率、耐腐蚀和抗疲劳性能好等特点，可广泛用于有直升机起飞的海船使用。

为了减少由4鞭构成的短波宽带天线的数量，以利于中小型海船安装使用，陕西海通公司成功研制了由3个鞭构成的短波宽带天线。低口（4～12 MHz）仍然由间隔5 m、高12.5 m的双鞭和宽带匹配网络组成，高口由单根11.6 m高的中馈鞭组成，承受功率为2 kW，其他电指标与短波宽带双鞭天线相同。

5.12.2 VHF/UHF全向天线

陕西海通利用1∶4传输线变压器和补偿*LC*电路成功研制了最大直径为200 mm、长为3200 mm、承受功率为100 W，30～88 MHz的中馈鞭天线。利用宽带套筒笼形对称振子成功研制了108～174 MHz和225～400 MHz、外形尺寸为ϕ309 mm、高1080 mm、重量为14 kg的宽带全向天线，利用不对称套筒对称振子和支节匹配等技术成功研制了108～174 MHz和225～512 MHz、外形尺寸为ϕ275 mm、高950 mm、重量15 kg的宽带全向天线。利用上述技术还成功研制了外形尺寸为ϕ100 mm、高600 mm、重量6 kg、225～512 MHz的小尺寸全向天线，频段内平均增益为0 dB，90%频点VSWR≤3.5。

采用阵列天线、宽带对称振子以及不等幅馈电技术研制成功了尺寸为1130 mm×150 mm×225 mm、重量<6 kg、566～678 MHz、适合海船编队内和编队之间使用的宽波束高增益天线。用宽带对称振子和不等并馈网络成功研制了960～1224 MHz、外形尺寸为ϕ135 mm、高为1212 mm、重量<5 kg的微波数传天线。

参考文献

[1] Huang C Y, et al. Compact Broadband Folded Monopole Antennas with shorting Pins. Microwave Optical Technol Lett., 2005, 144(5).

[2] Yeh S H, Wong K L. A Broadband Low-Profile Cylindrical Monopole Antenna Top Loaded with A Shorted Cross Patch. Microwave Optical Technol Lett., 2002, 32(3).

[3] Wang H Y, et al. A Novel Monopole Antenna With Broad Bandwidth. Microwave Optical Technol Lett., 2004, 41(5).

[4] Lin W C, Huang D L. Multiband Ladder-Shaped Monopole Antenna For Digital Television and Wireless Communications. Microwave Optical Technol Lett., 2009, 51(9).

[5] Chen Z N. Broadband Roll Monopole. IEEE Trans. Antenna Propag., 2003, 51(11).

[6] Ma J, et al. Design of A New Wideband Low profile Conical Antenna. Microwave Optical Technol Lett., 2009, 51(11).

[7] Palud S, et al. A Novel Broadband Eighth-wave Conical Antenna. IEEE Trans. Antenna Propag., 2008, 56(7).

[8] Choi H, et al. Design of A Compact Rectangular Mono-cone Antenna For UWB Applications. Microwave Optical Technol Lett., 2007, 49(6).

[9] Kyi Y Y, Li J Y. Broadband Small-size Wire Cone Antenna. Microwave Optical Technol Lett., 2009, 51(9).

[10] Licmg X L, Zhong S S, WANG W. Elliptical Planar Monopole Antenna With ExTremely wide Bandwidth. Electronics Lett., 2006, 42(8).

[11] Mert A K, Whites K W. Miniaturization of the Biconical Antenna For Ultrawideband Applications. IEEE Trans. Antenna Propag., 2009, 57(12).

[12] 徐风清，王建. 一种宽带毫米波全向双锥喇叭天线研究. 2007年全国微波毫米波会议论文集，2007.

[13] Heydari B, et al. A New Ultra-Wideband Omnidirectional Antenna. TEEE Antenna Propag., 2009, 51(4).

[14] Lee H, et al. Design of A Planar Half-circle Shaped UWB Notch Antenna. Microwave Optical Technol Lett., 2005, 47(1).

[15] Liu Y, et al. Realization of Gain Improvement Using Helix-Monopole Antenna for Tow-Way portable Radio. IEICE Trans. COMMUN, 2007, E90-B(12).

[16] 朱杰，焦永昌. 一种改进的双锥特性的研究与设计. 2007年全国微波毫米波会议论文集，2007.

[17] Hoon D, Kim Y J. Suppression of Cable Leakag Current for Edge-Fed Printed Dipole UWB Antennas Using Leakage-Blcking Slots. IEEE Antenna Wireless Propag. Lett., 2006, 5.

[18] Chan K W, et al. Wideband Circular Patch Operated at TM_{01} Mode. Electronics Lett., 1999, 35(24).

[19] Zhang Z, et al. Sleeve Monople Antenna for DVB—H Applications. Electron Lett., 2010, 46(13).

[20] Lau K L, Luk K M. A Monopolar Patch Antenna with very wide Impedance Band with. IEEE Trans. Antenna Propag., 2005, 35(2).

[21] Asem Al-Zoubi. A Broadband Center-Fed Circular Patch-Ring Antenna With A Monopole Like Radiation Pattern. IEEE Trans. Antenna Propag., 2009, 57(3).

[22] Zhang X W, et al. Compact Dual - Freguency Linear Antenna With Partial Ground Plane. International Journal Of Electronics, 2009, 96(12).

[23] 俱新德, 等. 中国专利. ZL 01 128778.0.

[24] Jimoto K F, Janmes J R. Mobile Antenna Sytems Hand - book. Arrech house, 2001.

[25] Rand Bancroft. MicrosTrip and Printed Antenna Design. 2nd. SciTech Publishing inC, 2008.

[26] Volta P. Design and Development of an Omnidirectional Antenna with a Collinear Array of Slots. Microwave J., 1982.

[27] GLASER J 1. High - Gain Backup Antenna for Pioneer Venus Orbiter Spacecraft. IEEE Trans. Antenna Propag., 1986, 30(7).

第 6 章 水平偶极子天线

6.1 水平对称振子

对称振子又叫偶极子，对称振子是天线的基本单元，把每臂长 $\lambda_0/4$、总长为 $\lambda_0/2$ 的对称振子叫作半波长对称振子。基站天线中的全向天线和定向板状天线大多用半波对称振子来组阵。

6.1.1 对称振子的方向图

图 6.1 所示细线偶极子上的电流分布为正弦分布，可以表示为

$$I(z)=I_0\sin[K_0(L-|z|)]=\begin{cases}I_0\sin[K_0(L-z)] & z\geqslant 0\\ I_0\sin[K_0(L+z)] & z<0\end{cases}\tag{6.1}$$

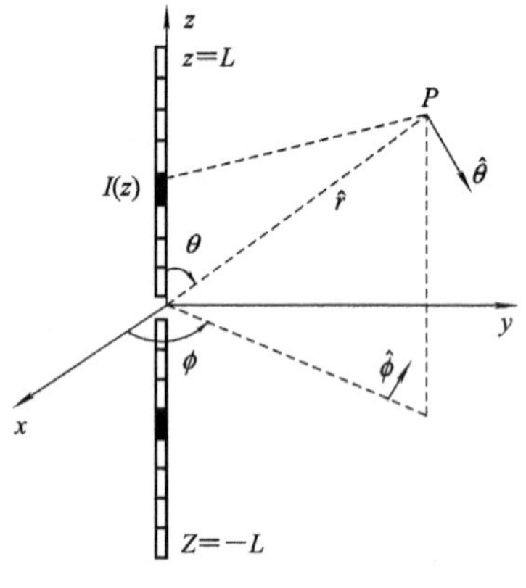

图 6.1 对称振子及坐标系

把偶极子分成许多小单元，每个小单元在远区任意一点 P 都有一个辐射电场，把所有单元在 P 点的辐射场积分，就能求出偶极子在 P 点的总辐射电场 E。

$$\boldsymbol{E}=\hat{\theta}\,\frac{\mathrm{j}K_0\hat{\phi}\eta_0\mathrm{e}^{-\mathrm{j}K_0r}}{4\pi r}\sin\theta\int_{-L}^{L}I(z)\mathrm{e}^{\mathrm{j}K_0z\cos\theta}\,\mathrm{d}z\tag{6.2}$$

把式(6.1)代入式(6.2)得

$$\boldsymbol{E}=\hat{\theta}\,\frac{\mathrm{j}\eta_0I_0\mathrm{e}^{-\mathrm{j}K_0r}}{2\pi r\sin\theta}[\cos(K_0L\cos\theta)-\cos(K_0L)]=\hat{\theta}E_\theta\tag{6.3}$$

磁场分量则为

$$\boldsymbol{H}=\hat{\phi}\,\frac{|E_\theta|}{\eta_0}\tag{6.4}$$

式中：

$$\eta_0=\sqrt{\frac{\mu_0}{\varepsilon_0}}=120\pi(\Omega)\quad\text{（波阻抗）}$$

由式(6.4)可以看出，$E_\theta/H_\phi=\eta_0$，既然两者的比值为一常数，故只讨论 E_θ就可以了，只要知道 E_θ，就能求出 H_ϕ。

由式(6.3)可以看出，对称振子辐射的是球面波，因为在辐射场中含有球面波函数

$e^{-jK_0 r}/r$，球面波的球心位于对称振子的中心点，此点称为对称振子的相位中心。

实用中大多关心幅度方向图，故可以舍去式(6.3)中的相位因子，只考虑场的大小，因而

$$|E_\theta| = \left|\frac{\eta_0 I_0}{2\pi r}\cdot\frac{\cos(K_0 L\cos\theta)-\cos(K_0 L)}{\sin\theta}\right| = \frac{\eta_0 I_0}{2\pi r}|f(\theta)| \tag{6.5}$$

式中，$f(\theta)$为方向函数，对称振子的归一化方向函数为

$$|F(\theta)| = \frac{|f(\theta)|}{|f_{max}|} = \frac{1}{|f_{max}|}\left|\frac{\cos(K_0 L\cos\theta)-\cos(K_0 L)}{\sin\theta}\right| \tag{6.6}$$

f_{max}是$f(\theta)$的最大值，$F(\theta)f_{max}=f(\theta)$。

对半波对称振子，$L=\frac{\lambda_0}{4}$，$K_0 L=\frac{2\pi}{\lambda_0}\times\frac{\lambda_0}{4}=\frac{\pi}{2}$，则式(6.6)变成

$$|F(\theta)| = \left|\frac{\cos\left(\frac{\pi}{2}\cos\theta\right)}{\sin\theta}\right| \tag{6.7}$$

由式(6.7)可以看出，对称振子的 E 面方向图为 8 字形，最大辐射方向在 $\theta=90°$的方向上，H 面与 ϕ 无关，H 面方向图是以振子为中心的圆，即呈全向性。

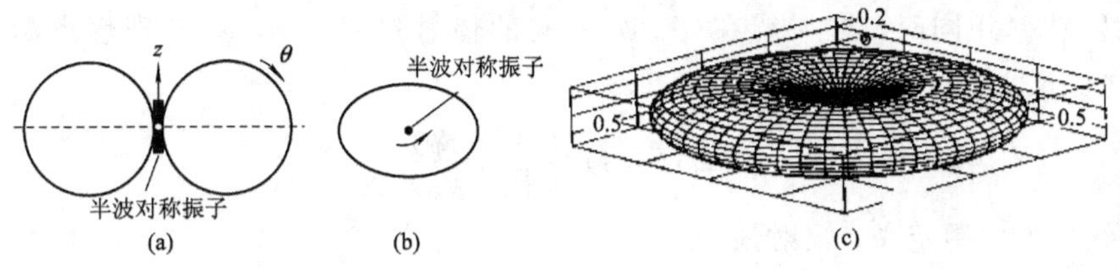

图 6.2　对称振子的方向图

(a) E 面方向图；(b) H 面方向图；(c) 立体方向图

图 6.2 画出了对称振子的 E 面、H 面及立体方向图。由式(6.6)可以计算出不同长度对称振子的方向图，结果如图 6.3 所示。

由图 6.3 可以看出：

(1) 不管振子多长，沿振子轴线方向辐射均为零。

(2) $L\leqslant 0.625\lambda_0$，方向图均呈单向性。

(3) $L=0.75\lambda_0$，出现反向电流，方向图裂瓣呈梅花状。

(4) 振子直径变粗，方向图的零点消失。

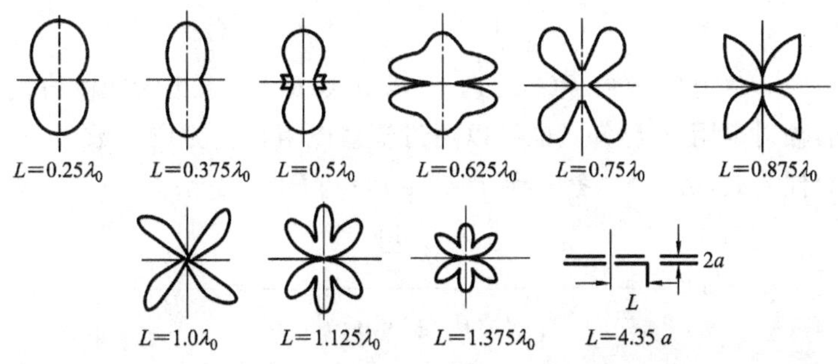

图 6.3　不同 L/a 圆柱对称振子的 E 面方向图

由式(6.3)和式(6.4)可以求出波印廷矢量$\boldsymbol{S}$：

$$\boldsymbol{S}=\frac{1}{2}\mathrm{Re}[\boldsymbol{E}\times\boldsymbol{H}^*]=\frac{1}{2}\frac{|E_\theta|^2}{\eta_0}\hat{r} \tag{6.8}$$

则辐射功率P_t为

$$P_t=\int_0^{2\pi}\int_0^{\pi}\frac{1}{2}\frac{|E_\theta|^2}{\eta_0}r^2\sin\theta\,\mathrm{d}\theta\,\mathrm{d}\phi \tag{6.9}$$

把式(6.5)代入式(6.9)得

$$P_t=\frac{15}{\pi}|I_0{}^2|\int_0^{2\pi}\int_0^{\pi}f^2(\theta,\phi)\sin\theta\,\mathrm{d}\theta\,\mathrm{d}\phi \tag{6.10}$$

为了分析和计算的方便，引入辐射电阻R_t(假想天线的辐射功率被一个等效电阻所吸收，把这个等效电阻就称为辐射电阻)。

辐射电阻R_t与辐射功率P_t之间有如下关系：

$$P_t=\frac{1}{2}I_0{}^2R_t \tag{6.11}$$

$$R_t=\frac{2P_t}{I_0{}^2}=\frac{30}{\pi}\int_0^{2\pi}\int_0^{\pi}f^2(\theta,\phi)\sin\theta\,\mathrm{d}\theta\,\mathrm{d}\phi \tag{6.12}$$

当辐射功率相同时，把天线在(θ,ϕ)方向的辐射强度$\varphi(\theta,\phi)$与理想点源辐射强度$P_t/(4\pi)$之比定义为天线的方向系数：

$$D(\theta,\phi)=\frac{\phi(\theta,\phi)}{P_t/(4\pi)} \tag{6.13}$$

由天线的方向图定义，辐射强度

$$\phi(\theta,\phi)=\phi_m F^2(\theta,\phi) \tag{6.14}$$

用辐射强度表示天线总辐射功率P_t则为

$$P_t=\int_0^{2\pi}\int_0^{\pi}\phi(\theta,\phi)\mathrm{d}\Omega=\phi_m\int_0^{2\pi}\int_0^{\pi}F^2(\theta,\phi)\sin\theta\,\mathrm{d}\theta\,\mathrm{d}\phi \tag{6.15}$$

把式(6.14)、式(6.15)代入式(6.13)，得

$$D(\theta,\phi)=\frac{4\pi F^2(\theta,\phi)}{\int_0^{2\pi}\int_0^{\pi}F^2(\theta,\phi)\sin\theta\,\mathrm{d}\theta\,\mathrm{d}\phi} \tag{6.16}$$

如果只关心最大辐射方向上的方向系数，在最大辐射方向$F(\theta,\phi)=1$，则

$$D=\frac{4\pi}{\int_0^{2\pi}\int_0^{\pi}F^2(\theta,\phi)\sin\theta\,\mathrm{d}\theta\,\mathrm{d}\phi} \tag{6.17}$$

只要知道了归一化方向函数$F(\theta,\phi)$，就能由式(6.17)求出天线的方向系数。

如果天线的辐射电阻R_t已知，也可以通过辐射电阻计算方向系数。

把式(6.12)代入式(6.17)，考虑到$f(\theta,\phi)=f_m F(\theta,\phi)$，有

$$D=\frac{4\pi f_m^2\times\frac{30}{\pi}}{\frac{30}{\pi}\int_0^{2\pi}\int_0^{\pi}f^2(\theta,\phi)\sin\theta\,\mathrm{d}\theta\,\mathrm{d}\phi}=\frac{120f_m^2}{R_t} \tag{6.18}$$

把式(6.7)代入式(6.17)，得$D=1.64$，把D用dB表示，即

$$D(\mathrm{dB})=10\lg 1.64=2.15(\mathrm{dB})$$

对称振子的方向系数 D 可以由式(6.17)或式(6.18)求出。

当 $L \leqslant 0.625\lambda_0$ 时，对称振子的最大辐射方向始终位于 $\theta=90°$ 的方向上，即

$$f(\theta=90°)=f_{\max}=1-\cos K_0 L$$

R_t 可以由式(6.12)求出，故可以画出 D 与 L/λ_0 的曲线，如图 6.4 所示。

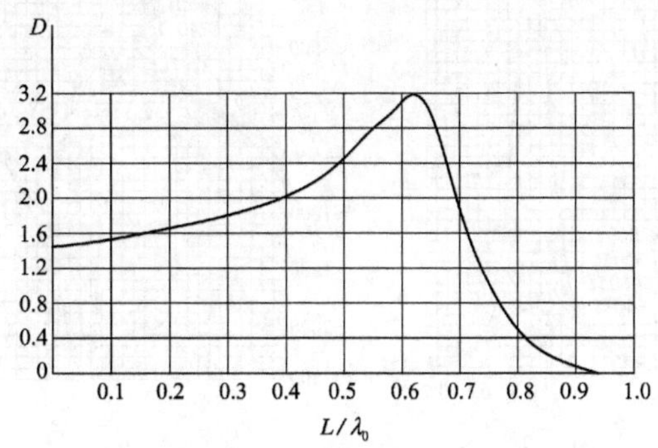

图 6.4　$D \sim L/\lambda_0$ 的关系

由图 6.4 可看出，D 随 L/λ_0 的增大而增大，当 $L/\lambda_0=0.625$ 时，$D=3.2$ 达到最大，当 $L/\lambda_0>0.625$ 时，D 随 L/λ_0 的增大而迅速下降。

6.1.2　对称振子的输入阻抗

把对称振子的馈电电压与电流之比定义为输入阻抗。对长度直径比大于 15 的细偶极子天线，输入阻抗可以由下式表示

$$Z_{\text{in}}=R(K_0L)-\text{j}\left[120\left(\ln\frac{L}{a}-1\right)\cot K_0L-X(K_0L)\right] \tag{6.19}$$

$$K_0=\frac{2\pi}{\lambda_0}\qquad(\text{自由空间波数})$$

$R(K_0L)$ 和 $X(K_0L)$ 可以近似用下面的多项式表示：

$$R(K_0L)=-0.4787+7.3246K_0L+0.3963(K_0L)^2+15.6131(K_0L)^3 \tag{6.20}$$

$$X(K_0L)=-0.4456+17.0082K_0L-8.6793(K_0L)^2+9.6031(K_0L)^3 \tag{6.21}$$

工程上也可以用下式近似计算对称振子的输入电阻：

$$R_{\text{in}}=\begin{cases}20(K_0L)^2 & 0<L/\lambda_0\leqslant 0.125\\ 24.7(K_0L)^{2.4} & 0.125<L/\lambda_0\leqslant 0.25\\ 11.14(K_0L)^{4.17} & 0.25<L/\lambda_0\leqslant 0.32\end{cases} \tag{6.22}$$

经过严格计算，对称振子的输入阻抗曲线如图 6.5 所示。

由对称振子的输入阻抗曲线可看出：

(1) $L<\lambda_0/4$，呈容性。

(2) $L=0.23\lambda_0$，$X=0$(电抗等于零)，串联谐振。

(3) $\lambda_0/4<L<\lambda_0/2$，呈感性。

(4) $L=0.47\lambda_0$，$X=0$，并联谐振。

(5) $Z_{\text{CA}}=120\left(\ln\dfrac{2L}{a}-1\right)$，对称振子的平均等效特性阻抗，振子愈粗，即 L/a 愈小，Z_{CA} 愈小，曲线变化就愈平坦，阻抗的带宽就愈宽。

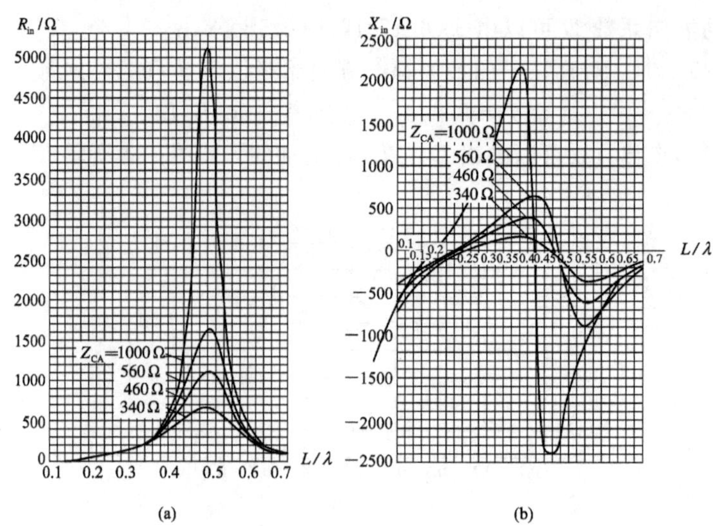

图 6.5 对称振子的输入阻抗曲线

(a) 对称振子的输入电阻曲线；(b) 对称振子的输入电抗曲线

6.1.3 半波与全波对称振子

通常把 $L=\lambda_0/4$ 的对称振子叫半波长对称振子。半波长对称振子是构成许多实用天线的基本单元，把许多半波长偶极子天线串联或并联组阵，可以构成高增益全向共线天线阵或高增益定向板状天线。

对 $\lambda_0/2$ 对称振子，主要电参数为 $\text{HPBW}_E = 78°$，$Z_{in} = 73.1\Omega + j42.5\Omega$(细线对称振子)。

由图 6.4 可以求得：$D = 1.64$，$D = 10\ \lg1.64 = 2.15$ dBi。

对全波长($L=\lambda/2$)对称振子，主要电参数为 $\text{HPBW}_E = 47°$。

归一化方向函数：

$$F(\theta)=\frac{\cos(\pi\cos\theta)+1}{2\ \sin\theta}=\frac{\sin^2\left(\dfrac{\pi}{2}\cos\theta\right)}{\sin\theta}$$

由图 6.4 可以求得 $D = 2.4$，$D = 10\ \lg2.4 = 3.8$ dB。

全波对称振子虽然半功率波束宽度比 $\lambda_0/2$ 对称振子窄，增益也比 $\lambda_0/2$ 对称振子高，但实际中很少使用，主要是因为输入阻抗很大，很难与馈线匹配。

6.2 折合振子及其变形结构

折合振子也是天线的基本辐射单元之一，在天线中有许多应用。折合振子有几种变形结构，了解它们的特性，便于在工程中灵活应用。

6.2.1 折合振子的由来

半波长折合振子在八木天线中广泛用作有源振子，它是把一个半波长短路传输线压扁而成的，如图 6.6(a)、(b)所示。

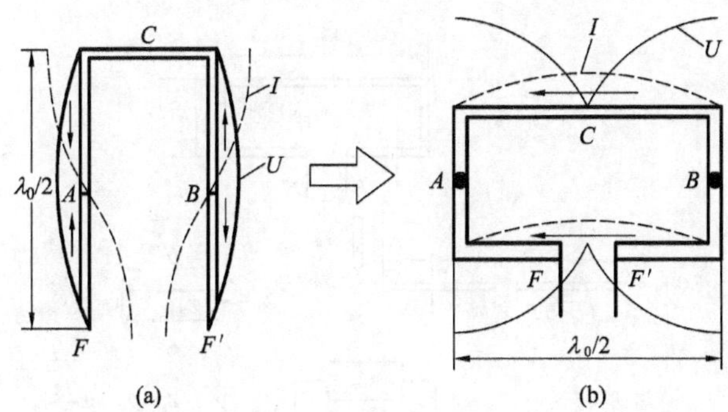

图 6.6 折合振子的由来

(a) 半波长短路传输线上的电流电压分布；(b) 半波长折合振子上的电流电压分布

根据传输线理论，长度为 $\lambda_0/2$ 的短路传输上的电流、电压分布如图 6.6(a)所示。由于两根线上的电流流向相反，因而不产生辐射，但以电流波节点 A、B 把 $\lambda_0/2$ 长短路线压扁变成如图 6.6(b)所示的结构。由于两根线上电流同相，因而产生辐射。虽然它的辐射特性像 $\lambda_0/2$ 对称振子，但它的形状与偶极子不同，人们习惯称之为 $\lambda_0/2$ 长折合振子。由图 6.6(b)还可以看出，C 位于零电位，把该点与金属杆相连用以固定折合振子，不会影响天线性能。

6.2.2 对称振子与折合振子的相同点和不同点

$\lambda_0/2$ 长对称振子和 $\lambda_0/2$ 长折合振子的相同点是：两者辐射特性一样，H 面方向图均呈全向，E 面方向图均呈 8 字形，$HPBW_E=78°$，$G=2.15$ dBi。

$\lambda_0/2$ 长对称振子和 $\lambda_0/2$ 长折合振子的不同点如下：

(1) 折合振子的阻抗带宽比对称振子宽。

(2) 等直径折合振子的输入阻抗是对称振子的 4 倍。

全波长对称振子的增益为 3.8 dBi，虽比 $\lambda_0/2$ 长对称振子高，$HPBW_E=47°$也比 $\lambda_0/2$ 对称振子窄，但实际中很少使用，主要原因是输入阻抗很大，很难与馈线匹配。

全波长折合振子不能工作，分析如下：

(1) 由电流分布看，由于折合振子上的电流反相，相互抵消，故无辐射，如图 6.7 所示。

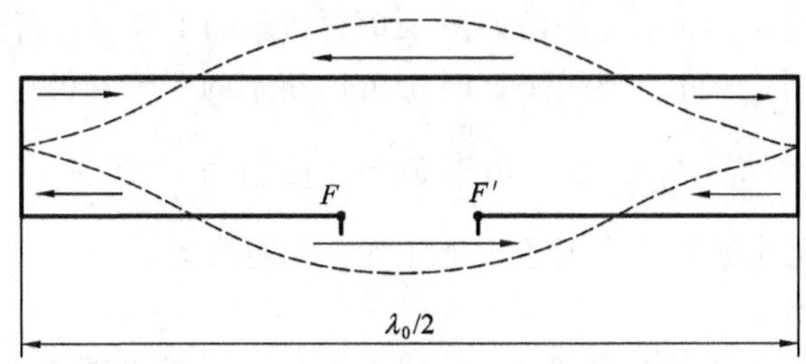

图 6.7 全波长折合振子上的电流分布

(2) 由阻抗看，根据天线理论，把长度为 $2L$ 的折合振子的输入阻抗 Z_{in} 等效为一个粗振子的输入阻抗 Z_{a1} 与短路线的输入阻抗 Z_b 并联，如图 6.8 所示。

粗振子的等效直径 ϕ_e 为

$$\phi_e = \sqrt{2\phi S} \tag{6.23}$$

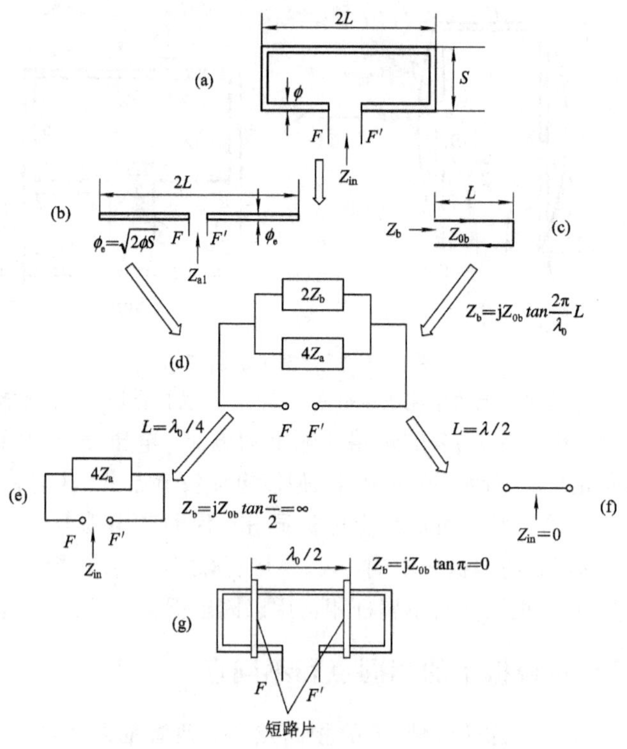

图 6.8　折合振子的等效电路和输入阻抗

短路线的输入阻抗为 Z_b，Z_{0b}为它的特性阻抗，即

$$Z_b = jZ_{0b}\tan\frac{2\pi}{\lambda_0}L \tag{6.24}$$

当 $L=\lambda_0/4$(即 $\lambda_0/2$ 折合振子)时，因为 $Z_b=jZ_{0b}\tan\frac{2\pi}{\lambda_0}\times\frac{\lambda_0}{4}=\infty$，故折合振子的输入阻抗

$$Z_{in} = 4Z_a \tag{6.25}$$

如果 $Z_{in}>4Z_a$，则 $a_2>a_1$，要采用如图 6.9(a)所示的不等直径折合振子。

如果 $Z_{in}<4Z_a$，则 $a_2<a_1$，要采用如图 6.9(b)所示的不等直径折合振子。

当 $L=\lambda_0/2$(即全波折合振子)时，由于 $Z_b=-jZ_{0b}\tan\frac{2\pi}{\lambda_0}\times\frac{\lambda_0}{2}=0$，全波长折合振子的输入阻抗 $Z_{in}=0$，可见全波长折合振子不能工作。若能加上一个可移动的短路线，就能使折合振子在宽频带工作。

在八木天线和抛物面天线的馈源中，往往采用 $\lambda_0/2$ 长折合振子作为有源振子。由于无源振子及抛物面反射体的影响，使折合振子的输入阻抗降低而失配。采用如图 6.9(c)所示的不等直径折合振子能有效解决这个问题。

当 $S\leqslant 0.01\lambda_0$ 时，折合振子的输入阻抗为

$$Z_{in} = \frac{1}{\left(\frac{V^2}{Z_a}\right)+\left(\frac{1}{2Z_b}\right)} \tag{6.26}$$

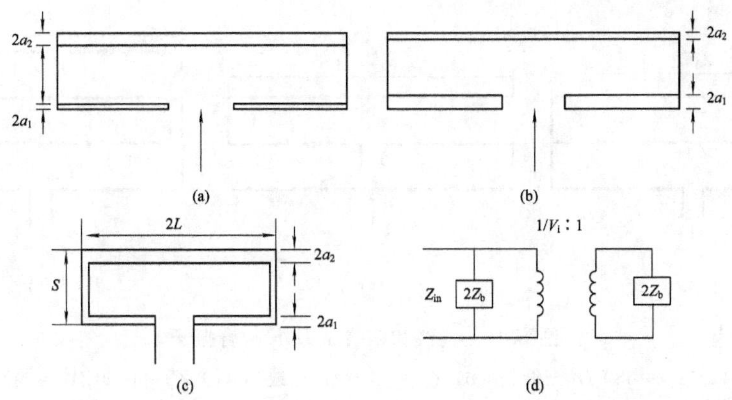

图 6.9 不等长折合振子与 Z_{in} 的关系和不等直径折合振子

(a) $Z_{in}>4Z_a$；(b) $Z_{in}<4Z_a$；(c) 不等直径折合振子结构示意；

(d) 不等直径折合振子输入阻抗等效电阻

此时短路线的特性阻抗 Z_{0b} 为

$$Z_{0b} = 120\ \ln\left(\frac{S}{\sqrt{a_1 a_2}}\right) \tag{6.27}$$

等效粗振子的等效半径 a_e 为

$$\ln a_e = \frac{(\ln S)^2 - \ln a_1 \ln a_2}{\ln\left(\frac{S^2}{(a_1 a_2)}\right)} \tag{6.28}$$

当 a_1，$a_2 \ll S$ 时，有

$$V \approx \frac{\ln\left(\frac{S}{a_2}\right)}{2\ \ln\left(\frac{S}{\sqrt{a_1 a_2}}\right)} \tag{6.29}$$

当 $L=\lambda_0/4$ 时，则

$$Z_{in} = \frac{Z_a}{V^2} \tag{6.30}$$

可见，V 不同，折合振子的输入阻抗就不同，只要知道了 S、a_1 和 a_2，就能求出 V。

6.2.3 三线和四线 $\lambda_0/2$ 长折合振子

用等直径 N 个线构成的多线 $\lambda_0/2$ 长折合振子的输入阻抗为 $N^2\times 70\ \Omega$。如图 6.10(a)所示，$\lambda_0/2$ 长三线折合振子的输入阻抗为 $9\times 70=630\ \Omega$，但图 6.10(b)所示的三线折合振子和图 6.10(c)所示的四线折合振子，由于它们并不构成一个回路，所以输入阻抗并不符合 $N^2\times 70\ \Omega$ 的规律，实测它们的输入阻抗分别约 1200 Ω 和 1400 Ω。图 6.10 中黑点表示电流波节点。

图 6.11 是用两个三线折合振子组成的二元短波天线阵，在自由空间每个 $\lambda_0/2$ 长三线折合振子的输入阻抗约为 1200 Ω，但以 $\lambda_0/5$ 的间距组阵后，由于互阻抗的影响，减小到 300 Ω，经 $\lambda_0/4$ 长、特性阻抗为 600 Ω 的阻抗变换段变为 $600^2/300=1200\ \Omega$，两个 1200 Ω 并联变成 600 Ω，最后用任意长度特性阻抗为 600 Ω 的双导线与发射机相连。

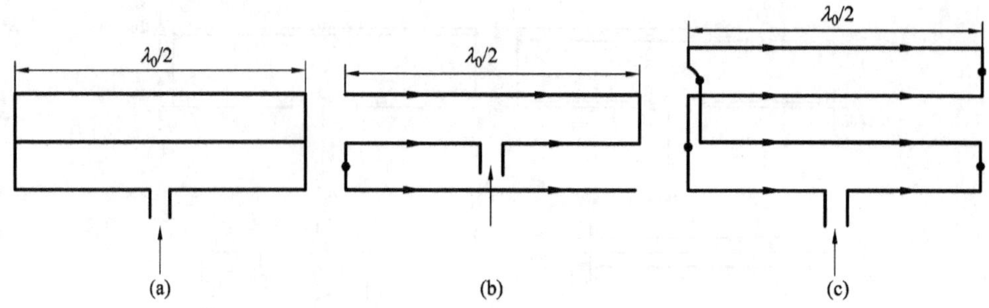

图 6.10 三线和四线 $\lambda_0/2$ 长折合振子

(a) $Z_{in}=630\ \Omega$(三线)；(b) $Z_{in}=1200\ \Omega$(三线)；(c) $Z_{in}=1400\ \Omega$(四线)

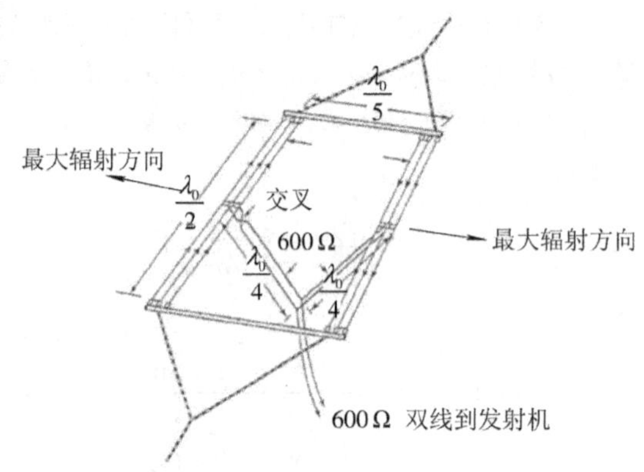

图 6.11 由两个三线折合振子组成的二元短波天线阵

6.2.4 长度为 $3\lambda_0/4$ 和 $3\lambda_0/8$ 的折合振子

图 6.12(a)是中间开路的 $3\lambda_0/4$ 长双线折合振子，图中给出了每个导线上的电流分布及总的电流分布。实测的输入阻抗约 450 Ω，用它也可以构成垂直折合单极子天线，如图 6.12(b)所示。图 6.12(c)是四线 $3\lambda_0/8$ 长折合振子，图中给出了每个导线上的电流分布及总的电流分布，输入阻抗约 225 Ω。

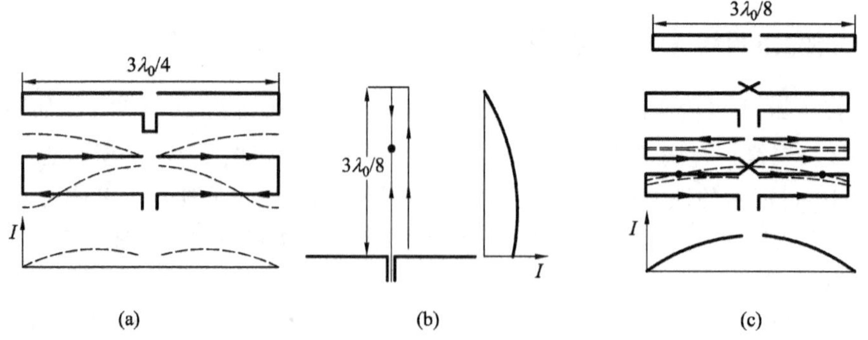

图 6.12 $3\lambda_0/4$ 和 $3\lambda_0/8$ 折合振子

(a) 中间开路的 $3\lambda_0/4$ 长折合振子；(b) $3\lambda_0/4$ 长折合振子；(c) 四线 $3\lambda_0/8$ 长折合振子

6.2.5　部分折合振子

为了展宽折合振子的阻抗带宽，可采用如图 6.13(a)所示的部分折合振子，改变间距 D，这样可以使输入阻抗在很大的范围内变化。图 6.13(b)给出了输入阻抗为 600 Ω 的部分折合振子的电尺寸。人们常用由反射器、折合振子组成的二元阵作为抛物面天线的照射器。由于互阻抗的影响，使天线的输入阻抗降低，如果用普通等直径折合振子，就会使天线失配。为了使天线很好地匹配，宜采用阻抗变换比小于 4 的部分折合振子。图 6.14 是在 870～960 MHz 频段工作的直径为 1.8 m 的抛物面天线使用的照射器的结构及尺寸。由图 6.14 可以看出，有源振子就采用了不等直径部分折合振子，使天线在 870～960 MHz 频段内，VSWR≤1.3。该方案还有一个好处就是具有了微调机构。

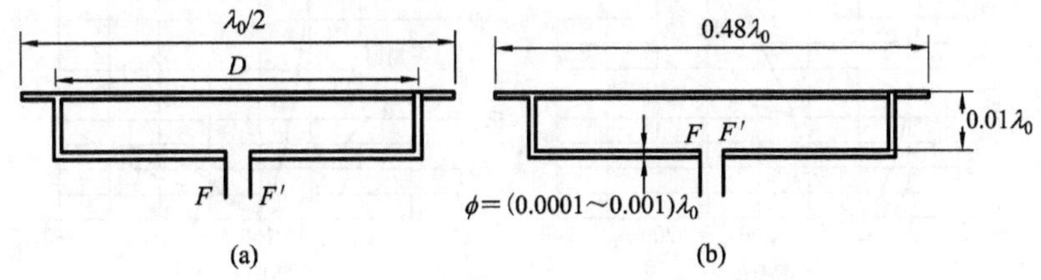

图 6.13　部分折合振子和输入阻抗为 600 Ω 的部分折合振子的电尺寸

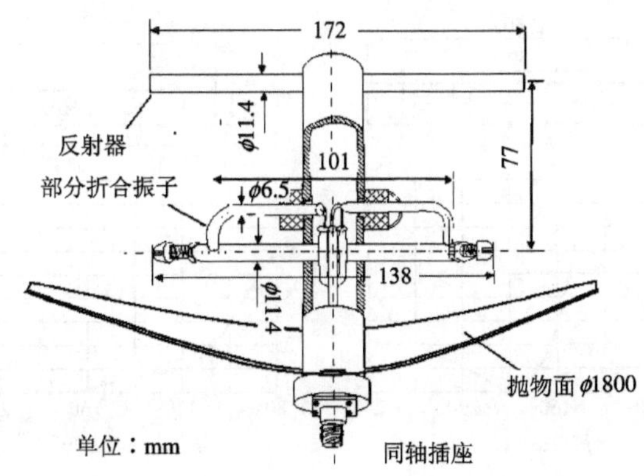

图 6.14　GSM 频段工作的直径为 1.8 m 的抛物面天线使用的馈源的结构及尺寸

6.2.6　复合折合振子

为了展宽折合振子的工作带宽，使其能在双频段工作，可采用复合折合振子。复合折合振子按形状分为如图 6.15(a)、(b)所示的 S 形和 W 形两种。

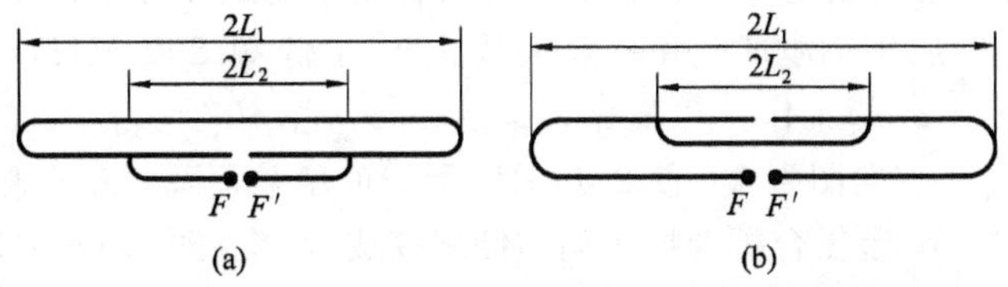

图 6.15　复合折合振子

(a) S 形；(b) W 形

在移动通信中用复合振子作为基本辐射单元，就能使天线双频工作，例如能同时在900 MHz和1800 MHz工作。令 $2L_1=\lambda_L/2=\lambda_H$，$2L_2=\lambda_H/2$（$\lambda_L$为低频段，例如800 MHz的波长，$\lambda_H$为高频段，例如1800 MHz的波长）。S形和W形复合折合振子的阻抗关系可以用天线模和传输线模进行分析，详细参看文献[1]。在图6.16(a)、(b)、(c)、(d)中，把2#导体中间短路、开路及W形、S形复合折合振子的VSWR～f特性曲线作了比较。由图6.16可以看出，W形、S形复合振子的VSWR带宽均比普通折合振子宽。不仅如此，S形和W形复合折合振子在很宽的频带范围内，E面方向图均呈8字形。

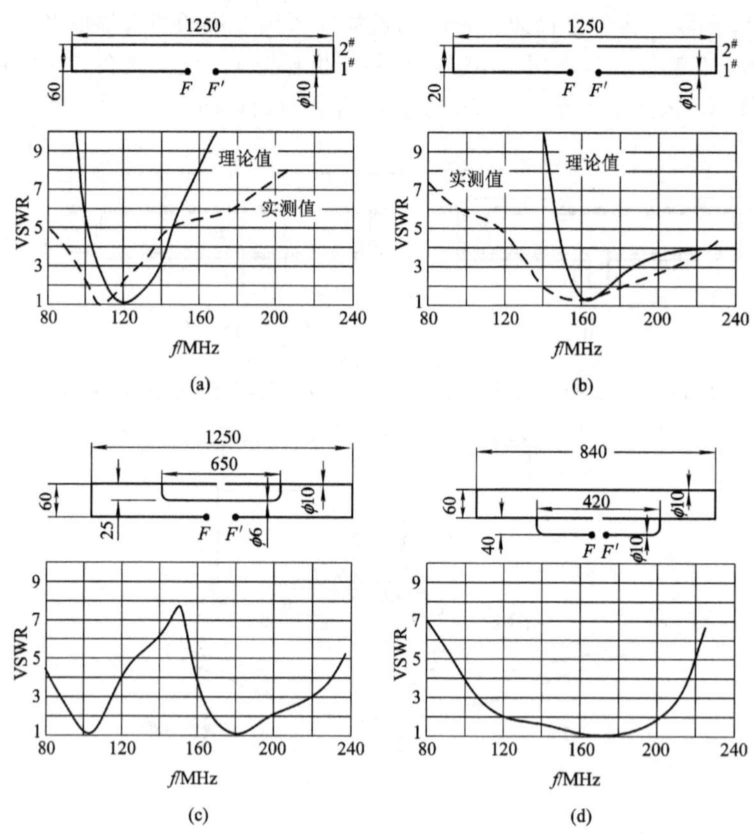

图6.16　折合振子和复合折合振子VSWR的频率特性曲线

(a) 折合振子；(b) 中间开路的折合振子；(c) W形；(d) S形

6.2.7　V形复合折合振子

V形复合折合振子就是把S形、W形复合折合振子变成V形，以便于高、低工作频率之比大于2的双频使用。例如，用一副天线同时在低频800 MHz($\lambda_{L0}=375$ mm)和2.4 GHz($\lambda_{H0}=122.4$ mm)工作，由于$\lambda_{L0}/\lambda_{H0}=3.06$，当$2L_1=\lambda_{L0}/2$，在2.4 GHz频段工作时，$2L_1=1.53\lambda_{H0}$，方向图裂瓣，使2.4 GHz天线的增益下降。为了兼顾高低频段，利用V形天线的特性，把W形复合折合振子向前倾斜变成V形。图6.17(a)就是双频工作的V形复合折合振子的电尺寸，θ角一般在150°～160°。图6.17(b)是适合四频道($f_{L0}=$80 MHz)和八频道($f_{H0}=187$ MHz)电视接收天线的尺寸。图6.18(a)、(b)、(c)是接收四频道、八频道电视信号用的V形八木天线的结构与尺寸。

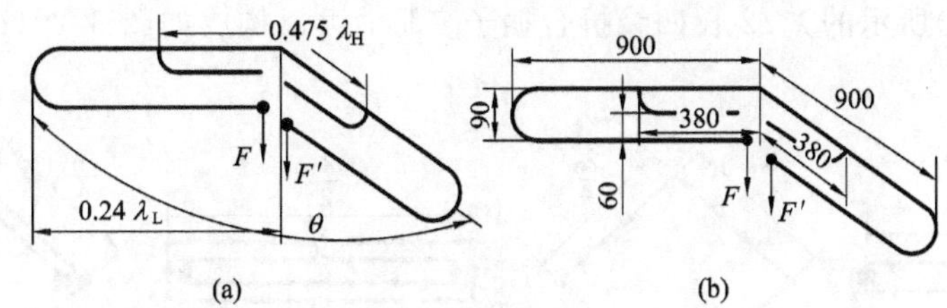

图 6.17　V 形复合折合振子

(a) 双频；(b) 80 MHz 和 178 MHz 双频 V 形复合折合振子

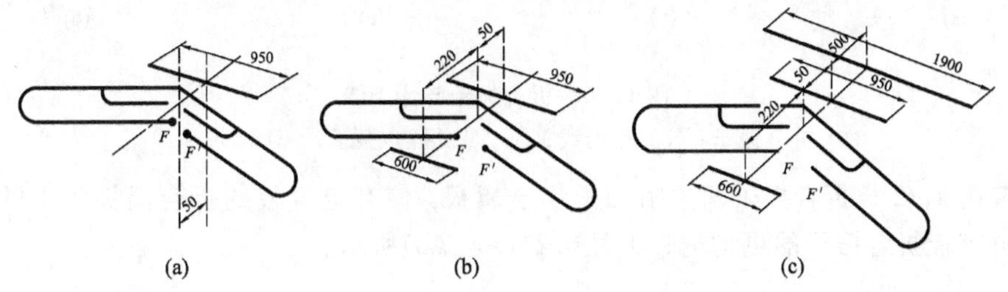

图 6.18　80MHz 和 187MHz V 形八木天线的结构及尺寸

(a) 二元；(b) 三元；(c) 四元

6.2.8　双折合振子

把尺寸不同的两个折合振子用双导线串联，就构成了双折合振子。双折合振子的作用与 S 形、W 形复合折合振子相同，也能双频工作。图 6.19(a)是 $f_H/f_L \leqslant 1.25$ 时，选取双折合振子的电尺寸的原则，图 6.19(b)是 $f_H/f_L > 1.25$ 时选取双折合振子的电尺寸的原则。

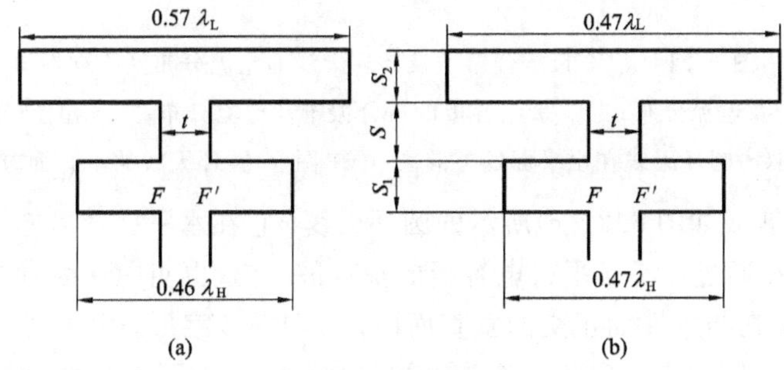

图 6.19　双折合振子

(a) $f_H/f_L \leqslant 1.25$ 双折合振子的电尺寸；(b) $f_H/f_L > 1.25$ 双折合振子的电尺寸

图 6.19 中，λ_L、λ_H分别是低频 f_L和高频 f_H所对应的波长；t 应按特性阻抗为 300 Ω 的双导线来选取。在 500～200 MHz 的频段内，图 6.19(a)中，$S_1=S=S_2=50\sim80$ mm，图 6.19(b)中，$S_2=80$ mm，$S_1=50$ mm，$S=60$ mm。为了使天线与 300Ω 阻抗匹配，也可以对 S_1、S_2、S 的尺寸进行适当调整。

6.2.9　折合振子的变形结构——环天线

把长度为 $\lambda_0/2$ 的折合振子变形，可以构成边长为 $\lambda_0/4$ 的环天线，如图 6.20(a)、(b)所示。环天线的输入阻抗比折合振子的低，约 100 多欧姆。

把图 6.20(c)所示的 $\lambda_0/2$ 长四线折合振子变形，可以构成如图 6.20(d)所示的周长为 λ_0 的双环天线。

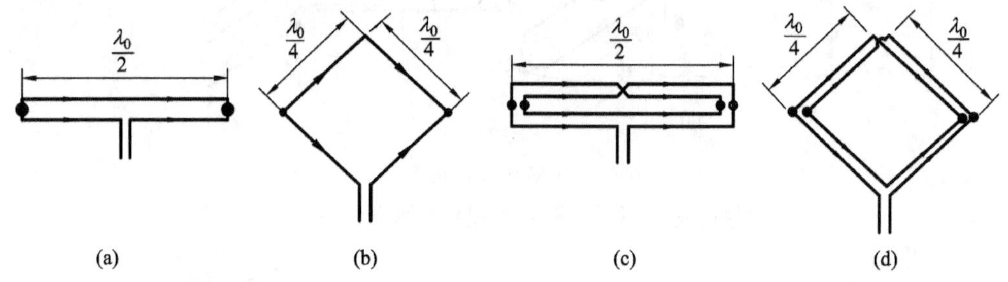

图 6.20　折合振子与环天线

(a) 折合振子；(b) 环天线；(c) 四线折合振子；(d) 双环天线

在普通 $\lambda_0/2$ 长折合振子两边附加两块金属板，使有电容板的折合偶极子上的电流分布比无电容板折合振子的更均匀，如图 6.21(a)、(b)所示。

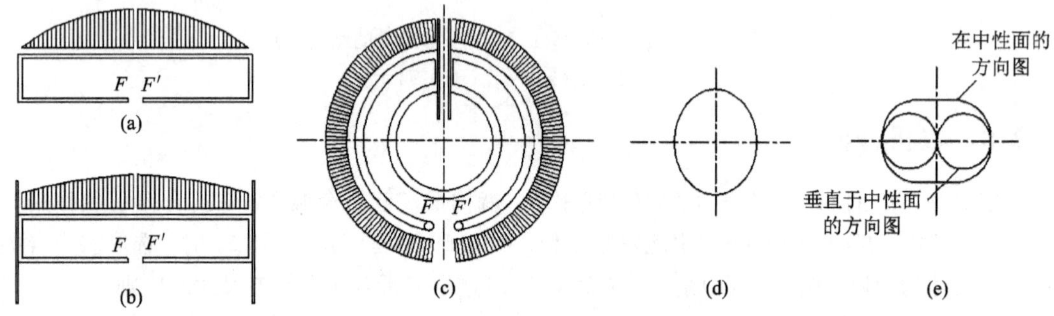

图 6.21　$\lambda_0/2$ 长折合振子及其环天线的电流分布及方向图

(a) $\lambda_0/2$ 长折合振子及电流分布；(b) 带电容板的折合振子及电流分布；(c) 由图(b)变成的圆环天线；(d) 图(c)圆环天线在水平面的方向图；(e) 图(c)圆环天线的垂直面方向图

把图 6.21(b)变成如图 6.21(c)所示的圆环天线，它在水平面的方向图近似呈全向，如图 6.21(d)所示。在通过环心且平行电容板的垂直平面内(也叫中性面)的方向图如图 6.21(e)中的包线所示，在与中性面正交的垂直面内，方向图 8 字形。由于圆环天线在水平面的方向图近似呈全向，因此也可以用它作为电视发射天线。为了提高增益，可以把许多圆环天线在垂直面组阵。折合环天线增益与层数的关系如表 6.1 所示。

表 6.1　折合环天线的增益与层数的关系

天线层数	增 益
1	0.79
2	1.70
4	3.63
6	5.50

6.2.10　折合振子的馈电

$\lambda_0/2$ 长折合振子是天线的基本辐射单元，既可以单独使用，也可以组阵。电视和移动通信中经常使用的八木天线，绝大多数情况下都用 $\lambda_0/2$ 长折合振子作为有源振子。由于 $\lambda_0/2$ 等直径折合振子的输入阻抗约 200～300 Ω，所以过去在边远的农村收看电视用的八木天线常用 300 Ω 扁馈线与折合振子相连，如图 6.22(a)所示。为了减小扁馈线的损耗，现大多使用同轴电缆作为馈线。为了实现平衡馈电和阻抗匹配，过去收看电视用八木天线，在同轴线与折合振子串联了一只不平衡-平衡 1∶4 传输线变压器，如图 6.22(b)所示。但使用最多的是有 1∶4 阻抗变换功能的由同轴线构成的 $\lambda_g/2$ 长 U 形管巴伦，如图 6.22(c)所示。此外，也可以使用如图 6.22(d)所示的无穷巴伦。

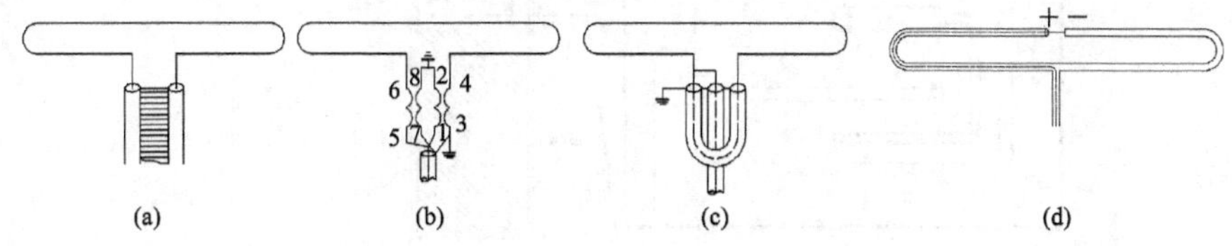

图 6.22　折合振子的馈电

(a) 用双导线；(b) 用同轴线和 1∶4 传输线变压器；

(c) 用同轴线和 $\lambda_g/2$ 长 U 形管巴伦；(d) 用同轴线无穷巴伦

图 6.23 是用无穷巴伦给折合振子馈电的一个实例。由给定的尺寸，通过计算机仿真，谐振频度率 $f_0=278$ MHz($\lambda_0=1079$ mm)，天线输入阻抗 $Z_{in}=280$ Ω。为了使天线与 50 Ω 同轴线匹配，需要使用 $\lambda_0/4$(269 mm)阻抗变换段。阻抗变换段的特性阻抗 $Z_c=\sqrt{50\times280}=118$ Ω。根据同轴线的特性阻抗公式：

$$Z_c=\frac{138}{\sqrt{\varepsilon_r}}\lg\frac{b}{a}=118$$

求得

$$\frac{b}{a}=10^{\frac{118}{138}}=7.16$$

假定制作折合振子金属管的臂厚为 0.5 mm ，直径为 10 mm，则可以利用折合振子的金属管作空气介质同轴线的外导体，很显然，$b=9$ mm。由 $b=7.16a=9$，求得同轴线的内导体的直径 $a=1.26$ mm。为了降低生产成本，折合振子可以用不锈钢条或铝条制造。仍然用 50 Ω 同轴线和 $\lambda_0/4$ 长带线阻抗变换段，用无穷巴伦给折合振子馈电，铝条不能与同轴电缆焊接连接，但可以用线卡固定，如图 6.24 所示，调整带线的宽窄即可实现阻抗匹配。

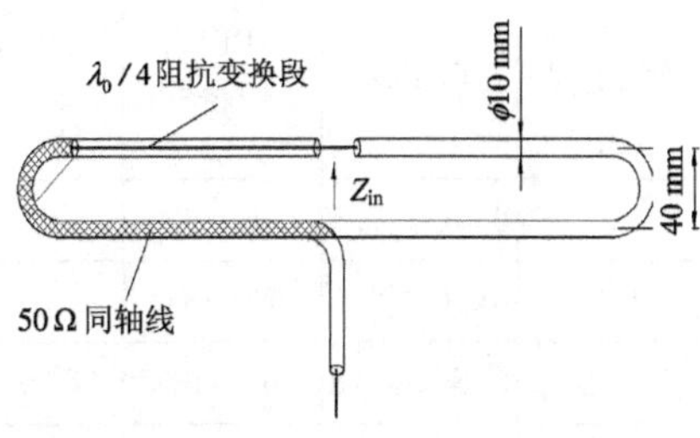

图 6.23　用无穷巴伦给折合振子馈电

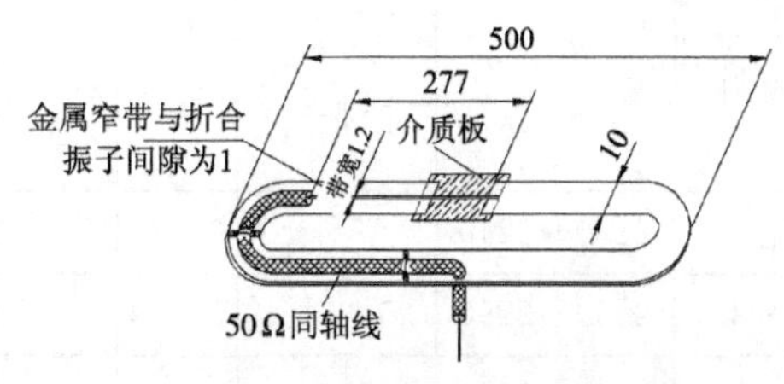

图 6.24　用 50 Ω 同轴线给 287 MHz 折合振子馈电的具体结构及尺寸

6.2.11 由平面折合振子构成的宽带低轮廓微带天线

图 6.25(a)是由平面折合振子构成的宽带低轮廓微带天线。该天线用微带线馈电，并把微带线作为匹配网络，辐射单元以间距 d 与反射板平行，它们之间可以是空气，也可以是 $\varepsilon_r=2.1$ 的介质。图 6.25(b)是 $f_0=2185$ MHz 天线馈电的具体结构尺寸。在不同介质基板情况下，该天线的主要电性能如表 6.2 所示。图 6.26 是该天线在 $f_0=2060$ MHz、2160 MHz、2110 MHz、2240 MHz 时的实测 E 面和 H 面方向图。

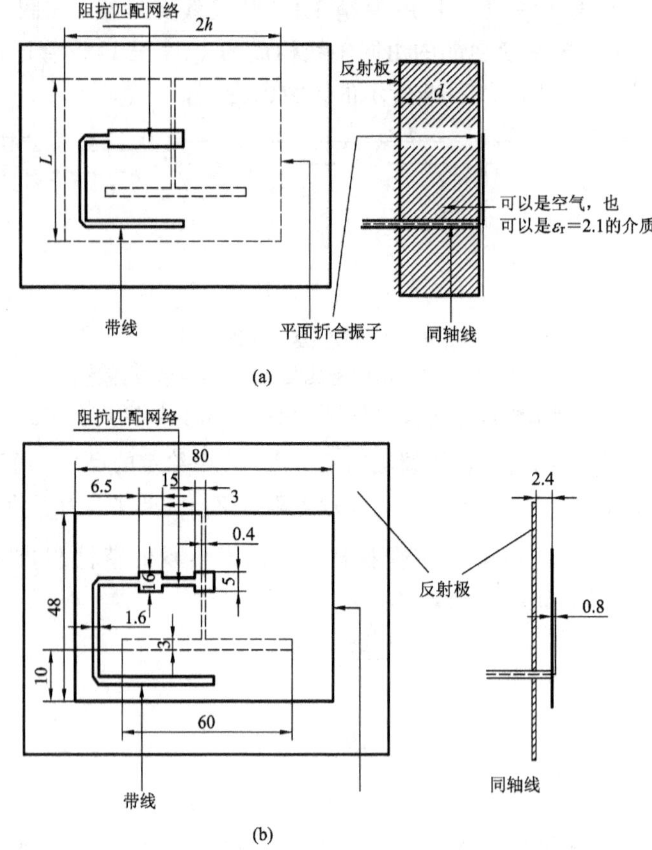

图 6.25 由平面折合振子构成的宽带低轮廓微带天线

(a) 结构；(b) 谐振频率为 2185 MHz 时的具体尺寸

表 6.2 不同介质基板情况下，由平面折合振子构成的微带天线的主要电性能

材料	频率/MHz	VSWR≤2 的带宽	d/λ_0	$2h/\lambda_0$	L/λ_0	轴向交叉极化电平/dB	G/dBi	$HPBW_E$/(°)	$HPBW_H$/(°)
空气	2130～2240	5%	0.017	0.58	0.35	−25	$6\leqslant G\leqslant 7.5$	56～62	74～76
$\varepsilon_r=2.1$	2160～2290	5.85%	0.019	0.52	0.30	−20	$6\leqslant G\leqslant 6.5$	73～84	79～81
空气	2150～2650	21%	0.096	0.42	0.26	−28	$5.5\leqslant G\leqslant 8$	63～66	80～82
$\varepsilon_r=2.1$	2200～2625	17.5%	0.084	0.32	0.22	−25	$5\leqslant G\leqslant 7.5$	72～92	70～86

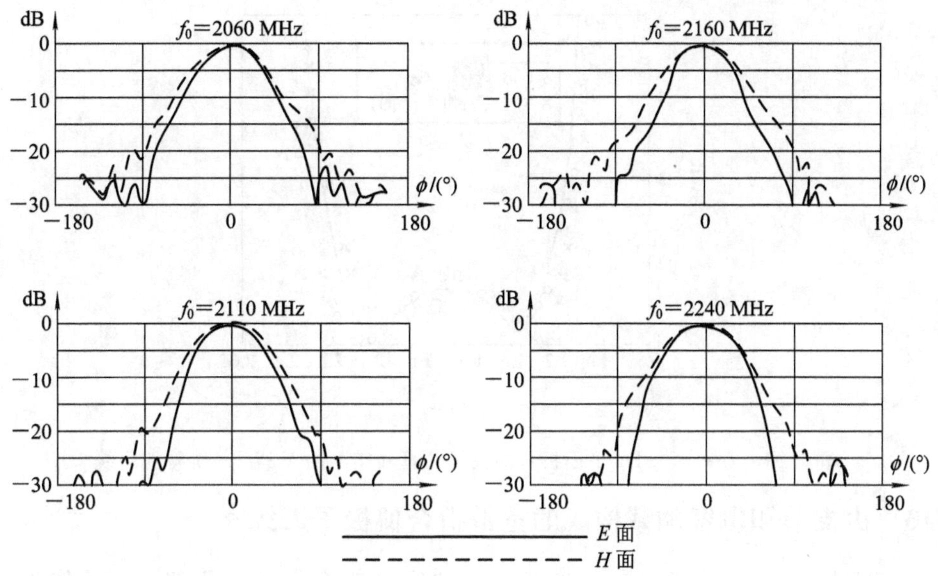

图 6.26 由平面折合振子构成的微带天线在 f_0=2060 MHz，2160 mHz，2110 MHz，2240 MHz 时的实测 E 面和 H 面方向图

6.2.12 宽带平面折合偶极子天线[1]

图 6.27 是 f=1.7 GHz 平面折合偶极子天线。为了使天线与 50 Ω 馈线匹配，折合振子的长度 L=88 mm($0.498\lambda_0$)，宽度 $W_2>W_1$，具体尺寸如下：W_1=4 mm，W_2=32 mm，$d=e=g$=2 mm。为了测量折合偶极子的输入阻抗，可以利用镜像原理，把图 6.27 所示的高度为一半的折合振子安装在 300 mm×300 mm 的地板上，构成如图 6.28 所示的不平衡结构。把实测值加倍，就得出了折合偶极子的输入阻抗。图 6.29 是该天线仿真和实测的 VSWR～f 特性曲线。由图 6.29 可以看出，平衡馈电 VSWR≤2 的频率范围为 1.2～2.23 GHz，相对带宽为 60%，不平衡馈电 VSWR≤2 的频率范围为 1.16～2.09 GHz，相对带宽为 75%。实测增益在 f=1.25 GHz、1.65 GHz、2.1 GHz 分别为 2.5 dBi、2.7 dBi、2.2 dBi。平面折合振子的方向图与偶极子类似。

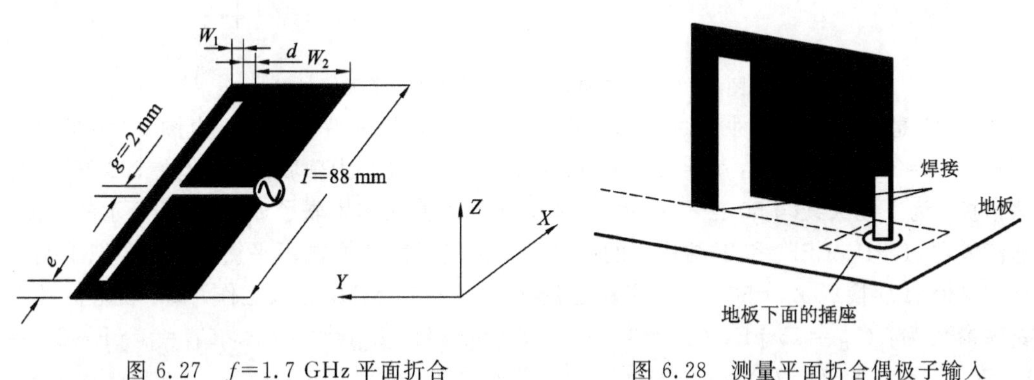

图 6.27 f=1.7 GHz 平面折合偶极子天线

图 6.28 测量平面折合偶极子输入阻抗的天线结构

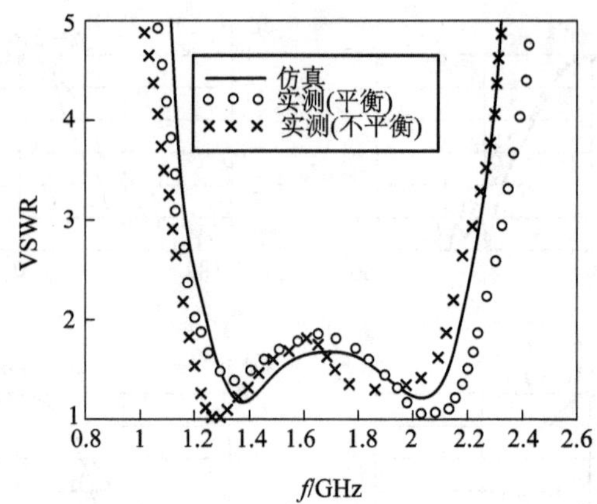

图 6.29　f=1.7 GHz 平面折合偶极子仿真和实测的 VSWR～f 特性曲线

6.2.13　由支节和电容加载构成的宽带折合偶极子天线[2]

图 6.30 是由两个支节和电容加载构成的宽带折合偶极子天线。为了作为 470～710 MHz 频段数字电视使用的天线，在中心谐振频率 f_0=590MHz 的情况下用介电常数 ε_r=3.0、厚 0.125 mm 的基板制作了此天线。该天线的具体尺寸如下：

天线长度 L=280 mm(0.558λ_0)，天线宽度 W=15 mm(0.02950λ_0)，支节尺寸为 L_s=18 mm，d_s=40 mm，g_s=2 mm，制造折合振子导线的宽度 1 mm，加载电容 C=0.2 pF，用宽 0.06 mm、长 4 mm 的缝隙实现。

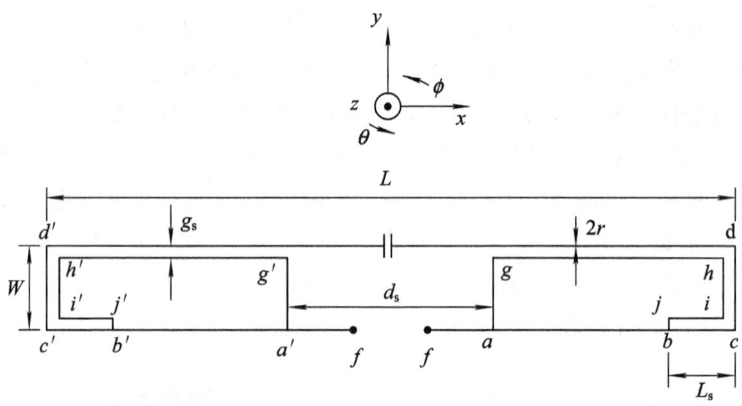

图 6.30　支节和电容加载折合偶极子天线

图 6.31 是具有上述尺寸天线仿真的输入阻抗 Z_{in} 的频率特性曲线。由图 6.31 可以看出，电抗 X=0 有三个频率，f_1=590 MHz 和 f_3=942 MHz 为串联谐振，f_2=763 MHz 为并联谐振。为了使天线与 50 Ω 不平衡线匹配，在天线输入端串联了如图 6.32 所示的由高、低通滤波器(HPF、LPF)和 T 结构成的巴伦，除了把平衡变换成不平衡，还需要把平衡电阻 Z_b=230 Ω 变换成 Z_u=50 Ω。为了让巴伦在 470～950 MHz 频段工作，高、低通滤波器的具体参数为：C_{H1}=15 pF，C_{H2}=3 pF，L_{H1}=56 nH，L_{H2}=33 nH，C_{L1}=1 pF，C_{L2}=1.5 pF，L_{L1}=3.9 nH，L_{L2}=15 nH。

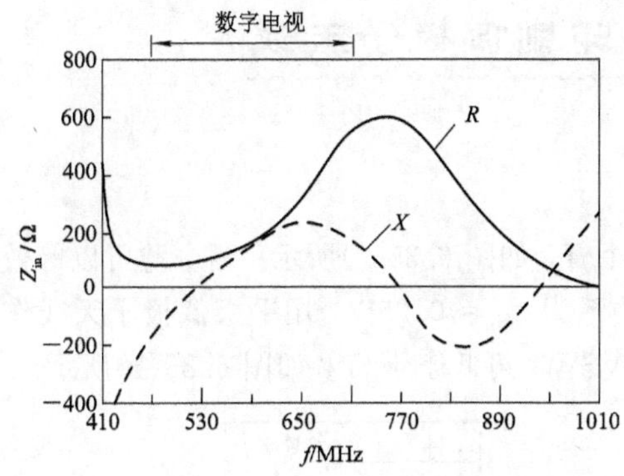

图 6.31 支节和电容加载折合偶极子天线仿真的 $Z_{in}\sim f$ 特性曲线

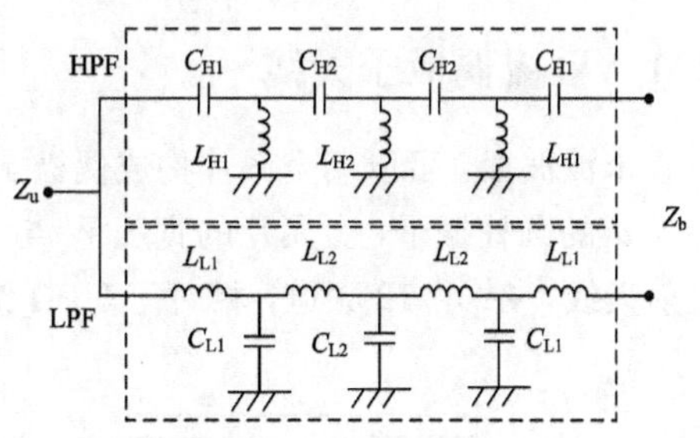

图 6.32 由集总参数构成的宽带巴伦

在上述频段内，巴伦的插损为 0.3～0.6 dB。

图 6.33 是该天线仿真和实测 VSWR～f 特性曲线。由图 6.33 可以看出，在 470～950 MHz频段，实测 VSWR≤2.6。图 6.34 是该天线实测 $G\sim f$ 特性曲线。由图 6.34 可看出，在 470～950 MHz 频段，G=0.7～2.5 dBi。

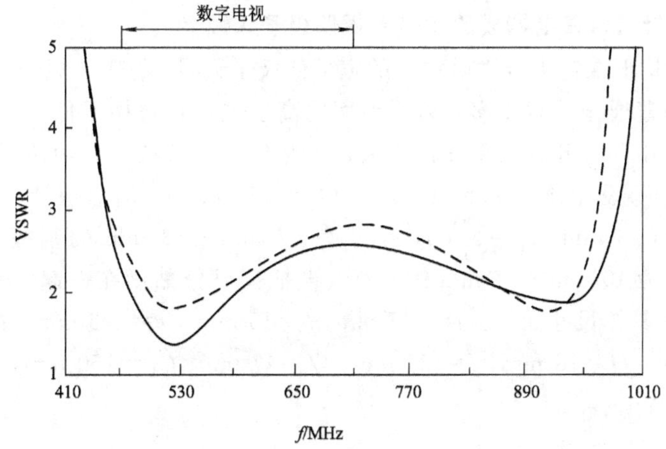

图 6.33 支节和电容加载折合偶极子仿真和实测 VSWR～f 特性曲线

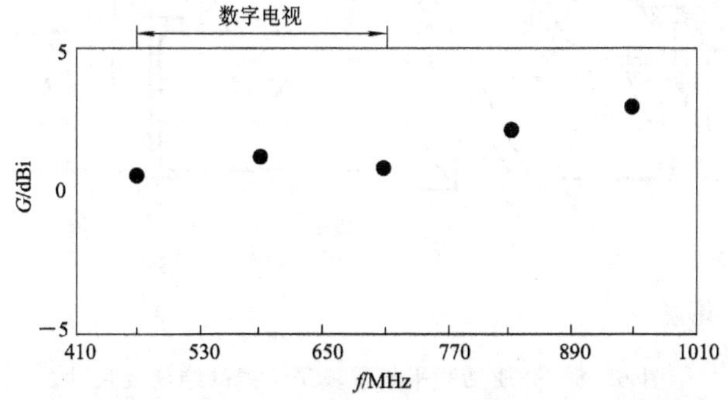

图 6.34 支节和电容加载折合偶极子天线实测 $G\sim f$ 特性曲线

6.3 平板偶极子和印刷偶极子天线

6.3.1 平板偶极子天线

在米波波段，可以用金属片构成偶极子的两个臂，如图 6.35(a)所示。两个臂可以等效成半径为 a_e 的圆柱振子，金属片的宽度 W 与 a_e 的关系为：$a_e \approx 0.25W$。用平板偶极子天线作电视发射天线，在 6～12 频道，相对于 50 Ω 馈线，VSWR 可低于 1.05，如图 6.35(b)所示。

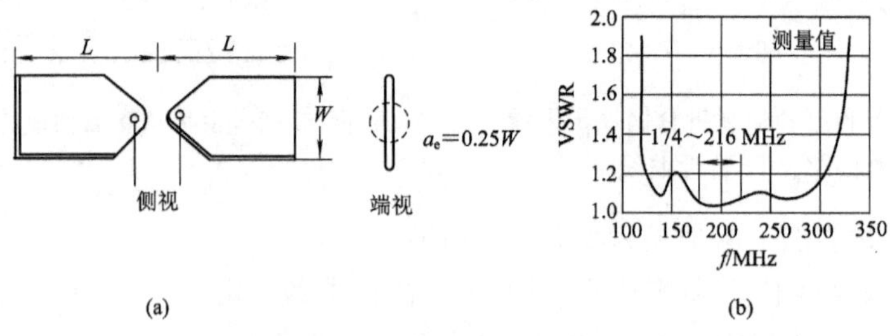

图 6.35 平板偶极子天线及 VSWR～f 特性曲线

(a) 结构；(b) VSWR～f 特性曲线

1. 由钩形探针耦合馈电构成的宽带平板偶极子天线[3]

图 6.36 是用钩形探针耦合馈电构成的宽带偶极子天线。与普通振子不同，平板偶极子每臂的宽度 W 比普通振子宽得多，离开地面的高度也比普通振子低，不是 $0.25\lambda_0$，仅为 $0.15\lambda_0$；由于振子中间分开的间距 S 比较大，一般为 $S=0.14\lambda_0$，因而使平板偶极子的总长度变为 $0.52\lambda_0$。中心设计频率 $f_0=2.5$ GHz($\lambda_0=120$ mm)。钩形探针由三部分组成。第Ⅰ部分采用厚 $t=0.8$ mm，$\varepsilon_r=2.65$，尺寸为 47 mm×18 mm 的基板，第Ⅱ部分采用 $t=0.5$ mm，尺寸为 10 mm×47 mm 的基板，再把三部分黏接在一起，第Ⅰ部分作为50 Ω 微带线。该天线的具体尺寸如下：$a=7.7$ mm，$b=15$ mm，$e=1.5$ mm，$d_1=14$ mm，$d_2=2$ mm，$S=10$ mm，$H=18$ mm，$L=23$ mm，$W=47$ mm，$G_L=150$ mm，$G_W=150$ mm。

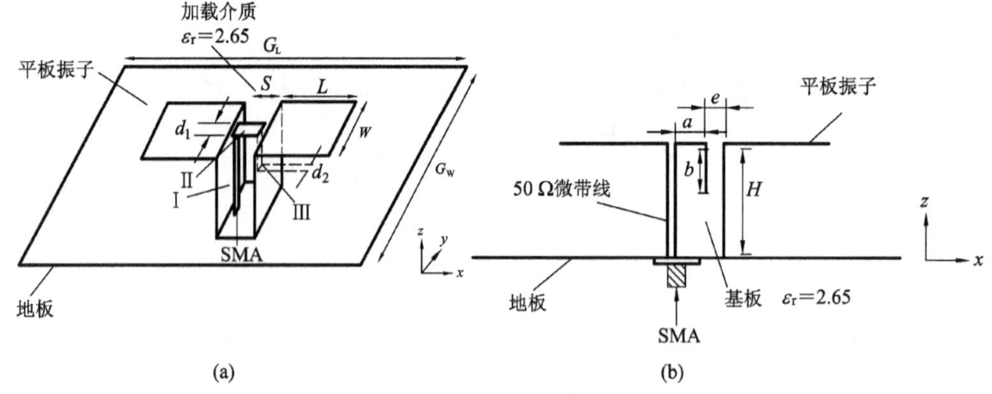

图 6.36 介质加载平板偶极子天线的结构及尺寸

图 6.37 是该天线实测增益 G 和 VSWR 的频率特性曲线。由图 6.37 可以看出，VSWR≤2 的相对带宽为48.7%(f 为 2.02～3.32 GHz)，在整个频段平均 $G=8.1$ dBi。图 6.38 是该

天线在 f=2.0 GHz、2.5 GHz 和 3.0 GHz 实测 E 面和 H 面主极化和交叉极化方向图。实测 E 面 HPBW 分别为 59°，63°和 66°；在整个工作频段，后瓣电平＜－12.9 dB；实测 H 面 HPBW 分别为 75°、67°和 76°，在整个工作频段，交叉极化电平＜－18 dB。

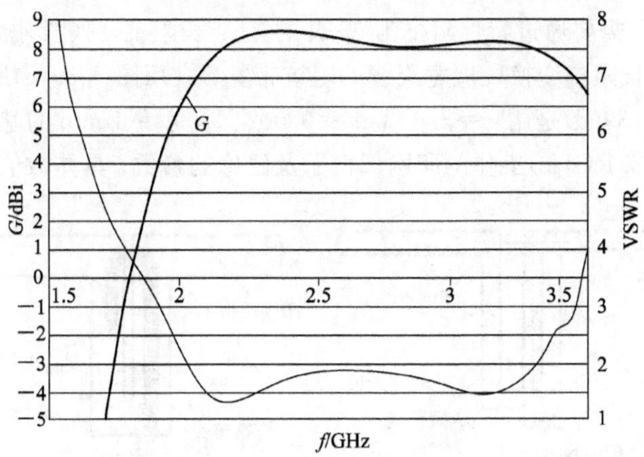

图 6.37　介质加载平板偶极子天线实测 VSWR 和 G 的频率特性曲线

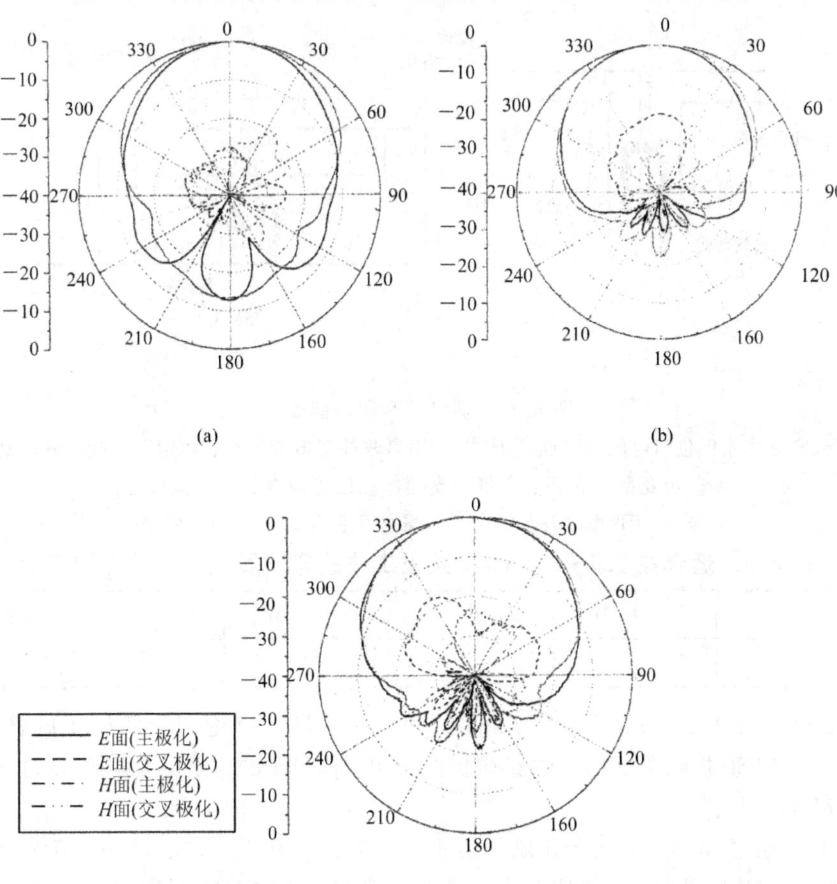

图 6.38　介质加载平板偶极子天线实测 E 面和 H 面主极化和交叉极化方向图

(a) 2.0 GHz；(b) 2.5 GHz；(c) 3.0 GHz

2. 由印刷带线偶极子构成的基站天线[4]

图 6.39(a)是带有分支导体型巴伦的 $\lambda_0/2$ 长偶极子天线；图 6.39(b)和(c)分别是带有印刷串联补偿微带巴伦的印刷带线偶极子天线。由于图 6.39(b)所示 $\lambda_0/2$ 长偶极子天线的输入阻抗约为 80 Ω，因此需要通过特性阻抗为 63 Ω 的 $\lambda_0/4$ 长阻抗变换段才能与 50 Ω 馈线匹配。为了避免使用 $\lambda_0/4$ 长阻抗变换段展宽天线的阻抗带宽，宜用图 6.39(c)所示的可调印刷串联补偿微带巴伦。图 6.39(d)是用 $\varepsilon_r=3.0$、$\tan\delta=0.002$、厚度 $t=1$ mm 的基板制造的能在 1.7～2.5 GHz 频段($f_0=2.1$ GHz)工作的印刷偶极子及巴伦的参数，具体数值如表 6.3 所示。

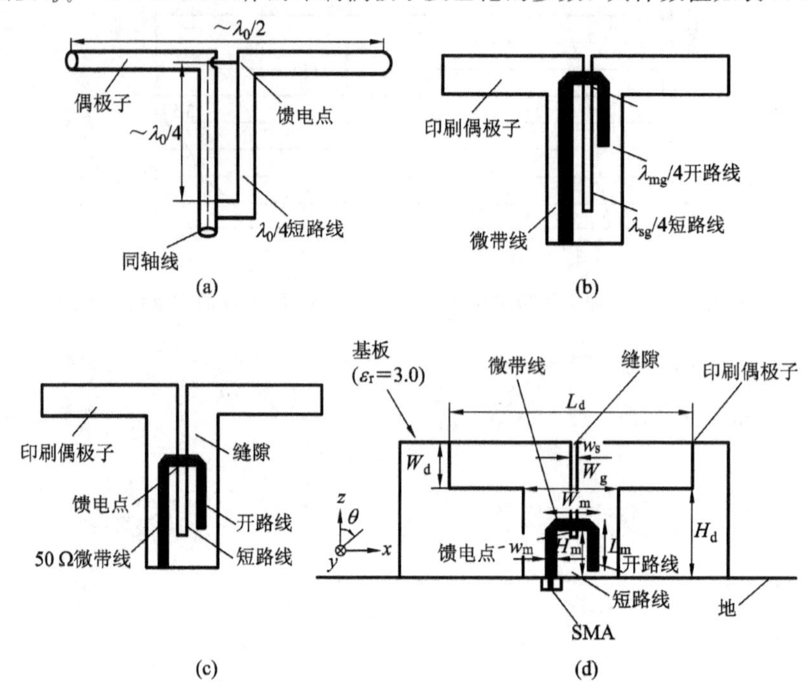

图 6.39　偶极子和印刷偶极子

(a) 带有分支导体型巴伦馈电的印刷偶极子；(b) 用串联补偿微带分支导体型巴伦馈电的印刷偶极子；

(c) 用变型串联补偿微带分支导体型巴伦馈电的印刷偶极子；

(d) 用可调串联补偿微带分支导体型巴伦馈电的印刷偶极子

表 6.3　适合在 1.7～2.5 GHz 频段工作的印刷偶极子及巴伦的尺寸

参数	L_d	W_d	H_d	W_g	L_m	W_m	H_m	w_s	w_m
数值/mm	76	15	27	30	15.5	16	15	1.0	2.5

接地板的尺寸为 200 mm×160 mm，通过计算，没有巴伦印刷偶极子的输入阻抗为 144－j105 Ω，但通过缝隙线约 110 Ω 的阻抗能把印刷偶极子的高阻抗变换到 50 Ω。VSWR≤2 的相对带宽为 41％。

图 6.40 是用图 6.39(d)所示印刷偶极子构成的适合在 1.7～2.5 GHz 频段工作的八元基站天线阵。由于互耦影响，基站天线的工作频段变低 0.2 GHz，为此必须改变天线的尺寸，长度由 76 mm 变成 70 mm，总高度由40 mm变成 42 mm，馈电点的位置 H_m 从 15 mm 变成 14 mm，短路线的长度 L_m 从15.5 mm 变为 12.5 mm。整个天线阵采用并联，并采用特性阻抗为 35 Ω 的 $\lambda/4$ 长阻抗变换段。图6.41是该天线阵实测和仿真的 $S_{11}\sim f$ 特性曲线。

由图 6.41 可以看出，VSWR≤2 的相对带宽为 40%，覆盖 1.7～2.5 GHz 频段。图 6.42 是该天线阵实测和仿真的 $G\sim f$ 特性曲线图，在整个工作频段，$G\geq 15$ dBi。图 6.43(a)、(b)分别是该天线阵在中心频率 $f_0=2.1$ GHz 实测和仿真的主极化和交叉极化 E 面和 H 面方向图。由图 6.43 可以看出，交叉极化小于－20 dB，副瓣电平小于－14 dB，后瓣小于－35 dB。

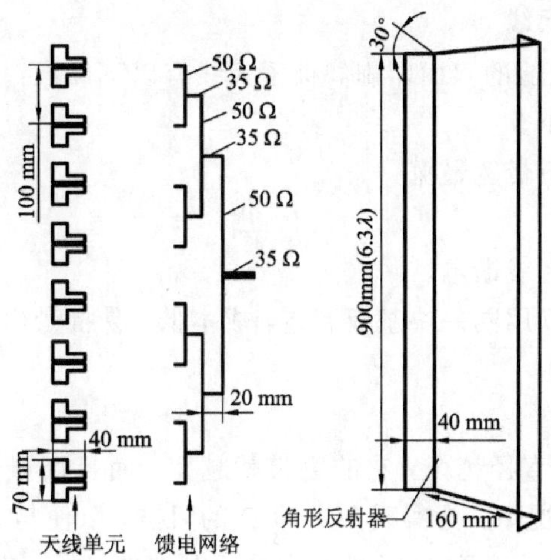

图 6.40 在 1.7～2.5 GHz 频段工作的由八元印刷偶极子构成的基站天线阵

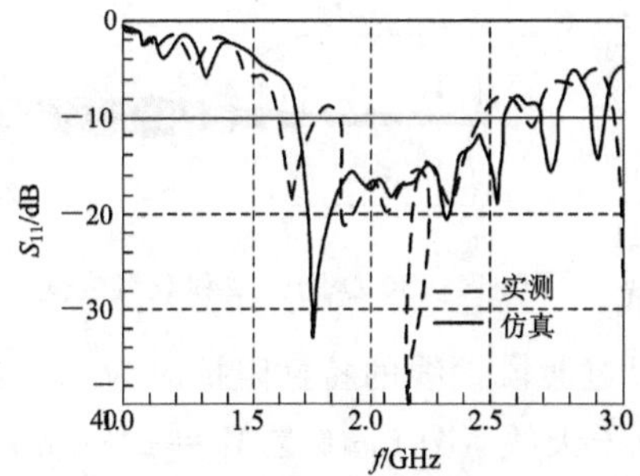

图 6.41 八元印刷偶极子天线阵仿真和实测的 $S_{11}\sim f$ 特性曲线

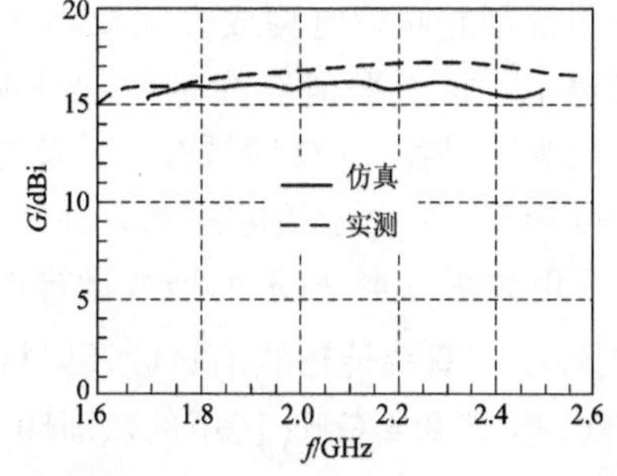

图 6.42 八元印刷偶极子天线阵仿真和实测的 $G\sim f$ 特性曲线图

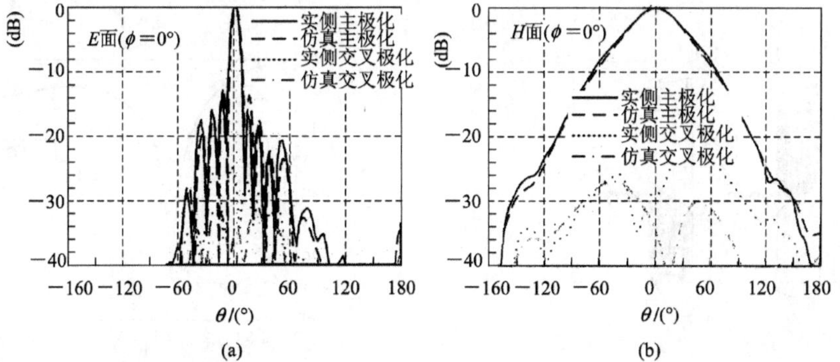

图 6.43 八元印刷偶极子天线阵在中心频率 $f_0=2.1$ GHz 仿真和实测的主极化和交叉极化 E 面和 H 面方向图

6.3.2 印刷偶极子天线

印刷偶极子天线的形状有多种，可以是带线，也可以是平面，可以是双面，也可以是单面。就平面而言，可以是矩形、方形、五角形、椭圆形、泪珠形等。

1. 双面印刷偶极子天线

用低介电常数基板制造的双面印刷偶极子天线有以下优点：

- 激励的表面波极小。
- 对给定厚度的基板带宽最宽。
- 重量轻。
- 可以用平衡双线带线馈电。
- 偶极子与馈线可以用同一块基板制造，成本低，易批量生产。
- 极化纯度高。
- 为平面结构。

众所周知，偶极子的直径越粗，它的宽带就越宽，而且谐振长度也就越短。在长度直径比为 $L/(2a)=10$ 的情况下，为实现 50+j0 Ω 的阻抗，以便与 50 Ω 同轴线匹配，偶极子的长度 $L=0.427\lambda_0$。如果用宽度为 W 的薄金属板制造偶极子，它与直径为 $2a$ 的金属管偶极子的等效关系为 $W=4a$。

在用微带并联馈电构成多元双面印刷偶极子天线的过程中，宜用平衡双线带线把两两单元并联。由于输出为不平衡 50 Ω 同轴线，所以需要用巴伦把不平衡变为平衡；由于最后两单元并联后要与 50 Ω 匹配，采用如图 6.44 所示的渐变微带巴伦，可完成 50 Ω 同轴线和双线传输线的过渡及阻抗匹配，所以过渡段馈线的特性阻抗应为 100 Ω。

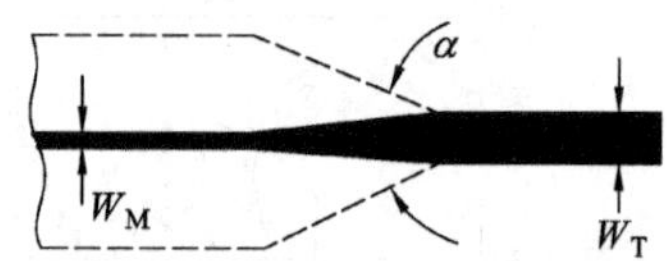

图 6.44　50 Ω 同轴线和双线之间的过渡

图 6.45 是 2.4 GHz 使用的双面印刷平板偶极子天线，图 6.46 是 $W=12$ mm 的双面印刷平板偶极子天线仿真的 $S_{11}\sim f$ 特性曲线。由图 6.46 可看出，VSWR≤2 的相对带宽为 22.7%。不同宽度和不同夹角的情况下，天线的谐振频率 f_0、绝对带宽 BW 及 Z_{in} 如表 6.4 所示。

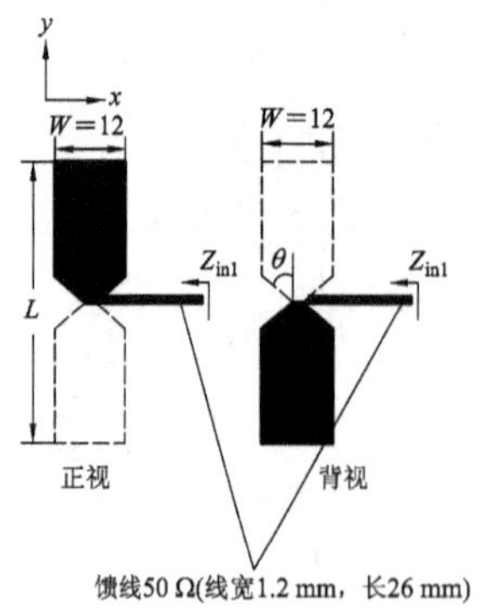

图 6.45　双面印刷平板偶极子天线

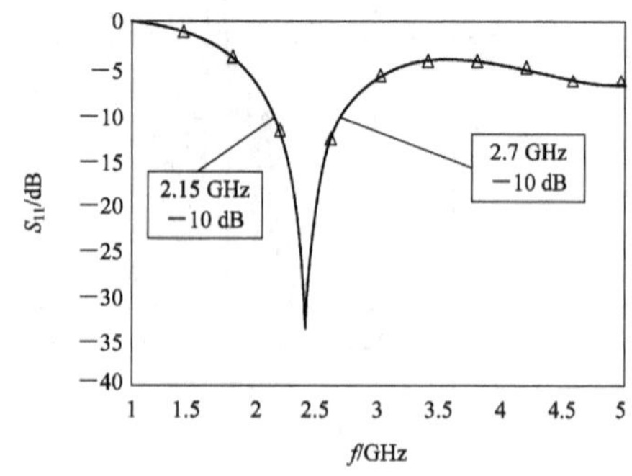

图 6.46　双面印刷平板偶极子天线仿真 $S_{11}\sim f$ 特性曲线

表 6.4　不同 W 和 θ 的情况下，2.4 GHz 双面印刷平板偶极子天线的主要电参数

W/mm	θ/(°)	f_0/GHz	BW/MHz	Z_{in}
8	47.5	2.44	540	50.4+j1.1
12	60	2.4	580	51.7+j1.9
16	67	2.38	620	54.2+j1.8

图 6.47 是 2.4 GHz 两单元双面印刷平板偶极子天线阵。由图 6.47 可以看出，使用了长度不等的四根 50 Ω 微带线连接偶极子，其中线 3 为匹配支节。图中，线 1：50 Ω，长度=52 mm，宽度=1.2 mm；线 2：50 Ω，长度=3.9 mm，宽度=1.2 mm；线 3：50 Ω，长度=3 mm，宽度=1.2 mm；线 4：50 Ω，长度=34 mm，宽度=1.2 mm。

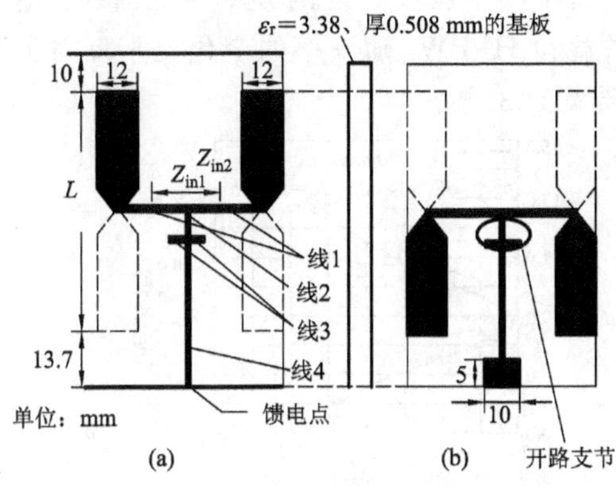

图 6.47　两单元双面印刷平板偶极子天线阵
(a) 正面；(b) 背面

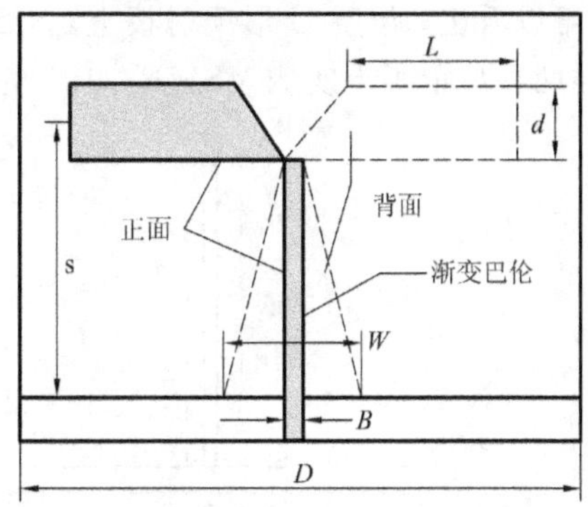

图 6.48　用渐变微带巴伦馈电的双面印刷平板偶极子天线

图 6.48 是渐变微带巴伦馈电的双面印刷平板偶极子天线，采用如下尺寸：$L=\dfrac{0.5\lambda_0}{1+\sqrt{\varepsilon_r}}-\dfrac{B}{2}$，$d=0.07\lambda_0$，$D\geqslant 2.7L$，$W\geqslant 4B$，$S=\lambda_0/4$。该天线实测 VSWR≤2 的相对带宽可以达到 22.0%。

2. 由一对串联双面印刷微带偶极子构成的宽带天线[5]

图 6.49(a)是串馈双面印刷带线偶极子天线。为了实现宽频带，采用了谐振频率分别高于和低于中心频率的一对串馈长、短偶极子。用 $\varepsilon_r=2.2$、厚 0.8 mm 的基板制造了中心谐振频率 $f_0=2$ GHz 的串馈双面印刷带线偶极子天线，天线和馈线的最佳尺寸如下：$W_1=W_2=4$ mm，$L_1=61$ mm，$L_2=73$ mm，$d=30$ mm，$W_p=0.9$ mm，双带线馈线的特性阻抗 $Z_0=118$ Ω，有效介电常数 $\varepsilon_r=1.38$。

图 6.49(b)是无反射板串馈双面印刷带线偶极子天线仿真和实测的 S_{11} 和 G 的频率特性曲线。由图 6.49(b)可以看出，在 1.7～2.4 GHz 的频段内，VSWR≤2 的相对带宽为 34%，在上述频段内 $G\geqslant 4.5$ dBi。

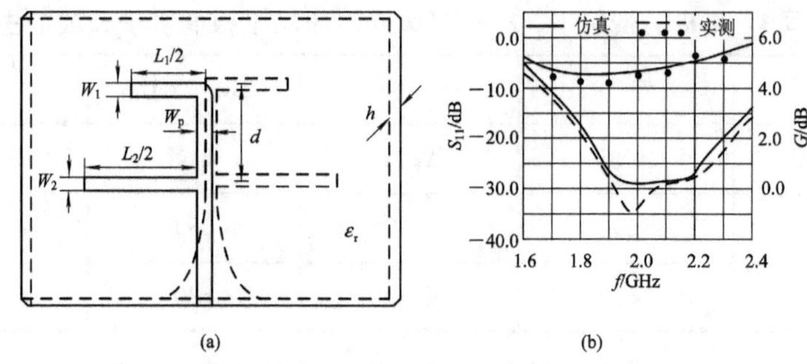

图 6.49　串馈双面印刷带线偶极子和仿真实测的 S_{11} 及 G 的频率特性曲线

(a) 结构；(b) S_{11} 及 G 的频率特性曲线

图 6.50 是把串馈双面印刷带线偶极子天线安装在宽度 $W_0=120$ mm 平面反射板上和安装在 $W_0=44$ mm、侧边斜高 $L_0=22$ mm、$\phi=30°$的 U 形反射板上，在 $H=30$ mm，两种地板长为 300 mm 的情况下，仿真的 G 面和 H 面半功率波束宽度的频率特性曲线。由图 6.50 可以看出，位于 U 形反射板上，天线的增益和 HPBW_H 随频率的变化比平反射板缓慢，在两种反射板上实测 VSWR≤1.5 的相对带宽为 30%。

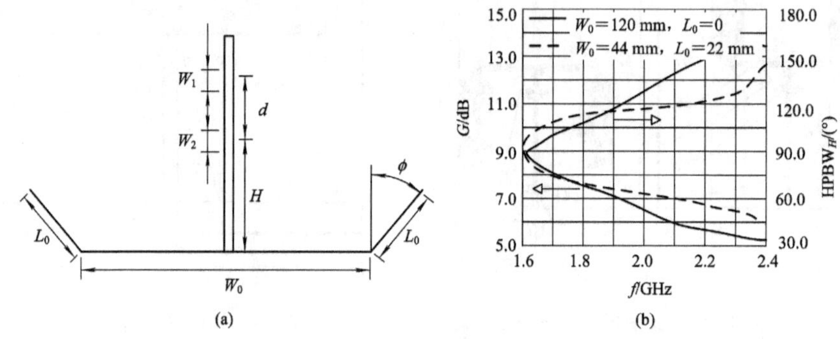

图 6.50　安装在平面反射板和 U 形反射板上的串馈双面印刷带线偶极子天线的仿真 G 和 HPBW_H 的频率特性曲线

(a) 结构；(b) G 和 HPBW_H 的频率特性曲线

图 6.51 是位于平面反射板上，单元间距 $D=120$ mm，用平行带线把两两单元并联构成的四元双面印刷偶极子天线阵。图 6.52(a)是四元天线阵实测和仿真的 S_{11} 和 G 的频率特性曲线。由图 6.52(a)可以看出，在 1.7～2.4 GHz 的频段内，VSWR≤1.5 的相对带宽为 34%，在上述频段内实测增益大于 12 dBi。图 6.52(b)、(c)分别是该天线阵在 $f_0=2.0$ GHz 实测 E 面和 H 面主极化和交叉极化方向图。由图 6.52(b)可以看出，E 面和 H 面交叉极化电平很低。

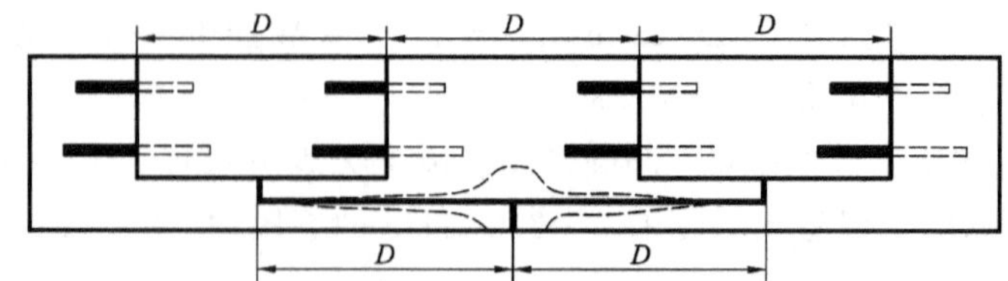

图 6.51　四元双面印刷偶极子天线阵

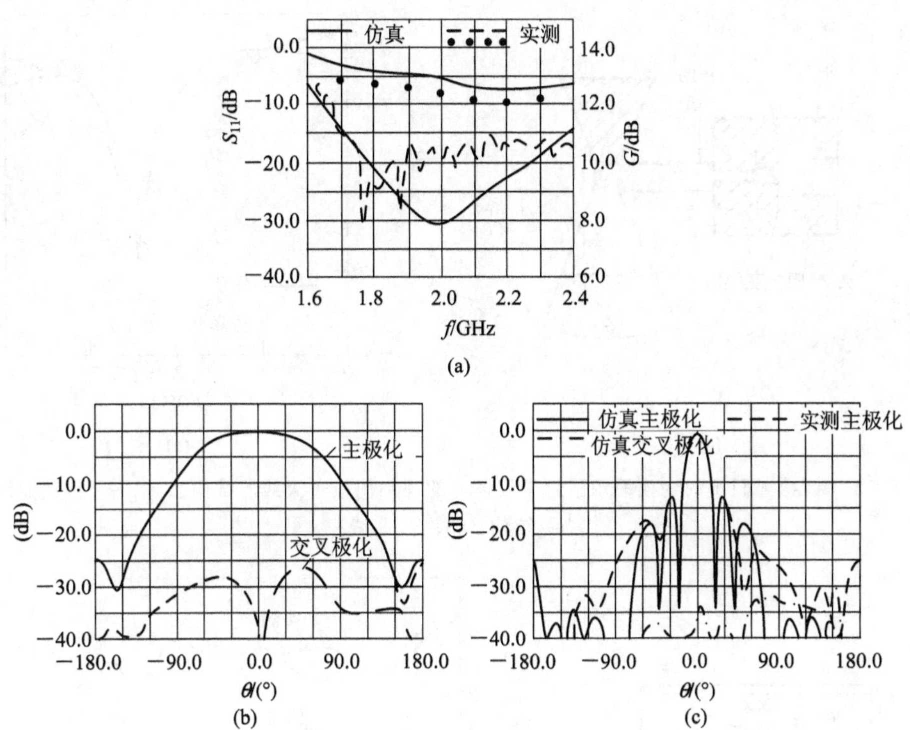

图 6.52　四元双面印刷偶极子天线阵仿真和实测 S_{11} 和 G 的频率特性曲线及在 2.0 GHz 实测主极化和交叉极化 E 面和 H 方向图

(a) S_{11} 和 G 的频率特性曲线；(b) E 面；(c) H 面

6.4　蝶形偶极子天线[6]

蝶形偶极子(Bow - Tie)实际上是平板偶极子的一种，由于形状像蝴蝶，所以叫蝶形偶极子。蝶形偶极子是双锥偶极子天线的平面形式，通常由两块三角金属板组成，也可以由单面或双面覆铜介质板用印刷电路板制造。蝶形偶极子天线的输入阻抗与馈电方法密切相关，最简单的馈电方法就像用同轴线或微带线给偶极子馈电一样，但必须用巴伦完成不平衡–平衡变换。

6.4.1　用微带线馈电的平面蝶形偶极子天线

平面蝶形偶极子天线可以用共面波导和微带线馈电。如果蝶形偶极子的两个臂分别位于基板的正反面，则最适合用平行带线馈电，再用 $\lambda_0/4$ 阻抗变换段或渐变线完成阻抗匹配。图 6.53(a)所示为用平行带线给位于基板正反面蝶形偶极子天线馈电，是用 $\lambda_0/4$ 阻抗变换段完成阻抗匹配的。图 6.53(b)是该天线实测和仿真的 $S_{11} \sim f$ 特性曲线。由图 6.53(b)可以看出，VSWR≤2 的相对带宽为 19%。用指数渐变线可以使蝶形偶极子 VSWR≤2 的相对带宽达到 68%，如图 6.54(a)、(b)所示。

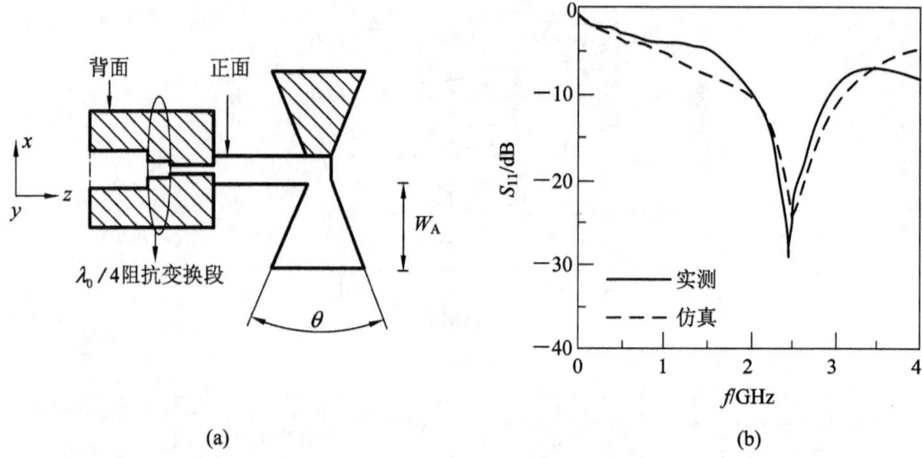

图 6.53　带 $\lambda_0/4$ 阻抗的变换段用平行带线馈电的蝶形偶极子天线的结构及 $S_{11}\sim f$ 特性曲线

(a) 结构；(b) S_{11} 曲线

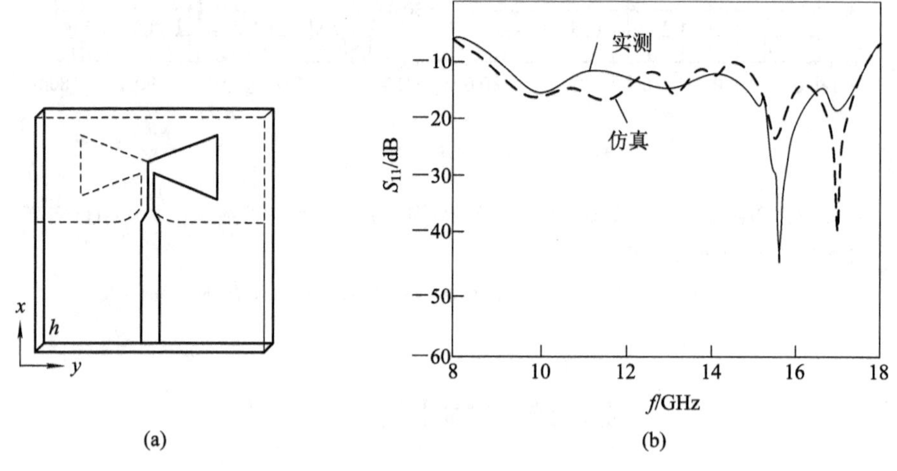

图 6.54　带指数渐变线的蝶形偶极子天线及 S_{11} 曲线

(a) 结构；(b) S_{11} 曲线

图 6.55 是 L 波段与馈电网络垂直，用厚度 1.524 mm，$\varepsilon_r=3.04$ 的基板制造的蝶形偶极子天线的结构及尺寸。这种装置特别适合作为手动射频识别搜索器的结构，或者作为无线监测天线使用。由图 6.55 可以看出，蝶形偶极子天线用带串联补偿微带分支导体的巴伦馈电，开路支节的特性阻抗 $Z_b=31\ \Omega$，其他尺寸如下：$W_a=3.95$ mm，$W_b=7.56$ mm，$W_{ab}=4.92$ mm，$W_g=43.8$ mm，$\theta_a=149.68$ mm，$\theta_b=28.13$ mm，$\theta_{ab}=37.5$ mm，$B=2$ mm，$E=3$ mm，$\alpha=62.3°$。

图 6.56 是该天线仿真和实测 $S_{11}\sim f$ 特性曲线。由图 6.56 可以看出，VSWR≤2 的相对带宽为 22.8%(1.42～1.78 GHz)，它还具有第二个谐振频率。图 6.57 是该天线在中心谐振频率 $f_0=1575$ MHz 实测 E 面和 H 面主极化和交叉极化方向图。由图 6.57 可以求得，$\text{HPBW}_E=38°$，交叉极化电平为 −20 dB，实测增益约 4 dBi。

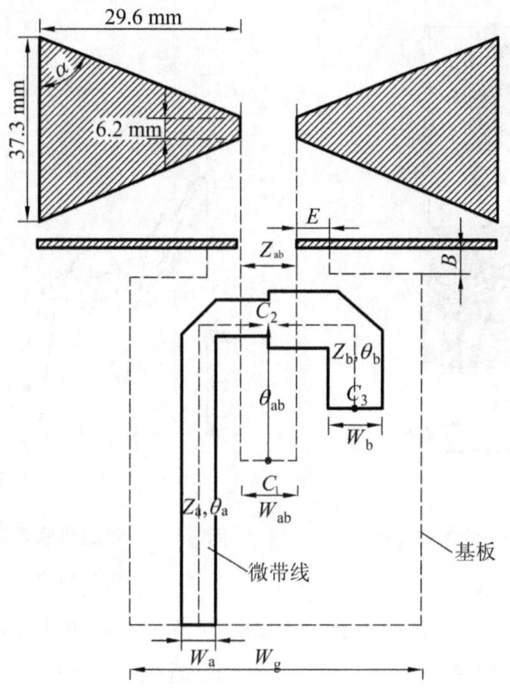

图 6.55　蝶形偶极子天线的结构尺寸

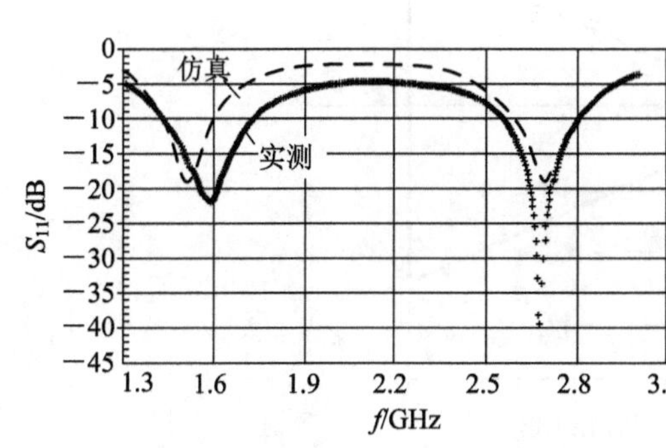

图 6.56　蝶形偶极子天线的仿真和实测 $S_{11}\sim f$ 特性曲线

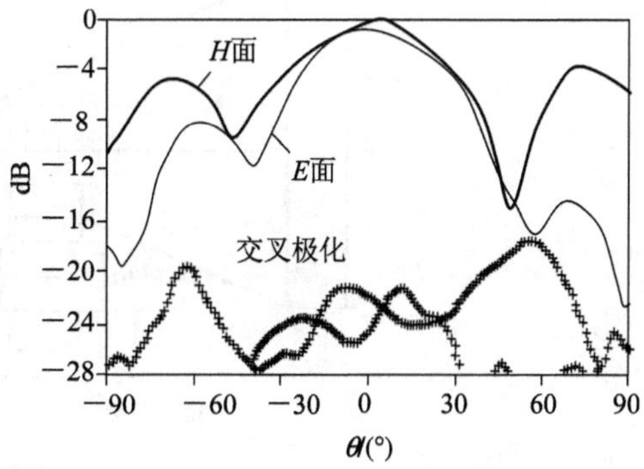

图 6.57　蝶形偶极子天线在 $f_0=1575$ MHz 实测 E 面和 H 面主极化和交叉极化方向图

图 6.58 是适合 3.1～10.6 GHz UWB 使用，用厚 1.27 mm，$\varepsilon_r=6.15$ 的基板印刷制造的双面蝶形偶极子天线[7]。通过最佳设计，天线及馈电网络的尺寸如下：$L=15.8$ mm，$L_{11}=4.6$ mm，$L_{12}=11.7$ mm，$C=1.0$ mm，$L_1=3.2$ mm，$L_2=11.9$ mm，$L_3=4.3$ mm，$W_1=1.4$ mm，$W_2=2.6$ mm，$W_3=2.8$ mm，$W=1.87$ mm。

图 6.59 是该天线仿真和实测的 $S_{11}\sim f$ 特性曲线。由图 6.59 可以看出，在 3.1～10.6 GHz 频段内，实测 $S_{11}\leqslant-10$ dB，带宽比为 3.42。在 3.1～10.6 GHz 频段内，仿真最大增益为 2.2～3.4 dBi。

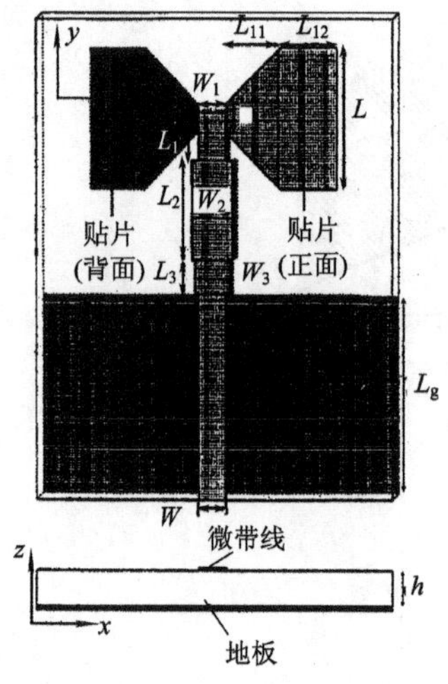

图 6.58 双面印刷蝶形偶极子天线

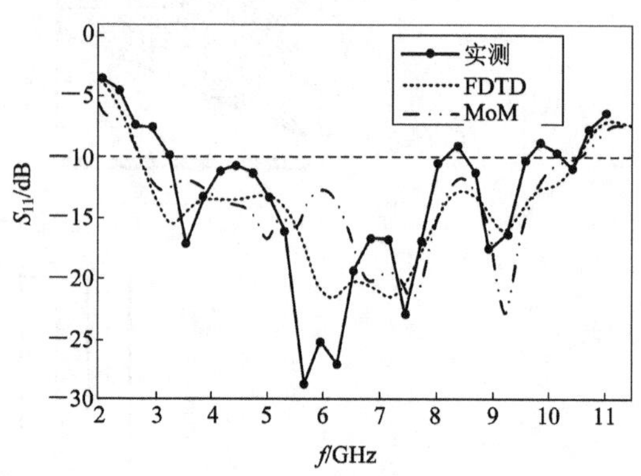

图 6.59 双面印刷蝶形偶极子天线仿真和实测 $S_{11}\sim f$ 特性曲线

图 6.60 使用厚 0.787 mm，$\varepsilon_r=2.2$ 的基板制造的用微带线馈电的微带蝶形偶极子天线的结构，在中心设计频率 $f_0=7.15$ GHz，能提供 VSWR≤2 的相对带宽为 10.6%（6.5～7.8 GHz），天线和馈电网络的具体尺寸如表 6.5 所示。

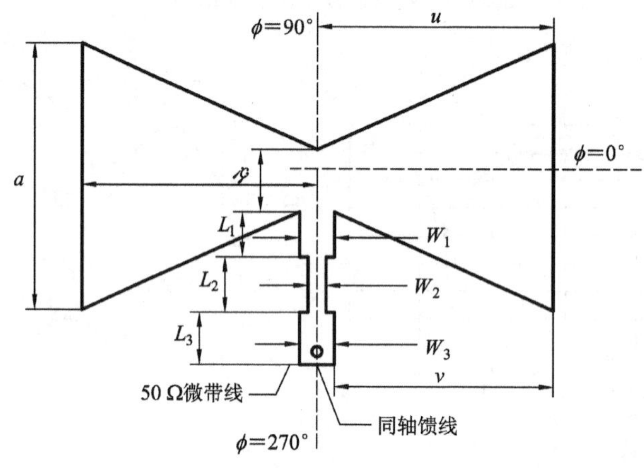

图 6.60 微带线馈电的微带蝶形偶极子天线

表 6.5 X 频段微带馈电微带蝶形偶极子天线及馈线的尺寸

参数	a	c	u	v	L_1	L_2	L_3	W_1	W_2	W_3
尺寸/mm	23.97	5.0	20.76	19.56	4.25	6.76	5.55	1.89	0.9	2.4

6.4.2 用同轴线馈电的平面蝶形偶极子天线

图 6.61(a)、(b)是 500～700 MHz 频段用同轴线馈电蝶形偶极子天线的结构尺寸及实测 $S_{11}\sim f$ 特性曲线。由图 6.61 可以看出，VSWR≤2 的相对带宽为 33.3%，图 6.61(c)是 $f=500$ MHz 和 650 MHz 实测 E 面和 H 面方向图。

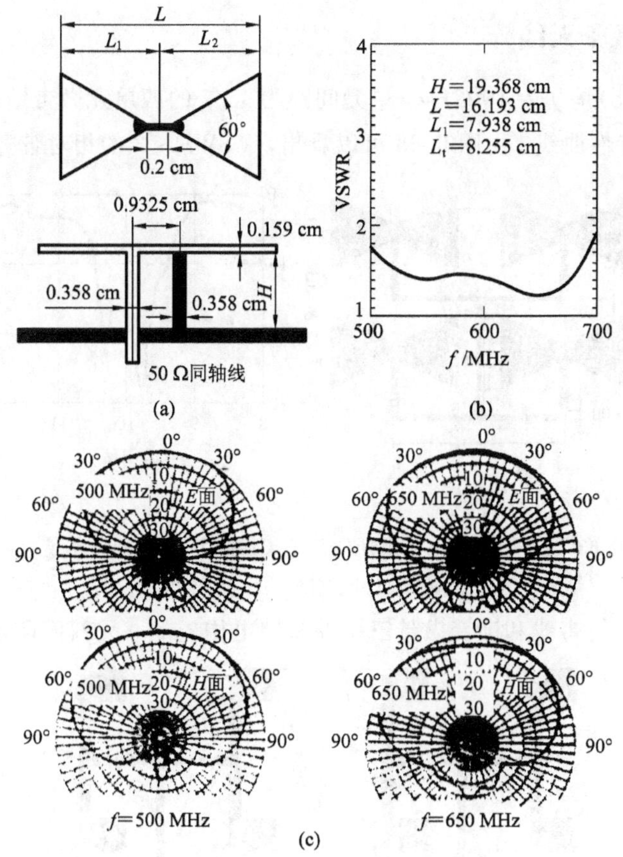

图 6.61 同轴线馈电蝶形偶极子天线

(a) 结构示意；(b) VSWR～f 曲线；(c) 实测的方向图

图 6.62(a)是用同轴线馈电，在 L 频段工作的蝶形偶极子天线。为了展宽带宽，在一个臂边缘切割了一个矩形缺口，在张角 $\alpha=30°$的情况下，馈电点到中心的距离 $d_p=4.2$ mm，其他尺寸如图 6.62(a)所示。图 6.62(b)是该天线实测 $S_{11}\sim f$ 特性曲线。由图 6.62(b) 可以看出，VSWR≤2 的相对带宽为 4.2%。

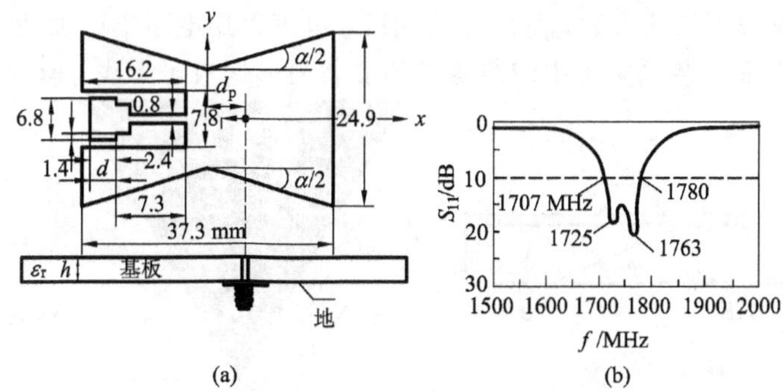

图 6.62 电抗加载蝶形偶极子天线的结构尺寸及 $S_{11}\sim f$ 特性曲线

(a) 结构尺寸；(b) S_{11} 曲线

6.4.3 蝶形偶极子天线阵

图 6.63(a)、(b)是 $f_0=10$ GHz，单元间距为 $\lambda_0/2$ 的四单元微带馈电蝶形偶极子天线阵及实测 $S_{11}\sim f$ 特性曲线。由图 6.63 可以看出，VSWR≤2 的相对带宽为 10.7%。

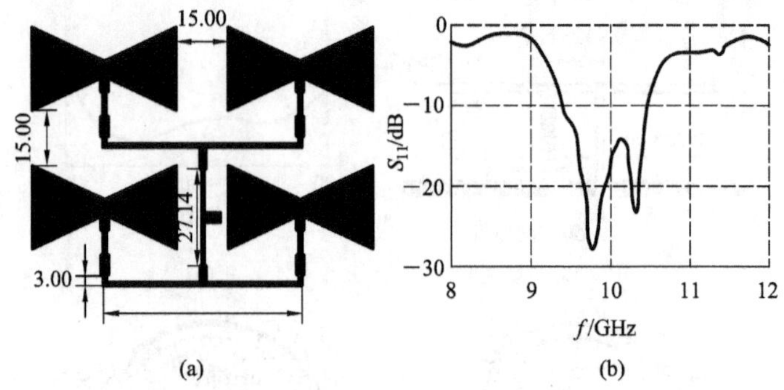

图 6.63　10 GHz 四单元蝶形偶极子天线阵及实测 $S_{11}\sim f$ 特性曲线

(a) 结构及尺寸；(b) $S_{11}\sim f$ 特性曲线

图 6.64 是用平行带线和渐变微带巴伦并联馈电构成的八元双面印刷蝶形偶极子天线。

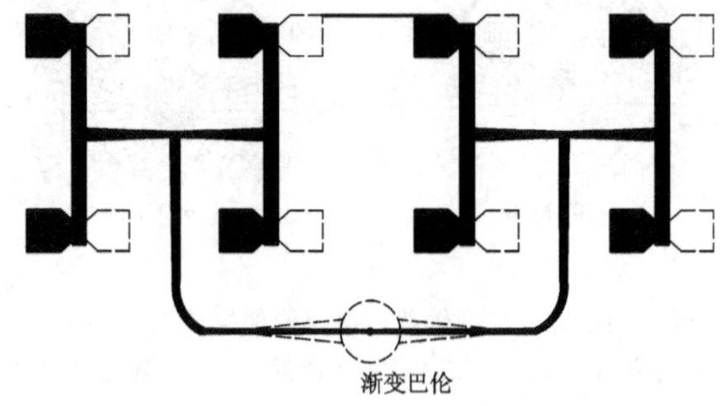

图 6.64　用渐变微带巴伦并联馈电的八元双面印刷蝶形偶极子天线阵

6.4.4 加载蝶形偶极子天线

由于蝶形偶极子天线是宽带天线，所以常常作为脉冲辐射天线。为了减小反射和馈电点的跳动效应，应采用加载天线。可以连续加载，也可以用电阻集中加载。图 6.65 是蝶形偶极子一个臂用表面安装电阻集中加载构成的加载蝶形偶极子天线，但用电阻加载的缺点

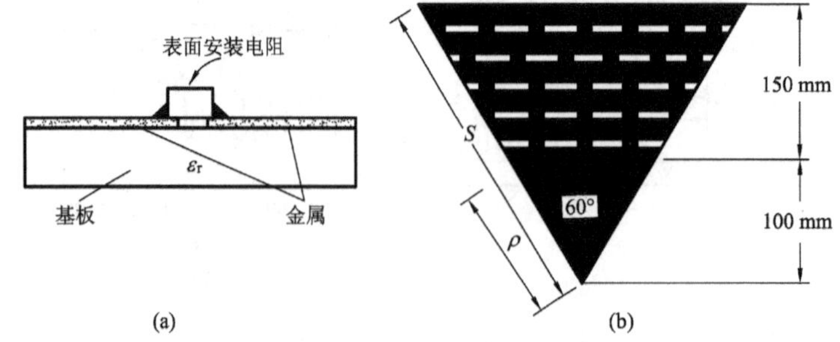

图 6.65　加载蝶形偶极子天线

(a) 集中电阻加载蝶形偶极子的截面；(b) 顶视加载蝶形偶极子的一个臂

是天线的效率低。为了提高天线的效率，可以用电容和电阻组合加载的方法。图 6.66 是在聚四氟乙烯基板上用印刷电路技术制造的张角为 90°的圆弧形蝶形偶极子的一个臂。为了用电容加载，在 90°圆弧形蝶形偶极子上腐蚀出同心的缝隙，为了增加线性电抗，缝隙的宽度由中心向外逐渐变宽。在蝶形偶极子的部分金属上涂覆吸波材料来实现电阻加载。

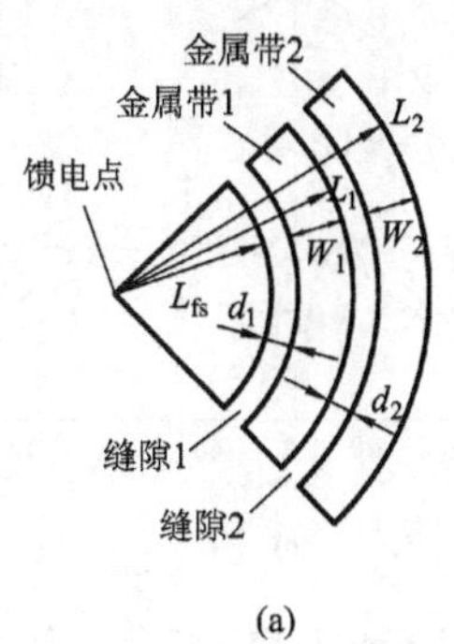

(a)

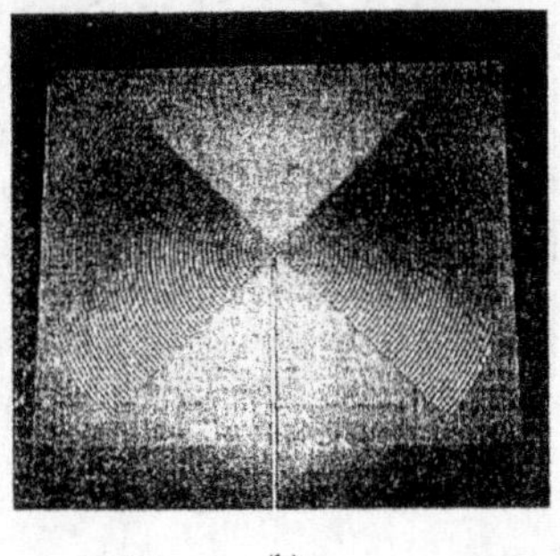

(b)

图 6.66　电容加载圆弧形蝶形偶极子

(a) 半个圆弧臂用电容加载的结构；(b) 电容加载圆弧形蝶形偶极子的照片

6.5　水平面宽波束偶极子天线

在实际应用中，一些用户需要使用水平面宽波束天线。例如，在移动通信中，往往用三个水平面半功率波束宽度为 120°的基站天线来构成三扇区蜂窝系统。使水平面宽波束宽度变宽的方法有很多，最常用的方法就是改变安装 $\lambda_0/2$ 长基本辐射单元接地板的形状。例如，把天线安装在夹角大于 180°的角形反射板上，在基站天线中，就是把半波长偶极子天线安装在 U 形接地板上或有夹角的 U 形接地板上。调整 U 形接地板的宽度，特别是侧面边墙的高度。图 6.50 把串联双面印刷带线偶极子安装在夹角为 30°的 U 形接地板上，实现了 120°的水平面半功率波束宽度。除了改变接地板形状这个最基本的方法外，另外一种方法就是改变天线的形状。就偶极子天线而言，就是采用倒 V 形偶极子天线或倒 U 形偶极子天线。

6.5.1　由倒 V 形印刷偶极子构成的宽波束天线

为了展宽印刷偶极子天线的水平面波束宽度，需要把偶极子的两个辐射臂下倾，与馈线成 30°夹角，变成如图 6.67 所示的用由开路补偿微带分支导体型巴伦馈电的倒 V 形。为了把它作为基站天线的基本辐射单元，需要把它距反射板 $\lambda_0/4$ 处垂直安装在反射板上，虽然该天线在谐振时输入电阻为 80 Ω，但附加了如图 6.67 所示的微带匹配网络之后，仍然可以使 VSWR≤2 的相对带宽达到 18%。此时微带巴伦微带线的长度 $\theta_b=105°$，平衡线的长度 $\theta_{ab}=90°$。图 6.67 还给出了印刷偶极子天线和馈电网络的其他电尺寸，其中 λ_0 为中心设计频率所对应的波长。

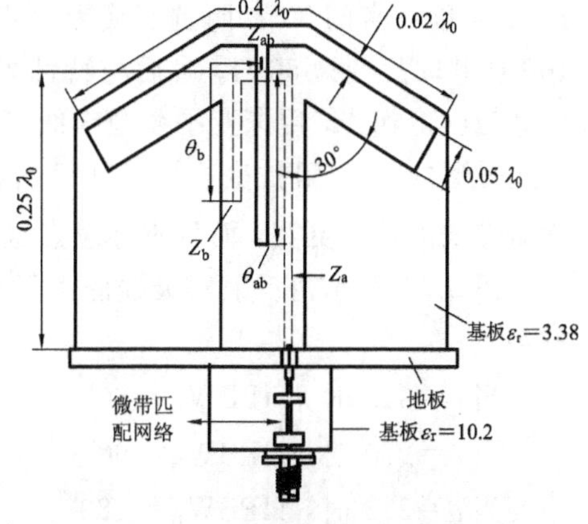

图 6.67　倒 V 形印刷偶极子天线和馈电网络的结构及电尺寸

在 L 频段，对倒 V 形印刷偶极子天线进行了实验研究。图 6.68 是该天线在 f=1.2 GHz、1.3 GHz 和 1.4 GHz 实测 E 面和 H 面主极化和交叉极化方向图。在 1.2～1.4 GHz 频段内，交叉极化电平<−25 dB，$HPBW_H$=110°～130°，$HPBW_E$=60°～70°。

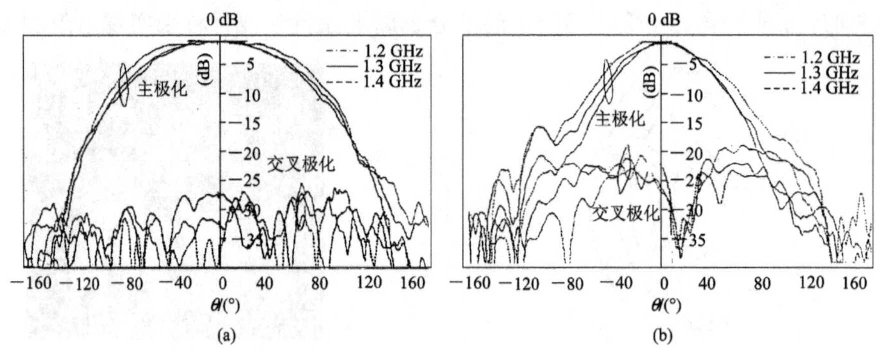

图 6.68 倒 V 形印刷偶极子天线实测 E 面和 H 面主极化和交叉极化方向图
(a) H 面；(b) E 面

6.5.2 把偶极子天线安装在夹角大于 180°的角反射器上

为了使天线具有宽波束水平面方向图，宜把天线安装在夹角大于 180°的角反射器上，如图 6.69 所示。为了实现宽频段，把具有宽频带特性的印刷五角形偶极子作为基本辐射单元。为了实现高增益，用多个宽带偶极子在垂直面组阵，五角形偶极子和馈电网络均用双面覆铜介质板印刷电路技术制造。五角形偶极子的一个臂位于介质板的正面，另一个臂位于介质板的背面，每个五角形偶极子的输入阻抗约 100 Ω。对图 6.69 所示的四元天线阵，分别用特性阻抗为100 Ω 的平衡微带双线与五角星偶极子相连，再分别把 1#、2#偶极子并联，3#、4#偶极子并联，并使并联点 A、B 的阻抗为 50 Ω，之后用长度约 0.85λ_0 的渐变平衡带线把 A 点和 B 点的 50 Ω 阻抗变换为 C 点的 100 Ω。两个 100 Ω 并联后变为 50 Ω。最后与特性阻抗为 50 Ω 的渐变微带巴伦相连，用渐变平衡微带线完成阻抗变换，而不用普通的 $\lambda_0/4$ 阻抗变换段，其优点在于不仅渐变平衡微带线的带宽更宽，而且不连续点也不会激励起高次模。

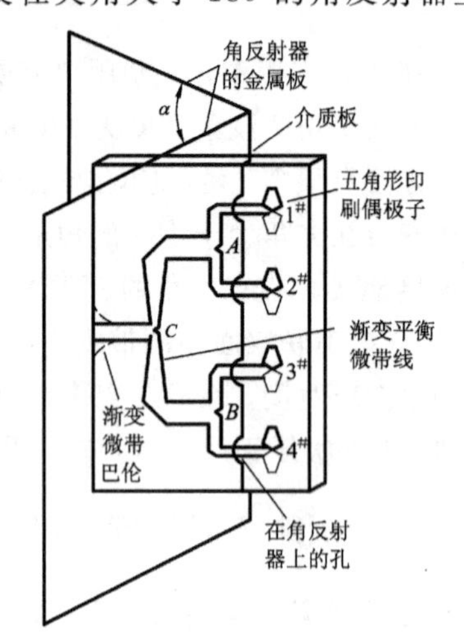

图 6.69 用四元五角形印刷偶极子作为馈源构成的角反射器天线

图 6.69 所示角反射器天线的水平面半功率波束宽带($HPBW_H$)与角形反射器的夹角 α 有关。

当 α=315°时，$HPBW_H$=60°；

当 α=270°时，$HPBW_H$=90°；

当 α=225°时，$HPBW_H$=180°。

在 2.4 GHz 频段对该天线进行了实测和仿真。图 6.70 是 α=225°的四元角反射器天线仿真的水平面和垂直面方向图。由图 6.70 可以看出，$HPBW_H$=180°。

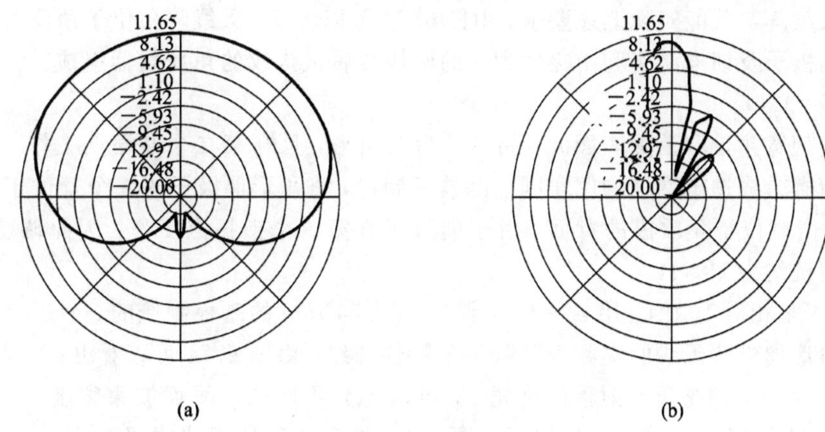

图 6.70　$\alpha=225°$的四元角反射器天线仿真的水平面和垂直面方向图

(a) 水平面；(b) 垂直面

图 6.71 是五角形印刷偶极子和馈电网络。图 6.72 是四元角反射器天线实测 VSWR～f 特性曲线。由图 6.72 可以看出，VSWR≤2 的相对带宽为 37%。

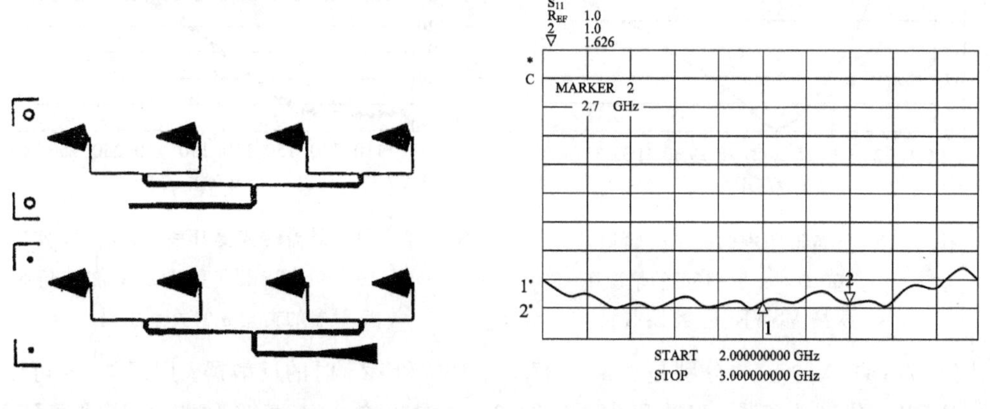

图 6.71　五角形印刷偶极子和馈电网络　　图 6.72　四元角反射器天线实测 VSWR～f 特性曲线

在室内外 WLAN 和点对点、多点对多点的微波及毫米波通信，需要使用水平面宽波束扇区高增益天线。采用如图 6.73(a)、(b)所示的由用五角形印刷偶极子作为馈源构成的

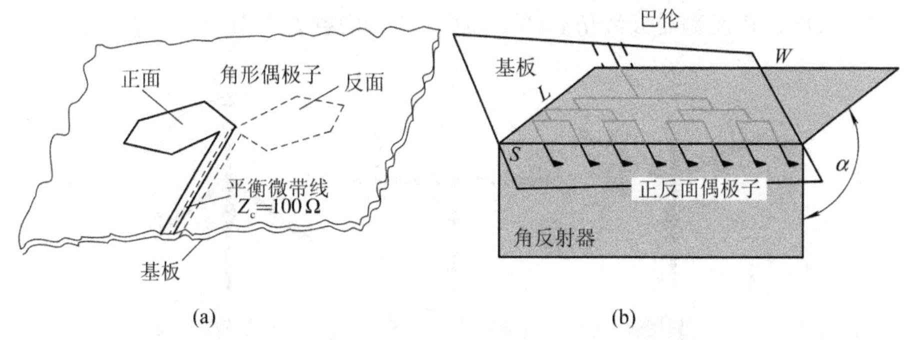

图 6.73　五角形印刷偶极子天线和反射器天线

(a) 基本单元；(b) 天线阵及馈电网络

角反射器天线阵[8]就能实现上述要求。由图 6.73 可以看出，天线阵由位于角反射器轴线上八个印刷偶极子及馈电网络和由夹角为 α 的两块金属板构成的角反射器组成。偶极子到轴线的距离 $S=\lambda_0/4$。

为了实现宽频带和消除表面波，偶极子为五角形，且在第二个谐振点工作。五角形偶极子和平衡微带线馈电网络均用印刷电路技术制造，五角形偶极子的一个臂位于介质板的正面，另一个臂位于介质板的背面。由于偶极子在第二个谐振点工作，因此调整其尺寸，可使输入阻抗约为 100 Ω。

图 6.74 是相对 100 Ω，用 $\varepsilon_r=2.1$，厚 $h=0.254$ mm 的基板制造的 $S=\lambda_0/4$，$\alpha=180°$ 的印刷五角形偶极子天线的实测 VSWR～f 特性曲线。由图 6.74 可以看出，VSWR≤2 的相对带宽为 40%。调整角反射器的夹角 α，可以得到不同的水平面波束宽度。在 $S=\lambda_0/4$ 和角反射的宽度 $W=0.87\lambda_0$ 的情况下，图 6.75 是角反射器天线水平面半功率波束宽带 (HPBW_H) 与角形反射器的夹角 α 的关系曲线。

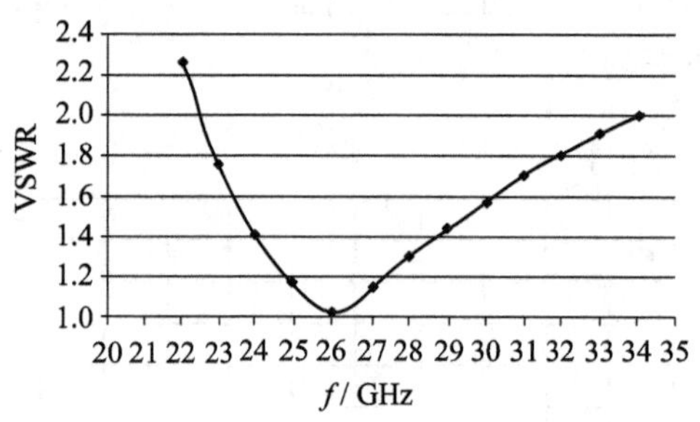

图 6.74　五角形印刷偶极子天线相对 100 Ω，在 $\alpha=180°$ 的情况下实测 VSWR～f 特性曲线

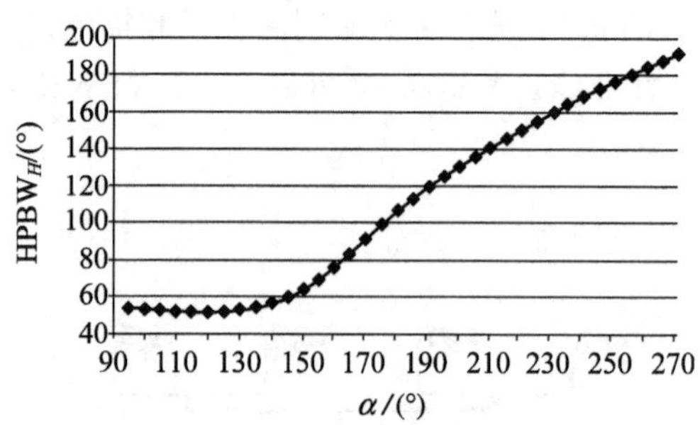

图 6.75　角反射器的宽度 $W=0.87\lambda_0$ 时，水平面半功率波束宽度(HPBW_H)与角形反射器的夹角 α 的关系曲线

图 6.76(a)、(b)、(c)分别是当 $\alpha=127.5°$、180°和 225°时的反射器。用图 6.76 可以实现的 HPBW_H 分别为 55°、110°和 180°。图 6.77 是八单元五角形偶极子及馈电网络。图 6.78 是馈电网络的照片。由图 6.78 可以看出，馈电网络由七个 T 形功分器组成。为了把100 Ω 变为 50 Ω，采用线性渐变段。图 6.79 是三个天线阵的 $S_{11}\sim f$ 特性曲线。由图 6.79 可以看出，在 25～28 GHz 频段，VSWR≤2 的相对带宽为 11%。图 6.80 是 $\alpha=127.5°$、180°和 225° 八单元角反射器天线仿真的 H 面和 E 面增益方向图。

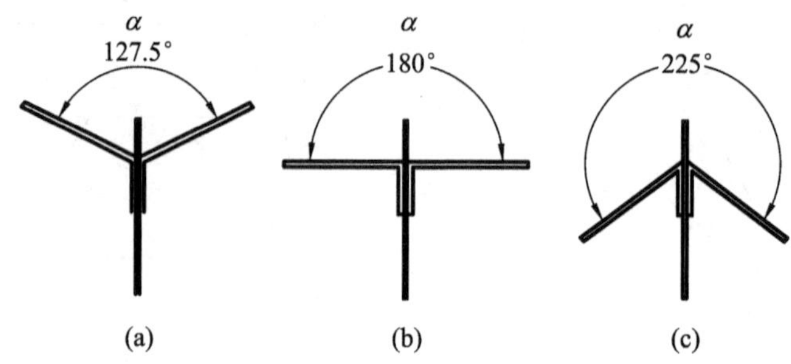

图 6.76　夹角为 $\alpha=127.5°$、180°和 225°的反射器天线

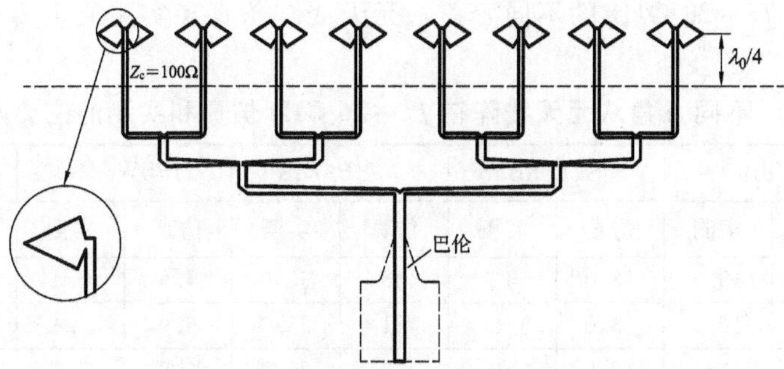

图 6.77　带馈电网络和巴伦的八单元双面印刷五角形偶极子天线阵

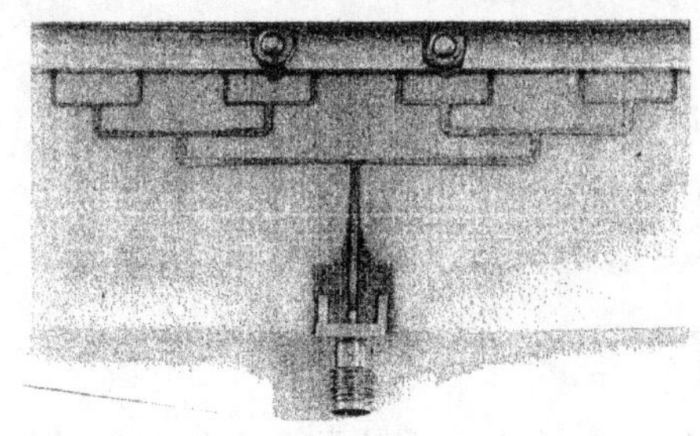

图 6.78　八元天线阵馈电网络的照片

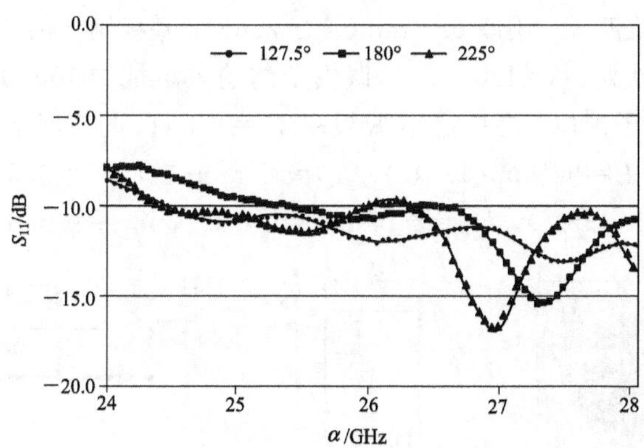

图 6.79　夹角 $\alpha=127.5°$、180°和 225°的八元天线阵仿真的 $S_{11}\sim f$ 特性曲线

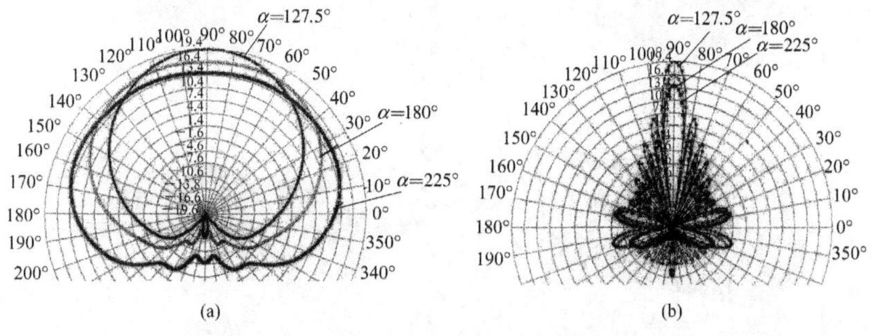

图 6.80　$\alpha=127.5°$、180°和 225°的八元角反射器天线仿真的 H 面和 E 面增益方向图

(a) H 面；(b) E 面

在中心频率 $f_0=26$ GHz 的不同 α 角八元天线阵仿真和实测的主要电参数如表 6.6 所示。

表 6.6 不同 α 角八元天线阵在 $f_0=26$ GHz 仿真和实测的主要电参数

α/(°)	G/dBi		SLL/dB		(F/B)/dB		HPBW_E/(°)		HPBW_H/(°)	
	仿真	实测	仿真	实测	仿真	实测	仿真	实测	仿真	实测
127.5	19.9	19.3	13.0	12	33	30.0	6.9	7.4	54.6	57
180	17.1	16.5	13.0	12	31	28.0	6.9	7.4	109.5	112
255	14.3	13.8	12.9	12	22	21.8	6.9	7.4	182.0	184

在频段内实测增益如下：

f/GHz	25.5	26.0	26.5
$\alpha=127.5°$	$G=19.15$ dBi	$G=19.3$ dBi	$G=19.5$ dBi
$\alpha=180°$	$G=16.4$ dBi	$G=16.5$ dBi	$G=16.6$ dBi
$\alpha=255°$	$G=13.7$ dBi	$G=13.8$ dBi	$G=13.9$ dBi

6.5.3 有桥蝶形偶极子[9]

图 6.81 是安装在小地板上有桥蝶形偶极子天线和参考蝶形偶极子天线的结构。由图 6.81 可以看出，把蝶形偶极子天线的四个角切掉，变成圆弧形，不仅减小了蝶形偶极子的尺寸，而且有利于阻抗匹配。用厚 0.5 mm、$\varepsilon_r=2.65$ 的基板制作的蝶形偶极子天线，其输入阻抗主要由张角 β 决定，$\beta=120°$，蝶形偶极子的输入阻抗约 100 Ω。用串联补偿分支导体型巴伦给蝶形偶极子馈电，在中心谐振频率 $f_0=6$ GHz 的情况下，天线和桥的尺寸如下：$W=50$ mm(λ_0)，$L=90$ mm($1.8\lambda_0$)，$L_d=50$ mm(λ_0)，$R=9.5$ mm，$H_d=12.5$ mm($0.25\lambda_0$)，$L_b=80$ mm($1.6\lambda_0$)，$H_b=24.5$ mm($0.49\lambda_0$)，$W_h=10$mm，$W_v=4$ mm。

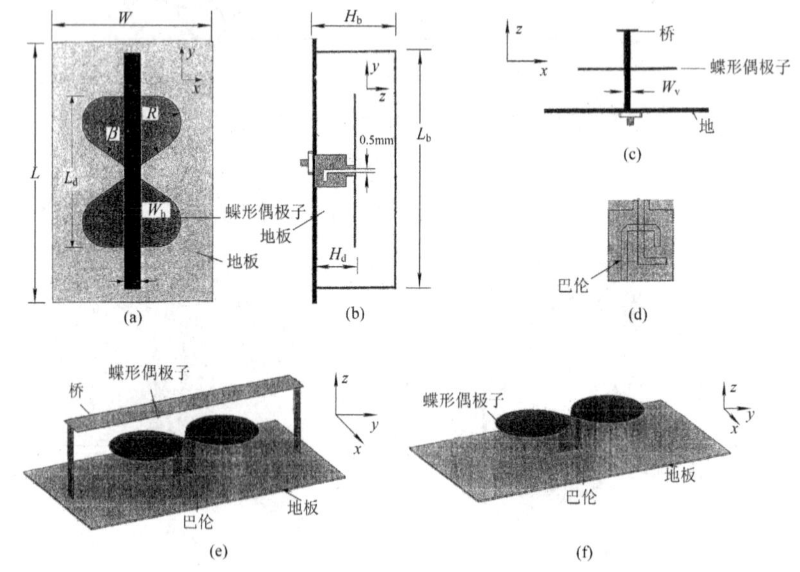

图 6.81 蝶形偶极子天线

(a) 顶视；(b) 侧视；(c) 侧视；(d) 巴伦；(e) 立体结构；(f) 立体参考天线

图 6.82 是上述尺寸有桥蝶形偶极子天线实测 VSWR～f 特性曲线。由图 6.82 可以看出，在 5.35～6.9 GHz 频段内，VSWR≤2 的相对带宽为 25.3%。图 6.83 是有桥蝶形偶极子天线在 f=5.4 GHz、5.8 GHz、6.2 GHz 实测 E 面和 H 面主极化和交叉极化方向图。由图 6.83 可看出，在 5.35～6.9 GHz 频段内，$\mathrm{HPBW}_H \geq 102°$，$\mathrm{HPBW}_E \leq 31°$，随着频率增加，$E$ 面和 H 面半功率波束宽度均变窄，在 E 面的副瓣电平将逐渐变大。如果限定副瓣电平为 −10 dB，则方向图的带宽只有 11.5%。在整个频段交叉极化电平小于 −17 dB。在这个频段 $\mathrm{HPBW}_H > 115°$，$\mathrm{HPBW}_E < 31°$。

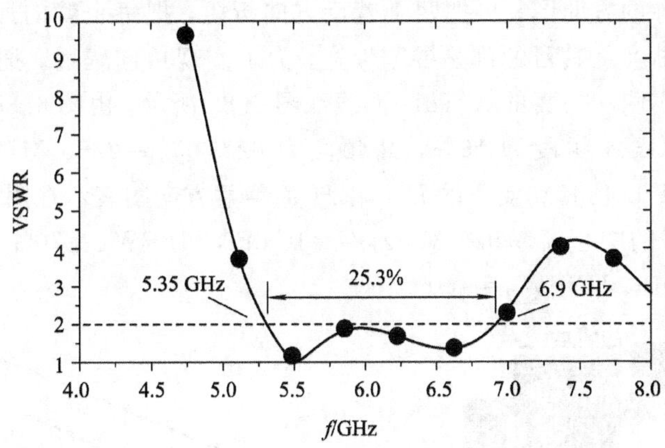

图 6.82　有桥蝶形偶极子天线实测 VSWR～f 特性曲线

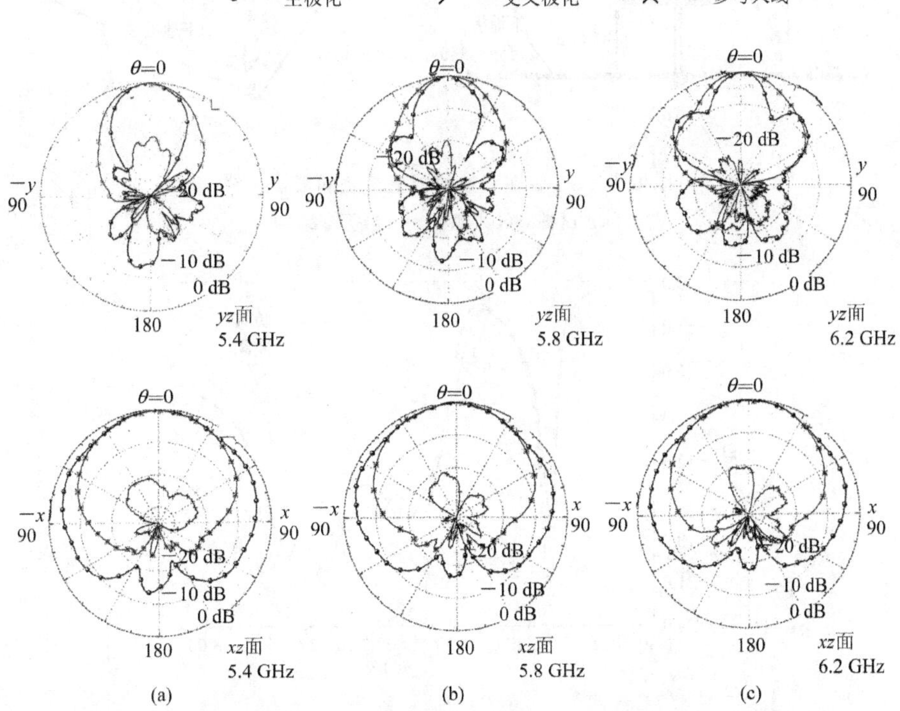

图 6.83　有桥蝶形偶极子天线实测 E 面和 H 面主极化和交叉极化方向图
(a) 5.4 GHz；(b) 5.8 GHz；(c) 6.2 GHz

6.6 双频或多频偶极子天线

6.6.1 由安装在双接地板上折叠偶极子天线构成的双频天线[10]

图 6.84 是安装在双接地板上用同轴线馈电的折叠偶极子天线。由图 6.84 可以看出，折叠偶极子天线的左臂与同轴线的内导体直接相连，右臂则接在一个小地板上，为了使尺寸紧凑，并保持对称的方向图，再把两个臂反方向折叠，把每个臂的最后部分加宽，且把另一个臂接在小地板上，其目的都是展宽带宽。为了实现单向辐射，把折叠偶极子安装在一个大的地板上。实测和仿真的 S_{11}(dB)曲线如图 6.85 所示。由图 6.85 可以看出，相对带宽 $S_{11}<-10$ dB，GSM 频段为 16%，高频段为 62%($f_0=2250$ MHz)。该天线在 $f=$ 925 MHz和 1800 MHz 仿真和实测的 E 面和 H 面增益方向图表示在图 6.86 中。由图 6.86 可以看出，在 GSM 的中心频率 925 MHz，$G=10$ dBi，$\text{HPBW}_H=70°$；在 DCS 的中心频率 1800 MHz，$G=7$ dBi，$\text{HPBW}_H=100°$。

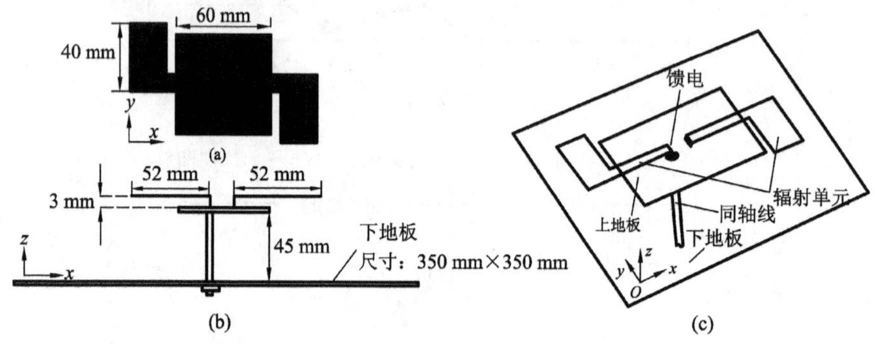

图 6.84 安装在双接地板上折叠偶极子天线
(a) 顶视；(b) 侧视；(c) 立体结构

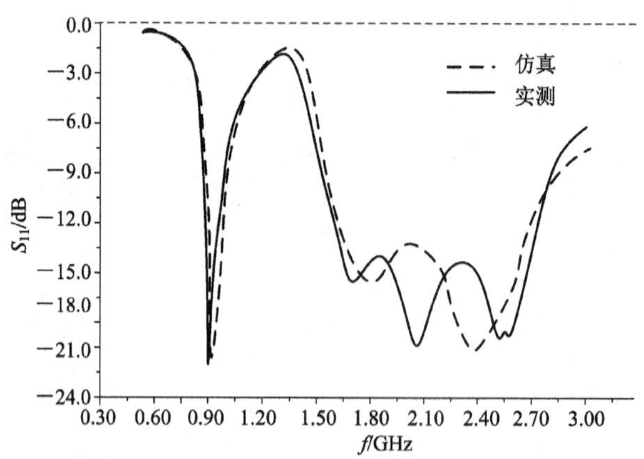

图 6.85 图 6.84 所示天线实测和仿真的 $S_{11}\sim f$ 特性曲线

为了解决天线的支撑问题，反向折叠偶极子天线和上接地板用厚 3.175 mm、$\varepsilon_r=2.33$ 的基板制造，单个天线的尺寸为 80 mm×64 mm。

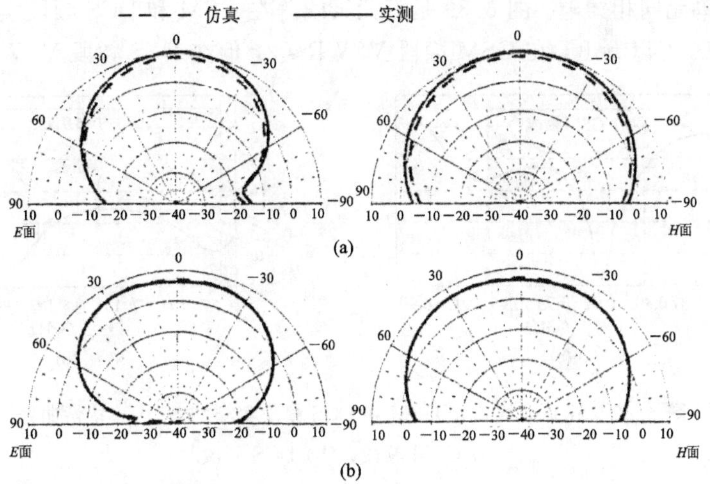

图 6.86　安装在双接地板上的折叠偶极子天线在 925 MHz 和 1800 MHz 仿真和实测的 E 面和 H 面方向图

图 6.87 是由安装在双地板上的五个折叠偶极子组成的天线阵侧视图。图 6.88(a)是天线阵的照片，图 6.88(b)是天线阵的馈电网络。为了实现双频工作，天线阵由四周四个双频偶极子天线和中心仅在 DCS 频段工作的单个天线组成。用图 6.88(b)所示的馈电网络可

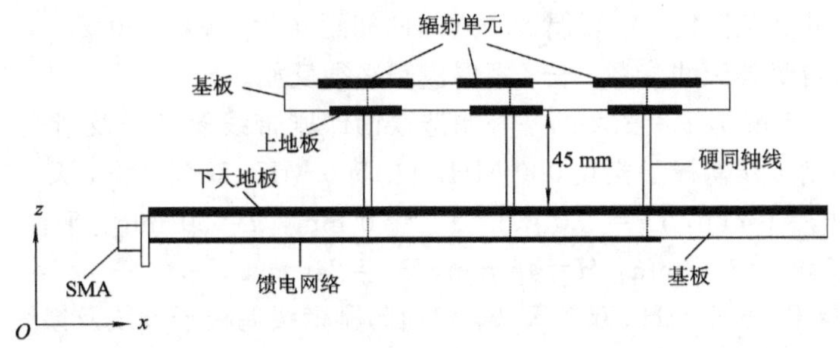

图 6.87　由安装在双地板上的五个折叠偶极子组成的天线阵侧视图

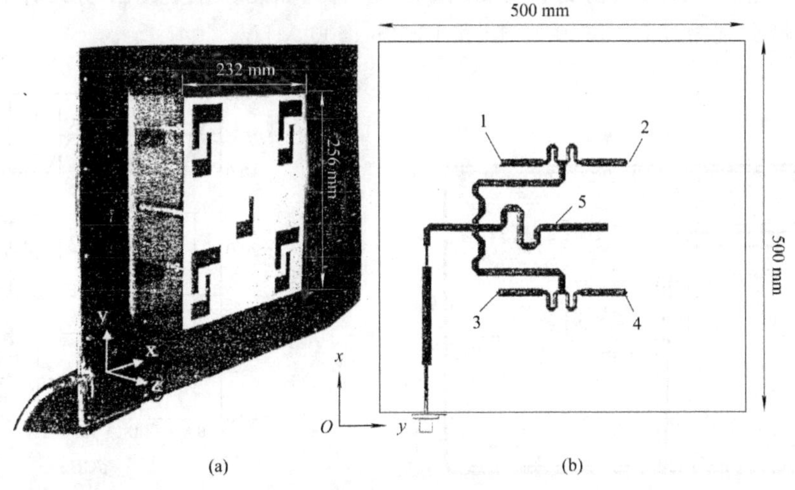

图 6.88　五元天线阵及馈电网络

(a) 天线阵照片；(b) 馈电网络

以保证给每个单元同相馈电。图 6.89 是五元天线阵在 GSM 和 DCS 频段实测 $S_{11}\sim f$ 特性曲线。由图 6.89 可以看出，在 GSM 频段 VSWR≤2，但在 DCS 频段 VSWR 偏大。

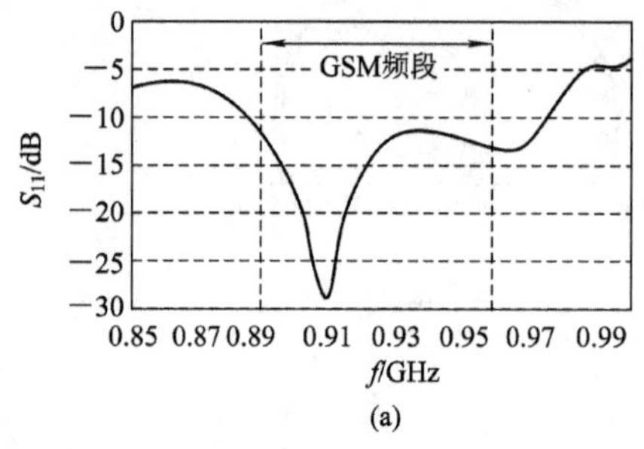

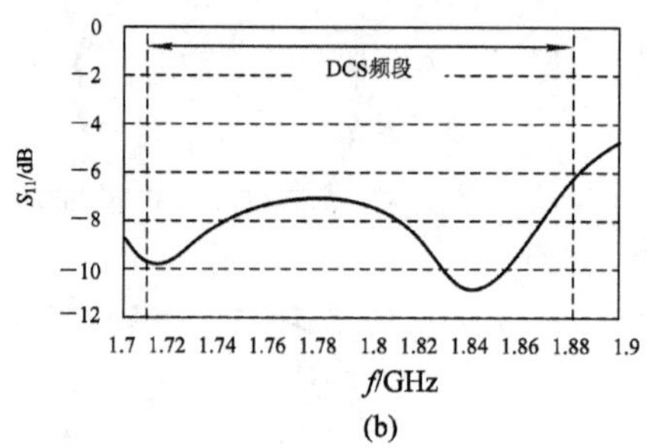

图 6.89　五元天线阵在 GSM 和 DCS 频段实测的 $S_{11}\sim f$ 特性曲线

(a) GSM 频段；(b) DCS 频段

6.6.2　由双面印刷带线偶极子构成的双频天线[11]

图 6.90 是用渐变微带巴伦和平衡双线，给串联长、短双面印刷带线偶极子馈电构成的双频天线。为了实现 $f_1=900$ MHz(λ_{01})和 $f_2=1500$ MHz(λ_{02})双频工作，让长、短偶极子分别近似谐振在 f_1 和 f_2 上，而且让长、短偶极子离地板的高度分别为 $\lambda_{01}/4$ 和 $\lambda_{02}/4$，以实现单向辐射，为此必须限定长、短偶极子之间的间距 d 为 $0.2\lambda_{02}\sim0.3\lambda_{02}$。在限定 d 取值的情况下，为了取得最佳天线参数，长、短偶极子必须反相。

用厚度 $h=1.6$ mm，$\varepsilon_r=3.2$ 的基板制造双面印刷带线偶极子及渐变微带巴伦和平衡双线，用双面印刷带线偶极子实现 900 MHz 和 1500 MHz 双频工作，天线和馈线的具体尺寸如下：$W_1=W_2=6$ mm，$L_1=130$ mm，$L_2=70$ mm，$d=50$ mm，平衡带线的特性阻抗 $Z_0=61\ \Omega$，线宽 $W_p=3.5$ mm，$H=45$ mm，$W_0=240$ mm。

对 900 MHz 和 1800 MHz 双频天线，双面印刷带线偶极子天线及馈线的尺寸为：$L_1=135$ mm，$L_2=64$ mm，$d=40$ mm，$Z_0=64\ \Omega$，$W_1=W_2=6$ mm，谐振电阻为 58 Ω。

图 6.91 是该双频天线仿真和实测的 $S_{11}\sim f$ 特性曲线。由图 6.91 可以看出，VSWR≤2 的频率范围分别为 850～1000 MHz 和 1360～1600 MHz。

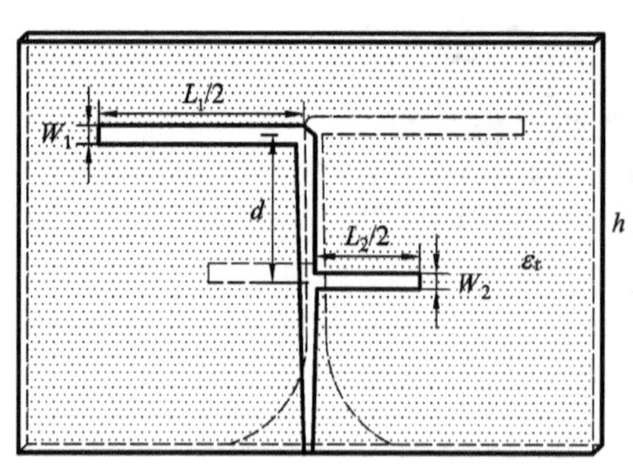

图 6.90　双频双面印刷带线偶极子天线

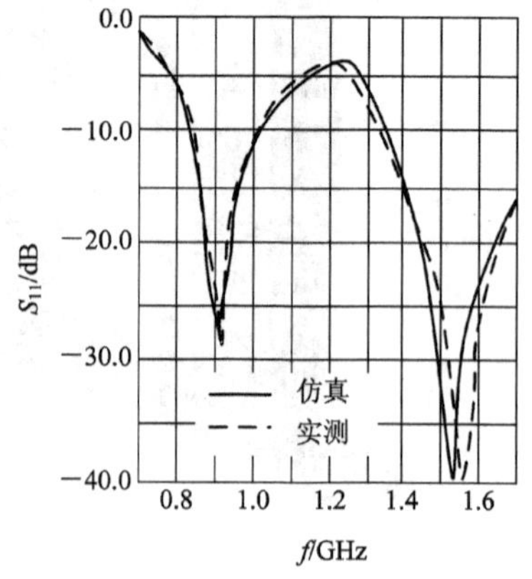

图 6.91　双频双面印刷带线偶极子天线仿真和实测的 $S_{11}\sim f$ 特性曲线

图 6.92 是双面印刷带线偶极子天线的横截面尺寸及适合三扇区使用的 H 面方向图。由图 6.92 可看出，在 900 MHz 和 1500 MHz 天线 H 面半功率波瓣宽度均为 120°。图 6.93 是把两个双频印刷偶极子天线安装在地板上的横截面尺寸及 H 面方向图。由图 6.93 可以看出，在 900 MHz 和 1500 MHz 天线 H 面半功率波瓣宽度均为 60°。

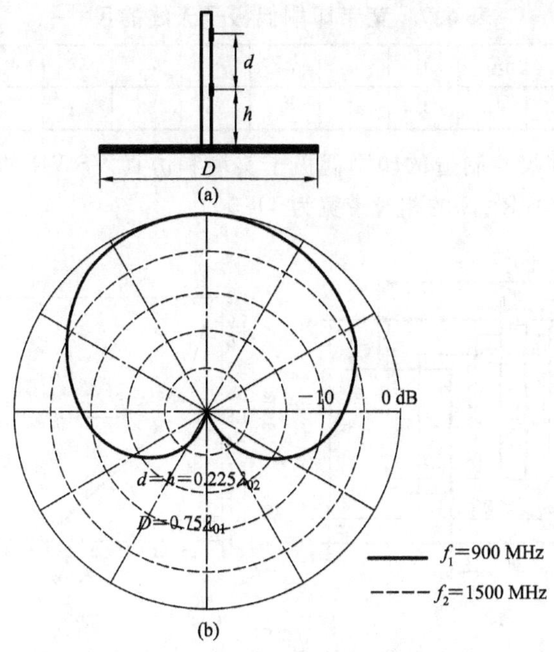

图 6.92 双频(900 MHz 和 1500 MHz)双面印刷带线偶极子天线的横截面尺寸及 H 面方向图

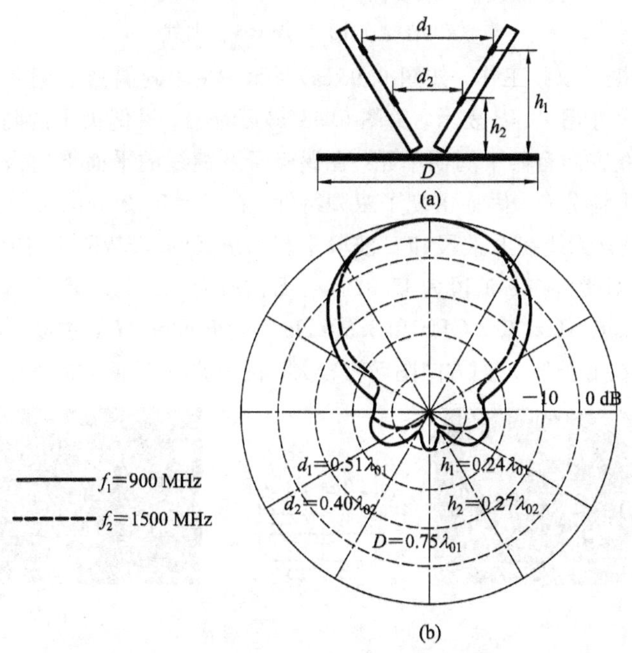

图 6.93 两个双频(900 MHz 和 1500 MHz)双面印刷带线偶极子天线的横截面尺寸及 H 面方向图

6.6.3 由有许多矩形缝隙印刷偶极子构成的双频天线[12]

图 6.94(a)是宽带印刷偶极子的结构及参数，中心设计频率为 $f_0=1300$ MHz($\lambda_0=$ 230.8 mm)。用 $\varepsilon_r=2.2$、厚 1 mm 的基板制造的印刷偶极子的尺寸如表 6.7 所示。

表 6.7 宽带印刷偶极子天线的尺寸

参数	d_2	d_3	h_1	h_2	h_3	h_4	h_5	h_6	h_7	W_1	W_2	W_3	φ
尺寸/mm	115.3	23.7	18	63.5	45	9	18	32	41	3	1.5	3	72°

图 6.94(b)是上述尺寸制造的印刷偶极子实测和仿真 VSWR 的频率特性曲线。由图 6.94(b)可以看出，VSWR≤2 的相对带宽为 41.5%。

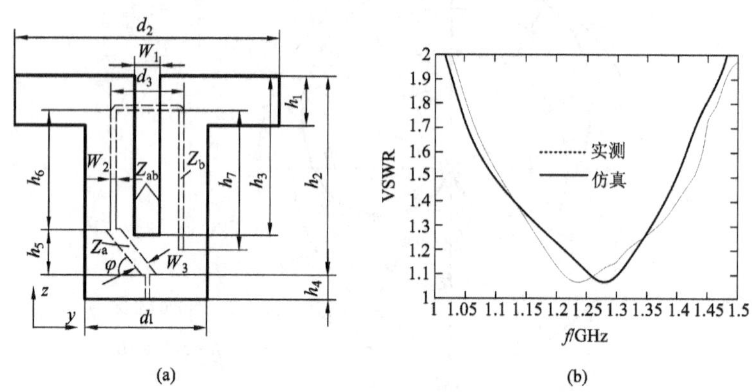

图 6.94 用串联补偿微带分支导体型巴伦馈电的印刷偶极子天线的结构及 L 频段仿真和实测 VSWR～f 特性曲线

(a) 结构；(b) VSWR～f 曲线

为了使印刷偶极子双频工作，如图 6.95(a)所示，在印刷偶极子正面腐蚀出许多矩形缝隙，大矩形缝隙的尺寸用 A、B 表示。由图 6.95(a)可看出，沿偶极子的两个臂有三个周期单元，沿偶极子的馈线方向有四个周期单元。在偶极子及馈线的平面上引入一些矩形周期缝隙单元，由于改变了电流分布，因而出现了双频特性。在 $A=10.2$ mm，$B=6$ mm 的情况下，图 6.96(a)、(b)分别是该天线在 L 波段和 S 波段实测和仿真的 VSWR～f 曲线。由图 6.96(b)看出，VSWR≤2 的相对带宽在 L 波段为 47.8%，在 S 波段为 15.1%。图 6.97(a)、(b)、(c)、(d)分别是 $f=1.2$ GHz，1.6 GHz，3.2 GHz 和 3.5 GHz 实测 E 面和 H 面主极化和交叉极化方向图。由图 6.97 可看出，在 L 波段 E 面方向图后瓣较大，在 S 波段 H 面方向图不圆度有些差。

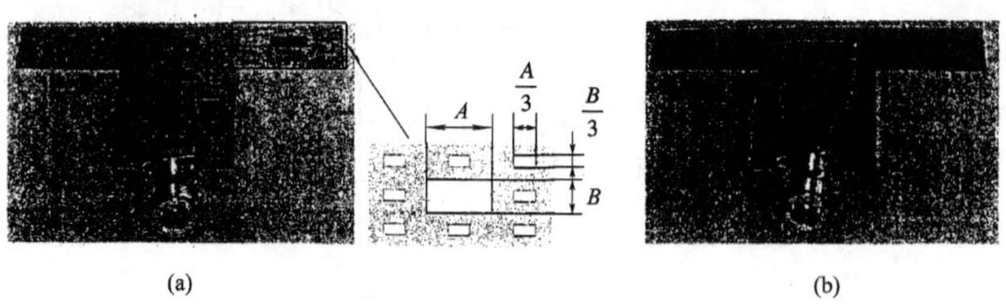

图 6.95 有许多矩形缝隙的双频印刷偶极子天线的照片

(a) 正面；(b) 背面

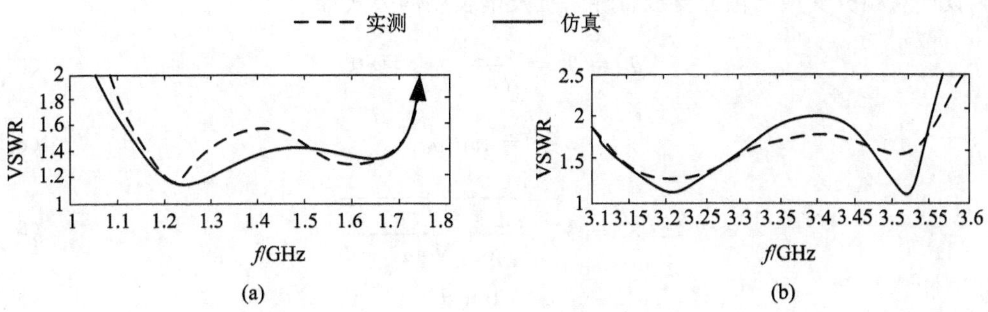

图 6.96　图 6.95 所示天线在 L 波段、S 波段实测和仿真的 VSWR～f 特性曲线
(a) 低频段(L 波段)；(b) 高频段(S 波段)

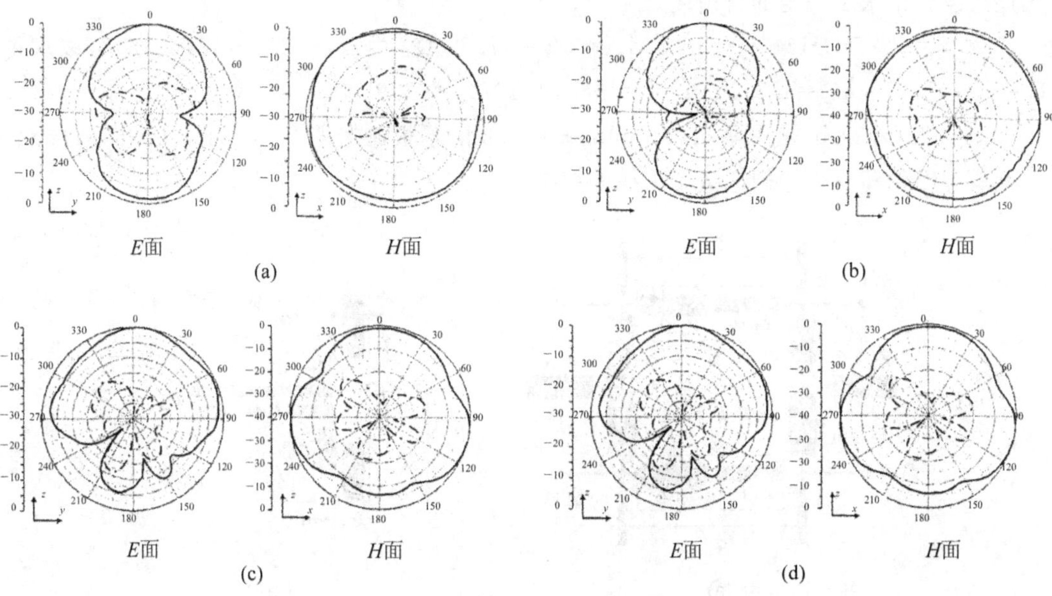

图 6.97　有许多矩形缝隙的双频印刷偶极子天线在 L 波段、S 波段实测的 E 面和 H 面主极化和交叉极化方向图
(a) f=1.2 GHz；(b) f=1.6 GHz；(c) f=3.2 GHz；(d) f=3.5 GHz

6.6.4　用分支线巴伦馈电的双频偶极子天线[12]

图 6.98(a)是分支线型双频巴伦的结构，该结构与单频分支线型巴伦的不同点有以下三点：

(1) 把特性阻抗为 Z_1、电长度为 θ_1 的分支线变成两段，且在中间并联了电长度为 θ_1、特性阻抗为 $Z_2/2$ 的开路支节。

(2) 把电长度为 θ_2、特性阻抗分别为 Z_3 和 Z_4 的双频阻抗变换段串联作为另外两根分支线。

(3) 在四个端口均并联了电长度为 θ_1、特性阻抗为 Z_2 的开路支节。

设计双频分支型巴伦分支线特性阻抗及电长度的公式如下：

$$\theta_1 = \theta_2 = \frac{f_1}{f_1 + f_2} \times 180^\circ \tag{6.31}$$

$$\frac{Z_2}{Z_1} = \tan^2\theta_1 \tag{6.32}$$

$$Z_4 = Z_0\sqrt{\frac{1}{2\alpha} + \sqrt{\frac{1}{4\alpha^2 + 2}}} \tag{6.33}$$

$$\alpha = \tan^2\theta_1 \tag{6.34}$$

$$Z_3 = \frac{2Z_0^2}{Z_4} \tag{6.35}$$

式中，f_1、f_2为工作频率，一旦 f_1、f_2已知，就能求出 θ_1、θ_2。由于 Z_1或 Z_2可以任意选择，因此给设计带来了一定的自由度。

令 f_1=2.45 GHz，f_2=5.25 GHz，Z_1=47.55 Ω，由式(6.31)～式(6.35)可以求得：$\theta_1=\theta_2$=57.27°，Z_2=115.12 Ω，Z_3=78.19 Ω，Z_4=63.95 Ω。

图 6.98(a)、(b)是用厚 0.755 mm，ε_r=2.2 的基板制造的 2.45 GHz/5.25 GHz 双频分支线型巴伦和双频印刷偶极子天线的结构。

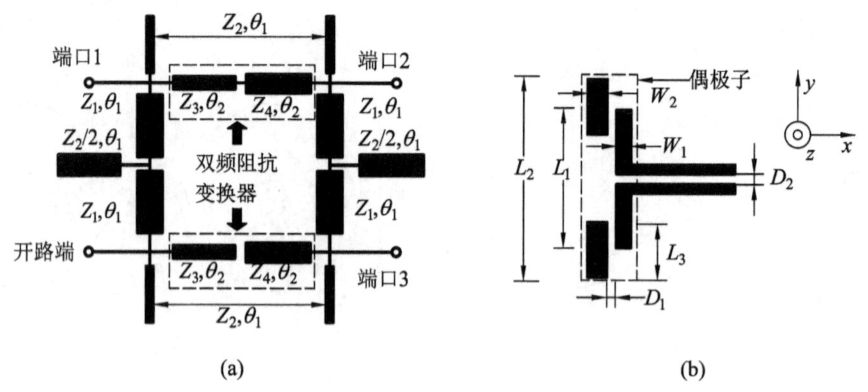

图 6.98 双频巴伦和双频印刷偶极子天线

(a) 巴伦；(b) 偶极子

虽然只对 5.25 GHz 偶极子馈电，但由于耦合，调整振子的臂长、宽度和间距，也可以使寄生偶极子在 2.45 GHz 工作。双频偶极子的具体尺寸如下：L_1=42.7 mm，L_2=80 mm，L_3=28 mm，W_1=2.3 mm，W_2=3 mm、$D_1=D_2$=0.6 mm。图 6.99(a)、(b)分别是 2.45 GHz、5.25 GHz 双频偶极子天线仿真的 S_{11}和 G 的频率响应曲线。由图 6.99 可以看出，在 2.45 GHz、5.25 GHz，S_{11} < −17 dB(VSWR<1.3)。在 2.45 GHz，G=3.65 dBi；在 5.25 GHz，G=4.56 dBi。实测 VSWR≤2 的绝对带宽在 2.45 GHz 频段为 110 MHz，在 5.25 GHz 频段为 290 MHz，相对带宽分别为 4.48%和 5.5%。图 6.100 是用双频分支线型巴伦馈电的 2.45GHz/5.25GHz 双频偶极子天线及馈电网络的照片。

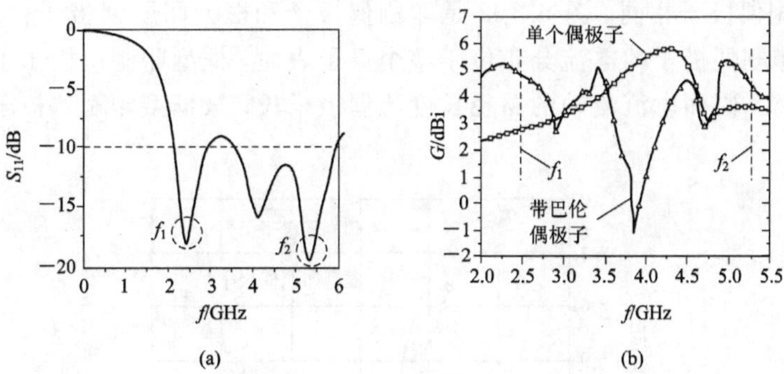

图 6.99　2.45 GHz/5.25 GHz 双频偶极子天线的 S_{11} 和 G 的频率响应曲线

(a) $S_{11}\sim f$ 曲线；(b) $G\sim f$ 曲线

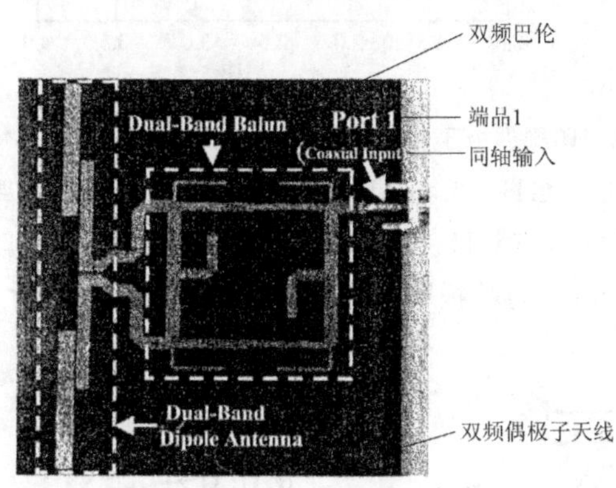

图 6.100　双频分支线型巴伦馈电的 2.45 GHz/5.25 GHz 双频偶极子天线的照片

6.6.5　由多个框型印刷偶极子构成的多频偶极子天线[14]

在有限尺寸的情况下，用框型印刷偶极子能很方便地构成多频天线。图 6.101(a)、(b)分别为印刷偶极子和框型印刷偶极子。两个天线都由渐变微带线型巴伦馈电。中心设计频率 $f_0=2.4$ GHz。两种印刷偶极子均用 1 mm 厚，$\varepsilon_r=2.65$ 的基板印刷制造，偶极子的两个辐射臂分别位于基板的正反面。具体尺寸为：印刷偶极子 $L_1=25$ mm、$W_1=12$ mm，微带馈线的宽度 $W_2=2.7$ mm、$W_3=2$ mm，框型印刷偶极子的宽度$W_{4\Delta}=2$ mm，

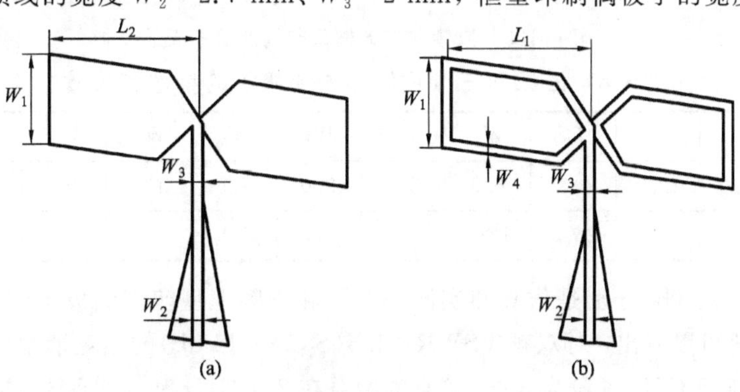

图 6.101　印刷偶极子和框型印刷偶极子

其他尺寸与印刷偶极子相同。图 6.102 是印刷偶极子和框型印刷偶极子仿真的 $S_{11} \sim f$ 特性曲线。由于印刷偶极子的电流分布位于整个振子表面，框型印刷偶极子上最强的电流却集中在它的边缘，因而电流流动的路径长度比偶极子长，故框型印刷偶极子的谐振频率比偶极子低。

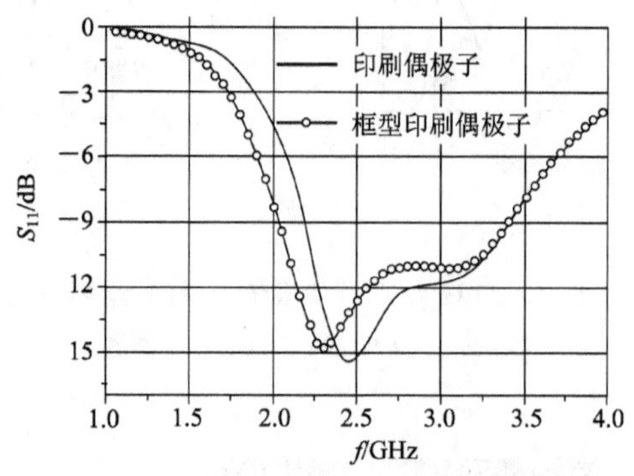

图 6.102　印刷偶极子和框型印刷偶极子仿真的 $S_{11} \sim f$ 特性曲线

图 6.103(a)是适合 2.4 GHz/3.5 GHz 双频工作的框型印刷偶极子天线；图 6.103(b)是适合 1.8 GHz/2.4 GHz/3.5 GHz 三频工作的框型印刷偶极子。三频和三频框型印刷偶极子均用 1 mm 厚、$\varepsilon_r = 2.65$ 的基板印刷制造。它们的参数及尺寸如表 6.8 所示。

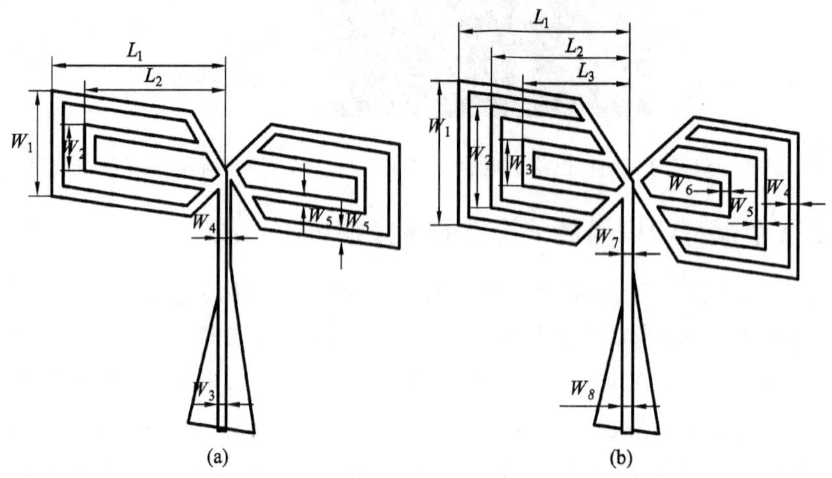

图 6.103　双频和三频框型印刷偶极子天线

表 6.8　三频和三频框型印刷偶极子的参数和尺寸　　mm

天线	L_1	W_1	L_2	W_2	W_3	W_4	W_5	W_6	W_7	W_8	L_3
双频	24.0	12.0	20.0	6.0	2.7	2.0	1.5	1.5			
三频	31.0	18.0	26.5	12.0	6.0	1.5	1.5	1.5	2.0	2.7	20.0

图 6.104(a)、(b)分别是仿真和实测的双频和三频框型印刷偶极子的 $S_{11} \sim f$ 特性曲线。由图 6.104 可以看出，对双频 VSWR<1.5(S_{11}>−14 dB)的相对带宽，在 2.4 GHz 频段为 12%，在 3.5 GHz 频段为 8%。仿真的增益在 2.4 GHz 和 3.5 GHz 均为 2.3 dBi；对三频、VSWR<1.5 的相对带宽，在 1.8 GHz 频段为 24%，在 2.4 GHz 频段为 6.5%，在

3.5 GHz频段为 3.6%。仿真的增益在 1.8 GHz、2.4 GHz 和 3.5 GHz 频段分别为 1.87 dBi、2.31 dBi 和2.65 dBi。

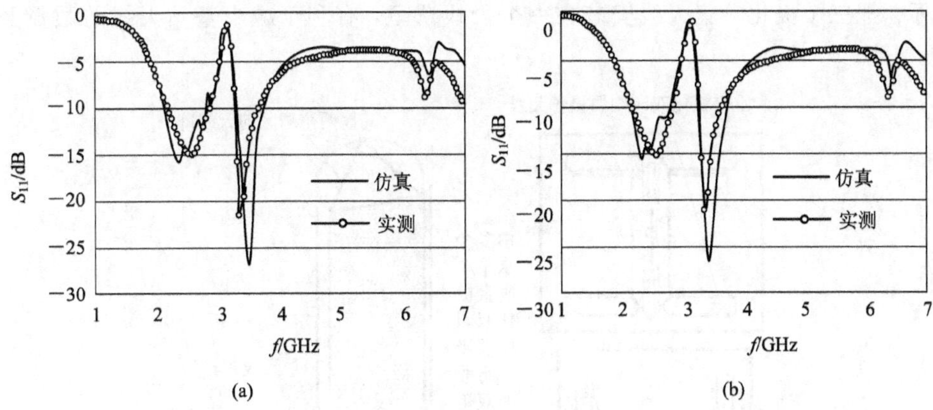

图 6.104　仿真和实测的双频和三频框型印刷偶极子的 $S_{11} \sim f$ 特性曲线

(a) 双频；(b) 三频

双频和三频框型印刷偶极子实测 VSWR 的相对带宽及增益分别如表 6.9 和表 6.10 所示。

表 6.9　双频框型印刷偶极子实测 VSWR 的相对带宽及增益

f/GHz	2.4	3.5
VSWR<1.5 的相对带宽(%)	8.7	5.9
G/dBi	1.8	2.2

表 6.10　三频框型印刷偶极子实测 VSWR 的相对带宽及增益

f/GHz	1.8	2.4	3.5
VSWR<1.5 的相对带宽(%)	21	11	10
G/dBi	1.7	1.5	1.4

6.7　双极化偶极子天线

6.7.1　由正交双面印刷偶极子构成的双极化天线

把带有寄生偶极子的印刷偶极子作为基本单元，可以构成波束宽度为 90°的极化分集天线，如图 6.105 所示。该双印刷偶极子天线具有相等的 E 面和 H 面方向图。采用寄生偶极子的好处是展宽了天线的带宽。如图 6.106(a)所示，把图 6.105 所示的印刷偶极子天线

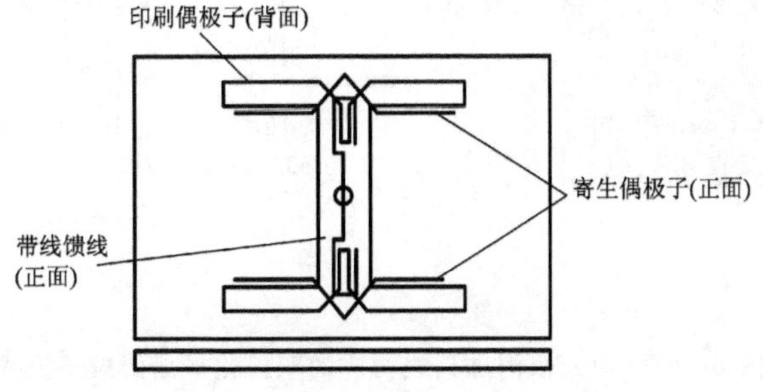

图 6.105　两单元带寄生振子的双面印刷偶极子天线

一上一下按水平/垂直方式配置就构成了水平/垂直双极化高增益天线阵。把三个这种高增益双极化天线阵在一个圆周上按120°间距配置就构成了三个扇区双极化天线，如图6.106(b)所示。把三个极化分集天线安装在一个天线罩里，有利于减少基站天线的数量及基站的建设费用。

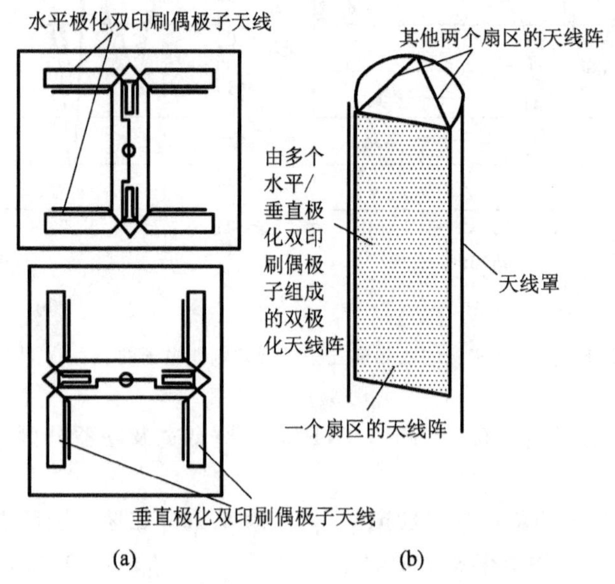

图6.106　由正交双面印刷偶极子构成的水平/垂直双极化天线和三扇区双极化天线
(a) 水平/垂直双极化天线；(b) 三扇区双极化天线

6.7.2　由四个泪珠天线构成的双极化平面偶极子天线

图6.107由四个泪珠天线构成的双极化平面偶极子天线，虽然形状尺寸完全相同，但布局和和馈电稍有区别。由图6.107可以看出，垂直方向有一对泪珠天线，其圆弧部分相对，由aa'点馈电，水平方向有一对泪珠天线，其圆锥部分相对，由bb'点馈电。图6.108是该双极化天线实测$S_{11}\sim f$特性曲线。需要指出的是，反射损耗曲线并不是相对50 Ω，aa'点馈电输入阻抗为100 Ω，bb'点馈电输入阻抗为200 Ω。

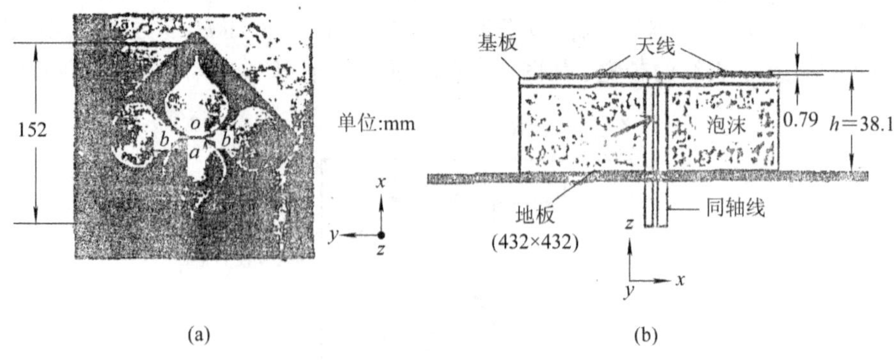

图6.107　由四个泪珠天线构成的双极化平面偶极子天线
(a) 正视；(b) 侧视

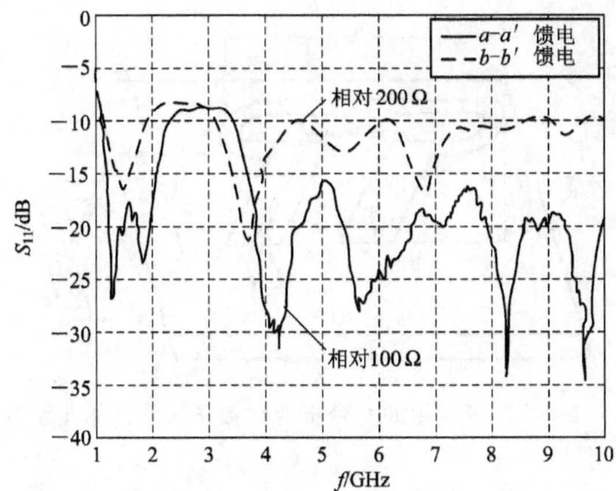

图 6.108　由四个泪珠天线构成的双极化平面偶极子天线两个端口实测 $S_{11}\sim f$ 特性曲线

图 6.109 是 aa' 点馈电的一对垂直泪珠天线，在 $f=1$ GHz 和 2 GHz 实测 E 面和 H 面主极化方向图。由图 6.109 可以看出，在 1～2 GHz 频段，方向图均呈单向辐射，交叉极化电平低于－25 dB。E 平面 HPBW 为 50°～60°，H 平面 HPBW 为 70°～90°，计算的最大增益在 1～2 GHz 频段内为 7～11 dBi。

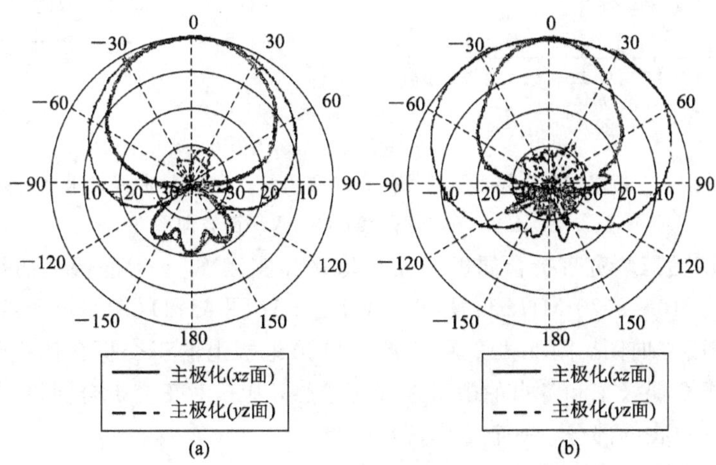

图 6.109　一对垂直泪珠天线实测 E 面和 H 面主极化方向图
(a) $f=1$ GHz；(b) $f=2$ GHz

与单个泪珠偶极子天线一样，由两对泪珠构成的双极化偶极子天线均有 10∶1 的阻抗带宽，但对每种馈电的双极化泪珠天线，方向图带宽只有 2∶1。

6.7.3　由正交折合偶极子天线构成的双极化天线[15]

图 6.110 是适合 DCS(1710～1880 MHz)、PCS(1850～1990 MHz)和 ITM－2000(1920～2170 MHz)三频使用的用间隙 2 mm 空气微带巴伦耦合馈电构成的宽带折合偶极子天线的结构及尺寸。可以把它作为三频基站天线的基本单元。天线和馈线的尺寸为：$W_a=100$ mm，$W_b=100$ mm，$H_1=42$ mm，$W_1=10$ mm，$W_2=5$ mm，$L_1=71$ mm，$W_3=1$ mm，$W_4=2$ mm，$W_5=8$ mm。

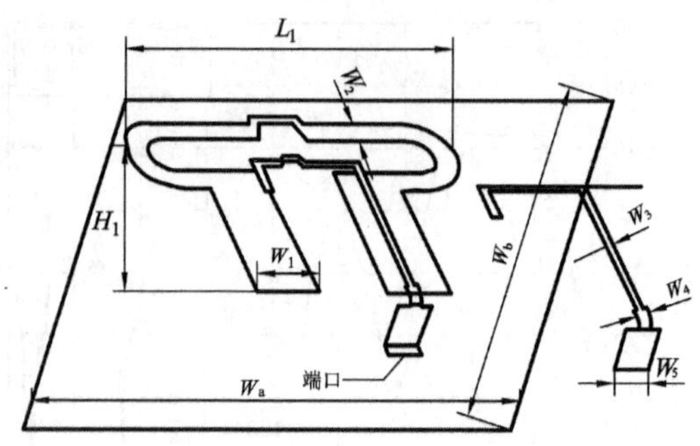

图 6.110　三频使用的宽带折合偶极子天线的结构及参数

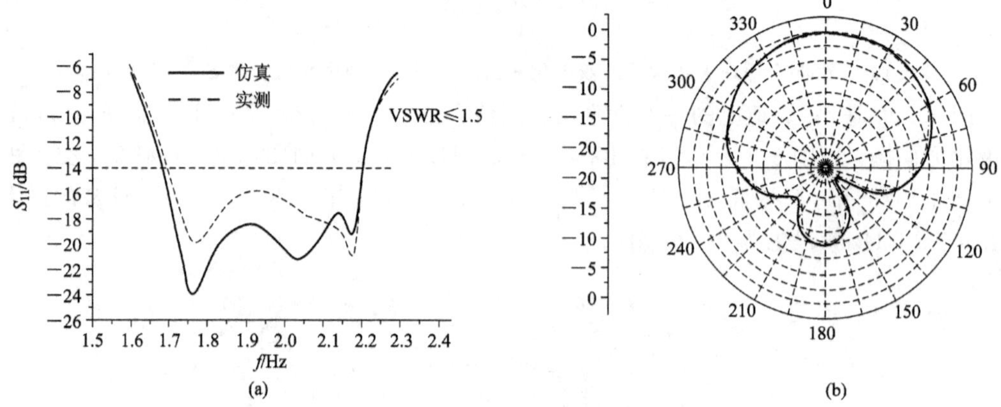

图 6.111　三频宽带折合偶极子天线仿真和实测 $S_{11}\sim f$ 特性曲线及水平面方向图

(a) $S_{11}\sim f$ 特性曲线；(b) 水平面方向图

图 6.111(a)是三频宽带折合偶极子天线仿真和实测 $S_{11}\sim f$ 的特性曲线。由图 6.111(a)可看出，在 1710～2170 MHz 频段，VSWR≤1.5；图 6.111(b)是该天线在中心频率仿真和实测的 H 面方向图。图 6.112 是安装在 U 形地板上的正交折合偶极子双极化天线。为了防止正交折合偶极子和各自的微带馈线相接触，让一对正交折合偶极子和一对正交微带馈线中间相互重叠的部分，一个凸出，另一个凹进，馈线和天线间分开的距离用 2 mm 硬泡沫固定。图 6.113(a)是该正交折合偶极子双极化天线实测端口之间隔离度的频率特性曲线，在 1710～2170 MHz 的 90%频点，$S_{21}\leqslant -29$ dB；图 6.113(b)是该天线在 1710 MHz 和 2170 MHz 实测 H 面主极化方向图，由图可以求得在两个边频 1710 MHz 和 2170 MHz 天线 H 面的半功率波瓣宽带分别为 68°和 62°；图 6.113(c)是该双极化天线两个端口实测 VSWR～f 特性曲线，由图可看出，在 1710～2170 MHz 频段，两个端口 VSWR≤1.5。

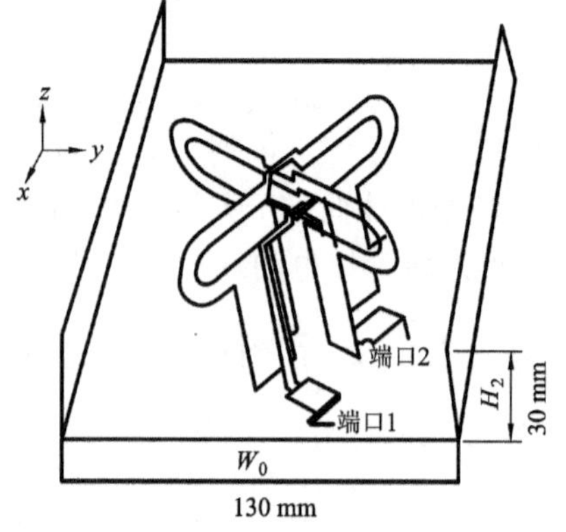

图 6.112　安装在 U 形地板上的正交折合偶极子天线

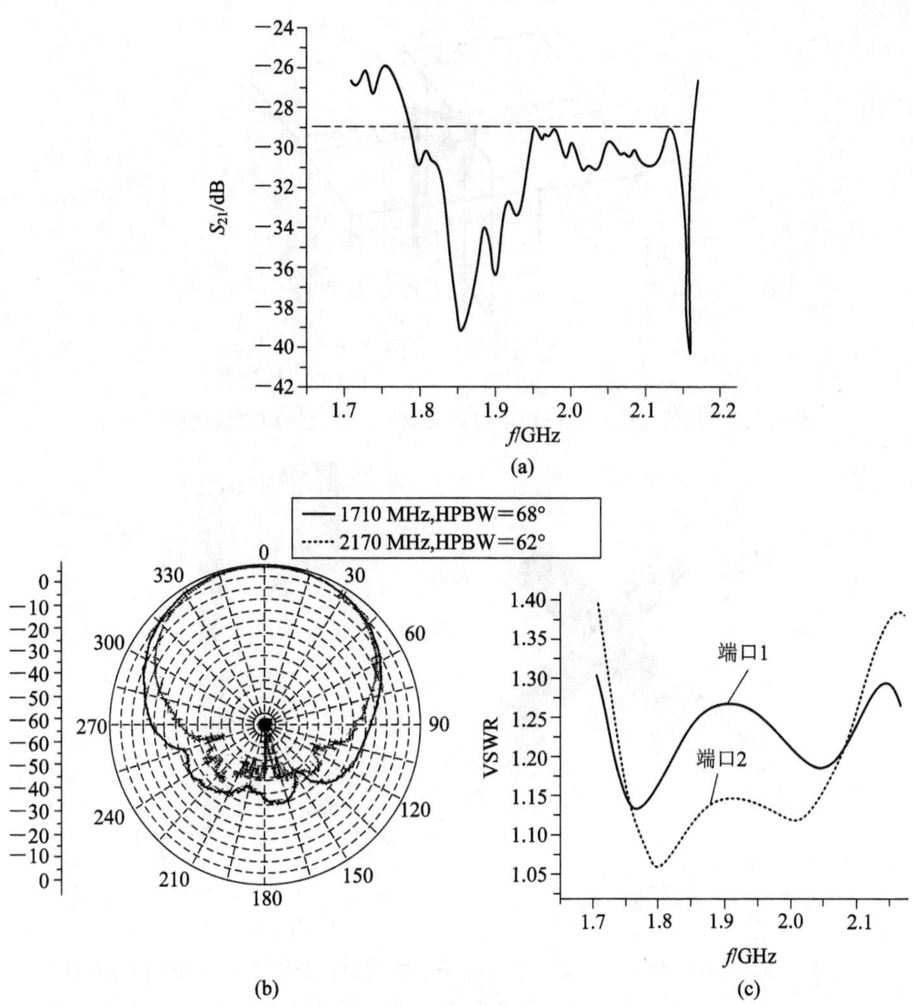

图 6.113　正交折合偶极子天线端口之间实测 S_{21} 和 VSWR 的频率特性曲线及在 1710 MHz 和 2170 MHz 实测水平面主极化方向图

(a) 隔离度(S_{21})；(b) 方向图；(c) VSWR

6.7.4　由正交钩形带线耦合馈电方板偶极子天线构成的双极化天线[16]

图 6.114 是由正交钩形带线耦合馈电构成的宽带双极化正交平面方板偶极子天线。中心设计频率 f_0=2.45 GHz(λ_0=122.1 mm)，方板偶极子每个臂长 L=29.2 mm，在正交平面方板偶极子的四个内角上，相距 S=6.2 mm 分别用高 H=28 mm(0.23λ_0)、宽度 W=16.5 mm 的金属板把平面方板偶极子与地板相连，用正交钩形带线给正交方板偶极子耦合馈电，正交钩形带线由宽度渐变的传输段和倒 U 形的耦合段组成。为了增强端口隔离度，让两个正交钩形带线一高一低，以减小它们之间的相互耦合。图 6.115 是正交钩形带线的结构及参数，其中图(a)为顶视图，图(b)为侧视图。正交平面方板偶极子天线及钩形带线馈线的尺寸如表 6.11 所示。

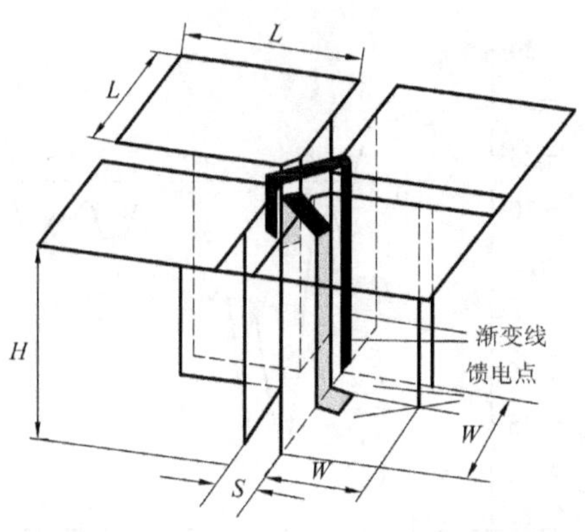

图 6.114　由钩形带线馈电构成的宽带双极化正交平面方板偶极子天线

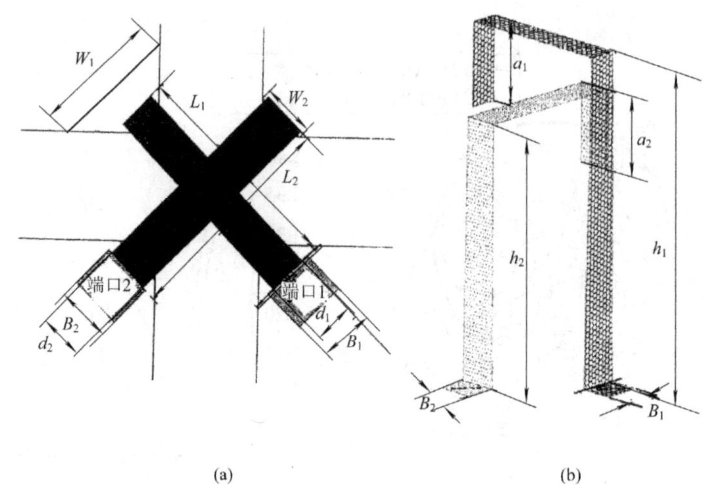

图 6.115　给双极化正交平面方板偶极子馈电用的正交钩形带线的结构及参数

(a) 顶视图；(b) 侧视图

表 6.11　正交平面方板偶极子天线及钩形带线馈线的尺寸

参数	G	L	S	W	W_1	W_2	W_3	H	d_1
尺寸/mm	149.6	29.2	6.2	16.5	5.2	3.8	28	28	1.18
参数	d_2	h_1	L_1	a_1	B_1	h_2	L_2	a_2	B_2
尺寸/mm	13.1	27	13.6	4.5	2.0	21	13.6	4.0	2.0

图 6.116 是该天线两个端口实测和仿真 VSWR 和 G 的频率特性曲线。由图 6.116 可以看出，实测端口 1，VSWR≤2 的相对带宽为 69.7%(1.718～3.558 GHz)，端口 2，VSWR≤2 的相对带宽为 74.6%(1.557～3.409 GHz)，最大增益为 9.5 dBi，3 dB 增益带宽为 1.6～3.55 GHz。图 6.117 是该天线两个端口之间实测和仿真的隔离度频率特性曲线。由图 6.117 可以看出，在 1.7～3.8 GHz 频段内，隔离度大于－36 dB。

图 6.118 是该天线端口 1 在 f=2.109 GHz、2.701 GHz、3.306 GHz 实测垂直面和水平面主极化和交叉极化方向图。在两个端口实测水平面和垂直面方向图的 HPBW 如表 6.12 所示。

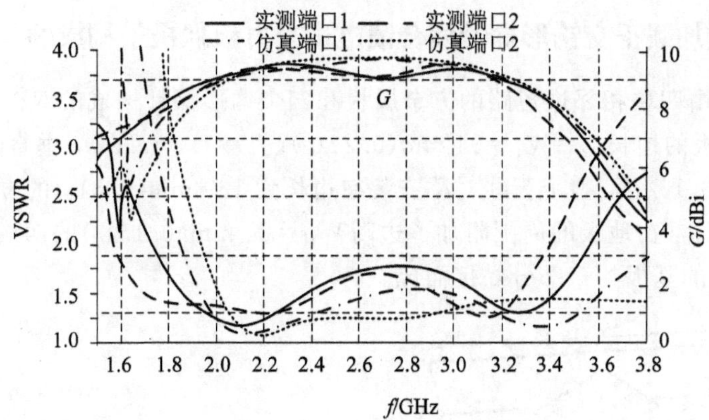

图 6.116　双极化正交平面方板偶极子两个端口实测和仿真 VSWR 和 G 的频率特性曲线

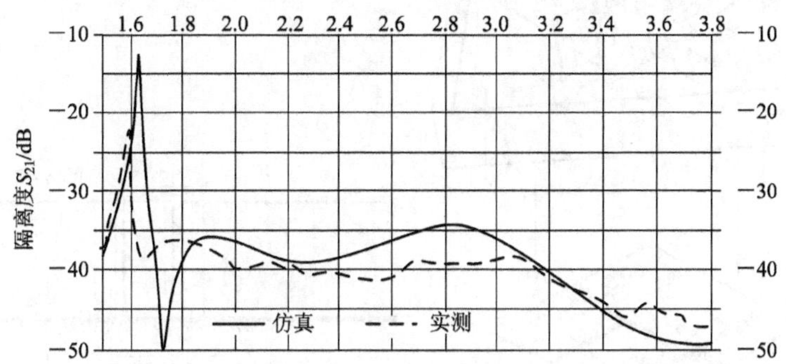

图 6.117　双极化正交平面方板偶极子两个端口之间实测和仿真的隔离度频率特性曲线

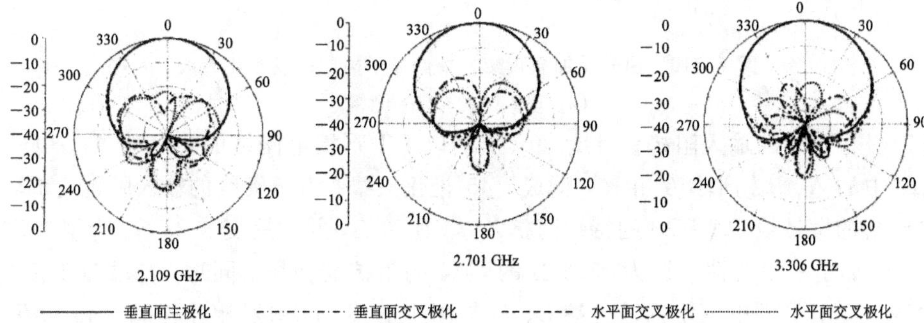

图 6.118　双极化正交平面方板偶极子天线端口 1 实测垂直面和水平面主极化和交叉极化方向图

表 6.12　双极化正交平面方板偶极子天线在不同频率两个端口实测的 HPBW

f/GHz	端口 1		端口 2	
	$HPBW_H$/(°)	$HPBW_e$/(°)	$HPBW_H$/(°)	$HPBW_E$/(°)
2.109	64.5	64.5	64	64
2.707	- 59	61	59.5	60.5
3.306	58	60	63	63

6.7.5 由介质加载正交钩形探针耦合馈电正交方板偶极子构成的双极化天线[17]

图 6.119 是由四块相邻边短路的方金属板和四个钩形探针构成的双极化宽带平板偶极子天线。方金属板的边长 $L=W_1=34$ mm($0.22\lambda_0$)($f_0=1.9$ GHz)，垂直短路金属板的宽度 $W_2=24$ mm($0.15\lambda_0$)，整个天线对称安装在边长为 130 mm($0.8\lambda_0$)的方地板中心。为了改善天线的方向图，在地板的周围附加了边高 $W_H=24$ mm($0.15\lambda_0$)的四块边墙。钩形探针仍然由 $\varepsilon_r=2.65$ 的基板的三部分黏接而成。

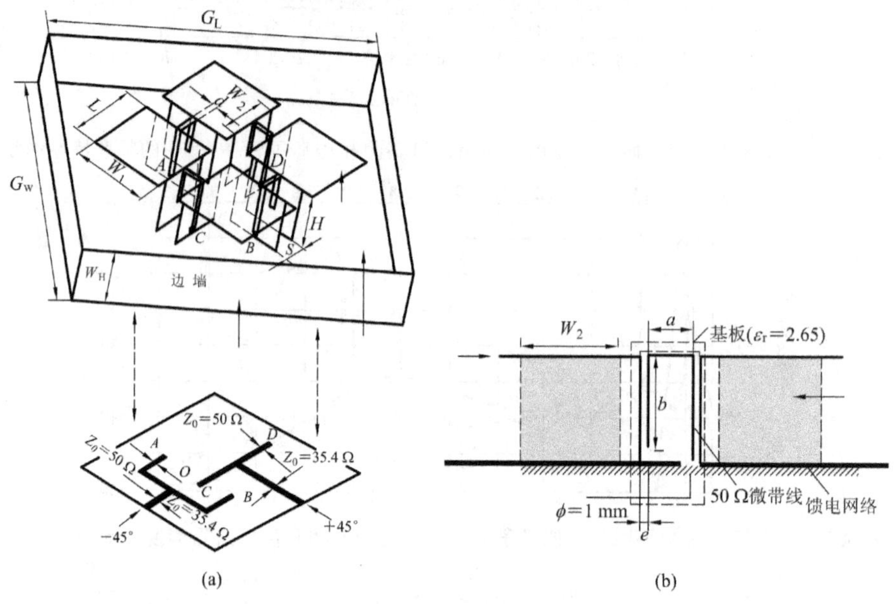

图 6.119 由介质加载正交方板偶极子构成的双极化天线

(a) 立体结构；(b) 侧视

把双极化天线的输入阻抗设计为 50 Ω，端口 1 T 形馈电网络的输出端 A、B 同相，与图 6.119 中的 A、B 钩形探针相连，构成−45°极化天线。由于天线的输入阻抗为 50 Ω，所以馈电网络的微带线 OA、OB 的特性阻抗 Z_c 均为 50 Ω，并联后变成 25 Ω。为了与 50 Ω 馈线匹配，附加了一段特性阻抗为 35.4 Ω 的 $\lambda_0/4$ 的阻抗变换段。同理，与端口 1 馈电网络正交的端口 2 T 形馈电网络的输出端 C、D 与图中的 C、D 钩形相连构成+45°极化天线。双极化方板偶极子天线在 $f_0=1.9$ GHz 时的尺寸及电尺寸如表 6.13 所示。

表 6.13 双极化方板偶极子天线在 $f_0=1.9$ GHz 时的尺寸及电尺寸

参数	H	L	W_1	G_L	G_w	W_H	S	W_2	a	b	d	e
尺寸/mm	24	34	34	130	130	24	10	24	8.7	15	2	0.5
电尺寸	$0.15\lambda_0$	$0.22\lambda_0$	$0.22\lambda_0$	$0.82\lambda_0$	$0.82\lambda_0$	$0.15\lambda_0$	$0.10\lambda_0$	$0.25\lambda_0$	$0.09\lambda_0$	$0.15\lambda_0$	$0.02\lambda_0$	$0.005\lambda_0$

图 6.120 是该双极化天线实测增益及 S 参数的频率特性曲线。由图 6.120 可以看出，端口 1 VSWR≤2 的相对带宽为 24.9%(f 为 1.65～2.12 GHz)，端口 2 VSWR≤2 的相对带宽为 28.4%(f 为 1.60～2.13 GHz)，隔离度 $S_{21}>-29$ dB，两个端口实测平均增益约 8.2 dBi。

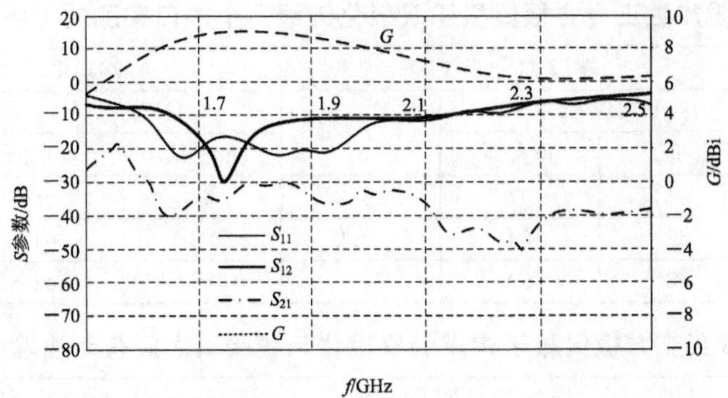

图 6.120 介质加载正交方板偶极子双极化天线端口之间实测 S 参数的频率特性曲线及实测 G 的频率特性曲线

图 6.121(a)、(b)分别是该双极化天线 $-45°$ 和 $+45°$ 端口在 $f=1.7$ GHz、1.9 GHz 和 2.1 GHz 实测和仿真主极化和交叉极化垂直面方向图，主要结果摘录在表 6.14 中。有和无边墙仿真的天线 F/B 比如表 6.15 所示。

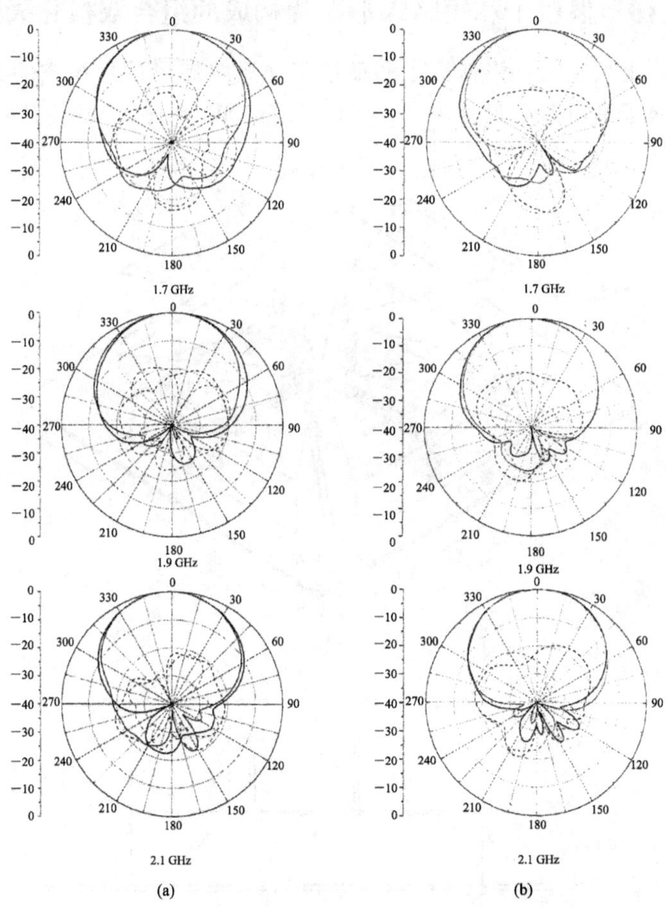

图 6.121 介质加载正交方板偶极子双极化天线两端口实测和仿真主极化和交叉极化垂直面方向图

(a) $-45°$；(b) $+45°$

表 6.14　介质加载正交方板偶极子双极化天线两个端口实测的 HPBW 和 F/B 比

f/GHz	端口 1(−45°)			端口 2(+45°)		
	HPBW/(°)		(F/B)/dB	HPBW/(°)		(F/B)/dB
	水平面	垂直面		水平面	垂直面	
1.7	67	67	16.2	66	65	15.0
1.9	62	64	22.2	63	61	19.7
2.1	63	60	22.4	63	61	19.6

表 6.15　介质加载正交方板偶极子构成的双极化天线端口之间有无边墙仿真的天线 F/B 比

f/GHz	端口 1　(F/B)/dB		端口 2　(F/B)/dB	
	无边墙	有边墙	无边墙	有边墙
1.7	5.4	15.3	6.0	17.0
1.9	11.7	20.5	11.8	19.2
2.1	14.8	24.3	14.0	20.8

6.7.6　由正交梯形偶极子和短路蝶形贴片构成的组合双极化天线[18]

图 6.122 是由上层正交梯形偶极子和下层正交短路蝶形贴片构成的组合双极化天线。上层正交梯形偶极子是由四个尺寸为 $W_1=46.3$ mm，$W_2=10.3$ mm，$P=43.6$ mm 的梯形

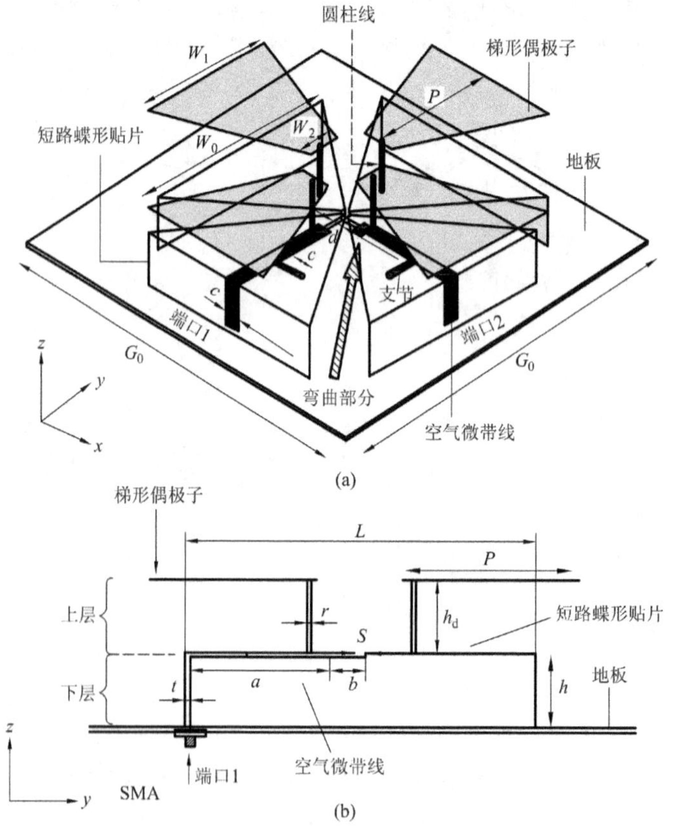

图 6.122　由正交梯形偶极子和短路蝶形贴片构成的组合宽度双极化天线

金属板和四个高度为 h_d 的圆柱线组成的，四根圆柱线还起到固定支撑梯形偶极子的作用。下层由位于边长为 150 mm 的方地板中心的正交蝶形贴片组成，用一对位于蝶形贴片下面、离贴片间距 $t=1$ mm 的倒 L 形空气微带线馈电，倒 L 形空气微带线馈电一端与 SMA 插座的内导体相连，另一端连接到相反蝶形贴片的边缘。倒 L 形空气微带线馈电的特性阻抗有两种：靠近中心的为 100 Ω，带线的宽度 $d=1.6$ mm，长度 $b=10$ mm；另一种为 50 Ω，带线的宽度 $d=4.9$ mm，长度 $a=36$ mm。用 100 Ω 阻抗匹配段把天线的高输入阻抗变成 50 Ω。为了防止正交微带馈线短路，把端口 2 的微带馈线在中心向下弯曲。为了进一步展宽天线的阻抗带宽，在微带馈线中附加了宽 1.6 mm、长 10 mm 的短路枝节。

组合双极化天线的工作频段为 1710～2170 GHz，研究发现一对蝶形贴片的距离 L 及宽度 W_0 主要影响谐振频率，满足上述工作频率的最佳值为 $L=0.5\lambda_L$（λ_L 为最低工作频率 1710 MHz 的波长），$W_0=0.36\lambda_L$，天线在 $f_0=1.95$ GHz 谐振。用梯形偶极子而不用矩形偶极子，是因为用梯形偶极子能实现高且稳定的增益。

组合双极化天线的尺寸及相对最低工作频率波长 λ_L 的尺寸如表 6.16 所示。

表 6.16　组合双极化天线的尺寸

参数	G_0	h	L	P	W_0	W_1	W_2	r	S
尺寸/mm	150	17.5	91	43.6	64	46.3	10.3	1	3
相对(λ_L)	0.85	0.1	0.52	0.25	0.36	0.26	0.06		0.017

图 6.123 是组合双极化天线端口之间实测 S 参数和仿真、实测 G 的频率特性曲线。由图 6.123 可看出，两个端口实测 VSWR≤2 的相对带宽为 23%，在 1710～2170 MHz 频段内，隔离度 $S_{21}\leqslant-30$ dB，实测增益为 6.6～6.9 dBi。图 6.124 是组合双频天线在 1.71 GHz、1.95 GHz、2.17 GHz 情况下±45°双极化天线实测和仿真主极化和交叉极化方向图。表 6.17 为组合双频天线两个端口实测 HPBW 和 F/B 比。

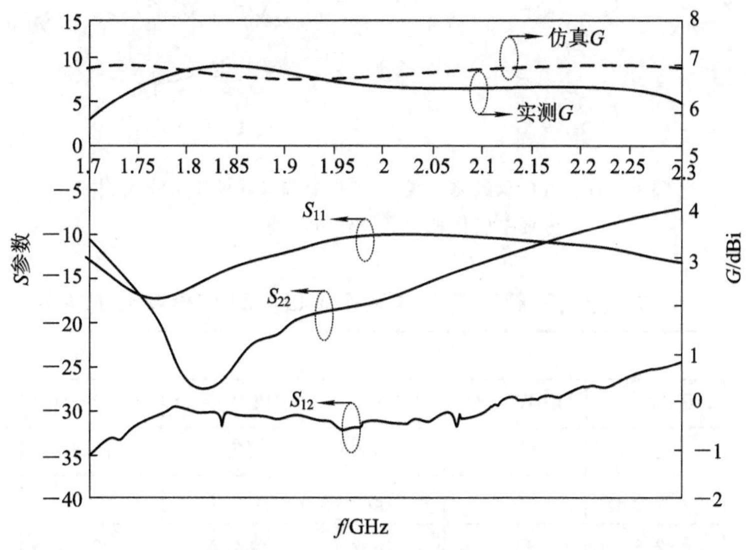

图 6.123　组合双极化天线实测 S_{11}、S_{22}、S_{12} 和 G 的频率特性曲线

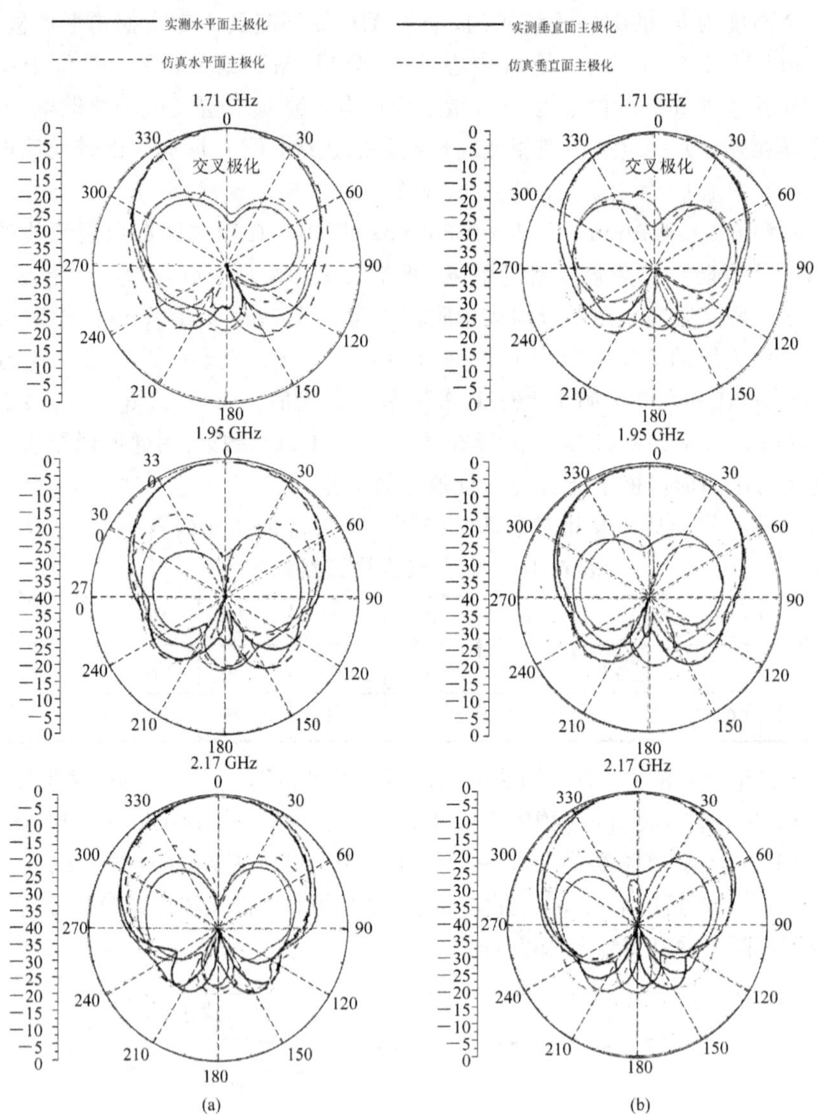

图 6.124　组合双极化天线±45°两个端口双极化天线实测和仿真主极化和交叉极化方向图

(a) +45°；(b) −45°

表 6.17　组合双频天线±45°两个端口实测 HPBW 和 *F*/*B* 比

f/GHz	+45°			−45°		
	$HPBW_E$/(°)	$HPBW_H$/(°)	(*F*/*B*)/dB	$HPBW_E$/(°)	$HPBW_H$/(°)	(*F*/*B*)/dB
1.71	72.8	73.5	18.9	72.1	72.2	18.9
1.8	79.6	81.9	18.9	76.9	78.9	18.9
1.95	82.6	86.4	18.3	84.2	82.1	18.3
2.17	78.2	84.3	19.3	81.9	79.8	19.3

6.8　宽带偶极子天线

展宽偶极子天线带宽的方法很多，常用的方法有以下几种：

(1) 采用寄生振子，可以用一个寄生振子，也可以采用双寄生振子。

(2) 采用开式套筒，可以是圆柱金属管，也可以是平面带线形。

(3) 用三角形加载。

(4) 采用短路桥。

(5) 采用方板、泪珠等宽带偶极子。

6.8.1　带寄生振子的宽带印刷偶极子天线[19]

图 6.125 是带寄生振子的宽带印刷偶极子天线。由于附加了寄生振子，且由电容补偿的巴伦进行平衡馈电和阻抗匹配，因而实现了宽频带，VSWR≤1.5 的相对带宽为49.5%，不仅如此，在整个工作频段内有相当低的交叉极化电平。巴伦不仅减小了偶极子天线在低频偏离谐振频率时的电抗，而且为高频提供了谐振。图 6.125 中，S_1、d 和 L_4 对阻抗匹配很灵敏。

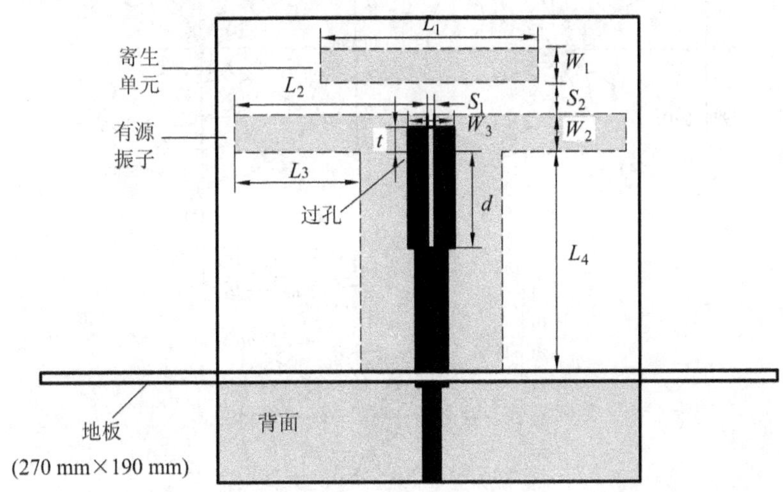

图 6.125　位于矩形地板上的带短寄生振子的宽带印刷偶极子天线

中心设计频率为 f_0=1.85 GHz 的用厚 1.5 mm 的 FR4 基板制作的天线，其具体参数及尺寸如表 6.18 所示。

表 6.18　1.85 GHz 频段印刷偶极子天线的尺寸

参数	W_1	W_2	W_3	S_1	S_2	L_1	L_2	L_3	L_4	t
尺寸/mm	8	8	9	0.5	5	47	42.7	28	40.5	3

图 6.126 是该天线仿真和实测的 VSWR～f 特性曲线。由图 6.126 可以看出，VSWR≤1.5 的相对带宽为 49.5%(1.4～2.3 GHz)。图 6.127 是该天线在 f=1.85 GHz、1.35 GHz和 2.35 GHz 实测 E 面和 H 面主极化 E_{c0}、H_{c0} 和交叉极化 E_x、H_x 方向图。由图 6.127可以看出，在整个工作频段内，交叉极化电平低于−21 dB。

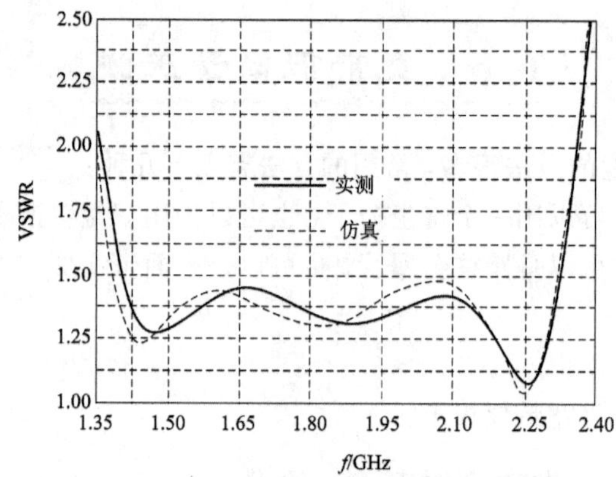

图 6.126　带短寄生振子的宽带印刷偶极子天线仿真和实测 VSWR～f 特性曲线

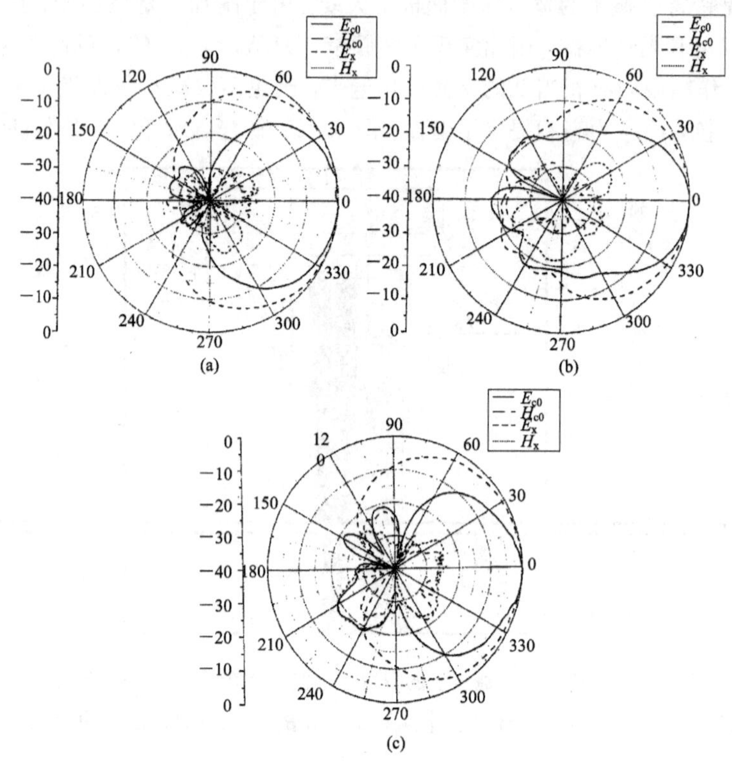

图 6.127　图 6.125 所示的印刷偶极子实测 E 面和 H 面主极化(E_{c0}、H_{c0})和交叉极化(E_x、H_x)方向图

(a) f=1.85 GHz；(b) f=1.35 GHz；(c) f=2.35 GHz

6.8.2　带双寄生振子的双面印刷偶极子天线[20]

图 6.128 是适合在 610～960 MHz 频段工作的用平衡双线馈电、带双寄生振子的双面印刷宽带偶极子天线。由于寄生振子与偶极子互耦，使互阻抗与偶极子的自电抗相互补偿，因而展宽了带宽。图 6.129(a)是用图 6.128 所示单元构成的四元天线阵，由于馈线和地板并不同电位，因此馈线造成的杂散辐射导致天线产生了很大的寄生副瓣。为了抑制寄生辐射，在微带线的地上附加了一个金属框，如图 6.129(b)所示。图 6.130 是带寄生振子

的单个印刷偶极子和四元天线阵实测 VSWR～f 特性曲线。由图 6.130 可看出，带寄生振子的印刷偶极子天线 VSWR≤1.8 的相对带宽为 61%，VSWR≤1.3 的相对带宽为 43%。图 6.131 是四元天线阵微带馈线地线上有和没有金属框仿真和实测的方向图。由图 6.131 可以看出，在天线阵微带馈线的地上附加了金属框之后，把天线阵大副瓣降低到－17 dB 以下，F/B 比平均改善 10 dB。

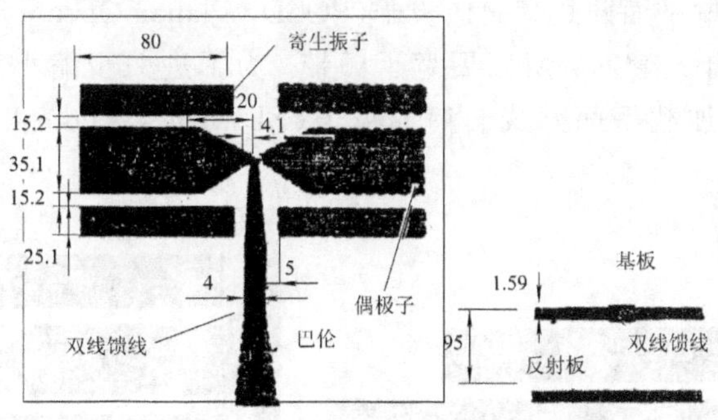

图 6.128　带双寄生振子的印刷宽带偶极子天线

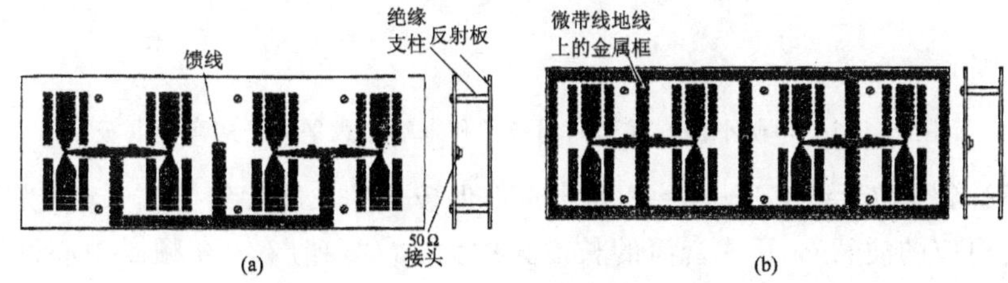

图 6.129　四元带双寄生振子的用双线馈电的印刷偶极子天线阵

(a) 微带馈线的地上无金属框；(b) 微带馈线的地上附加了金属框

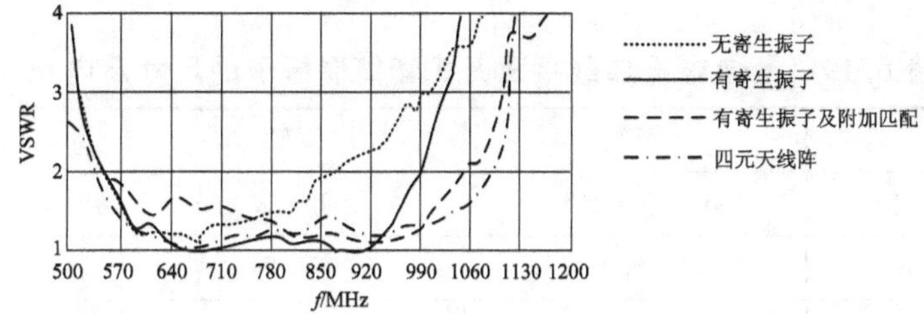

图 6.130　单个寄生印刷偶极子和四元天线阵实测 VSWR～f 特性曲线

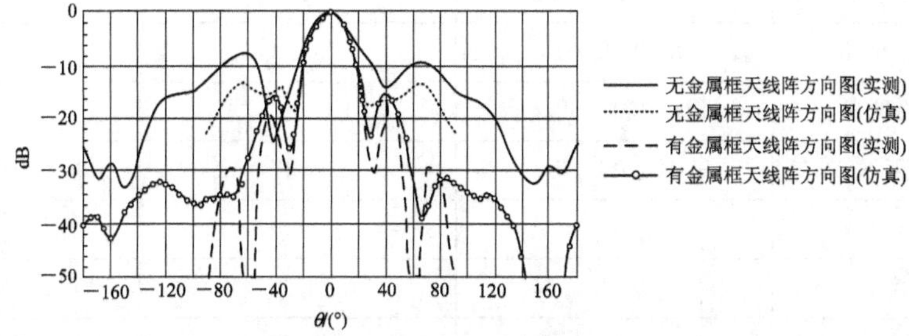

图 6.131　有无金属框四元印刷偶极子天线阵仿真和实测方向图

在 610～960 MHz 频段内，四元天线阵的实测主要电性能如下：VSWR≤1.7，G=9.5～11.9 dBi，SLL<−16 dB，F/B≥30 dB。

6.8.3　末端加载和带有平面开式套筒的印刷偶极子天线[21]

实际应用中都希望天线具有以下特性：小尺寸，宽频带，低成本，易批量生产。

图 6.132(a)为印刷平面开式套筒偶极子(POSD，Planar Open - Sleeve Dipole)的结构示意图。由于采用了开式套筒，所以展宽了频带。为了进一步缩小尺寸，可以采用如图 6.132(b)所示的末端加载平面开式套筒偶极子(ELPOSD，End - Loaded Planar Open - Sleeve Dipole)。

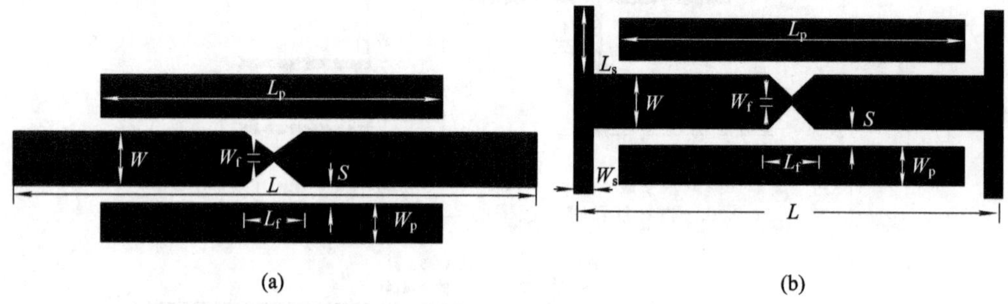

图 6.132　印刷平面开式套筒偶极子和末端加载平面开式套筒偶极子

中心设计频率 f_0=1 GHz(λ_0=300 mm)，偶极子的长度大约为 $\lambda_L/2$(λ_L为低频段中心谐振频率所对应的波长)，开式套筒的长度大约为 $\lambda_H/2$($\lambda_H/2$ 为高频段中心谐振频率所对应的波长)，采用遗传(GA)最佳算式，得出在宽带、双频和介质加载三种情况下，最佳末端加载平面开式套筒偶极子和最佳平面开式套筒偶极子的尺寸及电尺寸分别如表 6.19 和表 6.20 所示。

表 6.19　最佳末端加载平面开式套筒偶极子的尺寸及电尺寸　　mm

	带宽	双频	介质加载
偶极子长度 L	133.4(0.4446λ_0)	144.2	109.9(0.366λ_0)
偶极子宽度 W	19.16(0.064λ_0)	17.7	11.79(0.0393λ_0)
末端加载长度 L_s	16.2(0.054λ_0)	21	12.51(0.0417λ_0)
末端加载宽度 W_s	7.7(0.026λ_0)	10	4.57(0.015λ_0)
寄生单元长度 L_p	98(0.326λ_0)	98.3	64.1(0.2136λ_0)
寄生单元长度 W_p	11.49(0.038λ_0)	4.57	10.2(0.034λ_0)
单元间距 S	2.0(0.00666λ_0)	2.27	3.11(0.01λ_0)
基板 ε_r			6
基板厚度 h			3.36
$\tan\delta$			0.0023

表 6.20 最佳平面开式套筒偶极子的尺寸及电尺寸 mm

	带宽	双频	介质加载
偶极子长度 L	165.0($0.55\lambda_0$)	144.2	133.2
偶极子宽度 W	18.74($0.0624\lambda_0$)	17.7	1085
寄生单元长度 L_p	97.2($0.324\lambda_0$)	98.3	64.0
寄生单元长度 W_p	15.1($0.05\lambda_0$)	4.57	11.96
单元间距 S	2.0($0.006\ 76\lambda_0$)	2.27	3
基板 ε_r			6
基板厚度 h			3.36
$\tan\delta$			0.0023

图 6.133(a)、(b)分别是窄带偶极子、末端加载平面开式套筒偶极子和平面开式套筒偶极子仿真的 VSWR 和 G 的频率特性曲线。

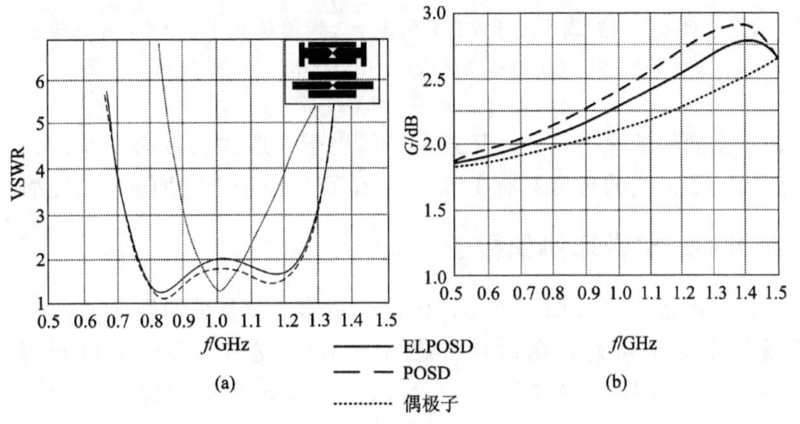

图 6.133 窄带偶极子、末端加载平面开式套筒偶极子和平面开式套筒偶极子仿真的 VSWR 和 G 的频率特性曲线

(a) VSWR；(b) G

由图 6.133 可以看出，偶极子 VSWR≤2 的相对带宽为 14%（930～1070MHz）；ELPOSD 和 POSD 天线在 750～1245 MHz 的频段内，VSWR≤2，相对带宽为 49.6%，在中心频率 f_0，ELPOSD 天线 $G_{max}=2.3$ dBi，POSD 天线 $G_{max}=2.41$ dBi。

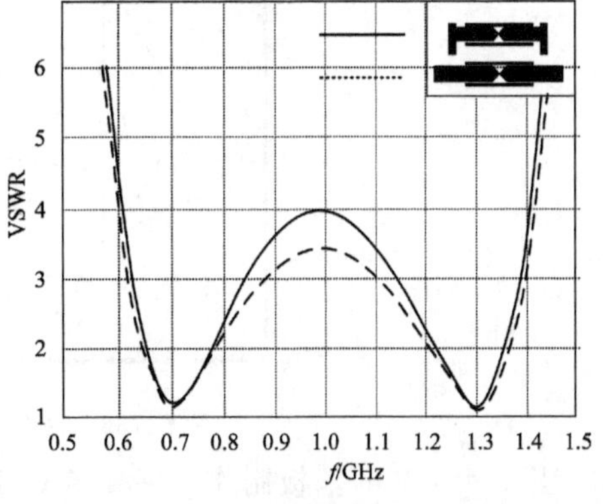

图 6.134 双频末端加载平面开式套筒偶极子天线和双频平面开式套筒偶极子天线的实测 VSWR 频率特性曲线

图 6.134 是按表 6.19 和表 6.20 所列数据制作的双频末端加载平面开式套筒偶极子天线和双频平面开式套筒偶极子天线的实测 VSWR 频率特性曲线。

图 6.135(a)、(b)分别是双频末端加载平面开式套筒偶极子天线和双频平面开式套筒偶极子天线在低频段(0.7 GHz)和高频段

(1.3 GHz)的 E 面和 H 面方向图。由图 6.135 可看出，用末端加载平面开式套筒偶极子天线和平面开式套筒偶极子天线还可以构成双频天线。

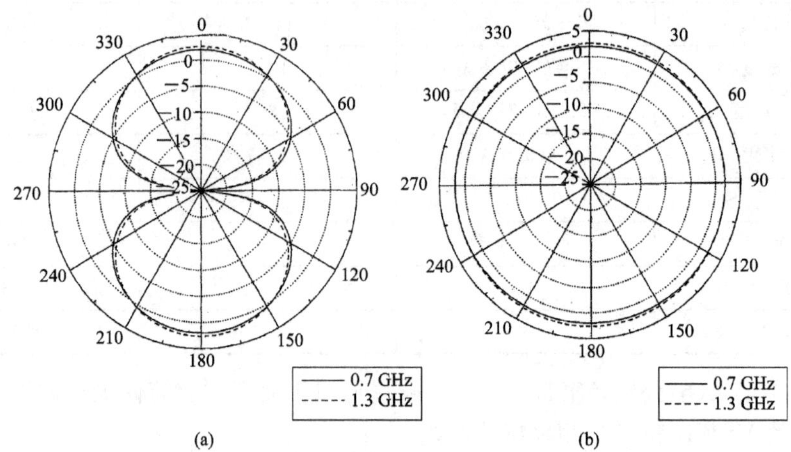

图 6.135 双频末端加载平面开式套筒偶极子天线和双频平面开式套筒偶极子天线在低频段(0.7 GHz)和高频段(1.3 GHz)的 E 面和 H 面方向图

(a) E 面；(b) H 面

在阻抗带宽相同的情况下，平面开式套筒偶极子天线的长度为 165 mm，但末端加载平面开式套筒偶极子天线的长度只有 133.4 mm，可见由于末端加载，长度缩短了 19%。

6.8.4 三角形加载宽带印刷偶极子天线[22]

图 6.136 是 L 波段用渐变微带巴伦馈电的三角形加载宽带印刷偶极子天线。为了展宽带宽，除了用三角形加载外，在微带馈线中还使用支节。天线的电尺寸如下：$L_1=0.475\lambda_g$，$L_h=0.209\lambda_g$，$W_e=0.076\lambda_g$，$f_p=0.021\lambda_g$，$h_s=0.119\lambda_g$，$L_s=0.307\lambda_g$，$L_f=0.475\lambda_g$，$\alpha=8°$，$\beta=100°$，$\lambda_g=\dfrac{\lambda_0}{\sqrt{\varepsilon_r}}$。

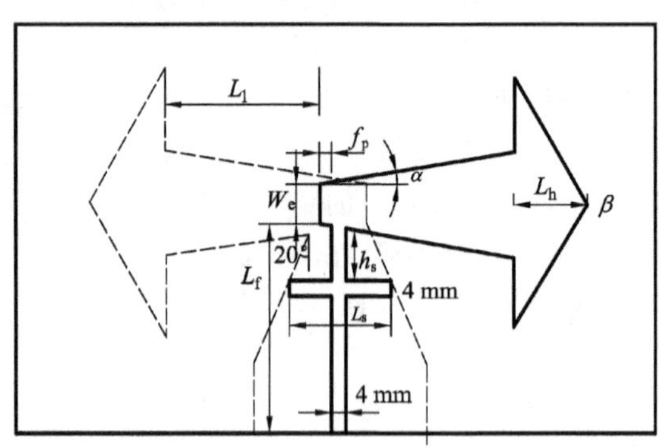

图 6.136 三角形加载宽带印刷偶极子天线

用 $\varepsilon_r=4.2$ 的基板制作 $f_0=1.5$ GHz 的三角形加载印刷偶极子天线，仿真研究发现，支节的位置对带宽的影响比较大，具体如图 6.137 所示。图 6.138 是该天线在 $f=1.14$ GHz、1.5 GHz、1.88 GHz 实测 E 面方向图。在支节的位置 $L_s=14$ mm 时，VSWR≤2 的相对带宽为 50.5%，实测增益大于 6 dBi。

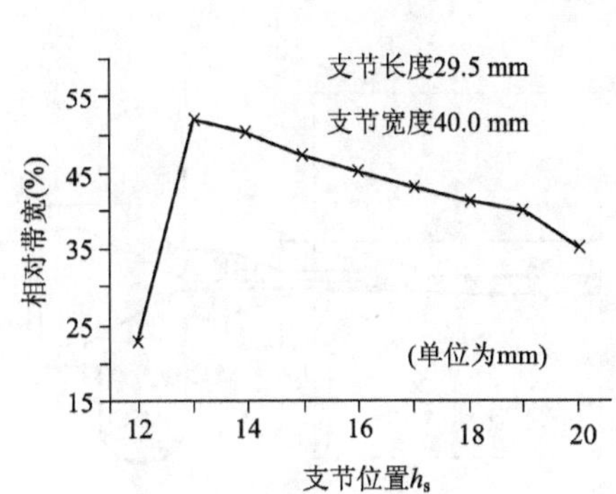

图 6.137　三角形加载宽带印刷偶极子天线匹配支节位置与相对带宽的关系曲线

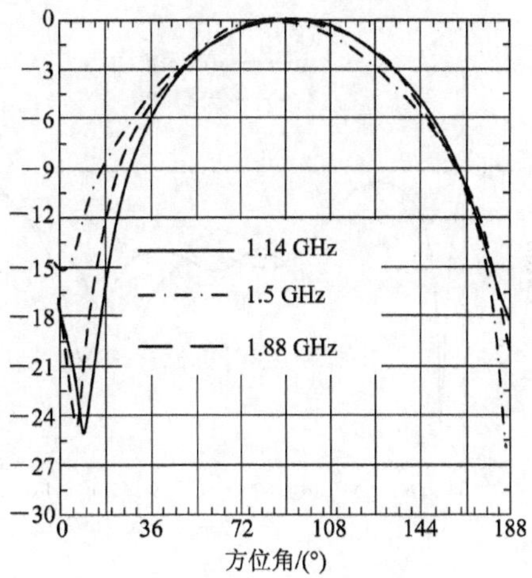

图 6.138　三角形加载宽带印刷偶极子线天在 f=1.14 GHz、1.5 GHz、1.88 GHz 实测 E 面方向图

6.8.5　有短路桥的 UWB 偶极子天线[23]

图 6.139 是适合在 3.1～10.6 GHz 频段使用的超宽带(UWB)偶极子天线。由于采用了短路桥，天线实际上变成由偶极子和环构成的组合天线，它不仅进一步展开了 UWB 偶极子天线的阻抗带宽，而且提高了频段内特别是高频段天线的增益。由图 6.139 可以看出，该天线位于 xy 平面，用 ε_r=3.38，厚 0.8 mm 的基板制造，适合在 3.1～10.6 GHz 频段工作，天线的具体尺寸如下：L=40 mm，W=10 mm，L_h=8 mm，W_h=2.5 mm，L_v=18 mm，W_v=1.5 mm，m=12 mm，W_f=3 mm，g_f=1 mm。由于采用短路桥，把偶极子臂的末端变成椭圆及把偶极子的内臂渐变，不仅把偶极子的谐振长度由最低频段的 $0.5\lambda_0$ 变为 $0.4\lambda_0$，而且更利于阻抗匹配。要选择偶极子输入端带线的宽度 W_f及间隙 g_f，以便使缝隙线的阻抗为 100 Ω。

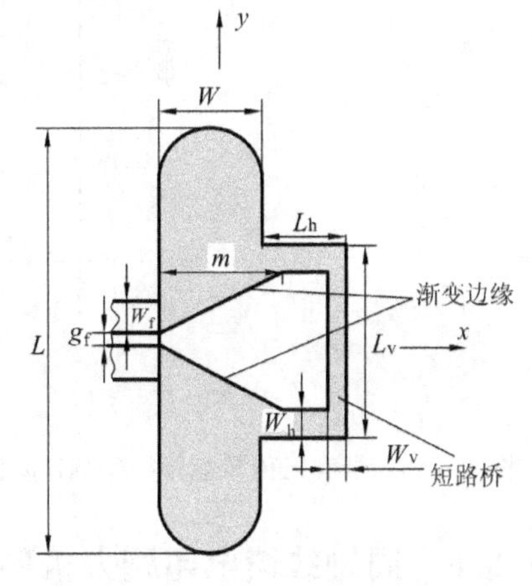

图 6.139　带有短路桥的超宽带(UWB)偶极子天线

图 6.140 是该 UWB 偶极子有和无短路桥仿真的 S_{11}～f 特性曲线。由图 6.140 可看出，有短路桥，不仅在 4.3～12 GHz 频段内使 S_{11}小于－10 dB，而且使 3～4.3 GHz 频段内的 S_{11}也小于－10 dB，使 VSWR≤2 的相对带宽变为 118%(2.8～10.9 GHz)。由于该天线是 UWB 对称天线，因此必须使用 UWB 巴伦，把 50 Ω 不平衡馈线变成输出阻抗为155 Ω 的平衡馈线，如图 6.141 所示。该 UWB 巴伦是由特性阻抗分别为 124 Ω、87 Ω 和 61 Ω 的三段切比雪夫变换段组成的，由 50 Ω 变成 155 Ω，再利用共面带线逐渐把 155 Ω 变成缝隙线的 100 Ω。图 6.142 是有巴伦及短路桥 UWB 偶极子天线仿真和实测的最大增益和±z 向增益的频率特性曲线。由图 6.142 可看出，该天线的最大增益在频段内为 2.4～6.2 dBi。

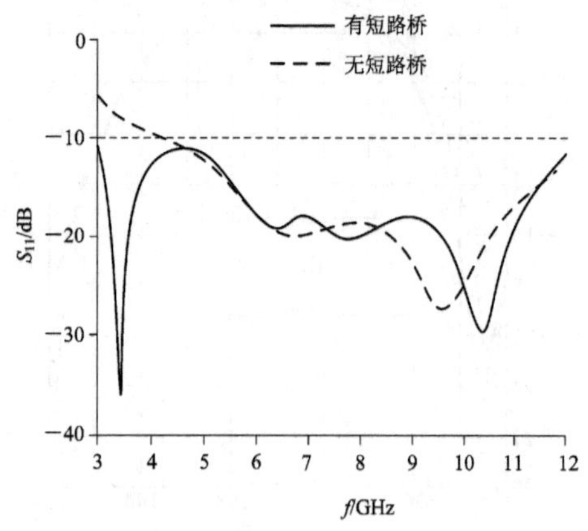

图 6.140　UWB偶极子有和无短路桥仿真的 $S_{11}\sim f$ 特性曲线

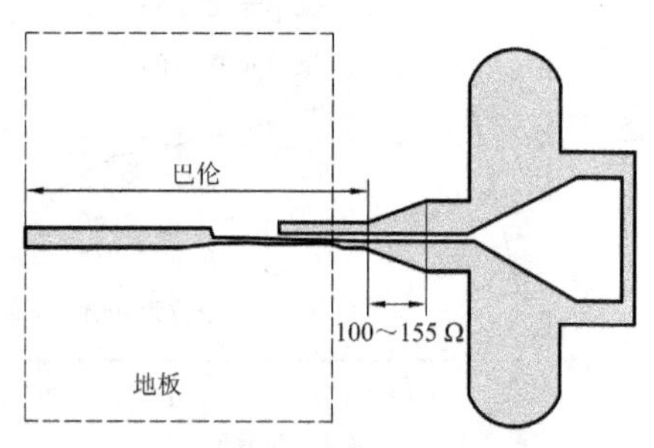

图 6.141　带有巴伦及短路桥的超宽带(UWB)偶极子天线

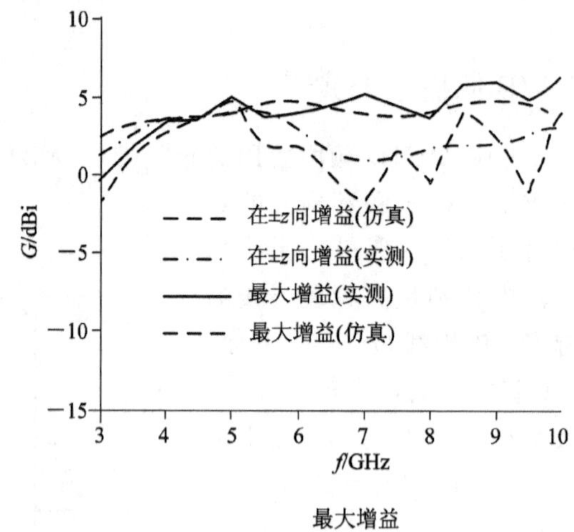

图 6.142　带有巴伦及短路桥 UWB 偶极子天线仿真和实测的最大增益和±z 向增益的频率特性曲线

6.8.6　同轴线馈电印刷方板偶极子天线

图 6.143 是用厚 0.6mm，$\varepsilon_r=4.6$ 的低成本环氧板制作的适合在 1710～2500 MHz 频段使用的宽带印刷偶极子天线，直接用 50 Ω 同轴线馈电。为了使偶极子单向辐射，把它安装在金属板上。天线具体尺寸如下：$h=0.6$ mm，$\varepsilon_r=4.6$，$L_s=140$ mm，$W_s=90$ mm，$W=L_1=L_2=28$ mm，$G=2.5$ mm，$L_r=180$ mm，$W_r=120$ mm，$d=42$mm。

图 6.144(a)是上述尺寸方板偶极子天线仿真和实测 $S_{11}\sim f$ 特性曲线。由图 6.144(a)可看出，在 75%相对带宽内(1.64 GHz～3.6 GHz)，VSWR≤1.5，在 82%相对带宽内(1.52 GHz～3.64 GHz)，VSWR≤2。图 6.144(b)是上述尺寸方板偶极子天线实测 $G\sim f$ 特性曲线，在 1.5～2.5 GHz 频段内实测增益为 6 dBi。图 6.145 是该天线在 $f=$ 1.85 GHz、2.15 GHz 和 2.45 GHz 实测 E 面和 H 面方向图。

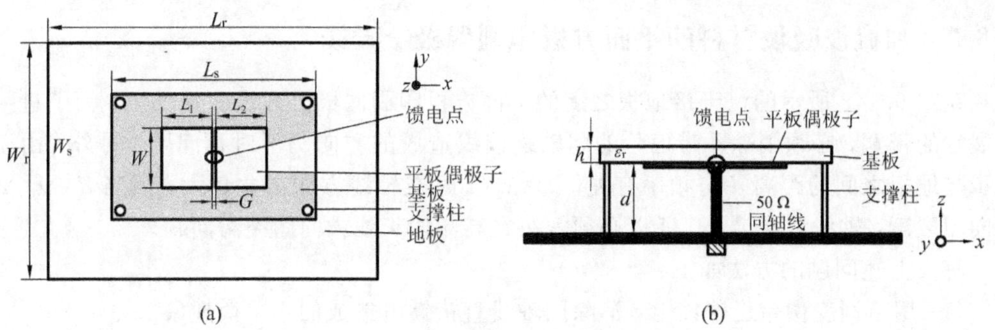

图 6.143　同轴线馈电方板偶极子天线

(a) 顶视；(b) 侧视

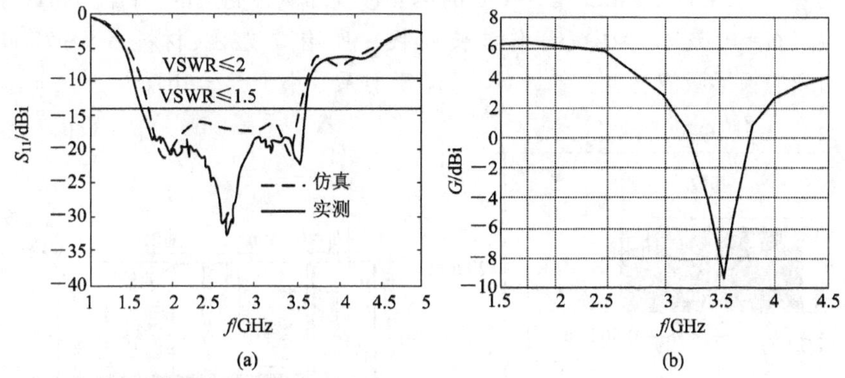

图 6.144　同轴线馈电方板偶极子天线仿真和实测 $S_{11}\sim f$ 特性曲线和 $G\sim f$ 特性曲线

(a) S_{11}；(b) G

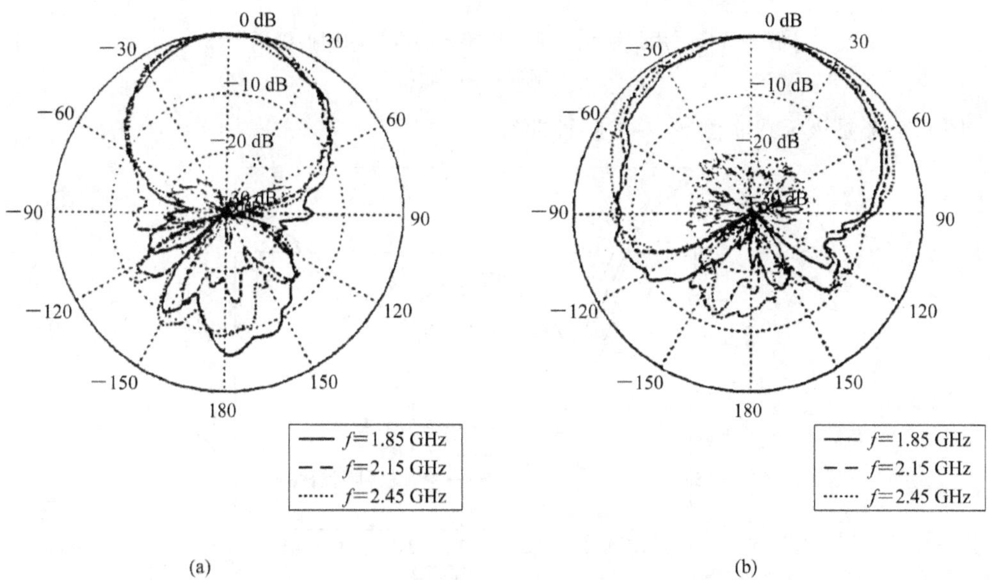

图 6.145　同轴线馈电方板偶极子天线实测 E 面和 H 面方向图

(a) E 面；(b) H 面

6.8.7 加微波吸波材料的平面方板印刷偶极子天线

在图 6.143 所示的位于接地板之上的平面方板印刷偶极子天线的基础上，为了进一步扩展它的带宽，必须消除不带巴伦的同轴线馈线造成的方向图不对称问题。另外，由于偶极子与地板之间的距离 d 与频率有关，$d=\lambda_0/4$ 时在轴线方向增益最大，但当 $d=\lambda_0/2$ 时方向图裂瓣，轴线增益最小，所以必须解决在高频段天线方向图裂瓣问题。

解决上述问题的方法如下：

(1) 用带渐变微带巴伦馈电，消除同轴线直接馈电造成的不平衡现象。

(2) 在天线和地板之间附加吸波材料。

图 6.146 为采用上述技术制造的天线的结构及尺寸。偶极子的每个臂均为 $L=W=28$ mm 的方板，是用厚 0.8 mm，$\varepsilon_r=4.6$ 的单面覆铜环氧板制造的。偶极子仍然按 $\lambda_0/2$ 长设计，即 $2L+G=0.5\lambda_0$（λ_0为中心工作波长），图中所用微波吸波材料 AN-75 厚 29 mm，它是用碳加载的板形吸波材料。在 2.4 GHz，反射系数小于−20 dB。

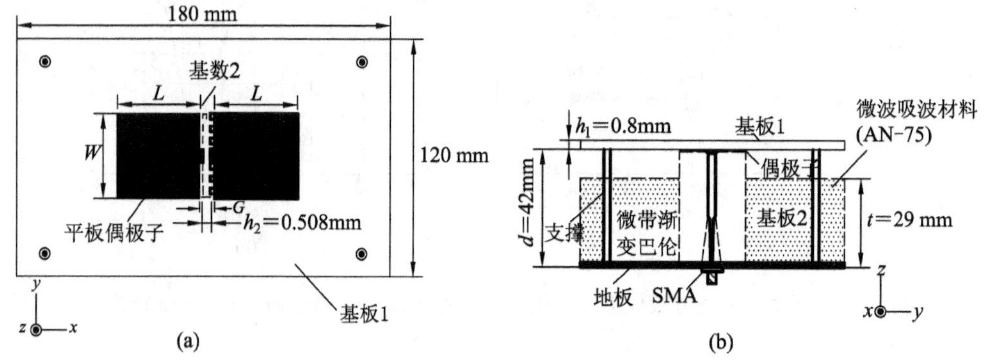

图 6.146 用带渐变微带巴伦馈电的方板印刷偶极子天线

(a) 顶视；(b) 侧视

图 6.147 是该天线实测 $S_{11}\sim f$ 特性曲线。

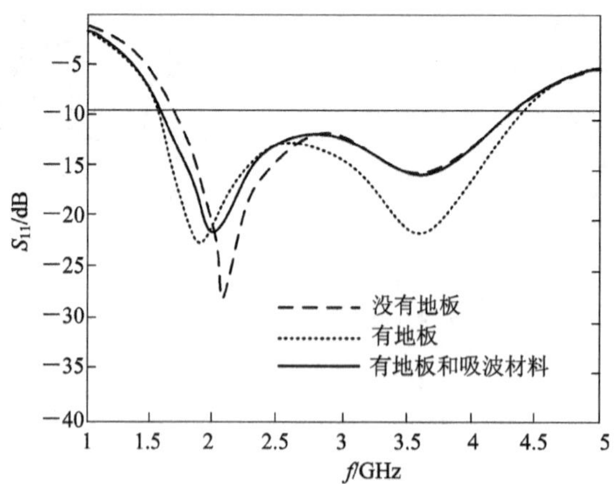

图 6.147 用渐变微带巴伦馈电的方板印刷偶极子天线，有无地板和吸波材料情况下实测 $S_{11}\sim f$ 特性曲线

由图 6.147 可看出，没有 AN－75 吸波材料，VSWR≤2 的相对带宽为 96%(1.53～4.37 GHz)，有 AN－75 吸波材料，VSWR≤2 的相对带宽为 93%(1.55～4.28 GHz)。该天线有和无 AN－75 吸波材料的实测 E 面和 H 面方向图分别如图 6.148(a)、(b)所示。由图 6.148 可看出，没有吸波材料，在 f=3.64 GHz和 4 GHz 时，E 面和 H 面方向图均裂瓣，加吸波材料后，在 1.52～3.64 GHz 频段，实测天线轴线增益均大于 4.5 dBi。

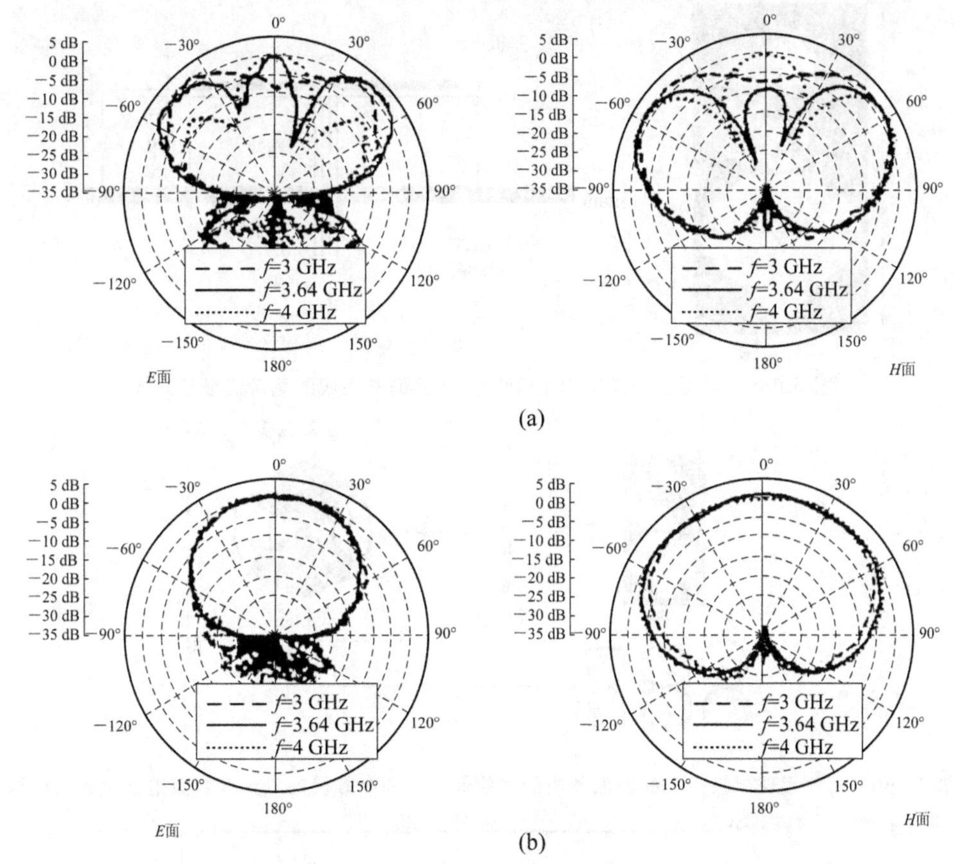

图 6.148 方板偶极子天线有无吸波材料实测 E 面和 H 面方向图
(a) 无吸波材料；(b) 有吸波材料

6.8.8 由平面倒锥构成的低轮廓偶极子天线

由两个平面泪珠单元反相馈电就可以构成低轮廓平面倒锥偶极子天线(LPDiPICA，Low Profile Dipole Planar Inverted Cone Antenna)。把 LPDiPICA 放在间距为 $\lambda_0/4$(λ_0为中心工作波长)的有限大金属板上，就能在宽频带实现高增益单向辐射。

图 6.149 是用 ε_r=2.33、厚度 h=0.79 mm 的介质板并采用印刷电路制造的最低工作频率为 1 GHz、由平面倒锥构成的宽带偶极子天线的结构及尺寸。平面倒锥偶极子天线的最大尺寸 $A\times B$=152 mm×76 mm，相当于 $A=\lambda_L/2$，$B=\lambda_L/4$(λ_L为最低工作波长，λ_L=300 mm)。可以把平面泪珠偶极子天线看成是在低频段工作的线状偶极子和在高频工作的双渐变缝隙的组合结构，如图 6.150 所示。图 6.151 是图 6.149 所示尺寸的平面倒锥偶极子天线相对 100 Ω 电阻仿真和实测的 $S_{11}\sim f$ 特性曲线。由图 6.151 可看出，在 2.1～

10 GHz 的频带内，实测 VSWR≤2 的带宽比为 4.76∶1。图 6.152 是图 6.149 所示的平面泪珠偶极子天线在 f=1.0 GHz、2.2 GHz、3.0 GHz 和 3.6 GHz 实测 E 面(xz 面)和 H 面(yz 面)主极化和交叉极化方向图。由图 6.152 可看出，在 1.0～2.2 GHz 的频带内，交叉极化电平小于－25 dB，方向图呈单向辐射。

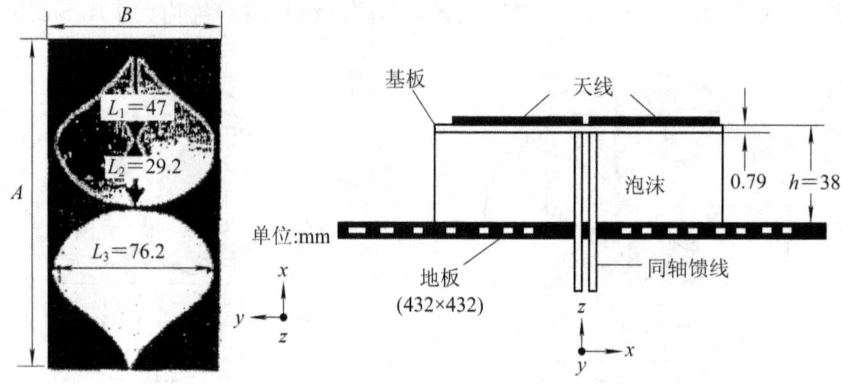

图 6.149　最低工作频率为 1 GHz 由平面倒锥构成的宽带偶极子天线

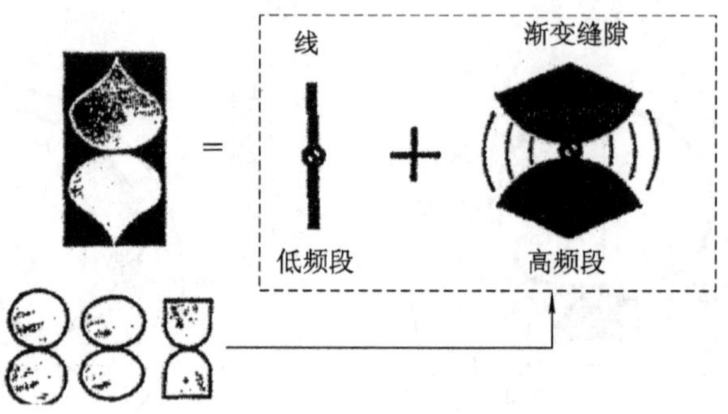

图 6.150　平面泪珠偶极子天线由低频段的线状偶极子和高频段的双渐变缝隙组合而成的结构

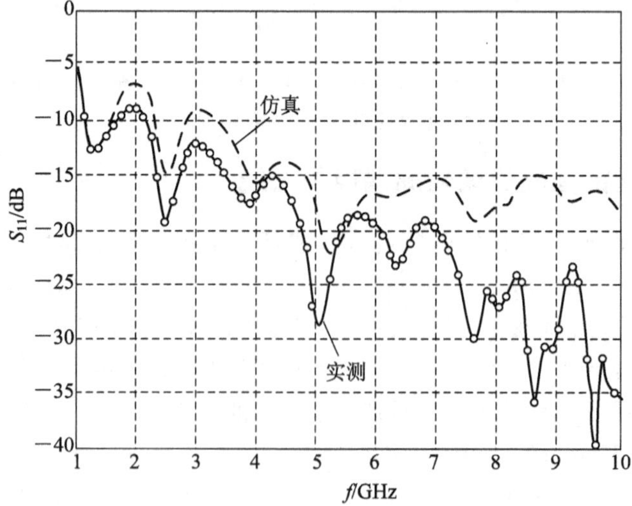

图 6.151　图 6.149 所示平面泪珠偶极子天线仿真和实测的 S_{11}～f 特性曲线

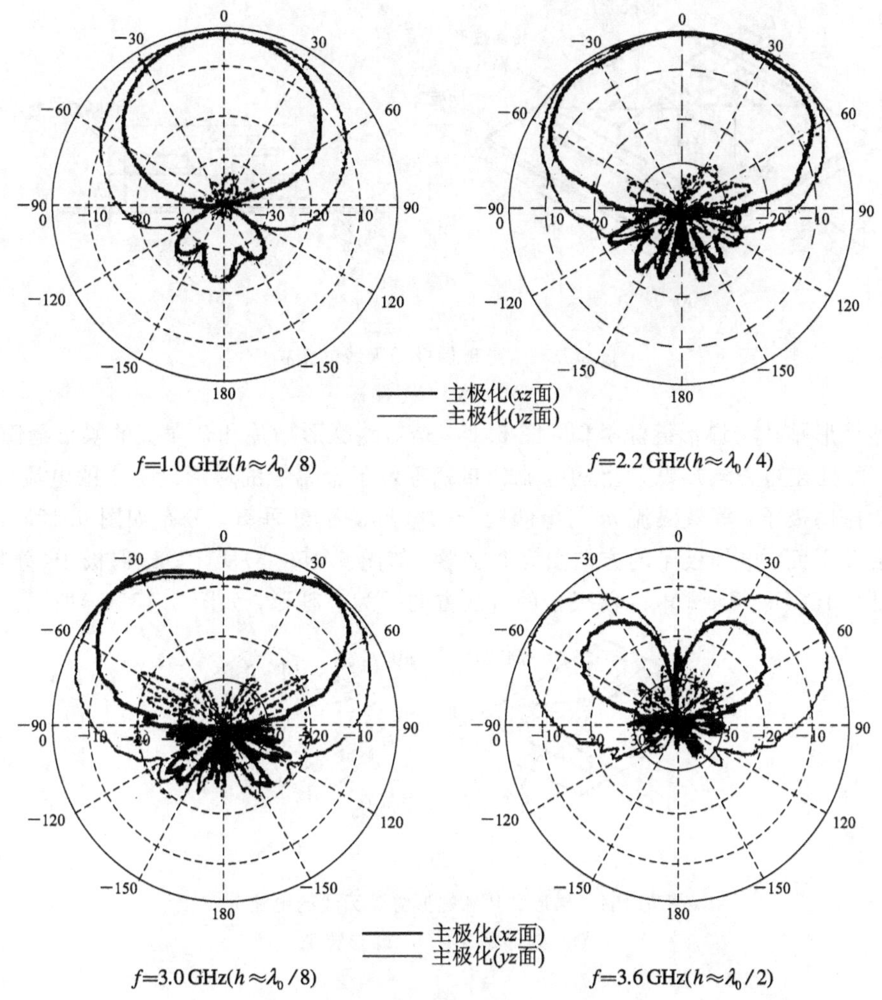

图 6.152　图 6.149 所示平面倒锥偶极子天线实测 E 面(xz 面)和 H 面(yz 面)主极化和交叉极化方向图

天线到接地板的高度取为 38 mm，相当于 $f=2.0$ GHz 的四分之一波长。天线在 E 面和 H 面的半功率波瓣宽度分别为 $\text{HPBW}_E=50°\sim60°$，$\text{HPBW}_E=70°\sim90°$，仿真的增益为 6～9 dBi。频率大于 3 GHz 时，方向图裂瓣。可见，该天线阻抗具有超宽带特性，在 4.76∶1 的带宽比内，VSWR≤2，但方向图带宽比仅为 2.2∶1。

6.8.9　宽带电磁偶极子天线[24]

图 6.153 是由层叠偶极子和短路蝶形贴片构成的宽带电磁偶极子天线。位于短路蝶形贴片上面的偶极子天线实际上是两个倒 L、长×宽为 $L_d\times L_w$ 的金属片。用距离短路蝶形贴片 1 mm 间隙的倒 L 形空气微带线给电磁偶极子天线馈电。倒 L 形空气微带线垂直部分特性阻抗为 50 Ω，水平部分和贴片平行通过中间的间隙并与右边的贴片相接，水平部分的特性阻抗是长度为 a 的 50 Ω 和长度为 b 的 100 Ω 阻抗变换段，调整阻抗变换段的长度，就能把天线的高输入阻抗变换成 50 Ω。

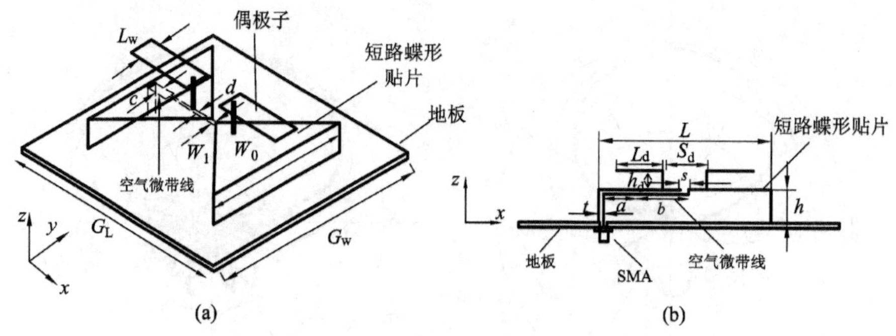

图 6.153 电磁偶极子天线的结构

(a) 立体；(b) 侧视

短路蝶形贴片与蝶形缝隙类似，图 6.154 是短路蝶形贴片和金属板的蝶形缝隙上的电流分布，可见在短路蝶形贴片上的电流分布就等效于金属板的蝶形缝隙上的电流，因而蝶形缝隙为磁偶极子，等效磁流 $\boldsymbol{m}$ 与电偶极子的电流 $\boldsymbol{J}$ 正好垂直，分布如图 6.155(a)、(b)所示。在 E 平面，电偶极子的方向图为 8 字形，如图 6.156(a)所示；磁偶极子(缝隙)为全向，如图 6.156(b)所示；电磁偶极子的合成方向图为心脏形，如图 6.156(c)所示。

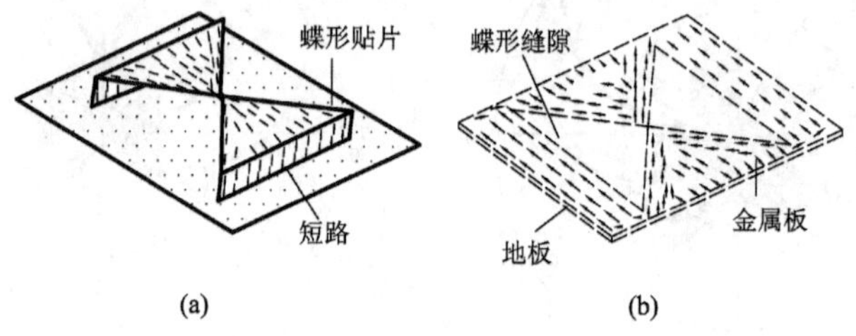

图 6.154 蝶形贴片和蝶形缝隙天线的电流分布

(a) 蝶形贴片；(b) 蝶形缝隙

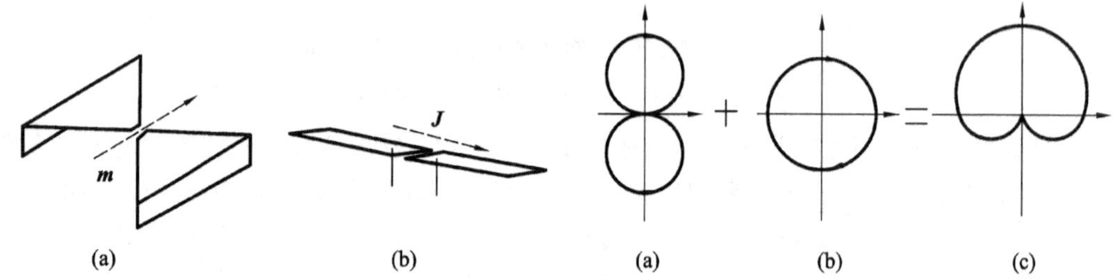

图 6.155 短路蝶形贴片和偶极子的等效电流

(a) 磁流；(b) 电流

图 6.156 电磁偶极子的 E 面方向图

(a) 偶极子；(b) 缝隙；(c) 合成方向图

在中心设计频率 f_0=3.1 GHz 的情况下，图 6.153 所示天线参数的尺寸如表 6.21 所示。

表 6.21 f_0=3.1 GHz 电磁偶极子天线的尺寸

参数	G_L	G_w	h	S	W_0	W_1	h_d	L_d	L_w	S_d
尺寸/mm	115	115	15	3	75	1.6	15	35	13	18.6

馈线的参数及尺寸为：a=11 mm，b=27.7 mm，c=4.9 mm，d=1.6 mm，t=1 mm。

图 6.157 是有上述尺寸的短路蝶形贴片天线与有无偶极子仿真和实测 VSWR 和 G 的频率特性曲线。由图 6.157 可看出，没有偶极子，短路贴片天线在 2.18～4.11 GHz 频段内，VSWR≤2 的相对带宽为 61.6%，在 3.68 GHz 实测增益为 6.6 dBi；在有偶极子情况下，在 2.16～4.13 GHz 频段内，VSWR≤2 的相对带宽为 61.6%，在 3.6 GHz 实测增益 7.0 dBi。图 6.158 是该电磁偶极子在 2.2 GHz，3.0 GHz，3.5 GHz 和 4 GHz 实测 E 面和 H 面主极化和交叉极化方向图。

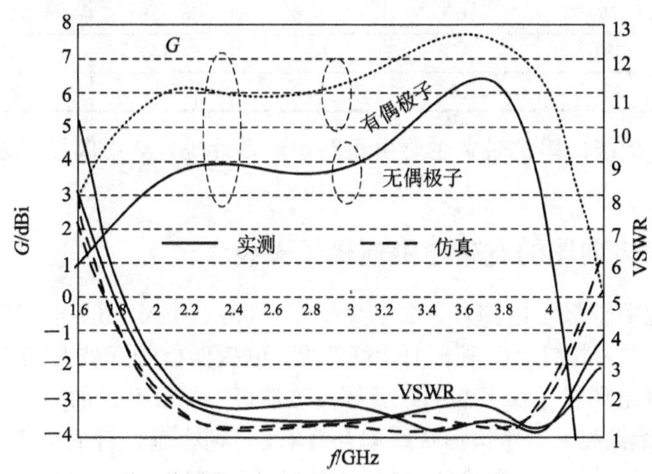

图 6.157　短路蝶形贴片天线与有无偶极子仿真和实测 VSWR 和 G 的频率特性曲线

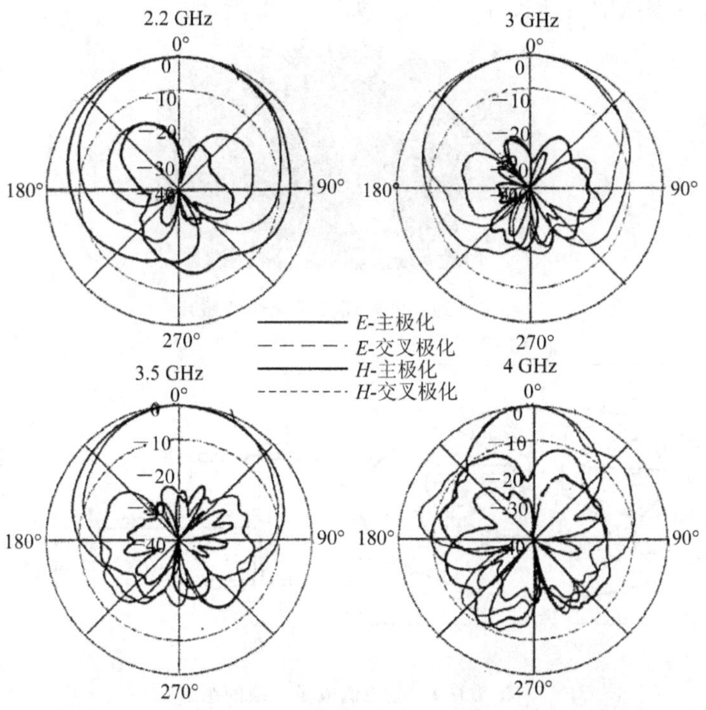

图 6.158　电磁偶极子天线实测 E 面和 H 面主极化和交叉极化方向图

为了说明用偶极子来改善短路蝶形贴片天线的 F/B 比，也实测了无偶极子短路蝶形贴片天线的方向图。表 6.22 把有和无偶极子短路蝶形贴片天线实测 HPBW 和 F/B 比作了比较。

表 6.22 有和无偶极子短路蝶形贴片天线实测 HPBW 和 F/B 比的比较

无偶极子短路蝶形贴片				有偶极子短路蝶形贴片		
f/GHz	$HPBW_E$/(°)	$HPBW_H$/(°)	(F/B)/dB	$HPBW_E$/(°)	$HPBW_H$/(°)	(F/B)/dB
2.2	191	76	9.3	106	82	14.7
3.0	129	107	8.0	83	91	20.0
3.5	78	52	10.2	84	40	20.3
4.0	35	40	8.9	40	42	10.7

由上可看出，天线的阻抗带宽主要由短路蝶形贴片确定，用偶极子来控制方向图和改善 F/B 比。

6.8.10 有圆锥方向图的宽带电磁偶极子天线[25]

图 6.159 是电磁偶极子的照片。图 6.160(a)、(b)、(c)分别是电磁偶极子天线的立体结构、馈电网络和钩形探针。由图 6.160 可看出，电磁偶极子天线是用上面的由四个扇形水平金属板构成的电偶极子及下面的折叠等效磁偶极子组合而成的。磁偶极子是一对高度为 28 mm 的垂直短路贴片，用钩形带线耦合馈电，沿两个垂直臂的边缘产生磁流，两个垂直臂间距 $G=10.7$ mm，钩形带线馈电的微带线相距短路臂 $T_H=1$ mm。位于圆环上的四个电磁偶极子用位于接地板下面的渐变微带功分器同相馈电，中心设计频率 $f_0=2.0$ GHz。天线和馈线的具体尺寸及电尺寸如表 6.22 所示。

图 6.159 电磁偶极子天线的照片

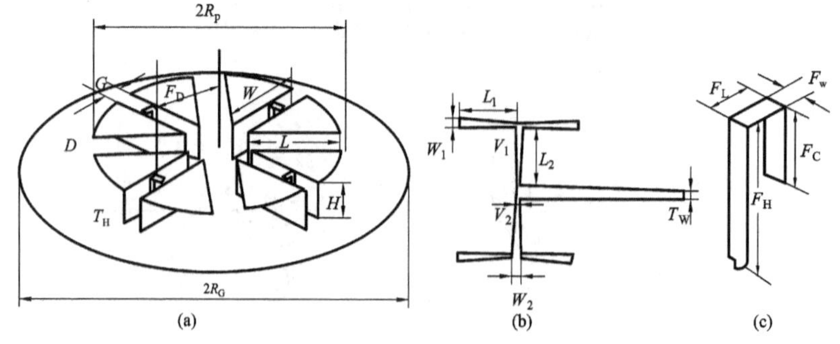

图 6.160 电磁偶极子天线的结构

(a) 立体结构；(b) 馈电网络；(c) 钩形探针

表 6.23　电磁偶极子及馈线的尺寸和电尺寸

D	L	T_H	R_p	R_G	W	G	F_D	H	L_1
17.3 ($0.15\lambda_0$)	47.9 ($0.15\lambda_0$)	1.0 ($0.15\lambda_0$)	64.3 ($0.15\lambda_0$)	100.0 ($0.15\lambda_0$)	47.0 ($0.15\lambda_0$)	10.7 ($0.15\lambda_0$)	47.3 ($0.15\lambda_0$)	28.0 ($0.15\lambda_0$)	34.6 ($0.15\lambda_0$)
W_1	V_1	L_2	W_2	V_2	T_w	F_w	F_L	F_C	F_H
4.1 ($0.03\lambda_0$)	1.5 ($0.01\lambda_0$)	32.4 ($0.22\lambda_0$)	4.1 ($0.03\lambda_0$)	1.9 ($0.01\lambda_0$)	4.1 ($0.03\lambda_0$)	3.5 ($0.02\lambda_0$)	8.2 ($0.06\lambda_0$)	14.7 ($0.10\lambda_0$)	26.7 ($0.18\lambda_0$)

该天线垂直面方向图呈圆锥形，类似于单极子的方向图，但与单极子不同，单极子为窄带垂直极化，电磁偶极子为宽带水平极化。

图 6.161 是电磁偶极子天线仿真和实测 VSWR 和 G 的频率特性曲线。由图 6.161 可看出，在 1.62～2.38 GHz 频段内，实测 VSWR≤2 的相对带宽为 38%，在阻抗带宽内实测平均增益 5 dBi。

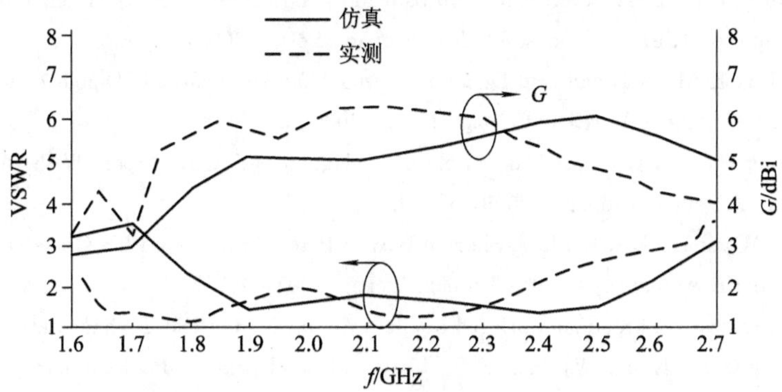

图 6.161　电磁偶极子天线仿真和实测 VSWR 和 G 的频率特性曲线

参 考 文 献

［1］ Tanaka S, et al. Wideband Planar Folded Dipole Antenna With Self - balanced Impedance Property. IEEE Trans. Antennas Propag., 2008, 56(5).

［2］ Iizuka H, Sakakibara K, Kikuma N. stub - and Capacitor - loaded Folded Dipole Antenna for Digital Terrestrial TV Reception. IEEE Trans. Antennas Propag., 2008, 56(1).

［3］ Siu L, Wong H, Luk K M. A Dual - Polarized Magneto - Electric Dipole With Dielectric Loading, IEEE Trans. Antennas Propag., 2009, 57(3).

［4］ Li R L, et al. Equivalent - Circuit Analysis of a Broadband Printed Dipole With Adjusted Integrated Balun and an Array for Base Station Applications. IEEE Trans. Antennas Propag., 2009, 57(7).

［5］ Tefiku F, Grimes C A. Design of broad - band and dual - band antennas comprised of series - fed printed—strip dipole pairs. IEEE Trans. Antennas Propag., 2000, 48(6).

［6］ Huang Y, Boyle K. Antennas From Theory to Practice. John Wiley & Sonslted, 2008.

［7］ Kiminami K, et al. Double - sided printed bow - tie antenna for UWB communications. IEEE Antennas Wireless Propag. Lett., 2004, 3.

[8] Nesic A, et al. Millimeter - Wave Printed Antenna Arrays for Covering Various Sector Widths. IEEE Antennas Propag. , 2007, 49(1).

[9] Qu S W, Li J L, Xue Q. Bowtie Dipole Antenna With Wide Beamwidth for Base Station Application. IEEE Antennas Wireless Propag. Lett. , 2007, 6(11).

[10] Villemaud G, Decroze C, Dall'omo C, et al. Dual - band printed dipole antenna array for an emergency rescue system based on cellular - phone localization. Microwave Optical Technol Lett. , 2004, 42(3).

[11] Tefiku F, Yamashita E. Double - sided Printed Strip Antenna for Dual Frequency Operation. IEEE AP - S Int. Symp. Dig. , 1996.

[12] He Q Q, Wang B Z, He J. Wideband and Dual - Band Design of a Printed Dipole. IEEE Antennas Wireless Propag. Lett. , 2008. 7.

[13] Zhang H, Xin H. A Dual - Band Dipole Antenna With Integrated - Balun. IEEE Trans. Antennas Propag. , 2009, 57(3).

[14] Wu P, Kuai Z, Zhu X. Multiband Antennas Comprising Multiple Frame - Printed Dipoles. IEEE Trans. Antennas Propag. , 2009, 57(10).

[15] Su D, Qian J J, Yang H, et al. A novel broadband polarization diversity antenna using a cross - pair of folded dipoles. IEEE Antennas Wireless Propag. Lett. , 2005, 4(1).

[16] Wu B Q, Luk K M. A Broadband Dual - Polarized Magneto - Electric Dipole Antenna With Simple Feeds. IEEE Antennas Wireless Propag. Lett. , 2009, 8.

[17] Siu L, Wong H, Luk K M. A Dual - Polarized Magneto - Electric Dipole With Dielectric Loading. IEEE Trans. Antennas Propag. , 2009, 57(3).

[18] Mak K M, Wong H, Luk K M. A Shorted Bowtie Patch Antenna With a Cross Dipole for Dual Polarization. IEEE Antennas Wireless Propag. Lett. , 2007, 6(11).

[19] Lu X P, Li Y. Novel broadband printed dipole. Microwave Optical Technol Lett. , 2006, 48(10).

[20] Evtioushkine G A, Kim J W, Han K S. Very wideband printed dipole antenna array. Electronics Lett. , 1998, 34(24).

[21] Spence T G, Werner D H. A Novel Miniature Broadband/Multiband Antenna Based on an End - Loaded Planar Open - Sleeve Dipole. IEEE Trans. Antennas Propag. , 2006, 54(12).

[22] Dey S, et al. Wide - band printed Dipole antenna. Microwave Optic Technol Lett. , 1991, 4(10).

[23] Low X N, Chen Z N, See S P. A UWB Dipole Antenna With Enhanced Impedance and Gain Performance. IEEE Trans. Antennas Propag. , 2009, 57(10).

[24] Wong H, Mak K M, Luk K M. Wideband Shorted Bowtie Patch Antenna With Electric Dipole. IEEE Trans. Antennas Propag. , 2008. 56(7).

[25] Wu B Q, Luk K M. A Wideband Low - Profile Conical - Beam Antenna With Horizontal Polarization for Indoor Wireless Communications. IEEE Antennas Wireless Propag. Lett. , 2009, 8.

第 7 章　贴片天线

7.1　贴片天线的基本知识

7.1.1　贴片天线的原理及相关参数

贴片天线又叫微带天线，贴片天线是在厚度远小于波长的双面覆铜介质板上，用印刷电路或者微波集成技术制造而成的一种平面天线。一面为接地板，另一面为尺寸与波长相比拟的金属片，称作辐射单元，其典型的形状可以是矩形、圆形、椭圆形、三角形、多边形和环形等多种形状。

微带天线轮廓低，体积小，重量轻，具有平面结构，易于导弹、卫星等空间飞行器共面共形；辐射单元及馈电电路可以集成在同一基板上，适合用印刷电路技术大批量生产，成本低；天线的形式和性能多样化，如容易实现双频段、双极化和圆极化工作，因而得到了广泛应用。贴片天线特别适合 300 MHz 以上频段使用。贴片天线的主要缺点是效率低(包括介质损耗和表面波损耗)，功率容量也相对较低(不适合大功率应用)，但采用空气介质贴片天线和空气微带线不存在上述缺点。贴片天线还具有极化纯度差和带宽窄的缺点。

分析微带天线的方法很多，不同的分析方法对它的辐射原理有不同的说法。为了简单起见，下面以图 7.1(a)所示的矩形微带天线为例，用传输线模分析它的辐射原理。设矩形贴片的长度为 L，宽度为 W，厚度为 h($h \ll \lambda_0$，λ_0 为自由空间波长)，可以把微带贴片看成一段长 L、宽 W 的微带传输线，由于终端(W 边)开路构成电压波腹，一般取 $L=\lambda_g/2$(λ_g为微带传输线的导波波长)，因而另一个 W 边也为电压波腹。

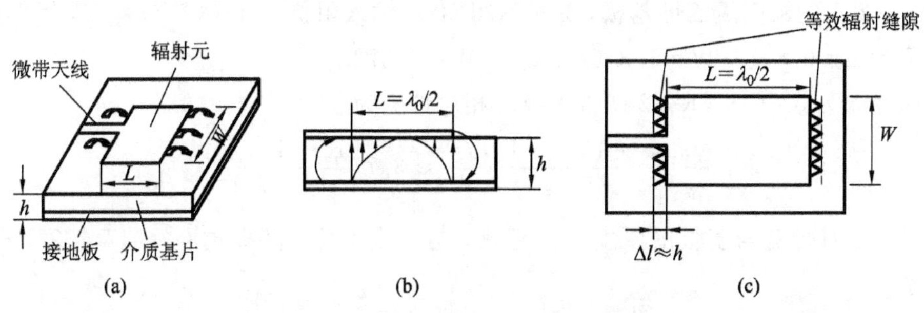

图 7.1　微带天线的辐射原理

(a) 矩形微带天线的结构及开路端电路；(b) 场分布侧视图；(c) 等效缝隙

根据微带传输线理论，场沿 h 和 W 边无变化，在激励主模的情况下，沿 L 方向的场分布如图 7.1(b)所示。可以把两开路端的电场分解成相对接地板的垂直分量和水平分量，由于 $L=\lambda_g/2$，两垂直电场分量反相，但水平电场分量方向相同，在垂直接地板方向，两水平电场分量产生的远区场同相叠加，形成最大辐射方向。因此把两开路端的水平电场可以等效为无限大平面上同相激励的两个缝隙，缝的宽度为 ΔL，长度为 W，两缝相距 $L=\lambda_g/2$，电场方向垂直于 W，且沿 W 均匀分布。可见，把图 7.1(c)所示的微带天线的辐射可以归结为缝隙对的辐射。将两条缝隙的辐射场叠加，就能得到天线的总辐射场。

H 面方向图为

$$f_H(\theta)=\sin\theta\cdot\sin\left(\frac{\pi w}{\lambda_0}\cos\theta\right)\Big/\left(\frac{\pi w}{\lambda_0}\cos\theta\right) \tag{7.1}$$

E 面方向图为

$$f_E(\varphi)=\frac{\cos\left(\frac{\pi L}{\lambda_0}\sin\varphi\right)\cdot\sin\left(\frac{\pi h}{\lambda_0}\cos\varphi\right)}{\cos\left(\frac{\pi L}{\lambda_0}\sin\varphi\right)} \tag{7.2}$$

H 面和 E 面的半功率波束宽度可以用下式近似计算：

$$\mathrm{HPBW}_H=2\arccos\left[\frac{0.5}{(1+\pi W/\lambda_0)}\right]^{\frac{1}{2}} \tag{7.3}$$

$$\mathrm{HPBW}_E=2\arccos\left(\frac{\lambda_0}{2\pi}\sqrt{\frac{7.03}{3L^2+h^2}}\right) \tag{7.4}$$

微带天线的方向系数 D 可以用下式表示：

$$D=\begin{cases}6.6(8.2\ \mathrm{dBi}) & W\ll\lambda_0\\ \dfrac{8W}{\lambda_0} & W>\lambda_0\end{cases} \tag{7.5}$$

可见，微带天线越宽，方向系数越大。

谐振矩形贴片天线边缘的输入阻抗一般为 100～400 Ω，边缘的输入阻抗 Z_{in} 近似用下式表示：

$$Z_{in}\approx 90\,\frac{\varepsilon_r^2}{\varepsilon_r-1}\left(\frac{L}{W}\right)\ \Omega \tag{7.6}$$

对 $\varepsilon_r=2.1$ 的聚四氟乙烯基板，为了获得 50 Ω 输入阻抗，由式(7.6)可知，矩形贴片的尺寸必须为 $L=0.49\lambda_0$，$W=1.316\lambda_0$，即 $L/W=0.3723$。

按照经验公式，VSWR<2 微带天线的相对带宽为

$$\frac{\Delta f}{f_0}=\frac{16}{3\sqrt{2}}\,\frac{\varepsilon_r-1}{\varepsilon_r^2}\,\frac{Lh}{\lambda_0 W}\approx 3.77\,\frac{\varepsilon_r-1}{\varepsilon_r^2}\,\frac{Lh}{\lambda_0 W} \tag{7.7}$$

可见，相对带宽与基板的厚度 h 成正比，与 ε_r 成反比，基板越厚，带宽越宽，ε_r 越大，带宽越窄。

7.1.2 矩形贴片天线的设计[1]

由于边缘效应，在电气上贴片的长度大于它的几何尺寸，扩展的长度 ΔL 用下式表示：

$$\Delta L=\frac{0.412h(\varepsilon_e+0.3)(\frac{W}{h}+0.264)}{[(\varepsilon_e-0.258)(\frac{W}{h}+0.8)]} \tag{7.8}$$

式中：ε_e为有效介电常数，计算公式为

$$\varepsilon_e=\frac{\varepsilon_r+1}{2}+\frac{\varepsilon_r-1}{2(1+\frac{12h}{W})^{0.5}} \tag{7.9}$$

可见，有效介电常数ε_e与$\frac{h}{W}$有关，$\frac{h}{W}$越大，ε_e越小。在谐振条件下，贴片的有效长度L_e为

$$L_e=L+2\Delta L=\frac{\lambda_g}{2}=\frac{\lambda_0}{2\sqrt{\varepsilon_e}} \tag{7.10}$$

利用频率与波长的关系，由式(7.10)可以求出贴片谐振频率f_0与长度之间的关系：

$$f_0=\frac{c}{2\sqrt{\varepsilon_e}(L+2\Delta L)} \tag{7.11}$$

式中：c为光速。

在λ_0已知的情况下，矩形贴片的长度和宽度可以用下式确定：

$$L=\frac{\lambda_0}{2\sqrt{\varepsilon_e}}-2\Delta L \tag{7.12}$$

$$W=\frac{\lambda_0}{2}\left(\frac{2}{\varepsilon_r+1}\right)^{0.5} \tag{7.13}$$

【例7.1】 用$\varepsilon_r=2.2$，$h=1.588$的基板制造$f_0=2.45$ GHz的矩形贴片，试计算天线的尺寸及相关参数。

解 由式(7.13)求出矩形贴片的宽度：

$$W=\frac{\lambda_0}{2}\left(\frac{2}{\varepsilon_r+1}\right)^{0.5}=\frac{150000}{2450}\times\left(\frac{2}{2.2+1}\right)^{0.5}=48.4\ \text{mm}$$

由式(7.9)求出有效介电常数：

$$\varepsilon_e=\frac{2.2+1}{2}+\frac{2.2-1}{2\times\left(1+12\times\frac{1.588}{48.4}\right)^{0.5}}=2.108$$

由式(7.8)求出：

$$\Delta L=\frac{0.421\times1.588\times(2.108+0.30)\times(\frac{48.4}{1.588}+0.264)}{(2.108-0.258)\times(\frac{48.4}{1.588}+0.8)}=0.837\ \text{mm}$$

由式(7.12)求出矩形贴片的长度：

$$L=\frac{150000}{2450\times\sqrt{2.108}}-2\times0.837=40.49\ \text{mm}$$

因为$\lambda_0>W(48.4)$，所以由式(7.5)求得$D=8.2$ dBi。

由式(7.6)求出矩形贴片在边缘的输入阻抗：

$$Z_{in}=90\times\frac{2.2^2}{2.2-1}\times\left(\frac{40.49}{48.4}\right)=254\ \Omega$$

可见，与50 Ω馈线并不匹配，为此必须附加$\lambda_0/4$阻抗变换段，阻抗变换段的特性阻抗Z_0为

$$Z_0 = (50 \times 254)^{0.5} = 122.69\ \Omega$$

利用下式：

$$Z_0 = \frac{60}{\sqrt{\varepsilon_r}}\ln\left(\frac{8h}{W_0} + \frac{W_0}{4h}\right) = \frac{60}{\sqrt{2.2}}\ln\left(\frac{8 \times 1.588}{W_0} + \frac{W_0}{4 \times 1.588}\right) = 122.69$$

可以求出阻抗匹配段微带线的宽度 $W_0 = 0.615$ mm。

为了计算阻抗变换段的长度，必须先计算出 ε_e。由式(7.9)可得

$$\varepsilon_e = \frac{2.2+1}{2} + \frac{2.2-1}{2 \times (1 + 12 \times 1.588/0.615)^{0.5}} = 1.706$$

因此 $\lambda_g/4$ 阻抗变换段的长度为

$$\lambda_g/4 = \frac{\lambda_0}{4\sqrt{\varepsilon_e}} = \frac{122.45}{4 \times \sqrt{1.706}} = 23.437\ \text{mm}$$

利用下式：

$$Z_0 = \frac{120\pi}{\sqrt{\varepsilon_r}\ [(W_f/h + 1.393 + 0.667\ln(W_f/h + 1.44)]} = 50\ \Omega \tag{7.14}$$

可以计算出 50 Ω 微带馈线的宽度 $W_f = 4.37$ mm。

图 7.2 是匹配谐振在 2.45 GHz 矩形贴片天线的结构及尺寸。

由式(7.7)可以求出该天线的相对带宽：

$$\frac{\Delta f}{f_0}\% = 3.77 \times \frac{2.2-1}{2.2^2}\ \frac{40.49 \times 1.588}{122.45 \times 48.40} = 1.0\%$$

可见，带宽是相当窄的，采用如图 7.3 所示贴片的形状，带宽要比矩形贴片宽一些。

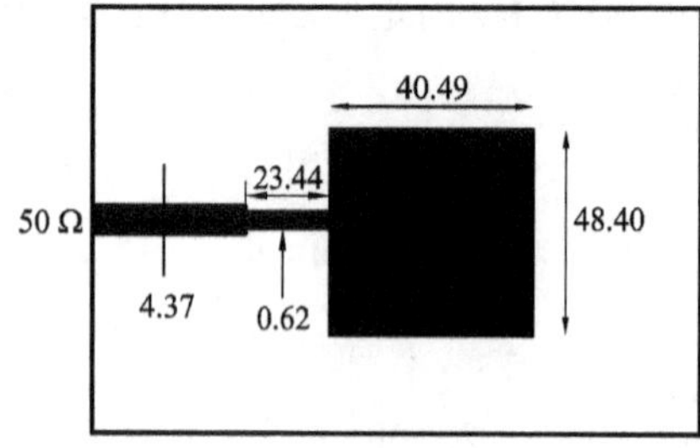

图 7.2　2.45 GHz 矩形贴片天线的结构及尺寸

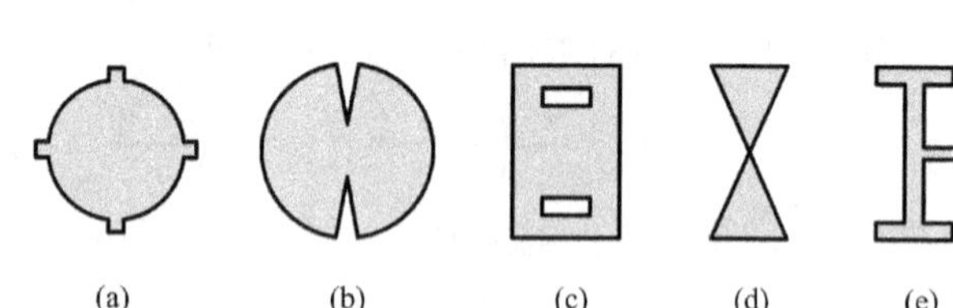

图 7.3　各种贴片天线的形状

(a) 带耳朵的圆形；(b) 开缝的圆形；(c) 开缝的矩形；(d) 蝶形；(e) 折叠偶极子

【例 7.2】 同轴探针馈电的空气介质宽带贴片天线。

为了克服采用厚基板微带天线由于大的表面波及介质损耗造成的低效率，可以采用空气介质贴片天线，并用探针直接馈电，由于贴片和接地板之间的间距变大，为了补偿探针带来的大的输入感抗，可采用支节作为宽频带匹配网络，如图 7.4 所示。

在中心工作频率为 2000 MHz($\lambda_0 = 150$ mm)的情况下，经过初步计算，并通过实验调整，天线的主要尺寸如下：

贴片的尺寸：$L \times W = 65(\sim 0.41\lambda_0)\text{mm} \times 100(\sim 0.67\lambda_0)\text{mm}$

支节的尺寸：$L_1 \times W_1 = 40.4(\sim 0.27\lambda_0)\text{mm} \times 16.7(\sim 0.11\lambda_0)\text{mm}$

贴片离地面的高度 $h = 10$ mm($\sim 0.067\lambda_0$)，探针到支节末端的距离 $d = 13.5$ mm($\sim 0.09\lambda_0$)。

实测的 VSWR，$G \sim f$ 曲线如图 7.5 所示。由图 7.5 可看出，在 1760～2260 MHz 的频

段内，VSWR≤2，增益为 6.8～8.9 dBi，$HPBW_H=45°$，$HPBW_E=60°$。

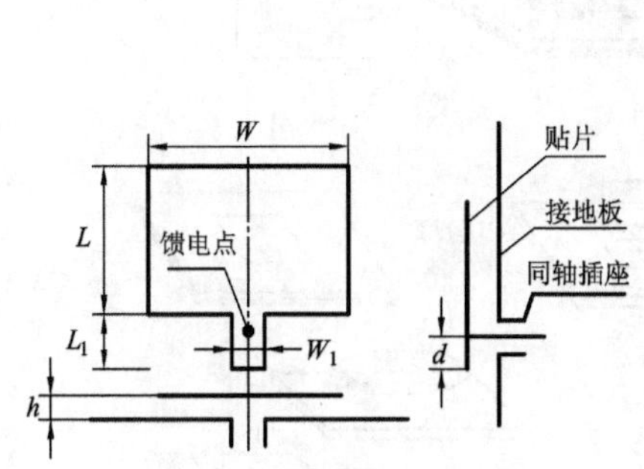

图 7.4 空气介质矩形贴片天线

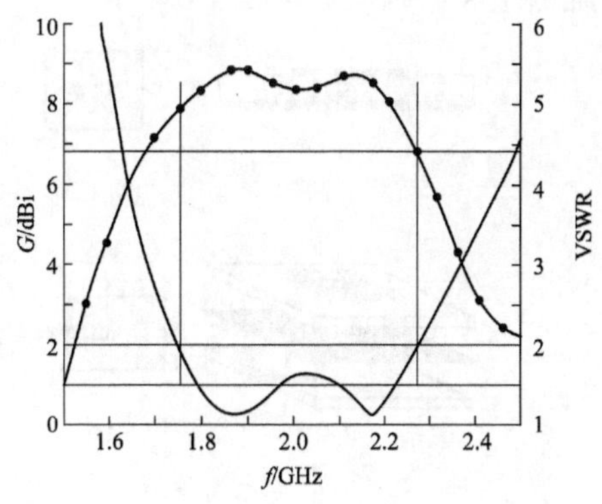

图 7.5 2.4 GHz 频段矩形贴片天线实测 G 和 VSWR 的特性曲线

【例 7.3】 用共面探针馈电的矩形贴片天线。

图 7.6 是中心频率 $f_0=1800$ MHz，位于 L 形地板上用共面探针馈电的矩形贴片天线。在 $L=60$ mm，$W=93$ mm，$L_1=3.5$ mm，$S=23$ mm 的情况下，图 7.7 是该天线实测 $S_{11}\sim f$ 特性曲线。由图 7.7 可以看出，在 $h=18$ mm 时，VSWR≤1.5 的相对带宽为 10.8%(1708～1894 MHz)，实测最大增益为 7.3 dBi。

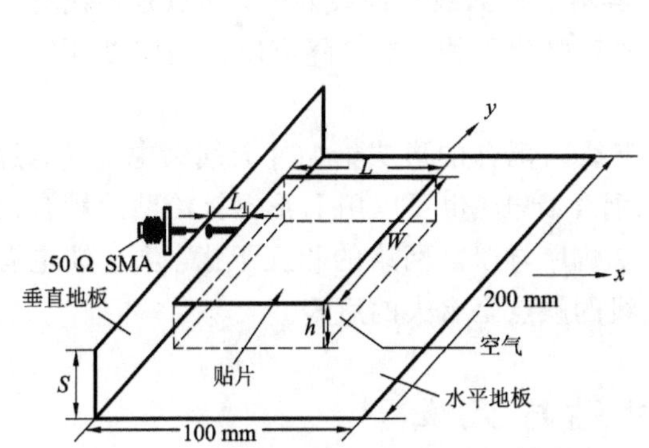

图 7.6 中心频率为 1800 MHz，位于 L 形地板上用共面探针馈电的矩形贴片天线的结构及尺寸

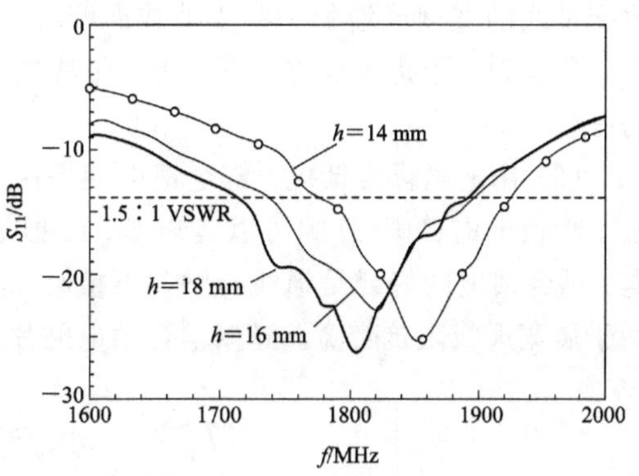

图 7.7 共面探针馈电的矩形贴片天线在不同高度情况下实测的 $S_{11}\sim f$ 特性曲线

该天线的主要特点如下：

(1) 低轮廓($0.1\lambda_L$)(λ_L 为最低频率所对应的波长)。

(2) 小尺寸($0.34\lambda_L\times0.529\lambda_L$)，中增益。

(3) 宽频带，VSWR≤1.5 的相对带宽为 10.8%。

(4) 结构简单。

7.1.3 贴片天线的馈电

贴片天线的馈电方法很多，如用同轴线探针直接馈电，该方法就是把同轴线的内导体穿过接地板和基板与辐射贴片相连，也可以用微带线边馈或角馈，还可以用电磁耦合馈电，如图 7.8 所示。

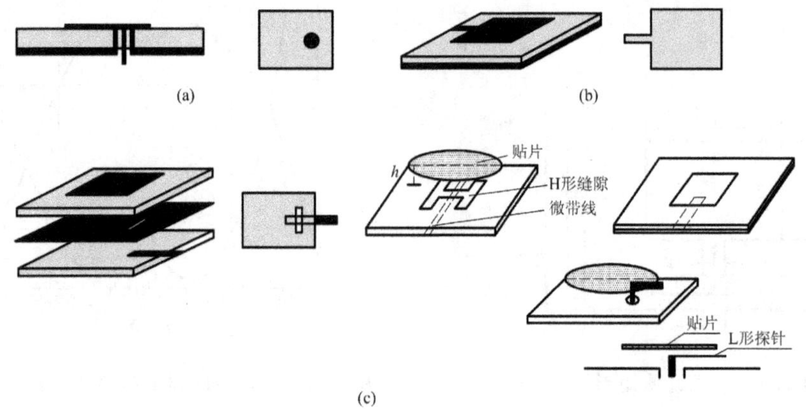

图 7.8　贴片天线的馈电方法

(a) 同轴线；(b) 微带线；(c) 电磁耦合

(1) 同轴线探针馈电。用同轴线探针直接馈电，无馈线辐射损耗，调整馈电点的位置，可以使馈线与天线匹配，缺点是不便于集成，制作麻烦，频带窄，交叉极化电平高，作双极化天线端口隔离度差。

(2) 用微带线馈电。用微带线馈电由于馈线和贴片共面，故可以一次腐蚀加工制造，改变带线的宽度或增加一些支节或匹配段，很容易实现天线与馈线匹配，缺点是馈线有可能引起辐射，干扰天线方向图。用微带线馈电的双极化天线，端口隔离度比用同轴线馈电的好。

(3) 用电磁耦合馈电。耦合馈电就是用微带线以耦合的形式给贴片天线馈电，或通过位于地板上的缝隙(缝隙可以是矩形、H 形等)耦合馈电，也可以用 L 形探针给贴片耦合馈电。耦合馈电的好处是馈线与贴片不接触，消除贴片与馈电网络的相互干扰，耦合馈电有利于展宽天线阻抗带宽。缝隙耦合馈电贴片天线的缺点是有大的后瓣。

7.2　小尺寸贴片天线

实用中既希望贴片天线的几何尺寸小，又希望贴片天线具有宽频带特性。缩小贴片天线几何尺寸的方法很多，如

(1) 采用高介电常数基板。

(2) 用短路线或短路面把贴片短路。

(3) 在贴片上切割缝隙，加长贴片的电流路径。

(4) 展宽贴片天线阻抗带宽，其方法有很多，如用寄生贴片、L 形探针及电磁耦合馈电等。

7.2.1　短路梯形贴片天线

图 7.9 所示为一种小尺寸宽带贴片天线的结构图。为兼顾小尺寸和宽频带，采用了以下技术：

（1）使用了最佳尺寸的梯形贴片。

（2）采用了两个短路面。

（3）在贴片上切割了U形缝隙。

（4）采用了电容耦合馈电。

天线的几何尺寸如图7.9所示，其中图(a)、(b)、(c)分别为顶视、侧视和立体结构图。天线的中心工作频率 $f_0=6$ GHz，具体尺寸如表7.1所示。

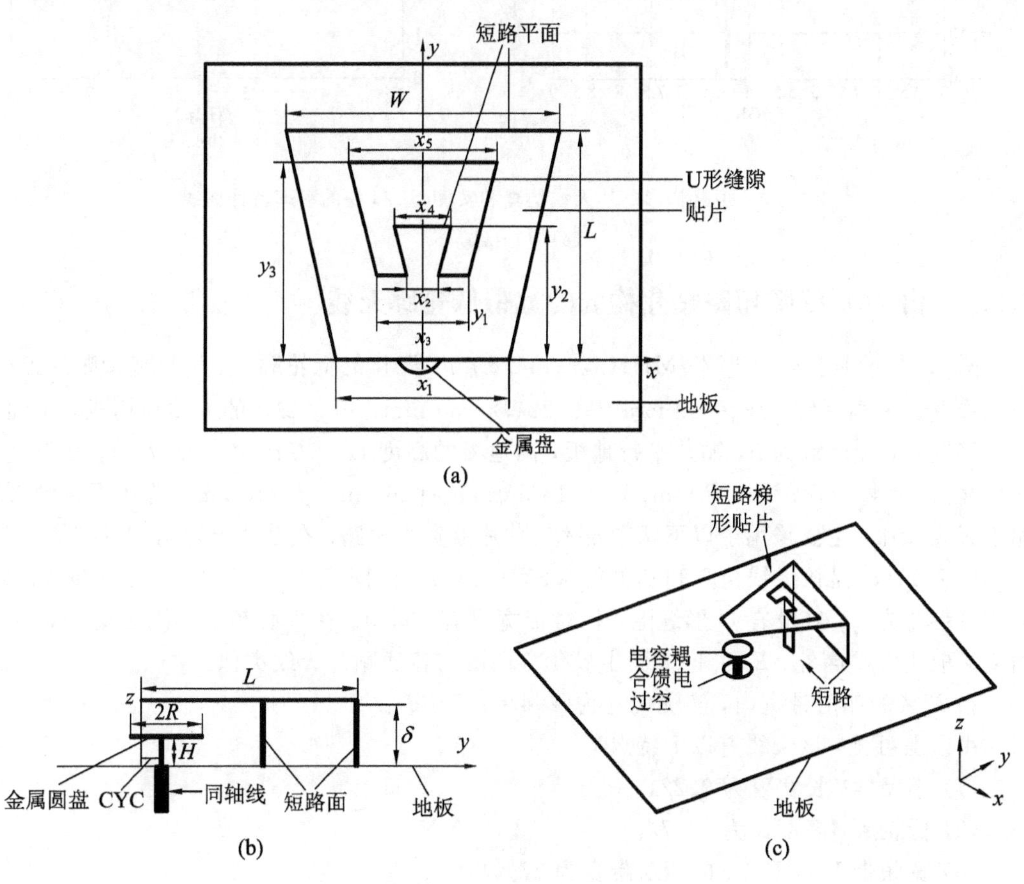

图7.9　短路梯形贴片天线的结构

(a) 顶视图；(b) 侧视图；(c) 立体图

表7.1　短路梯形贴片天线的尺寸　　mm

参数	W	L	x_1	x_2	x_3	x_4	x_5	y_1	y_2	y_3	R	H	CYC
尺寸	19.1	16.6	4.8	2.6	8.6	4.2	4.4	9.2	10.9	12.8	3.2	5.8	1.4

图7.10(a)、(b)分别是短路梯形贴片天线仿真和实测的 S_{11} 和 G 的频率特性曲线。由图7.10(a)可以看出，在3.58～8.34 GHz频段内，VSWR≤2.0，相对带宽为80%。由图7.10(b)可以看出，3.58～6.5 GHz频段内，实测增益5.5～6 dBi。由于短路面结构不对称，因此造成 yz 面方向图不对称，波束倾斜30°左右。

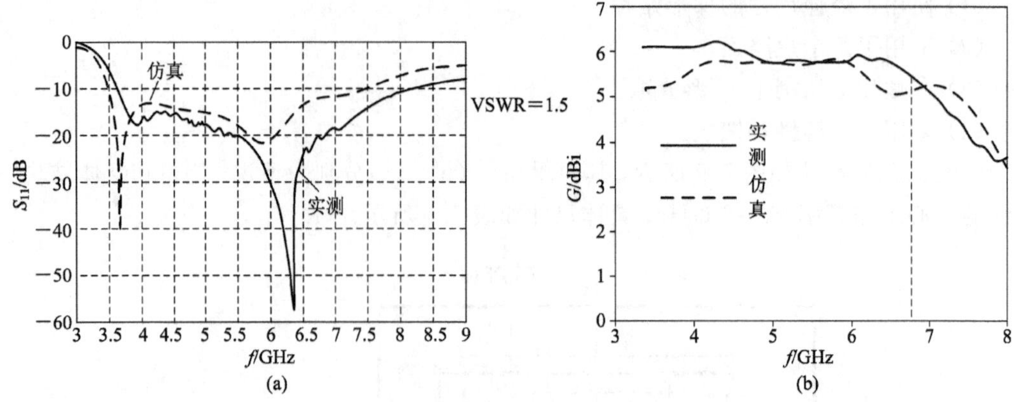

图 7.10　短路梯形贴片天线仿真和实测 S_{11} 和 G 的频率特性曲线

(a) S_{11}；(b) G

7.2.2　由 U 形缝隙短路贴片构成的宽带低轮廓天线

图 7.11(a)是在 $f_0=2225$ MHz($\lambda_0=134.8$ mm)工作的低轮廓、小尺寸宽带贴片天线。该天线由长×宽$=L_p\times W_p=30$ mm($\sim 0.22\lambda_0$)×30 mm($\sim 0.22\lambda_0$)的方贴片构成，用同轴线直接馈电，馈电点为 F，贴片平行地板，离地板的高度 $H=10$ mm($\sim 0.07\lambda_0$)。U 形缝隙的尺寸为 $b=4$ mm，$a=c=2$ mm，$W_s=18$ mm，$L_s=26$ mm，$f=10$ mm。为了展宽频带和缩小天线尺寸，主要采用了以下两项技术：贴片沿宽边短路；在贴片上切割 U 形缝隙。

图 7.11(b)是该天线仿真和实测的 VSWR 曲线。由图 7.11(b)可以看出，VSWR≤2 的相对带宽为 27%(没有 U 形缝隙，相对带宽只有 13%)。在中心频率实测方向图，除 H 面交叉极化电平高外，E 面和 H 面主极化方向图与普通贴片天线类似。

在 27%的相对带宽内，实测增益为(2.4±1.7)dBi。

由以上可见，该天线有以下特点：

(1) 小尺寸，长宽仅为 $0.22\lambda_0$。

(2) 低轮廓，高度仅为 $0.07\lambda_0$。

(3) 宽频带 VSWR≤2 的相对带宽为 27%。

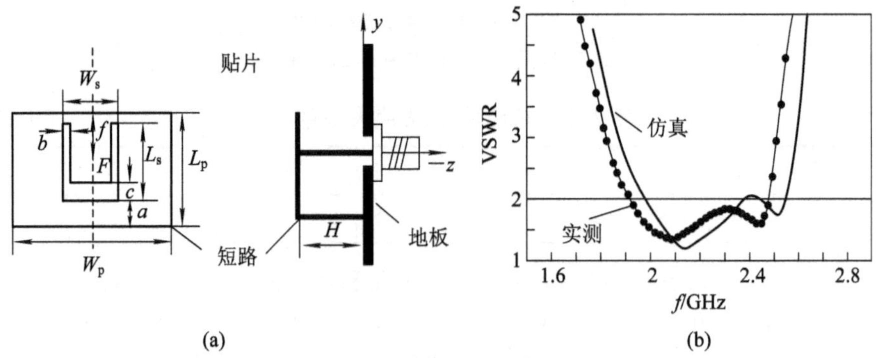

图 7.11　U 形缝隙短路贴片天线的结构及仿真和实测的 VSWR～f 特性曲线

(a) 结构；(b) VSWR

在方贴片上开矩形缝，并用短路柱短路，也可以使贴片天线具有小尺寸、低轮廓和宽频带特性。图 7.12(a)、(b)是适合 1.81～2.34 GHz 频段的低轮廓小尺寸贴片的结构及尺寸，相对最低工作波长 $\lambda_L=167.5$ mm，天线的最大电尺寸为：口面为 $0.205\lambda_L$，高 $H=0.066\lambda_L$。图 7.12(c)是该天线实测和仿真的 $S_{11}\sim f$ 特性曲线。由图 7.12(c)可以看出，$S_{11}<-10$ dB(VSWR≤2)的相对带宽为 25.6%，在 1.81～2.34 GHz 频段实测增益为 4.5～4.8 dBi。

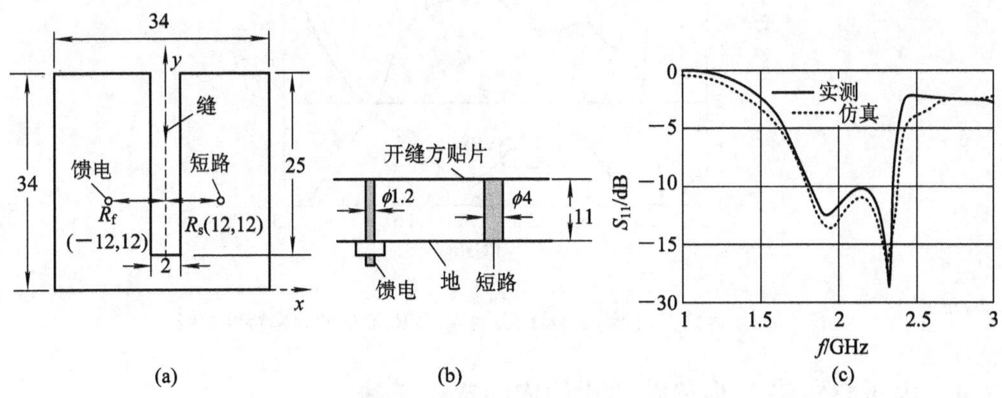

图 7.12 开缝带短路柱方贴片天线及 $S_{11}\sim f$ 特性曲线

(a) 结构(顶视)；(b) 侧视；(c) $S_{11}\sim f$ 特性曲线

7.2.3 小尺寸宽带三角形贴片天线[2]

图 7.13 为小尺寸宽带三角形贴片天线。该天线由边长为 L_1、L_2、L_3 的三角形组成。把长度为 L_3 的一个边用金属板与地板垂直短路连接，用 L 形探针电磁耦合馈电，天线的中心谐振频率为 3.66 GHz，具体尺寸和电尺寸如下：$D=0$ mm，$R=0.5$ mm，$H=11$ mm$(0.13\lambda_0)$，$L_1=L_2=25$ mm$(0.3\lambda_0)$，$L_3=30$ mm$(0.37\lambda_0)$，$L_h=13$ mm$(0.16\lambda_0)$，$L_v=7$ mm$(0.09\lambda_0)$。

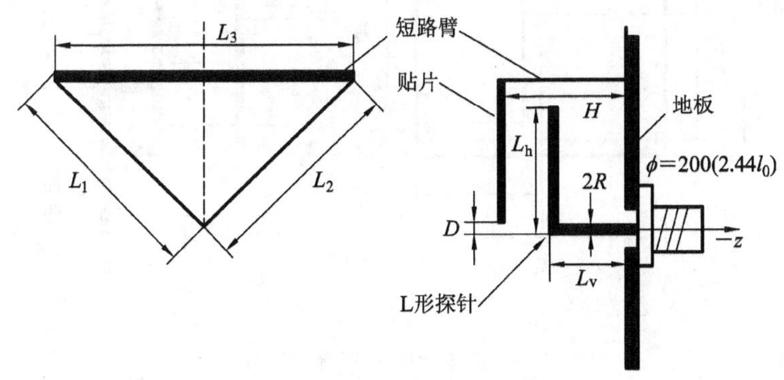

图 7.13 短路三角形贴片天线

图 7.14 是短路三角形贴片在 2.5～4.7 GHz 频段内实测 VSWR 和 G 的频率特性曲线。由图 7.14 可看出，VSWR≤2，相对带宽为 61%。

在中心频率 f_0 实测了该天线 E 面和 H 面方向图。E 面和 H 面方向图均倾斜，最大方向约 45°，E 面交叉极化电平较低，约 −20 dB。H 面交叉极化电平较高，但在室内移动通信的多路径环境下，高的交叉极化电平将导致更好的传输能力。

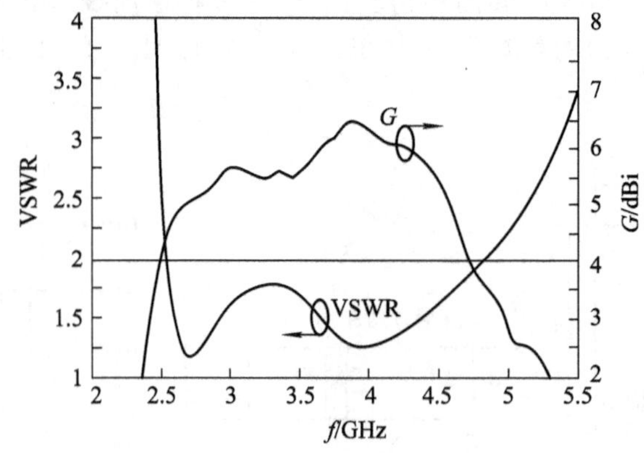

图 7.14　短路三角形贴片天线实测 VSWR 和 G 的频率特性曲线

7.2.4　由折叠短路 L 形缝隙贴片构成的宽带天线

图 7.15 是由折叠短路 L 形缝隙贴片构成的宽带天线，天线的谐振频率为2450 MHz，贴片的尺寸为：长×宽＝$L\times W$＝25.6 mm($0.21\lambda_0$)×42.5 mm($0.35\lambda_0$)，离地的最大高度 H_1＝14 mm($0.11\lambda_0$)，H_2＝4 mm。其他尺寸为：S_1＝19.6 mm，S_2＝19.5 mm，S_3＝1 mm，D_1＝5 mm，D_2＝17.3 mm。接地板的尺寸为：145.6 mm×162.5 mm。

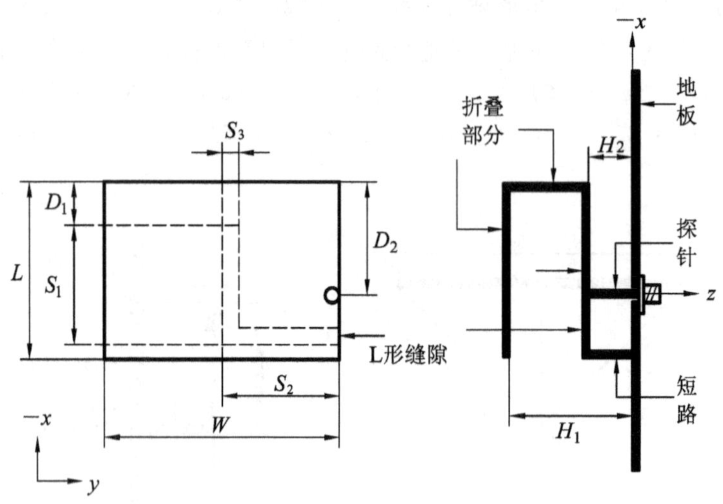

图 7.15　折叠短路 L 形缝隙贴片天线

图 7.16 是折叠短路 L 形缝隙贴片天线仿真和实测 VSWR 及增益的频率特性曲线。由图 7.16 可看出，在 1.56～3.49 GHz 频段内，实测 VSWR≤2，实测增益为 4.5～8.5 dBi，相对带宽为 76%。

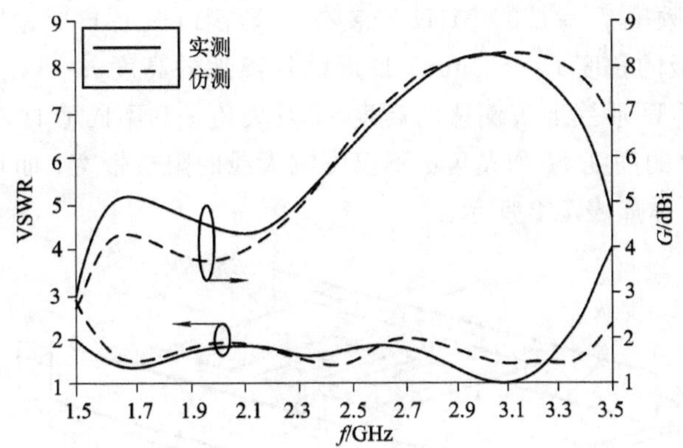

图 7.16 折叠短路 L 形缝隙贴片天线仿真和实测的 VSWR 和 G 的频率特性曲线

7.3 宽带贴片天线

许多实际应用都希望天线具有宽带特性。展宽贴片天线带宽的方法很多，主要有以下几种：

(1) 采用厚的介电常数低的基板。

(2) 采用宽带贴片，如 E 形贴片、带 U 形缝隙贴片。

(3) 多层结构。

(4) 缝隙耦合馈电。

(5) 单、双 L 形和曲折探针耦合馈电。

(6) 采用宽带馈电网络。

7.3.1 E 形贴片[3, 23]

图 7.17 是在 1710～1990 MHz 频段用同轴线馈电 E 形宽带贴片的结构及尺寸。该天线的主要特点如下：

(1) 低轮廓($0.074\lambda_L$)(λ_L为最低工作频率所对应的波长)。

(2) 小尺寸($0.4\lambda_L \times 0.34\lambda_L$)。

(3) 宽频带，VSWR≤1.5 的相对带宽为 15%(1710～1990 MHz)。

(4) 中增益，在阻抗频带内，G=7～9 dBi。

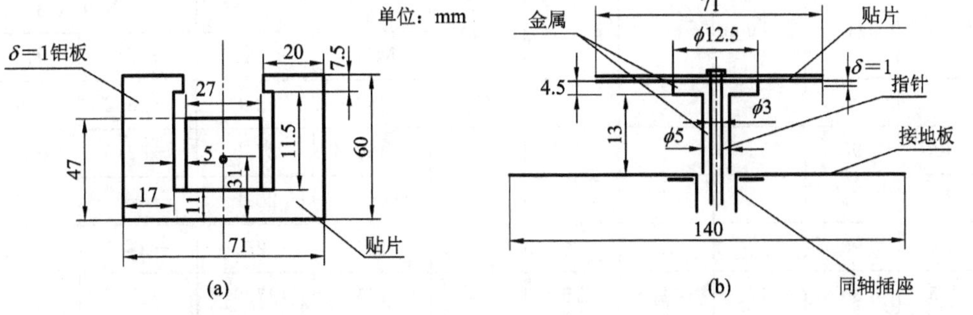

图 7.17 在 1710～1990 MHz 频段使用的宽带 E 形贴片及尺寸

(a) 顶视图；(b) 侧视图

图 7.18 是中心频率 f_0=1700 MHz 安装在 U 形接地板上 E 形宽带贴片天线的结构及尺寸。在 U 形接地板的长度 L=80 mm，E 形贴片离地的高度 h=14.3 mm 的情况下，图 7.19(a)、(b)给出了 U 形接地板侧壁的高度 H 及夹角 α 为不同值时，S_{11} 随频率的变化曲线。U 形接地板侧壁的高度 H 和夹角 α 不仅影响天线的阻抗带宽，而且能改善天线的交叉极化电平(XPL)，具体如表 7.2 所示。

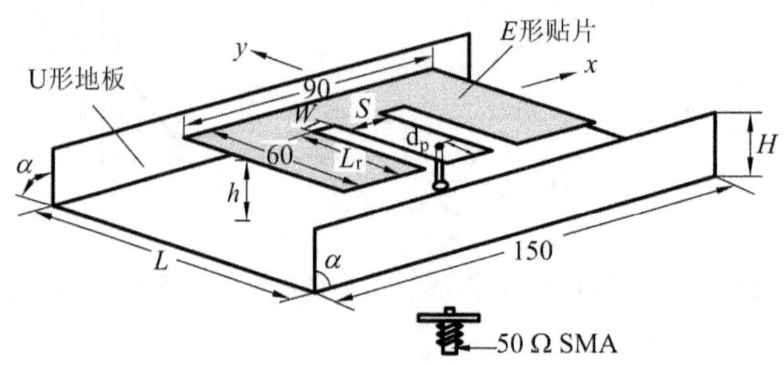

图 7.18　安装在 U 形地板上的 E 形宽带贴片天线

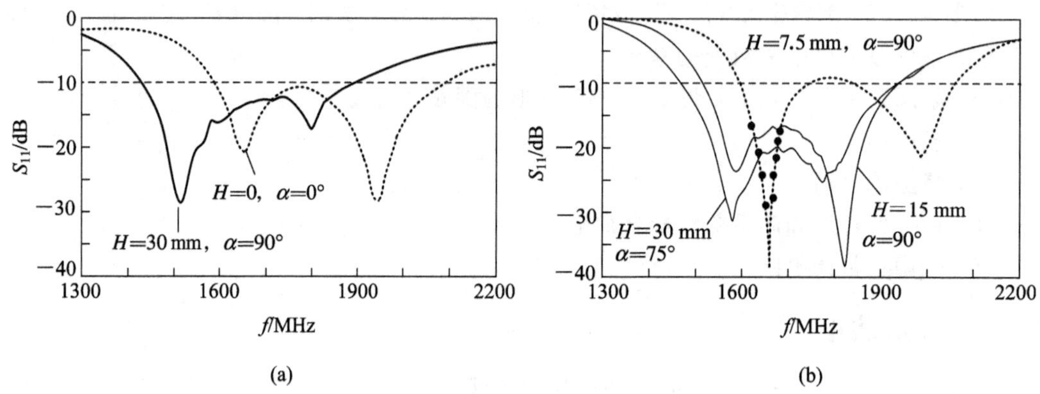

图 7.19　E 形贴片天线位于不同 U 形接地板上的实测 $S_{11}\sim f$ 的特性曲线

表 7.2　L=80 mm，h=14.3 mm，不同 H、α 天线 VSWR≤2 的相对带宽及 XPL

H/mm	α/(°)	L_1/mm	W_1/mm	S/mm	d_p/mm	BW		XPL/dB	
						MHz	%	E 面	H 面
0	0	45	4	15	7	490	28.8	−28.2	−9.1
30	90	53	4	15	5	460	27.8	−32.0	−19.6
30	75	51	4	15	6	445	26.2	−30.7	−17.1
15	90	48	4	15	10	425	25	−24.6	−16.6
7.5	90	47	4	15	6	475	27.9	−25.7	−11.0

图 7.20 是表 7.2 所示尺寸的天线实测增益的频率特性曲线。

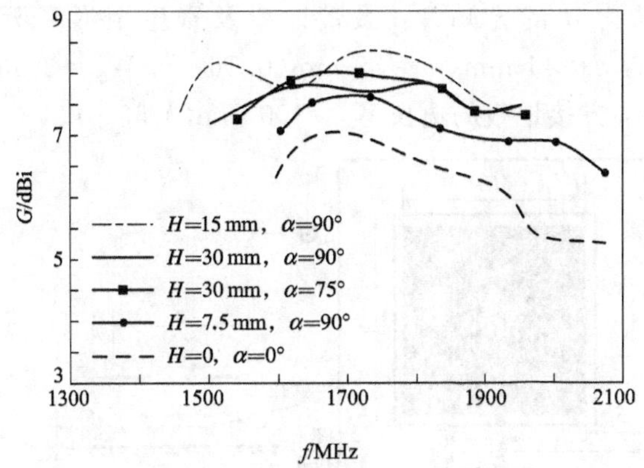

图 7.20　E形贴片天线位于不同U形接地板上的实测 $G\sim f$ 的特性曲线

7.3.2　用层叠技术构成的宽带贴片天线

1. 由层叠E形和U形缝隙贴片构成的宽带贴片天线[4]

图7.21是把宽带E形贴片和U形缝隙贴片层叠，用探针馈电构成的宽带贴片天线，该天线虽然只用了普通探针单馈，但实现了59.7%的阻抗带宽，主要原因是采用了如图7.21(a)所示的寄生宽带E形贴片、如图7.21(b)所示的U形缝隙贴片和层叠技术。中心设计频率 $f_0=4.676$ GHz，天线的具体参数及尺寸如表7.3所示。

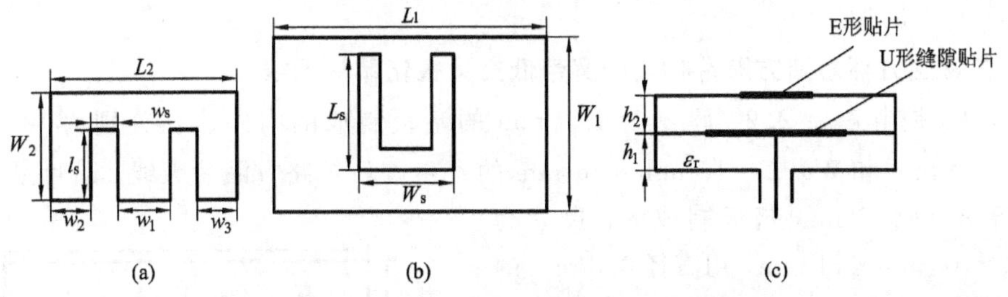

图 7.21　探针馈电层叠宽带贴片天线

(a) E形贴片；(b) U形缝隙贴片；(c) 侧视图

表 7.3　探针馈电层叠宽带贴片的参数及尺寸　　mm

参数	L_1	W_1	L_s	W_s	L_2	W_2	l_s	w_s	w_1	w_2	w_3	h_1	h_2	ε_r
尺寸	39.4	29.4	17	15.4	26.5	18	14.2	1.4	9.6	7.05	7.05	6	5.5	1.1

实测主要电参数如下：

(1) 在3.275～6.077 GHz频段，VSWR≤2的相对带宽为59.7%。

(2) 在阻抗带宽内，平均增益为8 dBi±1.4 dBi。

(3) 两个主平面天线的半功率波束宽度为HPBW=66°($f_0=3.49$ GHz)，HPBW=57.8°($f_0=4.42$ GHz)，HPBW=64°($f_0=5.2$ GHz)。

2. 由层叠寄生方环和用微带线给贴片馈电构成的宽带贴片天线[5]

图7.22是由内边长为 b、外边长为 a 的层叠寄生方环和用微带线馈电、边长为 d 的方贴片构成的宽带贴片天线。在中心谐振频率 $f_0=1.6$ GHz的情况下，用 $\varepsilon_r=4.4$、厚 $t=1.6$ mm

的 FR4 基板制成边长为 d 的方贴片，微带馈线及寄生矩形环天线的具体尺寸如下：$a=50$ mm，$b=36$ mm，$d=44$ mm，$h=30$ mm($0.16\lambda_0$)，$W_1=3$ mm，$W_2=1$ mm，$S_1=28$ mm，$S_2=49.5$ mm，方接地板的边长 $W_s=100$ mm($0.53\lambda_0$)。

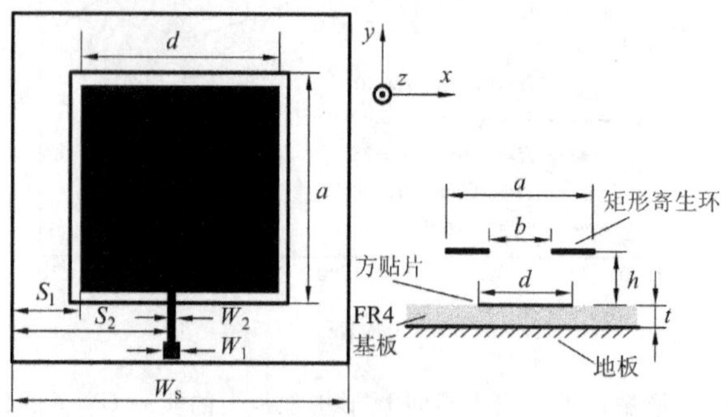

图 7.22　层叠矩形方环和用微带线馈电的方贴片天线

考虑到边缘场的影响，用下式确定方贴片的边长 d：

$$d=\frac{Kc}{2f_0\sqrt{\varepsilon_e}} \tag{7.15}$$

式中：K 为修正系数，$K\approx0.8$；c 为光速；ε_e为有效介电常数。

由于天线的输入阻抗不是 50 Ω，为了与宽度 $W_1=3$ mm 的 50 Ω 微带线匹配，串联了宽度 $W_2=1$ mm 的阻抗变换段。实测结果显示，用距方贴片为 $h=0.16\lambda_0$ 的寄生矩形环使增益提高了 3.3 dB。

3. 由寄生方环短路方贴片构成的宽带低交叉极化贴片天线

图 7.23 是由 $\varepsilon_{r2}=2.2$、厚 $d_2=1.6$ mm 的基板制成的内外边长分别为 $W_1\times L_1=14$ mm×14 mm 和 $W\times L=46$ mm×46 mm 的寄生方环短路方贴片天线。贴片是用 $\varepsilon_{r1}=2.55$、厚 $d_1=4.7$ mm 基板制成的，尺寸为 $W_2\times L_2=14$ mm×14 mm，用直径 0.8 mm 的同轴线馈电，馈电点到中心的距离为 $x_f=3.4$ mm，$y_f=0$ mm，用直径 0.8 mm 的短路柱把方贴片短路，短路点的位置为 $x_s=5.3$ mm，$y_s=0$ mm，寄生方环与贴片之间距 $S=2.5$ mm，图中 $g=0$。

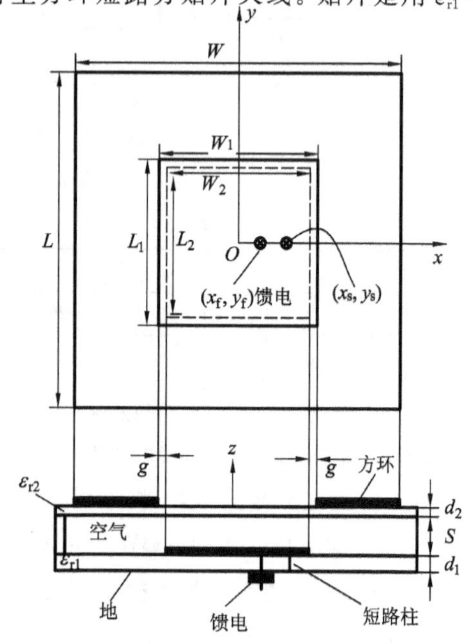

图 7.23　寄生方环短路方贴片天线

图 7.24 是该天线仿真和实测的 $S_{11}\sim f$ 特性曲线，实测 VSWR≤2 的相对带宽为 11%(1.898～2.174 GHz)。图 7.25 是把天线放在 180 mm×180 mm 地板上，在 $f_1=1.9$ GHz，$f_c=1.98$ GHz和 $f_2=2.09$ GHz 实测的 E 面和 H 面主极化和交叉极化方向图。在中心频率2.09 GHz，$HPBW_E=76°$，$HPBW_H=72°$，实测增益 8.6 dBi，E 面和 H 面实测交叉极化电平如表 7.4 所示。

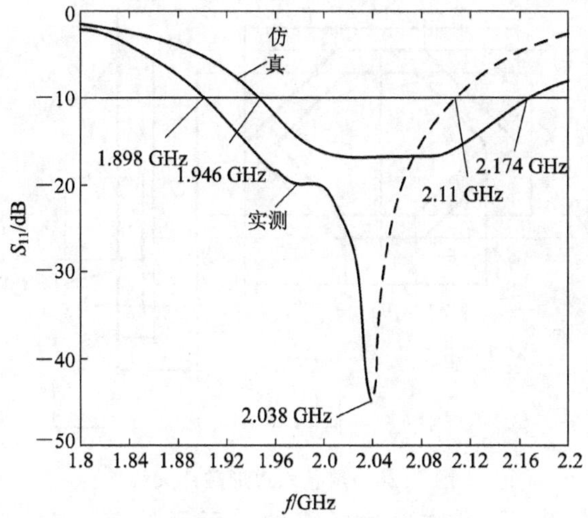

图 7.24 寄生方环短路方贴片天线仿真和实测的 $S_{11}\sim f$ 特性曲线

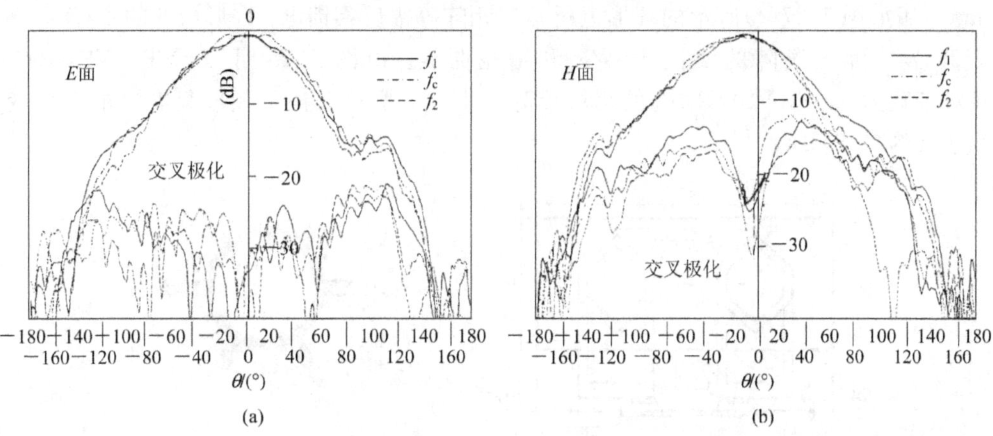

图 7.25 寄生方环短路方贴片实测的 E 面和 H 面主极化和交叉极化方向图
(a) E 面；(b) H 面

表 7.4 寄生方环短路方贴片在 1.90～2.09 GHz 频段的 *E* 面和 *H* 面交叉极化电平

f/GHz	E 面交叉极化电平/dB		H 面交叉极化电平/dB	
	偏离轴线	轴线	偏离轴线	轴线
1.90	−21	−40	−12	−25
1.98	−22	−36	−14.5	−31
2.09	−21	−40	−11	−23

4. 由层叠六边形贴片和用 L 形探针馈电构成的宽带贴片天线

图 7.26 是 L 形探针近耦合给层叠六边形贴片馈电构成的宽带贴片。层叠六边形寄生贴片比下面馈电六边形贴片小，天线的谐振频率为 1940 MHz。具体尺寸如下：$W_1=W_2=37.5$ mm，$W_3=36$ mm，$L_1=75$ mm，$L_2=58$ mm，$W_4=W_5=W_6=29$ mm，$H_1=32$ mm，$H_2=14$ mm，$L_p=31$ mm，$H_p=8$ mm。

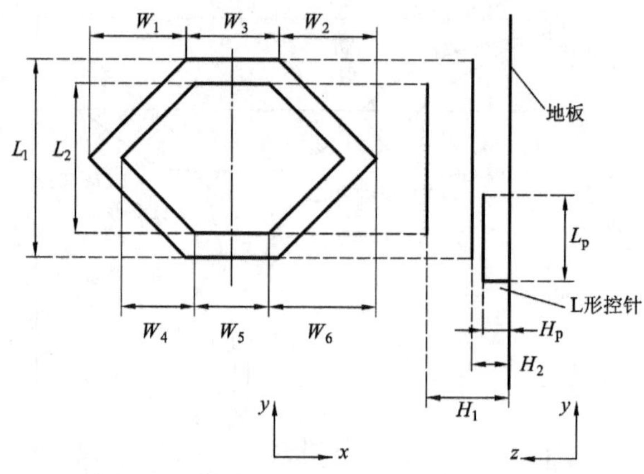

图 7.26　层叠六边形贴片天线

图 7.27 是由图 7.26 所示的贴片组成的二元天线阵，单元间距 $B_s=139.9$ mm $(0.9\lambda_0)$，U 形接地板的尺寸为：长×宽$=L_g\times W_g=300$ mm×150 mm，侧边高 $H_g=40$ mm。用如图 7.27(c)所示的环形电桥给二元阵等幅反相馈电。L 形探针的直径为1 mm。图 7.28 为二元天线阵的实测 VSWR 和增益曲线。由图 7.28 可以看出，VSWR≤1.5 的相对带宽为 34%，VSWR≤2 的相对带宽为 44%，增益在整个频段只有小的起伏变化，平均增益约11.5 dBi。

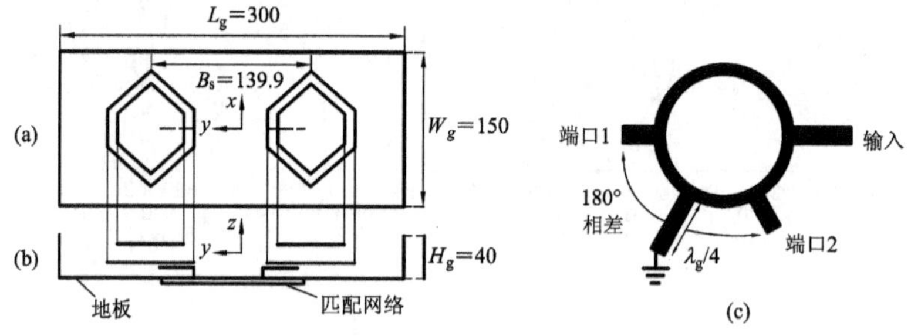

图 7.27　二元天线阵的结构及馈电网络

(a) 二元天线阵顶视图；(b) 侧视图；(c) 馈电网络

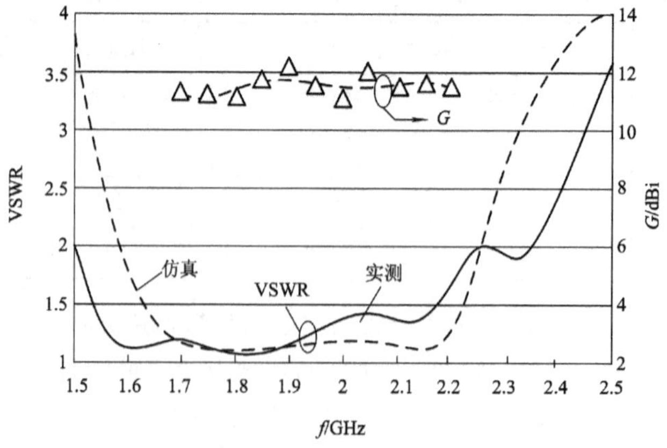

图 7.28　二元天线阵实测和仿真 VSWR 和 G 的频率特性曲线

5. 用边缘耦合寄生贴片展宽贴片天线的带宽

用层叠寄生贴片不仅能展宽贴片天线的带宽，而且能提高贴片天线的增益，但缺点是在工程中实施比较麻烦。另外一种容易实施的方法就是采用边缘耦合贴片。图 7.29 是 2.4 GHz WLAN 频段用厚 2 mm、$\varepsilon_r=3.58$ 的基板制作的边缘耦合四元贴片天线。辐射贴片与寄生贴片的间隙 $S=1.5$ mm。贴片与贴片之间相距 $D=65.5$ mm($0.546\lambda_0$)。图 7.30 是该天线阵反射损耗的频率特性曲线。由图 7.30 可以看出，无边缘耦合寄生贴片，$S_{11}<-10$ dB的带宽为42 MHz(2.38～2.42 GHz)，有寄生贴片 $S_{11}<-10$ dB 的带宽为143 MHz (2.37～2.513 GHz)。无寄生贴片四元天线阵的实测增益为 13.1 dB，有边缘寄生贴片的四元天线阵的实测增益为 15.3 dB。可见，采用边缘耦合寄生贴片，相对于无寄生贴片，不仅相对阻抗带宽扩大了三倍，而且增益提高了 2.1 dB。

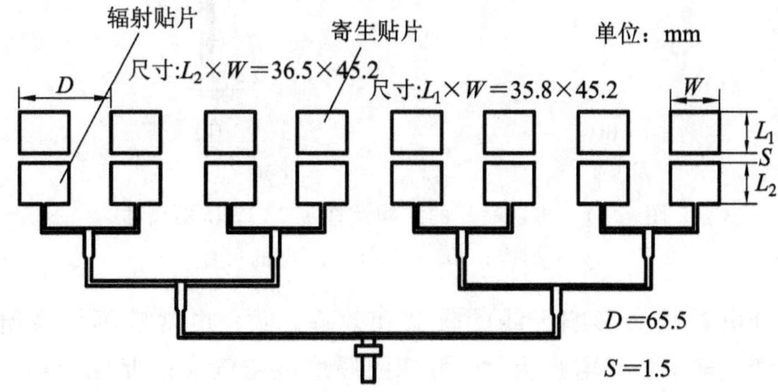

图 7.29 边缘耦合四元贴片天线阵

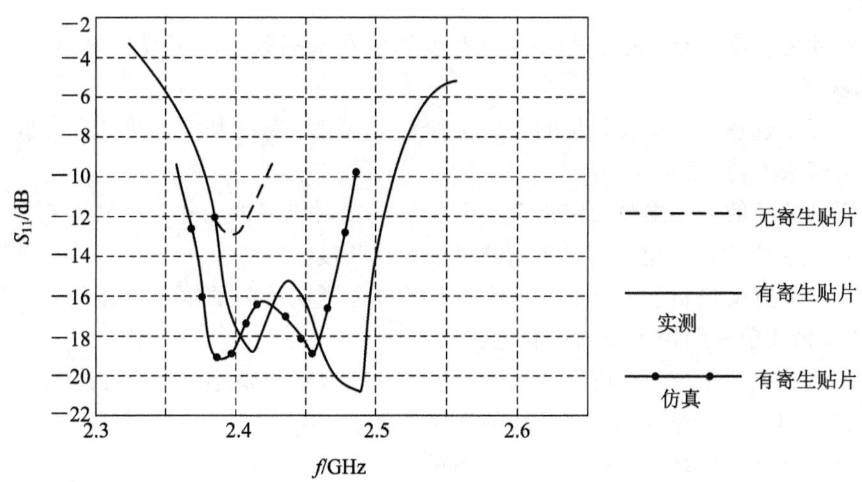

图 7.30 四元贴片天线阵有无寄生贴片的 $S_{11}\sim f$ 特性曲线

7.3.3 缝隙耦合宽带高增益贴片天线

采用如图 7.31 所示的多层结构和缝隙耦合馈电技术，可以构成宽带高增益贴片天线。图 7.31 中，最下层是 $h_2=0.787$ mm、$\varepsilon_{r2}=2.2$ 的基板，一面为微带馈线和 $\lambda_0/4$ 长阻抗变换段，另一面为带有缝隙的地；中间是 $h_3=12.7$ mm、$\varepsilon_{r3}=1.07$ 的泡沫层；最上面是用 $h_1=0.127$ mm、$\varepsilon_{r1}=2.2$ 的基板用印刷电路技术制作的贴片。

由图 7.31 可以看出，该天线有两个介质基板 ε_{r1} 和 ε_{r2}，一个泡沫基板 ε_{r3}（或空气层），它们层叠配置。

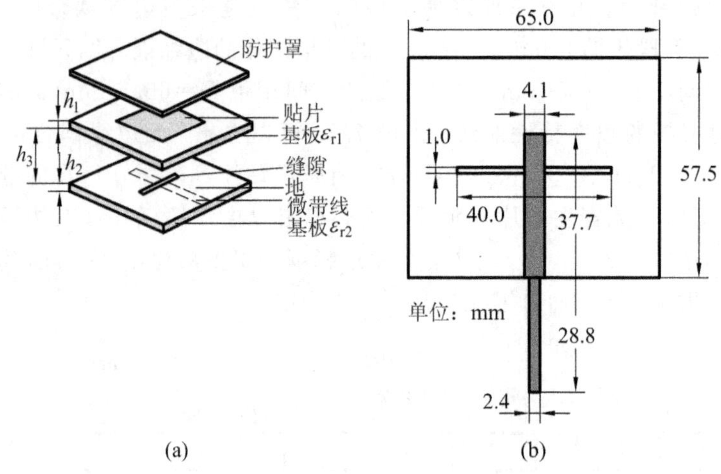

图 7.31　多层贴片的结构及在 1.92 GHz 的尺寸

(a) 结构；(b) 在 1.92 GHz 的尺寸

(1) 泡沫的介电常数会影响天线的带宽和效率。低介电常数不仅会给出宽的阻抗带宽，而且能防止产生表面波，增强辐射。泡沫的厚度或空气层的厚度会影响天线带宽和耦合电平。厚的泡沫层或空气层可实现宽的阻抗带宽，但在给定缝隙尺寸的情况下，会导致小的耦合。

(2) 贴片的长度决定了谐振频率，但宽度影响在谐振频率时天线的电阻。贴片越宽，它的电阻就越小。

(3) 应仔细选择微带馈线基板的介电常数 ε_{r2} 和厚度。薄的基板虽然具有杂散辐射小的优点，但会带来大的损耗。

(4) 耦合缝隙的长度主要决定耦合电平及后向辐射电平的大小，一般不宜太长。虽然缝隙的宽度也会影响耦合电平，但影响的程度要比长度小得多。

(5) 馈线的宽度控制了馈线的特性阻抗，但也会影响缝隙的耦合。需要使用长度稍小于 $\lambda_0/4$ 的调谐支节来调掉天线的过剩电抗。

(6) 用接地板把贴片和馈电网络隔开，不仅使杂散辐射最小，而且可以独立地选择贴片和馈电网络基板的介电常数，使天线的性能最佳。

适合 1.85～1.99 GHz 频段天馈的具体尺寸如图 7.31(b)所示。

用图 7.31(b)所示的尺寸制作的天线虽然实测 VSWR≤2 的相对带宽达到 22%，在中心频率 f_0=1.9 GHz，HPBW_E=61°，HPBW_H=73°，G=9.4 dBi，但 F/B 比差。为了改善 F/B 比，在馈电基板后 12.7 mm(0.08λ_0)处附加一块金属板。图 7.32(a)、(b)分别是该天线在 f_0=1.9 GHz 实测的 E 面和 H 面方向图。由图 7.32 可以求出，HPBW_E=59°，HPBW_H=74°，F/B=20 dB，实测增益 G=9.5 dBi。图 7.33 是仿真和实测的 $S_{11}\sim f$ 曲线。由图 7.33 可看出，VSWR≤2 的相对带宽为 21%。

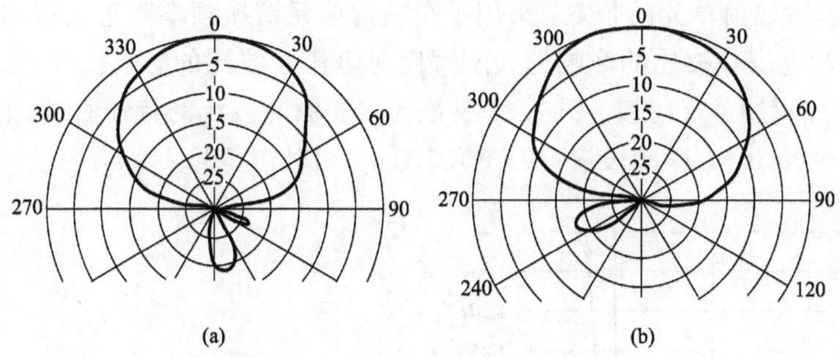

图 7.32 1.9 GHz 实测缝隙耦合贴片的方向图
(a) E 面；(b) H 面

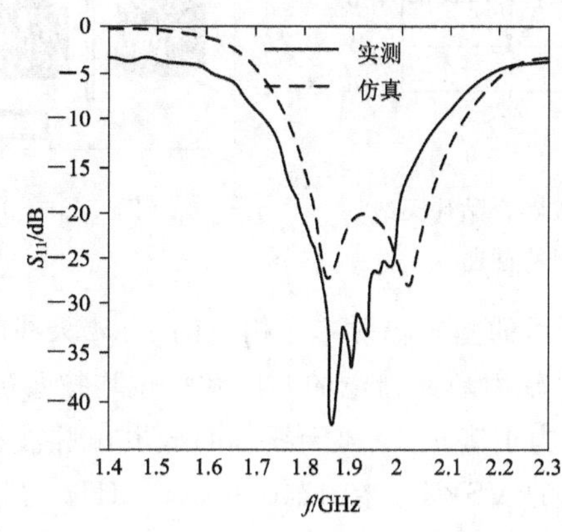

图 7.33 带反射板缝隙耦合的贴片天线仿真和实测 $S_{11}\sim f$ 特性曲线

为了满足 PCS 和 IMT-2000(1710～2170 MHz)的工作带宽，辐射单元必须具有宽带辐射特性。图 7.34 是另外一种由多层结构和缝隙耦合馈电构成的宽带贴片天线。之所以能实现宽频带，主要是由于采用了以下两个技术：

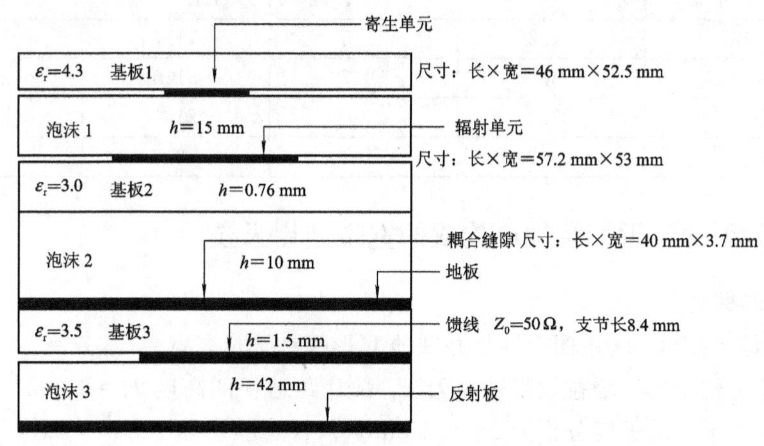

图 7.34 多层结构和缝隙耦合贴片天线的结构及尺寸

(1) 多层结构。除辐射单元外，还增加了寄生单元，特别是采用了两层低介电常数的泡沫层。

(2) 缝隙耦合馈电。

为了展宽基本辐射单元的带宽，采用了在辐射单元谐振频率附近谐振的寄生单元。寄生单元的长度对电压驻波比的影响远大于宽度对电压驻波比的影响。为了减小后向辐射，距馈电层 $\lambda_0/4$ 处附加了反射板。图 7.35 是该天线实测驻波比的特性曲线。由图 7.35 可以看出，在 1670～2240 MHz 频段内，VSWR≤1.4，相对带宽为 24.5%。

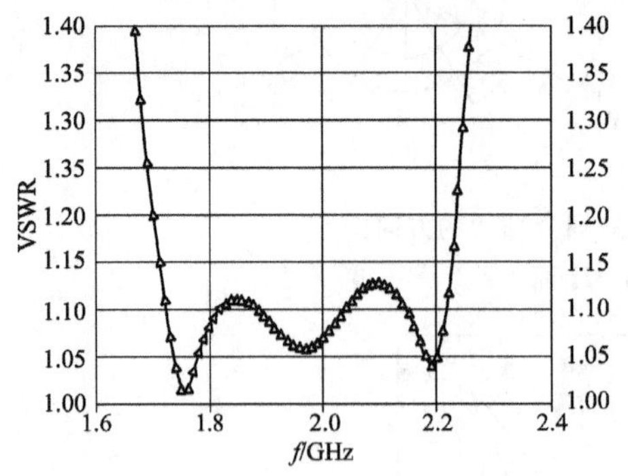

图 7.35　多层结构和缝隙耦合贴片天线实测 VSWR～f 特性曲线

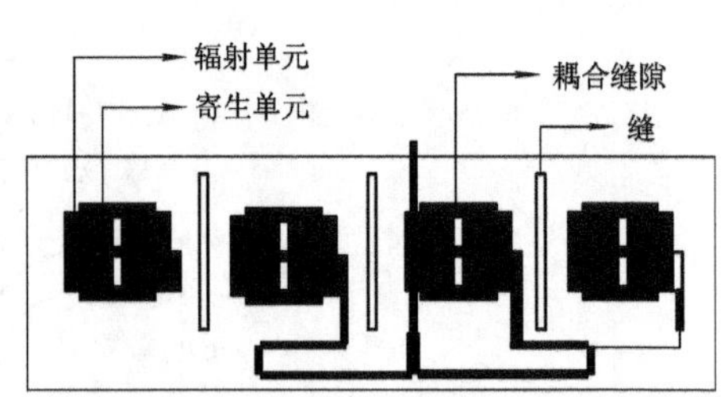

图 7.36　1×4 天线阵的结构

图 7.36 是用图 7.34 所示的基本辐射单元构成的 1×4 天线阵。为了使主波束下倾 6°，副瓣电平低于－20 dB，每个辐射单元馈电的幅度和相位均按泰勒分布确定。为了防止栅瓣产生，单元间距 $d=0.6\lambda_0$。为了满足 1×4 天线阵的低电压驻波比特性，在图 7.36 中切割了三个缝隙，用来调整天线的 VSWR，在 1740～2300 MHz 的频段内，VSWR≤1.4 的最佳缝隙尺寸为 90 mm×5 mm，1×4 天线阵的主要电气性能如表 7.5 所示。

表 7.5　1×4 天线阵实测主要电气性能

	PCS		IMT－2000	
	1.77 GHz	1.86 GHz	1.95 GHz	2.14 GHz
VSWR≤1.4 的带宽	1.72～2.25 GHz			
G/dBi	11.2	11.5	11.7	12.3
(F/B)/dB	36.7	30.7	31.9	29.6
$HPBW_E$/(°)	22.8	21.8	21.6	19.7
$HPBW_H$/(°)	69.2	71.4	72.2	70.5

7.3.4　用 L 形探针近耦合馈电构成的宽带贴片天线

1. 双 L 形探针[6]

图 7.37 是 $f=5$ GHz 用两个同相并联的 L 形探针给长×宽＝$L\times W$＝22 mm×44 mm 的贴片耦合馈电构成的高增益宽带贴片天线。贴片距地板的高度 $H=6$ mm($0.1\lambda_0$)。L 形探针的垂直和水平臂的长度分别为 $a=4.5$ mm($0.075\lambda_0$)，$b=12$ mm($0.2\lambda_0$)，两个探针间隔 $S=28.6$ mm($0.477\lambda_0$)，用 $\varepsilon_r=2.33$ 的基板制作的 T 形功分器与两个 L 形探针相连。馈线的特性阻抗 $Z_0=50\ \Omega$，$Z_1=100\ \Omega$，带线的宽度分别为 4.877 mm 和 1.41 mm。其他尺寸如下：$L=22$ mm，$H=6$ mm，$W=44$ mm，$T=0.3$ mm，$d=0$ mm，$t=1.5748$ mm，$G_L=100$ mm，$G_W=100$ mm，$S=28.6$ mm。

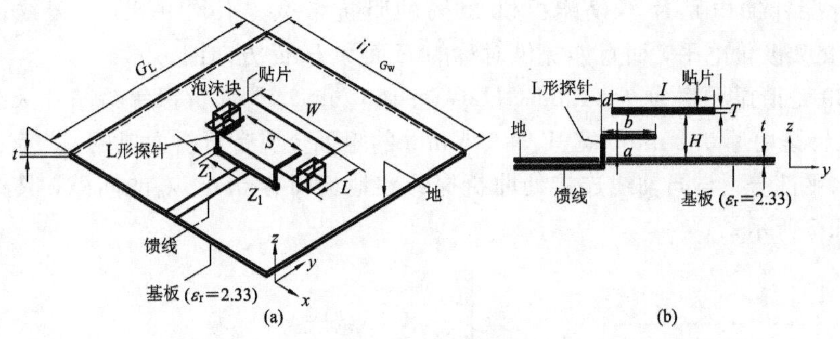

图 7.37 双 L 形探针耦合馈电高增益宽带贴片天线的结构及尺寸

(a) 立体图；(b) 侧视图

为了比较，按图 7.37 所示的尺寸制作了用双 L 形探针馈电构成的贴片天线。图 7.38 为实测双 L 形探针馈电贴片天线的 VSWR 及增益频率特性曲线。由图 7.38 可以看出，双 L 形探针馈电贴片天线，VSWR≤1.5 的相对带宽为 25%(f=4.42～5.7 GHz)。双 L 形把单 L 形 8 dBi 增益变成 10 dBi，而且在很宽的频段内，增益恒定不变，1 dB 增益带宽为 26%。与单 L 形探针馈电贴片天线相比，增益提高 2 dB 是双 L 形探针馈电贴片天线突出的优点，特别是在 5～5.7 GHz 的高频段内，增益增大的幅度更大。之所以增益比单 L 形探针耦合馈电贴片天线高，主要是由于双 L 形探针耦合馈电贴片天线的 E 面和 H 面方向图交叉极化分量特别低。单、双 L 形探针近耦合馈电贴片天线在 4.42～5.69 GHz 实测电参数比较如表 7.6 所示。

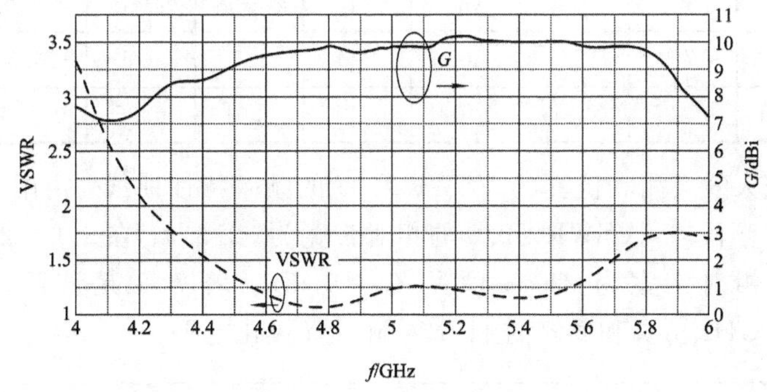

图 7.38 双 L 形探针近耦合馈电贴片天线仿真和实测 VSWR 及 G 的频率曲线

表 7.6 单、双 L 形探针近耦合馈电贴片天线实测主要电参数比较

VSWR≤1.5 相对带宽	G_{max}	1 dB 增益带宽	HPBW	
			E 面	H 面
单 L 形 25.8%(4.42～5.37 GHz)	8 dBi	14.2%	56°	60°
双 L 形 24.1%(4.42～5.69 GHz)	10 dBi	26.7%		

2. 曲折探针[7]

用带 U 形缝隙的贴片，或采用 L 形探针馈电的贴片天线，虽能实现宽的阻抗带宽，但会带来高的交叉极化电平。高的交叉极化电平不仅使主极化方向图失真，而且降低了天线的增益。

用曲折探针馈电贴片不仅能提供 30% 的阻抗带宽、平均 9 dB 的天线增益、小于 −20 dB的交叉极化电平，而且能提供对称的 E 面和 H 面方向图。

图 7.39 是谐振频率为 $f=1.82$ GHz($\lambda_0=165$ mm)、用曲折探针给贴片天线馈电的结构。曲折探针是由厚 0.2 mm、宽 $W_s=9.5$ mm 的矩形金属带弯折而成的，共有三个垂直部分和两个水平部分。与同轴线连接处曲折探针和地板间有 $0.001\lambda_0$ 的间隙，具体尺寸和电尺寸如表 7.7 所示。

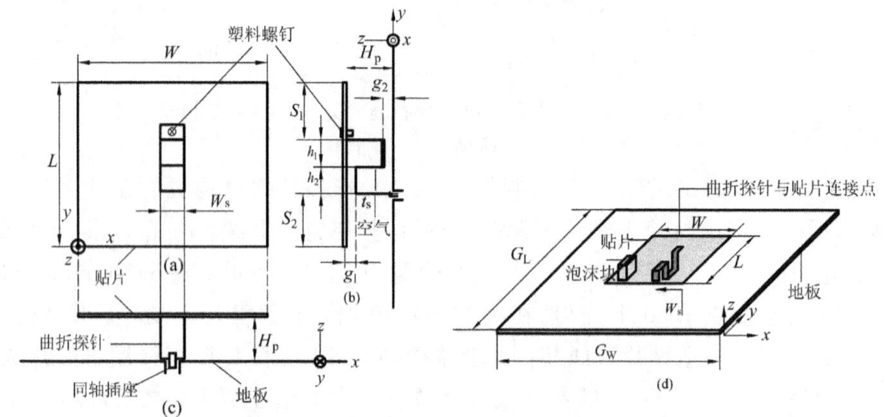

图 7.39 曲折探针馈电贴片天线的结构

表 7.7 曲折探针馈电贴片天线的结构尺寸及电尺寸

参数	L	W	H_p	G_L	G_W	$g_1=g_2$	$h_1=h_2$	$S_1=S_2$	t_s	W_s
尺寸/mm	60	70	17.5	300	200	1.5	9.5	20.5	0.2	9.5
电尺寸 λ_0	0.364	0.425	0.106	1.82	1.21	0.01	0.06	0.123	0.0012	0.06

图 7.40 是该天线实测和仿真的 VSWR 和 G 的频率特性曲线。由图 7.40 可看出，在 1.56～2.12 GHz 频段内，VSWR≤2.0 的相对带宽为 30.5%，在 1.6～2.04 GHz 频段内 VSWR≤1.5 的相对带宽为 24%，平均 $G=9$ dBi。表 7.8 是该天线在 1.56 GHz、1.82 GHz、2.12 GHz 仿真和实测的 HPBW 和交叉极化电平。

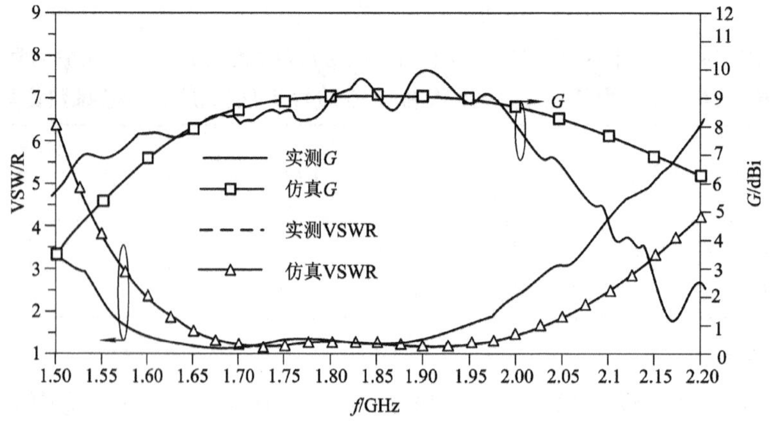

图 7.40 曲折探针馈电贴片天线仿真和实测 VSWR 和 G 的频率特性曲线

表 7.8 曲折探针馈电贴片天线，在 1.56 GHz、1.82 GHz、2.12 GHz 仿真和实测的 HPBW 和交叉极化电平

f/GHz	仿真			实测		
	$HPBW_E$	$HPBW_H$	交叉极化电平/dB	$HPBW_E$	$HPBW_H$	交叉极化电平/dB
1.56	83°	80°	−25	78°	82°	−18
1.82	66°	73°	−25	67°	74°	−20
2.12	65°	70°	−32	66°	70°	−21

该天线的主要电性能如下：

(1) VSWR≤2 相对带宽为 24%(f=1.55～1.98 GHz)，VSWR≤1.5 的相对带宽为 19%(1.59～1.92 GHz)。

(2) 在频段内，G≥9 dBi。

(3) 在频段内，交叉极化电平低于−20 dB。

(4) 在 1.85 GHz，$HPBW_E$=68°，$HPBW_H$=70°。

3. 与宽带巴伦相连的双 L 形探针[8]

众所周知，贴片天线固有的缺点是阻抗带宽太窄。一种展宽贴片天线阻抗带宽的方法就是使用厚且低的介电常数的基板。如果用探针直接馈电，则长探针引入的电感会限制贴片天线的阻抗带宽小于 10%。为克服长直探针的缺点，可采用 L 形探针近耦合馈电技术，对厚 $0.1\lambda_0$ 的低介电常数基板，阻抗带宽可以达到 30%。L 形探针确实展宽了贴片天线的阻抗带宽，但 L 形探针的泄漏辐射却引起了 H 面大的交叉极化电平，为此需要使用反相馈电的双 L 形探针近耦合馈电技术来扼制 H 面大的交叉极化电平。图 7.41 是中心谐振频率为 2 GHz 的窄带和宽带巴伦双 L 形近耦合方贴片天线的结构。天线的具体尺寸为

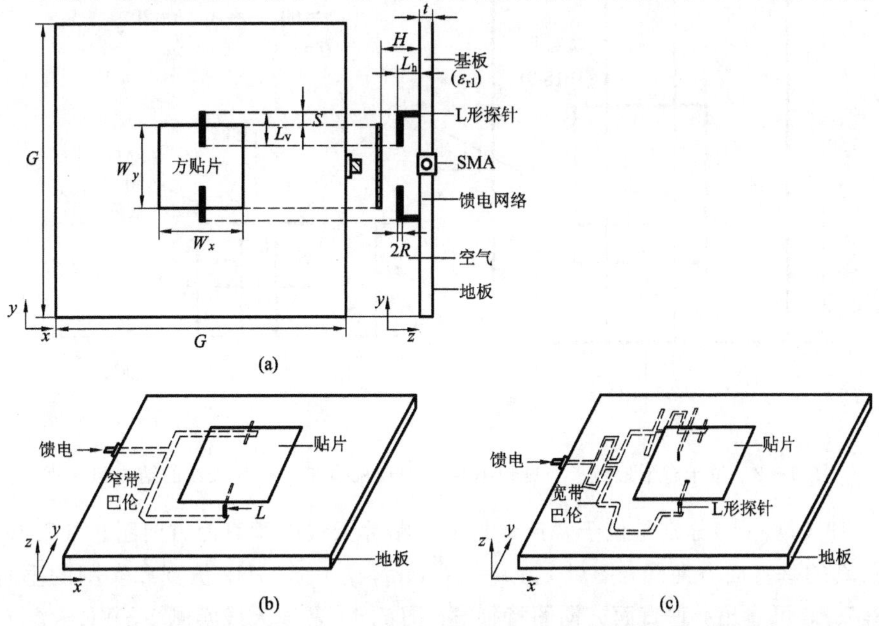

图 7.41 双 L 形探针近耦合馈电方贴片天线的结构

(a) 顶视和侧视；(b) 带窄带巴伦的立体结构图；(c) 带宽带巴伦的立体结构图

$W_x = W_y = 53.5$ mm($0.357\lambda_0$)，$H = 23.5$ mm($0.157\lambda_0$)。L 形探针的尺寸为：直径 $2R = 1$ mm，垂直和水平长度分别为 $L_h = 12$ mm，$L_v = 26.5$ mm，到贴片边缘的距离 $S = 3$ mm，方地板的边长 $G = 250$ mm($1.5\lambda_0$)。馈电网络是用 $t = 0.8$ mm、$\varepsilon_r = 3.38$ 的基板制造的。实测主要电参数如下：VSWR≤2 的相对带宽为 39.2%(1.62～2.44 GHz)，$G = 6.5$～8.5 dBi。

有宽带和窄带巴伦的双 L 形探针方贴片天线在 1.7～2.3 GHz 频段，实测 H 面交叉极化电平比较如表 7.9 所示。

表 7.9　有宽带和窄带巴伦的双 L 形探针方贴片天线实测 *H* 面交叉极化电平

f/GHz	1.7	1.8	1.9	2.0	2.1	2.2	2.3
窄带巴伦交叉极化电平/dB	−26.7	−24.9	−22.9	−15.6	−12.9	−8.3	−12.1
宽带巴伦交叉极化电平/dB	−24.1	−27.2	−22.8	−26.3	−24.4	−22.1	−21.1

由表 7.9 可以看出，有宽带巴伦的双 L 形探针方贴片天线在 1.7～2.3 GHz 频段内，交叉极化电平均小于−21 dB，但有窄带巴伦的双 L 形探针方贴片天线在 2.0～2.3 GHz 频段，交叉极化电平比较高。

7.3.5　由脊椎形地面构成的贴片天线[9]

图 7.42 是位于脊椎形地面上、中心谐振频率为 3 GHz 的宽带方贴片天线的结构和尺寸。由于边长为 a 的方形贴片采用了脊形地板，所以大大展宽了它的阻抗带宽。

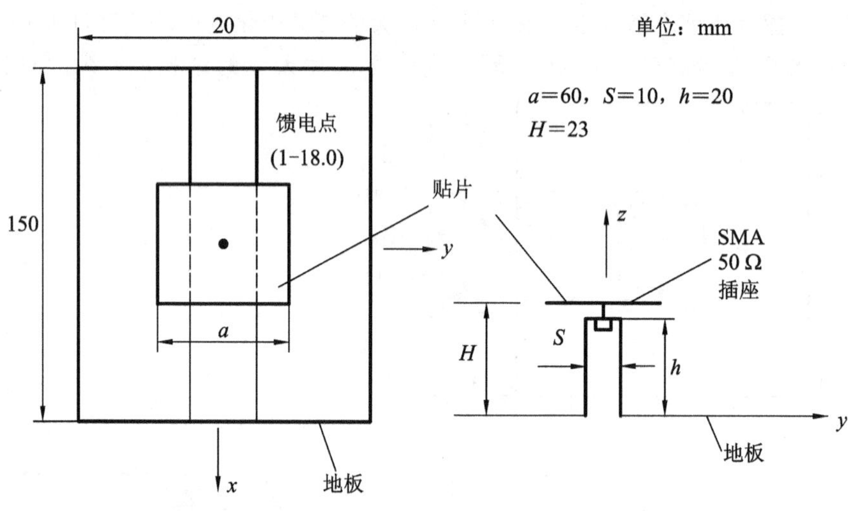

图 7.42　位于脊形地板上谐振频率为 3 GHz 的宽带方贴片天线的结构和尺寸

图 7.43 (a)、(b)分别是位于脊形地板上方贴片天线的垂直面方向图。图 7.43(a)为不同 h 时仿真的垂直面方向图，图(b)为 $h = 20$ mm，$f_0 = 3$ GHz 仿真和实测的垂直面方向图。由图 7.43 可看出，垂直面方向图特别宽。图 7.44 是该天线实测 VSWR～f 特性曲线。由图 7.44 可看出，在 1.75～4.62 GHz 的频段内，VSWR≤2，相对带宽达到 90%，实测增益约 3 dB。因此，该天线特别适合作为超宽天线使用。

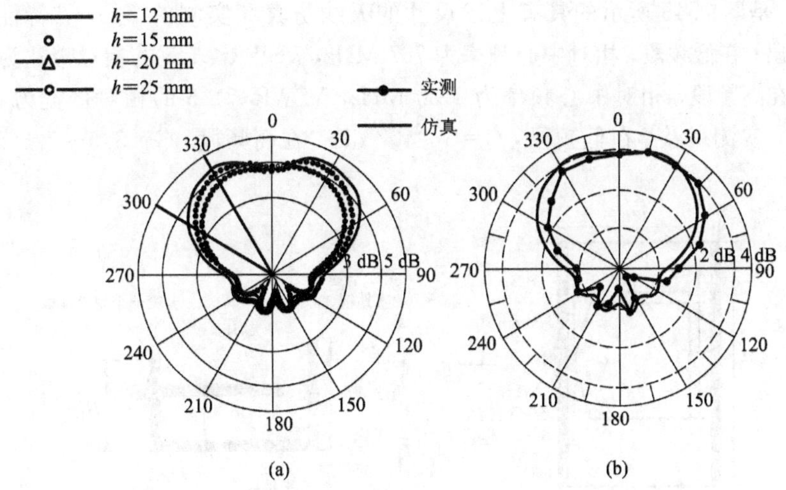

图 7.43　位于脊形地板上方贴片天线的垂直面方向图

(a) 不同高度仿真的垂直面方向图；(b) h=20 mm，f_0=3 GHz 仿真和实测的垂直面方向图

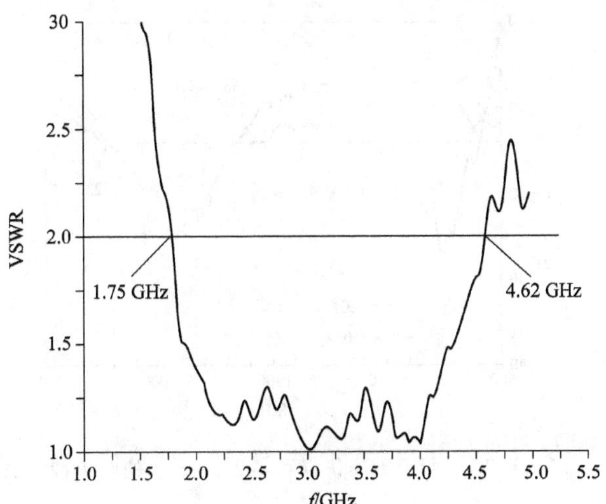

图 7.44　位于脊形地板上方贴片天线实测 VSWR～f 特性曲线

7.4　双频贴片天线

7.4.1　用共面探针给矩形贴片馈电构成的双频宽带贴片天线

图 7.45 是位于 U 形接地板中用共面探针给矩形贴片馈电构成的 GSM/DCS/PCS 三频段贴片天线。U 形接地板由 $L\times W$ 的水平地板与尺寸为 $L\times H_1$ 和 $L\times H_2$ 的两个垂直地板构成，用共面探针从矩形贴片边缘的中间给长×宽为 $L_1\times W_1$ 的矩形贴片馈电。在馈电点，为了改善匹配，贴片有 170°张角 α。调整贴片到第二个垂直接地板的距离对产生双频很关键。经过优化设计，天线的最佳尺寸如下：L=200 mm，W=100 mm，H_1=50 mm，H_2=70 mm，h=40 mm，L_1=74 mm，W_1=65 mm。

图 7.46 是图 7.45 所示的具有上述尺寸的天线仿真和实测的 $S_{11}\sim f$ 特性曲线。由图 7.46 可以看出，在低频段，相对中心频率为 787 MHz，VSWR≤1.5 的相对带宽为 50%(593～981 MHz)，在高频段，相对中心频率为 1950 MHz，VSWR≤1.5 的相对带宽为 30%(1662～2237 MHz)；实测增益，在低频段，G=5～4.7 dBi，在高频段，G=8.5～7.5 dBi。

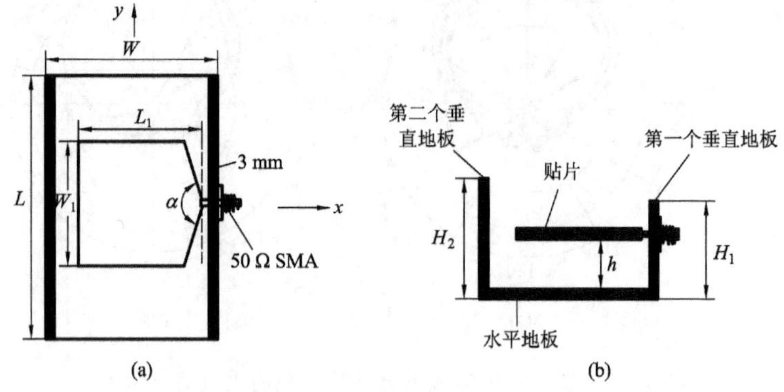

图 7.45　用共面探针给矩形贴片馈电构成的三频段贴片天线

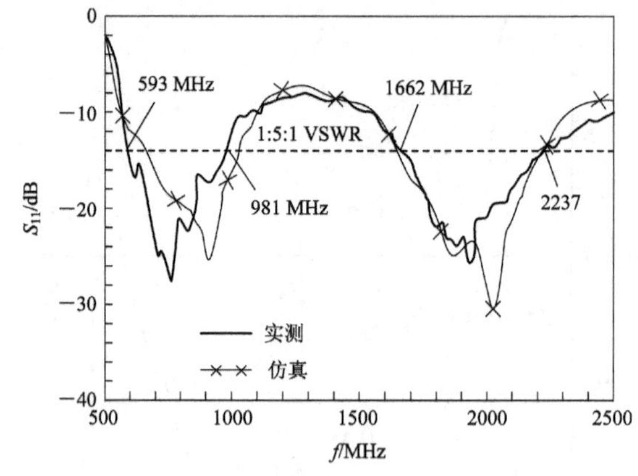

图 7.46　图 7.45 所示天线仿真和实测 $S_{11}\sim f$ 的频率特性曲线

该天线的主要特点如下：

(1) 单馈双频。

(2) 小尺寸，长×宽×高=$0.395\lambda_L\times0.197\lambda_L\times0.138\lambda_L$。

(3) 宽频带：在低频段，VSWR≤1.5 的相对带宽为 50%，在高频段，VSWR≤1.5 的相对带宽为 30%。

(4) 中增益：在低频段，G=5～4.7 dBi，在高频段，G=8.5～7.5 dBi。

7.4.2　宽带双线极化 VHF 贴片天线[10]

为了测量海洋结冰的厚度(0.5～8 m)，机载综合口径雷达需要一个宽带(相对带宽为 30%)VHF 双极化中增益天线，其工作频率范围为 127～172 MHz。为了利用频率干涉仪技术，要用宽带天线以便覆盖(137±10)MHz 和(162±10)MHz 两个频段。为了让雷达能清楚区分从海洋冰层返回具有不同特性的两个信号，要求一个工作频段为垂直线极化，另一个频段为水平线极化，且要求天线双极化端口之间至少要有－20 dB 的隔离度。

为了用小尺寸实现宽带双极化和－20 dB的端口隔离度，采用了以下技术：

(1) 以空气或低介电常数泡沫为介质，且用相对厚的层叠方贴片；上方贴片寄生，下方贴片用容性探针耦合馈电。由于容性探针的电容盘抵消了相对厚的空气介质层长探针带来的感性，因而进一步展宽了带宽。

(2) 用厚基板以便实现－20 dB的交叉极化电平，虽然厚基板易产生高次模，但由于用位于相反方向上的一对反相容性探针馈电，因而有效抑制了高次模。

(3) 为了实现双极化，需要用四个容性探针。为了减小相反的一对探针在厚基板产生的互耦，在地板与下贴片之间插入了许多短路柱。短路柱越多，容性探针之间的互耦就越小，但短路柱也不能太多，因为短路柱太多反而会使天线的带宽变窄。

图7.47(a)、(b)、(c)是上下方贴片及四个容性探针的结构尺寸图。图中共用了位于下贴片中心的直径为3 mm的24四根短路柱，每个极化共12根，适合在127～172 MHz频段工作的层叠方贴片及容性探针的具体尺寸如图7.47所示。

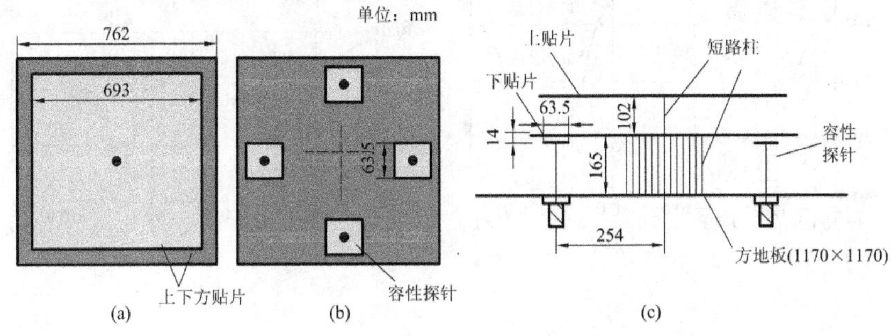

图7.47 VHF层叠方贴片天线的结构及尺寸

(a) 顶视上下方贴片；(b) 容性探针和短路柱；(c) 侧视图

为了抑制高次模，降低交叉极化电平，需要用两个180°混合电路分别反相激励每个极化的一对容性探针。图7.48是该天线仿真和实测的 $S_{11}\sim f$ 特性曲线，VSWR≤2($S_{11}=-9.6$ dB)的带宽为42 MHz。图7.48(b)是该天线两个极化端口之间实测的隔离度曲线。由图7.48可看出，在30%的频段双极化端口之间的隔离度达到－40 dB。

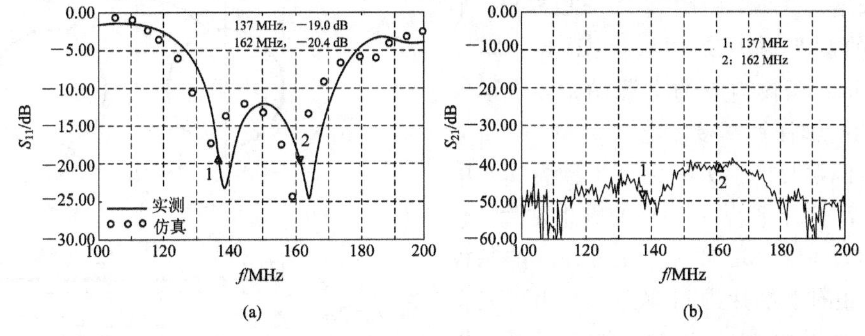

图7.48 VHF层叠方贴片天线实测和仿真 S_{11} 和 S_{21} 的频率特性曲线

(a) S_{11}；(b) 隔离度 S_{21}

图7.49(a)、(b)分别是在137 MHz实测和仿真的 E 面和 H 面方向图。图7.50(a)、(b)分别是162 MHz实测和仿真的 E 面和 H 面方向图。由图7.50可以看出，实测 E 面、H 面方向图交叉极化均低于－20 dB，实测增益 $f=137$ MHz为8.5 dBi，$f=162$ MHz为10.3 dBi。

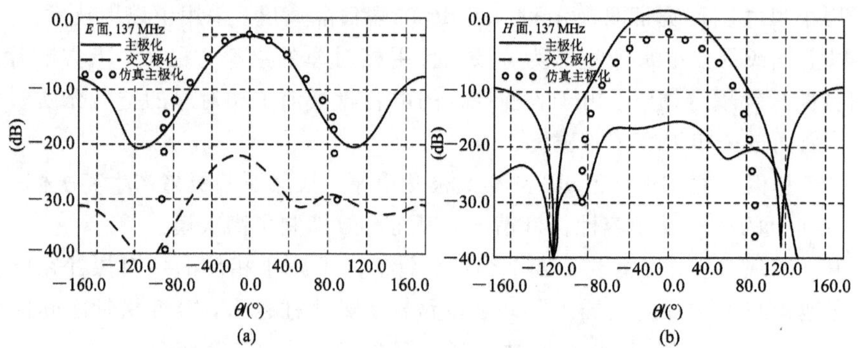

图 7.49　VHF 层叠方贴片在 137 MHz 实测和仿真 E 面和 H 面方向图

(a) E 面；(b) H 面

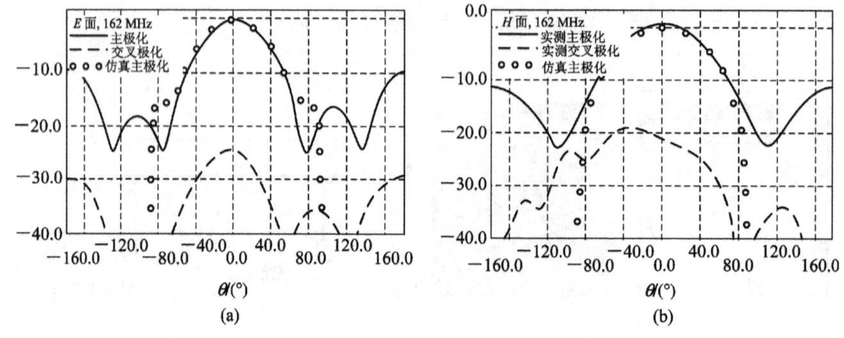

图 7.50　VHF 层叠方贴片在 162 MHz 实测和仿真的 E 面和 H 面方向图

(a) E 面；(b) H 面

7.4.3　由多层多谐振贴片构成的宽带和双频天线[11]

为了展宽贴片天线的带宽，可采用有低介电常数和空气介质的多层多谐振贴片。图 7.51 就是用这种技术在 2.4 GHz 频段构成的宽带高增益天线。由图 7.51 可以看出，半径为 a_1 的圆形贴片是用 $\varepsilon_{r3}=2.45$、厚度 $h_3=1.6$ mm 基板构成的有源贴片，用距中心为 x 的同轴探针直接馈电。

在有源贴片的上方有两个半径为 a_2、中心相距 $2d$、与有源贴片平行的寄生贴片。它们也是用 $\varepsilon_{r1}=2.45$、厚 $h_1=1.6$ mm 的基板制成的，距有源贴片的间隙为 h_2。为了展宽带宽和提高增益，h_2、h_4 均为空气介质。在中心工作频率 $f_0=2.325$ GHz 的情况下，使 VSWR≤2 的相对带宽为 47%的最佳尺寸如下：$a_1=31$ mm，$a_2=21$ mm，$2d=62$ mm，$x=27$ mm，$h_4=4$ mm，$h_2=12$ mm。

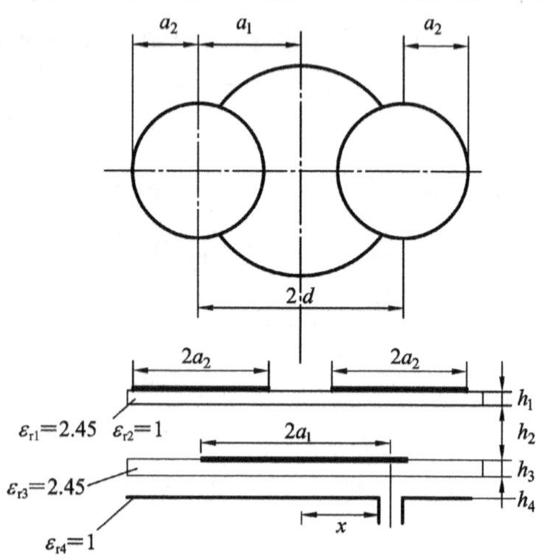

图 7.51　多层多谐振圆贴片天线

图 7.52 是该天线用上述最佳尺寸实现的 $G\sim f$ 特性曲线。由图 7.52 可以看出，在 2～2.9 GHz频段，增益大于 8 dBi，最大增益为 9.4 dBi。

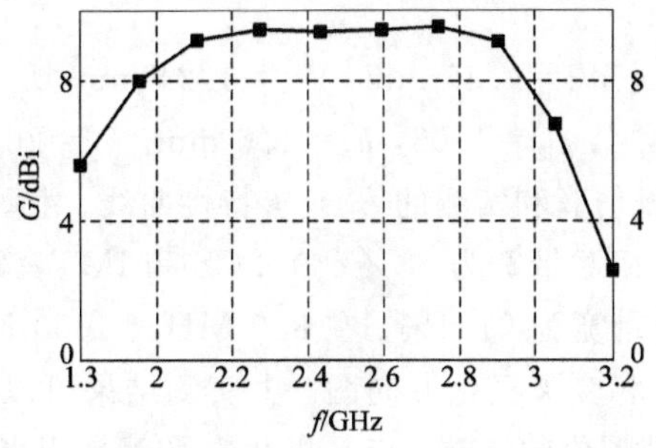

图 7.52　多层多谐振圆贴片天线实测的 $G\sim f$ 特性曲线

改变两个寄生贴片的尺寸还能实现双频工作。例如，适合 $f_1=1.836$ GHz 和 $f_2=2.828$ GHz双频工作的尺寸为：$a_1=31$ mm，$a_2=22$ mm，$2d=50$ mm，$x=27$ mm，$h_4=4$ mm，$h_2=8$ mm。在 f_1 和 f_2 处，天线的增益均在 9 dBi 左右，VSWR≤2 的相对带宽为 47%。

7.4.4　多频贴片天线[12]

图 7.53 是多频贴片天线的结构图。为了在 CDMA 低频段（824～894 MHz）、PCS（1750～1870 MHz）和 IMT－2000（1920～2170 MHz）多频段工作，主要采用了以下技术：

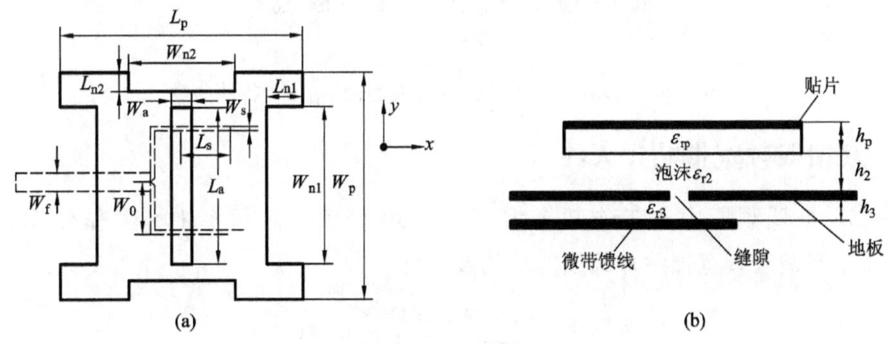

图 7.53　多频贴片天线的结构

(a) 顶视图；(b) 侧视图

1. 带缺口的贴片天线

为了获得双频工作，在贴片的边缘腐蚀了两个尺寸为 $W_{n1}\times L_{n1}$ 的缺口。为了控制低谐振频率，沿贴片的长度方向在其边缘也腐蚀了一对尺寸为 $W_{n2}\times L_{n2}$ 的缺口，改变缺口的尺寸 $W_{n1}\times L_{n1}$ 和 $W_{n2}\times L_{n2}$，就能控制高低频率比。

2. 缝隙耦合馈电

多频贴片天线利用位于地板上尺寸为 $L_a\times W_a$ 的缝隙电磁耦合馈电。在缝隙耦合馈电的微带天线中，通常都是通过改变缝隙的大小来控制耦合量的大小的。由于利用了缺口贴片和位于地板上缝隙的耦合效应来扩展高频段的带宽，此时已把缝隙作为辐射单元，它的大小就不能随意改变，为此使用了分支馈线来控制微带线的耦合量。在缝隙中，分支线的阻抗为 100 Ω，改变分支线的距离，就能控制微带线耦合给贴片的耦合量。

天线的参数及具体尺寸如下：

贴片：L_p=115 mm，W_p=190 mm，L_{n1}=20 mm，W_{n1}=110 mm，L_{n2}=15 mm，W_{n2}=45 mm。

馈线：W_0=60.48 mm，W_f=4.45 mm，W_s=1.24 mm，L_a=100 mm，W_a=10 mm。

基板：ε_{r3}=2.5，ε_{rp}=4.4，ε_{r2}=1.03，h_3=1.6 mm，h_2=26 mm，h_p=1.6 mm。

图 7.54 是多频贴片天线仿真和实测的 S_{11}～f 特性曲线。由图 7.54 可以看出，在 CDMA 的低频段，VSWR≤1.5 的相对带宽为 28%；在 PCS 和 IMT－2000(1750～2170 MHz)频段内，VSWR≤1.5 的相对带宽为 21.4%。在 850 MHz、1850 MHz、2080 MHz 实测了该天线的 E 面和 H 面主极化和交叉极化方向图。由实测结果可以看出，无论是 E 面还是 H 面，无论是频段的低端还是频段的高端，交叉极化电平都是相当低的。

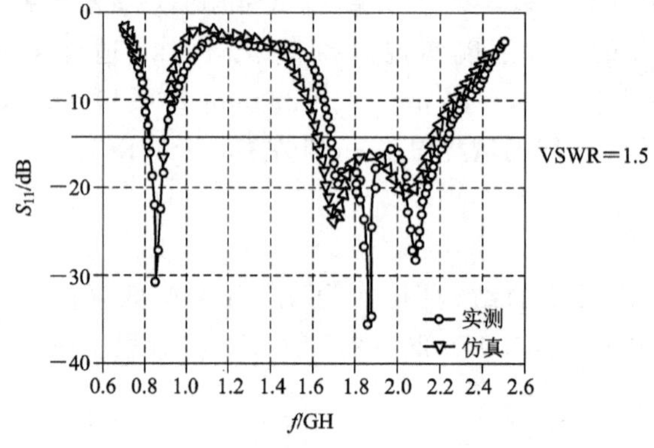

图 7.54 多频贴片天线仿真和实测的 S_{11}～f 特性曲线

7.4.5 双馈双频宽带贴片天线

图 7.55 是低频段中心工作频率为 f_{10}=890 MHz，高频率中心工作频率为 f_{20}=2450 MHz，双馈双频宽带贴片天线的结构及尺寸。

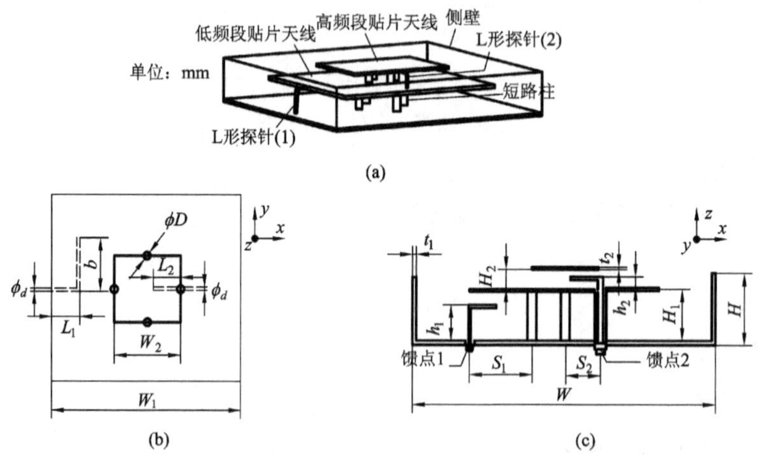

图 7.55 双馈双频宽带贴片天线的结构

(a) 立体图；(b) 正视图；(c) 侧视图

天线的具体结构尺寸及电尺寸如表 7.10 所示。

表 7.10 双馈双频贴片天线的参数、尺寸及电尺寸

参数	W	H	W_1	H_1	L_1	h_1	S_1	S_2
尺寸/mm	243.6	47.0	125.6	33.0	20.5	24.8	62.8	22.0
电尺寸 λ_{10}	0.721	0.139	0.370	0.098	0.061	0.074		
参数	b	W_2	H_2	h_2	$t_1=t_2$	ϕD	ϕd	
尺寸/mm	33.5	44.0	13.0	9.5	2.0	4.6	2.0	
电尺寸	$0.100\lambda_{10}$	$0.36\lambda_{20}$	$0.106\lambda_{20}$	$0.077\lambda_{20}$				

表 7.10 中，$\lambda_{10}=337$ mm，$\lambda_{20}=122.4$ mm。

由图 7.55 可看出，双频段天线由两层尺寸不同的方贴片组成。让尺寸比较小的高频段贴片天线位于尺寸比较大的低频段贴片之上，不仅大贴片可以作为小贴片的地，而且有利于提高两个贴片之间的隔离度。为了展宽低频段方贴片天线的带宽及得到好的方向图，用了结构对称的四个短路柱，为了减少后向辐射，在地板的四周安装了高度 $H=47$ mm 的金属板。双频天线均用独立的 L 形探针电磁耦合馈电。为了激励高频段贴片天线，L 形探针过孔通过大贴片天线。为了使阻抗匹配，位于大贴片下面的 L 形探针的垂直部分要按 50 Ω 同轴线设计。为了防止低频段 L 形探针与短路金属柱相碰，需要把它的水平部分弯折。

图 7.56(a)、(b)分别是双馈双频贴片在低频段和高频段仿真和实测 S_{11} 和 $G\sim f$ 特性曲线。由图 7.56 可看出，VSWR≤2($S_{11}\leqslant-10$ dB)的频率范围在低频段和高频段分别为 0.78～1.02 GHz 和 2.04～3.13 GHz，相对带宽分别为 26.6%和 44.2%，在频段内最大增益分别为 8.4 dBi 和 8 dBi。图 7.57 为 $f=890$ MHz 和 $f=2450$ MHz 实测 E 面和 H 面方向图。由图 7.57 可以看出，方向图比较对称，所有平面方向图后瓣电平平均小于－18 dB。表 7.11 是该天线在 $f=866$ MHz、900 MHz、1800 MHz、1950 MHz 和 2100 MHz 实测 E 面和 H 面方向图的 HPBW。

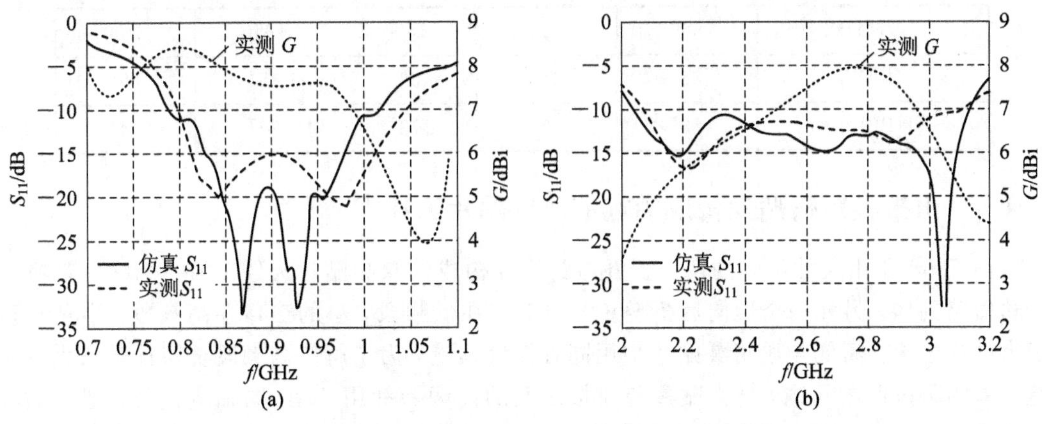

图 7.56 双馈双频贴片天线仿真和实测 S_{11} 以及实测 $G\sim f$ 特性曲线
(a) 低频段；(b) 高频段

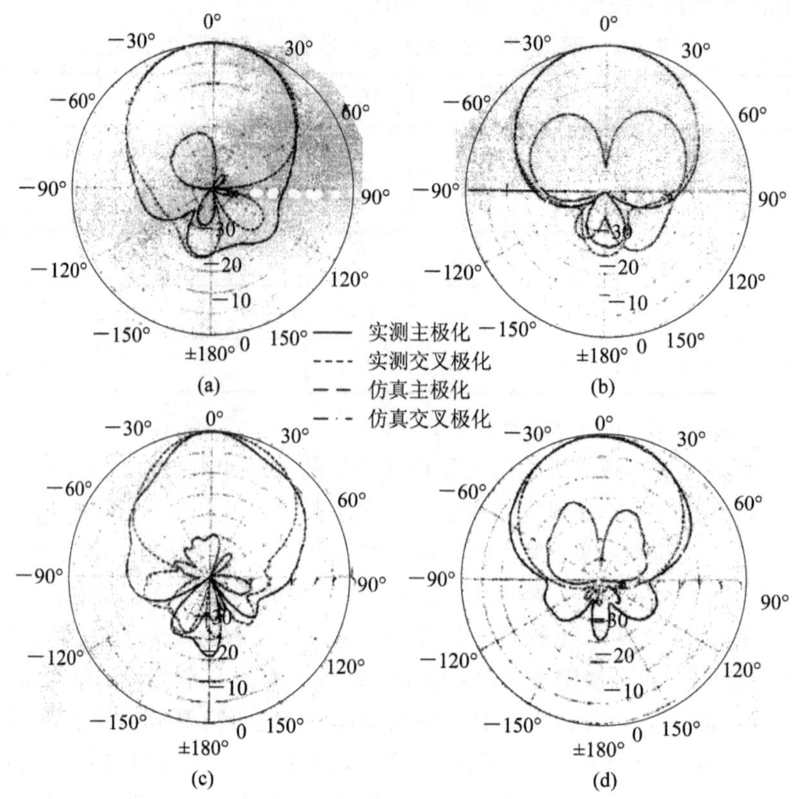

图 7.57 双馈双频贴片天线在 890 MHz 和 2450 MHz 实测和仿真 E 面和 H 面主极化和交叉极化方向图

(a) f=890 MHz，E 面；(b) f=890 MHz，H 面；(c) f=2450 MHz，E 面；(d) f=2450 MHz，H 面

表 7.11 双频双极化贴片天线实测 E 面和 H 面方向图的 HPBW

f/MHz	866	900	1800	1950	2100
$HPBW_E$	58°	49°	39°	45°	39°
$HPBW_H$	83°	77°	73°	72°	74°

7.4.6 由折叠短路贴片构成的宽带双频贴片天线[13]

图 7.58 是由尺寸不同的两个折叠短路贴片构成的双频贴片天线，每一个贴片都有一个边短路到地，另外一个边向后折叠。大的工作在低频段，小的工作在高频段，小贴片位于大贴片之上。高低频段折叠贴片均用同轴探针馈电，为了解决高频段长探针带来大感抗造成差的阻抗匹配问题，把大贴片与地板之间的高频探针用 50 Ω 同轴线代替，把大贴片作为小贴片的地，这样就使高频段探针的长度变得很短。为了进一步改善两个输入端口的阻抗匹配，每个频段的折叠贴片均另外附加了短路柱。

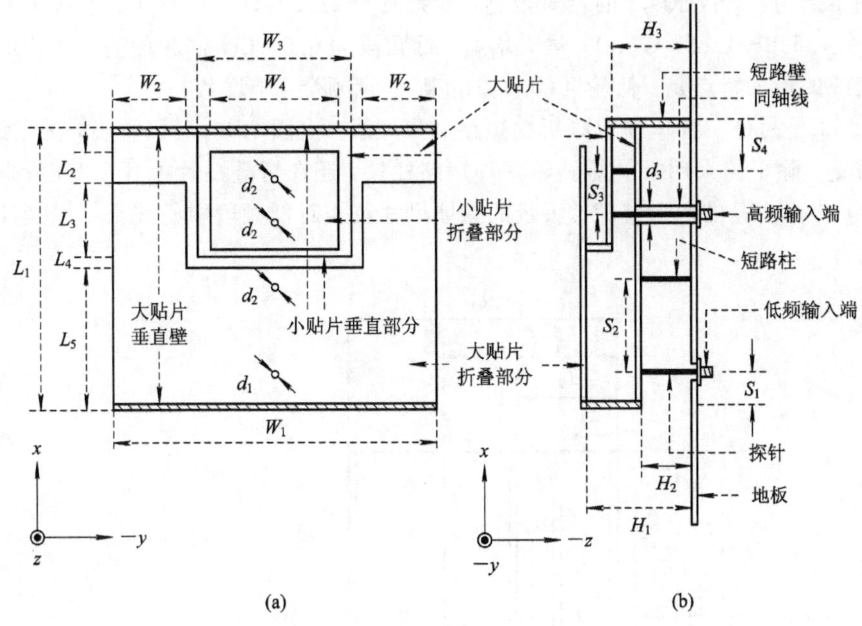

图 7.58　双频折叠短路贴片的结构及参数

(a) 顶视；(b) 侧视

该天线的接地板尺寸为 280 mm×318 mm，其他尺寸及在低频段中心频率 f_{L0}＝0.863 GHz下的电尺寸如表 7.12 所示。图 7.59 是双频折叠短路贴片天线实测和仿真的 VSWR 和 G 的频率特性曲线。

表 7.12　双频折叠短路贴片的参数及尺寸

参数	H_1	H_2	H_3	L_1	L_2	L_3	L_4	L_5	d_1	d_2	d_3
尺寸/mm	16.0	8.0	12.0	95.2	48.7	3.5	24.8	10.2	2.9	1.0	3.5
电尺寸 λ_{L0}	0.046	0.023	0.036	0.27	0.14	0.01	0.071	0.029	0.0083	0.0029	0.01
参数	W_1	W_2	W_3	W_4	S_1	S_2	S_3	S_4			
尺寸/mm	126.0	29.0	68.0	61.0	7.6	43	18.4	17.2			
电尺寸 λ_{L0}	0.36	0.083	0.20	0.18	0.022	0.12	0.053	0.049			

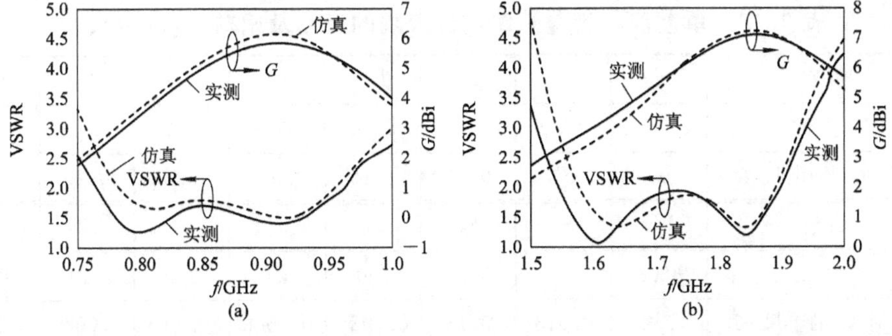

图 7.59　双频折叠短路贴片天线实测和仿真的 VSWR 和 G 的频率特性曲线

(a) 低频段；(b) 高频段

实测结果为：VSWR≤2 的相对带宽，低频段为 22.9%(0.764～0.926 GHz)，高频段为 20.3%(1.548～1.898 GHz)；最大增益，低频段为 6.0 dBi，高频段为 7.1 dBi。

该天线的最大特点是：低轮廓($0.046\lambda_{L0}$高)，宽频带，中增益。

图 7.60 是另外一种单馈双频折叠短路贴片天线。由图 7.60 可以看出，为了缩小尺寸及展宽带宽，除了仍采用折叠短路贴片和短路柱外，还在折叠贴片上开了宽度和长度分别为 a_2、W_2 和 a_1、W_3 的矩形缝隙。天线的具体尺寸及相对低频段中心波长 λ_{L0} 的电尺寸如表 7.13 所示。

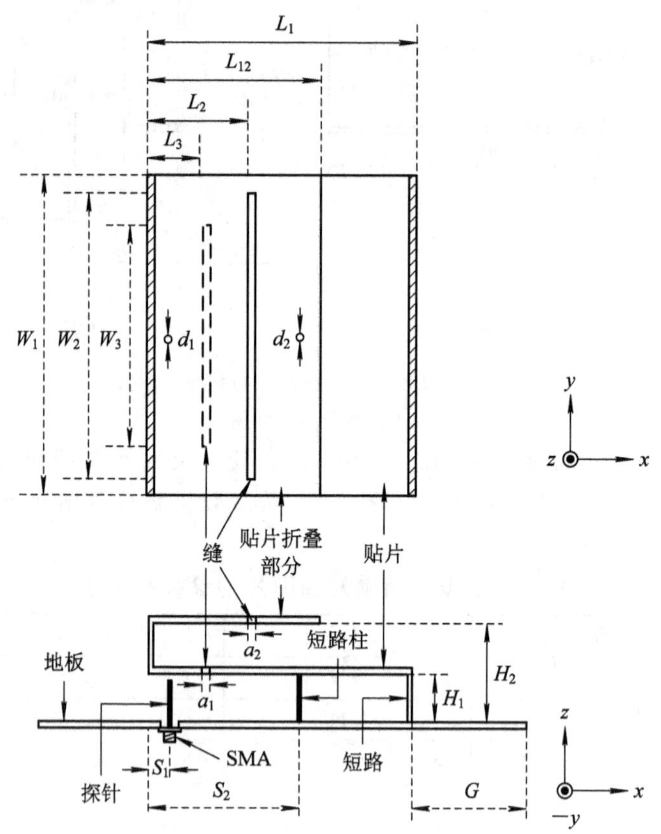

图 7.60 单馈双频折叠短路贴片天线

表 7.13 单馈双频折叠短路贴片天线的尺寸及相对 λ_{L0} 的电尺寸

参数	H_1	H_2	L_1	L_{12}	L_2	L_3	W_1	W_2
尺寸/mm	3.0	17.0	83.5	53.6	29.5	8.0	123.6	86.6
相对 λ_{L0} 的电尺寸	0.0088	0.05	0.25	0.16	0.087	0.024	0.36	0.25
参数	W_3	S_1	S_3	a_1	a_2	d_1	d_2	G
尺寸/mm	66.8	4.4	52.3	3.0	3.0	2.9	1.0	98.35
相对 λ_{L0} 的电尺寸	0.2	0.013	0.15	0.0088	0.0088	0.0085	0.0029	0.29

图 7.61 是该天线仿真和实测的 VSWR 和 G 的频率特性曲线。由图 7.61 和表 7.13 可以看出，该天线有以下特点：

(1) 低轮廓(0.05λ_L)，小尺寸(0.25λ_{L0}×0.36λ_{L0})。

(2) 宽频带，高增益。

(3) 低频段，VSWR≤2 的相对带宽为 21.1%(0.79～0.976 GHz)，G_{max}=7.3 dBi；高频段，VSWR≤2 的相对带宽为 32.2%(1.698～2.350 GHz)，G_{max}=7.5 dBi。

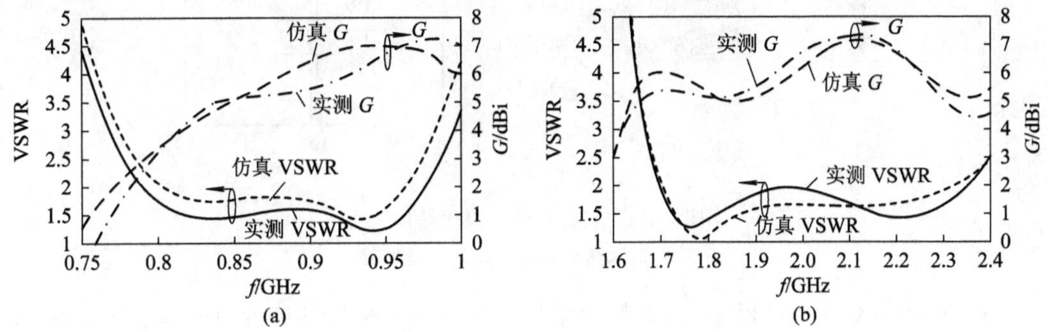

图 7.61 单馈双频折叠短路贴片天线仿真和实测 VSWR 和 G 的频率特性曲线

(a) 低频段；(b) 高频段

7.5 双极化贴片天线

频率复用或在同一频率发射和接收无线电信号，都需要使用正交双极化天线。在卫星通信系统，用包含正交极化的频率复用技术来增加系统的容量；在现代无线通信系统，也广泛采用双极化天线，除利用分集改进整个系统的性能外，还可以为频率复用系统提供双传输通道。双极化天线端口之间必须有足够高的隔离度。对双极化贴片天线，为了展宽频带，多采用低介电常数基板、层叠、通过缝隙耦合和 L 形探针近耦合馈电技术。所不同的是，双极化需要在方贴片正交位置的两个正交馈电端口采用多种馈电方法，两个端口可以用相同的馈电方法，如缝隙耦合馈电、L 形探针耦合馈电；两个端口的馈电方法也可以不同，即可以采用组合馈电方法以提高两个端口间的隔离度。

下面按馈电方法的不同，以实例简介双极化贴片天线。

7.5.1 用组合馈电构成的双极化贴片天线[32]

所谓组合馈电，就是指一个端口用缝隙耦合馈电，另一个端口则用微带线或同轴线直接馈电，或用 L 形探针耦合馈电。组合馈电又分为单组合和双组合馈电。

1. 由组合馈电构成的有高隔离度的双极化角馈贴片天线

图 7.62 是具有高隔离度的双极化角馈贴片天线。辐射单元为层叠方贴片，最上面是位于基板背面的边长为 a_1 的方寄生贴片，边长为 a_2 的下方贴片位于介质基板 2 的正面，用厚度为 h_0 的泡沫层把上下方贴片隔开。用位于基板 2 上面的共面微带线从下方贴片的一个角激励起垂直极化波；用位于基板 3 背面的另外一根微带线，通过位于基板 3 正面作为地板上的矩形缝隙激励起水平极化波。矩形缝隙的长度为 L，宽度为 W，到缝隙中心的距离为 S，为了减小后向辐射，离地板 $\lambda_0/4$ 放一块金属板，用泡沫层把它们隔开。

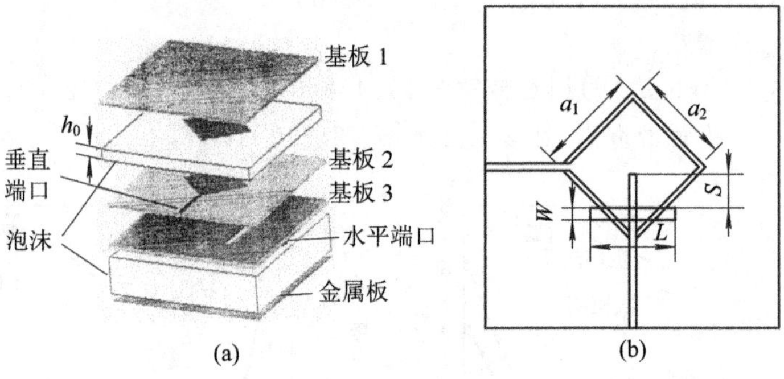

图 7.62　层叠角馈双极化贴片天线
(a) 立体结构；(b) 方贴片及馈线

在 f_0=9.6 GHz，基板 1、2、3 均为厚 0.508 mm，ε_r=2.94 的介质基板。基本单元的尺寸为：a_1=9.7 mm，a_2=9 mm，h_0=2.3 mm，L=8 mm，W=1 mm，S=3.35 mm。图 7.63 是按上述尺寸制造的双极化角馈 16×1 贴片天线阵。图 7.64 是该天线阵在 9.375～9.825 GHz 频段内实测的隔离度曲线。由图 7.64 可看出，在工作频段内，隔离度大于 −33 dB，最大为 −43 dB。图 7.65 是该天线阵两个端口实测 VSWR～f 特性曲线。由图 7.65 可看出，VSWR≤1.5 的相对带宽，水平极化端口为 13.5%(9.2～10.5 GHz)，垂直极化端口为 15.6%(9.375～9.825 GHz)。

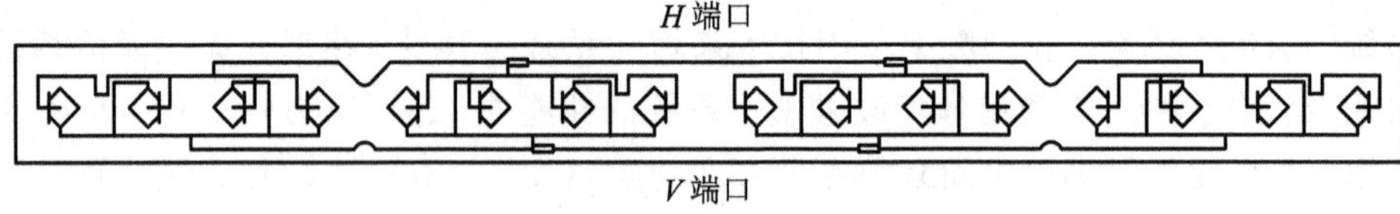

图 7.63　16×1 双极化角馈贴片天线阵

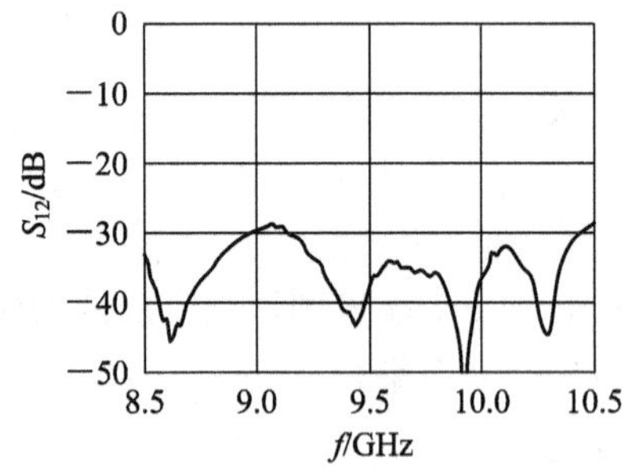

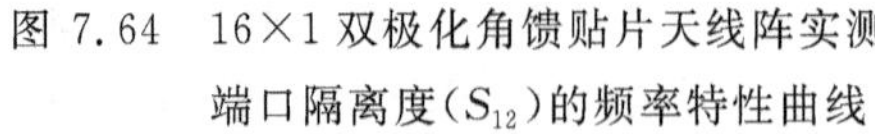

图 7.64　16×1 双极化角馈贴片天线阵实测端口隔离度(S_{12})的频率特性曲线

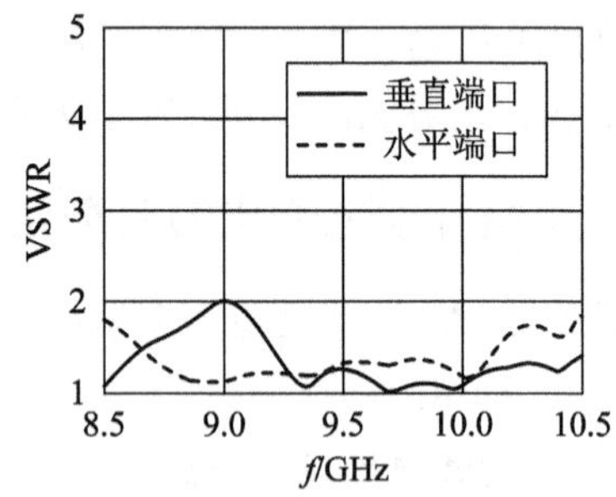

图 7.65　16×1 双极化角馈贴片天线阵两个端口实测 VSWR～f 特性曲线

图 7.66 是该天线阵在工作频段内实测的增益曲线。由图 7.66 可以看出，对两个极化，G=16.7～17.3 dBi。图 7.67(a)、(b)分别是水平极化和垂直极化端口在 f_0=9.6 GHz 实测的主极化和交叉极化方向图。由图 7.67 可看出，交叉极化电平低于 −20 dB。

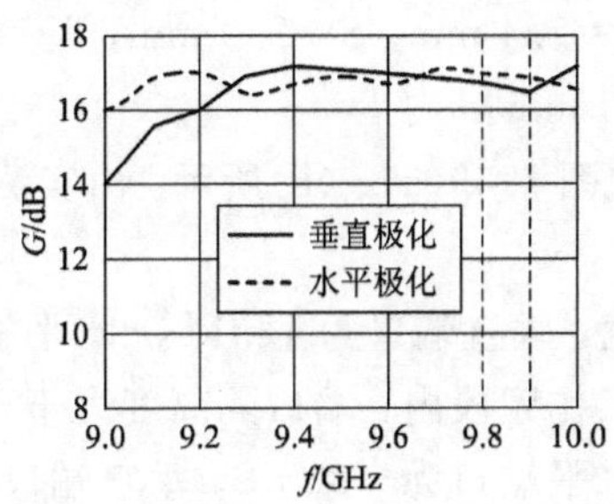

图 7.66　16×1 双极化角馈贴片天线阵两个极化实测 $G\sim f$ 特性曲线

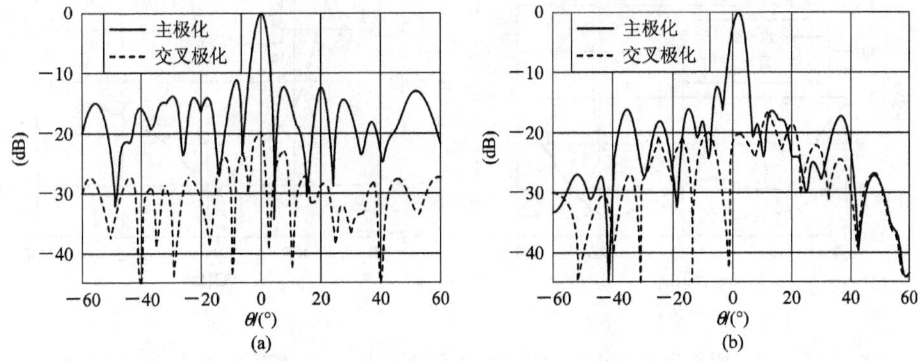

图 7.67　16×1 双极化角馈贴片天线阵在 $f_0=9.6$ GHz 实测的主极化和交叉极化方向图

(a) 水平极化；(b) 垂直极化

2. 由组合馈电构成的有高隔离度和低交叉极化的双极化贴片天线

图 7.68 是有高隔离度和低交叉极化的双极化贴片天线的结构。图 7.68 中使用了以下技术：

(1) 用带寄生贴片的多层技术来实现宽频带。

(2) 水平端口用具有 180°相差的双缝隙耦合馈电技术，垂直端口用共面微带线馈电。

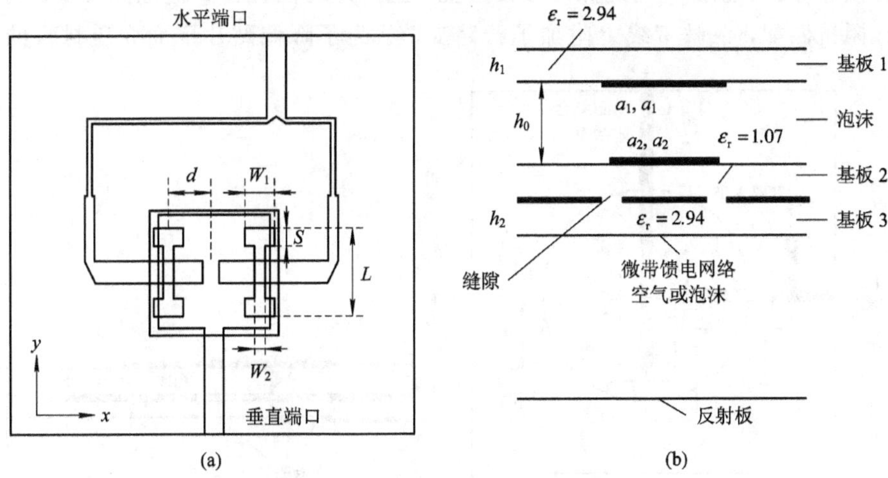

图 7.68　多层组合馈电双极化贴片

(a) 顶视图；(b) 侧视图

天线的工作频段为 8.5～9.5 GHz，$f_0=9.0$ GHz($\lambda_0=33.3$ mm)。天线的具体尺寸如

下：a_1=10 mm，a_2=9 mm，L=7.4 mm，S=2.0 mm，W_1=2.0 mm，W_2=1.0 mm，h_1=2.8 mm，d=3.7 mm，h_2=0.5 mm。

实测的 VSWR 和隔离度如图 7.69(a)、(b)所示。由实测结果可以得出，该天线有如下特性：

(1) VSWR≤2 的相对带宽，垂直端口为 17.1%，水平端口为 20%；

(2) 在 8.5～9.5 GHz 的工作频段内，端口隔离度大于−41 dB；

(3) 低的交叉极化电平，水平端口为−30 dB，垂直端口为−35 dB。

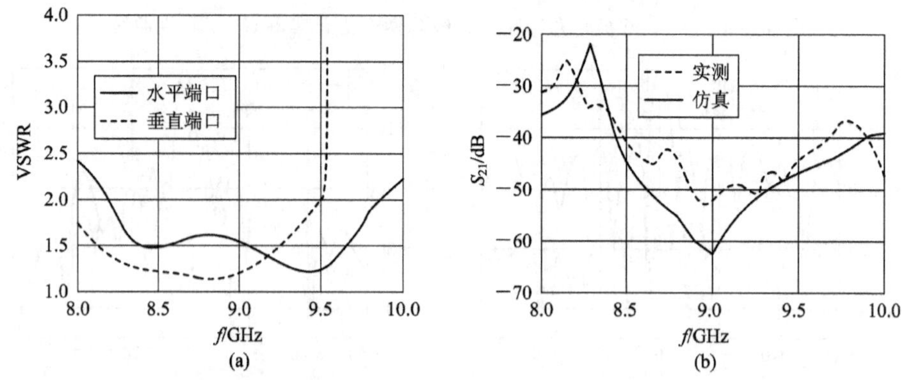

图 7.69　多层组合馈电双极化贴片天线实测 VSWR 和隔离度 S_{21} 的频率特性曲线

3. 采用缝隙耦合和探针组合馈电构成的双极化贴片天线

用双探针或双缝隙耦合馈电构成的圆贴片天线，由于两个正交探针间的互耦而产生大的交叉极化分量。对双缝隙耦合馈电，必须从贴片中心把缝隙分开，由于两种正交缝隙不能重叠，因此常常把缝隙偏离贴片中心设置，但缺点是易产生高次模，这也是产生交叉极化分量的原因。如图 7.70 所示，把探针直接馈电与缝隙耦合馈电相结合，就能有效减小交叉极化分量。为了防止探针与缝隙的位置重叠，把探针的位置移到缝隙的外面。为了使馈线与天线阻抗匹配，在微带线上附加了开路支节。为了降低贴片下面介质材料的介电常

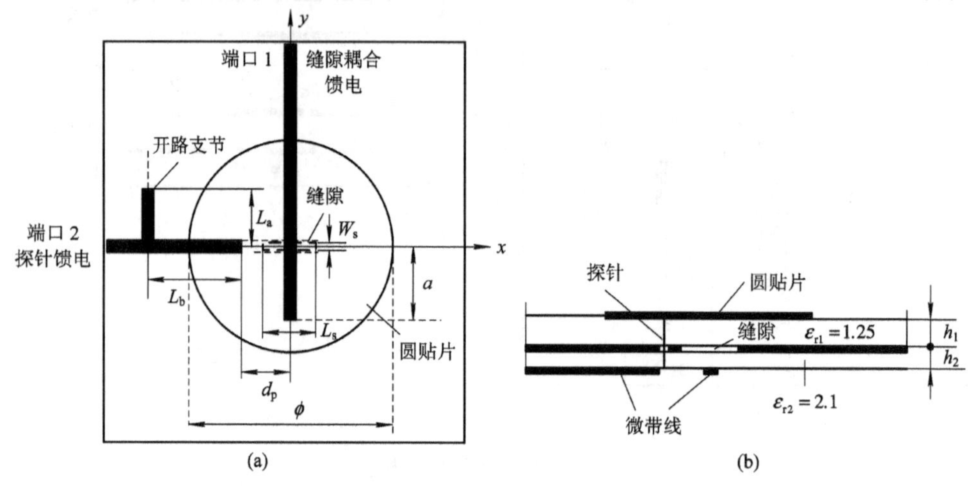

图 7.70　采用组合馈电构成的双极化圆贴片天线

(a) 顶视图；(b) 侧视图

数，采用了 $h_1=5$ mm 的蜂窝结构。中心谐振频率 $f_0=2.45$ GHz 的天线和馈电网络的尺寸如下：贴片的直径 $\phi=52.32$ mm，端口1用缝隙耦合馈电，缝隙沿 x 轴中心位于坐标原点。缝隙的尺寸为：长 $L_s=23$ mm，宽 $W_s=1$ mm，微带线超过缝隙的距离 $a=10.5$。端口2用探针馈电，其馈电位置为($y=0$，$x=-d_p=-17$ mm)，开路支节的长度 $L_a=14.8$ mm，开路支节到馈电点的距离为 $L_b=28.2$ mm。馈电基板为厚 $h_2=0.5$ mm 的聚四氟乙烯板，对具有上述尺寸的天线进行计算仿真和实测，其谐振频率和端口之间的互耦电平如表7.14所示。为了比较，表中同时列出了用两个探针馈电的情况(此时贴片的直径 $\phi=60.2$ mm，探针到坐标原点的距离 $d_p=-15$ mm)。由表7.14可看出，与双探针馈电方法相比，采用组合馈电方法(缝隙耦合和探针)使交叉极化电平减小20 dB。

表7.14 组合馈电与双探针馈电双极化天线交叉极化的比较

馈电方法	组合馈电		双探针馈电	
	理论	实测	理论	实测
谐振频率(探针)	2.585 GHz	2.54 GHz	2.485 GHz	2.45 GHz
谐振频率(缝隙耦合)	2.575 GHz	2.54 GHz		
端口之间的互耦/dB	−66.08	−42	−20.6	−21.1

4. 由反相曲折探针和缝隙耦合组合馈电构成的2.4 GHz低交叉极化和高隔离度双极化贴片天线

虽然用一对探针激励单个贴片的两个正交基模，就能实现双极化，但产生了不需要的高次模。如果用厚基板制造宽带贴片天线，由于高次模产生的横向电流及探针上的电流引起的交叉极化辐射，降低了两个线极化端口之间的隔离度，但用有180°相差的双馈系统对称激励天线就可以扼制高次模，用曲折探针代替直探针就能减小探针的辐射，一旦扼制了双馈双极化贴片天线每个端口的交叉极化，就能改善两个端口间的隔离度。

用图7.71所示的双组合馈电结构，不仅使2.4 GHz双极化天线的交叉极化电平低于−23 dB，端口隔离度超过−40 dB，而且有低后向辐射。之所以有这么低的交叉极化和高的隔离度，是因为给长×宽$=L_p\times W_p=53$ mm×47 mm 的矩形贴片使用了一对有180°相差的组合馈电结构。端口1馈电网络由有半波长迟延线的 Wilkinson 功分器和两个等幅和有180°相差的曲折带线组成。8 mm 宽的曲折带线不仅是馈线，还可以用塑料螺钉把离地板高度 $H_p=10$ mm 的矩形贴片固定在曲折带线上，起到支撑贴片的作用。端口2的馈电网络是用厚1.6 mm，$\varepsilon_r=4.4$ 的双面 FR4 基板制造的，具体由位于基板背面的T形耦合带、微带阻抗变换段和位于基板正面地板上由周长为一个波长的环形缝隙和六个H形缝隙构成的耦合口面组成，当环形缝隙在基模谐振时，由于在上、下半环中的电场等幅反相，故把谐振环形缝隙看成有180°相差的双缝隙馈电系统，因而扼制了在端口2出现的不需要的高次模。由于在一个波长环形缝隙的圆周上附加了六个H形缝隙，增加了耦合缝隙和贴片之间的耦合强度，因此使环形缝隙的平均半径减小38%。使用小的谐振耦合缝隙，还有利于减小天线的后向辐射。馈电网络的具体尺寸如图7.71所示。图7.72是双馈双极化贴片天线端口1和端口2实测和仿真的 $S_{11}\sim f$ 特性曲线。由图7.72可以看出，VSWR≤2的相对带宽为14%。

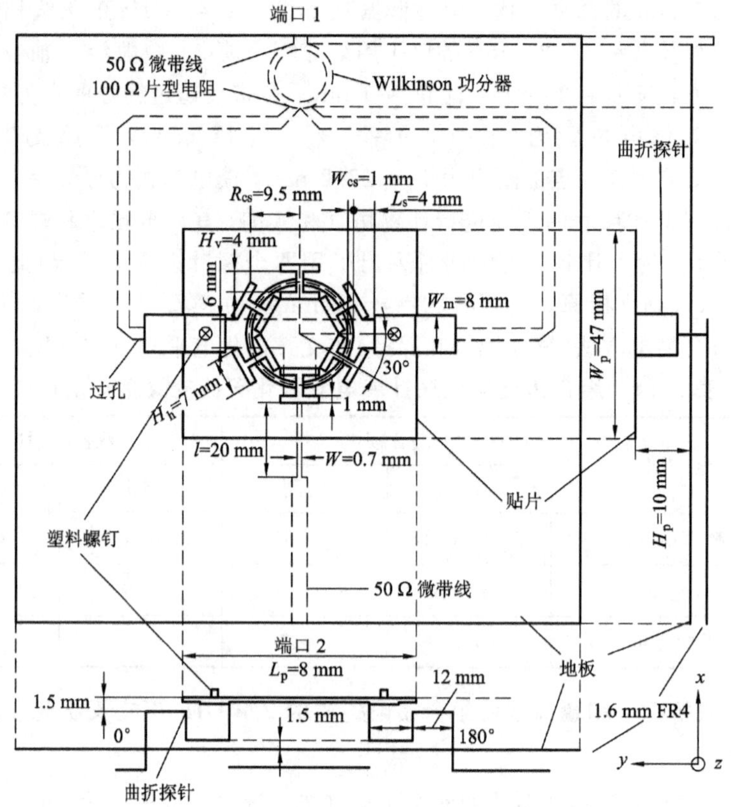

图 7.71　2.4 GHz 双极化贴片天线

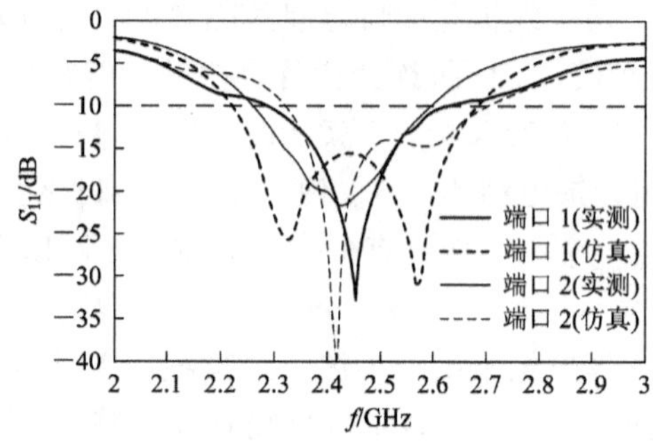

图 7.72　2.4 GHz 双极化贴片天线端口 1 和端口 2 实测和仿真的 $S_{11}\sim f$ 特性曲线

图 7.73(a)是该双极化贴片天线实测和仿真隔离度及实测相对相移的频率特性曲线。由图 7.73(a)可以看出，在 2.1～3.0 GHz 频段内，隔离度超过－40 dB。图 7.73(b)是该双极化贴片天线端口 1 和端口 2 在轴线方向交叉极化随频率的变化曲线。由图 7.73(b)可以看出，在 2380～2460 MHz 频段内，在轴线交叉极化电平低于－30 dB。图 7.74 是双极化贴片天线在 f_0＝2.4 GHz，端口 1 和端口 2 实测 E 面和 H 面主极化和交叉极化方向图。由图7.74可看出，端口 1 的 E 面和 H 面交叉极化电平分别为－27 dB 和－23 dB，端口 2 则分别为－30 dB 和－25 dB。在两个端口，实测最大增益 G＝7.4 dBi。由实测方向图还可以看出，端口 1 和端口 2 E 面和 H 面方向图的 F/B 比相对较差，分别为 18 dB 和 13 dB。如果无 H 缝隙，则端口 2 的 F/B 比只有 8 dB。

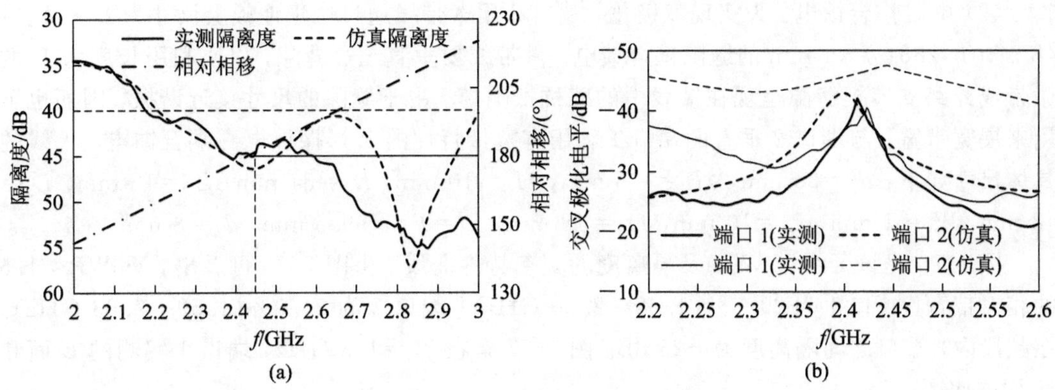

图 7.73　2.4 GHz 双极化贴片天线实测和仿真端口隔离度及交叉极化电平的频率特性曲线
(a) 隔离度和相对相移；(b) 交叉极化电平

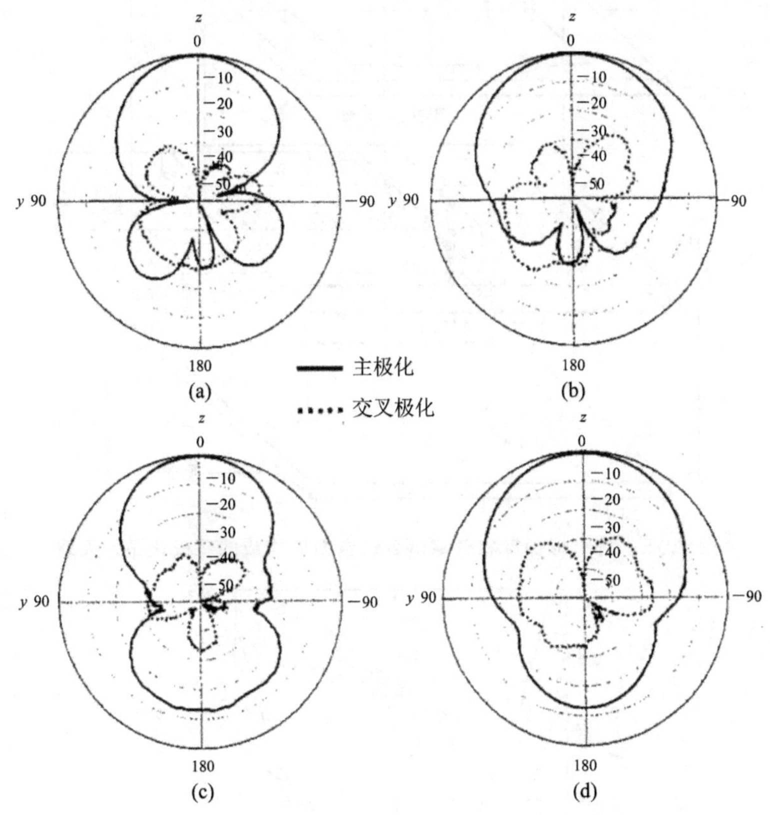

图 7.74　双极化贴片天线在 2.4 GHz 端口 1 和端口 2 实测主极化和交叉极化方向图
(a) E 面(端口 1)；(b) H 面(端口 1)；(c) E 面(端口 2)；(d) H 面(端口 2)

5. 由缝隙耦合和 L 形探针耦合组合馈电构成的双极化贴片天线

图 7.75 是适合 $f_0=1.8$ GHz 基站天线使用的一种宽带双极化贴片天线。为了实现宽带和双极化，采用了以下技术：

(1) 主要采用以泡沫(空气)层为主的多层结构，贴片为边长 $P_l=P_w=59.5$ mm $(0.357\lambda_0)$的方形。

(2) 电磁耦合馈电。为实现双极化，端口 2 用微带线通过位于地板上尺寸为 $L_a=W_a=48$ mm$(0.288\lambda_0)\times1$ mm 的缝隙耦合馈电。微带线要垂直超过缝隙，以便利用长度为 L_s 的微带线开路支节把缝隙呈现在馈线中的感抗抵消掉。由于缝隙的尺寸接近谐振，因而也可用来展宽带宽。与端口 2 垂直的端口 1 利用有宽带特性的 L 形探针电磁耦合馈电。天线的具体尺寸如下：$d_1=30$ mm，$H_2=1.6$ mm，$H_1=10$ mm，$L_h=34$ mm，$L_v=12$ mm，$L_a=48$ mm，$W_a=1$ mm，$L_s=10$ mm，$H_3=18$ mm，$P_1=P_w=59.5$ mm，$d_2=8$ mm。

图 7.76 是该天线 VSWR 及隔离度的频率特性曲线。由图 7.76 可看出，VSWR<1.5 的相对带宽，端口 1 为 20.5%(1.68～2.06 GHz)；端口 2 为 24.9%(1.59～2.03 GHz)。在频段内，端口之间隔离度为 −25 dB。图 7.77 是在 $f_0=1.8$ GHz，端口 1 实测的 E 面和 H 面方向图。

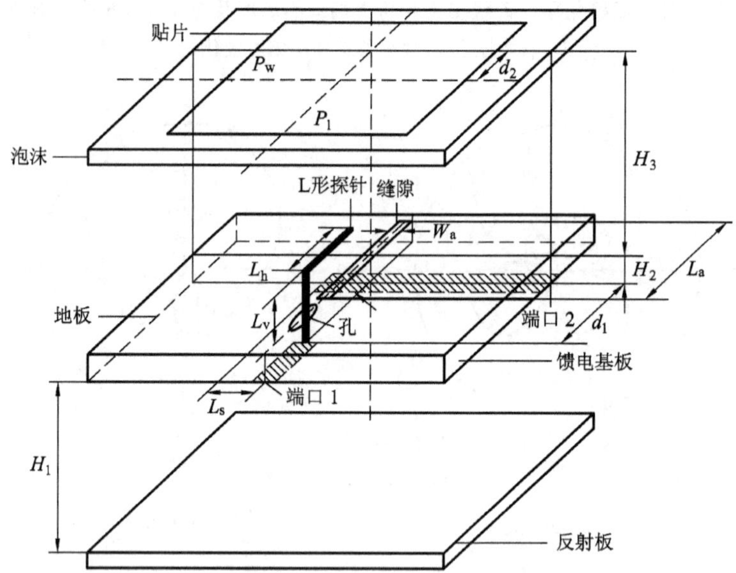

图 7.75　用 L 形探针和缝隙耦合组合馈电构成的双极化贴片天线

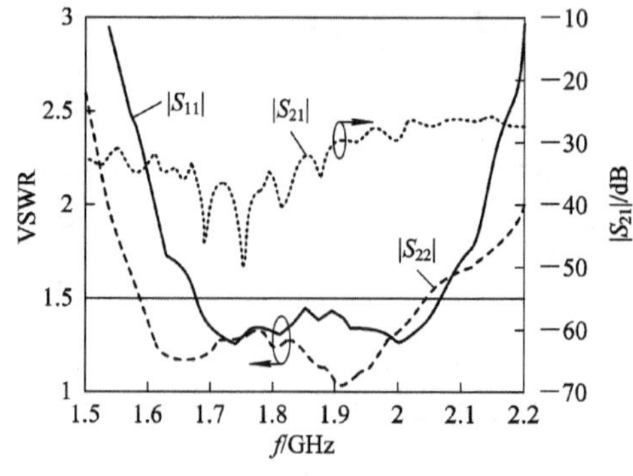

图 7.76　L 形探针和缝隙耦合组合馈电双极化贴片天线的 VSWR 和隔离度 S_{21} 的频率特性曲线

由图 7.77(a)、(b)可以分别求出端口 1 和端口 2 E 面和 H 面的 HPBW 分别为 $\text{HPBW}_E=70°$，$\text{HPBW}_H=71°$，$\text{HPBW}_E=60°$，$\text{HPBW}_H=72°$。在工作带宽内，两个端口实测增益均大于 6 dBi。

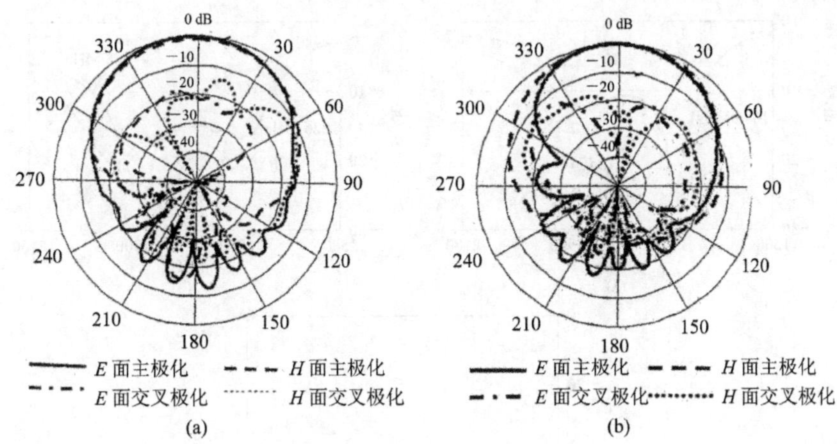

图 7.77 1.8 GHz 双极化贴片天线实测 E 面和 H 面主极化和交叉极化方向图

(a) 端口 1；(b) 端口 2

6. 用双探针耦合和双缝隙耦合组合馈电构成的双极化贴片天线

图 7.78 是适合 DCS 频段使用的双极化贴片天线。为了实现宽带、高的端口隔离度和低的交叉极化，采用双组合馈电。由图 7.78 可看出，端口 1 用两个同相缝隙耦合馈电来激励沿 yz 面的线极化；端口 2 用两个反相近耦合探针激励沿 xz 面的线极化。馈电基板是用厚 0.8 mm、$\varepsilon_r=4.4$ 的基板制造的。在端口 2，反相探针的 180°相位是用 Wilkinson 功分器输出微带线的长度差 $\lambda_g/2$ 来实现的。在中心谐振频率 $f_0=1.8$ GHz 的情况下，图 7.78 所示的天线参数的具体数值如下：L=57.5 mm，h=14.2 mm，d=10 mm，t=3.5 mm，S=8 mm，L_1=6.5 mm，S_h=30 mm，S_d=23 mm，接地板=100 mm×100 mm。

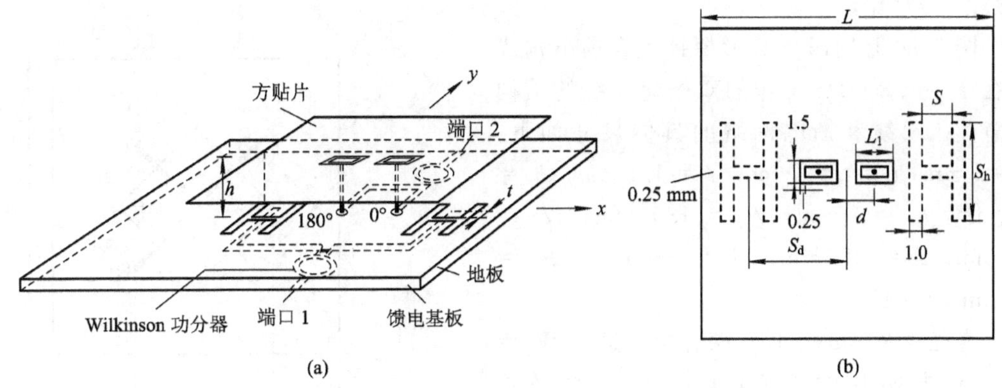

图 7.78 由两个反相耦合探针和两个同相缝隙耦合馈电构成的双极化贴片天线

(a) 立体图；(b) 顶视图

图 7.79(a)、(b)、(c)分别是该天线在端口 1 和端口 2 仿真和实测的 S_{11} 及端口之间隔离度 S_{21} 的频率特性曲线。由图 7.79 可看出，$S_{11}<-10$ dB 的相对带宽在端口 1 为 14.5%(1644～1905 MHz)，在 1.5～2 GHz 的频段内，隔离度为−40 dB。在 $f_0=1.8$ GHz 实测了端口 1 和端口 2 的 E 面和 H 面方向图，端口 1 E 面和 H 面的交叉极化电平分别为−25 dB 和−23 dB；端口 2 E 面和 H 面的交叉极化电平分别为 −25 dB 和−20 dB。两个端口实测增益分别为 7.3 dBi 和 7.0 dBi。

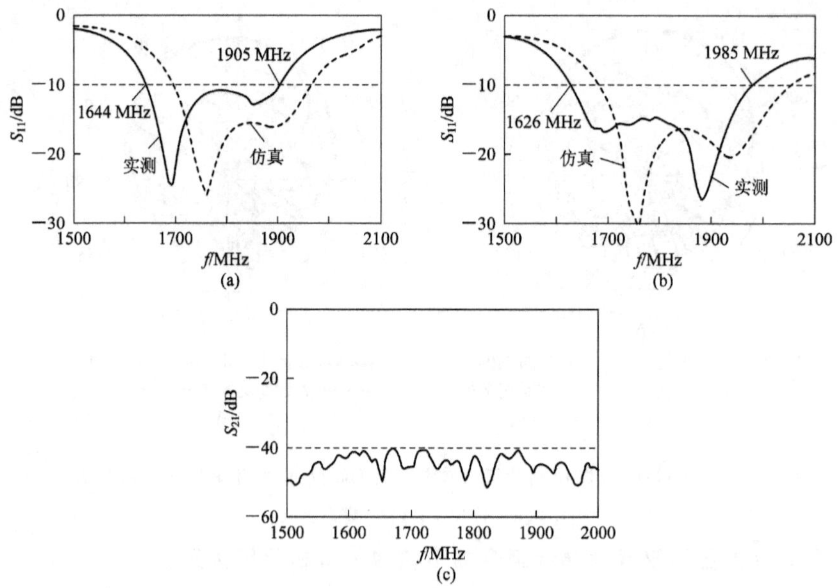

图 7.79　双极化贴片天线端口之间仿真和实测 S_{11} 和 S_{21} 的频率特性曲线

7.5.2　由双 L 形探针耦合馈电构成的双极化贴片天线

1. 用四个 L 形探针耦合馈电构成的有高隔离度的双极化贴片天线

双极化天线对端口隔离度提出了更高的要求。用 L 形探针耦合馈电，不仅能实现高的端口隔离度，而且展宽了天线的带宽，提高了天线的 F/B 比。

图 7.80 是用四个 L 形探针耦合馈电构成的在 $f_0=1.8$ GHz 工作的双极化天线的结构示意图。天线和馈电网络的具体尺寸如下：$t_0=2$ mm，$t_1=t_2=2$ mm，$t_3=1.5$ mm，$h_0=17$ mm，$h_1=9$ mm，$W_0=180$ mm，$W_1=62$ mm，$L=38$ mm，$S_0=15$ mm，$S_1=92$ mm，$\theta=45°$。

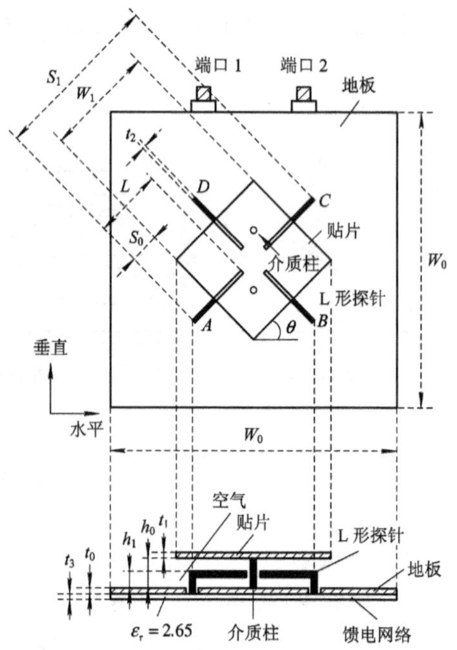

图 7.80　由四个 L 形探针耦合馈电构成的双极化贴片天线

直径为 2 mm 的 L 形探针位于边长 $W_1=62$ mm 方贴片的下面，L 形探针水平长 38 mm，高 9 mm。四个 L 形探针均与图 7.81 所示的馈电网络的 A、B、C、D 相连。A、B、C、D 呈方形，即 $AB=BC=CD=DA$，探针 A、C 反相激励，B、D 也反相激励。A、B 探针之间的耦合被 A、D 探针之间的耦合抵消。同样，C、B 探针之间的耦合与探针 C、D 之间的耦合幅度相等，但相位反相而抵消。这种配置的好处是 A、B 探针之间的耦合幅度相等，但相位反相而抵消。

图 7.82 给出了双 L 形探针和四 L 形探针馈电端口之间的隔离度 S_{21}。由图 7.82 可看出，在 1.71～1.88 GHz频段，双 L 形探针的隔离度约为－20 dB，比较差，原因是双 L 形探针垂直部分存在很强的耦合影响。四 L 形探针端口之间的隔离度达到－30 dB。

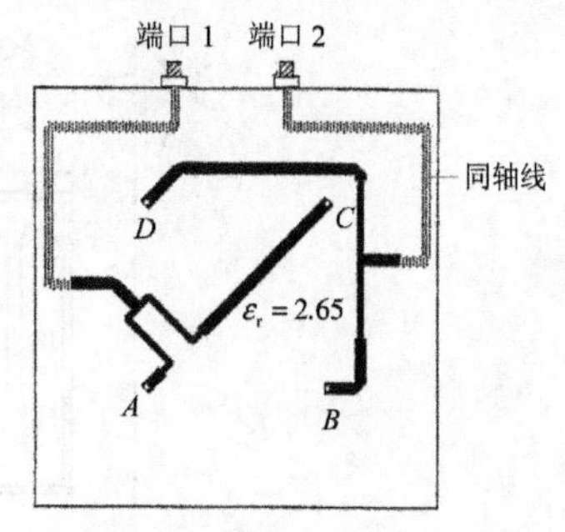

图 7.81　馈电网络

图 7.83 是图 7.80 所示天线两个端口实测的 VSWR～f 特性曲线。由图 7.83 可看出，VSWR≤1.5 的相对带宽为 15%(1.66～1.94 GHz)。图 7.84 是该天线在 f_0＝1.8 GHz 实测的双极化水平面和垂直面主极化和交叉极化方向图。由图 7.84 可看出，对＋45°极化，$HPBW_E$＝61°，$HPBW_H$＝62°；对－45°，$HPBW_E$＝62°，$HPBW_H$＝60°。F/B 比仅为 15 dB，比较差。

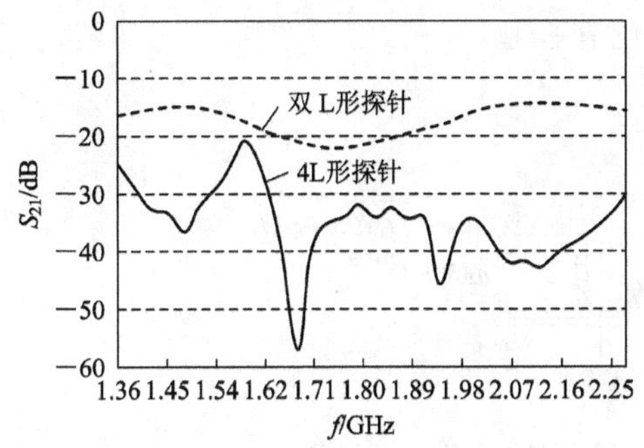

图 7.82　双 L 和四 L 形探针耦合馈电端口之间实测隔离度 S_{21} 的频率特性曲线

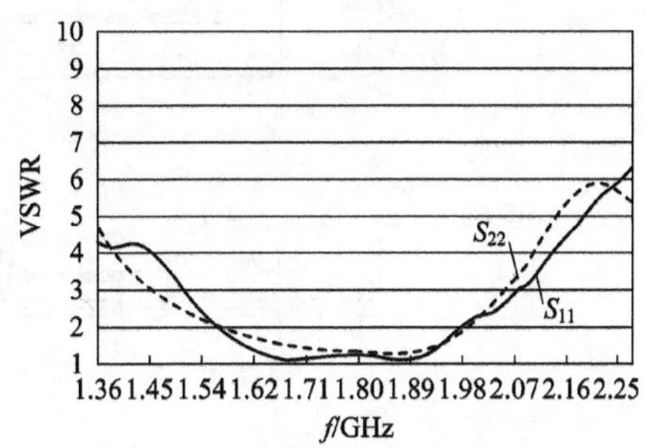

图 7.83　四个 L 形探针耦合馈电双极化贴片天线两个端口实测 VSWR～f 特性曲线

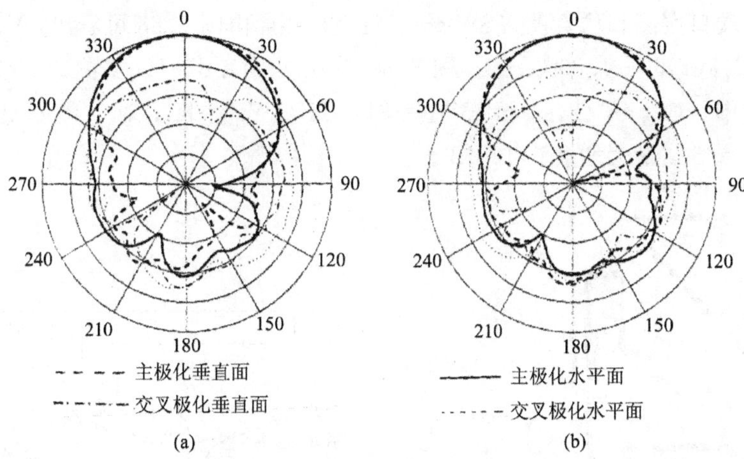

图 7.84　四 L 形探针耦合馈电双极化贴片天线在 1.8 GHz 实测双极化水平面和垂直面主极化方向图

(a) 45°极化；(b) －45°极化

图 7.85 是以单元间距 S_3＝0.8λ_0 组成的二元双极化贴片天线阵。为了防止单元之间的互耦影响，在每个辐射单元的周围均附加了一个接在地板上的方形金属框，金属框的边长 W_4＝120 mm，h_2＝30 mm，其他尺寸如图 7.85 所示。馈电网络如图 7.86 所示。

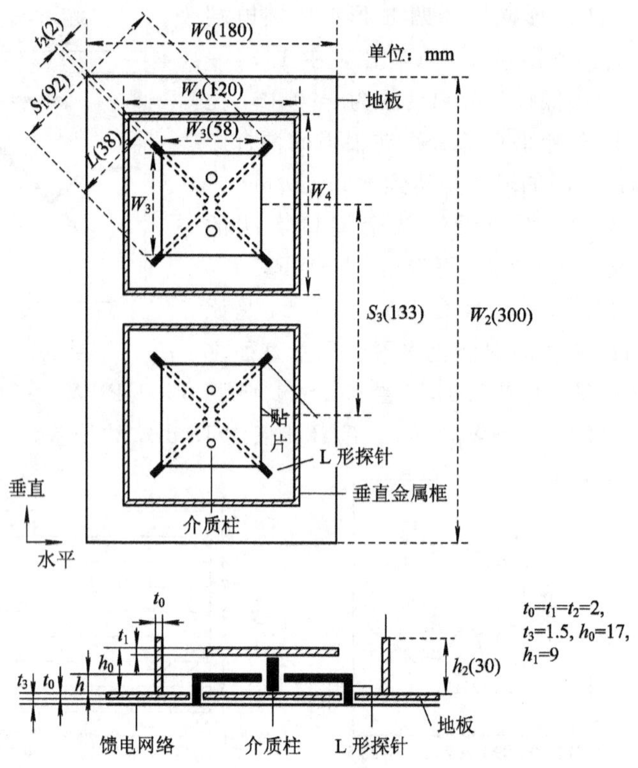

图 7.85　二元四 L 形探针耦合馈电双极化贴片天线阵

图 7.87 是在周围有金属框的情况下，双极化天线实测和仿真的端口隔离度的频率特性曲线。由图 7.87 可看出，在 1.71～1.88 GHz 频段内，隔离度 $S_{21}\leqslant-30$ dB。图 7.88 是该天线双极化端口实测和仿真的 VSWR～f 特性曲线。由图 7.88 可看出，VSWR≤1.5 的相对带宽为 12%(1.66～1.89 GHz)。图 7.89 是在 $f_0=1.8$ GHz 实测的±45°极化水平面和垂直面方向图。对+45°极化，$\text{HPBW}_V=31°$，$\text{HPBW}_H=64°$；对－45°极化，$\text{HPBW}_E=30°$，$\text{HPBW}_H=65°$，最大增益为 12 dBi。

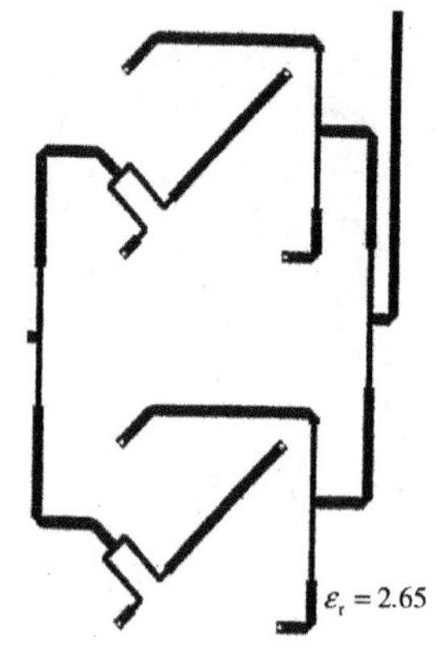

图 7.86　四 L 形探针耦合馈电二元天线的馈电网络

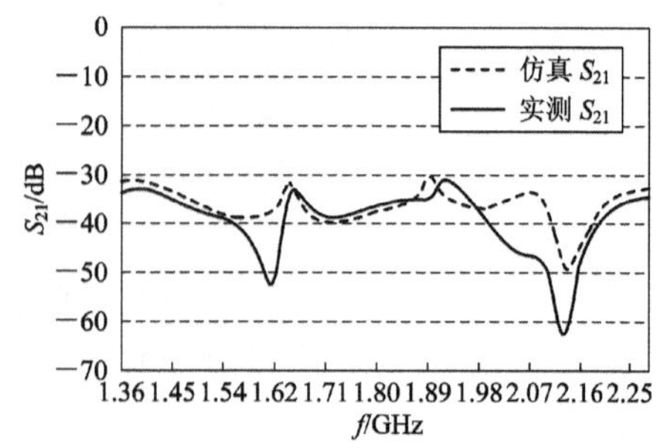

图 7.87　四 L 形探针耦合馈电二元天线阵端口之间仿真和实测 S_{21}～f 特性曲线

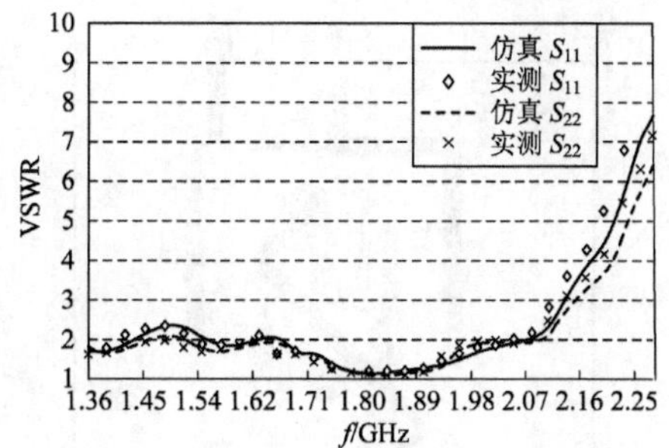

图 7.88 四 L 形探针耦合馈电二元天线阵两个端口实测和仿真 VSWR～f 特性曲线

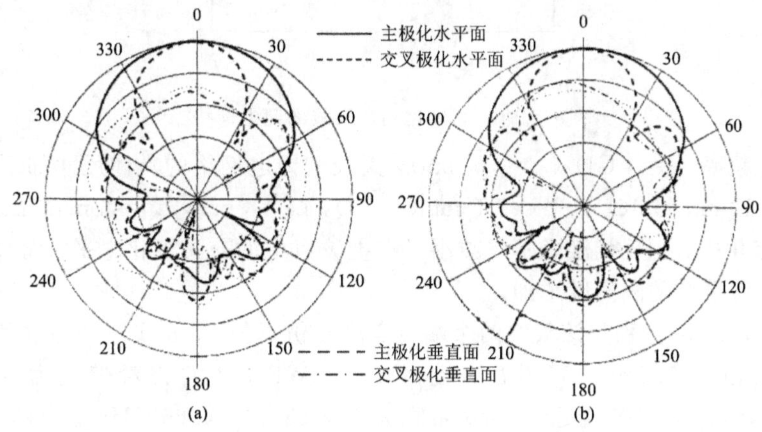

图 7.89 四 L 形探针耦合馈电二元双极化贴片天线阵在 1.8 GHz 实测的 ±45°极化水平面和垂直面主极化和交叉极化方向图

(a) 45°极化；(b) −45°极化

2. 用钩形探针馈电的双极化方贴片天线[17]

图 7.90 是在水平和垂直方向分别用两个钩形探针 A、B 和 C、D 反相给边长为 L、离地面高 H 的方贴片耦合馈电构成的双极化天线。为了改善端口之间的隔离度，共用了四个金属柱 A'、B'、C'、D' 使贴片短路，短路柱到贴片边缘的距离为 W，如图 7.90 所示。钩形探针由三部分组成，它们的长度分别为 L_h、L_{v1}、L_{v2}。图 7.91 所示的馈电网络是用厚 $t=0.762$ mm、$\varepsilon_r=2.94$ 的基板制造的。

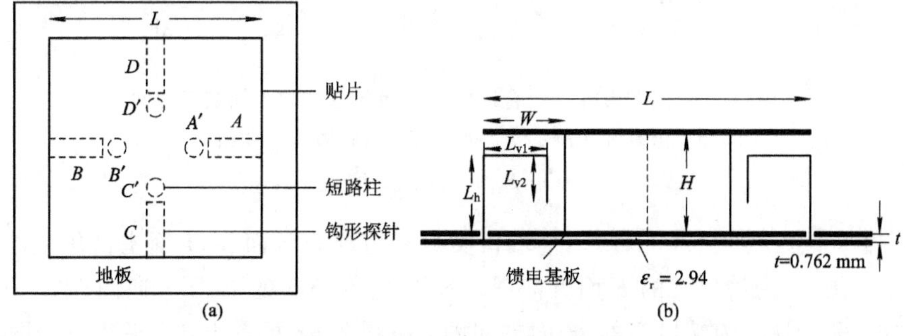

图 7.90 用钩形探针耦合馈电的双极化方贴片天线

(a) 顶视图；(b) 侧视图

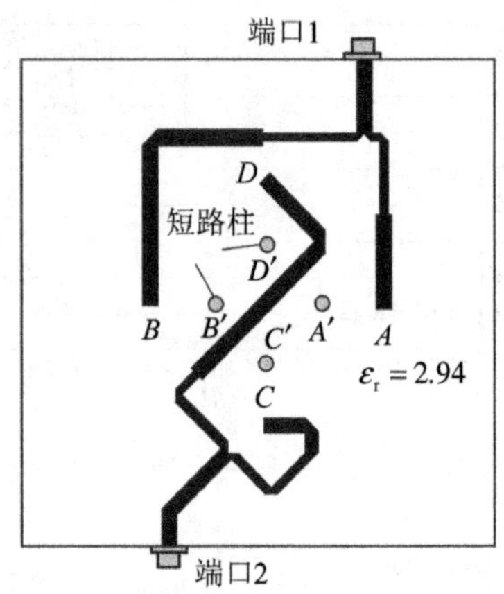

图 7.91　双极化贴片天线的馈电网络

中心设计频率 $f_0=4$ GHz($\lambda_0=75$ mm)，天线和馈电网络的具体尺寸如下：$L=30$ mm ($0.4\lambda_0$)，$H=12$ mm($0.16\lambda_0$)，$W=7.5$ mm($0.1\lambda_0$)，$L_h=8$ mm，$L_{v1}=6$ mm，$L_{v2}=4.5$ mm。

在每个极化中，用反相激励不仅减小了在主波束中的交叉极化电平，而且使每个面的方向图对称，使端口的隔离度增加。

图 7.92(a)、(b)分别是该天线两个端口实测和仿真的 S_{11} 及实测和仿真的隔离度的频率特性曲线。由图 7.92(a)可看出，端口 1，VSWR≤2 的相对带宽为 37%(3.14～4.59 GHz)；端口 2，VSWR≤2 的相对带宽为 39%(3.14～4.65 GHz)。由图 7.92(b)可看出，在整个工作频段内，隔离度大于－38.5 dB。

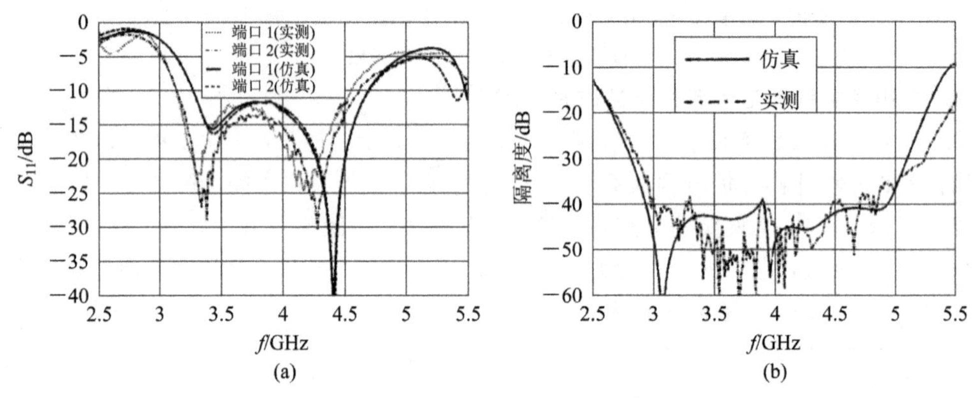

图 7.92　用钩形探针耦合馈电的双极化方贴片天线端口之间仿真和实测的 S_{11} 和隔离度的频率特性曲线

(a) S_{11}；(b) 隔离度

图 7.93 是该天线在 4.0 GHz 两个端口实测和仿真的 E 面和 H 面主极化、交叉极化方向图。其中，图(a)为端口 1 的 E 面方向图；图(b)为端口 1 的 H 面方向图；图(c)为端口 2 的 E 面方向图；图(d)为端口 2 的 H 面方向图。由图 7.93 可看出，主极化方向图对称，交叉极化电平约－20 dB，F/B 比约 12.5 dB。图 7.94 是该天线两个端口仿真和实测的增益频率特性曲线。由图 7.94 可看出，在 27%的带宽内，实测天线增益为 9～10 dBi。

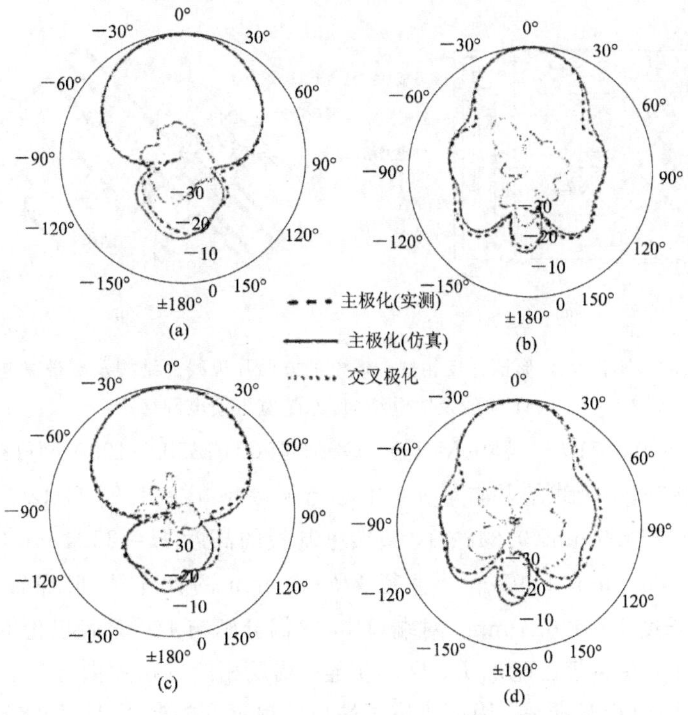

图 7.93 钩形探针耦合馈电的双极化方贴片在 4 GHz 仿真主极化和交叉极化及实测主极化方向图
(a) 端口 1 的 E 面；(b) 端口 1 的 H 面；(c) 端口 2 的 E 面；(d) 端口 2 的 H 面

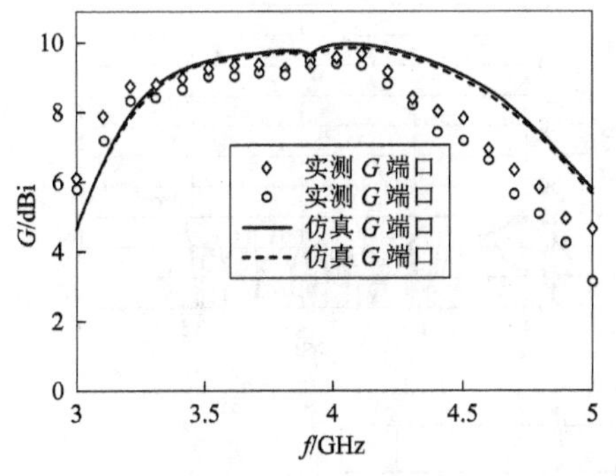

图 7.94 钩形探针耦合的双极化方贴片天线的端口 1 和端口 2 实测和仿真 $G\sim f$ 特性曲线

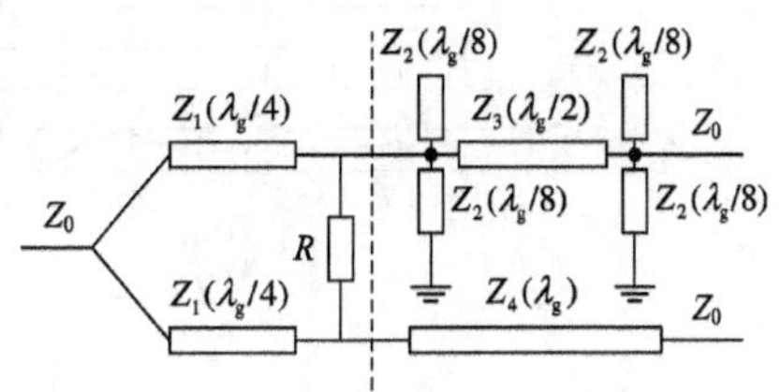

图 7.95 宽带 180°微带巴伦

3. 有宽带巴伦的宽频带双极化贴片天线[18]

对双极化方贴片天线，为了实现宽的阻抗带宽(VSWR≤2 的相对带宽为 29%)，低的交叉极化电平(<−20 dB)，高的端口隔离度(<−30 dB)，宜采用如图 7.95 所示的宽带 180°微带巴伦及用四个 L 形探针给方贴片耦合反相馈电技术。天线及馈电网络的结构如图 7.96 所示。宽带 180°微带巴伦由 3 dB Wilkinson 功分器和 180°宽带移相器级联而成。用 $\varepsilon_r=3.38$、厚为 0.8 mm 的基板设计制作 $f_0=2.4$ GHz 的宽带微带巴伦，该 180°微带巴伦 $S_{11}<-10$ dB 的相对阻抗带宽为 104.9%，输出端口功分比 $S_{21}=S_{31}=-3$ dB±0.5 dB 的相对带宽为 53.7%，相位不平衡 180°±5°的相对带宽为 53.4%。

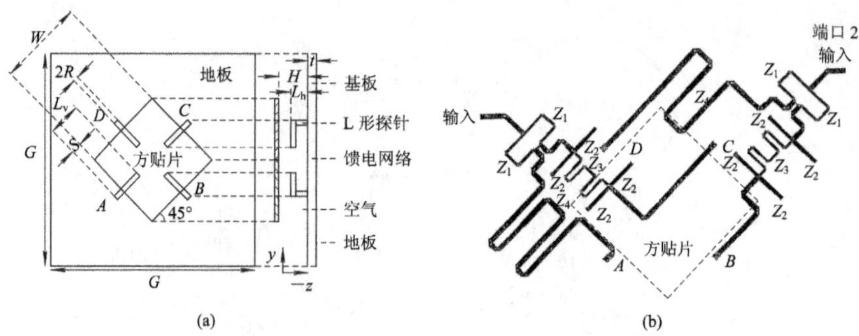

图 7.96 用四个L形探针反相耦合馈电的方贴片天线的结构及宽带馈电网络

(a) 天线及馈电结构；(b) 宽带馈电网络

作为GSM 1800(1710～1880 MHz)、GSM 1900(1850～1990 MHz)和3G(1920～2170 MHz)的宽带基站天线的基本单元，中心谐振频率 $f_0=1.95$ GHz($\lambda_0=153.8$ mm)，方贴片的边长 $W=53.5$ mm($0.348\lambda_0$)，离馈电基板的高度 $H=22.4$ mm($0.146\lambda_0$)，方接地板的边长 $G=300$ mm($1.95\lambda_0$)，直径 $2R=1$ mm的四个L形探针垂直长度 $L_h=12.4$ mm，水平长度 $L_v=26.5$ mm。对端口1，它们分别与180°宽带巴伦的输出端 A、C 相连，对端口2，与180°宽带巴伦的 B、D 端相连，均反相给方贴片耦合馈电。由于探针泄漏辐射在宽频带范围内相互抵消，因而改进了端口隔离度和扼制了 H 面的交叉极化电平。

图7.97(a)、(b)、(c)分别是L频段用180°宽带巴伦和L形探针反相耦合馈电，双极化方贴片天线两个端口实测VSWR、隔离度和增益的频率特性曲线。由图7.97可以看出，

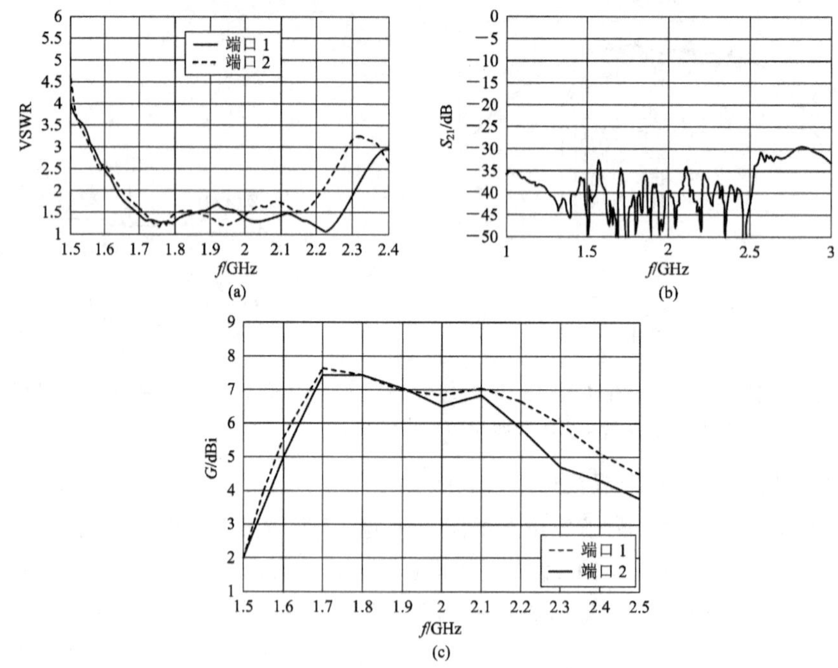

图 7.97 用180°宽带微带巴伦反相耦合馈电的双极化方贴片两个端口实测VSWR、隔离度和增益的频率特性曲线

(a) VSWR；(b) 隔离度；(c) 增益

端口1，VSWR≤2的相对带宽为34%(1.64～2.31 GHz)；端口2，VSWR≤2的相对带宽为29%(1.66～2.22 GHz)，端口1和端口2之间隔离度<−30 dB的相对带宽为94.7%(1.0～2.8 GHz)，在1.7～2.2 GHz频段，两个端口的增益大于等于6 dBi。图7.98是L频段用180°宽带微带巴伦反相耦合馈电的双极化方贴片天线两个端口在1.7 GHz、1.95 GHz和2.2 GHz实测*E*面和*H*面主极化和交叉极化方向图。在1.7 GHz、1.95 GHz和2.2 GHz三个频率，*H*面交叉极化电平在端口1分别为−25 dB、−37 dB和−27 dB，在端口2分别为−25 dB、−31 dB和−28 dB。

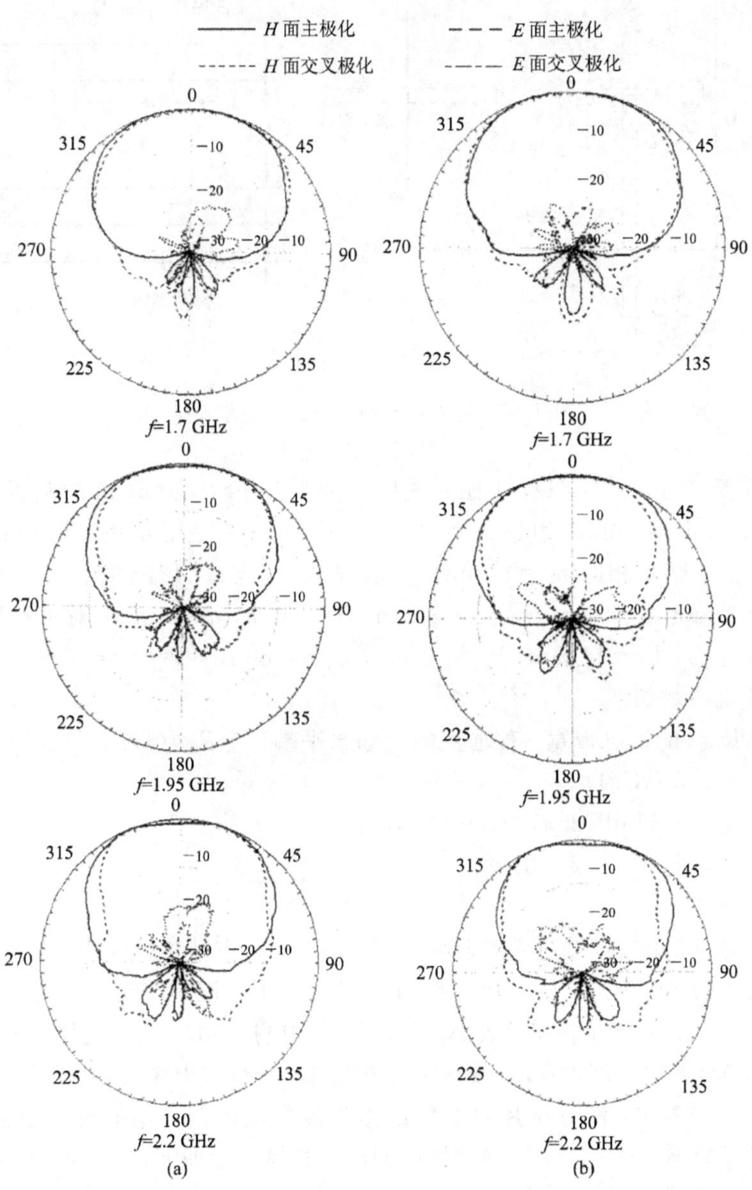

图7.98 用180°宽带微带巴伦反相耦合馈电的双极化方贴片天线两个端口在1.7 GHz、1.95 GHz和2.2 GHz实测*E*面和*H*面主极化和交叉极化方向图

(a) 45°极化；(b) −45°极化

7.5.3 由双缝隙耦合馈电构成的双极化贴片天线

图 7.99 是用微带馈线通过 H 形缝隙耦合馈电构成的双极化贴片天线。由图 7.99 可以看出，双极化使用的 H 形缝隙彼此垂直成 T 形，它们相对贴片中心偏置，偏置距离分别用 S 和 d 表示，用参数 W_1、W_2、L_1 和 L_2 来表征 H 形缝隙。为了展宽带宽，采用层叠贴片技术。

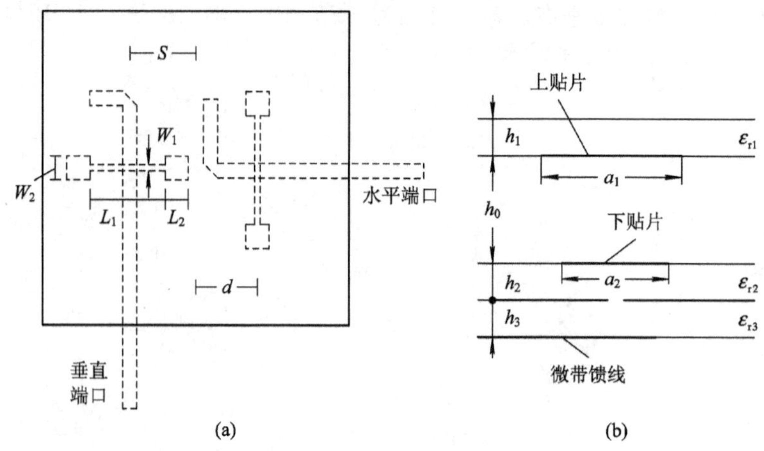

图 7.99 缝隙耦合馈电双极化贴片天线
(a) 顶视；(b) 侧视

中心设计频率为 2.67 GHz，上贴片是用 $h_1=1.6$ mm、$\varepsilon_r=2.33$ 的基板制造的，边长为 $a_1\times a_1=40$ mm×40 mm，边长 $a_2=31$ mm 的下方贴片是用 $h_2=1.6$ mm、$\varepsilon_r=2.33$ 的基板制造的，上下贴片相距 $h_0=8$ mm。对垂直端口，与 H 形缝隙有关的尺寸为：$L_1=10$ mm，$W_1=1$ mm，$L_2=3$ mm，$W_2=3$ mm，$S=9$ mm，$d=0$ mm；对水平端口，与 H 形缝隙有关的尺寸为：$L_1=14$ mm，$W_1=1$ mm，$L_2=3$ mm，$W_2=3$ mm，$S=0$，$d=8$ mm。

实测主要电参数如下：

(1) VSWR≤2 的相对带宽，对垂直端口和水平端口分别为 20.9%(2.39～2.95 GHz)，21.8%(2.37～2.95 GHz)。

(2) 隔离度＞－36 dB(2.37～2.95 GHz)。

(3) 交叉极化电平＜－22 dB。

(4) $F/B\geqslant21$ dB。

图 7.100 是用双微带馈线电磁耦合给有双三角缝隙的方贴片馈电构成的双极化天线[19]。在贴片中同时激励起两个正交模，天线就呈现出双线极化。调整馈线可以使端口间的隔离度大于－35 dB。该天线利用了在贴片表面由缝隙形成的电抗加载，由于这种电抗加载增加了表面电流路径和单元的电长度，因此对给定的谐振频率，会导致天线尺寸减小约 35%。

由图 7.100 可看出，沿方贴片对角线的微带线靠电磁耦合给有两个缝隙的方贴片馈电。在中心设计频率 1.5 GHz，天线和馈电网络的具体尺寸如下：$L_s=40$ mm，$a=17$ mm，$b=21.2$ mm，$c=0.8$ mm，$\alpha=80°$，$f_1=f_2=6.3$ mm，$\varepsilon_{r1}=4.36$，$\varepsilon_{r2}=3.0$，$h_1=h_2=1.6$ mm。

对具有相同谐振频率的无三角缝隙的方贴片天线，方贴片的边长为 49.5 mm，因此尺寸减小了 35%。

实测表明，两个端口，交叉极化电平低于－25 dB，端口隔离度高于－35 dB。

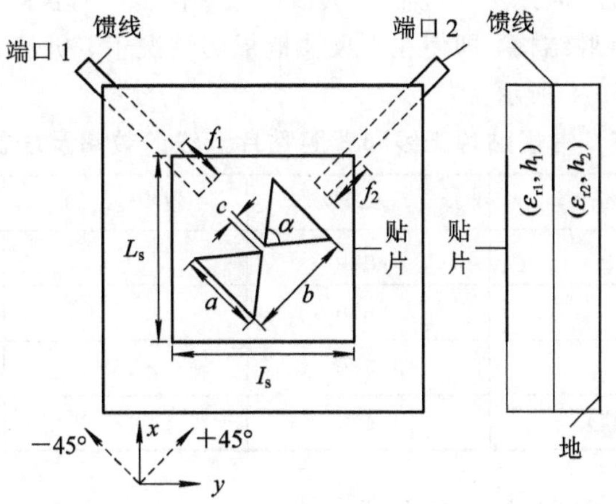

图 7.100　双微带馈线电磁耦合给有双三角缝隙的方贴片馈电构成的双极化天线

7.6　其他贴片天线

7.6.1　背腔贴片天线

对便携式终端天线，小尺寸是天线最重要的技术指标，最常用的方法就是采用高介电常数基板。由于天线的谐振长度正比于$1/\sqrt{\varepsilon_r}$，因此采用高介电常数基板会使带宽变窄，效率降低，通常用厚且高ε_r的基板制造贴片天线。之所以效率差主要是由于沿界面传输的表面波增加了泄漏功率。要改善用厚且高ε_r的基板制造的贴片天线的效率，主要任务是抑制在天线结构中传播的表面波。抑制表面波的方法主要有以下三种：

(1) 采用背腔方贴片和短路环贴片天线，这些方法就是在天线的周围设置电壁来阻止表面波传播。

(2) 采用微机械工艺，把贴片下面的介质挖掉，或把贴片下面的基板换成低ε_r的基板。

(3) 采用电磁带隙技术，该方法就是对基板周期加载，不让表面波沿界面传播，从而减小表面波造成的泄漏功率。

第一种方法容易实现，第二种方法使天线尺寸变大，第三种方法由于采用周期加载结构也会导致大的尺寸。

用厚 3 mm、ε_r=17.1 的陶瓷基板制作的在f_0=1.66 GHz 工作的背腔贴片如图 7.101 所示。该天线可以用微带线馈电，也可以用同轴线馈电。

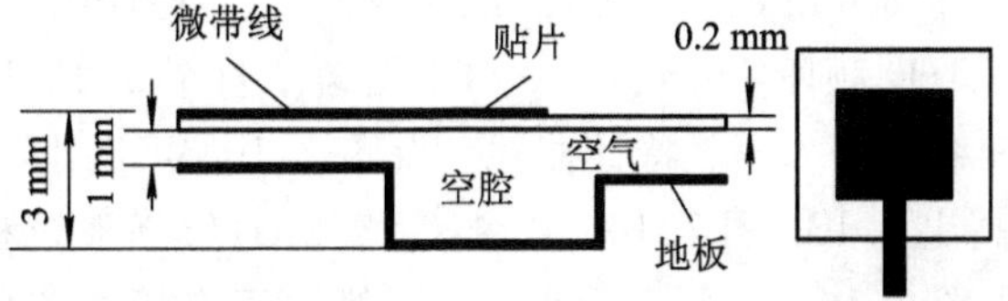

图 7.101　1.66 GHz 背腔方贴片天线

把普通贴片天线的地板减小，不仅使天线的效率降低，而且由于天线效率降低导致天线增益下降。但采用背腔结构，即使在小尺寸地板的情况下，仍然有高的辐射效率和高的天线增益。具体如表 7.15 所示。

表 7.15 常规贴片天线和背腔贴片天线的效率及增益的比较

地板尺寸/mm	f_0/GHz	效率 η(%)	G/dBi
常规	1.660	65	3.6
40×40	1.670	17	−1.4
28×28	1.640	15	−2.2
28×28(背腔)	1.655	42	2.3

7.6.2 空腔高增益宽带贴片天线[20]

采用有限大地板的贴片天线，由于存在大的交叉极化电平和大后向辐射的缺点，因而增益不高。采用空腔结构能克服这个缺点。

图 7.102 是适合 f_0=5 GHz WLAN 工作的有等边三角形空腔地的高增益宽带贴片天线(以下简称新天线)。等边三角形空腔地的高度 H=19 mm(0.35λ_0)，边长 L=90 mm (1.65λ_0)，f_0=5500 MHz。位于等边三角形空腔地之中的平面贴片如图 7.102(b)所示，由于馈电点去掉一部分且向下弯折，所以称为几乎圆贴片，贴片离地高 6 mm。当 α=133°、贴片的半径 R=15 mm 时，天线在 f_0=5500 MHz 谐振。

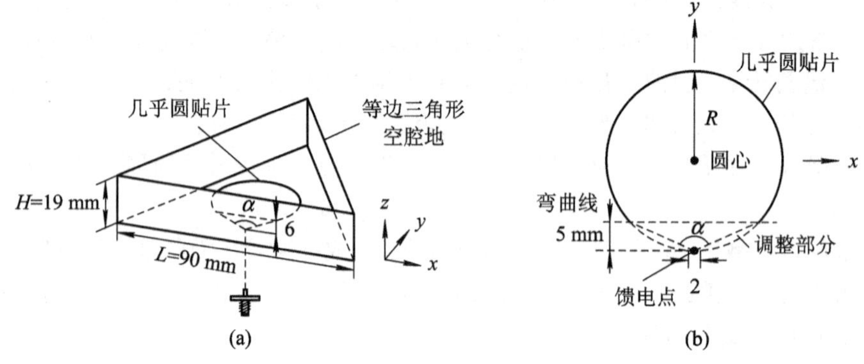

图 7.102 有等边三角形空腔地的高增益贴片天线
(a) 立体结构示意图；(b) 几乎圆贴片的结构

图 7.103 是新天线实测和仿真的 $S_{11}\sim f$ 特性曲线。为了比较，图中还给出了没有等边三角形空腔地、半径 R=16 mm 的参考贴片天线的 $S_{11}\sim f$ 特性曲线。由图 7.103 可看出，新天线在 5130～5922 MHz 频段，$S_{11}\leqslant -10$ dB，覆盖了整个 5.2 GHz 和 5.8 GHz WLAN 频段。图 7.104 是新天线实测 $G\sim f$ 特性曲线。由图 7.104 可看出，在 WLAN 频段，$G\geqslant$ 9.8 dBi，比参考天线高出 2 dB。图 7.105 是在 f=5.5 GHz 新天线和参考天线实测主极化和交叉极化方向图。由图 7.105(a)可以看出，新天线由于有等边三角形空腔地，因而交叉极化电平明显减小。

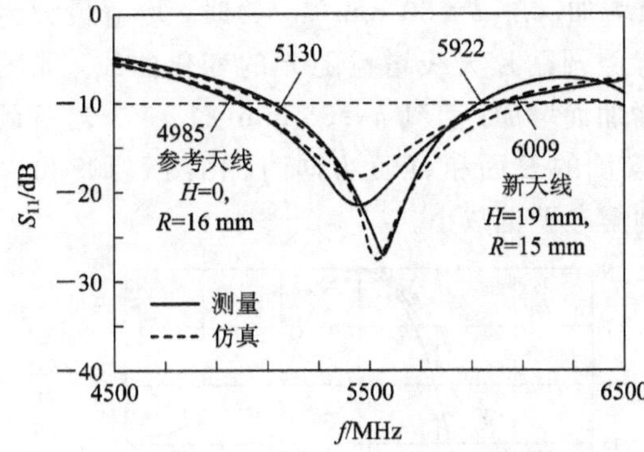

图 7.103 新天线和参考天线实测和仿真的 $S_{11}\sim f$ 特性曲线

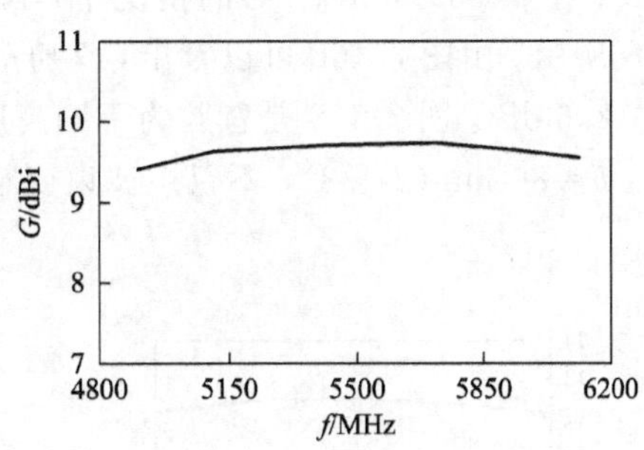

图 7.104 新天线实测 $G\sim f$ 特性曲线

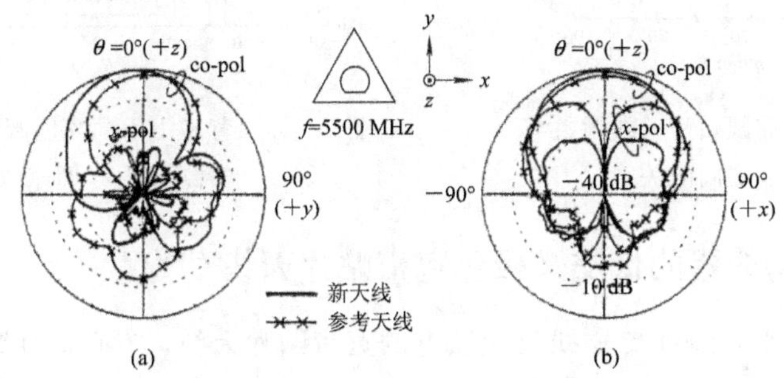

图 7.105 新天线和参考天线在 5.5 GHz 实测主极化和交叉极化方向图

(a) yz 面；(b) xz 面

7.6.3 带圆锥背腔圆贴片天线

用圆锥背腔可以提高圆贴片天线的增益。中心设计频率 $f_0=2.5$ GHz($\lambda_0=120$ mm)，用 $\varepsilon_r=2.17$、厚 $h_1=1.524$ mm 的基板制成的用探针馈电的圆锥背腔圆贴片天线如图 7.106 所示，圆贴片的直径 $\phi_1=46$ mm($0.38\lambda_0$)，接地板直径 $\phi_2=120$ mm($1\lambda_0$)，在背腔高度 $h=40$ mm($\lambda_0/3$)的情况下，圆锥背腔圆贴片天线仿真和实测增益与锥角(d)之间的关系如图 7.107 所示。

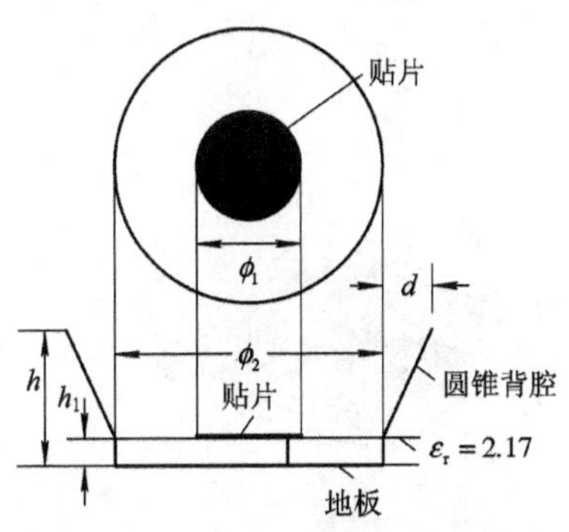

图 7.106 圆锥背腔圆贴片天线

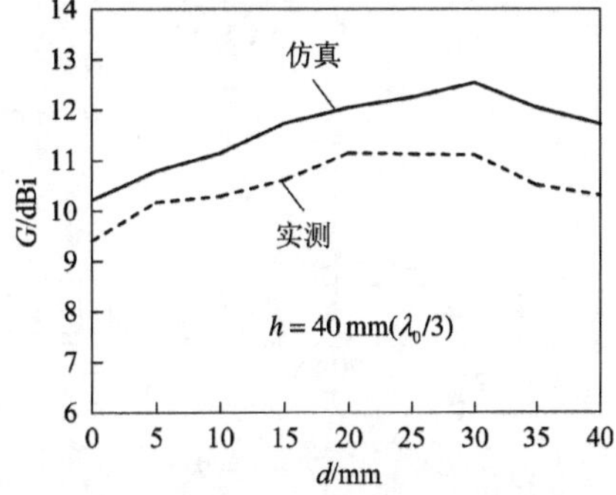

图 7.107 圆锥背腔贴片天线增益与 d 的关系曲线

由图 7.107 可以看出，增益随 d 的增加而增加，在 $d=30$ mm($\lambda_0/4$)时，增益最大为 11 dBi。在 $d=30$ mm($\lambda_0/4$)的情况下，圆锥背腔圆贴片天线增益随 h 的变化曲线，如图 7.108 所示。由图 7.108 可以看出，G 随 h 的增加而增加，直到 $h=80$ mm($2\lambda_0/3$)，增益最大为 12.6 dBi。图 7.109 是背腔为不同高度时实测的 E 面和 H 面方向图。由图 7.109 可以看出，$h=80$ mm($2\lambda_0/3$)，不仅主波束变窄，副瓣电平也减小。

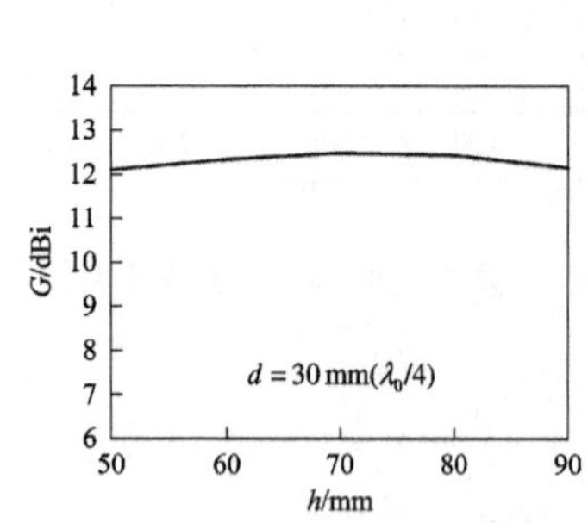

图 7.108　圆锥背腔圆贴片天线增益与背腔高度之间的关系

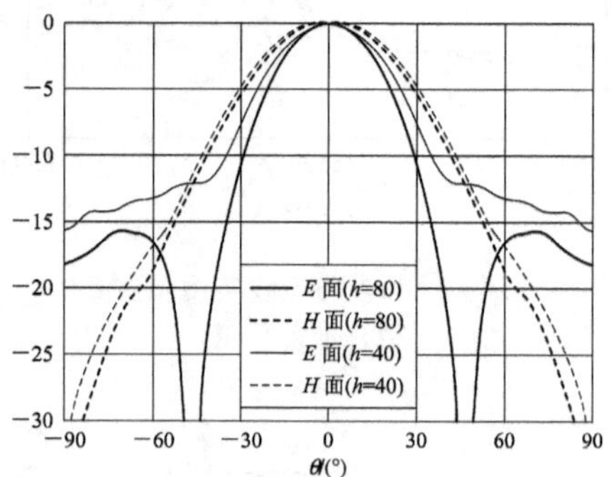

图 7.109　背腔为不同高度圆贴片天线的实测 E 面和 H 面方向图

7.6.4　带反相功分器的低交叉极化宽带贴片天线[21-22]

图 7.110 是用平衡双线传输线反相馈电的宽带贴片天线。中心设计频率 $f=2.17$ GHz ($\lambda_0=138.2$ mm)，矩形贴片的尺寸为：长×宽$=L\times W=68$ mm×60 mm$=(0.49\lambda_0\times 0.43\lambda_0)$，贴片与地板平行，离地板的高度为 16 mm($0.11\lambda_0$)。一对由垂直和水平构成的馈电折叠板位于贴片的下方。馈电折叠板长 $d=43$ mm($0.31\lambda_0$)，高 $h=13.5$ mm($0.098\lambda_0$)，宽 $a=7.5$ mm($0.054\lambda_0$)，两个馈电折叠板垂直部分相距 $x=26$($0.188\lambda_0$)，直径为 1 mm、高 $t=2.5$ mm、相距 $g=18.5$ mm 的两个探针直接与折叠板的水平部分的中心相连。为了减小交叉极化，采用图 7.110(b)所示的双面反相宽带功分器，由端口 1 输入，端口 2 和 3 等幅反相与两个探针相连输出，给矩形贴片馈电。

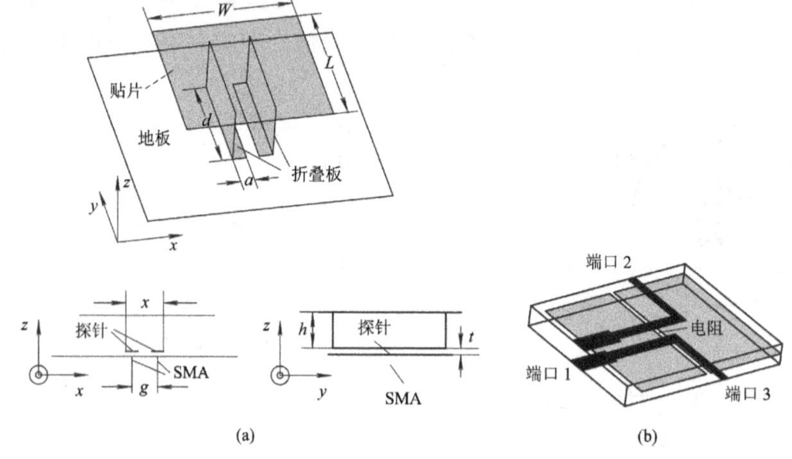

图 7.110　反相馈电矩形贴片天线
(a) 天线结构；(b) 宽带反相功分器

图 7.111 是该天线仿真和实测 VSWR 和 $G \sim f$ 特性曲线。由图 7.111 可看出，在 $f=1.37 \sim 2.97$ GHz 频段内，VSWR≤2，相对带宽为 74%，增益在大部分频段为8.5 dBi。图 7.112 是 $f=1.3$ GHz、2.1 GHz、2.7 GHz 仿真和实测的 E 面、H 面主极化和交叉极化方向图。由图 7.112 可看出，实测交叉极化电平约 −20 dB，后瓣小于 −15 dB。

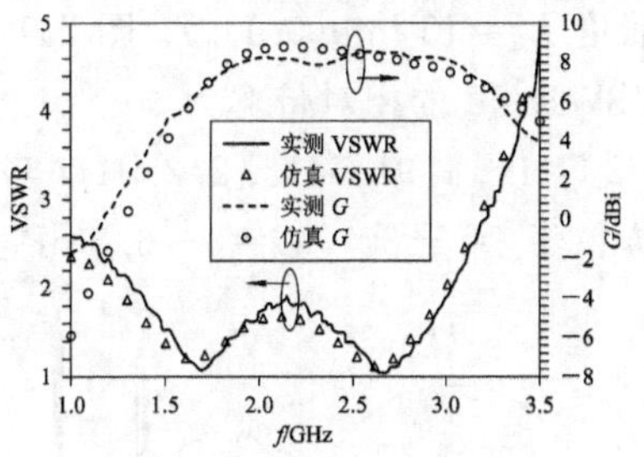

图 7.111 反相馈电矩形贴片天线仿真和实测 VSWR 和增益 G 的频率特性曲线

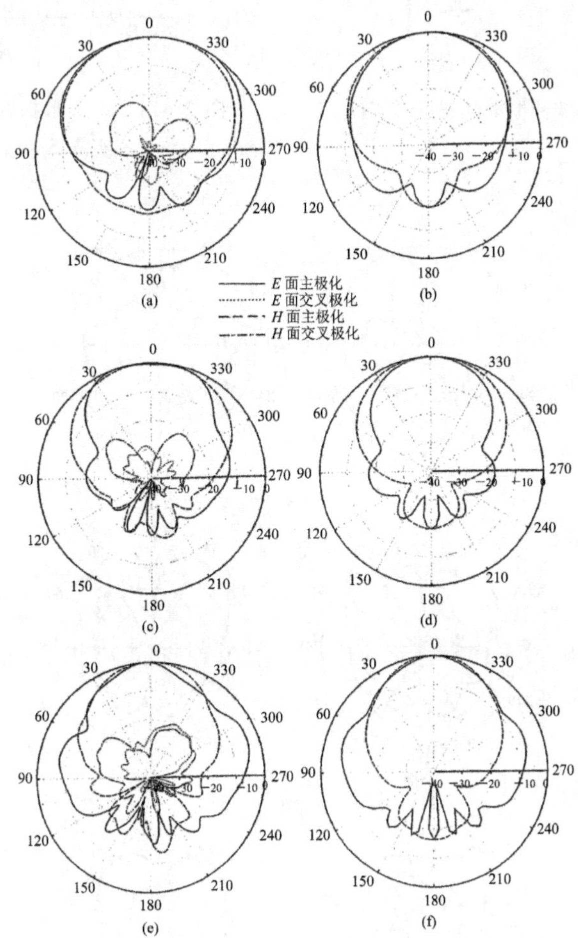

图 7.112 反相馈电矩形贴片天线实测 E 面和 H 面主极化和交叉极化方向图

(a)、(b) $f=1.3$ GHz；(c)、(d) $f=2.1$ GHz；(e)、(f) $f=2.7$ GHz

7.6.5 用 L 形探针馈电有圆锥形方向图的宽带贴片天线

图 7.113 是 L 波段用 L 形探针馈电的有圆锥形方向图的圆贴片天线。半径 $R=75$ mm ($0.475\lambda_0$)，贴片是用厚 $t=1.5$ mm、$\varepsilon_r=3.38$ 的基板制造的，贴片到尺寸为 $1.25\lambda_0$ 的方地板的距离 $H=20$ mm($0.13\lambda_0$)，直径为 1 mm 的 L 形探针的水平长度 $L_h=18$ mm($0.12\lambda_0$)，

垂直长度 $L_v = 15$ mm$(0.1\lambda_0)$。图 7.114 是该天线实测 $S_{11} \sim f$ 特性曲线。由图 7.114 可看出，VSWR≤2 的相对带宽为 30%(1.62～2.2 GHz)。图 7.115(a)、(b)、(c)分别是该天线在 1.62 GHz、1.91 GHz、2.2 GHz 实测的两个主平面方向图。由图 7.115 可看出，最大辐射方向位于 $\theta = \pm 30°$，$G = 5 \sim 6.5$ dBi。在天顶角($\theta = 0°$)，零深为 −40～−20 dB。

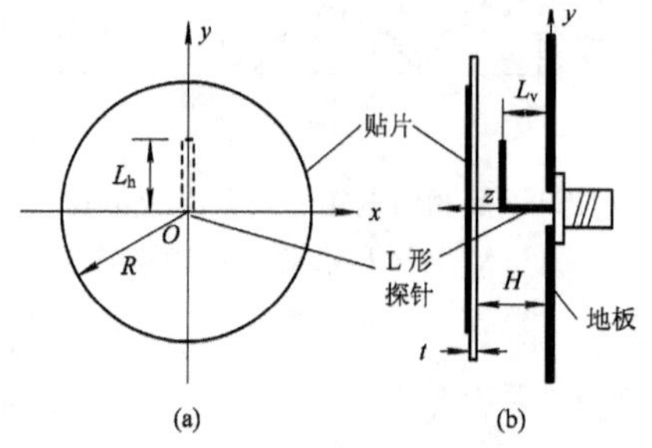

图 7.113　用 L 形探针馈电的圆贴片天线

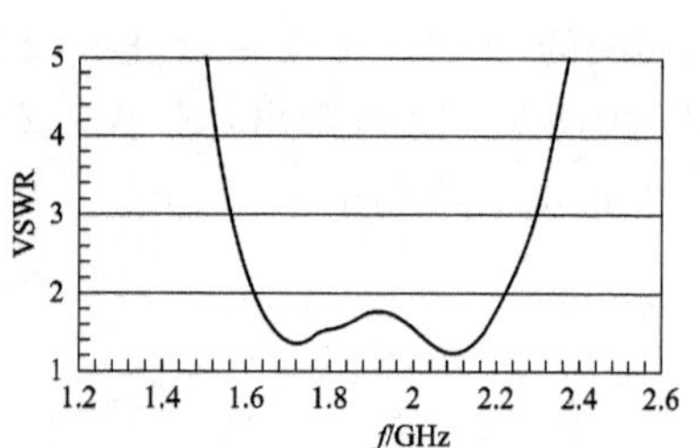

图 7.114　用 L 形探针馈电圆贴片天线实测 $S_{11} \sim f$ 特性曲线

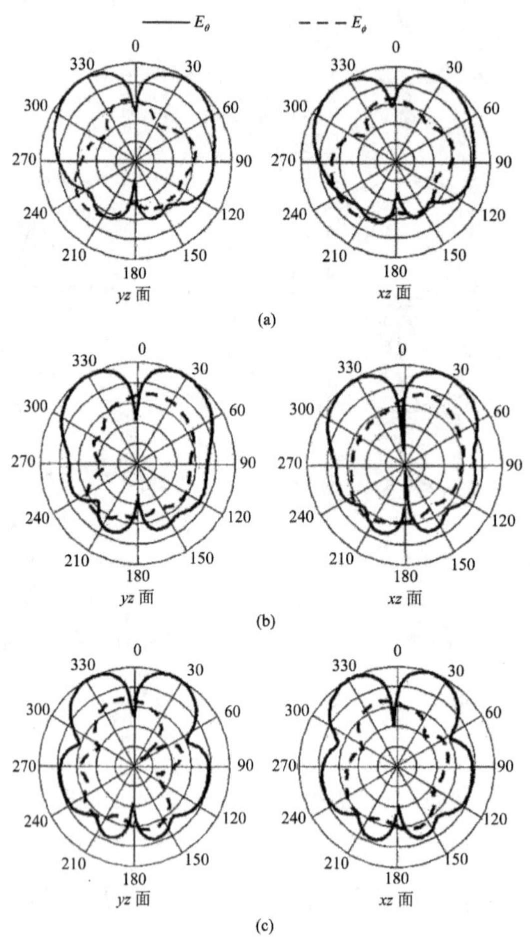

图 7.115　L 频段用 L 形探针馈电圆贴片天线的实测方向图
(a) $f = 1.62$ GHz；(b) $f = 1.91$ GHz；(c) $f = 2.2$ GHz

7.6.6　水平面宽波束 WLAN 天线

在 WLAN 接点应用中，有些用户需要使用水平面宽波束壁挂天线。图 7.116 是 2.4 GHz 有宽波束水平面方向图的贴片天线。为实现宽波束水平面方向图，采用了以下技术：

(1) 采用在水平面尺寸极窄的倒 L 形贴片天线

(2) 使安装极窄倒 L 形贴片天线的地面呈倒 V 形。

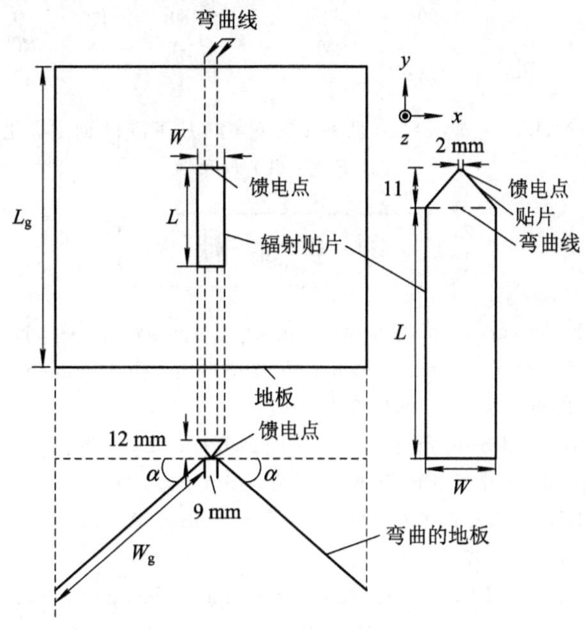

图 7.116　2.4 GHz 水平面宽波束贴片天线

倒 L 形贴片的尺寸为长×宽＝$L\times W$＝70 mm×20 mm，窄的宽度有利于实现宽的水平面波束宽度。为了实现好的阻抗匹配，倒 L 形贴片的垂直部分呈如图 7.116 所示的三角形。倒 V 形地板中间宽 9 mm，长 L_g＝210 mm，弯曲部分地板的宽度 W_g＝140 mm，在不同弯曲角度 α 情况下，天线的主要电性能如表 7.16 所示。

表 7.16　倒 V 形安装地面为不同夹角 α 时，水平面宽波束倒 L 形贴片天线的主要电性能

α	VSWR≤2 的阻抗带宽 $f_H\sim f_L$/MHz	HPBW(f=2442 MHz)		在轴线方向的增益/dBi
		E 面	H 面	
0°		33°	80°	
20°	195(＝2582－2387)	35°	125°	5.6
40°	263(＝2627－2364)	36°	171°	4.9
60°	329(＝2615－2286)	33°	167°	4.4

图 7.117 是该天线在 2442 MHz，α＝0°、α＝40°两种情况下实测 E 面和 H 面方向图。由图 7.118 可看出，在 α＝40°时，$HPBW_H$＝171°，但交叉极化电平很高，$HPBW_E$＝36°，交叉极化电平低于－20 dB。

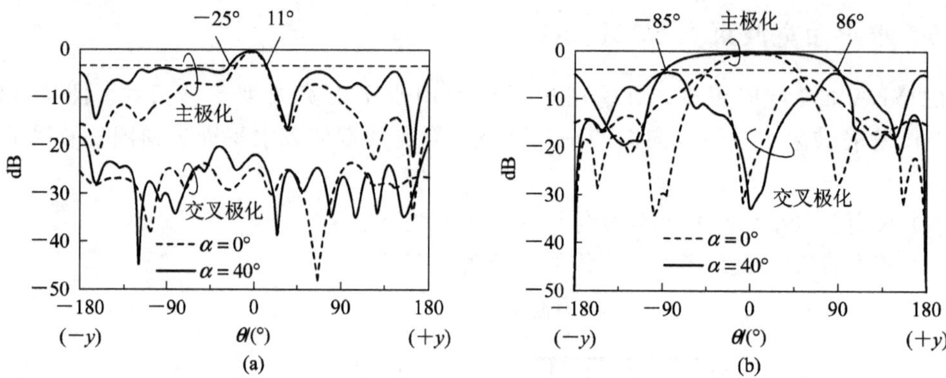

图 7.117 在 2442 MHz，$\alpha=0°$，$\alpha=40°$两种情况下实测 E 面和 H 面主极化和交叉极化方向图

(a) E 面；(b) H 面

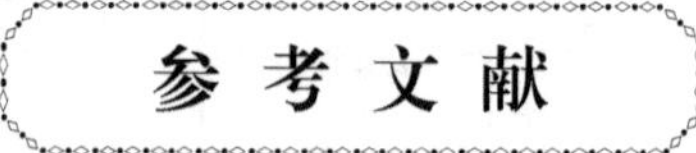

参考文献

[1] Huang Y, Boyle K. Antennas from Theroy to proctice. John WIEY & sons, Ltd., 2008.

[2] Guo Y X, Luk K M, Lee K F. Small wideband Triangular patch Antenna with An L－probe Feeding. Microwave optical Technol lett., 2001, 30(3).

[3] Hsu W H, Wong K L. Broadband probe－feed patch antenna with a U－shaped ground plane for cross－polarization reduction. IEEE Trans. Antennas Propag., 2002, 50. March 2002

[4] Matin M A, Sharif B S, Tsimenidis C C. Probe Fed Stacked patch Antenna for wideband Application. IEEE Trans. Antenna propag., 2007, 55(8).

[5] Yildirim B, et al. Enhanced Gain patch Antenna with a Rectangular loop shaped parasitic Radiator. IEEE Antennas wirless propag. lett., 2008, 7.

[6] Mak C L, Wong H, Luk K M. High－Gain and wide－Band single－layer patch Antenna For Wireless Communications. IEEE Trans. Vehicular Technol, 2005, 54(1).

[7] Lai H W, Luk K M. Wideband patch Antenna with low cross－polarization. Electroncs Lett., 2004, 40(3).

[8] Guo Y X, Khoo K W, Nong L C, et al. Broadband low cross－polarization patch Antenna. radio science, 2007, 42.

[9] Zhang J W, Zhong S S, Wu Q. Large－bandwidth patch Antenna with Ride－shaped Ground plate. Microwave optical technol lett., 2006, 48(3).

[10] Huang J, Hussein Z A, Petros A. A VHF Microstrip Antenna with wide－Band width and Dual－polarization For Sea Icc Thickness Measurement. IEEE Trans. Antenna propag., 2007, 55(10).

[11] Ray K P, Ghosh S, Nirmala K. Multilayer Multiresonator circular Microstrop Antennas For Broadband and Dual－Band operations. Microwave optical Technol lett., 2005, 47(5).

[12] Oh K, Kim B, Choi J. Design and Implementation of A Mulliband planar Antenna for cellular/pcs/IMT—2000 Base Stations. Microwave Optical Technol lett., 2004, 43(4).

[13] Lau K L, Kong K C, Luk K M. Dual－band stacked folded shorted patch Antenna. Electronics lett., 2007, 43(15).

[14] Lau K L, Kong K C, Luk K M. A Miniature Folded Shorted patch Antenna for Dual－Band operation. IEEE Trans. Antenna propag., 2007, 55(8).

[15] Sim C Y D, Chang C C, Row J S. Dual - Feed Dual - polarized patch antenna with low cross polarization and High Isolation. IEEE Trans. Antenna propag., 2009, 57(10).

[16] Wong H, Lau K L, Luk K M. Design of Dual - Polarized L - Probe Patch Antenna Arrays With High Isolation. IEEE Trans. Antennas Propag., 2004, 52(1).

[17] Ryu K S, Kishk A A. Wideband Dual - Polarized Microstrip Patch Excited by Hook Shaped Probes. IEEE Trans. Antennas Propag., 2008, 56(12).

[18] Guo Y X, Khoo K W, Ong L C, Wideband Dual - Polarized Patch Antenna With Broadband Baluns. IEEE Trans. Antennas Propag., 2007, 55(1).

[19] Krishna D D, et al. Compact Dual - polarised Square Microstrip Antenna with Triangular Slots for Wireless Communication. Electron. Lett., 2006, 42(16).

[20] Su S W, Wong K L, Cheng Y T, et al. High - gain broadband patch antenna with a cavity ground for 5 - GHz WLAN operation. Microwave Optical Technol. Lett., 2004, 41(5).

[21] Chin C H K, Xue Q, Wong H, et al. Broadband patch antenna with low cross - polarisation. Electron. Lett., 2007, 43(3).

[22] Chen J X, Chin C H K, Lau K W, et al. 180 degree out - of - phase power divider based on double - sided parallel - strip lines. Electron. Lett., 2006, 42(21).

[23] Hsu W H, Wong K L. Broad - Band probe - Fed patch Antenna with a U - Shaped Ground plane for Cross polarigation Reduction. IEEE Trans Antennas progag., 2002, 50(3).

[24] Liang X L, Zhong S S, Wang W. Dual - polarized Corner - Fed patch Antenna Array With High isolation. Microwave optical technol Lett., 2005, 47(6).

第 8 章 短背射天线[1]

短背射天线是一个结构紧凑的中增益天线，不仅副瓣小，而且方向图对称性好，它主要由周围带有高度为 W 的边环，直径为 D_m 的主反射器，直径为 D_s 的次反射器以及位于主、次反射器之间的激励源组成。激励源可以是用同轴线馈电的偶极子天线，也可以是用同轴线馈电的贴片天线，还可以是矩形或同轴波导。

8.1 用对称振子激励的短背射天线

8.1.1 用 $\lambda_0/2$ 长对称振子激励的短背射天线

图 8.1 是用 $\lambda_0/2$ 长对称振子激励的短背射天线，在 $D_m=2.0\lambda_0$（大反射器直径）、$D_s=0.4\lambda_0$（小反射器直径）、$S=0.5\lambda_0$（大小反射器之间距）、$W=0.25\lambda_0$（边环高度）的情况下，所实现的电参数如下：$G_{max}=15.2$ dB，E 面第一副瓣电平 SLL=−20 dB，H 面 SLL=−25 dB，$F/B=25$ dB。

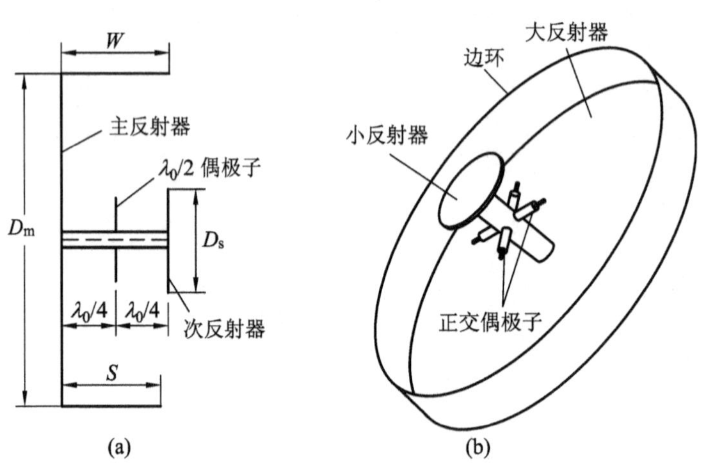

图 8.1 短背射天线

如果要用普通八木天线实现 $G=15$ dB 的天线增益，则需要轴长 $4\lambda_0$，15～20 个单元，而且副瓣电平还要比短背射天线高。若要达到短背射天线的副瓣和后瓣电平，则需要 27 元轴长达到 $5.5\lambda_0$ 的八木天线阵。

在 $D_m=2.23\lambda_0$，$W=0.57\lambda_0$ 的情况下，仍然用 $\lambda_0/2$ 长对称振子激励。在不同次反射

器直径 D_s 的情况下，天线增益随 D_s 的变化表示在图 8.2 中。由图 8.2 可看出，D_s 由 $0.36\lambda_0$ 渐变到 $0.5\lambda_0$，天线增益一直增加，但 D_s 超过 $0.5\lambda_0$，增益起伏变化。

主反射器边环的高度 W 也是设计短背射天线的重要参数。在 $D_s=0.5\lambda_0$、$D_m=2.23\lambda_0$ 的情况下，不同高度边环对短背射天线增益的影响如图 8.3 所示。由图 8.3 可看出，$W=0.4\lambda_0$ 时天线增益最大。

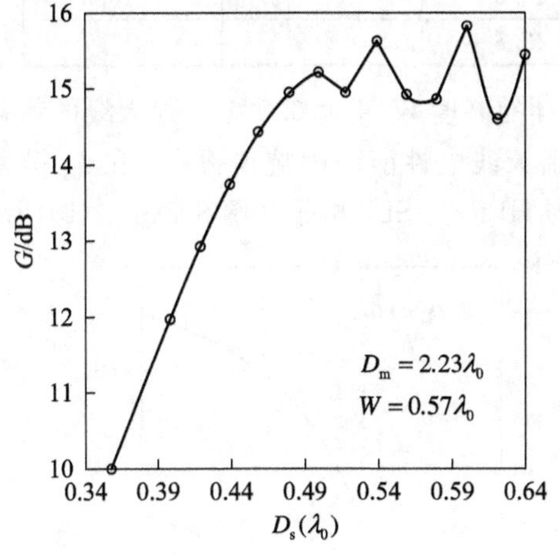

图 8.2　短背射天线的增益 G 随次反射器直径 D_s 的变化曲线

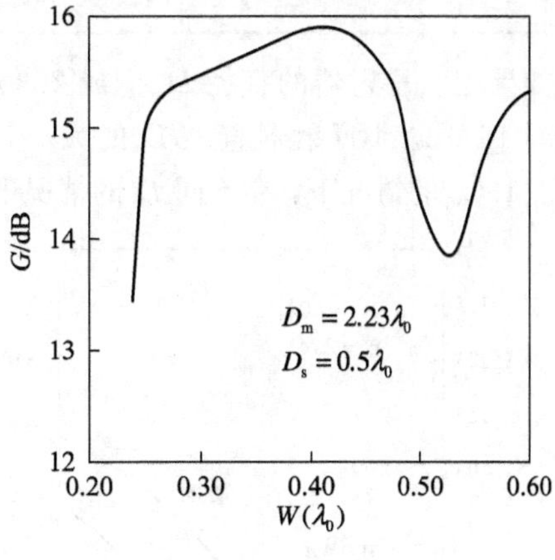

图 8.3　在 D_m、D_s 一定的情况下，短背射天线 $G\sim W(\lambda_0)$ 的关系曲线

短背射天线的最佳尺寸如下：$D_m=2.2\lambda_0$，$D_s=0.6\lambda_0$，$W=0.45\lambda_0$。

图 8.4 是最佳尺寸短背射天线的辐射方向图。天线的最大增益为 16.39 dB，效率达到 91.17%。

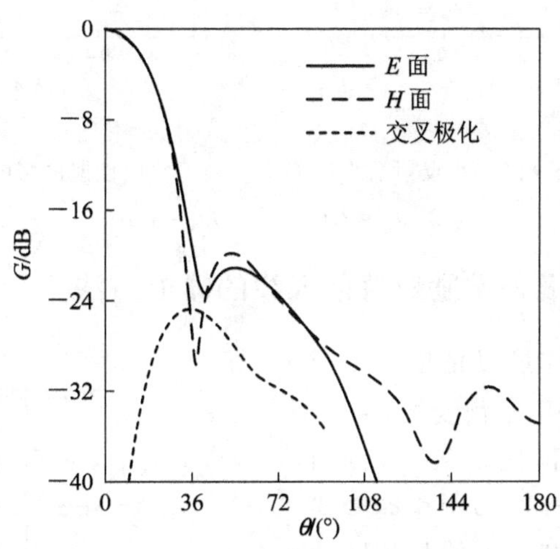

图 8.4　最佳尺寸短背射天线的 E 面和 H 面方向图

在 $0.95f_0\sim1.05f_0$ 的频段内，用 $\lambda_0/2$ 长偶极子激励最佳尺寸短背射天线的主要性能如表 8.1 所示。

表 8.1 最佳尺寸短背射天线的主要电性能

f/f_0	G/dB	口面效率/(%)	$HPBW_H$/(°)	$HPBW_E$/(°)	SLL/dB
0.950	15.56	83.45	31.6	56.8	−19.1
0.975	16.01	87.96	29.6	52.2	−20.5
1.000	16.39	91.17	27.8	48.6	−19.5
1.025	16.74	94.12	25.6	44.2	−16.5
1.050	16.44	83.6	22.8	38.6	−11.7

如果把大反射器的直径 D_m 变成 $2.35\lambda_0$，边环的高度 W 变为 $0.57\lambda_0$，则天线的增益可以达到 18 dB。小反射器直径 D_s 的大小对短背射天线电性能的影响也很大。在 D_m 分别为 $2.0\lambda_0$、$1.0\lambda_0$ 的情况下，在不同 D_s 的情况下天线的 HPBW、SLL 电平如图 8.5(a)、(b)所示。

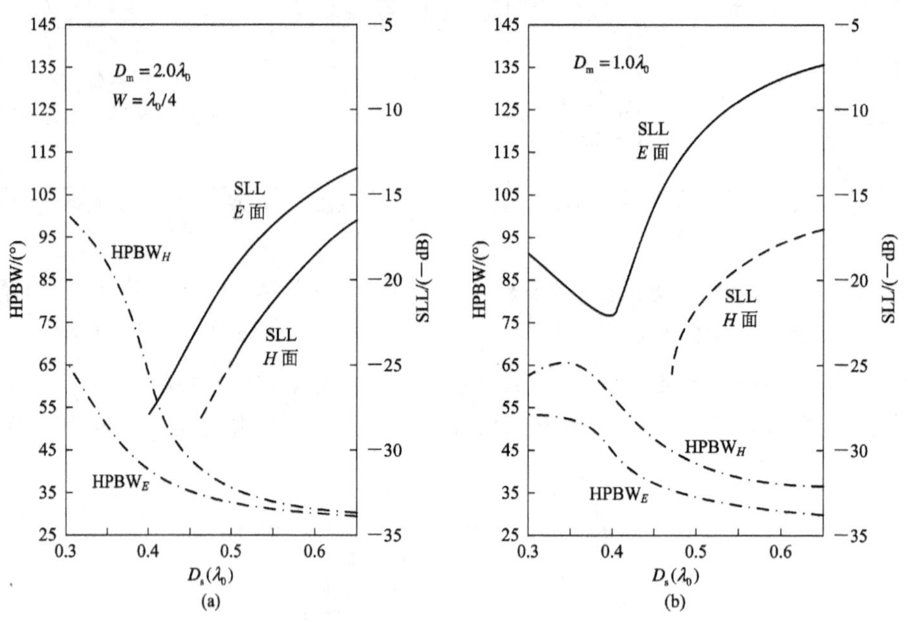

图 8.5 小反射器直径 $D_s(\lambda_0)$对天线电性能的影响

(a) $D_m=2.0\lambda_0$；(b) $D_m=1.0\lambda_0$

8.1.2 用 $\lambda_0/2$ 长偶极子激励短背射天线的馈电方法

图 8.6 中用分支导体型巴伦连接 $\lambda_0/2$ 长偶极子，即完成平衡-不平衡变换，把分支导体型巴伦的金属管伸长 $\lambda_0/4$，起到固定小反射器的作用。图 8.7(a)中用裂缝式巴伦给正交偶极子平衡馈电，伸长的同轴线外导体又达到固定小反射器的作用。图 8.7(b)是用一对分支导体型巴伦给正交偶极子馈电的照片。

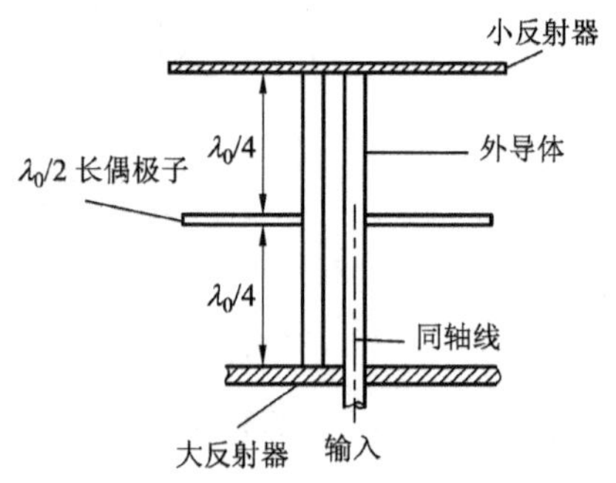

图 8.6 短背射天线的馈电方法

图 8.7　用巴伦给正交偶极子馈电构成的短背射天线的照片
(a) 裂缝式巴伦；(b) 一对分支导体型巴伦

8.1.3　用 $\lambda_0/2$ 长偶极子激励有波纹边环的短背射天线

图 8.8 是在 X 频段用 $\lambda_0/2$ 长偶极子激励有波纹边环短背射天线的结构及尺寸图。图 8.9 (a)、(b)分别是在 $f=9.5$ GHz、10 GHz、10.5 GHz 有无波纹边环短背射天线的实测 E 面和 H 面方向图。

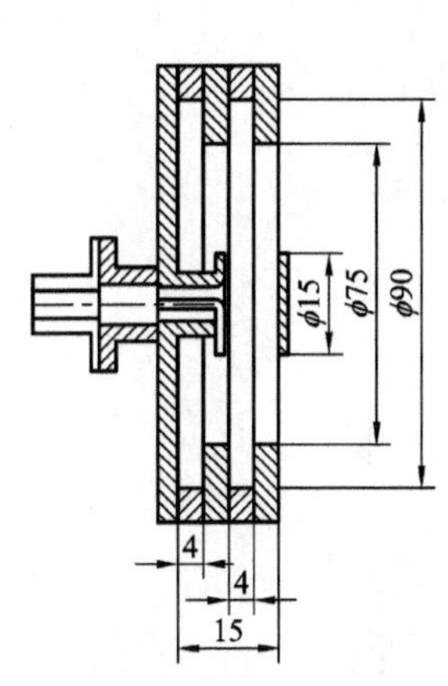

图 8.8　带波纹边环 X 频段短背射天线的结构及尺寸

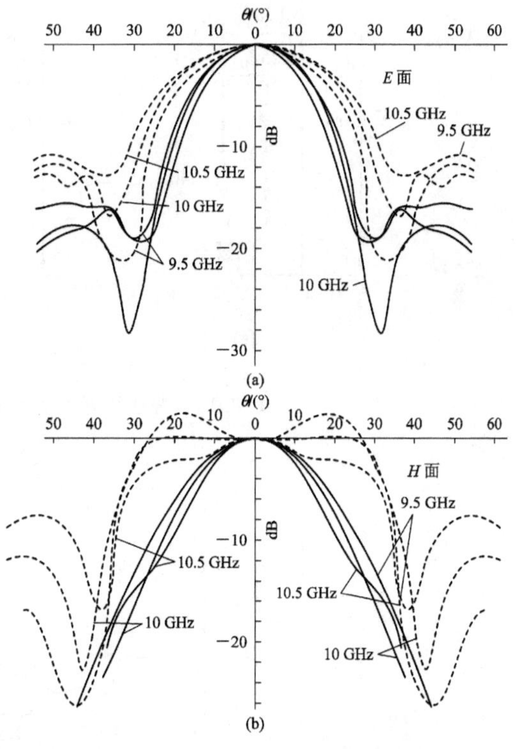

图 8.9　X 频段带波纹边环短背射天线在 9.5 GHz、10 GHz、10.5 GHz 实测方向图
(a) E 面；(b) H 面

实测 X 频段有无波纹边环短背射天线的 10 dB 波束宽度及增益如表 8.2 所示。

表 8.2 实测 X 频段有无波纹边环短背射天线的 10 dB 波束宽度和增益

f/GHz	10 dB 波束宽度/(°)				G/dB	
	无波纹		有波纹		无波纹	有波纹
	E 面	H 面	E 面	H 面		
9.5	53.5	67	42.5	51.5	11.7	14.9
10.0	59.5	71.5	42.5	45.5	11.6	15.4
10.5	64	68	40	68	10.7	16.2

8.1.4 改进型短背射天线

图 8.10(b)是谐振频率为 1.54 GHz 的改进型短背射天线。与图 8.10(a)所示的普通短背射天线相比，改进型短背射天线有两点改进：① 把部分主反射器变成圆锥形；② 次反射器由一个变成两个。表 8.3 是普通型和改进型短背射天线的电尺寸及主要电性能。图 8.11 是谐振频率为 1.54 GHz 改进型短背射天线的 VSWR～f 特性曲线。

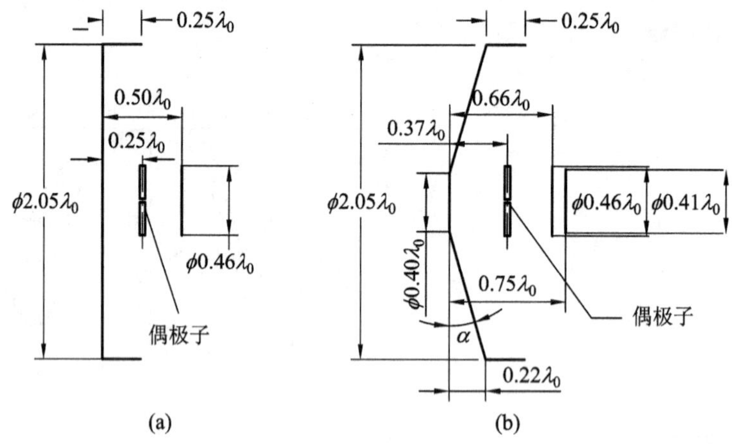

图 8.10 普通短背射天线和改进型短背射天线

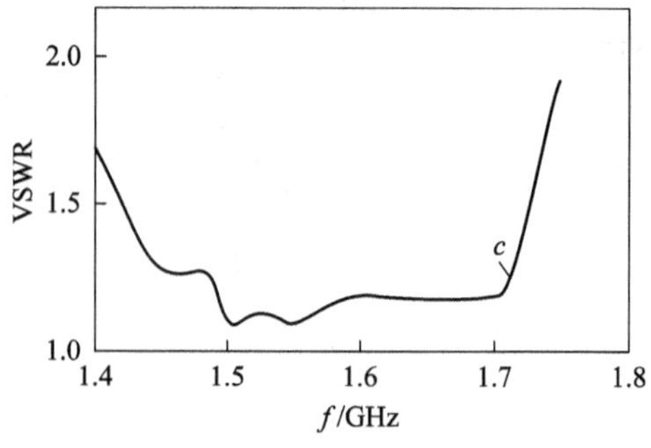

图 8.11 谐振频率为 1.54 GHz 的改进型短背射天线的 VSWR～f 特性曲线

表 8.3 普通型和改进型短背射天线的电尺寸及主要电性能

	普通型	改进型
D_m(大反射器直径)	$2.05\lambda_0$	$2.05\lambda_0$
D_{r1}(小反射器直径)	$0.46\lambda_0$	$0.46\lambda_0$
D_{r2}	—	$0.41\lambda_0$
W(边环高度)	$0.25\lambda_0$	$0.25\lambda_0$
S_R(大小反射器之间距)	$0.5\lambda_0$	$0.66\lambda_0$
S_r(小反射器与偶极子之间距)	$0.25\lambda_0$	$0.29\lambda_0$
D(两小反射器之间距)	—	$0.09\lambda_0$
α(大反射器倾角)		15°
G/dBi	14.8	15.5
HPBW	34°	34°
SLL/dB	−21.0	−22.5
AR/dB	1.28	1.1
相对带宽 BW(%)(VSWR1.5)	3	20

8.2 用波导馈电的短背射天线

8.2.1 概述

在 3 GHz 以上频段，用矩形波导或圆形波导来代替偶极子给短背射天线馈电有以下优点：

(1) 能承受大功率。

(2) 结构简单。

(3) 具有低的馈电损耗。

(4) 改进了阻抗宽带。

(5) 在 S 频段以上更容易设计(消除了设计对称振子的机械公差)。

(6) 更容易密封。

(7) 与其他用波导馈电的天线(如喇叭天线)相比，结构尺寸更紧凑。

图 8.12(a)、(b)是用波导馈电的短背射天线。图 8.12(a)是让波导口与大反射板共面，称为齐平式；图 8.12(b)是让波导口穿过大反射板，位于大小反射板之间，称为插入式。

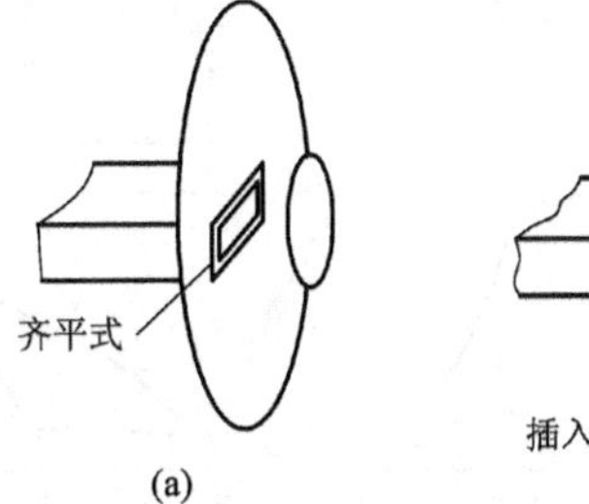

图 8.12 用波导馈电的短背射天线
(a) 齐平式；(b) 插入式

在 $D_m=2.0\lambda_0$，$S=0.6\lambda_0$，$W=0.25\lambda_0$，$D_s=0.5\lambda_0$，$f=9$ MHz 的情况下，对图 8.12 所示波导馈电短背射天线进行了实测。对齐平馈电短背射天线，当小反射器的直径 D_s 由 $0.4\lambda_0$ 变大到 $0.9\lambda_0$ 时，E 面 HPBW 由 56°变到 36°，H 面 HPBW 由 33°变到 26°，当 $D_s=0.5\lambda_0$ 时，$G=11.3$ dBi 为最大，平均副瓣电平 H 面从 −19 dB

变到-8 dB，E面则由-14 dB变到-10 dB。对插入式馈电短背射天线，E面和H面HPBW由30°变到24°，当$D_s=0.5\lambda_0$时增益最大为12.5 dBi。两个面的副瓣电平从-15 dB变到-11 dB。把小圆形反射器变成如图8.13(a)所示的面积为$0.4\lambda_0 \times 0.9\lambda_0$的矩形反射器，图8.13(b)是该天线实测$E$面和$H$面方向图。用两种馈电波导馈电短背射天线的实测电参数如表8.4所示。由于隔板与波导口面上的TE_{10}模场垂直，所以对辐射特性，VSWR影响比较小。边环高度由$0.25\lambda_0$变到$0.66\lambda_0$使副瓣减小到-35 dB。

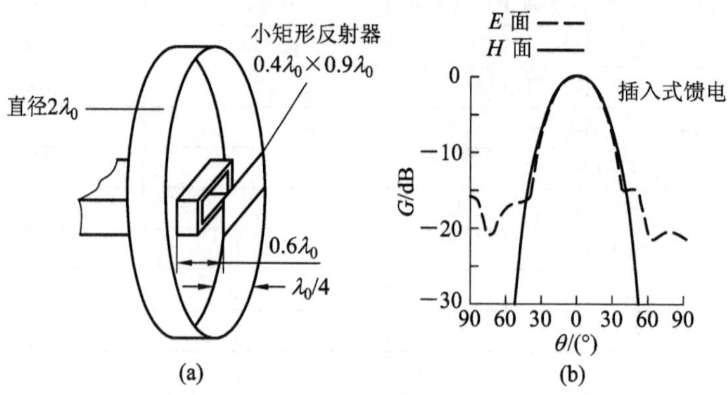

图 8.13　带小矩形反射器的短背射天线及实测方向图

(a) 结构；(b) 实测E面、H面方向图

表 8.4　用齐平式和插入式馈电波导馈电短背射天线的实测电参数

馈电方法	HPBW/(°)	平均副瓣/dB	G/dB
齐平式	E面，36 H面，32.5	E面，-15 H面>-30	12.5
插入式	E面，29 H面，31	E面，-16 H面>-30	13.5

图8.14是两种波导馈电短背射天线的VSWR～f特性曲线。由图8.14可看出，VSWR≤1.5的相对带宽为8%。小反射板也可以与位于波导H面中心的金属隔板相连，如图8.15所示。

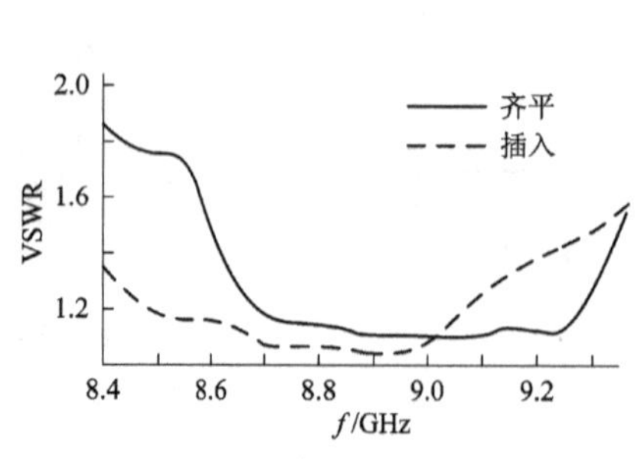

图 8.14　用齐平式和插入式波导馈电短背射天线的实测VSWR～f响应曲线

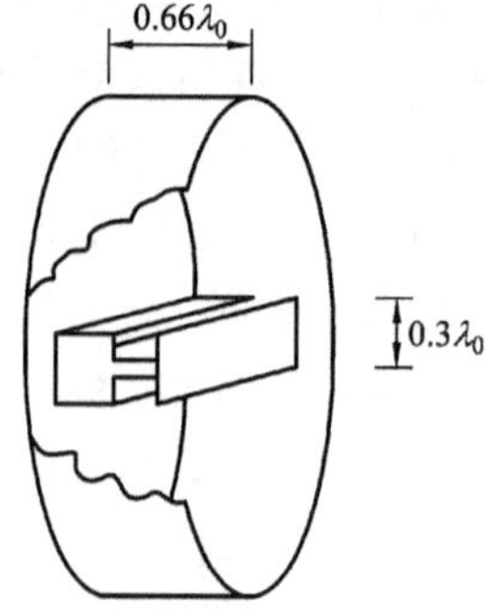

图 8.15　与馈电波导H面中心金属隔板相连的短背射天线

大反射器与小反射器之间的空腔可以用硬泡沫塑料或低耗硬介质材料填充，以便用它支撑小反射器，如图 8.16(a)所示。也可以把小反射器固定在天线罩的里面，如图 8.16(b)所示。由图 8.16 可看出，小反射器用伸进波导口里边的介质棒支撑。注意到波导口伸出大反射器的距离为 W_e，用它来控制同轴波导的相位中心位置，此位置到小反射器的距离必须为 $\lambda_0/4$。波导的尺寸 $a/b=4$，$a=0.4\lambda_0$ 时，同轴波导的相位中心在它的口面前面。

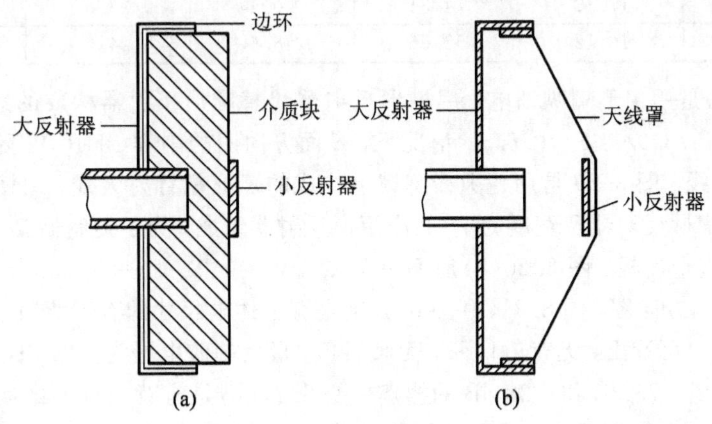

图 8.16 用介质材料固定小反射器的方法

(a) 用介质支撑；(b) 用天线罩固定

8.2.2 用同轴波导馈电的短背射天线

图 8.17 是用同轴波导馈电的短背射天线。图 8.18 为同轴波导馈电短背射天线的实测 H 面和 E 面方向图。最佳尺寸同轴波导馈电短背射天线的实测电参数如表 8.5 所示。

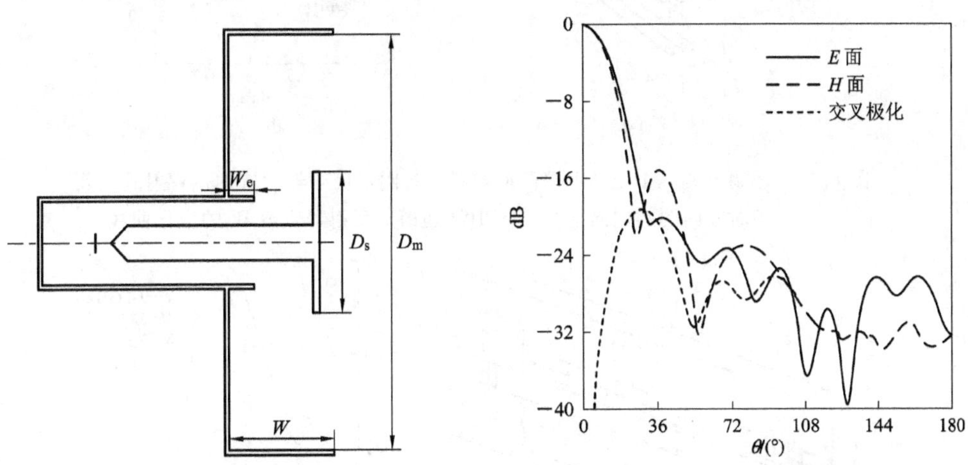

图 8.17 同轴波导馈电的短背射天线

图 8.18 同轴波导馈电短背射天线的实测 H 面和 E 面方向图

获得 18 dB 天线增益，用同轴波导馈电的短背射天线的最佳尺寸如下：$D_m=2.64\lambda_0$，$D_s=0.8\lambda_0$，$W_e=0.15\lambda_0$，$W=0.6\lambda_0$。

表 8.5　最佳尺寸同轴波导馈电短背射天线的实测电参数

f/f_0	G/dB	口面效率(%)	$HPBW_H$/(°)	$HPBW_E$/(°)	SLL/dB
0.95	15.98	63.77	21.6	23.2	−15.0
0.975	17.90	94.29	21.2	23.0	−13.4
1.0	18.04	92.45	21.0	23.2	−11.7
1.025	17.30	74.31	20.4	23.8	−15.6
1.050	16.12	53.96	18.6	24.6	−15.4

图 8.19(a)是用扇形喇叭馈电，用槽形反射器代替圆形反射器构成的短背射天线。图 8.19(b)是在 $H=2.0\lambda_0$，$S=0.6\lambda_0$ 的情况下，E 面方向图的副瓣、HPBW 随槽形反射器宽度 W 的变化曲线。图 8.20 是用缝隙线阵馈电构成的矩形短背射天线。由图 8.19 可看出，背射口面由大槽形反射器及宽度为 W 的小矩形反射器组成。为了扼制栅瓣，沿缝隙的轴线附加了两块垂直金属板。图 8.20(b)是 $H=2.0\lambda_0$，$W=0.3\lambda_0$，$S=0.6\lambda_0$，$f=9.4$ GHz，有 24 个缝隙的实测方向图。图 8.21(a)、(b)分别是有上述电尺寸的有无背射口面的实测方向图。由图 8.21(a)可看出，无背射口面，无倾斜角，最大副瓣电平为 −26 dB，波束倾斜 15°，在 ±38°分别出现 −23 dB 和 −28 dB 的栅瓣。图 8.21(b)是有背射口面的实测有无下倾的方向图。由图 8.21(b)可看出，最大副瓣电平为 −24 dB，波束倾斜 15°，左右栅瓣分别为 −33.5 dB 和 −35 dB，与无背射口面相比，栅瓣减小。

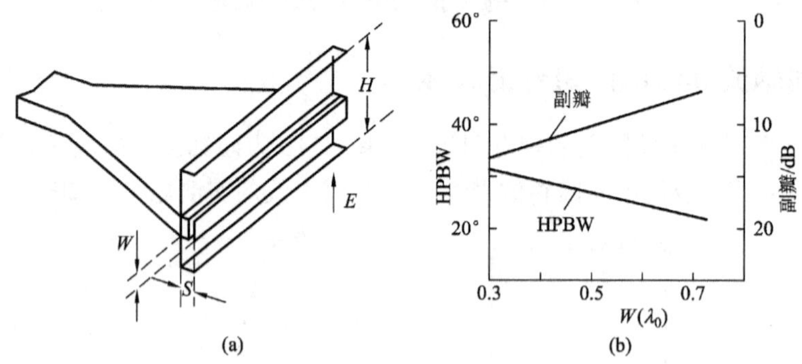

图 8.19　用扇形喇叭馈电、用槽形反射器代替圆形反射器构成的短背射天线及 E 面方向图的副瓣电平、HPBW 随槽形反射器宽度 W 的变化曲线

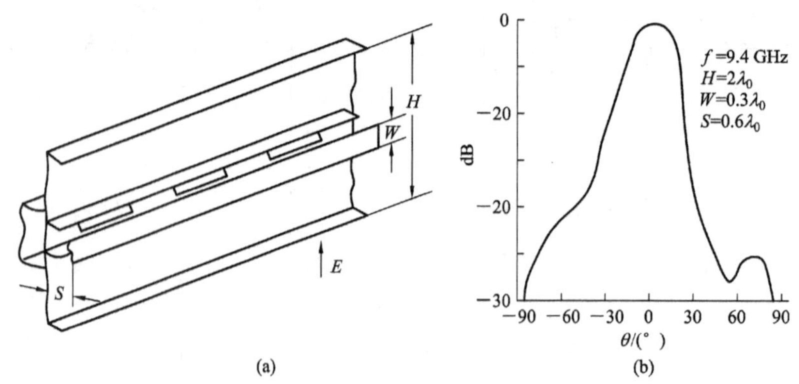

图 8.20　用缝隙线阵馈电的矩形背射天线和实测方向图

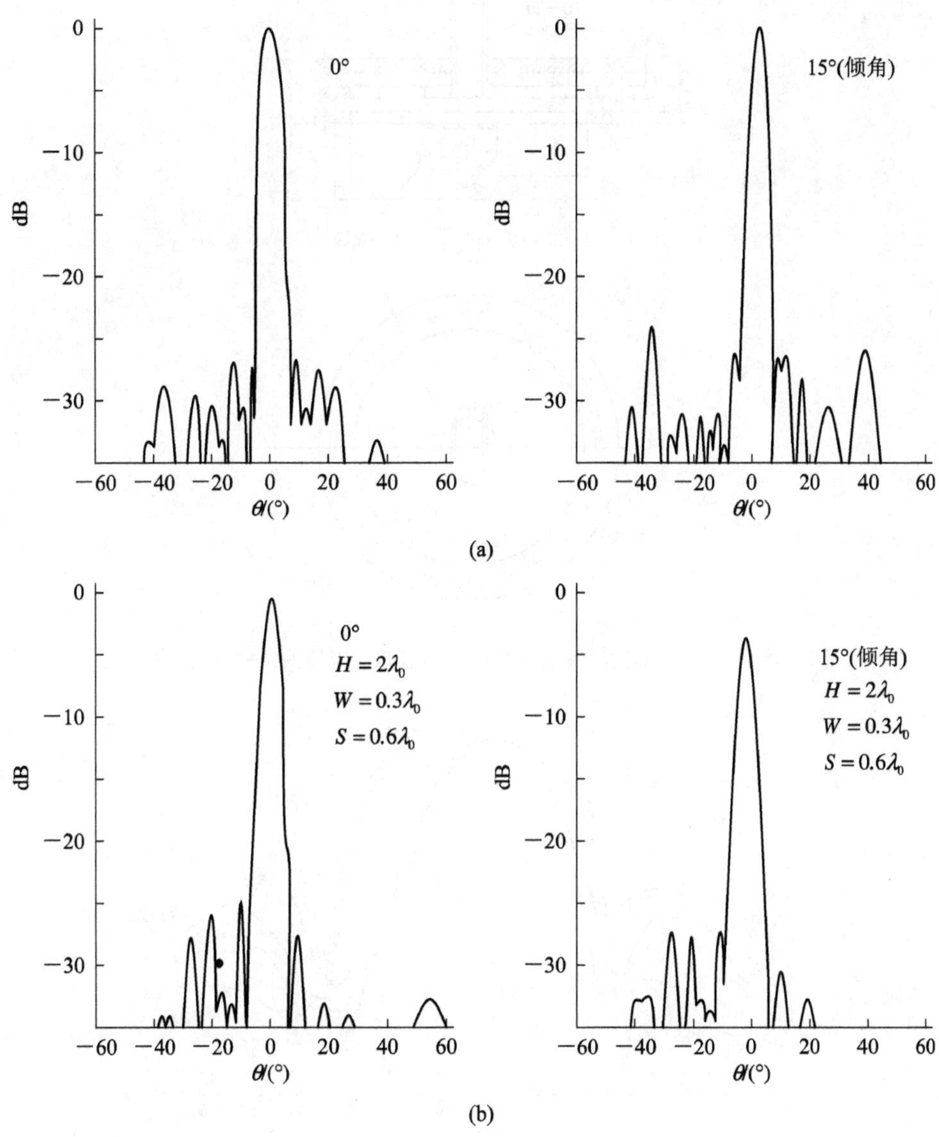

图 8.21　图 8.20 所示短波背射天线有无背射口面的实测方向图

(a) 无背射口面；(b) 有背射口面

8.2.3　矩形波导馈电带波纹边环的短背射天线

图 8.22 是谐振频率为 10 GHz，矩形波导馈电带波纹边环短背射天线的结构及尺寸。图 8.23 是在 f=10 GHz、10.5 GHz 和 11 GHz 实测的带波纹边环短背射天线的 E 面和 H 面方向图。为了比较，图 8.23 中还给出了无波纹边环的实测 E 面和 H 面方向图。由图 8.23 可看出，有波纹边环不仅主瓣变窄，副瓣变小，而且增益也比无波纹边环时有所提高。实测主要电参数如表 8.6 所示。

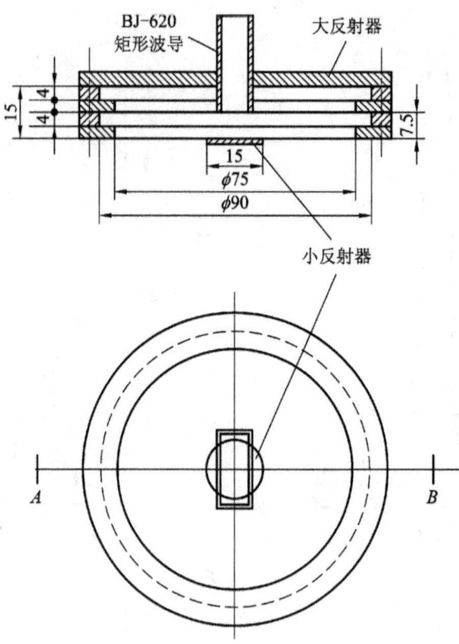

图 8.22　矩形波导馈电带波纹边环短背射天线的结构及尺寸

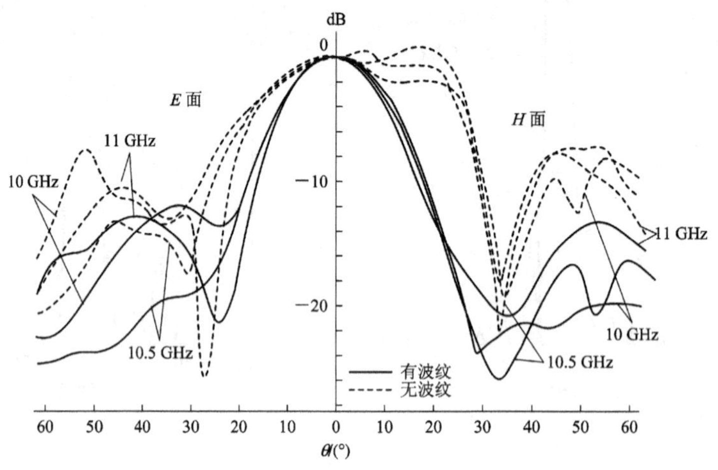

图 8.23　有无波纹边环短背射天线在 10 GHz、10.5 GHz 和 11 GHz 的实测 E 面和 H 面方向图

表 8.6　有无波纹边环短背射天线在 10 GHz、10.5 GHz 和 11 GHz 的实测电参数

f/GHz	无波纹边环					有波纹边环				
	10 dB 波束宽度/(°)		SLL/dB		G/dB	10 dB 波束宽度/(°)		SLL/dB		G/dB
	E 面	H 面	E 面	H 面		E 面	H 面	E 面	H 面	
10	42	62	−8	−9	15.4	35	39	−8	−22	20.2
10.5	50	59	−13.5	−9.5	15	35	38	−12	−16.5	20.1
11	55	60	−11	−7.5	14.5	31	36	−19	−13	20.8

图 8.24 是谐振频率 $f=34$ GHz 用波导馈电有波纹边环短背射天线的结构和尺寸。大反射器的直径 $D_m=4\lambda_0$，每 $\lambda_0/2$ 有两个波纹边环，小反射器的直径为 $0.5\lambda_0$，波导口相距小反射器 $0.25\lambda_0$。图 8.25 是 $f=34$ GHz、35 GHz 时实测有和无波纹边环的 E 面和 H 面方向图。由于采用波纹边环，使增益提高了 5 dB，副瓣电平减小了 4 dB。

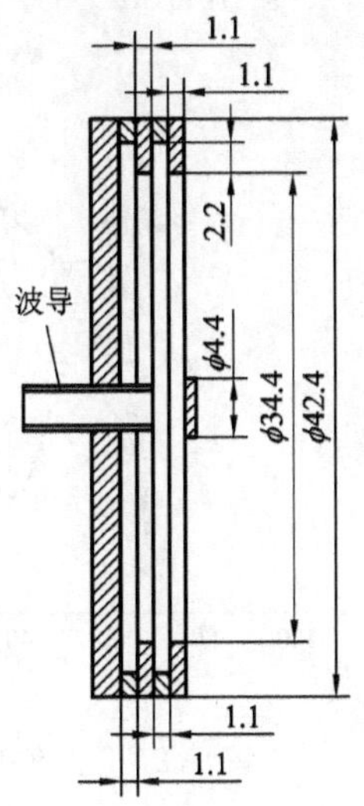

图 8.24 谐振频率为 34 GHz 的有波纹边环短背射天线的结构与尺寸

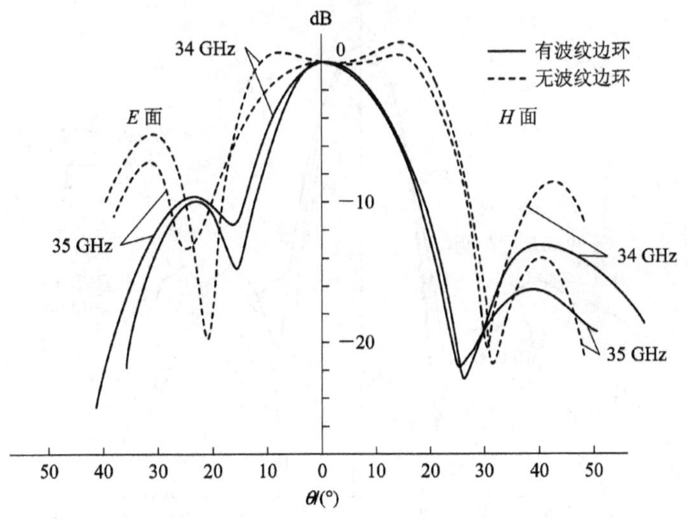

图 8.25 图 8.24 所示短背射天线在 34 GHz、35 GHz 实测有无波纹边环的 E 面和 H 面方向图

8.2.4 矩形波导馈电带圆锥反射器的短背射天线

图 8.26 是谐振频率为 10 GHz 的带圆锥反射器的短背射天线的结构及尺寸。图 8.27 是锥角 θ 分别为 0°、5°、15°和 20°的情况下实测的 E 面和 H 面方向图。由图 8.27 可看出，锥角的大小对 H 面方向图影响很小，但最佳锥角 $\theta=10°\sim15°$，若 $\theta>15°$，则波束宽度变宽，副瓣电平升高，增益下降。图 8.28 是 $\theta=15°$，$f=9$ GHz、10 GHz、11 GHz 的实测 E 面和 H 面方向图。

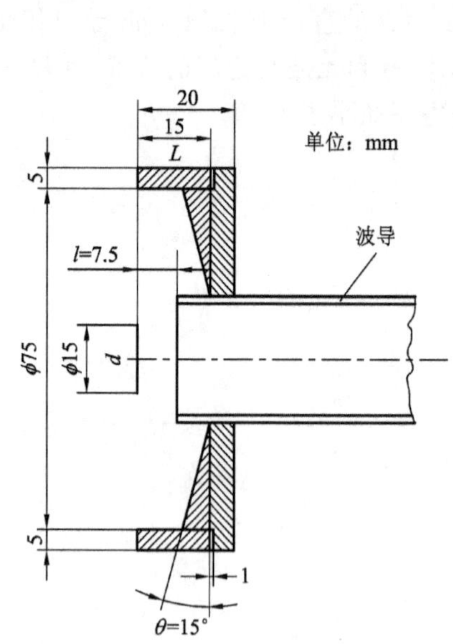

图 8.26　10 GHz 的带圆锥反射器的短背射天线

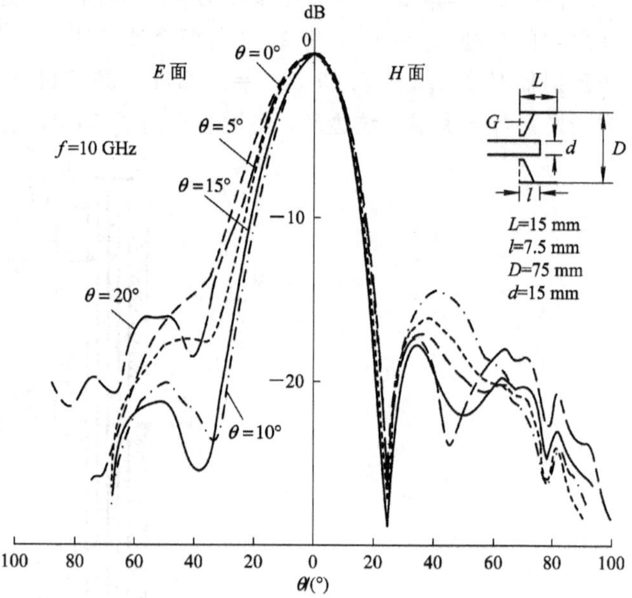

图 8.27　锥角 $\theta=0°$、5°、15°和 20°的带圆锥反射器的短背射天线实测 E 面和 H 面方向图

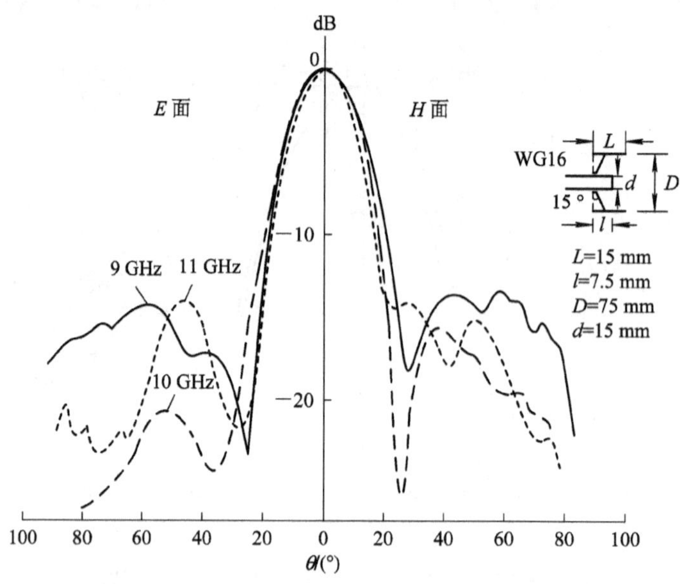

图 8.28　锥角 $\theta=15°$，$f=9$ GHz、10 GHz 和 11 GHz 的带圆锥反射器短背射天线实测 E 面和 H 面方向图

图 8.29 是平板反射器($\theta=0°$)短背射天线在 $f=9$ GHz、10 GHz 和 11 GHz 实测的 E 面和 H 面方向图。图 8.30 是 $\theta=0°$、5°、15°和 20°时带圆锥反射器短背射天线的实测 VSWR～f 特性曲线。由图 8.30 可看出，$\theta=10°$～15°时，在 9～11 GHz 频段内，VSWR≤2.5。根据实测结果，把平板反射器($\theta=0°$)和有 $\theta=15°$锥角的反射器短背射天线的主要电参数列于表 8.7 中。

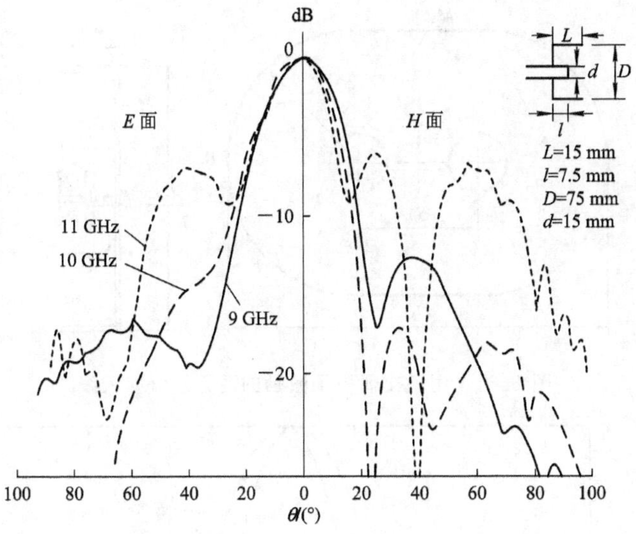

图 8.29　平板反射器($\theta=0°$)短背射天线在 $f=9$ GHz、10 GHz 和 11 GHz 实测的 E 面和 H 面方向图

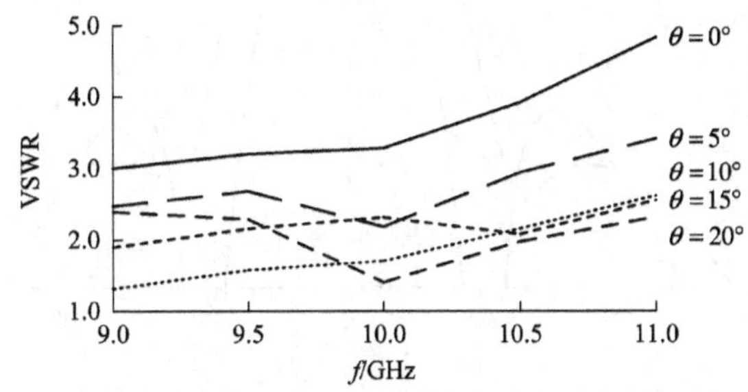

图 8.30　$\theta=0°$、5°、15°和 20°时带圆锥反射器短背射天线的实测 VSWR～f 特性曲线

表 8.7　$\theta=0°$时平板反射器和锥角 $\theta=15°$时反射器短背射天线的实测主要电参数

f/GHz	$\theta=0°$平板反射器					$\theta=15°$锥角反射器				
	E 面		H 面		G/dB	E 面		H 面		G/dB
	HPBW /(°)	SLL /dB	HPBW /(°)	SLL /dB		HPBW /(°)	SLL /dB	HPBW /(°)	SLL /dB	
9	25.8	−16.2	22.2	−11.6	16.4	22.2	−13.8	24	−13.5	16.7
10	25.8		20.4	−16.5	16.8	23.1	−20	21.3	−15.4	17.1
11	24	−6.7	16.9	−5.7	17.9	19.6	−13.8	18.7	−13.8	18.3

8.3　短背射天线阵[1]

图 8.31 是用正交偶极子激励的两元短背射天线阵，每个正交偶极子都有一个直径为 D_R的小反射器，主反射器为带有边环的椭圆，中心频率 $f_0=3$ GHz($\lambda_0=10$ mm)，天线最佳尺寸如下：$D_M=3.0\lambda_0$，$D_R=0.5\lambda_0$，$S_E=1.0\lambda_0$，$S_F=0.25\lambda_0$，$S_R=0.5\lambda_0$，$W_B=0.5\lambda_0$，$M=5.14\lambda_0^2$(面积)。图 8.32 是两元短背射天线阵实测 E 面和 H 面方向图。

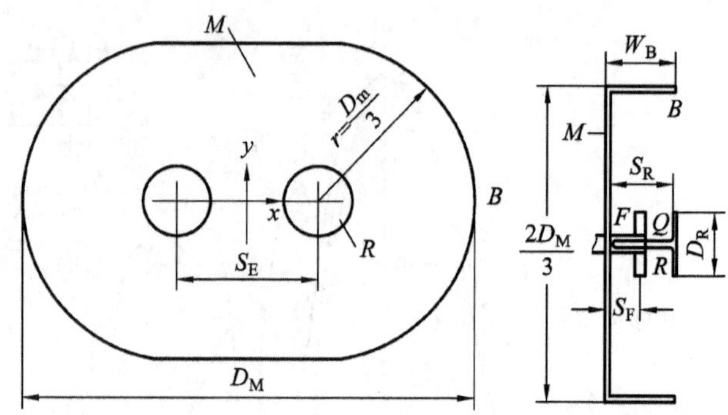

图 8.31 用正交偶极子激励的两元短背射天线

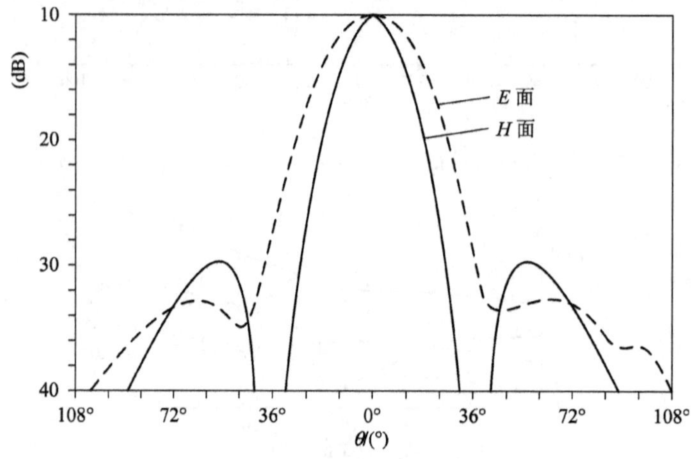

图 8.32 图 8.31 所示的两元短背射天线阵实测 E 面和 H 面方向图

图 8.33 是四元短背射天线阵的结构示意图。其主要电尺寸如下：$D_M=3.0\lambda_0$，$S_E=1.0\lambda_0$，$W_B=0.5\lambda_0$，$S_F=0.25\lambda_0$，$S_R=0.5\lambda_0$，$M=5.14\lambda_0^2$。

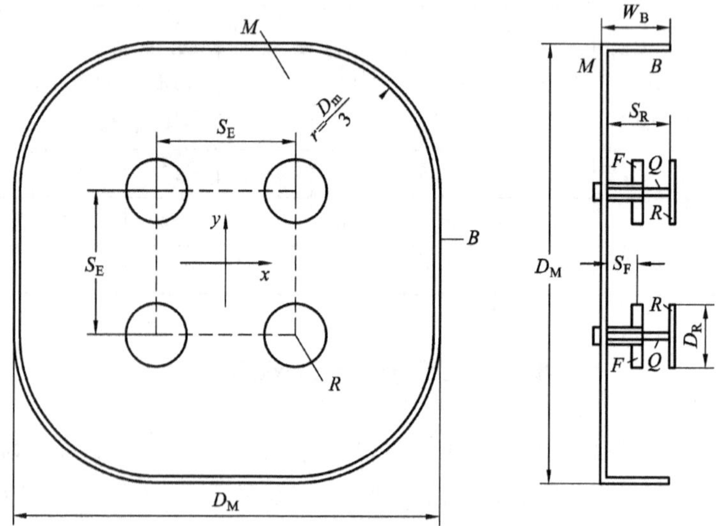

图 8.33 四元短背射天线的结构

图 8.34(a)、(b)是小反射器为不同直径时四元短背射天线阵的 SLL、方向系数 D 和 HPBW。

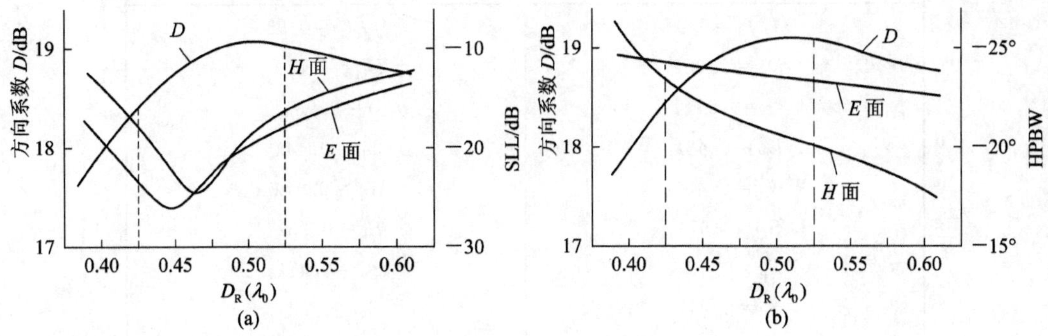

图 8.34 小反射器为不同直径时四元短背射天线阵的电参数

(a) D，SLL；(b) D，HPBW

表 8.8 是四元短背射天线阵在最大方向系数 D 及 E 面和 H 面最低副瓣电平情况下的最佳电尺寸及电参数。表 8.9 是 E 面和 H 面等半功率波束宽度与 E 面和 H 面等波束形状情况下，四元短背射天线的最佳电尺寸及电参数。

表 8.8 四元短背射天线阵在最大方向系数 D 及最低副瓣情况下的最佳电尺寸及电参数

最大方向系数	最低副瓣
$f/f_0=1.13$	$f/f_0=1$
$D_M=3.4\lambda_0$	$D_M=3.40\lambda_0$
$r=1.13\lambda_0$	$r=1.00\lambda_0$
$D_R=0.475\lambda_0$	$D_R=0.475\lambda_0$
$W_B=0.57\lambda_0$	$W_B=0.50\lambda_0$
$S_E=1.13\lambda_0$	$S_E=1.00\lambda_0$
$S_R=0.57\lambda_0$	$S_R=0.50\lambda_0$
$S_F=0.28\lambda_0$	$S_F=0.25\lambda_0$
$M=10.4\lambda_0^2$	$M=8.14\lambda_0^2$
口面效率=82%	口面效率=78%
SLL =−14 dB	SLL =−22.5 dB(E 面)
$HPBW_E=22°$	SLL =−23.5 dB(H 面)
$HPBW_H=17°$	$HPBW_E=23.5°$
	$HPBW_H=21.0°$

表 8.9　两个面等 HPBW 和等波束形状情况下，四元短背射天线的最佳电尺寸及电参数

$\mathrm{HPBW}_E=\mathrm{HPBW}_H$	E 面和 H 面等波束形状
$f/f_0=0.97$	$f/f_0=0.93$
$D_{\mathrm{M}}=2.90\lambda_0$	$D_{\mathrm{M}}=2.80\lambda_0$
$r=0.97\lambda_0$	$r=0.93\lambda_0$
$D_{\mathrm{R}}=0.43\lambda_0$	$D_{\mathrm{R}}=0.44\lambda_0$
$W_{\mathrm{B}}=0.48\lambda_0$	$W_{\mathrm{B}}=0.47\lambda_0$
$S_{\mathrm{E}}=0.97\lambda_0$	$S_{\mathrm{E}}=0.93\lambda_0$
$S_{\mathrm{R}}=0.48\lambda_0$	$S_{\mathrm{R}}=0.47\lambda_0$
$S_{\mathrm{F}}=0.24\lambda_0$	$S_{\mathrm{F}}=0.23\lambda_0$
$M=7.6\lambda_0^2$（面积）	$M=7.1\lambda_0^2$（面积）
口面效率＝71％	口面效率＝71％
$\mathrm{HPBW}_E=24.5°$	$\mathrm{HPBW}_E=24.0°$
$\mathrm{HPBW}_H=24.5°$	$\mathrm{HPBW}_H=24.0°$

图 8.35 是六元短背射天线阵的结构示意图。表 8.10 是六元短背射天线阵的电尺寸及主要电参数。

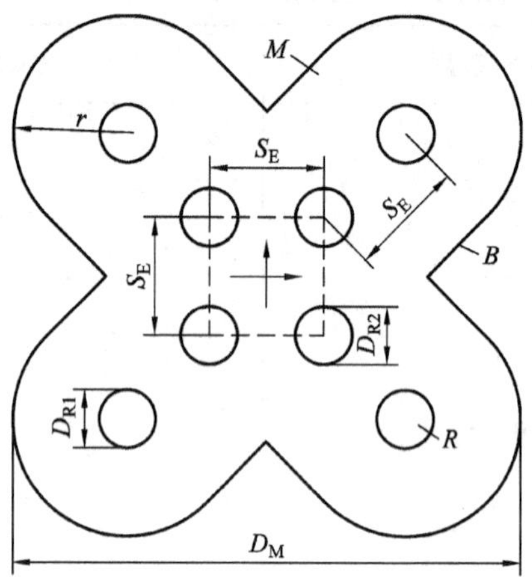

图 8.35　六元短背射天线的结构

表 8.10　六元短背射天线阵的电尺寸及主要电参数

$D_{\mathrm{M}}=5.41\lambda_0$，$r=1.0\lambda_0$
$D_{\mathrm{R2}}=(0.4-0.45)\lambda_0$，$D_{\mathrm{R1}}=0.5\lambda_0$
$S_{\mathrm{E}}=1.0\lambda_0$，$W_{\mathrm{B}}=0.5\lambda_0$（边环高度）
$S_{\mathrm{F}}=0.25\lambda_0$，$S_{\mathrm{R}}=0.5\lambda_0$
$M=15.88\lambda_0^2$，SLL（E 面）$=-19.0$ dB，SLL（H 面）$=-17.5$ dB，$G=22$ dB

图 8.36 是十六元短背射天线阵的结构示意图，天线阵的电尺寸如下：$D_{\mathrm{M}}=5.63\lambda_0$，$r=1.13\lambda_0$，$D_{\mathrm{R}}=0.50\lambda_0$，$S_{\mathrm{E}}=1.0\lambda_0$，$S_{\mathrm{R}}=0.50\lambda_0$，$S_{\mathrm{F}}=0.25\lambda_0$，$W_{\mathrm{B}}=0.5\lambda_0$，$M=30.55\lambda_0^2$（面积）。

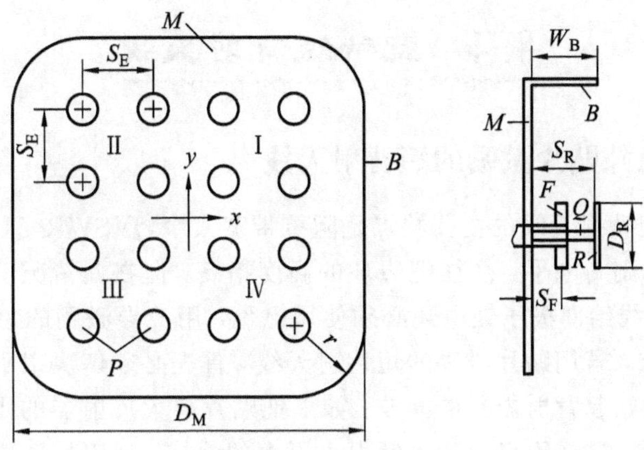

图 8.36 十六元短背射天线阵的结构

图 8.37(a)、(b)、(c)是十六元背射天线阵的实测 E 面和 H 面 HPBW、副瓣电平和方向系数的频率特性曲线。

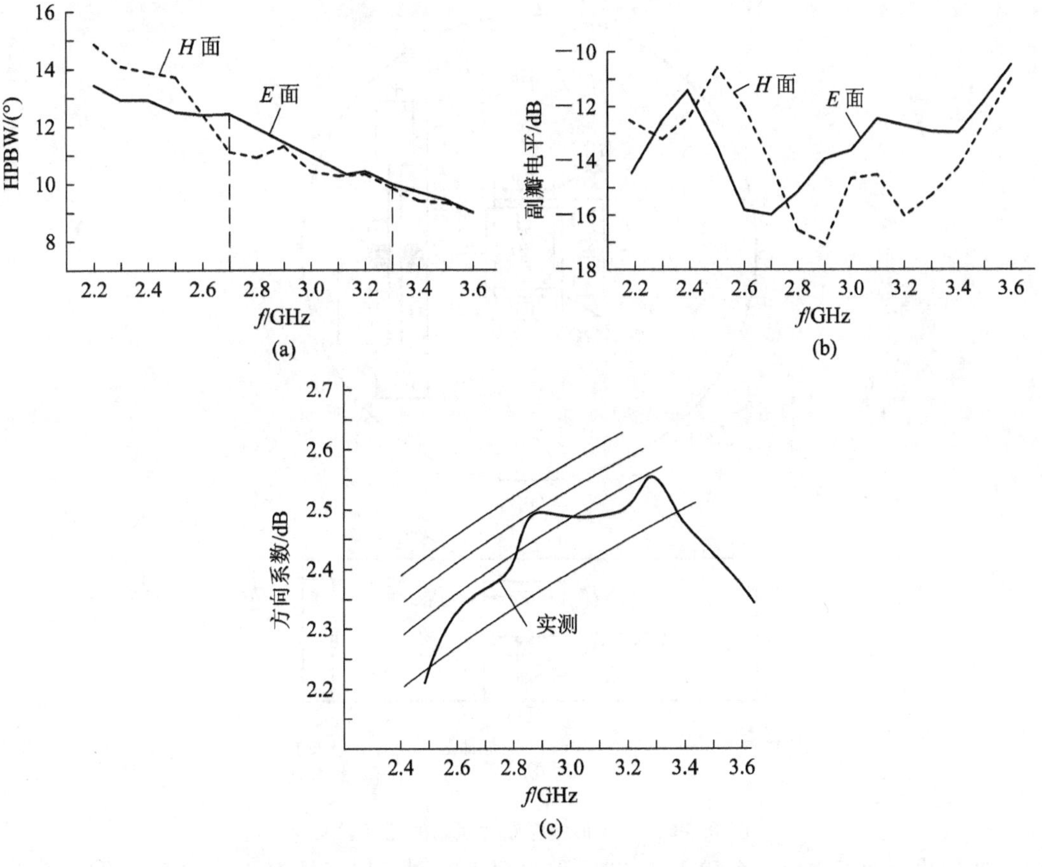

图 8.37 十六元背射天线阵的实测电参数的频率特性曲线
(a) E 面和 H 面 HPBW；(b) E 面和 H 面副瓣电平；(c) 方向系数

8.4 宽带短背射天线

8.4.1 用 H 形缝隙贴片激励的短背射天线[2]

用偶极子激励短背射天线的主要缺点是阻抗带宽太窄，VSWR≤1.5 的相对带宽只有 3%～5%。为了扼制副瓣电平，往往把边环的高度抬高，但在此情况下，相对带宽却变得更窄。另外，用同轴线给偶极子馈电还必须使用巴伦，用波导激励的短背射天线存在馈电结构比较笨重的缺点，若用贴片激励的短背射天线，首先必须解决以下问题：假定贴片的位置太低，则很难激励起背射需要的漏波；如果把贴片离大反射器的距离增大，其结果必然使探针的长度变长，这样不仅由于探针引入了大的感抗，使阻抗匹配很难，而且长的馈电探针还会产生大的交叉极化分量，降低短背射天线的性能。

采用图 8.38 所示的高 $0.32\lambda_0$ 的 H 形缝隙矩形贴片激励的短背射天线，不仅有好的辐射特性，而且有宽的阻抗带宽。由图 8.38 可看出，该天线主要由带边环的大反射器、小反射器和激励贴片组成。小反射器为正方形，边长为 W_r，贴片为矩形，长×宽$=L_p\times W_p$。

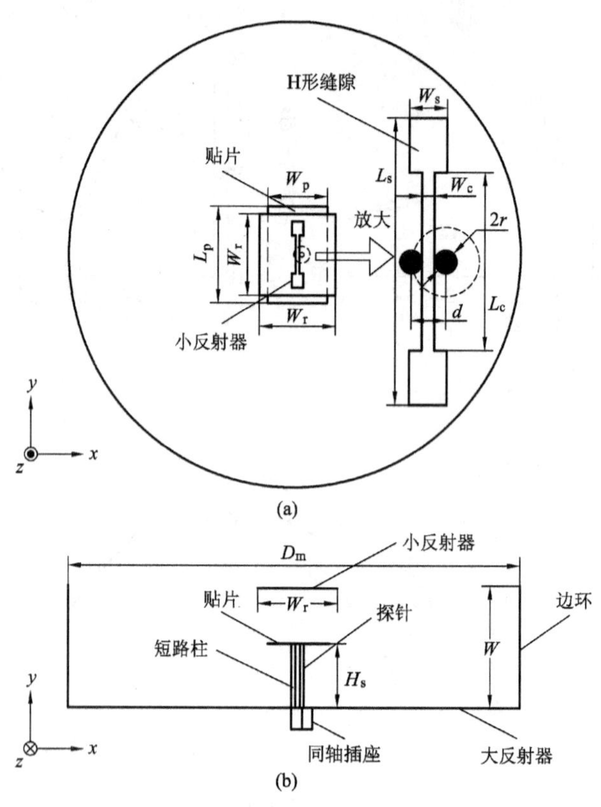

图 8.38 用 H 形缝隙贴片激励的短背射天线

在贴片上面切割出一个如图 8.38 所示的 H 形缝隙，用直径为 $2r$ 的探针给贴片馈电，为了展宽频带，还用 $\varphi=2.4$ mm 的短路柱把贴片短路。短路柱和探针的间距为 d，天线的最佳电尺寸如表 8.11 所示。

表 8.11 用 H 形缝隙贴片激励短背射天线的最佳电尺寸

$D_m=2.20\lambda_0$	$L_s=0.32\lambda_0$
$W=0.58\lambda_0$	$L_c=0.2\lambda_0$
$H_s=0.32\lambda_0$	$W_s=0.04\lambda_0$
$W_r=0.38\lambda_0$	$W_c=0.016\lambda_0$
$W_p=0.30\lambda_0$	$r=0.012\lambda_0$
$L_p=0.46\lambda_0$	$d=0.04\lambda_0$

图 8.39 是中心频率 $f=3$ GHz、用 H 形缝隙贴片激励的短背射天线实测和仿真的 VSWR～f 特性曲线。由图 8.39 可看出，VSWR≤2 的相对带宽为 20%。

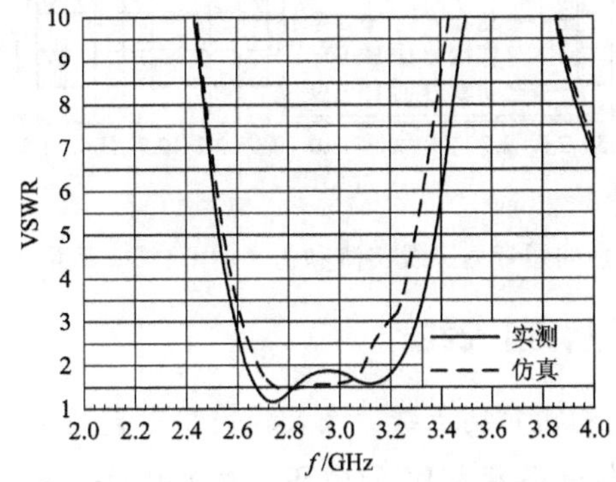

图 8.39 用 H 形缝隙贴片激励的短背射天线实测和仿真的 VSWR～f 特性曲线

图 8.40(a)、(b)、(c)是用 H 形缝隙贴片激励的短背射天线在 $f=2.7$ GHz 实测和仿真的 E 面和 H 面的主极化和交叉极化方向图。图 8.41 是实测方向系数(D)、增益(G)、HPBW 的频率特性曲线。由图 8.41 可看出，在 2.7～3.2 GHz 频段内，$G=13.5$～15.5 dBi。在 2.6～3.2 GHz 频段内，天线效率高达 95%，在 2.6～3.2 GHz 频段内，E 面 HPBW比 H 面宽 0°～10°。由图 8.41 还可以看出，随着频率增加，H 面 HPBW 从 40°变到 20°，E 面 HPBW 从 40°变到 30°。

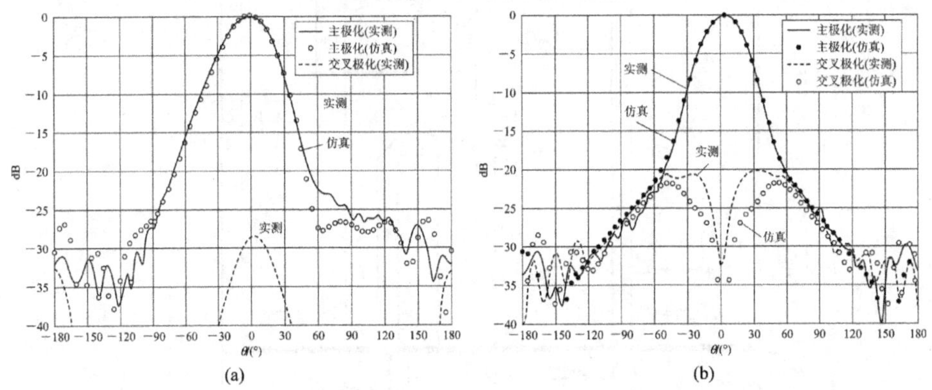

图 8.40 用 H 形缝隙贴片激励短背射天线实测和仿真的 E 面和 H 面的主极化和交叉极化方向图
(a) E 面($\phi=0°$)；(b) H 面($\phi=0°$)

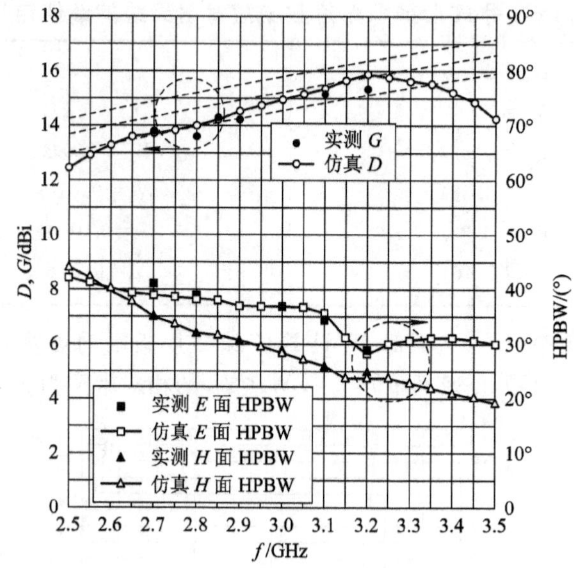

图 8.41　用 H 形缝隙贴片激励的短背射天线实测和仿真的 G、D、E 面和 H 面 HPBW 的频率特性曲线

8.4.2　用缝隙激励的短背射天线[3]

图 8.42 是用缝隙激励的短背射天线。该天线仍然由直径为 D_m 的大反射器、直径为 D_s 的小反射器组成。大反射器有高度为 W 的边环。激励单元是长 L_m、宽 W_m、厚 t 的双面覆铜板背面上窄(宽度为 W_u)下宽(宽度为 W_l)的缝隙，馈线为位于基板正面长度为 L_p、宽度为 W_p 的微带线。缝隙和微带线的参数如图 8.42 所示。

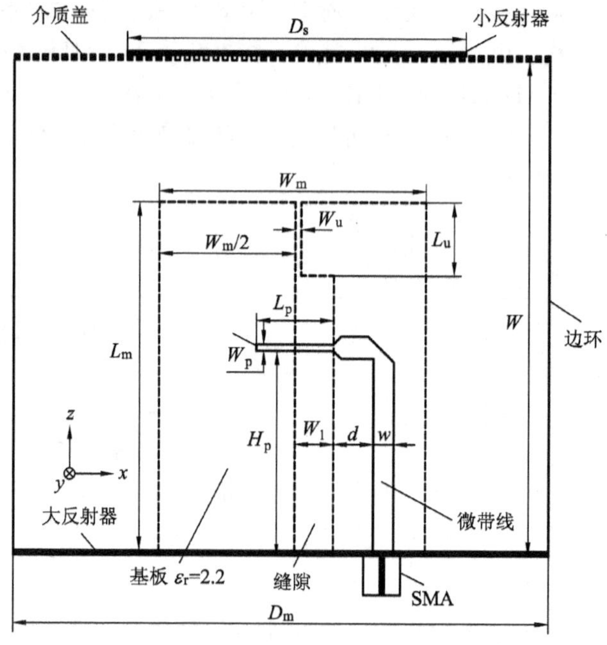

图 8.42　用缝隙激励的短背射天线

中心设计频率 f_0=5.5 GHz(λ_0=54.5 mm)，用厚度 t=0.508 mm，ε_r=2.2，$\tan\delta$=0.0009 的基板制作的天线的具体设计参数及尺寸如表 8.12 所示。

表 8.12 缝隙激励短背射天线的尺寸及电尺寸

D_m	120 mm(2.20λ_0)	W_1	3 mm(0.055λ_0)
W	35 mm(0.64λ_0)	L_p	6 mm(0.11λ_0)
D_s	25 mm(0.46λ_0)	H_p	14.5 mm(0.266λ_0)
L_m	25 mm(0.46λ_0)	W_p	0.5 mm(0.009λ_0)
W_m	20 mm(0.37λ_0)	d	3 mm(0.055λ_0)
L_u	5 mm(0.09λ_0)	w	1.5 mm
W_u	0.5 mm(0.009λ_0)		

基于以下考虑，让边环的高度等于小反射器的架设高度。

(1) 减小背向辐射。

(2) 增加与周围环境的隔离，以便让天线的口面与安装墙面齐平。

(3) 支撑小反射器。

图 8.43 是缝隙激励短背射天线实测和仿真的 VSWR～f 特性曲线。由图 8.43 可看出，VSWR≤2 的相对带宽为 15%，覆盖了 5 GHz WLAN 的 5.15～5.35 GHz 和 5.725～5.85 GHz 频段。

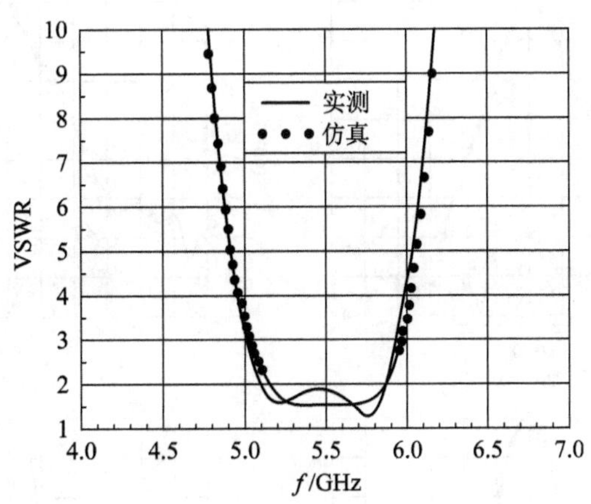

图 8.43 缝隙激励短背射天线实测和仿真 VSWR～f 特性曲线

图 8.44 是缝隙激励短背射天线仿真和实测的方向系数 D、增益 G 和 HPBW 的频率特性曲线。由图 8.44 可看出，在 5.1～5.9 GHz 频段内，G 约 15 dBi，E 面 HPBW 在频段内几乎恒为 35°。在 f=5.5 GHz，E 面 HPBW=10°比 H 面宽，随频率的增加而变窄。图 8.45(a)、(b)分别是缝隙激励短背射天线在 f=5.3 GHz 和 f=5.7 GHz 时仿真和实测的 E 面和 H 面主极化和交叉极化方向图。由图 8.45 可看出，SLL<−15 dB，后瓣小于 −25 dB。

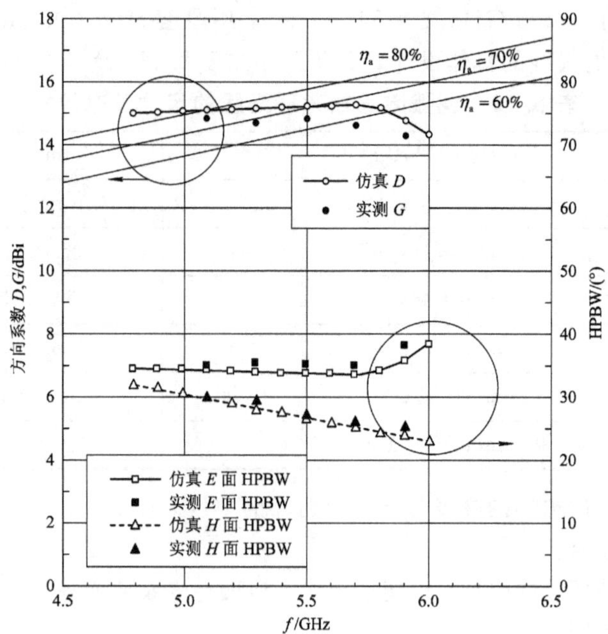

图 8.44　缝隙激励短背射天线实测和仿真 D、G、E 面和 H 面 HPBW 的频率特性曲线

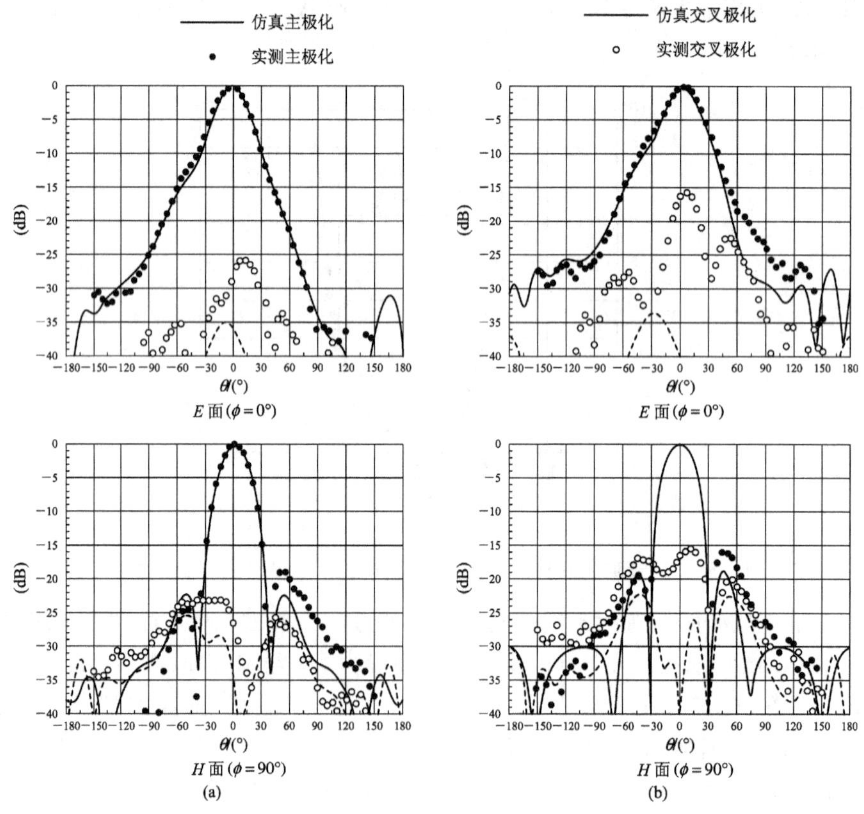

图 8.45　缝隙激励短背射天线仿真和实测 E 面和 H 面主极化及交叉极化方向图

(a) f=5.3 GHz；(b) f=5.7 GHz

8.4.3 宽带背腔平板偶极子天线[4]

图 8.46 是宽带背腔偶极子天线的结构示意图。中心设计频率 $f=3.9$ GHz($\lambda_0=76.92$ mm)。该天线的具体尺寸和电尺寸如下：空腔的直径 $D_c=120$ mm($1.56\lambda_0$)，边环的高度 $H_c=23$ mm($0.299\lambda_0$)。平板偶极子的尺寸为：长 $L=46$ mm($0.598\lambda_0$)，间隙 $g=0.787$ mm，张角 $\alpha=120°$，圆弧半径 $R=10.5$ mm($0.136\lambda_0$)，高 $H_b=25$ mm($0.325\lambda_0$)。环的尺寸为：半径 $R_r=40$ mm($0.52\lambda_0$)，宽 $W=5$ mm($0.065\lambda_0$)，高 $H_r=18$ mm($0.234\lambda_0$)。

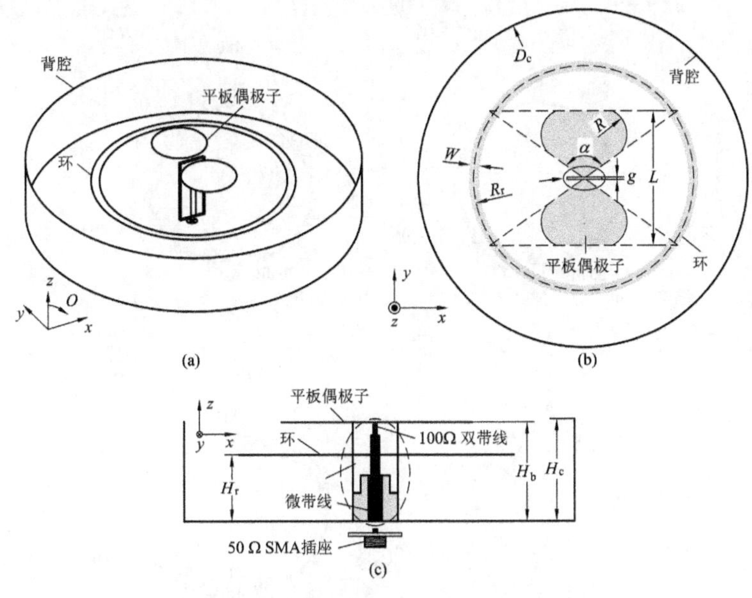

图 8.46 宽带背腔平板偶极子天线的结构

(a) 立体；(b) 顶视；(c) 侧视

用如图 8.46 所示的微带线馈电。图 8.47(a)、(b)是有上述尺寸的天线仿真和实测的 VSWR 和轴向增益的频率特性曲线。由图 8.47 可看出，在 2.12～5.69 GHz 频段内，VSWR≤2，相对带宽为 91.4%，$G=7.3$～9.5 dBi。由图 8.46(b)可看出，在平板偶极子下面附加寄生环，在 $f=4.25$～5.5 GHz 频段内不仅使天线的 VSWR 降低，而且提高了天线的增益。如图 8.48 所示，在平板偶极子下面附加寄生环，还能改善高频段 E 面和 H 面方向图。表 8.13 把该天线有无寄生环的主要电参数作了比较。

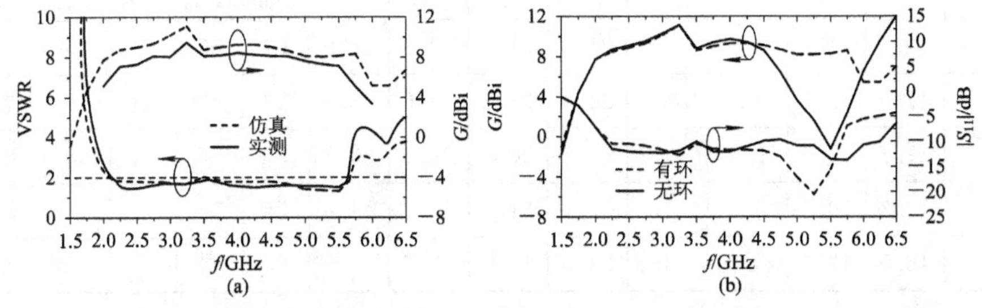

图 8.47 宽带背腔平板偶极子天线仿真和实测的主要电参数的频率特性曲线

(a) VSWR 和 G；(b) 有环和无环情况下的 S_{11}、G

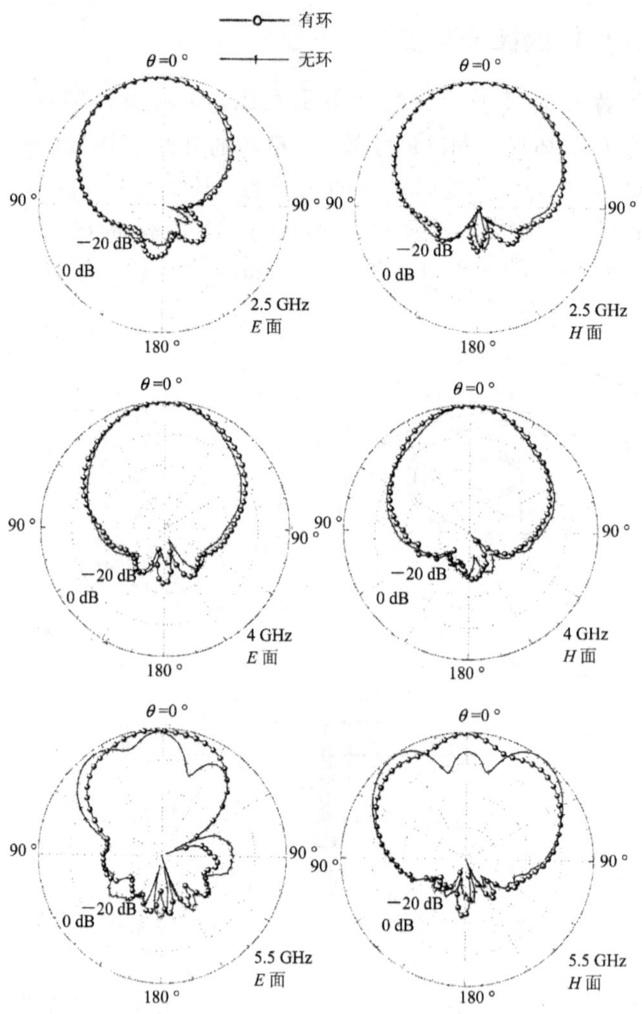

图 8.48　有无寄生环背腔平板偶极子天线在 f=2.5 GHz、4 GHz、5.5 GHz 实测 E 面和 H 面方向图

表 8.13　有无寄生环背腔平板偶极子天线主要电参数的比较

f/GHz	S_{11}/(−dB)		G/dBi		(F/B)/dB		交叉极化电平/(−dB)		HPBW/(°)				方向图失真	
	有环	无环	有环	无环	有环	无环	有环	无环	有环		无环		有环	无环
									E 面	H 面	E 面	H 面		
2.5	10.4	11.9	8.9	9.0	21.6	21.6	19.3	18.9	63	67	63	66	无	无
3.0	11.6	12.3	10.2	10.3	22.4	21.8	23.6	23.8	53	60	53	46	无	无
4.0	11.7	12.0	9.6	9.8	19.1	20.6	29.5	30.7	57	56	51	58	无	无
5.0	17.2	10.7	8.2	3.8	27.7	31.5	20.7	14.8	78	54			无	有
5.5	16.0	13.5	8.3	−1.2	24.0	15.0	18.7	8.8	68	44			无	有

8.4.4　超宽带组合背腔折叠扇形偶极子天线[6]

图 8.49 是由组合背腔折叠扇形偶极子构成的超宽带高增益定向天线。其中，图 8.49

(a)为立体结构；图 8.49(b)为侧视图；图 8.49(c)为折叠扇形偶极子天线的结构图；图 8.49(d)为馈电结构。由图 8.49 可看出，组合背腔由上下直径分别为 D_l和 D_s、高度为 H_c的圆锥部分和高度为 H_r、直径为 D_l的圆柱组合而成。辐射单元为折叠扇形偶极子，其尺寸是半径为 R，张角为 α，折叠臂的宽度为 W，距离地板的间距为 H_c+H_r。为了便于制造和支撑，折叠扇形偶极子天线用厚 0.5 mm、$\varepsilon_r=2.65$ 的基板制造。馈电网络是用厚 0.787 mm、$\varepsilon_r=2.33$ 的基板制成的渐变微带巴伦，具体是逐渐把 50 Ω 微带线变成阻抗为 120 Ω 的平行带线(SPL)。为了进一步展宽阻抗带宽，在平行带线的顶部串联了等效为串联电感的平行带线支节。在 1.64～9.85 GHz 频段，天线的具体尺寸及相对最低工作频率 $f_L=1.64$ GHz 的电尺寸如下：$D_s=70$ mm$(0.38\lambda_L)$，$D_l=120$ mm$(0.66\lambda_L)$，$H_r=10$ mm$(0.05\lambda_L)$，$H_c=20$ mm$(0.11\lambda_L)$，$\alpha=120°$，$R=26$ mm$(0.14\lambda_L)$，$W=0.2$ mm，$g=0.78$ mm。

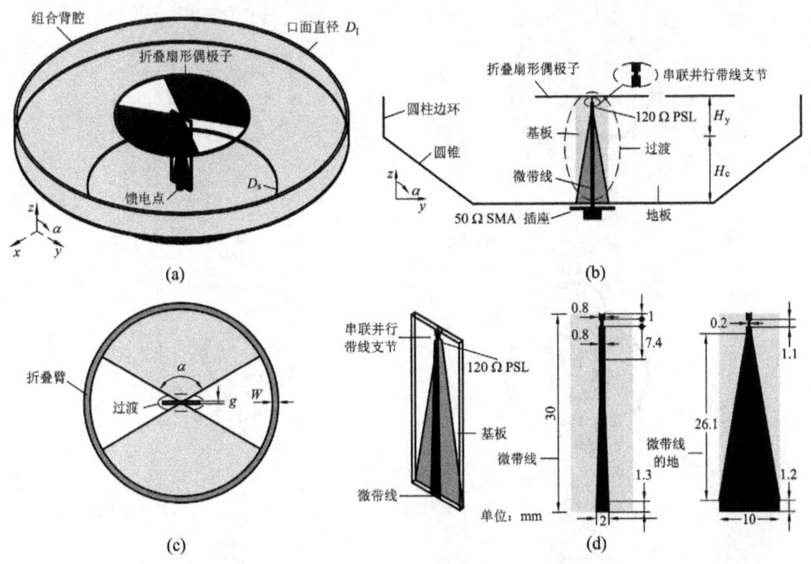

图 8.49 组合背腔折叠扇形偶极子天线的结构

(a) 立体结构；(b) 侧视图；(c) 折叠扇形偶极子；(d) 馈线结构

图 8.50 是该天线仿真和实测的 VSWR 和 G 的频率特性曲线。由测量结果看出，在 1.64～9.85 GHz 频段内，VSWR≤2，相对带宽为 143%，带宽比为 6∶1。在上述频段内，实测增益为 8～15.3 dBi。

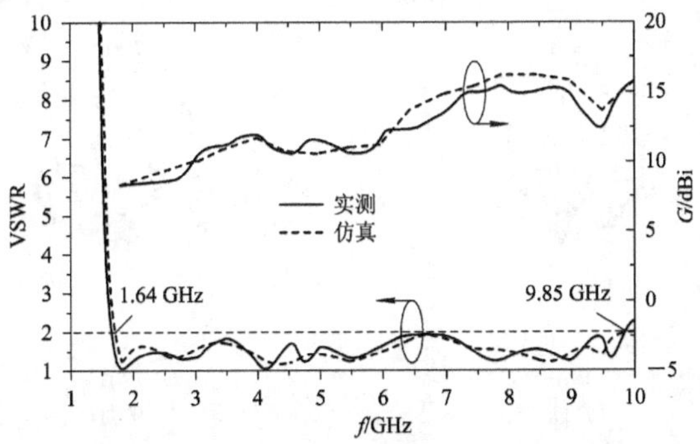

图 8.50 组合背腔折叠扇形偶极子天线仿真和实测的 VSWR 和 G 的频率特性曲线

图 8.51 是该天线在 2 GHz、4 GHz、6 GHz、8 GHz、9 GHz 实测垂直面主极化和交叉极化方向图。由图8.51 可看出，在 2～9 GHz 频段，主波束均位于轴向，f<4 GHz，无副瓣。

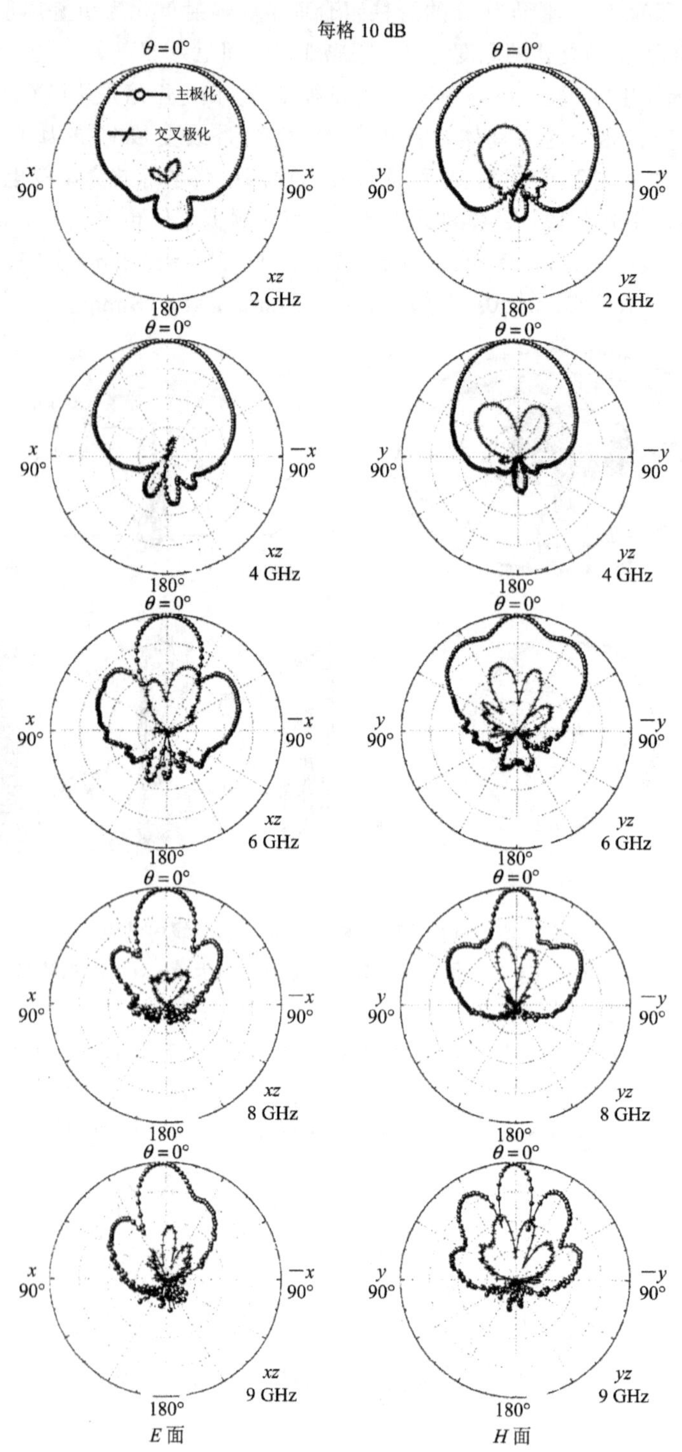

图 8.51　组合背射折叠扇形偶极子天线实测垂直面主极化和交叉极化方向图

该天线主要特点如下：

(1) 超宽带，VSWR≤2 的带宽比为 6∶1。

(2) 高增益，在 6∶1 的带宽范围内，G=8～15.3 dBi。

(3) 小尺寸，高×直径=0.16λ_L×0.66λ_L。

8.4.5 宽带背腔折叠三角蝶形天线[5]

在许多情况下，都希望天线有宽的阻抗带宽、低轮廓和稳定的定向方向图。图 8.52 所示的背腔折叠三角蝶形天线就是其中的一种。该天线 VSWR≤2 的相对带宽为 92.2%，G=9.5 dBi。在中心设计频率 f_0=3.48 GHz(λ_0=86.2 mm)的情况下，天线的具体尺寸如下：空腔的直径 D_r=120 mm(1.38λ_0)，振子和空腔边环的高度 H_b=H_r=25 mm(0.29λ_0)。

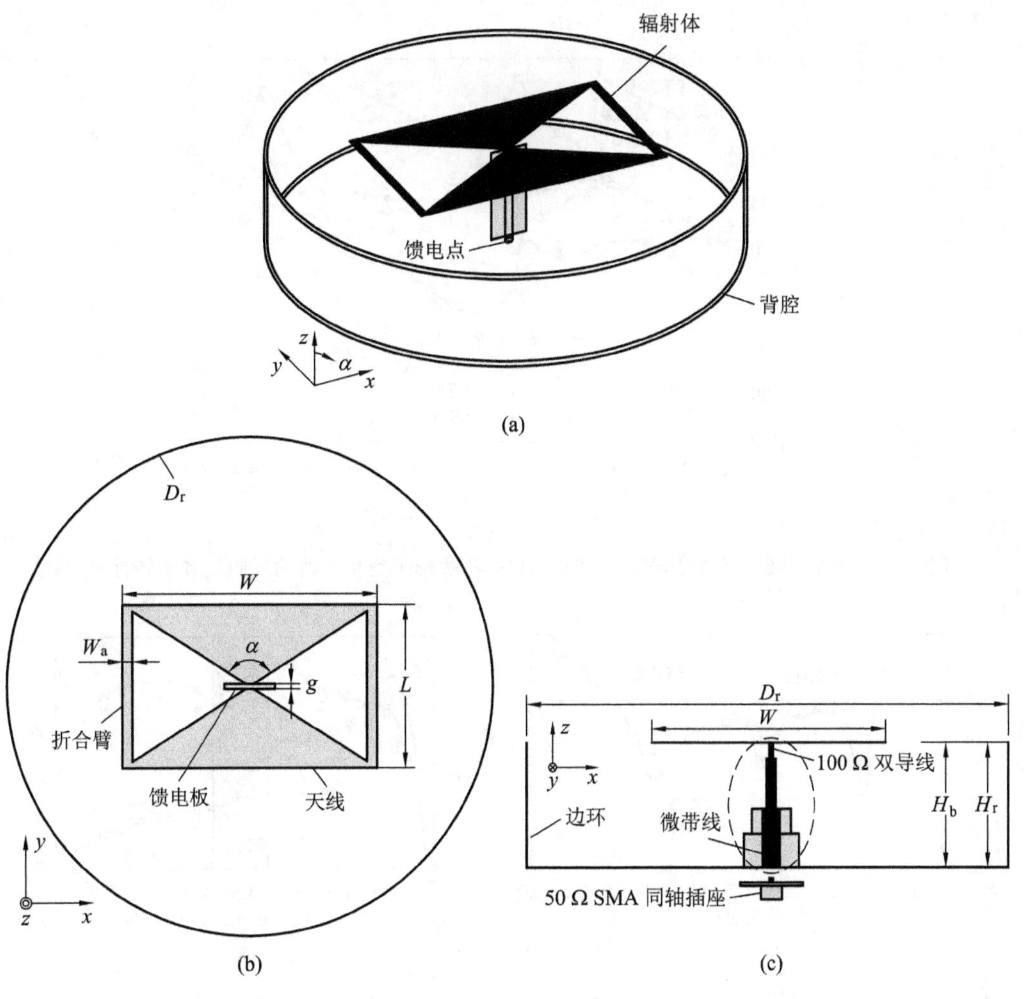

图 8.52　背射折叠三角蝶形天线结构

(a) 立体图；(b) 顶视图；(c) 侧视图

折叠三角蝶形天线(FTBA)的尺寸为：宽 $W=69.3$ mm($0.804\lambda_0$)，长 $L=40$ mm($0.464\lambda_0$)，间隙 $g=0.787$ mm，夹角 $\alpha=120°$，折合臂的宽度 $W_a=2$ mm。由图 8.52 可看出，折叠三角蝶形天线用通过微带线渐变到特性阻抗为 100 Ω 的平行带线馈电。微带线和平行带线是用厚度 $t=0.787$ mm，$\varepsilon_r=2.33$ 的基板制造的。图 8.53 是背腔折叠三角蝶形天线和三角蝶形天线(TBA)仿真的输入阻抗频率特性曲线。由图 8.53 可看出，在 1.5～5.5 GHz 频段内，FTBA 的输入电阻 R_{in} 为 32～170 Ω，TBA 的输入电阻 R_{in} 为 9～355 Ω。可见，FTBA 更容易匹配。图 8.54(a)、(b)分别是 FTBA 天线仿真和实测的 S_{11}、G 和效率 η 的频率特性曲线。由图 8.54(a)可看出，在 1.86～5.04 GHz 频段内，VSWR≤2，相对带宽为92.2%。由图 8.54(b)可看出，实测增益为 7.5～10.2 dBi，但效率在高频段变差。图 8.55 是该天线在 2 GHz、3 GHz、4 GHz 和 5 GHz 仿真和实测的主极化和交叉极化方向图。

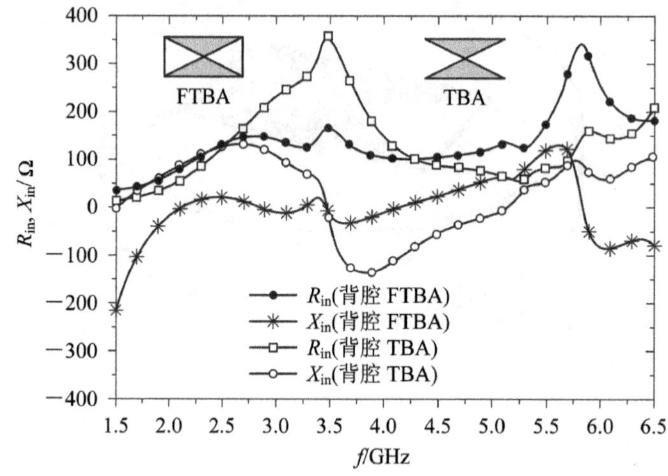

图 8.53 背腔折叠三角蝶形天线(FTBA)和三角蝶形天线仿真的输入阻抗频率特性曲线

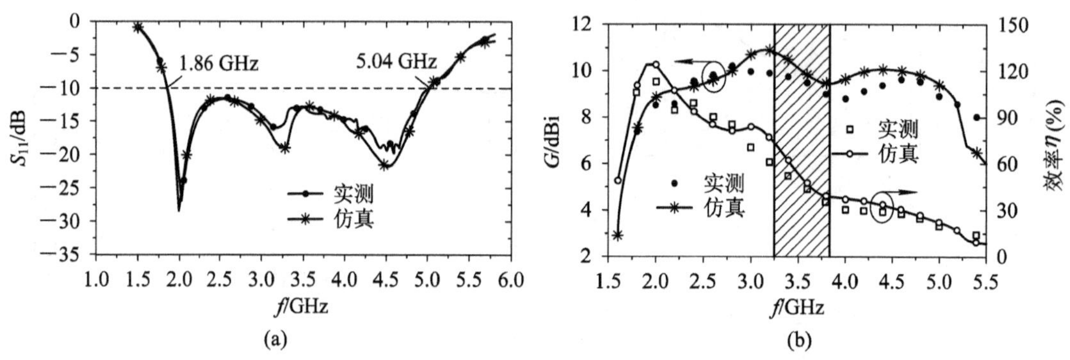

图 8.54 背腔折叠三角蝶形天线仿真和实测 S_{11}、G 及效率的频率特性曲线

(a) S_{11}；(b) G，η

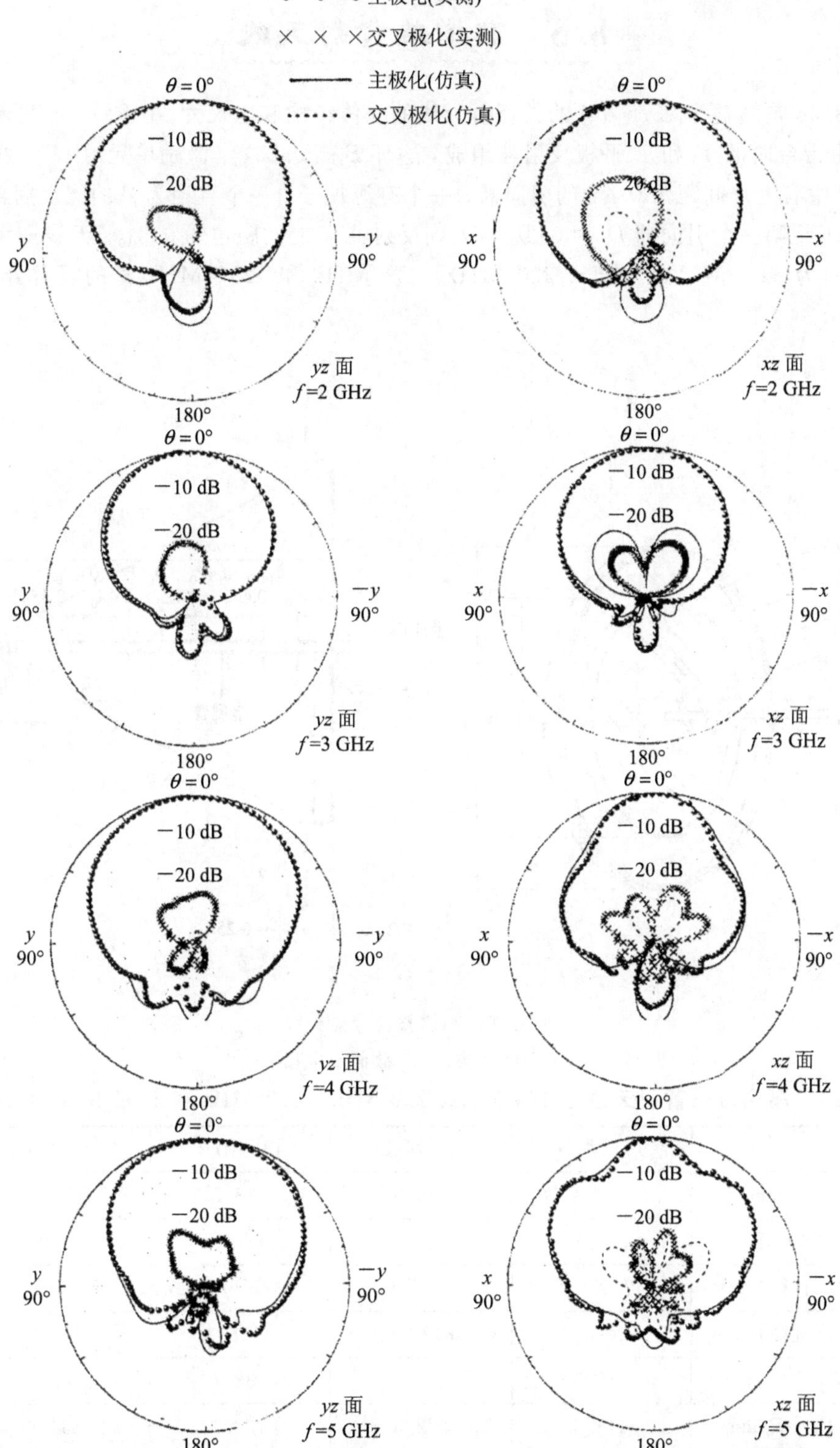

图 8.55　背腔折叠三角蝶形天线在 2 GHz、3 GHz、4 GHz 和 5 GHz 仿真和实测的主极化和交叉极化方向图

8.5 高增益背射天线

图 8.56 是增益为 23.5 dBi 的长背射天线的立体结构和电尺寸。由图 8.56 可看出，大反射器由带台阶的 T_1 和 T_2 平板反射器组成，边环 B 高 $0.25\lambda_0$，激励单元由 11 元八木天线组成，其中有九个间距为 $0.4\lambda_0$ 的引向器、一个有源振子、一个直径为 λ_0 的圆反射器 R，有源振子 D_E 距第一个引向器 D_1 为 $0.2\lambda_0$，D_E 到反射器 R 的间距也为 $0.2\lambda_0$。天线最大直径为 $6\lambda_0$，轴向为 $4\lambda_0$。在 144 MHz、220 MHz、432 MHz 和 1296 MHz 时的具体结构如表 8.14 所示。

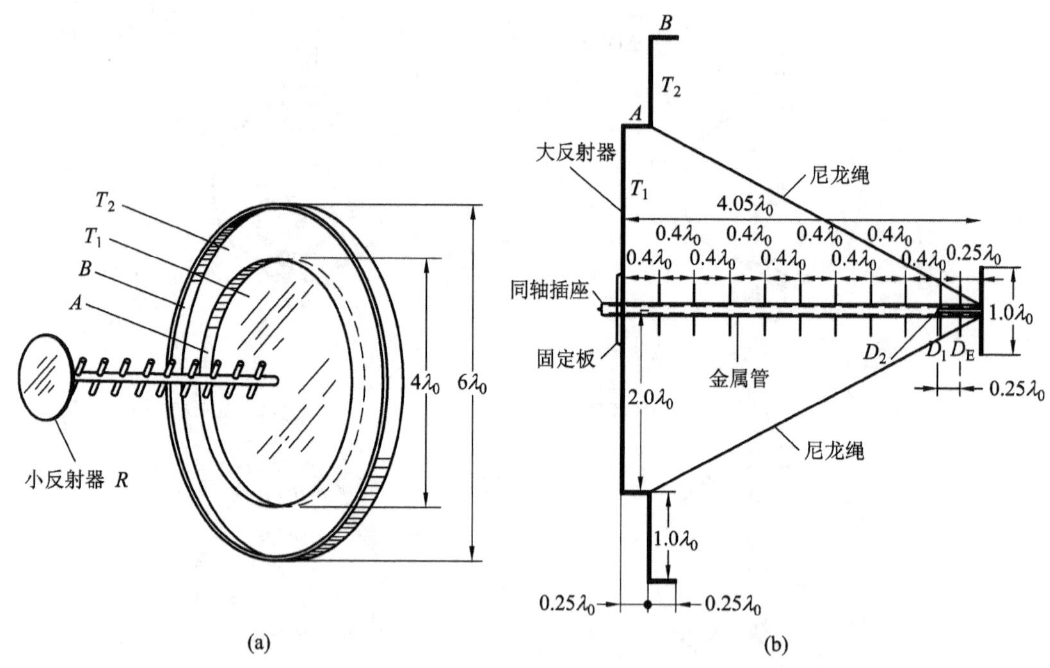

图 8.56 高增益长背射天线

(a) 立体结构；(b) 截面及电尺寸

表 8.14 高增益长背射天线在 144 MHz、220 MHz、432 MHz 和 1296 MHz 时的尺寸

	144 MHz	220 MHz	432 MHz	1296 MHz
B/mm	520.7	340.9	173.5	57.9
A/mm	520.7	340.9	173.5	57.9
T_1(直径)/mm	8331.2	5453.1	2776.7	925.6
T_2(直径)/mm	12496.8	8179.8	4165.3	1388.6
$D_E \sim D_1$/mm	416.5	272.5	138.7	46.2
$D_E \sim R$/mm	416.5	272.5	138.7	46.2
$D_n \sim D_{n+1}$/mm	833	545.3	277.6	92.4

参考文献

[1] Kumar A, Hristov H D. Microwave Cavity Antenna. Norwood, MA: Artech House, 1989.

[2] Li R L, Thompson D, et al. Development of a wide - band short backfire antenna exctied by an unblance - fed H - shaped slot. IEEE Trans. Antenna Propag, 2005, 53(2).

[3] Thompson D, Papapolymerou J. A New Excitation Technique for wideband short Backfire Antennas. IEEE Trans. Antenna propag, 2005, 53(7).

[4] Qu S W, Xue J Q, Chan C H. Wideband cavity - Backed Bowtie Antenna with Improvement. IEEE Trans. Antenna propag, 2008, 56(12).

[5] Qu S W, Li J L, Xue Q, et al. Wideband and Unidirectional Cavity - Backed Folded Triangular Bowtie Antenna. IEEE Trans. , Antenna proag, 2009, 57(4).

[6] HOFER D. High Gain Antennas. CQ, 1968.

[7] Qu S W, Chan C H, Xue Q. Ultrawideband Composite Cavity - Backed Folded Sectorial Bowtie Antenna with stable pattern and High Gain. IEEE Trans. Antenna propag, 2009, 57(8).

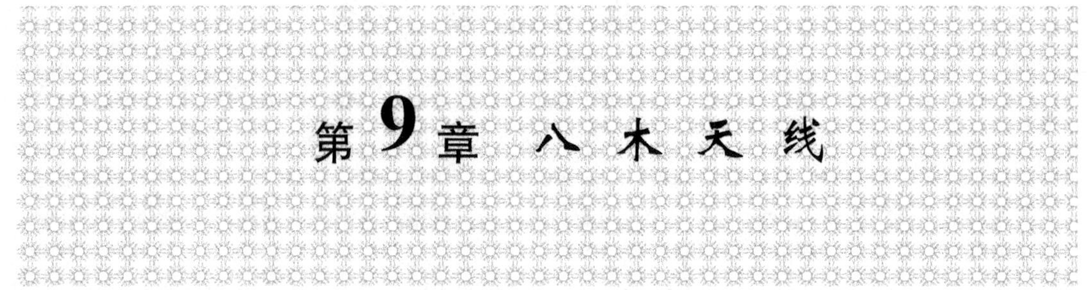

第9章 八木天线

9.1 概　述

八木天线是一种中增益天线，具有结构简单、成本低、安装架设方便等优点。因而在米波和分米波波段的通信、电视和其他无线设备中得到了广泛应用。

9.1.1 八木天线的组成

八木天线也叫引向天线，由一个有源振子和若干个寄生无源振子组成，如图 9.1 所示。

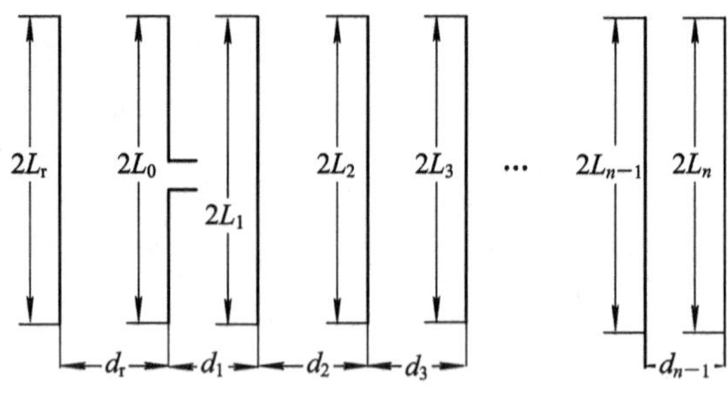

图 9.1　八木天线的组成

1. 引向器

引向器对八木天线的增益、后向辐射、输入阻抗等都有明显的影响。选取引向器的长度 $2L_n$ 有两种方法：一种是等长度，通常 $2L_n=(0.38\sim0.44)\lambda_0$，这种方法的优点是结构简单，缺点是频带较窄；第二种方法是采用不等长引向器，一般第一个引向器的长度 $2L_1=0.46\lambda_0$，其余引向器的长度依次按 2%～3%缩短系数递减，这种方法的优点是带宽较宽，缺点是加工稍麻烦。

2. 反射器

在八木天线中，通常只用一个长度 $2L_r=(0.5\sim0.55)\lambda_0$ 的无源振子，该无源振子通常叫反射器。因为在第一个反射器后面再增加无源反射器对提高天线增益的作用甚微，所以一般只取一个反射器。反射器到有源振子的间距 d_r 约为 $(0.15\sim0.23)\lambda_0$，d_r 对天线方向图、F/B 比及天线输入阻抗的影响比较大，d_r 能有效抑制后向辐射，但会使天线输入阻抗与馈线匹配困难。

3. 有源振子

有源振子可以是 $\lambda_0/2$ 长对称振子，也可以是 $\lambda_0/2$ 长折合对称振子及其变形结构(参看第 6 章)。$\lambda_0/2$ 长有源对称振子的长度通常为 $2L_0=0.47\lambda_0$，具体长度取决于制造振子的导线的粗度 2α。2α 越粗，振子的长度越短。为了与馈线良好匹配，必要时在天线输入端与馈线之间附加阻抗匹配段。如果馈线是同轴线，还应附加不平衡-平衡变换器。

9.1.2 八木天线的增益及半功率波束宽度的估算

由于八木天线是一种慢波结构的行波天线，因而可以用估算行波天线增益的公式来估算它的增益和 HPBW，即

$$G \approx \frac{10L}{\lambda_0} \tag{9.1}$$

式中：L 为八木天线的轴向长度。

$$\text{HPBW} \approx 55^\circ \sqrt{\frac{\lambda_0}{L}} \tag{9.2}$$

等间距八木天线是结构最简单的一种，其用矩量法计算的电尺寸及主要电性能如表 9.1 所示[1]。

表 9.1 等间距八木天线的特征

单元数 (N)	间距 (λ_0)	单元电长度(λ_0)			增益 /dB	前后比 /dB	输入阻抗 /Ω	H 面		E 面	
		反射器	有源振子	引向器				HPBW	SLL/dB	HPBW	SLL/dB
3	0.25	0.479	0.453	0.451	9.4	5.6	22.3+j15.0	84	−11	66	−34.5
4	0.15	0.486	0.459	0.453	9.7	8.2	36.7+j9.6	84	−11.6	66	−22.8
4	0.2	0.503	0.474	0.463	9.3	7.5	5.6+j20.7	64	−5.2	54	−25.4
4	0.25	0.486	0.463	0.456	10.4	6	10.3+j23.5	60	−5.8	52	−15.8
4	0.3	0.475	0.453	0.446	10.7	5.2	25.8+j23.2	64	−7.3	56	−18.5
5	0.15	0.505	0.476	0.456	10	13.1	9.6+j13.0	76	−8.9	62	−23.2
5	0.2	0.486	0.462	0.449	11	9.4	18.4+j17.6	68	−8.4	58	−18.7
5	0.25	0.477	0.451	0.442	11	7.4	53.3+j6.2	66	−8.1	58	−19.1
5	0.3	0.482	0.459	0.451	9.3	2.9	19.3+j39.4	42	−3.3	40	−9.5
6	0.2	0.482	0.456	0.437	11.2	9.2	51.3−j1.9	68	−9	58	−20
6	0.25	0.484	0.459	0.446	11.9	9.4	23.2+j21.0	56	−7.1	50	−13.8
6	0.3	0.472	0.449	0.437	11.6	6.7	61.2+j7.7	56	−7.4	52	−14.8
7	0.2	0.489	0.463	0.444	11.8	12.6	20.6+j16.8	58	−7.4	52	−14.1
7	0.25	0.477	0.454	0.434	12	8.7	57.2+j1.9	58	−8.1	52	−15.4
7	0.3	0.475	0.455	0.439	12.7	8.7	35.9+j21.7	50	−7.3	46	−12.6

表中，导线直径 $2\alpha=0.005\lambda_0$，SLL 为副瓣电平。

9.2 缩短尺寸的二元八木天线[2]

在实际应用中，由于使用条件的限制，往往希望使用缩短尺寸的八木天线，例如在短波波段，就经常把缩短的尺寸的二元八木天线作为定向天线使用。

图 9.2 给出了用两种缩短尺寸的二元八木天线的结构。一种是在天线的对称位置采用电感加载(X_L)，如图 9.2(a)所示，天线的具体尺寸、缩短系数 K_{sh}、VSWR≤2 的相对带宽 BW%、F/B 比及输入电阻 R_{in} 如表 9.2 所示。可见，缩短得越多，天线的相对带宽就越窄。图 9.2(b)是缩短尺寸的二元八木天线的另一种结构形式。由图 9.2(b)可看出，它把振子的辐射臂向内弯折，具体电尺寸及主要电性能如表 9.3 所示。

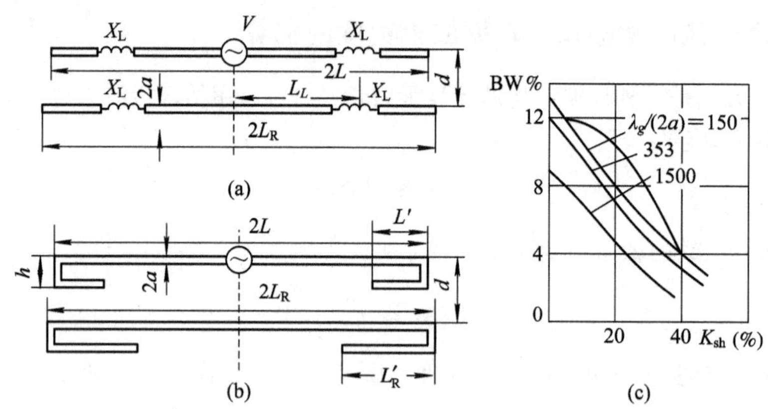

图 9.2 缩短尺寸的二元八木天线的结构及缩短系数 K_{sh} 与相对带宽的关系

(a) 电感加载；(b) 弯折；(c) BW%～K_{sh} 的关系曲线

表 9.2 电感加载的二元八木天线的电尺寸及电参数

K_{sh}(%)	$L/(\lambda_0)$	$L_R/(\lambda_0)$	$d/(\lambda_0)$	X_L/Ω	$L_L/(\lambda_0)$	$(F/B)/\text{dB}(f=f_0)$	R_{in}/Ω	BW(%)
10	0.227	0.247	0.2	69	0.15	9.32	66.1	10
20	0.2	0.207	0.2	199	0.127	8.68	64.2	7.5
33	0.167	0.177	0.2	395	0.12	7.74	55	4
50	0.127	0.1283	0.2	568	0.087	7.53	40.1	1.5

表 9.3 弯折二元八木天线的电尺寸及电参数

K_{sh}(%)	$L/(\lambda_0)$	$L'/(\lambda_0)$	$L_R/(\lambda_0)$	$L'_R/(\lambda_0)$	$h/(\lambda_0)$	$d/(\lambda_0)$	$(F/B)/\text{dB}(f=f_0)$	R_{in}/Ω	BW(%)
16	0.21	0.01	0.22	0.03	0.02	0.2	9.8	64.5	11
20	0.2	0.02	0.21	0.05	0.02	0.2	9.5	65.5	10.2
28	0.18	0.06	0.19	0.09	0.02	0.17	8.8	54.5	8.6
36	0.16	0.1	0.17	0.11	0.02	0.17	11.1	38.6	5.8
40	0.15	0.12	0.16	0.13	0.02	0.17	8.3	32.5	4.4

9.3 交叉馈电八木天线[3]

9.3.1 二元交叉馈电八木天线

图 9.3 是用特性阻抗为 50 Ω 的双导线交叉馈电构成的二元八木天线的结构及电尺寸，单元间距为 $0.15\lambda_0$，由于交叉馈电，两单元的相位差为 234°，其主要电性能如表 9.4 所示。

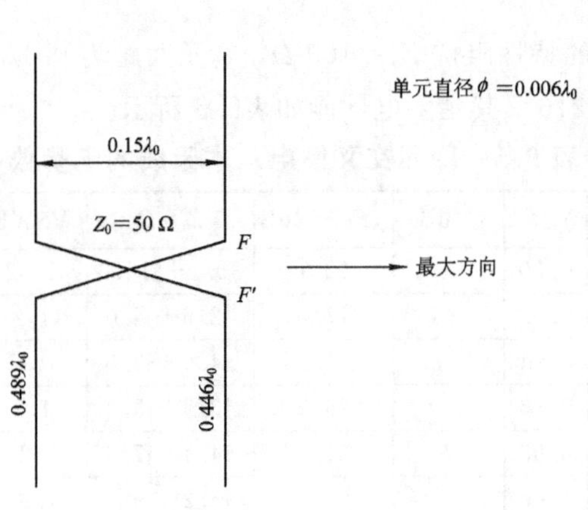

图 9.3 二元交叉馈电八木天线的结构及电尺寸

表 9.4 二元交叉馈电八木天线的主要电参数

f/f_0	G/dBi (25 Ω)	(F/B)/dB	Z_{in}/Ω	VSWR (Z_0=25 Ω)
0.95	5	13.1	12.8−j1.6	1.96
0.96	5.2	14.8	13.6−j0.5	1.84
0.97	5.4	17	14.4+j0.8	1.74
0.98	5.6	20	15.2+j2.3	1.67
0.99	5.8	24.6	16.0+j3.9	1.62
1.00	5.9	34.1	17.0+j5.9	1.61
1.01	6	29	18.2+j8.2	1.64
1.02	6.1	22	19.7+j10.8	1.71
1.03	6.1	18.1	21.7+j14	1.84
1.04	6.1	15.3	24.3+j17.6	2.02
1.05	6.1	13.2	27.9+j22.0	2.26

图 9.4 是由两个等长 $\lambda_0/2$ 长对称振子构成的二元八木天线的结构及方向图。为了实现单向辐射，让它们的馈电相位差 135°。为了实现 135°相差，让单元间距 $D=0.125\lambda_0$，移相 $\varphi=360°/\lambda_0\times D=45°$，同时用相位线反相($\varphi=180°$)馈电。合成的方向图、水平极化天线如图 9.4(a)所示，垂直极化天线如图 9.4(b)所示。

图 9.5 是中心谐振频率为 145 MHz，用 gamma 匹配构成的二元八木天线的结构及尺寸。图 9.6 是由不等长折合振子构成的 145 MHz 交叉馈电二元八木天线的结构及尺寸。

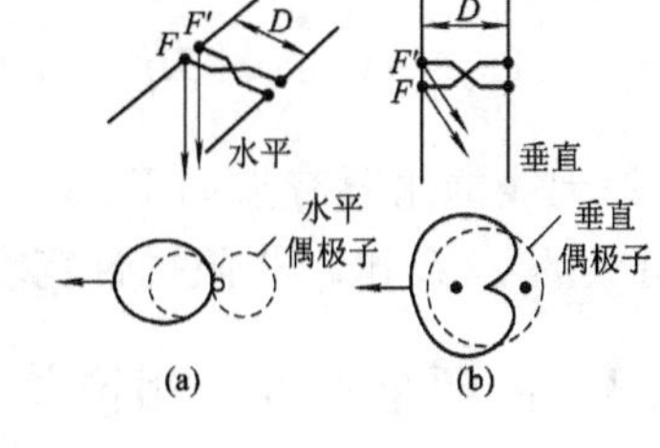

图 9.4 由相位差为 135°的 $\lambda_0/2$ 长对称振子构成的水平和垂直二元八木天线的结构及方向图
(a) 水平极化；(b) 垂直极化

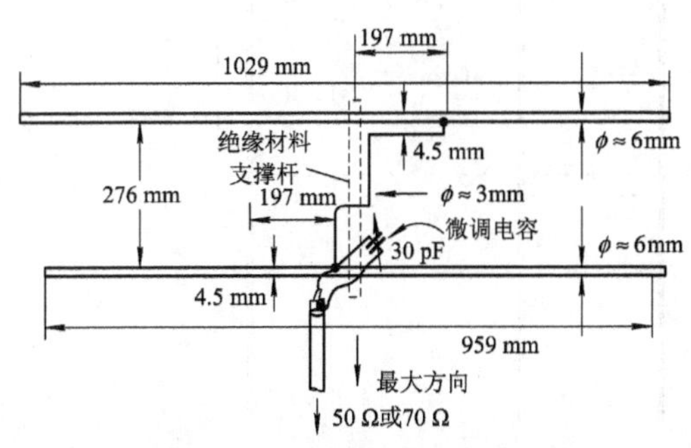

图 9.5 145 MHz 带 gamma 匹配的二元八木天线

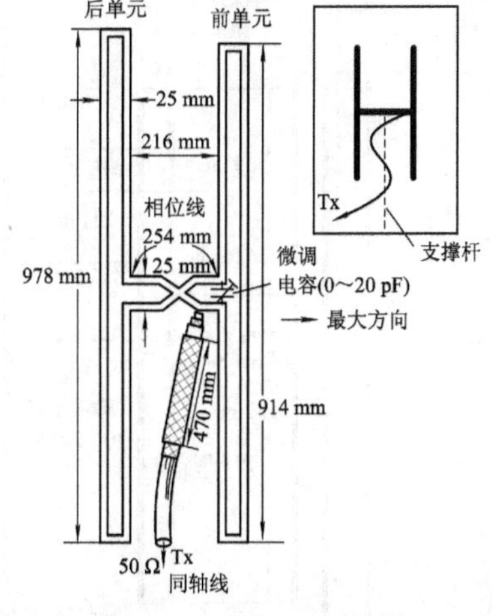

图 9.6 由不等长折合振子构成的 145 MHz 交叉馈电二元八木天线

9.3.2 四元交叉馈电八木天线

图 9.7 是四元交叉馈电八木天线。相位线的特性阻抗 $Z_0=100\ \Omega$，单元间距为 $0.1\lambda_0$，由于交叉馈电，因此两个有源振子的相位差为 216°，其主要电性能如表9.5 所示。

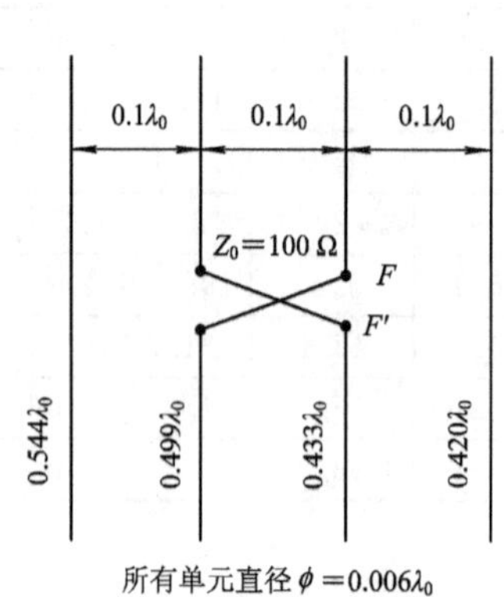

图 9.7 四元交叉馈电八木天线的结构及电尺寸

表 9.5 四元交叉馈电八木天线的电参数

f/f_0	G/dBi	(F/B)/dB	Z_{in}/Ω	VSWR
0.90	7	12.1	30.1+j14.0	1.82
0.92	7.1	17.5	42.6+j4.0	1.2
0.94	7	21.9	44.0−j3.0	1.15
0.96	6.9	25.9	43.9−j5.8	1.2
0.98	7	31.3	44.4−j7.3	1.22
1.00	7	53	45.2−j9.4	1.25
1.02	7.1	30.7	44.8−j13.5	1.35
1.04	7.2	23.6	40.0−j18.8	1.6
1.06	7	19	29.0−j20.5	2.12
1.08	6.5	15.3	16.5−j14.2	3.29
1.10	5	11.9	8.0−j2.3	6.3

该天线的主要特点如下：① 轴向长度短，仅为 $0.3\lambda_0$就能实现 7 dBi 高的天线增益。② 有大的 F/B 比。③ 阻抗带宽较宽，VSWR≤1.5 的相对带宽为 10.3%。

9.3.3 由两个不等长相位差为 135°的有源折合振子组成的多元八木天线

由于有源折合振子是由长短不等、有 135°相位差的两个折合振子组成的，且已实现了单向辐射，因而只需要附加一些引向器，就能构成有不同增益的多元八木天线。图 9.8 是由两个有 135°相差的有源折合振子构成的 145 MHz 五元和七元八木天线的结构及尺寸。

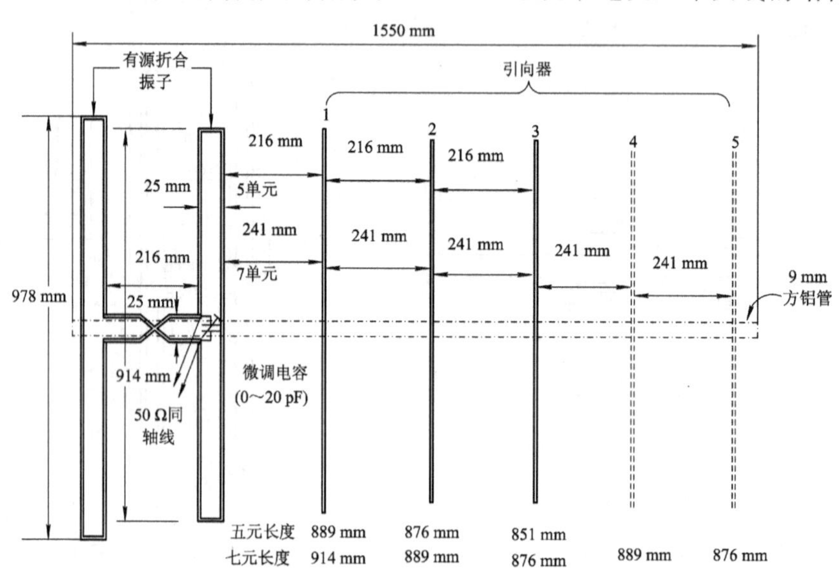

图 9.8 由两个相差为 135°的有源折合振子构成的 145 MHz 五元和七元八木天线的结构及尺寸

注意：相位线长254 mm，所有单元的直径均用 $\varphi=6$ mm 的铝合金管制造。

该天线的主要电性能如下：

五单元：$G=11.5$ dBi，轴向长度为 1000 mm($0.5\lambda_0$)。

七单元：$G=12.6$ dBi，轴向长度为 1550mm($0.75\lambda_0$)。

图 9.9(a)是由两个不等长、相位差为 135°的有源折合振子构成的 145 MHz 十二元八木天线的结构与尺寸。图 9.9(b)是有源折合振子及相位线的详细尺寸。为了实现阻抗匹配，除用 50 Ω 同轴线开路支节作微调电容外，在长有源折合振子的馈电点还附加了由双导线构成的短路支节。

天线的主要电性能为：$G=15.6$ dBi，轴向长度为 3200 mm($1.55\lambda_0$)。

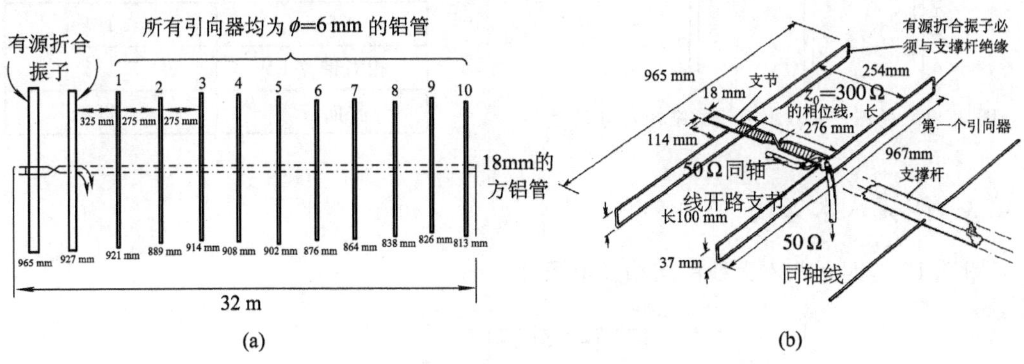

图 9.9 由两个不等长、相位差为 135°的有源折合振子构成的 145 MHz 十二元八木天线的结构及尺寸

(a) 结构及尺寸；(b) 相位线及有源折合振子的结构及尺寸

9.4 多元八木天线

9.4.1 三元八木天线

图 9.10 是三元八木天线的结构及电尺寸，其主要电性能如表 9.6 所示。

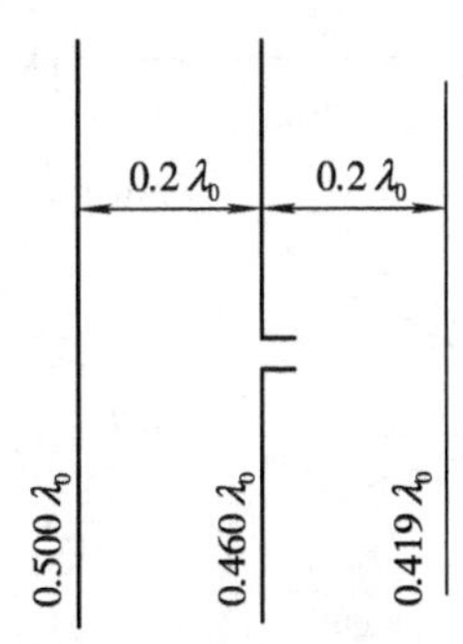

图 9.10 三元八木天线的结构及电尺寸

表 9.6 图 9.10 所示三元八木天线的电参数

电参数	值
G/dBi	7.6
(F/B)/dBi	18.6
Z_{in}	33－j7.5
VSWR	1.57
$HPBW_H$	105°
$HPBW_E$	64°
轴向长度	$0.4\lambda_0$

9.4.2 最佳三元八木天线[4]

图 9.11 是最佳三元八木天线的结构及电尺寸，表 9.7 是其主要电性能。

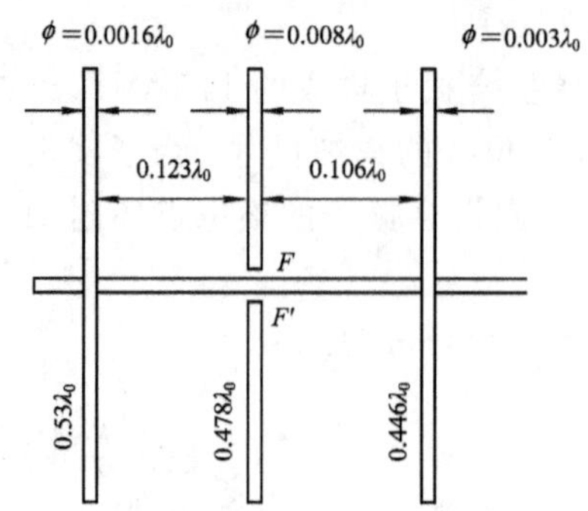

图 9.11 最佳三元八木天线的结构及电尺寸

表 9.7 最佳三元八木天线的电参数

电参数	值
G/dBi	7
(F/B)/dBi	54.2
$HPBW_E$	66°
$HPBW_H$	122°
VSWR	≤1.5
相对带宽 BW	5.1%
轴向长度	$0.229\lambda_0$

9.4.3 四元八木天线

图 9.12 是四元八木天线的结构及电尺寸。

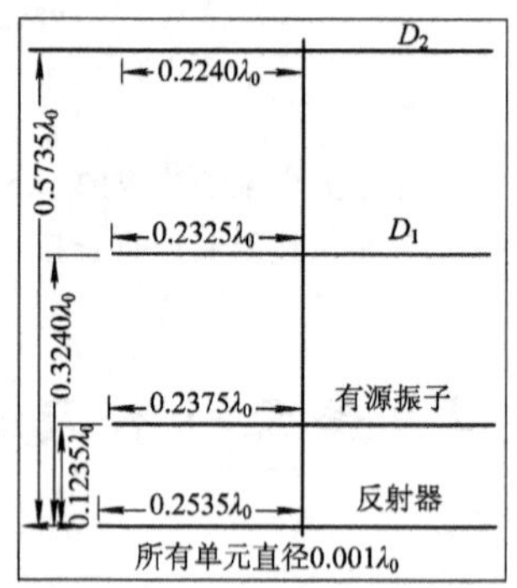

图 9.12 四元八木天线的结构及电尺寸

图 9.13(a)、(b)分别是该天线 G、F/B 比、Z_{in}、VSWR 的频率特性曲线。由图 9.13 可看出，在 $f=(0.975\sim1.015)f_0$ 频段内，$G=9.6$ dBi，在 f_0 处，$F/B=30$ dB。

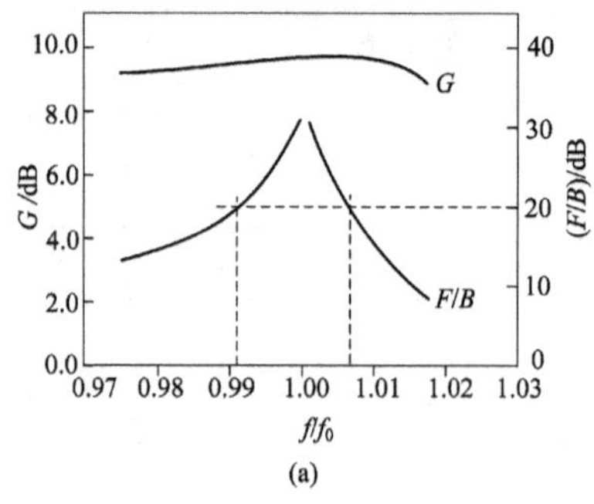

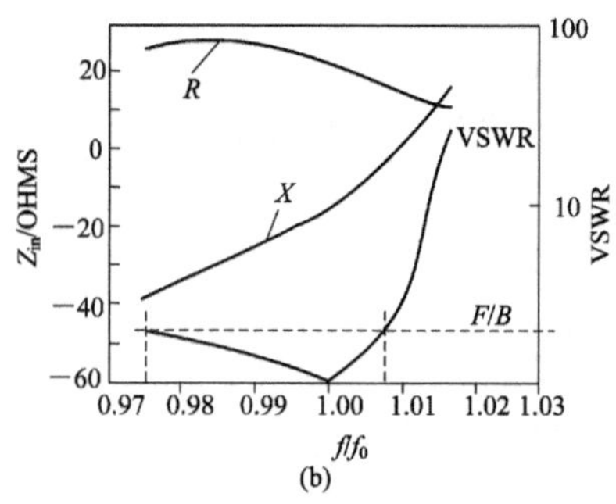

图 9.13 四元八木天线的 G、F/B 比、Z_{in}、VSWR 的频率特性曲性

(a) G 和 F/B 比；(b) Z_{in} 和 VSWR

9.4.4　六元八木天线

图 9.14 是六元八木天线的结构及电尺寸。

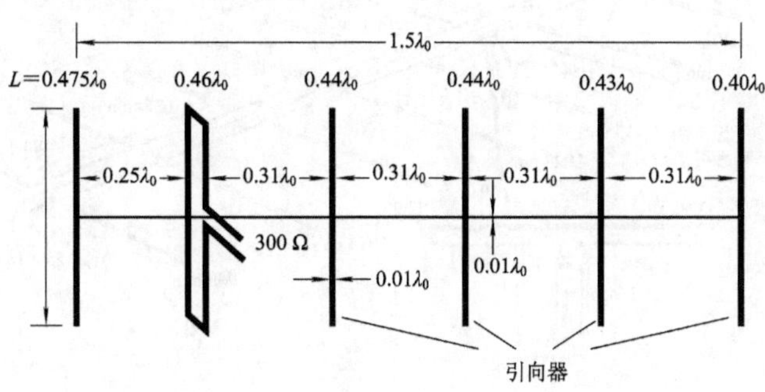

图 9.14　六元八木天线的结构及电尺寸

天线的电性能如下：G=10 dBi，$HPBW_E$=44°，$HPBW_H$=64°，轴向长度为 1.5λ_0，所有单元均用 φ=12.7 mm 的铝管制作。用 gamma 匹配构成的谐振频率为 50.1 MHz 的六元八木天线的电尺寸如表 9.8 所示。gamma 匹配的结构及尺寸如图 9.15 所示。

表 9.8　50 MHz 六元八木天线的尺寸

单元	反射器	有源振子	引向器			
			1	2	3	4
长度/mm	2920	2740	2690	2660	2660	2690
间距/mm	0	1190	1490	1490	1490	1490

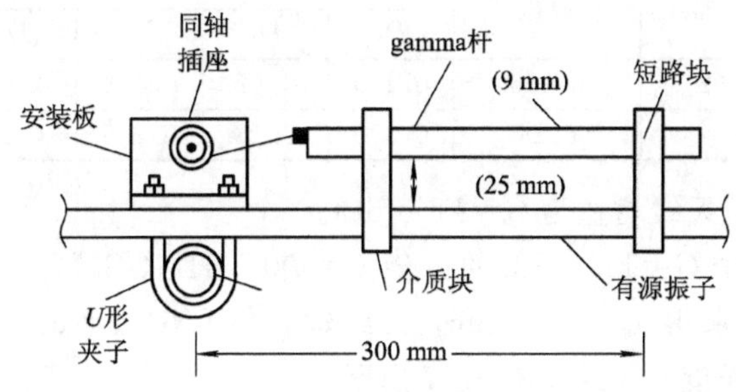

图 9.15　50 MHz 八木天线用 gamma 匹配有源振子的结构及尺寸

天线的主要电性能如下：G= 12. 3 dBi，F/B= 18 dB(f_0)，轴向长度为 7150 mm (1.19λ_0)。

9.4.5　七元八木天线和十元八木天线

图 9.16 是 145 MHz 七元八木天线的结构和尺寸。由图 9.16 可看出，有源振子为不等直径折合振子，用 $\lambda_g/2$ 长 U 形管巴伦完成阻抗匹配和不平衡-平衡变换。

如果要把七元八木天线变成十元八木天线，只需要在七元八木天线引向器的前边增加间距均为 737 mm，长度分别为 902 mm、896 mm 和 889 mm 的三个引向器。反射器、引向器的直径用 φ=6～12 mm 的铝合金管制造。$\lambda_g/2$ 长 U 形管和主馈线均为 50 Ω 同轴线。

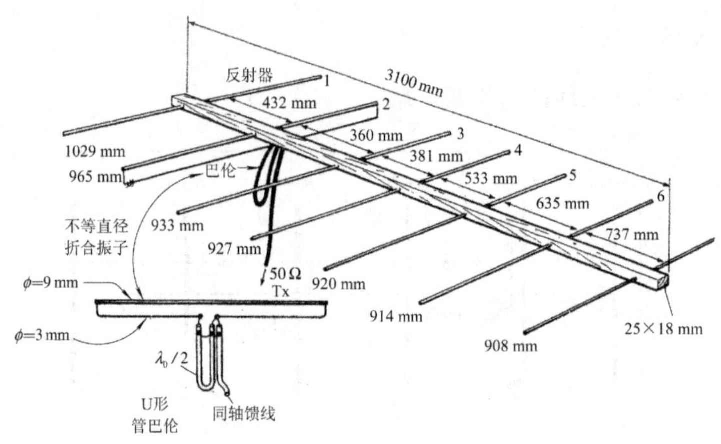

图 9.16 145 MHz 七元八木天线的结构及尺寸与有源振子的结构及尺寸

天线的主要电性能如下：

七单元：G=13 dBi，天线长度为 3100 mm(1.5λ_0)。

十单元：G=15 dBi，天线长度为 5311 mm(2.57λ_0)。

9.4.6 移动通信频段使用八元八木天线

所有单元直径 φ=0.018λ_0、用对称振子作有源振子的八元八木天线的电间距和电长度如表 9.9 所示。

表 9.9 八元八木天线的电间距及电长度

单元	反射器	有源振子	引向器					
			D_1	D_2	D_3	D_4	D_5	D_6
电长度($2L/\lambda_0$)	0.492	0.456	0.429	0.42	0.414	0.408	0.402	0.396
电间距(d/λ_0)	0	0.24	0.075	0.18	0.215	0.25	0.28	0.3

天线轴长为 1.5λ_0，天线增益为 G=11.5 dBi。

【例 9.1】 设计一个 G=11.5 dBi 的适合 f=900 MHz(GSM)使用的八木天线。

由 f=900 MHz，求得 λ_0=333 mm，天线轴长=1.54λ_0=513 mm，单元直径 φ=0.018λ_0=6 mm，单元长度、间距如图 9.17 所示。

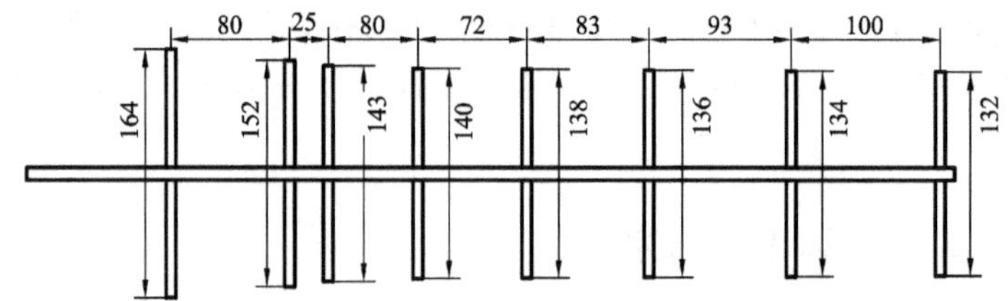

图 9.17 900 MHz 八元八木天线的结构及尺寸

【例 9.2】 图 9.18 是适合 1850～1990 MHz 使用的八元八木天线的结构及尺寸。由图 9.18 可看出，有源振子为部分折合振子，用 $\lambda_g/2$ U 形管巴伦完成不平衡-平衡变换及阻抗匹配。图 9.18(b)为有源部分折合振子的尺寸，其主要实测电性能如表 9.10 所示。

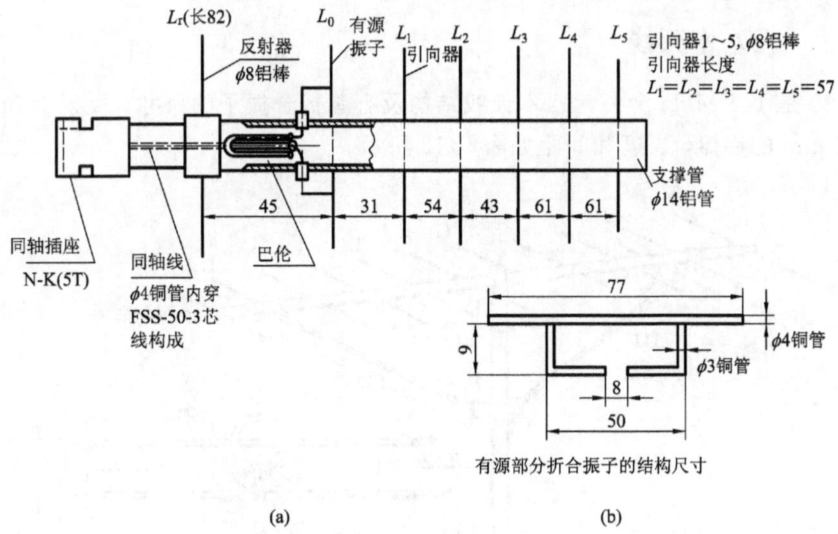

图 9.18 1850～1990 MHz 频段八元八木天线的结构及尺寸与有源部分振子的结构及尺寸

表 9.10 1850～1990 MHz 频段八元八木天线实测电性能

f/MHz	E 面		H 面		G/dBi
	HPBW	(F/B)/dB	HPBW	(F/B)/dB	
1850	46.5°	12.4	47.1°	11.3	9.5
1920	42.4°	13	46.3°	14.8	10.1
1990	38.3°	12.3	46.3°	18.6	11

在 1850～1990 MHz，VSWR≤1.3。

在 1710～1990 MHz，VSWR≤1.4。

9.4.7 十元八木天线

中心设计频率 f_0=230 MHz，所有单元均用 φ=14 mm 铝合金管制造的十元八木天线的结构尺寸如图 9.19 所示。其电性能如表 9.11 所示。轴向长度为 3322 mm(2.55λ_0)。

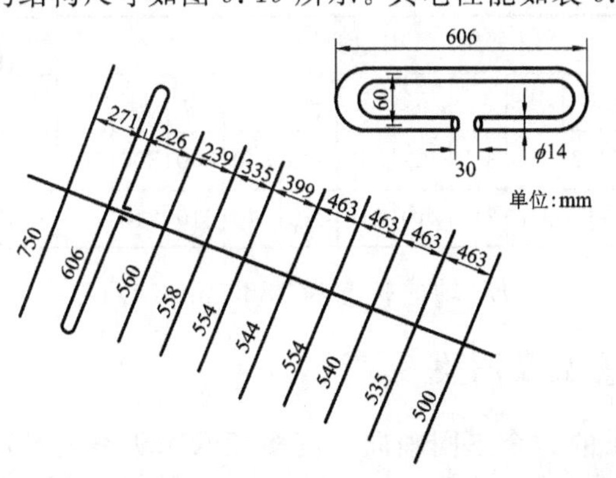

图 9.19 230 MHz 十元八木天线的结构尺寸

表 9.11 230 MHz 十元八木天线的电性能

f/MHz	222	225	228	235	237
$HPBW_E$	37.6	37.6	35.3	29.2	29
(F/B)/dB	14	9	15.5	12.5	12.3
$HPBW_H$/(°)	41	42.7	36.5	29.7	27.5
(F/B)/dB	12.2	14.6	12.3	11.4	10.5
G/dBi	12.9	12.7	13.7	15.4	15.7

9.4.8 十一元八木天线

图 9.20 是 145 MHz 十一元八木天线结构及有源折合振子的尺寸。反射器和引向器均为 φ=3.2 mm 的铝棒，长度和间距如表 9.12 所示。

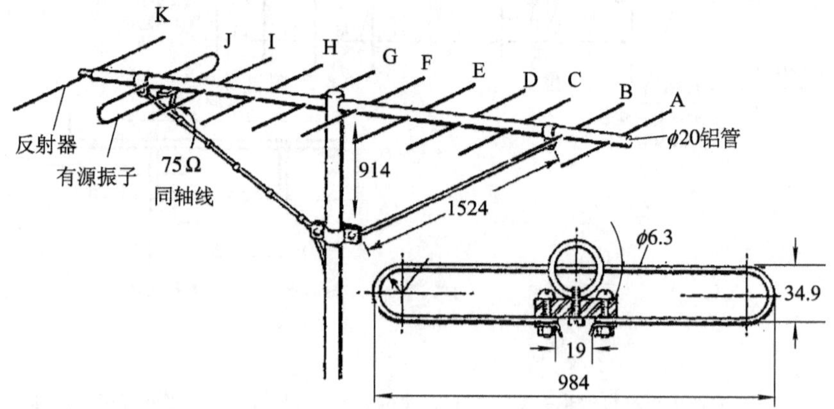

图 9.20 145 MHz 十一元八木天线结构及有源折合振子的尺寸

表 9.12 145 MHz 十一元八木天线的单元长度及间距

单元	A	B	C	D	E	F	G	H	I	J	K
单元长度/mm	908	911	914	918	921	924	927	930	924	984	1041
单元间距	AB	BC	CD	DE	EF	FG	GH	HI	IJ	JK	
数值/mm	406	406	406	406	406	406	406	508	203	483	

天线的主要电性能为：G=15.6 dBi；轴长 4056 mm(1.96λ_0)。

9.4.9 十五元八木天线

中心设计频率 f_0=432 MHz，所有单元均用 φ=2.4 mm 的铝棒制造的十五元八木天线的单元长度及间距如表 9.13 所示。

表 9.13 432 MHz 十五元八木天线的长度及间距

单元	反射器	有源振子	引向器												
			1	2	3	4	5	6	7	8	9	10	11	12	13
单元长度/mm	347	340	319	319	317	311	308	305	303	300	300	300	300	300	300
单元间距/mm	0	130	210	210	210	210	210	210	210	210	210	210	210	210	210

天线的主要电性能为：G=15.7 dBi，F/B=22 dB，轴向长度为 2860 mm(4.12λ_0)。

9.4.10 六个不同轴向长度八木天线的参数及增益

表 9.14 是美国标准局(NBS)1968 年提供的六个不同轴向长度多元八木天线的长度 $2L_n(\lambda_0)$、有源振子与第一个引向器之间距 $d_1(\lambda_0)$、引向器之间的间距 $d_n(\lambda_0)$及增益。

表 9.14 不同轴向长度多元八木天线的电长度、电间距及增益

轴向电长度(λ_0)		0.4	0.8	1.2	2.2	3.2	4.2
反射器电长度(λ_0)		0.482	0.482	0.482	0.482	0.482	0.475
引向器电长度 $L_n(\lambda_0)$	1	0.442	0.482	0.482	0.432	0.482	0.424
	2		0.424	0.42	0.415	0.42	0.424
	3		0.428	0.42	0.407	0.407	0.42
	4			0.428	0.398	0.398	0.407
	5				0.39	0.394	0.403
	6				0.39	0.39	0.398
	7				0.39	0.386	0.394
	8				0.39	0.386	0.39
	9				0.398	0.386	0.39
	10				0.407	0.386	0.39
	11					0.386	0.39
	12					0.386	0.39
	13					0.386	0.39
	14					0.386	
	15					0.386	
电间距 $d_1(\lambda_0)$		0.2	0.25	0.2	0.2	0.2	0.308
电间距 $d_n(\lambda_0)$		0.2	0.2	0.25	0.2	0.2	0.308
G/dBi		9.25	11.35	12.35	14.4	15.55	16.35

注：① 所有单元直径均为 $\varphi 0.0085\lambda_0$；② 有源振子为半波长折合振子；③ 反射器与有源振子的间距为 $0.2\lambda_0$。

9.4.11 十六元八木天线

所有单元直径 $\varphi=0.006\lambda_0$ 的十六元八木天线的电长度及电间距如表 9.15 所示。其主要电性能如表 9.16 所示。

表 9.15 十六元八木天线的电长度及电间距

单元	电长度 $2L_n(\lambda_0)$	电间距 $d_n(\lambda_0)$
反射器	0.4836	0
有源振子	0.463	0.2638
引向器 D_1	0.4448	0.239
D_2	0.4228	0.2838
⋮	⋮	⋮
D_{13}	0.4228	0.2838

表 9.16 表 9.15 所示十六元八木天线的电性能

f/f_0	G/dBi(30 Ω)	(F/B)/dB	Z_{in}/Ω	VSWR(30 Ω)
0.95	12.1	12.2	26.7−j36.1	3.34
0.97	14.4	12.2	31.6−j17.7	1.77
0.99	15.5	17.3	23.2−j7.3	1.28
1	15.9	35.1	27+j3.4	1.17
1.02	14	10.6	40.4+j33	2.61
1.04	8.2	16.4	22.8+j51.5	5.77

9.5 对数周期八木天线

为了展宽八木天线的带宽，利用具有宽带特性对数周期的原理，把八木天线的有源振子按对数周期的原理设计，再像八木天线一样，附加无源寄生振子作为反射器和引向器，就构成了对数周期八木天线。图 9.21 是 50～52 MHz 频段使用的八单元对数周期八木天线的结构。由图 9.21 可看出，有源振子是由双导线交叉馈电构成的五单元对数周期偶极子，在对数周期偶极子的前边有三个引向器。

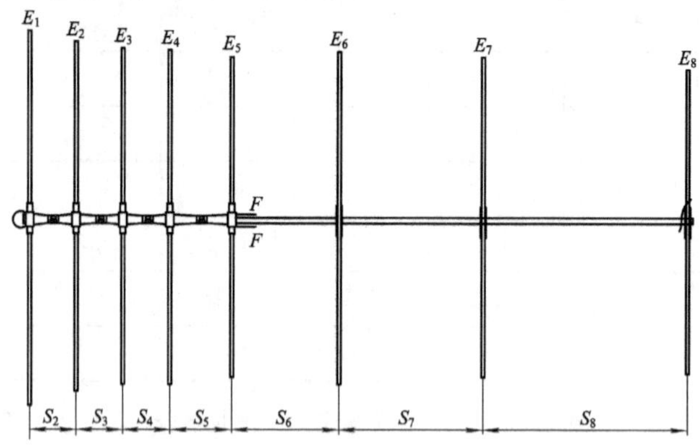

图 9.21 51 MHz 八元对数周期八木天线的结构

51 MHz 八元对数周期八木天线的尺寸如表 9.17 所示。

表 9.17 51 MHz 八元对数周期八木天线的尺寸

单元	1	2	3	4	5	6	7	8
单元长度/mm	2960	2790	2690	2640	2590	2740	2610	2540
单元间距/mm	0	394	400	400	511	883	1245	1816

该天线的电性能为：G=12 dB，轴向长度为 5.8 m($0.986\lambda_0$)。

若用普通八木天线实现 12 dB 大的增益，则天线轴向长度为 9 m($1.53\lambda_0$)。

9.6 高阻抗十二元八木天线[5]

传统的八木天线都设计成低输入阻抗，以便于与特性阻抗为 50 Ω 的同轴线匹配。在工作频率比较高和使用很长同轴馈线的情况下，由于同轴线的价格比较贵，不仅加大了成本，而且同轴线的衰减也很大。另外，阻抗匹配网络、巴伦、同轴接插件也会带来一定插损。使用特性阻抗为 300 Ω 的以空气为介质的双导线为馈线省钱，用双导线作为馈线具有低损耗的优点，而且馈线和天线连接方便，既不需要巴伦，也不需要附加专门设计的防雨装置。

为了与特性阻抗为 300 Ω 的双导线阻抗匹配，八木天线输入阻抗也必须为 300 Ω 高阻抗。具体实现的方法有两个：一是把 $\lambda_0/2$ 长折合振子作为八木天线的有源振子，二是使用有合适尺寸和间距的寄生单元，把有源对称振子的输入阻抗提高到 300 Ω。

图 9.22 是有高输入阻抗的十二元八木天线的结构和方位面(E 面)的方向图。所有单元的直径均为 $0.0122\lambda_0$。单元的长度、间距、相对反射器的距离如表 9.18 所示。

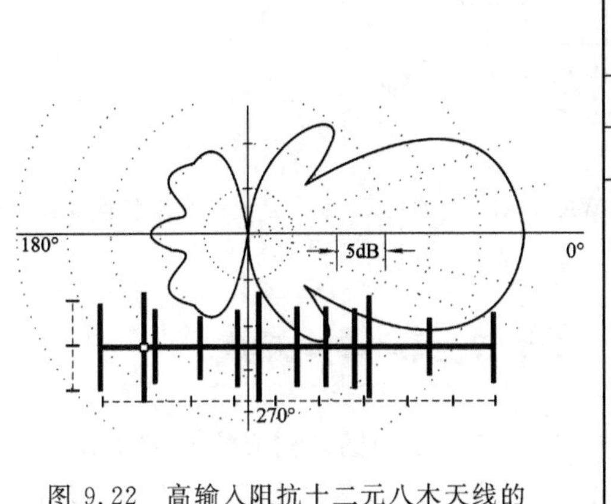

图 9.22 高输入阻抗十二元八木天线的结构及方向图

表 9.18 高输入阻抗十二元八木天线的电尺寸

单元		电长度 ($2L/\lambda_0$)	电间距 (d/λ_0)	相对反射器的距离
反射器		0.4832	0	0
有源振子		0.5992	0.2397	0.2397
引向器	D_1	0.3865	0.05	0.2897
	D_2	0.3453	0.2635	0.5532
	D_3	0.4094	0.2229	0.7761
	D_4	0.6	0.1224	0.8985
	D_5	0.4306	0.2212	1.1197
	D_6	0.4412	0.1559	1.2756
	D_7	0.4217	0.17	1.4456
	D_8	0.5647	0.0729	1.5185
	D_9	0.3141	0.3482	1.8667
	D_{10}	0.3824	0.3447	2.244

从表 9.18 中可看出，高输入阻抗八木天线的单元长度、间距与普通八木天线有以下几点不同：

(1) 有源振子的长度大于 $0.5\lambda_0$，其长度比反射器还长。

(2) 第 4 个引向器的长度最长，达到 $0.6\lambda_0$。

(3) 第一个引向器距有源振子特别近，仅为 $0.05\lambda_0$，它的主要作用不是作为引向器，而是作为阻抗匹配元件。

该天线电性能为：在中心设计频率 f_0，$G=11.53$ dBi，HPBW$=38.4°$，$F/B=19.2$ dB。

图 9.23(a)、(b)、(c)分别是高输入阻抗十二元八木天线 VSWR(300 Ω)、G、F/B 的频率特性曲线。由图 9.23 可看出，VSWR≤1.5 的相对带宽为 5.2%($f=0.0953f_0$～$1.005f_0$)。在 $f=1.003f_0$时，$G=11.8$ dBi；在 $f=(0.993$～$1.009)f_0$时，$G\geqslant10$ dBi。在 $f=0.998f_0$时，$F/B=23.98$ dB；在 $f=(0.993$～$1.002)f_0$时，$F/B>15$ dB。

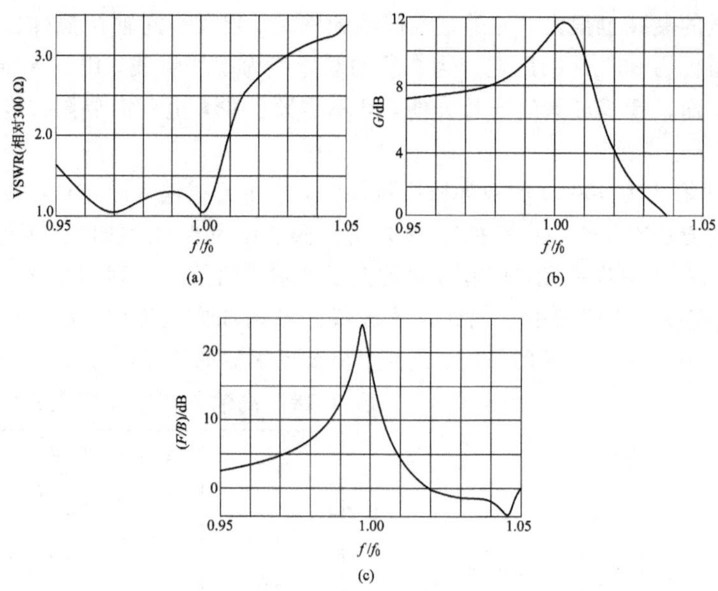

图 9.23 高输入阻抗十二元八木天线的 VSWR(相对 300 Ω)、G 及 F/B 比的频率特性曲线

(a) VSWR；(b) G；(c) F/B 比

9.7 由圆环构成的二十五元八木天线[6]

图 9.24 是由一个反射圆环、一个有源环、二十三个引向圆环构成的 1296 HMz 二十五元八木天线的结构及尺寸。由图 9.24 可看出，除把圆环作为基本单元外，在反射环后面还附加了一块尺寸为 290 mm×273 mm 的矩形反射板。

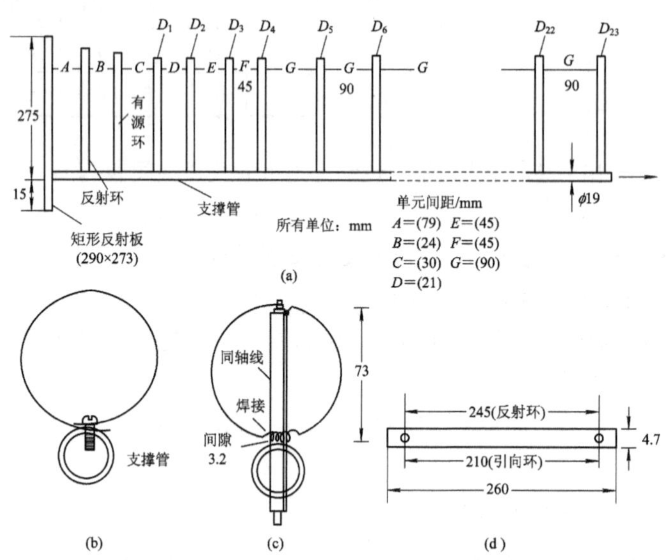

图 9.24 由圆环构成的二十五元八木天线

(a) 由圆环构成的二十五元八木天线的结构；(b) 反射圆环和引向圆环；(c) 有源圆环；(d) 制造反射器、引向环金属条的尺寸

图9.24(a)、(b)所示反射环和引向环由图9.24(d)所示的厚1 mm、宽4.7 mm的铝带按图所示尺寸两头打$\varphi=3$ mm的圆孔弯折成圆，再用$\varphi 3$的螺钉固定在$\varphi=19$ mm的铝合金支撑管上。图9.24(c)为有源环天线的结构与尺寸，它用4.7 mm的铜带弯成直径为73 mm的圆环，开口的一端与50 Ω同轴线的内导体相连，另一端与同轴线的外导体相连，同轴线与环位于同一平面，且把同轴线的外皮与环焊接在一起。

该天线的电性能为：$G=19$ dBi，轴长为1980 mm($8.5\lambda_0$)。

9.8 优化计算的多元八木天线

随着现代数值计算方法的发展，不少学者运用多种方法，如GA、CI等方法，对八木天线的单元长度和间距进行了优化设计，使八木天线的性能最佳。

9.8.1 三元和四元八木天线[7]

表9.19是用普通和最佳设计方法构成的三元和四元八木天线。

表9.19 用普通和最佳设计方法构成的三元和四元八木天线的电尺寸及增益

	单元	单元电长度(λ_0)		相对反射器的单元电距离(λ_0)		G/dBi		相对带宽(%)
		普通	最佳	普通	最佳	普通	最佳	
四元	反射器	0.518	0.488	0	0	7.18	10.1	8
	有源振子	0.454	0.494	0.225	0.161			
	引向器D1	0.428	0.45	0.329	0.387			
	引向器D2	0.42	0.438	0.559	0.761			
三元	反射器	0.59	0.536	0	0	5.22	6.95	23
	有源振子	0.524	0.602	0.171	0.118			
	引向器	0.456	0.418	0.286	0.401			

表9.20是用GA最佳和等间距设计的四元八木天线的电尺寸及主要电参数。

表9.20 用GA最佳和等间距设计的四元八木天线的电尺寸及主要电参数[8]

单元	GA最佳		等间距		等间距	
	电长度(λ_0)	电间距(λ_0)	电长度(λ_0)	电间距(λ_0)	电长度(λ_0)	电间距(λ_0)
1	0.49		0.486		0.475	
2	0.472	0.283	0.459	0.15	0.453	0.3
3	0.442	0.179	0.453	0.15	0.446	0.3
4	0.424	0.279	0.453	0.15	0.446	0.3
G/dBi	9.84		9.61		10.19	
SLL/dB	−14.5		−8.35		−4.12	
Z_{in}/Ω	38.5−j2.3		42.6+j12.3		27.1+j33.3	

表 9.21 是用 CI 和 GA 最佳得出的四元八木天线的电尺寸及主要电性能；表 9.22 是按最大增益和最小副瓣电平设计的四元八木天线的电尺寸及主要电性能[9]。

表 9.21 用 CI 和 GA 最佳得出的四元八木天线的电尺寸及主要电性能

单元	CI 最佳		GA 最佳	
	电长度 $2L_n$	电间距 d_n	电长度 $2L_n$	电间距 d_n
1	$0.476\lambda_0$	—	$0.490\lambda_0$	—
2	$0.474\lambda_0$	$0.288\lambda_0$	$0.472\lambda_0$	$0.283\lambda_0$
3	$0.440\lambda_0$	$0.200\lambda_0$	$0.442\lambda_0$	$0.179\lambda_0$
4	$0.424\lambda_0$	$0.265\lambda_0$	$0.424\lambda_0$	$0.279\lambda_0$
G/dBi	9.83		9.84	
Z_{in}/Ω	46.19+j8.12		38.5−j2.3	
SLL	−15.1 dB		−14.5 dB	

表 9.22 按最大增益和最小副瓣电平设计的四元八木天线的电尺寸及主要电性能

单元	最大增益设计		最小副瓣电平设计	
	电长度 $2L_n$	电间距 d_n	电长度 $2L_n$	电间距 d_n
1	$0.480\lambda_0$	—	$0.628\lambda_0$	—
2	$0.474\lambda_0$	$0.270\lambda_0$	$0.488\lambda_0$	$0.204\lambda_0$
3	$0.436\lambda_0$	$0.186\lambda_0$	$0.436\lambda_0$	$0.195\lambda_0$
4	$0.434\lambda_0$	$0.274\lambda_0$	$0.438\lambda_0$	$0.114\lambda_0$
G/dBi	9.6		5.5	
Z_{in}/Ω	47.59−j5.67		45.51+j7.83	
SLL	−12.14 dB		−62.6 dB	

9.8.2 最佳增益六元八木天线

表 9.23 是常规设计和改变单元间距使增益最佳的六元八木天线的电尺寸及增益。表 9.24 是常规设计与改变单元间距和长度及间距使增益最佳的六元八木天线的电尺寸及增益。表 9.25 是三种方案下六元八木天线的电尺寸及增益。表 9.26 是用 GA 和梯度以增益最佳得出的六元八木天线的电尺寸、增益及输入阻抗。

表 9.23 常规设计和改变单元间距使增益最佳的六元八木天线的电尺寸及增益(所有单元直径为 $0.00674\lambda_0$)[10]

单元	常规设计		改变间距，使增益最佳	
	电长度(λ_0)	电间距(λ_0)	电长度(λ_0)	电间距(λ_0)
1	0.51		0.51	
2	0.5	0.25	0.5	0.25
3	0.51	0.31	0.51	0.336
4	0.43	0.31	0.43	0.398
5	0.43	0.31	0.43	0.31
6	0.43	0.31	0.43	0.407
G/dBi	9.06		10.72	

表 9.24 常规设计与改变单元间距和改变单元长度及间距使增益最佳的六元八木天线的电尺寸和增益(所有单元间距为 0.00674λ_0)[11]

单元	常规		改变单元间距，使增益最佳		改变单元长度及间距使增益最佳	
	电长度(λ_0)	电间距(λ_0)	电长度(λ_0)	电间距(λ_0)	电长度(λ_0)	电间距(λ_0)
1	0.51		0.51		0.476	
2	0.49	0.25	0.49	0.25	0.452	0.25
3	0.43	0.31	0.43	0.289	0.436	0.289
4	0.43	0.31	0.43	0.406	0.43	0.406
5	0.43	0.31	0.43	0.323	0.434	0.323
6	0.43	0.31	0.43	0.422	0.43	0.422
G/dBi	9.69		13.84		15.51	

表 9.25 三种设计方案下六元八木天线的电尺寸及增益(所有单元间距为 0.00674λ_0)[12]

单元		方案 1		方案 2		方案 3	
		电长度(λ_0)	电间距(λ_0)	电长度(λ_0)	电间距(λ_0)	电长度(λ_0)	电间距(λ_0)
反射器		0.51	0	0.51	0	0.476	0
有源振子		0.49	0.25	0.49	0.25	0.452	0.25
引向器	D1	0.43	0.31	0.43	0.289	0.436	0.289
	D2	0.43	0.31	0.43	0.406	0.43	0.406
	D3	0.43	0.31	0.43	0.323	0.434	0.323
	D4	0.31	0.43	0.422	0.43	0.422	
G/dBi		10.92		12.8		13.4	
轴长		1.49λ_0		1.69λ_0		1.69λ_0	

表 9.25 中，方案 1 为常规设计，引向器不仅等长，而且等间距；方案 2 是引向器等长，但改变引向器间距使天线增益最佳；方案 3 是同时调整引向器的长度和间距，使天线增益最佳。

表 9.26 用 GA 法和梯度法以使增益最佳的六元八木天线的电尺寸、G 和 Z_{in}(所有单元间距为 0.00674λ_0)[8]

单元	GA 法以使增益最佳		梯度法以使增益最佳		GA 法以使增益最佳 $Z_{in}=50\ \Omega$	
	电长度(λ_0)	电间距(λ_0)	电长度(λ_0)	电间距(λ_0)	电长度(λ_0)	电间距(λ_0)
1	0.504		0.476		0.478	
2	0.602	0.101	0.452	0.25	0.45	0.182
3	0.442	0.321	0.436	0.289	0.448	0.152
4	0.438	0.274	0.43	0.406	0.434	0.229
5	0.42	0.428	0.434	0.323	0.422	0.435
6	0.422	0.435	0.43	0.422	0.44	0.272
G/dBi	13.6		12.98		12.58	
Z_{in}/Ω	6.14+j216.21		8.4+j20.1		49.64−j5.08	

表 9.27 是单元直径为 0.1λ_0，相对 50 Ω 馈线阻抗增益最大的六单元八木天线的单元电尺寸及相对反射器的电间距。表 9.28 是表 9.27 所示的六元八木天线归一频率的电参数[3]。

表 9.27　单元直径为 $0.1\lambda_0$，相对 50 Ω 馈线阻抗增益最大的六元八木天线的单元电尺寸和相对反射器的电间距

单元类型	单元电长度(λ_0)	相对反射器的电间距
反射器	0.484	0
有源振子	0.48	0.25
引向器	0.434	0.4
	0.432	0.55
	0.416	0.7
	0.4	0.85

表 9.28　表 9.27 所示的六元八木天线归一频率的电参数

f/f_0	G/dBi(相对 50 Ω)	G_{max}/dBi	(F/B)/dB	Z_{in}/Ω	VSWR(相对 50 Ω)
0.92	7	7.7	3.6	32.5－j30.8	2.29
0.94	8.4	8.7	6.5	39.3－j19.6	1.65
0.96	9	9.2	9.9	42.7－j13.2	1.39
0.98	9.4	9.5	14.4	39.5－j7.6	1.34
1	9.7	10	22.7	31.2＋j2.8	1.61
1.02	9.5	10.6	21.1	22＋j19.8	2.7
1.04	8.1	11.1	12.2	15.2＋j42.5	5.79

9.8.3　最佳八元八木天线

表 9.29 是常规设计和最佳设计的八元八木天线的电长度及相对反射器的电间距 S_n 和增益。

表 9.29　常规设计和最佳设计的八元八木天线的电长度及相对反射器的电间距 S_n 和增益(所有单元直径为 $0.0025\lambda_0$)

单元		常规设计		最佳设计	
		电长度(λ_0)	电间距 S_n(λ_0)	电长度(λ_0)	电间距 S_n(λ_0)
反射器		0.4182	0	0.484	0
有源振子		0.4667	0.3	0.4613	0.2143
引向器	D1	0.4526		0.4575	0.3154
	D2	0.4526	0.6	0.4482	0.5768
	D3	0.4526	0.9	0.44	0.9392
	D4	0.4526	1.2	0.418	1.1971
	D5	0.4526	1.5	0.4354	1.4969
	D6	0.4526	1.8	0.4453	1.8599
G/dBi		13.2		14.4	
轴长		$1.8\lambda_0$		$1.86\lambda_0$	

9.8.4　最佳十元八木天线

表 9.30 是常规设计和改变单元间距使增益最佳的十元八木天线的电尺寸及增益。表 9.31 是另外一种十元八木天线的电尺寸。

表 9.30 常规设计和改变单元间距使增益最佳的十元八木天线的电尺寸及增益(所有单元直径为 $0.00674\lambda_0$)[10]

单元	常规设计		改变单元间距，使增益最佳	
	电长度(λ_0)	电间距(λ_0)	电长度(λ_0)	电间距(λ_0)
1	0.51		0.51	
2	0.5	0.25	0.5	0.25
3	0.43	0.33	0.43	0.319
4	0.43	0.33	0.43	0.357
5	0.43	0.33	0.43	0.326
6	0.43	0.33	0.43	0.4
7	0.43	0.33	0.43	0.343
8	0.43	0.33	0.43	0.32
9	0.43	0.33	0.43	0.355
10	0.43	0.33	0.43	0.397
G/dBi	10.92		12.1	

表 9.31 十元八木天线的电尺寸(单元直径 $\varphi=0.01\lambda_0$)[13]

单元		单元电长度(λ_0)	单元电间距(λ_0)
反射器		0.508	0
有源振子		0.45	0.244
引向器	D1	0.426	0.154
	D2	0.428	0.183
	D3	0.398	0.201
	D4	0.426	0.23
	D5	0.41	0.264
	D6	0.404	0.288
	D7	0.406	0.358
	D8	0.376	0.353

十元八木天线的主要电性能如表 9.32 所示。

表 9.32 十元八木天线的主要电性能

$\Delta f/f\times100\%$	G/dB	Z_{in}/Ω	VSWR	SLL/dB
−5	12.9	33−j31	2.3	−13.2
0	13.1	78+j4	1.6	−10.8
5	12.9	21+j7	2.4	−9.4

9.8.5 最佳十二元八木天线

利用遗传算法对十二元八木天线进行了优化设计，共有四种方案。方案一、二、三中所有单元的直径均为 $0.00674\lambda_0$，方案四中有源振子的直径为 $0.01153\lambda_0$，其余单元的直径也为 $0.006734\lambda_0$。四种方案中十二元八木天线的单元电长度($2L/\lambda_0$)、电间距(d/λ_0)如表 9.33 所示。

表 9.33 四种方案中十二元八木天线的单元电长度及电间距

单元		方案一		方案二		方案三		方案四	
		$2L/\lambda_0$	d/λ_0	$2L/\lambda_0$	d/λ_0	$2L/\lambda_0$	d/λ_0	$2L/\lambda_0$	d/λ_0
反射器		0.4794	0	0.5006	0	0.5006	0	0.5006	0
有源振子		0.4853	0.1824	0.4549	0.2388	0.5784	0.1082	0.4588	0.2741
引向器	D1	0.4165	0.1135	0.4388	0.2671	0.44	0.2671	0.4365	0.2247
	D2	0.4329	0.0924	0.4318	0.3006	0.4188	0.4047	0.4341	0.3006
	D3	0.4341	0.2388	0.4141	0.3641	0.4188	0.3871	0.4259	0.3076
	D4	0.4047	0.4329	0.3624	0.2582	0.3624	0.2476	0.3647	0.2582
	D5	0.4224	0.2847	0.3718	0.3218	0.3718	0.3218	0.3718	0.3218
	D6	0.4176	0.2194	0.4012	0.1806	0.4012	0.2008	0.4012	0.0959
	D7	0.5671	0.1065	0.42	0.2424	0.42	0.2424	0.4212	0.2424
	D8	0.4388	0.1171	0.4035	0.4876	0.4035	0.4876	0.4035	0.4876
	D9	0.3906	0.2706	0.4176	0.3218	0.4176	0.3218	0.4176	0.3218
	D10	0.3847	0.4735	0.3471	0.4559	0.4224	0.4559	0.3482	0.4559

四种方案中十二元八木天线阵的主要电性能如表 9.34 所示。

表 9.34 四种方案中十二元八木天线阵的主要电性能

方案	G/dBi	HPBW_E/(°)	Z_{in}/Ω	VSWR/50Ω	(F/B)/dB	最大 SLL/dB	轴长
一	13.56	35.5	47.9+j0.9	1.05	10.5	−17.4	$2.53\lambda_0$
二	15.28	31	19.8+j0.4	2.53	20.5	−16.2	$3.44\lambda_0$
三	15.86	27.6	5.3+j179		13.6	−16.3	$3.45\lambda_0$
四	14.53	32	48.8+j0.1	1.02	17.7	−16.4	$3.29\lambda_0$

图 9.25(a)、(b)、(c)、(d)分别是方案一至方案四的方位面(E 面)方向图。

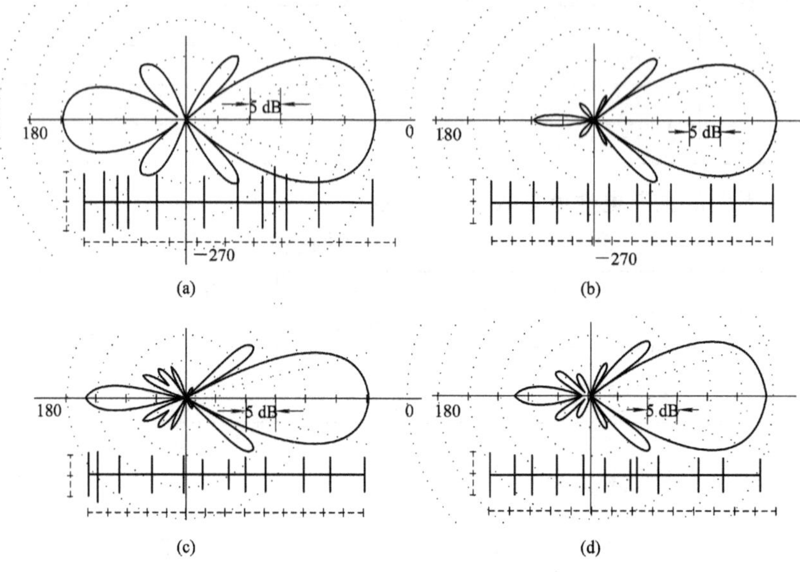

图 9.25 四种方案十二元八木天线阵的 E 面方向图

(a) 方案一；(b) 方案二；(c) 方案三；(d) 方案四

9.8.6 十五元八木天线[7-9]

表9.35是GA算法以增益最佳，引向器等长等间距的十五元八木天线的电尺寸、G和Z_{in}。表9.36是常规设计和最佳设计的十五元八木天线的电尺寸、增益及相对带宽。表9.37是GA和CI最佳的十五元八木天线的电尺寸G及Z_{in}。

表9.35 GA算法以增益最佳，引向器等长等间距的十五元八木天线的电尺寸、G及Z_{in}(所有单元直径为$0.00674\lambda_0$)

单元	GA(增益最佳)		引向器等长等间距		GA(Z_{in}=50 Ω，增益最佳)	
	电长度(λ_0)	电间距(λ_0)	电长度(λ_0)	电间距(λ_0)	电长度(λ_0)	电间距(λ_0)
1	0.474		0.5		0.472	
2	0.484	0.356	0.47	0.1	0.46	0.249
3	0.452	0.144	0.406	0.45	0.442	0.155
4	0.436	0.34	0.406	0.45	0.41	0.185
5	0.414	0.447	0.406	0.45	0.432	0.191
6	0.41	0.362	0.406	0.45	0.42	0.252
7	0.414	0.37	0.406	0.45	0.42	0.442
8	0.398	0.395	0.406	0.45	0.378	0.431
9	0.414	0.414	0.406	0.45	0.382	0.362
10	0.376	0.425	0.406	0.45	0.4	0.205
11	0.338	0.296	0.406	0.45	0.408	0.268
12	0.398	0.334	0.406	0.45	0.43	0.414
13	0.41	0.348	0.406	0.45	0.348	0.197
14	0.408	0.392	0.406	0.45	0.398	0.13
15	0.398	0.45	0.406	0.45	0.408	0.362
G/dBi	17.07		15.87		15.41	
Z/Ω	6.59+j26.47		7.68+j30.1		50.01−j.05	

表9.36 常规设计和最佳设计的十五元八木天线的电尺寸、G及相对带宽

单位		单元电长度(λ_0)		相对反射器的单元电距离		G/dBi		相对带宽(%)
		常规	最佳	常规	最佳	常规	最佳	
十五元	反射器	0.536	0.486	0	0	12.97	15.86	8
	有源振子	0.476	0.458	0.25	0.231			
	D1	0.4	0.45	0.35	0.394			
	D2	0.4	0.428	0.65	0.687			
	D3	0.4	0.416	1.05	1.038			
	D4	0.4	0.414	1.45	1.443			
	D5	0.4	0.412	1.85	1.833			
	D6	0.4	0.406	2.25	2.249			
	D7	0.4	0.402	2.65	2.649			
	D8	0.4	0.402	3.05	3.041			
	D9	0.4	0.394	3.45	3.45			
	D10	0.4	0.4	3.85	3.863			
	D11	0.4	0.4	4.25	4.274			
	D12	0.4	0.4	4.65	4.694			
	D13	0.4	0.412	5.05	5.096			

表 9.37 GA 和 CI 最佳的十五元八木天线的电尺寸、G 及 Z_{in}

单元	GA 最佳		CI 最佳	
	电长度 $2L_n$	电间距 d_n	电长度 $2L_n$	电间距 d_n
1	0.472λ	—	0.470λ	—
2	0.460λ	0.249λ	0.454λ	0.196λ
3	0.442λ	0.155λ	0.448λ	0.238λ
4	0.410λ	0.185λ	0.430λ	0.142λ
5	0.432λ	0.191λ	0.408λ	0.231λ
6	0.420λ	0.252λ	0.424λ	0.447λ
7	0.420λ	0.442λ	0.412λ	0.395λ
8	0.378λ	0.431λ	0.406λ	0.371λ
9	0.382λ	0.362λ	0.402λ	0.441λ
10	0.400λ	0.205λ	0.404λ	0.433λ
11	0.408λ	0.268λ	0.412λ	0.445λ
12	0.430λ	0.414λ	0.392λ	0.365λ
13	0.348λ	0.197λ	0.378λ	0.359λ
14	0.398λ	0.130λ	0.406λ	0.429λ
15	0.408λ	0.362λ	0.392λ	0.390λ
G/dBi	15.41		16.66	
Z_{in}/Ω	50.64−j5.08		45.42−j5.74	

9.8.7 十八元八木天线[14]

表 9.38 是按常规和最佳设计方法得出的 432 MHz 十八元八木天线单元的长度及相对反射器单元的电间距 S_n 和天线的增益。

表 9.38 用常规和最佳设计方法得出的 432 MHz 十八元八木天线单元的长度、相对反射器单元的间距及天线的增益

单元		常规方法		最佳方法	
		L_n/mm	S/mm	L_n/mm	S/mm
反射器		336.6	0	331	0
有源振子		325.2	127	303.8	134.5
引向器	D1	300	184.2	309.2	231.1
	D2	298.4	304.8	298.4	412.9
	D3	295.2	454	114	556.8
	D4	290.6	628.6	293	634.5
	D5	289	822.3	141	882.6
	D6	287.4	1030.3	282.2	931.8
	D7	285.8	1249.4	206.2	962.1
	D8	284.2	1476.4	276.6	1238.6
	D9	282.6	1716.1	276.6	1581.4
	D10	281	1965.3	282.2	1829.5
	D11	279.4	2222.5	255	2210.2
	D12	277.8	2486	276.6	2581.4
	D13	274.6	2752.7	276.6	2839
	D14	273	3027.4	282.2	3162.9
	D15	271.4	3303.6	293	3392
	D16	269.8	3581.4		
所有单元直径		4.8 mm		6 mm	
G/dB		17.05		17.43	
轴向长度		$5.16\lambda_0$		$4.88\lambda_0$	

9.8.8 二十二元八木天线[14]

按常规、GA 和 CI 最佳设计的轴向长度为 6.1λ_0 的 432 MHz 二十二元八木天线的尺寸及增益如表 9.39 所示。

表 9.39 按常规、GA 和 CI 最佳设计的 432 MHz 二十二元八木天线的尺寸及增益

单元	常规		CA 最佳		CI 最佳	
	长度 L_n/cm	间距 d_n/cm	长度 L_n/cm	间距 d_n/cm	长度 L_n/cm	间距 d_n/cm
1	34.6	—	33.6	—	33.6	—
2	34	10.4	28.8	9.3	28.1	9.3
3	32.1	4.2	31.5	2.1	31.5	2.1
4	31.1	7.8	30.4	15.5	30.4	15.5
5	30.5	10.8	29.3	25.6	29.3	25.6
6	30.1	13.4	11.9	3	11.9	3
7	29.7	15.6	20.6	5.9	20.7	5.9
8	29.5	17.6	28.8	19.8	28.8	19.8
9	29.3	19.2	28.2	31.3	28.2	31.3
10	29.1	20.6	28.8	31.3	28.8	31.3
11	28.9	21.8	28.8	22.2	28.8	22.2
12	28.8	22.8	12.5	15	12.5	15
13	28.6	23.7	27.1	25.5	27.1	25.5
14	28.5	24.3	27.7	29.9	27.7	29.9
15	28.4	25.1	27.7	28	27.4	30
16	28.3	25.6	22.2	26.5	22.2	24.5
17	28.1	26.1	26	16.5	26	16.5
18	28	26.4	27.1	27	27.1	27
19	27.9	26.8	19.5	11.2	16.9	11.2
20	27.8	27.1	27.7	20.3	26.5	20.3
21	27.7	27.4	28.2	30.9	28.2	30.9
22	27.6	27.5	28.8	26	28.8	26.8
G/dBi	17.8		18.9		19.81	

9.9 其他八木天线

9.9.1 三单元 V 形八木天线

三单元 V 形八木天线的结构尺寸如图 9.26 所示。图 9.27 是该天线的增益方向图。该天线的主要电气性能为：G=12.1 dBi；F/B=16.6 dB；Z_{in}=80.4+j19.9 Ω。

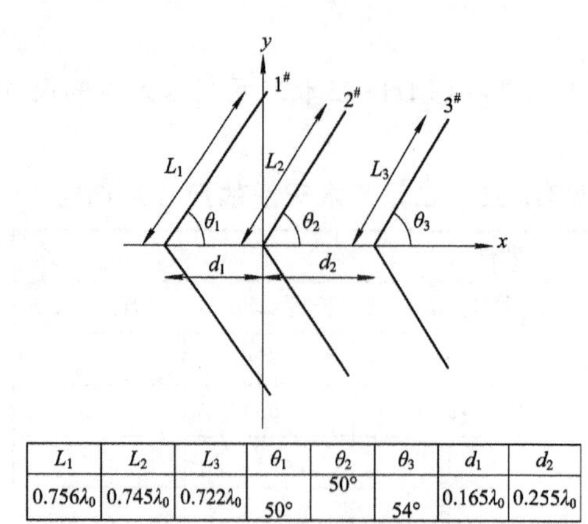

L_1	L_2	L_3	θ_1	θ_2	θ_3	d_1	d_2
$0.756\lambda_0$	$0.745\lambda_0$	$0.722\lambda_0$	50°	50°	54°	$0.165\lambda_0$	$0.255\lambda_0$

图 9.26　三单元 V 形八木天线的结构及尺寸

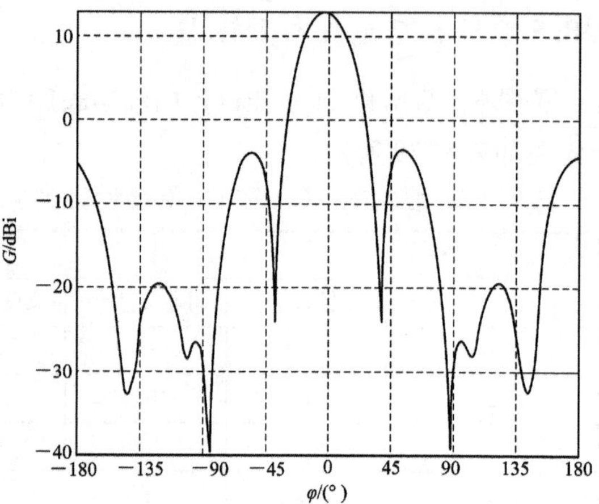

图 9.27　三单元 V 形八木天线的增益方向图

9.9.2　宽带准平面八木天线[15]

图 9.28 是适合 X 频段工作的用厚度为 0.635 mm，$\varepsilon_r=10.2$ 的基板制作的宽带准平面八木天线的结构。由图 9.28 可看出，该天线实际上是由微带馈线、共面带线(CPS)巴伦和两个偶极子组成的，其中一个偶极子是用 CPS 馈电的有源振子，另一个为引向器。

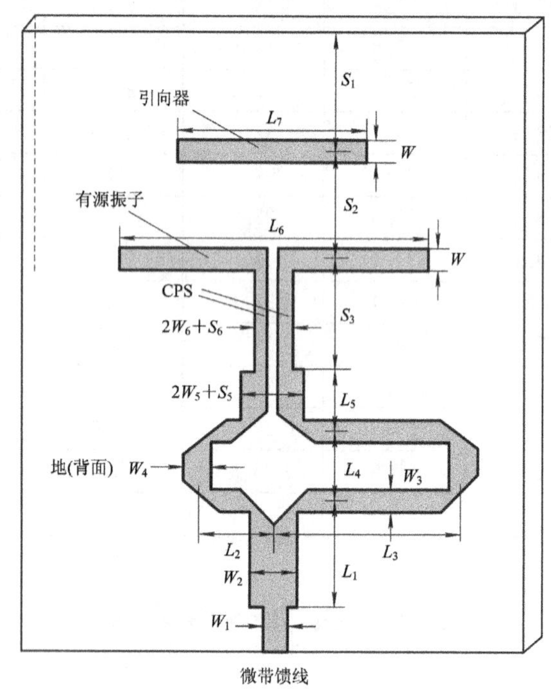

图 9.28　宽带准平面八木天线的结构

天线的具体尺寸(单位为 mm)如下：

$W_1=W_3=W_4=W_5=W=0.6$，$W_2=1.2$，$W_6=S_5=S_6=0.3$，$L_1=L_5=1.5$，$L_3=4.8$，$L_4=1.8$，$S_1=1.5$，$S_2=3$，$S_3=3.9$，$L_6=8.7$，$L_7=3.3$，基板的总面积约$(\lambda_0/2)\times(\lambda_0/2)$。

图 9.29 是该天线仿真和实测的 $S_{11} \sim f$ 特性曲性。由图 9.29 可看出，VSWR≤2 的相对带宽达到 48%。图 9.30 是该天线在 9.5 GHz 实测的 E 面和 H 面主极化和交叉极化方向图。由图 9.30 可看出，F/B 比大于 12 dB，交叉极化小于 −15 dB。在整个阻抗带宽范围内，实测增益为 3.5～5 dBi，效率高达 93%。

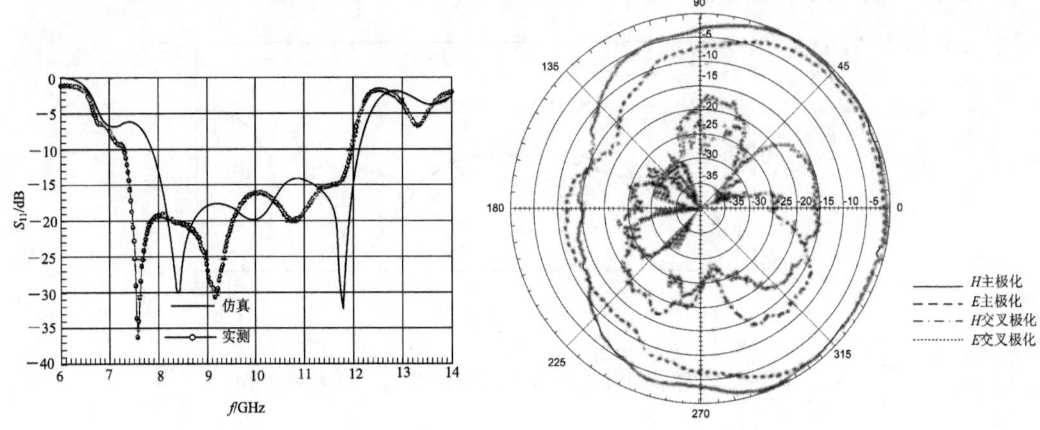

图 9.29　宽带准平面八木天线在 X 波段仿真和实测的 $S_{11} \sim f$ 特性曲线

图 9.30　宽带准平面八木天线在 9.5 GHz 实测 E 面和 H 面主极化和交叉极化方向图

9.9.3　毫米波使用的平面高增益八木天线[16]

平面八木天线由于具有高增益、低成本、高效率及容易制造等优点，因而在微波和毫米波段得到了广泛应用。图 9.31 是频率为 22～26 GHz 的用微带线馈电，用 $\varepsilon_r = 2.2$、厚 0.381 mm 的基板印刷制造的七单元八木天线。间距 $d = 2.4$ mm，长度 $L_d = 4.1$ mm，宽度 $W = 0.4$ mm 的馈电对称振子的两个辐射臂分别位于基板的正面和背面。馈电对称振子到反射器的间距 $d_r = 2.7$ mm，把宽度为 29 mm 的截断地板作为八木天线的反射器，用长度 $L_s = 20$ mm，宽度 $W_3 = 1.2$ mm，特性阻抗 $Z_0 = 50\ \Omega$ 的微带给八木馈电。微带馈线和平衡偶极子之间的巴伦均用双面基板制造，用宽度 $W_f = 0.4$ mm，特性阻抗 $Z_f = 130\ \Omega$ 的双线传输线给八木天线有源振子馈电。为了实现阻抗匹配，使用了长度 $L_1 = 1.5$ mm、宽度 $W_1 = 0.4$ mm、特性阻抗 $Z_1 = 93\ \Omega$ 和长度 $L_2 = 2.6$ mm、宽度 $W_2 = 1.0$ mm、特性阻抗 $Z_2 = 56\ \Omega$ 的两段微带线。

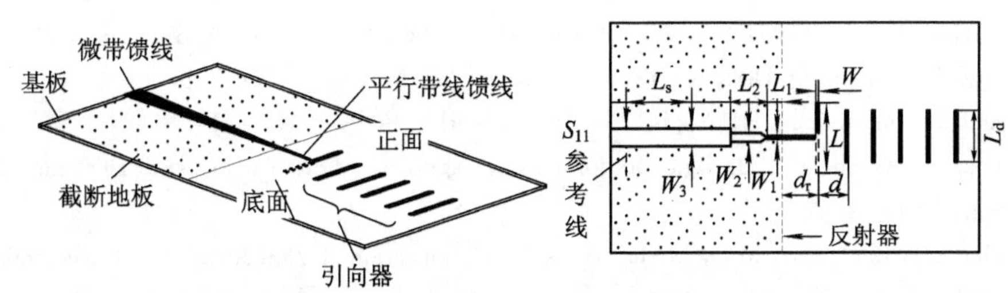

图 9.31　七单元印刷八木天线的结构

图 9.32 是该平面八木天线阵仿真和实测的 $S_{11}\sim f$ 特性曲线。由图 9.32 可看出，在 22.1～25.5 GHz 频段内，实测 $S_{11}<-9$ dB(VSWR<2.1)。图 9.33 是该平面八木天线阵仿真和实测的 $G\sim f$ 特性曲线。由图 9.33 可看出，在 22～25 GHz 频段内，实测增益 $G>$ 11.2 dBi。可见，天线效率约 90%。在 $f=24$ GHz，实测了该天线阵的方向图，结果为：F/B 比约 20 dB，交叉极化电平约 20 dB，$\text{HPBW}_E=44°$，$\text{HPBW}_H=50°$。

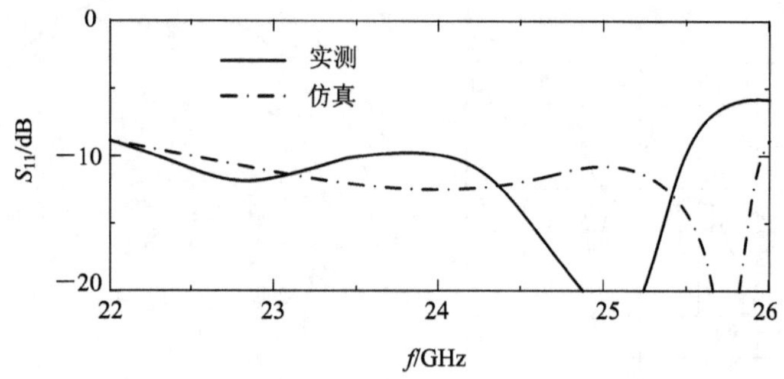

图 9.32　平面八木天线阵实测和仿真 $S_{11}\sim f$ 特性曲性

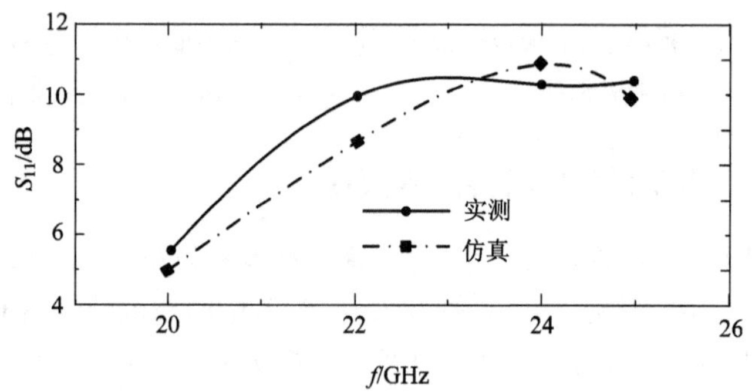

图 9.33　平面八木天线阵实测和仿真 $G\sim f$ 特性曲性

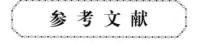

参考文献

[1] 林昌禄. 天线工程手册. 北京：电子工业出版社，2002.

[2] Kuryshev K N, LavrenKo E Y, Suga M I. The Bandwith of shortend Two－Element Director Antenna. Telecommunications and Radio Engineering, 1993. 48(5).

[3] MILLIGAN T A. MODERN ANTENNA DESiGN. 2nd ed. Johnwiley & Sons. Inc. , 2005.

[4] Formato R. Genetically Desigened Yagi. Electronics World, 1997, 103(1737).

[5] Formato R. Improving VHF Yagis. Electronics World, 1999, 105(1758).

[6] Shoamanesh A, Shafai L. Design data for coaxial Yagi array of circular loops. IEEE Trans. Antennas Propag. , 1979, 27(5).

[7] Chaplin A F, Buchatskiy M D, Mikhaylov M Y. Optimization of Yagi Antennas. Telecommunications and Radio Engineering, 1983, 37(7).

[8] Jones E A, Joines W T. Design of Yagi－Uda antennas using genetic algorithms. IEEE Trans. Antennas Propag. , 1997, 45(9).

[9] Venkatarayalu N V, Ray T. Optimum design of Yagi－Uda antennas using computational intelligence. IEEE Trans. Antennas propag.，2004，52(7).

[10] Chang D, Chen C A. Optimum element spacing for Yagi－Uda arrays. IEEE Trans. Antennas Propag.，1973. 21(5).

[11] Kajfez D. Nonlinear optimization extends the bandwidth of Yagi－antenna. IEEE Trans. Antennas propag.，1975，23(2).

[12] Cheng D K. Gain Optimization for Yagi－Uda Arrags. IEEE Antenna Propag. Mag.，1991，33(3).

[13] Yefanov A A, et al. Characteristics of Director. Telecommunications and Radio Enegineering，1988，43(3).

[14] Altshuler E E, Linden D S. Wire-Antenna Designs Using Genetic Algorithms. IEEE Antenna Propag. Mag.，1997，39(2).

[15] Kaneda N, Sor J. A new quasi－Yagi antenna for planar active antenna arrays. IEEE Trans. Antennas Propag.，2002，50(8).

[16] Alhalabi R A, Rebeiz G M. High－Gain Yagi－Uda Antenna For Millimeter－wave Switched－Beam System. IEEE Trans. Antennas propag.，2009，57(11).

第10章 缝隙天线

10.1 二重性原理及应用

10.1.1 概述

如果在同轴线、圆柱金属筒、金属板、波导或空腔谐振器上开一条或几条缝隙，电磁波就会通过缝隙向外辐射。通常把用这种方法构成的天线叫缝隙天线。

用缝隙天线可以构成全向天线，也可以构成定向天线，既可以在窄频工作，也可以在宽频工作。可以用同轴线、波导馈电，也可以用共面波导、微带线馈电。用缝隙天线可以构成水平极化天线、垂直极化天线，也可以构成圆极化天线。缝隙天线可以作为独立的低、中、高增益天线，也可以作为其他天线，例如作为抛物面天线的照射器。

缝隙天线可以作为电视发射天线、卫星地面站天线、基站天线、WLAN 天线，也可以作为微波接力天线、信标天线。缝隙天线由于结构简单、表面没有突出部分，所以适合作为飞机天线、飞行器天线。特别是波导缝隙阵列天线，由于具有结构紧凑、加工方便、重量轻、成本低、增益高和容易实现超低副瓣等突出优点而得到了广泛应用。

10.1.2 二重性原理

众所周知，缝隙天线与偶极子天线为互补结构，符合如下所述的二重性原理。

如果把频率为 f 的电动势加到如图 10.1(a)所示的理想缝隙天线上，则在缝隙内和缝隙周围的空间，电磁场矢量 $\boldsymbol{E}$ 和 $\boldsymbol{H}$ 将和在对应点用同样频率电动势馈电的如图 10.1(b)所示的理想等效振子天线在自由空间的电磁场矢量 $\boldsymbol{H}$ 和 $\boldsymbol{E}$ 的方向性完全相同，且具有完全相同的空间坐标函数。

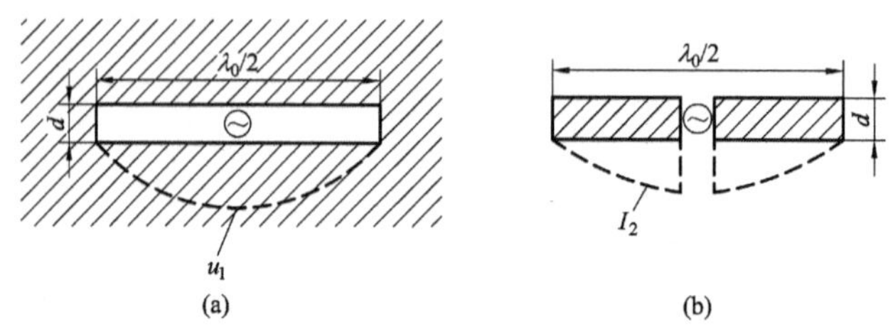

图 10.1 理想缝隙天线及其等效振子天线

(a) 理想缝隙天线；(b) 等效振子天线

所谓理想等效振子，是指用无限薄的理想导电金属板构成的尺寸与缝隙完全相同的振子。

图 10.2 和图 10.3 分别为理想缝隙天线和位于自由空间的金属薄片振子天线的电磁场分布图形。图中实线表示电场矢量的方向，虚线表示磁场矢量的方向。由图 10.2 和图 10.3 可以看出，把缝隙天线中的电力线变成磁力线，把磁力线变成电力线，就成为薄片振子上的电磁场分布。图 10.4(a)、(b)分别为理想缝隙天线和等效振子天线的方向图。由图 10.4 可看出，方向图完全一样，只是它们的 E 面和 H 面互换，偶极子的全向面为 H 面，缝隙天线的全向面则为 E 面。可见，互补天线的极化方向正好相差 90°。

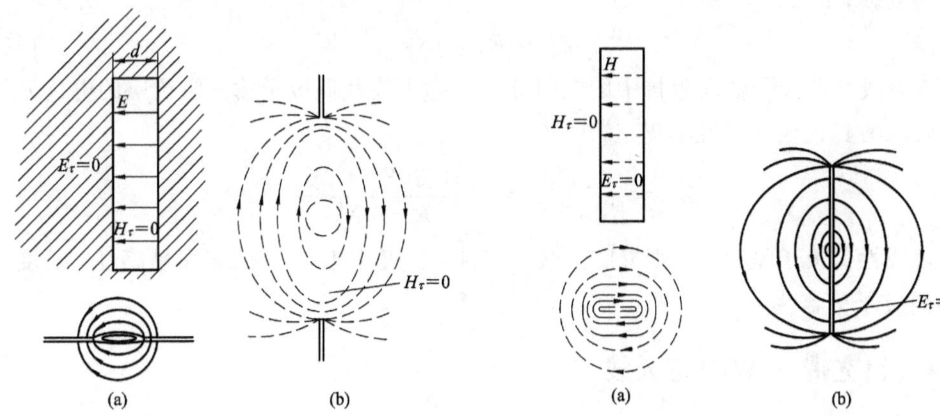

图 10.2　理想缝隙天线的电磁场分布

图 10.3　自由空间薄片振子的电磁场分布

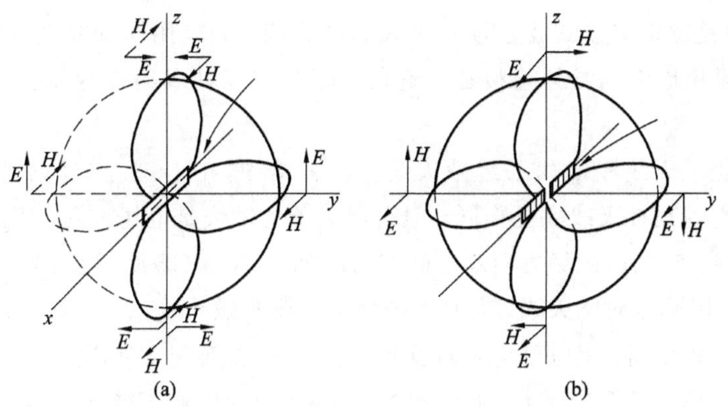

图 10.4　理想缝隙天线及等效振子天线的方向图

(a) 理想缝隙天线的方向图；(b) 等效振子天线的方向图

由于偶极子的双臂通常用有一定粗度的金属管制成，所以半波长对称振子的长度在谐振(电抗 $X=0$)时要缩短，并不等于 $\lambda_0/2$，经常用下式近似计算它的实际长度：

$$2L = \frac{(1-\Delta\%\ )\times\lambda_0}{2} \tag{10.1}$$

$$\Delta = 0.225/\ln\left(\frac{\lambda_0}{(\pi\varphi)}\right) \tag{10.2}$$

式中：φ 为制作偶极子金属管的直径。

可见，φ越大，缩短系数Δ就越大。

10.1.3 互补偶极子与缝隙天线之间的阻抗关系[1]

缝隙天线是线性偶极子的互补结构，根据巴布涅原理，互补线性偶极子的输入阻抗Z_d与缝隙天线的输入阻抗Z_s之间有如下关系：

$$Z_s = \frac{35467}{Z_d} \tag{10.3}$$

可见，缝隙天线的阻抗与线性偶极子的导纳成正比，反之亦然。通常线性偶极子的输入阻抗为复数，即

$$Z_d = R_d + jX_d \tag{10.4}$$

式中：R_d为线性偶极子输入阻抗中的电阻分量；X_d为线性偶极子输入阻抗中的电抗分量。

把式(10.4)代入式(10.3)得

$$Z_s = \frac{35476}{R_d + jX_d} = \frac{35476(R_d - jX_d)}{R_d^2 + X_d^2} \tag{10.5}$$

假定线性偶极子呈感性，则缝隙天线呈容性，长度小于$\lambda_0/2$的缝隙呈感性，长度小于$\lambda_0/2$的偶极子呈容性。

10.1.4 超宽带(UWB)磁天线

缝隙天线是偶极子天线的互补结构。图10.1(b)是普通半波长偶极子天线。两个辐射臂在馈电点必须用空气或介质材料绝缘分开。如果用同轴线直接馈电，就会产生不平衡电流。图10.1(a)是位于平金属板上的$\lambda_0/2$长缝隙天线，如果用同轴线直接馈电，则由于馈电点在电气上是用周围的导体连接在一起的，因此在同轴线的外导体上不会产生不平衡电流。

$\lambda_0/2$长偶极子天线和$\lambda_0/2$长缝隙天线为互补结构，在原理上，$\lambda_0/2$长偶极子天线的辐射方向图与它的互补天线完全相同，但沿偶极子的轴线是电场方向，因此有时也把偶极子天线叫电天线。它的电磁场方向及空间方向图如图10.4(b)所示。由于沿缝隙的长度方向为磁场方向，因此相对电天线，有时也把缝隙天线叫磁天线。$\lambda_0/2$长电天线和$\lambda_0/2$长磁天线的方向图虽然相同，但电磁场方向彼此相差90°，要实现UWB磁天线，切割缝隙矩形平金属板的尺寸长×宽至少要大于$(\lambda_0/2)\times(\lambda_0/4)$（$\lambda_0$为中心工作波长），缝隙的形状呈如图10.5(a)所示的叶片形。缝隙的宽度W与长度L有如下关系：

$$W = \frac{[\cos(L\pi)](1-\cos(L\pi))}{4} \tag{10.6}$$

具体如图10.5(b)所示。在导电板上面电流的方向如图10.5(c)所示。由图10.5(c)可看出，面电流由一个馈电点流出，在缝隙周围构成串联的环流。

图10.6(a)为计算机仿真的方位面方向图，HPBW＝60°最大、最小相差9 dB。图10.6(b)为计算机仿真的φ＝0°垂直面(xz面)方向图，HPBW＝70°。图10.6(c)为φ＝90°垂直面(yz面)方向图。

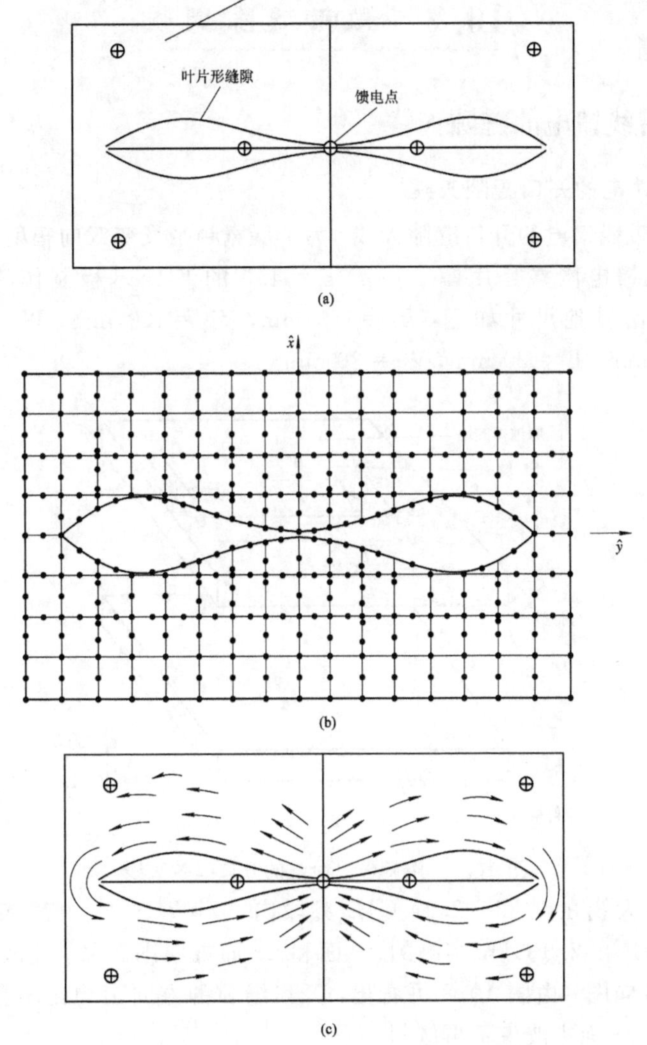

图 10.5 UWB缝隙天线

(a) 结构；(b) 尺寸；(c) 电流分布

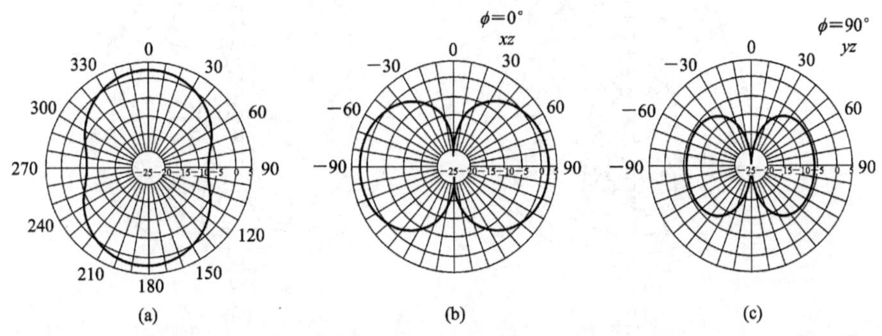

图 10.6 UWB缝隙天线仿真的方位面和垂直面方向图

(a) 方位面；(b) 垂直面(ϕ=0°)；(c) 垂直面(ϕ=90°)

10.2 微带缝隙天线

10.2.1 用微带线馈电的缝隙天线

1. 用微带线馈电的开口缝隙天线

图 10.7 是微带线馈电的开口缝隙天线。为了展宽频带及变双向辐射为单向辐射，附加了反射板。天线及馈电网络是用厚 1 mm，$\varepsilon_r=4.3$ 的 FR4 基板制作的。地板的尺寸为 170 mm×200 mm。其他尺寸如下：$L_s=130$ mm，$W_s=100$ mm，$W_f=1.94$mm，$L_{rf}=42$ mm，$W_{rf}=10$ mm，$L_e=20$ mm，$W_e=30$ mm。

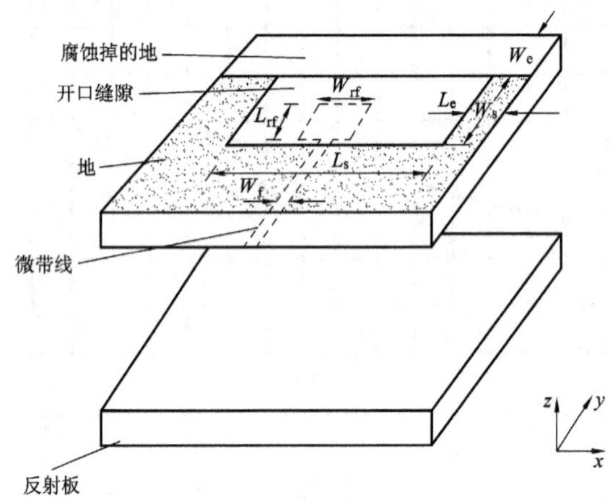

图 10.7 用微带线馈电的开口缝隙天线

实测表明，该天线在 1.33～2.14 GHz 频段内，VSWR≤2，相对带宽为 46.7%。图 10.8(a)、(b)分别是在 2.0 GHz 实测的 yz 面和 xz 面方向图。为了比较，图 10.8 中还给出了闭合缝隙的方向图。由图 10.8 可看出，开口缝隙的方向图均比闭合时的好，不仅后瓣、副瓣小，而且 xz 面主波束不再倾斜。

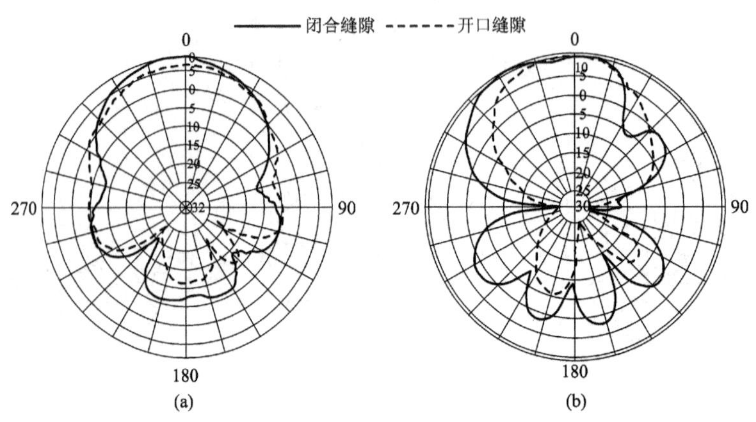

图 10.8 用微带线馈电闭合和开口缝隙天线的垂直面方向图

(a) yz 面；(b) xz 面

2. 用 T 形微带线馈电的宽带缝隙天线

研究表明，用偏置的微带线给缝隙馈电能展宽缝隙的阻抗带宽。图 10.9 就是用偏置的双 T 形微带线给宽缝馈电构成的宽带缝隙天线的结构及尺寸。天线和馈电网络是用 $\varepsilon_r=2.2$、厚 $h=1.578$ mm 的双面覆铜介质板制成的。在 1.8～5.6 GHz 频段内，天线和馈电网络的具体尺寸如下：$h=1.578$ mm，$W_d=W_f=4.8$ mm，$L_d=23$ mm，$L_u=10$ mm，$L_s=47$ mm，$W_s=30$ mm，偏心 $X_1=5$ mm，$X_2=9$ mm。

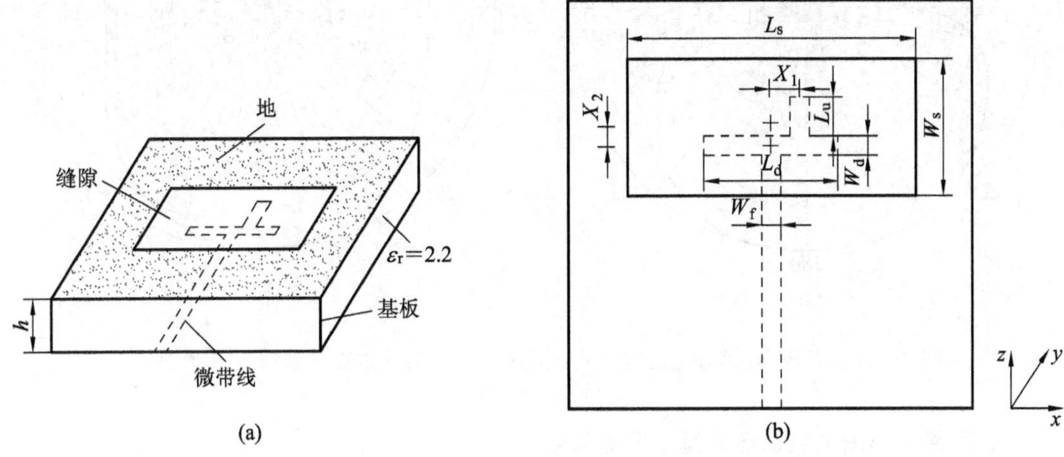

图 10.9 用 T 形微带线馈电的宽带缝隙天线

图 10.10 是该天线实测的 VSWR～f 曲线。由图 10.10 可看出，在 1.877～5.638 GHz 频段内，VSWR≤2，相对带宽为 100%。图 10.11(a)、(b)分别是该天线在 3.3 GHz 实测 E 面和 H 面方向图，HPBW 分别为 100°和 68°。

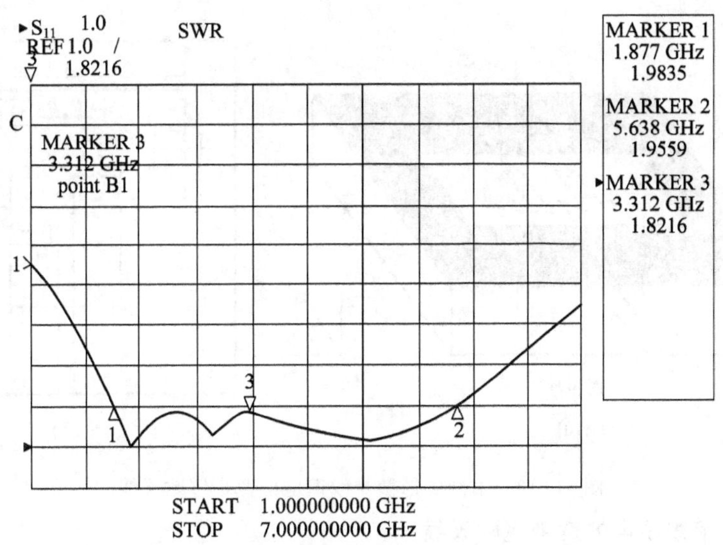

图 10.10 T 形微带线馈电的宽带缝隙天线实测 VSWR～f 特性曲线

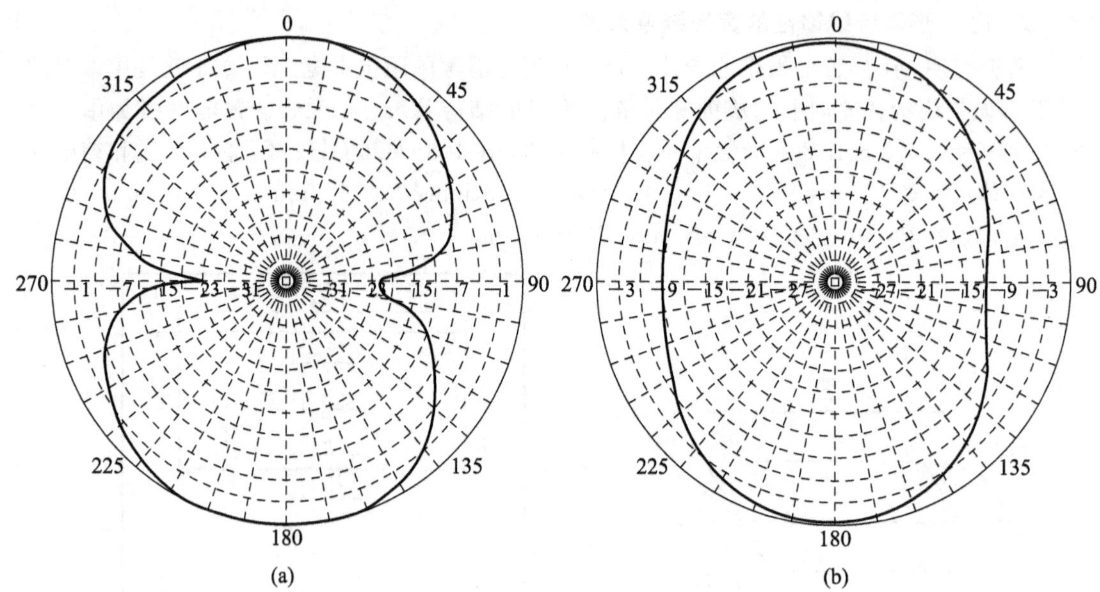

图 10.11　T 形微带线馈电的宽带缝隙天线在 3.3 GHz 实测 E 面和 H 面方向图

(a) E 面；(b) H 面

3. 用倒 π 形微带线馈电的宽带缝隙天线

图 10.12 是用三个偏置倒 π 形微带线给缝隙馈电构成的超宽带缝隙天线，在 1.722～5.977 GHz 的频段内，天线的具体尺寸如下：W_f＝4.8 mm，L_s＝50 mm，W_s＝32 mm，L_x＝23 mm，L_y＝10 mm，a＝9 mm，b＝5 mm，c＝3 mm，W_a＝4.8 mm。在 1.722～5.977 GHz频段内，实测 VSWR≤2，相对带宽为 110.5%，在 3.5 GHz 实测的方向图与图 10.11(a)、(b)类似。

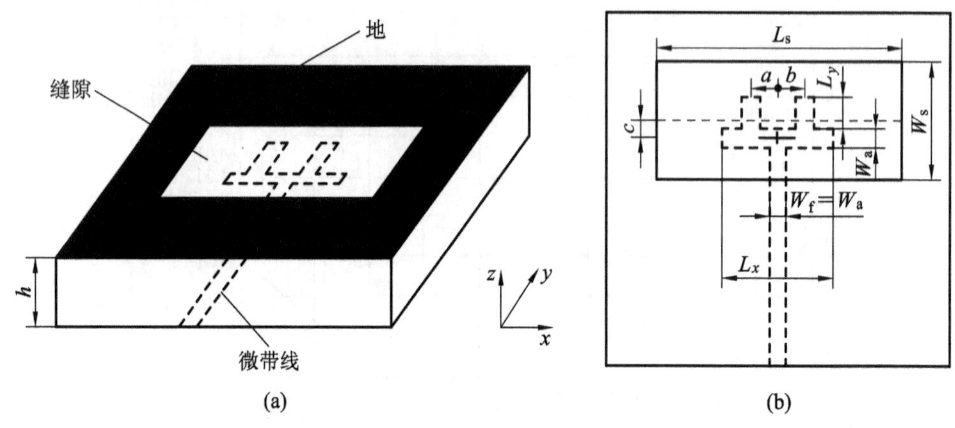

图 10.12　用倒 π 形微带线馈电的宽带缝隙天线

4. 用双微带线馈电的宽带缝隙天线

图 10.13 是用 ε_r＝3.4 的双面覆铜介质板制成的双微带线馈电的宽带缝隙天线的结构及尺寸。缝隙及由 T 形微带功分器构成的馈电网络的尺寸如图 10.13 及表 10.1 所示。地板的尺寸为 115 mm×100 mm。

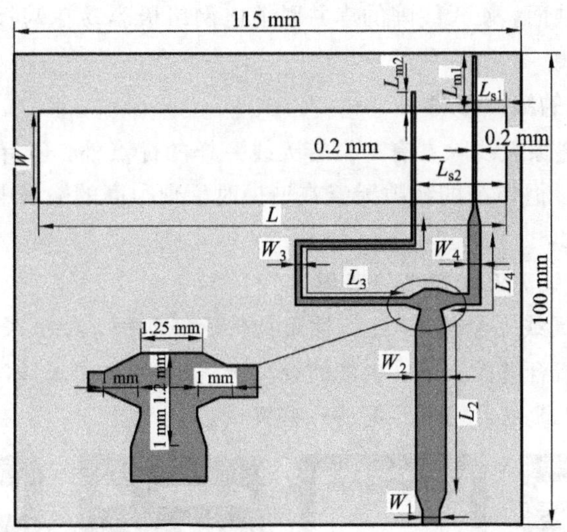

图 10.13 双微带馈电的宽带缝隙天线

表 10.1 双微带线馈电的宽带缝隙天线的尺寸

参数	L	W	L_2	W_2	L_3	W_3
尺寸/mm	31	6	11	1.8	19.73	0.43
参数	L_4	W_4	L_{s1}	L_{s2}	L_{m1}	L_{m2}
尺寸/mm	6.2	0.72	2	6	3.3	1

图 10.14 为该天线实测的 VSWR～f 曲线。由图 10.14 可看出，在 3～5.4 GHz(1.8∶1)的频段内，VSWR≤2，相对带宽为 57.1%。该天线有低交叉极化的双向方向图，在 3～5 GHz 频段内，实测增益大于 2 dBi。

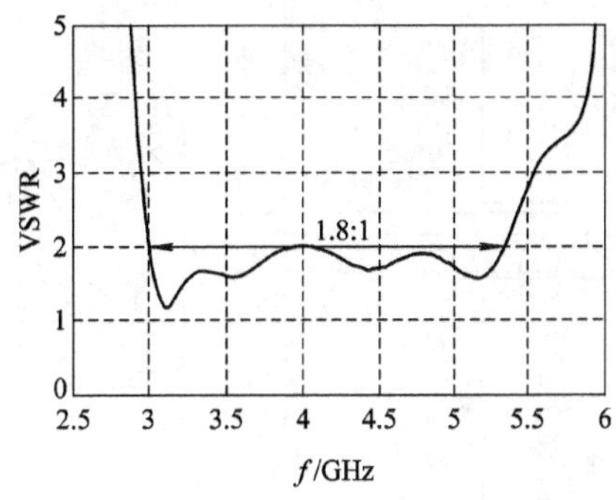

图 10.14 双微带馈电的宽带缝隙天线实测的 VSWR～f 特性曲线

10.2.2 用共面波导馈电的缝隙天线

1. 共面波导(CPW，Coplanar Wave Guide)传输线的特点

(1) 容易与微波集成电路(MIC)和单片微波集成电路(MMIC)集成。

(2) 辐射损耗和色散均比带线小，所以特别适合作为微带天线阵的馈线。

(3) 馈线和地板共面，使天线阵的串并联馈电网络极容易在基板的同一面实现，避免了过孔连接。

2. 共面波导馈电的缝隙天线

用 CPW 馈电的缝隙天线除具有与微带天线一样的优点外，还有一个特点就是它比微带天线有更宽的带宽。但传统的缝隙天线在谐振时呈现很高的输入电阻，很难与特性阻抗为 50 Ω 的传输线匹配。

1) 用共面波导给缝隙天线馈电的实例

中馈全波长缝隙天线完全与 50 Ω 特性阻抗传输线匹配。$\lambda_0/2$ 长缝隙天线输入阻抗较高，但采用偏馈和多折合缝隙天线，也能使缝隙天线与 50 Ω 传输线匹配。图 10.15 所示就是用 CPW 给缝隙天线馈电且阻抗匹配的一些实例。

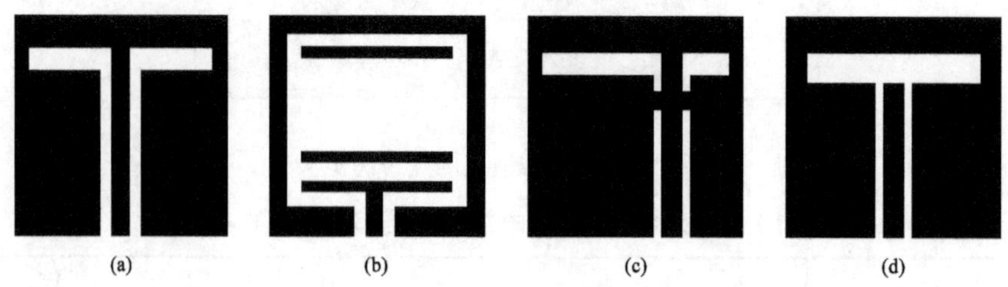

图 10.15　与 50 Ω 馈线匹配的 CPW 馈电缝隙天线的一些实例

(a) 全波长中馈；(b) 多折合缝隙天线；(c) 半波长偏馈；(d) 全波长电容耦合馈电

为了增加 CPW 馈线与缝隙天线的耦合，可以采用如图 10.16 所示的感性耦合缝隙天线，即让对称位于 CPW 馈线两侧的每臂半波长缝隙带有一段与 CPW 线平行的缝隙。图中，G 为缝隙和 CPW 线间的间隙，l/L 为 CPW 耦合段和一半缝隙总长度之比，W 为缝隙的宽度。

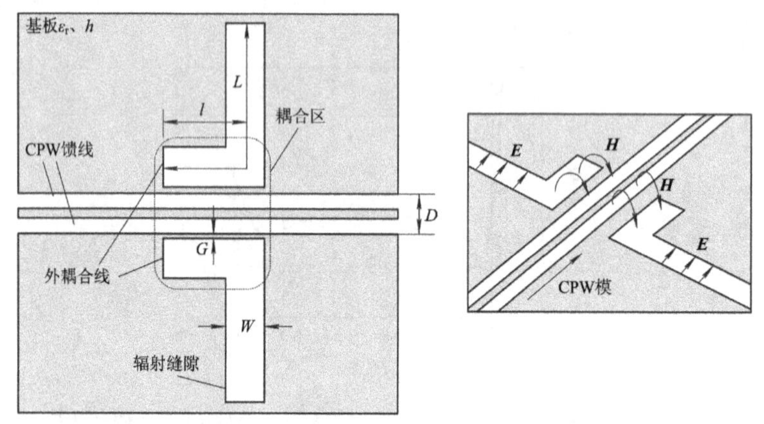

图 10.16　感性耦合 CPW 馈电缝隙天线

2) 三单元串馈边射缝隙阵

图 10.17 是 f=5 GHz 由厚 h=1.25 mm、ε_r=10.2 的基板用印刷电路技术加工而成的。三单元串馈边射缝隙阵。它是所有线的特性阻抗为 50 Ω。为了使天线与 50 Ω 馈线匹配，每个缝隙天线的阻抗为 50 Ω/3，为此选择尺寸如下：L=12.7 mm，l/L=0.24，G=0.4 mm，W=1 mm，D=0.81 mm，单元间距约 $0.42\lambda_0$(λ_0为 5 GHz 的自由空间波长)。

图 10.18 和图 10.19 分别为三单元缝隙天线阵的反射损耗曲线与实测 E 面和 H 面方向图。可见，方向图均呈 8 字形，可以作为室内走廊等狭长部分的双向天线。

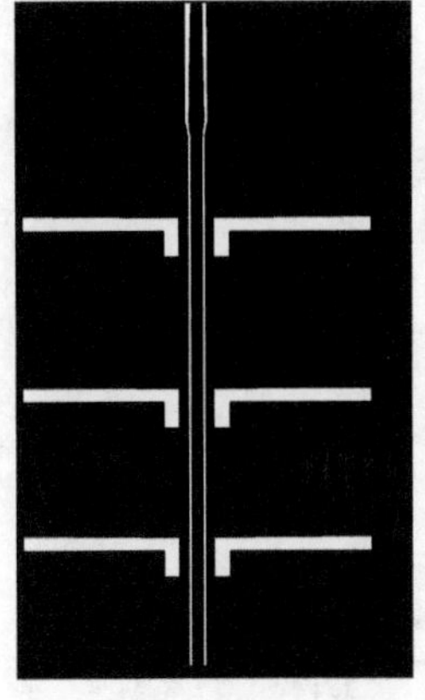

图 10.17　三单元串馈边射缝隙天线阵

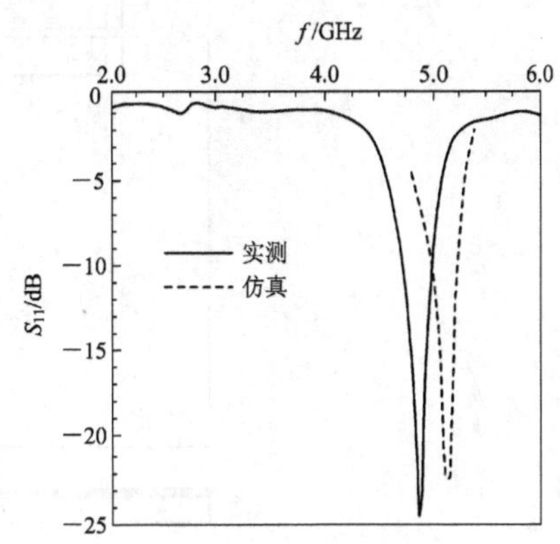

图 10.18　三单元串馈边射缝隙天线实测和仿真 $S_{11}\sim f$ 特性曲线

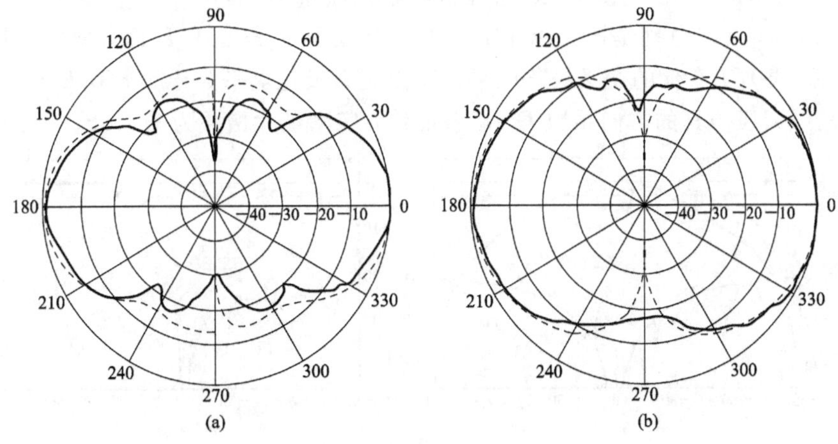

图 10.19　三单元串馈边射缝隙天线阵实测 E 面和 H 面方向图

(a) E 面；(b) H 面

3）共面波导馈电宽缝隙天线

图 10.20 是 $f=6\sim16$ GHz 的用共面波导馈电的宽缝隙天线。该天线具有以下特点：

(1) 缝隙的口径比较宽。

(2) 金属带伸出缝隙，减小了交叉极化电平。

(3) 共面波导馈线是靠电容耦合给天线馈电的。

(4) 距天线 $\lambda_e/4$(λ_e有效波长)，附加反射板以减小后向辐射。

(5) 有宽的阻抗带宽，VSWR≤2 的相对带宽为 50%。

用 $h_1=6$ mm、$\varepsilon_{r1}=1.1$ 和 $h_2=0.254$ mm、$\varepsilon_{r2}=2.2$ 的基板制造的天线和馈电网络的具体尺寸如下：

$L=23.4$ mm，$g=0.3$ mm，$b_1=b_2=b_3=2.4$ mm，$d_1=d_2=0.3$ mm，$P=0.6$ mm，$S=0.3$ mm，$W=1.2$ mm。

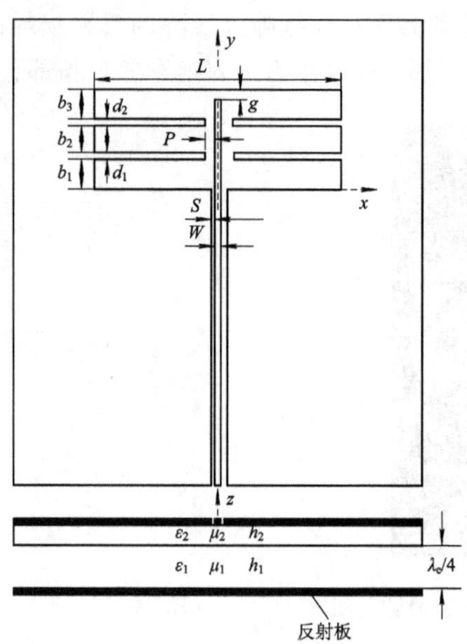

图 10.20　共面波导馈电的宽缝隙天线

图 10.21(a)、(b)分别是该天线在 $f=11$ GHz 实测的 H 面和 E 面方向图。由图 10.21 可看出，该天线确实有低的交叉极化电平，H 面交叉极化电平为－20 dB，E 面为－25 dB。图 10.22 是该天线仿真的方向系数 D、增益曲线，实测最大增益为 7.1 dB。

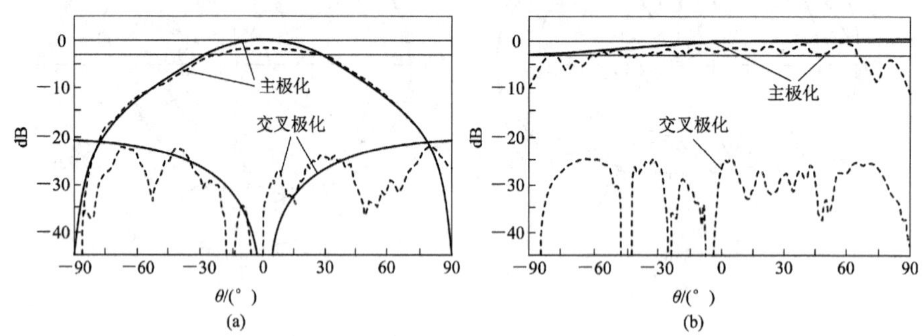

图 10.21　共面波导馈电的宽缝隙天线仿真和实测 H 面和 E 面主极化和交叉极化方向图

(a) H 面；(b) E 面

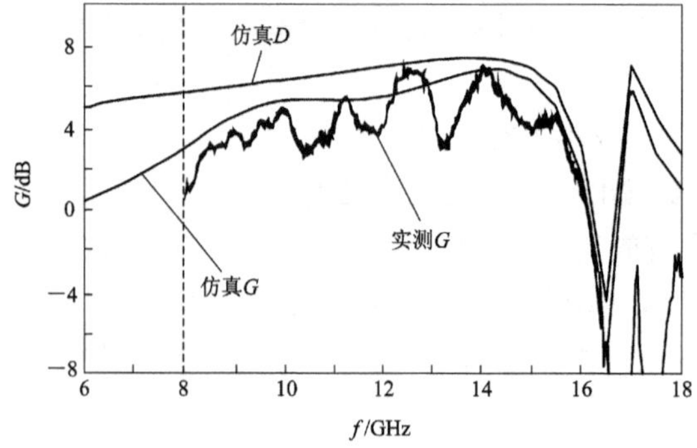

图 10.22　共面波导馈电宽缝隙天线仿真和实测 $G\sim f$ 特性曲线

4) 共面波导馈电的三频缝隙天线

为了满足无线通信系统多频工作的需要，图 10.23 给出了用共面波导馈电的三频缝隙天线。由图 10.23 可看出，该天线主要由高为 h、相对介电常数为 ε_r 的介质板上光刻腐蚀出的三个同心矩形缝隙环组成。共面波导馈线的特性阻抗为 50 Ω，其宽度为 W_c，与共面地之间的间隙为 S_c。选择合适的 W_c 和 S_c，同时调整缝隙的宽度 S_1、S_2、S_3，支节的长度 t 及距离 d，可使天线与馈线很好地匹配。控制矩形缝隙环天线的周长，可以获得所需要的工作频率。由于介电常数的影响，上述天线的谐振频率近似为 $0.83\lambda_g \sim 0.92\lambda_g$，$\lambda_g$ 为缝隙中的波长。假若 $\varepsilon_r = 4.4$，则 $\lambda_g \approx 0.78\lambda_0$（$\lambda_0$ 为自由空间波长）。天线的具体尺寸如下：$L_1 = 35$ mm，$L_2 = 30$ mm，$L_3 = 24.5$ mm，$W_1 = 20$ mm，$W_2 = 15$ mm，$W_3 = 10$ mm，$S_1 = S_2 = S_3 = 2$ mm，$W_c = 6.4$ mm，$S_c = 0.5$ mm，$h = 1.6$ mm，$d = 3$ mm。

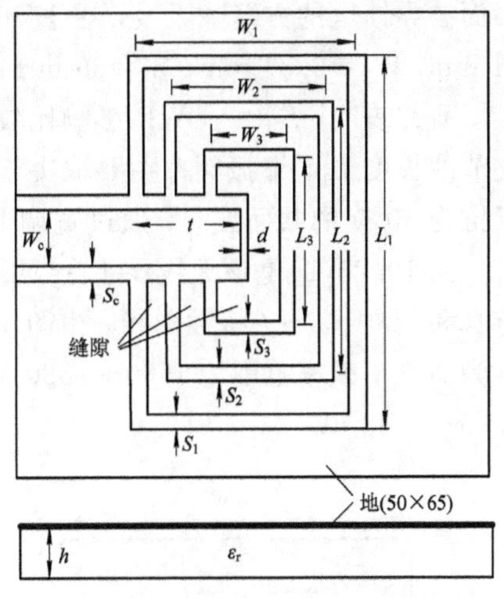

图 10.23 共面波导馈电的三频缝隙天线

图 10.24 是具有上述尺寸的三频缝隙天线实测和仿真 $S_{11} \sim f$ 特性曲线。由图 10.24 可看出，在 $f_1 = 1882$ MHz、$f_2 = 2302$ MHz、$f_3 = 3128$ MHz 三个频率上谐振。$S_{11} < -10$ dB 的相对带宽分别为 3.2%、7% 和 10.3%。图 10.25 是该天线在 2302 MHz 实测 E 面和 H 面方向图。由图 10.25 看出，仍然为双向方向图。在 1882 MHz 和 3128 MHz 有类似的方向图。

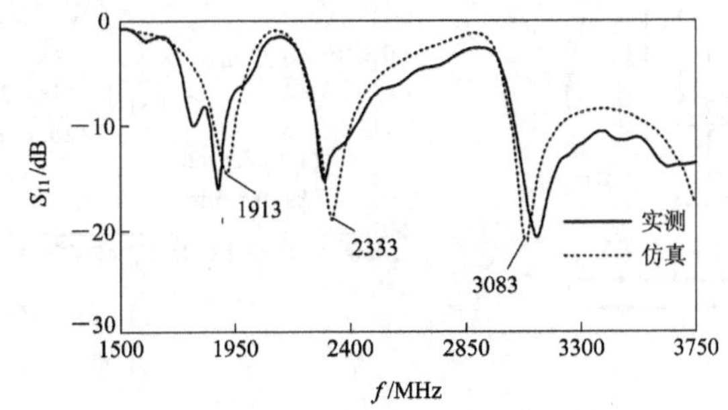

图 10.24 共面波导馈电的三频缝隙天线实测和仿真的 $S_{11} \sim f$ 特性曲线

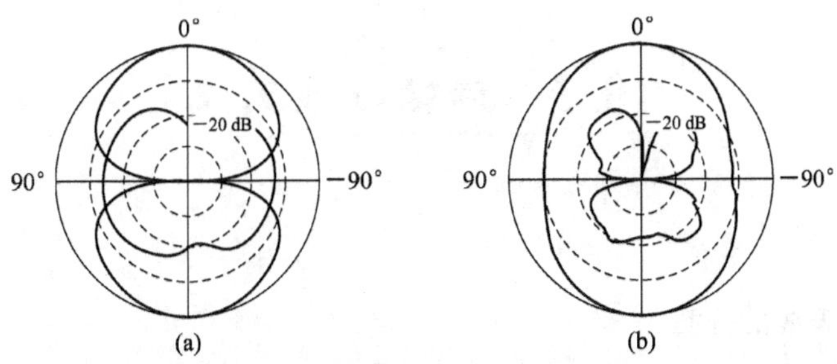

图 10.25 共面波导馈电的三频缝隙天线在 2302 MHz 实测 E 面和 H 面方向图

(a) E 面；(b) H 面

5）带有宽调谐支节的共面波导馈电的宽带方缝隙天线[2]

共面波导馈电缝隙天线具有宽频带、易于微波集成电路集成的优点。展宽带宽的方法，除了采用宽矩形缝隙、亚铃形缝隙外，还可以采用如图 10.26(a)所示的带宽调谐支节的共面波导馈电方缝隙天线，改变调谐支节的位置和大小，就能控制共面波导和辐射缝隙之间的耦合。

用厚 1.6 mm，$\varepsilon_r=4.4$ mm 的 FR4 单面尺寸为 G 的方基板制作的带有宽调谐支节的共面波导馈电的方缝隙天线，在 1560～2880 MHz 频段，具体尺寸如下：$G=72$ mm，$L=44$ mm，$W_f=6.37$ mm，$W=36$ mm，$L_1=22.5$ mm，$g=0.5$ mm，$S=0.5$ mm。

研究表明，S 对 VSWR 影响比较大，$S=0.5$ mm 最佳；低谐振频率主要取决于宽调谐支节的长度 L_1，谐振频率主要取决于方缝隙的边长 L。该天线用宽度 W_f、间隙为 g、特性阻抗为 50 Ω 的共面波导，通过宽调谐支节来激励宽缝。

图 10.26(b)是该天线在 $L_1=22.5$ mm，$S=0.5$ mm，不同调谐支节宽度 W 的情况下，仿真和实测 $S_{11}\sim f$ 特性曲线。由图 10.26 可看出，$W=36$ mm，VSWR≤2 的相对带宽最宽为 60%，频率范围为 1560～2880 MHz，该天线为双向辐射，在阻抗带宽内，实测增益为 3.75～4.88 dBi。

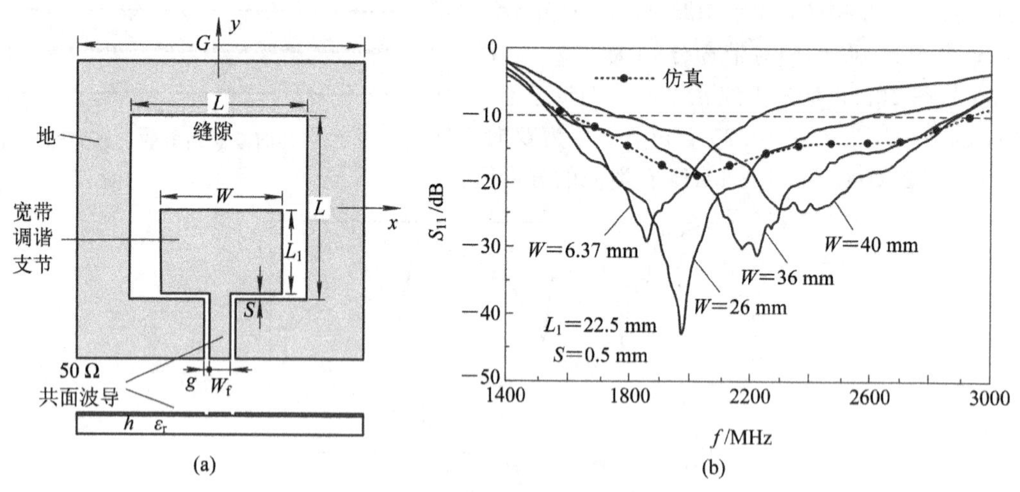

图 10.26 带有宽调谐支节的共面波导馈电的宽带方缝隙天线

(a) 结构；(b) S_{11} 曲线

10.3 同轴缝隙天线

10.3.1 概述

1. 同轴缝隙天线的分类

同轴缝隙分为两类：驻波型和行波型。驻波型同轴缝隙天线单元间距为 λ_0，在中心频率 f_0 所有缝隙等幅同相。驻波型同轴缝隙天线是目前应用最多的一种缝隙天线。行波型同轴缝隙天线单元间距不等于 λ_0。因此缝隙辐射的能量逐渐衰减，一小部分能量留在了天线末端，不是损耗在末端的负载中，就是通过末端一组特殊的缝隙辐射出去。

不管是驻波型还是行波型同轴缝隙天线，单个缝隙的长度一般为(0.5～0.75)λ_0，宽度为(0.05～0.1)λ_0。通过探针把RF能量耦合到缝隙中，具体讲就是把耦合器的探针伸到同轴线内外导体之间的空间，把能量耦合给缝隙。有许多不同类型不同形状的耦合器，其功能都是把能量耦合给缝隙。

图10.27(a)、(b)为同轴缝隙天线的结构和原理图。电流沿内导体像在任何同轴线中一样传输，在导体之间产生电场(E)和磁场(H)。耦合器截获了这些场之后，就会在外导体

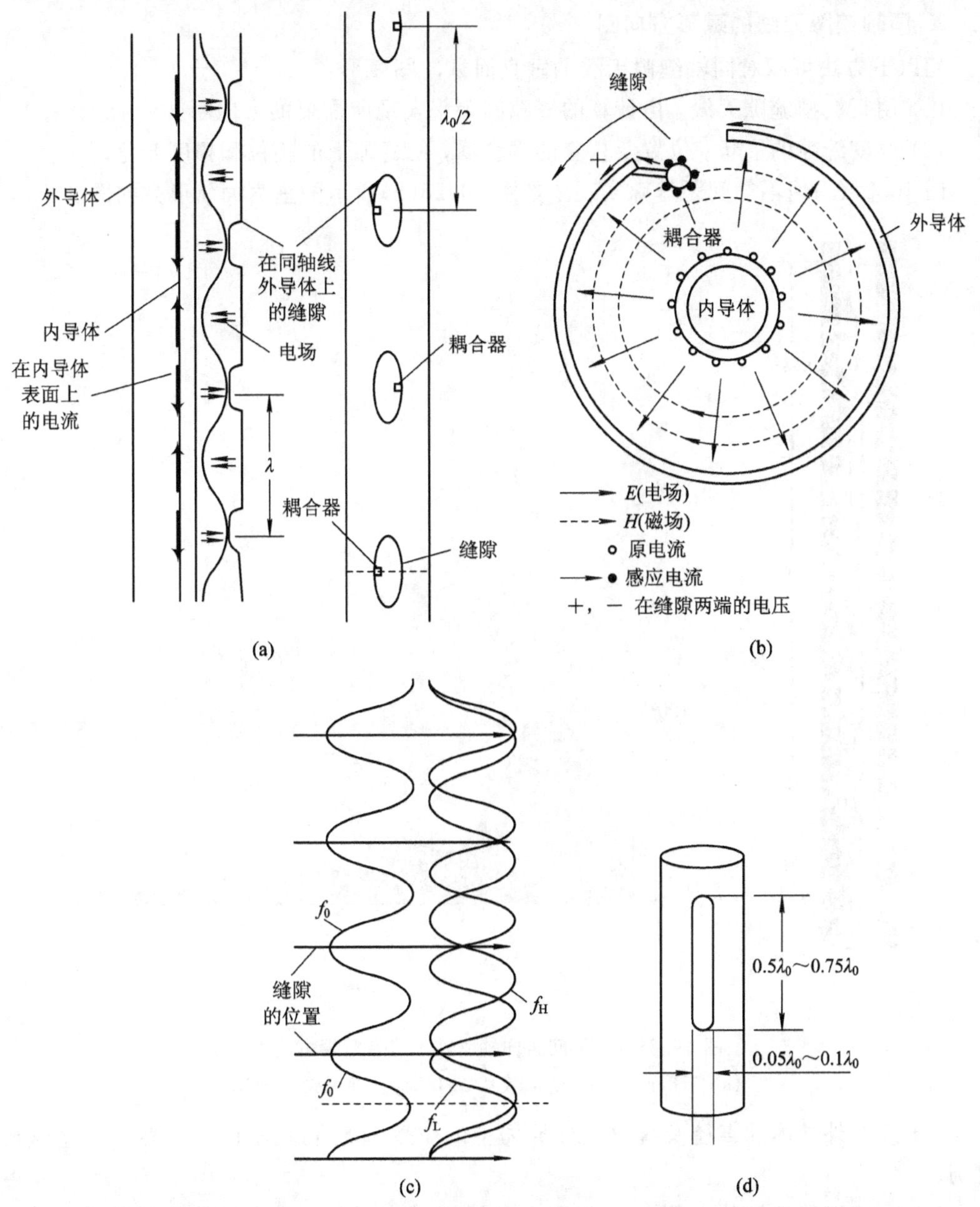

图 10.27 同轴缝隙天线

(a) 结构(侧视)；(b) 结构(截面)；(c) 波束随频率的变化；(d) 尺寸

的外周围感应产生环行电流，在缝隙两端产生电位(E)，这些电场与外导体相互作用就会产生辐射信号。外导体的直径和缝隙的位置决定了合成场的辐射方向图。由图 10.27(a)可看出，当缝隙间距为 λ_0时，缝隙等幅同相辐射；偏离中心频率，每个缝隙的辐射场不在同相；还会产生如图 10.27(c)所示的低频波束下倾、高频波束上翘的波束倾斜现象。让相邻缝隙的间距为 $\lambda_0/2$，此时相邻缝隙的相位差为 180°。为保证相邻缝隙同相辐射，必须让接在相邻缝隙处同轴线外导体上的垂直棒形耦合器反向，如图 10.27(a)所示，一个朝左，相邻的一个则朝右。

2. 同轴缝隙天线的赋形方向图

用以下方法可以对同轴缝隙天线的垂直面方向图赋形：

(1) 用行波型缝隙天线，由计算的缝隙间距来实现所需要的方向图。

(2) 改变缝隙的形状、位置及相应的耦合器，使缝隙上的相位和幅度变化。

图 10.28(a)用不等间距缝隙实现了如图 10.28(b)所示的垂直面赋形方向图。

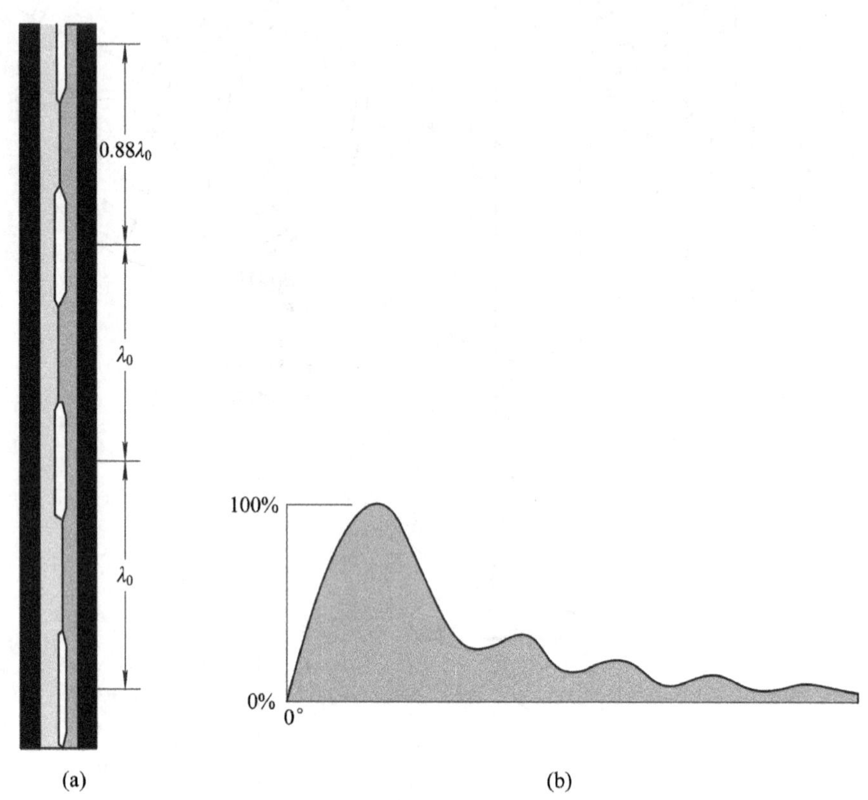

图 10.28 不等间距同轴缝隙天线及赋形方向图

(a) 不等间距同轴缝隙天线；(b) 垂直面赋形方向图

(3) 改变外导体的直径及缝隙在外导体上的位置和数量。图 10.29(a)是一些赋形的实例。

(4) 在缝隙的外导体上附加一些寄生金属板或金属翼，改变它们的形状和大小。图 10.29(b)是一些赋形的实例。

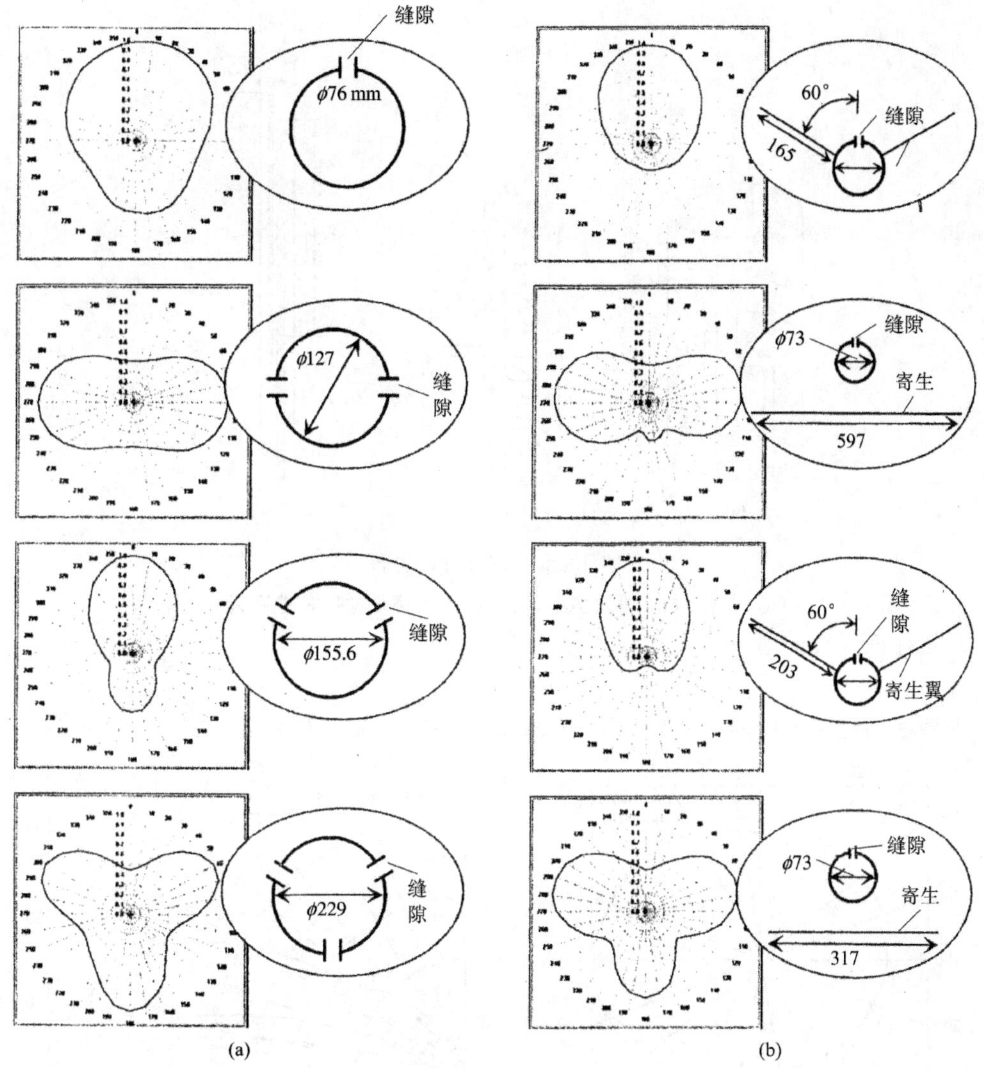

图 10.29　赋形同轴缝隙天线垂直面方向图的方法

(a) 改变外导体的直径和缝隙的位置及数量；(b) 在缝隙的外导体上附加金属板或翼

10.3.2　柱面缝隙天线[3-4]

图 10.30(a)为柱面缝隙天线，它是在直径为 D 的金属筒上开一个长度为 L 的缝隙，在缝隙的中间用同轴线馈电而形成的。由于环绕圆筒的阻抗特别低，以致大部分电流绕圆柱体类似于在水平环上流动，因而可以看成是在传输线上并联了许多如图 10.30(b)所示的环天线。假定圆柱体的直径 D 和波长相比足够小，例如 $D\leqslant\lambda_0/8$，开垂直缝的金属圆筒辐射水平极化波，水平面方向图近似呈全向。

为了提高增益，如图 10.30(c)所示，在垂直面采用层叠的方法。图 10.31(a)是直径 $D=490$ mm，FM 广播天线在 $f=110$ MHz 和 $f=86$ MHz 的水平面方向图。由图 10.31(a)可看出，频率升高，水平面方向图的不圆度变差。图 10.31(b)是 $f=98$ MHz 的垂直面方向图。

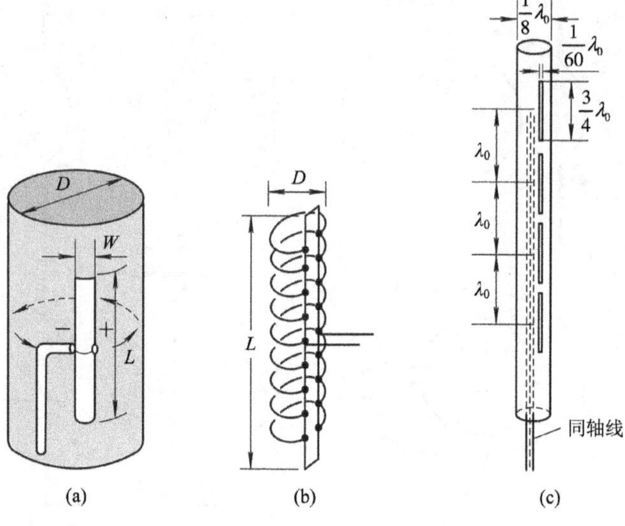

图 10.30 圆柱缝隙天线

(a) 结构；(b) 等效多圈环天线；(c) 高增益圆柱缝隙天线

多层柱面天线的增益与层数 N 有如下近似关系：

$$G = 1.5^N$$

谐振柱面缝隙天线的尺寸为：$D=0.125\lambda_0$，$L=0.75\lambda_0$，$W=0.02\lambda_0$。

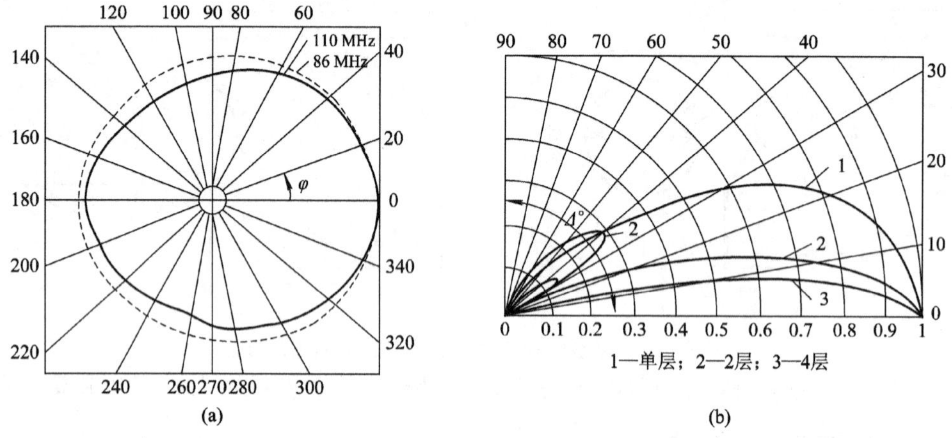

图 10.31 D=490 mm，圆柱缝隙天线在 110 MHz 和 86 MHz 实测水平面和不同层 98 MHz 垂直面方向图

(a) 水平面；(b) 垂直面

10.3.3 由介质加载开缝圆柱体构成的水平极化全向天线[5]

由于微蜂窝、宏蜂窝的个人通信业务大都采用安装在较高的铁塔或高大建筑物的顶上的垂直极化基站天线，因而扩展了服务区，但这类基站天线很容易受到视距以内其他同频基站天线的严重干扰。虽然使用波束下倾和带有赋形方向图的基站天线能抑制干扰，但在使用上述方法效果仍然不佳的一些严重干扰的地区，可改用水平极化全向天线来减小垂直极化基站天线带来的干扰。

在直径小于 0.1λ_0 的柱状金属圆筒上，开宽度远远小于波长但长度超过一个波长的垂直缝隙，可以构成水平极化全向天线。为了使缝隙的长度缩短小于一个波长，可以用介质加载，如图 10.32 所示。对中心频率 f_0=1906 MHz 的 PHS，用 ε_r=2.6、厚 1.6 mm 的单面覆铜介质板，用印刷电路技术腐蚀出长×宽=121 mm(0.76λ_0)×0.5(mm)(0.0032λ_0)的轴向缝隙。当缝隙的宽度变窄时，为了谐振，缝隙的长度也应减小。用半硬同轴电缆给缝隙馈电，让馈电点偏离缝隙中心一侧，并调整到合适位置可以使阻抗匹配。为了得到更高的增益，可以轴向排阵。为了抑制栅瓣，缝隙与缝隙间的间距 d 取 0.9λ_0。图 10.32 只给出了两单元。

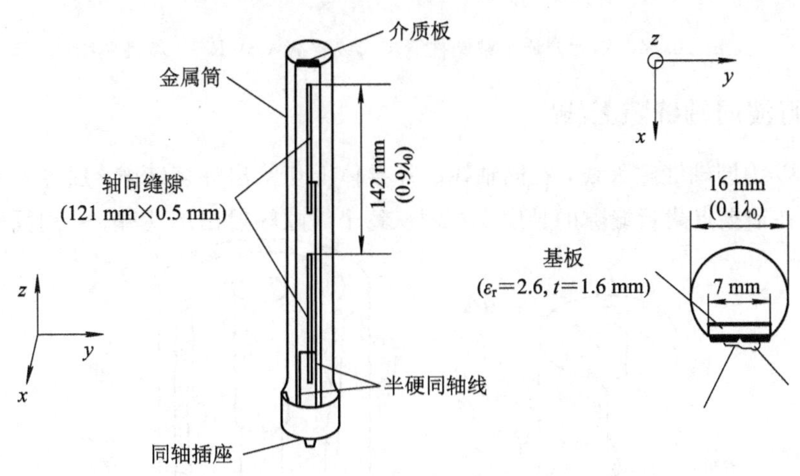

图 10.32　介质加载圆柱缝隙天线

为了得到 8 dB 的增益，需要四单元组阵。如果还希望波束下倾，可通过给每单元不同的馈电相位，在工程中多通过调整馈电电缆的长度来实现。图 10.33 和图 10.34 分别是四单元介质加载圆柱缝隙天线在中心频率的实测方向图和 VSWR 曲线。由图 10.33 可看出，垂直面波束下倾 15°，水平面方向图呈全向，不圆度小于 1.5 dB。由图 10.34 可看出，在 1.406～2.206 GHz 频段内，VSWR≤1.5，相对带宽为 44%。

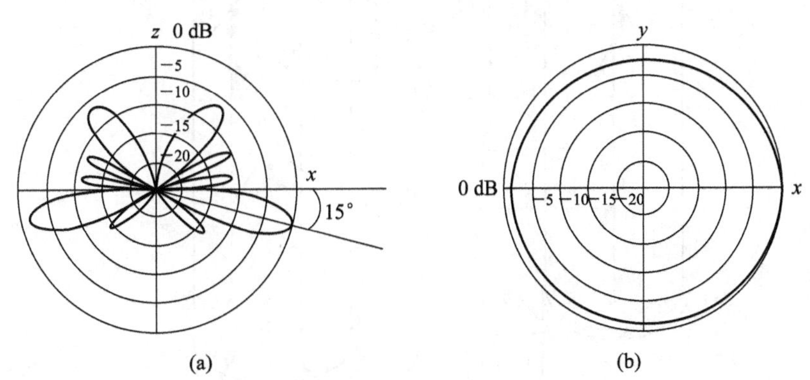

图 10.33　四元介质加载圆柱缝隙天线实测垂直面和水平面方向图
(a) 垂直面；(b) 水平面

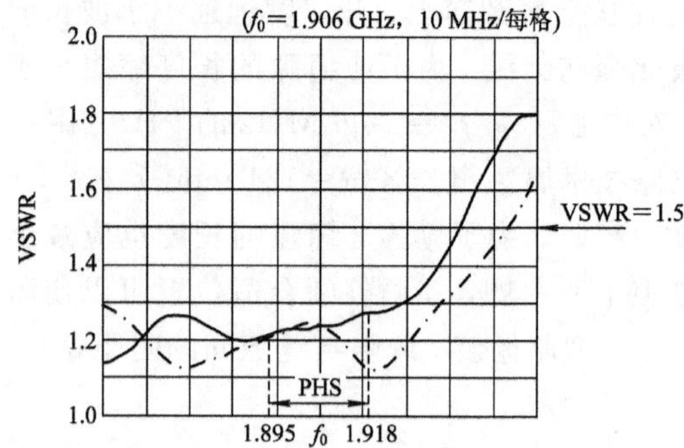

图 10.34　四元介质加载圆柱缝隙天线实测 VSWR～f 特性曲线

10.3.4　行波同轴缝隙天线[6]

图 10.35 为同轴缝隙天线，在同轴线的外导体上切割出许多缝隙，通过调整每个缝隙的倾角 θ 及在谐振点附近缝隙的长度来控制从每个缝隙辐射出的功率。一列同轴缝隙天线

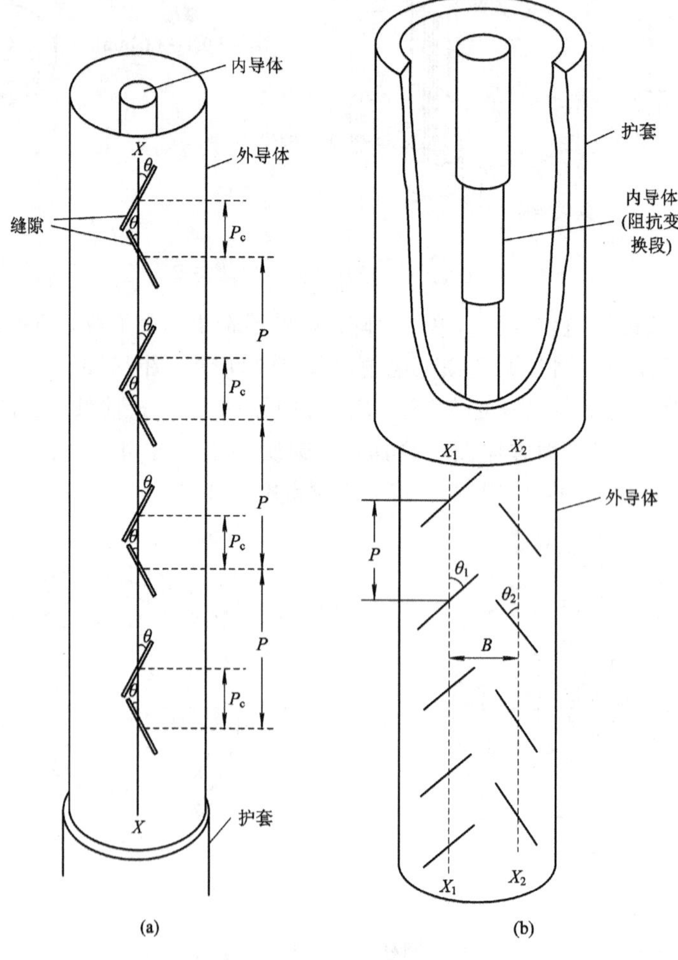

图 10.35　同轴缝隙天线

(a) 一列缝隙；(b) 两列缝隙

外导体的内直径 D 应满足如下方程：

$$\frac{\lambda_0 \sin\theta_{\max}}{2\pi} < D < \frac{2}{\pi(1+\exp[-Z_0\sqrt{\varepsilon_r}\ /\ 60])} \times \frac{c}{f\sqrt{\varepsilon_r}} \tag{10.7}$$

式中：ε_r为同轴线内外导体间绝缘材料的相对介电常数；f 为传输频率；Z_0为同轴线的特性阻抗；c 为光速；λ_0为自由空间的波长；$\theta_{\max}$为相对外导体纵轴缝隙的最大倾角。

两列同轴缝隙天线外导体的内直径 D 应满足

$$\frac{\frac{\lambda_0 \sin\theta_{\max}}{2}+B}{\pi} < D < \frac{2}{\pi(1+\exp[\frac{-Z_0\sqrt{\varepsilon_r}}{60}])} \times \frac{C}{f\sqrt{\varepsilon_r}} \tag{10.8}$$

式中，B 为两列缝隙纵向中心线之间距。

在用同轴电缆设计同轴缝隙天线时，还可能用到波导波长 λ_g和截止波长 λ_c，其计算式为

$$\lambda_g = \frac{\lambda_0}{\sqrt{\varepsilon_r}} \tag{10.9}$$

$$\lambda_c = \frac{\pi(D+d)}{2} \tag{10.10}$$

式中，d 为同轴线内导体的外直径。

因此，截止频率

$$f_c = \frac{c}{\lambda_c\sqrt{\varepsilon_r}} \tag{10.11}$$

对给定尺寸的同轴线，f_c 是唯一的。电缆越粗，它的截止频率就越低。对 f=11.7～12.04 GHz 的卫星广播，同轴线外导体的外直径不能超过 10～15 mm。

调整缝隙的长度稍小于 $\lambda_0/2$ 及它相对纵轴的倾角，来控制缝隙天线与馈线间的耦合。同轴缝隙天线主波束的方向由同轴线中行波的相位和缝隙的位置来决定。为了实现天线的阻抗匹配，可以在同轴线中附加如图 10.35(b)所示的阻抗变换段。

10.3.5 用Z字形缝隙构成的水平极化全向天线[7]

在同轴线的外导体上切割许多纵向缝隙，就能构成水平极化全向天线。为了避免产生高次模，同轴线的直径 $D<0.1\lambda_0$，以保证天线水平面方向图有好的圆度。另外，天线的功率容量决定了天线的最小直径。按照功率容量要求，假定同轴缝隙天线的直径 $D>0.1\lambda_0$，为保证天线仍有好的圆度，可以采用在同轴线外导体上的多缝结构。

图 10.36 是在同轴线外导体的圆周上由间隔 120°的三个纵向 Z 字形缝隙构成的水平极化全向天线。为实现高增益，沿同轴线的轴线，按间距 $d=\lambda_0/2$ 组阵，图中共有 1、2、3、4、5、6 层。把外导体展成平面，且按 30°间隔从 0°到 360°分成 12 格。为进一步改善圆度，相邻一层缝隙相隔 60°配置。每个缝隙都由向上和向下的纵向长度及中间长度远比纵向短的横向长度组成，由于形状像英文字母 Z，所以叫 Z 字形缝隙。Z 字形缝隙纵向总长约 $\lambda_0/2$，中间的横向水平部分起着耦合器的作用，利用它使传输线与辐射缝隙耦合。相邻层缝隙的纵向长度重叠，重叠长度约占其长度的 1/6。由于上下相邻层缝隙的间距 $d=\lambda_0/2$，且 1、3、5、7 层的 Z 字形缝隙具有相同的位置和取向，所以 1、3、5、7 层的 Z 字形缝隙同相。同理，2、4、6 层的 Z 字形缝隙也具有相同的位置和取向，故它们也同相。但它们相距

1、3、5 层 Z 字形缝隙 $\lambda_0/2$，与 1、3、5 层 Z 字形缝隙反相。为了保证相邻 Z 字形缝隙同相，把相邻 Z 字形缝隙倒置，使水平横向部分反向而反相，以补偿间距带来的 180°相差。这样所有 Z 字形缝隙的横向中心都位于直线 x、y、z 上。

为了消除传输线的有害影响，需要适当调整缝隙的电长度，有时需要对缝隙介质加载，即把一些介质圈套在有缝隙的同轴线外导体的外面。

如果需要对天线方向图赋形，或者让波束下倾，则必须调整激励每个缝隙的相对相位和幅度，即调整每层 Z 字形缝隙横向部分为不同的长度(例如 L_1、L_2、L_3等)来实现不同的相对幅度激励，调整单元间距 d_1、d_2为不同值($d\neq\lambda_0/2$)来实现所需要的相对相位激励。

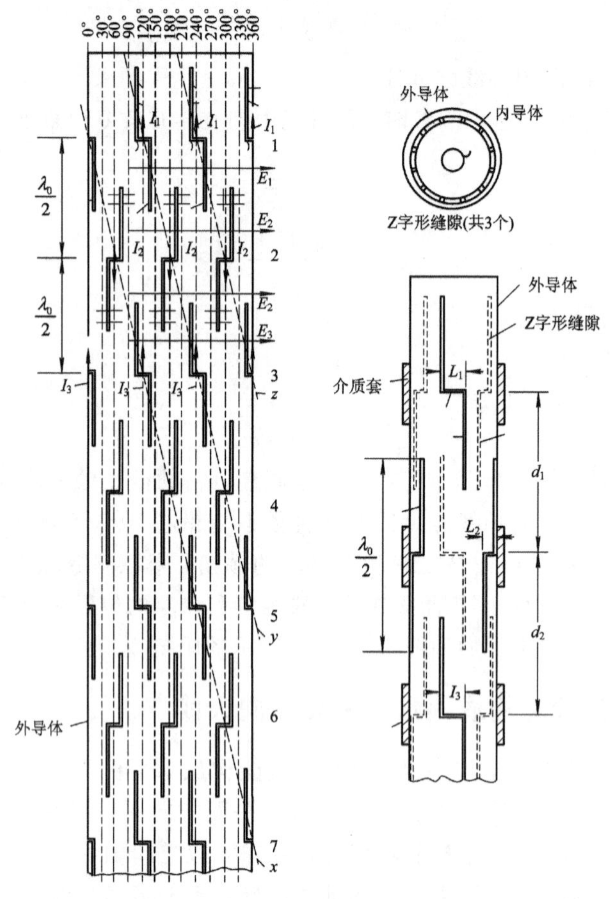

图 10.36　Z 字形同轴缝隙天线

10.3.6　VHF/UHF 行波电视发射天线[8]

VHF/UHF 行波电视发射天线多采用同轴缝隙天线。它把在支撑管圆周上切割的许多纵向缝隙作为辐射体。该天线一般由图 10.37 所示的顶负载、主要辐射部分和底部输入支撑三部分组成。辐射部分由成对使用一个在另一个反面的四行缝隙组成。同一行相邻缝隙相距 $\lambda_0/2$，不同行相邻缝隙相距 $\lambda_0/4$。功率由底部输入，沿天线中间的同轴传输线向上传输，每个缝隙就相继通过电容耦合从行波中提取一部分能量。由于每一对缝隙反向馈电，在外导体外面的环形辐射电流就模拟了偶极子的电流，因此产生了 8 字形水平方向图，如图10.38所示。对一个垂直面的缝隙对，例如缝隙对1、3和5，每一个缝隙对在同一方位都形成8字形方向图。因为这些缝隙对沿支撑管相距$\lambda_0/2$，耦合电容交替地反转了在线上激励电压的相位，使辐射电流和辐射场同相。因此在一个垂直平面由所有缝隙对辐射的方向图均形成一个合成8字形水平方向图。同样对与1、3、5缝隙对间隔90°的缝隙对2、4，它的水平面方向图也呈8字形，但与1、3、5缝隙对的8字形水平面方向图正交。相互正交的缝隙对1、2或2、3相距$\lambda_0/4$，也就是说，缝隙对1、2的辐射场有90°相差，这种情况类似用90°相差给两个正交偶极子馈电的绕杆(Turnstile)天线。按照绕杆天线的原理，它的水平面方向图恒为一个圆。

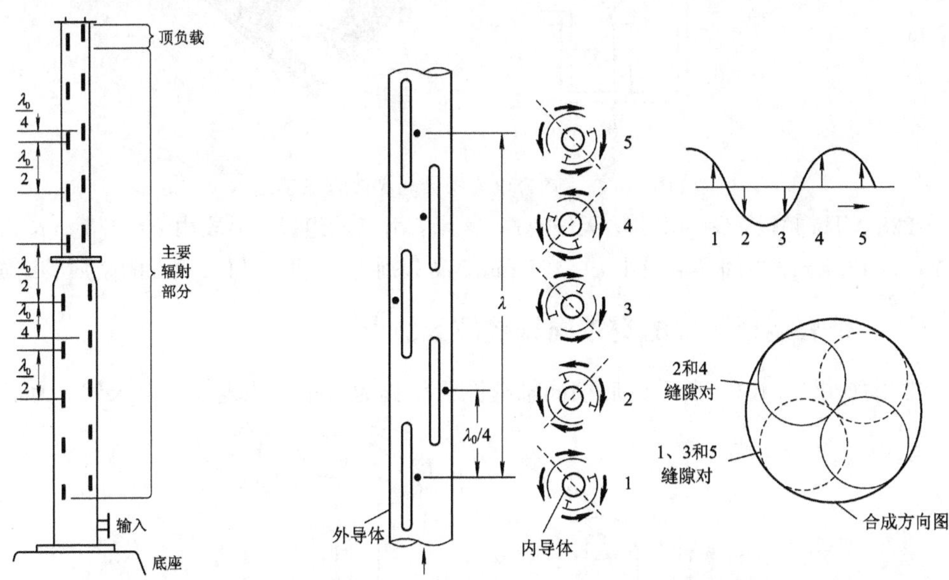

图10.37　同轴缝隙天线阵　　　　图10.38　同轴纵向及圆周上的缝隙对和合成方向图

尽管所有的缝隙和耦合电容都具有相同的尺寸，但信号在传输过程中由于缝隙的辐射及损耗呈指数衰减。当信号到达天线顶部时，在传输过程中由于大部分能量被提取及辐射，剩余的能量最后被顶负载辐射。在天线顶部，由于把内导体和外导体短路，因而至少有两对缝隙尺寸与其他缝隙不同，特性也不同，耦合网络也不同。通常把这两对缝隙(包括耦合网络及短路板)统称为顶负载。顶负载形成一个相对宽带、低功率、低增益天线部件，它不仅与其他缝隙同相，且呈全向辐射。顶负载为天线辐射部分提供了一个合适的端接负载，维持了行波天线的特性，使天线的驻波比相当得好，如VSWR=1.05。

耦合电容探针在电气上除作为电耦合器件使用外，在机械上还提供了把内导体固定在中心的支撑作用，如图10.39所示。它可以用一个聚四氟乙烯绝缘棒塞进探针，用构成耦合电容的介质来实现。天线的内导体硬支撑在底部，没有使用任何绝缘固定装置。功率通过位于天线底部的T形结构给天线馈电。

为了保证输入端宽带低反射，在支撑杆的底端附加了一个$\lambda_0/4$短路支节，在内导体的每一端还附加了补偿变换段。

在174～180 MHz的VHF电视频道，G=8 dBi，天线总长18.9 m，由上下两段组成，上段高10.7 m，金属管外直径为273 mm，下段高7.9 m，金属管外直径仍然为273 mm。对

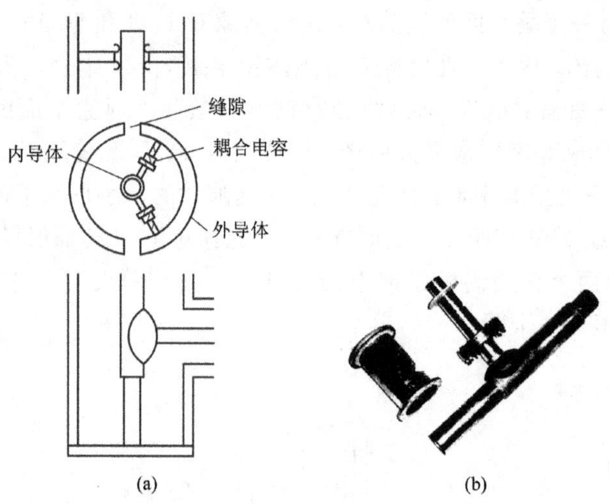

图 10.39　耦合电容探针和底部的 T 形结构

222～228 MHz 频段，G=18 dB，天线总高 34 米，由三段组成，上段由 φ=273 mm 的金属管组成，高 13.7 m，中间和下段由 φ=457 mm，高分别为 12.6 m 和 7.7 m 的金属管组成。

10.3.7　带有调谐装置的宽带同轴缝隙天线[9]

常用如图 10.40(a)所示的底馈同轴缝隙天线作为水平极化电视发射天线。为了用此天

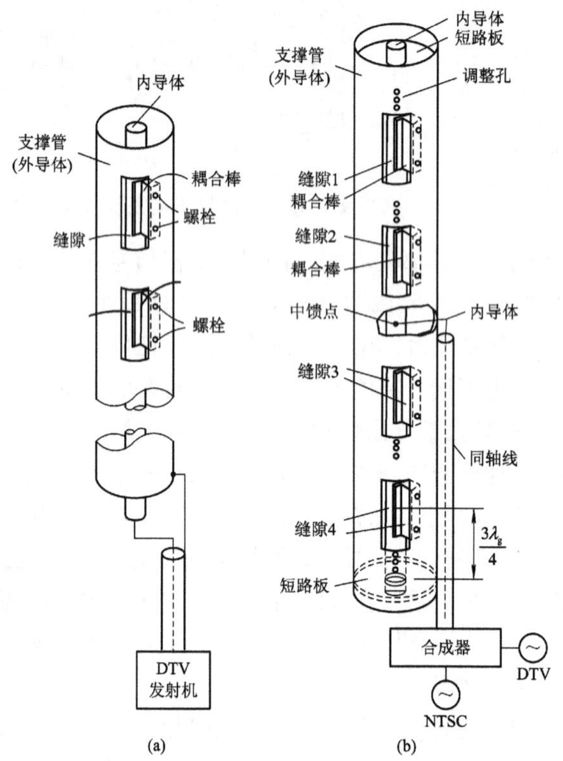

图 10.40　带有耦合棒的同轴缝隙天线

(a) 底馈；(b) 中馈

线同时发射两个相邻频道的电视信号，例如 $f=512\sim518$ MHz 的 21 频道和 $f=518\sim524$ MHz 的 22 频道，或者能同时发射数字电视(DTV)和国际电视系统委员会(NTSC)的频道信号，此时需要采用如图 10.40(b)所示的中馈同轴缝隙天线。由图 10.40(b)可看出，DTV 和 NTSC 发射机经合成器合成一路后，用同轴线从同轴缝隙天线的中部馈入，即同轴线的内导体与同轴缝隙天线的内导体相连，同轴线的外导体与同轴缝隙天线作为整个天线支撑管的外导体相连。外导体上有许多作为辐射体的纵向缝隙。为了把同轴线中传输的功率耦合给缝隙，激励缝隙向外辐射，在每个缝隙旁边外导体的内壁上安装了耦合棒。同轴缝隙天线的效率随耦合棒的位置而变，耦合棒与相应的缝隙不平行会导致效率降低。耦合棒的尺寸和位置一旦由实验确定，就必须牢固精确固定。图 10.41 给出了一些耦合棒的形状和采用定位销钉精确固定的方法。由于耦合棒造成的缝隙-耦合器电抗导致高的 VSWR 而影响相应缝隙的辐射，为此采用了如图 10.42 所示的用探针调谐的方法，这些探针从纵向位于缝隙附近外导体上的螺纹孔由外向内指向内导体，探针一端带有螺丝，可以伸进退出，一旦调好，就可以用螺帽固定死。

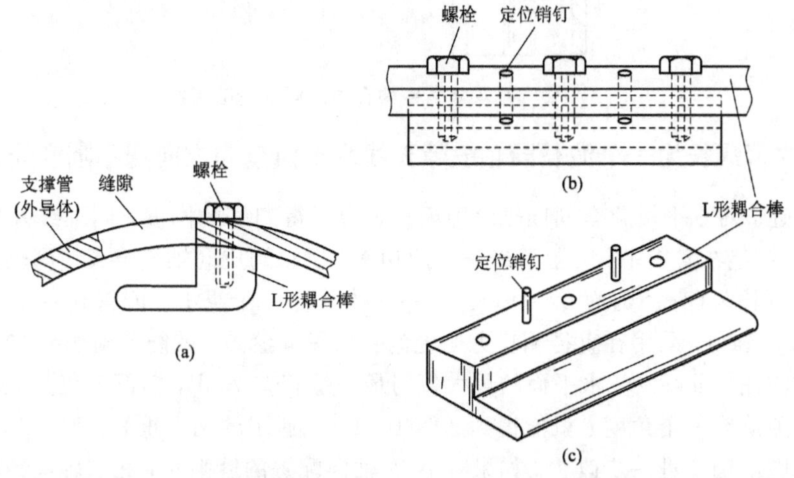

图 10.41　耦合棒及固定耦合棒的方法

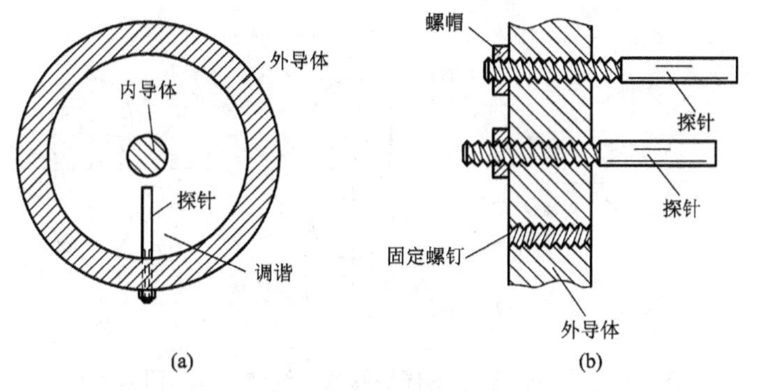

图 10.42　探针及调谐探针的方法

图 10.43 为同轴缝隙天线使用的另外一种双金属棒耦合器，通过改变耦合器的尺寸及中间分开的间隙，能起到变换阻抗、改善阻抗匹配的目的。

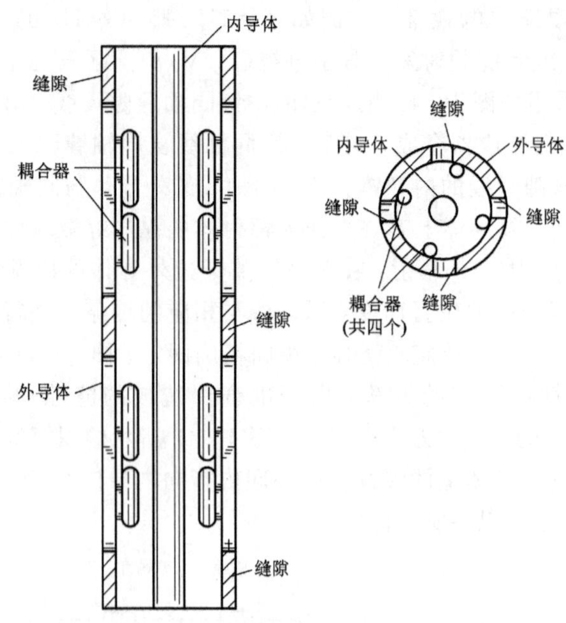

图 10.43　有双金属棒耦合器的同轴缝隙天线

10.3.8　改善周长为一个波长同轴缝隙天线水平面全向方向图不圆度的方法[10]

如前所述，对水平极化全向同轴缝隙天线，为了得到好的圆度，同轴线外导体的直径应小于 $0.1\lambda_0$，但在实用中，为了承受一定的功率，要求构成同轴缝隙天线同轴线外导体的周长为一个波长 λ_0(直径则为 0.318λ)。在外导体上开一个纵缝，能得到一个定向方向图(参看图 10.44(a))，采用在直径相反方向上的一对纵向缝隙，就能得到如图 10.44(b)所示的哑铃形方向图，虽可以使水平面的最大值与最小值相差 7 dB，但圆度仍然较差。让轴向相邻一对缝隙旋转一个角度 θ 就能得到如图 10.44(c)所示的两个重叠的哑铃形方向图，使水平面方向图的圆度进一步改善。如果有 N 对轴向配置的缝隙对，相邻轴向缝隙对的旋转角度 θ 应为 $\theta=360°/N$。如果 $N=5$，则 $\theta=72°$，就能使水平面全向方向图的圆度在 ±0.5 dB 以内。

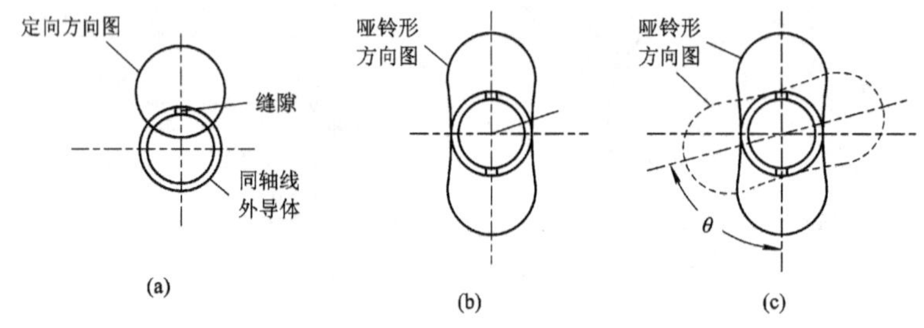

图 10.44　周长为 λ_0 的同轴缝隙天线缝与方向图的关系

(a) 单缝，定向方向图；(b) 直径相反双缝，哑铃形方向图；(c) 四缝，双哑铃形方向图

图 10.45 是用五个轴向相距 $\lambda_0/2$ 的缝隙构成的水平极化同轴缝隙全向天线阵的结构示意图。该天线主要由圆金属管构成同轴线内外导体，同轴线外导体的周长为 λ_0(直径 $\varphi=0.318\lambda_0$)。在外导体直径相反的方向上有长度大于 $\lambda_0/2$ 的轴向缝隙对。把同轴线外导体的

圆周分成360°，则轴向相邻缝隙对依次要旋转72°来切割。信号由同轴缝隙天线的底部馈入，用与同轴线内外导体相连的耦合针来激励每个缝隙。由于同轴线外导体的周长为λ_0，所以直径相对的缝隙对相距$\lambda_0/2$。为使缝隙对同相辐射，必须让耦合针与缝隙对两侧的外导体相连(不能与同侧外导体相连)。由于轴向相邻缝隙对间隔$\lambda_0/2$而反相，为保证轴向相邻缝隙对同相辐射，必须把相邻缝隙处连接同轴线内、外导体耦合针的位置反向，即一个与缝隙左侧的同轴线外导体相连，相邻的一个则与缝隙右侧的同轴线外导体相连，如图10.45所示。

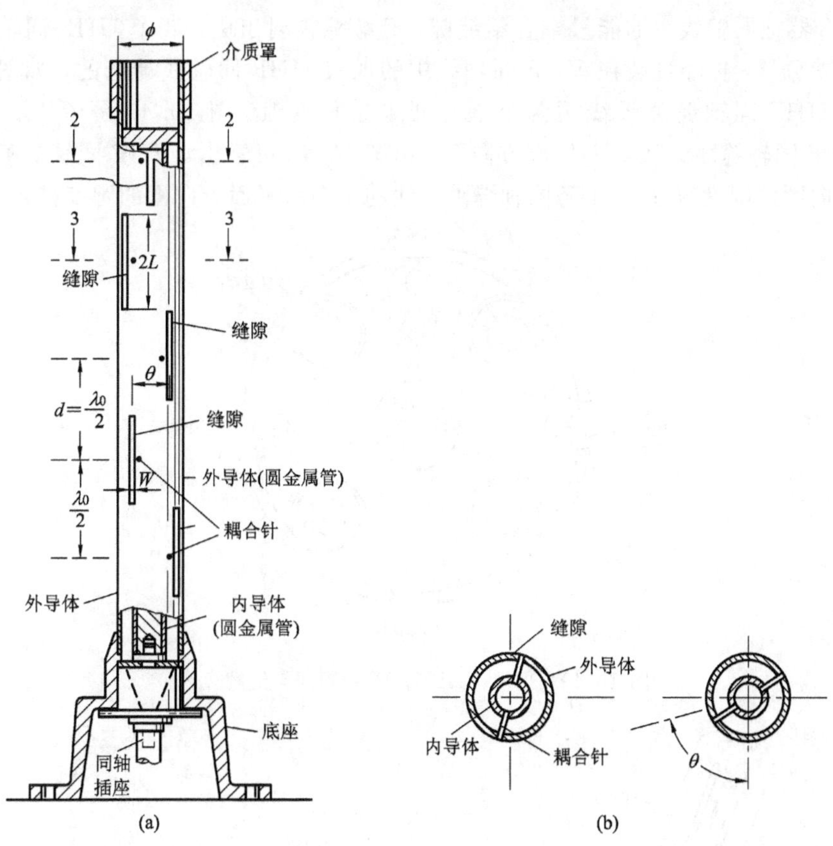

图10.45 由五个轴向相距$\lambda_0/2$沿圆周相隔72°配置的纵向缝隙对构成的水平极化全向同轴缝隙天线阵

由于所有缝隙为谐振单元，所以它的输入阻抗为实数。阵的输入阻抗是把五个缝隙对的输入阻抗并联。为了使阵的输入阻抗与馈线匹配，除了利用天线的防护罩外，还可以利用同轴线阻抗变换段。

【例10.1】 已知中心设计频率$f_0=30000$ MHz($\lambda_0=10$ mm)，要求$G=6$ dBi左右，试设计天线。

拟采用五个缝隙对，按上述原则设计的天线尺寸和主要电性能如下：天线高为299 mm(约为$3\lambda_0$)(不含底座)，轴向单元间距$d=50$ mm($0.5\lambda_0$)，同轴线外导体的直径$\varphi=32$ mm($0.32\lambda_0$)，周长为100 mm(λ_0)，缝隙的尺寸为长×宽$=2L\times W=58.4$ mm($0.58\lambda_0$)×3.2 mm($0.032\lambda_0$)，$G=6$ dBi左右，$\mathrm{HPBW}_E=19°\pm1°$，水平面方向图呈全向，不圆度典型值为±0.5 dB，最坏为±1 dB。

10.3.9 VHF/UHF 双频同轴缝隙天线

图 10.46 是 VHF/UHF 双频同轴缝隙天线的顶视图。由图 10.46 可看出，支撑管作为 VHF 同轴缝隙天线的外导体，内部包括了 VHF 同轴缝隙天线的内导体及四个 UHF 同轴缝隙天线的内外导体。VHF/UHF 同轴缝隙天线是由在支撑管的圆周上均布的四个纵向 VHF 和四个纵向 UHF 缝隙组成的。四个 VHF 同轴缝隙天线由中心的内导体和兼作支撑管的外导体构成的同轴线馈电，L 形夹子把耦合器固定在开有 VHF 缝隙支撑管旁边的内壁上。耦合器把同轴线中的能量耦合给缝隙，经缝隙辐射出去。四个 UHF 同轴缝隙天线是通过四功分器，再经过装在 VHF 同轴线中的四根 UHF 同轴线馈电的，如图 10.47 所示。每个 UHF 同轴缝隙天线用两个耦合器来激励缝隙。图 10.48 是图 10.46 所示的 VHF/UHF 同轴缝隙天线的方位面方向图。由图 10.48 可看出，VHF 同轴缝隙天线全向水平面方向图的圆度很好，UHF 同轴缝隙天线的全向水平面方向图的圆度稍差。

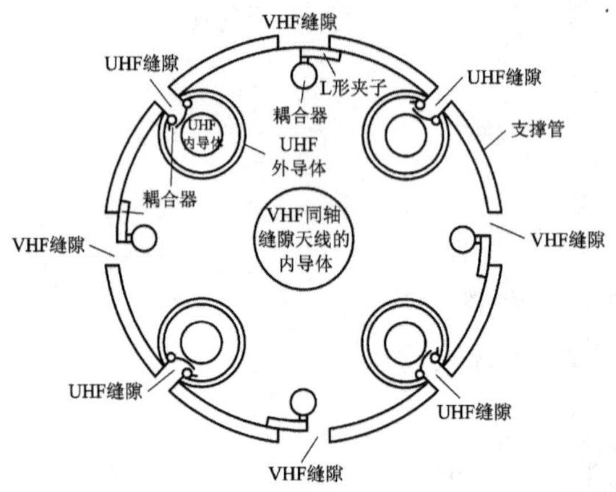

图 10.46 顶视 VHF/UHF 双频同轴缝隙天线

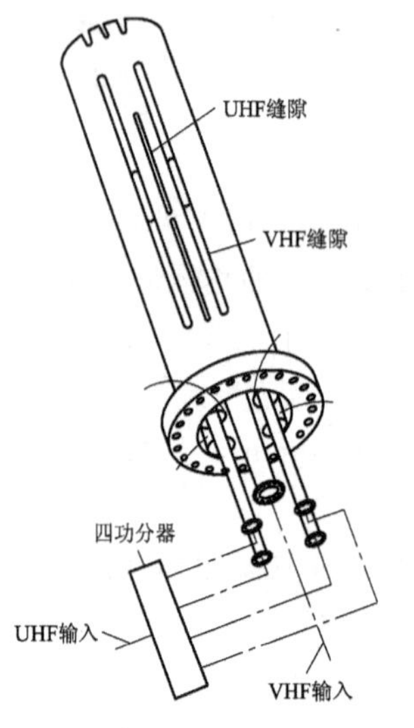

图 10.47 VHF/UHF 双频同轴缝隙天线的馈电

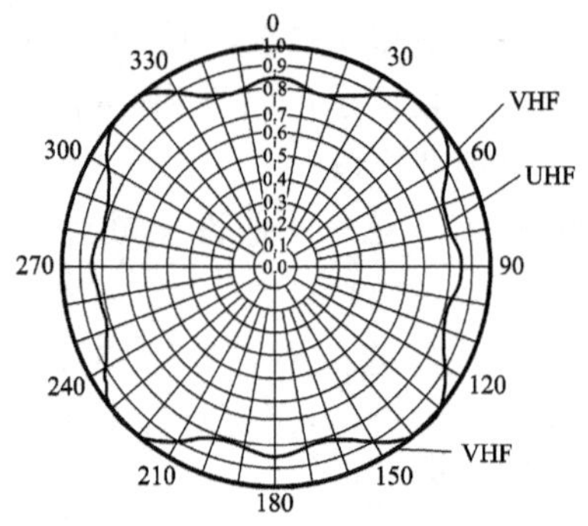

图 10.48 VHF/UHF 双频同轴缝隙天线的水平面方向图

改变缝隙的数目及相对位置，或在支撑管上附加两个翼，就能对 VHF/UHF 同轴缝隙天线的水平面进行赋形，如由全向变成双向或单向。图 10.49(a)是用位于 0°和 180°上的两个 VHF 同轴缝隙天线和位于 55°、125°、225°和 305°的四个 UHF 同轴缝隙天线构成的双向天线。其方位面方向图如图 10.49(b)所示。用如图 10.50(a)所示的四个位于 45°、135°、225°、315°的 VHF 同轴缝隙天线和位于 0°、90°、180°、270°的四个 UHF 同轴缝隙在天线同轴线外导体存在的情况下，只激励位于 0°的一个 UHF 同轴缝隙天线就能得到如图 10.50(b)所示的方向图。由图 10.50(b)可看出，VHF 同轴缝隙天线水平面方向图仍呈全向，但 UHF 同轴缝隙天线的水平面方向图呈单向。图 10.51(a)是用位于 60°、300°的两个 VHF 同轴缝隙天线。一个位于 0°的 UHF 同轴缝隙天线和两个位于 120°、240°的 UHF 同轴线的外导体及位于 150°和 210°的两个翼就能构成如图 10.51(b)所示的两个定向方向图。

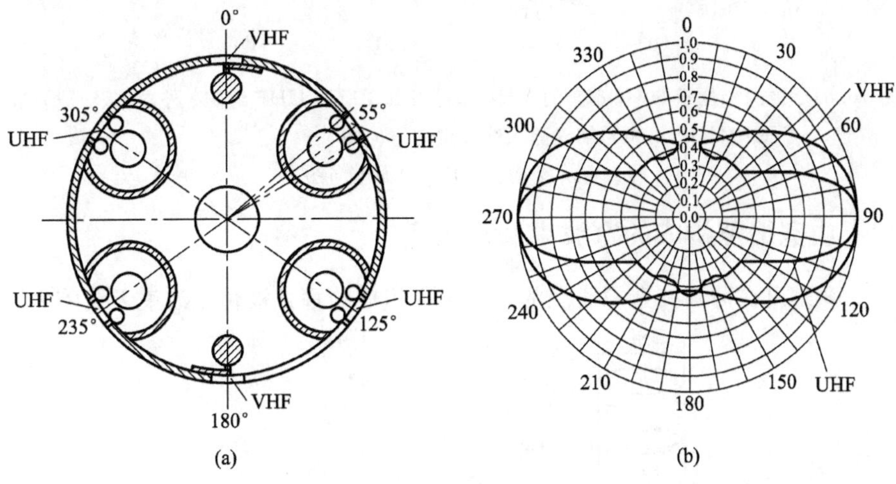

图 10.49　由位于 0°和 180°的两个 VHF 缝隙和位于 55°、125°、235°和 305°的四个 UHF 缝隙构成的双向天线
(a) 结构；(b) 方位面方向图

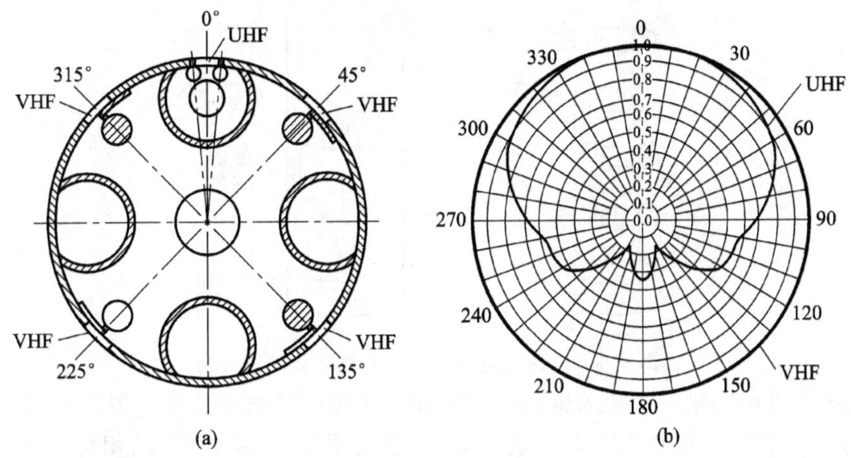

图 10.50　由四个位于 45°、135°、225°和 315°的 VHF 缝隙和四个位于 0°、90°、180°和 270°的 UHF 缝隙构成的 VHF/UHF 双频同轴缝隙天线及方向图
(a) 结构；(b) 方位面方向图

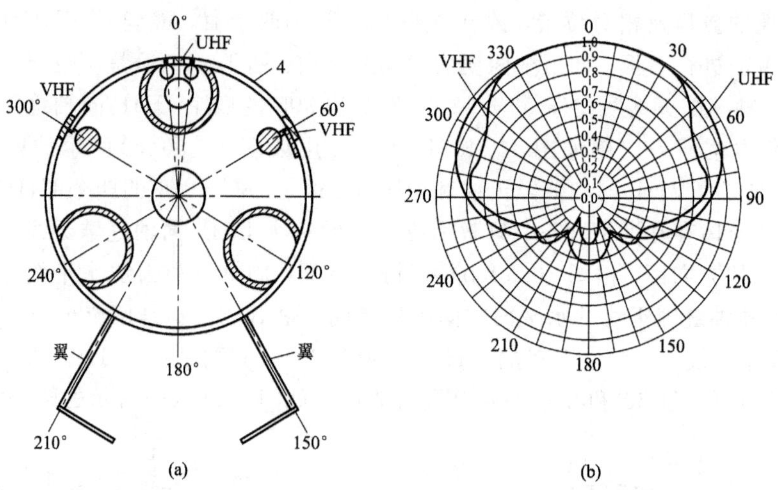

图 10.51　由两个位于60°和300°的 VHF 缝隙及如图所示 UHF 缝隙、外导体及翼构成的 VHF/UHF 双频同轴缝隙天线及定向方向图

(a) 结构；(b) 方位面方向图

10.3.10　由宽缝隙构成的宽波束基站天线

图 10.52 是由在薄圆柱金属管上的许多缝隙组成的垂直极化宽波束天线阵。

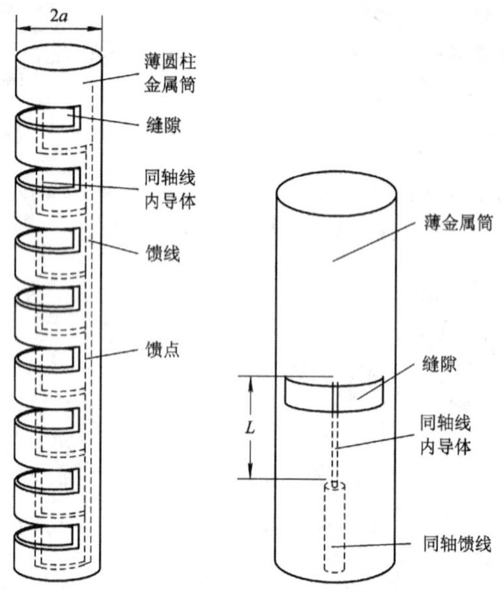

图 10.52　由宽缝构成的垂直极化宽波束天线

天线阵可以用同轴线馈电，也可以用微带线馈电。缝隙的长度一般为 $0.5\lambda_0$，宽度为 $0.1\lambda_0 \sim 0.5\lambda_0$。控制圆柱金属管上缝隙的宽度，就能很容易实现20%的相对带宽。图 10.53(a)、(b)是不同圆柱金属管直径($2a$)情况下的水平面方向图和 F/B 比。可见，控制圆柱金属管的直径，就可以得到不同的水平面半功率波束宽度和不同的 F/B 比。由图10.53 可看出，$2a/\lambda_0$ 越小，HPBW 越宽，F/B 比越差。若 $2a=0.27\lambda_0$，则 $\text{HPBW}_H=120°$，$F/B=15.2$ dB。若要求 $\text{HPBW}_H=110°$，则 $2a=0.33\lambda_0$，此时 $F/B=18.5$ dB。

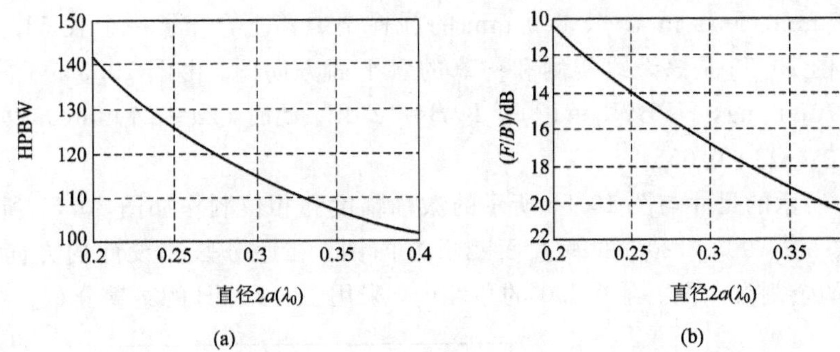

图 10.53　薄圆柱体水平缝隙天线阵不同圆柱直径与水平面 HPBW 及 F/B 比的关系

(a) HPBW；(b) F/B 比

在 $f_0=4$ GHz($\lambda_0=75$ mm)的情况下，用直径 $2a=21$ mm($0.28\lambda_0$)、长为 200 mm 的薄圆柱金属管制作了长 40 mm($0.53\lambda_0$)、宽 8 mm($0.107\lambda_0$)的单个缝隙。图 10.54(a)是 $f=3.65$ GHz 实测水平面方向图。图 10.54(b)是实测 VSWR 曲线。由图 10.54(b)可看出，VSWR≤1.5 的带宽约 22%。

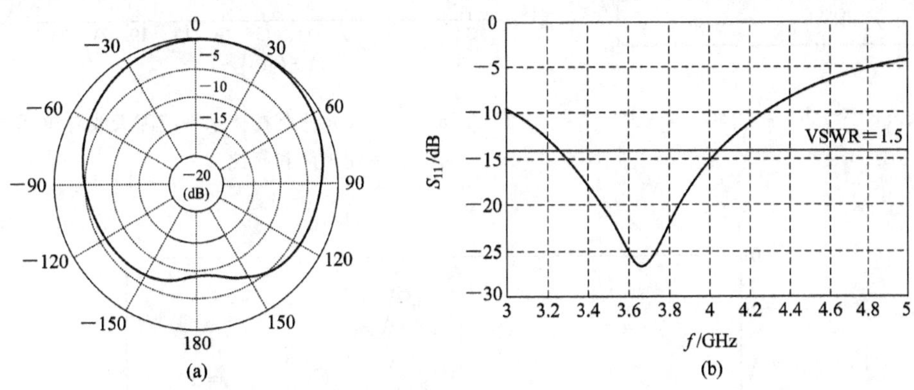

图 10.54　位于直径 $2a=21$ mm 的薄圆柱体金属管上长 40 mm、宽 8 mm 的水平缝隙在 $f=3.65$ MHz 实测水平面方向图和 VSWR～f 特性曲线

(a) 水平面方向图；(b) VSWR

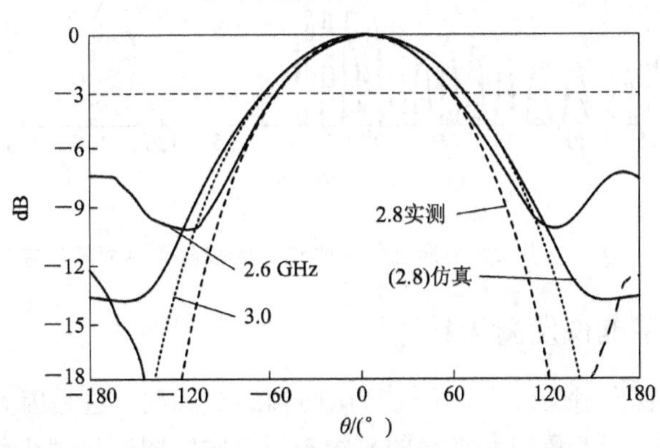

图 10.55　位于 $2a=28$ mm、长 600 mm 的圆筒上，长 51.8 mm、宽 6 mm 的水平缝隙天线在 $f=2.6$ MHz、2.8 MHz 和 3 MHz 实测和仿真水平面方向图

在 $2a=28$ mm、厚 1 mm、长 600 mm 的圆柱金属筒上，开了一个长 51.8 mm、宽 6 mm的缝隙。图 10.55 是该天线实测和仿真的水平面方向图。由图 10.55 可看出，$f_0=2.8$ GHz($\lambda_0=107$ mm)，$HPBW_H=120°$，$F/B=12$ dB。此时，$2a=28$ mm($0.26\lambda_0$)，缝隙的尺寸相当于 $0.48\lambda_0 \times 0.056\lambda_0$。

用表 10.2 所示的尺寸与图 10.56 所示的激励幅度和相位制作如图 10.57 所示的波束下倾 7°($\varphi=0°$、60°、90°、120°)的垂直面赋形方向图。在服务区所设计的方向图是带有 ±1.5 dB起伏的余割方向图。在 $\theta<90°$的角域内，采用了 −25 dB 的泰勒分布。

表 10.2 天 线 参 数

直径 $2a$	$0.27\lambda_0$
缝隙长度	$0.5\lambda_0$
缝隙宽度	$0.1\lambda_0$
缝隙的个数	24
单元间距	$0.5\lambda_0$

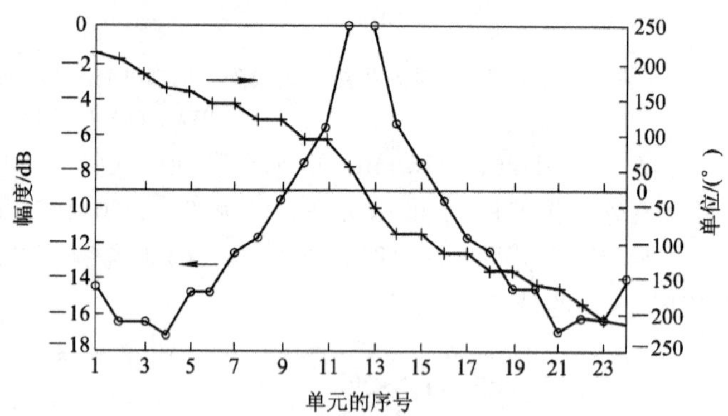

图 10.56 二十四元薄圆柱体水平缝隙天线阵单元的激励幅度和相位

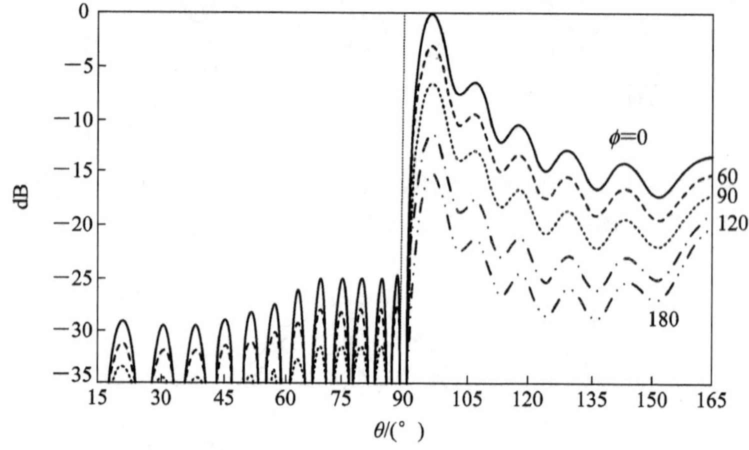

图 10.57 二十四元薄圆柱体水平缝隙天线阵垂直面赋形方向图

10.3.11 分馈数字电视发射天线[11]

在 UHF 数字电视发射天线中，广泛采用同轴缝隙天线，这是因为该天线在水平面有相当好的全向方向图、低的风阻和平滑的零填充。但底馈同轴缝隙天线的带宽较窄，不适合作为数字电视发射天线。采用不用馈线的分馈技术，就能增加天线的带宽，把原来只能在 6 MHz 工作的 UHF 同轴缝隙天线的带宽扩展为 24 MHz。

图 10.58 是四路分馈同轴缝隙天线。该同轴天线是由切割了许多缝隙的外导体和许多分层内导体 1、2、3 组成的。这些分层内导体 1、2、3 又构成了分馈同轴线。信号由底端输入，经由内导体 1、外导体 2 构成的同轴线传到中馈点，把天线分成上、下两部分。此时信号通过由内导体 1 和外导体 3 构成的同轴线向上传输到上分馈点，再把信号等分，经由内导体 1、外导体 4 构成的同轴线向上部传输，经由内导体 3 和外导体 4 构成的同轴线向上中部传输。与上半部一样，经中馈点，由内导体 2、外导体 3 构成的同轴线向下传输，经下分馈点等分，通过由内导体 2、外导体 4 构成的同轴线向下部传输，通过由内导体 3、外导体 4 构成的同轴线向下中部传输。在上部、上中部、下中部、下部的上、下末端均用短路块把同轴线内外导体短路。

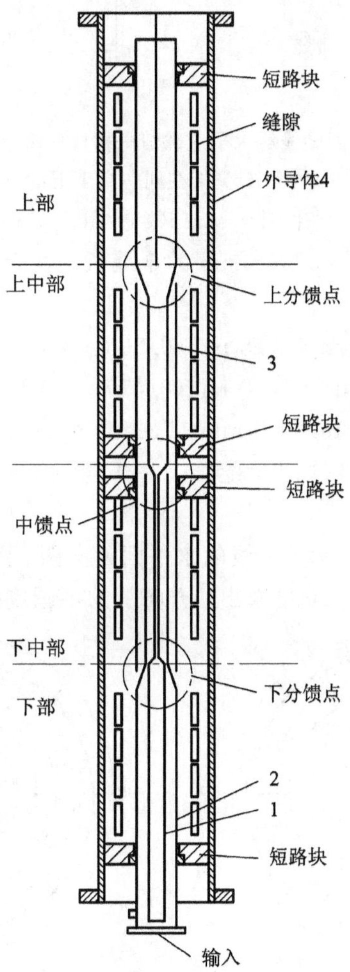

图 10.58 四路分馈同轴缝隙天线

10.3.12 由水平缝隙构成的垂直极化全向天线[12]

在金属圆筒上切割水平缝隙，用同轴线馈电就能构成垂直极化全向天线。为了得到好的全向性，如图 10.59(a)所示，需要切割两个长度 L 约 $\lambda_0/2$(λ_0为中心工作波长)的水平缝隙。假定把缝隙的周长视为 360°，则两个缝隙的长度约占 300°。

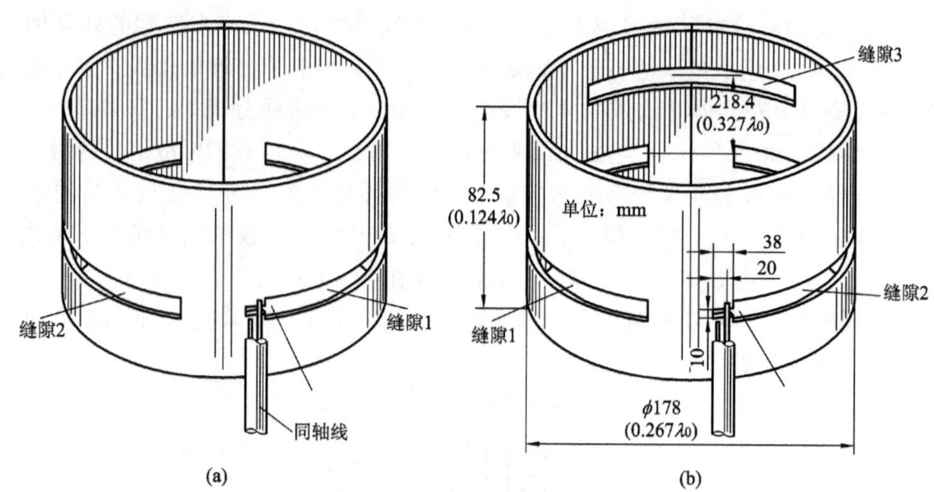

图 10.59　用同轴线给水平缝隙馈电构成的垂直极化全向天线

(a) 两个水平缝隙；(b) 不在同一高度上的三个水平缝隙

如果要用水平缝隙构成一个在 450 MHz($\lambda_0=666.7$ mm)工作的垂直极化全向天线，可以用一块长×宽=55.8 mm×82.55 mm 的金属板，在上面切割三个缝隙，再焊成一个金属筒。三个缝隙的尺寸如下：

缝隙 1：长×宽=196.8 mm×17.8 mm($0.295\lambda_0\times0.027\lambda_0$)；

缝隙 2：长×宽=279.4 mm×17.8 mm($0.419\lambda_0\times0.027\lambda_0$)；

缝隙 3：长×宽=218.4 mm×8.9 mm($0.327\lambda_0\times0.013\lambda_0$)。

缝隙 1 和缝隙 2 位于同一圆周上，缝隙 3 位于缝隙 1 和 2 之上，到缝隙 1 和缝隙 2 的距离为 218.4 mm($0.327\lambda_0$)。

图 10.60(a)是图 10.59(a)所示天线的水平面方向图，图 10.60(b)是图 10.59(b)所示天线的水平面方向图。由图 10.60 可看出，方向图的不圆度是相当好的。

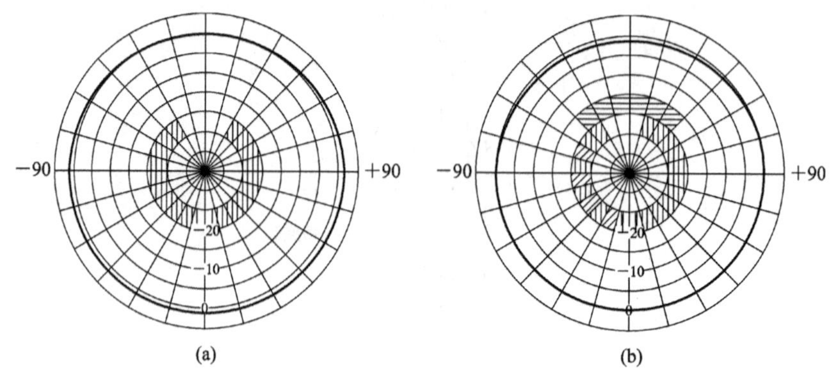

图 10.60　水平缝隙天线的水平面方向图

10.3.13　泄漏同轴电缆天线[13]

泄漏同轴电缆天线适用于移动台和基站之间的无线通信，例如火车和车站间的通信，在地铁和隧道中也多用泄漏同轴电缆天线。采用泄漏同轴电缆天线的通信覆盖区域取决于电缆的长度、信号沿电缆长度的衰减以及辐射电缆与接收天线间的传输效率(耦合损耗)。在相对大的运输通信系统，一般辐射电缆的长度相对比较长，为了确保沿整个服务区辐射电缆有足够的信号强度，需要在一定长度的电缆之间串接许多放大器。

泄漏同轴电缆天线通常是由同轴线的内导体、外导体和夹在内外导体间的螺旋状绝缘带组成的。把在同轴线的外导体上按预定间距切割的按周期变化的许多倾斜缝隙作为辐射单元，如图 10.61(a)、(b)所示。

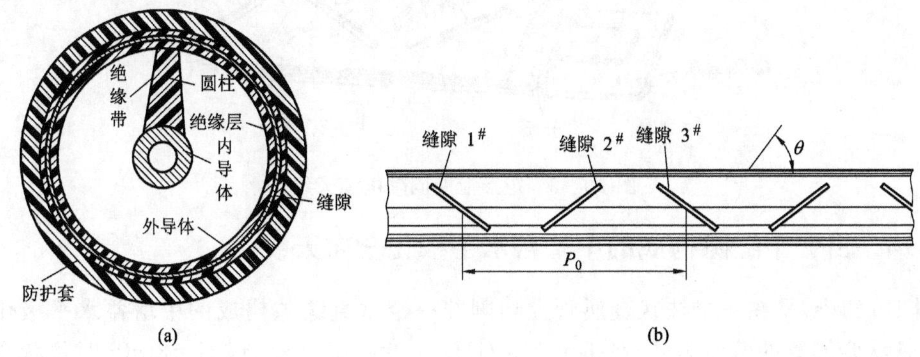

图 10.61　泄漏同轴电缆天线

(a) 横截面；(b) 侧视

由图 10.61 看出，$1^{\#}$ 和 $3^{\#}$ 缝隙倾角相同，相距 P_0(P_0 接近导波波长 λ_B)。但以间距 $P_0/2$ 位于 $1^{\#}$ 和 $3^{\#}$ 缝隙中间的 2＃缝隙必须与 $1^{\#}$ 和 $3^{\#}$ 缝隙反向，以保证所有缝隙同相辐射。在这种周期结构的缝隙天线阵中，如果把发射机从图 10.61(b)所示的泄漏同轴电缆天线的左端接入，则辐射方向为图中所示的 θ 方向。θ 角度与单元间距 P_0、导波波长 λ_B、自由空间波长 λ_0 有如下关系：

$$\theta = \arccos\left(\frac{\lambda_0}{\lambda_B} - \frac{n\lambda}{p_0}\right) \tag{10.12}$$

式中，n 为整数。

如果所有缝隙的尺寸和倾角都相同，则每个缝隙具有相同的激励强度，这种泄漏同轴电缆天线只适合窄频带工作。为了使泄漏同轴电缆天线能在宽频带工作，必须采用如图 10.62 所示的辅助倾斜缝隙 $11^{\#}$ 和 $12^{\#}$ 来扼制不需要的高次模辐射。辅助缝隙 $11^{\#}$、$12^{\#}$、$13^{\#}$、$14^{\#}$ 等分别位于 $1^{\#}$ 和 $2^{\#}$、$2^{\#}$ 和 $3^{\#}$ 主缝隙之间。泄漏缝隙同轴电缆天线也可以为如图 10.63 所示的矩形。

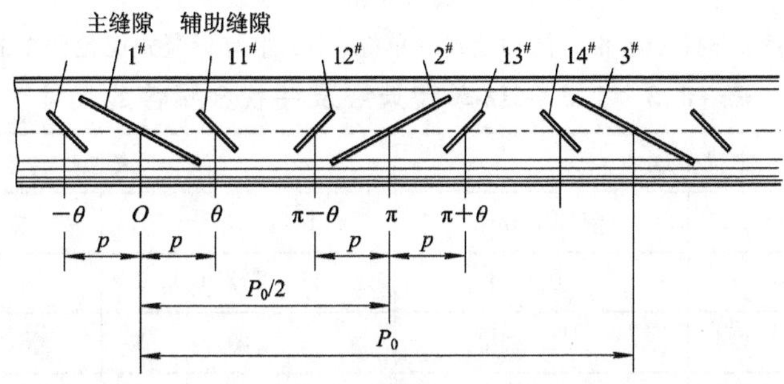

图 10.62　有辅助缝隙的泄漏同轴电缆天线

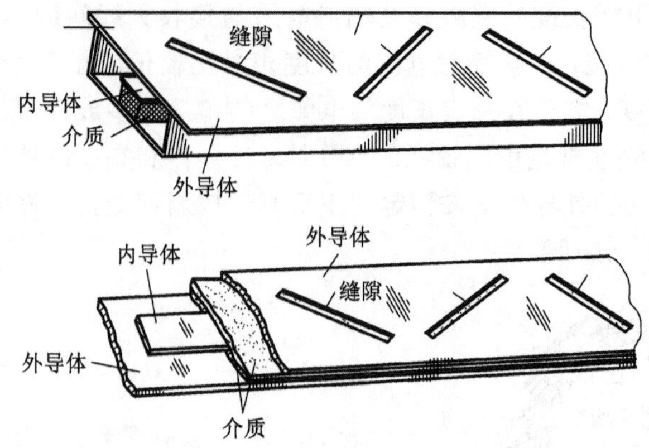

图 10.63 矩形泄漏同轴电缆天线

10.3.14 由一个缝隙构成的中增益水平极化全向天线

图 10.64(a)是在一个柱状金属管上切割的一个垂直缝隙构成的中增益水平极化全向天线。柱状金属管的壁厚为 t，在 $f_0=1.3$ GHz($\lambda_0=230.8$ mm)，$G=8$ dBi 时柱状金属管和缝隙的尺寸如表 10.3 所示。

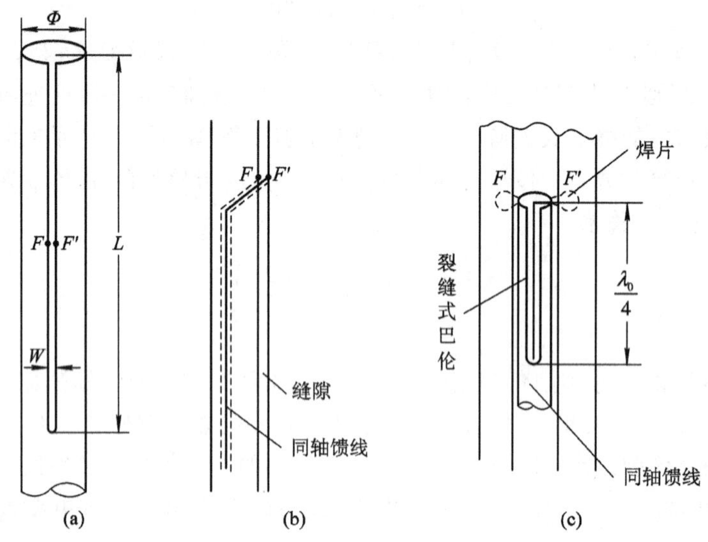

图 10.64 单缝同轴缝隙天线及馈电

(a) 结构；(b) 带有同轴馈线的单缝；(c) 带有裂缝式巴伦的单缝

表 10.3 1.3 GHz 单缝天线及柱状金属管的尺寸

柱状金属管		缝隙	
直径 φ/mm	壁厚 t/mm	长度 L/mm	宽度 W/mm
31.8(0.138λ_0)	0.9	510(2.21λ_0)	4(0.0173λ_0)
35.8(0.155λ_0)	1.1	510	8(0.0347λ_0)
38.1(0.165λ_0)	1.6	510	11(0.0477λ_0)

由于馈电点FF'的阻抗约200 Ω，为了使特性阻抗为50 Ω的同轴馈线与缝隙匹配，采用了具有1∶4阻抗变换功能的同轴裂缝式巴伦，如图10.64(c)所示。把巴伦的两个平衡输出端通过焊接片与缝隙的FF'点相连之后，要把同轴馈线弯曲，沿柱状金属管内壁穿出，以减少同轴馈线对缝隙的影响，如图10.64(b)所示。

垂直半波长缝隙与能产生水平极化的半波长水平偶极子等效是众所周知的。但上述缝隙天线的特性在于，用一个传播速度远大于光速的缝隙，却获得了比自由空间半波长长许多倍的偶极子型场分布，其增益类似于把几个偶极子同相馈电得到的增益，但不需要复杂的馈电网络。

减小柱状金属管子的直径，或增加缝隙的宽度都可以使柱状金属缝隙中波的传输速度增加。如果选用直径稍小的金属管设计缝隙天线，则应切割更窄的缝隙宽度来实现相同的传播速度。

参考文献

[1] Krans J D, Marhefka R J. Antenna: for All Applications. 3rd ed. McGraw-Hill Companies, Inc., 2002.

[2] Chen H D. Broadband CPW-Fed Square Slot Antennas With a Widened Tuning Stub. IEEE Trans. Antenna Propag., 2003, 51(8).

[3] Jordan E C, Miller W E. Slotted-cylinder antenna. Electronics, 1947.

[4] Kraus I D. Antennas. 2nd ed. New York: McGraw-Hill, 1988.

[5] Ando A, et al. Dielectric-Loaded Slotted-cylinder Antennas of offering Reduced Base Station Interference for personal Communication Services. APS, 1998.

[6] 美国专利，5 546 096.

[7] 美国专利，3 936 836.

[8] SIUKOLA M S. The Traveling-Wave VHF Television Transmitting Antenna. IRE Trans. Broadcast and Television Receivers, 1957.

[9] 美国专利，5 929 821.

[10] 美国专利，4 631 544.

[11] 美国专利，6 320 555.

[12] 美国专利，5 917 454.

[13] 美国专利，3 729 740.